国外电子与通信教材系列

微 波 工 程

（第四版）

Microwave Engineering, Fourth Edition

[美] David M. Pozar 著

谭云华 周乐柱 吴德明 张肇仪 徐承和 译

電子工業出版社
Publishing House of Electronics Industry
北京 • BEIJING

内 容 简 介

本书是微波工程领域的一本优秀教材，其内容既有深度又有广度，主要包括电磁理论、传输线理论、传输线和波导、微波网络分析、阻抗匹配和调谐、微波谐振器、功率分配器和定向耦合器、微波滤波器、铁氧体元件理论与设计、噪声与非线性失真、有源射频及微波器件、微波放大器设计、振荡器和混频器、微波系统导论。在基本理论方面，既介绍了经典的电磁场理论，又叙述了现代微波工程中常用的分布电路和网络分析方法。在微波电路和器件方面，除介绍传统的线性微波电路及波导器件外，还增加了平面结构元件和集成电路的设计、振荡器的相位噪声、晶体管功率放大器、非线性效应以及当今微波工程师经常使用的工具，如微波 CAD 软件包和网络分析仪等内容。每章结尾提供了习题，书末提供了部分习题的答案，可供教师选用和学生自测。本书的特点是从基本概念出发，介绍专用电路和器件的设计，以便读者理解如何应用基本概念得出有用的结果，提高读者运用理论解决实际问题的能力。

本书可作为高年级本科生或研究生的微波工程教材，也可作为微波电路及器件研制和开发的工程技术人员的参考书。

David M. Pozar: Microwave Engineering, Fourth Edition.
ISBN 978-0-470-63155-3

图书在版编目（CIP）数据

微波工程：第四版/（美）戴维 • M. 波扎（David M. Pozar）著；谭云华等译.
北京：电子工业出版社，2019.10
书名原文：Microwave Engineering, Fourth Edition
国外电子与通信教材系列
ISBN 978-7-121-37227-8
Ⅰ. ①微…　Ⅱ. ①戴… ②谭…　Ⅲ. ①微波技术－高等学校－教材　Ⅳ. ①TN015
中国版本图书馆 CIP 数据核字（2019）第 175804 号

责任编辑：谭海平　　特约编辑：王　崧
印　　刷：三河市鑫金马印装有限公司
装　　订：三河市鑫金马印装有限公司
出版发行：电子工业出版社
北京市海淀区万寿路 173 信箱　　邮编：100036
开　　本：787×1 092　1/16　印张：37.75　　字数：963.2 千字
版　　次：2015 年 2 月第 1 版（原著第 3 版）
2019 年 10 月第 2 版（原著第 4 版）
印　　次：2024 年 12 月第 8 次印刷
定　　价：128.00 元

凡所购买电子工业出版社图书有缺损问题，请向购买书店调换。若书店售缺，请与本社发行部联系，联系及邮购电话：（010）88254888，88258888。
质量投诉请发邮件至 zlts@phei.com.cn，盗版侵权举报请发邮件至 dbqq@phei.com.cn。
本书咨询联系方式：（010）88254552，tan02@phei.com.cn。

译 者 序

今天，随着智能手机、物联网、无人自动驾驶、WiFi、RFID、卫星通信、全球定位系统、超宽带无线电和雷达系统、环境微波遥感系统等无线通信技术的迅速发展，微波与射频技术面临许多新的挑战，了解微波工程基础知识并将这些知识创造性地应用于实践领域的工程人员前景光明。

为此，我们在电子工业出版社的大力支持下，再次翻译了由美国马萨诸塞大学 David M. Pozar 教授编著的《微波工程》教材，以供各高校选用或参考（主要针对高年级本科生和一年级研究生）。

本教材自出版以来在全球畅销不衰，截至目前已经发展到第四版，每个版本都针对教师和读者的大量反馈信息进行了内容完善和更新，引起了全球读者的巨大反响。本教材的主要特色如下：

1. 内容全面、取材新颖。例如在原有基础上，本版新增了有源电路、噪声、非线性效应和无线系统的一些内容，这些教学内容在当今无线通信技术飞速发展的形势下，增加了新的活力。
2. 重视理论分析和基本物理概念的阐述，但更重视实际工程应用，例如平面结构电路和元件设计。
3. 不过多涉及复杂电磁场的计算分析，但强调应用背后的基本原理解释和过程分析，以便工程师更好地理解和掌握有关设计。

此外，教师和学生还可在 Wiley 公司的网站上获得与教材有关的其他资源，如 PPT、实验手册等，并为教师提供所有习题的在线题解手册。

本书是在前版译者的工作基础上，由多人合作翻译完成的，主要翻译人员有谭云华、周乐柱、吴德明、张肇仪、徐承和。由于译者水平有限，译文还有不妥之处，希望广大读者给予批评指正。

最后，译者感谢电子工业出版社对本书翻译工作的大力支持和促进。

译　者

2019 年 9 月

前　言

本书畅销不衰令人高兴。我收到了来自全球各地学生和教师的信件与邮件，他们对本书提供了不少意见与建议。我认为，本书取得成功的原因之一是，强调了电磁场、波传播、网络分析、适用于现代射频与微波工程的设计原理的基本知识。如我在前几版中声明的那样，我力图避免堆积相关信息而不对其进行解释或说明的做法，而是提供与具体微波电路和元件相关的大量内容，这既具有实践价值，又具有激励作用。我试图根据基本原理来说明设计背后的分析与逻辑，以便读者了解应用基本概念得到有用结果的过程。牢固掌握微波工程的基本概念与原理并了解如何用其求解实际问题的工程师，更有可能取得职业生涯的成功。

对于这一版本，我同样收到了来自教师和读者的修订建议。这些建议希望提供关于有源电路、噪声、非线性效应和无线系统的详细内容。因此，本版给出了关于噪声和非线性失真及有源器件的几章内容。在第 10 章中，扩充了关于噪声、交调失真和相关非线性效应的内容。在关于有源器件的第 11 章中，增加了关于双极结型晶体管和场效应晶体管的内容，包括许多商用器件（肖特基和 PIN 二极管，硅、砷化镓、氮化镓和硅锗晶体管）的数据，重新安排并重写了这些小节的内容。

第 12 章和第 13 章介绍有源电路设计，探讨差分放大器、nMOS 放大器的电感退化，扩充了关于差分 FET 和吉尔伯特单元混频器的内容。在关于射频和微波系统的第 14 章中，更新和新增了关于无线通信系统的内容，包括链路预算、链路裕量、数字调制方法和误码率。更新并重写了关于辐射伤害的一节。其他新内容包括传输线上的瞬态效应（第一版中有这些内容，但在后续版本中删除了，现在应读者要求再次给出）、功率波理论、微带线的高阶模和频率效应，以及通过测量求无载 Q 的方法。这一版还修订了习题和例题。这一版中删除的内容包括微带线的准静态分析及与微波管相关的一些内容。最后，根据最初的源文件，更正了手稿中的几百处错误。

今天，微波与射频技术比以往更受人们重视。手机、4G、WiFi 无线网络、汽车毫米波防撞传感器、直接广播卫星、网络、全球定位系统、RFID、超宽带无线电和雷达系统、环境微波遥感系统等商用领域，尤其如此。国防系统持续依赖于无源和有源遥感微波技术、通信、武器控制系统。在不久的将来，射频和微波工程中不会缺少挑战性的问题，了解微波工程基础知识并将这些知识创造性地应用于实践领域的工程人员前景光明。

与前几代波导和场论相比，现代射频与微波工程主要涉及分布电路分析与设计。今天，大多数微波工程人员设计平面结构元件和集成电路时，不再直接进行电磁分析。微波辅助设计（CAD）软件和网络分析仪是今天微波工程师的基本工具，微波工程教育必须针对这一变化强调网络分析、平面结构电路和元件以及有源电路设计。微波工程总是涉及电磁学（许多更为复杂的微波 CAD 软件包实现严格的场论解），学生仍然需要学习波导模和孔径耦合等内容，但重点应放在微波电路分析和设计方面。

本书是射频与微波工程方向高年级本科生和一年级研究生第二学期课程的教材。不强调电磁学而学会微波工程是可能的。今天，许多教师更愿意将重点放在电路分析与设计方面，本书第 2 章、第 4 章至第 8 章及第 10 章至第 14 章适用于这一教学方式。有些教师为提供微波电路理论和元件的研究内容，希望从第 14 章开始讲授。这一版的教材适用于这一目的，但需要第 10 章中关于噪声的一些基本内容。

微波工程课程中应包含的两项重要内容是使用 CAD 仿真软件和微波实验体验。学生若能使用 CAD 软件验证本书中设计习题的结果，则会树立信心并且获得更多的回报。由于消除了重复性计算，因此学生容易使用其他方法来详细地探讨问题。例如，在几个例题和习题中探讨了传输线损耗效应；如果不使用现代 CAD 工具，那么这几乎不可能完成。此外，在课堂使用 CAD 工具可增强学生的体验。多数商用微波 CAD 工具都很昂贵，但有些制造商为学生提供价格低廉的学生版软件。然而，多数建议认为教材中不应重点强调具体的软件产品。

建设微波教学实验室的费用高昂，但它是学生了解微波现象的最好途径。第一学期的实验内容包括微波功率、频率、驻波比、阻抗和散射参量的测量，以及基本微波元件如调谐器、耦合器、谐振器、负载、环形器和滤波器的表征。关于连接器、波导和微波测试装备的重要实践知识可按这种方式获取。更高级的实验内容可考虑噪声系数、交调失真和混频等主题。可以提供的实验类型紧密依赖于可用的测试装备。

学生和教师可在 Wiley 公司的网站上获取其他资源，包括 PPT、实验手册、习题的解答手册（仅为身份得到确认的教师提供，教师可通过网址 http://he-cda.wiley.com/wileycda/获取这些资源）。

致　谢

感谢使用过本书前三个版本并为其提供意见与建议的教师、学生和读者，感谢马萨诸塞大学阿默斯特分校微波工程系的同事一直以来的支持与帮助。感谢马萨诸塞大学 Bob Jackson 关于 MOSFET 放大器和相关内容的建议；感谢萨格勒布大学 Juraj Bartolic 对 μ 参量稳定性标准推导的简化；感谢诺基亚研究中心 Jussi Rahola 关于功率波的讨论。感谢如下人员为这一版教材提供了新照片：Millitech 公司的 Kent Whitney 和 Chris Koh，Hittite Microwave 公司的 Tom Linnenbrink 和 Chris Hay，LNX 公司的 Phil Beucler 和 Lamberto Raffaelli，雷神公司的 Michael Adlerstein，安捷伦技术公司的 Bill Wallace，ProSensing 公司的 Jim Mead，马萨诸塞大学的 Bob Jackson 和 B. Hou，M/A-COM 公司的 J. Wendler，林肯实验室的 Mohamed Abouzahra，Newlans 公司的 Dev Gupta, Abbie Mathew 和 Salvador Rivera。感谢 Sherrill Redd, Philip Koplin 和 Aptara 公司的员工制作本书，感谢 Ben 在 PhotoShop 方面提供的帮助。

David M. Pozar

目　录

第1章 电磁理论

本章首先简要回顾微波工程的历史和重要应用，然后综述贯穿本书的电磁理论。详细探讨请读者参阅相关的参考文献[1~8]。

1.1 微波工程简介

射频（RF）和微波通常是指频率从 100MHz（$1\text{MHz} = 10^6\text{Hz}$）到 1000GHz（$1\text{GHz} = 10^9\text{Hz}$）之间的交变电流信号。其中，射频的频率范围是从甚高频（VHF，30～300MHz）到超高频（UHF，300～3000MHz）；微波的频率范围是从 3GHz 到 300GHz，对应的电磁波波长是从 $\lambda = c/f = 10\text{cm}$ 到 $\lambda = 1\text{mm}$。波长为毫米量级的信号称为毫米波。图 1.1 给出了微波频段在电磁波谱中的位置。由于微波的频率高（波长短），因此通常不能直接使用普通电路理论来求解微波网络问题。这时，常规电路理论只是由麦克斯韦方程组描述的范围较宽的电磁理论的近似或具体应用，因为电路理论的集总电路元件近似在微波频段通常不成立。微波元件通常是分布元件，元件的尺度与微波波长为同一数量级，其中电压或电流的相位在元件的物理尺度内会明显变化。在极低的频率下，波长会大到足以使相位在整个元件的线性范围内无明显变化。频率的另一端称为光学工程，此时波长要比元件的尺度短得多。在这种情形下，麦克斯韦方程组可以简化为几何光学，而光学系统可用几何光学的理论来设计。这些技术有时也可应用于毫米波系统，这时人们把它们称为准光学。

在微波工程中，人们常常从麦克斯韦方程组及其求解开始。然而，这些方程带来了数学上的复杂性，因为麦克斯韦方程组包含了作为空间坐标函数的向量场量的向量微分或积分运算。为此，本书的目标之一是试图将这个复杂的场理论解，简化为可用更简单的电路理论来表达的结果。场理论解通常会给出空间中每一点的电磁场的完整描述，它要比大多数实际应用所需的信息多得多。我们通常更关心终端的量，如功率、阻抗、电压和电流等用电路理论概念表达的物理量。正是这种复杂性给微波工程带来了挑战与回报。

1.1.1 微波工程应用

虽然微波能量的高频率和短波长使得分析与设计微波元件和系统变得很困难，但是这些因素也为微波系统的应用带来了独特的机遇。具体原因如下：

- 天线增益与天线的电尺寸成比例。在较高的频率下，给定的天线尺寸有可能得到较高的增益，这对于装备小型化的微波系统有重要意义。
- 在较高的频率下能够实现更大的带宽（携带信息的容量）。600MHz 频率下 1%的带宽为 6MHz（一个电视频道的带宽），而 60GHz 频率下 1%的带宽为 600MHz（100 个电视频道的带宽）。带宽特别重要，因为在电磁频谱中可用的频带正被迅速耗尽。
- 微波信号按视线传播，而不像较低频率的信号进入电离层时，传播路径会弯曲。因此，通过在最近距离的地点间频率复用，可以实现非常大容量的卫星和地面通信联系。
- 雷达目标的有效反射面积（雷达散射截面）总与目标的电尺寸成比例。这一事实加上天线增益的频率特性，通常使微波频率成为雷达系统的首选。

- 各种分子、原子和原子核的谐振都发生在微波频率下，使得微波在基础科学领域、遥感、医学诊断和治疗及加热方法等方面具有独特的应用。

今天，射频与微波技术的主要应用是无线网络与通信系统、无线安全系统、雷达系统、环境遥感和医学系统。如图 1.1 给出的频率分布那样，射频与微波通信系统非常普遍，特别是在无线连接承诺向“任何人、任何地点、任何时间”提供语音和数据服务的今天。

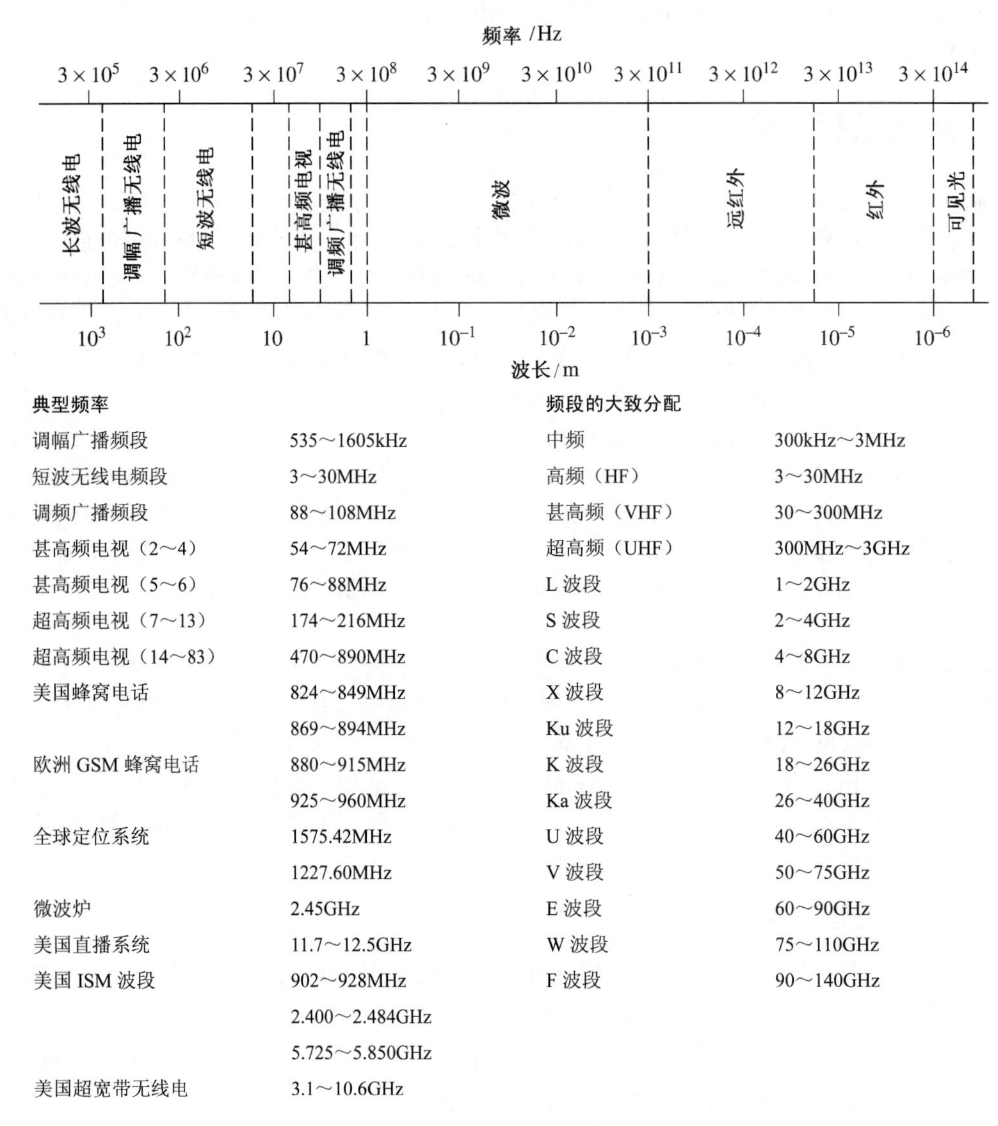

典型频率		频段的大致分配	
调幅广播频段	535～1605kHz	中频	300kHz～3MHz
短波无线电频段	3～30MHz	高频（HF）	3～30MHz
调频广播频段	88～108MHz	甚高频（VHF）	30～300MHz
甚高频电视（2～4）	54～72MHz	超高频（UHF）	300MHz～3GHz
甚高频电视（5～6）	76～88MHz	L 波段	1～2GHz
超高频电视（7～13）	174～216MHz	S 波段	2～4GHz
超高频电视（14～83）	470～890MHz	C 波段	4～8GHz
美国蜂窝电话	824～849MHz	X 波段	8～12GHz
	869～894MHz	Ku 波段	12～18GHz
欧洲 GSM 蜂窝电话	880～915MHz	K 波段	18～26GHz
	925～960MHz	Ka 波段	26～40GHz
全球定位系统	1575.42MHz	U 波段	40～60GHz
	1227.60MHz	V 波段	50～75GHz
微波炉	2.45GHz	E 波段	60～90GHz
美国直播系统	11.7～12.5GHz	W 波段	75～110GHz
美国 ISM 波段	902～928MHz	F 波段	90～140GHz
	2.400～2.484GHz		
	5.725～5.850GHz		
美国超宽带无线电	3.1～10.6GHz		

图 1.1　电磁频谱

现代无线电话基于**蜂窝频率复用**的概念，这是贝尔实验室在 1947 年首次提出的技术创新，但直到 20 世纪 70 年代才实际实施。此时由于小型化技术的进步，以及无线通信需求的增加，推动了几个早期移动电话系统在欧洲、美国和日本的引进。**北欧移动电话**（NMT）系统于 1981 年在北欧国家部署，**高级移动电话系统**（AMPS）于 1983 年由 AT&T 在美国推出，日本 NTT 于 1988 年推出了其第一个移动电话服务。所有这些早期的系统都使用模拟调频调制，将分配的频段划分为几百个窄带语音信道。这些早期系统通常被称为**第一代蜂窝系统**，或 1G。

第二代（2G）蜂窝系统采用各种数字调制方案提高了性能，如 GSM、CDMA、DAMPS、PCS、PHS 系统等，它们是 20 世纪 90 年代美国、欧洲和日本引入的主要标准之一。这些系统可以处理数字化语音及一些有限的数据，数据速率通常为 8～14kbps。近年来，出现了各种各样的新标准和修改后的标准，以过渡到手持终端服务，包括语音、短信、数据网络、定位和 Internet 访问。这些标准被称为 2.5G、3G、3.5G、3.75G 和 4G，目前计划提供至少 100Mbps 的数据速率。使用无线服务的用户数量正与现代手持无线设备可提供的日益增长的能力保持同步。截至 2010 年，全球手机用户超过 50 亿。

卫星系统也依赖于射频与微波技术，已被开发用于提供全球范围内的蜂窝（语音）、视频和数据连接。20 世纪 90 年代末，两大卫星星座即铱星和全球星，被部署用于提供全球电话服务。遗憾的是，这些系统都遇到了技术缺陷和薄弱的商业模式的打击，导致了几十亿美元的损失。但是，小卫星系统，如全球定位卫星（GPS）和直播卫星（DBS）系统，却取得了极大的成功。无线局域网络（WLAN）提供了短距离计算机之间的高速网络连接，预计未来将继续保持这方面的强烈需求。更新的无线通信技术是超宽带（UWB）无线通信，其广播信号占用了很宽的频带，但功率电平却很低（通常低于环境无线电噪声水平），从而避免与其他系统间的干扰。

雷达系统在军事、商业和科学领域应用广泛。雷达既用于空中、地面和海洋目标的探测与定位，又用于导弹的制导和火控。在商业领域，雷达技术用于空中交通管制、运动探测器（门的开启和安全报警）、车辆避碰及距离测量。雷达在科学领域的应用包括气象预报，大气、海洋和陆地遥感，以及医学诊断与治疗。微波辐射计无源检测物体自身辐射的微波能量，既可用于大气和地球遥感、医学诊断，又可用于安全检查成像。

1.1.2 微波工程简史

微波工程是非常成熟的学科，既因为 50 电磁学的基本概念在 50 多年前就已发展起来，又因为微波技术的首个主要应用——雷达早在“二战”期间就得到了强劲的发展。尽管微波工程在 20 世纪就已开始，但其在高频固态器件、微波集成电路和现代微机电系统中的应用仍然非常活跃。

现代电磁理论的基础是由詹姆斯•克拉克•麦克斯韦（James Clerk Maxwell）于 1873 年提出的方程[1]，仅从数学考虑，他就提出了电磁波传播的假说，指出光也是电磁能量的一种形式。麦克斯韦方程组的现代形式由奥立弗•亥维赛（Oliver Heaviside）于 1885 年到 1887 年间提出。亥维赛的努力降低了麦克斯韦理论的数学复杂性——不仅引入了向量符号，而且提供了导波和传输线的应用基础。亨瑞克•赫兹（Heinrich Hertz）是德国的一位物理学教授和天才实验工作者，他非常了解麦克斯韦的理论。赫兹在 1887 年至 1891 年期间做了一系列实验，这些实验完全证实了麦克斯韦的电磁波理论。图 1.2 显示了赫兹在实验中所用的原始设备。有趣的是，这是根据理论基础进行预测时就有所发现的一个例子——科学史上的很多重要发现都具有这种特点。所有电磁理论的应用，包括无线电、电视和雷达，都要归功于麦克斯韦的理论工作。

由于缺少可靠的微波源和其他元件，20 世纪初无线电技术的快速发展主要发生在高频（HF）到甚高频（VHF）范围。20 世纪 40 年代“二战”期间，雷达的出现和发展才使得微波理论和技术得到了人们的重视。在美国，麻省理工学院（MIT）建立了辐射实验室来发展雷达理论和技术。许多顶尖的科学家，如 N. Marcuvitz、I. I. Rabi、J. S. Schwinger、H. A. Bethe、E. M. Purcell、C. G. Montgomery 和 R. H. Dicke 等，共同推进了微波领域的快速发展。他们的研究工作包括波导元件的理论和实验分析、微波天线、小孔耦合理论及初期的微波网络理论。在这些研究人员中，许多人是物理学家，他们在“二战”后重新恢复了对物理学的研究（很多人后来获诺贝尔奖）。他们在微波领域的研究成果总结在辐射实验室的 28 卷经典系列图书中，并且这些成果至今仍然应用广泛。

图 1.2　赫兹在电磁学实验中所用的原始设备：（1）50MHz 火花间隙发射机和加载偶极子天线；（2）极化实验用的平行线栅；（3）阴极射线实验用的真空装置；（4）热线检流计；（5）Reiss 或 Knochenhauer 螺旋线圈；（6）包金箔的检流计；（7）金属球探针；（8）Reiss 火花测微计；（9）同轴传输线；（10）～（12）展示电介质极化效应的仪器；（13）水银感应线圈断续器；（14）迈丁格尔小室；（15）真空钟罩；（16）高压感应线圈；（17）本生电池；（18）存储电荷用的大面积导体；（19）圆环接收天线；（20）八边形接收检测器；（21）旋转镜和水银断续器；（22）矩形环接收天线；（23）折射和介电常数测量仪器；（24）双矩形环接收天线；（25）矩形环接收天线；（26）偶极子发射天线；（27）高压感应线圈；（28）同轴线；（29）高压放电器；（30）柱形抛物面反射器/接收机；（31）柱形抛物面反射器/发射机；（32）圆环接收天线；（33）平面反射器；（34）～（35）蓄电池组。照片 1913 年 10 月 1 日摄于德国慕尼黑巴伐利亚科学院，照片中包括赫兹的助手 Julius Amman。照片和标识承蒙密歇根大学的 J. H. Bryant 提供和允许引用

采用微波技术的通信系统在雷达诞生后不久就开始得到发展，它得益于原本为雷达系统所做的许多研究成果。微波系统所具有的许多优点，包括宽频带和视线传播，已经证明对于陆地和卫星通信系统都是关键性的因素，因此对于低价位、小型化微波元件的继续发展提供了助力。有兴趣的读者可以参考文献[1, 2]，以进一步了解无线通信和微波工程领域的发展史。

1.2　麦克斯韦方程组

麦克斯韦于 1873 年发表的麦克斯韦方程组描述了宏观意义上的电现象和磁现象。这项研究工作不仅总结了当时电磁科学的成果，而且从理论考虑出发提出了存在位移电流的假说，导致赫兹和马可尼发现了电磁波。麦克斯韦的研究工作建立在高斯、安培、法拉第等人的大量实验和理论基础上。电磁学的第一门课程通常不仅都遵循这种历史的或演进的方法，而且认为读者已经掌握了微波工程的先修课程。参考文献中提供了几本适合于本科生和研究生的优秀电磁理论书籍[3~7]。

本章概述电磁理论的基本概念，这些内容是本书其他部分的基础。本章将给出麦克斯韦方程组、边界条件，并讨论介电材料和磁性材料的影响。波现象在微波工程中非常重要，因此本章有很多涉及平面波的主题。平面波是一种最简单的电磁波，使用它来展示与波传播相关的很多基本特性非常合适。尽管这里假设读者学习过平面波，但本章的内容既可帮助读者深入了解基本原理，又可为读者引入一些此前未掌握的概念。这些内容是后续章节的基础。

从教学法的角度来看，以“归纳”或公理性的方法从麦克斯韦方程组出发，给出电磁理论是有好处的。时变形式的麦克斯韦方程组可以写成“点”形式或微分形式，即

$$\nabla \times \boldsymbol{\mathcal{E}} = \frac{-\partial \boldsymbol{\mathcal{B}}}{\partial t} - \boldsymbol{\mathcal{M}} \tag{1.1a}$$

$$\nabla \times \boldsymbol{\mathcal{H}} = \frac{\partial \boldsymbol{\mathcal{D}}}{\partial t} + \boldsymbol{\mathcal{J}} \tag{1.1b}$$

$$\nabla \cdot \boldsymbol{\mathcal{D}} = \rho \tag{1.1c}$$

$$\nabla \cdot \boldsymbol{\mathcal{B}} = 0 \tag{1.1d}$$

本书采用国际单位制，即米·千克·秒单位制。黑斜书写体表示时变向量场，它们是空间坐标 x, y, z 和时间变量 t 的实函数。这些量定义如下：

$\boldsymbol{\mathcal{E}}$ 表示电场强度，单位为 V/m①。

$\boldsymbol{\mathcal{H}}$ 表示磁场强度，单位为 A/m。

$\boldsymbol{\mathcal{D}}$ 表示电位移向量，单位为 $\mathrm{C/m^2}$（电通量密度）。

$\boldsymbol{\mathcal{B}}$ 表示磁感应强度，单位为 $\mathrm{Wb/m^2}$（磁通量密度）。

$\boldsymbol{\mathcal{M}}$ 表示（虚拟的）磁流密度，单位为 $\mathrm{V/m^2}$。

$\boldsymbol{\mathcal{J}}$ 表示电流密度，单位为 $\mathrm{A/m^2}$。

ρ 表示电荷密度，单位为 $\mathrm{C/m^3}$。

电磁场的源是磁流 $\boldsymbol{\mathcal{M}}$、电流 $\boldsymbol{\mathcal{J}}$ 和电荷密度 ρ。磁流 $\boldsymbol{\mathcal{M}}$ 是虚拟的源，它是为数学上的方便引入的；磁流的真实源通常是一个电流环或类似的磁偶极子，而不是实际的磁荷流（单极磁荷是不存在的）。这里引入磁流是为了保持完整性，在第 4 章中在处理孔径问题时会用到它。因为电流是电荷的真实流动，所以可以说电荷密度 ρ 是电磁场最根本的源。

在真空中，电场强度、磁场强度与其通量密度之间存在如下的简单关系：

$$\boldsymbol{\mathcal{B}} = \mu_0 \boldsymbol{\mathcal{H}} \tag{1.2a}$$

$$\boldsymbol{\mathcal{D}} = \epsilon_0 \boldsymbol{\mathcal{E}} \tag{1.2b}$$

式中，$\mu_0 = 4\pi \times 10^{-7}\,\mathrm{H/m}$ 是真空磁导率，$\epsilon_0 = 8.854 \times 10^{-12}\,\mathrm{F/m}$ 是真空介电常数。下一节中将介绍非真空的其他媒质是如何影响这些结构关系的。

式(1.1a)～式(1.1d)是线性的，但不是彼此无关的。例如，考虑式(1.1a)中的散度。因为任何向量的旋度的散度都是零［见附录 B 中的向量恒等式(B.12)］，所以有

$$\nabla \cdot \nabla \times \boldsymbol{\mathcal{E}} = 0 = -\frac{\partial}{\partial t}(\nabla \cdot \boldsymbol{\mathcal{B}}) - \nabla \cdot \boldsymbol{\mathcal{M}}$$

因为不存在自由磁荷，所以 $\nabla \cdot \boldsymbol{\mathcal{M}} = 0$，这又导致 $\nabla \cdot \boldsymbol{\mathcal{B}} = 0$ 或式(1.1d)。类似地，连续性方程可通

① *IEEE Standard Definitions of Terms for Radio Wave Propagation, IEEE Standard 211-1997* 建议使用术语“电场”和“磁场”替代旧术语“电场强度”和“磁场强度”。

过取式(1.1b)的散度得出，即

$$\nabla\cdot\mathcal{J}+\frac{\partial\rho}{\partial t}=0 \tag{1.3}$$

其中用到了式(1.1c)。这个方程表明电荷是守恒的，或者说电流是连续的，因为$\nabla\cdot\mathcal{J}$代表从一点流出的电流，而$\partial\rho/\partial t$代表在同一点同一时间形成的电荷。正是这一结果让麦克斯韦得出式(1.1b)中的位移电流密度$\partial\mathcal{D}/\partial t$非常必要的结论，它可视为对方程求散度。

上述微分方程可用各种向量积分定理转化为积分形式。因此，对式(1.1c)和式(1.1d)应用散度定理(B.15)得

$$\oint_C \mathcal{D}\cdot \mathrm{d}\boldsymbol{s}=\int_V \rho \mathrm{d}v=Q \tag{1.4}$$

$$\oint_S \mathcal{B}\cdot \mathrm{d}\boldsymbol{s}=0 \tag{1.5}$$

式(1.4)中的Q代表封闭体积V（封闭表面S包围的体积）内的总电荷。对式(1.1a)应用斯托克斯定理(B.16)得

$$\oint_C \mathcal{E}\cdot \mathrm{d}\boldsymbol{l}=-\frac{\partial}{\partial t}\int_B \mathcal{B}\cdot \mathrm{d}\boldsymbol{s}-\int_S \mathcal{M}\cdot \mathrm{d}\boldsymbol{s} \tag{1.6}$$

没有$\mathcal{M}$项时，它是常见的法拉第定律，是形成基尔霍夫电压定律的基础。在式(1.6)中，C代表如图1.3所示的围绕表面S的封闭周线。安培定律可由式(1.1b)应用斯托克斯定理导出：

$$\oint_C \mathcal{H}\cdot \mathrm{d}\boldsymbol{l}=\frac{\partial}{\partial t}\int_S \mathcal{B}\cdot \mathrm{d}\boldsymbol{s}+\int_S \mathcal{J}\cdot \mathrm{d}\boldsymbol{s}=\frac{\partial}{\partial t}\int_S \mathcal{D}\cdot \mathrm{d}\boldsymbol{s}+\mathcal{I} \tag{1.7}$$

式中，$\mathcal{I}=\int_S \mathcal{J}\cdot \mathrm{d}\boldsymbol{s}$是流过表面$S$的总电流。式(1.4)～式(1.7)是麦克斯韦方程组的积分形式。

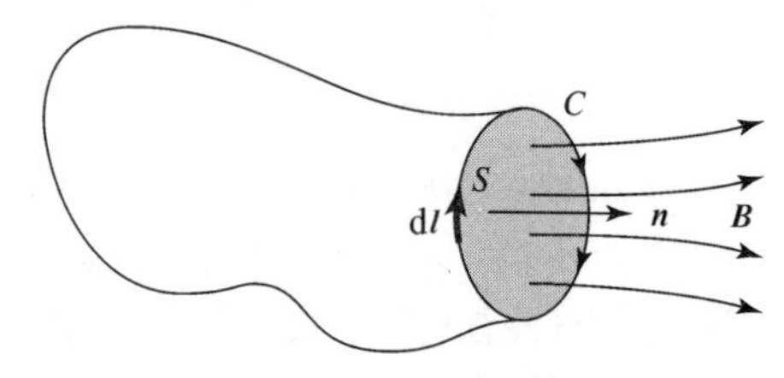

图1.3　与法拉第定律有关的封闭周线C和表面S

上述方程对任意时间依赖关系都成立，但本书的大部分内容只涉及具有正弦或简谐时间变化的场，即认为具有稳态条件。在这种情形下，用相量表示非常方便，因此所有的场量都隐含有时间依赖关系$\mathrm{e}^{\mathrm{j}\omega t}$的复向量，而且用正体字（非书写体）表示。于是，在$\boldsymbol{x}$方向极化的正弦电场为

$$\mathcal{E}(x,y,z,t)=\boldsymbol{x}A(x,y,z)\cos(\omega t+\phi) \tag{1.8}$$

其相量形式为

$$\boldsymbol{E}(x,y,z)=\boldsymbol{x}A(x,y,z)\mathrm{e}^{\mathrm{j}\phi} \tag{1.9}$$

式中，A是（实）振幅，ω是圆频率，ϕ是波在$t=0$时的相位参考。本书中假定使用余弦基相量，因此从相量到实时变量的转换是将相量乘以$\mathrm{e}^{\mathrm{j}\omega t}$，然后取其实部来实现的：

$$\mathcal{E}(x,y,z,t)=\mathrm{Re}\left\{\boldsymbol{E}(x,y,z)\mathrm{e}^{\mathrm{j}\omega t}\right\} \tag{1.10}$$

将式(1.9)代入式(1.10)得到式(1.8)。采用相量工作时，习惯上在所有量中将公共因子$\mathrm{e}^{\mathrm{j}\omega t}$略去。

处理功率和能量时，我们通常对二次量的时间平均感兴趣。它很容易用时谐场来求解。例如，

$$\mathcal{E}=\boldsymbol{x}E_1\cos(\omega t+\phi_1)+\boldsymbol{y}E_2\cos(\omega t+\phi_2)+\boldsymbol{z}E_2\cos(\omega t+\phi_3) \tag{1.11}$$

给出的电场，其相量形式为

$$\boldsymbol{E}=\boldsymbol{x}E_1\mathrm{e}^{\mathrm{j}\phi_1}+\boldsymbol{y}E_2\mathrm{e}^{\mathrm{j}\phi_2}+\boldsymbol{z}E_3\mathrm{e}^{\mathrm{j}\phi_3} \tag{1.12}$$

其振幅的平方的时间平均值计算如下：

$$
\begin{aligned}
|\mathcal{E}|^2_{\text{avg}} &= \frac{1}{T}\int_0^T \mathcal{E}\cdot\mathcal{E}\mathrm{d}t \\
&= \frac{1}{T}\int_0^T [E_1^2\cos^2(\omega t+\phi_1)+E_2^2\cos^2(\omega t+\phi_2)+E_3^2\cos^2(\omega t+\phi_3)]\mathrm{d}t \\
&= \frac{1}{2}(E_1^2+E_2^2+E_3^2)=\frac{1}{2}|\boldsymbol{E}|^2 \\
&= \frac{1}{2}\boldsymbol{E}\cdot\boldsymbol{E}^*
\end{aligned} \tag{1.13}
$$

于是，其均方根值为$|\boldsymbol{E}|_{\text{rms}}=|\boldsymbol{E}|/\sqrt{2}$。

在时间依赖关系 $\mathrm{e}^{\mathrm{j}\omega t}$ 的假设下，式(1.1a)～式(1.1d)中的时间导数可用 jω 来代替。相量形式的麦克斯韦方程组变成

$$\nabla\times\boldsymbol{E}=-\mathrm{j}\omega\boldsymbol{B}-\boldsymbol{M} \tag{1.14a}$$

$$\nabla\times\boldsymbol{H}=\mathrm{j}\omega\boldsymbol{D}+\boldsymbol{J} \tag{1.14b}$$

$$\nabla\cdot\boldsymbol{D}=\rho \tag{1.14c}$$

$$\nabla\cdot\boldsymbol{B}=0 \tag{1.14d}$$

傅里叶变换可将任意频率 ω 处的麦克斯韦方程组的解转换为任意时间依赖关系的解。

式(1.14)中的电流源和磁流源是体流密度，即$\boldsymbol{J}$和$\boldsymbol{M}$，单位分别为 A/m^2 和 V/m^2。然而，在很多情况下，实际的电流和磁流是片状的、线状的或无限小的偶极子。这些特定类型的电流分布总可通过 δ 函数写成体流密度。图 1.4 给出了一些如何处理电流和磁流的例子。

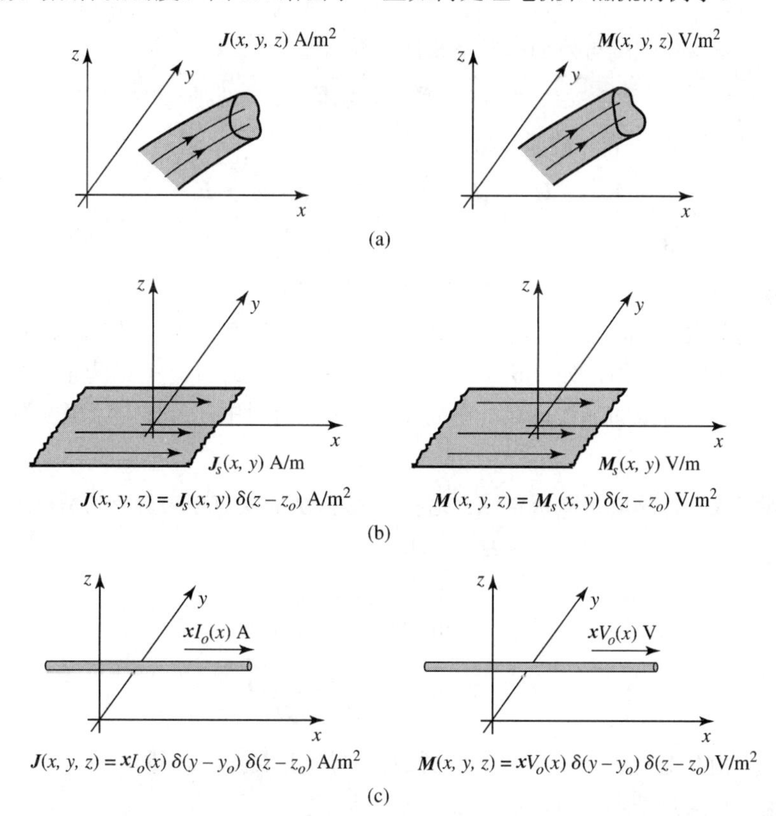

图 1.4　任意的体、面和线电流：(a)任意的体电流和磁流密度；(b)$z = z_0$ 平面上的任意表面电流和磁流密度；(c)任意的线电流和磁流密度；(d)平行于 x 轴的无限小电偶极子和磁偶极子

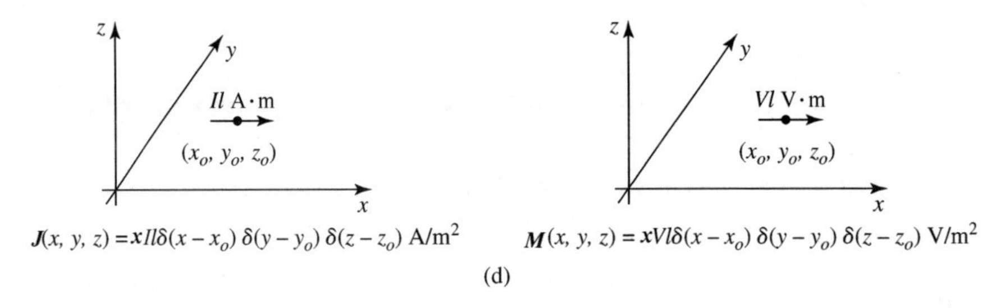

图 1.4　任意的体、面和线电流：(a)任意的体电流和磁流密度；(b)$z = z_0$ 平面上的任意表面电流和磁流密度；(c)任意的线电流和磁流密度；(d)平行于 x 轴的无限小电偶极子和磁偶极子（续）

1.3　媒质中的场和边界条件

上一节假设电场和磁场都在真空中，而且没有材料实体。实际上，材料实体通常是存在的；这就使得分析更为复杂，但也可将材料特性应用于微波元件。材料媒质中存在电磁场时，场向量是通过本构关系相互联系的。

对于电介质材料，外加电场 $\boldsymbol{E}$ 使材料的原子或分子产生极化，进而导致电偶极矩，它增大了总的位移通量 $\boldsymbol{D}$。这个附加的极化向量称为电极化强度 $\boldsymbol{P}_e$，其中，

$$\boldsymbol{D} = \epsilon_0 \boldsymbol{E} + \boldsymbol{P}_e \tag{1.15}$$

在线性媒质中，电极化强度与外加电场呈线性关系，即

$$\boldsymbol{P}_e = \epsilon_0 \chi_e \boldsymbol{E} \tag{1.16}$$

式中，χ_e 称为电极化率，它可能是复数。于是有

$$\boldsymbol{D} = \epsilon_0 \boldsymbol{E} + \boldsymbol{P}_e = \epsilon_0 (1+\chi_e)\boldsymbol{E} = \epsilon \boldsymbol{E} \tag{1.17}$$

式中，

$$\epsilon = \epsilon' - \mathrm{j}\epsilon'' = \epsilon_0 (1+\chi_e) \tag{1.18}$$

是媒质的复介电常数。ϵ 的虚部是电介质中偶极子振动阻尼产生的热损耗。真空中的 ϵ 是实数，它是无耗的。由于能量守恒，如 1.6 节所述，ϵ 的虚部必须为负值（ϵ'' 为正值）。介电材料的损耗还可以考虑有一个等效的导体损耗。在电导率为 σ 的材料中，传导电流密度为

$$\boldsymbol{J} = \sigma \boldsymbol{E} \tag{1.19}$$

从电磁场的观点来看，这就是欧姆定律。这样，关于 $\boldsymbol{H}$ 的麦克斯韦旋度方程(1.14b)变成

$$\begin{aligned} \nabla \times \boldsymbol{H} &= \mathrm{j}\omega \boldsymbol{D} + \boldsymbol{J} \\ &= \mathrm{j}\omega\epsilon \boldsymbol{E} + \sigma \boldsymbol{E} \\ &= \mathrm{j}\omega\epsilon' \boldsymbol{E} + (\omega\epsilon'' + \sigma)\boldsymbol{E} \\ &= \mathrm{j}\omega\left(\epsilon' - \mathrm{j}\epsilon'' - \mathrm{j}\frac{\sigma}{\omega}\right)\boldsymbol{E} \end{aligned} \tag{1.20}$$

从中可以看出，由介电阻尼（$\omega\epsilon''$）引起的损耗与导电损耗（σ）不同。$\omega\epsilon'' + \sigma$ 可视为总有效电导率。感兴趣的有关量是损耗角正切，它定义为

$$\tan\delta = \frac{\omega\epsilon'' + \sigma}{\omega\epsilon'} \tag{1.21}$$

它可视为总位移电流的实部与虚部之比。微波材料总用实介电常数[1] $\epsilon' = \epsilon_r\epsilon_0$ 和一定频率下的损耗角正切来表征。附录 G 中列出了一些典型材料的这些常数值。注意，在无耗假设下求得问题的解后，损耗很容易用复数 $\epsilon = \epsilon' - \mathrm{j}\epsilon'' = \epsilon'(1-\mathrm{j}\tan\delta) = \epsilon_0\epsilon_r(1-\mathrm{j}\tan\delta)$ 取代实数来引入，这一点很有用。

上述讨论中假设 $\boldsymbol{P}_e$ 是与 $\boldsymbol{E}$ 同方向的向量。这种材料称为各向同性材料，但并非所有材料都具有这种特性。有些材料是各向异性的，它们用 $\boldsymbol{P}_e$ 和 $\boldsymbol{E}$ 或 $\boldsymbol{D}$ 和 $\boldsymbol{E}$ 之间更复杂的关系来表达。这些向量之间的最一般的线性关系取二阶张量的形式，可以用矩阵形式表示为

$$\begin{bmatrix} D_x \\ D_y \\ D_z \end{bmatrix} = \begin{bmatrix} \epsilon_{xx} & \epsilon_{xy} & \epsilon_{xz} \\ \epsilon_{yx} & \epsilon_{yy} & \epsilon_{yz} \\ \epsilon_{zx} & \epsilon_{zy} & \epsilon_{zz} \end{bmatrix} \begin{bmatrix} E_x \\ E_y \\ E_z \end{bmatrix} = \boldsymbol{\epsilon} \begin{bmatrix} E_x \\ E_y \\ E_z \end{bmatrix} \tag{1.22}$$

由此可以看出，电场向量 $\boldsymbol{E}$ 的一个给定分量一般会引起 $\boldsymbol{D}$ 的三个分量。晶体结构和离子化的气体是各向异性介质的例子。对于各向同性的线性材料，式(1.22)中矩阵将简化为只有元素 ϵ 的对角阵。

类似的情形也出现在磁材料中，外加磁场可能使磁材料中的磁偶极子有序排列，产生磁极化（或磁化）向量 $\boldsymbol{P}_m$。于是有

$$\boldsymbol{B} = \mu_0(\boldsymbol{H} + \boldsymbol{P}_m) \tag{1.23}$$

对于线性磁材料，$\boldsymbol{P}_m$ 是与 $\boldsymbol{H}$ 线性相关的，即

$$\boldsymbol{P}_m = \chi_m \boldsymbol{H} \tag{1.24}$$

式中，χ_m 是磁极化率，它是一个复数。由式(1.23)和式(1.24)得

$$\boldsymbol{B} = \mu_0(1+\chi_m)\boldsymbol{H} = \mu\boldsymbol{H} \tag{1.25}$$

式中，$\mu = \mu_0(1+\chi_m) = \mu' - \mathrm{j}\mu''$ 是媒质的磁导率。同样，χ_m 或 μ 的虚部被认为是阻尼力引起的损耗；这里没有磁导率，因为不存在实际的磁流。与电的情况一样，磁材料可能是各向异性的，在这种情形下，张量磁导率写为

$$\begin{bmatrix} B_x \\ B_y \\ B_z \end{bmatrix} = \begin{bmatrix} \mu_{xx} & \mu_{xy} & \mu_{xz} \\ \mu_{yx} & \mu_{yy} & \mu_{yz} \\ \mu_{zx} & \mu_{zy} & \mu_{zz} \end{bmatrix} \begin{bmatrix} H_x \\ H_y \\ H_z \end{bmatrix} = \boldsymbol{\mu} \begin{bmatrix} H_x \\ H_y \\ H_z \end{bmatrix} \tag{1.26}$$

微波工程中各向异性磁材料的一个重要例子是称为铁氧体的亚铁磁类材料，这类材料及其应用将在第 9 章中讨论。

若有线性媒质（ϵ 和 μ 不依赖于 $\boldsymbol{E}$ 或 $\boldsymbol{H}$），则麦克斯韦方程组可写为相量形式：

$$\nabla \times \boldsymbol{E} = -\mathrm{j}\omega\mu\boldsymbol{H} - \boldsymbol{M} \tag{1.27a}$$

$$\nabla \times \boldsymbol{H} = \mathrm{j}\omega\epsilon\boldsymbol{E} + \boldsymbol{J} \tag{1.27b}$$

$$\nabla \cdot \boldsymbol{D} = \rho \tag{1.27c}$$

$$\nabla \cdot \boldsymbol{B} = 0 \tag{1.27d}$$

本构关系为

$$\boldsymbol{D} = \epsilon\boldsymbol{E} \tag{1.28a}$$

① *IEEE Standard Definitions of Terms for Radio Wave Propagation, IEEE Standard 211-1997* 建议用术语“相对介电常数”代替“介电常数”，但 *IEEE Standard Definitions of Terms for Antennas, IEEE Standard 145-1993* 仍然使用“介电常数”，因为这一术语在微波工程领域非常有用，本书中偶尔使用术语“介电常数”。

$$\boldsymbol{B} = \mu \boldsymbol{H} \tag{1.28b}$$

式中，ϵ 和 μ 可能是复数，也可能是张量。注意，类似于式(1.28a)和式(1.28b)的关系式一般不能写成时域形式，即便是对于线性媒质，因为在 $\boldsymbol{D}$ 和 $\boldsymbol{E}$ 或 $\boldsymbol{B}$ 和 $\boldsymbol{H}$ 之间可能存在相移。相量表达式通过 ϵ 和 μ 的复数形式已考虑了这一相移。

微分形式的麦克斯韦方程组(1.27a)～(1.27d)必须已知边界上的值时才能有完整和唯一的解。本书所用的一般方法是首先在一定的区域求解无源的麦克斯韦方程组，得到带有未知系数的通解，然后利用边界条件来求这些系数。一系列特定的边界条件将在后面讨论。

1.3.1 一般材料分界面上的场

考虑两种媒质之间的平面界面，如图 1.5 所示。积分形式的麦克斯韦方程组可用来推导包含分界面上的法向场和切向场的边界条件。时谐形式的式(1.4)可以写为

$$\oint_S \boldsymbol{D} \cdot \mathrm{d}\boldsymbol{s} = \int_V \rho \mathrm{d}v \tag{1.29}$$

式中，S 是如图 1.6 所示的封闭“圆筒”形表面。

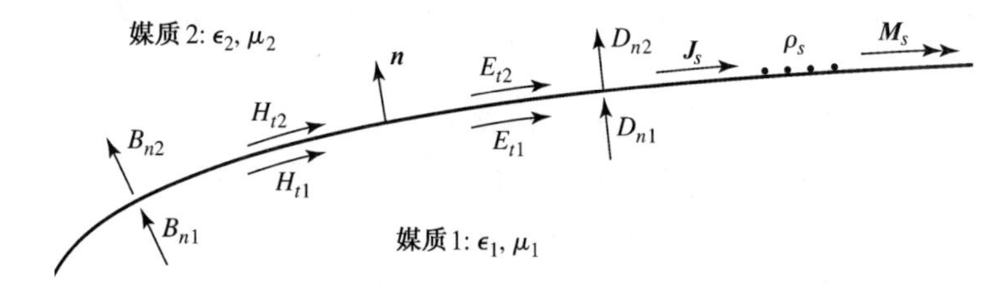

图 1.5 两媒质之间的一般分界面上的场、电流和表面电荷

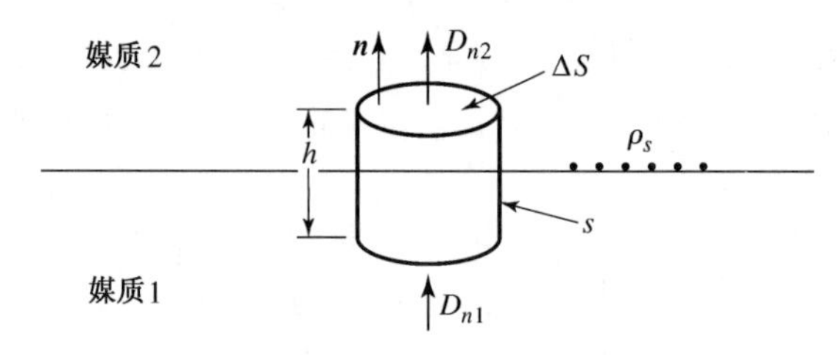

图 1.6 式(1.29)对应的封闭表面 S

在 $h \to 0$ 的极限情形下，$D_{\tan}$ 通过边壁的贡献为零，所以式(1.29)简化为

$$\Delta S D_{n2} - \Delta S D_{n1} = \Delta S \rho_s$$

或

$$D_{n2} - D_{n1} = \rho_s \tag{1.30}$$

式中，ρ_s 是分界面上的表面电荷密度。可将其写成向量形式：

$$\boldsymbol{n} \cdot (\boldsymbol{D}_2 - \boldsymbol{D}_1) = \rho_s \tag{1.31}$$

类似地，可得到 $\boldsymbol{B}$ 的结果为

$$\boldsymbol{n} \cdot \boldsymbol{B}_2 = \boldsymbol{n} \cdot \boldsymbol{B}_1 \tag{1.32}$$

因为这里没有自由磁荷。

对于电场的切向分量，可用式(1.6)的相量形式

$$\oint_C \boldsymbol{E} \cdot \mathrm{d}\boldsymbol{l} = -\mathrm{j}\omega \int_S \boldsymbol{B} \cdot \mathrm{d}\boldsymbol{s} - \int_S \boldsymbol{M} \cdot \mathrm{d}\boldsymbol{s} \tag{1.33}$$

把它和图 1.7 中的封闭周线 C 联系起来。在 $h\to 0$ 的极限情况下，$\boldsymbol{B}$ 的面积分趋于零（因为 $S=h\Delta\ell$ 变为零）。然而，若分界面上存在表面磁流密度 $\boldsymbol{M}_s$，则 $\boldsymbol{M}$ 的表面积分的贡献可能是非零的。因此，使用狄拉克 δ 函数可以写出

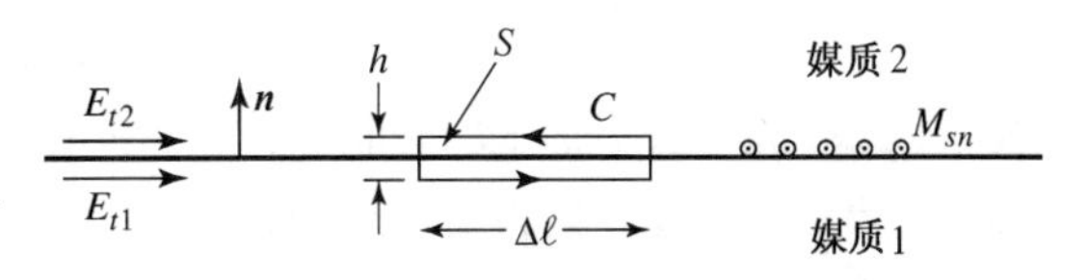

图 1.7　式(1.33)对应的封闭周线 C

$$\boldsymbol{M}=\boldsymbol{M}_s\delta(h) \tag{1.34}$$

式中，h 是垂直于分界面方向的坐标。这样，式(1.33)给出

$$\Delta\ell E_{t1}-\Delta\ell E_{t2}=-\Delta\ell M_s$$

或

$$E_{t1}-E_{t2}=-M_s \tag{1.35}$$

式(1.35)可以推广为向量形式

$$(\boldsymbol{E}_2-\boldsymbol{E}_1)\times\boldsymbol{n}=\boldsymbol{M}_s \tag{1.36}$$

对磁场进行类似的讨论，可以得到

$$\boldsymbol{n}\times(\boldsymbol{H}_2-\boldsymbol{H}_1)=\boldsymbol{J}_s \tag{1.37}$$

式中，$\boldsymbol{J}_s$ 是分界面上可能存在的面电流密度。式(1.31)、式(1.32)、式(1.36)和式(1.37)是在材料的任意分界面及存在任意面电流和/或磁流时的边界条件的通用表达式。

1.3.2　介质分界面上的场

在两种无耗介电材料的分界面上通常不存在电荷或面电流密度、磁流密度。于是，式(1.31)、式(1.32)、式(1.36)和式(1.37)简化为

$$\boldsymbol{n}\cdot\boldsymbol{D}_1=\boldsymbol{n}\cdot\boldsymbol{D}_2 \tag{1.38a}$$

$$\boldsymbol{n}\cdot\boldsymbol{B}_1=\boldsymbol{n}\cdot\boldsymbol{B}_2 \tag{1.38b}$$

$$\boldsymbol{n}\times\boldsymbol{E}_1=\boldsymbol{n}\times\boldsymbol{E}_2 \tag{1.38c}$$

$$\boldsymbol{n}\times\boldsymbol{H}_1=\boldsymbol{n}\times\boldsymbol{H}_2 \tag{1.38d}$$

换言之，这些方程是说，穿过分界面时 $\boldsymbol{D}$ 和 $\boldsymbol{B}$ 的法向分量连续，而 $\boldsymbol{E}$ 和 $\boldsymbol{H}$ 的切向分量连续。因为麦克斯韦方程组不都是线性无关的，所以包含在上述方程中的 6 个边界条件也不都是线性无关的。例如，若强制满足 4 个切向场分量的边界条件公式(1.38c)和公式(1.38d)，则会自动使法向分量的连续方程也得到满足。

1.3.3　理想导体（电壁）分界面上的场

微波工程中的很多问题包含有良导体（如金属）的边界，因此通常假设是无耗的（$\sigma\to\infty$）。在这种理想导体的情形下，导体内部区域的所有场分量必定为零。这一结果可视为导体具有有限导电率（$\sigma<\infty$），而且当 $\sigma\to\infty$ 时趋肤深度（微波功率可以穿透到达的深度）趋于零的情形（这样的分析将在 1.7 节中给出）。这里，若假设 $\boldsymbol{M}_s=0$，对应于理想导体充满边界一方的情况，则式(1.31)、式(1.32)、式(1.36)和式(1.37)简化为如下形式：

$$\boldsymbol{n}\cdot\boldsymbol{D}=\rho_s \tag{1.39a}$$

$$\boldsymbol{n}\cdot\boldsymbol{B}=0 \tag{1.39b}$$

$$\boldsymbol{n}\times\boldsymbol{E}=0 \tag{1.39c}$$

$$\boldsymbol{n}\times\boldsymbol{H}=\boldsymbol{J}_s \tag{1.39d}$$

式中，ρ_s和$\boldsymbol{J}_s$是分界面上的表面电荷密度和电流密度，$\boldsymbol{n}$是指向理想导体外的法向单位向量。这样的边界也称电壁，因为由式(1.39c)可以看出，电场$\boldsymbol{E}$的切向分量被“短路”，它在导体的表面必定为零。

1.3.4 磁壁边界条件

与上述边界条件对偶的是磁壁边界条件，其中$\boldsymbol{H}$的切向分量必须为零。这种边界条件实际上是不存在的，但在某些平面传输线问题中可用波纹表面来近似。此外，如后续几章所述，分界面上$\boldsymbol{n}\times\boldsymbol{H}=0$的理想情况常常是一种方便的简化。磁壁边界条件类似于开路传输线终端电压和电流的关系，电壁边界条件类似于短路传输线终端电压和电流的关系。这样，磁壁边界条件不仅使得边界条件公式更加完整，而且在若干有实际意义的情形下是一种有用的近似。

磁壁上的场满足下述条件：

$$\boldsymbol{n}\cdot\boldsymbol{D}=0 \tag{1.40a}$$

$$\boldsymbol{n}\cdot\boldsymbol{B}=0 \tag{1.40b}$$

$$\boldsymbol{n}\times\boldsymbol{E}=-\boldsymbol{M}_s \tag{1.40c}$$

$$\boldsymbol{n}\times\boldsymbol{H}=0 \tag{1.40d}$$

式中，$\boldsymbol{n}$是磁壁的外法向单位向量。

1.3.5 辐射条件

处理具有一个或多个无限大边界的问题（如无限大媒质中的平面波或无限长传输线）时，必须强加场在无限远处的条件。这种边界条件称为辐射条件，从根本上说，它就是能量守恒的一种表述。这种表述具体为：在离源无限远处，场要么为零，要么向外传播。只要一个无限大媒质包含一个小的损耗因子（因为很多物理媒质都具有损耗因子），那么这个结果就很容易得到。来自无限远处且具有有限振幅的波要求在无限远处有一个无限大的源，这是不可接受的。

1.4 波方程和基本平面波的解

1.4.1 亥姆霍兹方程

在无源、线性、各向同性和均匀的区域，相量形式的麦克斯韦方程组为

$$\nabla\times\boldsymbol{E}=-\mathrm{j}\omega\mu\boldsymbol{H} \tag{1.41a}$$

$$\nabla\times\boldsymbol{H}=\mathrm{j}\omega\epsilon\boldsymbol{E} \tag{1.41b}$$

两个方程包含两个未知量$\boldsymbol{E}$和$\boldsymbol{H}$。因此，它们可用来求解$\boldsymbol{E}$和$\boldsymbol{H}$。于是，取式(1.41a)的旋度并应用式(1.41b)可得

$$\nabla\times\nabla\times\boldsymbol{E}=-\mathrm{j}\omega\mu\nabla\times\boldsymbol{H}=\omega^2\mu\epsilon\boldsymbol{E}$$

这是一个关于$\boldsymbol{E}$的方程。这个结果可以利用向量恒等式(B.14)即$\nabla\times\nabla\times\boldsymbol{A}=\nabla(\nabla\cdot\boldsymbol{A})-\nabla^2\boldsymbol{A}$得到简化，该恒等式对任意向量$\boldsymbol{A}$的直角分量都是正确的。于是有

$$\nabla^2\boldsymbol{E}+\omega^2\mu\epsilon\boldsymbol{E}=0 \tag{1.42}$$

因为在无源区域中有$\nabla\cdot\boldsymbol{E}=0$。式(1.42)是$\boldsymbol{E}$的波方程，或亥姆霍兹方程。对于$\boldsymbol{H}$，采用同样的方法，可得到完全相同的方程：

$$\nabla^2\boldsymbol{H}+\omega^2\mu\epsilon\boldsymbol{H}=0 \tag{1.43}$$

常数 $k=\omega\sqrt{\mu\epsilon}$ 是确定的，称为媒质的波数或传播常数，单位为 1/m。

作为引入波的行为的一种方法，下面研究上述波方程在其最简单形式下的解，首先研究无耗媒质，然后研究有耗（导电）媒质。

1.4.2 无耗媒质中的平面波

在无耗媒质中，ϵ 和 μ 是实数，因此 k 也是实数。上述波方程的一个平面波的基本解可以通过一个只有 $\boldsymbol{x}$ 分量且在 x 和 y 方向均匀（不变）的电场得到。因为 $\partial/\partial x=\partial/\partial y=0$，于是亥姆霍兹方程(1.42)简化为

$$\frac{\partial^2 E_x}{\partial z^2}+k^2 E_x=0 \tag{1.44}$$

通过代入法很容易得到该方程的两个独立的解，形式为

$$E_x(z)=E^+\mathrm{e}^{-\mathrm{j}kz}+E^-\mathrm{e}^{\mathrm{j}kz} \tag{1.45}$$

式中 E^+ 和 E^- 是任意振幅常数。

上述解是频率 ω 下的时谐形式。该结果在时域可以写为

$$\mathcal{E}_x(z,t)=E^+\cos(\omega t-kz)+E^-\cos(\omega t+kz) \tag{1.46}$$

式中，假定 E^+ 和 E^- 为实常数。考虑式(1.46)的第一项。这一项代表沿+z 方向传播的波。因为，为了保持波的一个固定点相位（$\omega t-kz=$ 常数），当时间增加时，它必须向+z 方向移动。类似地，式(1.46)中的第二项代表沿−z 方向传播的波；因此，用 E^+ 和 E^- 来表示这两个波的振幅。按此分析，波的速度称为**相速**，因为它是波在传播过程中于一个固定相位点的运动速度，并由下式给出：

$$v_p=\frac{\mathrm{d}z}{\mathrm{d}t}=\frac{\mathrm{d}}{\mathrm{d}t}\left(\frac{\omega t-\text{常数}}{k}\right)=\frac{\omega}{k}=\frac{1}{\sqrt{\mu\epsilon}} \tag{1.47}$$

在真空中有 $v_p=1/\sqrt{\mu_0\epsilon_0}=c=2.998\times10^8$ m/s，这就是光速。

波长 λ 定义为波在某个确定的时刻，两个相邻的极大值（极小值或其他任意的参考点）之间的距离。因此，

$$(\omega t-kz)-[\omega t-k(z+\lambda)]=2\pi$$

所以

$$\lambda=\frac{2\pi}{k}=\frac{2\pi v_p}{\omega}=\frac{v_p}{f} \tag{1.48}$$

电磁场平面波的完整定义必须包含磁场。一般来说，无论已知的是 $\boldsymbol{E}$ 还是 $\boldsymbol{H}$，其他场向量都可用麦克斯韦旋度方程很快地求出。因此，把式(1.45)所示的电场应用于式(1.41a)可得 $H_x=H_z=0$，以及

$$H_y=\frac{1}{\eta}\left(E^+\mathrm{e}^{-\mathrm{j}kz}-E^-\mathrm{e}^{\mathrm{j}kz}\right) \tag{1.49}$$

式中，$\eta=\omega\mu/k=\sqrt{\mu/\epsilon}$ 是平面波的波阻抗，它定义为 $\boldsymbol{E}$ 与 $\boldsymbol{H}$ 之比。对于平面波，该阻抗也是所在媒质的本征阻抗。在真空中有 $\eta_0=\sqrt{\mu_0/\epsilon_0}=377\Omega$。注意，向量 $\boldsymbol{E}$ 与 $\boldsymbol{H}$ 互相正交，而且垂直于传播方向($\pm\boldsymbol{z}$)；这是横向电磁波（TEM）的一个特征。

例题 1.1　平面波基本参量

一个在无耗介电媒质中传播的平面波具有电场形式 $\mathcal{E}_x = E_0\cos(\omega t - \beta z)$，频率为 5.0GHz，媒质中的波长为 3.0cm。求这个平面波的传播常数、相速、媒质的相对介电常数和波阻抗。

解： 由式(1.48)得 $k = 2\pi/\lambda = 2\pi/0.03 = 209.4\mathrm{m}^{-1}$，由式(1.47)得相速为

$$v_p = \omega / k = 2\pi f = \lambda f = 0.03\times 5\times 10^9 = 1.5\times 10^8\ \mathrm{m/s}$$

这一速度约为光速的 1/2。媒质的相对介电常数可由式(1.47)求出：

$$\epsilon_r = \left(\frac{c}{v_p}\right)^2 = \left(\frac{3.0\times 10^8}{1.5\times 10^8}\right)^2 = 4.0$$

波阻抗为

$$\eta = \eta_0 / \sqrt{\epsilon_r} = \frac{377}{\sqrt{4.0}} = 188.5\Omega$$

■

1.4.3　一般有耗媒质中的平面波

现在考虑有耗媒质的影响。若媒质是导电的，电导率为 σ，则式(1.41a)和式(1.20)给出的麦克斯韦旋度方程组可以写为

$$\nabla\times\boldsymbol{E} = -\mathrm{j}\omega\mu\boldsymbol{H} \tag{1.50a}$$

$$\nabla\times\boldsymbol{H} = \mathrm{j}\omega\epsilon\boldsymbol{E} + \sigma\boldsymbol{E} \tag{1.50b}$$

$\boldsymbol{E}$ 的波方程变为

$$\nabla^2\boldsymbol{E} + \omega^2\mu\epsilon\left(1 - \mathrm{j}\frac{\sigma}{\omega\epsilon}\right)\boldsymbol{E} = 0 \tag{1.51}$$

上式与无耗情形下 $\boldsymbol{E}$ 的波方程(1.42)类似，差别在于式(1.42)中的波数 $k^2 = \omega^2\mu\epsilon$ 被式(1.51)中的 $\omega^2\mu\epsilon[1 - \mathrm{j}(\sigma/\omega\epsilon)]$ 代替。然后，将该媒质的复传播常数定义为

$$\gamma = \alpha + \mathrm{j}\beta = \mathrm{j}\omega\sqrt{\mu\epsilon}\sqrt{1 - \mathrm{j}\frac{\sigma}{\omega\epsilon}} \tag{1.52}$$

式中，α 是衰减常数，β 是相位常数。若再次假设电场只有 $\boldsymbol{x}$ 分量，且在 x 和 y 方向是均匀不变的，则式(1.51)给出的波方程可简化为

$$\frac{\partial^2 E_x}{\partial z^2} - \gamma^2 E_x = 0 \tag{1.53}$$

它具有解

$$E_x(z) = E^+\mathrm{e}^{-\gamma z} + E^-\mathrm{e}^{\gamma z} \tag{1.54}$$

正向传输波的传播因数是

$$\mathrm{e}^{-\gamma z} = \mathrm{e}^{-\alpha z}\mathrm{e}^{-\mathrm{j}\beta z}$$

其时域形式为

$$\mathrm{e}^{-\alpha z}\cos(\omega t - \beta z)$$

这代表一个沿+z 方向传播的波，相速为 $v_p = \omega/\beta$，波长为 $\lambda = 2\pi/\beta$，而且有指数衰减因子。随距离变化的衰减率由衰减常数 α 给出。式(1.54)中的反向行波项类似地沿$-z$ 轴衰减。若去掉损耗，即 $\sigma = 0$，则得到 $\gamma = \mathrm{j}k$，$\alpha = 0$，$\beta = k$。

如 1.3 节所述，损耗也可处理为复介电常数。由式(1.52)和式(1.20)及 $\sigma = 0$，但 $\epsilon = \epsilon' - \mathrm{j}\epsilon''$ 为复数，有

$$\gamma = \mathrm{j}\omega\sqrt{\mu\epsilon} = \mathrm{j}k = \mathrm{j}\omega\sqrt{\mu\epsilon'(1-\mathrm{j}\tan\delta)} \tag{1.55}$$

式中，$\tan\delta = \epsilon''/\epsilon'$ 为材料的损耗角正切。

接着，相关的磁场可以计算为

$$H_y = \frac{\mathrm{j}}{\omega\mu}\frac{\partial E_x}{\partial z} = \frac{-\mathrm{j}\gamma}{\omega\mu}(E^+\mathrm{e}^{-\gamma z} - E^-\mathrm{e}^{\gamma z}) \tag{1.56}$$

在无耗情形下，波阻抗可以定义为电场与磁场之比：

$$\eta = \frac{\mathrm{j}\omega\mu}{\gamma} \tag{1.57}$$

这样，式(1.56)就可写为

$$H_y = \frac{1}{\eta}(E^+\mathrm{e}^{-\gamma z} - E^-\mathrm{e}^{\gamma z}) \tag{1.58}$$

注意，式(1.57)中的 η 一般为复数，而当 $\gamma = \mathrm{j}k = \mathrm{j}\omega\sqrt{\mu\epsilon}$ 时，它简化为无耗情形下的 $\eta = \sqrt{\mu/\epsilon}$ 。

1.4.4 良导体中的平面波

很多实际问题包含良导体（而非理想导体）造成的损耗或衰减。良导体是前面分析过的导电电流比位移电流大得多的一种特殊情况，即 $\sigma \gg \omega\epsilon$ 。绝大多数金属都可视为良导体。宁可采用复介电常数，也不采用电导率，这个条件等效于 $\epsilon'' \gg \epsilon'$ 。忽略位移电流项，式(1.52)中的传播常数可以适当地近似为

$$\gamma = \alpha + \mathrm{j}\beta \approx \mathrm{j}\omega\sqrt{\mu\epsilon}\sqrt{\frac{\sigma}{\mathrm{j}\omega\epsilon}} = (1+\mathrm{j})\sqrt{\frac{\omega\mu\sigma}{2}} \tag{1.59}$$

趋肤深度（或穿透的特征深度）定义为

$$\delta_s = \frac{1}{\alpha} = \sqrt{\frac{2}{\omega\mu\sigma}} \tag{1.60}$$

这样，导体中的场在传输一个趋肤深度的距离后，振幅就衰减为 1/e，即 36.8%，因为 $\mathrm{e}^{-\alpha z} = \mathrm{e}^{-\alpha\delta_s} = \mathrm{e}^{-1}$ 。在微波频率下，对于良导体，该距离是非常小的。这个结果的实际重要性在于对低耗微波元件而言，只需要一个薄片良导体（如银或金）就已足够。

例题 1.2　微波频率下的趋肤深度

计算铝、铜、金和银在频率为 10GHz 时的趋肤深度。

解：这些金属的电导率列在附录 F 中。式(1.60)给出的趋肤深度为

$$\delta_s = \sqrt{\frac{2}{\omega\mu\sigma}} = \sqrt{\frac{1}{\pi f\mu_0\sigma}} = \sqrt{\frac{1}{\pi\times10^{10}\times(4\pi\times10^{-7})}}\sqrt{\frac{1}{\sigma}} = 5.03\times10^{-3}\sqrt{\frac{1}{\sigma}}$$

铝：$\delta_s = 5.03\times10^{-3}\sqrt{\dfrac{1}{3.816\times10^7}} = 8.14\times10^{-7}\,\mathrm{m}$ 。

铜：$\delta_s - 5.03\times10^{-3}\sqrt{\dfrac{1}{5.813\times10^7}} - 6.60\times10^{-7}\,\mathrm{m}$ 。

金：$\delta_s = 5.03\times10^{-3}\sqrt{\dfrac{1}{4.098\times10^7}} = 7.86\times10^{-7}\,\mathrm{m}$ 。

银：$\delta_s = 5.03\times10^{-3}\sqrt{\dfrac{1}{6.173\times10^7}} = 6.40\times10^{-7}\,\mathrm{m}$ 。

这些结果表明，良导体中的绝大部分电流都位于接近导体表面的极薄区域内。 ■

良导体内的波阻抗可以由式(1.57)和式(1.59)得到，结果为

$$\eta = \frac{j\omega\mu}{\gamma} \approx (1+j)\sqrt{\frac{\omega\mu}{2\sigma}} = (1+j)\frac{1}{\sigma\delta_s} \tag{1.61}$$

注意，这一阻抗的相角为 45°，这是良导体的特征。无耗材料的相角为 0°，而任意有耗媒质的阻抗的相角在 0° 与 45° 之间。

表 1.1 小结了平面波在无耗和有耗均匀媒质中传播的一些结果。

表 1.1　平面波在无耗和有耗均匀媒质中传播的一些结果

物理量	类型：无耗 ($\epsilon''=\sigma=0$)	类型：一般损耗	类型：良导体 ($\epsilon'' \gg \epsilon'$ 或 $\sigma \gg \omega\epsilon'$)
复传播常数	$\gamma = j\omega\sqrt{\mu\epsilon}$	$\gamma = j\omega\sqrt{\mu\epsilon} = j\omega\sqrt{\mu\epsilon'}\sqrt{1-j\frac{\sigma}{\omega\epsilon'}}$	$\gamma = (1+j)\sqrt{\omega\mu\sigma/2}$
相位常数（波数）	$\beta = k = \omega\sqrt{\mu\epsilon}$	$\beta = \mathrm{Im}(\gamma)$	$\beta = \mathrm{Im}(\gamma) = \sqrt{\omega\mu\sigma/2}$
衰减常数	$\alpha = 0$	$\alpha = \mathrm{Re}(\gamma)$	$\alpha = \mathrm{Re}(\gamma) = \sqrt{\omega\mu\sigma/2}$
阻抗	$\eta = \sqrt{\mu/\epsilon} = \omega\mu/k$	$\eta = j\omega\mu/\gamma$	$\eta = (1+j)\sqrt{\omega\mu/2\sigma}$
趋肤深度	$\sigma_s = \infty$	$\delta_s = 1/\alpha$	$\delta_s = \sqrt{2/\omega\mu\sigma}$
波长	$\lambda = 2\pi/\beta$	$\lambda = 2\pi/\beta$	$\lambda = 2\pi/\beta$
相速	$v_p = \omega/\beta$	$v_p = \omega/\beta$	$v_p = \omega/\beta$

1.5　平面波的通解

1.4 节中讨论了平面波的一些特征。下面从更一般的观点出发再次考察平面波，并用分离变量法来求解波动方程。这种方法在后续几章中还会用到。还将讨论圆极化平面波，这对于第 9 章中有关铁氧体的讨论是很重要的。

在真空中，电场 $\boldsymbol{E}$ 的亥姆霍兹方程可以写为

$$\nabla^2\boldsymbol{E} + k_0^2\boldsymbol{E} = \frac{\partial^2\boldsymbol{E}}{\partial x^2} + \frac{\partial^2\boldsymbol{E}}{\partial y^2} + \frac{\partial^2\boldsymbol{E}}{\partial z^2} + k_0^2\boldsymbol{E} = 0 \tag{1.62}$$

这个向量波方程对于 $\boldsymbol{E}$ 的每个直角分量都是正确的：

$$\frac{\partial^2 E_i}{\partial x^2} + \frac{\partial^2 E_i}{\partial y^2} + \frac{\partial^2 E_i}{\partial z^2} + k_0^2 E_i = 0 \tag{1.63}$$

式中，下标 $i = x, y$ 或 z。现在，用分离变量法来求解这个方程，这是处理这种类型的偏微分方程的标准方法。这一方法首先认为式(1.63)的解（如 E_x）可以写为三个函数的乘积，而每个函数分别与三个坐标中的一个有关：

$$E_x(x,y,z) = f(x)g(y)h(z) \tag{1.64}$$

把这种形式的解代入式(1.63)，并除以 fgh 得

$$\frac{f''}{f} + \frac{g''}{g} + \frac{h''}{h} + k_0^2 = 0 \tag{1.65}$$

式中，双撇号表示二阶导数。现在，问题中的关键一步是认识到式(1.65)中的每一项是相互独立的，因此它们必须为常量。也就是说，f''/f 仅为 x 的函数，而且式(1.65)中余下的项与 x 无关，因

此f''/f必定是常数。式(1.65)中的其他项同样如此。因此，定义三个分离的常数k_x, k_y和k_z，使得

$$f''/f=-k_x^2,\qquad g''/g=-k_y^2,\qquad h''/h=-k_z^2$$

或

$$\frac{\mathrm{d}^2 f}{\mathrm{d}x^2}+k_x^2 f=0,\qquad \frac{\mathrm{d}^2 g}{\mathrm{d}y^2}+k_y^2 g=0,\qquad \frac{\mathrm{d}^2 h}{\mathrm{d}z^2}+k_z^2 h=0 \tag{1.66}$$

联立式(1.65)和式(1.66)得

$$k_x^2+k_y^2+k_z^2=k_0^2 \tag{1.67}$$

现在，偏微分方程(1.63)已简化为三个分离的常微分方程(1.66)。这三个方程的解的形式分别为$c^{\pm jk_x x}$, $c^{\pm jk_y y}$和$c^{\pm jk_z z}$。如上节所述，带“+”号的项使波沿负x方向、负y方向或负z方向传播，而带“−”号的项使波沿正x方向、正y方向或正z方向传播。两个解都是可能的和合理的；这些项被激励的量值依赖于场的源。对于当前的讨论，选择沿每个坐标的正向传播的平面波，而把解E_x的完整形式写为

$$E_x(x,y,z)=A\mathrm{e}^{-\mathrm{j}(k_x x+k_y y+k_z z)} \tag{1.68}$$

式中，A是任意振幅常数。现在，定义波向量$\boldsymbol{k}$为

$$\boldsymbol{k}=k_x\boldsymbol{x}+k_y\boldsymbol{y}+k_z\boldsymbol{z}=k_0\boldsymbol{n} \tag{1.69}$$

于是，由式(1.67)得$|\boldsymbol{k}|=k_0$，而且$\boldsymbol{n}$是传播方向上的单位向量。定义位置向量为

$$\boldsymbol{r}=x\boldsymbol{x}+y\boldsymbol{y}+z\boldsymbol{z} \tag{1.70}$$

然后，式(1.68)可写为

$$E_x(x,y,z)=A\mathrm{e}^{-\mathrm{j}\boldsymbol{k}\cdot\boldsymbol{r}} \tag{1.71}$$

当然，式(1.63)对E_y和E_z的解，类似于E_x的式(1.71)的形式，但具有不同的振幅常数：

$$E_y(x,y,z)=B\mathrm{e}^{-\mathrm{j}\boldsymbol{k}\cdot\boldsymbol{r}} \tag{1.72}$$

$$E_z(x,y,z)=C\mathrm{e}^{-\mathrm{j}\boldsymbol{k}\cdot\boldsymbol{r}} \tag{1.73}$$

$\boldsymbol{E}$的三个分量［式(1.71)～式(1.73)］对x, y, z的依赖关系必须相同（相同的k_x, k_y, k_z），因为散度条件

$$\nabla\cdot\boldsymbol{E}=\frac{\partial E_x}{\partial x}+\frac{\partial E_y}{\partial y}+\frac{\partial E_z}{\partial z}=0$$

必须成立以便满足麦克斯韦方程组，这意味着E_x, E_y和E_z在x, y, z方向的变化相同（注意，上一节的解已自动满足散度条件，因为E_x只是$\boldsymbol{E}$的唯一分量，而E_x又不随x变化）。这个条件对振幅A、B和C也施加了一个限制，因为若

$$\boldsymbol{E}_0=A\boldsymbol{x}+B\boldsymbol{y}+C\boldsymbol{z}$$

则有

$$\boldsymbol{E}=\boldsymbol{E}_0\mathrm{e}^{-\mathrm{j}\boldsymbol{k}\cdot\boldsymbol{r}}$$

和

$$\nabla\cdot\boldsymbol{E}=\nabla\cdot(\boldsymbol{E}_0\mathrm{e}^{-\mathrm{j}\boldsymbol{k}\cdot\boldsymbol{r}})=\boldsymbol{E}_0\cdot\nabla\mathrm{e}^{-\mathrm{j}\boldsymbol{k}\cdot\boldsymbol{r}}=-\mathrm{j}\boldsymbol{k}\cdot\boldsymbol{E}_0\mathrm{e}^{-\mathrm{j}\boldsymbol{k}\cdot\boldsymbol{r}}=0$$

其中用到了向量恒等式(B.7)。因此，必定有

$$\boldsymbol{k}\cdot\boldsymbol{E}_0=0 \tag{1.74}$$

这表明电场振幅向量$\boldsymbol{E}_0$必定垂直于传播方向$\boldsymbol{k}$。这个条件是平面波的普通结果，意味着三个振幅常量A、B和C中只有两个可以独立地选择。

磁场可以由麦克斯韦方程

$$\nabla \times \boldsymbol{E} = -\mathrm{j}\omega\mu_0 \boldsymbol{H} \tag{1.75}$$

求出，具体为

$$\begin{aligned}
\boldsymbol{H} &= \frac{\mathrm{j}}{\omega\mu_0}\nabla\times\boldsymbol{E} = \frac{\mathrm{j}}{\omega\mu_0}\nabla\times(\boldsymbol{E}_0\mathrm{e}^{-\mathrm{j}\boldsymbol{k}\cdot\boldsymbol{r}}) \\
&= \frac{-\mathrm{j}}{\omega\mu_0}\boldsymbol{E}_0\times\nabla\mathrm{e}^{-\mathrm{j}\boldsymbol{k}\cdot\boldsymbol{r}} \\
&= \frac{-\mathrm{j}}{\omega\mu_0}\boldsymbol{E}_0\times(-\mathrm{j}\boldsymbol{k})\mathrm{e}^{-\mathrm{j}\boldsymbol{k}\cdot\boldsymbol{r}} \\
&= \frac{k_0}{\omega\mu_0}\boldsymbol{n}\times\boldsymbol{E}_0\mathrm{e}^{-\mathrm{j}\boldsymbol{k}\cdot\boldsymbol{r}} \\
&= \frac{1}{\eta_0}\boldsymbol{n}\times\boldsymbol{E}_0\mathrm{e}^{-\mathrm{j}\boldsymbol{k}\cdot\boldsymbol{r}} \\
&= \frac{1}{\eta_0}\boldsymbol{n}\times\boldsymbol{E}
\end{aligned} \tag{1.76}$$

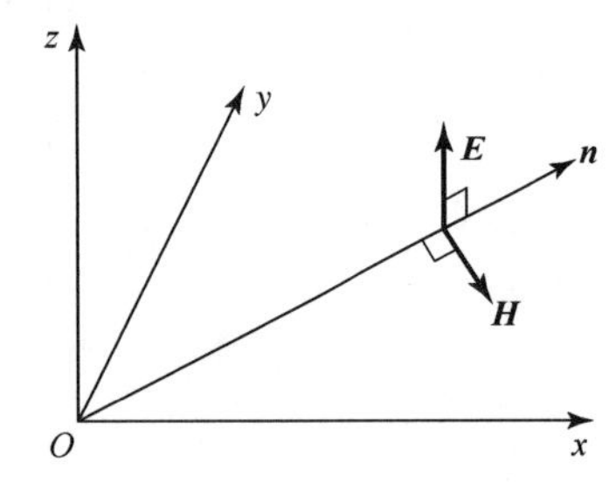

图 1.8　普遍平面波的三个向量 $\boldsymbol{E}$，$\boldsymbol{H}$ 和 $\boldsymbol{k}=k_0\boldsymbol{n}$ 的方向

式中，在得到第二行时，用到了向量恒等式(B.9)。这个结果表明，磁场强度向量 $\boldsymbol{H}$ 位于垂直于传播方向 $\boldsymbol{k}$ 的平面内，而且 $\boldsymbol{H}$ 也垂直于 $\boldsymbol{E}$。图 1.8 显示了这些向量的关系。式(1.76)中的量 $\eta_0=\sqrt{\mu_0/\epsilon_0}=377\Omega$ 是真空的本征阻抗。

电场的时域表达式可以求出为

$$\begin{aligned}
\boldsymbol{\mathcal{E}}(x,y,z,t) &= \mathrm{Re}\{\boldsymbol{E}(x,y,z)\mathrm{e}^{\mathrm{j}\omega t}\} \\
&= \mathrm{Re}\{\boldsymbol{E}_0\mathrm{e}^{-\mathrm{j}\boldsymbol{k}\cdot\boldsymbol{r}}\mathrm{e}^{\mathrm{j}\omega t}\} \\
&= \boldsymbol{E}_0\cos(\boldsymbol{k}\cdot\boldsymbol{r}-\omega t)
\end{aligned} \tag{1.77}$$

假定 $\boldsymbol{E}_0$ 中包含的振幅 A、B 和 C 为实数。若这些常量不是实数，则其相位应包含在式(1.77)的余弦项中。很容易证明，这个解的波长和相速与 1.4 节中得到的相同。

例题 1.3　作为平面波源的片电流

一个无穷大的表面电流片可认为是平面波的源。假设真空中 $z=0$ 处有一个面电流密度 $\boldsymbol{J}_s=J_0\boldsymbol{x}$，求它产生的电场，假定电流片的两边都产生平面波，并施加边界条件。

解： 因为源不随 x 和 y 变化，所以它产生的场也不随 x 和 y 变化，但将离开源分别沿$\pm z$ 方向传播。在 $z=0$ 处需要满足的边界条件为

$$\boldsymbol{n}\times(\boldsymbol{E}_2-\boldsymbol{E}_1)=\boldsymbol{z}\times(\boldsymbol{E}_2-\boldsymbol{E}_1)=0$$

$$\boldsymbol{n}\times(\boldsymbol{H}_2-\boldsymbol{H}_1)=\boldsymbol{z}\times(\boldsymbol{H}_2-\boldsymbol{H}_1)=J_0\boldsymbol{x}$$

式中，$\boldsymbol{E}_1,\boldsymbol{H}_1$ 为 $z<0$ 时的场，$\boldsymbol{E}_2,\boldsymbol{H}_2$ 为 $z>0$ 时的场。为满足第二个条件，$\boldsymbol{H}$ 必须只有 $\boldsymbol{y}$ 分量。然后，因为 $\boldsymbol{E}$ 垂直于 $\boldsymbol{H}$ 和 $\boldsymbol{z}$，所以 $\boldsymbol{E}$ 必定只有 $\boldsymbol{x}$ 分量。因此，场将具有如下形式：

$$\begin{aligned}
z<0,\quad & \boldsymbol{E}_1=\boldsymbol{x}A\eta_0\mathrm{e}^{\mathrm{j}k_0z} \\
& \boldsymbol{H}_1=-\boldsymbol{y}A\mathrm{e}^{\mathrm{j}k_0z} \\
z>0,\quad & \boldsymbol{E}_2=\boldsymbol{x}B\eta_0\mathrm{e}^{-\mathrm{j}k_0z} \\
& \boldsymbol{H}_2=\boldsymbol{y}B\mathrm{e}^{-\mathrm{j}k_0z}
\end{aligned}$$

式中，A 和 B 为任意振幅的常数。由第一个边界条件，即 E_x 在 $z=0$ 处连续，得到 $A=B$，

而对于 $\boldsymbol{H}$ 的边界条件，得到方程

$$-B - A = J_0$$

求解 A 和 B，得

$$A = B = -J_0 / 2$$

由此得到完整的解。■

1.5.1 圆极化平面波

以上讨论的平面波，其电场向量均指向一个固定的方向，因此称为线极化波。一般而言，平面波的极化方向是其电场向量的方向，它可能在一个固定的方向上，也可能随时间变化。

考虑一个振幅为 E_1 的 $\boldsymbol{x}$ 方向的线极化波与振幅为 E_2 的 $\boldsymbol{y}$ 方向的线极化波的叠加，这两个波都沿 $\boldsymbol{z}$ 方向传播。总电场可以写为

$$\boldsymbol{E} = (E_1\boldsymbol{x} + E_2\boldsymbol{y})\mathrm{e}^{-\mathrm{j}k_0 z} \tag{1.78}$$

现在，产生了多种可能性。若 $E_1 \neq 0$ 而 $E_2 = 0$，则有一个极化方向在 $\boldsymbol{x}$ 方向的平面波。类似地，若 $E_1 = 0$ 而 $E_2 \neq 0$，则有一个极化方向在 $\boldsymbol{y}$ 方向的平面波。若 E_1 和 E_2 同为实数而且非零，则有一个极化方向在角度为

$$\phi = \arctan\frac{E_2}{E_1}$$

的平面波。例如，若 $E_1 = E_2 = E_0$，则有

$$\boldsymbol{E} = E_0(\boldsymbol{x} + \boldsymbol{y})\mathrm{e}^{-\mathrm{j}k_0 z}$$

它代表与 x 轴成 45° 角的电场向量。

现在，考虑 $E_1 = \mathrm{j}E_2 = E_0$ 的情况，其中 E_0 为实数，于是有

$$\boldsymbol{E} = E_0(\boldsymbol{x} - \mathrm{j}\boldsymbol{y})\mathrm{e}^{-\mathrm{j}k_0 z} \tag{1.79}$$

这个场的时域形式为

$$\boldsymbol{\mathcal{E}}(z,t) = E_0[\boldsymbol{x}\cos(\omega t - k_0 z) + \boldsymbol{y}\cos(\omega t - k_0 z - \pi/2)] \tag{1.80}$$

该式表明电场向量随时间或随 z 轴上的距离变化。为了解这一点，取一个固定点，如 $z = 0$。式(1.80)简化为

$$\boldsymbol{\mathcal{E}}(0,t) = E_0[\boldsymbol{x}\cos\omega t + \boldsymbol{y}\sin\omega t] \tag{1.81}$$

因为 ωt 从零开始增加，所以电场向量从 x 轴开始逆时针方向旋转。结果是，$z = 0$ 处的电场向量在时刻 t 与 x 轴的夹角为

$$\phi = \arctan\left(\frac{\sin\omega t}{\cos\omega t}\right) = \omega t$$

它表明，极化方向以匀角速度 ω 旋转。因此按右手定则，当大拇指指向波传播方向时，右手其他手指指向旋转方向，所以这种类型的波称为*右旋圆极化*（Right Hand Circularly Polarized，RHCP）波。类似地，形式为

$$\boldsymbol{E} = E_0(\boldsymbol{x} + \mathrm{j}\boldsymbol{y})\mathrm{e}^{-\mathrm{j}k_0 z} \tag{1.82}$$

的场构成了一个左旋圆极化（Left Hand Circularly Polarized，LHCP）波，此处电场向量反方向旋转。从图 1.9 可以看到 RHCP 和 LHCP 平面波的极化向量。

与圆极化波相关的磁场可由麦克斯韦方程组或把波阻抗应用到电场的各个分量得到。例如，把式(1.76)应用到由式(1.79)给出的右旋圆极化波的电场，得到

$$H = \frac{E_0}{\eta_0} \boldsymbol{z} \times (\boldsymbol{x} - \mathrm{j}\boldsymbol{y}) \mathrm{e}^{-\mathrm{j}k_0 z} = \frac{E_0}{\eta_0} (\boldsymbol{y} + \mathrm{j}\boldsymbol{x}) \mathrm{e}^{-\mathrm{j}k_0 z} = \frac{\mathrm{j}E_0}{\eta_0} (\boldsymbol{x} - \mathrm{j}\boldsymbol{y}) \mathrm{e}^{-\mathrm{j}k_0 z}$$

可以看出，它也代表一个右旋圆极化型的向量旋转。

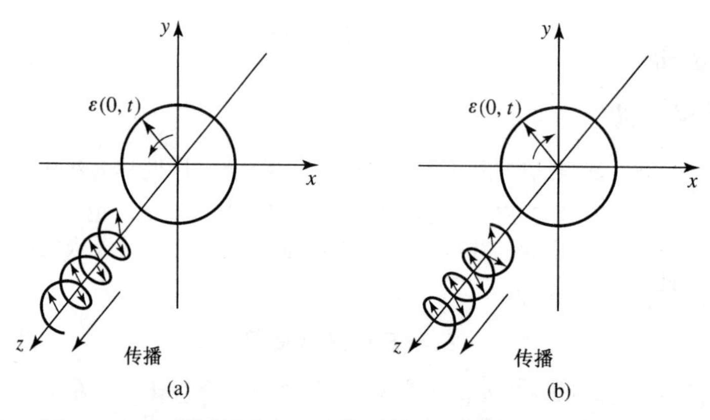

图 1.9 (a)右旋圆极化和(b)左旋圆极化平面波的电场极化方向

1.6 能量和功率

一般来说，电磁能量源建立电磁场，它存储电能和磁能，而且携带的功率可以传输出去或作为损耗消耗掉。在正弦稳态情况下，体积 V 中时间平均的存储电能由下式给出：

$$W_e = \frac{1}{4} \mathrm{Re} \int_V \boldsymbol{E} \cdot \boldsymbol{D}^* \mathrm{d}v \tag{1.83}$$

在无耗、各向同性、均匀和线性介质的简单情形下，它是常数实标量，因此上式简化为

$$W_e = \frac{\epsilon}{4} \int_V \boldsymbol{E} \cdot \boldsymbol{E}^* \mathrm{d}v \tag{1.84}$$

类似地，存储在体积 V 中的时间平均磁能为

$$W_m = \frac{1}{4} \mathrm{Re} \int_V \boldsymbol{H} \cdot \boldsymbol{B}^* \mathrm{d}v \tag{1.85}$$

对于常数实标量 μ，它变为

$$W_m = \frac{\mu}{4} \int_V \boldsymbol{H} \cdot \boldsymbol{H}^* \mathrm{d}v \tag{1.86}$$

现在可以推导坡印亭定理，该定理说电磁场和源的能量守恒。若有电流源 $\boldsymbol{J}_s$ 和由式(1.19)定义的传导电流 $\sigma\boldsymbol{E}$，则总电流密度为 $\boldsymbol{J} = \boldsymbol{J}_s + \sigma\boldsymbol{E}$。然后，用 $\boldsymbol{H}^*$ 乘以式(1.27a)，用 $\boldsymbol{E}$ 乘以式(1.27b)的共轭，得到

$$\boldsymbol{H}^* \cdot (\nabla \times \boldsymbol{E}) = -\mathrm{j}\omega\mu |\boldsymbol{H}|^2 - \boldsymbol{H}^* \cdot \boldsymbol{M}_s$$

$$\boldsymbol{E} \cdot (\nabla \times \boldsymbol{H}^*) = \boldsymbol{E} \cdot \boldsymbol{J}^* - \mathrm{j}\omega\epsilon^* |\boldsymbol{E}|^2 = \boldsymbol{E} \cdot \boldsymbol{J}_s^* + \sigma |\boldsymbol{E}|^2 - \mathrm{j}\omega\epsilon^* |\boldsymbol{E}|^2$$

式中，$\boldsymbol{M}_s$ 是磁流源。把这两个公式代入向量恒等式(B.8)，得到

$$\begin{aligned}\nabla \cdot (\boldsymbol{E} \times \boldsymbol{H}^*) &= \boldsymbol{H}^* \cdot (\nabla \times \boldsymbol{E}) - \boldsymbol{E} \cdot (\nabla \times \boldsymbol{H}^*) \\ &= -\sigma |\boldsymbol{E}|^2 + \mathrm{j}\omega(\epsilon^* |\boldsymbol{E}|^2 - \mu |\boldsymbol{H}|^2) - (\boldsymbol{E} \cdot \boldsymbol{J}_s^* + \boldsymbol{H}^* \cdot \boldsymbol{M}_s)\end{aligned}$$

现在，在整个体积 V 内积分，并利用散度定理，可得

$$\begin{aligned}\int_V \nabla\cdot(\boldsymbol{E}\times\boldsymbol{H}^*)\mathrm{d}v &= \oint_S \boldsymbol{E}\times\boldsymbol{H}^*\cdot\mathrm{d}\boldsymbol{s}\\ &= -\sigma\int_V|\boldsymbol{E}|^2\,\mathrm{d}v + \mathrm{j}\omega\int_V(\epsilon^*|\boldsymbol{E}|^2-\mu|\boldsymbol{H}|^2)\mathrm{d}v - \int_V(\boldsymbol{E}\cdot\boldsymbol{J}_s^*+\boldsymbol{H}^*\cdot\boldsymbol{M}_s)\mathrm{d}v\end{aligned} \tag{1.87}$$

式中，S 是包围体积 V 的封闭表面，如图 1.10 所示。允许 $\epsilon=\epsilon'-\mathrm{j}\epsilon''$ 和 $\mu=\mu'-\mathrm{j}\mu''$ 是复数，以包含损耗，重写式(1.87)给出

$$\begin{aligned}-\frac{1}{2}\int_V(\boldsymbol{E}\cdot\boldsymbol{J}_s^*+\boldsymbol{H}^*\cdot\boldsymbol{M}_s)\mathrm{d}v &= \frac{1}{2}\oint_S\boldsymbol{E}\times\boldsymbol{H}^*\cdot\mathrm{d}\boldsymbol{s} + \frac{\sigma}{2}\int_V|\boldsymbol{E}|^2\,\mathrm{d}v +\\ &\quad \frac{\omega}{2}\int_V(\epsilon''|\boldsymbol{E}|^2+\mu''|\boldsymbol{H}|^2)\mathrm{d}v + \mathrm{j}\frac{\omega}{2}\int_V(\mu'|\boldsymbol{H}|^2-\epsilon'|\boldsymbol{E}|^2)\mathrm{d}v\end{aligned} \tag{1.88}$$

在物理学家坡印亭（1852—1914 年）之后，这个结果被称为*坡印亭定理*，从根本上说，它是一个功率平衡方程。因此，左边的积分表示在封闭面 S 内，源 $\boldsymbol{J}_s$ 和 $\boldsymbol{M}_s$ 携带的复功率 P_s 为

$$P_s = -\frac{1}{2}\int_V(\boldsymbol{E}\cdot\boldsymbol{J}_s^*+\boldsymbol{H}^*\cdot\boldsymbol{M}_s)\mathrm{d}v \tag{1.89}$$

式(1.88)右边的第一个积分表示由封闭表面 S 流出的复功率流。若将*坡印亭向量* $\boldsymbol{S}$ 定义为

$$\boldsymbol{S}=\boldsymbol{E}\times\boldsymbol{H}^* \tag{1.90}$$

则这个功率可以表示为

$$P_o = \frac{1}{2}\oint_S\boldsymbol{E}\times\boldsymbol{H}^*\cdot\mathrm{d}\boldsymbol{s} = \frac{1}{2}\oint_S\boldsymbol{S}\cdot\mathrm{d}\boldsymbol{s} \tag{1.91}$$

式(1.91)中的表面 S 必须是封闭的，以保证这种解释是成立的。式(1.89)和式(1.91)中的 P_s 和 P_o 的实部表示时间平均功率。

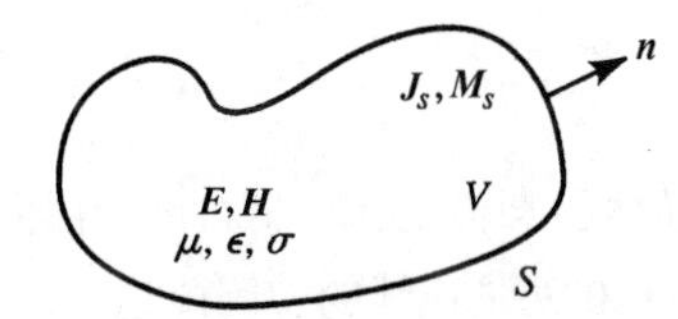

图 1.10　由封闭表面 S 包围的体积 V，包含了电磁场 $\boldsymbol{E}$, $\boldsymbol{H}$ 和电磁流源 $\boldsymbol{J}_s$, $\boldsymbol{M}_s$

式(1.88)中的第二个积分和第三个积分是实数量，代表体积 V 内由于电导率、电介质和磁损耗而消耗的时间平均功率。若把这个功率定义为 P_ℓ，则有

$$P_\ell = \frac{\sigma}{2}\int_V|\boldsymbol{E}|^2\mathrm{d}v + \frac{\omega}{2}\int_V(\epsilon''|\boldsymbol{E}|^2+\mu''|\boldsymbol{H}|^2)\mathrm{d}v \tag{1.92}$$

它有时称为*焦耳定律*。式(1.88)中的最后一个积分可视为与定义为式(1.84)和式(1.86)的电和磁的储能有关的项。

有了上述定义，坡印亭定理就可重写为

$$P_s = P_o + P_\ell + 2\mathrm{j}\omega(W_m - W_e) \tag{1.93}$$

换言之，这个复功率守恒方程是说，由源携带的功率（P_s）是通过表面传输的功率（P_o）、体积内损耗为热的功率（P_ℓ）及体积内存储的净电抗性能量的 2ω 倍之和。

1.6.1　良导体吸收的功率

要计算由于导电性较差引起的衰减和损耗，就必须求出导体中的功率消耗。后面将证明，利用导体表面的场就能做到这一点，这是计算衰减时的一个非常有用的简化。

考虑图 1.11 所示的几何图形，它给出了一个无耗媒质与良导体之间的分界面。假定场是从 $z<0$ 的一方入射的，而且深入到 $z>0$ 的导体区域。进入由分界面上的横截面 S_0 和表面 S 定义的导体体积内的实平均功率，根据式(1.91)给出为

$$P_{\text{avg}} = \frac{1}{2}\mathrm{Re}\int_{S_0+S}\boldsymbol{E}\times\boldsymbol{H}^*\cdot\boldsymbol{n}\mathrm{d}s \tag{1.94}$$

式中，$\boldsymbol{n}$ 是指向封闭表面(S_0+S)内部的单位向量，$\boldsymbol{E}$, $\boldsymbol{H}$ 是这个表面上的场。式(1.94)源于表面 S

上的积分贡献可以通过恰当选择该表面而使其为零。例如，若场是垂直入射的平面波，则坡印亭向量 $\boldsymbol{S}=\boldsymbol{E}\times\boldsymbol{H}^*$ 将在 $\boldsymbol{z}$ 方向上，因而相切于 S 的上、下、前、后表面，只要这些表面选择为平行于 z 轴。若波是斜入射的，则这些表面也可倾斜而得到同样的结果。而且，若导体是良导体，则场从 $z=0$ 的界面向内的衰减将是非常快的，这样 S 的右端可以选择离 $z=0$ 足够远，使这部分积分贡献可以忽略。这样，通过 S_0 进入导体的时间平均功率可以写为

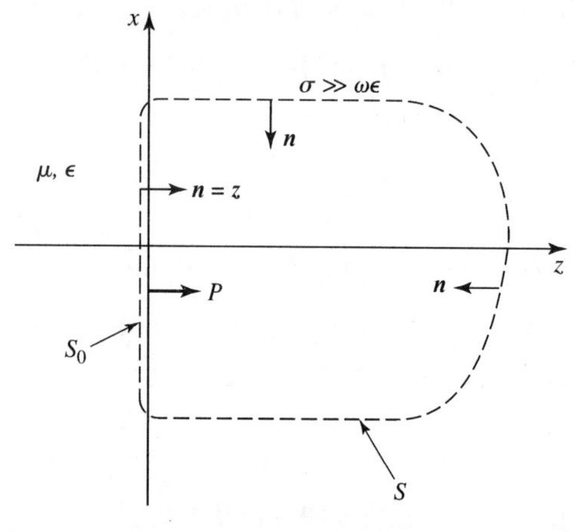

图 1.11　有耗媒质和良导体的分界表面，是计算导体中的功率消耗构建的封闭表面 S_0+S

$$P_{\text{avg}}=\frac{1}{2}\text{Re}\int_{S_0}\boldsymbol{E}\times\boldsymbol{H}^*\cdot\boldsymbol{z}\text{d}s \tag{1.95}$$

由向量恒等式(B.3)有

$$\boldsymbol{z}\cdot(\boldsymbol{E}\times\boldsymbol{H}^*)=(\boldsymbol{z}\times\boldsymbol{E})\cdot\boldsymbol{H}^*=\eta\boldsymbol{H}\cdot\boldsymbol{H}^* \tag{1.96}$$

式中 $\boldsymbol{H}=\boldsymbol{n}\times\boldsymbol{E}/\eta$，这是把式(1.76)推广到导电媒质的情况，$\eta$ 是导体的本征波阻抗。式(1.95)可写为

$$P_{\text{avg}}=\frac{R_s}{2}\int_{S_0}|\boldsymbol{H}|^2\text{d}s \tag{1.97}$$

式中，

$$R_s=\text{Re}\{\eta\}=\text{Re}\left\{(1+\text{j})\sqrt{\frac{\omega\mu}{2\sigma}}\right\}=\sqrt{\frac{\omega\mu}{2\sigma}}=\frac{1}{\sigma\delta_s} \tag{1.98}$$

称为导体的*表面电阻*。式(1.97)中的磁场 $\boldsymbol{H}$ 与导体表面相切，只需要它在导体表面的值；因为 H_t 在 $z=0$ 处是连续的，因此这个场无论是在导体外计算还是在导体内计算都没有关系。下一节将证明当导体假定为理想导体时，如何用导体表面的表面电流密度来计算式(1.97)。

1.7　媒质分界面上的平面波反射

以后几章将要考虑的许多问题包含电磁场在有耗或导电媒质分界面上的行为，因此在这里研究从真空正入射到导电媒质半空间的分界面上的平面波的反射是有用的。有关的几何图形如图 1.12 所示，其中 $z>0$ 的有耗半空间由参量 ϵ，μ 和 σ 表征。

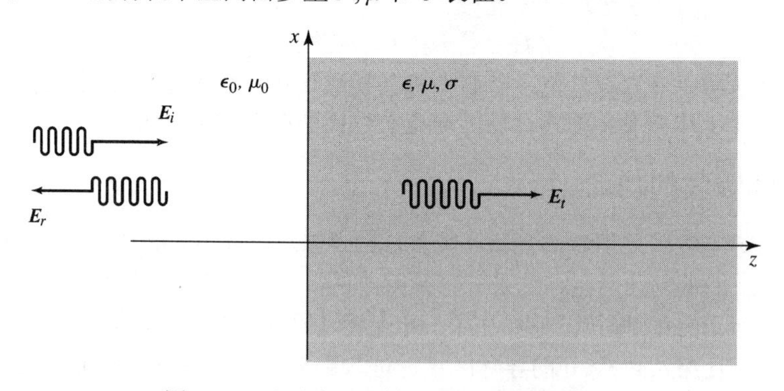

图 1.12　平面波正入射时，有耗媒质的反射

1.7.1　普通媒质

不失一般性，假设入射平面波具有沿 x 轴方向的电场，并沿正 z 轴方向传播。对于 $z<0$，入

射场可以写为

$$\boldsymbol{E}_i = \boldsymbol{x}E_0 \mathrm{e}^{-\mathrm{j}k_0 z} \tag{1.99a}$$

$$\boldsymbol{H}_i = \boldsymbol{y}\frac{1}{\eta_0}E_0 \mathrm{e}^{-\mathrm{j}k_0 z} \tag{1.99b}$$

式中，η_0是真空波阻抗，E_0是任意振幅。在$z<0$的区域，可能存在反射波，形式为

$$\boldsymbol{E}_r = \boldsymbol{x}\Gamma E_0 \mathrm{e}^{+\mathrm{j}k_0 z} \tag{1.100a}$$

$$\boldsymbol{H}_r = -\boldsymbol{y}\frac{\Gamma}{\eta_0}E_0 \mathrm{e}^{+\mathrm{j}k_0 z} \tag{1.100b}$$

式中，Γ 是未知反射电场的反射系数。注意，在式(1.100)中，如式(1.46)所导出的那样，指数项的符号已选择为正，以代表波沿$-\boldsymbol{z}$方向传播。这也与坡印亭向量$\boldsymbol{S}_r = \boldsymbol{E}_r \times \boldsymbol{H}_r^* = -|\Gamma|^2 |E_0|^2 \boldsymbol{z}/\eta_0$一致，它表示对反射波而言沿$-\boldsymbol{z}$方向传播的功率。

如 1.4 节所证明的那样，由式(1.54)和式(1.58)，在$z>0$的有耗媒质区域的透射场可以写为

$$\boldsymbol{E}_t = \boldsymbol{x}TE_0 \mathrm{e}^{-\gamma z} \tag{1.101a}$$

$$\boldsymbol{H}_t = \frac{\boldsymbol{y}TE_0}{\eta}\mathrm{e}^{-\gamma z} \tag{1.101b}$$

式中，T是透射电场的透射系数，η是$z>0$的区域的有耗煤质的本征阻抗。由式(1.57)和式(1.52)可得本征阻抗为

$$\eta = \frac{\mathrm{j}\omega\mu}{\gamma} \tag{1.102}$$

传播常数为

$$\gamma = \alpha + \mathrm{j}\beta = \mathrm{j}\omega\sqrt{\mu\epsilon}\sqrt{1-\mathrm{j}\sigma/\omega\epsilon} \tag{1.103}$$

现在有了边界值问题，其中场的普遍形式在$z=0$处材料不连续的两边都是已知的，由式(1.99)至式(1.101)给出。两个未知常数Γ和T可通过应用在$z=0$处有关E_x和H_y的两个边界条件得到。因为这些切向场分量在$z=0$处必定连续，所以得到如下两个方程：

$$1+\Gamma = T \tag{1.104a}$$

$$\frac{1-\Gamma}{\eta_0} = \frac{T}{\eta} \tag{1.104b}$$

求解这两个方程可得反射系数和透射系数为

$$\Gamma = \frac{\eta-\eta_0}{\eta+\eta_0} \tag{1.105a}$$

$$T = 1+\Gamma = \frac{2\eta}{\eta+\eta_0} \tag{1.105b}$$

这是正入射到有耗材料分界面上的波的反射系数和透射系数的通解，其中η是材料的阻抗。现在考虑以上结果的三种特殊情况。

1.7.2 无耗媒质

若$z>0$的区域是无耗媒质，则有$\sigma=0$，且μ和ϵ都是实数。这种情况下的传播常数是纯虚数，因而可以写为

$$\gamma = \mathrm{j}\beta = \mathrm{j}\omega\sqrt{\mu\epsilon} = \mathrm{j}k_0\sqrt{\mu_r\epsilon_r} \tag{1.106}$$

式中$k_0 = \omega\sqrt{\mu_0\epsilon_0}$是真空平面波的波数。媒质中的波长为

$$\lambda = \frac{2\pi}{\beta} = \frac{2\pi}{\omega\sqrt{\mu\epsilon}} = \frac{\lambda_0}{\sqrt{\mu_r\epsilon_r}} \tag{1.107}$$

相速为

$$v_p = \frac{\omega}{\beta} = \frac{1}{\sqrt{\mu\epsilon}} = \frac{c}{\sqrt{\mu_r\epsilon_r}} \tag{1.108}$$

（低于真空中的光速），而媒质中的波阻抗为

$$\eta = \frac{\mathrm{j}\omega\mu}{\gamma} = \sqrt{\frac{\mu}{\epsilon}} = \eta_0\sqrt{\frac{\mu_r}{\epsilon_r}} \tag{1.109}$$

在无耗情形下，η 是实数，因此由式(1.105)可知 Γ 和 T 也是实数，而且 $\boldsymbol{E}$ 和 $\boldsymbol{H}$ 在两种媒质中彼此都是同相的。

入射波、反射波和透射波的能量守恒可以通过计算两个区域的坡印亭向量来证明。因此，对于 $z<0$ 的区域，复坡印亭向量为

$$\begin{aligned}
\boldsymbol{S}^- &= \boldsymbol{E}\times\boldsymbol{H}^* = (\boldsymbol{E}_i+\boldsymbol{E}_r)\times(\boldsymbol{H}_i+\boldsymbol{H}_r)^* \\
&= \boldsymbol{z}|E_0|^2\frac{1}{\eta_0}(\mathrm{e}^{-\mathrm{j}k_0z}+\Gamma\mathrm{e}^{\mathrm{j}k_0z})(\mathrm{e}^{-\mathrm{j}k_0z}-\Gamma\mathrm{e}^{\mathrm{j}k_0z})^* \\
&= \boldsymbol{z}|E_0|^2\frac{1}{\eta_0}(1-|\Gamma|^2+\Gamma\mathrm{e}^{2\mathrm{j}k_0z}-\Gamma^*\mathrm{e}^{-2\mathrm{j}k_0z}) \\
&= \boldsymbol{z}|E_0|^2\frac{1}{\eta_0}(1-|\Gamma|^2+2\mathrm{j}\Gamma\sin 2k_0z)
\end{aligned} \tag{1.110a}$$

其中利用了 Γ 是实数这一事实。对于 $z>0$ 的区域，复坡印亭向量为

$$\boldsymbol{S}^+ = \boldsymbol{E}_t\times\boldsymbol{H}_t^* = \boldsymbol{z}\frac{|E_0|^2|T|^2}{\eta}$$

利用式(1.105)，上式可改写为

$$\boldsymbol{S}^+ = \boldsymbol{z}|E_0|^2\frac{4\eta}{(\eta+\eta_0)^2} = \boldsymbol{z}|E_0|^2\frac{1}{\eta_0}(1-|\Gamma|^2) \tag{1.110b}$$

现在，在 $z=0$ 处有 $\boldsymbol{S}^-=\boldsymbol{S}^*$，因此复功率流在穿过界面时是守恒的。下面考虑两个区域的时间平均功率流。对于 $z<0$，通过 $1\mathrm{m}^2$ 横截面的时间平均功率流为

$$P^- = \frac{1}{2}\mathrm{Re}\{\boldsymbol{S}^-\cdot\boldsymbol{z}\} = \frac{1}{2}|E_0|^2\frac{1}{\eta_0}(1-|\Gamma|^2) \tag{1.111a}$$

而对于 $z>0$，通过 $1\mathrm{m}^2$ 横截面的时间平均功率流为

$$P^+ = \frac{1}{2}\mathrm{Re}\{\boldsymbol{S}^+\cdot\boldsymbol{z}\} = \frac{1}{2}|E_0|^2\frac{1}{\eta_0}\left(1-|\Gamma|^2\right) = P^- \tag{1.111b}$$

因此，实功率流也是守恒的。

现在指出一个细节问题。用式(1.110a)计算 $z<0$ 的复坡印亭向量时，用到了总场 $\boldsymbol{E}$ 和 $\boldsymbol{H}$。若用入射波和反射波分别计算坡印亭向量，则可得到

$$\boldsymbol{S}_i = \boldsymbol{E}_i\times\boldsymbol{H}_i^* = \boldsymbol{z}\frac{|E_0|^2}{\eta_0} \tag{1.112a}$$

$$\boldsymbol{S}_r = \boldsymbol{E}_r\times\boldsymbol{H}_r^* = -\boldsymbol{z}\frac{|E_0|^2|\Gamma|^2}{\eta_0} \tag{1.112b}$$

这样，式(1.110a)中的 $\boldsymbol{S}_i+\boldsymbol{S}_r\neq\boldsymbol{S}^-$。少掉的叉积项代表 $z<0$ 的区域内存储在驻波中的电抗性储能。因此，一般来说，把坡印亭向量分解为入射波和反射波分量没有意义。有些书中把时间平均坡印

亭向量定义为 $(1/2)\mathrm{Re}\{\boldsymbol{E}\times\boldsymbol{H}^*\}$，这时把这样一个定义应用到单个入射分量和反射分量会给出正确的结果，因为 $P_i=(1/2)|\boldsymbol{E}_0|^2/\eta_0$ 和 $P_r=(-1/2)|\boldsymbol{E}_0|^2|\Gamma|^2/\eta_0$，所以 $P_i+P_r=P^-$。但是，即使这样定义，当 $z<0$ 的媒质为有耗媒质时，也不能提供有价值的结果。

1.7.3 良导体

若 $z>0$ 的区域是良导体（但不是理想导体），则传播常数可以写为 1.4 节中讨论过的形式：

$$\gamma=\alpha+\mathrm{j}\beta=(1+\mathrm{j})\sqrt{\frac{\omega\mu\sigma}{2}}=(1+\mathrm{j})\frac{1}{\delta_s} \tag{1.113}$$

类似地，该导体的本征阻抗简化为

$$\eta=(1+\mathrm{j})\sqrt{\frac{\omega\mu}{2\sigma}}=(1+\mathrm{j})\frac{1}{\sigma\delta_s} \tag{1.114}$$

现在，阻抗是复数，具有 45° 相角，因此 $\boldsymbol{E}$ 和 $\boldsymbol{H}$ 具有 45° 的相差，且 Γ 和 T 也是复数。在式(1.113)和式(1.114)中，如式(1.60)定义的那样，$\delta_s=1/\alpha$ 是趋肤深度。

对于 $z<0$，在 $z=0$ 处可以算出复坡印亭向量的值，具体为

$$\boldsymbol{S}^-(z=0)=\boldsymbol{z}|E_0|^2\frac{1}{\eta_0}(1-|\Gamma|^2+\Gamma-\Gamma^*) \tag{1.115a}$$

对于 $z>0$，复坡印亭向量为

$$\boldsymbol{S}^+=\boldsymbol{E}_t\times\boldsymbol{H}_t^*=\boldsymbol{z}|E_0|^2|T|^2\frac{1}{\eta^*}\mathrm{e}^{-2\alpha z}$$

利用 T 和 Γ 的表达式(1.105)，可得

$$\boldsymbol{S}^+=\boldsymbol{z}|E_0|^2\frac{4\eta}{|\eta+\eta_0|^2}\mathrm{e}^{-2\alpha z}=\boldsymbol{z}|E_0|^2\frac{1}{\eta_0}(1-|\Gamma|^2+\Gamma-\Gamma^*)\mathrm{e}^{-2\alpha z} \tag{1.115b}$$

因此，在分界面 $z=0$ 处，$\boldsymbol{S}^-=\boldsymbol{S}^+$ 且复功率是守恒的。

观察发现，若对 $z<0$ 的区域单独计算入射和反射坡印亭向量：

$$\boldsymbol{S}_i=\boldsymbol{E}_i\times\boldsymbol{H}_i^*=\boldsymbol{z}\frac{|E_0|^2}{\eta_0} \tag{1.116a}$$

$$\boldsymbol{S}_r=\boldsymbol{E}_r\times\boldsymbol{H}_r^*=-\boldsymbol{z}\frac{|E_0|^2|\Gamma|^2}{\eta_0} \tag{1.116b}$$

则得不到式(1.115a)中的 $\boldsymbol{S}_i+\boldsymbol{S}_r=\boldsymbol{S}^-$，即使是对 $z=0$。然而，用单个行波分量来考虑实功率流是可能的。这样，流过 1m² 横截面的时间平均功率流就为

$$P^-=\frac{1}{2}\mathrm{Re}(\boldsymbol{S}^-\cdot\boldsymbol{z})=\frac{1}{2}|E_0|^2\frac{1}{\eta_0}(1-|\Gamma|^2) \tag{1.117a}$$

$$P^+=\frac{1}{2}\mathrm{Re}(\boldsymbol{S}^-\cdot\boldsymbol{z})=\frac{1}{2}|E_0|^2\frac{1}{\eta_0}(1-|\Gamma|^2)\mathrm{e}^{-2\alpha z} \tag{1.117b}$$

它表明在 $z=0$ 处功率是守恒的。此外，$P_i=|E_0|^2/2\eta_0, P_r=-|E_0|^2|\Gamma|^2/2\eta_0$。因此 $P_i+P_r=P^-$，它表明 $z<0$ 的实功率可以分解为入射波和反射波的分量。

注意，有耗导体内的功率密度 $\boldsymbol{S}^+$ 是按衰减因子 $\mathrm{e}^{-2\alpha z}$ 指数衰减的。这意味着当波沿+z 方向传播到媒质时，功率耗散在有耗材料中。该功率和场经过材料的少数几个趋肤深度后，就衰减到可以忽略的较小值，对于一般的良导体，在微波频率下，这个距离很小。

流到导电区域的体电流密度为

$$\boldsymbol{J}_t = \sigma \boldsymbol{E}_t = \boldsymbol{x}\sigma E_0 T \mathrm{e}^{-\gamma z} \ \mathrm{A/m^2} \tag{1.118}$$

因此，在 $1\mathrm{m}^2$ 横截面的导体体积中耗散的（或透入的）平均功率可由式(1.92)的导体损耗项（焦耳定律）计算：

$$\begin{aligned} P^t &= \frac{1}{2}\int_V \boldsymbol{E}_t \cdot \boldsymbol{J}_t^* \mathrm{d}v = \frac{1}{2}\int_{x=0}^{1}\int_{y=0}^{1}\int_{z=0}^{\infty} (\boldsymbol{x}E_0 T \mathrm{e}^{-\gamma z})\cdot(\boldsymbol{x}\sigma E_0 T \mathrm{e}^{-\gamma z})^* \mathrm{d}z\mathrm{d}y\mathrm{d}x \\ &= \frac{1}{2}\sigma |E_0|^2 |T|^2 \int_{z=0}^{\infty} \mathrm{e}^{-2\alpha z}\mathrm{d}z = \frac{\sigma |E_0|^2 |T|^2}{4\alpha} \end{aligned} \tag{1.119}$$

因为 $1/\eta = \sigma\delta_s/(1+\mathrm{j}) = (\sigma/2\alpha)(1-\mathrm{j})$，所以通过 $1\mathrm{m}^2$ 横截面进入导体的实功率［由在 $z=0$ 时的 $(1/2)\mathrm{Re}\{\boldsymbol{S}^+ \cdot \boldsymbol{z}\}$ 给出］可用式(1.115b)表达成 $P^t = |E_0|^2 |T|^2 (\sigma/4\alpha)$，它与式(1.119)是一致的。

1.7.4 理想导体

现在假定 $z>0$ 的区域为理想导体。上述结果可通过 $\sigma\to\infty$ 的特定情况得到。因此，由式(1.113)得 $\alpha\to\infty$；由式(1.114)得 $\eta\to 0$；由式(1.60)得 $\delta_s\to 0$；由式(1.105a, b)得 $T\to 0$，$\Gamma\to -1$。对于 $z>0$，场衰减非常迅速，而理想导体中的场完全为零。理想导体可以考虑为把入射电场“短路”。对于 $z<0$，因为 $\Gamma=-1$，所以由式(1.99)和式(1.100)得到总 $\boldsymbol{E}$ 和 $\boldsymbol{H}$ 为

$$\boldsymbol{E} = \boldsymbol{E}_i + \boldsymbol{E}_r = \boldsymbol{x}E_0(\mathrm{e}^{-\mathrm{j}k_0 z} - \mathrm{e}^{\mathrm{j}k_0 z}) = -\boldsymbol{x}2\mathrm{j}E_0 \sin k_0 z \tag{1.120a}$$

$$\boldsymbol{H} = \boldsymbol{H}_i + \boldsymbol{H}_r = \boldsymbol{y}\frac{1}{\eta_0}E_0(\mathrm{e}^{-\mathrm{j}k_0 z} + \mathrm{e}^{\mathrm{j}k_0 z}) = \boldsymbol{y}\frac{1}{\eta_0}E_0 \cos k_0 z \tag{1.120b}$$

注意，在 $z=0$ 处，$\boldsymbol{E}=0$ 而 $\boldsymbol{H} = \boldsymbol{y}(2/\eta_0)E_0$。对于 $z<0$，坡印亭向量为

$$\boldsymbol{S}^- = \boldsymbol{E}\times\boldsymbol{H}^* = -\mathrm{j}\boldsymbol{z}\frac{4}{\eta_0}|E_0|^2 \sin k_0 z \cos k_0 z \tag{1.121}$$

它的实部为零，说明没有实功率流到理想导体中。

在无限电导率的极限情况下，式(1.118)中的有耗导体的体电流密度退化为无限薄的面电流密度：

$$\boldsymbol{J}_s = \boldsymbol{n}\times\boldsymbol{H} = -\boldsymbol{z}\times\left(\boldsymbol{y}\frac{2}{\eta_0}E_0 \cos k_0 z\right)\bigg|_{z=0} = \boldsymbol{x}\frac{2}{\eta_0}E_0 \ \mathrm{A/m} \tag{1.122}$$

1.7.5 表面阻抗概念

在很多问题中，特别是在需要有衰减效应或导体损耗的情况下，必须考虑非理想导体的存在。表面阻抗概念可使我们非常方便地做到这一点。下面将从上面几节给出的理论发展出这一方法。

考虑 $z>0$ 的区域为良导体。如前所述，正入射到该导体的平面波绝大部分被反射，而传输到导体的功率消耗在距表面很短的距离内并化为热。有三种方法可计算这一功率。

首先，如式(1.119)那样，可以用焦耳定律。对于 $1\mathrm{m}^2$ 的导体表面，通过这个表面传输并耗散为热的功率由式(1.119)给出。利用式(1.105b)给出的 T、式(1.114)给出的 η 及 $\alpha = 1/\delta_s$ 这一事实，可以给出如下结果：

$$\frac{\sigma|T|^2}{\alpha} = \frac{\sigma\delta_s 4|\eta|^2}{|\eta+\eta_0|^2} \approx \frac{8}{\sigma\delta_s\eta_0^2} \tag{1.123}$$

式中，假定 $\eta \ll \eta_0$，这对于良导体是成立的。然后，式(1.119)的功率可以写为

$$P^t = \frac{\sigma|E_0|^2|T|^2}{4\alpha} = \frac{2|E_0|^2}{\sigma\delta_s\eta_0^2} = \frac{2|E_0|^2 R_s}{\eta_0^2} \tag{1.124}$$

式中，

$$R_s = \text{Re}\{\eta\} = \text{Re}\left\{\frac{1+\text{j}}{\sigma\delta_s}\right\} = \frac{1}{\sigma\delta_s} = \sqrt{\frac{\omega\mu}{2\sigma}} \tag{1.125}$$

是金属的表面电阻。

求功率损耗的另一种方法是利用坡印亭向量计算进入导体的功率流，因为在 $z = 0$ 处进入导体的所有功率都被耗散掉了。如式(1.115b)所示，有

$$P^t = \frac{1}{2}\text{Re}\left\{\boldsymbol{S}^+ \cdot \boldsymbol{z}\right\}\Big|_{z=0} = \frac{2|E_0|^2 \text{Re}\{\eta\}}{|\eta+\eta_0|^2}$$

对于大的电导率，因为 $\eta \ll \eta_0$，所以上式变为

$$P^t = \frac{2|E_0|^2 R_s}{\eta_0^2} \tag{1.126}$$

它与式(1.124)相同。

第三种方法是采用等效表面电流密度和表面阻抗，这时不需要用到导体内部的场。由式(1.118)得出导体中的体电流密度为

$$\boldsymbol{J}_t = \boldsymbol{x}\sigma\,\text{T}E_0\,\text{e}^{-\gamma z} \quad \text{A/m}^2 \tag{1.127}$$

因此，在 x 方向单位宽度的总电流为

$$\boldsymbol{J}_s = \int_0^\infty \boldsymbol{J}_t \text{d}z = \boldsymbol{x}\sigma\,\text{T}E_0 \int_0^\infty \text{e}^{-\gamma z}\text{d}z = \frac{\boldsymbol{x}\sigma\,\text{T}E_0}{\gamma} \quad \text{A/m}$$

对于很大的 σ 值，取 $\sigma T/\gamma$ 的极限，得到

$$\frac{\sigma T}{\gamma} = \frac{\sigma\delta_s}{(1+\text{j})}\frac{2\eta}{(\eta+\eta_0)} \approx \frac{\sigma\delta_s}{(1+\text{j})}\frac{2(1+\text{j})}{\sigma\delta_s\eta_0} = \frac{2}{\eta_0}$$

因此，

$$\boldsymbol{J}_s = \boldsymbol{x}\frac{2E_0}{\eta_0} \quad \text{A/m} \tag{1.128}$$

若电导率为无穷大，则 $\Gamma = -1$，且有正确的电流密度

$$\boldsymbol{J}_s = \boldsymbol{n}\times\boldsymbol{H}\big|_{z=0} = -\boldsymbol{z}\times(\boldsymbol{H}_i+\boldsymbol{H}_r)\big|_{z=0} = \boldsymbol{x}E_0\frac{1}{\eta_0}(1-\Gamma) = \boldsymbol{x}\frac{2E_0}{\eta_0} \quad \text{A/m}$$

流过，这与式(1.128)中的电流是一致的。

现在把均匀体电流延伸到一个趋肤深度上来代替式(1.127)表示的指数衰减体电流。由此，令

$$\boldsymbol{J}_t = \begin{cases} \boldsymbol{J}_s/\delta_s, & 0 < z < \delta_s \\ 0, & z > \delta_s \end{cases} \tag{1.129}$$

这样，总电流是相同的。然后，用焦耳定律求功率损耗：

$$P^t = \frac{1}{2\sigma}\int_S \int_{z=0}^{\delta_s} \frac{|\boldsymbol{J}_s|}{\delta_s^2}\text{d}z\text{d}s = \frac{R_s}{2}\int_S |\boldsymbol{J}_s|^2\,\text{d}s = \frac{2|E_0|^2 R_s}{\eta_0^2} \tag{1.130}$$

式中，$\int_S$ 表示对整个导体表面的面积分，在这种情况下选择面积为 1m^2。式(1.130)的结果与以前对 P^t 所求的结果——式(1.126)和式(1.124)相同，因此说明功率损耗可用表面电阻 R_s 和表面电流 $\boldsymbol{J}_s$ 及切向磁场 $\boldsymbol{H}_t$ 精确而简单地计算为

$$P^t=\frac{R_s}{2}\int_S\left|\boldsymbol{J}_s\right|^2\mathrm{d}s=\frac{R_s}{2}\int_S\left|\boldsymbol{H}_t\right|^2\mathrm{d}s \tag{1.131}$$

重要的是，要认识到表面电流可以通过 $\boldsymbol{J}_s=\boldsymbol{n}\times\boldsymbol{H}$ 求得，就好像金属是理想导体那样。这一方法是很普遍的，适用于各种电磁场，而不限于平面波，还适用于任意形状的导体，只要其弯曲或拐角的半径大于等于趋肤深度。这种方法也是相当精确的，因为上述过程中的唯一近似是 $\eta\ll\eta_0$，这是很容易做到的近似。作为例子，铜在 1GHz 下的 $|\eta|=0.012\Omega$，它确实远远小于 $\eta_0=377\Omega$。

例题 1.4　导体的平面波反射

考虑一个平面波正入射到充满半空间的铜表面的情形。若 $f=1\text{GHz}$，计算该导体的传播常数、阻抗和趋肤深度。同时计算反射系数和透射系数。

解： 对于铜，$\sigma=5.813\times10^7\ \text{S/m}$，由式(1.60)得趋肤深度为

$$\delta_s=\sqrt{\frac{2}{\omega\mu\sigma}}=2.088\times10^{-6}\,\text{m}$$

由式(1.113)求出传播常数为

$$\gamma=\frac{1+\mathrm{j}}{\delta_s}=(4.789+\mathrm{j}4.789)\times10^5\,\text{m}^{-1}$$

由式(1.114)得本征阻抗为

$$\eta=\frac{1+\mathrm{j}}{\sigma\delta_s}=(8.239+\mathrm{j}8.239)\times10^{-3}\,\Omega$$

相对于真空阻抗（$\eta_0=377\Omega$），它是相当小的。根据式(1.105a)，反射系数为

$$\Gamma=\frac{\eta-\eta_0}{\eta+\eta_0}=1\angle179.99^\circ$$

（实际上它是理想短路的反射系数），透射系数为

$$T=\frac{2\eta}{\eta+\eta_0}=6.181\times10^{-5}\angle45^\circ$$

■

1.8　斜入射到一个介电界面

下面继续对平面波进行讨论。考虑平面波斜入射到两种无耗介电区域之间的平面分界面上的问题，如图 1.13 所示。这个问题有两种标准情况：电场要么在 xz 平面（平行极化），要么垂直于 xz 平面（垂直极化）。当然，一个任意的入射平面波可能这两种极化都不是，但它可以表达为这两种情况的线性叠加。

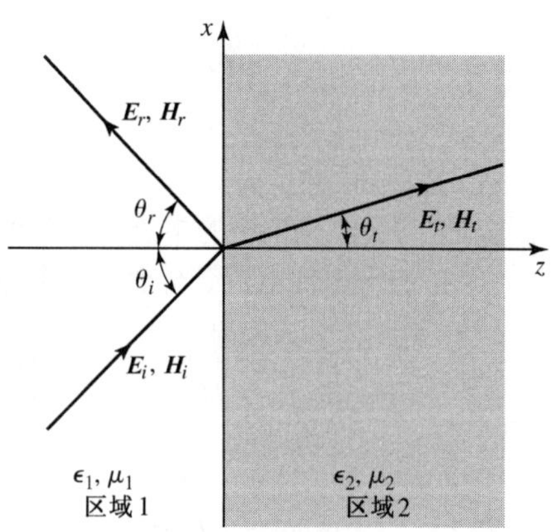

图 1.13　平面波斜入射到两个介电区域之间的分界面的示意图

一般的求解方法类似于正入射问题：首先写出每个区域的入射场、反射场、透射场的表达式，然后匹配边界条件求得未知的振幅系数和相角。

1.8.1　平行极化

在这种情形下，电场向量位于 xz 平面，入射场可以写为

$$\boldsymbol{E}_i = E_0(\boldsymbol{x}\cos\theta_i - \boldsymbol{z}\sin\theta_i)\mathrm{e}^{-\mathrm{j}k_1(x\sin\theta_i + z\cos\theta_i)} \tag{1.132a}$$

$$\boldsymbol{H}_i = \frac{E_0}{\eta_1}\boldsymbol{y}\mathrm{e}^{-\mathrm{j}k_1(x\sin\theta_i + z\cos\theta_i)} \tag{1.132b}$$

式中，$k_1 = \omega\sqrt{\mu_0\epsilon_1}$ 和 $\eta_1 = \sqrt{\mu_0/\epsilon_1}$ 是区域 1 的波数和波阻抗。反射场和透射场可以写为

$$\boldsymbol{E}_r = E_0\Gamma(\boldsymbol{x}\cos\theta_r + \boldsymbol{z}\sin\theta_r)\mathrm{e}^{-\mathrm{j}k_1(x\sin\theta_r - z\cos\theta_r)} \tag{1.133a}$$

$$\boldsymbol{H}_r = \frac{-E_0\Gamma}{\eta_1}\boldsymbol{y}\mathrm{e}^{-\mathrm{j}k_1(x\sin\theta_r - z\cos\theta_r)} \tag{1.133b}$$

$$\boldsymbol{E}_t = E_0 T(\boldsymbol{x}\cos\theta_t - \boldsymbol{z}\sin\theta_t)\mathrm{e}^{-\mathrm{j}k_2(x\sin\theta_t + z\cos\theta_t)} \tag{1.134a}$$

$$\boldsymbol{H}_t = \frac{E_0 T}{\eta_2}\boldsymbol{y}\mathrm{e}^{-\mathrm{j}k_2(x\sin\theta_t + z\cos\theta_t)} \tag{1.134b}$$

式中，Γ 和 T 为反射系数和透射系数，k_2 和 η_2 是区域 2 的波数和波阻抗，定义为

$$k_2 = \omega\sqrt{\mu_0\epsilon_2},\quad \eta_2 = \sqrt{\mu_0/\epsilon_2}$$

到目前为止，Γ，T，θ_r 和 θ_t 都是未知量。

强加切向场分量 E_x 和 H_y 在分界面 $z = 0$ 处的连续条件，可得这些未知量的两个复数方程：

$$\cos\theta_i \mathrm{e}^{-\mathrm{j}k_1 x\sin\theta_i} + \Gamma\cos\theta_r \mathrm{e}^{-\mathrm{j}k_1 x\sin\theta_r} = T\cos\theta_t \mathrm{e}^{-\mathrm{j}k_2 x\sin\theta_t} \tag{1.135a}$$

$$\frac{1}{\eta_1}\mathrm{e}^{-\mathrm{j}k_1 x\sin\theta_i} - \frac{\Gamma}{\eta_1}\mathrm{e}^{-\mathrm{j}k_1 x\sin\theta_r} = \frac{T}{\eta_2}\mathrm{e}^{-\mathrm{j}k_2 x\sin\theta_t} \tag{1.135b}$$

式(1.135a)和式(1.135b)的两边都是坐标 x 的函数。若 E_x 和 H_y 在分界面 $z = 0$ 处对所有 x 都是连续的，则这个 x 的变化在方程两边必定相同，于是得到以下条件：

$$k_1\sin\theta_i = k_1\sin\theta_r = k_2\sin\theta_t$$

这又产生了众所周知的斯涅尔反射定律和折射定律：

$$\theta_i = \theta_r \tag{1.136a}$$

$$k_1\sin\theta_i = k_2\sin\theta_t \tag{1.136b}$$

上述论点保证了式(1.135)的相位项在分界面两边随 x 也以相同的速率变化，因此它也称相位匹配条件。

在式(1.135)中利用式(1.136)，可以求得反射系数和透射系数为

$$\Gamma = \frac{\eta_2\cos\theta_t - \eta_1\cos\theta_i}{\eta^2\cos\theta_t + \eta_1\cos\theta_i} \tag{1.137a}$$

$$T = \frac{2\eta_2\cos\theta_i}{\eta_2\cos\theta_t + \eta_1\cos\theta_i} \tag{1.137b}$$

观察发现，对于正入射，有 $\theta_i = \theta_r = \theta_t = 0$，因此有

$$\Gamma = \frac{\eta_2 - \eta_1}{\eta_2 + \eta_1} \quad 和 \quad T = \frac{2\eta_2}{\eta_2 + \eta_1}$$

这与 1.7 节中给出的结果一致。

对于这类极化，存在一个特殊的入射角 θ_b，称为布儒斯特角，它使 $\Gamma = 0$。当式(1.137a)的分子为零（$\theta_i = \theta_b$）时，就产生了 $\eta_2\cos\theta_t = \eta_1\cos\theta_b$，利用

$$\cos\theta_t = \sqrt{1 - \sin^2\theta_t} = \sqrt{1 - \frac{k_1^2}{k_2^2}\sin^2\theta_b} \tag{1.138}$$

它可简化为

$$\sin\theta_b = \frac{1}{\sqrt{1+\epsilon_1/\epsilon_2}}$$

1.8.2 垂直极化

在这种情形下，电场向量垂直于 xz 平面，入射场可以写为

$$\boldsymbol{E}_i = E_0 \boldsymbol{y} \mathrm{e}^{-\mathrm{j}k_1(x\sin\theta_i + z\cos\theta_i)} \tag{1.139a}$$

$$\boldsymbol{H}_i = \frac{E_0}{\eta_1}(-\boldsymbol{x}\cos\theta_i + \boldsymbol{z}\sin\theta_i)\mathrm{e}^{-\mathrm{j}k_1(x\sin\theta_i + z\cos\theta_i)} \tag{1.139b}$$

和前面一样，$k_1 = \omega\sqrt{\mu_0\epsilon_1}$ 和 $\eta_1 = \sqrt{\mu_0/\epsilon_1}$ 分别为区域 1 的波数和波阻抗。反射场和透射场可写为

$$\boldsymbol{E}_r = E_0 \Gamma \boldsymbol{y} \mathrm{e}^{-\mathrm{j}k_1(x\sin\theta_r - z\cos\theta_r)} \tag{1.140a}$$

$$\boldsymbol{H}_r = \frac{E_0\Gamma}{\eta_1}(\boldsymbol{x}\cos\theta_r + \boldsymbol{z}\sin\theta_r)\mathrm{e}^{-\mathrm{j}k_1(x\sin\theta_r - z\cos\theta_r)} \tag{1.140b}$$

$$\boldsymbol{E}_t = E_0 T \boldsymbol{y} \mathrm{e}^{-\mathrm{j}k_2(x\sin\theta_t + z\cos\theta_t)} \tag{1.141a}$$

$$\boldsymbol{H}_t = \frac{E_0 T}{\eta_2}(-\boldsymbol{x}\cos\theta_t + \boldsymbol{z}\sin\theta_t)\mathrm{e}^{-\mathrm{j}k_2(x\sin\theta_t + z\cos\theta_t)} \tag{1.141b}$$

式中，$k_2 = \omega\sqrt{\mu_0\epsilon_2}$ 和 $\eta_2 = \sqrt{\mu_0/\epsilon_2}$ 是区域 2 的波数和波阻抗。

在 $z = 0$ 处的切向场分量 E_y 和 H_x 相等，因而有

$$\mathrm{e}^{-\mathrm{j}k_1 x\sin\theta_i} + \Gamma\mathrm{e}^{-\mathrm{j}k_1 x\sin\theta_r} = T\mathrm{e}^{-\mathrm{j}k_2 x\sin\theta_t} \tag{1.142a}$$

$$\frac{-1}{\eta_1}\cos\theta_i \mathrm{e}^{-\mathrm{j}k_1 x\sin\theta_i} + \frac{\Gamma}{\eta_1}\cos\theta_r \mathrm{e}^{-\mathrm{j}k_2 x\sin\theta_r} = \frac{-T}{\eta_2}\cos\theta_t \mathrm{e}^{-\mathrm{j}k_2 x\sin\theta_t} \tag{1.142b}$$

采用与平行极化情况相同的匹配考虑，得到斯涅尔定律

$$k_1\sin\theta_i = k_1\sin\theta_r = k_2\sin\theta_t$$

它与式(1.136)相同。

在式(1.142)中利用式(1.136)，可求得反射系数和透射系数为

$$\Gamma = \frac{\eta_2\cos\theta_i - \eta_1\cos\theta_t}{\eta_2\cos\theta_i + \eta_1\cos\theta_t} \tag{1.143a}$$

$$T = \frac{2\eta_2\cos\theta_i}{\eta_2\cos\theta_i + \eta_1\cos\theta_t} \tag{1.143b}$$

同样，对于正入射情况，这些结果简化为 1.7 节的结果。

对于垂直极化，不存在使得 $\Gamma = 0$ 的布儒斯特角，因为考察式(1.143a)的分子会发现

$$\eta_2\cos\theta_i = \eta_1\cos\theta_t$$

且利用斯涅尔定律可以给出

$$k_2^2(\eta_2^2 - \eta_1^2) = (k_2^2\eta_2^2 - k_1^2\eta_1^2)\sin^2\theta_i$$

但这产生了矛盾，因为右边括号中的项对介电媒质为零。因此，对介电媒质，垂直极化没有布儒斯特角。

例题 1.5　来自介电界面的斜反射

画出平行和垂直极化平面波由真空入射到 $\epsilon_r = 2.55$ 的介电区域时反射系数随入射角的变化曲线。

解： 波阻抗为

$$\eta_1 = 377\ \Omega$$

$$\eta_2 = \frac{\eta_0}{\sqrt{\epsilon_r}} = \frac{377}{\sqrt{2.55}} = 236\ \Omega$$

于是，可以对不同的入射角计算式(1.137a)和式(1.143a)；结果绘于图 1.14 中。

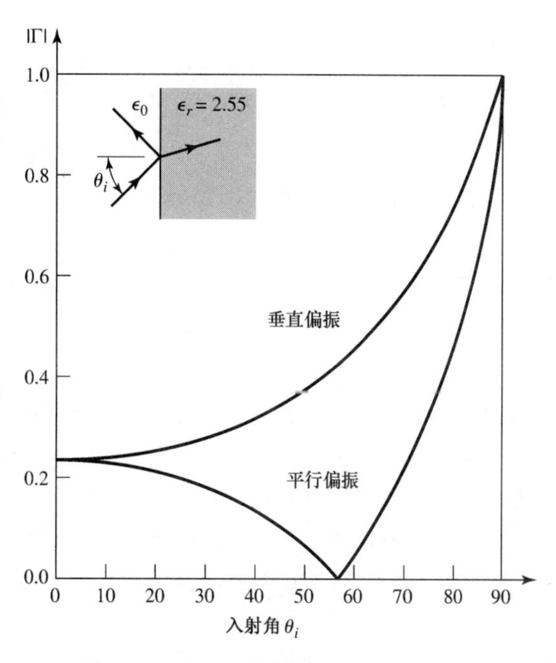

图 1.14　平行和垂直偏振平面波斜入射到介电半空间上的反射系数幅值　■

1.8.3　全反射和表面波

式(1.136b)给出的斯涅尔定律可重写为

$$\sin\theta_t = \sqrt{\frac{\epsilon_1}{\epsilon_2}}\sin\theta_i \tag{1.144}$$

现在，考虑 $\epsilon_1 > \epsilon_2$ 的情况（平行极化和垂直极化都考虑）。当 θ_i 增加时，折射角 θ_t 也增加，但比 θ_i 增加的速度快。使 $\theta_t = 90°$ 的入射角 θ_i 称为临界角 θ_c，所以当

$$\sin\theta_c = \sqrt{\frac{\epsilon_2}{\epsilon_1}} \tag{1.145}$$

大于等于这个角时，入射波会被全部反射，这时没有透射波进入区域 2。下面更详细地考察 $\theta_i > \theta_c$ 且平行极化时的情况。

当 $\theta_i > \theta_c$ 时，式(1.144)表明 $\sin\theta_t > 1$，所以 $\cos\theta_t = \sqrt{1-\sin^2\theta_t}$ 必定是虚数，因而角度 θ_t 没有物理意义。这时，最好把区域 2 中的透射场的表达式转换为

$$\boldsymbol{E}_t = E_0 T\left(\frac{-\mathrm{j}\alpha}{k_2}\boldsymbol{x} - \frac{\beta}{k_2}\boldsymbol{z}\right)\mathrm{e}^{-\mathrm{j}\beta x}\mathrm{e}^{-\alpha z} \tag{1.146a}$$

$$\boldsymbol{H}_t = \frac{E_0 T}{\eta_2}\boldsymbol{y}\mathrm{e}^{-\mathrm{j}\beta x}\mathrm{e}^{-\alpha z} \tag{1.146b}$$

注意到 $-\mathrm{j}k_2\sin\theta_t$ 在 $\sin\theta_t > 1$ 时仍为虚数但 $-\mathrm{j}k_2\cos\theta_t$ 仍为实数后，由式(1.134)导出的这种形式的电磁场，因此用 β/k_2 代替 $\sin\theta_t$，用 $-\mathrm{j}\alpha/k_2$ 代替 $\cos\theta_t$。把式(1.146b)代入 $\boldsymbol{H}$ 的亥姆霍兹方程得

$$-\beta^2 + \alpha^2 + k_2^2 = 0 \tag{1.147}$$

使式(1.146)表示的 E_x 和 H_y 与入射场和反射场的 $\boldsymbol{x}$ 和 $\boldsymbol{y}$ 分量表达式(1.132)和式(1.133)在 $z = 0$ 处匹配，可得

$$\cos\theta_i \mathrm{e}^{-\mathrm{j}k_1 x\sin\theta_i} + \Gamma\cos\theta_r \mathrm{e}^{-\mathrm{j}k_1 x\sin\theta_r} = \frac{-\mathrm{j}\alpha}{k_2}T\mathrm{e}^{-\mathrm{j}\beta x} \tag{1.148a}$$

$$\frac{1}{\eta_1}\mathrm{e}^{-\mathrm{j}k_1 x\sin\theta_i} - \frac{\Gamma}{\eta_1}\mathrm{e}^{-\mathrm{j}k_1 x\sin\theta_r} = \frac{T}{\eta_2}\mathrm{e}^{-\mathrm{j}\beta x} \tag{1.148b}$$

为得到边界 $z = 0$ 处的相位匹配，必须有

$$k_1 \sin\theta_i = k_1 \sin\theta_r = \beta$$

这再次导出斯涅尔反射定律：$\theta_i = \theta_r$ 和 $\beta = k_1 \sin\theta_i$。然后，α 由式(1.147)确定为

$$\alpha = \sqrt{\beta^2 - k_2^2} = \sqrt{k_1^2 \sin^2\theta_i - k_2^2} \tag{1.149}$$

可以看出，它是正实数，因为 $\sin^2\theta_i > \epsilon_2 / \epsilon_1$。反射系数和透射系数可由式(1.148)得到，具体为

$$\Gamma = \frac{(-\mathrm{j}\alpha / k_2)\eta_2 - \eta_1 \cos\theta_i}{(-\mathrm{j}\alpha / k_2)\eta_2 + \eta_1 \cos\theta_i} \tag{1.150a}$$

$$T = \frac{2\eta_2 \cos\theta_i}{(-\mathrm{j}\alpha / k_2)\eta_2 + \eta_1 \cos\theta_i} \tag{1.150b}$$

因为 Γ 的形式为 $(\mathrm{j}a - b)/(\mathrm{j}a + b)$，所以其幅值是 1，这表明入射功率被反射回来。

式(1.146)给出的透射场表明，其在 x 方向沿分界面传播，但在 z 方向指数衰减。这样的波称为*表面波*[①]，因为它被紧密地限制在分界面上。表面波是非均匀平面波的一个例子，之所以这么称呼，是因为它除在 x 方向的传播因子外，还具有 z 方向的振幅变化。

最后，对式(1.146)的表面波场计算复坡印亭向量是有意义的：

$$\boldsymbol{S}_t = \boldsymbol{E}_t \times \boldsymbol{H}_t^* = \frac{|E_0|^2 |T|^2}{\eta_2}\left(\boldsymbol{z}\frac{-\mathrm{j}\alpha}{k_2} + \boldsymbol{x}\frac{\beta}{k_2}\right)\mathrm{e}^{-2\alpha z} \tag{1.151}$$

它表明，在 z 方向没有实功率流动。x 方向的实功率流是表面波场的功率流，而它随进入区域 2 的距离指数衰减。因此，尽管没有实功率流传输到区域 2，但为了满足分界面上的边界条件，在那里仍然存在非零场。

1.9 一些有用的定理

最后讨论电磁学中的几个定理，这些定理对后续的学习非常有用。

1.9.1 互易定理

互易性是物理学和很多工程领域中的一个普遍概念，读者也许已经熟悉电路理论的互易定理。这里将导出两种不同形式的电磁场的洛伦兹互易定理。本书稍后将利用该定理来得到代表微波电路的网络矩阵的一般特性，计算波导与电流探针和电流环的耦合，计算波导间通过小孔的耦合。这种非常有用的概念还具有其他重要应用。

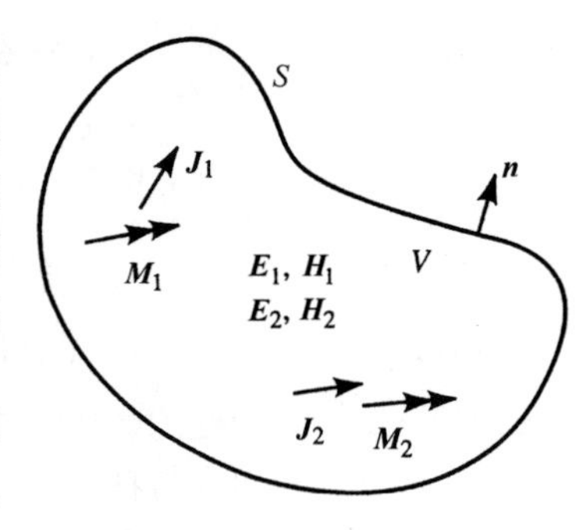

图 1.15 洛伦兹互易定理示意图

考虑由封闭表面 S 围成的体积 V 内的两组分开的源 $\boldsymbol{J}_1, \boldsymbol{M}_1$ 和 $\boldsymbol{J}_2, \boldsymbol{M}_2$，它们产生的场分别为 $\boldsymbol{E}_1, \boldsymbol{H}_1$ 和 $\boldsymbol{E}_2, \boldsymbol{H}_2$，如图 1.15 所示。两组源和场分别满足麦克斯韦方程组，所以可以写出

$$\nabla \times \boldsymbol{E}_1 = -\mathrm{j}\omega\mu\boldsymbol{H}_1 - \boldsymbol{M}_1 \tag{1.152a}$$

$$\nabla \times \boldsymbol{H}_1 = \mathrm{j}\omega\epsilon\boldsymbol{E}_1 + \boldsymbol{J}_1 \tag{1.152b}$$

$$\nabla \times \boldsymbol{E}_2 = -\mathrm{j}\omega\mu\boldsymbol{H}_2 - \boldsymbol{M}_2 \tag{1.153a}$$

① 有的作者认为，“表面波”一词不应该用于这种类型的场，因为仅当平面波场在 $z < 0$ 的区域时它才存在，因此最好称之为“类表面波”（surface wave-like）或“强迫表面波”（forced surface wave）。

$$\nabla\times \boldsymbol{H}_2 = \mathrm{j}\omega\epsilon \boldsymbol{E}_2 + \boldsymbol{J}_2 \tag{1.153b}$$

现在考虑量$\nabla\cdot(\boldsymbol{E}_1\times\boldsymbol{H}_2-\boldsymbol{E}_2\times\boldsymbol{H}_1)$，它可以由向量恒等式(B.8)展开得到：

$$\nabla\cdot(\boldsymbol{E}_1\times\boldsymbol{H}_2-\boldsymbol{E}_2\times\boldsymbol{H}_1)=\boldsymbol{J}_1\cdot\boldsymbol{E}_2-\boldsymbol{J}_2\cdot\boldsymbol{E}_1+\boldsymbol{M}_2\cdot\boldsymbol{H}_1-\boldsymbol{M}_1\cdot\boldsymbol{H}_2 \tag{1.154}$$

在整个体积V内积分，并利用散度定理(B.15)，可得

$$\begin{aligned}\int_V\nabla\cdot(\boldsymbol{E}_1\times\boldsymbol{H}_2-\boldsymbol{E}_2\times\boldsymbol{H}_1)\mathrm{d}v&=\oint_S(\boldsymbol{E}_1\times\boldsymbol{H}_2-\boldsymbol{E}_2\times\boldsymbol{H}_1)\cdot\mathrm{d}\boldsymbol{s}\\&=\int_V(\boldsymbol{E}_2\cdot\boldsymbol{J}_1-\boldsymbol{E}_1\cdot\boldsymbol{J}_2+\boldsymbol{H}_1\cdot\boldsymbol{M}_2-\boldsymbol{H}_2\cdot\boldsymbol{M}_1)\mathrm{d}v\end{aligned} \tag{1.155}$$

式(1.155)是互易定理的普遍形式，但实际上有些特殊情况往往会导致一些简化。考虑三种情况。

S 封闭无源。这时$\boldsymbol{J}_1=\boldsymbol{J}_2=\boldsymbol{M}_1=\boldsymbol{M}_2=0$，场$\boldsymbol{E}_1,\boldsymbol{H}_1$和$\boldsymbol{E}_2,\boldsymbol{H}_2$为无源场。此时，式(1.155)的右边为零，于是得到

$$\oint_S\boldsymbol{E}_1\times\boldsymbol{H}_2\cdot\mathrm{d}\boldsymbol{s}=\oint_S\boldsymbol{E}_2\times\boldsymbol{H}_1\cdot\mathrm{d}\boldsymbol{s} \tag{1.156}$$

这个结果将在第4章用来阐明互易微波网络的阻抗矩阵的对称性。

S 为理想导体。例如，S可能是一个理想导电的封闭腔的内表面。于是式(1.155)的面积分为零，因为$\boldsymbol{E}_1\times\boldsymbol{H}_2\cdot\boldsymbol{n}=(\boldsymbol{n}\times\boldsymbol{E}_1)\cdot\boldsymbol{H}_2$［由向量恒等式(B.3)得到］，而$\boldsymbol{n}\times\boldsymbol{E}_1$在理想导体表面为零（$\boldsymbol{E}_2$也类似）。结果为

$$\int_V(\boldsymbol{E}_1\cdot\boldsymbol{J}_2-\boldsymbol{H}_1\cdot\boldsymbol{M}_2)\mathrm{d}v=\int_V(\boldsymbol{E}_2\cdot\boldsymbol{J}_1-\boldsymbol{H}_2\cdot\boldsymbol{M}_1)\mathrm{d}v \tag{1.157}$$

这个结果与电路理论的互易定理相似。换言之，这个结果说，系统的响应$\boldsymbol{E}_1,\boldsymbol{E}_2$不会因为源点和场点的交换而改变，即由$\boldsymbol{J}_2$产生的在$\boldsymbol{J}_1$处的场$\boldsymbol{E}_2$与由$\boldsymbol{J}_1$产生的在$\boldsymbol{J}_2$处的场$\boldsymbol{E}_1$相等。

S 为无限远处的球面。此时，S处的场极其远离源，因而可以局部地考虑为平面波。于是，将阻抗关系$\boldsymbol{H}=\boldsymbol{n}\times\boldsymbol{E}/\eta$应用到式(1.155)可得

$$(\boldsymbol{E}_1\times\boldsymbol{H}_2-\boldsymbol{E}_2\times\boldsymbol{H}_1)\cdot\boldsymbol{n}=(\boldsymbol{n}\times\boldsymbol{E}_1)\cdot\boldsymbol{H}_2-(\boldsymbol{n}\times\boldsymbol{E}_2)\cdot\boldsymbol{H}_1=\frac{1}{\eta}\boldsymbol{H}_1\cdot\boldsymbol{H}_2-\frac{1}{\eta}\boldsymbol{H}_2\cdot\boldsymbol{H}_1=0$$

所以再次得到了式(1.157)的结果。对于表面阻抗边界条件成立的封闭表面S的情况，也能得到这个结果。

1.9.2 镜像理论

在很多问题中，电流源位于接地导电平面附近。镜像理论允许把接地平面拿开而在平面的另一边放置一个虚拟的镜像源。读者应该熟悉静电学中的这一概念，下面针对一个无限电流片相邻于无限大地平面的情况来证明这一结果，然后总结其他可能的情况。

考虑平行于接地平面的表面电流密度$\boldsymbol{J}_s=J_{s0}\boldsymbol{x}$，如图1.16a所示。由于电流源是无限延伸的，而且在x, y方向是均匀的，所以它将激励离它而去的平面波。负向传输的波将在$z=0$的地平面反射，然后沿正向传播。因此，在$0<z<d$的区域将形成一个驻波，而在$z>d$的区域将形成一个正向传输波。这两个区域的场的形式可以写为

$$E_x^s=A(\mathrm{e}^{\mathrm{j}k_0z}-\mathrm{e}^{-\mathrm{j}k_0z}),\qquad 0<z<d \tag{1.158a}$$

$$H_y^s=\frac{-A}{\eta_0}(\mathrm{e}^{\mathrm{j}k_0z}+\mathrm{e}^{-\mathrm{j}k_0z}),\qquad 0<z<d \tag{1.158b}$$

$$E_x^+=B\mathrm{e}^{-\mathrm{j}k_0z},\qquad z>d \tag{1.159a}$$

$$E_y^+=\frac{B}{\eta_0}\mathrm{e}^{-\mathrm{j}k_0z},\qquad z>d \tag{1.159b}$$

式中，η_0 是真空中的波阻抗。注意，式(1.158)的驻波场的构成已经满足 $z=0$ 处的边界条件 $E_x=0$。余下需要满足的边界条件是 $\boldsymbol{E}$ 在 $z=d$ 处的连续性，以及 $\boldsymbol{H}$ 场在 $z=d$ 处由电流片导致的不连续性。因为 $\boldsymbol{M}_S=0$，所以由式(1.36)可得

$$E_x^s = E_x^+\Big|_{z=d} \tag{1.160a}$$

而由式(1.37)有

$$\boldsymbol{J}_s = \boldsymbol{z}\times\boldsymbol{y}(H_y^+ - H_y^s)\Big|_{z=d} \tag{1.160b}$$

然后利用式(1.158)和式(1.159)得到

$$2\mathrm{j}\,A\sin k_0 d = B\mathrm{e}^{-\mathrm{j}k_0 d}$$

和

$$J_{s0} = -\frac{B}{\eta_0}\mathrm{e}^{-\mathrm{j}k_0 d} - \frac{2A}{\eta_0}\cos k_0 d$$

从中可以求得 A 和 B：

$$A = \frac{-J_{s0}\eta_0}{2}\mathrm{e}^{-\mathrm{j}k_0 d}$$

$$B = -\mathrm{j}J_{s0}\eta_0 \sin k_0 d$$

因此，总场为

$$E_x^s = -\mathrm{j}J_{s0}\eta_0\mathrm{e}^{-\mathrm{j}k_0 d}\sin k_0 z,\qquad 0<z<d \tag{1.161a}$$

$$H_y^s = J_{s0}\mathrm{e}^{-\mathrm{j}k_0 d}\cos k_0 z,\qquad 0<z<d \tag{1.161b}$$

$$E_x^+ = -\mathrm{j}J_{s0}\eta_0\sin k_0 d\mathrm{e}^{-\mathrm{j}k_0 z},\qquad z>d \tag{1.162a}$$

$$E_y^+ = -\mathrm{j}J_{s0}\sin k_0 d\mathrm{e}^{-\mathrm{j}k_0 z},\qquad z>d \tag{1.162b}$$

现在，考虑把镜像理论应用于这一问题。如图 1.16b 所示，把地平面拿开，然后在 $z=-d$ 处放置一个镜像源 $-\boldsymbol{J}_s$。通过叠加，$z>0$ 的总场可以通过把两个源独立产生的场相加得到。这些场可以由与上述分析相类似的方法导出，具有以下结果。

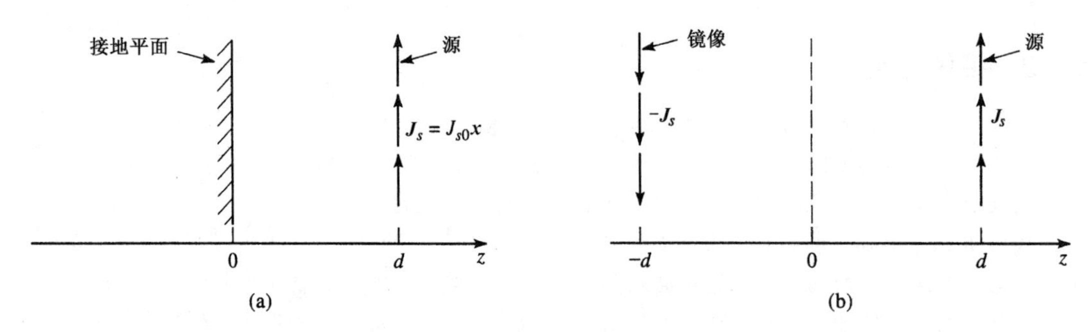

图 1.16　镜像理论应用于接地平面附近有一个电流源的示意图：(a)平行于接地平面的表面电流密度；(b)用 $z=-d$ 处的镜像电流代替(a)中的接地平面

由 $z=d$ 处的源产生的场：

$$E_x = \begin{cases} \dfrac{-J_{s0}\eta_0}{2}\mathrm{e}^{-\mathrm{j}k_0(z-d)}, & z>d \\ \dfrac{-J_{s0}\eta_0}{2}\mathrm{e}^{\mathrm{j}k_0(z-d)}, & z<d \end{cases} \tag{1.163a}$$

$$H_y = \begin{cases} \dfrac{-J_{s0}}{2} \mathrm{e}^{-\mathrm{j}k_0(z-d)}, & z > d \\ \dfrac{J_{s0}}{2} \mathrm{e}^{\mathrm{j}k_0(z-d)}, & z < d \end{cases} \tag{1.163b}$$

由 $z = -d$ 处的源产生的场：

$$E_x = \begin{cases} \dfrac{J_{s0}\eta_0}{2} \mathrm{e}^{-\mathrm{j}k_0(z+d)}, & z > -d \\ \dfrac{J_{s0}\eta_0}{2} \mathrm{e}^{\mathrm{j}k_0(z+d)}, & z < -d \end{cases} \tag{1.164a}$$

$$H_y = \begin{cases} \dfrac{J_{s0}}{2} \mathrm{e}^{-\mathrm{j}k_0(z+d)}, & z > -d \\ \dfrac{-J_{s0}}{2} \mathrm{e}^{\mathrm{j}k_0(z+d)}, & z < -d \end{cases} \tag{1.164b}$$

可以证明，这个解与式(1.161)在 $0 < z < d$ 时的解及式(1.162)在 $z > d$ 时的解是一致的，因此证明了镜像理论求解方法的正确性。注意，镜像理论只能给出导电平面右边的正确场。图 1.17 给出了用于电、磁偶极子的普遍镜像理论。

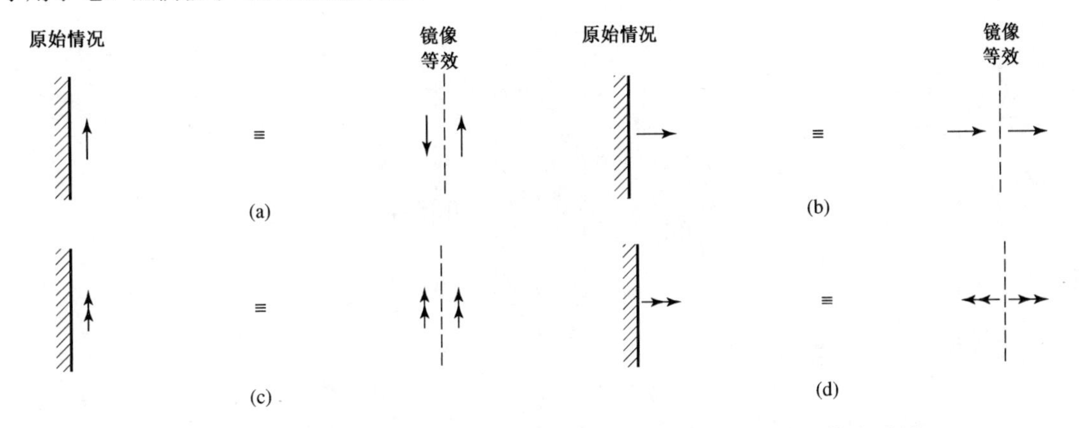

图 1.17　电流和磁流镜像：(a)平行于接地平面的电流；(b)垂直于接地平面的电流；(c)平行于接地平面的磁流；(d)垂直于接地平面的磁流

参考文献

[1] T. S. Sarkar, R. J. Mailloux, A. A. Oliner, M. Salazar-Palma, and D. Sengupta, *History of Wireless*, John Wiley & Sons, Hoboken, N.J., 2006.

[2] A. A. Oliner, "Historical Perspectives on Microwave Field Theory," *IEEE Transactions on Microwave Theory and Techniques*, vol. MTT-32, pp. 1022–1045, September 1984 [this special issue contains other articles on the history of microwave engineering].

[3] F. Ulaby, *Fundamentals of Applied Electromagnetics*, 6th edition, Prentice-Hall, Upper Saddle River, N.J., 2010.

[4] J. D. Kraus and D. A. Fleisch, *Electromagnetics*, 5th edition, McGraw-Hill, New York, 1999.

[5] S. Ramo, T. R. Whinnery, and T. van Duzer, *Fields and Waves in Communication Electronics*, 3rd edition, John Wiley & Sons, New York, 1994.

[6] R. E. Collin, *Foundations for Microwave Engineering*, 2nd edition, Wiley-IEEE Press, Hoboken, N.J., 2001.

[7] C. A. Balanis, *Advanced Engineering Electromagnetics*, John Wiley & Sons, New York, 1989.

[8] D. M. Pozar, *Microwave and RF Design of Wireless Systems*, John Wiley & Sons, Hoboken N.J., 2001.

习题

1.1 谁发现了无线电？马可尼发现了现代无线电，但此前其他人员有了几个重大发现。简述 1865—1900 年关于无线电的早期工作，特别是马隆洛・米斯、奥利弗・洛奇、尼古拉・特斯拉和马可尼的工作。解释感生通信方案和涉及波传播的无线通信方案的不同。无线电的发展可归功于某个人吗？参考文献[1]可能是一个较好的起点。

1.2 在 $\epsilon_r = 2.45$ 的聚苯乙烯填充区域内沿 x 轴传播的一个平面波，电场为 $E_y = E_0\cos(\omega t - kx)$，频率为 2.4GHz，$E_0 = 5.0\text{V/m}$。(a)求磁场的振幅和方向。(b)求相速。(c)求波长。(d)求 $z_1 = 0.1\text{m}$ 和 $z_2 = 0.15\text{m}$ 之间的相移。

1.3 证明 $\boldsymbol{E} = E_0(a\boldsymbol{x} + b\boldsymbol{y})\mathrm{e}^{-\mathrm{j}k_0 z}$ 形式的线极化平面波可以表示成右旋圆极化波与左旋圆极化波之和，其中 a 和 b 是实数。

1.4 计算式(1.76)的一般平面波场的坡印亭向量。

1.5 一个平面波正入射到介电常数为 ϵ_r、厚度为 d 的介质片，如下图所示。其中，$d = \lambda_0/(4\sqrt{\epsilon_r})$，$\lambda_0$ 为入射波的真空波长。若介质片的两边都是真空，求波由介质片前面反射的反射系数。

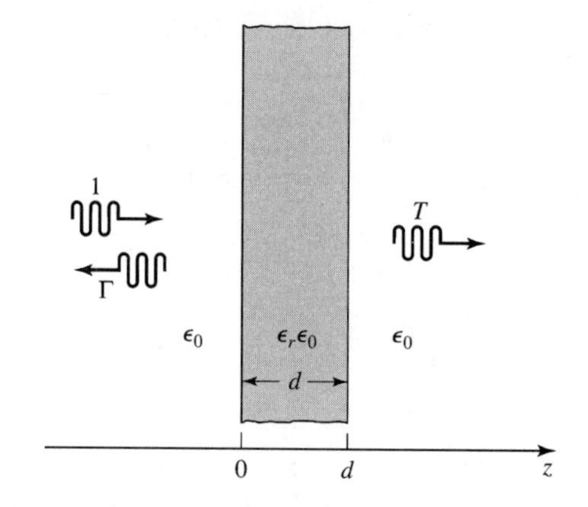

1.6 考虑一个右旋圆极化平面波由真空（$z<0$）正入射到由良导体构成的半空间（$z>0$）。令入射电场为

$$\boldsymbol{E}_i = E_0(\boldsymbol{x} - \mathrm{j}\boldsymbol{y})\mathrm{e}^{-\mathrm{j}k_0 z}$$

求 $z>0$ 的区域的电场和磁场。计算 $z<0$ 和 $z>0$ 的坡印亭向量并证明复功率是守恒的。反射波的极化方向如何？

1.7 考虑一个在 $z<0$ 的有耗介电媒质中传播的平面波，在 $z=0$ 处有一理想导电板。假定有耗媒质的特性参量为 $\epsilon = (5-\mathrm{j}2)\epsilon_0$，$\mu = \mu_0$，平面波的频率为 1.0GHz，入射电场在 $z=0$ 处的大小为 4V/m。求 $z<0$ 处的反射电场，画出总电场在区间 $-0.5 \leqslant z \leqslant 0$ 内的幅值。

1.8 一个 1GHz 的平面波正入射到厚度为 t 的薄铜片上。(a)计算波在空气-铜和铜-空气界面上的传输损耗，用 dB 表示。(b)若将铜片用作屏蔽，要把传输波的电平减少 150dB，则铜片的最小厚度应为多少？

1.9 一均匀有耗媒质（$\epsilon_r = 3.0$，$\tan\delta = 0.1$，$\mu = \mu_0$）填充从 $z=0$ 到 $z = 20\text{cm}$ 的区域，$z = 20\text{cm}$ 处为接地平面，如下图所示。一入射平面波具有电场

$$\boldsymbol{E}_i = \boldsymbol{x}100\mathrm{e}^{-\gamma z}\ \text{V/m}$$

从 $z=0$ 开始，向 $+z$ 方向传播。频率为 $f = 3.0\text{GHz}$。

(a) 计算 $z=0$ 处的入射功率密度 S_i 和反射波的功率密度 S_r。

(b) 计算来自 $z = 0$ 处的总场在 $z = 0$ 处的输入功率密度 S_{in}。是否有 $S_{\text{in}} = S_i - S_r$?

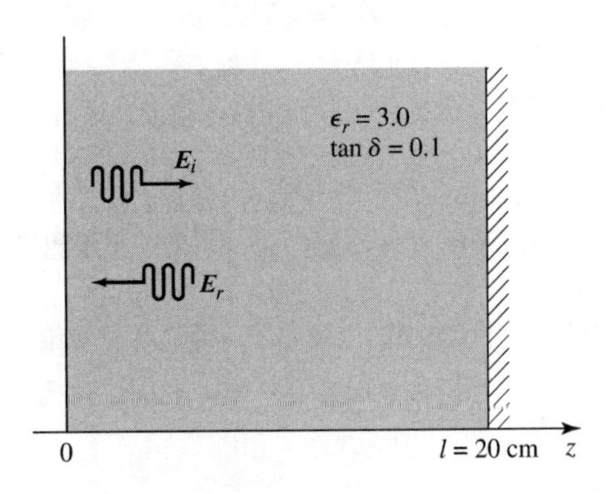

1.10 假定表面电流密度为 $\boldsymbol{J}_s = J_0\,\boldsymbol{x}$ A/m 的无限大电流片置于 $z = 0$ 处的平面上，$z < 0$ 为真空，$z > 0$ 为 $\epsilon = r\epsilon_0$ 的电介质，如下图所示。求两个区域的 $\boldsymbol{E}$ 和 $\boldsymbol{H}$ 场。提示：假定平面波解离开电流片传播，如例题 1.3 中那样，利用匹配边界的条件求振幅。

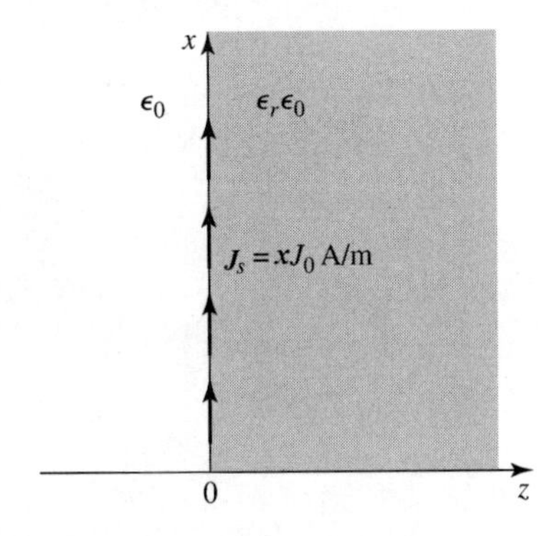

1.11 重做习题 1.10，但表面电流密度为 $\boldsymbol{J}_s = J_0\boldsymbol{x}\mathrm{e}^{-\mathrm{j}\beta x}$ A/m，其中 $\beta < k_0$。

1.12 一平行极化平面波由真空斜入射到一磁材料，其介电常数 ϵ_0 为 0，磁导率为 $\mu_0\mu_r$。求反射系数和透射系数。在这种情况下，是否存在布儒斯特角，当入射角为这个特殊角时反射系数为零？

1.13 对于垂直极化的情况重做习题 1.12。

1.14 各向异性材料具有如下介电常数张量 $\boldsymbol{\epsilon}$。在材料中的某点，电场已知为 $\boldsymbol{E} = 3\boldsymbol{x} - 2\boldsymbol{y} + 5\boldsymbol{z}$。在该点的 $\boldsymbol{D}$ 为多少？

$$\boldsymbol{\epsilon} = \epsilon_0 \begin{bmatrix} 1 & 3\mathrm{j} & 0 \\ -3\mathrm{j} & 2 & 0 \\ 0 & 0 & 4 \end{bmatrix}$$

1.15 考虑一个旋性介电常数张量：

$$\boldsymbol{\epsilon} = \epsilon_0 \begin{bmatrix} \epsilon_r & \mathrm{j}\kappa & 0 \\ -\mathrm{j}\kappa & \epsilon_r & 0 \\ 0 & 0 & 1 \end{bmatrix}$$

证明变换

$$E_+ = E_x - \mathrm{j}E_y, \quad D_+ = D_x - \mathrm{j}D_y$$
$$E_- = E_x + \mathrm{j}E_y, \quad D_- = D_x + \mathrm{j}D_y$$

可使得 $\boldsymbol{E}$ 和 $\boldsymbol{D}$ 的关系写为

$$\begin{bmatrix} D_+ \\ D_- \\ D_z \end{bmatrix} = \boldsymbol{\epsilon}' \begin{bmatrix} E_+ \\ E_- \\ E_z \end{bmatrix}$$

式中，$\boldsymbol{\epsilon}'$ 是一个对角阵，$\boldsymbol{\epsilon}'$ 的元素是什么？利用这个结果，导出 E_+和 E_-的平面波方程，求相应的传播常数。

1.16 证明：式(1.157)表达的互易定理也可应用到由一个封闭表面 S 包围的区域，其上存在表面阻抗边界条件。

1.17 考虑位于 $z = d$ 平面的表面电流密度 $\boldsymbol{J}_s = \boldsymbol{y}J_0\mathrm{e}^{-\beta x}$ A/m 。若一个理想导体接地平面位于 $z = 0$ 处，使用镜像理论求 $z > 0$ 时的总场。

1.18 令 $\boldsymbol{E} = E_\rho\boldsymbol{\rho} + E_\phi\boldsymbol{\phi} + E_z\boldsymbol{z}$ 是圆柱坐标系中的电场向量。通过计算对给定电场的向量恒等式 $\nabla\times\nabla\times\boldsymbol{E} = \nabla(\nabla\cdot\boldsymbol{E}) - \nabla^2\boldsymbol{E}$ 的两边来证明：在圆柱坐标系中把 $\nabla^2\boldsymbol{E}$ 表达为 $\boldsymbol{\rho}\nabla^2 E_\rho + \boldsymbol{\phi}\nabla^2 E_\phi + \boldsymbol{z}\nabla^2 E_z$ 是不正确的。

第 2 章　传输线理论

传输线理论架起了场分析和基本电路理论之间的桥梁，因此在微波网络分析中具有重要意义。如后所述，传输线中的波传播现象可以由电路理论的延伸或由麦克斯韦方程组的一种特殊情况解释；我们将列出这两种观点，并说明如何用类似于第 1 章用以描述平面波的那些方程来描述这种波的传播。

2.1　传输线的集总元件电路模型

电路理论和传输线理论之间的关键差别是电尺寸。电路分析假设网络的物理尺度比电波长小得多，而传输线的尺寸可能为几分之一个波长或几个波长。因此，传输线是分布参量网络，在整个长度内其电压和电流的幅值与相位都可能发生变化。

如图 2.1a 所示，传输线常用双线来示意，因为传输线（对 TEM 波传播）至少得有两个导体。图 2.1a 中无穷小长度 Δz 的一段线可建模为图 2.1b 中的一个集总元件电路，其中 R, L, G, C 为单位长度的量，定义如下：

R 表示两个导体单位长度的串联电阻，单位为Ω/m。

L 表示两个导体单位长度的串联电感，单位为 H/m。

G 表示两个导体单位长度的并联电导，单位为 S/m。

C 表示两个导体单位长度的并联电容，单位为 F/m。

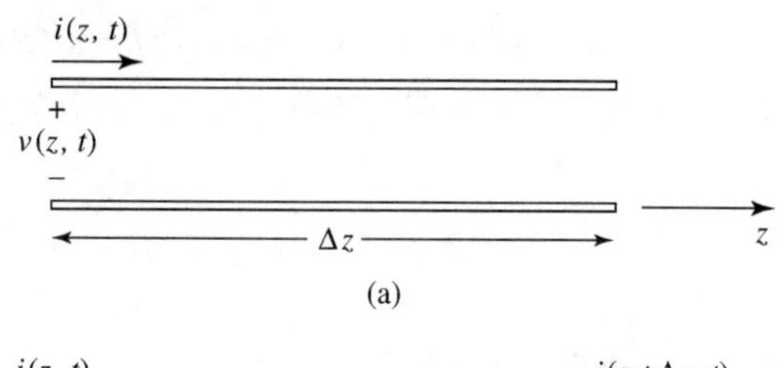

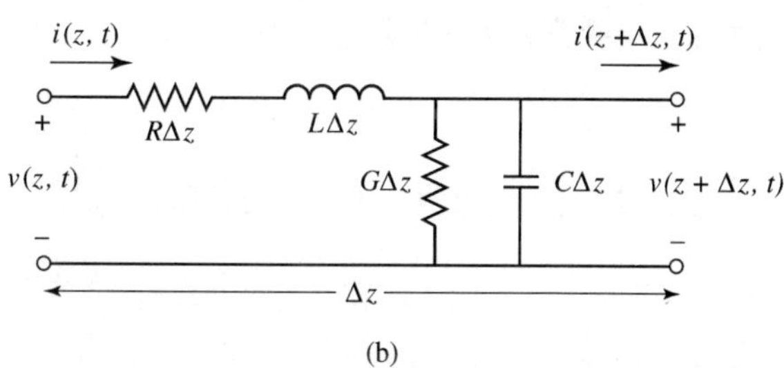

图 2.1　传输线单位长度增量上的电压、电流定义和等效电路：(a)电压和电流定义；(b)集总元件等效电路

串联电感 L 代表两个导体的总自感，并联电容 C 来源于两个导体的紧密贴近。串联电阻 R 代表两个导体的有限电导率产生的电阻，并联电导 G 来源于两个导体间填充材料的介电损耗。因此，R 和 G 代表损耗。有限长度的传输线可视为图 2.1b 所示的若干线段的级联。

对于图 2.1b 所示的电路，由基尔霍夫电压定律可以给出

$$v(z,t)-R\Delta z i(z,i)-L\Delta z\frac{\partial i(z,t)}{\partial t}-v(z+\Delta z,t)=0 \tag{2.1a}$$

而由基尔霍夫电流定律可以给出

$$i(z,t)-G\Delta z v(z+\Delta z,t)-C\Delta z\frac{\partial v(z+\Delta z,t)}{\partial t}-i(z+\Delta z,t)=0 \tag{2.1b}$$

式(2.1a)和式(2.1b)除以 Δz 并取 $\Delta z\to 0$ 时的极限，得到以下微分方程：

$$\frac{\partial v(z,t)}{\partial z} = -Ri(z,t) - L\frac{\partial i(z,t)}{\partial t} \tag{2.2a}$$

$$\frac{\partial i(z,t)}{\partial z} = -Gv(z,t) - C\frac{\partial v(z,t)}{\partial t} \tag{2.2b}$$

这些方程就是传输线方程或电报方程的时域形式。

简谐稳态条件下具有余弦相量形式，于是式(2.2a)和式(2.2b)简化为

$$\frac{\mathrm{d}V(z)}{\mathrm{d}z} = -(R + \mathrm{j}\omega L)I(z) \tag{2.3a}$$

$$\frac{\mathrm{d}I(z)}{\mathrm{d}z} = -(G + \mathrm{j}\omega C)V(z) \tag{2.3b}$$

注意，式(2.3a)和式(2.3b)形式上分别与麦克斯韦旋度方程组(1.41a)和(1.41b)相似。

2.1.1 传输线上的波传播

式(2.3)中的两个方程可以联立求解得到关于 $V(z)$和 $I(z)$的波方程：

$$\frac{\mathrm{d}^2V(z)}{\mathrm{d}z^2} - \gamma^2 V(z) = 0 \tag{2.4a}$$

$$\frac{\mathrm{d}^2I(z)}{\mathrm{d}z^2} - \gamma^2 I(z) = 0 \tag{2.4b}$$

式中，

$$\gamma = \alpha + \mathrm{j}\beta = \sqrt{(R + \mathrm{j}\omega L)(G + \mathrm{j}\omega C)} \tag{2.5}$$

为复传播常数，它是频率的函数。式(2.4)的行波解可以求出，具体为

$$V(z) = V_o^+ \mathrm{e}^{-\gamma z} + V_o^- \mathrm{e}^{\gamma z} \tag{2.6a}$$

$$I(z) = I_o^+ \mathrm{e}^{-\gamma z} + I_o^- \mathrm{e}^{\gamma z} \tag{2.6b}$$

式中，$\mathrm{e}^{-\gamma z}$ 项代表沿+z 方向的波传播，$\mathrm{e}^{\gamma z}$ 项代表沿−z 方向的波传播。把式(2.3a)代入式(2.6a)中的电压，可得到传输线上的电流为

$$I(z) = \frac{\gamma}{R + \mathrm{j}\omega L}\left(V_o^+ \mathrm{e}^{-\gamma z} - V_o^- \mathrm{e}^{\gamma z}\right)$$

与式(2.6b)比较表明，可以将特征阻抗 Z_0 定义为

$$Z_0 = \frac{R + \mathrm{j}\omega L}{\gamma} = \sqrt{\frac{R + \mathrm{j}\omega L}{G + \mathrm{j}\omega C}} \tag{2.7}$$

以便把传输线上的电压和电流联系起来，即

$$\frac{V_o^+}{I_o^+} = Z_0 = \frac{-V_o^-}{I_o^-}$$

这样，式(2.6b)就可以写成如下形式：

$$I(z) = \frac{V_o^+}{Z_0}\mathrm{e}^{-\gamma z} - \frac{V_o^-}{Z_0}\mathrm{e}^{\gamma z} \tag{2.8}$$

回到时域，电压波形可以表示为

$$v(z,t) = \left|V_o^+\right|\cos(\omega t - \beta z + \phi^+)\mathrm{e}^{-\alpha z} + \left|V_o^-\right|\cos(\omega t + \beta z + \phi^-)\mathrm{e}^{\alpha z} \tag{2.9}$$

式中，$\phi^{\pm}$ 是复电压 $V_o^{\pm}$ 的相角。利用 1.4 节的理论，可求得传输线上的波长为

$$\lambda = \frac{2\pi}{\beta} \tag{2.10}$$

相速为

$$v_p = \frac{\omega}{\beta} = \lambda f \tag{2.11}$$

2.1.2 无耗传输线

一般传输线的上述解包含了损耗的影响，而且我们看到其传播常数和特征阻抗都是复数。然而，在很多实际情形中，传输线的损耗小到能够忽略，因此可以简化上述结果。在式(2.5)中，令 $R = G = 0$，可得传播常数为

$$\gamma = \alpha + \mathrm{j}\beta = \mathrm{j}\omega\sqrt{LC}$$

或

$$\beta = \omega\sqrt{LC} \tag{2.12a}$$

$$\alpha = 0 \tag{2.12b}$$

正如预料的那样，对无耗情形，衰减常数 α 为零。式(2.7)的特征阻抗简化为

$$Z_0 = \sqrt{L/C} \tag{2.13}$$

它现在是实数。无耗传输线上电压和电流的一般解可以写为

$$V(z) = V_o^+ \mathrm{e}^{-\mathrm{j}\beta z} + V_o^- \mathrm{e}^{\mathrm{j}\beta z} \tag{2.14a}$$

$$I(z) = \frac{V_o^+}{Z_0}\mathrm{e}^{-\mathrm{j}\beta z} - \frac{V_o^-}{Z_0}\mathrm{e}^{\mathrm{j}\beta z} \tag{2.14b}$$

波长是

$$\lambda = \frac{2\pi}{\beta} = \frac{2\pi}{\omega\sqrt{LC}} \tag{2.15}$$

相速是

$$v_p = \frac{\omega}{\beta} = \frac{1}{\sqrt{LC}} \tag{2.16}$$

2.2 传输线的场分析

本节将从麦克斯韦方程组出发，推导电报方程的时谐形式。首先用传输线上的电磁场来推导传输线参量（R, L, G, C），然后利用这些参量在同轴线的特殊情况下推导电报方程。

2.2.1 传输线参量

考虑 1m 长的均匀传输线段，它具有图 2.2 所示的场 $\boldsymbol{E}$ 和 $\boldsymbol{H}$，其中 S 是传输线的横截面面积。令导体间的电压为 $V_o\mathrm{e}^{\pm\mathrm{j}\beta z}$，电流为 $I_o\mathrm{e}^{\pm\mathrm{j}\beta z}$。由式(1.86)得 1m 传输线上的时间平均的磁储能为

$$W_m = \frac{\mu}{4}\int_S \boldsymbol{H}\cdot\boldsymbol{H}^*\mathrm{d}s$$

而电路理论给出的、用传输线上的电流来表示的值是 $W_m = L|I_o|^2/4$。因此，得到单位长度的自感为

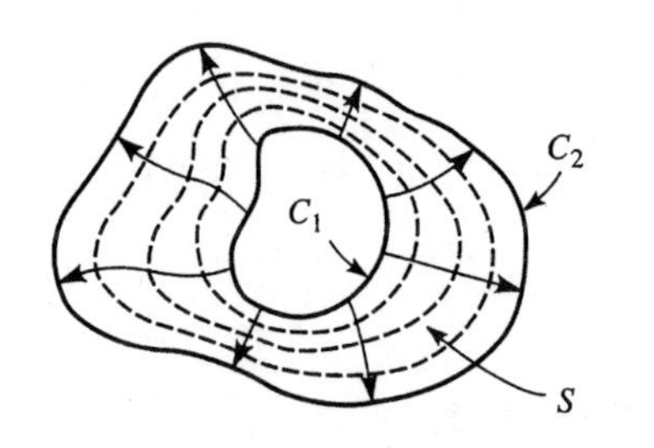

图 2.2　任意 TEM 传输线上的场力线

$$L = \frac{\mu}{|I_o|^2} \int_S \boldsymbol{H} \cdot \boldsymbol{H}^* \mathrm{d}s \ \mathrm{H/m} \tag{2.17}$$

类似地，由式(1.84)可以求得单位长度的时间平均的电储能为

$$W_e = \frac{\epsilon}{4} \int_S \boldsymbol{E} \cdot \boldsymbol{E}^* \mathrm{d}s$$

而电路理论给出的值是 $W_e = C|V_o|^2/4$，由此得到单位长度的电容的表达式为

$$C = \frac{\epsilon}{|V_o|^2} \int_S \boldsymbol{E} \cdot \boldsymbol{E}^* \mathrm{d}s \ \mathrm{F/m} \tag{2.18}$$

根据式(1.131)，由于金属导体有限电导率引起的单位长度的功率损耗为

$$P_c = \frac{R_s}{2} \int_{C_1+C_2} \boldsymbol{H} \cdot \boldsymbol{H}^* \mathrm{d}\ell$$

（假定 $\boldsymbol{H}$ 与 S 相切），而电路理论给出的值是 $P_c = R|I_o|^2/2$，因此传输线的单位长度的电阻 R 为

$$R = \frac{R_s}{|I_o|^2} \int_{C_1+C_2} \boldsymbol{H} \cdot \boldsymbol{H}^* \mathrm{d}l \ \Omega/\mathrm{m} \tag{2.19}$$

在式(2.19)中，$R_s = 1/\sigma\delta_s$ 是导体的表面电阻，而 $C_1 + C_2$ 是整个导体边界上的积分路径。由式(1.92)得出有耗电介质中单位长度耗散的时间平均功率为

$$P_d = \frac{\omega\epsilon''}{2} \int_S \boldsymbol{E} \cdot \boldsymbol{E}^* \mathrm{d}s$$

式中，ϵ'' 是复介电常量 $\epsilon = \epsilon' - \mathrm{j}\epsilon'' = \epsilon'(1 - \mathrm{j}\tan\delta)$ 的虚部。电路理论给出的值是 $P_d = G|V_o|^2/2$，所以单位长度的并联电导可以写为

$$G = \frac{\omega\epsilon''}{|V_o|^2} \int_S \boldsymbol{E} \cdot \boldsymbol{E}^* \mathrm{d}s \ \mathrm{S/m} \tag{2.20}$$

例题 2.1　同轴线的传输线参量

在图 2.3 所示同轴线内的 TEM 行波场可以表示为

$$\boldsymbol{E} = \frac{V_o \hat{\boldsymbol{\rho}}}{\rho \ln b/a} \mathrm{e}^{-\gamma z}$$

$$\boldsymbol{H} = \frac{I_o \hat{\boldsymbol{\phi}}}{2\pi\rho} \mathrm{e}^{-\gamma z}$$

式中，γ 是传输线的传播常数。假定导体具有表面电阻 R_s，两导体间填充的材料假定具有复介电常量 $\epsilon = \epsilon' - \mathrm{j}\epsilon''$ 和磁导率 $\mu = \mu_0\mu_r$。求其传输线参量。

解： 由式(2.17)～式(2.20)以及上述场表达式，可以算出同轴线的参量为

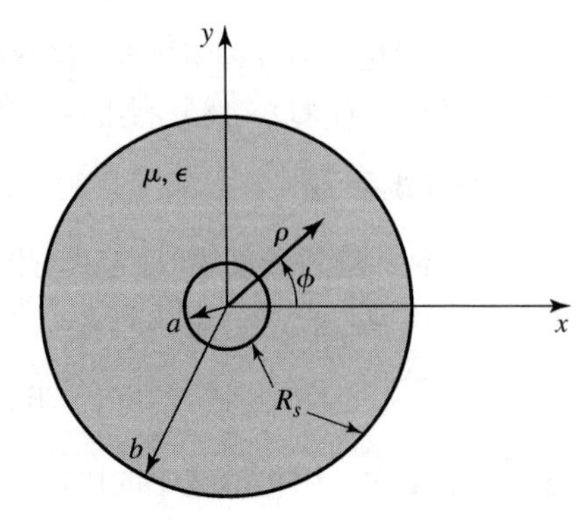

图 2.3　内外导体上具有表面电阻 R_s 的同轴线

$$L=\frac{\mu}{(2\pi)^2}\int_{\phi=0}^{2\pi}\int_{\rho=a}^{b}\frac{1}{\rho^2}\rho\mathrm{d}\rho\mathrm{d}\phi=\frac{\mu}{2\pi}\ln b/a\ \text{H/m}$$

$$C=\frac{\epsilon'}{(\ln b/a)^2}\int_{\phi=0}^{2\pi}\int_{\rho=a}^{b}\frac{1}{\rho^2}\rho\mathrm{d}\rho\mathrm{d}\phi=\frac{2\pi\epsilon'}{\ln b/a}\ \text{F/m}$$

$$R=\frac{R_s}{(2\pi)^2}\left\{\int_{\phi=0}^{2\pi}\frac{1}{a^2}a\mathrm{d}\phi+\int_{\phi=0}^{2\pi}\frac{1}{b^2}b\mathrm{d}\phi\right\}=\frac{R_s}{2\pi}\left(\frac{1}{a}+\frac{1}{b}\right)\ \Omega\text{/m}$$

$$G=\frac{\omega\epsilon''}{(\ln b/a)^2}\int_{\phi=0}^{2\pi}\int_{\rho=a}^{b}\frac{1}{\rho^2}\rho\mathrm{d}\rho\mathrm{d}\phi=\frac{2\pi\omega\epsilon''}{\ln b/a}\ \text{S/m}$$ ■

表 2.1 小结了同轴线、双线和平行平板传输线的参量。如第 3 章所述，大多数传输线的传播常数、特征阻抗及衰减都可直接由场论的解导出；这里先求出等效电路参量（L, C, R, G）的方法只适用于相对简单的传输线。无论如何，它提供了一个有用的直观概念，而且把传输线与其等效电路模型联系起来。

表 2.1　一些常用传输线的传输线参量

	同轴线	双　线	平行平板
	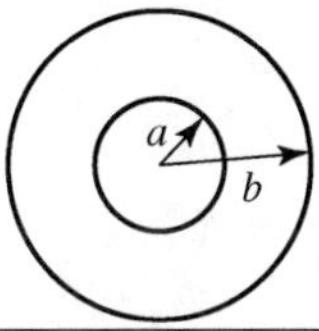	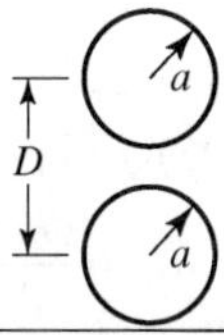	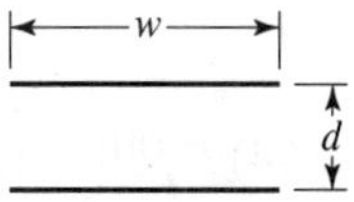
L	$\frac{\mu}{2\pi}\ln\frac{b}{a}$	$\frac{\mu}{\pi}\text{arcosh}\left(\frac{D}{2a}\right)$	$\frac{\mu d}{w}$
C	$\frac{2\pi\epsilon'}{\ln b/a}$	$\frac{\pi\epsilon'}{\text{arcosh}(D/2a)}$	$\frac{\epsilon' w}{d}$
R	$\frac{R_s}{2\pi}\left(\frac{1}{a}+\frac{1}{b}\right)$	$\frac{R_s}{\pi a}$	$\frac{2R_s}{w}$
G	$\frac{2\pi\omega\epsilon''}{\ln b/a}$	$\frac{\pi\omega\epsilon''}{\text{arcosh}(D/2a)}$	$\frac{\omega\epsilon'' w}{d}$

2.2.2　由场分析导出同轴线的电报方程

现在证明用电路理论导出的电报方程(2.3)也可由麦克斯韦方程组导出。考虑图 2.3 所示的同轴线的特定几何结构。虽然第 3 章中将更普遍地处理 TEM 波的传播问题，但目前的讨论也能让我们了解电路量与场量的关系。

图 2.3 所示同轴线中的 TEM 波具有特点 $E_z=H_z=0$；而且，由于角对称，场将不随 ϕ 改变，因此 $\partial/\partial\phi=0$。同轴线内的场满足以下麦克斯韦旋度方程组：

$$\nabla\times\boldsymbol{E}=-\mathrm{j}\omega\mu\boldsymbol{H} \tag{2.21a}$$

$$\nabla\times\boldsymbol{H}=\mathrm{j}\omega\epsilon\boldsymbol{E} \tag{2.21b}$$

式中，$\epsilon=\epsilon'-\mathrm{j}\epsilon''$ 可能是复数，以便适用于有耗介质填充。这里忽略导体损耗。我们可以做出导体损耗的精确场分析，但目前讨论它会分散我们的注意力；有兴趣的读者可以参阅参考文献[1]或参考文献[2]。

展开式(2.21a)和式(2.21b)，给出以下向量方程：

$$-\boldsymbol{\rho}\frac{\partial E_\phi}{\partial z}+\boldsymbol{\phi}\frac{\partial E_\rho}{\partial z}+\boldsymbol{z}\frac{1}{\rho}\frac{\partial}{\partial\rho}(\rho E_\phi)=-\mathrm{j}\omega\mu(\boldsymbol{\rho}H_\rho+\boldsymbol{\phi}H_\phi) \tag{2.22a}$$

$$-\boldsymbol{\rho}\frac{\partial H_\phi}{\partial z}+\boldsymbol{\phi}\frac{\partial H_\rho}{\partial z}+\boldsymbol{z}\frac{1}{\rho}\frac{\partial}{\partial\rho}(\rho H_\phi)=\mathrm{j}\omega\epsilon(\boldsymbol{\rho}E_\rho+\boldsymbol{\phi}E_\phi) \tag{2.22b}$$

因为这两个方程的 $\boldsymbol{z}$ 分量必须为零，所以 E_ϕ 和 H_ϕ 必定具有形式

$$E_\phi=\frac{f(z)}{\rho} \tag{2.23a}$$

$$H_\phi=\frac{g(z)}{\rho} \tag{2.23b}$$

为了满足 $\rho=a,b$ 时的边界条件 $E_\phi=0$，由于 E_ϕ 的表达式为式(2.23a)，因此必定处处有 $E_\phi=0$。然后，由式(2.22a)的 $\boldsymbol{\rho}$ 分量可以看出 $H_\rho=0$。利用这些结果，可将式(2.22)简化为

$$\frac{\partial E_\rho}{\partial z}=-\mathrm{j}\omega\mu H_\phi \tag{2.24a}$$

$$\frac{\partial H_\phi}{\partial z}=-\mathrm{j}\omega\epsilon E_\rho \tag{2.24b}$$

由式(2.23b)中 H_ϕ 和式(2.24a)可知，E_ρ 必定具有形式

$$E_\rho=\frac{h(z)}{\rho} \tag{2.25}$$

在式(2.24)中利用式(2.23b)和式(2.25)，可得

$$\frac{\partial h(z)}{\partial z}=-\mathrm{j}\omega\mu g(z) \tag{2.26a}$$

$$\frac{\partial g(z)}{\partial z}=-\mathrm{j}\omega\epsilon h(z) \tag{2.26b}$$

现在，可以计算得到两导体间的电压为

$$V(z)=\int_{\rho=a}^{b}E_\rho(\rho,z)\mathrm{d}\rho=h(z)\int_{\rho=a}^{b}\frac{\mathrm{d}\rho}{\rho}=h(z)\ln\frac{b}{a} \tag{2.27a}$$

而在 $\rho=a$ 处的内导体上的总电流，可以用式(2.23b)求得为

$$I(z)=\int_{\phi=0}^{2\pi}H_\phi(a,z)a\mathrm{d}\phi=2\pi g(z) \tag{2.27b}$$

然后，利用式(2.27)消去式(2.26)中的 $h(z)$和 $g(z)$，得到

$$\frac{\partial V(z)}{\partial z}=-\mathrm{j}\frac{\omega\mu\ln b/a}{2\pi}I(z)$$

$$\frac{\partial I(z)}{\partial z}=-\mathrm{j}\omega(\epsilon'-\mathrm{j}\epsilon'')\frac{2\pi V(z)}{\ln b/a}$$

最后，利用前面导出的同轴线的 L, G 和 C，得到电报方程为

$$\frac{\partial V(z)}{\partial z}=-\mathrm{j}\omega LI(z) \tag{2.28a}$$

$$\frac{\partial I(z)}{\partial z}=-(G+\mathrm{j}\omega C)V(z) \tag{2.28b}$$

（这里不包含串联电阻 R，因为假定内外导体是理想导体。）对于其他的简单传输线，也可以做出类似的分析。

2.2.3 无耗同轴线的传播常数、阻抗和功率流

对 E_ρ 和 H_ϕ 的方程(2.24a)和方程(2.24b)联立求解，可以得到 E_ρ 或 H_ϕ 的波方程：

$$\frac{\partial^2 E_\rho}{\partial z^2}+\omega^2\mu\epsilon E_\rho=0 \tag{2.29}$$

从中可以看出传播常数是$\gamma^2=-\omega^2\mu\epsilon$；对于无耗媒质，它简化为

$$\beta=\omega\sqrt{\mu\epsilon}=\omega\sqrt{LC} \tag{2.30}$$

其中最后的结果来源于式(2.12)。可以看出，这个传播常数与无耗媒质中的平面波的传播常数是相同的。这是 TEM 传输线的普遍结果。

波阻抗定义为$Z_w=E_\rho/H_\phi$，它可由式(2.24a)并假定有$\mathrm{e}^{-\mathrm{j}\beta z}$依赖关系计算得到：

$$Z_w=\frac{E_\rho}{H_\phi}=\frac{\omega\mu}{\beta}=\sqrt{\mu/\epsilon}=\eta \tag{2.31}$$

可以看出，这个波阻抗与媒质的本征阻抗η是一致的，这也是 TEM 传输线的普遍结果。

同轴线的特征阻抗定义为

$$Z_0=\frac{V_o}{I_o}=\frac{E_\rho\ln b/a}{2\pi H_\phi}=\frac{\eta\ln b/a}{2\pi}=\sqrt{\frac{\mu}{\epsilon}}\frac{\ln b/a}{2\pi} \tag{2.32}$$

其中用到了例题 2.1 中的E_ρ和H_ϕ。这个特征阻抗与同轴线的几何结构有关，其他传输线的结构会有所不同。

最后，同轴线沿z方向的功率流可由坡印亭向量计算得到：

$$P=\frac{1}{2}\int_s \boldsymbol{E}\times\boldsymbol{H}^*\cdot\mathrm{d}\boldsymbol{s}=\frac{1}{2}\int_{\phi=0}^{2\pi}\int_{\rho=a}^{b}\frac{V_oI_o^*}{2\pi\rho^2\ln b/a}\rho\mathrm{d}\rho\mathrm{d}\phi=\frac{1}{2}V_oI_o^* \tag{2.33}$$

这个结果与电路理论的结果非常一致。这表明，传输线中的功率流通过电场和磁场时，将完全发生在两导体之间；功率不是通过导体本身传输的。正如稍后所述，对于有限的电导率，功率可以进入导体，但这部分功率将会耗散为热，而不会传送到负载。

2.3 端接负载的无耗传输线

图 2.4 画出了一个端接任意负载阻抗Z_L的无耗传输线。这个问题将说明传输线中的波反射，这是分布系统的一个基本特性。

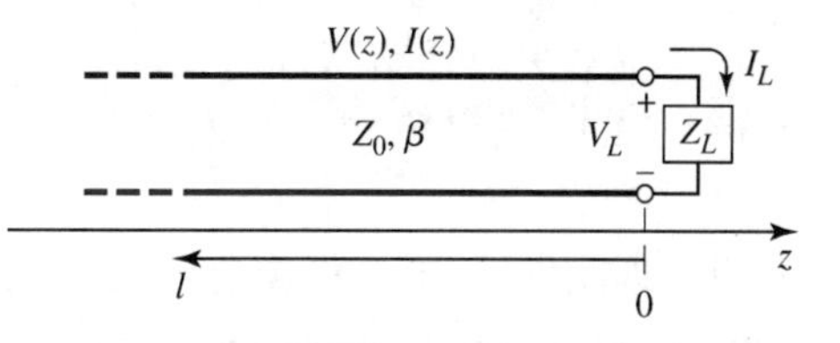

图 2.4　端接负载阻抗Z_L的传输线

假定有形式为$V_o^+\mathrm{e}^{-\mathrm{j}\beta z}$的入射波，它产生于$z<0$处的源。我们已经知道，这一行波的电压和电流之比就是特征阻抗Z_0。但是，当该传输线端接任意负载$Z_L\neq Z_0$时，负载上的电压和电流之比应是Z_L。因此，要满足这个条件，必定会产生具有适当振幅的反射波。传输线上的总电压可以作为入射波与反射波之和写成式(2.14a)的形式：

$$V(z)=V_o^+\mathrm{e}^{-\mathrm{j}\beta z}+V_o^-\mathrm{e}^{\mathrm{j}\beta z} \tag{2.34a}$$

类似地，传输线上的总电流可以由式(2.14b)描述：

$$I(z)=\frac{V_o^+}{Z_0}\mathrm{e}^{-\mathrm{j}\beta z}-\frac{V_o^-}{Z_0}\mathrm{e}^{\mathrm{j}\beta z} \tag{2.34b}$$

负载上的总电压和总电流通过负载阻抗联系起来，因此在$z=0$处必定有

$$Z_L=\frac{V(0)}{I(0)}=\frac{V_o^++V_o^-}{V_o^+-V_o^-}Z_0$$

求得 V_o^- 为

$$V_o^- = \frac{Z_L - Z_0}{Z_L + Z_0} V_o^+$$

入射电压波振幅对反射电压波振幅的归一化，定义为电压反射系数 Γ：

$$\Gamma = \frac{V_o^-}{V_o^+} = \frac{Z_L - Z_0}{Z_L + Z_0} \tag{2.35}$$

于是线上的总电压和总电流可以写为

$$V(z) = V_o^+ \left(\mathrm{e}^{-\mathrm{j}\beta z} + \Gamma \mathrm{e}^{\mathrm{j}\beta z} \right) \tag{2.36a}$$

$$I(z) = \frac{V_o^+}{Z_0} \left(\mathrm{e}^{-\mathrm{j}\beta z} - \Gamma \mathrm{e}^{\mathrm{j}\beta z} \right) \tag{2.36b}$$

从这些表达式可以看出，线上的电压和电流是入射波和反射波的叠加；这样的波称为驻波。只有当 $\Gamma = 0$ 时，才不会有反射波。为了得到 $\Gamma = 0$，负载阻抗 Z_L 必须等于该传输线的特征阻抗 Z_0，这可以由式(2.35)看出。这样的负载称为传输线的**匹配负载**，因此入射波没有反射。

现在考虑传输线上 z 点的时间平均功率流：

$$P_{\text{avg}} = \frac{1}{2} \mathrm{Re}\left\{ V(z) I(z)^* \right\} = \frac{1}{2} \frac{\left| V_o^+ \right|^2}{Z_0} \mathrm{Re}\left\{ 1 - \Gamma^* \mathrm{e}^{-2\mathrm{j}\beta z} + \Gamma \mathrm{e}^{2\mathrm{j}\beta z} - |\Gamma|^2 \right\}$$

上式中应用了式(2.36)。括号中的中间两项有形式 $A - A^* = 2\,\mathrm{j}\,\mathrm{Im}(A)$，是纯虚数，因此可以简化为

$$P_{\text{avg}} = \frac{1}{2} \frac{\left| V_o^+ \right|^2}{Z_0} \left(1 - |\Gamma|^2 \right) \tag{2.37}$$

这表明线上任意一点的平均功率流是常数，而且传送到负载的总功率流（P_{avg}）等于入射功率（$\left| V_o^+ \right|^2 / 2Z_0$）减去反射功率（$\left| V_o \right|^2 |\Gamma|^2 / 2Z_0$）。若 $\Gamma = 0$，则传送到负载的功率最大；若 $\Gamma = 1$，则没有功率到达负载。上述讨论假定源是匹配的，因而没有来自 $z < 0$ 的区域的反射波的再反射。

当负载失配时，不是所有来自源的可用功率都传给了负载。这种"损耗"称为**回波损耗**（Return Loss，RL），它定义（以 dB 为单位）为

$$\mathrm{RL} = -20\lg|\Gamma|\,\mathrm{dB} \tag{2.38}$$

因此，匹配负载（$\Gamma = 0$）具有∞dB 的回波损耗（无反射功率），而全反射（$|\Gamma| = 1$）具有 0dB 的回波损耗（所有的入射功率都被反射回来）。

若负载与线是匹配的，则 $\Gamma = 0$，而且线上的电压幅值 $|V(z)| = \left| V_o^+ \right|$ 为常数。这样的传输线有时称为是**平坦的**。然而，当负载失配时，反射波的存在会导致驻波，这时线上的电压幅值不是常数。因此，由式(2.36a)可得

$$|V(z)| = \left| V_o^+ \right| \left| 1 + \Gamma \mathrm{e}^{2\mathrm{j}\beta z} \right| = \left| V_o^+ \right| \left| 1 + \Gamma \mathrm{e}^{-2\mathrm{j}\beta \ell} \right| = \left| V_o^+ \right| \left| 1 + |\Gamma| \mathrm{e}^{\mathrm{j}(\theta - 2\beta\ell)} \right| \tag{2.39}$$

式中，$\ell = -z$ 是从 $z = 0$ 的负载处开始测量的正距离，θ 是反射系数的相位（$\Gamma = |\Gamma| \mathrm{e}^{\mathrm{j}\theta}$）。这个结果表明，电压幅值沿传输线随 z 起伏。当相位项 $\mathrm{e}^{\mathrm{j}(\theta - 2\beta\ell)} = 1$ 时出现最大值，它由

$$V_{\max} = \left| V_o^+ \right| (1 + |\Gamma|) \tag{2.40a}$$

给出。当相位项 $\mathrm{e}^{\mathrm{j}(\theta - 2\beta\ell)} = -1$ 时出现最小值，它由

$$V_{\min} = \left| V_o^+ \right| (1 - |\Gamma|) \tag{2.40b}$$

给出。当$|\Gamma|$增加时，$V_{\max}$与$V_{\min}$之比增加，因此度量传输线的失配量，称为驻波比（Standing Wave Radio，SWR），可以定义为

$$\text{SWR}=\frac{V_{\max}}{V_{\min}}=\frac{1+|\Gamma|}{1-|\Gamma|} \tag{2.41}$$

这个量也称电压驻波比（Voltage Standing Wave Radio，VSWR）。由式(2.41)可以看出，SWR 是一个实数，且 $1\leqslant \text{SWR}\leqslant\infty$，其中 SWR = 1 意味着负载匹配。

由式(2.39)看出，两个连续电压最大值（或最小值）之间的距离是$\ell=2\pi/2\beta=\pi\lambda/2\pi=\lambda/2$，而最大值和相邻最小值之间的距离是$\ell=\pi/2\beta=\lambda/4$，其中$\lambda$是传输线上的波长。

反射系数式(2.35)定义为负载处（$\ell=0$）反射波与入射波电压的振幅之比，但这个量也可以像下面那样推广为线上任意点ℓ处的值。由式(2.34a)，当$z=-\ell$时，反射分量与入射分量之比为

$$\Gamma(\ell)=\frac{V_o^-\mathrm{e}^{-\mathrm{j}\beta\ell}}{V_o^+\mathrm{e}^{\mathrm{j}\beta\ell}}=\Gamma(0)\mathrm{e}^{-2\mathrm{j}\beta\ell} \tag{2.42}$$

式中，$\Gamma(0)$是$z=0$处的反射系数，它与式(2.35)给出的相同。当需要将负载的失配效应变换到传输线上时，这种形式是有用的。

我们已经看到，线上的实功率流是常数，但电压的振幅，至少对失配的传输线而言，是随线上的位置而起伏的。因此，读者可能会得出结论：从线上看到的阻抗必定随位置变化。事实的确如此。在距离负载$\ell=-z$处，向负载看去的输入阻抗是

$$Z_{\text{in}}=\frac{V(-\ell)}{I(-\ell)}=\frac{V_o^+\left(\mathrm{e}^{\mathrm{j}\beta\ell}+\Gamma\mathrm{e}^{-\mathrm{j}\beta\ell}\right)}{V_o^+\left(\mathrm{e}^{\mathrm{j}\beta\ell}-\Gamma\mathrm{e}^{-\mathrm{j}\beta\ell}\right)}Z_0=\frac{1+\Gamma\mathrm{e}^{-2\mathrm{j}\beta\ell}}{1-\Gamma\mathrm{e}^{-2\mathrm{j}\beta\ell}}Z_0 \tag{2.43}$$

式中，$V(z)$和$I(z)$已经用到了式(2.36a, b)。一个更有用的形式可以通过在式(2.43)中应用Γ的表达式(2.35)得到：

$$\begin{aligned}Z_{\text{in}}&=Z_0\frac{(Z_L+Z_0)\mathrm{e}^{\mathrm{j}\beta\ell}+(Z_L-Z_0)\mathrm{e}^{-\mathrm{j}\beta\ell}}{(Z_L+Z_0)\mathrm{e}^{\mathrm{j}\beta\ell}-(Z_L-Z_0)\mathrm{e}^{-\mathrm{j}\beta\ell}}\\&=Z_0\frac{Z_L\cos\beta\ell+\mathrm{j}Z_0\sin\beta\ell}{Z_0\cos\beta\ell+\mathrm{j}Z_L\sin\beta\ell}\\&=Z_0\frac{Z_L+\mathrm{j}Z_0\tan\beta\ell}{Z_0+\mathrm{j}Z_L\tan\beta\ell}\end{aligned} \tag{2.44}$$

这是一个重要的结果，它给出了具有任意负载阻抗的一段传输线的输入阻抗。我们把这一结果称为传输线阻抗方程；下面将考虑一些特殊情况。

2.3.1 无耗传输线的特殊情况

在工作中，我们经常遇到一些无耗传输线的特殊情况，因此这里有必要考虑这些情况的特性。

首先考虑图 2.5 所示的传输线电路，其中传输线的一端是短路的，即$Z_L=0$。由式(2.35)可以看出，短路负载的反射系数是$\Gamma=-1$；然后，由式(2.41)得知驻波比为无穷大。由式(2.36)得出传输线上的电压和电流为

$$V(z)=V_o^+\left(\mathrm{e}^{-\mathrm{j}\beta z}-\mathrm{e}^{\mathrm{j}\beta z}\right)=-2\mathrm{j}V_o^+\sin\beta z \tag{2.45a}$$

$$I(z)=\frac{V_o^+}{Z_0}\left(\mathrm{e}^{-\mathrm{j}\beta z}+\mathrm{e}^{\mathrm{j}\beta z}\right)=\frac{2V_o^+}{Z_0}\cos\beta z \tag{2.45b}$$

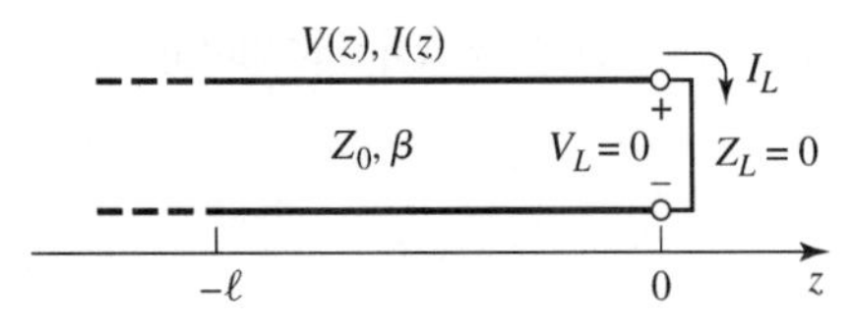

图 2.5　终端短路的传输线

它表明，在负载处，$V=0$（对于短路负载，这是预料之中的），而电流是极大值。由式(2.44)或比值 $V(-\ell)/I(-\ell)$，得出输入阻抗为

$$Z_{\text{in}} = \text{j}Z_0 \tan\beta\ell \tag{2.45c}$$

可以看到，对任意长度 ℓ，它都是纯虚数，而且可取 $+\text{j}\infty$ 到 $-\text{j}\infty$ 之间的所有值。例如，当 $\ell=0$ 时，有 $Z_{\text{in}}=0$，但当 $\ell=\lambda/4$ 时有 $Z_{\text{in}}=\infty$（开路）。式(2.45c)还表明，阻抗是 ℓ 的周期函数，对 $\lambda/2$ 的整数倍重复。短路传输线的电压、电流和输入阻抗已绘于图 2.6 中。

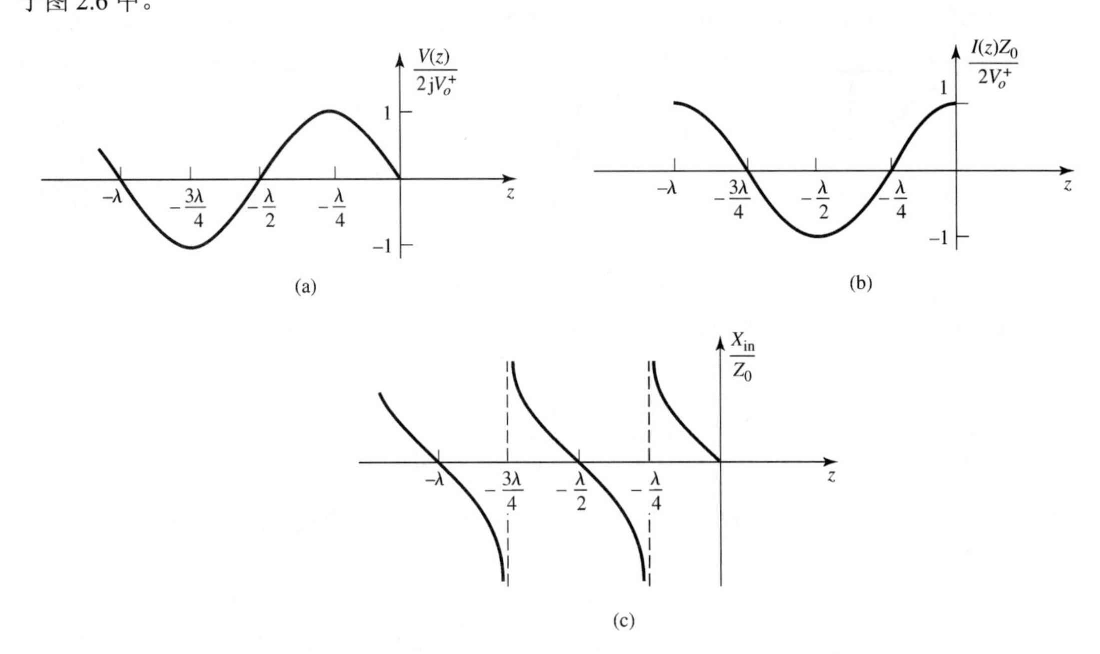

图 2.6　(a)电压、(b)电流和(c)阻抗（$R_{\text{in}}=0$ 或∞）沿短路传输线的变化

下面考虑图 2.7 所示的开路线，其中 $Z_L=\infty$。将式(2.35)的分子和分母除以 Z_L 并令 $Z_L\to\infty$，可以证明，这种情况下的反射系数 $\Gamma=1$，驻波比也是无穷大的。由式(2.36)得出线上的电压和电流为

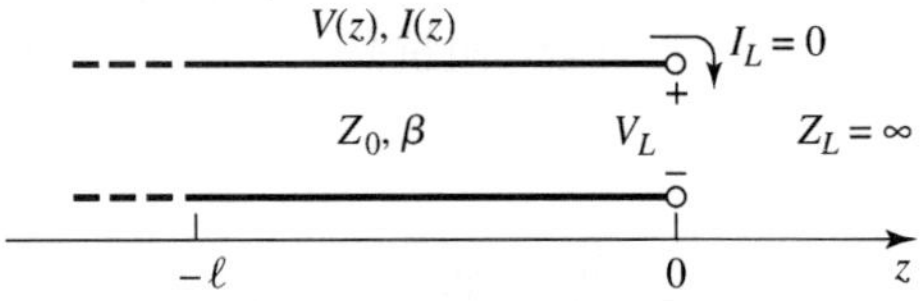

图 2.7　终端开路的传输线

$$V(z) = V_o^+\left(\text{e}^{-\text{j}\beta z}+\text{e}^{\text{j}\beta z}\right) = 2V_o^+\cos\beta z \tag{2.46a}$$

$$I(z) = \frac{V_o^+}{Z_0}\left(\text{e}^{-\text{j}\beta z}-\text{e}^{\text{j}\beta z}\right) = \frac{-2\text{j}V_o^+}{Z_0}\sin\beta z \tag{2.46b}$$

它表明在负载处 $I=0$，而正如对开路所预料的那样，电压取极大值。输入阻抗为

$$Z_{\text{in}} = -\text{j}Z_0\cot\beta\ell \tag{2.46c}$$

对任意长度 ℓ，它也是纯虚数。开路线的电压、电流和输入阻抗已绘于图 2.8 中。

现在考虑一些特定长度的端接传输线。若 $\ell=\lambda/2$，则式(2.44)表明

$$Z_{\text{in}} = Z_L \tag{2.47}$$

这意味着半波长（或 $\lambda/2$ 的任意整数倍）线不改变或不变换负载阻抗，无论该传输线的特征阻抗是多少。

若线的长度是 1/4 波长，或更一般地有 $\ell = \lambda/4 + n\lambda/2, n = 1,2,3,\cdots$，则式(2.44)表明，输入阻抗由下式给出：

$$Z_{\text{in}} = \frac{Z_0^2}{Z_L} \tag{2.48}$$

这样的传输线称为 1/4 波长变换器，它具有以倒数方式变换负载阻抗的作用，当然也依赖于传输线的特征阻抗。2.5 节将更深入地研究这种情况。

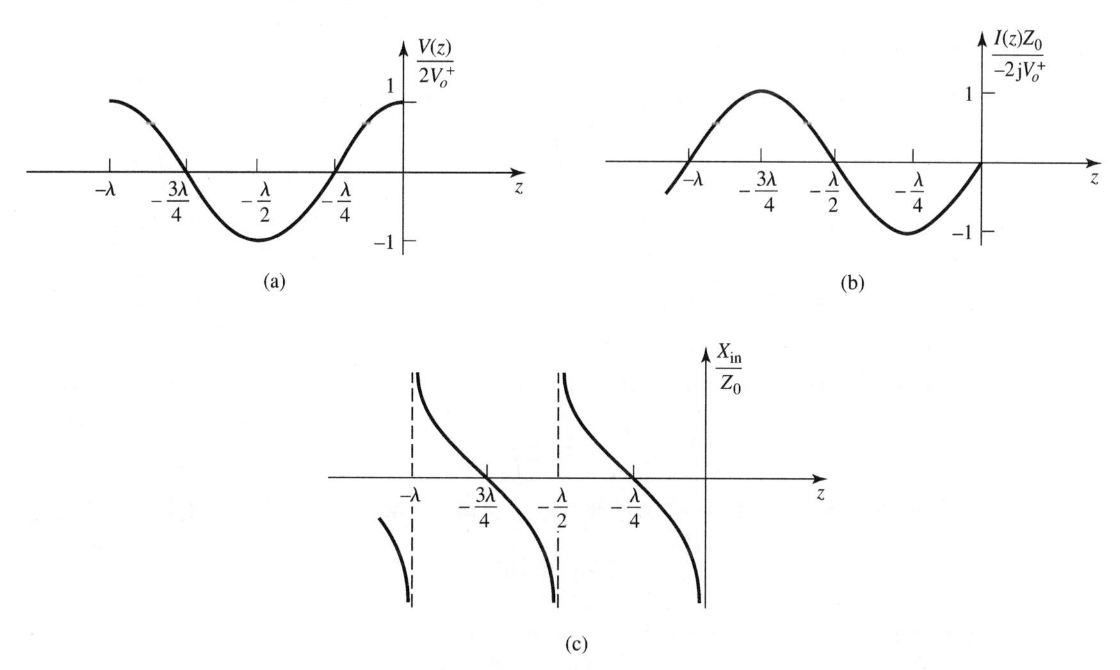

图 2.8 (a)电压、(b)电流和(c)阻抗（$R_{\text{in}} = 0$ 或∞）沿开路传输线的变化

现在考虑特征阻抗为 Z_0 的传输线馈接到具有不同特征阻抗 Z_1 的传输线上的情形，如图 2.9 所示。若负载线无穷长，或者说它端接到自身的特征阻抗的线上，则没有反射来自其终端，于是由馈线看到的输入阻抗是 Z_1，因而反射系数 Γ 是

$$\Gamma = \frac{Z_1 - Z_0}{Z_1 + Z_0} \tag{2.49}$$

不是所有的入射波都被反射；其中的一些传输到了第二条传输线上，电压振幅由传输系数 Γ 给出。

由式(2.36a)得 $z < 0$ 处的电压为

$$V(z) = V_o^+(\mathrm{e}^{-\mathrm{j}\beta z} + \Gamma \mathrm{e}^{\mathrm{j}\beta z}), \quad z < 0 \tag{2.50a}$$

式中，V_o^+ 是馈线上入射电压波的振幅。不存在反射时，$z > 0$ 处的电压波只有往外去的波，因而可以写为

$$V(z) = V_o^+ T \mathrm{e}^{-\mathrm{j}\beta z}, \quad z > 0 \tag{2.50b}$$

使这些电压值在 $z = 0$ 处相等，可得到传输系数 T 为

$$T = 1 + \Gamma = 1 + \frac{Z_1 - Z_0}{Z_1 + Z_0} = \frac{2Z_1}{Z_1 + Z_0} \tag{2.51}$$

电路中两点间的传输系数常常用单位 dB 表示成插入损耗（Insertion Loss, IL）：

$$\text{IL} = -20\lg|T| \text{ dB} \tag{2.52}$$

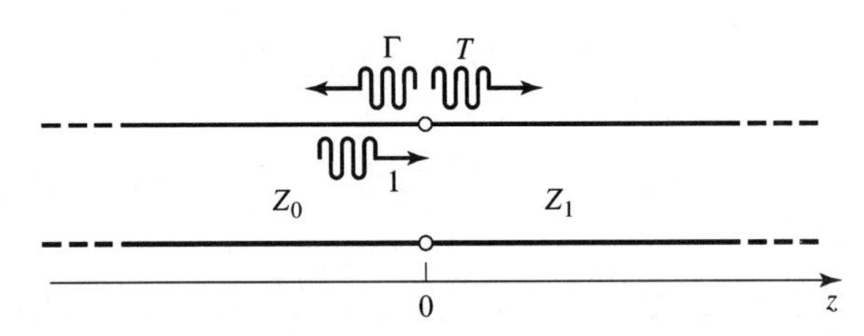

图 2.9　具有不同特征阻抗的两段传输线的交接处的反射和传输

兴趣点：分贝和奈培

在微波系统中两功率电平 P_1 和 P_2 之比经常用分贝（dB）表示为

$$10\lg\frac{P_1}{P_2}\ \text{dB}$$

因此功率比为 2 等效于 3dB，功率比为 0.1 等效于−10dB。用 dB 表示的功率比使得计算通过一系列元件后的功率损耗或增益比较容易，因为相乘的损耗或增益因子可以通过对每一级用分贝表示的损耗或增益的相加来计算。例如，一个信号经过一个 6dB 的衰减器和一个 23dB 的放大器后将具有 23 − 6 = 17dB 的总增益。

分贝仅用来表示功率比，但是若 $P_1 = V_1^2/R_1$，$P_2 = V_2^2/R_2$，则用电压比来表示的功率比是

$$10\lg\frac{V_1^2R_2}{V_2^2R_1} = 20\lg\frac{V_1}{V_2}\sqrt{\frac{R_2}{R_1}}\ \text{dB}$$

式中 R_1 和 R_2 为负载电阻，V_1 和 V_2 为这些负载上的电压。若负载电阻相等，则该公式简化为

$$20\lg\frac{V_1}{V_2}\ \text{dB}$$

相等电阻两端的电压之比也可用奈培（Np）表示为

$$\ln\frac{V_1}{V_2}\ \text{Np}$$

用功率表示的对应表达式是

$$\frac{1}{2}\ln\frac{P_1}{P_2}\ \text{Np}$$

因为电压正比于功率的平方根。传输线的衰减有时用奈培表示。因为 1Np 对应于功率比 e^2，所以奈培和分贝之间的转换关系是

$$1\text{Np} = 10\lg e^2 = 8.686\text{dB}$$

若一个参考功率电平是已知的，则绝对功率也可以用分贝符号来表示。若令 P_2 = 1mW，则功率 P_1 可以用 dBm 表示为

$$10\lg\frac{P_1}{1\ \text{mW}}\ \text{dBm}$$

因此，1mW 的功率是 0dBm，而 1W 的功率是 30dBm，等等。

2.4　Smith 圆图

图 2.10 所示的 Smith（史密斯）圆图是一种辅助图形，它在求解传输线问题时是非常有用的。虽然还有一些其他的阻抗和反射系数圆图可以用于类似问题的求解[3]，但 Smith 圆图可以说是最

知名而且应用最广泛的。它是在 1939 年由 P. Smith 在贝尔电话实验室工作时开发的[4]。读者也许会认为，在科学计算器和计算机功能强大的今天，图形求解在现代工程中已经没有地位。然而，Smith 圆图不只是一种图形技术。除作为微波设计的众多流行的计算机辅助设计（CAD）软件和检测设备中的组成部分外，Smith 圆图还提供了一种使传输线现象可视化的有用方法。因此，从教学的理念来说，它也是重要的。微波工程师知道如何用 Smith 圆图来思考问题时，就能够直观地求解传输线和阻抗匹配问题。

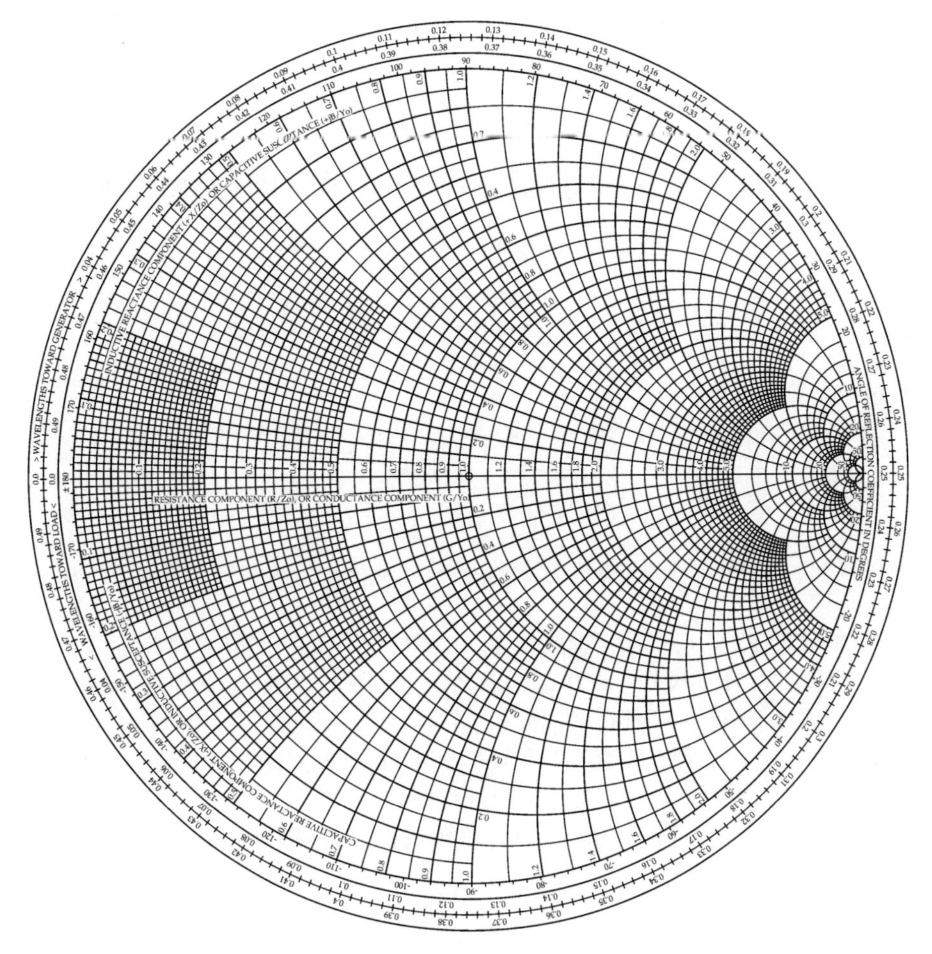

图 2.10　Smith 圆图

初看起来，Smith 圆图似乎很吓人，但理解它的关键是认识到它基本上就是一个电压反射系数 Γ 的极坐标图。我们把反射系数用幅值和相位（极角）的形式表示为 $\Gamma = |\Gamma| e^{j\theta}$。然后把幅值 $|\Gamma|$ 画成从图中心算起的半径（$|\Gamma| \leqslant 1$），把角度 θ（$-180° \leqslant \theta \leqslant 180°$）画成是从水平直径的右手边算起的角度。任何无源的可实现的（$|\Gamma| \leqslant 1$）反射系数都可以在 Smith 圆图上画成一个唯一的点。

然而，Smith 圆图的真正有用之处是画在图中的阻抗（或导纳）圆，阻抗（或导纳）圆可用来将反射系数转换为归一化阻抗（或导纳），反之亦然。处理 Smith 圆图中的阻抗时，通常采用归一化量，我们用小写字母来表示这些量。归一化常数通常是传输线的特征阻抗。因此 $z = Z/Z_0$ 代表阻抗 Z 的归一化值。

若特征阻抗为 Z_0 的无耗传输线端接一个负载阻抗 Z_L，则负载上的反射系数可由式(2.35)写为

$$\Gamma = \frac{z_L - 1}{z_L + 1} = |\Gamma| e^{j\theta} \tag{2.53}$$

式中，$z_L = Z_L/Z_0$ 是归一化负载阻抗。这个关系可用来求出用 Γ 表示的 z_L［或由式(2.43)及 $\ell = 0$ 求出］：

$$z_L = \frac{1 + |\Gamma| e^{j\theta}}{1 - |\Gamma| e^{j\theta}} \tag{2.54}$$

这个复方程可以通过 Γ 和 z_L 的实部与虚部简化为两个实方程。令 $\Gamma = \Gamma_r + j\Gamma_i$ 和 $z_L = r_L + jx_L$，于是有

$$r_L + jx_L = \frac{(1 + \Gamma_r) + j\Gamma_i}{(1 - \Gamma_r) - j\Gamma_i}$$

用分母的复共轭分别乘以分子和分母，就可以求出上述方程的实部和虚部为

$$r_L = \frac{1 - \Gamma_r^2 - \Gamma_i^2}{(1 - \Gamma_r)^2 + \Gamma_i^2} \tag{2.55a}$$

$$x_L = \frac{2\Gamma_i}{(1 - \Gamma_r)^2 + \Gamma_i^2} \tag{2.55b}$$

重新整理式(2.55)得

$$\left(\Gamma_r - \frac{r_L}{1 + r_L}\right)^2 + \Gamma_i^2 = \left(\frac{1}{1 + r_L}\right)^2 \tag{2.56a}$$

$$(\Gamma_r - 1)^2 + \left(\Gamma_i - \frac{1}{x_L}\right)^2 = \left(\frac{1}{x_L}\right)^2 \tag{2.56b}$$

可以看出，它们代表 Γ_r 和 Γ_i 平面上的两族圆。由式(2.56a)定义的是电阻圆，而由式(2.56b)定义的是电抗圆。例如，$r_L = 1$ 的圆，中心为 $\Gamma_r = 0.5, \Gamma_i = 0$，半径为 0.5，因此通过 Smith 圆图的中心。所有电阻圆的公式(2.56a)的中心都在水平轴 $\Gamma_i = 0$ 上，而且通过圆图上右手边的 $\Gamma = 1$ 点。所以电抗圆的人式(2.56b)的中心都在竖直线 $\Gamma_r = 1$ 上（Smith 圆图之外），而且这些圆都通过点 $\Gamma = 1$。电阻圆和电抗圆是正交的。

也可以在 Smith 圆图上用作图法求解传输线阻抗方程(2.44)，因为利用普遍化的反射系数可将传输线阻抗表示为

$$Z_{\text{in}} = Z_0 \frac{1 + \Gamma e^{-2j\beta\ell}}{1 - \Gamma e^{-2j\beta\ell}} \tag{2.57}$$

式中，Γ 是负载处的反射系数，ℓ 是传输线的长度（正值）。于是，我们看到式(2.57)的形式与式(2.54)相同，差别仅在于 Γ 项的相角。因此，若已经画出负载处的反射系数 $|\Gamma| e^{j\theta}$，则向长度为 ℓ 并端接 z_L 的传输线看去的归一化输入阻抗，就可通过绕圆图中心顺时针旋转 $2\beta\ell$（即由 θ 减去 $2\beta\ell$）求得。半径保持不变，因为 Γ 的幅值不随线上的位置变化。

为便于这种旋转，Smith 圆图在其外围圆周上具有以电波长为基准的刻度，并用箭头标明朝向波源的波长数（Wavelengths Toward Generator，WTG）或朝向负载的波长数（Wavelengths Toward Load，WTL）。这些刻度是相对的，所以只有圆图上两点之间的波长差才有意义。刻度的范围是 0～0.5 个波长，这表明 Smith 圆图自动包含了传输线的周期性。因此，长为 $\lambda/2$（或其任意整数倍）的传输线需要绕圆图中心转 $2\beta\ell = 2\pi$ 才能返回其原位置，这表明看向 $\lambda/2$ 线时负载的输入阻抗是不变的。

现在，通过例子来阐明如何将 Smith 圆图应用于各种典型的传输线问题。

例题 2.2　Smith 圆图的基本运用

一个 $40+\mathrm{j}70\Omega$的负载阻抗接在一条 100Ω的传输线上，其长度为 0.3λ。求负载处的反射系数、传输线输入端的反射系数、输入阻抗、传输线的 SWR 及回波损耗。

解： 归一化负载阻抗为

$$z_L = \frac{Z_L}{Z_0} = 0.4 + \mathrm{j}0.7$$

它可画在 Smith 圆图上，如图 2.11 所示。利用圆规及圆图下面的电压反射系数标尺，可以读出负载处的反射系数幅值 $|\Gamma| = 0.59$。将同样的圆规张口应用于驻波比（SWR）标尺读得 SWR = 3.87，应用于回波损耗标尺读得 RL = 4.6dB[1]。现在，通过阻抗负载点画一条径向线，然后从它与图的外围标尺上的交点读出负载处反射系数的辐角为 104°。

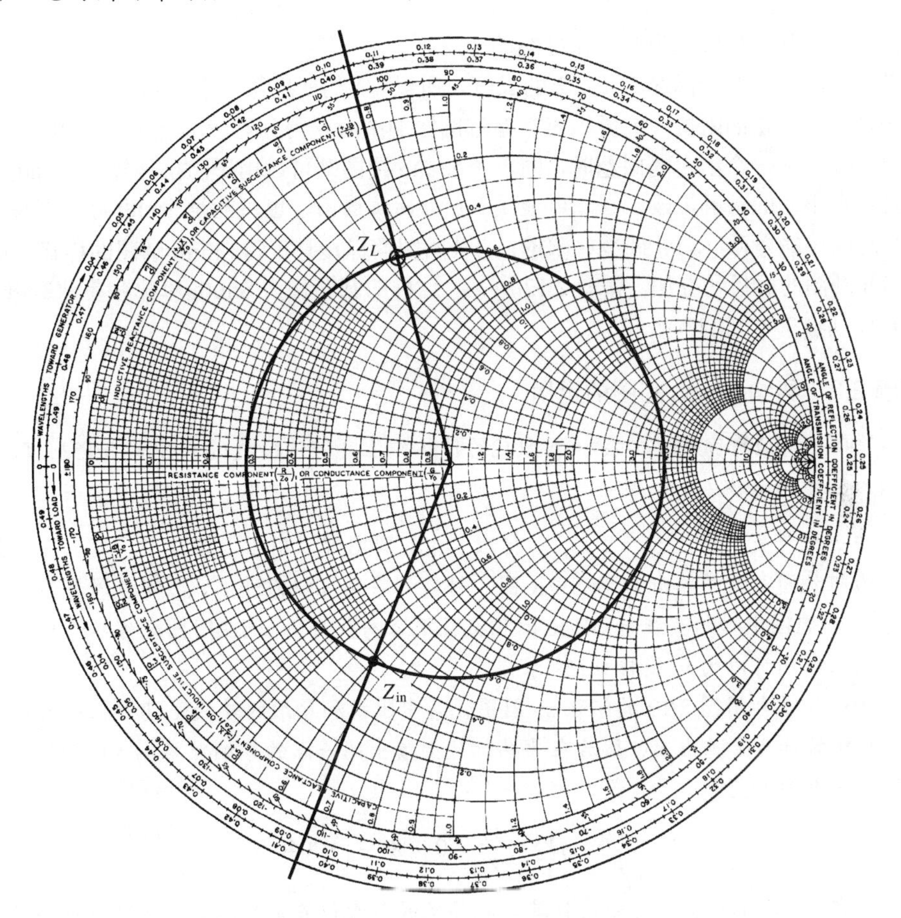

图 2.11　例题 2.2 中的 Smith 圆图

① 在图 2.11 所示圆图的下方并没有反射系数、驻波比和回波损耗的标尺，但在有些专门用于作图求解的 Smith 圆图中，在下方有一个水平标尺，上面有这些参量的定标。在没有这些参量标尺的情况下，读者可根据 Smith 圆的半径为 1 个单位，得到阻抗（或导纳）所在点的归一化半径值，这个值就是对应的 $|\Gamma|$，然后由式(2.38)求出回波损耗。圆图水平直径右手边标度的归一化电阻值也代表 SWR 值。——译者注

现在通过负载阻抗点画一个 SWR 圆。读出负载在朝向波源波长（WTG）标尺上的参考位置的值为 0.106λ。向着波源方向移动 0.3λ 把我们带到 WTG 标尺上的 0.406λ 处。在此位置画一条径向线，它与 SWR 圆的交点给出归一化输入阻抗的值 $z_{\text{in}} = 0.365 - \text{j}0.611$。于是传输线的输入阻抗为

$$Z_{\text{in}} = Z_0 z_{\text{in}} = 36.5 - \text{j}61.1\Omega$$

输入端的反射系数幅值仍为 $|\Gamma| = 0.59$；相角由径向线在相位标尺上读得为 248°①。 ■

2.4.1 组合阻抗-导纳的 Smith 圆图

采用同样的方式，也可将 Smith 圆图应用于归一化导纳，而且可以用于阻抗与导纳之间的转换。后一技术基于这样一个事实，即在归一化形式下，连接到 λ/4 传输线的负载 z_L 的输入阻抗，根据式(2.44)为

$$z_{\text{in}} = 1 / z_L$$

该式具有把归一化阻抗转换为归一化导纳的作用。

因为绕 Smith 圆图一圈对应于 λ/2 的长度，所以 λ/4 的变换等价于在圆图上旋转 180°；这也等价于镜像一个给定的阻抗（或导纳点）穿过圆图的中心就得到对应的导纳（或阻抗）点。

因此，在求解一个给定的问题时，同一个 Smith 圆图既可以用于阻抗计算，也可用于导纳计算。于是，在不同的求解阶段，圆图可能是 Smith 阻抗圆图，也可能是 Smith 导纳圆图。利用一种 Smith 圆图可能会使这种处理少些困惑，这种圆图的标尺是正常 Smith 圆图的标尺与旋转 180°后的 Smith 圆图的标尺的叠加，如图 2.12 所示。这样的圆图称为 Smith 阻抗和导纳圆图，它通常为阻抗和导纳提供不同颜色的标度。

例题 2.3 导纳 Smith 圆图的运用

$Z_L = 100 + \text{j}50\Omega$的负载连接在一条 50Ω的传输线上。若传输线的长度为 0.15λ，则负载导纳和输入阻抗为多少？

解： 归一化负载阻抗是 $z_L = 2 + \text{j}1$。标准 Smith 圆图可以用于求解这个问题，即开始时把它考虑为阻抗圆图，并画出 z_L 和 SWR 圆。转换到导纳可以通过 z_L 的 λ/4 旋转来实现（画一条通过 z_L 和圆图中心的直线与 SWR 圆相交就很容易获得）。现在圆图就可以考虑为导纳图，而且输入导纳可以由 y_L 旋转 0.15λ 求得。

另一种做法是利用图 2.12 的组合 zy 圆图，其中阻抗和导纳的转换是读出相应的标度来实现的。在阻抗标尺上画出 z_L，然后在导纳标尺上读出同一点的导纳值为 $y_L = 0.40 - \text{j}0.20$。于是实际的负载导纳为

$$Y_L = y_L Y_0 = \frac{y_L}{Z_0} = 0.0080 - \text{j}0.0040 \text{ S}$$

然后，在 WTG 标尺上，可以看到其负载导纳的参考位置是 0.214λ。通过该点移动 0.15λ 后把我们带到 0.364λ。将 WTG 标尺上该点的径向线与 SWR 圆相交于 $y = 0.61 + \text{j}0.66$ 的导纳点，则实际的输入导纳为 $Y = 0.0122 + \text{j}0.0132$ S。

---

① 由图上读得的是−112°，而幅角为 360° − 112° = 248°。——译者注

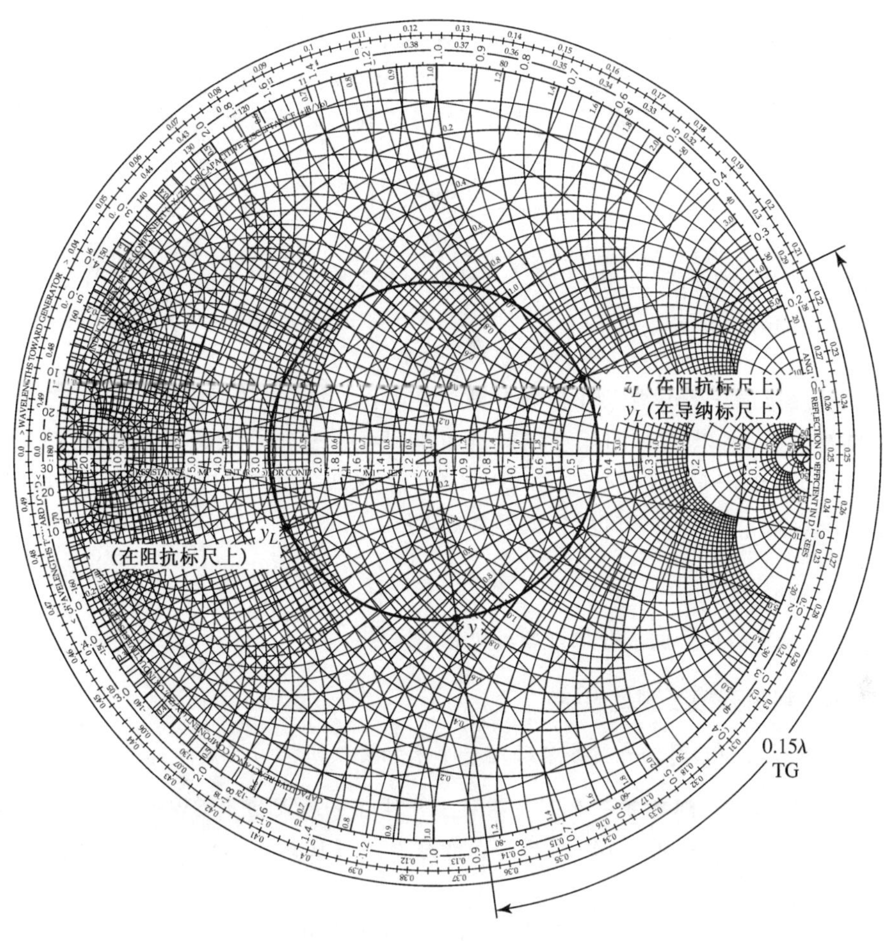

图 2.12　求解例题 2.3 的 *zy* Smith 圆图

■

2.4.2　开槽线

开槽线是一种传输线（通常使用波导或同轴线）结构，它可以在端接负载的传输线上进行驻波电场振幅的取样测量。利用这一设备可以测量到 SWR 的距离及第一个电压极小值到负载的距离，而且可由这些数据求得负载阻抗值。注意，因为负载阻抗一般是复数（具有两个自由度），所以必须用开槽线测量两个不同的量才能唯一地确定这一阻抗。典型的波导开槽线如图 2.13 所示。

图 2.13　一个 X 波段的波导开槽线

虽然开槽线曾是测量微波频率下未知阻抗的基本方法，但它已经被精确、通用和方便的现代向量网络分析仪取代。然而，开槽线在某些应用中仍然是有用的，例如在高毫米波频率下，或在希望避免连接器失配的场合。这时，把未知的负载直接连接到开槽线上，因此避免了使用不完善的转换。使用开槽线的另一个原因是，它提供了学习驻波和传输线失配的基本概念的一个优秀工具。我们将推导根据开槽线测量数据求得未知负载阻抗的表达式，同时说明如何使用 Smith 圆图也能实现同样的目的。

对于某根端接传接线，假定已经测量到线上的 SWR 和线上第一个电压极小点到负载的距离 $\ell_{\min}$。则负载阻抗 Z_L 可以确定如下。由式(2.41)可知线上反射系数的幅值可由驻波比求得，具体为

$$|\Gamma| = \frac{\text{SWR}-1}{\text{SWR}+1} \tag{2.58}$$

由 2.3 节可知，电压极小值发生在 $\mathrm{e}^{\mathrm{j}(\theta-2\beta\ell)}=-1$ 处，其中 θ 是反射系数 $\Gamma=|\Gamma|\mathrm{e}^{\mathrm{j}\theta}$ 的相角。于是得到反射系数的相位为

$$\theta = \pi + 2\beta\ell_{\min} \tag{2.59}$$

式中，$\ell_{\min}$ 是负载到第一个电压极小值的距离。实际上，因为电压极小值每 $\lambda/2$ 重复一次（其中 λ 是线上的波长），所以 $\lambda/2$ 的任意倍数都可加到 $\ell_{\min}$ 上而不改变式(2.59)的结果，因而把 $2\beta n\lambda/2 = 2n\pi$ 加到 θ 上并不改变 Γ。因此，SWR 和 $\ell_{\min}$ 这两个量就可用来求负载的复反射系数 Γ。然后直接利用式(2.43)及 $\ell=0$ 就可由 Γ 求得负载阻抗：

$$Z_L = Z_0\frac{1+\Gamma}{1-\Gamma} \tag{2.60}$$

利用 Smith 圆图来求解这种问题时最好通过例题来阐明。

例题 2.4　利用开槽线测量阻抗

下述两步是利用 50Ω同轴开槽线来确定一个未知负载阻抗的过程：

1. 将一个短路器放到负载平面上，在线上产生了一个无穷大 SWR 值的驻波及非常尖锐的电压极小值，如图 2.14a 所示。在开槽线上可任意定位标尺，记录的电压极小值位置为

$$z = 0.2\text{cm},\ 2.2\text{cm},\ 4.2\text{cm}$$

2. 取走短路器，用未知负载代替它。测量得到的驻波比 SWR = 1.5，而电压极小值不像第 1 步那样尖锐，记录为

$$z = 0.72\text{cm},\ 2.72\text{cm},\ 4.72\text{cm}$$

如图 2.14b 所示。求负载阻抗。

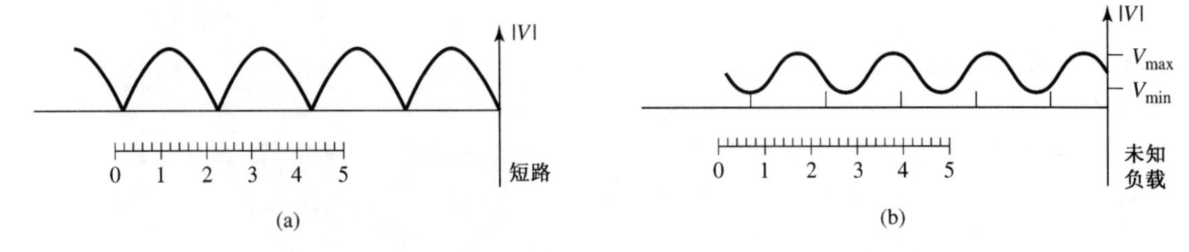

图 2.14　例题 2.4 中的电压驻波波形：(a)短路负载的驻波；(b)未知负载的驻波

解：我们知道电压极小值每隔 $\lambda/2$ 重复出现一次，所以由上述第 1 步的数据，有 $\lambda = 4.0\text{cm}$。此外，由于反射系数和输入阻抗也是每 $\lambda/2$ 重复的，所以可以认为负载等效于端接在第 1 步列出的任何电压极小值的位置上。因此，若我们说负载位于 4.2cm 处，则第 2 步的数据表明离开负载的下一个电压极小值发生在 2.72cm 处，给出 $\ell_{\min} = 4.2 - 2.72 = 1.48\ \text{cm} = 0.37\lambda$。将这些数据代入式(2.58)～式(2.60)，得出

$$|\Gamma| = \frac{1.5-1}{1.5+1} = 0.2$$

$$\theta = \pi + \frac{4\pi}{4.0} \times 1.48 = 86.4°$$

所以

$$\Gamma = 0.2\mathrm{e}^{\mathrm{j}86.4°} = 0.0126 + \mathrm{j}0.1996$$

于是，负载阻抗是

$$Z_L = 50\left(\frac{1+\Gamma}{1-\Gamma}\right) = 47.3 + \mathrm{j}19.7\ \Omega$$

用 Smith 圆图求解的方法如下：首先画一个 SWR − 1.5 的 SWR 圆，如图 2.15 所示；未知的归一化负载阻抗必定位于该圆上。我们已有的参考是负载到第一个电压极小值的距离为 0.37λ。在 Smith 圆图上，电压极小值的位置对应于阻抗极小点（电压极小、电流极大），它在水平轴上（零电抗）原点的左边。因此，我们从电压极小点开始，朝负载方向移动（逆时针）0.37λ 就到达归一化负载阻抗点 z_L = 0.95 + j0.4，如图 2.15 所示。因此，实际负载阻抗是 $Z_L = 47.5 + \mathrm{j}20\Omega$，与上面用公式计算的结果非常接近。

注意，原则上，除电压极小值位置外，也可利用电压极大值位置，但电压极小值要比电压极大值更尖锐，因而精度更高。

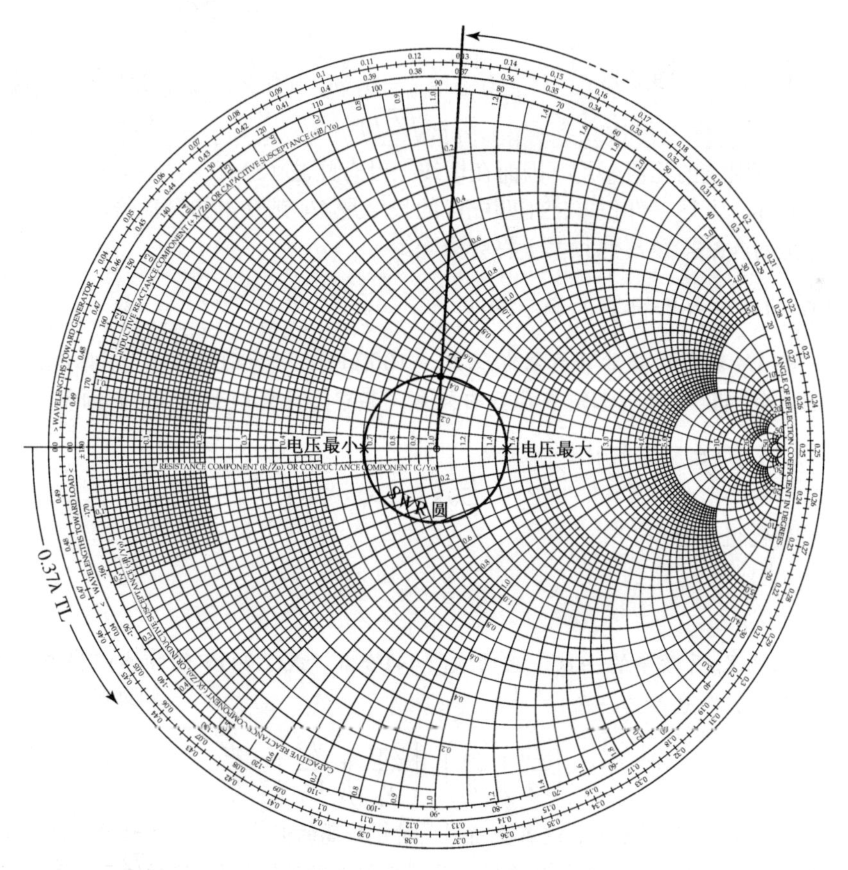

图 2.15　例题 2.4 的 Smith 圆图

■

2.5 1/4 波长变换器

1/4 波长变换器是一种实用的阻抗匹配电路，它还可以提供进一步阐明在线失配下的驻波特性的简单传输线电路。虽然我们还将在第 5 章中深入学习 1/4 波长匹配变换器，但这里的主要目的是将前面开发的传输线理论应用到基本的传输线电路上。首先我们从阻抗的观点来提出问题，然后证明结果是如何使用匹配段的无穷多次反射来解释的。

2.5.1 阻抗观点

图 2.16 给出了一个应用 1/4 波长变换器的电路。负载电阻 R_L 和馈线特征阻抗 Z_0 都是实数并且假定是已知的。这两个元件与一段特征阻抗为 Z_1（未知）、长度为 $\lambda/4$ 的无耗传输线相连。希望利用 $\lambda/4$ 传输线段把负载匹配到 Z_0 线上去，使得向着 $\lambda/4$ 匹配段看去的 $\Gamma = 0$。由式(2.44)求得输入阻抗 Z_{in} 为

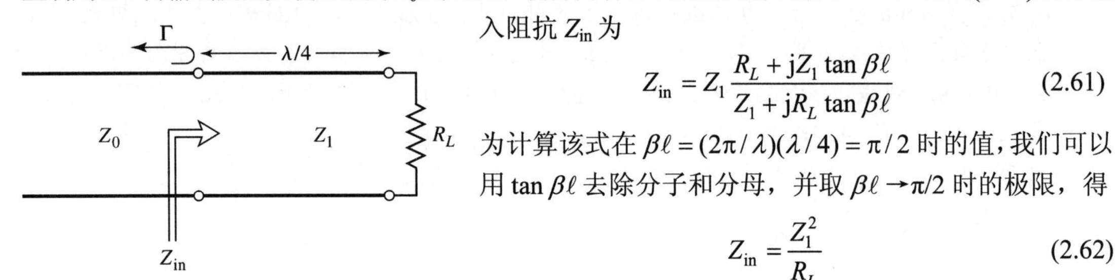

图 2.16 1/4 波长匹配变换器

$$Z_{in} = Z_1 \frac{R_L + jZ_1 \tan \beta\ell}{Z_1 + jR_L \tan \beta\ell} \tag{2.61}$$

为计算该式在 $\beta\ell = (2\pi/\lambda)(\lambda/4) = \pi/2$ 时的值，我们可以用 $\tan\beta\ell$ 去除分子和分母，并取 $\beta\ell \to \pi/2$ 时的极限，得

$$Z_{in} = \frac{Z_1^2}{R_L} \tag{2.62}$$

为了使 $\Gamma = 0$，必须有 $Z_{in} = Z_0$，这时特征阻抗 Z_1 为

$$Z_1 = \sqrt{Z_0 R_L} \tag{2.63}$$

它是负载阻抗和源阻抗的几何平均，因而在馈线上没有驻波（SWR = 1），然而在 $\lambda/4$ 匹配段内会有驻波存在。同样，上述条件仅能应用匹配段的长度是 $\lambda/4$ 或 $\lambda/4$ 的奇数倍，因此只能在一个频率点上获得完全的匹配，在其他频率上将会失配。

例题 2.5 1/4 波长变换器的频率响应

考虑用一个 1/4 波长变换器将负载电阻 $R_L = 100\Omega$ 匹配到 50Ω 的线上。求匹配段的特征阻抗，画出反射系数幅值与归一化频率 f/f_o 的关系，其中 f_o 是使线长为 $\lambda/4$ 的频率。

解： 由式(2.63)得出所需的特征阻抗是

$$Z_1 = \sqrt{50 \times 100} = 70.71\Omega$$

反射系数的幅值由为

$$|\Gamma| = \left| \frac{Z_{in} - Z_0}{Z_{in} + Z_0} \right|$$

其中输入阻抗 Z_{in} 是频率的函数，它由式(2.44)给出。式(2.44)中的频率依赖关系来自 $\beta\ell$ 项，它可用 f/f_o 项表示为

$$\beta\ell = \left(\frac{2\pi}{\lambda}\right)\left(\frac{\lambda_0}{4}\right) = \left(\frac{2\pi f}{v_p}\right)\left(\frac{v_p}{4f_o}\right) = \frac{\pi f}{2f_o}$$

从中看到 $f = f_o$ 时，$\beta\ell = \pi/2$，这不出所料。对于较高的频率，线的电长度看起来要长一些，而对于较低的频率，线的长度看起来要短一些。反射系数的幅值与 f/f_o 的关系如图 2.17 所示。 ■

这种阻抗匹配方法受限于实数负载阻抗，但一个复数负载阻抗在单一频率下通过一个恰当长

度的传输线的转换可很容易地变为实数。

上述分析表明，求解传输线问题时，阻抗概念非常有用，且这一方法可能是最实用的方法。然而，若我们从多次反射的观点去考察，则能帮助我们进一步理解 1/4 波长变换器（及其他传输线电路）。

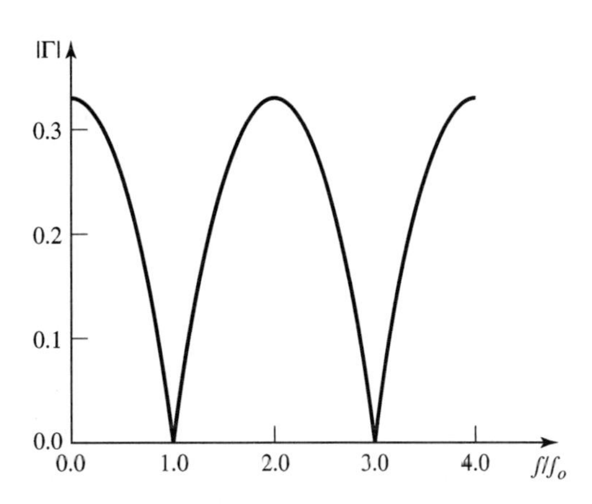

图 2.17 例题 2.5 中 1/4 波长变换器的反射系数与归一化频率的关系

2.5.2 多次反射观点

图 2.18 给出了 1/4 波长变换器电路，它具有定义如下的反射和传输系数：

Γ：入射到 $\lambda/4$ 变换器的波的整体或总反射系数（与例题 2.5 中的 Γ 相同）。

Γ_1：来自 Z_0 线的波入射到负载 Z_1 时的部分反射系数。

Γ_2：来自 Z_1 线的波入射到负载 Z_0 时的部分反射系数。

Γ_3：来自 Z_1 线的波入射到负载 R_L 时的部分反射系数。

T_1：由 Z_0 线进入 Z_1 线的部分传输系数。

T_2：由 Z_1 线进入 Z_0 线的部分传输系数。

然后，这些系数可以表示为

$$\Gamma_1 = \frac{Z_1 - Z_0}{Z_1 + Z_0} \tag{2.64a}$$

$$\Gamma_2 = \frac{Z_0 - Z_1}{Z_0 + Z_1} = -\Gamma_1 \tag{2.64b}$$

$$\Gamma_3 = \frac{R_L - Z_1}{R_L + Z_1} \tag{2.64c}$$

$$T_1 = \frac{2Z_1}{Z_1 + Z_0} \tag{2.64d}$$

$$T_2 = \frac{2Z_0}{Z_1 + Z_0} \tag{2.64e}$$

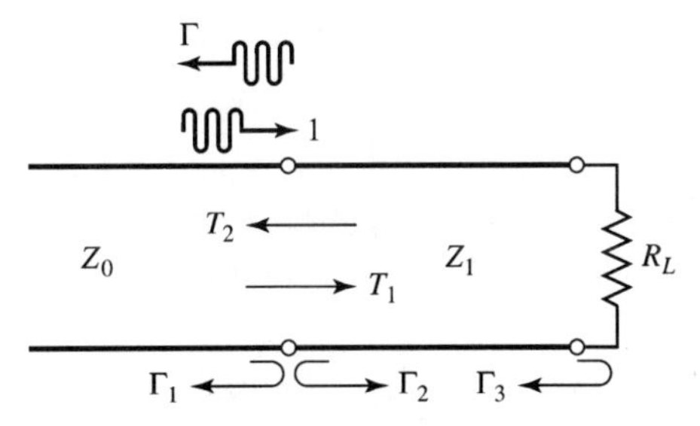

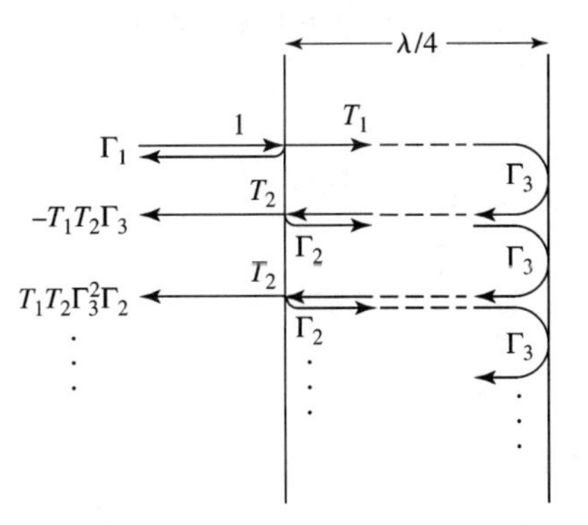

图 2.18 1/4 波长变换器的多次反射分析

现在，在时域中考察图 2.18 所示的 1/4 波长变换器，想象一个波沿 Z_0 馈线传向变换器。当这个波首次到达与 Z_1 线的交接处时，它只看见一个阻抗 Z_1，因为它还没有传向负载 R_L，因而不可能看到其影响。一部分波以反射系数 Γ_1 被反射，而另一部分波则以传输系数 T_1 传到 Z_1 线中。然后这个传输波传过 $\lambda/4$ 到达负载，以系数 Γ_3 被反射，又行进 $\lambda/4$ 后回到与 Z_0 线的交接处。这个波的一部分（向左）传输并以系数 T_2 进入 Z_0 线，而另一部分以系数 Γ_2 反射回来传向负载。很明显，这个过程一直持续，具有无穷多次反射波，而总反射系数 Γ 则是所有这些部分反射系数之和。因为每次往返经过 $\lambda/4$ 变换器都会产生 180°的相移，所以总反射系数

可以表示为

$$\begin{aligned}\Gamma &= \Gamma_1 - T_1T_2\Gamma_3 + T_1T_2\Gamma_2\Gamma_3^2 - T_1T_2\Gamma_2^2\Gamma_3^3 + \cdots \\ &= \Gamma_1 - T_1T_2\Gamma_3\sum_{n=0}^{\infty}(-\Gamma_2\Gamma_3)^n\end{aligned} \tag{2.65}$$

因为$|\Gamma_3|<1$，$|\Gamma_2|<1$，所以式(2.65)的无穷序列可以利用几何级数的结果：

$$\sum_{n=0}^{\infty}x^n = \frac{1}{1-x}, \quad |x|<1$$

相加得

$$\Gamma = \Gamma_1 - \frac{T_1T_2\Gamma_3}{1+\Gamma_2\Gamma_3} = \frac{\Gamma_1 + \Gamma_1\Gamma_2\Gamma_3 - T_1T_2\Gamma_3}{1+\Gamma_2\Gamma_3} \tag{2.66}$$

该式的分子可以利用式(2.64)简化得

$$\begin{aligned}\Gamma_1 - \Gamma_3(\Gamma_1^2 + T_1T_2) &= \Gamma_1 - \Gamma_3\left[\frac{(Z_1-Z_0)^2}{(Z_1+Z_0)^2} + \frac{4Z_1Z_0}{(Z_1+Z_0)^2}\right] \\ &= \Gamma_1 - \Gamma_3 = \frac{(Z_1-Z_0)(R_L+Z_1)-(R_L-Z_1)(Z_1+Z_0)}{(Z_1+Z_0)(R_L+Z_1)} \\ &= \frac{2(Z_1^2 - Z_0R_L)}{(Z_1+Z_0)(R_L+Z_1)}\end{aligned}$$

可以看到，若我们如式(2.63)那样选择$Z_1 = \sqrt{Z_0R_L}$，则上式为零。因而，式(2.66)的 Γ 也为零，传输线是匹配的。这一分析表明，1/4 波长变换器的匹配特性大致来源于恰当地选择匹配段的特征阻抗和长度，使所有的部分反射的叠加结果为零。稳态条件下，在相同方向，以相同相速传播的无穷多个波的和可以综合为单一的行波。因此，在匹配段上沿正反两个方向传播的无穷多组波，可以合并为沿相反方向传播的两列波。参看习题 2.25。

2.6 源和负载失配

2.3 节处理过端接的（失配）传输线，当时假定源是匹配的。因此在源端没有反射发生。然而，一般而言，源和负载都可能对传输线产生不匹配的阻抗。我们将研究这一情况，而且将看到从源到负载的最大功率传输的条件在某些情形下要求线上有一驻波。

图 2.19 给出了一个具有任意的可能为复数的源阻抗和负载阻抗 Z_g 与 Z_ℓ 的传输线电路。传输线假定是无耗的，长度为 ℓ，特征阻抗为 Z_0。这个电路很普遍，足以代表绝大多数实际的无源和有源网络。

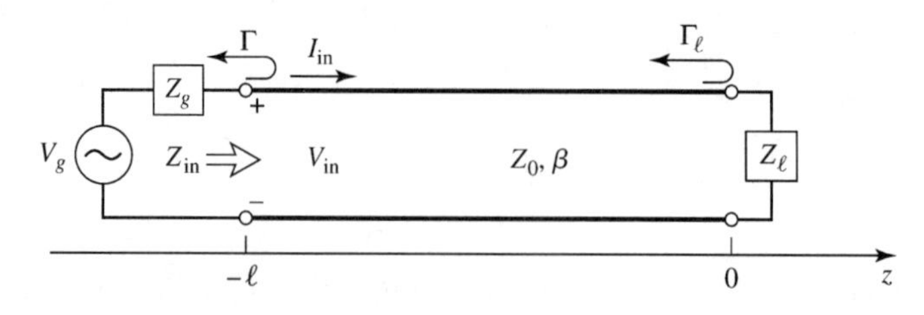

图 2.19 源和负载失配的传输线电路

因为源和负载都是不匹配的，所以线上会发生多次反射，就像在 1/4 波长变换器的问题中那样。因此，该电路就可能用代表多次回弹的无穷级数来分析，如 2.5 节中那样，但我们将采用更容易和更有用的阻抗变换法。由源端向传输线看去的输入阻抗根据式(2.43)和式(2.44)是

$$Z_{\text{in}} = Z_0 \frac{1+\Gamma_\ell e^{-2j\beta\ell}}{1-\Gamma\ell e^{-2j\beta\ell}} = Z_0 \frac{Z_\ell + jZ_0 \tan\beta\ell}{Z_0 + jZ_\ell \tan\beta\ell} \tag{2.67}$$

式中，Γ_ℓ 是负载的反射系数：

$$\Gamma_\ell = \frac{Z_\ell - Z_0}{Z_\ell + Z_0} \tag{2.68}$$

线上的电压可以写为

$$V(z) = V_o^+ (e^{-j\beta z} + \Gamma_\ell e^{j\beta z}) \tag{2.69}$$

我们可以由线上源端即 $z = -\ell$ 处的电压求出 V_o^+：

$$V(-\ell) = V_g \frac{Z_{\text{in}}}{Z_{\text{in}} + Z_g} = V_o^+ (e^{j\beta\ell} + \Gamma_\ell e^{-j\beta\ell})$$

所以

$$V_o^+ = V_g \frac{Z_{\text{in}}}{Z_{\text{in}} + Z_g} \frac{1}{(e^{j\beta\ell} + \Gamma_\ell e^{-j\beta\ell})} \tag{2.70}$$

利用式(2.67)，上式可以写为

$$V_o^+ = V_g \frac{Z_0}{Z_0 + Z_g} \frac{e^{-j\beta\ell}}{(1-\Gamma_\ell \Gamma_g e^{-2j\beta\ell})} \tag{2.71}$$

式中，Γ_g 是向源看去的反射系数：

$$\Gamma_g = \frac{Z_g - Z_0}{Z_g + Z_0} \tag{2.72}$$

传输线上的驻波比是

$$\text{SWR} = \frac{1+|\Gamma_\ell|}{1-|\Gamma_\ell|} \tag{2.73}$$

传给负载的功率是

$$P = \frac{1}{2}\text{Re}\{V_{\text{in}} I_{\text{in}}^*\} = \frac{1}{2}|V_{\text{in}}|^2 \text{Re}\left\{\frac{1}{Z_{\text{in}}}\right\} = \frac{1}{2}|V_g|^2 \left|\frac{Z_{\text{in}}}{Z_{\text{in}} + Z_g}\right|^2 \text{Re}\left\{\frac{1}{Z_{\text{in}}}\right\} \tag{2.74}$$

现在令 $Z_{\text{in}} = R_{\text{in}} + jX_{\text{in}}$ 和 $Z_g = R_g + jX_g$，于是式(2.74)简化为

$$P = \frac{1}{2}|V_g|^2 \frac{R_{\text{in}}}{(R_{\text{in}} + R_g)^2 + (X_{\text{in}} + X_g)^2} \tag{2.75}$$

现在我们假定源阻抗 Z_g 是固定的，考虑负载阻抗的三种情况。

2.6.1 负载与线匹配

在这种情况下，我们有 $Z_\ell = Z_0$，所以由式(2.68)和式(2.73)有 $\Gamma_\ell = 0$ 和 SWR = 1。然后，输入阻抗是 $Z_{\text{in}} = Z_0$，根据式(2.75)，传到负载的功率是

$$P = \frac{1}{2}|V_g|^2 \frac{Z_0}{(Z_0 + R_g)^2 + X_g^2} \tag{2.76}$$

2.6.2 源与带负载的线匹配

在这种情况下，通过选择负载阻抗 Z_ℓ 和/或传输线参量 $\beta\ell$ 及 Z_0 使输入阻抗 $Z_{\text{in}}=Z_g$，因此源与由端接传输线提供的负载相匹配。因此，总反射系数 Γ 为零：

$$\Gamma=\frac{Z_{\text{in}}-Z_g}{Z_{\text{in}}+Z_g}=0 \tag{2.77}$$

然而，因为 Γ_ℓ 可能不为零，所以在线上可能有一驻波。传到负载的功率为

$$P=\frac{1}{2}\left|V_g\right|^2\frac{R_g}{4(R_g^2+X_g^2)} \tag{2.78}$$

现在我们看到，尽管带负载的线与源是匹配的，但传送到负载的功率仍然小于式(2.76)给出功率，在那里有载线是没有必要与源匹配的。因此，引出了一个问题，即对于给定的源阻抗的优化负载阻抗是多少，或等价地，优化的输入阻抗是多少才能使负载得到最大的传输功率。

2.6.3 共轭匹配

假定源串联阻抗 Z_g 是固定的，我们可以改变输入阻抗 Z_{in} 直到实现传向负载的功率最大。知道了 Z_{in}，通过线上的阻抗变换就容易求得相应的负载阻抗 Z_ℓ。为使 P 最大，可以对 Z_{in} 的实部和虚部微分。利用式(2.75)给出

$$\frac{\partial P}{\partial R_{\text{in}}}=0\rightarrow\frac{1}{(R_{\text{in}}+R_g)^2+(X_{\text{in}}+X_g)^2}+\frac{-2R_{\text{in}}(R_{\text{in}}+R_g)}{[(R_{\text{in}}+R_g)^2+(X_{\text{in}}+X_g)^2]^2}=0$$

或

$$R_g^2-R_{\text{in}}^2+(X_{\text{in}}+X_g)^2=0 \tag{2.79a}$$

$$\frac{\partial P}{\partial X_{\text{in}}}=0\rightarrow\frac{-2R_{\text{in}}(X_{\text{in}}+X_g)}{[(R_{\text{in}}+R_g)^2+(X_{\text{in}}+X_g)^2]^2}=0$$

或

$$X_{\text{in}}(X_{\text{in}}+X_g)=0 \tag{2.79b}$$

联立求解式(2.79a, b)得 R_{in} 和 X_{in} 为

$$R_{\text{in}}=R_g,\quad X_{\text{in}}=-X_g$$

或

$$Z_{\text{in}}=Z_g^* \tag{2.80}$$

这个条件称为*共轭匹配*，对于固定的源阻抗，它可使最大的功率传到负载。由式(2.75)和式(2.80)，这个功率是

$$P=\frac{1}{2}\left|V_g\right|^2\frac{1}{4R_g} \tag{2.81}$$

可以看到，这个功率大于等于式(2.76)或式(2.78)的功率。这是可以由源得到的最大功率。还注意到反射系数 Γ_ℓ,Γ_g 和 Γ 都可能是非零的。物理上，这意味着在某些情况下，失配线上多次反射的功率可能是同相叠加的，从而使传送到负载的功率要大于传输线上无起伏（无反射）时所传输的功率。若源阻抗是实数（$X_g=0$），则后两种情况简化为同样的结果，即当负载线与源匹配（$R_{\text{in}}=R_g$，$X_{\text{in}}=X_g=0$）时，有最大的功率传到负载。

最后指出，无论是零反射的匹配（$Z_\ell=Z_0$）还是共轭匹配（$Z_{\text{in}}=Z_g^*$），都不一定能使得到的系统有最高效率。例如，若 $Z_g=Z_\ell=Z_0$，则这时负载和源都是匹配的（无反射），但由源产生

的功率也只有一半传到负载（另一半损耗于 Z_g 中），传输线的效率是 50%。这个效率只有通过使 Z_g 尽量小才能得到改善。

2.7 有耗传输线

实际上，由于有限电导率和/或有耗电介质，所有传输线都是有耗的，但这些损耗通常都很小。在很多实际问题中，损耗可以忽略，但在某些情况下，损耗的影响也是有意义的。例如，处理传输线的衰减或谐振腔的 Q 值就属于这种情况。本节将研究损耗对传输线行为的影响，并阐明衰减常数是如何计算的。

2.7.1 低耗线

在绝大多数实际微波传输线中，损耗是很小的——若不是这样，则这种传输线的实用价值就极为有限。当损耗较小时，可以做出一些近似来简化普通的传输线参量 $\gamma=\alpha+\mathrm{j}\beta$ 和 Z_0 的表达式。

由式(2.5)得到复传播常数的普遍表达式是

$$\gamma=\sqrt{(R+\mathrm{j}\omega L)(G+\mathrm{j}\omega C)} \tag{2.82}$$

它经重新整理后得

$$\gamma=\sqrt{(\mathrm{j}\omega L)(\mathrm{j}\omega C)\left(1+\frac{R}{\mathrm{j}\omega L}\right)\left(1+\frac{G}{\mathrm{j}\omega C}\right)}=\mathrm{j}\omega\sqrt{LC}\sqrt{1-\mathrm{j}\left(\frac{R}{\omega L}+\frac{G}{\omega C}\right)-\frac{RG}{\omega^2 LC}} \tag{2.83}$$

若线是低耗的，则可以假定 $R\ll\omega L$ 和 $G\ll\omega C$，这意味着导体损耗和电介质损耗都很小。此时有 $RG\ll\omega^2 LC$，于是式(2.83)简化为

$$\gamma\approx\mathrm{j}\omega\sqrt{LC}\sqrt{1-\mathrm{j}\left(\frac{R}{\omega L}+\frac{G}{\omega C}\right)} \tag{2.84}$$

若忽略 $\left(\frac{R}{\omega L}+\frac{G}{\omega C}\right)$ 项，则会得到 γ 为纯虚数（无损耗）的结果，因此我们并不这样做，而采用泰勒级数展开式 $\sqrt{1+x}\approx 1+x/2+\cdots$ 中的前两项来得到 γ 的一级实数项：

$$\gamma\approx\mathrm{j}\omega\sqrt{LC}\left[1-\frac{\mathrm{j}}{2}\left(\frac{R}{\omega L}+\frac{G}{\omega C}\right)\right]$$

所以得到

$$\alpha\approx\frac{1}{2}\left(R\sqrt{\frac{C}{L}}+G\sqrt{\frac{L}{C}}\right)=\frac{1}{2}\left(\frac{R}{Z_0}+GZ_0\right) \tag{2.85a}$$

$$\beta\approx\omega\sqrt{LC} \tag{2.85b}$$

式中，$Z_0=\sqrt{L/C}$ 是不存在损耗时的特征阻抗。注意到式(2.85b)中的传播常数 β 与无耗情形下的式(2.12)相同。采用同级近似，特征阻抗 Z_0 可以近似为实数量：

$$Z_0=\sqrt{\frac{R+\mathrm{j}\omega L}{G+\mathrm{j}\omega C}}\approx\sqrt{\frac{L}{C}} \tag{2.86}$$

式(2.85)～式(2.86)称为传输线的高频、低耗近似，它很重要，因为它表明低耗传输线的传播常数和特征阻抗可以认为线是无耗的而得到很好的近似。

例题 2.6　同轴线的衰减常数

在例题 2.1 中，L, C, R 和 G 这些参量都是针对有耗同轴线导出的。假定损耗很小，由式(2.85a)

和例题 2.1 的结果导出衰减常数。

解：由式(2.85a)有

$$\alpha = \frac{1}{2}\left(R\sqrt{\frac{C}{L}} + G\sqrt{\frac{L}{C}}\right)$$

利用例题 2.1 导出的结果，可得

$$\alpha = \frac{1}{2}\left[\frac{R_s}{\eta \ln b/a}\left(\frac{1}{a}+\frac{1}{b}\right) + \omega\epsilon''\eta\right]$$

式中，$\eta = \sqrt{\mu/\epsilon'}$ 是填充同轴线的介电材料的本征阻抗。同时，有 $\beta = \omega\sqrt{LC} = \omega\sqrt{\eta\epsilon'}$ 和 $Z_0 = \sqrt{L/C} = (\eta/2\pi)\ln b/a$。 ■

计算衰减的上述方法要求 L, C, R 和 G 是已知的。这些值通常可用式(2.17)～式(2.20)导出，但更直接和通用的做法是利用微扰法，稍后将做简短讨论。

2.7.2 无畸变传输线

如有耗线传播常数的严格表达式(2.82)和式(2.83)所示，损耗存在时，相位项 β 一般也是频率 ω 的复杂函数。特别地，我们注意到，除非传输线是无耗的，否则 β 一般不是如式(2.85b)所示的严格频率线性函数。若 β 不是频率的线性函数（如 $\beta = a\omega$），则相速 $v_p = \omega/\beta$ 将会因频率 ω 的不同而不同。这就意味着，一个宽带信号的各个频率分量将以不同的相速传播，因此到达传输线接收端的时间会略有不同。这将导致色散，进而使得信号发生畸变，而一般来说这不是希望有的效应。业已证明，正如我们上面讨论的那样，β 偏离线性函数的量可能相当小。然而，若线非常长，则其影响可能是显著的。这种影响将产生群速的概念，我们将在 3.10 节中详细论述。

然而，存在一种有耗线的特殊情况，它具有作为频率函数的线性相位因子。这样的传输线称为无畸变线，该线以线性参量为特征，这些参量满足关系

$$\frac{R}{L} = \frac{G}{C} \tag{2.87}$$

在式(2.87)的特定条件下，由式(2.83)得出的严格复传播常数简化为

$$\begin{aligned}\gamma &= \mathrm{j}\omega\sqrt{LC}\sqrt{1 - 2\mathrm{j}\frac{R}{\omega L} - \frac{R^2}{\omega^2 L^2}} \\ &= \mathrm{j}\omega\sqrt{LC}\left(1 - \mathrm{j}\frac{R}{\omega L}\right) \\ &= R\sqrt{C/L} + \mathrm{j}\omega\sqrt{LC} = \alpha + \mathrm{j}\beta\end{aligned} \tag{2.88}$$

它表明，$\beta = \omega\sqrt{LC}$ 是频率的线性函数。式(2.88)也表明，衰减常数 $\alpha = R\sqrt{C/L}$ 不是频率的函数，因此所有的频率分量都将衰减相同的量（实际上，R 通常是频率的弱函数）。所以，无畸变线并不是无耗的，但它能传输一个脉冲或调制波包而不会失真。为得到满足式(2.87)的参量关系的传输线，通常要在传输线上周期性地附加串联的加载线圈来增加 L。

上述无畸变线的理论首先由奥立弗·亥维赛（1850—1925 年）提出，他解决了传输线理论中的很多问题，而且把麦克斯韦的电磁学原始理论发展到了我们今天所熟悉的现代理论[5]。

2.7.3　端接的有耗传输线

图 2.20 给出了一个端接有负载阻抗 Z_L 的有耗传输线，其长度为 ℓ。因此，$\gamma=\alpha+\mathrm{j}\beta$ 是复数，但我们假定损耗较小，因而 Z_0 可以近似为实数，如式(2.86)所示。

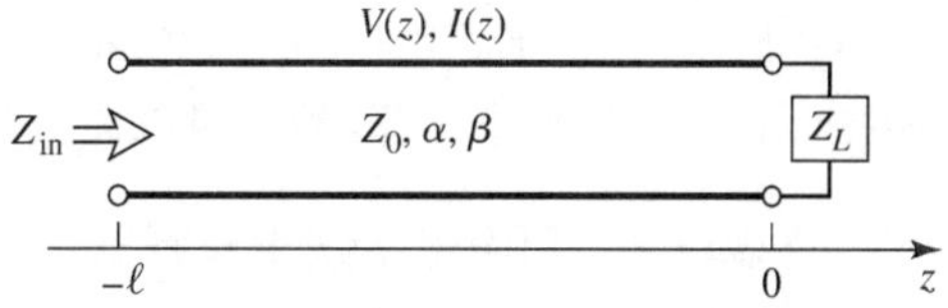

图 2.20　端接负载阻抗 Z_L 的有耗传输线

在式(2.36)中，无耗传输线上的电压和电流波的表达式是已知的。有耗情形下的类似表达式为

$$V(z)=V_o^+\left(\mathrm{e}^{-\gamma z}+\Gamma\mathrm{e}^{\gamma z}\right) \tag{2.89a}$$

$$I(z)=\frac{V_o^+}{Z_0}\left(\mathrm{e}^{-\gamma z}-\Gamma\mathrm{e}^{\gamma z}\right) \tag{2.89b}$$

式中，Γ 是负载的反射系数，如式(2.35)中所给出的那样，V_o^+ 是在 $z=0$ 处的入射电压波振幅。由式(2.42)得出距离负载 ℓ 处的反射系数是

$$\Gamma(\ell)=\Gamma\mathrm{e}^{-2\mathrm{j}\beta\ell}\mathrm{e}^{-2\alpha\ell}=\Gamma\mathrm{e}^{-2\gamma\ell} \tag{2.90}$$

于是距离负载 ℓ 处的输入阻抗 Z_{in} 为

$$Z_{\text{in}}=\frac{V(-\ell)}{I(-\ell)}=Z_0\frac{Z_L+Z_0\tanh\gamma\ell}{Z_0+Z_L\tanh\gamma\ell} \tag{2.91}$$

我们可以算出传送到端接线输入端 $z=-\ell$ 处的功率为

$$P_{\text{in}}=\frac{1}{2}\operatorname{Re}\{V(-\ell)I^*(-\ell)\}=\frac{\left|V_o^+\right|^2}{2Z_0}\left(\mathrm{e}^{2\alpha\ell}-\left|\Gamma\right|^2\mathrm{e}^{-2\alpha\ell}\right)=\frac{\left|V_o^+\right|^2}{2Z_0}\left(1-\left|\Gamma(\ell)\right|^2\right)\mathrm{e}^{2\alpha\ell} \tag{2.92}$$

其中已经把式(2.89)应用于 $V(-\ell)$ 和 $I(-\ell)$。实际传到负载的功率是

$$P_L=\frac{1}{2}\operatorname{Re}\{V(0)I^*(0)\}=\frac{\left|V_o^+\right|^2}{2Z_0}(1-\left|\Gamma\right|^2) \tag{2.93}$$

这两项功率之差对应于线上的功率损耗：

$$P_{\text{loss}}=P_{\text{in}}-P_L=\frac{\left|V_o^+\right|^2}{2Z_0}\left[(\mathrm{e}^{2\alpha\ell}-1)+\left|\Gamma\right|^2(1-\mathrm{e}^{-2\alpha\ell})\right] \tag{2.94}$$

式(2.94)中的第一项代表入射波的功率损耗，第二项代表反射波的功率损耗，注意到两项都随 α 的增加而增加。

2.7.4　计算衰减的微扰法

现在推导一种有用并且标准的技术来计算低耗传输线的衰减常数。这种方法不使用传输线参量 L, C, R 和 G，而使用有耗线上的场，同时假定有耗线上的场与无耗线上的场差别不大——因此称为微扰。

我们已经看到沿有耗传输线上的功率流，不存在反射时，其形式为

$$P(z)=P_o\mathrm{e}^{-2\alpha z} \tag{2.95}$$

式中，P_o 在 $z=0$ 处的功率，α 是我们要求的衰减常数。现在定义线上单位长度功率损耗为

$$P_\ell=\frac{-\partial P}{\partial z}=2\alpha P_o\mathrm{e}^{-2\alpha z}=2\alpha P(z)$$

式中，微商前面使用负号的目的是使得 P_ℓ 为正值。由此，可求得衰减常数为

$$\alpha = \frac{P_\ell(z)}{2P(z)} = \frac{P_\ell(z=0)}{2P_o} \tag{2.96}$$

该式表明，α 可由线上的功率 P_o 和线上单位长度的功率损耗 P_ℓ 确定。重要的是，要认识到 P_ℓ 可根据无耗线上的场来计算，而且可以计及导体损耗[利用式(1.131)]和电介质损耗[利用式(1.92)]。

例题 2.7　利用微扰法求衰减常数

利用微扰法求有电介质损耗和导体损耗的同轴线的衰减常数。

解： 由例题 2.1 和式(2.32)得出无耗同轴线的场（对 $a<\rho<b$）是

$$\boldsymbol{E} = \frac{V_o\boldsymbol{\rho}}{\rho\ln b/a}\mathrm{e}^{-\mathrm{j}\beta z}$$

$$\boldsymbol{H} = \frac{V_o\boldsymbol{\phi}}{2\pi\rho Z_0}\mathrm{e}^{-\mathrm{j}\beta z}$$

式中，$Z_0=(\eta/2\pi)\ln b/a$ 是同轴线的特征阻抗，V_o 是线上 $z=0$ 处的电压。第一步是求线上流过的功率 P_o：

$$P_o = \frac{1}{2}\mathrm{Re}\int_S \boldsymbol{E}\times\boldsymbol{H}^*\cdot\mathrm{d}\boldsymbol{s} = \frac{|V_o|^2}{2Z_0}\int_{\rho=a}^{b}\int_{\phi=0}^{2\pi}\frac{\rho\mathrm{d}\rho\mathrm{d}\phi}{2\pi\rho^2\ln b/a} = \frac{|V_o|^2}{2Z_0}$$

它与基本电路理论预期的相同。

单位长度的损耗 P_ℓ 来源于导体损耗（$P_{\ell c}$）和电介质损耗（$P_{\ell d}$）。由式(1.131)可以求得 1m 长同轴线的导体损耗为

$$P_{\ell c} = \frac{R_s}{2}\int_S|\boldsymbol{H}_t|^2\mathrm{d}s = \frac{R_s}{2}\int_{z=0}^{1}\left\{\int_{\phi=0}^{2\pi}|H_\phi(\rho=a)|^2 a\mathrm{d}\phi + \int_{\phi=0}^{2\pi}|H_\phi(\rho=b)|^2 b\mathrm{d}\phi\right\}\mathrm{d}z = \frac{R_s|V_o|^2}{4\pi Z_0^2}\left(\frac{1}{a}+\frac{1}{b}\right)$$

1m 长同轴线的电介质损耗，由式(1.92)求得为

$$P_{\ell d} = \frac{\omega\epsilon''}{2}\int_V|\boldsymbol{E}|^2\mathrm{d}s = \frac{\omega\epsilon''}{2}\int_{\rho=a}^{b}\int_{\phi=0}^{2\pi}\int_{z=0}^{1}|E_\rho|^2\rho\mathrm{d}\rho\mathrm{d}\phi\mathrm{d}z = \frac{\pi\omega\epsilon''}{\ln b/a}|V_o|^2$$

式中，ϵ'' 是复介电常数 $\epsilon=\epsilon'-\mathrm{j}\epsilon''$ 的虚部。最后，应用式(2.96)给出

$$\alpha = \frac{P_{\ell c}+P_{\ell d}}{2P_o} = \frac{R_s}{4\pi Z_0}\left(\frac{1}{a}+\frac{1}{b}\right) + \frac{\pi\omega\epsilon'' Z_0}{\ln b/a}$$

$$= \frac{R_s}{2\eta\ln b/a}\left(\frac{1}{a}+\frac{1}{b}\right) + \frac{\omega\epsilon''\eta}{2}$$

式中，$\eta=\sqrt{\mu/\epsilon'}$。可以看出这个结果与例题 2.6 中的相同。 ■

2.7.5　惠勒增量电感定则

另一种实际计算 TEM 或准 TEM 传输线导体损耗的有用技术是惠勒（Wheeler）增量电感定则[6]。这种方法基于传输线单位长度电感公式(2.17)与单位长度电阻公式(2.19)的相似性。换言之，传输线的导体损耗是由导体内部的电流流动导致的，该电流如 1.7 节所证明的那样，与导体表面的切向磁场有关，因而也与传输线的电感有关。

由式(1.131)得知进入一个良导体（非理想导体）的横截面 S 的功率损耗是

$$P_\ell = \frac{R_s}{2}\int_S |\boldsymbol{J}_s|^2\,\mathrm{d}s = \frac{R_s}{2}\int_S |\boldsymbol{H}_t|^2\,\mathrm{d}s\ \mathrm{W/m^2} \tag{2.97}$$

因此均匀传输线单位长度的功率损耗是

$$P_\ell = \frac{R_s}{2}\int_C |\boldsymbol{H}_t|^2\,\mathrm{d}\ell\ \mathrm{W/m} \tag{2.98}$$

式(2.98)沿两个导体的横截面的周线进行线积分。现在，由式(2.17)得出传输线的单位长度电感是

$$L = \frac{\mu}{|I|^2}\int_S |\boldsymbol{H}|^2\,\mathrm{d}s \tag{2.99}$$

这是在假定导体无耗的条件下计算的。当导体有小损耗时，导体中的 $\boldsymbol{H}$ 场不再为零，而这个场贡献了一个小的附加“增量”电感 ΔL 到式(2.99)中。如第 1 章中讨论的那样，导体内部的场呈指数衰减，因此进入导体内部的积分可以估算为

$$\Delta L = \frac{\mu_0\delta_s}{2|I|^2}\int_C |\boldsymbol{H}_t|^2\,\mathrm{d}\ell \tag{2.100}$$

因为 $\int_0^\infty \mathrm{e}^{-2z/\delta_s}\cdot \mathrm{d}z = \delta_s/2$（趋肤深度是 $\delta_s = \sqrt{2/\omega\mu\sigma}$）。然后，由式(2.98)得出用 ΔL 表示的 P_ℓ 为

$$P_\ell = \frac{R_s|I|^2\Delta L}{\mu_0\delta_s} = \frac{|I|^2\Delta L}{\sigma\mu_0\delta_s^2} = \frac{|I|^2\omega\Delta L}{2}\ \mathrm{W/m} \tag{2.101}$$

因为 $R_s = \sqrt{\omega\mu_0/2\sigma} = 1/\sigma\delta_s$。于是可由式(2.96)得出导体损耗引起的衰减为

$$\alpha_c = \frac{P_\ell}{2P_o} = \frac{\omega\Delta L}{2Z_0} \tag{2.102}$$

因为 P_o 是沿传输线流动的总功率流 $P_o = |I|^2 Z_0/2$，其中 Z_0 是传输线的特征阻抗。在式(2.102)中，ΔL 是当所有导体壁缩减量 $\delta_s/2$ 时计算出来的电感的变化。

式(2.102)也可用特征阻抗的变化来表达，因为

$$Z_0 = \sqrt{\frac{L}{C}} = \frac{L}{\sqrt{LC}} = Lv_p \tag{2.103}$$

所以

$$\alpha_c = \frac{\beta\Delta Z_0}{2Z_0} \tag{2.104}$$

式中，ΔZ_0 是所有导体壁缩减量 $\delta_s/2$ 时特征阻抗的变化。增量电感定则的另一形式可以利用 Z_0 的泰勒级数展开式的前两项来获得。因此，

$$Z_0\left(\frac{\delta_s}{2}\right) \approx Z_0 + \frac{\delta_s}{2}\frac{\mathrm{d}Z_0}{\mathrm{d}\ell} \tag{2.105}$$

所以

$$\Delta Z_0 = Z_0\left(\frac{\delta_s}{2}\right) - Z_0 = \frac{\delta_s}{2}\frac{\mathrm{d}Z_0}{\mathrm{d}\ell}$$

式中，$Z_0(\delta_s/2)$ 是导体壁缩减量 $\delta_s/2$ 时线的特征阻抗，ℓ 是进入导体内的距离。于是，式(2.104)可以写为

$$\alpha_c = \frac{\beta\delta_s}{4Z_0}\frac{\mathrm{d}Z_0}{\mathrm{d}\ell} = \frac{R_s}{2Z_0\eta}\frac{\mathrm{d}Z_0}{\mathrm{d}\ell} \tag{2.106}$$

式中，$\eta=\sqrt{\mu_0/\epsilon}$ 是电介质的本征阻抗，R_s 是导体的表面电阻。式(2.106)是增量电感定则最实用的形式之一，因为对于众多的各种传输线而言，其特征阻抗都是已知的。

例题 2.8　利用惠勒增量电感定则求衰减常数

利用增量电感定则计算同轴线因导体损耗引起的衰减常数。

解： 由式(2.32)得出同轴线的特征阻抗是

$$Z_0=\frac{\eta}{2\pi}\ln\frac{b}{a}$$

然后利用式(2.106)所示的增量电感定则，求得由导体损耗产生的衰减为

$$\alpha_c=\frac{R_s}{2Z_0\eta}\frac{\mathrm{d}Z_0}{\mathrm{d}\ell}=\frac{R_s}{4\pi Z_0}\left(\frac{\mathrm{d}\ln b/a}{\mathrm{d}b}-\frac{\mathrm{d}\ln b/a}{\mathrm{d}a}\right)=\frac{R_s}{4\pi Z_0}\left(\frac{1}{b}+\frac{1}{a}\right)$$

可以看出它与例题 2.7 的结果一致。上式中第二个微商前的负号表示内导体的微商在$-\rho$ 方向（由壁向内）。■

无论衰减是如何计算出来的，实际传输线测量到的衰减常数通常都较高。造成这一差别的主要原因是实际传输线的金属表面多少有些粗糙，这就增加了损耗，而我们的理论计算都假定是理想光滑导体。可用来校正任意传输线的表面粗糙度的一个半经验公式是[7]

$$\alpha_c'=\alpha_c\left[1+\frac{2}{\pi}\arctan 1.4\left(\frac{\Delta}{\delta_s}\right)^2\right] \tag{2.107}$$

式中，α_c 是理想光滑导体的衰减，α_c' 是对表面粗糙度修正后的衰减，Δ 是表面粗糙度的均方根值，δ_s 是导体的趋肤深度。

2.8　传输线的瞬态效应

截至目前，我们集中讨论了单频情况下的传输线行为，这对于大多数实际应用是完全适用的。但是对有些情况，例如短脉冲或宽带信号在传输线上传输，从瞬态或时域角度来考虑波的传播特性更为合适。

本节我们将讨论端接负载的传输线的瞬态脉冲反射特性，包括匹配线、短路线和开路线等几种特殊情况。我们将采用弹跳图的描述方式来分析脉冲信号在传输线上的多次反射特性。

2.8.1　端接负载的传输线的脉冲反射特性

瞬态传输线电路如图 2.21a 所示，其直流电压源在 $t=0$ 时导通。首先考虑传输线特征阻抗为 Z_0、源阻抗为 Z_0、负载阻抗为 Z_0 的特殊情况。假设传输线的初始电压为零：当 $t<0$ 时，对所有 z 有 $v(z,t)=0$。我们希望获得传输线上的电压随时间和位置变化的响应函数。

由于传输线上的传播时间有限，当 $t<2\ell/v_p$ 时，其输入阻抗可视为等于传输线的特征阻抗，其中 v_p 是传输线的相速。换句话说，直到脉冲到达负载并（可能）反射回输入端，传输线可视为是无限长的。因此，当开关在 $t=0$ 时刻闭合时，电路可视为由信号源内阻和输入阻抗组成的分压器，二者的阻抗均为 Z_0。因此，传输线上的初始电压为 $V_0/2$，该电压波形以速度 v_p 向负载传播。在 $t=z/v_p$ 时，脉冲前沿将到达传输线的位置 z 处，如图 2.21b 所示。

在 $t=\ell/v_p$ 时，脉冲到达负载。由于负载与传输线匹配，所以不存在来自负载的反射脉冲。

电路处于稳态，传输线上的电压为常数：对于所有$t > \ell / v_p$，$v(z,t) = V_0 / 2$，如图 2.21c 所示。该直流值正好是我们需要的由相等的信号源内阻和输入阻抗组成的分压电路的电压值。

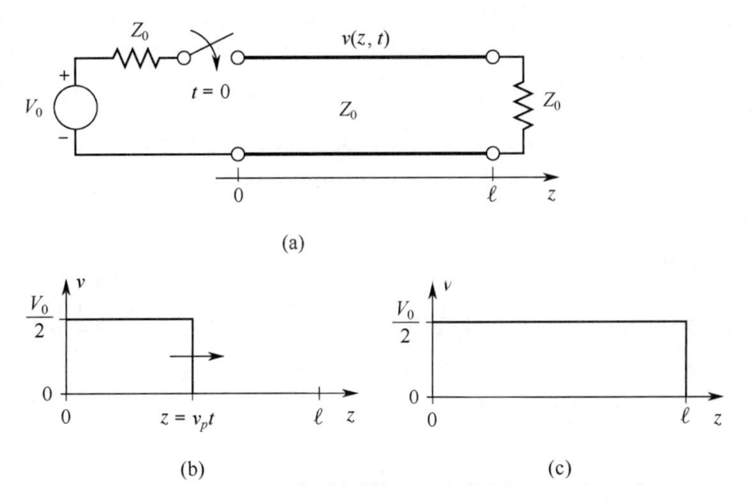

图 2.21　传输线终端接匹配负载的瞬态响应：(a)含阶跃函数电压源的传输线电路；(b) $0 < t < \ell / v_p$ 的响应；(c) $\ell / v_p < t < 2\ell / v_p$ 的响应；没有来自负载的反射

接下来考虑图 2.22a 所示的传输线电路，其中传输线的终端短路。传输线的初始值再次被设为输入阻抗 Z_0，入射脉冲振幅为 $V_0/2$，如图 2.22b 所示。

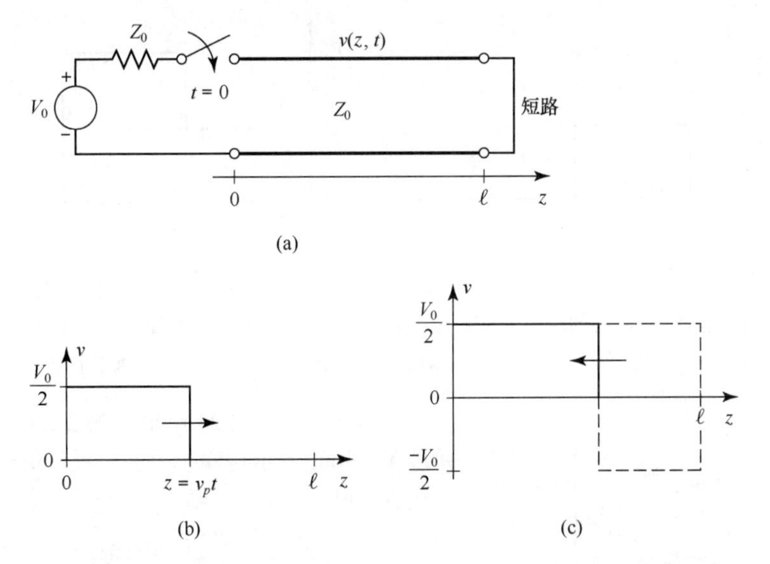

图 2.22　传输线终端短路的瞬态响应：(a)含阶跃函数电压源的传输线电路；(b) $0 < t < \ell / v_p$ 的响应；(c) $\ell / v_p < t < 2\ell / v_p$ 的响应；入射脉冲被全反射，$\Gamma = -1$

终端短路时反射系数$\Gamma = -1$，其具有将反射脉冲在传输线终端反转的效果。正向和反向脉冲叠加将导致互相抵消，如图 2.22c 中所示的$\ell / v_p < t < 2\ell / v_p$时段。当$t = 2\ell / v_p$时，返回脉冲到达信号源，由于信号源与传输线匹配，因此不会被重新反射。随后电路处于稳态，传输线上所有地方的电压都为零。该结论再次与直流电路分析结果一致，因为短路传输线在直流情况下具有零电长度，因此在其输入处表现为短路，导致终端电压为零。在传输线上某固定点 z 处的电压波形将

是仅在时间段 $z/v_p < t < (2\ell - z)/v_p$ 存在的幅度为 $V_0/2$ 的矩形脉冲。这种效应可以在实践中用于产生持续时间非常短的脉冲。

最后，考虑终端开路对传输线的影响，如图 2.23a 所示。与前述类似，传输线初始值被设为输入阻抗 Z_0，入射脉冲振幅为 $V_0/2$，如图 2.23 所示。终端开路时反射系数$\Gamma = 1$，其反射波形的极性与入射波形的相同。正向和反向脉冲叠加将产生振幅为 V_0 的波，如图 2.23c 所示。当 $t = 2\ell/v_p$ 时，返回脉冲到达信号源，但由于信号源与传输线匹配，因此不重新反射。随后电路处于稳态，在传输线上具有恒定电压 V_0。通过直流分析，开路线在其终端处呈现开路，导致其终端电压等于信号源电压。

2.8.2 瞬态电路弹跳图

图 2.21～图 2.23 给出了脉冲在传输线上不同位置的电压曲线，但该图不直接显示时间变量，也不能非常清楚地显示反射对波形的贡献（特别是当存在多次反射时）。弹跳图是观察传输线上脉冲随时间和位置变化规律的另一种方式。

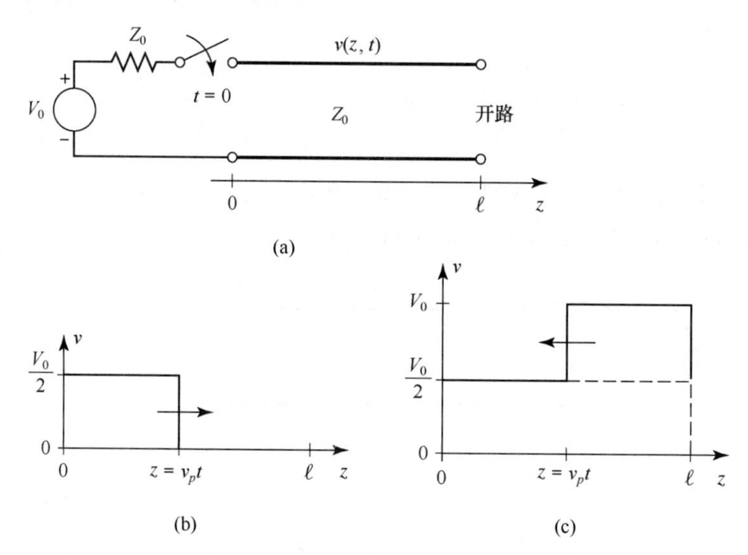

图 2.23　传输线终端开路的瞬态响应：(a)含阶跃函数电压源的传输线电路；(b) $0 < t < \ell/v_p$ 的响应；(c) $\ell/v_p < t < 2\ell/v_p$ 的响应；入射脉冲被全反射，$\Gamma = 1$

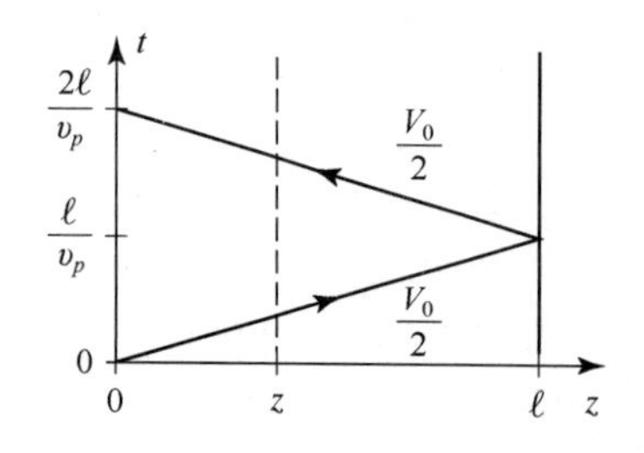

图 2.24　图 2.23a 所示瞬态电路的弹跳图

作为示例，图 2.24 给出了图 2.23a 所示瞬态电路的弹跳图。横轴表示传输线上的位置，纵轴表示时间。射线代表入射波从 $t = z = 0$ 开始向右（z 增大）和向上（t 增大）传播。该射线采用入射波的振幅 $V_0/2$ 标记。当 $t = \ell/v_p$ 时，入射波到达开路负载端，产生振幅为 $V_0/2$ 的反射波且向信号源方向传播。该反射波射线向左和向上移动，在 $z = 0$ 处和 $t = 2\ell/v_p$ 时到达信号源，进入稳态。传输线上任何位置 z 和时间 t 处的总电压，可首先绘制通过 z 点的垂线并从 $t = 0$ 向上延伸到 t，然后将正向或反向传输波分量的电压相加得到，如图中的射线与垂线相交所示。

下一个例题给出了如何用弹跳图分析具有多次反射的传输线电路。

例题 2.9　具有多次反射的瞬态电路的弹跳图

画出图 2.25 所示瞬态电路的弹跳图，包括前三次反射。

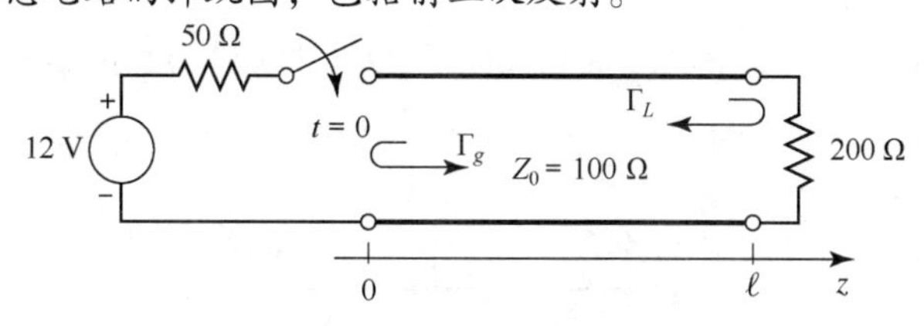

图 2.25　例题 2.9 的电路图

解：

入射波的电压振幅由分压电路给出，为

$$v^+ = 12 \times \frac{100}{50+100} = 8.0\text{V}$$

入射波射线可在图中表示为一条从原点到点 $z=\ell$ 和 $t=\ell/v_p$ 处的直线。信号源和负载端的反射系数分别为

$$\Gamma_g = \frac{50-100}{50+100} = -1/3 \quad 和 \quad \Gamma_L = \frac{200-100}{200+100} = 1/3$$

所以在负载端的反射波振幅为 8/3V，当该反射波到达信号源时，它将被再次反射，形成的反射波振幅为−8/9V，下一次从负载端反射的反射波振幅为−8/27V。这 4 个波可表示为图 2.26 所示的弹跳图。

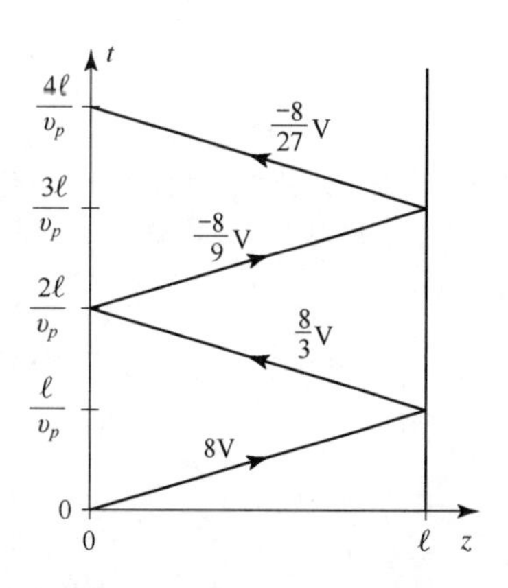

图 2.26　例题 2.9 的弹跳图

■

参考文献

[1] S. Ramo, J. R. Winnery, and T. Van Duzer, *Fields and Waves in Communication Electronics*, 3rd edition, John Wiley & Sons, New York, 1994.

[2] J. A. Stratton, *Electromagnetic Theory*, McGraw-Hill, New York, 1941.

[3] H. A. Wheeler, “Reflection Charts Relating to Impedance Matching,” *IEEE Transactions on Microwave Theory and Techniques*, vol. MTT-32, pp. 1008–1021, September 1984.

[4] P. H. Smith, “Transmission Line Calculator,” *Electronics*, vol. 12, No. 1, pp. 29–31, January 1939.

[5] P. J. Nahin, *Oliver Heaviside: Sage in Solitude*, IEEE Press, New York, 1988.

[6] H. A. Wheeler, “Formulas for the Skin Effect,” *Proceedings of the IRE*, vol. 30, pp. 412–424, September 1942.

[7] T. C. Edwards, *Foundations for Microstrip Circuit Design*, John Wiley & Sons, New York, 1987.

习题

2.1　一根 75Ω同轴线上的电流为 $i(t, z) = 1.8\cos(3.77\times10^9 t - 18.13z)$ mA。求(a)频率、(b)相速、(c)波长、(d)同轴线的相对介电常数、(e)电流的相量表达式和(f)同轴线上的时域电压。

2.2　传输线具有以下单位长度参量：$L = 0.5\mu\text{H/m}$，$C = 200\text{pF/m}$，$R = 4\Omega/\text{m}$，$G = 0.02\text{S/m}$。计算该传输线在 800MHz 频率下的传播常数和特征阻抗。如果传输线长为 30cm，那么衰减是多少 dB？不存在损耗时（$R = G = 0$），再计算这些量。

2.3　RG-402U 半刚性同轴电缆具有直径为 0.91mm 的内导体和直径为 3.02mm（等于外导体的内直径）的电介质。内外导体均为铜，介电材料为聚四氟乙烯。计算该线在 1GHz 频率下的参量 R, L, G 和 C，利用这些结果再求 1GHz 下的特征阻抗和衰减。比较你的结果与制造商的特性参量 50Ω和 0.43dB/m，讨论产生差别的原因。

2.4 计算和画出习题2.3中的传输线在1MHz～100GHz频率范围内的衰减，用对数-对数图纸画图，以dB/m为单位。

2.5 对于下图所示的平行平板传输线，推导其参量R, L, G和C。假定$W \gg d$。

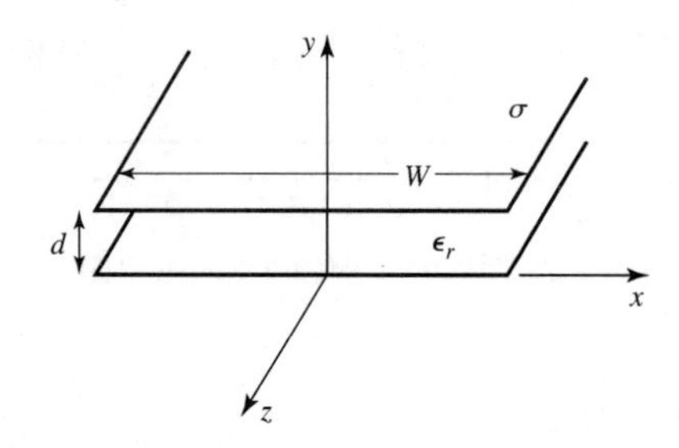

2.6 对于习题2.5中的平行平板传输线，用场理论的方法推导其电报方程。

2.7 证明对于以下传输线的T模型也能得到2.1节导出的电报方程。

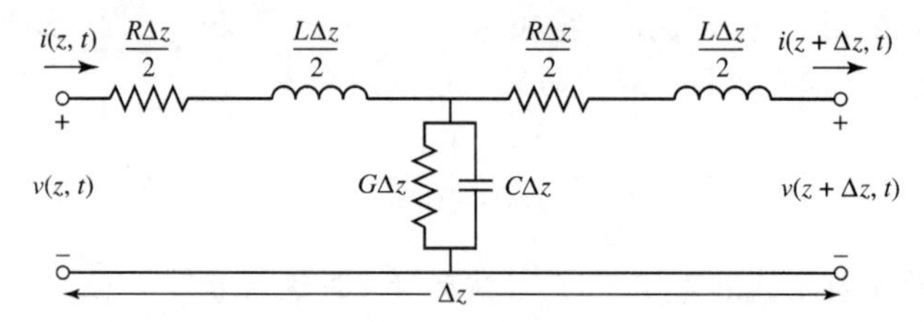

2.8 一个电长度为$\ell = 0.3\lambda$的无耗传输线端接一个复负载阻抗，如下图所示。求负载的反射系数、线上的SWR、线输入端的反射系数以及对线的输入阻抗。

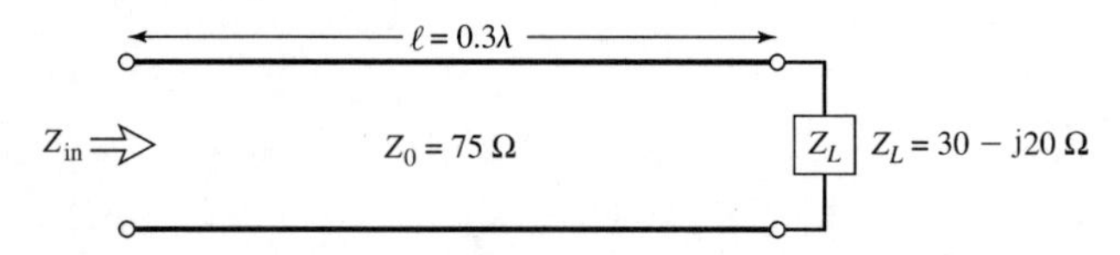

2.9 一条75Ω同轴传输线的长度为2.0cm，端接到阻抗为37.5 + j75Ω的负载上。若同轴线的介电常数是2.56，频率为3.0GHz，求该线的输入阻抗、负载处的反射系数、输入端的反射系数以及线上的SWR。

2.10 一端接传输线的$Z_0 = 60\Omega$，负载处的反射系数为$\Gamma = 0.4\angle 60°$。(a)负载阻抗是多少？(b)远离负载0.3λ处的反射系数是多少？(c)该点的输入阻抗是多少？

2.11 一个100Ω传输线的有效介电常数为1.65。求该线最短的开路长度，使其输入端在2.5GHz下表现为5pF的电容。对于5nH的电感重复同样的计算。

2.12 一根无耗传输线端接一个100Ω的负载，若线上的SWR为1.5，求该线的特征阻抗的两个可能值。

2.13 令Z_{sc}为某一长度的同轴线一端短路时的输入阻抗，Z_{oc}为一端开路时的输入阻抗。推导该线的特征阻抗的表达式，用Z_{sc}和Z_{oc}表示。

2.14 一无线电发射机通过50Ω的同轴线连接到阻抗为80 + j40Ω的天线。若50Ω的发射机连接到50Ω负载时能传输30W功率，问有多少功率传到天线？

2.15 计算SWR、反射系数的幅值和回波损耗的值，以完成下表中的空白项：

SWR	$\lvert\Gamma\rvert$	RL/dB
1.00	0.00	∞
1.01	—	—
1.50	0.01	—
1.05	—	—
—	—	30.0
1.10	—	—

（续表）

SWR	|Γ|	RL/dB
1.20	—	—
—	0.10	—
1.50	—	—
—	—	10.0
2.00	—	—
2.50	—	—

2.16 传输线电路如下图所示，其中 $V_g = 15\text{Vrms}$，$Z_g = 75\Omega$，$Z_0 = 75\Omega$，$Z_L = 60 - \text{j}40\Omega$，$\ell = 0.7\lambda$。利用三种不同的方法计算传送到负载的功率。

(a) 求 Γ 并计算 $P_L = (V_g/2)^2 \dfrac{1}{Z_0}(1-|\Gamma|^2)$；(b) 求 Z_{in} 并计算 $P_L = \left|\dfrac{V_g}{Z_g + Z_{\text{in}}}\right|^2 \text{Re}\{Z_{\text{in}}\}$；(c) 求 V_L 并计算 $P_L = |V_L / Z_L|^2 \text{Re}\{Z_L\}$。

讨论每种方法的基本原理。若传输线不是无耗的，哪种方法能够应用？

2.17 对于纯电抗的负载阻抗 $Z_L = \text{j}X$，证明反射系数幅值 $|\Gamma|$ 总是 1，假定特征阻抗 Z_0 是实数。

2.18 考虑如下图所示的传输线。计算入射功率、反射功率以及传输到 75Ω无穷长传输线中的功率。证明功率守恒成立。

2.19 一电源连接到传输线，如下图所示。求传输线上作为 z 的函数的电压。画出该电压在区间 $-\ell \leqslant z \leqslant 0$ 的幅值。

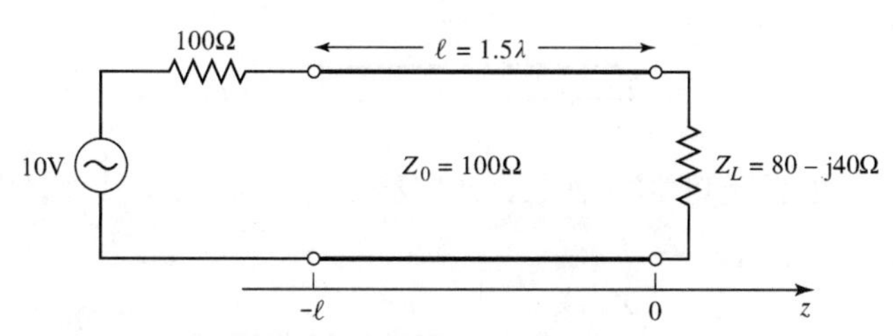

2.20 利用 Smith 圆图求出下图所示传输线的下述参量：(a) 线上的 SWR；(b) 负载的反射系数；(c) 负载导纳；(d) 线的输入阻抗；(e) 负载到第一个电压极小值的距离；(f) 负载到第一个电压极大值的距离。

2.21 利用 Smith 圆图求 75Ω短路线的最短长度，以得到下述输入阻抗：(a) $Z_{\text{in}} = 0$；(b) $Z_{\text{in}} = \infty$；(c) $Z_{\text{in}} = \text{j}75\Omega$；(d) $Z_{\text{in}} = -\text{j}50\Omega$；(e) $Z_{\text{in}} = \text{j}10\Omega$。

2.22 对于 75Ω开路线，重做习题 2.21

2.23 进行一个开槽线实验得到以下结果：两相邻最小值间的距离为 2.1cm；第一个电压极小值与负载的距离为 0.9cm；负载的 SWR = 2.5。若 $Z_0 = 50\Omega$，求负载阻抗。

2.24 设计一个 1/4 波长匹配变换器把 40Ω负载匹配到 75Ω线上去。画出 $0.5 \leqslant f/f_o \leqslant 2.0$ 范围内的 SWR，其中 f_o 是线长为 $\lambda/4$ 时的频率。

2.25 考虑如下图所示的 1/4 波长匹配变换器电路。导出 1/4 波长线上的正向和反向行波振幅 V^+和 V^-的表达式，用入射波电压振幅 V^i 来表示。

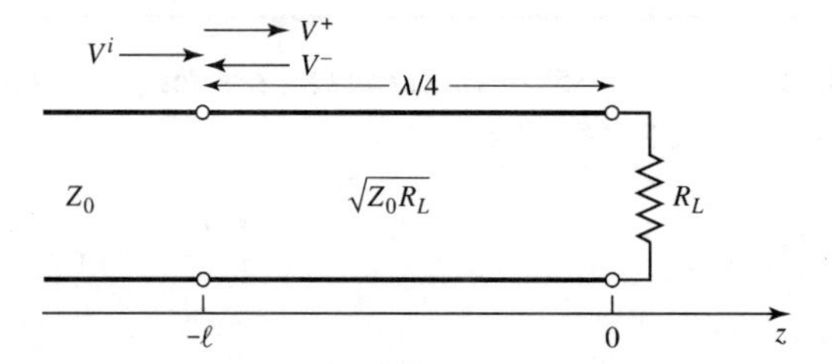

2.26 由式(2.70)推导出式(2.71)。

2.27 在例题 2.7 中，同轴线由有限电导率产生的衰减为

$$\alpha_c = \frac{R_s}{2\eta \ln b/a}\left(\frac{1}{a}+\frac{1}{b}\right)$$

证明导体半径满足 $x\ln x = 1 + x$（其中 $x = b/a$）时，α_c 取极小值。求解这个关于 x 的方程，并证明 $\epsilon_r = 1$ 时对应的特征阻抗是 77Ω。

2.28 计算并画出产生于表面粗糙度增大的衰减因子，表面粗糙度的均方根值为 0～0.01mm。假定为 10GHz 下的铜导体。

2.29 一个 50Ω传输线匹配到 10V 电源并馈电给负载 $Z_L = 100\Omega$。若线长为 2.3λ，衰减常数为 $\alpha = 0.5\text{dB}/\lambda$，求电源发送的功率、损耗在线上的功率以及传送到负载的功率。

2.30 考虑一个非互易的传输线，对于正向和反向传播具有不同的传播常数 β^+和 β^-，及相应的特征阻抗 Z_0^+ 和 Z_0^-（这种线的一个例子可能是在磁化铁氧体基片上的微带传输线）。若该线的端接如下图所示，请导出线的输入端看到的反射系数和阻抗的表达式。

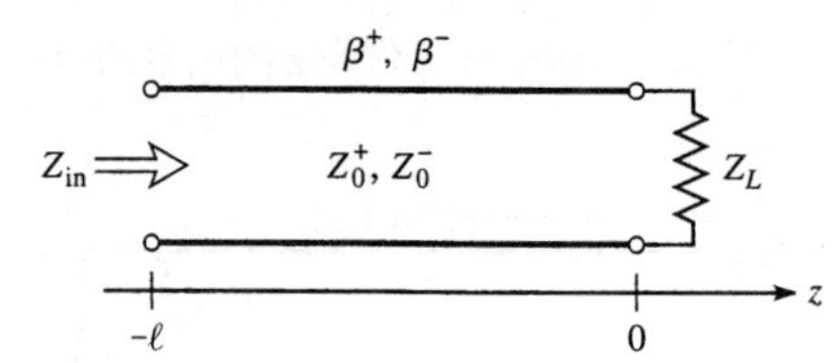

2.31 画出下图所示瞬态电路的弹跳图，至少包含 3 次反射。在时刻 $t = 3\ell/v_p$，线的中点（$z = l/2$）处的总电压是多少。

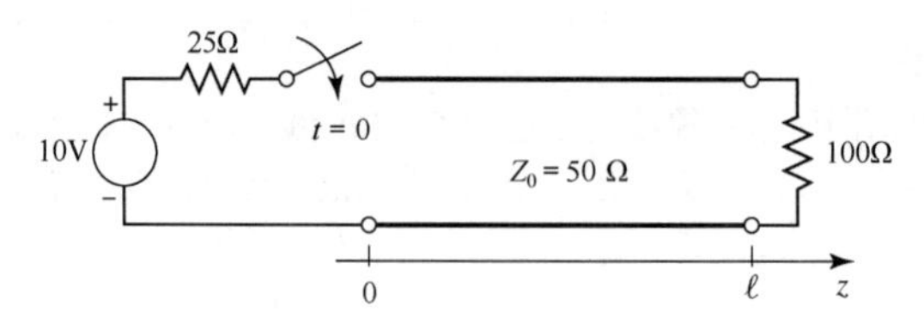

第 3 章　传输线和波导

微波工程早期的主要成就之一是，发展了低耗传输微波功率的波导和其他传输线。虽然亥维赛早在 1893 年就考虑过电磁波在封闭空管中传播的可能性，但他后来放弃了这一想法，因为他认为必须用两根导体来传输电磁能量[1]。1897 年，瑞利爵士（John William Strutt）[2]在数学上证明了波在波导中的传播是可能的，而不管波导的横截面是圆形的还是矩形的。瑞利还指出，不令可能有无穷多个 TE 和 TM 模，而且存在截止频率，但当时并没有实验对此进行验证。此后，波导基本上被人们遗忘，直到 1936 年再次被两名研究人员发现[3]。AT&T 公司的 George C. Southworth 在 1932 年进行了初步实验后，于 1936 年宣读了一篇有关波导的论文。在同一次会议上，MIT 的 W. L. Barrow 宣读了一篇关于圆波导的论文，并提供了波传播的实验验证。

早期的微波系统采用波导和同轴线作为传输线媒介。波导具有高功率容量和低损耗的优点，但其体积大，价格昂贵。同轴线具有非常宽的带宽，而且便于实验应用，但在其中制作复杂的微波元件非常困难。平面传输线提供了另一种选择，它采用带状线、微带线、槽线、共面波导及很多其他类似的几何结构。平面传输线是紧凑的、低价位的，而且易于与有源器件如二极管、三极管集成来形成微波集成电路。第一个平面传输线可能是平面带状同轴线，它类似于带线，在“二战”中用于制作功率分配网络[4]。然而，平面传输线直到 20 世纪 50 年代才得到强势发展。微带线开发于 ITT 实验室[5]，它是带状线的竞争者。第一个微带线采用相对较厚的电介质基片，凸显了非 TEM 波模的特性及线上的频率色散，这一特点使得它与带状线相比更不理想，这种情况直到 20 世纪 60 年代开始应用很薄的基片时才改变。薄基片降低了传输线的频率依赖性，而现在微带线经常是微波集成电路的最佳媒介。

本章介绍今天常用的几种传输线和波导的特性。如第 2 章所述，传输线是由传播常数和特征阻抗来表征的；若传输线是有耗的，则衰减也是有意义的。对于本章涉及的各种传输线和波导，这些量将采用场理论分析的方法推导。

首先，简要介绍传输线和波导中存在的波传播和模。由两个或更多导体组成的传输线可以支持横向电磁波（TEM），横向电磁波的特点是没有纵向电磁场分量。TEM 波的电压、电流和特征阻抗的定义是唯一的。通常由单个导体组成的波导支持横电（TE）波和/或横磁（TM）波，它们分别只出现纵向磁场分量或纵向电场分量。如第 4 章所述，虽然可以选择特征阻抗的定义，使其扩展到波导得出有意义的结果，但这些波不存在唯一的定义。

3.1　TEM 波、TE 波和 TM 波的通解

本节针对在圆柱传输线或波导中传播 TEM 波、TE 波和 TM 波的各种特定情况，求麦克斯韦方程组的通解。任意传输线或波导的几何结构如图 3.1 所示，其特征是具有平行于 z 轴的导体边界。这些结构假定在 z 方向是均匀且无限长的。最初假设这些导体是理想导体，但其衰减可用第 2 章讨论的微扰法求得。

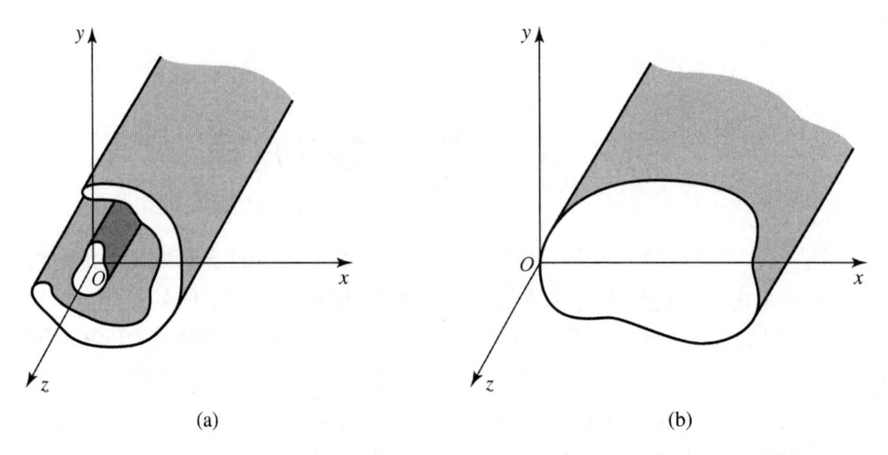

图 3.1 (a)普通双导体传输线；(b)封闭式波导

假定一个具有 $e^{j\omega t}$ 依赖关系的时谐场正在沿 z 轴传播。于是电场和磁场可以写为

$$\boldsymbol{E}(x,y,z)=\left[\boldsymbol{e}(x,y)+z e_z(x,y)\right]e^{-j\beta z} \tag{3.1a}$$

$$\boldsymbol{H}(x,y,z)=\left[\boldsymbol{h}(x,y)+z h_z(x,y)\right]e^{-j\beta z} \tag{3.1b}$$

式中，$\boldsymbol{e}(x,y)$ 和 $\boldsymbol{h}(x,y)$ 代表横向 $(\boldsymbol{x},\boldsymbol{y})$ 电场分量和磁场分量，e_z 和 h_z 代表纵向电场和磁场分量。上面的公式中，波是沿+z 方向传播的；$-z$ 方向的传播可用$-\beta$ 代替 β 得到。同样，若存在导体或电介质损耗，则传播常数将是复数，此时 $j\beta$ 应被 $\gamma=\alpha+j\beta$ 取代。

假定传输线或波导区域是无源的，则麦克斯韦方程组可以写为

$$\nabla\times\boldsymbol{E}=-j\omega\mu\boldsymbol{H} \tag{3.2a}$$

$$\nabla\times\boldsymbol{H}=j\omega\epsilon\boldsymbol{E} \tag{3.2b}$$

因为具有 $e^{-j\beta z}$ 随 z 的变化关系，所以上述每个向量方程的三个分量可以简化如下：

$$\frac{\partial E_z}{\partial y}+j\beta E_y=-j\omega\mu H_x \tag{3.3a}$$

$$-j\beta E_x-\frac{\partial E_z}{\partial x}=-j\omega\mu H_y \tag{3.3b}$$

$$\frac{\partial Ey}{\partial x}-\frac{\partial Ex}{\partial y}=-j\omega\mu H_z \tag{3.3c}$$

$$\frac{\partial Hz}{\partial y}+j\beta H_y=j\omega\epsilon E_x \tag{3.4a}$$

$$-j\beta H_x-\frac{\partial H_z}{\partial x}=j\omega\epsilon E_y \tag{3.4b}$$

$$\frac{\partial H_y}{\partial x}-\frac{\partial H_x}{\partial y}=j\omega\epsilon E_z \tag{3.4c}$$

利用 E_z 和 H_z，由以上 6 个方程可以求得 4 个横向场分量［如 H_x 可由式(3.3a)和式(3.4b)中消去 E_y 得出］：

$$H_x=\frac{j}{k_c^2}\left(\omega\epsilon\frac{\partial E_z}{\partial y}-\beta\frac{\partial H_z}{\partial x}\right) \tag{3.5a}$$

$$H_y=\frac{-j}{k_c^2}\left(\omega\epsilon\frac{\partial E_z}{\partial x}+\beta\frac{\partial H_z}{\partial y}\right) \tag{3.5b}$$

$$E_x = \frac{-\mathrm{j}}{k_c^2}\left(\beta\frac{\partial E_z}{\partial x} + \omega\mu\frac{\partial H_z}{\partial y}\right) \tag{3.5c}$$

$$E_y = \frac{\mathrm{j}}{k_c^2}\left(-\beta\frac{\partial E_z}{\partial y} + \omega\mu\frac{\partial H_z}{\partial x}\right) \tag{3.5d}$$

式中，

$$k_c^2 = k^2 - \beta^2 \tag{3.6}$$

定义为截止波数，采用这一名称的原因稍后就会了解。和前几章一样，

$$k = \omega\sqrt{\mu\epsilon} = 2\pi / \lambda \tag{3.7}$$

是填充在传输线和波导区域中的材料的波数。若存在介电损耗，则 ϵ 可用 $\epsilon = \epsilon_0\epsilon_r(1-\mathrm{j}\tan\delta)$ 表示为复数，其中 $\tan\delta$ 是材料的损耗角正切。

式(3.5a)至式(3.5d)是非常有用的普遍结果，适用于各种波导系统。现在把这些结果应用到特定的波。

3.1.1 TEM 波

横电磁（TEM）波的特征是 $E_z = H_z = 0$。由式(3.5)可知，若 $E_z = H_z = 0$，则横向场也全为零，除非 $k_c^2 = 0$（$k^2 = \beta^2$）。在前一种情况下，得到不确定的结果。因此，回到式(3.3)和式(3.4)，并应用条件 $E_z = H_z = 0$。于是，由式(3.3a)和式(3.4b)可以消去 H_x，得到

$$\beta^2 E_y = \omega^2\mu\epsilon E_y$$

或

$$\beta = \omega\sqrt{\mu\epsilon} = k \tag{3.8}$$

这和前面指出的一样［这一结果也可由式(3.3b)和式(3.4a)得到］。因此，对 TEM 波来说，截止波数 $k_c = \sqrt{k^2 - \beta^2}$ 为零。

现在，由式(1.42)可知 E_x 的亥姆霍兹波方程为

$$\left(\frac{\partial^2}{\partial x^2} + \frac{\partial^2}{\partial y^2} + \frac{\partial^2}{\partial z^2} + k^2\right)E_x = 0 \tag{3.9}$$

但是，对于依赖关系 $\mathrm{e}^{-\mathrm{j}\beta z}$，$(\partial^2/\partial z^2)E_x = -\beta^2 E_x = -k^2 E_x$，因此式(3.9)简化为

$$\left(\frac{\partial^2}{\partial x^2} + \frac{\partial^2}{\partial y^2}\right)E_x = 0 \tag{3.10}$$

类似的结果也适用于 E_y。因此，利用式(3.1a)中的 $\boldsymbol{E}$，可以写出

$$\nabla_t^2\,\boldsymbol{e}(x, y) = 0 \tag{3.11}$$

式中，$\nabla_t^2 = \partial^2/\partial x^2 + \partial^2/\partial y^2$ 是横向二维拉普拉斯算子。

式(3.11)的结果表明，TEM 波的横向电场 $\boldsymbol{e}(x, y)$ 满足拉普拉斯方程。采用同样的方法，可以证明横向磁场也满足拉普拉斯方程，

$$\nabla_t^2\boldsymbol{h}(x, y) = 0 \tag{3.12}$$

因此，TEM 波的横向场与导体间存在的静态场是相同的。在静电情况下，电场可以表示为标势 $\Phi(x, y)$的梯度：

$$\boldsymbol{e}(x, y) = -\nabla_t\Phi(x, y) \tag{3.13}$$

式中，$\nabla_t = \boldsymbol{x}(\partial/\partial x) + \boldsymbol{y}(\partial/\partial y)$ 是二维梯度算子。要使式(3.13)成立，$\boldsymbol{e}$ 的旋度必须为零，而这里的确如此，因为

$$\nabla_t \times \boldsymbol{e} = -\mathrm{j}\omega\mu h_z \boldsymbol{z} = 0$$

利用$\nabla \cdot \boldsymbol{D} = \epsilon \nabla_t \cdot \boldsymbol{e} = 0$和式(3.13)可以证明，$\Phi(x, y)$也满足拉普拉斯方程

$$\nabla_t^2 \Phi(x, y) = 0 \tag{3.14}$$

这与静电学中预期的结果相同。两个导体间的电压可以求得，具体为

$$V_{12} = \Phi_1 - \Phi_2 = \int_1^2 \boldsymbol{E} \cdot \mathrm{d}\ell \tag{3.15}$$

式中，Φ_1和Φ_2分别代表导体1和导体2上的电势。导体上的电流可由安培定律求得，具体为

$$I = \oint_C \boldsymbol{H} \cdot \mathrm{d}\ell \tag{3.16}$$

式中，C是导体的横截面周线。

存在两个或更多的导体时，TEM波就会存在。平面波也是TEM波的一个例子，因为在波传播的方向没有场分量；在这种情况下，传输线导体可视为相隔无穷远的两个无穷大的平板。上述结果表明，闭合的导体（如矩形波导）不支持TEM波，因为在这样的区域，相应的静电势将为零（或可能为一个常数），从而导致$\boldsymbol{e} = 0$。

TEM模的波阻抗可以求得，它是横向电场与磁场之比：

$$Z_{\mathrm{TEM}} = \frac{E_x}{H_y} = \frac{\omega\mu}{\beta} = \sqrt{\frac{\mu}{\epsilon}} = \eta \tag{3.17a}$$

式中用到了式(3.4a)。由式(3.3a)得到另一对横向场分量为

$$Z_{\mathrm{TEM}} = \frac{-E_y}{H_x} = \sqrt{\frac{\mu}{\epsilon}} = \eta \tag{3.17b}$$

组合式(3.17a)和式(3.17b)的结果，可给出横向场的一般表达式：

$$\boldsymbol{h}(x, y) = \frac{1}{Z_{\mathrm{TEM}}} \boldsymbol{z} \times \boldsymbol{e}(x, y) \tag{3.18}$$

注意，这个波阻抗与第1章中导出的无耗媒质中的平面波的波阻抗相同；读者不应混淆这个阻抗与传输线的特征阻抗Z_0。后者与入射电压和电流有关，而且是线的几何结构及所填充材料的函数，而波阻抗则与横向场分量有关，而且仅依赖于材料常数。由式(2.32)可知TEM传输线的特征阻抗是$Z_0 = V/I$，其中V和I是入射电压和电流振幅。

分析TEM传输线的过程可以总结如下：

1. 求解拉普拉斯方程(3.14)得到$\Phi(x, y)$。这个解将包含若干未知常量。
2. 对于导体上的已知电压应用边界条件，求得这些常量。
3. 由式(3.13)和式(3.1a)计算$\boldsymbol{e}$和$\boldsymbol{E}$，由式(3.18)和式(3.1b)计算$\boldsymbol{h}$和$\boldsymbol{H}$。
4. 由式(3.15)计算V，由式(3.16)计算I。
5. 传播常数由式(3.8)给出，特征阻抗由$Z_0 = V/I$给出。

3.1.2 TE波

横电（TE）波（也称H波）的特征是$E_z = 0$和$H_z \neq 0$。于是，式(3.5)简化成

$$H_x = \frac{-\mathrm{j}\beta}{k_c^2} \frac{\partial H_z}{\partial x} \tag{3.19a}$$

$$H_y = \frac{-\mathrm{j}\beta}{k_c^2} \frac{\partial H_z}{\partial y} \tag{3.19b}$$

$$E_x = \frac{-\mathrm{j}\omega\mu}{k_c^2} \frac{\partial H_z}{\partial y} \tag{3.19c}$$

$$E_y = \frac{\mathrm{j}\omega\mu}{k_c^2}\frac{\partial H_z}{\partial x} \tag{3.19d}$$

在这种情况下，$k_c \neq 0$，且传播常数 $\beta = \sqrt{k^2 - k_c^2}$ 一般而言是频率和传输线或波导几何结构的函数。要应用式(3.19)，必须先用亥姆霍兹波方程求出 H_z，

$$\left(\frac{\partial^2}{\partial x^2} + \frac{\partial^2}{\partial y^2} + \frac{\partial^2}{\partial z^2} + k^2\right)H_z = 0 \tag{3.20}$$

因为 $H_z(x, y, z) = h_z(x, y)\mathrm{e}^{-\mathrm{j}\beta z}$，所以上式可以简化为 h_z 的二维波方程：

$$\left(\frac{\partial^2}{\partial x^2} + \frac{\partial^2}{\partial y^2} + k_c^2\right)h_z = 0 \tag{3.21}$$

因为 $k_c^2 = k^2 - \beta^2$。这个方程必须根据特定波导的几何结构的边界条件来求解。

TE 波的波阻抗可以求得，具体为

$$Z_{\mathrm{TE}} = \frac{E_x}{H_y} = \frac{-E_y}{H_x} = \frac{\omega\mu}{\beta} = \frac{k\eta}{\beta} \tag{3.22}$$

可以看出，它是与频率有关的。TE 波可存在于封闭的导体内，也可产生于两个或更多导体之间。

3.1.3 TM 波

横磁（TM）波（也称 E 波）的特征是 $E_z \neq 0$ 和 $H_z = 0$。于是，式(3.5)简化成

$$H_x = \frac{\mathrm{j}\omega\epsilon}{k_c^2}\frac{\partial E_z}{\partial y} \tag{3.23a}$$

$$H_y = \frac{-\mathrm{j}\omega\epsilon}{k_c^2}\frac{\partial E_z}{\partial x} \tag{3.23b}$$

$$E_x = \frac{-\mathrm{j}\beta}{k_c^2}\frac{\partial E_z}{\partial x} \tag{3.23c}$$

$$E_y = \frac{-\mathrm{j}\beta}{k_c^2}\frac{\partial E_z}{\partial y} \tag{3.23d}$$

和 TE 波的情况一样，$k_c \neq 0$，传播常数 $\beta = \sqrt{k^2 - k_c^2}$ 是频率和传输线或波导的几何结构的函数。E_z 可由亥姆霍兹波方程求出，

$$\left(\frac{\partial^2}{\partial x^2} + \frac{\partial^2}{\partial y^2} + \frac{\partial^2}{\partial z^2} + k^2\right)E_z = 0 \tag{3.24}$$

因为 $E_z(x, y, z) = e_z(x, y)\mathrm{e}^{-\mathrm{j}\beta z}$，所以上式可以简化为 e_z 的二维波方程：

$$\left(\frac{\partial^2}{\partial x^2} + \frac{\partial^2}{\partial y^2} + k_c^2\right)e_z = 0 \tag{3.25}$$

因为 $k_c^2 = k^2 - \beta^2$。这个方程必须根据特定波导的几何结构的边界条件来求解。

TM 波的波阻抗可以求得为

$$Z_{\mathrm{TM}} = \frac{E_x}{H_y} = \frac{-E_y}{H_x} = \frac{\beta}{\omega\epsilon} = \frac{\beta\eta}{k} \tag{3.26}$$

它与频率有关。和 TE 波一样，TM 波可产生于封闭导体内，也可产生于两个或更多导体之间。

分析 TE 波和 TM 波的过程总结如下：

1. 求解关于 h_z 或 e_z 的简化亥姆霍兹方程(3.21)或方程(3.25)。其解将包含若干未知常量和未知截止波数 k_c。

2. 利用式(3.19)或式(3.23)，由 e_z 和 h_z 求出横向场。

3. 把边界条件应用到相应的场分量，求出未知常数和 k_c。

4. 传播常数由式(3.6)给出，波阻抗由式(3.22)或式(3.26)给出。

3.1.4 由电介质损耗引起的衰减

传输线或波导中的衰减既可由电介质损耗产生，也可由导体损耗产生。若 α_d 是由电介质损耗引起的衰减常数，α_c 是由导体损耗引起的衰减常数，则总衰减常数为 $\alpha = \alpha_d + \alpha_c$。

由导体损耗产生的衰减可用 2.7 节的微扰法来计算；这一损耗依赖于波导中的场分布，因此必须针对每种类型的传输线或波导单独进行计算。但是，若传输线或波导完全填充以均匀的电介质，则由有耗电介质产生的衰减可由传播常数来计算，这一结果适用于填充均匀电介质的任意波导或传输线。

因此，利用复介电常数，可将复传播常数写为

$$\gamma = \alpha_d + \mathrm{j}\beta = \sqrt{k_c^2 - k^2} = \sqrt{k_c^2 - \omega^2 \mu_0 \epsilon_0 \epsilon_r (1 - \mathrm{j}\tan\delta)} \tag{3.27}$$

实际上，绝大多数电介质材料只有非常小的损耗（$\tan\delta \ll 1$），因此这个表达式可用泰勒级数展开式的前两项

$$\sqrt{a^2 + x^2} \approx a + \frac{1}{2}\left(\frac{x^2}{a}\right), \qquad x \ll a$$

进行简化。于是，式(3.27)简化为

$$\gamma = \sqrt{k_c^2 - k^2 + \mathrm{j}k^2 \tan\delta} \approx \sqrt{k_c^2 - k^2} + \frac{\mathrm{j}k^2 \tan\delta}{2\sqrt{k_c^2 - k^2}} = \frac{k^2 \tan\delta}{2\beta} + \mathrm{j}\beta \tag{3.28}$$

因为 $\sqrt{k_c^2 - k^2} = \mathrm{j}\beta$。在这些结果中，$k^2 = \omega\sqrt{\mu_0 \epsilon_0 \epsilon_r}$ 是不存在损耗时的（实）波数。式(3.28)表明，当损耗较小时，相位常数 β 是不变的，而由电介质损耗产生的衰减常数由

$$\alpha_d = \frac{k^2 \tan\delta}{2\beta} \text{ Np/m} \quad \text{（TE 波或 TM 波）} \tag{3.29}$$

给出。只要波导完全填充电介质，这个结果就适用于任何 TE 波或 TM 波。它也适用于 TEM 波，其中令 $\beta = k$，$k_c = 0$：

$$\alpha_d = \frac{k \tan\delta}{2} \text{ Np/m} \quad \text{（TEM 波）} \tag{3.30}$$

3.2 平行平板波导

平行平板波导也许是能够支持 TM 模和 TE 模的最简单的波导类型；因为它由两个平的板或带构成，如图 3.2 所示，所以它也支持 TEM 模。虽然是理想化模型，但这种波导在实际中很重要，因为其工作原理与各种其他的波导非常相似，而且它可以模拟带状线中的高阶模传播。

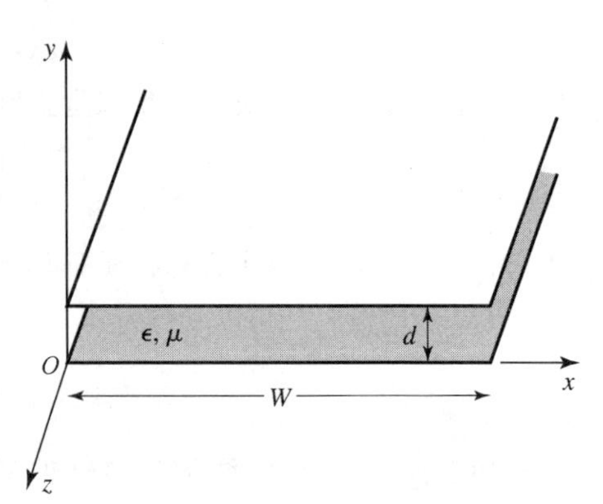

图 3.2　平行平板波导的几何结构

在图 3.2 所示的平行平板波导几何结构中，带的宽度 W 假定要比两板的间隔 d 大得多，这样，边缘场和任何 x 的变化都可以忽略。介电常数为 ϵ 和磁导率为 μ 的

材料填充到两板之间的区域。下面将讨论 TEM 波、TM 波和 TE 波的解。

3.2.1 TEM 模

如 3.1 节所述，TEM 模的解可通过求解关于两板间静电势 $\Phi(x, y)$的拉普拉斯方程(3.14)得到。因此，

$$\nabla_t^2\Phi(x,y)=0, \quad 0\leqslant x\leqslant W, \quad 0\leqslant y\leqslant d \tag{3.31}$$

若假定下板接地，即零电势，而上板的电势为 V_o，则 $\Phi(x, y)$的边界条件为

$$\Phi(x, 0) = 0 \tag{3.32a}$$

$$\Phi(x, d) = V_o \tag{3.32b}$$

因为没有 x 的变化，所以式(3.31)对 $\Phi(x, y)$的通解为

$$\Phi(x, y) = A + By$$

而常数 A 和 B 可由边界条件式(3.32)计算，从而最终结果为

$$\Phi(x, y) = V_o y/d \tag{3.33}$$

由式(3.13)得出横向电场为

$$\boldsymbol{e}(x,y)=-\nabla_t\Phi(x,y)=-\boldsymbol{y}\frac{V_o}{d} \tag{3.34}$$

所以总电场为

$$\boldsymbol{E}(x,y,z)=\boldsymbol{e}(x,y)\mathrm{e}^{-\mathrm{j}kz}=-\boldsymbol{y}\frac{V_o}{d}\mathrm{e}^{-\mathrm{j}kz} \tag{3.35}$$

式中，$k=\omega\sqrt{\mu\epsilon}$ 是 TEM 波的传播常数，它与式(3.8)中的相同。由式(3.18)可得其磁场为

$$\boldsymbol{H}(x,y,z)=\boldsymbol{h}(x,y)\mathrm{e}^{-\mathrm{j}kz}=\frac{1}{\eta}\boldsymbol{z}\times\boldsymbol{E}(x,y,x)=\boldsymbol{x}\frac{V_o}{\eta d}\mathrm{e}^{-\mathrm{j}kz} \tag{3.36}$$

式中，$\eta=\sqrt{\mu/\epsilon}$ 是两板间媒质的本征阻抗。注意，$E_z = H_z = 0$，这个场在形式上类似于均匀区域中的平面波。

上板相对于下板的电压可由式(3.15)和式(3.35)计算得到：

$$V=-\int_{y=0}^{d}E_y\mathrm{d}y=V_o\mathrm{e}^{-\mathrm{j}kz} \tag{3.37}$$

它与预期的相同。上板的总电流可由安培定律或表面电流密度求得：

$$I=\int_{x=0}^{w}\boldsymbol{J}_s\cdot\boldsymbol{z}\mathrm{d}x=\int_{x=0}^{w}(-\boldsymbol{y}\times\boldsymbol{H})\cdot\boldsymbol{z}\mathrm{d}x=\int_{x=0}^{w}H_x\mathrm{d}x=\frac{WV_o}{\eta d}\mathrm{e}^{-\mathrm{j}kz} \tag{3.38}$$

因此，特征阻抗是

$$Z_0=\frac{V}{I}=\frac{\eta d}{W} \tag{3.39}$$

可以看出，它是只依赖于波导几何和材料参量的常数。相速也是常数：

$$v_p=\frac{\omega}{\beta}=\frac{1}{\sqrt{\mu\epsilon}} \tag{3.40}$$

它是光在材料媒质中的速度。

电介质损耗产生的衰减由式(3.30)给出。导体损耗引起的衰减的公式将在下一小节中作为 TM 模衰减的特殊情况导出。

3.2.2 TM 模

如 3.1 节所述，TM 波的特征是 $H_z = 0$ 和 E_z 非零，它满足简化后的波方程(3.25)，同时有

$\partial / \partial x = 0$：

$$\left(\frac{\partial^2}{\partial y^2}+k_c^2\right)e_z(x,y)=0 \tag{3.41}$$

式中，$k_c=\sqrt{k^2-\beta^2}$ 是截止波数，$E_z(x,y,z)=e_z(x,y)\mathrm{e}^{-\mathrm{j}\beta z}$。式(3.41)的通解为

$$e_z(x,y)=A\sin k_c y+B\cos k_c y \tag{3.42}$$

根据边界条件

$$e_z(x,y)=0，\text{在 } y=0,d \tag{3.43}$$

这意味着 $B=0, k_c d=n\pi, n=0, 1, 2, 3, \cdots$，或

$$k_c=\frac{n\pi}{d}, \qquad n=0,1,2,3,\cdots \tag{3.44}$$

因此，截止波数 k_c 受到限制，只能取式(3.44)的离散值；这意味着传播常数 β 由

$$\beta=\sqrt{k^2-k_c^2}=\sqrt{k^2-(n\pi/d)^2} \tag{3.45}$$

给出。于是 $e_z(x,y)$ 的解是

$$e_z(x,y)=A_n\sin\frac{n\pi y}{d} \tag{3.46}$$

所以

$$E_z(x,y,z)=A_n\sin\frac{n\pi y}{d}\mathrm{e}^{-\mathrm{j}\beta z} \tag{3.47}$$

利用式(3.23)，可以求出横向场分量为

$$H_x=\frac{\mathrm{j}\omega\epsilon}{k_c}A_n\cos\frac{n\pi y}{d}\mathrm{e}^{-\mathrm{j}\beta z} \tag{3.48a}$$

$$E_y=\frac{-\mathrm{j}\beta}{k_c}A_n\cos\frac{n\pi y}{d}\mathrm{e}^{-\mathrm{j}\beta z} \tag{3.48b}$$

$$E_x=H_y=0 \tag{3.48c}$$

可以看到，对于 $n=0$，有 $\beta=k=\omega\sqrt{\mu\epsilon}$，而且 $E_z=0$。这样，场 E_y 和 H_x 在 y 方向就是常量，因此 TM_0 模实际上与 TEM 模完全相同。然而，对于 $n>0$，情况有所不同。n 的每个值都对应着不同的 TM 模，用 TM_n 模表示，而且每个模各自都有由式(3.45)给出的传播常数及由式(3.48)给出的场表达式。

由式(3.45)可以看出，只有当 $k>k_c$ 时 β 才是实数。因为 $k=\omega\sqrt{\mu\epsilon}$ 与频率成正比，所以 TM_n 模（对 $n>0$）表现出截止现象，即没有传播发生，直到频率高到使 $k>k_c$ 为止。然后，可以推导出 TM_n 模的截止频率，即

$$f_c=\frac{k_c}{2\pi\sqrt{\mu\epsilon}}=\frac{n}{2d\sqrt{\mu\epsilon}} \tag{3.49}$$

因此，在最低频率下传播的 TM 模是 TM_1 模，其截止频率为 $f_c=1/2d\sqrt{\mu\epsilon}$；$TM_2$ 模的截止频率为该值的 2 倍，以此类推。当频率低于一个给定模的截止频率时，这个模的传播常数为纯虚数，对应于场的快速衰减。这样的模称为截止模或消逝模。TM_n 模的传播类似于高通滤波器的响应。

由式(3.26)可知，TM 模的波阻抗是频率的函数：

$$Z_{\mathrm{TM}}=\frac{-E_y}{H_x}=\frac{\beta}{\omega\epsilon}=\frac{\beta\eta}{k} \tag{3.50}$$

我们看到，它对 $f>f_c$ 是纯实数，而对 $f<f_c$ 是纯虚数。相速也是频率的函数：

$$v_p = \frac{\omega}{\beta} \tag{3.51}$$

可以看出它大于媒质中的光速$1/\sqrt{\mu\epsilon}=\omega/k$，因为$\beta<k$。导波波长定义为

$$\lambda_g = \frac{2\pi}{\beta} \tag{3.52}$$

它是 z 坐标上两个相邻等相平面间的距离。注意，λ_g 大于材料中平面波的波长 $\lambda = 2\pi/k$。相速和波导波长只是对 β 是实数的传播模定义的，也可定义 TM_n 模的截止波长为

$$\lambda_c = \frac{2d}{n} \tag{3.53}$$

计算坡印亭向量来考察在 TM_n 模中有多少功率传播是有指导意义的。由式(1.91)可知，通过平行平板波导的横截面的时间平均功率是

$$\begin{aligned}P_o &= \frac{1}{2}\mathrm{Re}\int_{x=0}^{W}\int_{y=0}^{d}\boldsymbol{E}\times\boldsymbol{H}^*\cdot\hat{z}\mathrm{d}y\,\mathrm{d}x = -\frac{1}{2}\mathrm{Re}\int_{x=0}^{W}\int_{y=0}^{d}E_yH_x^*\mathrm{d}y\mathrm{d}x \\ &= \frac{W\,\mathrm{Re}(\beta)\omega\epsilon}{2k_c^2}|A_n|^2\int_{y=0}^{d}\cos^2\frac{n\pi y}{d}\mathrm{d}y = \begin{cases}\dfrac{W\,\mathrm{Re}(\beta)\omega\epsilon d}{4k_c^2}|A_n|^2, & n>0 \\ \dfrac{W\,\mathrm{Re}(\beta)\omega\epsilon d}{2k_c^2}|A_n|^2, & n=0\end{cases}\end{aligned} \tag{3.54}$$

式中用到了 E_y 和 H_x 的表达式(3.48a)和(3.48b)。因此，当$f>f_c$时，β 是实数，P_o是正的、非零的。模低于截止波数时，β 是虚数，因此 $P_o=0$。

把 TM（或 TE）波导模传播视为一对上下弹跳的平面波是一种非常有趣的解释。例如，考虑基模，即 TM_1 模，它具有传播常数

$$\beta_1 = \sqrt{k^2-(\pi/d)^2} \tag{3.55}$$

和 E_z 场

$$E_z = A_1\sin\frac{\pi y}{d}\mathrm{e}^{-\mathrm{j}\beta_1 z}$$

它可以重写为

$$E_z = \frac{A_1}{2\mathrm{j}}\left[\mathrm{e}^{\mathrm{j}(\pi y/d+\beta_1 z)} - \mathrm{e}^{-\mathrm{j}(\pi y/d+\beta_1 z)}\right] \tag{3.56}$$

这个结果是用两个平面波的形式来表示的，这两个平面波分别在$-y$、$+z$ 和$+y$、$+z$ 两个方向上斜传输，如图 3.3 所示。通过与式(1.132)的相位因子进行比较，每个平面波与 z 轴所成的角度 θ 满足关系式

$$k\sin\theta = \frac{\pi}{d} \tag{3.57a}$$

$$k\cos\theta = \beta_1 \tag{3.57b}$$

所以$(\pi/d)^2+\beta_1^2=k^2$，这和式(3.55)一样。对$f>f_c$，β 是实的，而且小于 k_1，因此 θ 是 0°和 90°之间的某个角度，所以这个模可视为两个平面波，它们交替地在上板和下板之间弹跳。

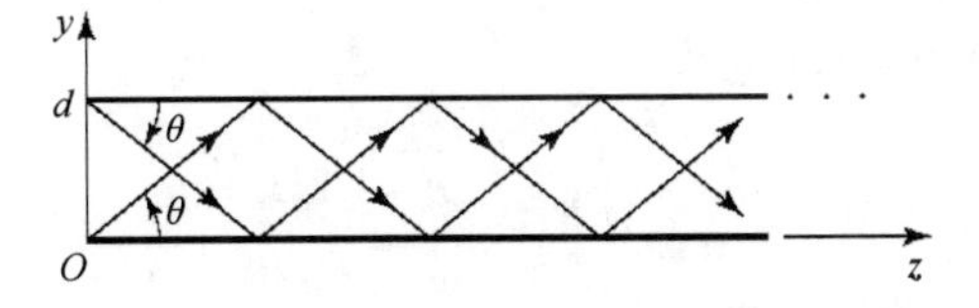

图 3.3　平行平板波导模 TM_1 的弹跳平面波解释

每个平面波在其传播方向（θ 方向）上的相速都是 $\omega / k = 1/\sqrt{\mu\epsilon}$ ，即光在材料填充波导中的光速。然而，这些平面波在 z 方向的相速是 $\omega / \beta_1 = 1/\sqrt{\mu\epsilon}\cos\theta$ ，它大于光在该材料中的速度。这种情况类似于撞击海岸线的海波：海岸与斜入射海波波峰的交叉点移动得比波峰本身快。两个平面波场的叠加是这样的：它们在 $y = 0$ 和 $y = d$ 时完全抵消，因此满足在这两个平面上的边界条件 $E_z = 0$。当 f 减小到 f_c 时，β_1 达到零，根据式(3.57b)，θ 到达 90°。这时，两个平面波垂直上下弹跳，而在+z 方向没有运动，因此在 z 方向没有能量流。

由电介质损耗引起的衰减可由式(3.29)求得。导体损耗可应用微扰法处理。因此，

$$\alpha_c = \frac{P_\ell}{2P_o} \tag{3.58}$$

式中，P_o 是不存在导体损耗时的功率流，它由式(3.54)给出；P_ℓ 是两个有耗导体单位长度耗散的功率，它可由式(2.97)求出：

$$P_\ell = 2\left(\frac{R_s}{2}\right)\int_{x=0}^{W} |\boldsymbol{J}_s|^2 \,\mathrm{d}x = \frac{\omega^2 \epsilon^2 R_s W}{k_c^2}|A_n|^2 \tag{3.59}$$

式中，R_s 是导体的表面电阻。在式(3.58)中利用式(3.54)和式(3.59)，得到导体损耗引起的衰减为

$$\alpha_c = \frac{2\omega\epsilon R_s}{\beta d} = \frac{2kR_s}{\beta\eta d}\ \text{Np/m}, \qquad n > 0 \tag{3.60}$$

如上所述，TEM 模与平行平板波导的 TM_0 模完全相同，因此上述 TM_n 模的衰减结果可用来得到 TEM 模的衰减，只需令 $n = 0$。此时须把式(3.54)在 $n = 0$ 时的结果应用到式(3.58)，得到

$$\alpha_c = \frac{R_s}{\eta d}\ \text{Np/m} \tag{3.61}$$

3.2.3 TE 模

以 $E_z = 0$ 为特征的 TE 模在平行平板波导中也可以传播。由式(3.21)和 $\partial / \partial x = 0$ 可知，H_z 必定满足简化波方程

$$\left(\frac{\partial^2}{\partial y^2} + k_c^2\right) h_z(x, y) = 0 \tag{3.62}$$

式中，$k_c = \sqrt{k^2 - \beta^2}$ 是截止波数，$H_z(x, y, z) = h_z(x, y)\mathrm{e}^{-\mathrm{j}\beta z}$ 。式(3.62)的通解是

$$h_z(x, y) = A\sin k_c y + B\cos k_c y \tag{3.63}$$

边界条件是 $y = 0, d$ 时 $E_x = 0$；对 TE 模，E_z 完全为零。由式(3.19c)有

$$E_x = \frac{-\mathrm{j}\omega\mu}{k_c}\left(A\cos k_c y - B\sin k_c y\right)\mathrm{e}^{-\mathrm{j}\beta z} \tag{3.64}$$

应用边界条件可以证明 $A = 0$，而且

$$k_c = \frac{n\pi}{d}, \qquad n = 1, 2, 3, \cdots \tag{3.65}$$

这和 TM 模的情形相同。H_z 的最终解是

$$H_z(x,y)=B_n\cos\frac{n\pi y}{d}\mathrm{e}^{-\mathrm{j}\beta z} \tag{3.66}$$

由式(3.19)可以算出横向场为

$$E_x=\frac{\mathrm{j}\omega\mu}{k_c}B_n\sin\frac{n\pi y}{d}\mathrm{e}^{-\mathrm{j}\beta z} \tag{3.67a}$$

$$H_y=\frac{\mathrm{j}\beta}{k_c}B_n\sin\frac{n\pi y}{d}\mathrm{e}^{-\mathrm{j}\beta z} \tag{3.67b}$$

$$E_y=H_x=0 \tag{3.67c}$$

因此，TE_n 模的传播常数是

$$\beta=\sqrt{k^2-\left(\frac{n\pi}{d}\right)^2} \tag{3.68}$$

它与 TM_n 模的传播常数相同。TE_n 模的截止频率是

$$f_c=\frac{n}{2d\sqrt{\mu\epsilon}} \tag{3.69}$$

它与 TM_n 的结果一致。由式(3.22)得到 TE_n 模的波阻抗是

$$Z_{\mathrm{TE}}=\frac{E_x}{H_y}=\frac{\omega\mu}{\beta}=\frac{k\eta}{\beta} \tag{3.70}$$

可以看出，对于传播模，它是实数，对于非传播模或截止模，它是虚数。相速、导波波长和截止波长都与 TM 模的结果相似。

波导中 TE_n 模的功率流为

$$\begin{aligned}P_o&=\frac{1}{2}\mathrm{Re}\int_{x=0}^{W}\int_{y=0}^{d}\boldsymbol{E}\times\boldsymbol{H}^*\cdot\hat{z}\mathrm{d}y\mathrm{d}x=\frac{1}{2}\mathrm{Re}\int_{x=0}^{W}\int_{y=0}^{d}E_xH_y^*\mathrm{d}y\mathrm{d}x\\&=\frac{\omega\mu dW}{4k_c^2}|B_n|^2\,\mathrm{Re}(\beta),\qquad n>0\end{aligned} \tag{3.71}$$

若工作频率低于截止频率（β 为虚数），则它为零。

注意，若 $n=0$，则由式(3.67)得 $E_x=H_y=0$ 及 $P_o=0$，这意味着不存在 TE_0 模。

衰减可用与 TM 模相同的方法求出。电介质衰减由式(3.29)给出。可以证明 TE 模由导体损耗引起的衰减由下式给出，请读者自行推导：

$$\alpha_c=\frac{2k_c^2R_s}{\omega\mu\beta d}=\frac{2k_c^2R_s}{k\beta\eta d}\ \mathrm{Np/m} \tag{3.72}$$

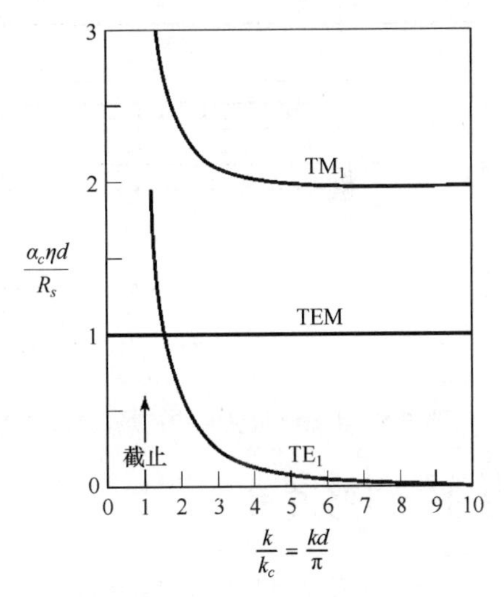

图 3.4　平行平板波导中 TEM 模、TM_1 模和 TE_1 模由于导体损耗引起的衰减

图 3.4 给出了 TEM 模、TM_1 模和 TE_1 模的导体损耗引起的衰减。当 TM 模和 TE 模接近截止时，有 $\alpha_c\to\infty$。

表 3.1 总结了平行平板波导中 TEM 模、TM 模和 TE 模传播的一些有用结果。TEM 模、TM_1 模和 TE_1 模的场力线示于图 3.5 中。

表 3.1　平行平板波导结果总结

量	TEM 模	TM_n 模	TE_n 模
k	$\omega\sqrt{\mu\epsilon}$	$\omega\sqrt{\mu\epsilon}$	$\omega\sqrt{\mu\epsilon}$
k_c	0	$n\pi/d$	$n\pi/d$
β	$k=\omega\sqrt{\mu\epsilon}$	$\sqrt{k^2-k_c^2}$	$\sqrt{k^2-k_c^2}$
λ_c	∞	$2\pi/k_c=2d/n$	$2\pi/k_c=2d/n$
λ_g	$2\pi/k$	$2\pi/\beta$	$2\pi/\beta$
v_p	$\omega/k=1/\sqrt{\mu\epsilon}$	ω/β	ω/β
α_d	$(k\tan\delta)/2$	$(k^2\tan\delta)/2\beta$	$(k^2\tan\delta)/2\beta$
α_c	$R_s/\eta d$	$2kR_s/\beta\eta d$	$2k_c^2R_s/k\beta\eta d$
E_z	0	$A\sin(n\pi y/d)\mathrm{e}^{-\mathrm{j}\beta z}$	0
H_z	0	0	$B\cos(n\pi y/d)\mathrm{e}^{-\mathrm{j}\beta z}$
E_x	0	0	$(\mathrm{j}\omega\mu/k_c)B\sin(n\pi y/d)\mathrm{e}^{-\mathrm{j}\beta z}$
E_y	$(-V_o/d)\mathrm{e}^{-\mathrm{j}\beta z}$	$(-\mathrm{j}\beta/k_c)A\cos(n\pi y/d)\mathrm{e}^{-\mathrm{j}\beta z}$	0
H_x	$(V_o/\eta d)\mathrm{e}^{-\mathrm{j}\beta z}$	$(\mathrm{j}\omega\epsilon/k_c)A\cos(n\pi y/d)\mathrm{e}^{-\mathrm{j}\beta z}$	0
H_y	0	0	$(\mathrm{j}\beta/k_c)B_n\sin(n\pi y/d)\mathrm{e}^{-\mathrm{j}\beta z}$
Z	$Z_{\mathrm{TEM}}=\eta d/W$	$Z_{\mathrm{TM}}=\beta\eta/k$	$Z_{\mathrm{TM}}=k\eta/\beta$

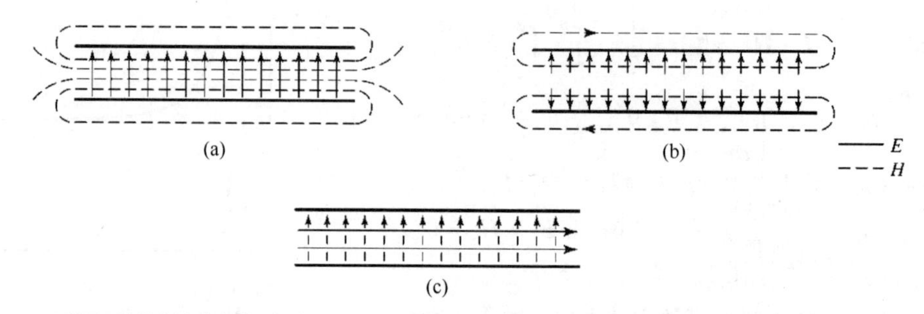

图 3.5　平行平板波导中的场力线：(a)TEM 模；(b)TM_1 模；(c)TE_1 模。波导宽度方向上没有变化

3.3　矩形波导

矩形波导是最早用于传输微波信号的传输线之一，而且今天仍然应用广泛，我们可以购买到从 1GHz 到超过 220GHz 波段的各种标准波导元件，如耦合器、检波器、隔离器、衰减器及槽线等。图 3.6 给出了一些可以购买到的标准矩形波导元件。由于近年来的小型化和集成化趋势，大量微波电路现在都采用平面传输线，如微带线和带状线，而不采用波导。然而，在很多应用中，如高功率系统、毫米波系统及一些精密检测应用中，仍然需要波导。

中空矩形波导可以传播 TM 模和 TE 模，但不能传播 TEM 波，因为它只有一个导体。我们将会看到，与平行平板波导类似，矩形波导也具有截止频率，低于这个截止频率就不能传播。

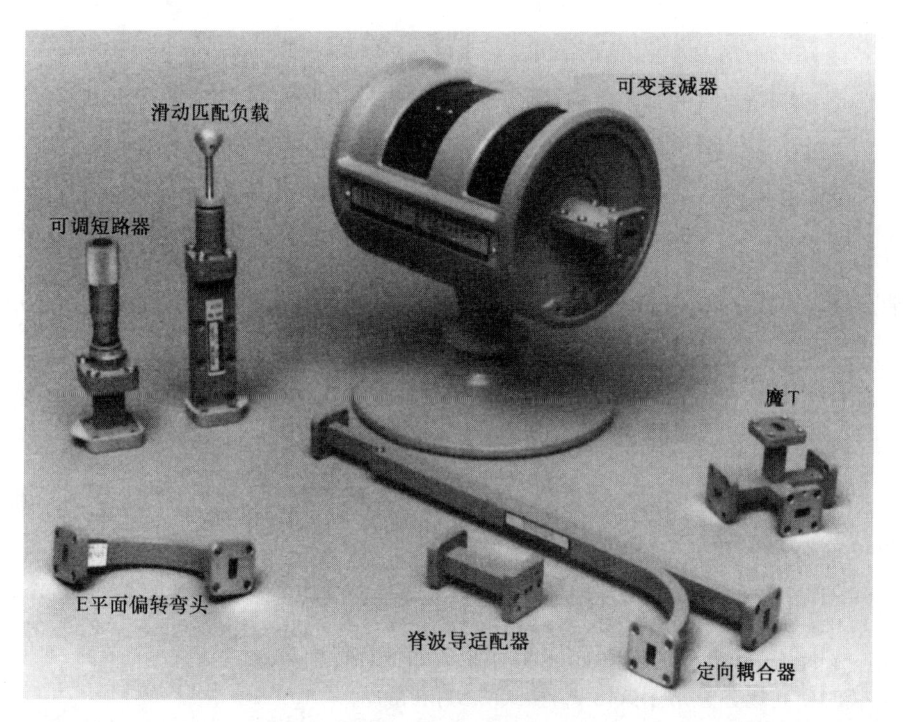

图 3.6　Ka 波段（WR-28）矩形波导元件的照片。从顶端开始顺时针：可变衰减器，E-H 连接器（魔 T），定向耦合器，脊波导适配器，E 平面偏转弯头，可调短路器，滑动匹配负载

3.3.1　TE 模

矩形波导的几何结构如图 3.7 所示，其中假定波导中填充有介电常数为 ϵ 和磁导率为 μ 的材料。惯例是取波导的宽边沿 x 轴，因此有 $a > b$。

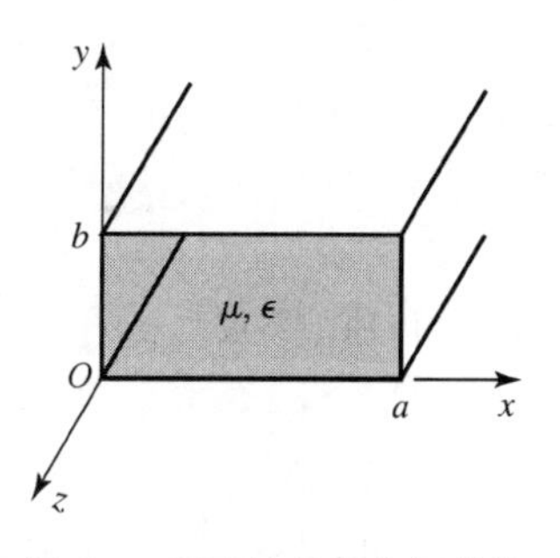

图 3.7　矩形波导的几何结构

TE 模的场的特征是 $E_z = 0$，而 H_z 必须满足简化后的波方程(3.21)：

$$\left(\frac{\partial^2}{\partial x^2} + \frac{\partial^2}{\partial y^2} + k_c^2\right) h_z(x, y) = 0 \tag{3.73}$$

式中，$H_z(x, y, z) = h_z(x, y)\mathrm{e}^{-\mathrm{j}\beta z}$，$k_c = \sqrt{k^2 - \beta^2}$ 是截止波数。偏微分方程(3.73)可以用分离变量法来求解，方法是令

$$h_z(x, y) = X(x)Y(y) \tag{3.74}$$

并把它代入式(3.73)得

$$\frac{1}{X}\frac{\mathrm{d}^2 X}{\mathrm{d}x^2} + \frac{1}{Y}\frac{\mathrm{d}^2 Y}{\mathrm{d}y^2} + k_c^2 = 0 \tag{3.75}$$

然后，根据通常的分离变量理论（见 1.5 节），式(3.75)中的每项必须等于一个常数。因此，定义分离常数 k_x 和 k_y，得到

$$\frac{\mathrm{d}^2 X}{\mathrm{d}x^2} + k_x^2 X = 0 \tag{3.76a}$$

$$\frac{\mathrm{d}^2 Y}{\mathrm{d}y^2} + k_y^2 Y = 0 \tag{3.76b}$$

和

$$k_x^2 + k_y^2 = k_c^2 \tag{3.77}$$

h_z的通解可以写为

$$h_z(x, y) = (A\cos k_x x + B\sin k_x x)(C\cos k_y y + D\sin k_y y) \tag{3.78}$$

要计算式(3.78)中的常数，必须把边界条件应用到波导壁上的电场切向分量。即

$$e_x(x, y) = 0, \qquad 在\ y = 0, b\ 处 \tag{3.79a}$$

$$e_y(x, y) = 0, \qquad 在\ x = 0, a\ 处 \tag{3.79b}$$

我们不能直接应用式(3.78)中的 h_z，而必须首先用式(3.19c)和式(3.19d)由 h_z 求出 e_x 和 e_y：

$$e_x = \frac{-\mathrm{j}\omega\mu}{k_c^2} k_y (A\cos k_x x + B\sin k_x x)(-C\sin k_y y + D\cos k_y y) \tag{3.80a}$$

$$e_y = \frac{\mathrm{j}\omega\mu}{k_c^2} k_x (-A\sin k_x x + B\cos k_x x)(C\cos k_y y + D\sin k_y y) \tag{3.80b}$$

然后，由式(3.79a)和式(3.80a)有 $D = 0$ 及 $k_y = n\pi/b, n = 0, 1, 2,\cdots$。由式(3.79b)和式(3.80b)有 $B = 0$ 及 $k_x = m\pi/a, m = 0,1,2,\cdots$。$H_z$ 的最终解是

$$H_z(x, y, z) = A_{mn}\cos\frac{m\pi x}{a}\cos\frac{n\pi y}{b}\mathrm{e}^{-\mathrm{j}\beta z} \tag{3.81}$$

式中，A_{mn} 是由式(3.78)中余下的常数 A 和 C 组成的任意振幅常数。

TE_{mn} 模的横向场分量可用式(3.19)和式(3.81)求得：

$$E_x = \frac{\mathrm{j}\omega\mu n\pi}{k_c^2 b} A_{mn}\cos\frac{m\pi x}{a}\sin\frac{n\pi y}{b}\mathrm{e}^{-\mathrm{j}\beta z} \tag{3.82a}$$

$$E_y = \frac{-\mathrm{j}\omega\mu m\pi}{k_c^2 a} A_{mn}\sin\frac{m\pi x}{a}\cos\frac{n\pi y}{b}\mathrm{e}^{-\mathrm{j}\beta z} \tag{3.82b}$$

$$H_x = \frac{\mathrm{j}\beta m\pi}{k_c^2 a} A_{mn}\sin\frac{m\pi x}{a}\cos\frac{n\pi y}{b}\mathrm{e}^{-\mathrm{j}\beta z} \tag{3.82c}$$

$$H_y = \frac{\mathrm{j}\beta n\pi}{k_c^2 b} A_{mn}\cos\frac{m\pi x}{a}\sin\frac{n\pi y}{b}\mathrm{e}^{-\mathrm{j}\beta z} \tag{3.82d}$$

传播常数是

$$\beta = \sqrt{k^2 - k_c^2} = \sqrt{k^2 - \left(\frac{m\pi}{a}\right)^2 - \left(\frac{n\pi}{b}\right)^2} \tag{3.83}$$

可以看出，

$$k > k_c = \sqrt{\left(\frac{m\pi}{a}\right)^2 + \left(\frac{n\pi}{b}\right)^2}$$

对应于传播模时，β 是实数。

每个模（m 和 n 的组合）因此具有由下式给出的截止频率 $f_{c_{mn}}$：

$$f_{c_{mn}} = \frac{k_c}{2\pi\sqrt{\mu\epsilon}} = \frac{1}{2\pi\sqrt{\mu\epsilon}}\sqrt{\left(\frac{m\pi}{a}\right)^2 + \left(\frac{n\pi}{b}\right)^2} \tag{3.84}$$

截止频率最低的模称为基模；因为已经假定 $a > b$，所以最低的 f_c 出现在 TE_{10}（$m = 1$，$n = 0$）模中：

$$f_{c_{10}} = \frac{1}{2a\sqrt{\mu\epsilon}} \tag{3.85}$$

因此，TE_{10} 模是 TE 模的基模，如将要看到的那样，它也是矩形波导的总基模。我们看到，若 $m =$

$n=0$，则式(3.82)的 $\boldsymbol{E}$ 和 $\boldsymbol{H}$ 场表达式恒为零，因此不存在 TE_{00} 模。

在给定工作频率 f 下，只有 $f_c<f$ 的模才能传播；而 $f_c>f$ 的模将有一个虚数 β（或实数 α），这意味着所有场分量都将随到激励源的距离的增加而呈指数衰减。这样的模称为**截止模**或**消逝模**。若有一个以上的模工作，则该波导就称为**过模的**。

由式(3.22)可知，联系横向电场和磁场的波阻抗是

$$Z_{\text{TE}}=\frac{E_x}{H_y}=\frac{-E_y}{H_x}=\frac{k\eta}{\beta} \tag{3.86}$$

式中，$\eta=\sqrt{\mu/\epsilon}$ 是波导填充材料的本征阻抗。注意，当 β 是实数时（传播模）Z_{TE} 为实数，但当 β 是虚数（消逝模）时 Z_{TE} 为虚数。

导波波长定义为沿波导的两个相邻等相面间的距离，它等于

$$\lambda_g=\frac{2\pi}{\beta}>\frac{2\pi}{k}=\lambda \tag{3.87}$$

因此它大于填充介质中的平面波的波长 λ。相速是

$$v_p=\frac{\omega}{\beta}>\frac{\omega}{k}=1/\sqrt{\mu\epsilon} \tag{3.88}$$

它大于填充介质中的（平面波）光速 $1/\sqrt{\mu\epsilon}$。

在绝大多数应用中，我们选择工作频率和波导尺寸，使得其中只有基模 TE_{10} 才能传播。由于 TE_{10} 模的重要性，下面将列出其场分量并导出其对应的导体损耗所引起的衰减。

针对式(3.81)和式(3.82)在 $m=1$，$n=0$ 时的情况，给出 TE_{10} 模的场的下述结果：

$$H_z=A_{10}\cos\frac{\pi x}{a}\text{e}^{-\text{j}\beta z} \tag{3.89a}$$

$$E_y=\frac{-\text{j}\omega\mu a}{\pi}A_{10}\sin\frac{\pi x}{a}\text{e}^{-\text{j}\beta z} \tag{3.89b}$$

$$H_x=\frac{\text{j}\beta a}{\pi}A_{10}\sin\frac{\pi x}{a}\text{e}^{-\text{j}\beta z} \tag{3.89c}$$

$$E_x=E_z=H_y=0 \tag{3.89d}$$

此外，对 TE_{10} 模，有

$$k_c=\pi/a \tag{3.90}$$

和

$$\beta=\sqrt{k^2-(\pi/a)^2} \tag{3.91}$$

TE_{10} 模流经波导的功率流计算为

$$\begin{aligned}P_{10}&=\frac{1}{2}\text{Re}\int_{x=0}^{a}\int_{y=0}^{b}\boldsymbol{E}\times\boldsymbol{H}^*\cdot z\text{d}y\text{d}x\\&=\frac{1}{2}\text{Re}\int_{x=0}^{a}\int_{y=0}^{b}\boldsymbol{E}_y\boldsymbol{H}_x^*\text{d}y\text{d}x\\&=\frac{\omega\mu a^2}{2\pi^2}\text{Re}(\beta)|A_{10}|^2\int_{x=0}^{a}\int_{y=0}^{b}\sin^2\frac{\pi x}{a}\text{d}y\text{d}x\\&=\frac{\omega\mu a^3|A_{10}|^2 b}{4\pi^2}\text{Re}(\beta)\end{aligned} \tag{3.92}$$

注意，这个结果仅当 β 是实数即对应于传播模时，才能得到非零的实数功率。

因为有介电损耗或导电损耗，所以矩形波导中会发生衰减，这时可以通过令介电损耗ϵ为复数并利用泰勒级数近似来处理，一般结果由式(3.29)给出。导体损耗最好利用微扰法来处理。根据式(1.131)，由有限的壁电导率引起的单位长度功率损耗是

$$P_\ell = \frac{R_s}{2}\int_C |\boldsymbol{J}_s|^2 \,\mathrm{d}\ell \tag{3.93}$$

式中，R_s是壁表面电阻，积分路线C包围了波导壁的周界。在4个壁上都有表面电流，但由于对称性，上、下壁的电流是相同的，左、右壁的电流也是相同的。因此，可以计算$x=0$和$y=0$这两个壁上的功率损耗，然后将二者之和乘以2得到总功率损耗。在$x=0$（左）壁上的表面电流是

$$\boldsymbol{J}_s = \boldsymbol{n}\times\boldsymbol{H}\,|_{x=0} = \boldsymbol{x}\times\boldsymbol{z}H_z\,|_{x=0} = -\boldsymbol{y}H_z\,|_{x=0} = -\boldsymbol{y}A_{10}\mathrm{e}^{-\mathrm{j}\beta z} \tag{3.94a}$$

而在$y=0$（底）壁上的表面电流是

$$\begin{aligned}\boldsymbol{J}_s &= \boldsymbol{n}\times\boldsymbol{H}\,|_{y=0} = \boldsymbol{y}\times(\boldsymbol{x}H_x\,|_{y=0} + \boldsymbol{z}Hz\,|_{y=0})\\ &= -\boldsymbol{z}\frac{\mathrm{j}\beta a}{\pi}A_{10}\sin\frac{\pi x}{a}\mathrm{e}^{-\mathrm{j}\beta z} + \boldsymbol{x}A_{10}\cos\frac{\pi x}{a}\mathrm{e}^{-\mathrm{j}\beta z}\end{aligned} \tag{3.94b}$$

把式(3.94)代入式(3.93)得

$$P_\ell = R_s\int_{y=0}^{b}\left|J_{sy}\right|^2\mathrm{d}y + R_s\int_{x=0}^{a}\left[\left|J_{sx}\right|^2+\left|J_{sz}\right|^2\right]\mathrm{d}x = R_s\left|A_{10}\right|^2\left(b+\frac{a}{2}+\frac{\beta^2a^3}{2\pi^2}\right) \tag{3.95}$$

于是得到TE_{10}模由于导体损耗产生的衰减为

$$\alpha_c = \frac{P_\ell}{2P_{10}} = \frac{2\pi^2R_s(b+a/2+\beta^2a^3/2\pi^2)}{\omega\mu a^3b\beta} = \frac{R_s}{a^3b\beta k\eta}(2b\pi^2+a^3k^2)\ \mathrm{Np/m} \tag{3.96}$$

3.3.2 TM 模

TM 模的场的特征是$H_z=0$，而E_z满足简化后的波方程(3.25)：

$$\left(\frac{\partial^2}{\partial x^2}+\frac{\partial^2}{\partial y^2}+k_c^2\right)e_z(x,y)=0 \tag{3.97}$$

式中，$E_z(x,y,z)=e_z(x,y)\mathrm{e}^{-\mathrm{j}\beta z}$，$k_c^2=k^2-\beta^2$。式(3.97)可以利用求解 TE 模时用过的分离变量法来求解。因此，通解为

$$e_z(x,y)=(A\cos k_xx+B\sin k_xx)(C\cos k_yy+D\sin k_yy) \tag{3.98}$$

边界条件可以直接应用到e_z：

$$e_z(x,y)=0,\qquad x=0,a \tag{3.99a}$$

$$e_z(x,y)=0,\qquad y=0,b \tag{3.99b}$$

我们将看到，e_z满足的上述边界条件导出了e_x和e_y满足的边界条件。

将式(3.99a)应用到式(3.98)得$A=0$和$k_x=m\pi/a$，$m=1,2,3,\cdots$。类似地，将式(3.99b)应用到式(3.98)得$C=0$和$k_\mathrm{y}=n\pi/b$，$n=1,2,3,\cdots$。于是，E_z的解简化为

$$E_z(x,y,z)=B_{mn}\sin\frac{m\pi x}{a}\sin\frac{n\pi y}{b}\mathrm{e}^{-\mathrm{j}\beta z} \tag{3.100}$$

式中，B_{mn}是任意振幅常数。

由式(3.23)和式(3.100)可以计算得到TM_{mn}模的横向场分量：

$$E_x=\frac{-\mathrm{j}\beta m\pi}{ak_c^2}B_{mn}\cos\frac{m\pi x}{a}\sin\frac{n\pi y}{b}\mathrm{e}^{-\mathrm{j}\beta z} \tag{3.101a}$$

$$E_y = \frac{-\mathrm{j}\beta n\pi}{bk_c^2} B_{mn} \sin\frac{m\pi x}{a}\cos\frac{n\pi y}{b}\mathrm{e}^{-\mathrm{j}\beta z} \tag{3.101b}$$

$$H_x = \frac{\mathrm{j}\omega\epsilon n\pi}{bk_c^2} B_{mn} \sin\frac{m\pi x}{a}\cos\frac{n\pi y}{b}\mathrm{e}^{-\mathrm{j}\beta z} \tag{3.101c}$$

$$H_y = \frac{-\mathrm{j}\omega\epsilon m\pi}{ak_c^2} B_{mn} \cos\frac{m\pi x}{a}\sin\frac{n\pi y}{b}\mathrm{e}^{-\mathrm{j}\beta z} \tag{3.101d}$$

与 TE 模一样，传播常数为

$$\beta = \sqrt{k^2 - k_c^2} = \sqrt{k^2 - \left(\frac{m\pi}{a}\right)^2 - \left(\frac{n\pi}{b}\right)^2} \tag{3.102}$$

对于传播模它是实数，对于消逝模它是虚数。TM_{mn} 模的截止频率也与 TE_{mn} 模的相同，由式(3.84)给出。TM 模的导波波长和相速也与 TE 模的相同。

我们看到，若 $m=0$ 或 $n=0$，则式(3.101)中 $\boldsymbol{E}$ 和 $\boldsymbol{H}$ 的场表达式恒等于零。因此，不存在 TM_{00} 模、TM_{01} 模或 TM_{10} 模，而可以传播的最低阶 TM 模（最低 f_c）是 TM_{11} 模，它具有截止频率

$$f_{c_{11}} = \frac{1}{2\pi\sqrt{\mu\epsilon}}\sqrt{\left(\frac{\pi}{a}\right)^2 + \left(\frac{\pi}{b}\right)^2} \tag{3.103}$$

可以看出，它大于 TE_{10} 模的截止频率 $f_{c_{10}}$。

根据式(3.26)，可知联系横向电场和磁场的波阻抗是

$$Z_{\mathrm{TM}} = \frac{E_x}{H_y} = \frac{-E_y}{H_x} = \frac{\beta_\eta}{k} \tag{3.104}$$

电介质损耗产生的衰减可用与 TE 模相同的方法来计算，因此可得到同样的结果。导体损耗产生的衰减的计算作为习题给出；图 3.8 给出了在矩形波导中一些 TE 模和 TM 模的衰减与频率的关系。表 3.2 概括了矩形波导中 TE 波和 TM 波传播的一些结果，图 3.9 给出了一些低阶的 TE 模和 TM 模的场力线。

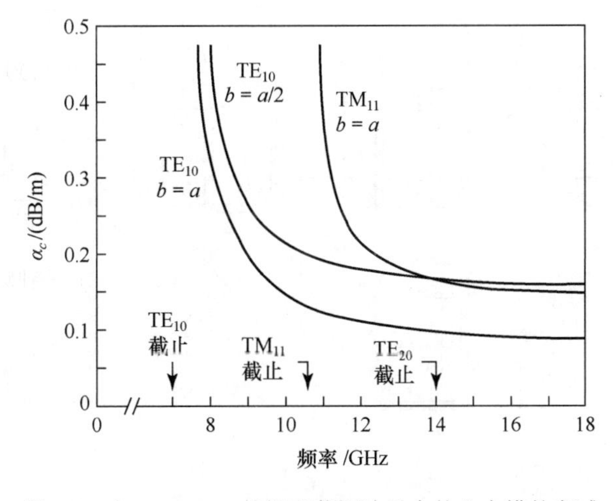

图 3.8　在 $a = 2.0$cm 的矩形黄铜波导中的几个模的衰减

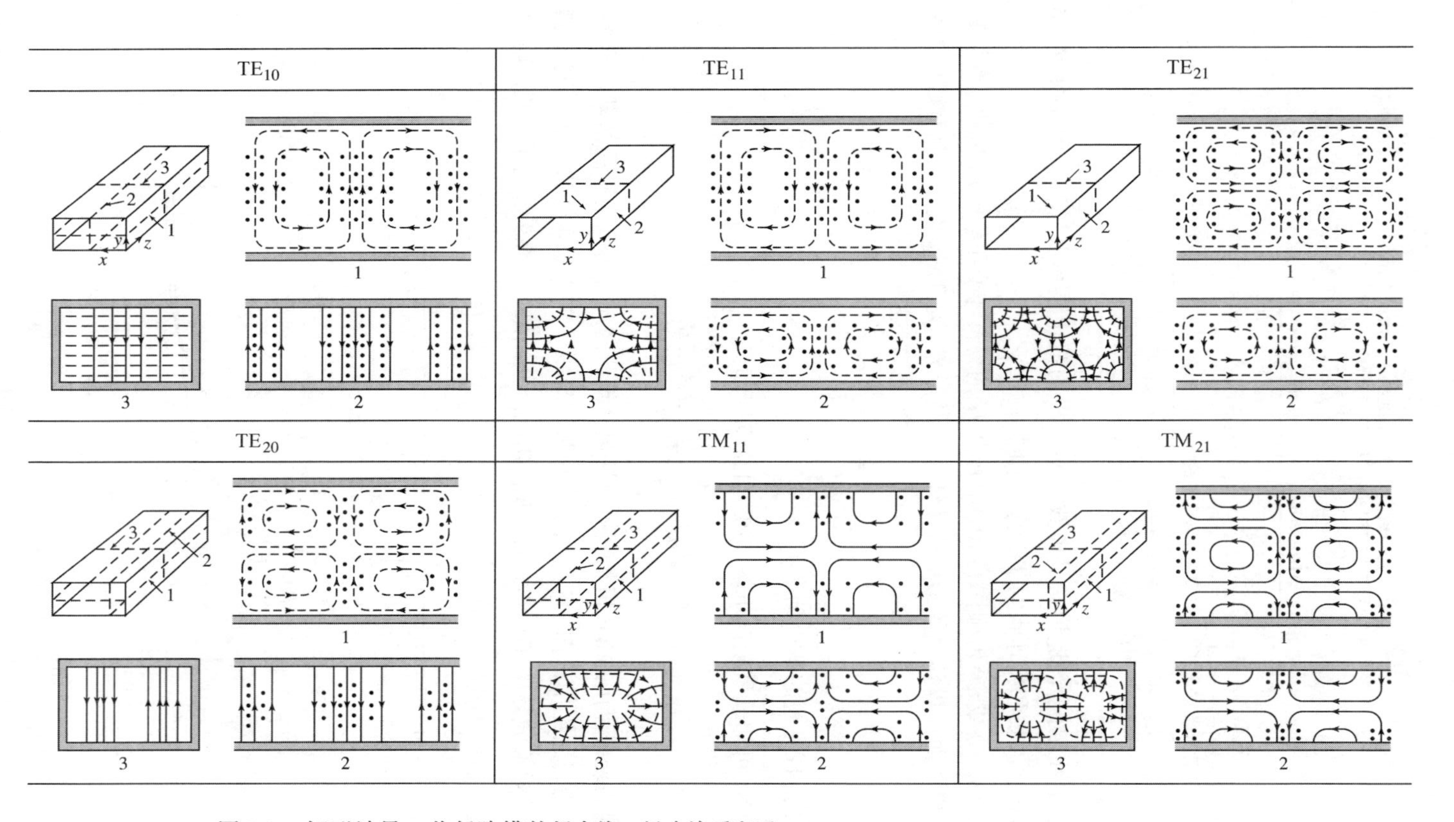

图 3.9　矩形波导一些低阶模的场力线。经允许重印于*Fields and Waves in Communication Electronics*, S. Ramo, J.R. Whinnery, and T. Van Duzer. Copyright © 1965 by John Wiley & Sons, Inc. Table 8.02

表 3.2　矩形波导结果总结

量	TE_{mn} 模	TM_{mn} 模
k	$\omega\sqrt{\mu\epsilon}$	$\omega\sqrt{\mu\epsilon}$
k_c	$\sqrt{(m\pi/a)^2+(n\pi/b)^2}$	$\sqrt{(m\pi/a)^2+(n\pi/b)^2}$
β	$\sqrt{k^2-k_c^2}$	$\sqrt{k^2-k_c^2}$
λ_c	$\dfrac{2\pi}{k_c}$	$\dfrac{2\pi}{k_c}$
λ_g	$\dfrac{2\pi}{\beta}$	$\dfrac{2\pi}{\beta}$
v_p	ω/β	ω/β
α_d	$\dfrac{k^2\tan\delta}{2\beta}$	$\dfrac{k^2\tan\delta}{2\beta}$
E_z	0	$B\sin\dfrac{m\pi x}{a}\sin\dfrac{n\pi y}{b}\mathrm{e}^{-\mathrm{j}\beta z}$
H_z	$A\cos\dfrac{m\pi x}{a}\cos\dfrac{n\pi y}{b}\mathrm{e}^{-\mathrm{j}\beta z}$	0
E_x	$\dfrac{\mathrm{j}\omega\mu n\pi}{k_c^2 b}A\cos\dfrac{m\pi x}{a}\sin\dfrac{n\pi y}{b}\mathrm{e}^{-\mathrm{j}\beta z}$	$\dfrac{-\mathrm{j}\beta m\pi}{k_c^2 a}B\cos\dfrac{m\pi x}{a}\sin\dfrac{n\pi y}{b}\mathrm{e}^{-\mathrm{j}\beta z}$
E_y	$\dfrac{-\mathrm{j}\omega\mu m\pi}{k_c^2 a}A\sin\dfrac{m\pi x}{a}\cos\dfrac{n\pi y}{b}\mathrm{e}^{-\mathrm{j}\beta z}$	$\dfrac{-\mathrm{j}\beta n\pi}{k_c^2 b}B\sin\dfrac{m\pi x}{a}\cos\dfrac{n\pi y}{b}\mathrm{e}^{-\mathrm{j}\beta z}$
H_x	$\dfrac{\mathrm{j}\beta m\pi}{k_c^2 a}A\sin\dfrac{m\pi x}{a}\cos\dfrac{n\pi y}{b}\mathrm{e}^{-\mathrm{j}\beta z}$	$\dfrac{\mathrm{j}\omega\epsilon n\pi}{k_c^2 b}B\sin\dfrac{m\pi x}{a}\cos\dfrac{n\pi y}{b}\mathrm{e}^{-\mathrm{j}\beta z}$
H_y	$\dfrac{\mathrm{j}\beta n\pi}{k_c^2 b}A\cos\dfrac{m\pi x}{a}\sin\dfrac{n\pi y}{b}\mathrm{e}^{-\mathrm{j}\beta z}$	$\dfrac{-\mathrm{j}\omega\epsilon m\pi}{k_c^2 a}B\cos\dfrac{m\pi x}{a}\sin\dfrac{n\pi y}{b}\mathrm{e}^{-\mathrm{j}\beta z}$
Z	$Z_{\mathrm{TE}}=\dfrac{k\eta}{\beta}$	$Z_{\mathrm{TE}}=\dfrac{\beta\eta}{k}$

例题 3.1　矩形波导的特性

考虑一段聚四氟乙烯填充的 K 波段矩形铜波导，尺寸为 $a=1.07\mathrm{cm}$ 和 $b=0.43\mathrm{cm}$。求其前 5 个传播模的截止频率。工作频率为 15GHz 时，求电介质和导体损耗产生的衰减。

解： 根据附录 G，对聚四氟乙烯有 $\epsilon_r=2.08$，$\tan\delta=0.0004$。式(3.84)给出的截止频率计算公式为

$$f_{c_{mn}}=\frac{c}{2\pi\sqrt{\epsilon_r}}\sqrt{\left(\frac{m\pi}{a}\right)^2+\left(\frac{n\pi}{b}\right)^2}$$

对于最小的几个 m 和 n 值，得到的 f_c 计算值为

模	m	n	f_c/GHz
TE	1	0	9.72
TE	2	0	19.44
TE	0	1	24.19
TE, TM	1	1	26.07
TE, TM	2	1	31.03

因此，TE_{10} 模、TE_{20} 模、TE_{01} 模、TE_{11} 模和 TM_{11} 模将是能够传播的前 5 个模。

在 15GHz 下，$k=453.1\ \mathrm{m}^{-1}$，TE_{10} 模的传播常数是

$$\beta = \sqrt{\left(\frac{2\pi f\sqrt{\epsilon_r}}{c}\right)^2 - \left(\frac{\pi}{a}\right)^2} = \sqrt{k^2 - \left(\frac{\pi}{a}\right)^2} = 345.1\text{m}^{-1}$$

由式(3.29)得到电介质损耗产生的衰减是

$$\alpha_d = \frac{k^2 \tan\delta}{2\beta} = 0.119\text{Np/m} = 1.03\text{dB/m}$$

铜壁的表面电阻是（$\sigma = 5.8\times10^7\text{S/m}$）

$$R_s = \sqrt{\frac{\omega\mu_0}{2\sigma}} = 0.032\Omega$$

根据式(3.96)，可得导体损耗产生的衰减为

$$\alpha_c = \frac{R_s}{a^3 b\beta k\eta}(2b\pi^2 + a^3k^2) = 0.050\text{Np/m} = 0.434\text{dB/m}$$ ■

3.3.3 部分加载波导的 TE_{m0} 模

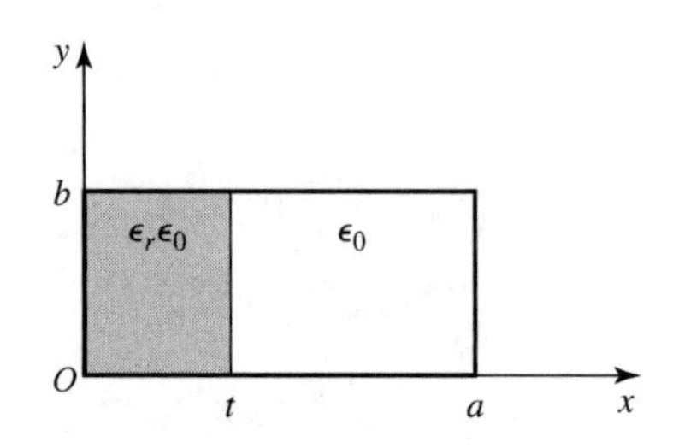

图 3.10 部分加载矩形波导的几何结构

上面的结果也适用于均匀填充电介质或磁性材料的矩形波导。然而，在很多具有实际意义的情况（如阻抗匹配或相移段）下，使用的波导只是部分填充的，因此在材料分界面上就引入了一组附加的边界条件，需要重新进行分析。为了阐明这种分析技术，考虑部分加载介质条的矩形波导的 TE_{m0} 模，如图 3.10 所示。分析仍然采用 3.1 节末尾给出的基本步骤。

因为几何结构在 y 方向是均匀的，而且 $n = 0$，所以 TE_{m0} 模与 y 无关。因此，关于 h_z 的波方程(3.21)可以对电介质和空气区域分别写出，具体为

$$\left(\frac{\partial^2}{\partial x^2} + k_d^2\right)h_z = 0, \quad 0 \leqslant x \leqslant t \tag{3.105a}$$

$$\left(\frac{\partial^2}{\partial x^2} + k_a^2\right)h_z = 0, \quad t \leqslant x \leqslant a \tag{3.105b}$$

式中，k_d 和 k_a 是电介质和空气区域的截止波数，定义如下：

$$\beta = \sqrt{\epsilon_r k_0^2 - k_d^2} \tag{3.106a}$$

$$\beta = \sqrt{k_0^2 - k_a^2} \tag{3.106b}$$

这些关系式体现了这样一个事实，即两个区域的传播常数 β 必须相同，以便保证沿 $x = t$ 的分界面上的场相位匹配（见 1.8 节）。式(3.105)的解为

$$h_z = \begin{cases} A\cos k_d x + B\sin k_d x, & 0 \leqslant x \leqslant t \\ C\cos k_a(a-x) + D\sin k_a(a-x), & t \leqslant x \leqslant a \end{cases} \tag{3.107}$$

式中，$t < x < a$ 区域内的解的形式可以使 $x = a$ 处的边界条件的计算得到简化。

现在，需要 $\boldsymbol{y}$ 和 $\boldsymbol{z}$ 方向的场分量来应用 $x = 0, t, a$ 处的边界条件。对于 TE 模，$E_z = 0$，而且因为有 $\partial/\partial y = 0$，所以 $H_y = 0$。由式(3.19d)可以求得 E_y 为

$$e_y = \begin{cases} \dfrac{j\omega\mu_0}{k_d}\left(-A\sin k_d x + B\cos k_d x\right), & 0 \leqslant x \leqslant t \\ \dfrac{j\omega\mu_0}{k_a}\left[C\sin k_a(a-x) - D\cos k_a(a-x)\right], & t \leqslant x \leqslant a \end{cases} \tag{3.108}$$

为了满足在 $x = 0$ 和 $x = a$ 处 $E_y = 0$ 的边界条件，要求 $B = D = 0$。下面，我们强加在 $x = t$ 处的切向场(E_y, H_z)的连续条件。于是，式(3.107)和式(3.108)给出了以下结果：

$$\frac{-A}{k_d}\sin k_d t = \frac{C}{k_a}\sin k_a(a-t)$$

$$A\cos k_d t - C\cos k_a(a-t)$$

这是一组齐次方程，行列式为零时才能有非零解。因此，

$$k_a \tan k_d t + k_d \tan k_a(a-t) = 0 \tag{3.109}$$

利用式(3.106)使得 k_a 和 k_d 可以用 β 来表示，以便式(3.109)可以数值求解出 β。式(3.109)有无穷多个解，对应于 TE_{m0} 模的传播常数。

这种方法可以应用到很多包含了非均匀介电或磁材料的其他波导结构，如 3.6 节中的表面波导或 9.3 节中的铁氧体加载波导。然而，在某些情况下，单独应用 TE 或 TM 类型的模不可能满足必要的边界条件，这时就需要组合这两种类型的模。

兴趣点：波导法兰盘

有两种广泛应用的波导法兰盘：盖板型法兰盘和扼流型法兰盘。如下图所示，具有盖板型法兰盘的两个波导可以用螺栓固定在一起，形成一个接触式连接。为避免在连接处出现反射和电阻损耗，必须使接触表面光滑、干净和平整，因为 RF 电流必须流经这个不连续处。在高功率应用中，在这个连接处可能发生电压击穿。另外，盖板-盖板型连接的简单性使得它更适合于一般应用。由这种连接产生的 SWR 的典型值小于 1.03。

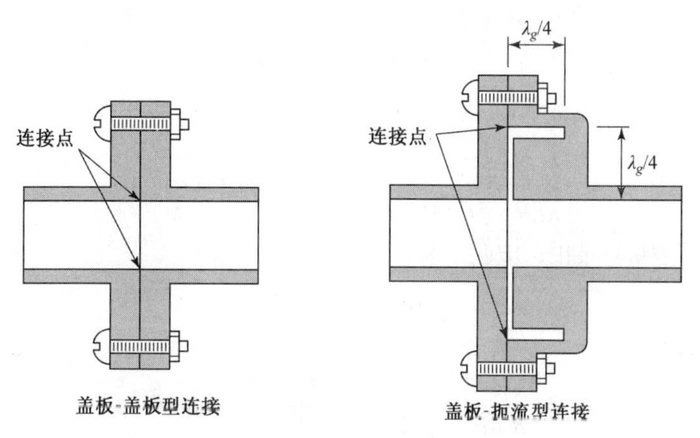

盖板-盖板型连接　　盖板-扼流型连接

另一种波导连接是将一个盖板型法兰盘贴靠在一个扼流型法兰盘上，如图所示。加工过的扼流型法兰盘与盖板型法兰盘连接后会出现一个很薄的隙缝，形成一个有效的径向传输线，长度约为 $\lambda_g/4$。另一个 $\lambda_g/4$ 线由扼流型法兰盘中的圆形轴向槽构成。因此，这个槽右端的短路转换为两个法兰盘连接点的开路。在这个连接点处产生的任何电阻都与此无穷大(或非常高)的阻抗串联，因此接触电阻的影响很小。然后，此处非常高的阻抗又在波导接口处变换成短

路（或非常低的阻抗），这样就为波导壁上的电流在流经连接点时提供了一个有效的低阻抗通道。因此，在两个法兰盘之间的欧姆连接处就存在一个可以忽略的电压降，所以电压击穿得以避免。因此，盖板-扼流型连接对于高功率应用是非常有用的。接点处的典型 SWR 值小于 1.05，但它比盖板-盖板型连接更依赖于频率。

参考文献：C. G. Montgomery, R. H. Dicke, and E. M. Purcell, *Principles of Microwave Circuits*, McGraw-Hill, New York, 1948.

3.4 圆波导

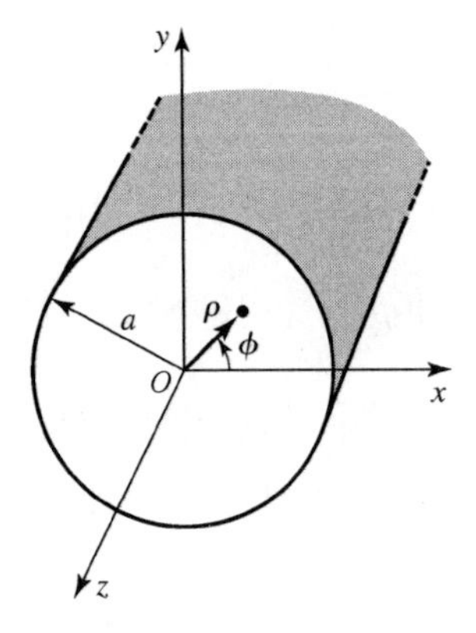

图 3.11 圆波导的几何结构

圆形横截面的中空金属管也支持 TE 和 TM 波导模。图 3.11 给出了内径为 a 的这样一个圆波导的横截面图形。因为涉及圆柱几何图形，所以采用圆柱坐标系是合适的。和直角坐标系的情形一样，圆柱坐标系中的横向场对于 TM 模和 TE 模可以分别从场分量 E_z 或 H_z 导出。相应于 3.1 节的展开，横向场的圆柱分量可以由纵向分量导出为

$$E_\rho = \frac{-\mathrm{j}}{k_c^2}\left(\beta\frac{\partial E_z}{\partial\rho} + \frac{\omega\mu}{\rho}\frac{\partial H_z}{\partial\phi}\right) \tag{3.110a}$$

$$E_\phi = \frac{-\mathrm{j}}{k_c^2}\left(\frac{\beta}{\rho}\frac{\partial E_z}{\partial\phi} - \omega\mu\frac{\partial H_z}{\partial\rho}\right) \tag{3.110b}$$

$$H_\rho = \frac{\mathrm{j}}{k_c^2}\left(\frac{\omega\epsilon}{\rho}\frac{\partial E_z}{\partial\phi} - \beta\frac{\partial H_z}{\partial\rho}\right) \tag{3.110c}$$

$$H_\phi = \frac{-\mathrm{j}}{k_c^2}\left(\omega\epsilon\frac{\partial E_z}{\partial\rho} + \frac{\beta}{\rho}\frac{\partial H_z}{\partial\phi}\right) \tag{3.110d}$$

式中，$k_c^2 = k^2 - \beta^2$，而且已假定是 $\mathrm{e}^{-\mathrm{j}\beta z}$ 传播。对于 $\mathrm{e}^{+\mathrm{j}\beta z}$ 传播，可在所有表达式中用 $-\beta$ 代替 β。

3.4.1 TE 模

对于 TE 模，$E_z = 0$，而 H_z 是波方程

$$\nabla^2 H_z + k^2 H_z = 0 \tag{3.111}$$

的解。若 $H_z(\rho,\phi,z) = h_z(\rho,\phi)\mathrm{e}^{-\mathrm{j}\beta z}$，则式(3.111)可以用圆柱坐标系表示成

$$\left(\frac{\partial^2}{\partial\rho^2} + \frac{1}{\rho}\frac{\partial}{\partial\rho} + \frac{1}{\rho^2}\frac{\partial^2}{\partial\phi^2} + k_c^2\right)h_z(\rho,\phi) = 0 \tag{3.112}$$

同理，解可用分离变量法求出。因此，令

$$h_z(\rho,\phi) = R(\rho)P(\phi) \tag{3.113}$$

并把它代入式(3.112)得

$$\frac{1}{R}\frac{\mathrm{d}^2R}{\mathrm{d}\rho^2} + \frac{1}{\rho R}\frac{\mathrm{d}R}{\mathrm{d}\rho} + \frac{1}{\rho^2 P}\frac{\mathrm{d}^2P}{\mathrm{d}\phi^2} + k_c^2 = 0 \tag{3.114}$$

或

$$\frac{\rho^2}{R}\frac{\mathrm{d}^2R}{\mathrm{d}\rho^2} + \frac{\rho}{R}\frac{\mathrm{d}R}{\mathrm{d}\rho} + \rho^2k_c^2 = \frac{-1}{P}\frac{\mathrm{d}^2P}{\mathrm{d}\phi^2}$$

方程的左边依赖于 ρ（与 ϕ 无关），而右边只与 ϕ 有关。因此，每边必须等于一个常数，我们把它称之为 k_ϕ^2。于是有

$$\frac{-1}{P}\frac{\mathrm{d}^2 P}{\mathrm{d}\phi^2}=k_\phi^2$$

或

$$\frac{\mathrm{d}^2 P}{\mathrm{d}\phi^2}+k_\phi^2 P=0 \tag{3.115}$$

还有

$$\rho^2\frac{\mathrm{d}^2 R}{\mathrm{d}\rho^2}+\rho\frac{\mathrm{d}R}{\mathrm{d}\rho}+(\rho^2 k_c^2-k_\phi^2)R=0 \tag{3.116}$$

式(3.115)的通解是

$$P(\phi)=A\sin k_\phi\phi+B\cos k_\phi\phi \tag{3.117}$$

因为 h_z 的解必定是 ϕ 的周期函数，即 $h_z(\rho,\phi)=h_z(\rho,\phi\pm 2m\pi)$，所以 k_ϕ 必须取整数 n。因此，式(3.117)变为

$$P(\phi)=A\sin n\phi+B\cos n\phi \tag{3.118}$$

而式(3.116)变为

$$\rho^2\frac{\mathrm{d}^2 R}{\mathrm{d}\rho^2}+\rho\frac{\mathrm{d}R}{\mathrm{d}\rho}+(\rho^2 k_c^2-n^2)R=0 \tag{3.119}$$

我们知道它是贝塞尔方程。其解是

$$R(\rho)=CJ_n(k_c\rho)+DY_n(k_c\rho) \tag{3.120}$$

式中，$J_n(x)$和 $Y_n(x)$分别为第一类和第二类贝塞尔函数。因为 $Y_n(k_c\rho)$在 $\rho=0$ 时趋于无穷，所以该项对于圆波导问题而言在物理上是不能接受的，所以 $D=0$。这样，解 h_z 就可写为

$$h_z(\rho,\phi)=(A\sin n\phi+B\cos n\phi)J_n(k_c\rho) \tag{3.121}$$

式(3.120)中的常数 C 已被纳入式(3.121)的常数 A 和 B 中。我们仍然要求截止波数 k_c，这可通过施加波导壁上的边界条件 $E_{\tan}=0$ 来实现。因为 $E_z=0$，所以必定有

$$E_\phi(\rho,\phi)=0,\ \text{在}\ \rho=a\ \text{处} \tag{3.122}$$

根据式(3.110b)，由 H_z 求得 E_ϕ 为

$$E_\phi(\rho,\phi,z)=\frac{\mathrm{j}\omega\mu}{k_c}(A\sin n\phi+B\cos n\phi)J_n'(k_c\rho)\mathrm{e}^{-\mathrm{j}\beta z} \tag{3.123}$$

式中，符号 $J_n'(k_c\rho)$ 是指 J_n 对其自变量的导数。因为 E_ϕ 在 $\rho=a$ 时为零，所以必定有

$$J_n'(k_c a)=0 \tag{3.124}$$

假如 $J_n'(x)$ 的根定义为 p_{nm}'，即 $J_n'(p_{nm}')=0$，其中 p_{nm}' 是 J_n' 的第 m 个根，则 k_c 的值必定是

$$k_{c_{nm}}=\frac{p_{nm}'}{a} \tag{3.125}$$

p_{nm}' 的值已给定在数学表中，前几项的值列于表 3.3。

表 3.3　圆波导 TE 模的 p_{nm}' 值

n	p_{n1}'	p_{n2}'	p_{n3}'
0	3.832	7.016	10.174
1	1.841	5.331	8.536
2	3.054	6.706	9.970

因此 TE_{nm} 模由其截止波数 $k_{c_{nm}} = p'_{nm} / a$ 定义，其中 n 是角向（ϕ）的变化数量，m 是径向（ρ）的变化数量。TE_{nm} 模的传播常数是

$$\beta_{nm} = \sqrt{k^2 - k_c^2} = \sqrt{k^2 - \left(\frac{p'_{nm}}{a}\right)^2} \tag{3.126}$$

具有截止频率

$$f_{c_{nm}} = \frac{k_c}{2\pi\sqrt{\mu\epsilon}} = \frac{p'_{nm}}{2\pi a\sqrt{\mu\epsilon}} \tag{3.127}$$

第一个传播 TE 模具有最小的 p'_{nm} 值，从表 3.3 可以看出是 TE_{11} 模。这个模是圆波导的基模，而且使用得最频繁。因为 $m \geqslant 1$，所以没有 TE_{10} 模，但存在 TE_{01} 模。

由式(3.110)和式(3.121)可知，横向场分量是

$$E_\rho = \frac{-\mathrm{j}\omega\mu n}{k_c^2\rho}(A\cos n\phi - B\sin n\phi)J_n(k_c\rho)\mathrm{e}^{-\mathrm{j}\beta z} \tag{3.128a}$$

$$E_\phi = \frac{\mathrm{j}\omega\mu}{k_c}(A\sin n\phi + B\cos n\phi)J'_n(k_c\rho)\mathrm{e}^{-\mathrm{j}\beta z} \tag{3.128b}$$

$$H_\rho = \frac{-\mathrm{j}\beta}{k_c}(A\sin n\phi + B\cos n\phi)J'_n(k_c\rho)\mathrm{e}^{-\mathrm{j}\beta z} \tag{3.128c}$$

$$H_\phi = \frac{-\mathrm{j}\beta n}{k_c^2\rho}(A\cos n\phi - B\sin n\phi)J_n(k_c\rho)\mathrm{e}^{-\mathrm{j}\beta z} \tag{3.128d}$$

波阻抗是

$$Z_{\mathrm{TE}} = \frac{E_\rho}{H_\phi} = \frac{-E_\phi}{H_\rho} = \frac{\eta k}{\beta} \tag{3.129}$$

上述解中仍然有两个任意的振幅常量 A 和 B，它们控制着 $\sin n\phi$ 项和 $\cos n\phi$ 项的振幅，是相互独立的。也就是说，因为圆柱波导是在角向是对称的，所以 $\sin n\phi$ 项和 $\cos n\phi$ 项都是有效解，而且可以某种程度地出现在具体问题中。这些项的实际大小将依赖于波导的激励状况。从另一个角度来看，坐标系可以绕 z 轴旋转，从而得到或者是 $A = 0$ 或者是 $B = 0$ 的解 h_z。

现在，考虑其激励使 $B = 0$ 的基模 TE_{11}。其场可以写为

$$H_z = A\sin\phi J_1(k_c\rho)\mathrm{e}^{-\mathrm{j}\beta z} \tag{3.130a}$$

$$E_\rho = \frac{-j\omega\mu}{k_c^2\rho}A\cos\phi J_1(k_c\rho)\mathrm{e}^{-\mathrm{j}\beta z} \tag{3.130b}$$

$$E_\phi = \frac{\mathrm{j}\omega\mu}{k_c}A\sin\phi J'_1(k_c\rho)\mathrm{e}^{-\mathrm{j}\beta z} \tag{3.130c}$$

$$H_\rho = \frac{-\mathrm{j}\beta}{k_c}A\sin\phi J'_1(k_c\rho)\mathrm{e}^{-\mathrm{j}\beta z} \tag{3.130d}$$

$$H_\phi = \frac{-\mathrm{j}\beta}{k_c^2\rho}A\cos\phi J_1(k_c\rho)\mathrm{e}^{-\mathrm{j}\beta z} \tag{3.130e}$$

$$E_z = 0 \tag{3.130f}$$

波导中的功率流可以计算得到：

$$
\begin{aligned}
P_o &= \frac{1}{2}\mathrm{Re}\int_{\rho=0}^{a}\int_{\phi=0}^{2\pi}\boldsymbol{E}\times\boldsymbol{H}^*\cdot z\rho\mathrm{d}\phi\mathrm{d}\rho \\
&= \frac{1}{2}\mathrm{Re}\int_{\rho=0}^{a}\int_{\phi=0}^{2\pi}\left(E_\rho H_\phi^* - E_\phi H_\rho^*\right)\rho\mathrm{d}\phi\mathrm{d}\rho \\
&= \frac{\omega\mu|A|^2\,\mathrm{Re}(\beta)}{2k_c^4}\int_{\rho=0}^{a}\int_{\phi=0}^{2\pi}\left[\frac{1}{\rho^2}\cos^2\phi J_1^2(k_c\rho) + k_c^2\sin^2\phi J_1'^2(k_c\rho)\right]\rho\mathrm{d}\phi\mathrm{d}\rho \\
&= \frac{\pi\omega\mu|A|^2\,\mathrm{Re}(\beta)}{2k_c^4}\int_{\rho=0}^{a}\left[\frac{1}{\rho}J_1^2(k_c\rho) + \rho k_c^2 J_1'^2(k_c\rho)\right]\mathrm{d}\rho \\
&= \frac{\pi\omega\mu|A|^2\,\mathrm{Re}(\beta)}{4k_c^4}(p_{11}'^2 - 1)J_1^2(k_c a)
\end{aligned}
\tag{3.131}
$$

可以看出，仅当β为实数（对应于传播模）时它才是非零的（这一结果所需的积分在附录 C 中给出）。

电介质损耗产生的衰减由式(3.29)给出。有耗波导导体产生的衰减可通过计算波导单位长度的功率损耗来计算：

$$
\begin{aligned}
P_\ell &= \frac{R_s}{2}\int_{\phi=0}^{2\pi}|\boldsymbol{J}_s|^2 a\mathrm{d}\phi \\
&= \frac{R_s}{2}\int_{\phi=0}^{2\pi}\left(|H_\phi|^2 + |H_z|^2\right)a\mathrm{d}\phi \\
&= \frac{|A|^2 R_s}{2}\int_{\phi=0}^{2\pi}\left(\frac{\beta^2}{k_c^4 a^2}\cos^2\phi + \sin^2\phi\right)J_1^2(k_c a)a\mathrm{d}\phi \\
&= \frac{\pi|A|^2 R_s a}{2}\left(1 + \frac{\beta^2}{k_c^4 a^2}\right)J_1^2(k_c a)
\end{aligned}
\tag{3.132}
$$

于是，衰减常数是

$$
\alpha_c = \frac{P_\ell}{2P_o} = \frac{R_s(k_c^4 a^2 + \beta^2)}{\eta k\beta a(p_{11}'^2 - 1)} = \frac{R_s}{ak\eta\beta}\left(k_c^2 + \frac{k^2}{p_{11}'^2 - 1}\right)\ \mathrm{Np/m} \tag{3.133}
$$

3.4.2 TM 模

对于圆柱波导的 TM 模，必须由圆柱坐标系的波方程来求解 E_z：

$$
\left(\frac{\partial^2}{\partial\rho^2} + \frac{1}{\rho}\frac{\partial}{\partial\rho} + \frac{1}{\rho^2}\frac{\partial^2}{\partial\phi^2} + k_c^2\right)e_z = 0 \tag{3.134}
$$

式中，$E_z(\rho,\phi,z) = e_z(\rho,\phi)\mathrm{e}^{-\mathrm{j}\beta z}, k_c^2 = k^2 - \beta^2$。因为这个方程与式(3.107)一致，所以其通解也相同。所以，由式(3.121)得

$$
e_z(\rho,\phi) = (A\sin n\phi + B\cos n\phi)J_n(k_c\rho) \tag{3.135}
$$

TE 解与这里的解的差别是，现在可以直接把边界条件应用到式(3.135)的 e_z，因为

$$
e_z(\rho,\phi) = 0,\ \text{在}\ \rho = a\ \text{处} \tag{3.136}
$$

因此，必定有

$$
J_n(k_c a) = 0 \tag{3.137}
$$

或

$$
k_c = p_{nm}/a \tag{3.138}
$$

式中，p_{nm}是$J_n(x)$的第 m 个根，即$J_n(p_{nm}) = 0$。p_{nm}的值已在数学表中给出，表 3.4 中列出了前几个值。

表 3.4　圆波导 TM 模的 p_{nm} 值

n	p_{n1}	p_{n2}	p_{n3}
0	2.405	5.520	8.654
1	3.832	7.016	10.174
2	5.135	8.417	11.620

TM_{nm} 模的传播常数是

$$\beta_{nm} = \sqrt{k^2 - k_c^2} = \sqrt{k^2 - (p_{nm}/a)^2} \tag{3.139}$$

截止频率是

$$f_{c_{nm}} = \frac{k_c}{2\pi\sqrt{\mu\epsilon}} = \frac{p_{nm}}{2\pi a\sqrt{\mu\epsilon}} \tag{3.140}$$

因此，第一个 TM 传播模是 TM_{01} 模，它有 $p_{01} = 2.405$。因为这个值大于最低阶 TE_{11} 模的 $p'_{11} = 1.841$，所以 TE_{11} 是圆柱波导的基模。和 TE 模一样，$m \geqslant 1$，所以不存在 TM_{10} 模。

由式(3.110)，导出横向场为

$$E_\rho = \frac{-\mathrm{j}\beta}{k_c}(A\sin n\phi + B\cos n\phi)J'_n(k_c\rho)\mathrm{e}^{-\mathrm{j}\beta z} \tag{3.141a}$$

$$E_\phi = \frac{-\mathrm{j}\beta n}{k_c^2\rho}(A\cos n\phi - B\sin n\phi)J_n(k_c\rho)\mathrm{e}^{-\mathrm{j}\beta z} \tag{3.141b}$$

$$H_\rho = \frac{\mathrm{j}\omega\epsilon n}{k_c^2\rho}(A\cos n\phi - B\sin n\phi)J_n(k_c\rho)\mathrm{e}^{-\mathrm{j}\beta z} \tag{3.141c}$$

$$H_\phi = \frac{-\mathrm{j}\omega\epsilon}{k_c}(A\sin n\phi + B\cos n\phi)J'_n(k_c\rho)\mathrm{e}^{-\mathrm{j}\beta z} \tag{3.141d}$$

波阻抗是

$$Z_{\mathrm{TM}} = \frac{E_\rho}{H_\phi} = \frac{-E_\phi}{H_\rho} = \frac{\eta\beta}{k} \tag{3.142}$$

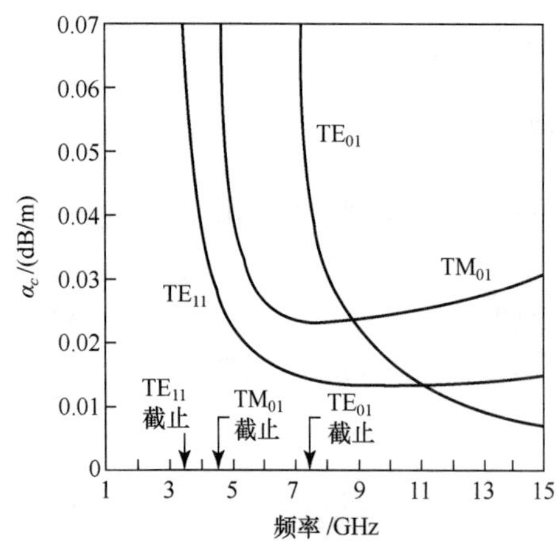

图 3.12　$a = 2.54\mathrm{cm}$ 的铜圆波导中若干模的衰减

TM 模衰减的计算作为习题给出。图 3.12 给出了圆柱波导的一些模的导体损耗引起的衰减与频率的关系。可以看到，TE_{01} 模的衰减随频率的增加而减小到很小的值。这一特性使得 TE_{01} 模应用于低损耗的远距离传输方面很有意义。遗憾的是，该模不是圆波导的基模，因此实际上功率可能从 TE_{01} 模损失到较低阶的传播模中。

图 3.13 给出了 TE 模和 TM 模的截止频率的相对值，表 3.5 概括了圆波导中波传播的一些结果。图 3.14 显示了一些最低阶 TE 模和 TM 模的场力线。

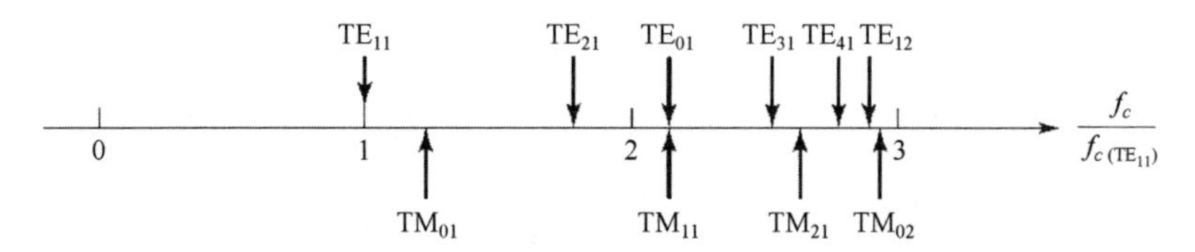

图 3.13　圆波导的前几个 TE 模和 TM 模的截止频率（相对于 TE_{11} 模的截止频率值）

表 3.5　圆波导结果总结

量	TE_{nm} 模	TM_{nm} 模
k	$\omega\sqrt{\mu\epsilon}$	$\omega\sqrt{\mu\epsilon}$
k_c	$\dfrac{p'_{nm}}{a}$	$\dfrac{p_{nm}}{a}$
β	$\dfrac{a}{\sqrt{k^2-k_c^2}}$	$\dfrac{a}{\sqrt{k^2-k_c^2}}$
λ_c	$\dfrac{2\pi}{k_c}$	$\dfrac{2\pi}{k_c}$
λ_g	$\dfrac{2\pi}{\beta}$	$\dfrac{2\pi}{\beta}$
v_p	$\dfrac{\omega}{\beta}$	$\dfrac{\omega}{\beta}$
α_d	$\dfrac{k^2\tan\delta}{2\beta}$	$\dfrac{k^2\tan\delta}{2\beta}$
E_z	0	$(A\sin n\phi+B\cos n\phi)J_n(k_c\rho)\mathrm{e}^{-\mathrm{j}\beta z}$
H_z	$(A\sin n\phi+B\cos n\phi)J_n(k_c\rho)\mathrm{e}^{-\mathrm{j}\beta z}$	0
E_ρ	$\dfrac{-\mathrm{j}\omega\mu n}{k_c^2\rho}(A\cos n\phi-B\sin n\phi)J_n(k_c\rho)\mathrm{e}^{-\mathrm{j}\beta z}$	$\dfrac{-\mathrm{j}\beta}{k_c}(A\sin n\phi+B\cos n\phi)J'_n(k_c\rho)\mathrm{e}^{-\mathrm{j}\beta z}$
E_ϕ	$\dfrac{\mathrm{j}\omega\mu}{k_c}(A\sin n\phi+B\cos n\phi)J'_n(k_c\rho)\mathrm{e}^{-\mathrm{j}\beta z}$	$\dfrac{-\mathrm{j}\beta n}{k_c^2\rho}(A\cos n\phi-B\sin n\phi)J_n(k_c\rho)\mathrm{e}^{-\mathrm{j}\beta z}$
H_ρ	$\dfrac{-\mathrm{j}\beta}{k_c}(A\sin n\phi+B\cos n\phi)J'_n(k_c\rho)\mathrm{e}^{-\mathrm{j}\beta z}$	$\dfrac{-\mathrm{j}\omega\epsilon n}{k_c^2\rho}(A\cos n\phi-B\sin n\phi)J_n(k_c\rho)\mathrm{e}^{-\mathrm{j}\beta z}$
H_ϕ	$\dfrac{-\mathrm{j}\beta n}{k_c^2\rho}(A\cos n\phi-B\sin n\phi)J_n(k_c\rho)\mathrm{e}^{-\mathrm{j}\beta z}$	$\dfrac{-\mathrm{j}\omega\epsilon}{k_c}(A\sin n\phi+B\cos n\phi)J'_n(k_c\rho)\mathrm{e}^{-\mathrm{j}\beta z}$
Z	$Z_{TE}=\dfrac{k\eta}{\beta}$	$Z_{TM}=\dfrac{\beta\eta}{k}$

例题 3.2　圆波导的特性

求 $a=0.5\text{cm}$ 的聚四氟乙烯圆波导的前两个传播模的截止频率。若波导内部是镀金的，计算工作在 14GHz 频率下的 30cm 长的波导的总损耗，用 dB 表示。

解： 根据图 3.13，圆波导的前两个传播模是 TE_{11} 模和 TM_{01} 模。利用式(3.127)和式(3.140)可以求得截止频率为

$$\text{TE}_{11}\text{: } f_c=\frac{p'_{11}c}{2\pi a\sqrt{\epsilon_r}}=\frac{1.841\times(3\times10^8)}{2\pi\times0.005\times\sqrt{2.08}}=12.19\text{GHz}$$

$$\text{TE}_{01}\text{: } f_c=\frac{p_{01}c}{2\pi a\sqrt{\epsilon_r}}=\frac{2.405\times(3\times10^8)}{2\pi\times(0.005)\times\sqrt{2.08}}=15.92\text{GHz}$$

所以在 14GHz 下只有 TE_{11} 传播。波数是

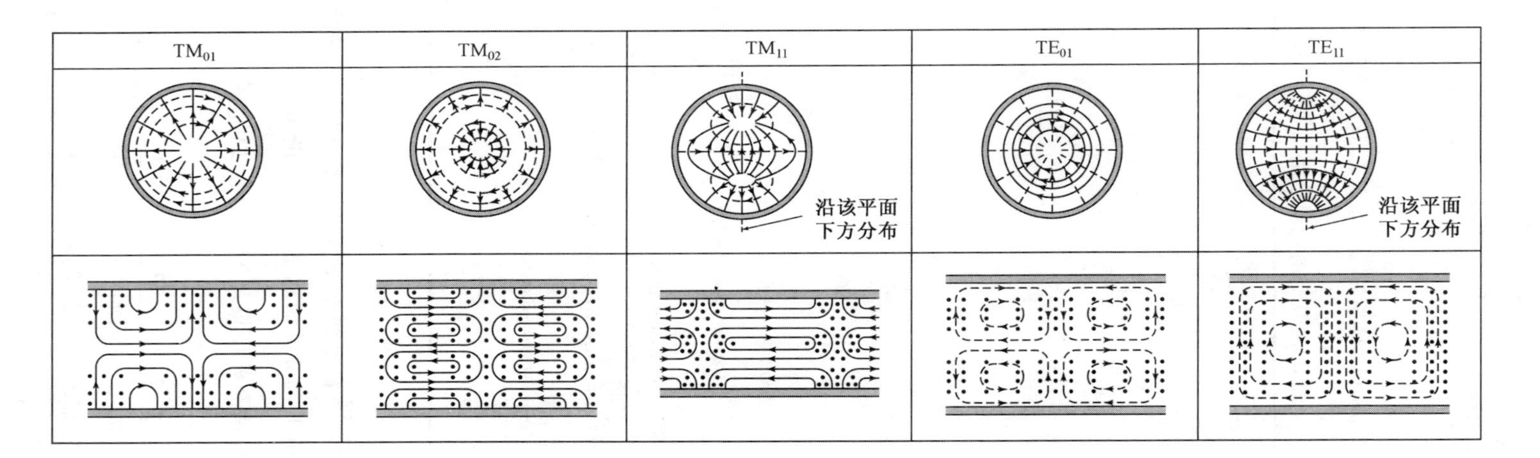

图3.14　圆波导一些低阶模的场力线。经允许重印于*Fields and Waves in Communication Electronics*, S. Ramo, J.R. Whinnery, and T. Van Duzer. Copyright © 1965 by John Wiley & Sons, Inc. Table 8.04

$$k = \frac{2\pi f\sqrt{\epsilon_r}}{c} = \frac{2\pi\times(14\times10^9)\times\sqrt{2.08}}{3\times10^8} = 422.9\text{m}^{-1}$$

TE_{11} 模的传播常数是

$$\beta = \sqrt{k^2 - \left(\frac{p'_{11}}{a}\right)^2} = \sqrt{(422.9)^2 - \left(\frac{1.841}{0.005}\right)^2} = 208.0\text{m}^{-1}$$

根据式(3.29)计算得到由电介质损耗产生的衰减为

$$\alpha_d = \frac{k^2\tan\delta}{2\beta} = \frac{(422.9)^2\times0.0004}{2\times208.0} = 0.172\text{Np/m} = 1.49\text{dB/m}$$

金的电导率是 $\sigma = 4.1\times10^7\text{S/m}$，所以表面电阻是

$$R_s = \sqrt{\frac{\omega\mu_0}{2\sigma}} = 0.0367\Omega$$

然后，根据式(3.133)，可得导体损耗产生的衰减为

$$\alpha_c = \frac{R_s}{ak\eta\beta}\left(k_c^2 + \frac{k^2}{p'^2_{11}-1}\right) = 0.0672\text{Np/m} = 0.583\text{dB/m}$$

总衰减是 $\alpha = \alpha_d + \alpha_c = 2.07\text{dB/m}$。因此，30cm 长的波导的衰减是

$$\text{衰减（dB）} = \alpha(\text{dB/m})L(\text{m}) = 2.07\times0.3 = 0.62\text{dB}$$

■

3.5 同轴线

3.5.1 TEM 模

虽然第 2 章中讨论了同轴线的 TEM 模传播，但下面仍然在本章前面给出的普遍框架下简要地讨论它。

同轴线的几何结构如图 3.15 所示，其中内导体处于 V_o 伏电压下，外导体处于零电压下。由 3.1 节可知，场可由标势函数 $\Phi(\rho,\phi)$ 导出，而标势函数是拉普拉斯方程(3.14)的解；在圆柱坐标系中，拉普拉斯方程为

$$\frac{1}{\rho}\frac{\partial}{\partial\rho}\left(\rho\frac{\partial\Phi(\rho,\phi)}{\partial\rho}\right) + \frac{1}{\rho^2}\frac{\partial^2\Phi(\rho,\phi)}{\partial\phi^2} = 0 \tag{3.143}$$

这个方程必须根据边界条件

$$\Phi(a,\phi) = V_o \tag{3.144a}$$

$$\Phi(b,\phi) = 0 \tag{3.144b}$$

来求解 $\Phi(\rho,\phi)$。

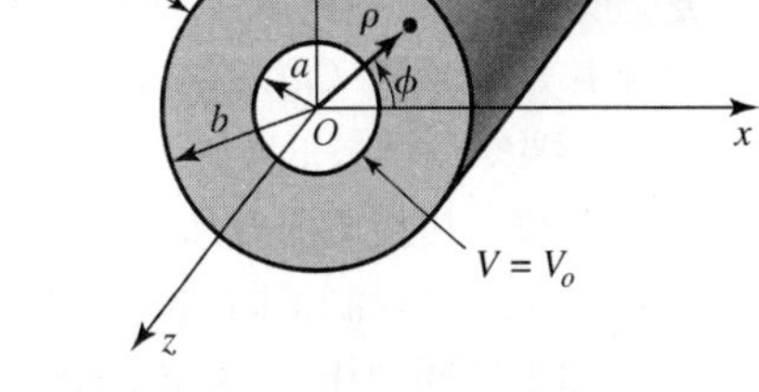

图 3.15　同轴线的几何结构

利用分离变量法，把 $\Phi(\rho,\phi)$ 表示为乘积形式：

$$\Phi(\rho,\phi) = R(\rho)P(\phi) \tag{3.145}$$

将式(3.145)代入式(3.143)得

$$\frac{\rho}{R}\frac{\partial}{\partial\rho}\left(\rho\frac{\text{d}R}{\text{d}\rho}\right) + \frac{1}{P}\frac{\text{d}^2P}{d\phi^2} = 0 \tag{3.146}$$

根据通常的分离变量理论，式(3.146)中的两项必须等于一个常数，因此有

$$\frac{\rho}{R}\frac{\partial}{\partial\rho}\left(\rho\frac{\text{d}R}{\text{d}\rho}\right) = -k_\rho^2 \tag{3.147}$$

$$\frac{1}{P}\frac{\mathrm{d}^2P}{\mathrm{d}\phi^2}=-k_\phi^2 \tag{3.148}$$

和

$$k_\rho^2+k_\phi^2=0 \tag{3.149}$$

式(3.148)的通解是

$$P(\phi)=A\cos n\phi+B\sin n\phi \tag{3.150}$$

式中，$k_\phi=n$ 必须为整数，因为把 ϕ 增加 2π 的整数倍不会改变结果。现在，根据式(3.144)的边界条件 $\Phi(\rho,\phi)$ 不随 ϕ 改变的事实，可知 n 必定为零。根据式(3.149)，这意味着 k_ρ 必须为零，所以 $R(\rho)$的方程(3.147)简化为

$$\frac{\partial}{\partial\rho}\left(\rho\frac{\mathrm{d}R}{d\rho}\right)=0$$

于是得到 $R(\rho)$的解为

$$R(\rho)=C\ln\rho+D$$

所以

$$\Phi(\rho,\phi)=C\ln\rho+D \tag{3.151}$$

应用边界条件式(3.144)得到两个关于常数 C 和 D 的方程：

$$\Phi(a,\phi)=V_o=C\ln a+D \tag{3.152a}$$

$$\Phi(b,\phi)=0=C\ln b+D \tag{3.152b}$$

求出 C 和 D 后，$\Phi(\rho,\phi)$ 的最终结果写为

$$\Phi(\rho,\phi)=\frac{V_o\ln b/\rho}{\ln b/a} \tag{3.153}$$

然后，场 $\boldsymbol{E}$ 和 $\boldsymbol{H}$ 就可利用式(3.13)和式(3.18)求得。电压、电流和特征阻抗也都可像第 2 章中那样确定。电介质和导体损耗引起的衰减也在第 2 章中进行了处理。

3.5.2 高阶模

和平行平板波导一样，同轴线除支持 TEM 模外，还支持 TE 和 TM 波导模。实际上，这些模通常都是截止的（消逝的），因此它们只是在不连续处或源的附近才被激励。但是，实际上重要的是，要知道其最低阶波导型模的截止频率，以避免这些模传播。另外，两个或更多的具有不同传播常数的传播模的叠加也可能产生有害的影响。为避免高阶模的传播，同轴电缆的尺寸设置了上限，而这又限制了同轴线的功率运行容量（见有关传输线的功率容量的兴趣点）。

下面推导同轴线的 TE 模的解；TE_{11} 模是同轴线的波导基模，因此是最重要的。

对于 TE 模，$E_z=0$，而 H_z 满足波方程(3.112)：

$$\left(\frac{\partial^2}{\partial\rho^2}+\frac{1}{\rho}\frac{\partial}{\partial\rho}+\frac{1}{\rho^2}\frac{\partial^2}{\partial\phi^2}+k_c^2\right)h_z(\rho,\phi)=0 \tag{3.154}$$

式中，$H_z(\rho,\phi,z)=h_z(\rho,\phi)\mathrm{e}^{-\mathrm{j}\beta z}$，而 $k_c^2=k^2-\beta^2$。这个方程的通解和 3.4 节中推导的一样，是由式(3.118)和式(3.120)的乘积给出的：

$$h_z(\rho,\phi)=(A\sin n\phi+B\cos n\phi)(CJ_n(k_c\rho)+DY_n(k_c\rho)) \tag{3.155}$$

在这种情形下，$a\leqslant\rho\leqslant b$，因此没有理由去掉 Y_n 项。边界条件是

$$E_\phi(\rho,\phi,z)=0,\qquad \rho=a,b \tag{3.156}$$

利用式(3.110b)由 H_z 求得 E_ϕ 为

$$E_\phi = \frac{j\omega\mu}{k_c}(A\sin n\phi + B\cos n\phi)(CJ_n'(k_c\rho) + DY_n'(k_c\rho))e^{-j\beta z} \tag{3.157}$$

应用式(3.156)和式(3.157)，得到两个方程：

$$CJ_n'(k_c a) + DY_n'(k_c a) = 0 \tag{3.158a}$$

$$CJ_n'(k_c b) + DY_n'(k_c b) = 0 \tag{3.158b}$$

因为这是一组齐次方程，所以仅当行列式为零时它才有非零解（$C\neq0, D\neq0$）。因此，必定有

$$J_n'(k_c a)Y_n'(k_c b) = J_n'(k_c b)Y_n'(k_c a) \tag{3.159}$$

这是关于 k_c 的特征（或本征值）方程。满足式(3.159)的 k_c 值确定了同轴线的 TE_{nm} 模。

式(3.159)是一个超越方程，它必须对 k_c 进行数值求解。图 3.16 给出了 $n = 1$ 和不同比值 b/a 时的解。实际中常用的一个近似解为

$$k_c = \frac{2}{a+b}$$

知道 k_c 后，就可求出传播常数或截止频率。TM 模的解可以类似地求出；所需的行列式方程也与式(3.159)的形式相同，只是要去掉求导数。同轴线的 TEM 模和 TE_{11} 模的场力线如图 3.17 所示。

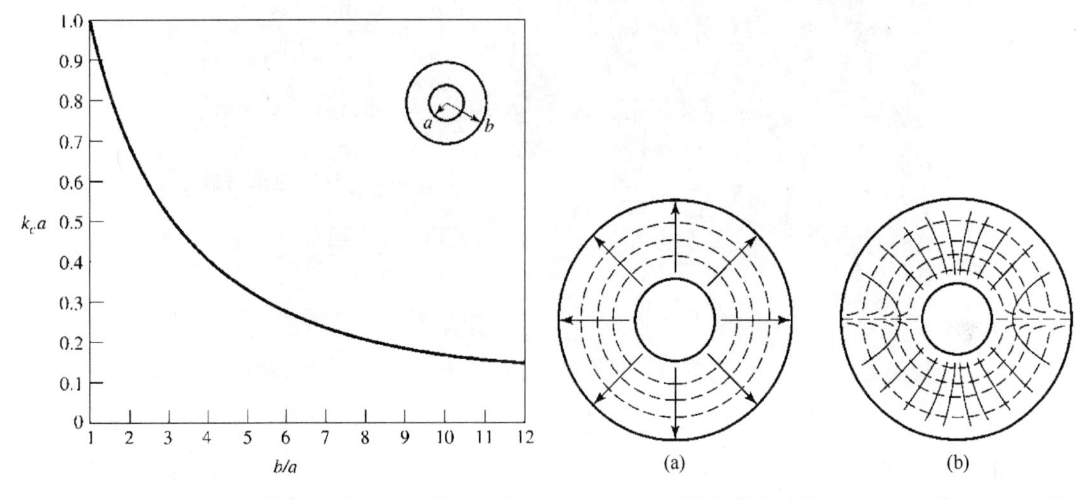

图 3.16　同轴线波导基模 TE_{11} 的归一化截止频率

图 3.17　同轴线的场力线：(a)TEM 模；(b)TE_{11} 模

例题 3.3　同轴线的高阶模

考虑一段 RG-401U 半刚性同轴电缆，其内外导体的直径分别为 0.0645in 和 0.215in，电介质的相对介电常数为 $\epsilon_r = 2.2$。在 TE_{11} 波导模开始传播以前，最高的可用频率是多少？

解：根据题意有

$$\frac{b}{a} = \frac{2b}{2a} = \frac{0.215}{0.0645} = 3.33$$

由图 3.16，b/a 的这个值给出 $k_c a = 0.45$ [近似结果是 $k_c a = 2/(1 + b/a) = 0.462$]。因此，$k_c =$ 549.4 m^{-1}，TE_{11} 模的截止频率是

$$f_c = \frac{ck_c}{2\pi\sqrt{\epsilon_r}} = 17.7\text{GHz}$$

实际上,通常建议给出5%的安全裕量,因此$f_{\max} = 0.95 \times 17.7\text{GHz} = 16.8\text{GHz}$。 ■

兴趣点: 同轴接头

大多数常用的同轴线和接头都有 50Ω 的特征阻抗,但用于电视系统的同轴线的特征阻抗为75Ω。这些选择的根本原因在于,空气填充的、特征阻抗为 77Ω 的同轴线具有最小的衰减(见习题 2.27),特征阻抗为 30Ω 的同轴线具有最大的功率容量(见习题 3.28)。因此,50Ω 的特征阻抗代表了最小衰减和最大功率容量之间的折中。对于同轴接头的要求包括低 SWR、高频下没有高阶模工作、连接-拆开反复操作之后的高重复性及机械强度。接头是成对应用的,有公头和母头(插头或插座)之分。下面的照片给出了各种类型的同轴接头和适配器。从左上开始依次为 N 型、TNC、SMA、APC-7 和 2.4mm。

N 型:这种接头发展于 1942 年并以其发明者、贝尔实验室的 P. Neil 命名。母头的外径约为 0.625in。推荐的频率上限范围为 11～18GHz,具体取决于同轴线的尺寸大小。这种结实但较大的接头通常可在较老的设备中找到。

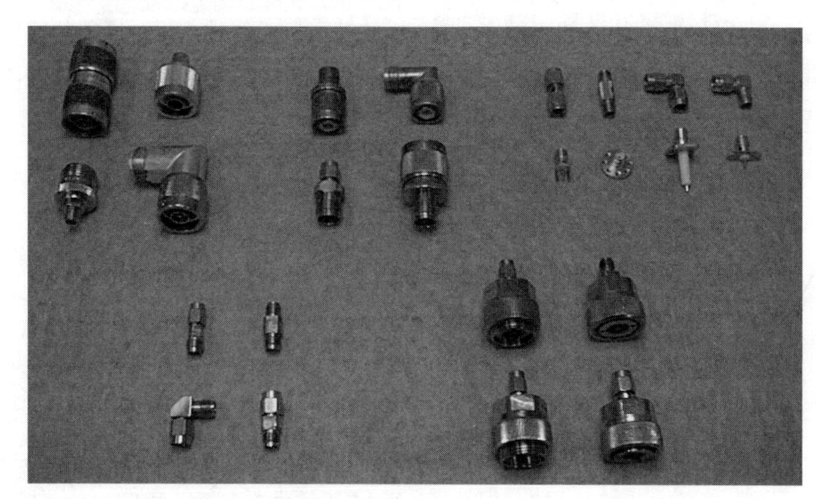

TNC:这是应用非常广泛的一类带螺纹连接的 BNC 接头,其应用限制在低于 1GHz 的频率。

SMA:对较小、较轻的接头的需求,导致了 20 世纪 60 年代这种接头的发展。母头的直径约为 0.25in,其应用频率高达 18～25GHz,而且可能是今天应用得最广泛的微波连接器。

APC-7:这是一种精密的接头(电缆精密接头),它在频率高达 18GHz 时仍可重复地获得小于 1.04 的 SWR 值。接头是"无性别"的,在内导体和外导体之间都具有对接连接。这种接头广泛应用于测量和仪器中。

2.4mm:对毫米波频率下接头的需求导致了几种 SMA 接头的发展。最常用的是 2.4mm 接头,它适用于 50GHz 的频率。这些接头的大小与 SMA 的相似。

3.6 接地介质板上的表面波

第 1 章在介绍从一个介质分界面上全反射的平面波场时,曾简单地讨论过表面波。一般来说,表面波存在于包含介质分界面的各种几何结构中。这里讨论可以在接地介质板上激励的 TM 和 TE 表面波。能够用作表面波导的其他几何结构包括非接地的介质板、介质杆、波纹导体或介质涂敷导电杆。

典型化表面波场是指该场在远离介质表面时呈指数衰减，但绝大部分场保留在介质内或介质表面附近。在较高的频率下，场一般更紧密地贴近介质，从而使这样的波导更为实用。由于存在电介质，表面波的相速小于真空中的光速。研究表面波的另一个理由是，它们可在某些类型的平面传输线如微带线或槽线上激励。

3.6.1 TM 模

图 3.18 给出了接地介质板波导的几何结构。假设厚度为 d、相对介电常数为 ϵ_r 的介质板在 y 方向和 z 方向是无限延伸的，并且假设波在 $+z$ 方向传播且具有传播因子 $e^{-j\beta z}$，而在 y 方向无变化（$\partial/\partial y=0$）。

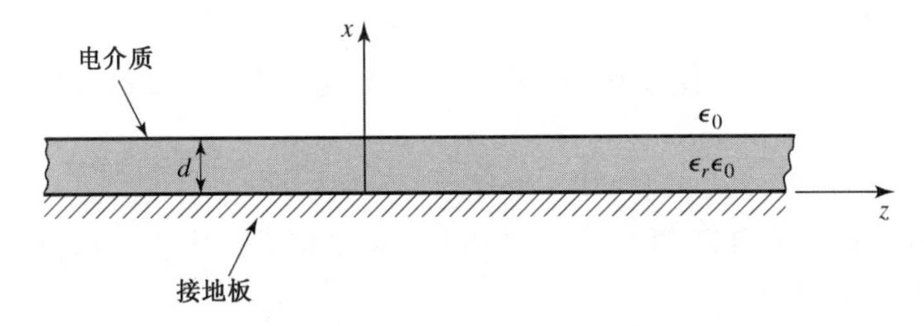

图 3.18　接地介质板的几何结构

由于存在包含和不包含电介质的两个区域，因此必须分开考虑这一区域中的场，然后匹配分界面两侧的切向场。E_z 必须满足每个区域中的波方程［见式(3.25)]：

$$\left(\frac{\partial^2}{\partial x^2}+\epsilon_r k_0^2-\beta^2\right)e_z(x,y)=0,\qquad 0\leqslant x\leqslant d \tag{3.160a}$$

$$\left(\frac{\partial^2}{\partial x^2}+k_0^2-\beta^2\right)e_z(x,y)=0,\qquad d\leqslant x<\infty \tag{3.160b}$$

式中，$E_z(x,y,z)=e_z(x,y)e^{-j\beta z}$。

现在，将两个区域的截止波数定义为

$$k_c^2=\epsilon_r k_0^2-\beta^2 \tag{3.161a}$$

$$h^2=\beta^2-k_0^2 \tag{3.161b}$$

式中，关于 h^2 符号的选择，考虑到了 $x>d$ 时场呈指数衰减的事实。注意到两个区域应用了相同的传播常数 β，这是为了使得切向场在 $x=d$ 的分界上对所有的 z 值都匹配。

式(3.160)的通解是

$$e_z(x,y)=A\sin k_c x+B\cos k_c x,\qquad 0\leqslant x\leqslant d \tag{3.162a}$$

$$e_z(x,y)=Ce^{hx}+De^{-hx},\qquad d\leqslant x<\infty \tag{3.162b}$$

注意，无论 k_c 和 h 是实数还是虚数，这些解都是正确的；由于式(3.161)已选择并确定，因此将得出 k_c 和 h 都是实数的结论。

必须满足的边界条件是

$$E_z(x,y,z)=0,\qquad 在\ x=0\ 处 \tag{3.163a}$$

$$E_z(x,y,z)<\infty,\qquad 当\ x\to\infty\ 时 \tag{3.163b}$$

$$E_z(x,y,z)\text{连续，}\quad \text{在}\ x=d \tag{3.163c}$$

$$H_y(x,y,z)\text{连续，}\quad \text{在}\ x=d\ \text{处} \tag{3.163d}$$

由式(3.23)得出 $H_x = E_y = H_z = 0$。条件式(3.163a)意味着式(3.162a)中的 $B = 0$。式(3.163b)的条件来自离源无穷远处的场（或能量）应有限的要求，这表明 $C = 0$。E_z 的连续性使得

$$A\sin k_c d = De^{-hd} \tag{3.164a}$$

而式(3.23b)应用到 H_y 的连续性时，可得

$$\frac{\epsilon_r A}{k_c}\cos k_c d = \frac{D}{h}e^{-hd} \tag{3.164b}$$

对于非零解，式(3.164)的两个方程的行列式必须为零，从而有

$$k_c \tan k_c d = \epsilon_r h \tag{3.165}$$

从式(3.161a)和式(3.161b)中消去 β 得

$$k_c^2 + h^2 = (\epsilon_r - 1)k_0^2 \tag{3.166}$$

式(3.165)和式(3.166)构成了一组联立的超越方程，对于给定的 k_0 和 ϵ_r，可以求出传播常数 k_c 和 h。这些方程最好用数值方法求解，但图 3.19 给出了解的图示。式(3.166)的两边同时乘以 d^2 得到

$$(k_c d)^2 + (hd)^2 = (\epsilon_r - 1)(k_0 d)^2$$

它是 $k_c d$、hd 平面上的一个圆的方程，如图 3.19 所示。圆的半径是 $\sqrt{\epsilon_r - 1}\,k_0 d$，它正比于介质板的电厚度。式(3.165)乘以 d 得到

$$k_c d \tan k_c d = \epsilon_r hd$$

它也画在图 3.19 中。这些曲线的交点表示它既是式(3.165)的解，又是式(3.166)的解。可以看到，k_c 可能为正，也可能为负；由式(3.162a)可以看出，它最终改变常数 A 的符号。当 $\sqrt{\epsilon_r - 1}\,k_0 d$ 变大时，该圆可能与正切函数的多个分支相交，这表明有一个以上的 TM 模传播。然而，必须排除负 h 值，因为在应用边界条件公式(3.163b)时已假定 h 为正。

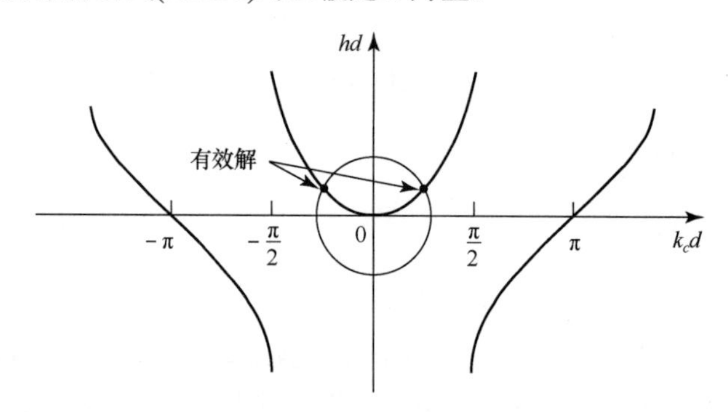

图 3.19　接地介质板 TM 表面波模截止频率的超越方程的图示

对于任何非零厚度的板，只要介电常数大于 1，就至少有一个 TM 传播模，我们将它称为 TM_0 模。这是介质板波导的基模，而且具有零截止频率（虽然 $k_0 = 0$ 时 $k_c = h = 0$，而且所有的场都为零）。从图 3.19 可以看出，下一个 TM 模即 TM_1 模将不会出现，直到圆半径大于 π 时为止。TM_n 模的截止频率可以求出，具体为

$$f_c = \frac{nc}{2d\sqrt{\epsilon_r - 1}},\qquad n = 0,1,2,\cdots \tag{3.167}$$

一旦求得某个特定的表面波模的 k_c 和 h 值，就可求得其场的表达式，具体为

$$E_z(x,y,z)=\begin{cases}A\sin k_c x\mathrm{e}^{-\mathrm{j}\beta z}, & 0\leqslant x\leqslant d\\ A\sin k_c d\mathrm{e}^{-h(x-d)}\mathrm{e}^{-\mathrm{j}\beta z}, & d\leqslant x<\infty\end{cases}\tag{3.168a}$$

$$E_x(x,y,z)=\begin{cases}\dfrac{-\mathrm{j}\beta}{k_c}A\cos k_c x\mathrm{e}^{-\mathrm{j}\beta z}, & 0\leqslant x\leqslant d\\ \dfrac{-\mathrm{j}\beta}{h}A\sin k_c d\mathrm{e}^{-h(x-d)}\mathrm{e}^{-\mathrm{j}\beta z}, & d\leqslant x<\infty\end{cases}\tag{3.168b}$$

$$H_y(x,y,z)=\begin{cases}\dfrac{-\mathrm{j}\omega\epsilon_0\epsilon_r}{k_c}A\cos k_c x\mathrm{e}^{-\mathrm{j}\beta z}, & 0\leqslant x\leqslant d\\ \dfrac{-\mathrm{j}\omega\epsilon_0}{h}A\sin k_c d\mathrm{e}^{-h(x-d)}\mathrm{e}^{-\mathrm{j}\beta z}, & d\leqslant x<\infty\end{cases}\tag{3.168c}$$

3.6.2 TE 模

接地介质板波导也支持 TE 模。其场 H_z 满足波方程

$$\left(\frac{\partial^2}{\partial x^2}+k_c^2\right)h_z(x,y)=0,\qquad 0\leqslant x\leqslant d\tag{3.169a}$$

$$\left(\frac{\partial^2}{\partial x^2}-h^2\right)h_z(x,y)=0,\qquad d\leqslant x<\infty\tag{3.169b}$$

同时，$H_z(x,y,z)=h_z(x,y)\mathrm{e}^{-\mathrm{j}\beta z}$，$k_c^2$ 和 h^2 由式(3.161a)和式(3.161b)定义。就像 TM 模的解一样，式(3.169)的通解为

$$h_z(x,y)=A\sin k_c x+B\cos k_c x\tag{3.170a}$$

$$h_z(x,y)=C\mathrm{e}^{hx}+D\mathrm{e}^{-hx}\tag{3.170b}$$

要满足辐射条件，必须有 $C=0$。利用式(3.19d)由 H_z 求得 E_y，同时由 $x=0$ 时 $E_y=0$ 得 $A=0$，又因为 E_y 在 $x=d$ 处连续，得方程

$$\frac{-B}{k_c}\sin k_c d=\frac{D}{h}\mathrm{e}^{-hd}\tag{3.171a}$$

由 H_z 在 $x=d$ 处连续可得

$$B\cos k_c d=D\mathrm{e}^{-hd}\tag{3.171b}$$

联立求解式(3.171a)和式(3.171b)得到行列式方程

$$-k_c\cot k_c d=h\tag{3.172}$$

由式(3.161a)和式(3.161b)，也有

$$k_c^2+h^2=(\epsilon_r-1)k_0^2\tag{3.173}$$

式(3.172)和式(3.173)必须联立才能求解变量 k_c 和 h。式(3.173)又代表了 k_cd、hd 平面上的圆，于是式(3.172)可以重新写为

$$-k_c d\cot k_c d=hd$$

并画成 k_cd、hd 平面上的曲线，如图 3.20 所示。因为 h 的负值必须排除在外，所以由图 3.20 看出，第一个 TE 模要到圆的半径 $\sqrt{\epsilon_r-1}k_0d$ 大于 π/2 时才开始传播。于是可以求出 TE_n 模的截止频率，具体为

$$f_c=\frac{(2n-1)c}{4d\sqrt{\epsilon_r-1}},\qquad n=1,2,3,\cdots\tag{3.174}$$

与式(3.167)比较表明，TM_n模和TE_n模的传播顺序为$\mathrm{TM}_0, \mathrm{TE}_1, \mathrm{TM}_1, \mathrm{TE}_2, \mathrm{TM}_2, \cdots$。

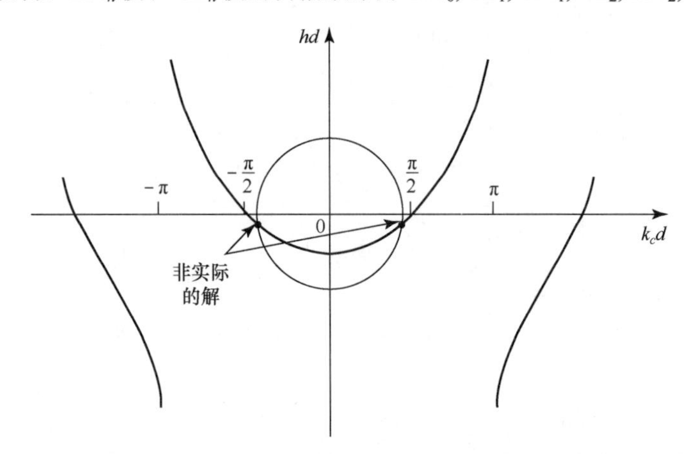

图 3.20　求解 TE 表面波模的截止频率的超越方程的图示，图中画出了一个低于截止频率的模

求出k_c和h后，可以导出场的表达式，具体为

$$H_z(x,y,z)=\begin{cases}B\cos k_c x\mathrm{e}^{-\mathrm{j}\beta z}, & 0\leqslant x\leqslant d\\ B\cos k_c d\mathrm{e}^{-h(x-d)}\mathrm{e}^{-\mathrm{j}\beta z}, & d\leqslant x<\infty\end{cases} \tag{3.175a}$$

$$H_x(x,y,z)=\begin{cases}\dfrac{\mathrm{j}\beta}{k_c}B\sin k_c x\mathrm{e}^{-\mathrm{j}\beta z}, & 0\leqslant x\leqslant d\\ \dfrac{-\mathrm{j}\beta}{h}B\cos k_c d\mathrm{e}^{-h(x-d)}\mathrm{e}^{-\mathrm{j}\beta z}, & d\leqslant x<\infty\end{cases} \tag{3.175b}$$

$$E_y(x,y,z)=\begin{cases}\dfrac{-\mathrm{j}\omega\mu_0}{k_c}B\sin k_c x\mathrm{e}^{-\mathrm{j}\beta z}, & 0\leqslant x\leqslant d\\ \dfrac{\mathrm{j}\omega\mu_0}{h}B\cos k_c d\mathrm{e}^{-h(x-d)}\mathrm{e}^{-\mathrm{j}\beta z}, & d\leqslant x<\infty\end{cases} \tag{3.175c}$$

例题 3.4　表面波的传播常数

计算并画出接地介质板的前三个传播的表面波模的传播常数，其中$\epsilon_r = 2.55$，$d/\lambda_0 = 0 \sim 1.2$。

解：前三个传播的表面波模是TM_0模、TE_1模和TM_1模，它们的截止频率可由式(3.167)和式(3.174)求出，具体为

$$\mathrm{TM}_0\text{:}\ f_c = 0 \Rightarrow \frac{d}{\lambda_0} = 0$$

$$\mathrm{TE}_1\text{:}\ f_c = \frac{c}{4d\sqrt{\epsilon_r - 1}} \Rightarrow \frac{d}{\lambda_0} = \frac{1}{(4\sqrt{\epsilon_r - 1})}$$

$$\mathrm{TM}_1\text{:}\ f_c = \frac{c}{2d\sqrt{\epsilon_r - 1}} \Rightarrow \frac{d}{\lambda_0} = \frac{1}{(2\sqrt{\epsilon_r - 1})}$$

对于 TM 模，传播常数可由式(3.165)和式(3.166)数值求解得到；对于 TE 模，传播常数可由式(3.172)和式(3.173)数值求解得到。这可以用相对简单的求根算法实现（见有关求根算法的兴趣点），结果如图 3.21 所示。

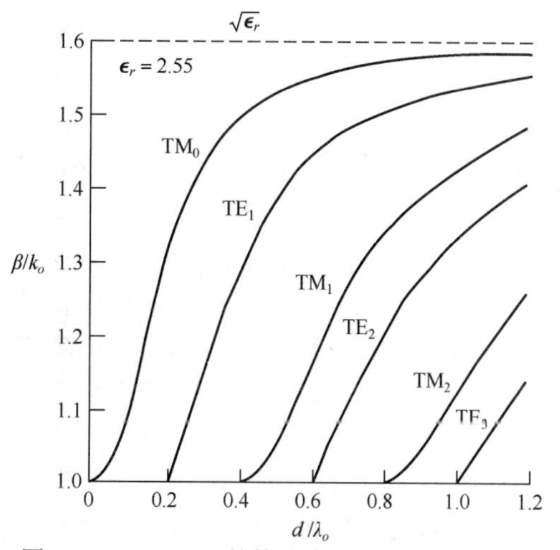

图 3.21　$\epsilon_r = 2.55$ 的接地介质板的表面波传播常数

兴趣点：求根算法

在本书的若干例子中，都需要数值求解超越方程的根，因此对于两种相对简单但有效的算法进行综述是有用的。这两种方法都容易编程实现。

在区间半分法中，首先考虑方程 $f(x)=0$ 的根在两个值 x_1 和 x_2 之间。这两个值通常可以根据所考虑的问题进行估计。若在 x_1 和 x_2 之间只存在单个根，则 $f(x_1)f(x_2)<0$。然后，对分 x_1 和 x_2 之间的区间得到根的一个估计值 x_3。因此，

$$x_3 = \frac{x_1 + x_2}{2}$$

若 $f(x_1)f(x_3)<0$，则根必定在区间 $x_1<x<x_3$ 内；若 $f(x_3)f(x_2)<0$，则根必定在区间 $x_3<x<x_2$ 内。新的估计值 x_4 就可通过对分相应的区间得到，重复这一过程，直到根的位置在所需精度内确定下来。下图给出了这一算法的几次迭代过程。

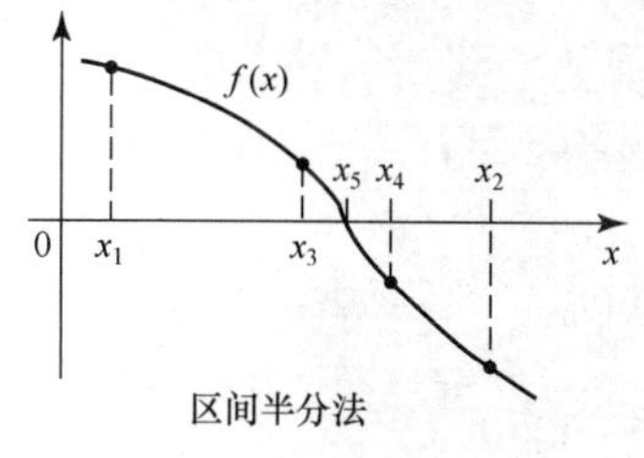

区间半分法

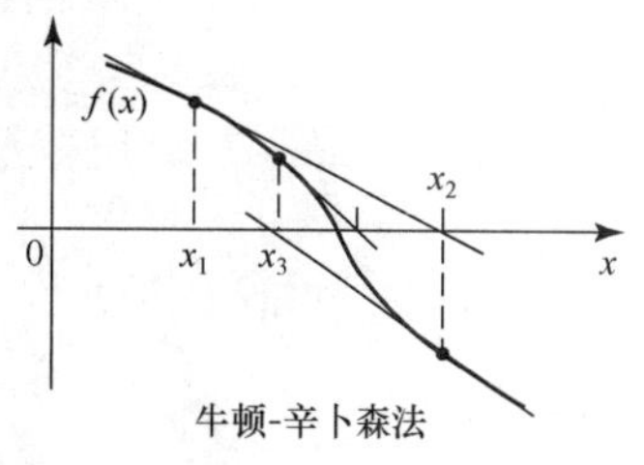

牛顿-辛卜森法

牛顿-辛卜森法以 $f(x)=0$ 的根的某个估计值 x_1 开始，新的估计值 x_2 可以由公式

$$x_2 = x_1 - \frac{f(x_1)}{f'(x_1)}$$

算出，其中 $f'(x_1)$ 是 $f(x)$ 在 x_1 处的导数。这个结果很容易由 $f(x)$ 在 $x=x_1$ 附近的二项泰勒级数展开式 $f(x)=f(x_1)+(x-x_1)f'(x_1)$ 得到。它也可通过几何插值得到：以 $f(x)$ 在 $x=x_1$ 点的相同斜率拟合一条直线，这条直线与 x 轴相交于 $x=x_2$，如上图所示。重复应用上述公式得到根的修正估计值。收敛通常快于区间半分法，但缺点是需要求 $f(x)$ 的导数；这通常可通过数值计算得到。牛顿-辛卜森法可很容易地应用到根是复数的情况（求具有损耗的传输线或波导的传播常数时会发生这种情况）。

参考文献：R. W. Hornbeck, *Numerical Methods*, Quantum Publishers, New York, 1975.

3.7 带状线

现在考虑一种平面传输线——带状线，它非常适合于微波集成电路和光刻加工制造。一种带状线的几何结构如图 3.22a 所示。一个宽度为 W 的薄导体带放在两块相距为 b 的宽导体接地平面之间的中部，两个接地平面之间的整个空间填充有电介质。实际上，带状线通常是把中心导体蚀刻在厚度为 $b/2$ 的接地平面基片上，然后覆盖另一个相同厚度的接地平面基片构成的。图 3.22a 中基本几何形态的变体包括具有不同电介质基片厚度的带状线（不对称带状线）或具有不同电介质常数的带状线（不均匀带状线）。需要使损耗最小时，有时会使用空气这种电介质。带状线电路的一个例子如图 3.23 所示。

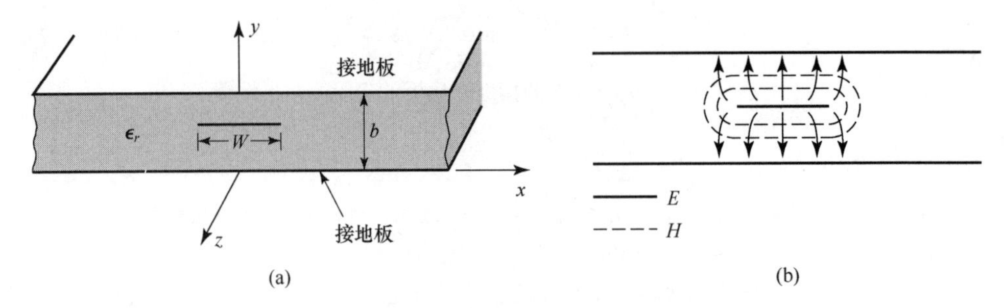

图 3.22　带状线传输线：(a)几何结构；(b)电力线和磁力线

图 3.23　一个带状线电路组件的照片，图中显示了 4 个正交混合网络、开路可调短截线及同轴转换接头

因为带状线有两块导体和均匀电介质，所以它支持 TEM 波，而且这正是它工作的通常模式。然而，与平行平板波导和同轴线相似，带状线也支持高阶 TM 模和 TE 模，但这些模在实际中经常是要避免的（这些模可用地平面之间的短路螺钉及把两平面之间的间隔限制到小于 $\lambda_d/2$ 来抑制）。

直观上，可以把带状线想象为一段“展平”的同轴线——它们都具有完全被外导体包围的中心导体及均匀填充的电介质。带状线的场力线示意图如图 3.22b 所示。

带状线不能像传输线和波导那样进行简单的分析。因为我们基本上只关注带状线的 TEM 模，所以采用静电分析足以给出传播常数和特征阻抗。拉普拉斯方程的精确解可通过保角变换法获得[6]，但求解过程和结果非常麻烦。因此，下面首先给出解析表达式，它是精确结果的良好近似，然后讨论求解类似带状线几何结构的拉普拉斯方程的近似数值技术，该技术也将应用到后面一节中的微带线。

3.7.1 传播常数、特征阻抗和衰减的公式

由 3.1 节可知 TEM 模的相速是

$$v_p = 1/\sqrt{\mu_0 \epsilon_0 \epsilon_r} = c/\sqrt{\epsilon_r} \tag{3.176}$$

因此带状线的传播常数为

$$\beta = \frac{\omega}{v_p} = \omega\sqrt{\mu_0 \epsilon_0 \epsilon_r} = \sqrt{\epsilon_r}\, k_0 \tag{3.177}$$

在式(3.176)中，$c = 3\times10^8$m/s 是真空光速。使用式(2.13)和式(2.16)，可将传输线的特征阻抗写为

$$Z_0 = \sqrt{\frac{L}{C}} = \frac{\sqrt{LC}}{C} = \frac{1}{v_p C} \tag{3.178}$$

式中，L 和 C 是传输线单位长度的电感和电容。因此，若知道 C，则可求得 Z_0。如上所述，拉普拉斯方程可用保角变换法求解，从而求得带状线单位长度的电容。然而，得到的解中包括复杂的特殊函数[6]。因此，对于实际的计算，通过对精确解的曲线拟合得到了简单的公式[6, 7]。对于特征阻抗，得到的公式是

$$Z_0 = \frac{30\pi}{\sqrt{\epsilon_r}} \frac{b}{W_e + 0.441b} \tag{3.179a}$$

式中，W_e 是中心导体的有效宽度，它由

$$\frac{W_e}{b} = \frac{W}{b} - \begin{cases} 0, & W/b > 0.35 \\ (0.35 - W/b)^2, & W/b < 0.35 \end{cases} \tag{3.179b}$$

给出。这些公式假定带的厚度为零，而得到的结果的精度约为精确结果的 1%。由式(3.179)可以看出，特征阻抗随带的宽度 W 的增加而减小。

设计带状线电路时，人们通常需要对给定的特征阻抗（及高度 b 和介电常数 ϵ_r）求得带的宽度，这就需要式(3.179)的逆公式。这个公式已经求得为

$$\frac{W}{b} = \begin{cases} x, & \sqrt{\epsilon_r} Z_0 < 120\Omega \\ 0.85 - \sqrt{0.6 - x}, & \sqrt{\epsilon_r} Z_0 > 120\Omega \end{cases} \tag{3.180a}$$

式中，

$$x = \frac{30\pi}{\sqrt{\epsilon_r} Z_0} - 0.441 \tag{3.180b}$$

因为带状线是 TEM 型的传输线，所以其源于电介质损耗的衰减，与其他 TEM 传输线的形式相同，由式(3.30)给出。源于导体损耗的衰减可用微扰法或惠勒增量电感定律求得。一个近似

结果为

$$\alpha_c = \begin{cases} \dfrac{2.7\times10^{-3}R_s\epsilon_r Z_0}{30\pi(b-t)}A, & \sqrt{\epsilon_r}Z_0 < 120\Omega \\ \dfrac{0.16R_s}{Z_0 b}B, & \sqrt{\epsilon_r}Z_0 > 120\Omega \end{cases} \quad \text{Np/m} \tag{3.181}$$

式中，

$$A = 1+\frac{2W}{b-t}+\frac{1}{\pi}\frac{b+t}{b-t}\ln\left(\frac{2b-t}{t}\right)$$

$$B = 1+\frac{b}{(0.5W+0.7t)}\left(0.5+\frac{0.414t}{W}+\frac{1}{2\pi}\ln\frac{4\pi W}{t}\right)$$

其中 t 是带的厚度。

例题 3.5　带状线设计

求 $b=0.32\text{cm}, \epsilon_r=2.20$ 的 50Ω 铜导体带状线的宽度。电介质的损耗角正切为 0.001，工作频率为 10GHz，计算单位为 dB/λ 的衰减，假定导体的厚度为 $t=0.01\text{mm}$。

解： 因为 $\sqrt{\epsilon_r}Z_0=\sqrt{2.2}\times50=74.2<120$ 和 $x=30\pi/(\sqrt{\epsilon_r}Z_0)-0.441=0.830$，所以由式(3.180)得到宽度为 $W=bx=0.32\times0.830=0.266\text{cm}$。在 10GHz 下，波数为

$$k=\frac{2\pi f\sqrt{\epsilon_r}}{c}=310.6\text{m}^{-1}$$

由式(3.30)得到介电衰减为

$$\alpha_d=\frac{k\tan\delta}{2}=\frac{310.6\times0.001}{2}=0.155\text{Np/m}$$

在 10GHz 下铜的表面电阻为 $R_s=0.026\Omega$。于是，由式(3.181)得到导体的衰减为

$$\alpha_c=\frac{2.7\times10^{-3}R_s\epsilon_r Z_0 A}{30\pi(b-t)}=0.122\text{Np/m}$$

因为 $A=4.74$。总衰减常数为

$$\alpha=\alpha_d+\alpha_c=0.277\text{Np/m}$$

以 dB 为单位，为

$$\alpha(\text{dB})=20\lg e^{\alpha}=2.41\text{dB/m}$$

在 10GHz 下，带状线上的波长为

$$\lambda=\frac{c}{\sqrt{\epsilon_r}f}=2.02\text{cm}$$

所以，用波长来表示的衰减为

$$\alpha(\text{dB})=2.41\times0.0202=0.049\text{dB}/\lambda$$

■

3.7.2　近似的静电解

微波工程的很多实际问题通常非常复杂，不可能得到直接的解析解，而要用某些数值方法来求解。因此，对于学生而言，知道这些技术是非常有用的；本书将在适当的位置介绍这些方法，

下面介绍带状线特征阻抗的数值求解方法。

带状线中 TEM 模的场在两平行平板之间的区域必须满足拉普拉斯方程(3.11)。图 3.22a 中的实际带状线结构已延伸至±∞，这就使得分析更为困难。根据图 3.22b 中画出的场力线，我们猜测场力线不需要延伸到离中心导体很远的地方。因此可以简化几何结构，即在一定距离之外，如在$|x| > a/2$ 处，在侧面放置两个金属壁截断平板。这样，待分析的几何结构看起来就像图 3.24 所示的那样，其中$a \gg b$，使围绕中心导体的场不受侧壁的干扰。于是就有了一个封闭的有限区域。其中的电势 $\Phi(x, y)$满足拉普拉斯方程

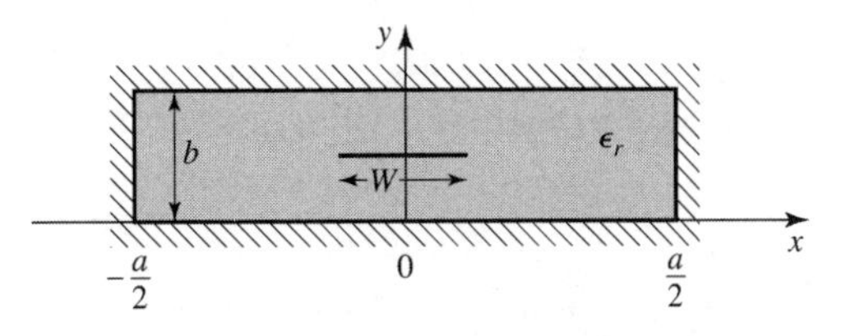

图 3.24　封闭带状线的几何结构

$$\nabla_t^2\Phi(x,y)=0, \qquad |x|\leqslant a/2, 0\leqslant y\leqslant b \tag{3.182}$$

及边界条件

$$\Phi(x,y)=0, \qquad \text{在 } x=\pm a/2 \text{ 处} \tag{3.183a}$$

$$\Phi(x,y)=0, \qquad \text{在 } y=0,b \text{ 处} \tag{3.183b}$$

拉普拉斯方程可以用分离变量法求解。因为位于 $y = b/2$ 处的中心导体上存在表面电荷密度，所以 $\boldsymbol{D}=-\epsilon_0\epsilon_r\nabla_t\Phi$ 在 $y=b/2$ 处是不连续的，因此必须对 $0<y<b/2$ 和 $b/2<y<b$ 分别求 $\Phi(x, y)$的解。$\Phi(x, y)$在这两个区域的通解可以写为

$$\Phi(x,y)=\begin{cases}\displaystyle\sum_{\substack{n=1\\ \text{odd}}}^{\infty}A_n\cos\frac{n\pi x}{a}\sinh\frac{n\pi y}{a}, & 0\leqslant y\leqslant b/2\\ \displaystyle\sum_{\substack{n=1\\ \text{odd}}}^{\infty}B_n\cos\frac{n\pi x}{a}\sinh\frac{n\pi}{a}(b-y), & b/2\leqslant y\leqslant b\end{cases} \tag{3.184}$$

在这个解中，只需要奇数项 n，因为解是 x 的偶函数。读者可以用代入法证明式(3.184)满足两个区域的拉普拉斯方程和边界条件公式(3.183)。

电势在 $y = b/2$ 处必须连续，因此由式(3.184)又可导出

$$A_n=B_n \tag{3.185}$$

余下的一组常数 A_n 可通过求解中心导体带上的电荷密度得到。因为 $E_y=-\partial\Phi/\partial y$，所以有

$$E_y=\begin{cases}\displaystyle -\sum_{\substack{n=1\\ \text{odd}}}^{\infty}A_n\left(\frac{n\pi}{a}\right)\cos\frac{n\pi x}{a}\cosh\frac{n\pi y}{a}, & 0\leqslant y\leqslant b/2\\ \displaystyle\sum_{\substack{n=1\\ \text{odd}}}^{\infty}A_n\left(\frac{n\pi}{a}\right)\cos\frac{n\pi x}{a}\cosh\frac{n\pi}{a}(b-y), & b/2\leqslant y\leqslant b\end{cases} \tag{3.186}$$

$y = b/2$ 处的带上的表面电荷密度为

$$\begin{aligned}\rho_s&=D_y(x,y=b/2^+)-D_y(x,y=b/2^-)\\ &=\epsilon_0\epsilon_r\left[E_y(x,y=b/2^+)-E_y(x,y=b/2^-)\right]\\ &=2\epsilon_0\epsilon_r\sum_{\substack{n=1\\ \text{odd}}}^{\infty}A_n\left(\frac{n\pi}{a}\right)\cos\frac{n\pi x}{a}\cosh\frac{n\pi b}{2a}\end{aligned} \tag{3.187}$$

可以看出表面电荷密度 ρ_s 是 x 的傅里叶级数。若知道表面电荷密度，则能容易地求出未知常量

A_n，然后求得电容。我们不知道表面电荷密度的精确值，但可做一个很好的猜测，即把它近似为分布在整个带的宽度上的一个常数：

$$\rho_s(x)=\begin{cases}1, & |x|<W/2\\0, & |x|>W/2\end{cases} \tag{3.188}$$

令它与式(3.187)相等，并应用 $\cos(n\pi x/a)$函数的正交性质，得到常数 A_n 为

$$A_n=\frac{2a\sin(n\pi W/2a)}{(n\pi)^2\epsilon_0\epsilon_r\cosh(n\pi b/2a)} \tag{3.189}$$

与下导体对应的带电压可通过对垂直电场从 y = 0 到 $b/2$ 积分得到。因为解是近似的，所以电压在整个带的宽度上不是常数，而随位置 x 的变化而变化。我们不选择任意位置的电压，而通过平均整个带的宽度上的电压来得到改进后的结果：

$$V_{\text{avg}}=\frac{1}{W}\int_{-W/2}^{W/2}\int_0^{b/2}E_y(x,y)\mathrm{d}y\,\mathrm{d}x=\sum_{\substack{n=1\\ \text{odd}}}^{\infty}A_n\left(\frac{2a}{n\pi W}\right)\sin\frac{n\pi W}{2a}\sinh\frac{n\pi b}{2a} \tag{3.190}$$

中心导体上单位长度的总电荷为

$$Q=\int_{-W/2}^{W/2}\rho_s(x)\mathrm{d}x=W\ \text{C/m} \tag{3.191}$$

因此，带状线上的单位长度电容为

$$C=\frac{Q}{V_{\text{avg}}}=\frac{W}{\sum\limits_{\substack{n=1\\ \text{odd}}}^{\infty}A_n\left(\frac{2a}{n\pi W}\right)\sin\frac{n\pi W}{2a}\sinh\frac{n\pi b}{2a}}\ \text{F/m} \tag{3.192}$$

于是，求得特征阻抗为

$$Z_0=\sqrt{\frac{L}{C}}=\sqrt{\frac{LC}{C}}=\frac{1}{v_pC}=\frac{\sqrt{\epsilon_r}}{cC}$$

式中，$c=3\times10^8$m/s。

例题 3.6　带状线参量的数值计算

对于 $\epsilon_r=2.55$ 和 $a=100b$ 的带状线，计算上述表达式，求 $W/b=0.25\sim5.0$ 时的特征阻抗。把它与式(3.179)的结果进行比较。

解：我们编写了一个计算机程序来计算式(3.192)。级数截断至 500 项，结果如下。

	Z_0/Ω		
W/b	**数值计算式(3.192)**	**公式计算式(3.179)**	**数值计算 CAD**
0.25	90.9	86.6	85.3
0.50	66.4	62.7	61.7
1.0	43.6	41.0	40.2
2.0	25.5	24.2	24.4
5.0	11.1	10.8	11.9

我们看到，解析公式(3.179)的结果和商用 CAD 软件包计算的结果非常一致，特别是对于较宽的带。电荷密度 ρ_s 采用更精确的估计值时，可能会得到更好的结果。■

3.8 微带线

微带线是一种最流行的平面传输线，原因是它可用照相印制工艺来加工，而且容易与其他无源和有源微波器件集成。微带线的几何结构如图 3.25a 所示。宽度为 W 的导体印制在薄的、厚度为 d、相对介电常数为 ϵ_r 的接地电介质基片上；微带线的场力线示意图如图 3.25b 所示。

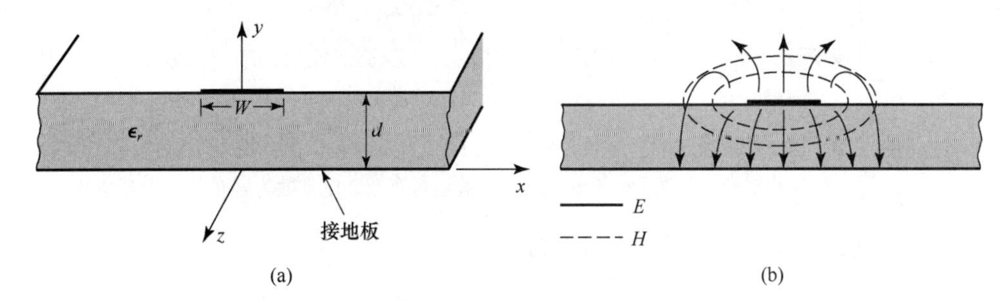

图 3.25 微带传输线：(a)几何结构；(b)电力线和磁力线

电介质不存在（$\epsilon_r = 1$）时，可把这个传输线想象为均匀介质（空气）中的双线传输线。在这种情形下，应有一个简单的 TEM 传输线，其 $v_p = c$，$\beta = k_0$。

电介质的存在，尤其是电介质未填充带的上方区域（$y > d$）的事实，使得微带线的特性和分析非常复杂。带状线的所有场都包含在均匀的电介质区域中，基片上方的空气区域中只有少部分场力线，而微带线不支持纯 TEM 波，因为在电介质区域的 TEM 场的相速应是 $c/\sqrt{\epsilon_r}$，但空气区域中的 TEM 场的相速却是 c。因此，在电介质-空气分界面上不可能实现 TEM 的波的相位匹配。

实际上，微带线的严格场解是由混合 TM-TE 波组成的，它需要更为先进的分析技术。然而，在绝大多数实际应用中，电介质基片是非常电薄的（$d \ll \lambda$），因此其场是准 TEM 的。换言之，场基本上与静态情形时相同。因此，相速、传播常数和特征阻抗可由静态或准静态解得到。然后，相速和传播常数可以表示为

$$v_p = \frac{c}{\sqrt{\epsilon_e}} \tag{3.193}$$

$$\beta = k_0\sqrt{\epsilon_e} \tag{3.194}$$

式中，ϵ_e 是微带线的有效介电常数。因为部分场力线在电介质区域，部分场力线在空气区域，所以有效介电常数满足关系

$$1 < \epsilon_e < \epsilon_r$$

并依赖于基片介质常数，如基片厚度、导体宽度和频率。

下面先给出微带线的有效介电常数和特征阻抗的近似设计公式，这些结果是对严格准静态解的曲线拟合近似[8, 9]。然后大讨论微带线的其他方面,包括频率依赖效应、高阶模及寄生效应。

3.8.1 有效介电常数、特征阻抗和衰减的计算公式

微带线的有效介电常数可以解释为一个均匀媒质的介电常数，

$$\epsilon_e = \frac{\epsilon_r + 1}{2} + \frac{\epsilon_r - 1}{2}\frac{1}{\sqrt{1 + 12d/W}} \tag{3.195}$$

这个均匀媒质取代了微带线的空气和电介质区域，如图3.26所示。于是相速和传播常数由式(3.193)和式(3.194)给出。

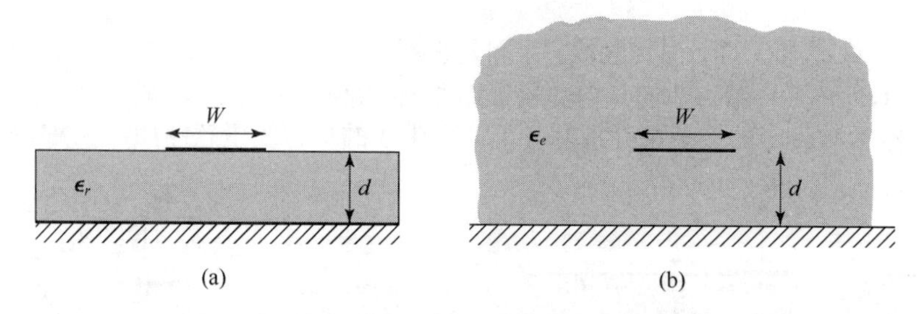

图3.26　准TEM微带线的等效几何结构：(a)原几何结构。(b)等效几何结构，其中对相对介电常数为ϵ_r的电介质基片被相对有效介电常数为ϵ_e的均匀介质取代

给定微带线的尺寸，特征阻抗可以计算为

$$Z_0=\begin{cases}\dfrac{60}{\sqrt{\epsilon_e}}\ln\left(\dfrac{8d}{W}+\dfrac{W}{4d}\right), & W/d\leqslant 1\\ \dfrac{120\pi}{\sqrt{\epsilon_e}\left[W/d+1.393+0.667\ln(W/d+1.444)\right]}, & W/d\geqslant 1\end{cases} \tag{3.196}$$

对于给定的特征阻抗Z_0和介电常数ϵ_r，求得比值W/d为

$$\frac{W}{d}=\begin{cases}\dfrac{8\mathrm{e}^A}{\mathrm{e}^{2A}-2}, & W/d<2\\ \dfrac{2}{\pi}\left[B-1-\ln(2B-1)+\dfrac{\epsilon_r-1}{2\epsilon_r}\left\{\ln(B-1)+0.39-\dfrac{0.61}{\epsilon_r}\right\}\right], & W/d>2\end{cases} \tag{3.197}$$

式中，

$$A=\frac{Z_0}{60}\sqrt{\frac{\epsilon_r+1}{2}}+\frac{\epsilon_r-1}{\epsilon_r+1}\left(0.23+\frac{0.11}{\epsilon_r}\right),\quad B=\frac{377\pi}{2Z_0\sqrt{\epsilon_r}}$$

若把微带线考虑为一个准TEM线，则源于介电损耗的衰减可以求出为

$$\alpha_d=\frac{k_0\epsilon_e(\epsilon_r-1)\tan\delta}{2\sqrt{\epsilon_e}(\epsilon_r-1)}\text{Np/m} \tag{3.198}$$

式中，$\tan\delta$是介质的损耗角正切。这个结果是由式(3.30)通过乘以“填充因子”

$$\frac{\epsilon_r(\epsilon_e-1)}{\epsilon_e(\epsilon_r-1)}$$

导出的，它考虑了围绕微带线的场部分在空气中（无耗）、部分在介质中这一事实。源于导体损耗的衰减近似地由[8]

$$\alpha_c=\frac{R_s}{Z_0W}\text{Np/m} \tag{3.199}$$

给出，其中$R_s=\sqrt{\omega\mu_0/2\sigma}$是导体的表面电阻。对于绝大多数微带基片，导体损耗比介电损耗更为重要；然而，某些半导体基片可能要排除在外。

例题3.7　微带线设计

在0.5mm的铝基片（$\epsilon_r=9.9,\tan\delta=0.001$）上设计一微带线，特征阻抗为50Ω。计算微带线

的长度，要求在 10GHz 时有 270°相移，计算微带线上的总损耗，假设为铜导体。将由式(3.195)至式(3.199)得到的近似结果与微波 CAD 软件包得到的结果进行比较。

解： 首先，对 $Z_0 = 50\Omega$ 求 W/d，初始猜测 $W/d < 2$。由式(3.197)得

$$A = 2.142, \qquad W/d = 0.9654$$

所以 $W/d < 2$；否则用 $W/d > 2$ 的表达式。然后，得到 $W = 0.9654d = 0.483\text{mm}$。由式(3.195)得有效介电常数为 $\epsilon_e = 6.665$。对于 270°相移，线长 ℓ 求得为

$$\phi = 270° = \beta\ell = \sqrt{\epsilon_e}k_0\ell$$

$$k_0 = \frac{2\pi f}{c} = 209.4\text{m}^{-1}$$

$$\ell = \frac{270°(\pi/180°)}{\sqrt{\epsilon_e}k_0} = 8.72\text{mm}$$

由式(3.198)求得介质损耗导致的衰减为 $\alpha_d = 0.255\text{Np/m} = 0.022\text{dB/cm}$。铜的表面阻抗在 10GHz 时为 0.026Ω，由式(3.199)求得导体损耗导致的衰减为 $\alpha_c = 0.0108\text{Np/cm} = 0.094\text{dB/cm}$。因此，线上的总损耗为 0.101dB。

商业 CAD 软件包给出的结果如下：$W = 0.478\text{mm}$，$\epsilon_e = 6.83$，$\ell = 8.61\text{mm}$，$\alpha_d = 0.022\text{dB/cm}$，$\alpha_c = 0.054\text{dB/cm}$。近似公式给出的结果显示，线宽、有效介电常数、线长和介质衰减与 CAD 数据相差不超过百分点。 ■

3.8.2 频率依赖效应和高阶模

前一节给出的微带线参数的结果基于准静态近似，并只在 DC（或甚低频率）时严格成立。在高频下，会出现很多效应，使得微带线的有效介电常数、特征阻抗和衰减的准静态结果发生变化。此外，还会出现新效应，如高阶模和寄生电抗。

因为微带线并不是真正的 TME 传输线，其传播常数不是频率的线性函数，这意味着有效介电常数会随频率变化。微带线上存在的电磁场涉及 TM 模和 TM 模的混合耦合，进而被空气和介电基片界面强加的边界条件复杂化。此外，带状导体上的电流在带宽上并不是均匀的，而是随频率变化分布的。带状导体的厚度也会影响电流分布，进而影响微带线参数（尤其是导体损耗）。

微带线参数随频率的变化具有重要意义，原因如下。第一，如果这种变化很重要，那么知道并使用特殊频率处的参数就会很重要，以便在设计或分析中避免错误。一般来说，对于微带线，有效介电常数随频率变化要比随特征阻抗变化更重要，具体体现在相对变化和对性能的相对影响两方面。有效介电常数的变化可能会对通过一长段微带线的相位延迟产生重要影响，而特征阻抗的微小变化则会引起较小的阻抗失配。第二，微带线参数随频率变化意味着宽带信号的不同频率分量将以不同的方式传播。例如，相速变化意味着不同频率分量会在不同的时间到达微带线的输出端，导致信号失真。第三，由于对这些效应建模很复杂，因此近似公式只适用于有限范围内的频率和微带线参数，而计算机数值模拟通常更为准确和有用。

根据计算机数值模拟求解和/或实验数据，人们开发了许多近似公式，以便预测微带线的频率变化[8, 9]。一种常见的有效介电常数频率依赖模型为[8]

$$\epsilon_e(f) = \epsilon_r - \frac{\epsilon_r - \epsilon_e(0)}{1 + G(f)} \tag{3.200}$$

式中，$\epsilon_e(f)$ 表示与频率有关的有效介电常数，ϵ_r 是基片的相对介电常数，$\epsilon_e(0)$ 是直流时微带线的有效介电常数，它由式(3.195)给出。函数 $G(f)$ 可取各种形式，但参考文献[8]中建议取

$G(f)=g(f/f_p)^2$，其中 $g=0.6+0.009Z_0$，$f_p=Z_0/8\pi d$（其中 Z_0 的单位是 Ω，f 的单位是 GHz，d 的单位是 cm）。由式(3.200)可知，$\epsilon_e(f)$ 在 $f=0$ 时会简化为 DC 值 $\epsilon_e(0)$，并在频率增大时增大到 ϵ_r。

上面的近似公式主要是在射频和微波工程的计算机辅助工具大量应用前开发的（见第 4 章关于计算机辅助设计的兴趣点）。这样的工具通常可为很宽范围的微带线参数提供准确的结果，今天人们更常使用解析近似公式。

微带线的另一个难点是，它能够支持几种类型的高阶模，尤其是在更高的频率处。有些高阶模与 3.6 节讨论的 TM 和 TE 表面波模直接相关，有些高阶模则与线剖面中的波导型模相关。

由式(3.167)可知，接地介质基片的 TM_0 表面波模具有零截止频率。由于这种模的有些场力线与准 TEM 模的微带线的场力线一致，因此很有可能从期望的微带模耦合出表面波模，从而导致额外的功率损耗及耦合至相邻的微带单元。由于 TM_0 表面波在 DC 处的场为零，因此在达到临界频率前，与准 TEM 微带模的耦合很小。研究表明，这一阈值频率大于零并小于 TM_1 表面波模的截止频率。常用的近似公式为[8]

$$f_{T1}\approx\frac{c}{2\pi d}\sqrt{\frac{2}{\epsilon_r-1}}\arctan\epsilon_r \tag{3.201}$$

ϵ_r 的取值范围是 1～10，由式(3.201)给出的频率是截止频率 f_{c1} 的 35%～66%。f_{c1} 是 TM_1 表面波模的截止频率。

当微带电路横向不连续（如弯曲、成结或宽度步进变化）时，导体上产生的横向电流可能会导致 TE 表面波模的耦合。许多实际的微带电路都有这种不连续性，因此这类耦合通常是很重要的。这种耦合下的最小阈值频率变得很重要，根据式(3.174)，它由 TE_1 表面波的截止频率给出：

$$f_{T2}\approx\frac{c}{4d\sqrt{\epsilon_r-1}} \tag{3.202}$$

对于较宽的微带线，在微带下方的介质区域中，沿微带线的 x 轴有可能激励横向谐振，因为微带导体下方两侧近似为磁壁。这种情况发生在电介质宽度约为 $\lambda/2$ 时，但由于边缘场的影响，微带的有效宽度略大于微带的物理宽度。有效宽度的大致近似为 $W+d/2$，因此横向谐振的近似阈值频率为

$$f_{T3}\approx\frac{c}{\sqrt{\epsilon_r}(2W+d)} \tag{3.203}$$

实际的微带线宽很少达到这一极限。

最后，当微带导体和接地平面间的距离趋近 $\lambda/2$ 时，平行板型波导模可以传播。这种模的阈值频率近似可由下式给出（适用于较宽的微带线）：

$$f_{T4}\approx\frac{c}{2d\sqrt{\epsilon_r}} \tag{3.204}$$

越薄的微带线有着更多的边缘场，它会有效地加长微带和地面之间的路径，从而可将阈值频率降低 50%。

由式(3.201)至式(3.204)给出的阈值频率的主要作用是，对于给定的微带线几何结构强加一个工作频率上限。这一频率上限是介质基片厚度、介电常数和微带宽度的函数。

例题 3.8　有效介电常数的频率依赖

使用近似公式(3.200)画出 25Ω 微带线的有效介电常数随频率的变化曲线，微带线介质的相对

介电常数为 10.0，厚度为 0.65mm。比较频率在 0～20GHz 之间的近似数据和 CAD 软件的计算结果。使用 $\epsilon_e(0)$ 和 ϵ_e（10GHz）值 比较通过 1.093cm 长的微带线时计算得到的相位延迟。

解： 25Ω 阻抗所需的微带线宽为 $w = 2.00\text{mm}$。该微带线在低频率时的有效介电常数可由式(3.195)求出，为 $\epsilon_e(0)=7.53$。根据式(3.200)，编写一个小的计算机程序，计算得到有效介电常数是频率的函数，结果如图 3.27 所示。与商业微波 CAD 软件包的计算结果对比表明，近似模型可合理地精确到约 10GHz，但在高频处的估计值偏大。

直流时的有效介电常数 $\epsilon_e(0)=7.53$，求得通过 1.093cm 长的微带线的相位延迟为 $\phi_0=\sqrt{\epsilon_e(0)}k_0\ell=360°$。频率为 10GHz 时的有效介电常数为 8.120（CAD），相应的相位延迟为 $\phi_{10}=\sqrt{\epsilon_e(10\,\text{GHz})}k_0\ell=374°$，二者相差 14°。

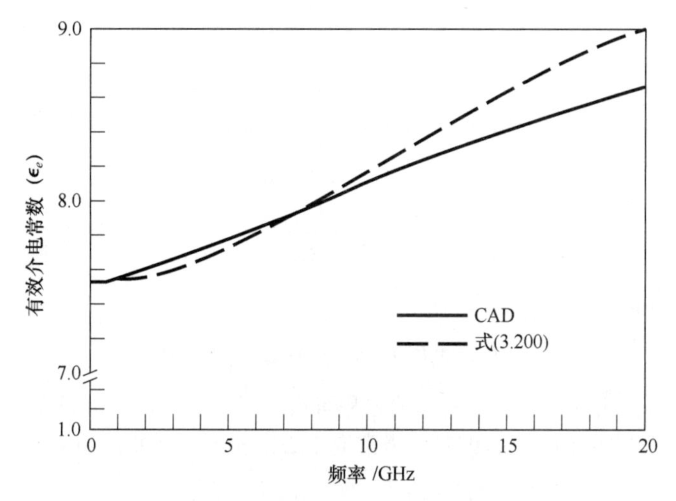

图 3.27　例题 3.8 中微带线的有效介电常数与频率的关系曲线，对比式(3.200)的近似模型结果与计算机辅助设计软件计算的结果 ■

3.9　横向谐振法

根据 3.1 节给出的麦克斯韦方程组关于 TE 波和 TM 波的通解，均匀波导结构的传播常数是

$$\beta=\sqrt{k^2-k_c^2}=\sqrt{k^2-k_x^2-k_y^2} \tag{3.205}$$

式中，$k_c=\sqrt{k_x^2+k_y^2}$ 是波导的截止波数，并且对于给定的模，它是由波导截面几何形状确定的函数。因此，若知道 k_c，则能求出波导的传播常数。前面几节曾在波导中求解波方程，并根据合适的边界条件求 k_c；这种方法是非常有效的和普通的，但对于复杂的波导，特别是存在介质层时，可能是复杂的。此外，波方程的解给出了波导内完整的场描述，若仅对波导的传播常数感兴趣，则这比实际需要的信息多得多。横向谐振法利用波导横截面的传输线模给出更简单、更直接的截止频率。这是电路和传输线理论可以用来简化场理论解的另一个例子。

横向谐振处理方法依据的是波导截止时场在波导横截面内形成驻波的事实，如 3.2 节中讨论的波导模的“弹跳平面波”解释那样。这种情况可以用工作在谐振下的等效传输线电路模拟。这种谐振传输线的条件之一是，线上任意点向两个方向看去的输入阻抗之和必须为零，即

$$Z_{\text{in}}^r(x)+Z_{\text{in}}^\ell(x)=0,\qquad 对所有\ x \tag{3.206}$$

式中，$Z_{\text{in}}^{r}(x)$ 和 $Z_{\text{in}}^{\ell}(x)$ 分别是从谐振线上的点 x 向右和向左看去的输入阻抗。

横向谐振法只能给出波导截止频率。若需要场或导体损耗引起的衰减，则必须由完整的场理论求解。下面用一个例子来阐明横向谐振法。

3.9.1 部分加载矩形波导的 TE$_{0n}$ 模

当波导中包含介质时，横向谐振法特别有用，因为用场理论方法求解联立代数方程所需的介质分界面的边界条件可以很容易地处理为不同传输线段的连接。作为一个例子，考虑一个部分填充介质的矩形波导，如图 3.28 所示。为了求得 TE$_{0n}$ 模的截止频率，可以用图中所示的等效横向谐振电路。$0 < y < t$ 之间的线代表波导的介质填充部分，具有横向传播常数 k_{yd}，而 TE 模的特征阻抗由

$$Z_d = \frac{k\eta}{k_{yd}} = \frac{k_0\eta_0}{k_{yd}} \tag{3.207a}$$

给出，其中 $k_0 = \omega\sqrt{\mu_0\epsilon_0}$，$\eta_0 = \sqrt{\mu_0/\epsilon_0}$。对于 $t < y < b$，波导是由空气填充的，具有横向传播常数 k_{ya}，等效特征阻抗由

$$Z_a = \frac{k_0\eta_0}{k_{ya}} \tag{3.207b}$$

给出。应用条件(3.206)得

$$k_{ya}\tan k_{yd}t + k_{yd}\tan k_{ya}(b-t) = 0 \tag{3.208}$$

这个方程包含两个未知量 k_{ya} 和 k_{yd}。附加的方程可根据以下事实得出：因为在介质分界面上切向场满足相位匹配，所以两个区域的纵向传播常数 β 必定相同。因此，当 $k_x = 0$ 时，有

$$\beta = \sqrt{\epsilon_r k_0^2 - k_{yd}^2} = \sqrt{k_0^2 - k_{ya}^2}$$

或

$$\epsilon_r k_0^2 - k_{yd}^2 = k_0^2 - k_{ya}^2 \tag{3.209}$$

式(3.208)和式(3.209)可以通过数值或作图法求解得到 k_{yd} 和 k_{ya}。解有无穷多个，这些解对应于 TE$_{0n}$ 模的 n（y 方向的变化数）。

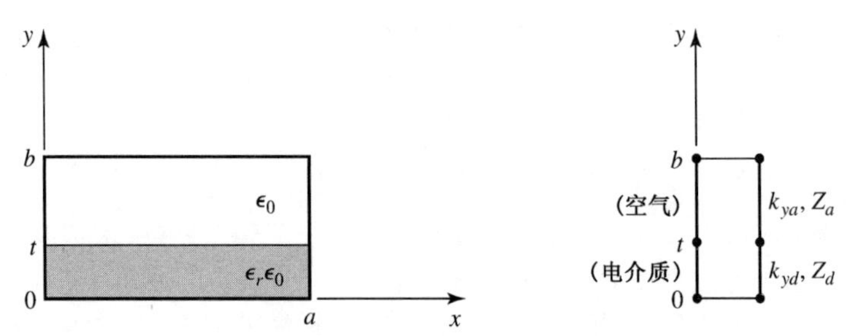

图 3.28 部分填充电介质的矩形波导及横向谐振等效电路

3.10 波速和色散

到目前为止，已经介绍了与电磁波传播相关的两种速度：

- 光在媒质中的速度（$1/\sqrt{\mu\epsilon}$）

- 相速（$v_p = \omega/\beta$）

光在媒质中的速度是平面波在那种媒质中的传播速度，相速是波在常数相位点行进的速度。对于 TEM 平面波，这两种速度是一致的，但对于其他类型的导波传播，相速可能大于或小于光速。

若传输线和波导的相速和衰减是不随频率变化的常数，则包含多个频率分量的信号的相位将不会畸变。若相速因频率不同而不同，则各个频率分量沿传输线或波导传播时将不再保持它们原有的相位关系，这样就产生了信号畸变。这种效应称为*色散*，因为不同的相速使得“较快”的波在相位上领先“较慢”的波，因此初始相位关系将在信号沿传输线传播时逐渐分散。在这种情况下，信号整体上不具有单一的相速。然而，若信号带宽相对较小，或者说若色散不严重，则可以有意义地定义*群速*。这个速度可用来描述信号传播的速度。

3.10.1 群速

如上所述，群速的物理解释是窄带信号传播的速度。下面通过考虑时域信号 $f(t)$来导出群速与传播常数的关系。时域信号的傅里叶变换定义为

$$F(\omega) = \int_{-\infty}^{\infty} f(t)\mathrm{e}^{-\mathrm{j}\omega t}\mathrm{d}t \tag{3.210a}$$

反变换为

$$f(t) = \frac{1}{2\pi}\int_{-\infty}^{\infty} F(\omega)\mathrm{e}^{\mathrm{j}\omega t}\mathrm{d}\omega \tag{3.210b}$$

现在，考虑一个传输线或波导，信号 $f(t)$作为一个线性系统在其中传播，传递函数 $Z(\omega)$将线的输出 $F_o(\omega)$与输入 $F(\omega)$联系起来，如图 3.29 所示。因此，

$$F_o(\omega) = Z(\omega)F(\omega) \tag{3.211}$$

对于匹配的无耗传输线或波导，传递函数 $Z(\omega)$可以表示为

$$Z(\omega) = A\mathrm{e}^{-\mathrm{j}\beta z} = |Z(\omega)|\mathrm{e}^{-\mathrm{j}\psi} \tag{3.212}$$

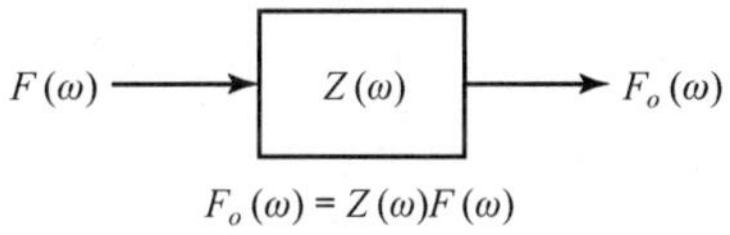

图 3.29 传输线或波导可视为具有传递函数 $Z(\omega)$的线性系统

式中，A 是常数，β 是线或波导的传播常数。

于是，输出信号的时域表达式 $f_o(t)$可以表示为

$$f_o(t) = \frac{1}{2\pi}\int_{-\infty}^{\infty} F(\omega)|Z(\omega)|\mathrm{e}^{\mathrm{j}(\omega t-\psi)}\mathrm{d}\omega \tag{3.213}$$

现在，若$|Z(\omega)| = A$ 是常量，且 $Z(\omega)$的相位ψ 是 ω 的线性函数，如$\psi = a\omega$，则输出为

$$f_o(t) = \frac{1}{2\pi}\int_{-\infty}^{\infty} AF(\omega)\mathrm{e}^{\mathrm{j}\omega(t-a)}\mathrm{d}\omega = Af(t-a) \tag{3.214}$$

可以看出，除振幅因子 A 和时间相移 a 外，它是 $f(t)$的副本。因此，形式为 $Z(\omega) = A\mathrm{e}^{-\mathrm{j}\omega a}$ 的传递函数不会改变输入信号。无耗 TEM 波的传播常数是 $\beta = \omega/c$，因此 TEM 线是无色散的，它不会产生信号畸变。然而，若 TEM 线是有耗的，衰减可能是频率的函数，则可能导致信号畸变。

现在，考虑一个窄带输入信号，

$$s(t) = f(t)\cos\omega_o t = \mathrm{Re}\{f(t)\mathrm{e}^{\mathrm{j}\omega_o t}\} \tag{3.215}$$

它代表一个频率为 ω_o 的振幅调制的载波。假定 $f(t)$的最高频率分量是 ω_m，其中 $\omega_m \ll \omega_o$。$s(t)$的傅里叶变换 $S(\omega)$是

$$S(\omega) = \int_{-\infty}^{\infty} f(t)\mathrm{e}^{-\mathrm{j}\omega_o t}\mathrm{e}^{\mathrm{j}\omega t}\mathrm{d}t = F(\omega-\omega_o) \tag{3.216}$$

式中用到了式(3.215)表示的输入信号的复数形式。然后，需要取输出反变换的实部来得到时域输

出信号。$F(\omega)$和$S(\omega)$的频谱如图 3.30 所示。

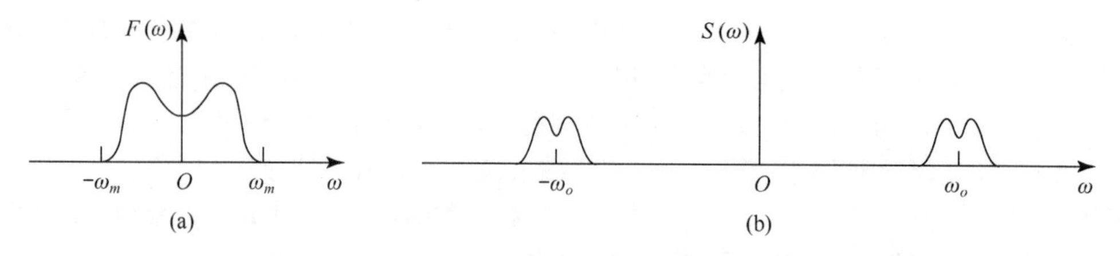

图 3.30　(a)信号$f(t)$的傅里叶频谱；(b)信号$s(t)$的傅里叶频谱

输出信号频谱为

$$S_o(\omega)=AF(\omega-\omega_o)\mathrm{e}^{-\mathrm{j}\beta z} \tag{3.217}$$

在时域中，

$$s_o(t)=\frac{1}{2\pi}\mathrm{Re}\int_{-\infty}^{\infty}S_o(\omega)e^{\mathrm{j}\omega t}\mathrm{d}\omega=\frac{1}{2\pi}\mathrm{Re}\int_{\omega_o-\omega_m}^{\omega_o+\omega_m}AF(\omega-\omega_o)\mathrm{e}^{\mathrm{j}(\omega t-\beta z)}\mathrm{d}\omega \tag{3.218}$$

一般来说，传播常数β可能是ω的复杂函数。但是，若$F(\omega)$是窄带的（$\omega_m\ll\omega_o$），则β就可用ω_o的泰勒级数展开式的线性项表示：

$$\beta(\omega)=\beta(\omega_o)+\left.\frac{\mathrm{d}\beta}{\mathrm{d}\omega}\right|_{\omega=\omega_o}(\omega-\omega_o)+\frac{1}{2}\left.\frac{\mathrm{d}^2\beta}{\mathrm{d}\omega^2}\right|_{\omega=\omega_o}(\omega-\omega_o)^2+\cdots \tag{3.219}$$

保留前两项得

$$\beta(\omega)\approx\beta_o+\beta_o'(\omega-\omega_o) \tag{3.220}$$

式中，

$$\beta_o=\beta(\omega_o),\quad \beta_o'=\left.\frac{\mathrm{d}\beta}{\mathrm{d}\omega}\right|_{\omega=\omega_o}$$

然后，做变量代换$y=\omega-\omega_o$，$s_o(t)$的表达式变为

$$\begin{aligned}s_o(t)&=\frac{A}{2\pi}\mathrm{Re}\left\{\mathrm{e}^{\mathrm{j}(\omega_o t-\beta_o z)}\int_{-\omega_m}^{\omega_m}F(y)\mathrm{e}^{\mathrm{j}(t-\beta_o' z)y}\mathrm{d}y\right\}\\&=A\,\mathrm{Re}\left\{f(t-\beta_o'z)\mathrm{e}^{\mathrm{j}(\omega_o t-\beta_o z)}\right\}\\&=Af(t-\beta_o'z)\cos(\omega_o t-\beta_o z)\end{aligned} \tag{3.221}$$

它是原始调制包络，即由式(3.215)表示的$f(t)$的时移副本。这个波包的速度就是群速v_g：

$$v_g=\frac{1}{\beta_o'}=\left.\left(\frac{\mathrm{d}\beta}{\mathrm{d}\omega}\right)^{-1}\right|_{\omega=\omega_o} \tag{3.222}$$

例题 3.9　波导波速

计算在空气填充的波导中传播的波导模的群速，并把这个速度与相速和光速进行比较。

解：在空气填充波导中的波导模的传播常数是

$$\beta=\sqrt{k_0^2-k_c^2}=\sqrt{(\omega/c)^2-k_c^2}$$

取其对频率的导数得

$$\frac{\mathrm{d}\beta}{\mathrm{d}\omega}=\frac{\omega/c^2}{\sqrt{(\omega/c)^2-k_c^2}}=\frac{k_o}{c\beta}$$

所以，由式(3.231)[①]得群速为

$$v_g = \left(\frac{\mathrm{d}\beta}{\mathrm{d}\omega}\right)^{-1} = \frac{c\beta}{k_0}$$

相速为 $v_p = \omega / \beta = (k_0 c) / \beta$。因为 $\beta < k_0$，所以有 $v_g < c < v_p$，它表示波导模的相速可能大于光速，但群速(窄带信号的速度)将小于光速。■

3.11 传输线和波导小结

本章讨论了各种传输线和波导，下面小结这些传输媒介的一些基本特性及其在更宽领域内的相对优点。

本章开头区分了 TEM 波、TM 波和 TE 波，而且传输线和波导可以按照其支持的波的类型来划分。TEM 波不是色散的，也没有截止频率，而 TM 波和 TE 波是色散的，而且一般具有非零的截止频率。其他电特性包括带宽、衰减和功率运行容量。然而，力学因素也非常重要，如物理尺寸（体积和质量）、加工难度（价格）及与其他器件（有源和无源）集成的能力等。表 3.6 中比较了几种类型的传输线的上述特性；该表只给出了普通的波导传输线，因为在特殊情况下可能会给出比表中所列的更好或更坏的结果。

表 3.6 常见传输线和波导的比较

特 性	同 轴 线	波 导	带 状 线	微 带 线
模：优先选择	TEM	TE_{10}	TEM	准 TEM
其他	TM, TE	TM, TE	TM, TE	混合 TM, TE
色散	无	中	无	低
带宽	高	低	高	高
损耗	中	低	高	高
功率容量	中	高	低	低
物理尺寸	大	大	中	小
加工难度	中	中	易	易
与其他元件的集成	难	难	尚可	易

3.11.1 其他类型的传输线和波导

前面讨论了最常用的波导和传输线，但还有许多其他的波导和传输线（及其变体）尚未讨论。下面简单地介绍少量较为流行的类型。

脊波导。矩形波导的实际带宽稍小于 1 倍频程（一个 2∶1 的频率范围）。这是因为 TE_{20} 模的频率在等于 TE_{10} 模的截止频率的 2 倍时开始传播。图 3.31 中的脊波导由上壁和/或下壁加载导体脊的矩形波导构成。这种加载降低了基模的截止频率，导致带宽增加和更好的阻抗特性。这种波导常用于阻抗匹配，在这种情形下，脊沿波导的长度是渐变的。然而，脊的存在降低了波导的功率运行容量。

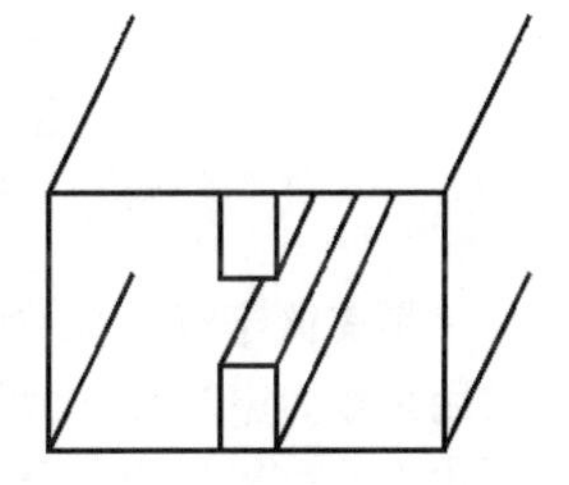

图 3.31 脊波导的横截面

介质波导。对表面波的研究表明，对于限制和支持一个传播电磁场而言，金属导体并不是必需的。图 3.32 所示的介质波导是这种波导的另一个例子，其中脊的介电常数 ϵ_{r_2} 通常大于基片的

② 原书误为式(3.234)。——译者注

介电常数 ϵ_{r1} 。因此，绝大部分电磁场限制在介质脊的周围。这种类型的波导不仅支持 TM 模和 TE 模，而且便于与有源器件集成。较小的尺寸使得它从毫米波到光波频率都是有用的，虽然它在脊条的弯曲处和接头处的损耗可能相当大。这种基本结构有很多变体。

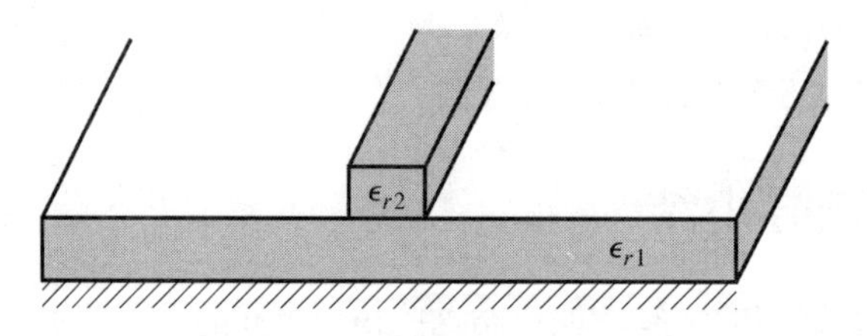

图 3.32　介质波导的几何结构

槽线。在提出的多种平面传输线中，按其流行程度而言，槽线可能是排在微带线和带状线之后的下一个。槽线的几何形状如图 3.33 所示。它由位于介质基片一侧的接地导体面上的一条细缝构成。因此，和微带线相同，槽线的两块导体导致了准 TEM 类型的模。改变槽的宽度可以改变槽线的特征阻抗。

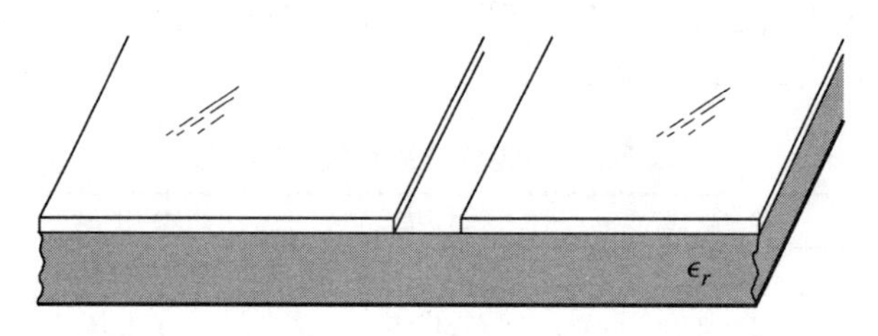

图 3.33　印制槽线的几何结构

共面波导。类似于槽线的结构是共面波导，如图 3.34 所示。共面波导可视为槽线的一种，只是槽中央有第三个导体。由于这个附加导体的存在，这种类型的传输线可以支持偶准 TEM 模或奇准 TEM 模，具体取决于两槽之间的电场 $\boldsymbol{E}$ 是反向的还是同向的。因为存在中心导体及接地平面间的封闭区域，所以共面波导对于加工制造有源电路特别有用。

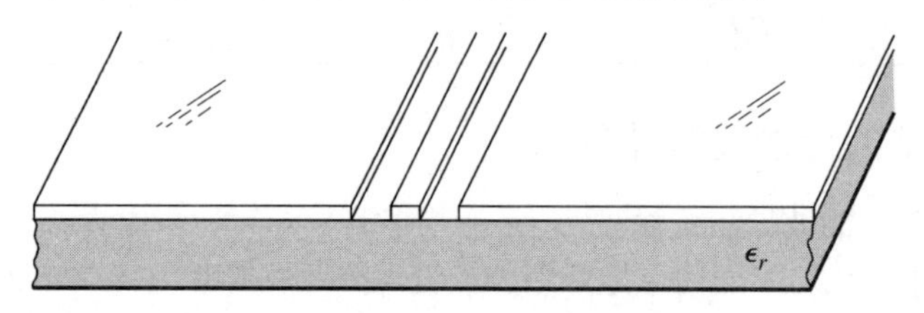

图 3.34　共面波导的几何结构

覆盖微带线。基本微带线有多种变体，但最常见的是图 3.35 中的覆盖微带线。金属覆盖板常用来作为电屏蔽和微带电路的机械保护，因此总是置于离电路几个基片厚度远的地方。然而，覆盖板的存在可能会干扰电路的工作，因此在设计时必须考虑覆盖板的影响。

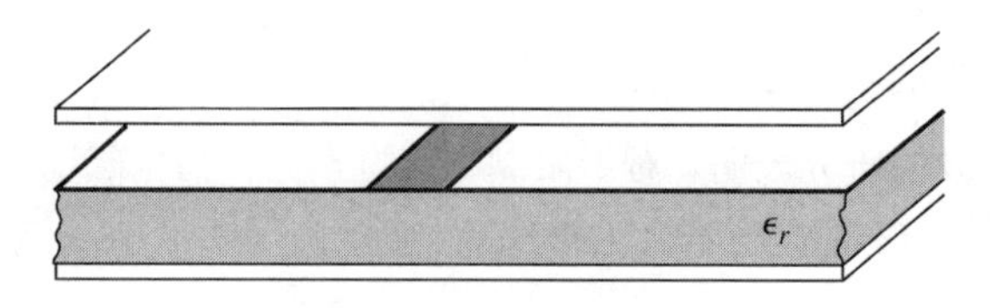

图 3.35　覆盖微带线

兴趣点：传输线的功率容量

空气填充的传输线或波导的功率运行容量受限于击穿电压，在室温及海平面大气压下，电场强度约为 $E_d = 3\times10^6\text{V/m}$ 时就会发生电压击穿。

在空气填充的同轴线中，电场按 $E_\rho = V_o/(\rho \ln b/a)$变化，它在 $\rho = a$ 时有极大值。因此，击穿前的最大电压为

$$V_{\max} = E_d a \ln\frac{b}{a} \quad（峰\text{-}峰）$$

最大功率容量为

$$P_{\max} = \frac{V_{\max}^2}{2Z_0} = \frac{\pi a^2 E_d^2}{\eta_0}\ln\frac{b}{a}$$

如所预料的那样，这个结果表明功率容量的增加可以通过采用较大的同轴线（对于同样的特征阻抗、固定的 b/a，取较大的 a 和 b）来实现。但对于给定的同轴线尺寸，高阶模的传播限制了最大工作频率。因此，对于给定的最大工作频率 $f_{\max}$，同轴线存在一个功率容量上限，可以证明它由下式给出：

$$P_{\max} = \frac{0.025}{\eta_0}\left(\frac{cE_d}{f_{\max}}\right)^2 = 5.8\times10^{12}\left(\frac{E_d}{f_{\max}}\right)^2$$

作为例子，在 10GHz 下，任何不存在高阶模的同轴线的最大峰值功率容量约为 520kW。

在空气填充的矩形波导中，电场按 $E_y = E_o\sin(\pi x/a)$ 变化，它在 $x = a/2$ 处取极大值 E_o。因此，击穿前的最大功率容量是

$$P_{\max} = \frac{abE_o^2}{4Z_w} = \frac{abE_d^2}{4Z_w}$$

它表明功率容量随波导尺寸的增加而增加。对绝大多数波导来说，$b\approx a/2$[①]。为了避免 TE_{20} 模的传播，必须使 $a < c/f_{\max}$，其中 $f_{\max}$ 是最大工作频率。于是波导的最大功率容量为

$$P_{\max} = \frac{0.11}{\eta_0}\left(\frac{cE_d}{f_{\max}}\right)^2 = 2.6\times10^{13}\left(\frac{E_d}{f_{\max}}\right)^2$$

作为例子，在 10GHz 下工作于 TE_{10} 模的矩形波导的最高峰值功率容量约为 2300kW，它比同样频率下同轴线的功率容量高得多。

因为电弧放电和电压击穿是非常高速的效应，所以上述电压和功率极限是峰值量。此外，良好的工程环境需要提供一个至少为 2 的安全因子，所以能够安全地传输的最大功率应限制在约为上述值的一半。在线上或波导中存在反射时，功率容量将会进一步减小。在最坏的情形下，反射系数幅值等于单位 1 时，要把线上的最大电压加大到原来的两倍，因此功率容量减少因子为 4。

线的功率容量可通过在线上填充空气、惰性气体或电介质来增大。绝大多数电介质的介电强度（E_d）要大于空气的介电强度，但其功率容量限制可能主要是因为欧姆损耗使电介质产生的热。

参考文献：P. A. Rizzi, *Microwave Engineering – Passive Circuits*, Prentice-Hall, N. J., 1988.

① 原书为 $b\approx 2a$，有误。——译者注

参考文献

[1] O. Heaviside, *Electromagnetic Theory*, Vol. 1, 1893. Reprinted by Dover, New York, 1950.

[2] Lord Rayleigh, "On the Passage of Electric Waves through Tubes," *Philosophical Magazine*, vol. 43, pp. 125–132, 1897. Reprinted in *Collected Papers*, Cambridge University Press, Cambridge, 1903.

[3] K. S. Packard, "The Origin of Waveguides: A Case of Multiple Rediscovery," *IEEE Transactions on Microwave Theory and Techniques*, vol. MTT-32, pp. 961–969, September 1984.

[4] R. M. Barrett, "Microwave Printed Circuits—An Historical Perspective," *IEEE Transactions on Microwave Theory and Techniques*, vol. MTT-32, pp. 983–990, September 1984.

[5] D. D. Grieg and H. F. Englemann, "Microstrip—A New Transmission Technique for the Kilomegacycle Range," *Proceedings of the IRE*, vol. 40, pp. 1644–1650, December 1952.

[6] H. Howe, Jr., *Stripline Circuit Design*, Artech House, Dedham, Mass., 1974.

[7] I. J. Bahl and R. Garg, "A Designer's Guide to Stripline Circuits," *Microwaves*, January 1978, pp. 90–96.

[8] I. J. Bahl and D. K. Trivedi, "A Designer's Guide to Microstrip Line," *Microwaves*, May 1977, pp. 174–182.

[9] K. C. Gupta, R. Garg, and I. J. Bahl, *Microstrip Lines and Slotlines*, Artech House, Dedham, Mass., 1979.

习题

3.1 设计 3.5 节基本铜传输线几何结构的两种变体，根据尺寸、损耗、成本、高阶模、耗散等因素，探讨其优缺点。对于 3.8 节的微带线几何结构，重复这一习题。

3.2 由式(3.3)和式(3.4)导出式(3.5a～d)。

3.3 计算平行平板波导的 TE_n 模由导体损耗产生的衰减。

3.4 考虑一段空气填充的 K 波段波导。根据附录 I 给出的尺寸，确定其第一个、第二个传播模的截止频率。根据附录 I 给出的推荐工作范围，确定该工作范围代表的带宽相对于单模传播的理论带宽减少的百分比。

3.5 一个 10cm 长的 K 波段铜波导填充有介电材料，介电材料的参量为 $\epsilon_r = 2.55$，$\tan\delta = 0.0015$。运行频率为 15GHz 时，求通过该波导的总损耗及从输入到输出的相位延迟。

3.6 衰减器可用一段工作在低于截止频率的波导构成，如下图所示。若 $a = 2.286$cm，工作频率为 12GHz，求低于截止频率的波导段的长度，使其能在输入和输出波段之间得到 100dB 的衰减。忽略阶跃不连续性的反射影响。

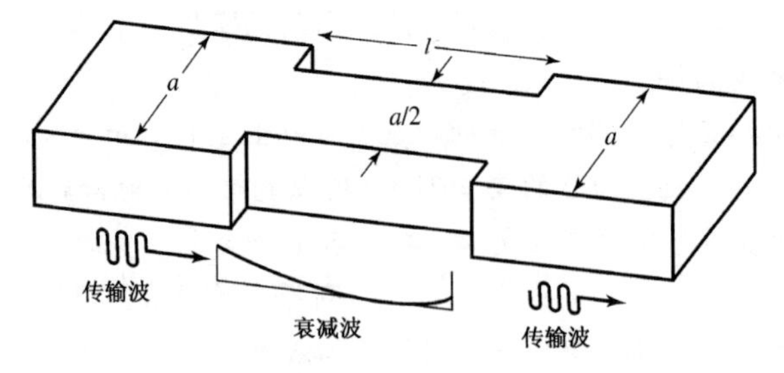

3.7 求矩形波导壁上有关 TE_{10} 模的表面电流密度。为什么可在矩形波导宽边的中心线上开槽而不会干扰波导的工作？这样的槽经常用于开槽的传输线中，以便检测取样波导内部的驻波场。

3.8 导出矩形波导中 TM_{mn} 模由于非理想导电壁产生的衰减的表达式。

3.9 对于下图所示的部分加载的矩形波导，求解 $\beta = 0$ 时的式(3.109)，得到 TE_{10} 模的截止频率。假定 $a = 2.286$cm，$t = a/2$，$\epsilon_r = 2.25$。

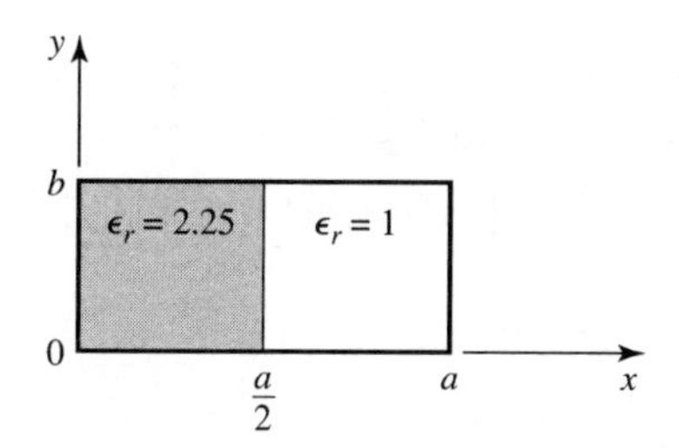

3.10 考虑一个如下图所示的部分填充的平行平板波导。导出该结构的最低阶 TE 模的解（场及截止频率）。假定金属板无限宽。TEM 波能在该结构中传播吗？

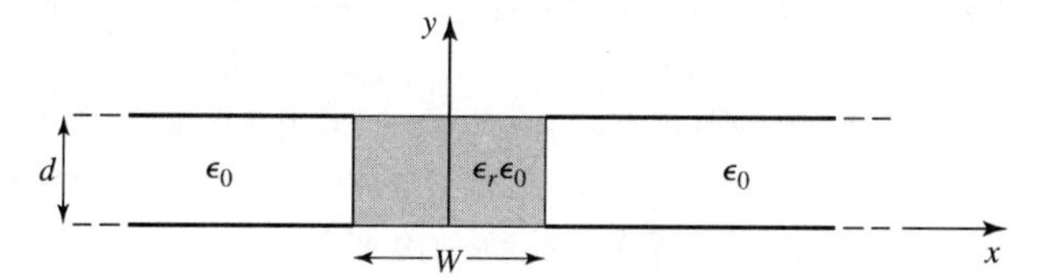

3.11 在圆柱坐标系中，利用纵向场导出横向场分量的公式(3.110a～d)。

3.12 在有限导电率的圆波导中，推导 TM_{nm} 模衰减的表达式。

3.13 考虑半径为 0.4cm、填充有 $\epsilon_r = 1.5$ 和 $\tan\delta = 0.0002$ 的介电材料的圆波导。求前四个传播模并计算它们的截止频率。对于主模，计算 20GHz 时的总衰减。

3.14 根据式(3.153)给出的电势表达式，导出同轴线的 $\boldsymbol{E}$ 和 $\boldsymbol{H}$ 场。同时求出线中电压、电流和特征阻抗的表达式。

3.15 导出计算同轴波导中 TM 模截止频率的超越方程。采用表格得出 TM_{01} 模的 $k_c a$ 的一个近似值，假设 $b/a = 2$。

3.16 当接地面具有有限导电率时，导出接地介电板上 TE 表面波的衰减表达式。

3.17 考虑下图所示的接地磁介质板。导出可以在该结构上传播的 TM 表面波的解。

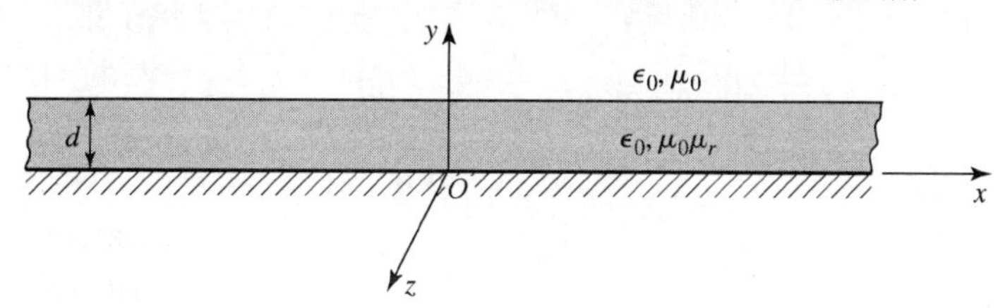

3.18 考虑下图所示的部分填充的同轴线。TEM 波能在该线上传播吗？导出该结构中 TM_{0m} 模（没有角向变化的模）的解。

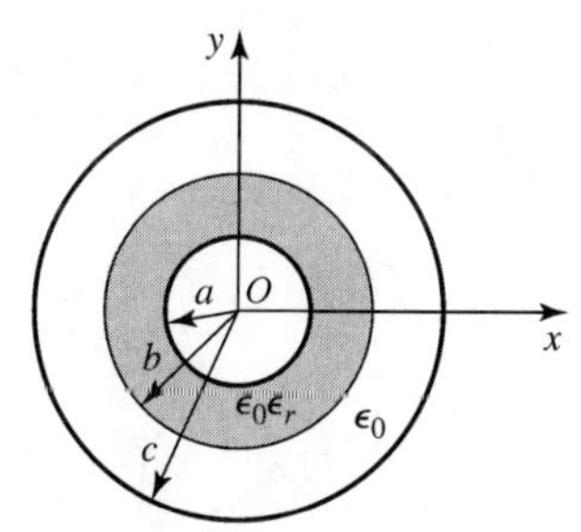

3.19 设计一个具有 100Ω 特征阻抗的带状传输线。接地平面间隔为 1.02mm，填充材料的介电常数为 2.20，$\tan\delta = 0.001$。若频率为 5GHz，则该传输线的波导波长和总衰减为多少？

3.20 设计一个具有 100Ω 特征阻抗的微带传输线。基片厚度为 0.51mm，$\epsilon_r = 2.20$，$\tan\delta = 0.001$。若频率为 5GHz，则该传输线的波导波长和总衰减为多少？将结果与上题中带状传输线的结果进行比较。

3.21 一个 100Ω 微带线印制在厚度为 0.0762cm、介电常数为 2.2 的基片上。忽略损耗和边缘场，求该线的最短长度，使其输入端在 2.5GHz 时出现 5pF 的电容。对于 5nH 的电感重复上述计算。采用一个含有微带线物理模型的微波 CAD 软件，计算考虑损耗时所看到的实际输入阻抗（假定为铜导体，$\tan\delta = 0.001$）。

3.22 一个工作在 5GHz 的微波天线馈电网络要求长为 16λ 的 50Ω 印制传输线。可能的选择是：(a)铜微带线，$d = 0.16$cm，$\epsilon_r = 2.20$，$\tan\delta = 0.001$；(b)铜带状线，$b = 0.32$cm，$\epsilon_r = 2.20$，$t = 0.01$mm，$\tan\delta = 0.001$。若要使衰减最小，应采用哪条线？

3.23 考虑一个任意的均匀波导结构的 TE 模，其中横向场与式(3.19)中的 H_z 有关。若 H_z 具有形式 $H_z(x, y, z) = h_z(x, y)e^{-j\beta z}$，其中 $h_z(x, y)$是实数，计算坡印亭向量，并证明只有在 z 方向才有实功率流发生。假定 β 是实数，对应于传播模。

3.24 一段矩形波导在 $z < 0$ 的区域由空气填充，在 $z > 0$ 的区域由介质填充。假定两个区域都能支持基模 TE_{10}，有一个 TE_{10} 模从 $z < 0$ 入射到分界面上。利用场分析，写出两个区域的入射波、反射波、传输波的横向场分量的通用表达式，在介质分界面上施加边界条件求出反射系数和传输系数。把这个结果与在每个区域中用 Z_{TE} 的阻抗法得到的结果比较。

3.25 利用横向谐振法导出矩形波导 TM 模的传播常数所满足的超越方程，该矩形波导在 $0 < x < d$ 处由空气填充，在 $d < x < a$ 处由介质填充。

3.26 利用横向谐振法求习题 3.17 中的结构所支持的 TE 表面波的传播常数。

3.27 填充聚四氟乙烯的 X 波段波导工作频率为 9.0GHz。计算光在该材料中的速度及波导的相速和群速。

3.28 如在关于传输线的功率容量的兴趣点中讨论的那样，同轴线的最大功率容量由击穿电压限制，并由

$$P_{\max} = \frac{\pi a^2 E_d^2}{\eta_0} \ln \frac{b}{a}$$

给出，其中 E_d 是击穿时的电场强度。求使功率容量最大的 b/a 值，并证明对应的特征阻抗约为 30Ω。

3.29 在铝基片上制作的一个微带电路的参量如下：介电常数为 9.9，厚度为 2.0mm，50Ω 线宽为 1.93mm。求 3.8 节探讨的 4 个高阶模的阈值频率，并推荐这个微带电路的最大运行频率。

第 4 章　微波网络分析

低频电路的尺寸与工作波长相比很小，因此可将其视为由无源或有源集总元件互连构成，线路上任意一点定义的电压和电流都是一致的。在这种情况下，线路尺寸小到能够忽略线路上从一点到另一点的相位变化。此外，在两根或多根导线周围形成的电磁场可视为横电磁（TEM）波场。这就得出了麦克斯韦方程组的准静态解、电路理论上的基尔霍夫电压和电流定律及阻抗的概念[1]。如读者所知的那样，分析低频电路时有一套行之有效的方法。一般来说，这套方法不能直接应用到微波电路。不管怎样，本章的意图是说明如何推广电路和网络概念，以便处理很多微波分析和设计问题。

这样做的主要理由是，用电路简单而直观的概念来分析微波问题，要比用麦克斯韦方程组对同一问题求解容易得多。一方面，对具体问题进行场分析得到的信息，要比要求的信息或需要的信息丰富得多。这是因为麦克斯韦方程组对具体问题的解是完全的，它会给出空间中所有点的电场和磁场。但是，人们感兴趣的通常只是一组端口上的电压或电流、通过一个器件的功率流或其他形式的“概括”量，而不是空间中所有点的响应的瞬时描述。另一方面，采用电路或网络分析可很容易地修正原来的问题，或把几个元件组合起来并求出其响应，而没有必要详细分析与邻近元件相联系的每个元件的性能。用麦克斯韦方程组对这类问题求解有难以克服的困难。但在有些情况下，这种电路或网络分析技术显得过于简化，会导致错误的结果。在这种情况下，必须使用麦克斯韦方程组的场分析进行处理。作为一名微波工程师，这是必须掌握的技能，即有能力判断何时可应用电路分析的概念，何时要把它抛到一边。

微波网络分析的基本过程如下。首先用场分析和麦克斯韦方程组严格地处理一批基础性的标准问题（如在第 2 章和第 3 章中所做的那样，处理各种各样的传输线和波导问题）。在这样做的过程中，我们力图得出一些量，它们可与电路或传输线参量直接建立联系。例如，在第 3 章中处理不同的传输线和波导时，推导了线的传播常数和特征阻抗，这就可把传输线或波导处理为用长度、传播常数和特征阻抗表征的分布元件。对此，可以把不同元件互连起来，并用电路和/或传输线理论来分析整个元件系统的性能，如多次反射、损耗、阻抗变换及从一种到另一种传输媒质（如从同轴线到微带）的过渡。后面会介绍，不同传输线之间的过渡或同一传输线上的不连续性，一般不能处理为两根传输线之间的简单连接，而要使用某种形式的等效电路来论证，进而算出与过渡或不连续性相关联的电抗。

微波网络理论源于 20 世纪 40 年代麻省理工学院辐射实验室关于雷达系统与元件的开发。这项研究工作随后在布鲁克林理工学院由 E. Weber, N. Marcuvitz, A. A.Oliner, L. B. Felsen, A. Hessel 和其他研究人员继续进行并加以拓展[2]。

4.1　阻抗和等效电压与电流

4.1.1　等效电压与电流

在微波频率下，电压和电流的测量非常困难（或不可能），除非能够得到明显确定的一对端点。TEM 型传输线（如同轴线、微带线或带状线）存在这样的一对端点，而非 TEM 型传输线（如矩形、圆形或表面波波导）严格来说不存在这样的一对端点。

图 4.1 给出了任意截面形状双导线 TEM 传输线的电力线和磁力线。如第 3 章中那样，+导线相对于−导线的电压 V 可求出如下：

$$V = \int_{+}^{-} \boldsymbol{E} \cdot \mathrm{d}\ell \tag{4.1}$$

式中，积分路径始于+导线，终于−导线。注意，由于两根导线之间的横场具有静态电场的性质，因此式(4.1)中定义的电压是唯一的，它与积分路径的形状无关。应用安培定律，+导线中的总电流为

$$I = \oint_{C^+} \boldsymbol{H} \cdot \mathrm{d}\ell \tag{4.2}$$

式中的积分回路是围绕+导线（但不包括−导线）的任意封闭路径。因此，行波的特征阻抗 Z_0 定义如下：

$$Z_0 = V / I \tag{4.3}$$

此时，即定义并求出电压、电流和特征阻抗（并认为线的传播常数已知）后，就可应用第 2 章中给出的传输线电路理论，用电路单元来表征 TEM 传输线。

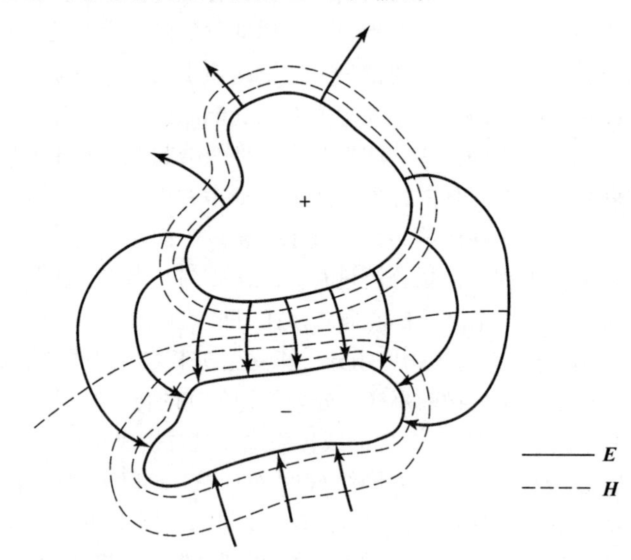

图 4.1　任意双导线 TEM 传输线的电力线和磁力线

对于波导，情形更为复杂。为了解原因，考察图 4.2 所示的矩形波导。对于基模 TE_{10}，根据表 3.2，其横场为

$$E_y(x,y,z) = \frac{\mathrm{j}\omega\mu a}{\pi} A \sin\frac{\pi x}{a} \mathrm{e}^{-\mathrm{j}\beta z} = A e_y(x,y) \mathrm{e}^{-\mathrm{j}\beta z} \tag{4.4a}$$

$$H_x(x,y,z) = \frac{\mathrm{j}\beta a}{\pi} A \sin\frac{\pi x}{a} \mathrm{e}^{-\mathrm{j}\beta z} = A h_x(x,y) \mathrm{e}^{-\mathrm{j}\beta z} \tag{4.4b}$$

将式(4.1)应用到式(4.4a)看的电场可得

$$V = \frac{-\mathrm{j}\omega\mu a}{\pi} A \sin\frac{\pi x}{a} \mathrm{e}^{-\mathrm{j}\beta z} \int_y \mathrm{d}y \tag{4.5}$$

可以看出，该电压与 x 的位置及沿 y 方向的积分路径的长度有关。例如，在 $x = a/2$ 时从 $y = 0$ 到 b 积分得到的电压，与 $x = 0$ 时从 $y = 0$ 到 b 积分得到的电压完全不同。那么哪个电压是正确的？答案是不存在“正确的”电压。对于电流和阻抗，也会产生类似的疑问。现在说明如何才能定义

可用到非 TEM 线的电压、电流和阻抗。

定义波导的等效电压、电流和阻抗的方式有多种，因为对于非 TEM 线来说，这些量不是唯一的，但以下思路通常会得到最有用的结果[1,3,4]：

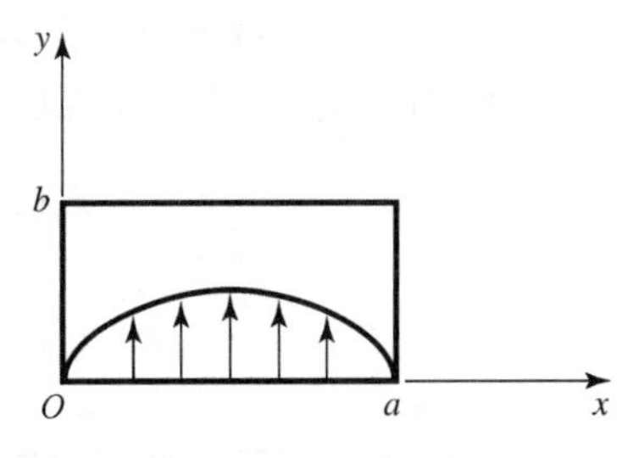

图 4.2　矩形波导的 TE_{10} 模的电场

- 仅对某个具体的波导模来定义电压和电流，并且这样定义的电压正比于横电场，而电流正比于横磁场。
- 为了按类似于电路理论中的电压和电流的方式来使用，等效电压和电流的乘积应被确定为该模的功率流。
- 单一行波的电压与电流之比应等于传输线的特征阻抗。这个阻抗的选择可以任意，但通常将其选为等于传输线的波阻抗，或把它归一化为 1。

对于既有正向又有反向行波的任意波导模，其横场可写为

$$\boldsymbol{E}_t(x,y,z)=\boldsymbol{e}(x,y)(A^+\mathrm{e}^{-\mathrm{j}\beta z}+A^-\mathrm{e}^{\mathrm{j}\beta z})=\frac{\boldsymbol{e}(x,y)}{C_1}(V^+\mathrm{e}^{-\mathrm{j}\beta z}+V^-\mathrm{e}^{\mathrm{j}\beta z}) \tag{4.6a}$$

$$\boldsymbol{H}_t(x,y,z)=\boldsymbol{h}(x,y)(A^+\mathrm{e}^{-\mathrm{j}\beta z}-A^-\mathrm{e}^{\mathrm{j}\beta z})=\frac{\boldsymbol{h}(x,y)}{C_2}(I^+\mathrm{e}^{-\mathrm{j}\beta z}-I^-\mathrm{e}^{\mathrm{j}\beta z}) \tag{4.6b}$$

式中，$\boldsymbol{e}$ 和 $\boldsymbol{h}$ 代表模场的横向变化部分，A^+和 A^-是行波的场振幅。式(3.22)或式(3.26)表明 $\boldsymbol{E}_t$ 和 $\boldsymbol{H}_t$ 与波阻抗 Z_w 有关，所以还有

$$\boldsymbol{h}(x,y)=\frac{\boldsymbol{z}\times\boldsymbol{e}(x,y)}{Z_w} \tag{4.7}$$

式(4.6)还可将等效的电压波和电流波定义为

$$V(z)=V^+\mathrm{e}^{-\mathrm{j}\beta z}+V^-\mathrm{e}^{\mathrm{j}\beta z} \tag{4.8a}$$

$$I(z)=I^+\mathrm{e}^{-\mathrm{j}\beta z}-I^-\mathrm{e}^{\mathrm{j}\beta z} \tag{4.8b}$$

式中，$V^+/I^+=V^-/I^-=Z_0$。这种定义体现了使等效电压和电流分别正比于横电场和磁场的想法。这一关系的比例常数是 $C_1=V^+/A^+=V^-/A^-$和 $C_2=I^+/A^+=I^-/A^-$，并可由余下的两个功率和阻抗条件确定。

入射波的复功率流为

$$P^+=\frac{1}{2}\left|A^+\right|^2\int_S\boldsymbol{e}\times\boldsymbol{h}^*\cdot\boldsymbol{z}\mathrm{d}s=\frac{V^+I^{+*}}{2C_1C_2^*}\int_S\boldsymbol{e}\times\boldsymbol{h}^*\cdot\boldsymbol{z}\mathrm{d}s \tag{4.9}$$

由于要使该功率等于$(1/2)V^+I^{+*}$，因而得到结果

$$C_1C_2^*=\int_S\boldsymbol{e}\times\boldsymbol{h}^*\cdot\boldsymbol{z}\mathrm{d}s \tag{4.10}$$

式中，面积分对整个波导截面进行。特征阻抗是

$$Z_0=\frac{V^+}{I^+}=\frac{V^-}{I^-}=\frac{C_1}{C_2} \tag{4.11}$$

由式(4.6a, b)有 $V^+=C_1A$ 和 $I^+=C_2A$。要使 $Z_0=Z_w$，模的波阻抗（Z_{TE}或 Z_{TM}）要满足

$$\frac{C_1}{C_2}=Z_w\ (Z_{\mathrm{TE}}或Z_{\mathrm{TM}}) \tag{4.12a}$$

另一种选择是，把特征阻抗归一化为 1（$Z_0=1$），此时有

$$\frac{C_1}{C_2}=1 \tag{4.12b}$$

由此，对于给定的波导模，在确定常量 C_1 和 C_2 及等效电压和电流后，就可求解出式(4.10)和式(4.12)。可以按照同样的方式来处理高阶模，因此波导中场的通解为

$$\boldsymbol{E}_t(x,y,z)=\sum_{n=1}^{N}\left(\frac{V_n^+}{C_{1n}}\mathrm{e}^{-\mathrm{j}\beta_n z}+\frac{V_n^-}{C_{1n}}\mathrm{e}^{\mathrm{j}\beta_n z}\right)\boldsymbol{e}_n(x,y) \tag{4.13a}$$

$$\boldsymbol{H}_t(x,y,z)=\sum_{n=1}^{N}\left(\frac{I_n^+}{C_{2n}}\mathrm{e}^{-\mathrm{j}\beta_n z}-\frac{I_n^-}{C_{2n}}\mathrm{e}^{\mathrm{j}\beta_n z}\right)\boldsymbol{h}_n(x,y) \tag{4.13b}$$

式中，$V_n^{\pm}$ 和 $I_n^{\pm}$ 是第 n 个模的等效电压和等效电流，C_{1n} 和 C_{2n} 是每个模的比例常数。

例题 4.1　矩形波导的等效电压和电流

求矩形波导中 TE_{10} 模的等效电压和电流。

解：矩形波导 TE_{10} 模的横场分量和功率流及该模的等效传输线模型可写为：

波导场	传输线模型
$E_y=(A^+\mathrm{e}^{-\mathrm{j}\beta z}+A^-\mathrm{e}^{\mathrm{j}\beta z})\sin(\pi x/a)$	$V(z)=V^+\mathrm{e}^{-\mathrm{j}\beta z}+V^-\mathrm{e}^{\mathrm{j}\beta z}$
$H_x=\dfrac{-1}{Z_{\mathrm{TE}}}(A^+\mathrm{e}^{-\mathrm{j}\beta z}-A^-\mathrm{e}^{\mathrm{j}\beta z})\sin(\pi x/a)$	$I(z)=I^+\mathrm{e}^{-\mathrm{j}\beta z}-I^-\mathrm{e}^{\mathrm{j}\beta z}=\dfrac{1}{Z_0}(V^+\mathrm{e}^{-\mathrm{j}\beta z}-V^-\mathrm{e}^{\mathrm{j}\beta z})$
$P^+=\dfrac{-1}{2}\int_S E_yH_x^*\mathrm{d}x\mathrm{d}y=\dfrac{ab}{4Z_{\mathrm{TE}}}\left\|A^+\right\|^2$	$P^+=\dfrac{1}{2}V^+I^{+*}$

现在可求出常量 $C_1=V^+/A^+=V^-/A^-$ 和 $C_2=I^+/A^+=I^-/A^-$，它们把等效电压 $V^{\pm}$ 和等效电流 $I^{\pm}$ 与场振幅 $A^{\pm}$ 分别联系起来。若令两者的入射功率相等，则有

$$\frac{ab\left|A^+\right|^2}{4Z_{\mathrm{TE}}}=\frac{1}{2}V^+I^{+*}=\frac{1}{2}\left|A^+\right|^2C_1C_2^*$$

若选定 $Z_0=Z_{\mathrm{TE}}$，则还有

$$\frac{V^+}{I^+}=\frac{C_1}{C_2}=Z_{\mathrm{TE}}$$

求解 C_1 和 C_2 得

$$C_1=\sqrt{\frac{ab}{2}},\quad C_2=\frac{1}{Z_{\mathrm{TE}}}\sqrt{\frac{ab}{2}}$$

这就完成了 TE_{10} 模的传输线等效。■

4.1.2　阻抗概念

前面已在多种不同的应用中使用了阻抗这一概念，因此简述这一重要概念是有益的。术语阻抗首先在 19 世纪由亥维赛用来描述含有电阻器、电感器和电容器的交流电路中的复数比 V/I；在交流电路的分析中，阻抗概念很快就变得不可或缺。随后，它被应用到集总元件等效电路及用分布式串联阻抗和并联导纳表示的传输线上。20 世纪 30 年代，谢昆诺夫认为阻抗的概念可以按照设定的方式推广到电磁场，并指出阻抗可看成是场型的特征，如同媒质的特征一样[2]。此外，与传输线和平面波传播的类似性相比，阻抗甚至与传播方向有关。这样，阻抗的概念就成了场理论和传输线或电路理论之间的纽带。

下面小结用过的不同阻抗及它们的符号：

- $\eta=\sqrt{\mu/\epsilon}$ 表示媒质的本征阻抗。这个阻抗仅与媒质的材料参量有关，并且等于平面波的波阻抗。

- $Z_w = E_t/H_t = 1/Y_w$ 表示波阻抗。这个阻抗是特定波的一种特性。TEM 波、TM 波和 TE 波有着不同的波阻抗（$Z_{\text{TEM}}, Z_{\text{TM}}, Z_{\text{TE}}$），具体取决于传输线和波导的类型、材料性质及工作频率。
- $Z_0 = 1/Y_0 = V^+/I^+$ 表示特征阻抗。特征阻抗是传输线上的行波电压与电流之比。因为 TEM 波的电压和电流是唯一确定的，所以 TEM 波的特征阻抗也是唯一的。然而，TE 波和 TM 波并不存在唯一确定的电压和电流，因此这些波的特征阻抗可用不同的方式来定义。

例题 4.2　波导阻抗的应用

一矩形波导的参数为 $a = 2.286\text{cm}$ 和 $b = 1.016\text{cm}$（X 波段波导），在 $z < 0$ 的区域由空气填充，在 $z > 0$ 的区域由材料 Rexolite[①]（$\epsilon_r = 2.54$）填充，如图 4.3 所示。设工作频率为 10GHz，有 TE_{10} 波自 $z < 0$ 的区域入射到分界面，用等效传输线模型计算其反射系数。

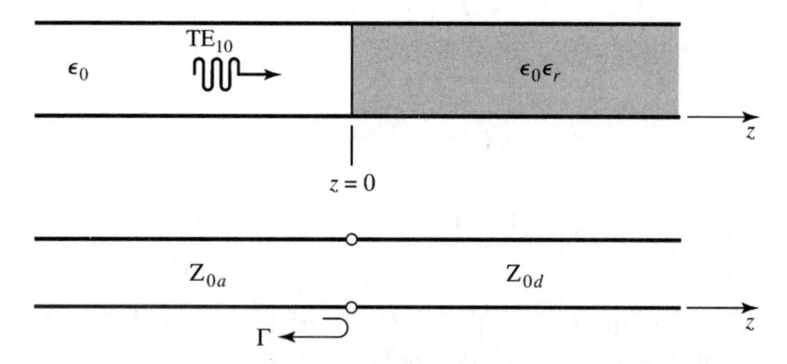

图 4.3　例题 4.2 中部分填充波导的几何形状及其等效传输线模型

解： 空气区域（$z < 0$）和介质区域（$z > 0$）中的传播常数分别是

$$\beta_a = \sqrt{k_0^2 - \left(\frac{\pi}{a}\right)^2} = 158.0\text{m}^{-1}, \quad \beta_d = \sqrt{\epsilon_r k_0^2 - \left(\frac{\pi}{a}\right)^2} = 304.1\text{m}^{-1}$$

式中，$k_0 = 209.4\text{m}^{-1}$。

读者可验证在波导的任一区域中只有 TE_{10} 模是传播模。现在可以对每个波导段得出 TE_{10} 模的等效传输线模型，并把该问题处理成入射电压波在两段无限长传输线衔接处的反射。

按例题 4.1 和表 3.2，两段线的等效特征阻抗是

$$Z_{0_a} = \frac{k_0\eta_0}{\beta_a} = \frac{209.4 \times 377}{158.0} = 500.0\Omega$$

$$Z_{0_d} = \frac{k\eta}{\beta_d} = \frac{k_0\eta_0}{\beta_d} = \frac{209.4 \times 377}{304.1} = 259.6\Omega$$

则向介质填充段看去的反射系数是

$$\Gamma = \frac{Z_{0_d} - Z_{0_a}}{Z_{0_d} + Z_{0_a}} = -0.316$$

使用该结果，可以写出用场或等效电压与电流表示的入射波、反射波和透射波的表达式。■

现在考察图 4.4 中的任意一个一端口网络，并推导它的阻抗特性及存储在网络内的电磁能量和耗散在网络中的功率三者之间的一般关系式。传送到网络的复功率由式(1.91)给出，具体为

① Rexolite 是一种聚苯乙烯微波塑料制品，是美国 C-Lec Plastics 公司生产的专利产品。——译者注

$$P = \frac{1}{2}\oint_S \boldsymbol{E} \times \boldsymbol{H}^* \cdot \mathrm{d}\boldsymbol{s} = P_\ell + 2\mathrm{j}\omega(W_m - W_e) \tag{4.14}$$

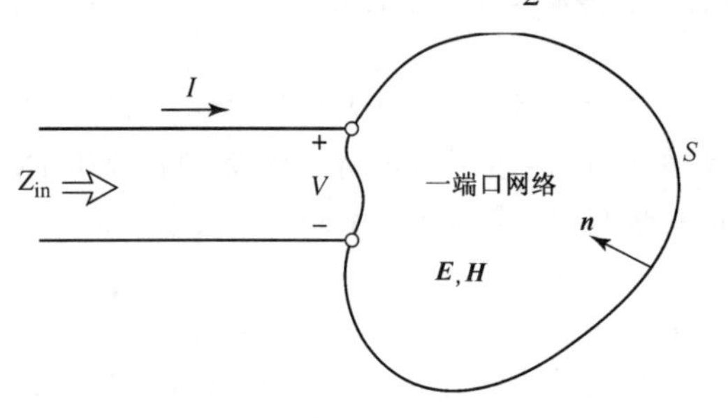

图 4.4　任意一个一端口网络

式中，P_ℓ 为实数，代表耗散在网络中的平均功率，W_m 和 W_e 分别代表磁场储能和电场储能。注意，图 4.4 中的单位法向向量指向体积内部。

若将实横向模场（遍及网络的端平面）定义为 $\boldsymbol{e}$ 和 $\boldsymbol{h}$，则有

$$\boldsymbol{E}_t(x,y,z) = V(z)\boldsymbol{e}(x,y)\mathrm{e}^{-\mathrm{j}\beta z} \tag{4.15a}$$

$$\boldsymbol{H}_t(x,y,z) = I(z)\boldsymbol{h}(x,y)\mathrm{e}^{-\mathrm{j}\beta z} \tag{4.15b}$$

若按式

$$\int_S \boldsymbol{e} \times \boldsymbol{h} \cdot \mathrm{d}\boldsymbol{s} = 1$$

进行归一化，则式(4.14)可用端电压和电流表示成

$$P = \frac{1}{2}\int_S VI^* \boldsymbol{e} \times \boldsymbol{h} \cdot \mathrm{d}\boldsymbol{s} = \frac{1}{2}VI^* \tag{4.16}$$

因而输入阻抗是

$$Z_{\mathrm{in}} = R + \mathrm{j}X = \frac{V}{I} = \frac{VI^*}{|I|^2} = \frac{P}{\frac{1}{2}|I|^2} = \frac{P_\ell + 2\mathrm{j}\omega(W_m - W_e)}{\frac{1}{2}|I|^2} \tag{4.17}$$

由此可以看出，输入阻抗的实部 R 与耗散功率有关，而虚部 X 与网络中的净储能有关。若网络是无耗的，则有 $P_\ell = 0$ 和 $R = 0$。因而 Z_{in} 是纯虚数，其电抗为

$$X = \frac{4\omega(W_m - W_e)}{|I|^2} \tag{4.18}$$

对于电感性负载（$W_m > W_e$），它是正的；对于电容性负载（$W_e > W_m$），它是负的。

4.1.3　$Z(\omega)$和$\Gamma(\omega)$的奇偶性

考虑位于电网络输入端口的激励点阻抗 $Z(\omega)$。在该端口上，电压和电流的关系为 $V(\omega) = Z(\omega)I(\omega)$。对于任意频率，可取 $V(\omega)$的傅里叶逆变换求出时域电压：

$$v(t) = \frac{1}{2\pi}\int_{-\infty}^{\infty} V(\omega)\mathrm{e}^{\mathrm{j}\omega t}\mathrm{d}\omega \tag{4.19}$$

因为 $v(t)$必须是实数，所以有 $v(t) = v^*(t)$，或

$$\int_{-\infty}^{\infty} V(\omega)\mathrm{e}^{\mathrm{j}\omega t}\mathrm{d}\omega = \int_{-\infty}^{\infty} V^*(\omega)\mathrm{e}^{-\mathrm{j}\omega t}\mathrm{d}\omega = \int_{-\infty}^{\infty} V^*(-\omega)\mathrm{e}^{\mathrm{j}\omega t}\mathrm{d}\omega$$

上式中的最后一项是从变量 ω 变换为$-\omega$ 得到的。这表明 $V(\omega)$必须满足关系

$$V(-\omega) = V^*(\omega) \tag{4.20}$$

这意味着 $\mathrm{Re}\{V(\omega)\}$是 ω 的偶函数，而 $\mathrm{Im}\{V(\omega)\}$是 ω 的奇函数。与此相仿，对于 $I(\omega)$和 $Z(\omega)$，上述关系也成立，因为

$$V^*(-\omega) = Z^*(-\omega)I^*(-\omega) = Z^*(-\omega)I(\omega) = V(\omega) = Z(\omega)I(\omega)$$

这样，若 $Z(\omega) = R(\omega) + \mathrm{j}X(\omega)$，则 $R(\omega)$是 ω 的偶函数，$X(\omega)$是 ω 的奇函数。这些结果也可由式(4.17)导出。

现在考虑输入端口上的反射系数：

$$\Gamma(\omega)=\frac{Z(\omega)-Z_0}{Z(\omega)+Z_0}=\frac{R(\omega)-Z_0+\mathrm{j}X(\omega)}{R(\omega)+Z_0+\mathrm{j}X(\omega)} \tag{4.21}$$

有

$$\Gamma(-\omega)=\frac{R(\omega)-Z_0-\mathrm{j}X(\omega)}{R(\omega)+Z_0-\mathrm{j}X(\omega)}=\Gamma^*(\omega) \tag{4.22}$$

这表明 $\Gamma(\omega)$的实部和虚部分别是 ω 的偶函数和奇函数。最后，反射系数的幅值是

$$|\Gamma(\omega)|^2=\Gamma(\omega)\Gamma^*(\omega)=\Gamma(\omega)\Gamma(-\omega)=|\Gamma(-\omega)|^2 \tag{4.23}$$

这说明$|\Gamma(\omega)|^2$和$|\Gamma(\omega)|$是 ω 的偶函数。该结果表明用幂级数表示$|\Gamma(\omega)|$或$|\Gamma(\omega)|^2$时，只存在偶次幂项 $a+b\omega^2+c\omega^4+\cdots$。

4.2 阻抗和导纳矩阵

上一节介绍了如何才能定义 TEM 波和非 TEM 波的等效电压和电流。确定网络中不同点的电压和电流后，就可利用电路理论的阻抗和/或导纳矩阵把这些端点量或“端口”量联系起来，进而使用矩阵来描述网络。这种表述可用来开发任意网络的等效电路，在讨论无源元件如耦合器和滤波器的设计时，这种等效电路表述非常有用（端口一词是在 20 世纪 50 年代由 H. A. Wheeler 引入的，目的是取代表述不清的术语“两端点对”[2, 3]）。

下面从如图 4.5 所示的任意 N 端口微波网络开始。图 4.5 中的端口可以是某种形式的传输线或单一波导传播模的等效传输线。若网络的物理端口之一是支持多个传播模的波导，则可为这些模考虑添加其他的电端口。在第 n 个端口上的一个指定点处，定义了一个端平面 t_n，并定义了等效的入射波电压和电流（V_n^+, I_n^+）及等效的反射波电压和电流（V_n^-, I_n^-）。在为电压和电流相量提供相位参考时，这些端平面的作用很重要。下面给出第 n 个端平面上的总电压和电流：

$$V_n=V_n^+ + V_n^- \tag{4.24a}$$

$$I_n=I_n^+ - I_n^- \tag{4.24b}$$

这与式(4.8)在 $z=0$ 时得到的结果相同。

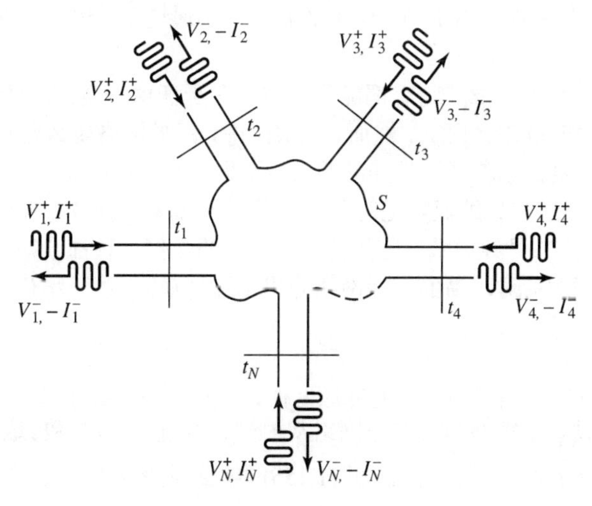

图 4.5　任意 N 端口微波网络

微波网络的阻抗矩阵 $\boldsymbol{Z}$ 把这些电压和电流联系起来：

$$\begin{bmatrix} V_1 \\ V_2 \\ \vdots \\ V_N \end{bmatrix} = \begin{bmatrix} Z_{11} & Z_{12} & \cdots & Z_{1N} \\ Z_{21} & Z_{22} & \cdots & Z_{2N} \\ \vdots & \vdots & \ddots & \vdots \\ Z_{N1} & Z_{N2} & \cdots & Z_{NN} \end{bmatrix} \begin{bmatrix} I_1 \\ I_2 \\ \vdots \\ I_N \end{bmatrix}$$

或以矩阵形式写为

$$\boldsymbol{V} = \boldsymbol{Z}\boldsymbol{I} \tag{4.25}$$

类似地，可以将导纳矩阵 $\boldsymbol{Y}$ 定义为

$$\begin{bmatrix} I_1 \\ I_2 \\ \vdots \\ I_N \end{bmatrix} = \begin{bmatrix} Y_{11} & Y_{12} & \cdots & Y_{1N} \\ Y_{21} & Y_{22} & \cdots & Y_{2N} \\ \vdots & \vdots & \ddots & \vdots \\ Y_{N1} & Y_{N2} & \cdots & Y_{NN} \end{bmatrix} \begin{bmatrix} V_1 \\ V_2 \\ \vdots \\ V_N \end{bmatrix}$$

或以矩阵形式写为

$$\boldsymbol{I} = \boldsymbol{Y}\boldsymbol{V} \tag{4.26}$$

显然，$\boldsymbol{Z}$ 矩阵和 $\boldsymbol{Y}$ 矩阵互为逆矩阵：

$$\boldsymbol{Y} = \boldsymbol{Z}^{-1} \tag{4.27}$$

注意，$\boldsymbol{Z}$ 矩阵和 $\boldsymbol{Y}$ 矩阵把所有端口电压和电流联系起来了。

由式(4.25)可知 Z_{ij} 为

$$Z_{ij} = \left.\frac{V_i}{I_j}\right|_{I_k=0,\ k\neq j} \tag{4.28}$$

换言之，式(4.28)说明 Z_{ij} 可以通过激励电流为 I_j 的端口 j，而其他所有端口开路（故有 $I_k = 0$，$k \neq j$）并测量端口 i 的开路电压得出。这样，当所有的其他端口开路时，Z_{ii} 是向端口 i 往里看的输入阻抗，而当所有其他端口开路时，Z_{ij} 是端口 i 和 j 之间的传输阻抗。

类似地，由式(4.26)可知 Y_{ij} 为

$$Y_{ij} = \left.\frac{I_i}{V_j}\right|_{V_k=0,\ k\neq j} \tag{4.29}$$

这说明当所有其他端口短路时（有 $V_k = 0$，$k \neq j$），Y_{ij} 可通过激励电压为 V_j 的端口 j 并测量端口 i 的短路电流来得到。

一般来说，每个矩阵元素 Z_{ij} 或 Y_{ij} 都能是复数。对于任意 N 端口网络，阻抗和导纳是 $N\times N$ 矩阵，因此有 $2N^2$ 个自变量或自由度。然而，在实际中，很多网络要么是互易的，要么是无耗的，要么既是互易的又是无耗的。若网络是互易的（即不含非互易性媒质，如铁氧体、等离子体或有源器件），则可以证明阻抗和导纳矩阵是对称的，有 $Z_{ij} = Z_{ji}$ 和 $Y_{ij} = Y_{ji}$；若网络是无耗的，则可以证明所有矩阵元素 Z_{ij} 或 Y_{ij} 是纯虚数。这些特定情况中的任何一种都会减少 N 端口网络应有的自变量数或自由度数。下面针对互易的无耗网络导出上述性质。

4.2.1　互易网络

图 4.5 所示的任意网络是互易的（无有源器件、铁氧体或等离子体），除端口 1 和端口 2 外，其他所有端平面上都设置了短路。现在令网络从内到外有场 $\boldsymbol{E}_a, \boldsymbol{H}_a$ 和 $\boldsymbol{E}_b, \boldsymbol{H}_b$，它们是由网络中某处的两个独立源 a 和 b 产生的。因此，式(1.156)的互易定理表明

$$\oint_S \boldsymbol{E}_a \times \boldsymbol{H}_b \cdot \mathrm{d}\boldsymbol{s} = \oint_S \boldsymbol{E}_b \times \boldsymbol{H}_a \cdot \mathrm{d}\boldsymbol{s} \tag{4.30}$$

式中，S 是沿网络边界并过所有端口的端平面的封闭曲面。若网络和传输线的边界壁是金属，则在壁上有 $\boldsymbol{E}_{\tan} = 0$（假设是理想导体）。若网络或传输线是开放性结构，如微带或槽线，则可把边界设置在离线足够远的位置，使得 $\boldsymbol{E}_{\tan}$ 可以忽略不计。这样，式(4.30)的积分的非零贡献就只来自端口 1 和端口 2 的截面积。

由 4.1 节可知，源 a 和 b 产生的场可在端平面 t_1 和 t_2 上算出：

$$\begin{aligned} &\boldsymbol{E}_{1a} = V_{1a}\boldsymbol{e}_1,\ \boldsymbol{H}_{1a} = I_{1a}\boldsymbol{h}_1 \\ &\boldsymbol{E}_{1b} = V_{1b}\boldsymbol{e}_1,\ \boldsymbol{H}_{1b} = I_{1b}\boldsymbol{h}_1 \\ &\boldsymbol{E}_{2a} = V_{2a}\boldsymbol{e}_2,\ \boldsymbol{H}_{2a} = I_{2a}\boldsymbol{h}_2 \\ &\boldsymbol{E}_{2b} = V_{2b}\boldsymbol{e}_2,\ \boldsymbol{H}_{2b} = I_{2b}\boldsymbol{h}_2 \end{aligned} \tag{4.31}$$

式中，$\boldsymbol{e}_1, \boldsymbol{h}_1$ 和 $\boldsymbol{e}_2, \boldsymbol{h}_2$ 分别是端口 1 和端口 2 的横模场，而 V 和 I 是等效的总电压和电流（如 $\boldsymbol{E}_{1b}$ 是源 b 在端口 1 的端平面 t_1 上产生的横电场）。把式(4.31)代入式(4.30)中，可得

$$(V_{1a}I_{1b} - V_{1b}I_{1a})\int_{S_1} \boldsymbol{e}_1 \times \boldsymbol{h}_1 \cdot \mathrm{d}\boldsymbol{s} + (V_{2a}I_{2b} - V_{2b}I_{2a})\int_{S_2} \boldsymbol{e}_2 \times \boldsymbol{h}_2 \cdot \mathrm{d}\boldsymbol{s} = 0 \tag{4.32}$$

式中，S_1 和 S_2 是端口 1 和端口 2 的端平面上的截面积。

如在 4.1 节中那样，等效电压和电流是这样来定义的：使得通过给定端口的功率可用 $VI^*/2$ 来表示；然后比较式(4.31)与式(4.6)，表明对每个端口有 $C_1 = C_2 = 1$，所以

$$\int_{S_1} \boldsymbol{e}_1 \times \boldsymbol{h}_1 \cdot \mathrm{d}\boldsymbol{s} = \int_{S_2} \boldsymbol{e}_2 \times \boldsymbol{h}_2 \cdot \mathrm{d}\boldsymbol{s} = 1 \tag{4.33}$$

这会将式(4.32)简化为

$$V_{1a}I_{1b} - V_{1b}I_{1a} + V_{2a}I_{2b} - V_{2b}I_{2a} = 0 \tag{4.34}$$

现在利用该二端口网络的 2×2 导纳矩阵

$$\begin{aligned} I_1 &= Y_{11}V_1 + Y_{12}V_2 \\ I_2 &= Y_{21}V_1 + Y_{22}V_2 \end{aligned}$$

来消去 I 项。代入式(4.34)可得

$$(V_{1a}V_{2b} - V_{1b}V_{2a})(Y_{12} - Y_{21}) = 0 \tag{4.35}$$

源 a 和 b 相互独立，电压 V_{1a}, V_{1b}, V_{2a} 和 V_{2b} 可取任意值。因此，要使式(4.35)对任意选择的源都成立，须有 $Y_{12} = Y_{21}$，又因为标为 1 和 2 的端口是任选的，于是得到通用结果

$$Y_{ij} = Y_{ji} \tag{4.36}$$

因此，若 $\boldsymbol{Y}$ 是对称矩阵，则它的逆矩阵 $\boldsymbol{Z}$ 也是对称的。

4.2.2 无耗网络

现在讨论互易的无耗 N 端口结，并证明阻抗和导纳矩阵元素必须是纯虚数。若网络是无耗的，则输送到网络的净实功率为零[①]。这样，$\mathrm{Re}\{P_{\mathrm{avg}}\} = 0$，其中

$$\begin{aligned} P_{\mathrm{avg}} &= \tfrac{1}{2}\boldsymbol{V}^t\boldsymbol{I}^* = \tfrac{1}{2}(\boldsymbol{ZI})^t\boldsymbol{I}^* = \tfrac{1}{2}\boldsymbol{I}^t\boldsymbol{ZI}^* \\ &= \tfrac{1}{2}(I_1Z_{11}I_1^* + I_1Z_{12}I_2^* + I_2Z_{21}I_1^* + \cdots) \\ &= \tfrac{1}{2}\sum_{n=1}^{N}\sum_{m=1}^{N} I_m Z_{mn} I_n^* \end{aligned} \tag{4.37}$$

式中用到了矩阵代数的结果 $(\boldsymbol{AB})^t = \boldsymbol{B}^t\boldsymbol{A}^t$。因为各个 I_n 是独立的，因此必须让每个自乘项

① 即进入和出来的功率流相等，网络不消耗功率。——译者注

（$I_n Z_{nn} I_n^*$）的实部等于零，除第 n 项电流外，其他所有端口的电流可设为零。所以有

$$\mathrm{Re}\{I_n Z_{nn} I_n^*\} = |I_n|^2 \mathrm{Re}\{Z_{nn}\} = 0$$

或

$$\mathrm{Re}\{Z_{nn}\} = 0 \tag{4.38}$$

现在，除 I_m 和 I_n 外，把其他所有端口的电流都设为零。因此，式(4.37)简化为

$$\mathrm{Re}\{(I_n I_m^* + I_m I_n^*) Z_{mn}\} = 0$$

因为 $Z_{mn} = Z_{nm}$。然而，（$I_n I_m^* + I_m I_n^*$）是纯实量，一般它不为零。这样，就必须有

$$\mathrm{Re}\{Z_{mn}\} = 0 \tag{4.39}$$

因此，式(4.38)和式(4.39)表明，对任意 m, n 有 $\mathrm{Re}\{Z_{mn}\} = 0$。读者可以证明这还会导致一个虚矩阵 $\boldsymbol{Y}$。

例题 4.3　阻抗参量的计算

求图 4.6 所示二端口 T 形网络的 Z 参量。

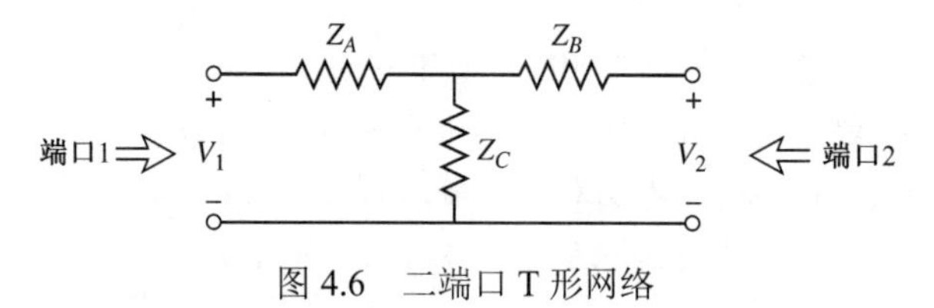

图 4.6　二端口 T 形网络

解：由式(4.28)可知，Z_{11} 是端口 2 开路时端口 1 的输入阻抗：

$$Z_{11} = \left.\frac{V_1}{I_1}\right|_{I_2=0} = Z_A + Z_C$$

当电流 I_2 加到端口 2 时测量端口 1 上的开路电压，就可求出转移阻抗 Z_{12}。利用电阻上的分压可得

$$Z_{12} = \left.\frac{V_1}{I_2}\right|_{I_1=0} = \frac{V_2}{I_2}\frac{Z_C}{Z_B + Z_C} = Z_C$$

读者可自行证明 $Z_{12} = Z_{21}$，这表明电路是互易的。最后，Z_{22} 求出为

$$Z_{22} = \left.\frac{V_2}{I_2}\right|_{I_1=0} = Z_B + Z_C$$

■

4.3　散射矩阵

前面讨论了为非 TEM 线定义电压和电流的困难程度。此外，测量微波频率下的电压和电流也很困难，因为直接测量通常会涉及给定方向的行波或驻波的幅值（得出功率）与相位。在与高频网络打交道时，这样的等效电压和电流及相关的阻抗和导纳在概念上会变得有些抽象。由散射矩阵给出的入射波、反射波和透射波的概念是与直接测量更为相符的表示方法。

类似于 N 端口网络的阻抗和导纳矩阵，散射矩阵提供从端口看去的完整网络描述。阻抗和导纳矩阵把端口上的电压和电流联系起来，而散射矩阵则把入射到端口的电压波与来自端口的反射波联系起来。对于某些元件和网络，可以用网络分析技术计算出散射矩阵。另外，可以直接用向量网络分析仪测量散射参量；图 4.7 是一台现代网络分析仪的照片。知道网络的散射参量后，

就可在需要时转换为其他的矩阵参量。

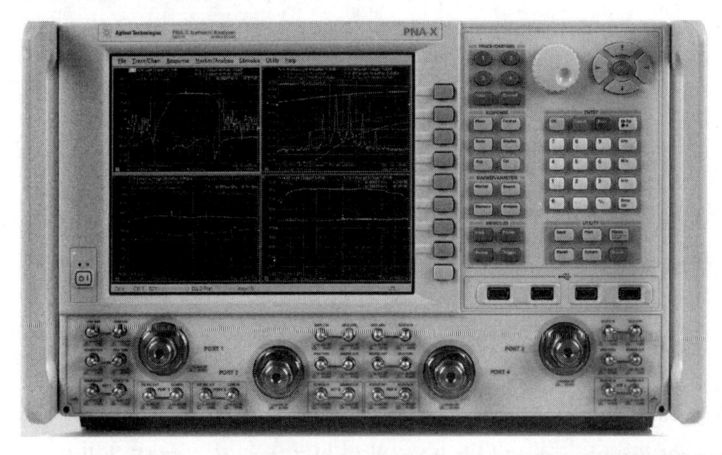

图 4.7 Agilent N5247A 可编程网络分析仪的实物照片。它测量射频和微波网络的散射参量，频率从 10MHz 到 67GHz。这台网络分析仪是可编程的，可执行误差校正，并提供广泛的显示格式和数据转换。承蒙 Agilent Technologies 提供照片

考虑图 4.5 中的 N 端口网络，其中 V_n^+ 是入射到端口 n 的电压波振幅，V_n^- 是从端口 n 反射的电压波振幅。散射矩阵或 $\boldsymbol{S}$ 矩阵由这些入射和反射电压波之间的联系确定：

$$\begin{bmatrix} V_1^- \\ V_2^- \\ \vdots \\ V_N^- \end{bmatrix} = \begin{bmatrix} S_{11} & S_{12} & \cdots & S_{1N} \\ S_{21} & S_{22} & \cdots & S_{2N} \\ \vdots & \vdots & \ddots & \vdots \\ S_{N1} & S_{N2} & \cdots & S_{NN} \end{bmatrix} \begin{bmatrix} V_1^+ \\ V_2^+ \\ \vdots \\ V_N^+ \end{bmatrix}$$

或

$$\boldsymbol{V}^- = \boldsymbol{S}\boldsymbol{V}^+ \tag{4.40}$$

$\boldsymbol{S}$ 矩阵的元素为

$$S_{ij} = \left.\frac{V_i^-}{V_j^+}\right|_{V_k^+ = 0,\ k \neq j} \tag{4.41}$$

换言之，式(4.41)说，使用入射波电压 V_j^+ 激励 j 端口并测量从 i 端口出来的反射波电压 V_i^-，可得出 S_{ij}。同时要求将除 j 端口外的所有其他端口上的入射波设为零，这意味着所有端口应端接匹配负载以避免出现反射。这样，S_{ii} 就是所有端口接匹配负载时向 i 端口看去的反射系数，而 S_{ij} 是所有其他端口接匹配负载时从 j 端口到 i 端口的传输系数。

例题 4.4　散射参量计算

求图 4.8 给出的 3dB 衰减器电路的 S 参量。

解：由式(4.41)可知，当端口 2 接匹配负载（$Z_0 = 50\,\Omega$）时，从端口 1 看去的反射系数 S_{11} 为

$$S_{11} = \left.\frac{V_1^-}{V_1^+}\right|_{V_2^+ = 0} = \left.\Gamma^{(1)}\right|_{V_2^+ = 0} = \left.\frac{Z_{\text{in}}^{(1)} - Z_0}{Z_{\text{in}}^{(1)} + Z_0}\right|_{Z_0\text{在端口2}}$$

但是，$Z_{\text{in}}^{(1)} = 8.56 + [141.8(8.56 + 50)]/(141.8 + 8.56 + 50) = 50\Omega$，所以有 $S_{11} = 0$。按电路的对称性有 $S_{22} = 0$。

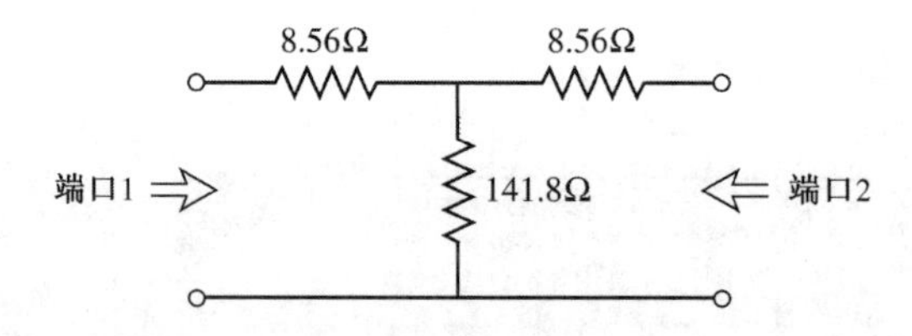

图 4.8　具有 50Ω 特征阻抗的 3dB 匹配衰减器（例题 4.4）

在端口 1 上施加入射波 V_1^+，并在端口 2 上测量出射波 V_2^-，就可求出 S_{21}。这等效于从端口 1 到端口 2 的传输系数：

$$S_{21}=\left.\frac{V_2^-}{V_1^+}\right|_{V_2^+=0}$$

根据 $S_{11}=S_{22}=0$ 可知，当端口 2 端接 $Z_0=50\Omega$ 时 $V_1^-=0$，并且 $V_2^+=0$，在这情况下有 $V_1^+=V_1$ 和 $V_2^-=V_2$。所以在端口 1 上施加电压 V_1 并使用二次分压，就可求出 $V_2^-=V_2$，它是端口 2 上跨接在 50Ω 负载电阻上的电压：

$$V_2^-=V_2=V_1\left(\frac{41.44}{41.44+8.56}\right)\left(\frac{50}{50+8.56}\right)=0.707V_1$$

式中，$41.44=141.8\times58.56/(141.8+58.56)$ 是负载 50Ω + 8.56Ω 与 141.8Ω 的并联电阻。这样，就有 $S_{12}=S_{21}=0.707$。

输入功率为 $\left|V_1^+\right|^2/2Z_0$ 时，输出功率为 $\left|V_2^-\right|^2/2Z_0=\left|S_{21}V_1^+\right|^2/2Z_0=\left|S_{21}\right|^2/2Z_0\left|V_1^+\right|^2=\left|V_1^+\right|^2/4Z_0$，它是输入功率的一半（−3dB）。■

下面说明如何由 $\boldsymbol{Z}$（或 $\boldsymbol{Y}$）矩阵来确定 $\boldsymbol{S}$ 矩阵。首先，必须假定所有端口的特征阻抗 Z_{0n} 是相等的（讨论到广义散射矩阵时会去除这一假定）。为方便起见，可设 $Z_{0n}=1$。由式(4.24)可知，端口 n 的总电压和电流为

$$V_n=V_n^++V_n^- \tag{4.42a}$$

$$I_n=I_n^+-I_n^-=V_n^+-V_n^- \tag{4.42b}$$

利用式(4.25)中的 $\boldsymbol{Z}$ 和式(4.42)，得到

$$\boldsymbol{ZI}=\boldsymbol{ZV}^+-\boldsymbol{ZV}^-=\boldsymbol{V}=\boldsymbol{V}^++\boldsymbol{V}^-$$

它可重写为

$$(\boldsymbol{Z}+\boldsymbol{U})\boldsymbol{V}^-=(\boldsymbol{Z}-\boldsymbol{U})\boldsymbol{V}^+ \tag{4.43}$$

式中，$\boldsymbol{U}$ 是单位矩阵，它定义为

$$\boldsymbol{U}=\begin{bmatrix}1&0&\cdots&0\\0&1&\cdots&0\\\vdots&\vdots&\ddots&\vdots\\0&0&\cdots&1\end{bmatrix}$$

比较式(4.43)与式(4.40)得

$$\boldsymbol{S}=(\boldsymbol{Z}+\boldsymbol{U})^{-1}(\boldsymbol{Z}-\boldsymbol{U}) \tag{4.44}$$

它给出了用阻抗矩阵表示的散射矩阵。注意，对于一端口网络，式(4.44)简化为

$$S_{11} = \frac{z_{11} - 1}{z_{11} + 1}$$

该结果与向负载看去的反射系数（其归一化输入阻抗为 z_{11}）一致。

为了求出用 $\boldsymbol{S}$ 表示的 $\boldsymbol{Z}$，可把式(4.44)改写为 $\boldsymbol{ZS} + \boldsymbol{US} = \boldsymbol{Z} - \boldsymbol{U}$，并解出 $\boldsymbol{Z}$：

$$\boldsymbol{Z} = (\boldsymbol{U} + \boldsymbol{S})(\boldsymbol{U} - \boldsymbol{S})^{-1} \tag{4.45}$$

4.3.1 互易网络与无耗网络

如 4.2 节中讨论的那样，对于互易网络，阻抗和导纳矩阵是对称的；对于无耗网络，它们是纯虚数。对于这种类型的网络，散射矩阵有其特殊性质。下面说明互易网络的 $\boldsymbol{S}$ 矩阵是对称的，而无耗网络的 $\boldsymbol{S}$ 矩阵是幺正矩阵。

式(4.42a)和式(4.42b)相加得

$$V_n^+ = \frac{1}{2}(V_n + I_n)$$

或

$$\boldsymbol{V}^+ = \frac{1}{2}(\boldsymbol{Z} + \boldsymbol{U})\boldsymbol{I} \tag{4.46a}$$

式(4.42a)和式(4.42b)相减得

$$V_n^- = \frac{1}{2}(V_n - I_n)$$

或

$$\boldsymbol{V}^- = \frac{1}{2}(\boldsymbol{Z} - \boldsymbol{U})\boldsymbol{I} \tag{4.46b}$$

式(4.46a)和式(4.46b)相除可消去 $\boldsymbol{I}$，得到

$$\boldsymbol{V}^- = (\boldsymbol{Z} - \boldsymbol{U})(\boldsymbol{Z} + \boldsymbol{U})^{-1}\boldsymbol{V}^+$$

所以有

$$\boldsymbol{S} = (\boldsymbol{Z} - \boldsymbol{U})(\boldsymbol{Z} + \boldsymbol{U})^{-1} \tag{4.47}$$

取式(4.47)的转置得

$$\boldsymbol{S}^t = \{(\boldsymbol{Z} + \boldsymbol{U})^{-1}\}^t(\boldsymbol{Z} - \boldsymbol{U})^t$$

由于 $\boldsymbol{U}$ 是对角矩阵，所以 $\boldsymbol{U}^t = \boldsymbol{U}$；若网络是互易的，则 $\boldsymbol{Z}$ 是对称的，因此有 $\boldsymbol{Z}^t = \boldsymbol{Z}$。于是上式简化为

$$\boldsymbol{S}^t = (\boldsymbol{Z} + \boldsymbol{U})^{-1}(\boldsymbol{Z} - \boldsymbol{U})$$

它等同于式(4.44)。这就证明了互易网络有

$$\boldsymbol{S} = \boldsymbol{S}^t \tag{4.48}$$

若网络是无耗的，则无实功率传送给网络。这样，若所有端口的特征阻抗都相同并设为 1，则传送到网络的平均功率为

$$\begin{aligned} P_{\text{avg}} &= \tfrac{1}{2}\text{Re}\{\boldsymbol{V}^t\boldsymbol{I}^*\} = \frac{1}{2}\text{Re}\{(\boldsymbol{V}^{+t} + \boldsymbol{V}^{-t})(\boldsymbol{V}^{+*} - \boldsymbol{V}^{-*})\} \\ &= \tfrac{1}{2}\text{Re}\{\boldsymbol{V}^{+t}\boldsymbol{V}^{+*} - \boldsymbol{V}^{+t}\boldsymbol{V}^{-*} + \boldsymbol{V}^{-t}\boldsymbol{V}^{+*} - \boldsymbol{V}^{-t}\boldsymbol{V}^{-*}\} \\ &= \tfrac{1}{2}\boldsymbol{V}^{+t}\boldsymbol{V}^{+*} - \frac{1}{2}\boldsymbol{V}^{-t}\boldsymbol{V}^{-*} = 0 \end{aligned} \tag{4.49}$$

因为项 $-\boldsymbol{V}^{+t}\boldsymbol{V}^{-*} + \boldsymbol{V}^{-t}\boldsymbol{V}^{+*}$ 具有 $A - A^*$的形式，因而是纯虚数。在式(4.49)的其余项中，$(1/2)\boldsymbol{V}^{+t}\boldsymbol{V}^{+*}$

表示总入射功率，(1/2)$\boldsymbol{V}^{-t}\boldsymbol{V}^{-*}$表示总反射功率。所以对于无耗结，直观的结论是入射功率等于反射功率：

$$\boldsymbol{V}^{+t}\boldsymbol{V}^{+*}=\boldsymbol{V}^{-t}\boldsymbol{V}^{-*} \tag{4.50}$$

把$\boldsymbol{V}^{-}=\boldsymbol{S}\boldsymbol{V}^{+}$代入式(4.50)得

$$\boldsymbol{V}^{+t}\boldsymbol{V}^{+*}=\boldsymbol{V}^{+t}\boldsymbol{S}^{t}\boldsymbol{S}^{*}\boldsymbol{V}^{+*}$$

因此对于非零的$\boldsymbol{V}^{+}$有

$$\boldsymbol{S}^{t}\boldsymbol{S}^{*}=\boldsymbol{U}$$

或

$$\boldsymbol{S}^{*}=\{\boldsymbol{S}^{t}\}^{-1} \tag{4.51}$$

满足式(4.51)给出的条件的矩阵称为幺正矩阵。

矩阵方程(4.51)可写成累加形式：

$$\sum_{k=1}^{N}S_{ki}S_{kj}^{*}=S_{ij},\quad 对所有i,j \tag{4.52}$$

式中，若$i=j$，则$\delta_{ij}=1$；若$i\neq j$，则$\delta_{ij}=0$，δ_{ij}是 Kronecker δ符号。这样，$i=j$，式(4.52)化为

$$\sum_{k=1}^{N}S_{ki}S_{ki}^{*}=1 \tag{4.53a}$$

$i\neq j$时，式(4.52)化为

$$\sum_{k=1}^{N}S_{ki}S_{kj}^{*}=0,\quad i\neq j \tag{4.53b}$$

换言之，式(4.53a)说明$\boldsymbol{S}$的任意一列与该列的共轭的点乘为 1；式(4.53b)说明$\boldsymbol{S}$的任意一列与不同列的共轭的点乘为零（正交）。由式(4.51)得

$$\boldsymbol{S}\boldsymbol{S}^{*t}=\boldsymbol{U}$$

因此，对散射矩阵的各行可做出同样的陈述。

例题 4.5　散射参量的应用

已知二端口网络有如下散射矩阵：

$$\boldsymbol{S}=\begin{bmatrix}0.15\angle 0^{\circ} & 0.85\angle -45^{\circ}\\ 0.85\angle 45^{\circ} & 0.2\angle 0^{\circ}\end{bmatrix}$$

判定网络是互易的还是无耗的。若端口 2 接有匹配负载，则从端口 1 看去的回波损耗是多少？若端口 2 短路，则从端口 1 看去的回波损耗又是多少？

解： 由于$\boldsymbol{S}$是非对称的，所以网络是非互易的。假如网络是无耗的，则S参量应满足式(4.53)。取其第 1 列［即在式(4.53a)中$i=1$］有

$$|S_{11}|^2+|S_{21}|^2=(0.15)^2+(0.85)^2=0.745\neq 1$$

因此网络不是无耗的。

当端口 2 接有匹配负载时，从端口 1 看去的反射系数是$\Gamma=S_{11}=0.15$。所以回波损耗是

$$\mathrm{RL}=-20\lg|\Gamma|=-20\lg(0.15)=16.5\mathrm{dB}$$

当端口 2 被短路时，向端口 1 看去的反射系数可按如下方式求出。从散射矩阵的定义和此时$V_2^{+}=-V_2^{-}$的事实（在端口 2 短路）出发，可写出

$$V_1^{-}=S_{11}V_1^{+}+S_{12}V_2^{+}=S_{11}V_1^{+}-S_{12}V_2^{-}$$

$$V_2^- = S_{21}V_1^+ + S_{22}V_2^+ = S_{21}V_1^+ - S_{22}V_2^-$$

第二个方程给出

$$V_2^- = \frac{S_{21}}{1+S_{22}}V_1^+$$

用 V_1^+ 除第一个方程，并利用上式的结果，就可给出向端口 1 看去的反射系数为

$$\Gamma = \frac{V_1^-}{V_1^+} = S_{11} - S_{12}\frac{V_2^-}{V_1^+} = S_{11} - \frac{S_{12}S_{21}}{1+S_{22}}$$

$$= 0.15 - \frac{(0.85\angle -45°)\times(0.85\angle 45°)}{1+0.2} = -0.452$$

所以回波损耗 $\mathrm{RL} = -20\lg|\Gamma| = -20\lg(0.452) = 6.9\mathrm{dB}$。 ■

理解 S 参量时有一点很重要：向端口 n 看去的反射系数并不等于 S_{nn}；只有当所有的其他端口都匹配时才会这样（这一点已在上面的例题中说明）。与此相仿，除非所有其他端口都匹配，否则从端口 m 到端口 n 的传输系数就不等于 S_{mn}。网络的 S 参量只是网络本身的特性（假定网络是线性的），它是在所有端口均匹配的条件下定义的。改变网络的端接或激励条件不会改变网络的 S 参量，但会改变向给定端口看去的反射系数或两个端口之间的传输系数。

4.3.2 参考平面的移动

由于 S 参量关联了入射到网络和从网络反射的行波的振幅（幅值和相位），因此必须确定网络的每个端口的相位参考平面。下面说明当参考平面从原位置移动时，S 参量是如何转换的。

现在考虑图 4.9 中的一个 N 端口网络，设第 n 个端口的原端平面位置为 $z_n = 0$，其中 z_n 是沿馈送到第 n 个端口的传输线量度的任一坐标点。这个网络的散射矩阵连同这组端平面用 $\boldsymbol{S}$ 来表示。现在考虑第 n 个端口位于 $z_n = \ell_n$ 的一组新的端平面，并将这个新散射矩阵表示为 $\boldsymbol{S}'$。则用入射和反射端口电压表示时，有

$$\boldsymbol{V}^- = \boldsymbol{S}\boldsymbol{V}^+ \tag{4.54a}$$

$$\boldsymbol{V}'^- = \boldsymbol{S}'\boldsymbol{V}'^+ \tag{4.54b}$$

式中，不带撇号的量是以原来在 $z_n = 0$ 的端平面作为参考的，而带撇号的量是以在 $z_n = \ell_n$ 处的新端平面作为参考的。

从无耗传输线上行波的理论出发，可把新波的振幅与原波的振幅通过下式联系起来：

$$V_n'^+ = V_n^+ \mathrm{e}^{\mathrm{j}\theta_n} \tag{4.55a}$$

$$V_n'^- = V_n^- \mathrm{e}^{-\mathrm{j}\theta_n} \tag{4.55b}$$

式中，$\theta_n = \beta_n \ell_n$ 是第 n 个端口的参考平面向外移动的电长度。

把式(4.55)用矩阵形式写出，并把它代入式(4.54a)，得

$$\begin{bmatrix} \mathrm{e}^{\mathrm{j}\theta_1} & & & 0 \\ & \mathrm{e}^{\mathrm{j}\theta_2} & & \\ & & \ddots & \\ 0 & & & \mathrm{e}^{\mathrm{j}\theta_N} \end{bmatrix} \boldsymbol{V}'^- = \boldsymbol{S} \begin{bmatrix} \mathrm{e}^{-\mathrm{j}\theta_1} & & & 0 \\ & \mathrm{e}^{-\mathrm{j}\theta_2} & & \\ & & \ddots & \\ 0 & & & \mathrm{e}^{-\mathrm{j}\theta_N} \end{bmatrix} \boldsymbol{V}'^+$$

乘以左边第一个矩阵的逆矩阵，得

$$
\boldsymbol{V}'^{-}=\begin{bmatrix} e^{-j\theta_1} & & & 0 \\ & e^{-j\theta_2} & & \\ & & \ddots & \\ 0 & & & e^{-j\theta_N} \end{bmatrix} \boldsymbol{S} \begin{bmatrix} e^{-j\theta_1} & & & 0 \\ & e^{-j\theta_2} & & \\ & & \ddots & \\ 0 & & & e^{-j\theta_N} \end{bmatrix} \boldsymbol{V}'^{+}
$$

与式(4.54b)对比，有

$$
\boldsymbol{S}'=\begin{bmatrix} e^{-j\theta_1} & & & 0 \\ & e^{-j\theta_2} & & \\ & & \ddots & \\ 0 & & & e^{-j\theta_N} \end{bmatrix} \boldsymbol{S} \begin{bmatrix} e^{-j\theta_1} & & & 0 \\ & e^{-j\theta_2} & & \\ & & \ddots & \\ 0 & & & e^{-j\theta_N} \end{bmatrix} \tag{4.56}
$$

这就是想要的结果。注意，$S'_{nn}=e^{-2j\theta_n}S_{nn}$ 意味着 S_{nn} 的相移是端平面 n 移动的电长度的 2 倍，这是因为波在入射和反射时，行进的距离是该长度的 2 倍。这一结果与式(2.42)一致，后者给出了参考平面移动导致的传输线上的反射系数变化。

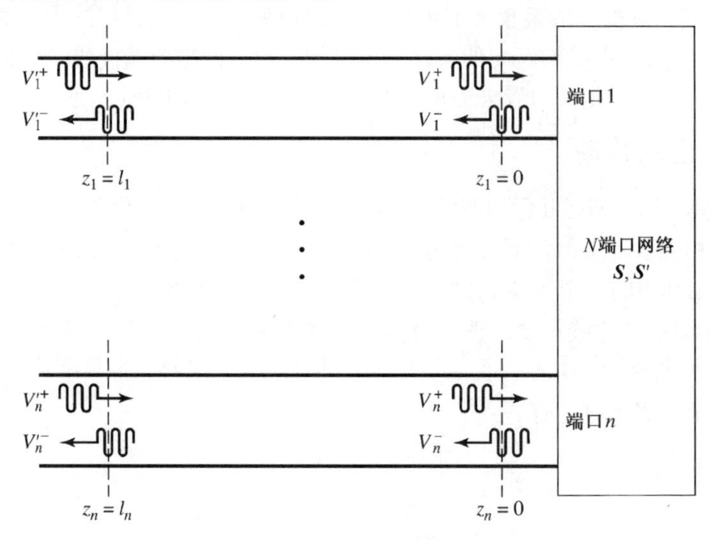

图 4.9　移动 N 端口网络的参考平面

4.3.3　功率波和广义散射参量

前面已将传输线上的总电压和总电流表示为入射电压波振幅和反射电压波振幅的函数，如式(2.34)或式(4.42)所示：

$$
V=V_0^+ + V_0^- \tag{4.57a}
$$

$$
I=\frac{1}{Z_0}(V_0^+ - V_0^-) \tag{4.57b}
$$

式中，Z_0 是传输线的特征阻抗。整理式(4.57)，得到入射电压和反射电压波振幅，它们是总电压和电流的函数：

$$
V_0^+ = \frac{V+Z_0 I}{2} \tag{4.58a}
$$

$$
V_0^- = \frac{V-Z_0 I}{2} \tag{4.58b}
$$

传送到负载的平均功率为

$$P_L=\frac{1}{2}\mathrm{Re}\{VI^*\}=\frac{1}{2Z_0}\mathrm{Re}\left\{\left|V_0^+\right|^2-V_0^+V_0^{-*}+V_0^{+*}V_0^--\left|V_0^-\right|^2\right\}=\frac{1}{2Z_0}\left(\left|V_0^+\right|^2-\left|V_0^-\right|^2\right) \tag{4.59}$$

最后一个等式成立的原因是$V_0^{+*}V_0^- - V_0^+V_0^{-*}$是纯虚数。这是物理上令人满意的结果，因为它表示的是当入射功率和反射功率不同时，发送到负载的净功率。遗憾的是，这一结果仅在特征阻抗是实数时有效，Z_0是复数时则不适用，因为此时是有耗线。此外，当信号源和负载之间无传输线时，这些结果是没有用的，如图 4.10 中的电路所示。

在图 4.10 所示的电路中，既没有定义的特征阻抗，也没有电压反射系数，甚至没有入射/反射电压波或电流波。然而，定义一种称为**功率波**的新波是可行的，功率波在处理信号源和负载之间的功率传输时很有用，它既适用于图 4.10 中的电路，又适用于无耗或有耗传输线问题。下面介绍如何由功率波导出通用的散射参量。

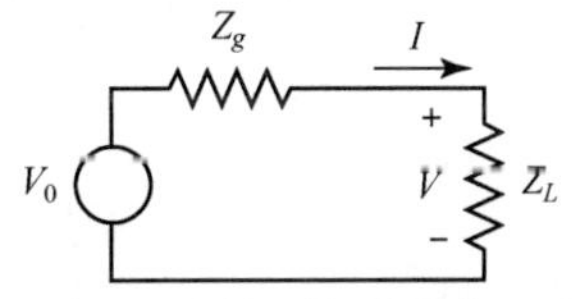

图 4.10　阻抗 Z_g 连接到负载阻抗 Z_L 的信号源

入射和反射功率波振幅 a 和 b 可定义为电压和电流的如下线性变换：

$$a=\frac{V+Z_RI}{2\sqrt{R_R}} \tag{4.60a}$$

$$b=\frac{V-Z_R^*I}{2\sqrt{R_R}} \tag{4.60b}$$

式中，$Z_R=R_R+\mathrm{j}X_R$ 称为参考阻抗，它可以是复数。注意，式(4.60)中功率波振幅的形式类似于式(4.58)中的电压波，但没有功率、电压或电流的单位。

整理式(4.60)可得总电压和电流，它们是功率波振幅的函数：

$$V=\frac{Z_R^*a+Z_Rb}{\sqrt{R_R}} \tag{4.61a}$$

$$I=\frac{a-b}{\sqrt{R_R}} \tag{4.61b}$$

因此，传送到负载的功率为

$$P_L=\frac{1}{2}\mathrm{Re}\{VI^*\}=\frac{1}{2R_R}\mathrm{Re}\left\{Z_R^*|a|^2-Z_R^*ab^*+Z_Ra^*b-Z_R|b|^2\right\}=\frac{1}{2}|a|^2-\frac{1}{2}|b|^2 \tag{4.62}$$

因为$Z_Ra^*b-Z_R^*ab^*$是纯虚数。这里再次得到了令人满意的结果，即负载功率是入射功率波和反射功率波的功率之差。注意，该结果适用于任何参考阻抗 Z_R。

使用式(4.60)和$V=Z_LI$，可求得负载处的反射功率波的反射系数Γ_p：

$$\Gamma_p=\frac{b}{a}=\frac{V-Z_R^*I}{V+Z_RI}=\frac{Z_L-Z_R^*}{Z_L+Z_R} \tag{4.63}$$

观察发现，当$Z_R=Z_0$时，这个反射系数就简化为通常使用的电压反射系数公式(2.35)。式(4.63)表明，当参考阻抗选为负载阻抗的共轭[5]，即

$$Z_R=Z_L^* \tag{4.64}$$

将得到非常有用的结果，此时反射功率波的幅度为零①。

① 有些作者选择让参考阻抗等于信号源阻抗。当信号源和负载共轭匹配时，这与式(4.64)的效果相同，但选择式(4.64)甚至会在共轭匹配条件不满足时导致零反射波，因此通常更有用。

由基本电路理论可知，图 4.10 所示电路的电压、电流和负载功率为

$$V = V_0 \frac{Z_L}{Z_L + Z_g},\ I = \frac{V_0}{Z_L + Z_g},\ P_L = \frac{V_0^2}{2} \frac{R_L}{\left|Z_L + Z_g\right|^2} \tag{4.65a,b,c}$$

式中，$Z_L = R_L + \mathrm{j}X_L$。因此，当 $Z_R = Z_L^*$ 时，由式(4.60)可得功率波振幅为

$$a = \frac{V + Z_R I}{2\sqrt{R_R}} = V_0 \frac{\dfrac{Z_L}{Z_L + Z_g} + \dfrac{Z_L^*}{Z_L + Z_g}}{2\sqrt{R_R}} = V_0 \frac{\sqrt{R_L}}{Z_L + Z_g} \tag{4.66a}$$

$$b = \frac{V - Z_R^* I}{2\sqrt{R_R}} = V_0 \frac{\dfrac{Z_L}{Z_L + Z_g} - \dfrac{Z_L}{Z_L + Z_g}}{2\sqrt{R_R}} = 0 \tag{4.66b}$$

由式(4.62)可得传送到负载的功率为

$$P_L = \frac{1}{2}|a|^2 = \frac{V_0^2}{2} \frac{R_L}{\left|Z_L + Z_g\right|^2}$$

这与式(4.65c)一致。

当负载与信号源共轭匹配时，$Z_g = Z_L^*$，有 $P_L = V_0^2 / 8R_L$。将参考阻抗选为 $Z_R = Z_L^*$ 导致条件 $b = 0$（和 $\Gamma_p = 0$），但这并不表示负载与信号源是共轭匹配的，又不表示最大功率会传送到负载。式(4.66a)中的入射功率波振幅取决于 Z_L 和 Z_g，仅在 $Z_g = Z_L^*$ 时最大。

为对 N 端口网络定义功率波的散射矩阵，假设端口 i 的参考阻抗为 Z_{Ri}。因此，类似于式(4.60)，可将功率波振幅向量定义为包含所有电压和电流的向量的函数：

$$\boldsymbol{a} = \boldsymbol{F}(\boldsymbol{V} + \boldsymbol{Z}_R \boldsymbol{I}) \tag{4.67a}$$

$$\boldsymbol{b} = \boldsymbol{F}(\boldsymbol{V} - \boldsymbol{Z}_R^* \boldsymbol{I}) \tag{4.67b}$$

式中，$\boldsymbol{F}$ 是元素为 $1/2\sqrt{\mathrm{Re}\{Z_{Ri}\}}$ 的对角阵，$\boldsymbol{Z}_R$ 是元素为 Z_{Ri} 的对角阵。根据阻抗矩阵关系 $\boldsymbol{V} = \boldsymbol{Z}\boldsymbol{I}$，式(4.67)可以写为

$$\boldsymbol{b} = \boldsymbol{F}(\boldsymbol{Z} - \boldsymbol{Z}_R^*)(\boldsymbol{Z} + \boldsymbol{Z}_R)^{-1} \boldsymbol{F}^{-1} \boldsymbol{a}$$

因为功率波的散射矩阵 $\boldsymbol{S}_p$ 应将 $\boldsymbol{b}$ 关联到 $\boldsymbol{a}$，因此有

$$\boldsymbol{S}_p = \boldsymbol{F}(\boldsymbol{Z} - \boldsymbol{Z}_R^*)(\boldsymbol{Z} + \boldsymbol{Z}_R)^{-1} \boldsymbol{F}^{-1} \tag{4.68}$$

网络的普通散射矩阵可首先用类似于式(4.45)的关系式转换为一个阻抗矩阵，然后用式(4.68)转换为通用功率波散射矩阵。通用散射矩阵的一个有用性质是，正确选择参考阻抗可让对角元素为零。

兴趣点：向量网络分析仪

向量网络分析仪可用来测量无源和有源网络的 S 参量，它是一台双（或四）通道微波接收机，可用来处理来自网络的透射波和反射波的幅值与相位。网络分析仪的简化框图如下图所示。工作时，扫频的高频源通常设在指定的频宽范围内。四端口反射计对入射、反射和透射射频波取样；一个开关可从端口 1 或端口 2 激励网络。4 个双重转换通道把这些信号变换成 100kHz 的中频，然后进行检测并转换成数字形式。用功能强大的内置计算机计算并显示出 S 参量的幅值和相位，或可从 S 参量导出其他量，如驻波比（SWR）、回波损耗、群时延、阻抗等。该网络分析仪的一个重要特点是，可用误差修正软件提升精度，它使用 12 个误差模型和校正处理方法来处理固定向耦合器失配、方向性不完善、损耗和分析仪系统的频响变动导致的误差。另一个有用的特性是，能够通过计算频率域数据的傅里叶反变换来确定网络的时域响应。

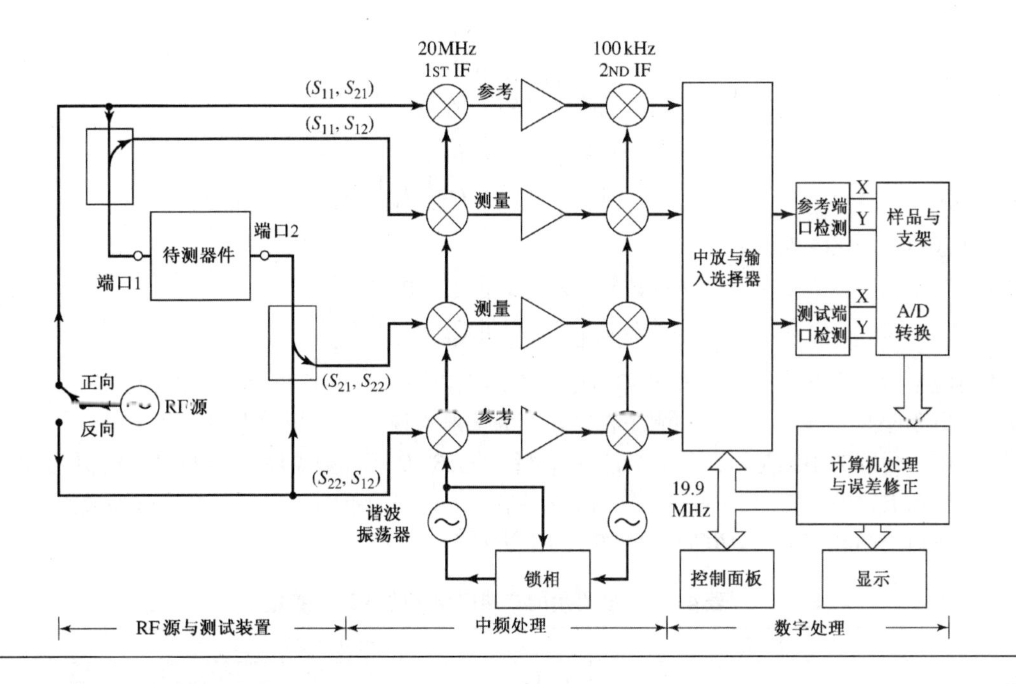

4.4 传输（*ABCD*）矩阵

我们可用 Z, Y 和 S 参量来表征端口数量任意的微波网络。但是，实际上许多微波网络是由两个或两个以上的二端口网络级联而成的。在这种情况下，对每个二端口网络用 2×2 转移矩阵或 *ABCD* 矩阵来定义就会很方便。随后将会看到，两个或多个二端口网络级联的 *ABCD* 矩阵可以很容易地通过单个二端口的 *ABCD* 矩阵相乘求出。

二端口网络的 *ABCD* 矩阵可用图 4.11a 显示的总电压和总电流定义：

$$V_1 = AV_2 + BI_2$$
$$I_1 = CV_2 + DI_2$$

或写成矩阵形式

$$\begin{bmatrix} V_1 \\ I_1 \end{bmatrix} = \begin{bmatrix} A & B \\ C & D \end{bmatrix} \begin{bmatrix} V_2 \\ I_2 \end{bmatrix} \tag{4.69}$$

在图 4.11a 中，需要注意的是，I_2 的符号约定不同于过去的定义（即 I_2 是流入端口 2 的电流）。处理 *ABCD* 矩阵时，采用 I_2 流出端口 2 的约定，以便在级联网络中 I_2 是流入下一个网络的相同电流，如图 4.11b 所示。因此，式(4.69)的左侧表示网络端口 1 的电压和电流，而式(4.69)右侧的列表示端口 2 的电压和电流。

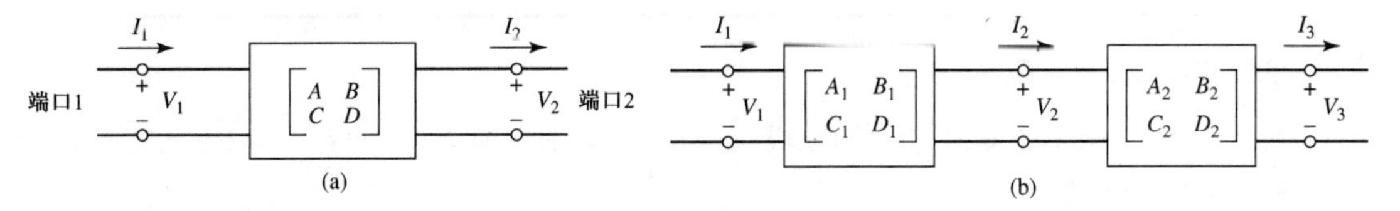

图 4.11　(a)二端口网络；(b)级联二端口网络

在图 4.11b 所示的级联二端口网络中，有

$$\begin{bmatrix} V_1 \\ I_1 \end{bmatrix} = \begin{bmatrix} A_1 & B_1 \\ C_1 & D_1 \end{bmatrix} \begin{bmatrix} V_2 \\ I_2 \end{bmatrix} \tag{4.70a}$$

$$\begin{bmatrix} V_2 \\ I_2 \end{bmatrix} = \begin{bmatrix} A_2 & B_2 \\ C_2 & D_2 \end{bmatrix} \begin{bmatrix} V_3 \\ I_3 \end{bmatrix} \tag{4.70b}$$

把式(4.70b)代入式(4.70a)得

$$\begin{bmatrix} V_1 \\ I_1 \end{bmatrix} = \begin{bmatrix} A_1 & B_1 \\ C_1 & C_1 \end{bmatrix} \begin{bmatrix} A_2 & B_2 \\ C_2 & D_2 \end{bmatrix} \begin{bmatrix} V_3 \\ I_3 \end{bmatrix} \tag{4.71}$$

它表明两个网络级联后的 *ABCD* 矩阵等于各个二端口网络的 *ABCD* 矩阵的乘积。注意，矩阵相乘的先后顺序必须与网络排列的顺序相同，因为一般来说，矩阵相乘不满足交换律。

ABCD 矩阵的用途是，建立基本二端口网络的 *ABCD* 矩阵数据库，并以积木式部件的形式应用到较复杂的微波网络中，而较复杂的微波网络是由这些简单的二端口网络级联而成的。一些常用的二端口网络和它们的 *ABCD* 矩阵如表 4.1 所示。

表 4.1　一些常用的二端口网络的 *ABCD* 参量

电　路	*ABCD* 参量	
Z	$A=1$ $C=0$	$B=Z$ $D=1$
Y	$A=1$ $C=Y$	$B=0$ $D=1$
Z_0, β l	$A=\cos\beta\ell$ $C=\mathrm{j}Y_0\sin\beta\ell$	$B=\mathrm{j}Z_0\sin\beta\ell$ $D=\cos\beta\ell$
$N:1$	$A=N$ $C=0$	$B=0$ $D=1/N$
Y_3, Y_1, Y_2	$A=1+\dfrac{Y_2}{Y_3}$ $C=Y_1+Y_2+\dfrac{Y_1Y_2}{Y_3}$	$B=\dfrac{1}{Y_3}$ $D=1+\dfrac{Y_1}{Y_3}$
Z_1, Z_2, Z_3	$A=1+\dfrac{Z_1}{Z_3}$ $C=\dfrac{1}{Z_3}$	$B=Z_1+Z_2+\dfrac{Z_1Z_2}{Z_3}$ $D=1+\dfrac{Z_2}{Z_3}$

例题 4.6　计算 *ABCD* 参量

求在端口 1 和端口 2 之间有一串联阻抗 Z 的二端口网络(见表 4.1 中第一项)的 *ABCD* 参量。

解： 由式(4.69)有

$$A = \left.\frac{V_1}{V_2}\right|_{I_2=0}$$

这表明在端口 1 上施加电压 V_1，并在端口 2 上测量开路电压 V_2，就可求出 A。于是有 $A = 1$。类似地，有

$$B = \left.\frac{V_1}{I_2}\right|_{V_2=0} = \frac{V_1}{V_1/Z} = Z, \quad C = \left.\frac{I_1}{V_2}\right|_{I_2=0} = 0, \quad D = \left.\frac{I_1}{I_2}\right|_{V_2=0} = \frac{I_1}{I_1} = 1$$ ■

4.4.1 与阻抗矩阵的关系

知道网络的 Z 矩阵后，就可求出 $ABCD$ 参量。这样，根据式(4.69)定义的二端口网络 $ABCD$ 参量和式(4.25)定义的 Z 参量，并使 I_2 与用于 $ABCD$ 参量的符号约定一致，有

$$V_1 = I_1 Z_{11} - I_2 Z_{12} \tag{4.72a}$$

$$V_2 = I_1 Z_{21} - I_2 Z_{22} \tag{4.72b}$$

可得

$$A = \left.\frac{V_1}{V_2}\right|_{I_2=0} = \frac{I_1 Z_{11}}{I_1 Z_{21}} = Z_{11}/Z_{21} \tag{4.73a}$$

$$\begin{aligned} B &= \left.\frac{V_1}{I_2}\right|_{V_2=0} = \left.\frac{I_1 Z_{11} - I_2 Z_{12}}{I_2}\right|_{V_2=0} = Z_{11} \left.\frac{I_1}{I_2}\right|_{V_2=0} - Z_{12} \\ &= Z_{11}\frac{I_1 Z_{22}}{I_1 Z_{21}} - Z_{12} = \frac{Z_{11}Z_{22} - Z_{12}Z_{21}}{Z_{21}} \end{aligned} \tag{4.73b}$$

$$C = \left.\frac{I_1}{V_2}\right|_{I_2=0} = \frac{I_1}{I_1 Z_{21}} = 1/Z_{21} \tag{4.73c}$$

$$D = \left.\frac{I_1}{I_2}\right|_{V_2=0} = \frac{I_2 Z_{22}/Z_{21}}{I_2} = Z_{22}/Z_{21} \tag{4.73d}$$

若网络是互易的，则 $Z_{12} = Z_{21}$，把它用到式(4.73)中，可以证明 $AD - BC = 1$。

4.4.2 二端口网络的等效电路

实际工作中会频繁出现微波二端口网络的特殊情况，因此值得进一步关注。这里采用等效电路来代表任意形式的二端口网络。表 4.2 中给出了二端口网络的各种参量之间的有用转换关系。

作为二端口网络的一个例子，图 4.12a 给出了同轴线与微带线之间的过渡段。过渡段两侧的端平面可定义在这两根传输线上的任意一点。图中给出了一种方便的选择[①]。然而，由于同轴线到微带线的过渡段中存在物理上的不连续，加之过渡接头附近的区域存储有电能和/或磁能，因此会导致电抗性作用。通过测量或理论分析（尽管这些分析十分复杂），可得到这些作用的描述，并表示为图 4.12b 中的二端口“黑盒子”。过渡段的性质可用二端口网络的参量（Z, Y, S 或 $ABCD$）表示。这种处理方法可以应用到各式各样的二端口接头，如从一种类型的传输线到另一种传输线的过渡、传输线的不连续性（如宽度上的阶梯变化或弯曲）等。以这种方式建模微波接头时，非常有用的方法是把二端口“黑盒”替换为包含少数理想化元件的等效电路，如图 4.12c 所示（把这些元件值与实际接头的某些物理特性联系起来会特别有用）。定义这种等效电路的方法有多种，下面讨论一些最为常见且有用的方法。

---

① 即图 4.12a 中用虚线标出的 t_1 面和 t_2 面。——译者注

表 4.2　二端口网络各参量之间的转换

	S	Z	Y	$ABCD$
S_{11}	S_{11}	$\dfrac{(Z_{11}-Z_0)(Z_{22}+Z_0)-Z_{12}Z_{21}}{\Delta Z}$	$\dfrac{(Y_0-Y_{11})(Y_0+Y_{22})+Y_{12}Y_{21}}{\Delta Y}$	$\dfrac{A+B/Z_0-CZ_0-D}{A+B/Z_0+CZ_0+D}$
S_{12}	S_{12}	$\dfrac{2Z_{12}Z_0}{\Delta Z}$	$\dfrac{-2Y_{12}Y_0}{\Delta Y}$	$\dfrac{2(AD-BC)}{A+B/Z_0+CZ_0+D}$
S_{21}	S_{21}	$\dfrac{2Z_{21}Z_0}{\Delta Z}$	$\dfrac{-2Y_{21}Y_0}{\Delta Y}$	$\dfrac{2}{A+B/Z_0+CZ_0+D}$
S_{22}	S_{22}	$\dfrac{(Z_{11}+Z_0)(Z_{22}-Z_0)-Z_{12}Z_{21}}{\Delta Z}$	$\dfrac{(Y_0+Y_{11})(Y_0-Y_{22})+Y_{12}Y_{21}}{\Delta Y}$	$\dfrac{-A+B/Z_0-CZ_0+D}{A+B/Z_0+CZ_0+D}$
Z_{11}	$Z_0\dfrac{(1+S_{11})(1-S_{22})+S_{12}S_{21}}{(1-S_{11})(1-S_{22})-S_{12}S_{21}}$	Z_{11}	$\dfrac{Y_{22}}{\lvert Y\rvert}$	$\dfrac{A}{C}$
Z_{12}	$Z_0\dfrac{2S_{12}}{(1-S_{11})(1-S_{22})-S_{12}S_{21}}$	Z_{12}	$\dfrac{-Y_{12}}{\lvert Y\rvert}$	$\dfrac{AD-BC}{C}$
Z_{21}	$Z_0\dfrac{2S_{21}}{(1-S_{11})(1-S_{22})-S_{12}S_{21}}$	Z_{21}	$\dfrac{-Y_{21}}{\lvert Y\rvert}$	$\dfrac{1}{C}$
Z_{22}	$Z_0\dfrac{(1-S_{11})(1+S_{22})+S_{12}S_{21}}{(1-S_{11})(1-S_{22})-S_{12}S_{21}}$	Z_{22}	$\dfrac{Y_{11}}{\lvert Y\rvert}$	$\dfrac{D}{C}$
Y_{11}	$Y_0\dfrac{(1-S_{11})(1+S_{22})+S_{12}S_{21}}{(1+S_{11})(1+S_{22})-S_{12}S_{21}}$	$\dfrac{Z_{22}}{\lvert Z\rvert}$	Y_{11}	$\dfrac{D}{B}$
Y_{12}	$Y_0\dfrac{-2S_{12}}{(1+S_{11})(1+S_{22})-S_{12}S_{21}}$	$\dfrac{-Z_{12}}{\lvert Z\rvert}$	Y_{12}	$\dfrac{BC-AD}{B}$
Y_{21}	$Y_0\dfrac{-2S_{21}}{(1+S_{11})(1+S_{22})-S_{12}S_{21}}$	$\dfrac{-Z_{21}}{\lvert Z\rvert}$	Y_{21}	$\dfrac{-1}{B}$
Y_{22}	$Y_0\dfrac{(1+S_{11})(1-S_{22})+S_{12}S_{21}}{(1+S_{11})(1+S_{22})-S_{12}S_{21}}$	$\dfrac{Z_{11}}{\lvert Z\rvert}$	Y_{22}	$\dfrac{A}{B}$
A	$\dfrac{(1+S_{11})(1-S_{22})+S_{12}S_{21}}{2S_{21}}$	$\dfrac{Z_{11}}{Z_{21}}$	$\dfrac{-Y_{22}}{Y_{21}}$	A
B	$Z_0\dfrac{(1+S_{11})(1+S_{22})-S_{12}S_{21}}{2S_{21}}$	$\dfrac{\lvert Z\rvert}{Z_{21}}$	$\dfrac{-1}{Y_{21}}$	B
C	$\dfrac{1}{Z_0}\dfrac{(1-S_{11})(1-S_{22})-S_{12}S_{21}}{2S_{21}}$	$\dfrac{1}{Z_{21}}$	$\dfrac{-\lvert Y\rvert}{Y_{21}}$	C
D	$\dfrac{(1-S_{11})(1+S_{22})+S_{12}S_{21}}{2S_{21}}$	$\dfrac{Z_{22}}{Z_{21}}$	$\dfrac{-Y_{11}}{Y_{21}}$	D

$\lvert Z\rvert=Z_{11}Z_{22}-Z_{12}Z_{21}$;　$\lvert Y\rvert=Y_{11}Y_{22}-Y_{12}Y_{21}$;　$\Delta Y=(Y_{11}+Y_0)(Y_{22}+Y_0)-Y_{12}Y_{21}$;　$\Delta Z=(Z_{11}+Z_0)(Z_{22}+Z_0)-Z_{12}Z_{21}$;　$Y_0=1/Z_0$

如上节所述，任意二端口网络均可用阻抗参量描述为

$$\begin{aligned} V_1 &= Z_{11}I_1+Z_{12}I_2 \\ V_2 &= Z_{21}I_1+Z_{22}I_2 \end{aligned} \tag{4.74a}$$

或用导纳参量描述为

$$\begin{aligned} I_1 &= Y_{11}V_1+Y_{12}V_2 \\ I_2 &= Y_{21}V_1+Y_{22}V_2 \end{aligned} \tag{4.74b}$$

若网络是互易的，则有 $Z_{12}=Z_{21}$ 和 $Y_{12}=Y_{21}$。这些表示自然会导出了 T 形和 π 形等效电路，如图 4.13a 和图 4.13b 所示。表 4.2 中的关系可用来关联这些元件值与其他网络参量。

其他等效电路也可用来表示二端口网络。若网络是互易的，则存在 6 个自由度（3 个矩阵元素的实部和虚部），所以其等效电路应有 6 个自变量。非互易网络不能采用互易矩阵元素的无源等效电路来表示。

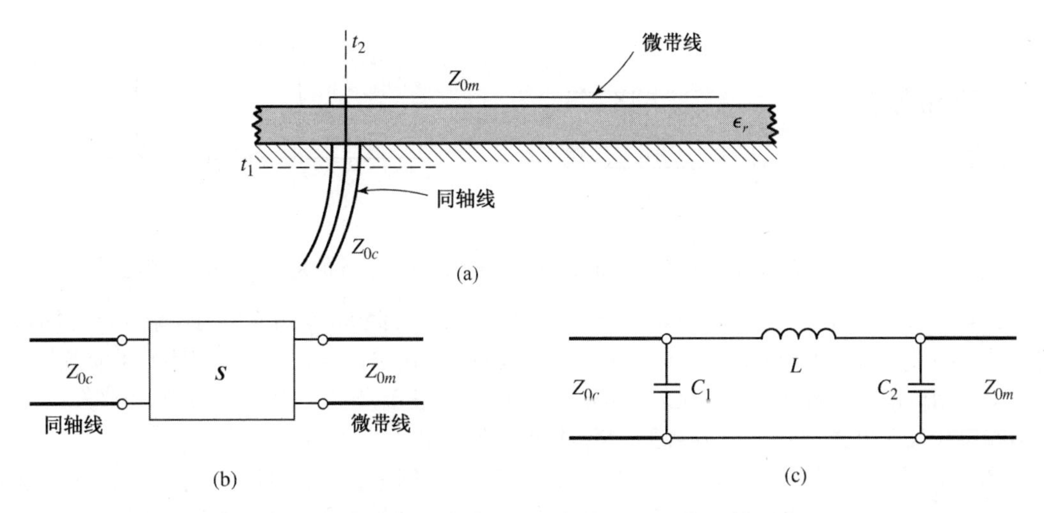

图 4.12　同轴-微带线过渡段及其等效电路表示：(a)过渡段的几何结构；(b)用“黑盒”表示过渡段；(c)过渡段的一种等效电路[6]

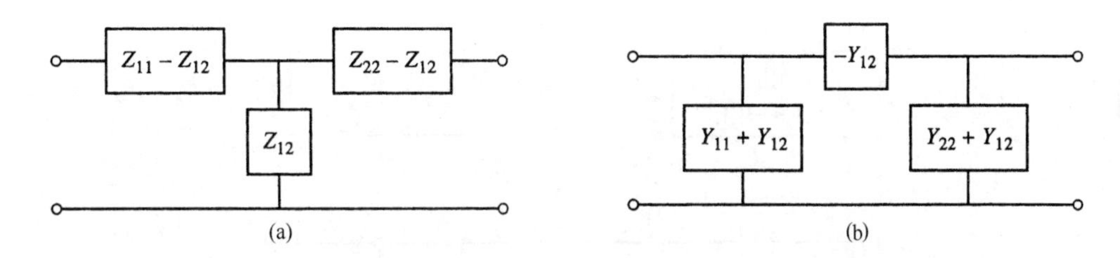

图 4.13　互易二端口网络的等效电路：(a)T 形等效电路；(b)π 形等效电路

若网络是无耗的（这是许多实际二端口接头的较好近似），则可简化等效电路。如 4.2 节指出的那样，对于无耗网络，阻抗和导纳矩阵是纯虚数。这就使得这种网络的自由度减少到 3 个，并且图 4.13 所示的 T 形和 π 形等效电路可由纯电抗元件组成。

4.5　信号流图

前面介绍了如何使用散射参量来表示透射波和反射波，以及如何用不同的矩阵表示法来处理源、网络和负载的互连。本节讨论信号流图。用透射波和反射波来分析微波网络时，它是一种很有用的补充手段。首先讨论流图的特点和构成，然后给出流图的简化或求解方法。

信号流图的基本组成是节点和支路：

- **节点**：微波网络的每个端口 i 有两个节点 a_i 和 b_i。节点 a_i 等同于进入端口 i 的波，而节点 b_i 等同于自端口 i 反射的波。节点的电压等于所有进入该节点的信号之和。
- **支路**：支路是两个节点之间的有向路径，代表信号从一个节点向另一个节点流动。每条支路都有相关联的 S 参量或反射系数。

现在，考虑图 4.14 所示的任意二端口网络的信号流图是很有用的。图 4.14a 显示了每个端口均有入射波和反射波的二端口网络，图 4.14b 显示了与之对应的信号流图表示。流图给出了网络特性的直观图形说明。

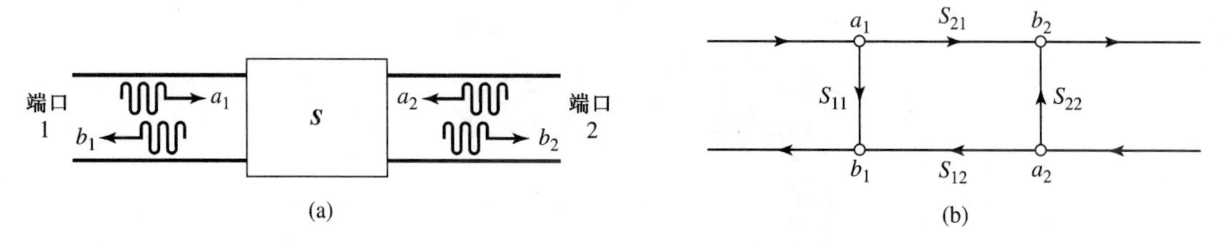

图 4.14　二端口网络的信号流图表示：(a)入射波和反射波的定义；(b)信号流图

例如，入射到端口 1 的振幅为 a_1 的波一分为二，一部分经 S_{11} 支路并作为反射波离开端口 1，另一部分经 S_{21} 传输到节点 b_2。在节点 b_2，该波从端口 2 出去；若有非零反射系数的负载接到端口 2 上，则该波至少有一部分被反射，并在节点 a_2 重新进入二端口网络。该波的一部分经 S_{22} 支路从端口 2 反射出去，另一部分波通过 S_{12} 从端口 1 传出。

图 4.15 显示了其他两个特定的网络（即一个一端口网络和一个电压源）及它们的信号流图表示。以信号流图形式表示微波网络后，求解任意两个波的振幅之比就会相当容易。下面讨论如何利用 4 个基本的分解法则来做到这一点，但利用控制系统理论的 Mason 法则也能得到相同的结果。

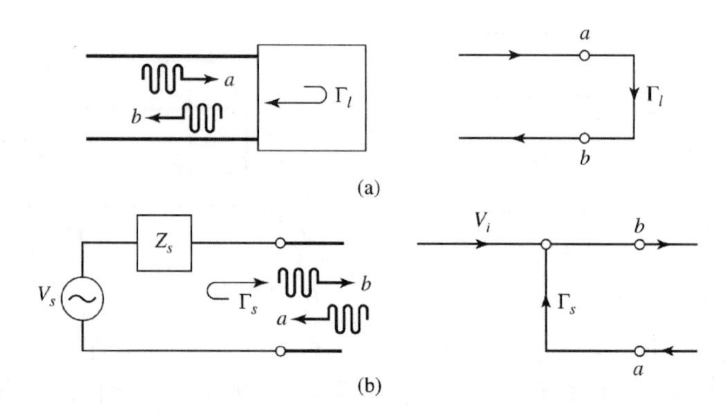

图 4.15　一端口网络和电压源的信号流图表示：(a)一端口网络及其信号流图；(b)电压源及其信号流图

4.5.1　信号流图的分解

使用下面的 4 个基本分解法则，信号流图可以简化为两个节点之间的单个支路，以便获得想要的波振幅比。

- **法则 1**（串联法则）。公共节点只有一个进来的波和一个出去的波的两个支路（支路串联），可以组合成单个支路，其系数是原来两个支路的系数的乘积。图 4.16a 显示了这一法则的流图。显然，有

$$V_3 = S_{32}V_2 = S_{32}S_{21}V_1 \tag{4.75}$$

- **法则 2**（并联法则）。从一个公共节点到另一个公共节点的两个支路（支路并联）可以组合成单个支路，其系数是原来两个支路的系数之和。图 4.16b 显示了这一法则的流图。显然，有

$$V_2 = S_aV_1 + S_bV_1 = (S_a + S_b)V_1 \tag{4.76}$$

- **法则 3**（自闭环法则）。当一个节点有系数为 S 的自闭环（支路起止于同一个节点）时，让该节点的支路的系数乘以 $1/(1-S)$，可消去这个自闭环。图 4.16c 显示了该法则的流图，其推导如下。按原来的网络，有

$$V_2 = S_{21}V_1 + S_{22}V_2 \tag{4.77a}$$

$$V_3 = S_{32}V_2 \tag{4.77b}$$

消去 V_2 有

$$V_3 = \frac{S_{32}S_{21}}{1-S_{22}}V_1 \tag{4.78}$$

它表示图 4.16c 中的简化图的传递函数。

- **法则 4**（剖分法则）。只要最终的信号流图一次（只有一次）包含有分离的（不是自闭环）输入支路和连接到原始节点的输出支路，一个节点就可剖分成两个分离的节点。图 4.16d 显示了该法则，可以看到，在原来的流图和有剖分节点的流图中，都有

$$V_4 = S_{42}V_2 = S_{21}S_{42}V_1 \tag{4.79}$$

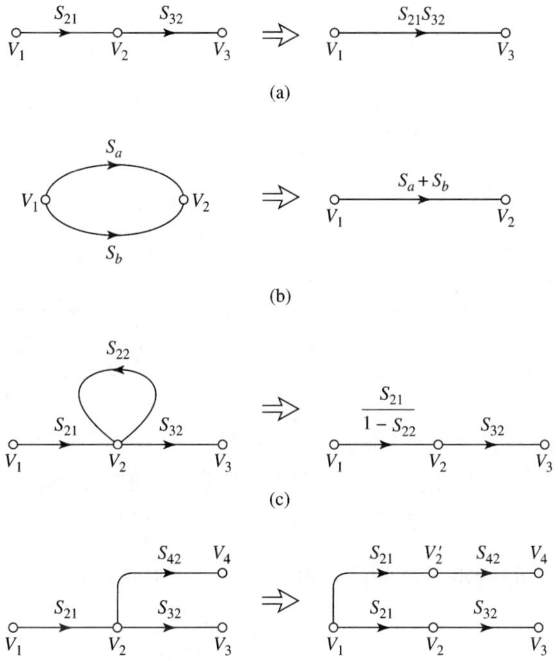

(a)

(b)

(c)

(d)

图 4.16　分解法则：(a)串联法则；(b)并联法则；(c)自闭环法则；(d)剖分法则

下面用例题来说明这些法则的用途。

例题 4.7　信号流图的应用

利用信号流图导出图 4.17 所示二端口网络的 Γ_{in} 和 Γ_{out} 的表达式。

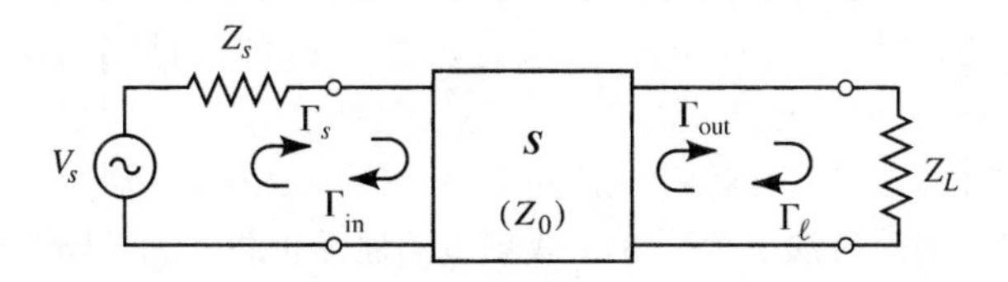

图 4.17　端接负载的二端口网络

解：图 4.17 所示电路的信号流图如图 4.18 所示。用节点电压表示时，Γ_{in} 由比值 b_1/a_1 给出。对流图想要做的分解的前两步如图 4.19a, b 所示，由图可以得到期望的结果：

$$\Gamma_{\text{in}} = \frac{b_1}{a_1} = S_{11} + \frac{S_{12}S_{21}\Gamma_\ell}{1 - S_{22}\Gamma_\ell}$$

图 4.18　图 4.17 所示带有常规信号源和负载阻抗的二端口网络的信号流图

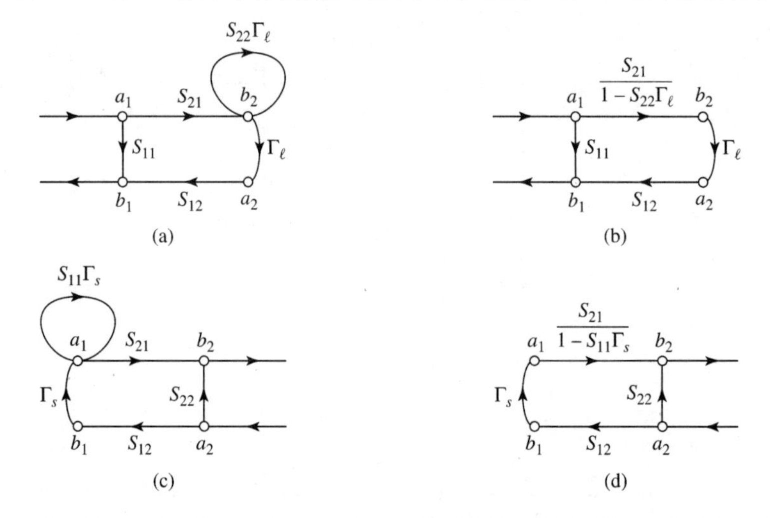

图 4.19　为求出 $\Gamma_{in} = b_1/a_1$ 和 $\Gamma_{out} = b_2/a_2$，对图 4.18 所示信号流图的分解：(a)在节点 a_2 上应用法则 4；(b)在节点 b_2 上应用法则 3；(c)在节点 b_1 上应用法则 4；(d)在节点 a_1 应用上法则 3

接着，Γ_{out} 由比值 b_2/a_2 给出。该分解的前两步如图 4.19c, d 所示。期望的结果是

$$\Gamma_{\text{out}} = \frac{b_2}{a_2} = S_{22} + \frac{S_{12}S_{21}\Gamma_s}{1 - S_{11}\Gamma_s}$$

■

4.5.2　TRL 网络分析仪校正的应用

用直通-反射传输线（Thru-Reflect Line，TRL）技术[7]对网络分析仪进行校正是信号流图的进一步应用。该问题的大致情形如图 4.20 所示，其中想要在指定的参考面上测量二端口器件的 S 参量。如在前面的兴趣点中讨论的那样，网络分析仪是按复数电压振幅比来测定 S 参量的。这种测量的原始参考面通常位于仪器本身内部的某处，因此这种测量包括连接器、电缆和连接待测器件（DUT）的过渡段效应引起的损耗和相位延迟。在图 4.20 所示的框图中，这些效应可以一起放到实际测量参考平面与二端口 DUT 要求的参考平面之间的每个端口处的二端口误差盒子中。在测量 DUT 之前，先用一校正处理过程表述误差盒子的特征，然后从测量数据算出经过误差校正的 DUT 的 S 参量。一端口网络的测量可视为二端口的退化情况。

校正网络分析仪的最简方法是使用 3 个或更多的已知负载（如短路、开路和匹配负载）。采用该方法的问题是，这样的标准总是不完善的，会在测量中引入误差。在更高频率下及测量系统质量提高时，这些误差会变得更加突出。TRL 校正方案并不依赖于这些已知的标准负载，而是采

用三种简单的连接来完整地表征误差盒子。这三种连接如图 4.21 所示。Thru（直通）连接在要求的参考面上直接连接端口 1 和端口 2。Reflect（反射）连接采用具有很大反射系数 Γ_L 的负载（如开路或短路）。不需要知道 Γ_L 的精确值，它将由 TRL 校正过程确定。Line（传输线）连接通过一段匹配传输线连接端口 1 和端口 2。不需要知道线的长度，也不要求线是无耗的，这些参量将由 TRL 处理过程确定。

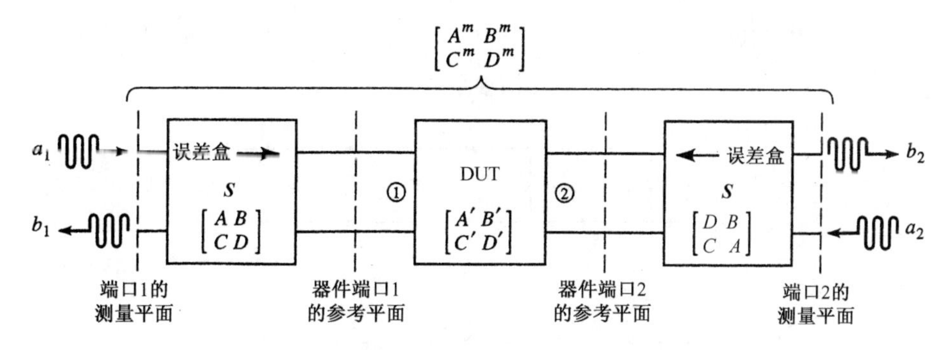

图 4.20　网络分析仪测量二端口器件的框图

使用信号流图，可推导出 TRL 校正过程中误差盒子的 S 参量所需的一组方程。参照图 4.20，在 DUT 的参考平面上应用 Thru、Reflect 和 Line 连接，并在测量平面上测量三种情况下的 S 参量。为简单起见，假设端口 1 和端口 2 的特征阻抗是相同的，这样，误差盒是互易的，并且对两个端口是等同的。误差盒子用矩阵 $\mathbf{S}$ 来表征，也可用 $ABCD$ 矩阵来表征。于是，两个误差盒子在图中就是对称连接的，且均有 $S_{21}=S_{12}$，两者的 $ABCD$ 矩阵互为逆矩阵。为避免符号上的混乱，分别用 $\mathbf{T}$ 、 $\mathbf{R}$ 和 $\mathbf{L}$ 矩阵来表示 Thru、Reflect 和 Line 连接时测量的 S 参量。

图 4.21a 显示了 Thru 连接的结构及其对应的信号流图。从图中可以看出已利用了 $S_{21}=S_{12}$ 这一事实，且这两个误差盒子是等同的，是对称结构的。应用分解法则很容易得出其信号流图，因此可以给出用误差盒子的 S 参量表示的在测量平面上测出的 S 参量：

$$T_{11}=\left.\frac{b_1}{a_1}\right|_{a_2=0}=S_{11}+\frac{S_{22}S_{12}^2}{1-S_{22}^2} \tag{4.80a}$$

$$T_{12}=\left.\frac{b_1}{a_2}\right|_{a_1=0}=\frac{S_{12}^2}{1-S_{22}^2} \tag{4.80b}$$

按对称性有 $T_{22}=T_{11}$，按互易性有 $T_{21}=T_{12}$。

图 4.21b 显示了 Reflect 连接及其对应的信号流图。注意，这种结构有效地去耦了两个测量端口，所以有 $R_{12}=R_{21}=0$。从该信号流图可以很容易地看出

$$R_{11}=\left.\frac{b_1}{a_1}\right|_{a_2=0}=S_{11}+\frac{S_{12}^2\Gamma_L}{1-S_{22}\Gamma_L} \tag{4.81}$$

出对称性得 $R_{22}=R_{11}$。

图 4.21c 显示了 Line 连接及其对应的信号流图。类似于 Thru 连接的情况，有

$$L_{11}=\left.\frac{b_1}{a_1}\right|_{a_2=0}=S_{11}+\frac{S_{22}S_{12}^2\mathrm{e}^{-2\gamma\ell}}{1-S_{22}^2\mathrm{e}^{-2\gamma\ell}} \tag{4.82a}$$

$$L_{12}=\left.\frac{b_1}{a_2}\right|_{a_1=0}=\frac{S_{12}^2\mathrm{e}^{-\gamma\ell}}{1-S_{22}^2\mathrm{e}^{-2\gamma\ell}} \tag{4.82b}$$

根据对称性和互易性，有 $L_{22}=L_{11}$ 和 $L_{21}=L_{12}$。

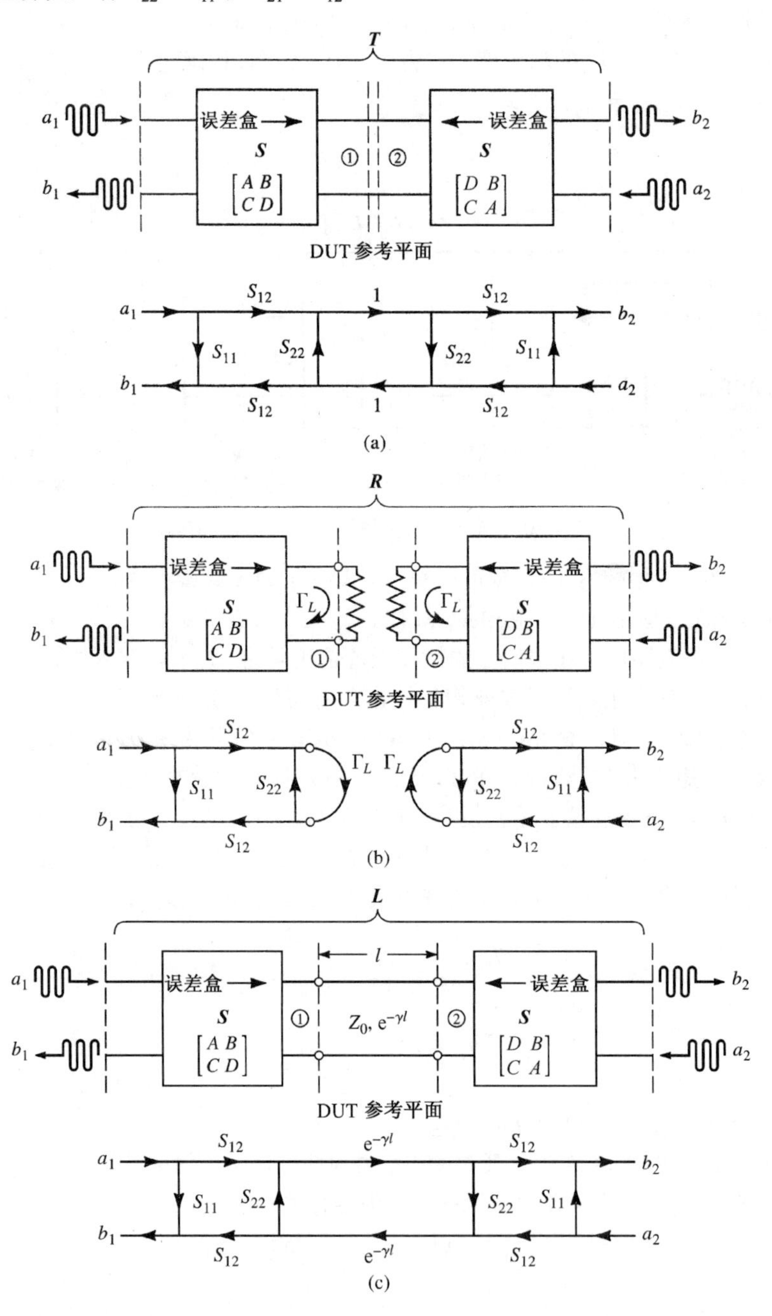

图 4.21 (a)Thru 连接的框图和信号流图；(b)Reflect 连接的框图和信号流图；(c)Line 连接的框图和信号流图

现在已有 5 个方程，即式(4.80)～式(4.82)，并有 5 个未知数 $S_{11}, S_{12}, S_{22}, \Gamma_L$ 和 $e^{\gamma\ell}$；求解并不难，但过程冗长。因为式(4.81)是仅有的含有 Γ_L 的方程，因此可以先对式(4.80)和式(4.82)中的 4 个方程求解其他 4 个未知数。使用式(4.80b)可从式(4.80a)和式(4.82)中消去 S_{12}，然后从式(4.80a)和式(4.82a)中消去 S_{11}。这样，就只剩下 S_{22} 和 $e^{\gamma\ell}$ 的两个方程：

$$L_{12}\,\mathrm{e}^{2\gamma\ell} - L_{12}S_{22}^2 = T_{12}\,\mathrm{e}^{\gamma\ell} - T_{12}S_{22}^2\,\mathrm{e}^{\gamma\ell} \tag{4.83a}$$

$$\mathrm{e}^{2\gamma\ell}(T_{11} - S_{22}T_{12}) - T_{11}S_{22}^2 = L_{11}(\mathrm{e}^{2\gamma\ell} - S_{22}^2) - S_{22}T_{12} \tag{4.83b}$$

现在对式(4.83a)求解 S_{22}，将结果代入式(4.83b)就可得出 $\mathrm{e}^{\gamma\ell}$ 的二次方程的公式。然后应用二次方程的公式，可解出用测量的 TRL S 参量表示的 $\mathrm{e}^{\gamma\ell}$，即

$$\mathrm{e}^{\gamma\ell} = \frac{L_{12}^2 + T_{12}^2 - (T_{11} - L_{11})^2 \pm \sqrt{[L_{12}^2 + T_{12}^2 - (T_{11} - L_{11})^2]^2 - 4L_{12}^2T_{12}^2}}{2L_{12}T_{12}} \tag{4.84}$$

按照 γ 的实部和虚部必须为正这一要求，或是在知道 Γ_L 的相位［由式(4.83)导出］要在 180°之内时，可确定上式中正负号。

然后，将式(4.80b)乘以 S_{22} 并与式(4.80a)相减得

$$T_{11} = S_{11} + S_{22}T_{12} \tag{4.85a}$$

类似地，将式(4.82b)乘以 $\mathrm{e}^{-\gamma\ell}$ 并与式(4.82a)相减得

$$L_{11} = S_{11} + S_{22}L_{12}\mathrm{e}^{-\gamma\ell} \tag{4.85b}$$

从以上两个方程中消去 S_{11}，可得到用 $\mathrm{e}^{-\gamma\ell}$ 表示的 S_{22}:

$$S_{22} = \frac{T_{11} - L_{11}}{T_{12} - L_{12}\mathrm{e}^{-\gamma\ell}} \tag{4.86}$$

对式(4.85a)求解 S_{11}，可得

$$S_{11} = T_{11} - S_{22}T_{12} \tag{4.87}$$

同时对式(4.80b)求解 S_{12}，可得

$$S_{12}^2 = T_{12}(1 - S_{22}^2) \tag{4.88}$$

最后可由式(4.81)解出 Γ_L 为

$$\Gamma_L = \frac{R_{11} - S_{11}}{S_{12}^2 + S_{22}(R_{11} - S_{11})} \tag{4.89}$$

式(4.84)和式(4.86)～式(4.89)给出了误差盒子的 S 参量、未知反射系数 Γ_L 和传播因子 $\mathrm{e}^{-\gamma\ell}$。这样就完成了 TRL 方法的校正过程。

待测器件的 S 参量可在如图 4.20 所示的测量参考平面上测量，并利用上述 TRL 误差盒参量进行校正，给出 DUT 参考平面上的 S 参量。由于现在工作在 3 个二端口网络的级联情况下，因此使用 $ABCD$ 参量是合适的。这样，就把误差盒子 S 参量转换成了对应的 $ABCD$ 参量，并把测量出的级联的 S 参量转换成了对应的 $A^mB^mC^mD^m$ 参量。若用 $A'B'C'D'$来代表 DUT 的参量，则有

$$\begin{bmatrix} A^m & B^m \\ C^m & D^m \end{bmatrix} = \begin{bmatrix} A & B \\ C & D \end{bmatrix} \begin{bmatrix} A' & B' \\ C' & D' \end{bmatrix} \begin{bmatrix} D & B \\ C & A \end{bmatrix}$$

式中，最后一个矩阵中元素变化反映了待测器件端口 2 处的误差盒子端口反转（见习题 4.25）。由此可以求出 DUT 的 $ABCD$ 参量为

$$\begin{bmatrix} A' & B' \\ C' & D' \end{bmatrix} = \begin{bmatrix} A & B \\ C & D \end{bmatrix}^{-1} \begin{bmatrix} A^m & B^m \\ C^m & D^m \end{bmatrix} \begin{bmatrix} D & B \\ C & A \end{bmatrix}^{-1} \tag{4.90}$$

兴趣点： 微波电路的计算机辅助设计

计算机辅助设计（CAD）软件包已成为微波电路与系统分析、设计和优化不可缺少的工具。几种商用的微波 CAD 产品包括 Microwave Office（Applied Wave Research）、ADS（安捷伦技术公司）、Microwave Studio（CST）、Designer（Ansoft 公司）等。这些软件包可以处理包括集总元件、分布元件、不连续性、耦合线、波导和有源器件组成的微波电路。构建线性和非线性模型及进行电路优化通常都是可能的。虽然此类计算机程序运算速度快、功能强、精度高，但它们不能替代对微波设计有经验的工程师。

典型的设计过程通常是从电路的规格要求或设计目标开始的。在以往的设计和经验基础上，工程师可以开发出包括特定元件和电路布局的初始设计。然后，利用每个元件的参数值并考虑损耗和不连续性等效应，用 CAD 来模拟和分析该设计。可以通过调整某些电路参量，利用 CAD 软件对设计进行优化，以达到最佳性能。若没有达到规格要求，就必须修改该设计。还可利用 CAD 分析并研究元件的容差和误差的影响，以提高可靠性和健壮性。设计达到规格要求后，就可构建工程模型并进行测试。否则，就需要修改设计，并重复上述过程。

没有 CAD 工具时，每次重复设计过程都需要制作实验原型，并对它进行测量，这样做即费钱又费时。因此，CAD 能大大减少设计时间和经费，提升设计质量。对于单片微波集成电路（MMIC），模拟和优化过程特别重要，因为这种电路加工制成后不易调整。

然而，CAD 技术也存在限制。最重要的事实是，计算机模型只是“真实世界”电路的一种近似，无法充分考虑元件值和加工容差、表面粗糙度、寄生耦合、高阶模、连接的不连续性和热效应带来的不可避免的影响。

4.6 不连续性和模分析

不论是实际需要还是设计要求，微波电路和网络总是由具有各种不连续性的传输线组成的。在有些情况下，从一种媒质到另一种媒质的机械或电过渡（如两段波导间的连接或同轴线-微带线过渡）不可避免地会导致不连续性，而这种不连续性效应是我们不想要的，但为保证其特性又可能是相当重要的。在另一些情况下，不连续性是特意引入的，以完成某些电子功能（例如，匹配用的波导中的电抗性膜片，或微带线上的短截线，或滤波器电路）。无论如何，传输线不连续性都可用传输线上某点的等效电路来表示。取决于不连续性的类型，等效电路可以是跨接传输线的简单并联或串联元件，或在更为一般的情况下，需要用 T 形或 π 形等效电路来表示。等效电路中的元件值与传输线参量不仅与不连续性参量有关，而且与工作频率有关。在某些情况下，等效电路包含传输线上相位参考平面的转移。得出给定不连续性的等效电路后，利用本章前面给出的理论就可将它的效应结合到网络的分析与设计中。

本节的目的是讨论如何得出传输线不连续性对应的等效电路。基本的处理过程将针对一个典型不连续性问题的场论解给出，并发展成带有元件值的电路模型。这是用电路概念代替复杂的场分析的另一个实例。

图 4.22 和图 4.23 中显示了一些常见传输线的不连续性及其等效电路。例如，在图 4.22a～c 中，薄金属膜片（或称光阑）可放在波导的横截面上，以产生并联电感、电容或二者组合而成的谐振电路。如图 4.22d～e 所示，波导的高度或宽度的阶梯变化可以产生类似的效应。有关波导不连续性及其等效电路的合适参考文献是 *Waveguide Handbook*[8]。

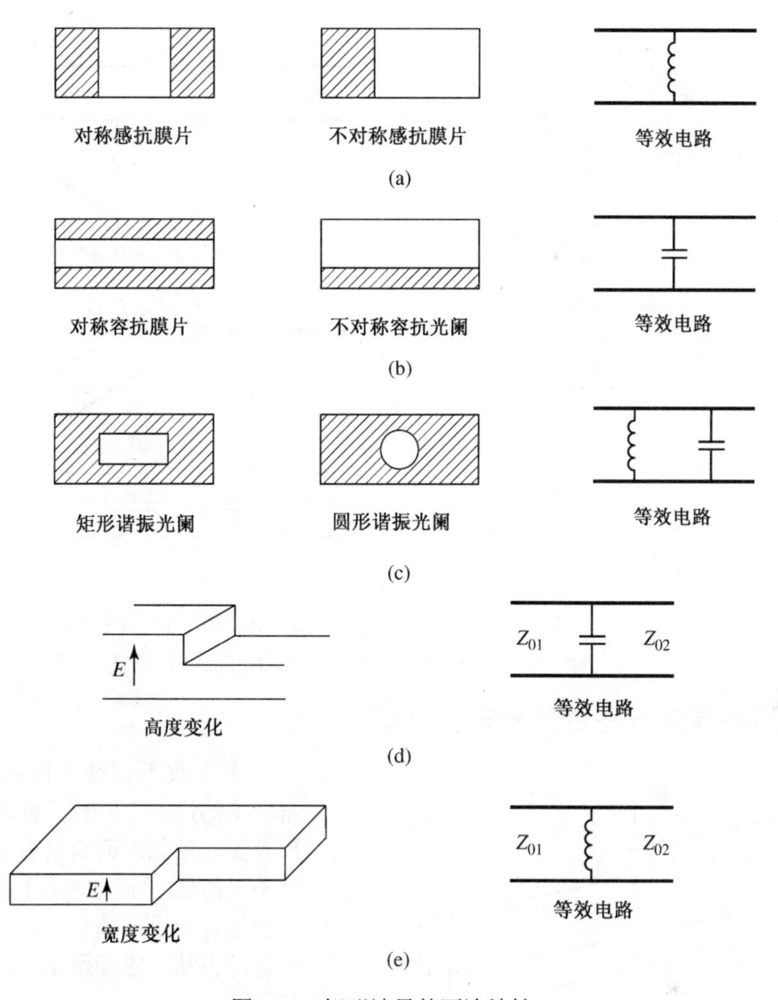

图 4.22　矩形波导的不连续性

图 4.23 显示了一些典型的微带不连续性和过渡；类似的几何结构存在于带状线和其他印制传输线（如槽线、复盖微带、共面波导等）中。因为相对于波导来说，印制传输线更新，因此分析要困难得多，需要更多的研究工作使得到的印制传输线的特性更为精确；参考文献[9]中给出了一些近似的结果。

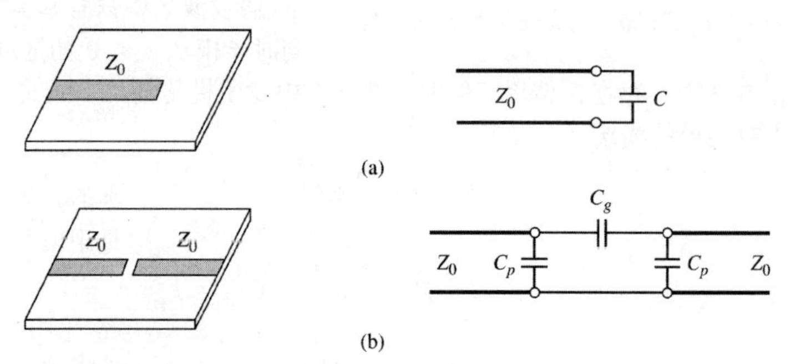

图 4.23　一些常见的微带不连续性：(a)开端微带；(b)微带上的间隙；(c)宽度的变化；(d)T 形结；(e)同轴-微带连接

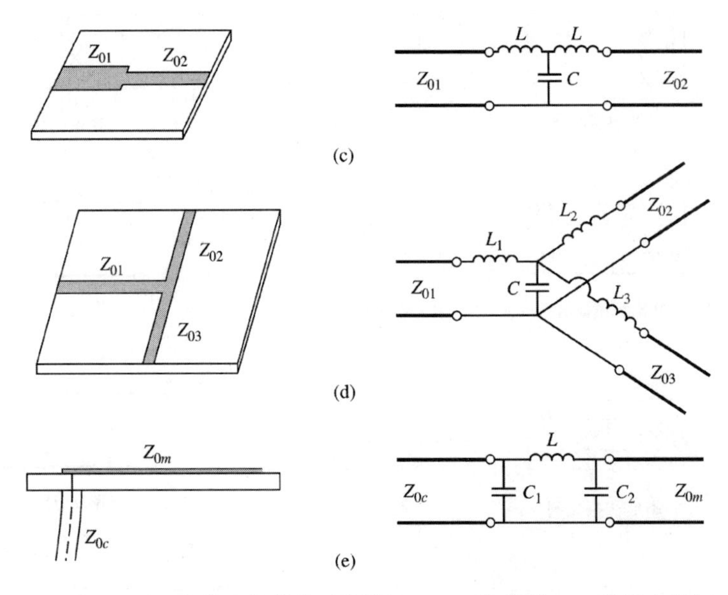

图 4.23 一些常见的微带不连续性：(a)开端微带；(b)微带上的间隙；(c)宽度的变化；(d)T 形结；(e)同轴-微带连接（续）

4.6.1 矩形波导中 H 平面阶梯的模分析

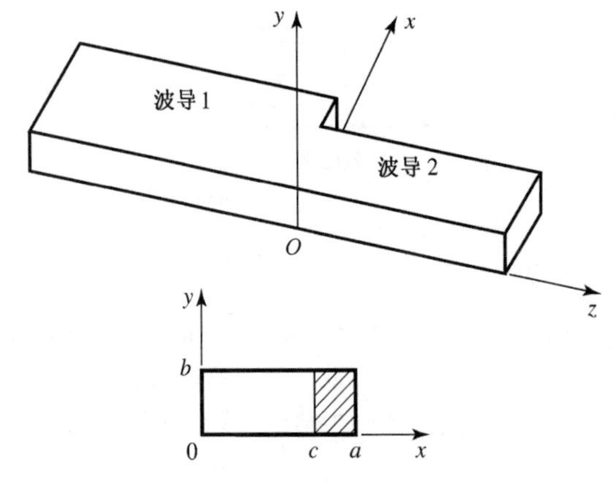

图 4.24 矩形波导中 H 平面阶梯（宽度变化）的几何结构

大多数不连续性问题的场分析是非常困难的，并且超出了本书的范围。然而，模分析方法相对而言是直观的，原理上类似于反射/传输问题（第 1 章和第 2 章中已讨论过）。此外，模分析是一种严格而用途广泛的方法，它能用于多数同轴线、波导和平面传输线的不连续性问题，可把它作为计算工具使用。下面使用模分析方法来求矩形波导中 H 平面阶梯（宽度变化）的等效电路问题。

H 平面阶梯的几何结构如图 4.24 所示。假设波导中只有基模 TE_{10} 传播（$z<0$），同时该模从 $z<0$ 的区域入射到阶梯衔接处。此外，假设波导 2 中不存在模传播，但即使波导 2 中发生模传播，下面的分析仍然有效。由 3.3 节可知，入射 TE_{10} 模的横场（$z<0$）可写为

$$E_y^i = \sin\frac{\pi x}{a}\mathrm{e}^{-\mathrm{j}\beta_1^a z} \tag{4.91a}$$

$$H_x^i = \frac{-1}{Z_1^a}\sin\frac{\pi x}{a}\mathrm{e}^{-\mathrm{j}\beta_1^a z} \tag{4.91b}$$

式中，

$$\beta_n^a = \sqrt{k_0^2 - (n\pi/a)^2} \tag{4.92}$$

是波导 1（宽度为 a）中 TE_{n0} 模的传播常数，而

$$Z_n^a = \frac{k_0\eta_0}{\beta_n^a} \tag{4.93}$$

是波导 1 中 TE_{n0} 模的波阻抗。由于 $z = 0$ 处的不连续性，在两段波导中都有反射波和透射波，它们由波导 1 和波导 2 中的无限多个 TE_{n0} 模组成。只有基模 TE_{10} 将在波导 1 中传输。但在该问题中，高阶模也有重要作用，因为它们在 $z = 0$ 附近的局部区域内存储能量。由于这种不连续性不存在 y 方向上的变化，因此 TE_{nm} 模（$m \neq 0$）不会被激励，也没有任何 TM 模。然而，更为一般的不连续性会激励这样的模。

在波导 1（$z < 0$）中，反射模可写为

$$E_y^r = \sum_{n=1}^{\infty} A_n \sin\frac{n\pi x}{a}\, e^{j\beta_n^a z} \tag{4.94a}$$

$$H_x^r = \sum_{n=1}^{\infty} \frac{A_n}{Z_n^a} \sin\frac{n\pi x}{a}\, e^{j\beta_n^a z} \tag{4.94b}$$

式中，A_n 是波导 1 中反射的 TE_{n0} 模的待求振幅系数。这样，入射 TE_{10} 模的反射系数就是 A_1。类似地，透射到波导 2（$z > 0$）中的模可写为

$$E_y^t = \sum_{n=1}^{\infty} B_n \sin\frac{n\pi x}{c}\, e^{-j\beta_n^c z} \tag{4.95a}$$

$$H_x^t = -\sum_{n=1}^{\infty} \frac{B_n}{Z_n^c} \sin\frac{n\pi x}{c}\, e^{-j\beta_n^c z} \tag{4.95b}$$

式中，波导 2 内的传播常数是

$$\beta_n^c = \sqrt{k_0^2 - (n\pi / c)^2} \tag{4.96}$$

而波导 2 中的波阻抗是

$$Z_n^c = \frac{k_0\eta_0}{\beta_n^c} \tag{4.97}$$

现在，在 $z = 0$ 处，横场（E_y, H_x）在 $0 < x < c$ 内必须连续；此外，在 $c < x < a$ 内由于存在阶梯，因此 E_y 必须为零。满足这些边界条件会引出以下方程：

$$E_y = \sin\frac{\pi x}{a} + \sum_{n=1}^{\infty} A_n \sin\frac{n\pi x}{a} = \begin{cases} \sum_{n=1}^{\infty} B_n \sin\frac{n\pi x}{c}, & 0 < x < c \\ 0, & c < x < a \end{cases} \tag{4.98a}$$

$$H_x = \frac{-1}{Z_1^a}\sin\frac{\pi x}{a} + \sum_{n=1}^{\infty} \frac{A_n}{Z_n^a}\sin\frac{n\pi x}{a} = -\sum_{n=1}^{\infty} \frac{B_n}{Z_n^c}\sin\frac{n\pi x}{c}, \quad 0 < x < c \tag{4.98b}$$

式(4.98a)和式(4.98b)组成了两组无限多个模系数 A_n 和 B_n 的线性方程。首先消去 B_n，然后对得到的方程截取有限项，并求解 A_n。

式(4.98a)乘以 $\sin(m\pi x/a)$，并从 $x = 0$ 到 a 积分，同时利用附录 D 中的正交关系，得到

$$\frac{a}{2}\delta_{m1} + \frac{a}{2}A_m = \sum_{n=1}^{\infty} B_n I_{mn} = \sum_{k=1}^{\infty} B_k I_{mk} \tag{4.99}$$

式中，

$$I_{mn} = \int_{x=0}^{c} \sin\frac{m\pi x}{a} \sin\frac{n\pi x}{c}\, dx \tag{4.100}$$

该积分很容易算出，而

$$\delta_{mn}=\begin{cases}1, & m=n\\ 0, & m\neq n\end{cases} \tag{4.101}$$

是 Kronecker δ 符号。令 $\sin(k\pi x/c)$乘以式(4.98b)，并从 $x=0$ 到 c 对它进行积分，这时可由式(4.98b)解出 B_k。利用正交关系有

$$\frac{-1}{Z_1^a}I_{k1}+\sum_{n=1}^{\infty}\frac{A_n}{Z_n^a}I_{kn}=\frac{-cB_k}{2Z_k^c} \tag{4.102}$$

把式(4.102)中的 B_k 代入式(4.99)，可给出一组无限多个 A_n 的线性方程，其中 $m=1, 2,\cdots$，

$$\frac{a}{2}A_m+\sum_{n=1}^{\infty}\sum_{k=1}^{\infty}\frac{2Z_k^c I_{mk}I_{kn}A_n}{cZ_n^a}=\sum_{k=1}^{\infty}\frac{2Z_k^c I_{mk}I_{k1}}{cZ_1^a}-\frac{a}{2}\delta_{m1} \tag{4.103}$$

为了进行数值计算，可把上式中的求和截取到 N 项，得出前 N 个 A_n 系数的线性方程。例如，令 $N=1$，式(4.103)简化为

$$\frac{a}{2}A_1+\frac{2Z_1^c I_{11}^2}{cZ_1^a}A_1=\frac{2Z_1^c I_{11}^2}{cZ_1^a}-\frac{a}{2} \tag{4.104}$$

求解 A_1（入射 TE_{10} 模的反射系数）可得

$$A_1=\frac{Z_\ell-Z_1^a}{Z_\ell+Z_1^a},\quad N=1 \tag{4.105}$$

式中，$Z_\ell=4Z_1^c I_{11}^2/ac$ 可视为波导 1 的有效负载阻抗。取更大的 N 值可提高计算精度，这会得到一组 N 个方程，写成矩阵形式为

$$\boldsymbol{QA}=\boldsymbol{P} \tag{4.106}$$

式中，$\boldsymbol{Q}$ 是 $N\times N$ 阶方阵，其矩阵元素为

$$Q_{mn}=\frac{a}{2}\delta_{mn}+\sum_{k=1}^{N}\frac{2Z_k^c I_{mk}I_{kn}}{cZ_n^a} \tag{4.107}$$

$\boldsymbol{P}$ 是 $N\times 1$ 列向量，其元素为

$$P_m=\sum_{k=1}^{N}\frac{2Z_k^c I_{mk}I_{k1}}{cZ_1^a}-\frac{a}{2}\delta_{m1} \tag{4.108}$$

$\boldsymbol{A}$ 是 $N\times 1$ 列向量，其元素为 A_n。求出 A_n 后，只要需要，B_n 就可由式(4.102)算出。式(4.106)～式(4.108)的求解可借助计算机实现。图 4.25 显示了这种计算得出的结果。

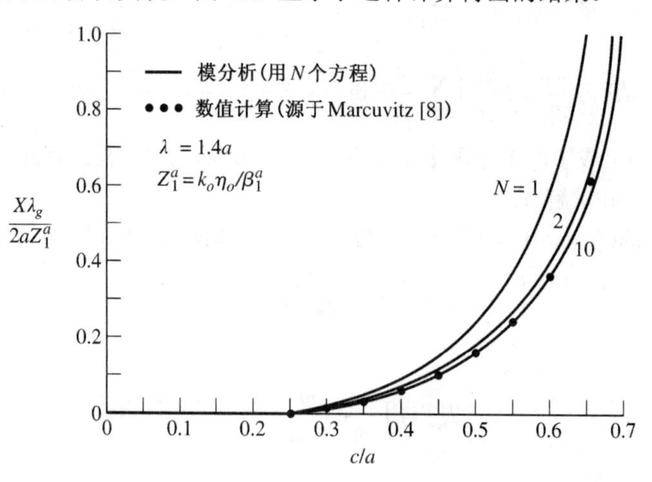

图 4.25　H 平面不对称阶梯的等效电感

波导 2 的宽度 c 使所有模截止（消逝模）时，没有实功率传输到波导 2 中，入射波的所有功率会反射回波导 1。然而，连续面两侧的消逝场存储着电抗性功率，这意味着阶梯不连续及这个不连续之外的波导 2 相对于波导 1 中的入射 TE_{10} 模看起来像是一个电抗（这种情况下是感抗）。这样，H 平面阶梯的等效电路看起来就好像在波导 1 的 $z = 0$ 平面上有一个电感，如图 4.22e 所示。由反射系数 A_1［求解式(4.106)后］求得该电抗为

$$X = -\mathrm{j}Z_1^a \frac{1 + A_1}{1 - A_1} \tag{4.109}$$

图 4.25 显示了使用真空波长 $\lambda = 1.4a$ 和 $N = 1, 2, 10$ 个方程时，归一化等效电感随波导宽度比 c/a 的变化曲线。模分析结果可与参考文献[8]给出的结果媲美。可以看出，这个解收敛很快（因为高阶消逝模呈指数衰减），且只用两个模（$N = 2$）的结果就非常接近参考文献[8]中的数据。

把 H 平面阶梯的等效电路视为电感，事实上是反射系数 A_1 的实际值导致的结果，通过计算不连续性两边流入消逝模的复功率流可以验证该结果。例如，流入波导 2 的复功率流为

$$\begin{aligned}
P &= \int_{x=0}^{c} \int_{y=0}^{b} \boldsymbol{E} \times \boldsymbol{H}^* \Big|_{z=0^+} \cdot z\mathrm{d}x\mathrm{d}y \\
&= -b \int_{x=0}^{c} E_y H_x^* \mathrm{d}x \\
&= -b \int_{x=0}^{c} \left[\sum_{n=1}^{\infty} B_n \sin\frac{n\pi x}{c} \right] \left[-\sum_{m=1}^{\infty} \frac{B_m^*}{Z_m^{c*}} \sin\frac{m\pi x}{c} \right] \mathrm{d}x \\
&= \frac{bc}{2} \sum_{n=1}^{\infty} \frac{\left|B_n\right|^2}{Z_n^{c*}} \\
&= \frac{\mathrm{j}bc}{2k_0\eta_0} \sum_{n=1}^{\infty} \left|B_n\right|^2 \left|\beta_n^c\right|
\end{aligned} \tag{4.110}$$

式中用到了正弦函数的正交性，如同在式(4.95)～式(4.97)中所做的那样。式(4.110)表明，流入波导 2 的复功率流是纯电感性的。对于波导 1 中的消逝模，可推导出类似的结果，详见本章后面的习题。

兴趣点：微带不连续性补偿

因为微带电路容易加工和制作，并且可把有源和无源元件方便地集成在一起，所以很多微波电路和子系统是用微带制成的。然而，微带电路（和其他平面电路）有一个问题，即出现在弯曲段、宽度阶梯变化处和接头处的不可避免的不连续性导致的电路性能的恶化。因为这种不连续性会引入寄生电抗，从而引起相位和振幅误差、输入与输出失配及可能的寄生耦合。消除这些效应的一种方法是，建立这种不连续性的等效电路（或通过测量得出），把它包含到电路设计中，并调节其他电路参量（如线的长度和线的特征阻抗，或用可调谐短截线）来补偿该效应。另一种方法是，采用对导带削角或斜拼接的方法来直接补偿不连续性，使其不连续性效应最小。

考虑微带线中弯曲的情况。下图所示的简单直角弯头有寄生的不连续电容，它是由弯头附近的导带面积增大引起的。把它改成圆滑的“扫掠”弯头（半径 $r \geqslant 3W$）可消除这一效应，但这样做会使它占据的空间加大。另一种选择是，通过削角来补偿直角弯头的效应，因为削角可以降低弯头的多余电容效应。从下图中可以看出，这种方法可应用于任意张角的弯头。斜削长度 a 的最佳值与特征阻抗和弯角有关，但实际上常用的值是 $a = 1.8W$。削角方法还可用来补偿阶梯和 T 形接头的不连续性，如下图所示。

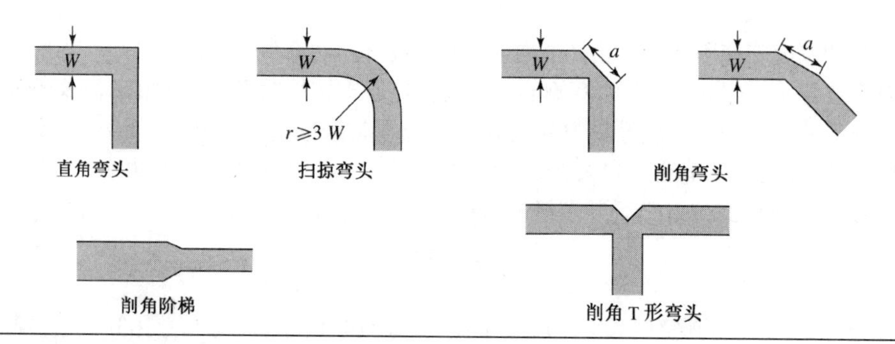

参考文献：T. C. Edwards, *Foundations for Microwave Circuit Design*, Wiley, New York, 1981.

4.7 波导的激励——电流和磁流

迄今为止都是在不存在源的情况下讨论导波的传播、反射和透射的，然而波导或传输线显然要耦合到振荡器或其他一些功率源。对于 TEM 或准 TEM 传输线，通常只有一种传播模会被给定的源激励。然而，可能会存在与馈电相关联的电抗（储能）。在波导情况下，可能会在其中激励多个模，储能与消逝模共同存在。本节首先推导由任意电流或磁流源激发的给定波导模的公式，然后利用该理论求探针和环形馈线的激励与输入阻抗，并在下一节中求小孔对波导的激励。

4.7.1 只激励一个波导模的电流片

考虑一个无限长的矩形波导，在 $z=0$ 的平面上有一片横向面电流密度，如图 4.26 所示。先假定该电流密度有 $\boldsymbol{x}$ 和 $\boldsymbol{y}$ 方向的分量，给出如下：

$$\boldsymbol{J}_s^{\mathrm{TE}}(x,y)=-\boldsymbol{x}\frac{2A_{mn}^{+}n\pi}{b}\cos\frac{m\pi x}{a}\sin\frac{n\pi y}{b}+\boldsymbol{y}\frac{2A_{mn}^{+}m\pi}{a}\sin\frac{m\pi x}{a}\cos\frac{n\pi y}{b} \tag{4.111}$$

下面说明这样的电流如何激励起离开电流源向$+z$ 和$-z$ 方向行进的单个 TE_{mn} 波导模。

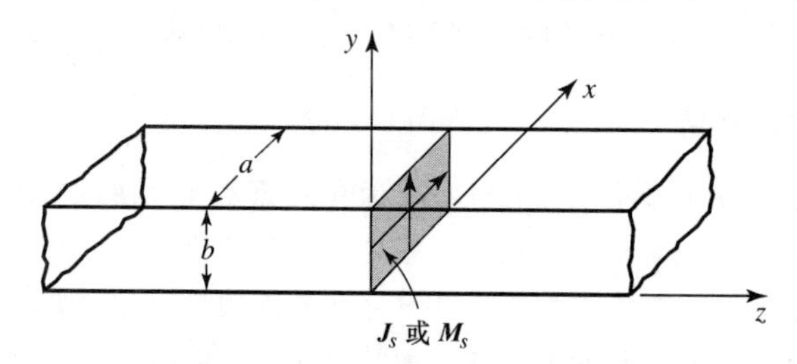

图 4.26　在 $z=0$ 的平面上具有面电流密度的无限长矩形波导

由表 3.2 可知，正向和反向行进的 TE_{mn} 波导模的横场为

$$E_x^{\pm}=Z_{\mathrm{TE}}\left(\frac{n\pi}{b}\right)A_{mn}^{\pm}\cos\frac{m\pi x}{a}\sin\frac{n\pi y}{b}\mathrm{e}^{\mp\mathrm{j}\beta z} \tag{4.112a}$$

$$E_y^{\pm}=-Z_{\mathrm{TE}}\left(\frac{m\pi}{a}\right)A_{mn}^{\pm}\sin\frac{m\pi x}{a}\cos\frac{n\pi y}{b}\mathrm{e}^{\mp\mathrm{j}\beta z} \tag{4.112b}$$

$$H_x^{\pm}=\pm\left(\frac{m\pi}{a}\right)A_{mn}^{\pm}\sin\frac{m\pi x}{a}\cos\frac{n\pi y}{b}\mathrm{e}^{\mp\mathrm{j}\beta z} \tag{4.112c}$$

$$H_y^{\pm}=\pm\left(\frac{n\pi}{b}\right)A_{mn}^{\pm}\cos\frac{m\pi x}{a}\sin\frac{n\pi y}{b}\mathrm{e}^{\mp\mathrm{j}\beta z} \tag{4.112d}$$

式中，±号分别表示振幅系数为 A_{mn}^+ 和 A_{mn}^- 的波沿+z 方向和$-z$ 方向行进。

由式(1.36)和式(1.37)可知，在 $z=0$ 处必须满足以下边界条件：

$$(\boldsymbol{E}^+ - \boldsymbol{E}^-)\times \boldsymbol{z} = 0 \tag{4.113a}$$

$$\boldsymbol{z}\times(\boldsymbol{H}^+ - \boldsymbol{H}^-)\boldsymbol{z} = \boldsymbol{J}_s \tag{4.113b}$$

由式(4.112a)可知，电场的横向分量在 $z=0$ 处必须连续，把该条件用到式(4.112a)和式(4.112b)得

$$A_{mn}^+ = A_{mn}^- \tag{4.114}$$

由式(4.113b)可知，磁场的横向分量等于面电流密度。这样，$z=0$ 处的面电流密度必须是

$$\begin{aligned}\boldsymbol{J}_s &= \boldsymbol{y}(\boldsymbol{H}_x^+ - \boldsymbol{H}_x^-) - \boldsymbol{x}(\boldsymbol{H}_y^+ - \boldsymbol{H}_y^-)\\ &= -\boldsymbol{x}\frac{2A_{mn}^+ n\pi}{b}\cos\frac{m\pi x}{a}\sin\frac{n\pi y}{b} + \boldsymbol{y}\frac{2A_{mn}^+ m\pi}{a}\sin\frac{m\pi x}{a}\cos\frac{n\pi y}{b}\end{aligned} \tag{4.115}$$

上式中用到了式(4.114)。看来该电流与式(4.111)给出的电流是一样的，根据唯一性定理可以证明这样的电流只激励向正、负 z 方向传播的 TE_{mn} 模，因为它满足麦克斯韦方程组和所有的边界条件。

只激励 $\mathrm{TM}_{\mathrm{mn}}$ 模的类似电流为

$$\boldsymbol{J}_s^{\mathrm{TM}}(x,y) = \boldsymbol{x}\frac{2B_{mn}^+ m\pi}{a}\cos\frac{m\pi x}{a}\sin\frac{n\pi y}{b} + \boldsymbol{y}\frac{2B_{mn}^+ n\pi}{b}\sin\frac{m\pi x}{a}\cos\frac{n\pi y}{b} \tag{4.116}$$

关于这种电流激励满足相应边界条件的 TM_{mn} 模的证明，将作为习题由读者完成。

对于面磁流片，可推导出类似的结果。由式(1.36)和式(1.37)得出相应的边界条件为

$$(\boldsymbol{E}^+ - \boldsymbol{E}^-)\times \boldsymbol{z} = \boldsymbol{M}_s \tag{4.117a}$$

$$\boldsymbol{z}\times(\boldsymbol{H}^+ - \boldsymbol{H}^-) = 0 \tag{4.117b}$$

对于 $z=0$ 处的面磁流片，根据式(4.117b)，式(4.112)的 TE_{mn} 波导模场现在应有连续的 H_x 和 H_y 场分量。这导致了以下条件：

$$A_{mn}^+ = -A_{mn}^- \tag{4.118}$$

因此，应用式(4.117a)可得源磁流为

$$\boldsymbol{M}_s^{\mathrm{TE}} = \frac{-\boldsymbol{x}2Z_{\mathrm{TE}}A_{mn}^+ m\pi}{a}\sin\frac{m\pi x}{a}\cos\frac{n\pi y}{b} - \boldsymbol{y}\frac{2Z_{\mathrm{TE}}A_{mn}^+ n\pi}{b}\cos\frac{m\pi x}{a}\sin\frac{n\pi y}{b} \tag{4.119}$$

只激励 TM_{mn} 模的对应面磁流为

$$\boldsymbol{M}_s^{\mathrm{TM}} = \frac{-\boldsymbol{x}2B_{mn}^+ m\pi}{b}\sin\frac{m\pi x}{a}\cos\frac{n\pi y}{b} + \frac{\boldsymbol{y}2B_{mn}^+ m\pi}{a}\cos\frac{m\pi x}{a}\sin\frac{n\pi y}{b} \tag{4.120}$$

这些结果表明，通过合适形式的电流片或磁流片可以有选择地激励单个波导模，而把其他所有模排除在外。然而，实际上，这样的电流或磁流很难产生，通常只能用 1 个或 2 个探针或环来近似。在这种情况下会激励许多模，但通常这些模中的绝大多数是消逝模。

4.7.2 任意电流源或磁流源的模激励

现在讨论任意电流源或磁流源的波导模激励[4]。参照图 4.27，先考虑 z_1 和 z_2 处的两个横向平面之间的电流源 $\boldsymbol{J}$，它产生的场 $\boldsymbol{E}^+,\boldsymbol{H}^+$ 沿+z 方向行进，并产生沿$-z$ 方向行进的场 $\boldsymbol{E}^-,\boldsymbol{H}^-$。它们可用波导模表示如下：

$$\boldsymbol{E}^+ = \sum_n A_n^+\boldsymbol{E}_n^+ = \sum_n A_n^+(\boldsymbol{e}_n + \boldsymbol{z}e_{zn})\mathrm{e}^{-\mathrm{j}\beta_n z},\quad z>z_2 \tag{4.121a}$$

$$\boldsymbol{H}^+ = \sum_n A_n^+\boldsymbol{H}_n^+ = \sum_n A_n^+(\boldsymbol{h}_n + \boldsymbol{z}h_{zn})\mathrm{e}^{-\mathrm{j}\beta_n z},\quad z>z_2 \tag{4.121b}$$

$$\boldsymbol{E}^- = \sum_n A_n^- \boldsymbol{E}_n^- = \sum_n A_n^- (\boldsymbol{e}_n - \boldsymbol{z} e_{zn}) \mathrm{e}^{\mathrm{j}\beta_n z}, \quad z < z_1 \tag{4.121c}$$

$$\boldsymbol{H}^- = \sum_n A_n^- \boldsymbol{H}_n^- = \sum_n A_n^- (-\boldsymbol{h}_n + \boldsymbol{z} h_{zn}) \mathrm{e}^{\mathrm{j}\beta_n z}, \quad z < z_1 \tag{4.121d}$$

式中，用单一指标 n 来代表所有可能的 TE 模或 TM 模。对于给定的电流 $\boldsymbol{J}$，可用洛伦兹互易定理(1.155)在 $\boldsymbol{M}_1 = \boldsymbol{M}_2 = 0$ 时来求未知振幅 A_n^+（因为这里只考虑电流源），

$$\oint_S (\boldsymbol{E}_1 \times \boldsymbol{H}_2 - \boldsymbol{E}_2 \times \boldsymbol{H}_1) \cdot \mathrm{d}\boldsymbol{s} = \int_V (\boldsymbol{E}_2 \cdot \boldsymbol{J}_1 - \boldsymbol{E}_1 \cdot \boldsymbol{J}_2) \mathrm{d}v$$

式中，S 是包围体积 V 的封闭面，而 $\boldsymbol{E}_i, \boldsymbol{H}_i$ 是由电流源 $\boldsymbol{J}_i$（$i = 1$ 或 2）产生的场。

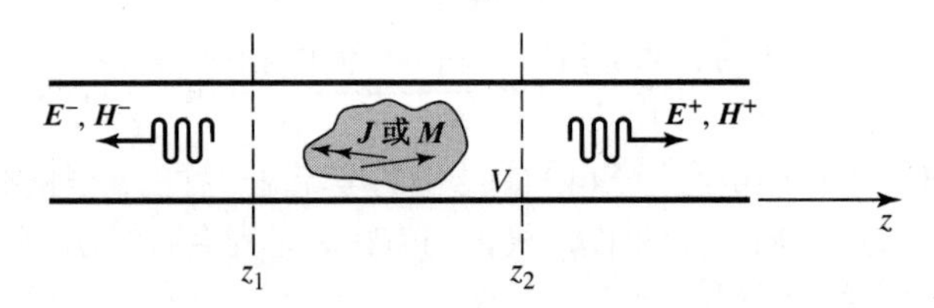

图 4.27　在无限长波导中的任意电流源或磁流源

为了把互易定理应用到这一问题，令体积 V 是由波导壁和 z_1 和 z_2 处的横向平面围成的区域。然后，令取决于 $z \geqslant z_2$ 或 $z \leqslant z_1$ 的 $\boldsymbol{E}_1 = \boldsymbol{E}^\pm$ 和 $\boldsymbol{H}_1 = \boldsymbol{H}^\pm$，并令 $\boldsymbol{E}_2, \boldsymbol{H}_2$ 是在负 z 方向行进的 n 波导模：

$$\boldsymbol{E}_2 = \boldsymbol{E}_n^- = (\boldsymbol{e}_n - \boldsymbol{z} e_{zn}) \mathrm{e}^{\mathrm{j}\beta_n z}$$

$$\boldsymbol{H}_2 = \boldsymbol{H}_n^- = (-\boldsymbol{h}_n + \boldsymbol{z} h_{zn}) \mathrm{e}^{\mathrm{j}\beta_n z}$$

把它们代入上述互易定理，并令 $\boldsymbol{J}_1 = \boldsymbol{J}$ 和 $\boldsymbol{J}_2 = 0$，可得

$$\oint_S (\boldsymbol{E}^\pm \times \boldsymbol{H}_n^- - \boldsymbol{E}_n^- \times \boldsymbol{H}^\pm) \cdot \mathrm{d}\boldsymbol{s} = \int_V \boldsymbol{E}_n^- \cdot \boldsymbol{J} \mathrm{d}v \tag{4.122}$$

由于在波导壁上切向电场为零，即有 $\boldsymbol{E} \times \boldsymbol{H} \cdot \boldsymbol{z} = \boldsymbol{H} \cdot (\boldsymbol{z} \times \boldsymbol{E}) = 0$，因此在波导壁上的面积分部分消失。这就简化为在 z_1 和 z_2 面上波导横截面 S_0 的积分。此外，在整个波导横截面上波导模是正交的：

$$\begin{aligned} \int_{S_0} \boldsymbol{E}_m^\pm \times \boldsymbol{H}_n^\pm \cdot \mathrm{d}\boldsymbol{s} &= \int_{S_0} (\boldsymbol{e}_m \pm \boldsymbol{z} e_{zn}) \times (\pm \boldsymbol{h}_n + \boldsymbol{z} h_{zn}) \cdot \boldsymbol{z} \mathrm{d}s \\ &= \pm \int_{S_0} \boldsymbol{e}_m \times \boldsymbol{h}_n \cdot \boldsymbol{z} \mathrm{d}s = 0, \qquad m \neq n \end{aligned} \tag{4.123}$$

利用式(4.121)和式(4.123)可把式(4.122)简化为

$$A_n^+ \int_{z_2} (\boldsymbol{E}_n^+ \times \boldsymbol{H}_n^- - \boldsymbol{E}_n^- \times \boldsymbol{H}_n^+) \cdot \mathrm{d}\boldsymbol{s} + A_n^- \int_{z_1} (\boldsymbol{E}_n^- \times \boldsymbol{H}_n^- - \boldsymbol{E}_n^- \times \boldsymbol{H}_n^-) \cdot \mathrm{d}\boldsymbol{s} = \int_V \boldsymbol{E}_n^- \cdot \boldsymbol{J} \mathrm{d}v$$

因为上式中的第二个积分消失，所以可进一步简化为

$$\begin{aligned} & A_n^+ \int_{z_2} [(\boldsymbol{e}_n + \boldsymbol{z} e_{zn}) \times (-\boldsymbol{h}_n + \boldsymbol{z} h_{zn}) - (\boldsymbol{e}_n - \boldsymbol{z} e_{zn}) \times (\boldsymbol{h}_n + \boldsymbol{z} h_{zn})] \cdot \boldsymbol{z} \mathrm{d}s \\ & = -2A_n^+ \int_{z_2} \boldsymbol{e}_n \times \boldsymbol{h}_n \cdot \boldsymbol{z} \mathrm{d}s = \int_V \boldsymbol{E}_n^- \cdot \boldsymbol{J} \mathrm{d}v \end{aligned}$$

或

$$A_n^+ = \frac{-1}{P_n} \int_V \boldsymbol{E}_n^- \cdot \boldsymbol{J} \mathrm{d}v = \frac{-1}{P_n} \int_V (\boldsymbol{e}_n - \boldsymbol{z} e_{zn}) \cdot \boldsymbol{J} \mathrm{e}^{\mathrm{j}\beta_n z} \mathrm{d}v \tag{4.124}$$

式中，

$$P_n = 2 \int_{S_0} \boldsymbol{e}_n \times \boldsymbol{h}_n \cdot \boldsymbol{z} \mathrm{d}s \tag{4.125}$$

是正比于第 n 个模的功率流的归一化常数。

用 $\boldsymbol{E}_2 = \boldsymbol{E}_n^+$ 和 $\boldsymbol{H}_2 = \boldsymbol{H}_n^+$ 重复上述过程，可推导出反向行进波的振幅为

$$A_n^- = \frac{-1}{P_n}\int_V \boldsymbol{E}_n^+ \cdot \boldsymbol{J}\mathrm{d}v = \frac{-1}{P_n}\int_V (\boldsymbol{e}_n + \boldsymbol{z}\boldsymbol{e}_{zn})\cdot \boldsymbol{J}\mathrm{e}^{-\mathrm{j}\beta_n z}\mathrm{d}v \tag{4.126}$$

上述结果是通用的，适用于任何类型的波导（包括平面传输线如带状线和微带线），只要能定义其模场。例题 4.8 把该理论应用到了探针馈电的矩形波导的问题中。

例题 4.8　探针馈电的矩形波导

对于如图 4.28 所示的探针馈电的矩形波导，求其前向和反向行进 TE_{10} 模的振幅，以及由探针看去的输入电阻。假定 TE_{10} 模是唯一的传播模。

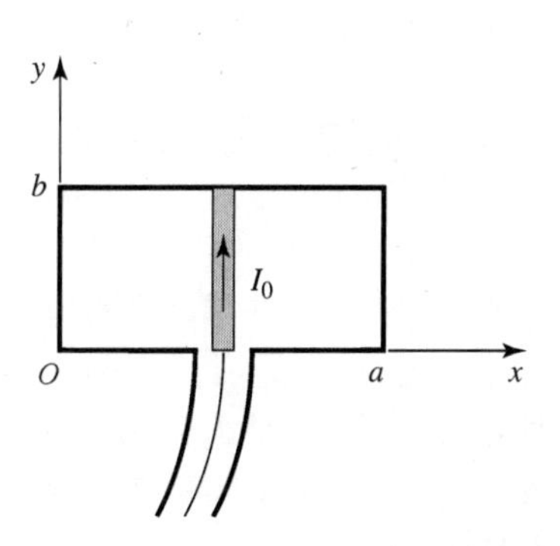

图 4.28　矩形波导中的均匀电流探针

解： 若假设电流探针有无限小的直径，则源的体电流密度 $\boldsymbol{J}$ 可写为

$$\boldsymbol{J}(x,y,z) = I_0\delta\left(x-\frac{a}{2}\right)\delta(z)\boldsymbol{y},\quad 0 \leqslant y \leqslant b$$

由第 3 章可知，TE_{10} 模场可写为

$$\boldsymbol{e}_1 = \boldsymbol{y}\sin\frac{\pi x}{a}$$

$$\boldsymbol{h}_1 = \frac{-\boldsymbol{x}}{Z_1}\sin\frac{\pi x}{a}$$

式中，$Z_1 = k_0\eta_0/\beta_1$ 是 TE_{10} 波阻抗。由式(4.125)可得归一化常数 P_1 为

$$P_1 = \frac{2}{Z_1}\int_{x=0}^{a}\int_{y=0}^{b}\sin^2\frac{\pi x}{a}\mathrm{d}x\mathrm{d}y = \frac{ab}{Z_1}$$

由式(4.124)得到 A_1^+ 为

$$A_1^+ = \frac{-1}{P_1}\int_V \sin\frac{\pi x}{a}\mathrm{e}^{\mathrm{j}\beta_1 z}I_0\delta\left(x-\frac{a}{2}\right)\delta(z)\mathrm{d}x\mathrm{d}y\mathrm{d}z = \frac{-I_0 b}{P_1} = \frac{-Z_1 I_0}{a}$$

类似地，有

$$A_1^- = \frac{-Z_1 I_0}{a}$$

若 TE_{10} 模是波导中的唯一传播模，则该模携带所有平均功率，对于实数 Z_1 可算出如下：

$$P = \frac{1}{2}\int_{S_0}\boldsymbol{E}^+\times\boldsymbol{H}^{+*}\cdot\mathrm{d}\boldsymbol{s} + \frac{1}{2}\int_{S_0}\boldsymbol{E}^-\times\boldsymbol{H}^{-*}\cdot\mathrm{d}\boldsymbol{s}$$

$$= \int_{S_0}\boldsymbol{E}^+\times\boldsymbol{H}^{+*}\cdot\mathrm{d}\boldsymbol{s} = \int_{x=0}^{a}\int_{y=0}^{b}\frac{\left|A_1^+\right|^2}{Z_1}\sin^2\frac{\pi x}{a}\mathrm{d}x\mathrm{d}y = \frac{ab\left|A_1^+\right|^2}{2Z_1}$$

若向探针看去的输入电阻是 R_{in}，且端电流为 I_0，则 $P = I_0^2 R_{\mathrm{in}}/2$，所以输入电阻是

$$R_{\mathrm{in}} = \frac{2P}{I_0^2} = \frac{ab\left|A_1^+\right|^2}{I_0^2 Z_1} = \frac{bZ_1}{a}$$

对于实数 Z_1（对应于传播的 TE_{10} 模），输入电阻是实数。 ■

对于磁流源 $\boldsymbol{M}$，可以进行类似的推导。磁流源也会产生正向和反向行进波，它可表示成波导模的叠加，如式(4.121)那样。对于 $\boldsymbol{J}_1 = \boldsymbol{J}_2 = 0$，式(1.155)的互易定理简化为

$$\oint_S (\boldsymbol{E}_1 \times \boldsymbol{H}_2 - \boldsymbol{E}_2 \times \boldsymbol{H}_1) \cdot \mathrm{d}\boldsymbol{s} = \int_V (\boldsymbol{H}_1 \cdot \boldsymbol{M}_2 - \boldsymbol{H}_2 \cdot \boldsymbol{M}_1) \mathrm{d}v \tag{4.127}$$

按照处理电流情况的相同步骤，可以推导出第 n 个波导模的激励系数为

$$A_n^+ = \frac{1}{P_n} \int_V \boldsymbol{H}_n^- \cdot \boldsymbol{M} \mathrm{d}v = \frac{1}{P_n} \int_V (-\boldsymbol{h}_n + \boldsymbol{z}h_{zn}) \cdot \boldsymbol{M} \mathrm{e}^{\mathrm{j}\beta_n z} \mathrm{d}v \tag{4.128}$$

$$A_n^- = \frac{1}{P_n} \int_V \boldsymbol{H}_n^+ \cdot \boldsymbol{M} \mathrm{d}v = \frac{1}{P_n} \int_V (\boldsymbol{h}_n + \boldsymbol{z}h_{zn}) \cdot \boldsymbol{M} \mathrm{e}^{-\mathrm{j}\beta_n z} \mathrm{d}v \tag{4.129}$$

式中，P_n 在式(4.125)中定义。

4.8 波导激励——小孔耦合

除上一节中的探针和环馈电方式外，波导和其他传输线也可通过小孔耦合。这种耦合的一种常见应用是在定向耦合器和功分器中，那里功率通过公共壁上的小孔从一个波导耦合到另一个波导中。图 4.29 显示了可用小孔耦合的波导和其他传输线的不同结构。首先推导一种直观解释，即用一个无限小的电和/或磁偶极子来表示小孔，然后用 4.7 节的结果求出由这些等效电流产生的场。这种分析带有某种表象性[4, 10]；小孔耦合的深入理论是根据场等效原理发展的，详见参考文献[11]。

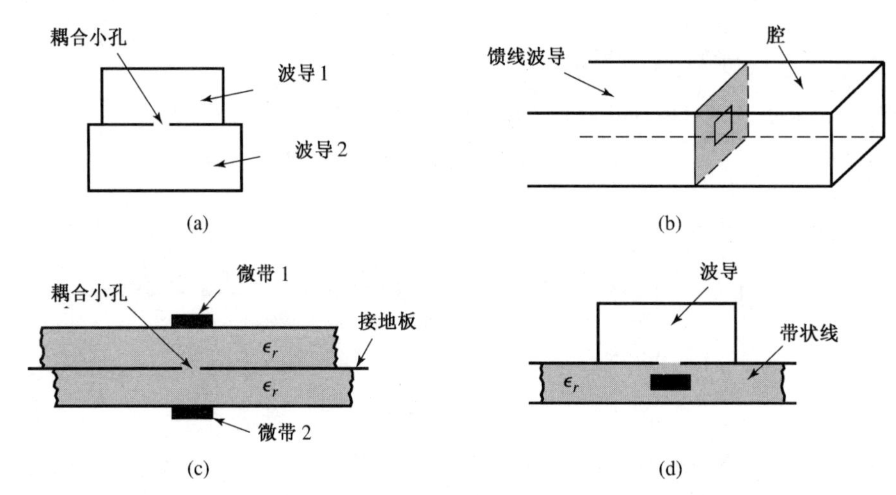

图 4.29　使用小孔耦合的不同波导和其他传输线结构：(a)两个波导间通过公共宽壁上的小孔耦合；(b)通过横壁上的小孔耦合到波导腔；(c)在两个微带线之间通过公共接地面上的小孔耦合；(d)通过小孔从波导到带状线的耦合

考虑图 4.30a，图中显示了接近导电壁的法向电力线（在壁上切向电场为零）。若在导电壁上开一个小孔，则电力线会穿过小孔并在小孔附近散开，如图 4.30b 所示。再考虑图 4.30c，其中显示了在两个无限小的垂直于导电壁(无小孔)的极化电流 $\boldsymbol{P}_e$ 上散开的电力线。图 4.30c 和图 4.30b 中的电力线的相似性表明，由法向电场激励的小孔可用两个方向相反的无限小极化电流 $\boldsymbol{P}_e$（垂直于封闭导电壁）表示。该极化电流强度正比于法向电场，于是有

$$\boldsymbol{P}_e = \epsilon_0 \alpha_e \boldsymbol{n} E_n \delta(x - x_0) \delta(y - y_0) \delta(z - z_0) \tag{4.130}$$

式中，比例常数 α_e 定义为小孔的电极化率，而(x_0, y_0, z_0)是小孔中心的坐标。

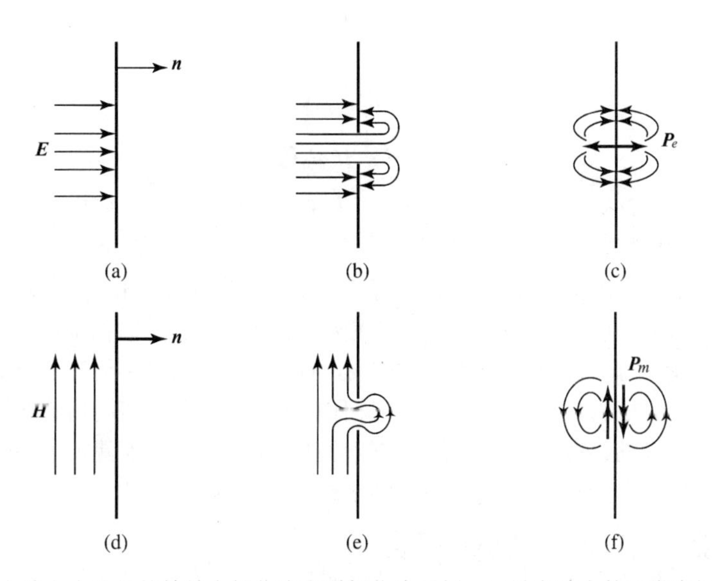

图 4.30　导电壁上小孔处的等效电极化流和磁极化流示例：(a)导电壁上的正常电场；(b)围绕导电壁上小孔的电力线；(c)围绕电极化流的电力线垂直于导电壁；(d)导电壁附近的磁力线；(e)导电壁上小孔附近的磁力线；(f)磁极化流附近的磁力线平行于导电壁

类似地，图 4.30e 显示了切向磁力线在小孔附近的发散（在导体上法向磁场为零）。因为这些磁力线类似于两个平行导电壁上的极化磁流产生的磁力线，如图 4.30(f)所示，由此可以得出结论：小孔可用两个方向相反的极化磁流 $\boldsymbol{P}_m$ 代替，其中，

$$\boldsymbol{P}_m=-\alpha_m\boldsymbol{H}_t\delta(x-x_0)\delta(y-y_0)\delta(z-z_0) \tag{4.131}$$

在式(4.131)中，α_m 定义为小孔的磁极化率。

电极化率和磁极化率是常数，它与小孔的大小和形状有关，而对一些简单形状的小孔已有推导出的结果[3, 10, 11]。圆孔和矩形缝可能是最常用的形状，它们的极化率见表 4.3。

表 4.3　电极化率和磁极化率

孔的形状	α_e	α_m
圆孔	$\dfrac{2r_0^3}{3}$	$\dfrac{4r_0^3}{3}$
矩形缝（$\boldsymbol{H}$ 横穿缝）	$\dfrac{\pi\ell d^2}{16}$	$\dfrac{\pi\ell d^2}{16}$

现在说明极化电流 $\boldsymbol{P}_e$ 和磁流 $\boldsymbol{P}_m$ 可别与电流源 $\boldsymbol{J}$ 和磁流源 $\boldsymbol{M}$ 相联系。从麦克斯韦方程组(1.27a)和(1.27b)可得

$$\nabla\times\boldsymbol{E}=-\mathrm{j}\omega\mu\boldsymbol{H}-\boldsymbol{M} \tag{4.132a}$$

$$\nabla\times\boldsymbol{H}=\mathrm{j}\omega\epsilon\boldsymbol{E}+\boldsymbol{J} \tag{4.132b}$$

然后，利用定义 $\boldsymbol{P}_e$ 和 $\boldsymbol{P}_m$ 的式(1.15)和式(1.23)可得

$$\nabla\times\boldsymbol{E}=-\mathrm{j}\omega\mu_0\boldsymbol{H}-\mathrm{j}\omega\mu_0\boldsymbol{P}_m-\boldsymbol{M} \tag{4.133a}$$

$$\nabla\times\boldsymbol{H}=\mathrm{j}\omega\epsilon_0\boldsymbol{E}+\mathrm{j}\omega\boldsymbol{P}_e+\boldsymbol{J} \tag{4.133b}$$

这样，因为 $\boldsymbol{M}$ 在这些方程中与 $\mathrm{j}\omega\mu_0\boldsymbol{P}_m$ 有着相同的作用，而 $\boldsymbol{J}$ 与 $\mathrm{j}\omega\boldsymbol{P}_e$ 有着相同的作用，于是可以

将等效流定义为

$$\boldsymbol{J} = \mathrm{j}\omega \boldsymbol{P}_e \tag{4.134a}$$

$$\boldsymbol{M} = \mathrm{j}\omega\mu_0 \boldsymbol{P}_m \tag{4.134b}$$

这些结果允许用式(4.124)、式(4.126)、式(4.128)和式(4.129)来计算这些电流和磁流产生的场。

由于在估算极化率时引入了各种假设，因此上述理论是近似的，然而对于小孔，这一般会给出合理的结果（“小”是孔径相对于电波长而言的），还要求小孔不在波导的边缘和拐角处。要着重明确的是，式(4.130)和式(4.131)给出了导电壁处存在等效偶极子时的辐射，并给出了透过小孔的场。小孔的存在还会影响导电壁输入一侧的场，同时这种影响是由导体入射侧的等效偶极子造成的（在输出侧，这些偶极子是反向的）。由此保持了穿越小孔的切向场的连续性。在这两种情况下，（封闭）导电壁的存在可以用移走壁的镜像理论来处理，并使偶极子强度加倍。应用该理论到波导宽壁和横截面壁的小孔上，就可澄清这些细节。

4.8.1 通过横向波导壁上的小孔耦合

有一小圆孔位于波导横截面壁的中心，如图 4.31a 所示。假设只有 TE_{10} 模在波导中传播，并且该模在 $z<0$ 的一侧入射到横向壁上。假如把该孔封闭，如图 4.31b 所示，则在 $z<0$ 的区域的驻波场为

$$E_y = A\left(\mathrm{e}^{-\mathrm{j}\beta z} - \mathrm{e}^{\mathrm{j}\beta z}\right)\sin\frac{\pi x}{a} \tag{4.135a}$$

$$H_x = \frac{-A}{Z_{10}}\left(\mathrm{e}^{-\mathrm{j}\beta z} + \mathrm{e}^{\mathrm{j}\beta z}\right)\sin\frac{\pi x}{a} \tag{4.135b}$$

式中，β 和 Z_{10} 是 TE_{10} 模的传播常数和波阻抗。根据式(4.130)和式(4.131)，可由上面给出的场求出等效极化电流和磁流：

$$\boldsymbol{P}_e = \boldsymbol{z}\epsilon_0\alpha_e E_z \delta\left(x-\frac{a}{2}\right)\delta\left(y-\frac{b}{2}\right)\delta(z) = 0 \tag{4.136a}$$

$$\begin{aligned}\boldsymbol{P}_m &= -\boldsymbol{x}\alpha_m H_x \delta\left(x-\frac{a}{2}\right)\delta\left(y-\frac{b}{2}\right)\delta(z) \\ &= \boldsymbol{x}\frac{2A\alpha_m}{Z_{10}}\delta\left(x-\frac{a}{2}\right)\delta\left(y-\frac{b}{2}\right)\delta(z)\end{aligned} \tag{4.136b}$$

因为 TE 模有 $E_z=0$，因此由式(4.134b)可把极化磁流 $\boldsymbol{P}_m$ 等效为磁流密度

$$\boldsymbol{M} = \mathrm{j}\omega\mu_0\boldsymbol{P}_m = \boldsymbol{x}\frac{2\mathrm{j}\omega\mu_0 A\alpha_m}{Z_{10}}\delta\left(x-\frac{a}{2}\right)\delta\left(y-\frac{b}{2}\right)\delta(z) \tag{4.137}$$

如图 4.31d 所示，我们可以认为孔散射的场是由封闭壁两侧边上的等效磁流 $\boldsymbol{P}_m$ 和 $-\boldsymbol{P}_m$ 产生的。应用镜像理论可以很容易地把导电壁的存在考虑进去，其效果是把偶极子的强度加倍，并把壁移开，如图 4.31e（对于 $z<0$）和图 4.31f（对于 $z>0$）所示。这样，由等效孔径电流引起的透射波和反射波系数就可通过将式(4.137)应用到式(4.128)和式(4.129)中求出：

$$A_{10}^{+} = \frac{-1}{P_{10}}\int \boldsymbol{h}_{10}\cdot(2\mathrm{j}\omega\mu_0\boldsymbol{P}_m)\mathrm{d}v = \frac{4\mathrm{j}A\omega\mu_0\alpha_m}{abZ_{10}} = \frac{4\mathrm{j}A\beta\alpha_m}{ab} \tag{4.138a}$$

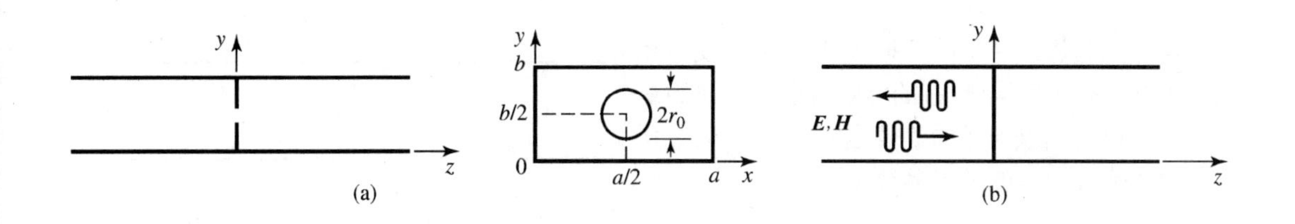

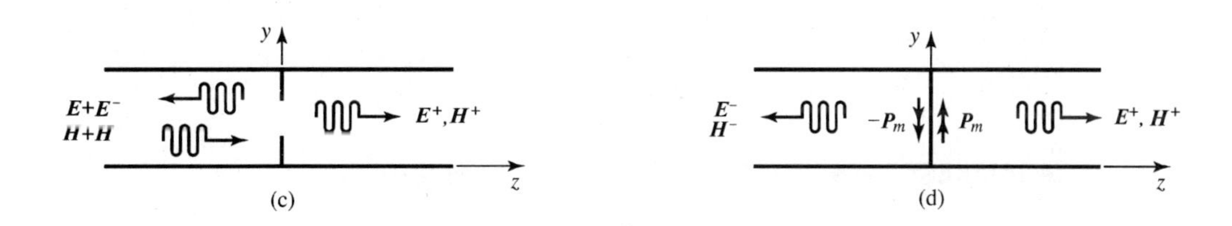

图 4.31　将小孔耦合理论和镜像理论应用到波导中的横向壁上的小孔问题：(a)波导中横向壁上的圆孔的几何结构；(b)孔封闭时的场；(c)孔打开时的场；(d)孔封闭并用等效偶极子代替时的场；(e)$z<0$ 的区域中等效偶极子辐射的场，已按镜像理论把壁移开；(f)$z>0$ 的区域中等效偶极子辐射的场，已按镜像理论把壁移开

$$A_{10}^{-}=\frac{-1}{P_{10}}\int \boldsymbol{h}_{10}\cdot(-2\mathrm{j}\omega\mu_0\boldsymbol{P}_m)\mathrm{d}v=\frac{4\mathrm{j}A\omega\mu_0\alpha_m}{abZ_{10}}=\frac{4\mathrm{j}A\beta\alpha_m}{ab} \tag{4.138b}$$

因为 $\boldsymbol{h}_{10}=(-\boldsymbol{x}/Z_{10})\sin(\pi x/a)$ 和 $P_{10}=ab/Z_{10}$。磁极化率 α_m 见表 4.3。现在可把完整的场写为

$$E_y=[A\mathrm{e}^{-\mathrm{j}\beta z}+(A_{10}^{-}-A)\mathrm{e}^{\mathrm{j}\beta z}]\sin\frac{\pi x}{a},\quad z<0 \tag{4.139a}$$

$$H_x=\frac{1}{Z_{10}}[-A\mathrm{e}^{-\mathrm{j}\beta z}+(A_{10}^{-}-A)\mathrm{e}^{\mathrm{j}\beta z}]\sin\frac{\pi x}{a},\quad z<0 \tag{4.139b}$$

和

$$E_y=A_{10}^{+}\mathrm{e}^{-\mathrm{j}\beta z}\sin\frac{\pi x}{a},\quad z>0 \tag{4.140a}$$

$$H_x=\frac{-A_{10}^{+}}{Z_{10}}\mathrm{e}^{-\mathrm{j}\beta z}\sin\frac{\pi x}{a},\quad z>0 \tag{4.140b}$$

因此，反射系数和透射系数为

$$\Gamma=\frac{A_{10}^{-}-A}{A}=\frac{4\mathrm{j}\beta\alpha_m}{ab}-1 \tag{4.141a}$$

$$T=\frac{A_{10}^{+}}{A}=\frac{4\mathrm{j}\beta\alpha_m}{ab} \tag{4.141b}$$

因为 $Z_{10}=k_0\eta_0/\beta$。可以看出 $|\Gamma|>1$；这个物理上不可实现的结果（对于无源网络）是在使用上面

的理论时人为近似产生的。把式(4.141a)的反射系数与有归一化并联电纳 jB 的传输线的反射系数进行比较，可得到该问题的等效电路，如图 4.32 所示。向传输线看去的反射系数是

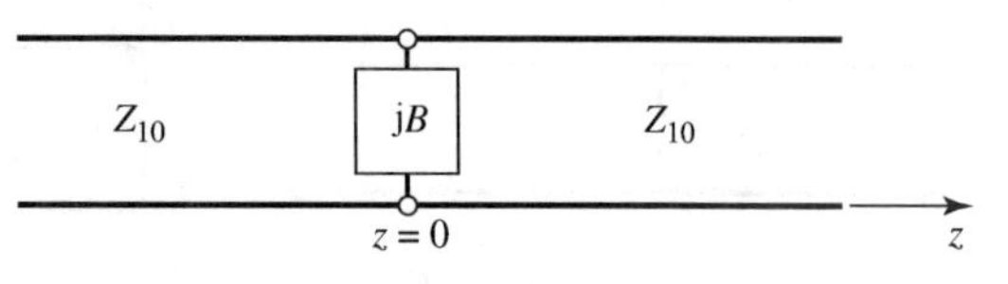

图 4.32　横向波导壁上的小孔的等效电路

$$\Gamma=\frac{1-y_{\rm in}}{1+y_{\rm in}}=\frac{1-(1+{\rm j}B)}{1+(1+{\rm j}B)}=\frac{-{\rm j}B}{2+{\rm j}B}$$

若并联电纳很大（低阻抗），则 Γ 可近似为

$$\Gamma=\frac{-1}{1+(2/{\rm j}B)}\approx-1-{\rm j}\frac{2}{B}$$

与式(4.141a)比较，表明这个小孔等效于归一化的感性电纳

$$B=\frac{-ab}{2\beta\alpha_m}$$

4.8.2　通过波导宽壁上的小孔耦合

小孔耦合的另一种结构如图 4.33 所示，两个平行波导共用一个公共宽壁，并通过中央小孔耦合。假定一个 $\rm TE_{10}$ 模来自下波导中 $z<0$ 的区域（波导 1），并计算耦合到上波导中的场。入射场可以写为

$$E_y=A\sin\frac{\pi x}{a}{\rm e}^{-{\rm j}\beta z} \tag{4.142a}$$

$$H_x=\frac{-A}{Z_{10}}\sin\frac{\pi x}{a}{\rm e}^{-{\rm j}\beta z} \tag{4.142b}$$

则在小孔中心（$x=a/2, y=b, z=0$）的激励场为

$$E_y=A \tag{4.143a}$$

$$H_x=\frac{-A}{Z_{10}} \tag{4.143b}$$

（若孔中心不在 $x=a/2$ 处，则其 H_z 场不为零且必须包含它。）

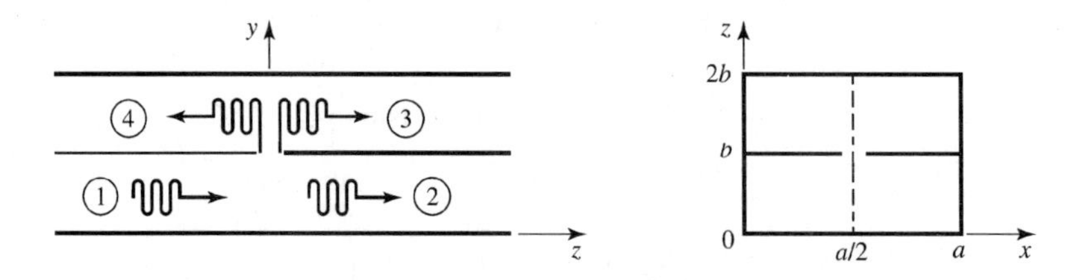

图 4.33　两个平行波导通过公共宽壁上的小孔耦合

现在，由式(4.130)、式(4.131)和式(4.134)可得出耦合到上波导中的场的等效电偶极子和磁偶极子：

$$J_y={\rm j}\omega\epsilon_0\alpha_e A\delta\left(x-\frac{a}{2}\right)\delta(y-b)\delta(z) \tag{4.144a}$$

$$M_x=\frac{{\rm j}\omega\mu_0\alpha_m A}{Z_{10}}\delta\left(x-\frac{a}{2}\right)\delta(y-b)\delta(z) \tag{4.144b}$$

注意，在这种情况下既激励了电偶极子又激励了磁偶极子。现在令上波导中的场表示为

$$E_y^- = A^- \sin\frac{\pi x}{a} e^{+j\beta z}, \qquad z < 0 \tag{4.145a}$$

$$H_x^- = \frac{A^-}{Z_{10}} \sin\frac{\pi x}{a} e^{+j\beta z}, \qquad z < 0 \tag{4.145b}$$

$$E_y^+ = A^+ \sin\frac{\pi x}{a} e^{-j\beta z}, \qquad z > 0 \tag{4.146a}$$

$$H_x^+ = \frac{-A^+}{Z_{10}} \sin\frac{\pi x}{a} e^{-j\beta z}, \qquad z > 0 \tag{4.146b}$$

式中，A^+ 和 A^- 分别是上波导中的前向和反向行进波的未知振幅。

通过叠加，对于前向波，在上波导中由电偶极子和磁偶极子公式(4.144)共同产生的总场，可由式(4.124)和式(4.128)求出为

$$A^+ = \frac{-1}{P_{10}} \int_V (E_y^- J_y - H_x^- M_x) \mathrm{d}v = \frac{-j\omega A}{P_{10}} \left(\epsilon_0 \alpha_e - \frac{\mu_0 \alpha_m}{Z_{10}^2} \right) \tag{4.147a}$$

对于反向波，总场可由式(4.126)和式(4.129)求出为

$$A^- = \frac{-1}{P_{10}} \int_V (E_y^+ J_y - H_x^+ M_x) \mathrm{d}v = \frac{-j\omega A}{P_{10}} \left(\epsilon_0 \alpha_e + \frac{\mu_0 \alpha_m}{Z_{10}^2} \right) \tag{4.147b}$$

式中，$P_{10} = ab/Z_{10}$。注意，电偶极子在两个方向上激励了相同的场，但磁偶极子在前向和反向激励了极化方向相反的场。

参考文献

[1] S. Ramo, T. R. Whinnery, and T. van Duzer, *Fields and Waves in Communication Electronics*, John Wiley & Sons, New York, 1965.

[2] A. A. Oliner, "Historical Perspectives on Microwave Field Theory," *IEEE Transactions on Microwave Theory and Techniques*, vol. MTT-32, pp. 1022–1045, September 1984.

[3] C. G. Montgomery, R. H. Dicke, and E. M. Purcell, eds., *Principles of Microwave Circuits*, MIT Radiation Laboratory Series, Vol. 8, McGraw-Hill, New York, 1948.

[4] R. E. Collin, *Foundations for Microwave Engineering*, 2nd edition, McGraw-Hill, New York, 1992.

[5] J. Rahola, "Power Waves and Conjugate Matching," *IEEE Transactions on Circuits and Systems*, vol. 55, pp. 92–96, January 2008.

[6] J. S. Wright, O. P. Jain, W. J. Chudobiak, and V. Makios, "Equivalent Circuits of Microstrip Impedance Discontinuities and Launchers," *IEEE Transactions on Microwave Theory and Techniques*, vol. MTT-22, pp. 48–52, January 1974.

[7] G. F. Engen and C. A. Hoer, "Thru-Reflect-Line: An Improved Technique for Calibrating the Dual Six-Port Automatic Network Analyzer," *IEEE Transactions on Microwave Theory and Techniques*, vol. MTT-27, pp. 987–998, December 1979.

[8] N. Marcuvitz, ed., *Waveguide Handbook*, MIT Radiation Laboratory Series, Vol. 10, McGraw-Hill, New York, 1948.

[9] K. C. Gupta, R. Garg, and I. J. Bahl, *Microstrip Lines and Slotlines*, Artech House, Dedham, Mass., 1979.

[10] G. Matthaei, L. Young, and E. M. T. Jones, *Microwave Filters, Impedance-Matching Networks, and Coupling Structures*, Artech House, Dedham, Mass., 1980, Chapter 5.

[11] R. E. Collin, *Field Theory of Guided Waves*, McGraw-Hill, New York, 1960.

习题

4.1 考虑来自 $z < 0$ 的区域的入射 TE_{10} 模在矩形波导的高度阶梯变化上的反射（见下图）。说明采用例题

4.2 的方法时会得到 $\Gamma = 0$ 的结果。你认为这是正确的解吗？说明理由（这个习题表明单模阻抗的观点并不总是给出正确的分析）。

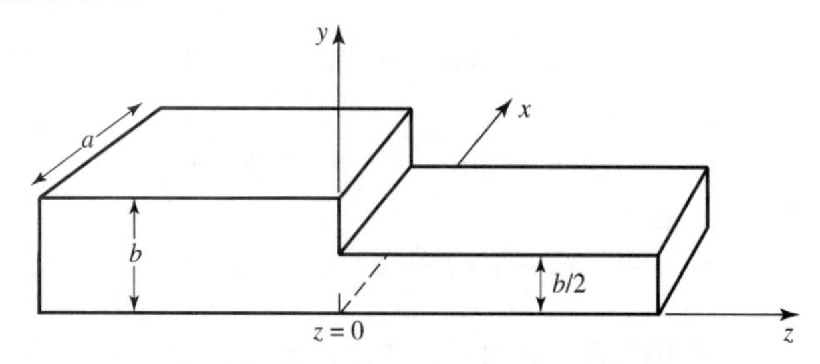

4.2 讨论通有电流 I 的串联 RLC 电路，计算功率损耗和电磁储能，并证明输入阻抗可表示为式(4.17)的形式。

4.3 证明并联 RLC 电路的输入阻抗 Z 满足条件 $Z(-\omega) = Z^*(\omega)$。

4.4 在两个端口上驱动二端口网络的电压和电流有如下值（$Z_0 = 50\Omega$）：

$$V_1 = 10\angle 90^\circ \qquad I_1 = 0.2\angle 90^\circ$$
$$V_2 = 8\angle 0^\circ \qquad I_2 = 0.16\angle -90^\circ$$

求从每个端口看去的输入阻抗，并求每个端口上的入射电压和反射电压。

4.5 证明无耗 N 端口网络的导纳矩阵的元素是纯虚数。

4.6 非互易、无耗网络是否总有纯虚数的阻抗矩阵？

4.7 对下图中的二端口网络，推导 $\boldsymbol{Z}$ 和 $\boldsymbol{Y}$ 矩阵：

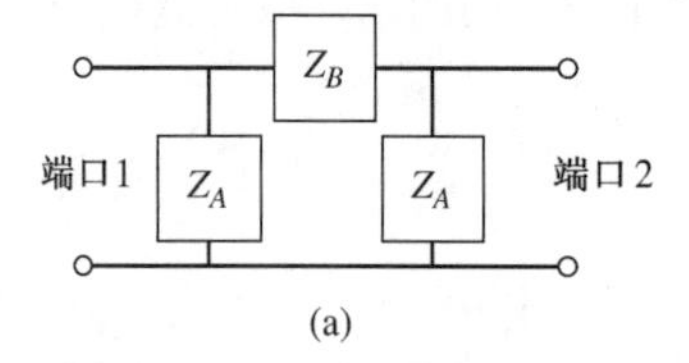

(a)

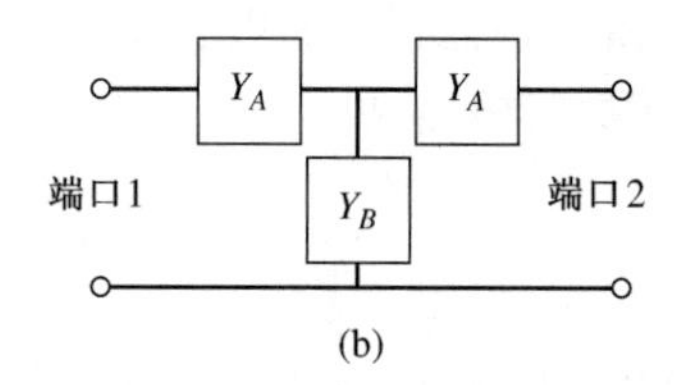

(b)

4.8 考虑一个二端口网络，令 $Z_{\text{SC}}^{(1)}, Z_{\text{SC}}^{(2)}, Z_{\text{OC}}^{(1)}, Z_{\text{OC}}^{(2)}$ 分别是端口 2 短路时、端口 1 短路时、端口 2 开路时和端口 1 开路时的输入阻抗。证明其阻抗矩阵元素为

$$Z_{11} = Z_{\text{OC}}^{(1)},\ Z_{22} = Z_{\text{OC}}^{(2)},\ Z_{12}^2 = Z_{21}^2 = \left(Z_{\text{OC}}^{(1)} - Z_{\text{SC}}^{(1)}\right)Z_{\text{OC}}^{(2)}$$

4.9 一段传输线的长度为 ℓ，特征阻抗为 Z_0，传播常数为 β，求其阻抗参量。

4.10 如下图所示，证明两个并联的二端口 π 形网络的导纳矩阵可由两个二端口的导纳矩阵相加得到。应用这一结果，求图中所示桥 T 形电路的导纳矩阵。对于两个级联的 T 形网络，对应的结果是什么？

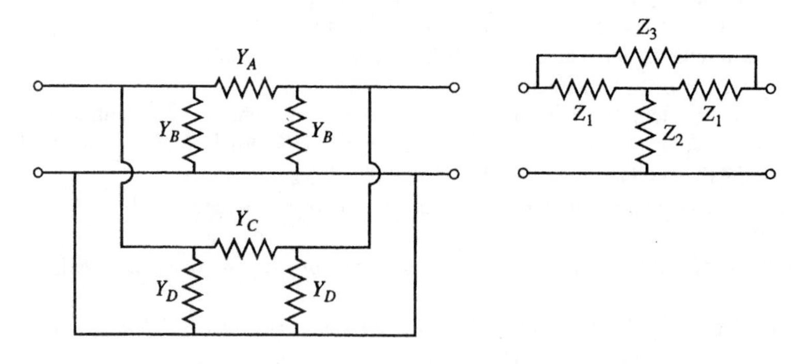

4.11 求下图所示并联和串联负载的散射参量。证明串联时有 $S_{12} = 1 - S_{11}$，并联时有 $S_{12} = 1 + S_{11}$。假设特征阻抗为 Z_0。

4.12 考虑散射矩阵分别为 $\boldsymbol{S}^A$ 和 $\boldsymbol{S}^B$ 的两个二端口网络。证明这两个网络级联的总 S_{21} 参量为

$$S_{21}=\frac{S_{21}^A S_{21}^B}{1-S_{22}^A S_{11}^B}$$

4.13 考虑一个无耗二端口网络：(a)若网络是互易的，证明 $|S_{21}|^2=1-|S_{11}|^2$；(b)若网络是非互易的，证明它不可能有单向传输，其中 $S_{12}=0$ 且 $S_{21}\neq 0$。

4.14 一个四端口网络的散射矩阵为

$$\boldsymbol{S}=\begin{bmatrix} 0.178\angle 90° & 0.6\angle 45° & 0.4\angle 45° & 0 \\ 0.6\angle 45° & 0 & 0 & 0.3\angle -45° \\ 0.4\angle 45° & 0 & 0 & 0.5\angle -45° \\ 0 & 0.3\angle -45° & 0.5\angle -45° & 0 \end{bmatrix}$$

(a)该网络是否是无耗的？(b)该网络是否是互易的？(c)当所有其他端口接匹配负载时，端口 1 上的回波损耗是多少？(d)当所有其他端口接匹配负载时，端口 2 和端口 4 之间的插入损耗和相位延迟是多少？(e)若端口 3 的端平面短路，而所有其他端口接匹配负载，则从端口 1 看去的反射系数是多少？

4.15 证明可以构建一个在所有端口处无耗、互易且匹配的三端口网络。在所有端口都能构建无耗、匹配的非互易三端口网络吗？

4.16 证明如下去耦定理：对于任意一个互易的三端口网络，一个端口（如端口 3）可端接一个电抗，使另两个端口（端口 1 和端口 2）是去耦的（从端口 1 到端口 2 无功率流，或从端口 2 到端口 1 无功率流）。

4.17 某三端口网络是无耗和互易的，并有 $S_{13}=S_{23}$ 和 $S_{11}=S_{22}$。证明：若端口 2 端接一匹配负载，则通过在端口 3 上放置一个合适的电抗可使端口 1 匹配。

4.18 四端口网络的散射矩阵给出如下。端口 3 和端口 4 连接有电长度为 45°的无耗匹配传输线，求端口 1 和端口 2 之间产生的插入损耗和相位延迟。

$$\boldsymbol{S}=\begin{bmatrix} 0.2\angle 50° & 0 & 0 & 0.4\angle -45° \\ 0 & 0.6\angle 45° & 0.7\angle -45° & 0 \\ 0 & 0.7\angle -45° & 0.6\angle 45° & 0 \\ 0.4\angle -45° & 0 & 0 & 0.5\angle 45° \end{bmatrix}$$

4.19 归一化单一特征阻抗 Z_0 后，某二端口网络的散射参量为 S_{ij}。当端口 1 和端口 2 的参考阻抗分别变为 R_{01} 和 R_{02} 时，求其广义散射参量 S_{ij}^p。

4.20 对于下图所示的电路，在参考平面 A 选择一个适当的参考阻抗，求功率波振幅，并计算发送到负载的功率。对于参考平面 B，重复这一过程。假设传输线是无耗的。

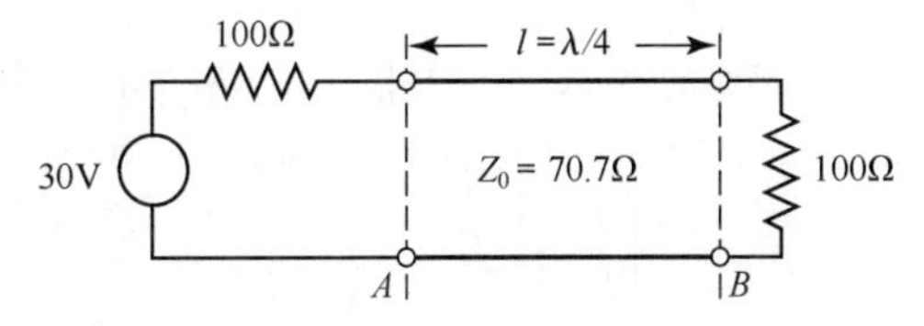

4.21 表 4.1 中第一项的 *ABCD* 参量是由例题 4.6 推导出的。证明表中第二项、第三项和第四项的 *ABCD* 参量。

4.22 推导用 *ABCD* 参量表示的阻抗参量的表达式。

4.23 利用 *ABCD* 矩阵的定义直接计算下图所示电路的 *ABCD* 矩阵，并与表 4.1 中给出的由标准电路适当级联形成的电路的 *ABCD* 矩阵进行比较。

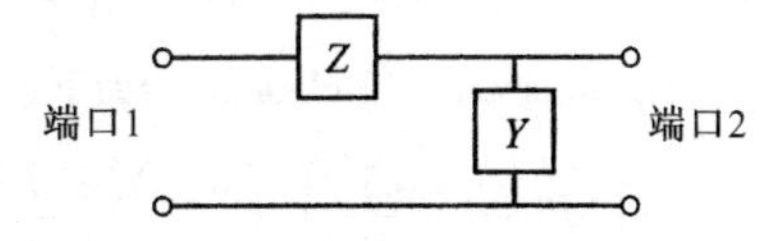

4.24 使用 *ABCD* 矩阵求下图所示电路中负载阻抗上的电压 V_L。

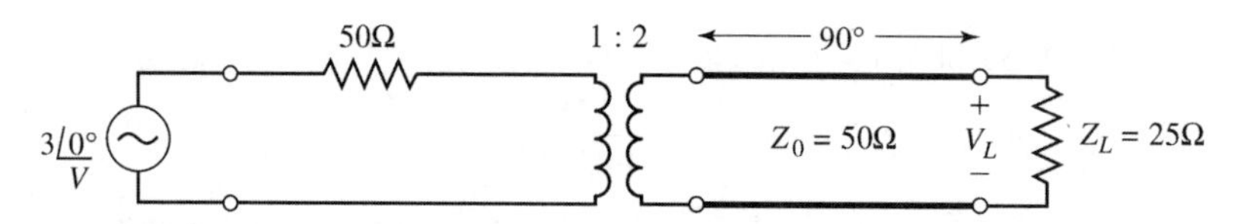

4.25 一个互易二端口网络及其 *ABCD* 矩阵如左下图所示。证明端口 1 和端口 2 反转后的网络的 *ABCD* 矩阵如右下图所示。选择一个简单的非对称网络演示这一结果。

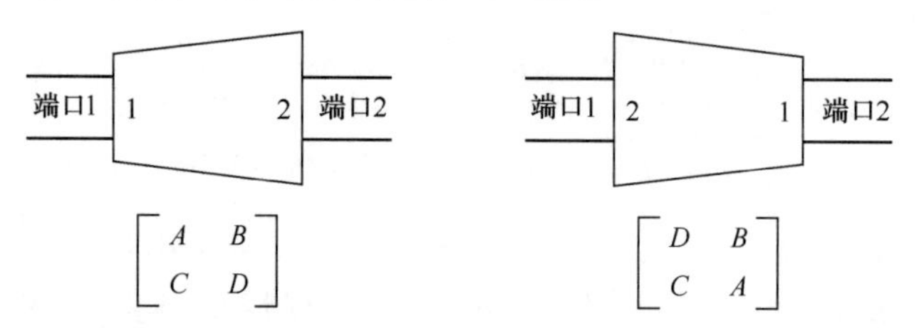

4.26 推导用 *ABCD* 参量表示的 *S* 参量的表达式，如表 4.2 中给出的那样。

4.27 如下图所示，采用四端口 90°混合网络耦合器并在端口 2 和端口 3 接相同但可调的负载，就可用作可变衰减器。(a)利用耦合器的给定散射矩阵，证明输入（端口 1）和输出（端口 4）间的透射系数为 $T = \mathrm{j}\Gamma$，其中 Γ 是在端口 2 和端口 3 失配时的反射系数。还要证明：对于所有 Γ 值，输入端口是匹配的。(b)在区间 $0 \leqslant Z_L/Z_0 \leqslant 10$（$Z_L$ 是实数）内画出作为 Z_L/Z_0 的函数的从输入到输出的衰减（用 dB 表示）。

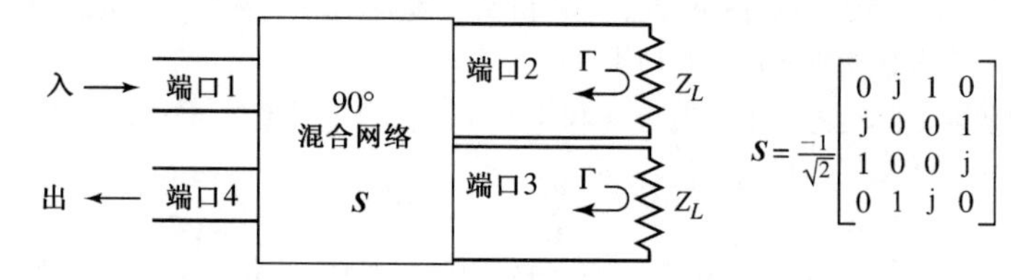

4.28 对于下图给出的失配三端口网络，使用信号流图求功率比 P_2/P_1 和 P_3/P_1。

P_1 端口 1

$$\boldsymbol{S} = \begin{bmatrix} 0 & S_{12} & 0 \\ S_{12} & 0 & S_{23} \\ 0 & S_{23} & 0 \end{bmatrix}$$

端口 2 Γ_2 P_2

端口 3 Γ_3 P_3

4.29 *ABCD* 参量可用于处理二端口网络的级联，方法是根据其总端口电压和电流，但也可使用入射和反射电压来处理级联。这样做的一种方法是使用传输或 *T* 参量，定义如下：

$$\begin{bmatrix} a_1 \\ b_1 \end{bmatrix} = \begin{bmatrix} T_{11} & T_{12} \\ T_{21} & T_{22} \end{bmatrix} \begin{bmatrix} b_2 \\ a_2 \end{bmatrix}$$

式中，a_1, b_1 和 a_2, b_2 分别是端口 1 和端口 2 的入射电压和反射电压。根据二端口网络的散射参量推导 *T* 参量。说明如何使用 *T* 参量处理两个二端口网络的级联。

4.30 开路微带线的末端有杂散场，可在传输线末端接一并联电容 C_f 作为其等效模型。该电容还可用微带线的附加长度 Δ 来代替，如下图所示。推导用杂散电容表示的长度延伸的表达式。若杂散电容已知为 $C_f = 0.075\text{pF}$，对于 $d = 0.158\text{cm}$ 和 $\epsilon_r = 2.2$ 的基片上的 50Ω 开路微带线（$w = 0.487\text{cm}$，$\epsilon_e = 1.894$），计算该长度延伸。把得到的结果与 Hammerstad 和 Bekkadal 的如下近似比较：

$$\Delta = 0.412d\left(\frac{\epsilon_e + 0.3}{\epsilon_e - 0.258}\right)\left(\frac{w + 0.262d}{w + 0.813d}\right)$$

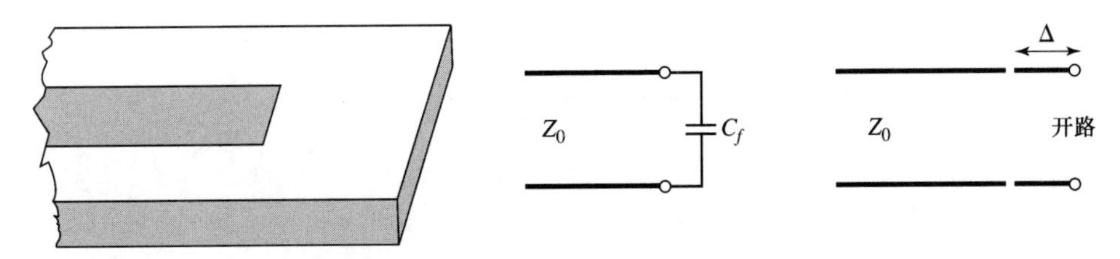

4.31 对于 4.6 节中的 H 平面阶梯分析，计算波导 1 中的反射模的复功率流，并证明该电抗性功率是电感性的。

4.32 对于下图给出的对称 H 平面阶梯，推导其模分析方程（提示：由于对称性，只有 TE_{n0} 模被激励，n 为奇数）。

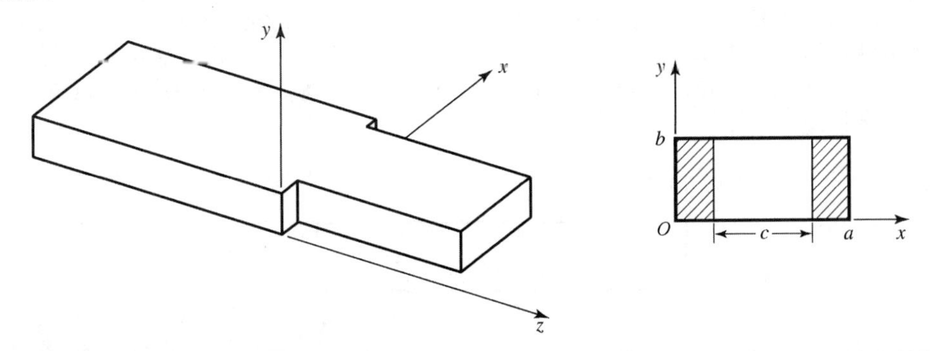

4.33 假设在 $z = 0$ 处的源的两边行进的是 TM_{mn} 模，并应用适当的边界条件，求由式(4.116)给出的电流激励的横向场 $\boldsymbol{E}$ 和 $\boldsymbol{H}$ 。

4.34 无限长矩形波导用长度为 d 的探针馈电，如下图所示。探针上的电流近似为 $I(y) = I_0 \sin k(d-y)/\sin kd$。若 TE_{10} 模是波导中的唯一传播模，计算由探针端看去的输入电阻。

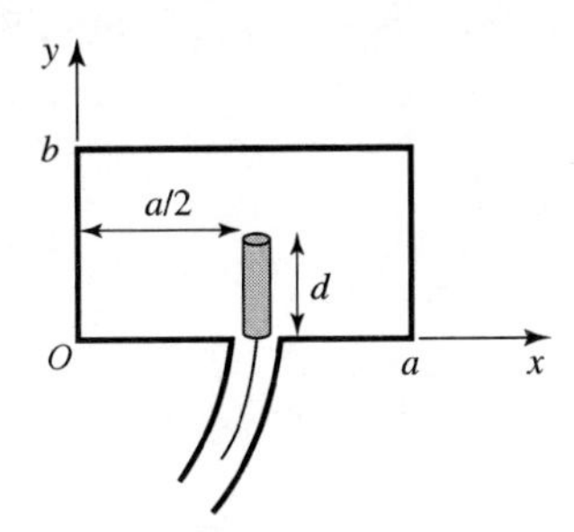

4.35 考虑在无限长波导中用两个探针馈电，其上的驱动电流的相位差为 180°，如下图所示。求 TE_{10} 模和 TE_{20} 模的合成激励系数。在这种馈电结构下可激励的其他模是什么？

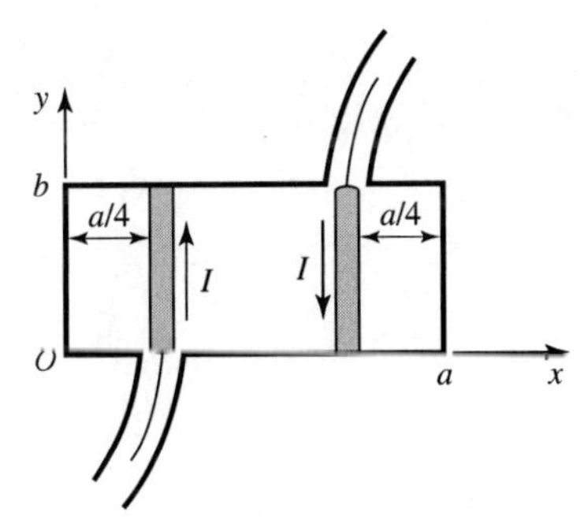

4.36 在矩形波导侧壁上有一个小电流圈，如下图所示。设这个半圆圈的半径为 r_0，求其激励的 TE_{10} 模场。

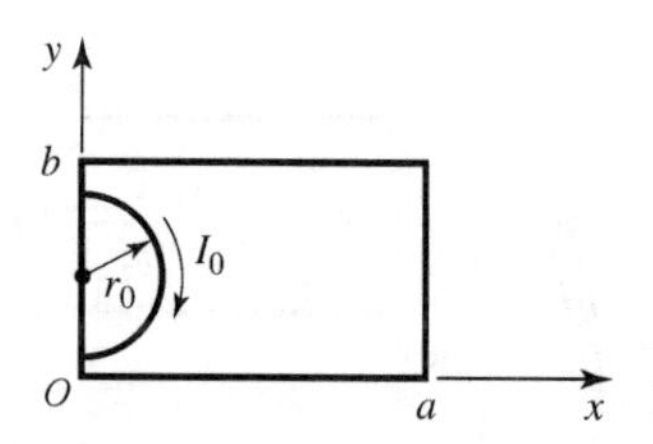

4.37 如下图所示，一个矩形波导在 $z=0$ 处短路，并在 $z=d$ 处有一个电流片 J_{sy}，其中

$$J_{sy}=\frac{2\pi A}{a}\sin\frac{\pi x}{a}$$

求该电流产生的场的表达式，假设在 $0<z<d$ 处是驻波场，在 $z>d$ 处是行波场，并应用在 $z=0$ 和 $z=d$ 处的边界条件。现在使用镜像理论（即把一个电流片$-J_{sy}$ 放在 $z=-d$ 处并移走 $z=0$ 处的短路面）来求求解这个问题。利用 4.7 节的结果和叠加，求由这两个电流辐射的场，这两个电流辐射的场应与 $z>0$ 时的第一个结果相同。

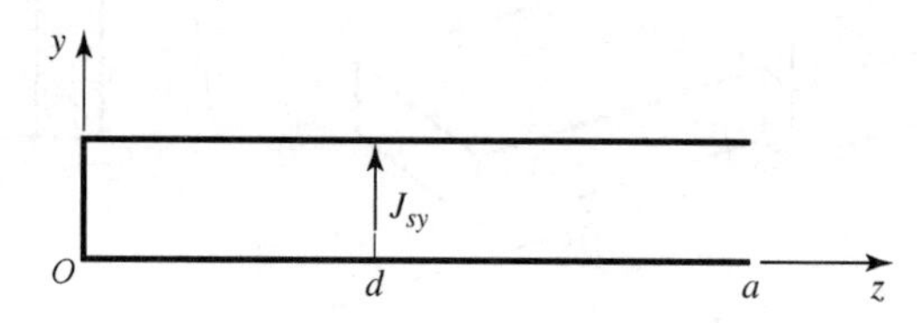

第 5 章　阻抗匹配和调谐

本章介绍如何应用前几章的理论和技术来求解实际的微波工程问题。首先讨论阻抗匹配，阻抗通常是微波元件或系统的更大设计过程的一部分。阻抗匹配的基本思想如图 5.1 所示，它将阻抗匹配网络放在负载和传输线之间。为了避免不必要的功率损耗，理想的匹配网络是无耗的，并且通常设计成向匹配网络看去的阻抗是 Z_0。虽然在匹配的网络和负载之间存在多次反射，但在匹配网络的左侧消除了传输线上的反射。这个过程也称调谐。阻抗匹配或调谐很重要，原因如下：

- 负载与传输线匹配时（假定信号源是匹配的）可传送最大功率，且馈线上的功率损耗最小。
- 对阻抗匹配灵敏的接收机部件（如天线、低噪声放大器等）可提高系统的信噪比。
- 在功率分配网络中（如天线阵馈电网络），阻抗匹配可降低振幅和相位误差。

只要负载阻抗 Z_L 具有正实部，就能找到匹配网络，但有用的选择很多。下面讨论几类实际匹配网络的设计和特性。选择实际匹配网络时，要考虑如下因素：

- 复杂性（Complexity）：如同多数工程问题求解那样，满足所需特性的最简设计通常是最可取的。较简单的匹配网络通常既便宜又可靠，且与较复杂的设计相比损耗更小。
- 带宽（Bandwidth）：任何类型的匹配网络理想情况下都能在一个信号频率上给出全匹配（零反射）。但在许多应用中，我们希望在一个频带上与负载匹配。实现这一目的的方法有多种，但复杂性会相应地增大。
- 实现（Implementation）：根据所用传输线和波导的类型，一种类型的匹配网络可能要比另一种类型的匹配网络更为可取。例如，在波导中用调谐短截线要比用多节 1/4 波长变换器更容易实现。
- 可调性（Adjustability）：在某些应用中，为了匹配一个可变负载阻抗，可能需要调节匹配网络。此时，某些类型的匹配网络可能要比其他类型的匹配网络更合适。

图 5.1　匹配任意负载阻抗到传输线的无耗网络

5.1　用集总元件匹配（L 网络）

将任意负载阻抗匹配到传输线时，使用两个电抗性元件组成的 L 节可能是最简单的匹配网络类型。这种网络有两种可能的结构，如图 5.2 所示。归一化负载阻抗 $z_L = Z_L/Z_0$ 在 Smith 圆图的 $1 + \mathrm{j}x$ 圆的内部时，应使用图 5.2a 所示的电路。归一化负载阻抗 $z_L = Z_L/Z_0$ 在 Smith 圆图的 $1 + \mathrm{j}x$ 圆的外部时，应使用图 5.2b 所示的电路。$1 + \mathrm{j}x$ 圆是在 Smith 阻抗圆图上 $r = 1$ 的电阻圆。

在图 5.2 所示的任何一种结构中，电抗性元件是电感还是电容取决于负载阻抗。因此，对于各种负载阻抗的匹配电路，有 8 种不同的可能。频率足够低和/或电路尺寸足够小时，可用实际的集总元件电容器和电感器。频率高达 1GHz 时也是可行的，但近代微波集成电路可使集总元件小到足以用于较高的频率。但较大的频率和电路尺寸范围内，集总元件是不能采用的。这就是 L 节匹配技术的局限性。下面首先推导图 5.2 中两种情况的匹配网络元件的解析表达式，然后举例说明另一种使用 Smith 圆图的设计步骤。

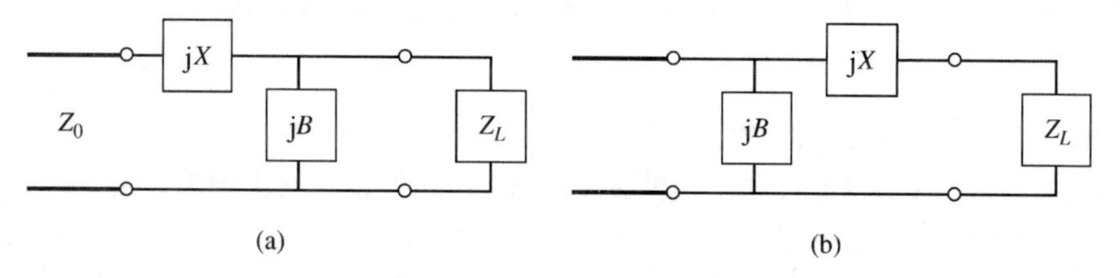

图 5.2　L 节匹配网络：(a)z_L 在 $1+\mathrm{j}x$ 圆内部的网络；(b)z_L 在 $1+\mathrm{j}x$ 圆外部的网络

5.1.1　解析解法

尽管下面讨论的是一种使用 Smith 圆图的简单图形求解方法，但它对于推导 L 节匹配网络元件的表达式也是有用的。这种表达式可用在 L 节匹配的计算机辅助设计程序中，需要的精度高于 Smith 圆图所能提供的精度时，就要使用这种表达式。

首先考虑图 5.2a 所示的电路，令 $Z_L = R_L + \mathrm{j}X_L$。前面说过，仅当 $z_L = Z_L/Z_0$ 在 Smith 圆图上 $1+\mathrm{j}x$ 圆的内部时才使用该电路，这意味着此时有 $R_L > Z_0$。为了匹配，向后面接有负载阻抗的匹配网络看去的阻抗必须等于 Z_0：

$$Z_0 = \mathrm{j}X + \frac{1}{\mathrm{j}B + 1/(R_L + \mathrm{j}X_L)} \tag{5.1}$$

重新整理上式并将实部和虚部分开，可给出两个未知数 X 和 B 的两个方程：

$$B(XR_L - X_L Z_0) = R_L - Z_0 \tag{5.2a}$$

$$X(1 - BX_L) = BZ_0 R_L - X_L \tag{5.2b}$$

由式(5.2a)解出 X 并将其代入式(5.2b)，可给出 B 的二次方程，这个方程的解是

$$B = \frac{X_L \pm \sqrt{R_L/Z_0}\sqrt{R_L^2 + X_L^2 - Z_0 R_L}}{R_L^2 + X_L^2} \tag{5.3a}$$

注意，因为 $R_L > Z_0$，所以式中变量的平方根总是正数。因此，串联电抗为

$$X = \frac{1}{B} + \frac{X_L Z_0}{R_L} - \frac{Z_0}{BR_L} \tag{5.3b}$$

式(5.3a)表示 B 和 X 可能有两个解，这两个解都是物理上可实现的，因为 B 和 X 的正值与负值都是可能的（正 X 意味着电感，负 X 意味着电容，正 B 意味着电容，负 B 意味着电感）。然而，匹配带宽较好或在匹配网络和负载之间的传输线上 SWR 较小时，有一个解的电抗性元件的值非常小，这个解可能就是要优先考虑的解。

现在考虑图 5.2b 所示的电路。当 z_L 位于 Smith 圆图上 $1+\mathrm{j}x$ 圆的外部时，使用该电路，这意味着 $R_L < Z_0$。为了匹配，向后面接有负载阻抗 $Z_L = R_L + \mathrm{j}X_L$ 的匹配网络看去的导纳必须等于 $1/Z_0$：

$$\frac{1}{Z_0} = \mathrm{j}B + \frac{1}{R_L + \mathrm{j}(X + X_L)} \tag{5.4}$$

重新整理上式并将实部和虚部分开，可给出两个未知数 X 和 B 的两个方程：

$$BZ_0(X+X_L)=Z_0-R_L \tag{5.5a}$$

$$(X+X_L)=BZ_0R_L \tag{5.5b}$$

求解 X 和 B 得

$$X=\pm\sqrt{R_L(Z_0-R_L)}-X_L \tag{5.6a}$$

$$B=\pm\frac{\sqrt{(Z_0-R_L)/R_L}}{Z_0} \tag{5.6b}$$

因为 $R_L<Z_0$，所以式中变量的平方根总是正数。注意，这两个解都是可能的。

要将任意复数负载匹配到特征阻抗为 Z_0 的传输线，匹配网络的输入阻抗的实部必须是 Z_0，虚部必须是零。这意味着普通匹配网络至少要有两个自由度；在 L 节匹配电路中，这两个自由度是由两个电抗性元件的值提供的。

5.1.2 Smith 圆图解法

在不使用上面的公式的情况下，使用 Smith 圆图也能迅速和正确地设计 L 节匹配网络。这一过程用例题说明如下。

例题 5.1　L 节阻抗匹配

设计一个 L 节匹配网络，在频率为 500MHz 处，将 $Z_L=200-\mathrm{j}100\Omega$ 的 RC 串联负载匹配到 100Ω 传输线。

解：归一化负载阻抗 $z_L=2-\mathrm{j}1$，它画在图 5.3a 中的 Smith 圆图上。这个点在 $1+\mathrm{j}x$ 圆的内部，所以用图 5.2a 所示的匹配电路。因为从负载看去，第一个元件是并联电纳，通过负载画 SWR 圆，并且从负载过圆图的中心画一条直线，如图 5.3a 所示，可把负载阻抗转换成导纳，这时才能与该并联电纳相加。现在，加上这个并联电纳后再转换回阻抗，将它画在 $1+\mathrm{j}x$ 圆上，这样才能加上一个串联电抗来抵消 $\mathrm{j}x$ 并与负载匹配。这意味着这个并联电纳可让我们能将 y_L 移到导纳 Smith 圆图的 $1+\mathrm{j}x$ 圆上。所以，我们绘制旋转后的 $1+\mathrm{j}x$ 圆，如图 5.3a 所示（圆心在 $r=0.333$ 处）。这时，复合的 ZY 圆图用起很方便，前提是它不会引起混乱。观察发现，外加一个 $\mathrm{j}b=\mathrm{j}0.3$ 的电纳后，便能沿着等电导圆移动到 $y=0.4+\mathrm{j}0.5$（这种选择是从 y_L 到移位后的 $1+\mathrm{j}x$ 圆的最短距离），再将导纳转换成相应的阻抗 $z=1-\mathrm{j}1.2$，在这里接上串联电抗 $x=\mathrm{j}1.2$ 就可实现匹配，回到圆图的中心。为便于比较，这里给出式(5.3a, b)的解，即 $b=0.29$，$x=1.22$。

该匹配电路包括一个并联电容和一个串联电感，如图 5.3b 所示。对于匹配频率 $f=500\mathrm{MHz}$，电容值为

$$C=\frac{b}{2\pi fZ_0}=0.92\mathrm{pF}$$

电感值为

$$L=\frac{xZ_0}{2\pi f}=38.8\mathrm{nH}$$

再来研究这个匹配问题的第二个解，它可能也是我们感兴趣的。若用一个 $b=-0.7$ 的并联电纳替代外加的 $b=0.3$ 的并联电纳，则在移位后的 $1+\mathrm{j}x$ 圆的下半圆上移动这个点到 $y=0.4-$

j0.5，然后转换回阻抗并加上一个 $x=-1.2$ 的串联电抗，也可实现匹配。式(5.3a, b)给出的解为 $b=-0.69$，$x=-1.22$。这个匹配电路也显示在图 5.3b 中，可以看出电感和电容的位置与第一个匹配网络的相反。在频率 $f=500\text{MHz}$ 时，电容值为

$$C=\frac{-1}{2\pi fxZ_0}=2.61\text{pF}$$

电感值为

$$L=\frac{-Z_0}{2\pi fb}=46.1\text{nH}$$

对于这两种匹配网络，图 5.3c 显示了反射系数的幅值与频率的关系曲线，假定在 500MHz 时，负载阻抗 $Z_L=200-\text{j}100\Omega$，该负载阻抗是由 200Ω 的电阻和 3.18pF 的电容串联而成的。这两个解在带宽上没有明显的区别。

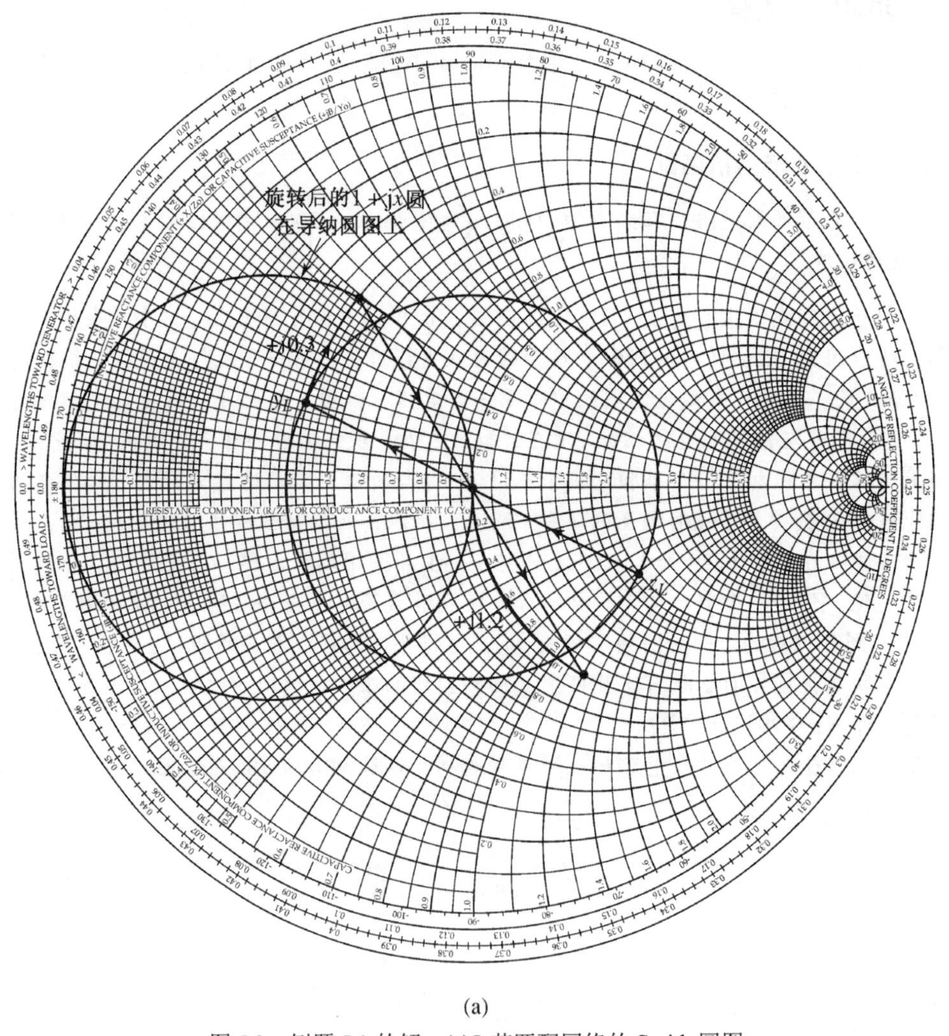

(a)

图 5.3　例题 5.1 的解：(a)L 节匹配网络的 Smith 圆图

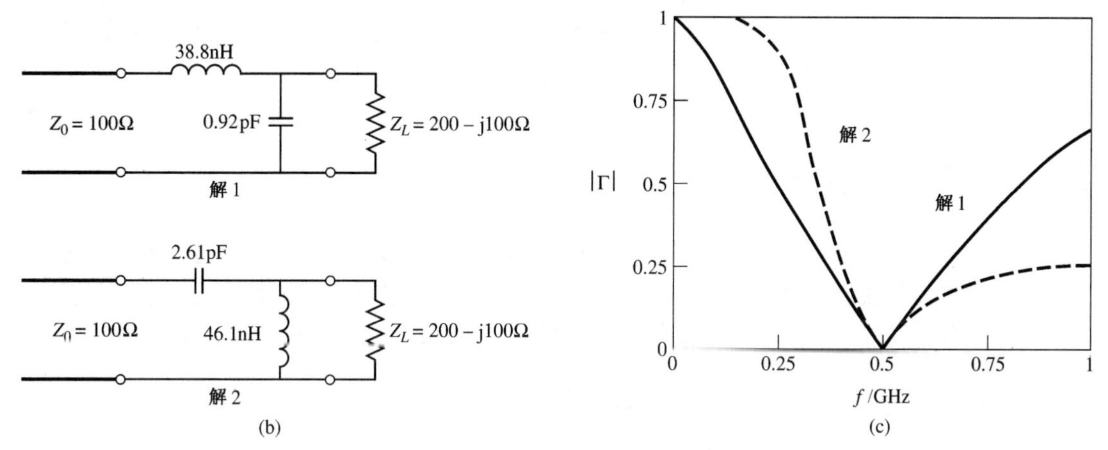

图 5.3 (b)两种可能的 L 节匹配电路；(c)图(b)中匹配电路的反射系数的幅值与频率的关系曲线（续）

■

兴趣点：用于微波集成电路的集总元件

在微波频率，元件的长度 ℓ 相对于工作波长很小时，实际上可以使用集总的 R，L 和 C 元件。在有限的值域内，若满足条件 $\ell<\lambda/10$，则这种元件能用在频率高达 60GHz 的混合和单片微波集成电路（MIC）中。然而，这类元件的特性通常与其理想情况相差甚远，需要将那些不希望有的效应，如寄生电容和/或电感、寄生谐振、杂散场、损耗及通过公共接地板引起的微扰等，包含到 CAD 的设计模型中（见与 CAD 有关的兴趣点）。

电阻是用有耗材料（如镍铬合金、氮化钽或掺杂半导体材料）的薄膜制成的。这种薄膜能淀积或生长在单片集成电路中，而片状电阻是由有耗薄膜淀积在陶瓷片上制成的，可粘接或焊接在混合电路中。通常很难得到低值电阻。

小数值的电感可用短长度的传输线或环来实现，而大数值（高于 10nH）的电感可用螺旋形电感器得到，如下图所示。较大的电感值通常会导致较大的损耗和较大的并联电容，进而导致谐振，因此可使用的最高频率是受限的。

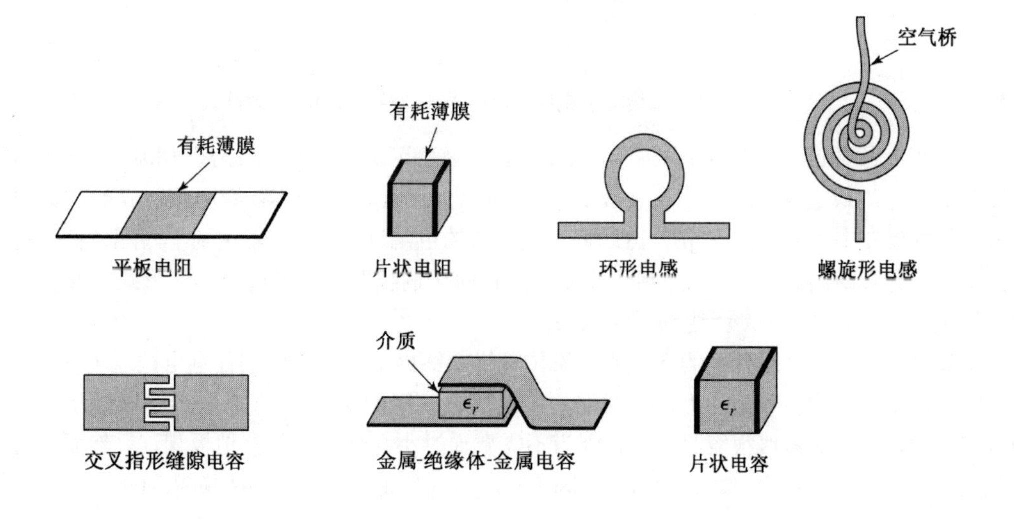

电容器可用多种方法制备。传输线短截线可提供 0～0.1pF 的并联电容。在传输线中，单缝隙或叉指形缝隙能提供高达 0.5pF 的串联电容。以单片或芯片状（混合）形式使用金属-绝缘体-金属（MIM）层叠物，可得到值更大（高达 25pF）的电容。

5.2 单短截线调谐

下面讨论一种匹配技术，它使用单个开路或短路的传输线段（短截线）在离负载某一确定的位置与传输馈线并联或串联，如图 5.4 所示。从微波制造的观点来看，这种调谐电路是方便的，因为不需要集总元件。并联调谐短截线特别容易制成微带或带状线形式。

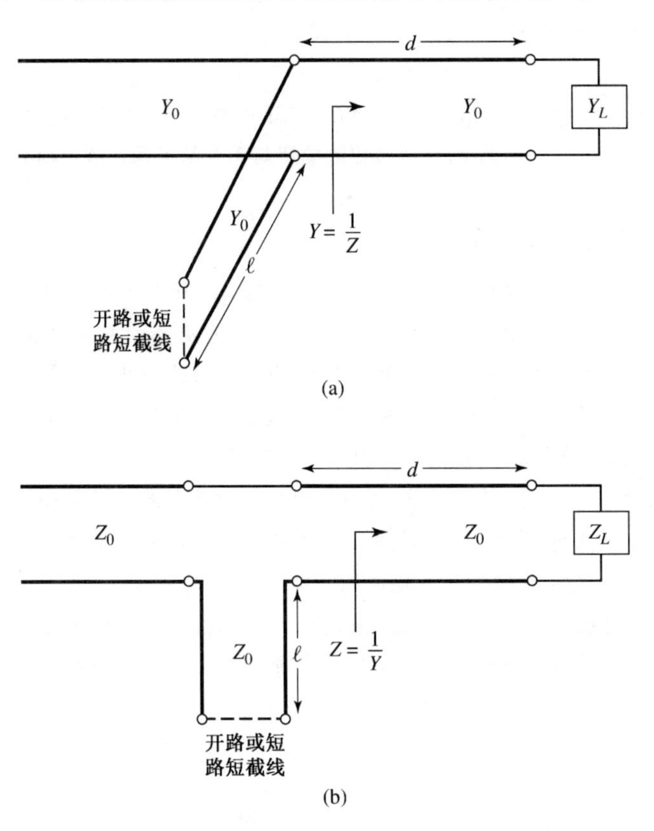

图 5.4 单短截线调谐电路：(a)并联短截线；(b)串联短截线

在单短截线调谐中，有两个可调参量：从负载到短截线所在位置的距离 d 和由并联或串联短截线提供的电纳或电抗。对于并联短截线，基本思想是选择 d，使其在距离负载 d 的位置向传输线看去的导纳 Y 具有形式 $Y_0 + \mathrm{j}B$，然后将该短截线的电纳选择为$-\mathrm{j}B$ 就达到了匹配条件。对于串联短截线，选择距离 d，使其在距离负载 d 的位置向传输线看去的阻抗 Z 具有形式 $Z_0 + \mathrm{j}X$，然后将该短截线的电抗选为$-\mathrm{j}X$ 就达到了匹配条件。

如第 2 章所述，合适长度的开路或短路传输线能够提供我们希望的任意电抗或电纳值。对于一个给定的电纳或电抗，所用开路或短路短截线的长度相差 $\lambda/4$。对于各种传输线媒质，如微带线或带状线，开路短截线很容易制造，因为不需要通过小孔使基片与接地板相连。然而，对于同轴线或波导，通常更希望用短路短截线，因为这种开路短截线的横截面积对辐射来说（在电学意义上）是足够大的，这时开路短截线不再是纯电抗性的。

下面讨论并联和串联短截线调谐的 Smith 圆图与解析解法。Smith 圆图解法速度快并且直观，在实际应用中一般精度也能满足要求。解析表达式更加精确，可用于计算机分析。

5.2.1 并联短截线

单短截线并联调谐电路如图 5.4a 所示。首先讨论用 Smith 圆图作图求解的一个例子，然后推导 d 和 ℓ 的公式。

例题 5.2 单短截线并联调谐

对于一个负载阻抗 $Z_L = 60 - \mathrm{j}80\Omega$，设计两个单短截线（短路线）并联调谐网络，使这个负载与 50Ω 传输线匹配，假定负载在 2GHz 时实现匹配，并且此负载是由电阻和电容串联而成的。对每个解，画出反射系数幅值在频率区间 1～3GHz 内的变化。

解： 第一步是在 Smith 圆图上标出归一化负载阻抗 $z_L = 1.2 - \mathrm{j}1.6$，画出对应的 SWR 圆，并转换到负载导纳 y_L，如图 5.5a 中 Smith 圆图所示的那样。剩下的步骤是把 Smith 圆图考虑成导纳圆图。现在要注意 SWR 圆与 $1 + \mathrm{j}b$ 圆相交于两点，在图 5.5a 中分别用 y_1 和 y_2 表示。因此，从负载到短截线的距离 d 由这两个交点中的任何一个交点给出。读 WTG 标尺，得到

$$d_1 = 0.176 - 0.065 = 0.110\lambda$$

$$d_2 = 0.325 - 0.065 = 0.260\lambda$$

实际上，在 SWR 圆和 $1 + \mathrm{j}b$ 圆的交点上，距离 d 有无限多个数值。通常，我们希望匹配短截线尽可能靠近负载，以便提高匹配带宽，降低由于在短截线和负载间的传输线上可能发生的大的驻波比引起的损耗。

在这两个交点处，归一化导纳为

$$y_1 = 1.00 + \mathrm{j}1.47$$

$$y_2 = 1.00 - \mathrm{j}1.47$$

所以，第一个调谐解需要一个电纳为$-\mathrm{j}1.47$ 的短截线。为该电纳提供的短路短截线的长度可在 Smith 圆图上求出，过程是以 $y = \infty$（短路点）为起点，沿圆图外缘（$g = 0$）向信号源方向旋转到$-\mathrm{j}1.47$ 点，得到该短截线的长度是

$$\ell_1 = 0.095\lambda$$

同样，对于第二个解，所需短路短截线的长度为

$$\ell_2 = 0.405\lambda$$

这就完成了调谐器的设计。

要分析这两个设计的频率依赖性，需要知道负载阻抗与频率的关系。在 2GHz 时，串联 RC 负载阻抗是 $Z_L = 60 - \mathrm{j}80\Omega$，所以 $R = 60\Omega$ 和 $C = 0.995\mathrm{pF}$。这两个调谐电路如图 5.5b 所示。图 5.5c 显示了针对这两个解计算得到的反射系数的幅值。可见解 1 的带宽明显要好于解 2 的带宽，因为解 1 的 d 和 ℓ 都较短，降低了频率变化对匹配的影响程度。

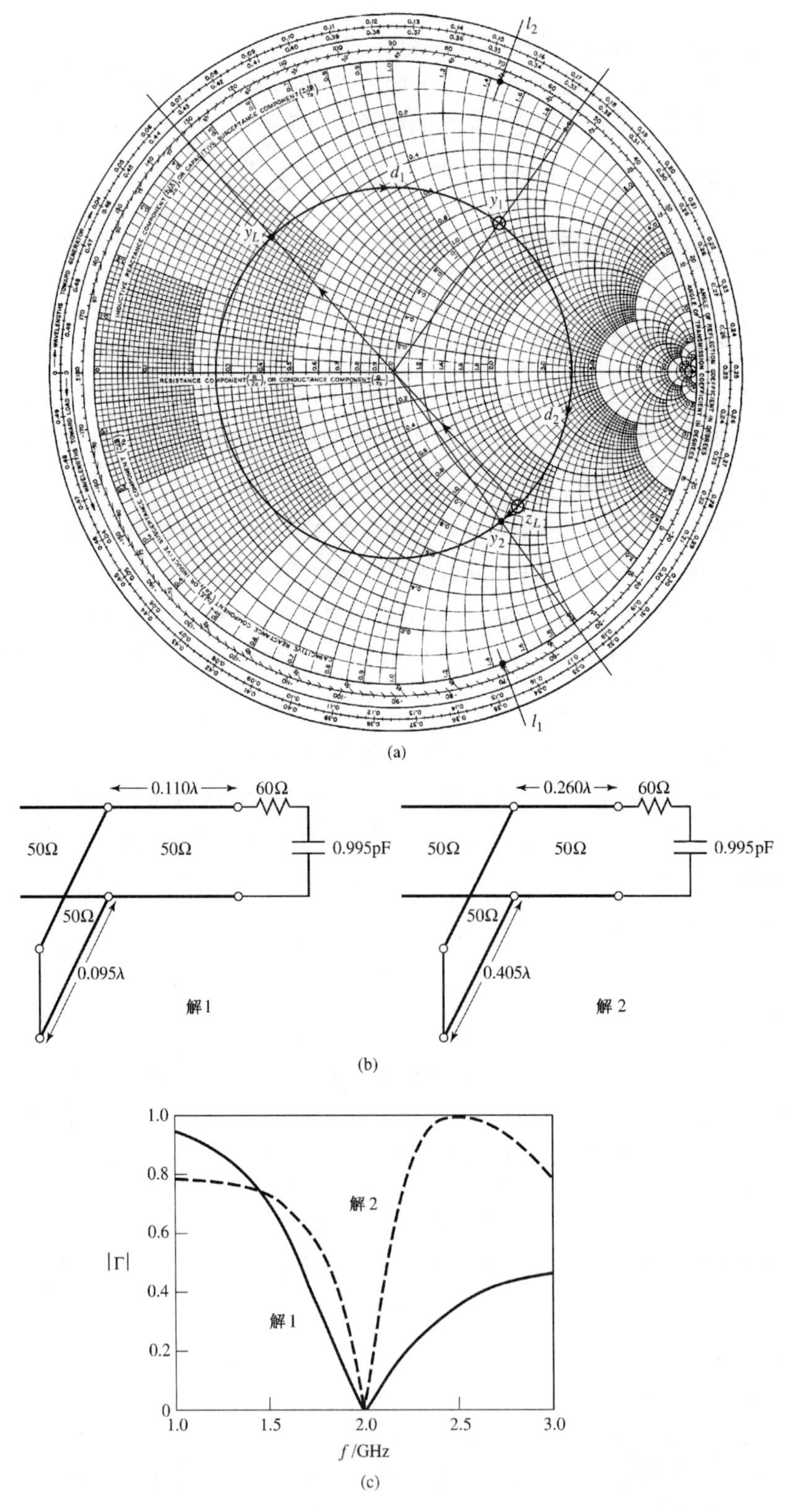

图 5.5　例题 5.2 的解：(a)短截线调谐器的 Smith 圆图；(b)两个短截线调谐电路的解；(c)对于(b)中的调谐电路，反射系数的幅值与频率的关系曲线 ■

为推导 d 和 ℓ 的公式，将负载阻抗表示为 $Z_L = 1/Y_L = R_L + jX_L$。因此，从负载下移传输线长度 d 处的阻抗 Z 为

$$Z = Z_0 \frac{(R_L + jX_L) + jZ_0 t}{Z_0 + j(R_L + jX_L)t} \tag{5.7}$$

式中，$t = \tan\beta d$。该点的导纳为

$$Y = G + jB = \frac{1}{Z}$$

式中，

$$G = \frac{R_L(1+t^2)}{R_L^2 + (X_L + Z_0 t)^2} \tag{5.8a}$$

$$B = \frac{R_L^2 t - (Z_0 - X_L t)(X_L + Z_0 t)}{Z_0\left[R_L^2 + (X_L + Z_0 t)^2\right]} \tag{5.8b}$$

现在，选择 d（意指 t）使得 $G = Y_0 = 1/Z_0$。根据式(5.8a)，前一结果可导出 t 的二次方程，

$$Z_0(R_L - Z_0)t^2 - 2X_L Z_0 t + (R_L Z_0 - R_L^2 - X_L^2) = 0$$

求解 t 得

$$t = \frac{X_L \pm \sqrt{R_L\left[(Z_0 - R_L)^2 + X_L^2\right]/Z_0}}{R_L - Z_0}, \quad R_L \neq Z_0 \tag{5.9}$$

若 $R_L = Z_0$，则 $t = -X_L/2Z_0$。所以 d 的两个主要解是

$$\frac{d}{\lambda} = \begin{cases} \dfrac{1}{2\pi}\arctan t, & t \geqslant 0 \\ \dfrac{1}{2\pi}(\pi + \arctan t), & t < 0 \end{cases} \tag{5.10}$$

为了求出所需短截线的长度，首先将 t 代入式(5.8b)求出电纳 B，短截线的电纳 $B_s = -B$。然后，对于开路短截线，

$$\frac{\ell_o}{\lambda} = \frac{1}{2\pi}\arctan\left(\frac{B_s}{Y_0}\right) = \frac{-1}{2\pi}\arctan\left(\frac{B}{Y_0}\right) \tag{5.11a}$$

对于短路短截线，

$$\frac{\ell_s}{\lambda} = \frac{-1}{2\pi}\arctan\left(\frac{Y_0}{B_s}\right) = \frac{1}{2\pi}\arctan\left(\frac{Y_0}{B}\right) \tag{5.11b}$$

若由式(5.11a)和式(5.11b)给出的长度是负值，则加上 $\lambda/2$ 后可得到正值解。

5.2.2 串联短截线

串联短截线调谐电路如图 5.4b 所示。下面先通过一个例子来说明 Smith 圆图解法，然后推导出 d 和 ℓ 的公式。

例题 5.3 单短截线串联调谐

用一个串联开路短截线将负载阻抗 $Z_L = 100 + j80$ 匹配到 50Ω 的传输线。假定负载在 2GHz 处匹配，负载是用一个电阻和电感串联而成的，画出反射系数的幅值在频率区间 1～3GHz 内的变化。

解： 第一步是在 Smith 圆图上画出归一化负载阻抗 $z_L = 2 + \mathrm{j}1.6$，并画出 SWR 圆。对于串联短截线的设计，该圆图是一个阻抗圆图。注意，SWR 圆和 $1 + \mathrm{j}x$ 圆相交于两个点，这两个点在图 5.6a 中分别用 z_1 和 z_2 表示。从 WTG 标尺读出负载到短截线的最短距离是 d_1 为

$$d_1 = 0.328 - 0.208 = 0.120\lambda$$

第二个距离为

$$d_2 = (0.5 - 0.208) + 0.172 = 0.463\lambda$$

并联短截线的情况一样，围绕 SWR 圆增加旋转圈数，可得出另外的解，但我们对这些解通常不感兴趣。

两个交点处的归一化阻抗是

$$z_1 = 1 - \mathrm{j}1.33$$
$$z_2 = 1 + \mathrm{j}1.33$$

因此，第一个解需要一个电抗为 j1.33 的短截线。为该电抗提供的开路短截线的长度可在 Smith 圆图上求出：以 $z = \infty$（开路线）为起点，沿着圆图的外边界（$r = 0$）向信号源方向移动到 j1.33 点，得到短截线长度是

$$\ell_1 = 0.397\lambda$$

同样，对于第二个解，所需开路短截线的长度是

$$\ell_2 = 0.103\lambda$$

这就完成了调谐器的设计。

若在 2GHz 处有一个由电阻和电感串联而成的负载 $Z_L = 100 + \mathrm{j}80\Omega$，则 $R = 100\Omega$ 和 $L = 6.37\mathrm{nH}$。这两个匹配电路如图 5.6b 所示。图 5.6c 显示了针对这两个解计算得到的反射系数幅值与频率的关系曲线。 ■

为了推导串联短截线调谐器的 d 和 ℓ 的公式，把负载导纳表示为 $Y_L = 1/Z_L = G_L + \mathrm{j}B_L$。因此，从负载下移长度 d 处的导纳 Y 是

$$Y = Y_0 \frac{(G_L + \mathrm{j}B_L) + \mathrm{j}tY_0}{Y_0 + \mathrm{j}t(G_L + \mathrm{j}B_L)} \tag{5.12}$$

式中，$t = \tan\beta d$，$Y_0 = 1/Z_0$。所以该点处的阻抗是

$$Z = R + \mathrm{j}X = \frac{1}{Y}$$

式中，

$$R = \frac{G_L(1+t^2)}{G_L^2 + (B_L + Y_0 t)^2} \tag{5.13a}$$

$$X = \frac{G_L^2 t - (Y_0 - tB_L)(B_L + tY_0)}{Y_0\left[G_L^2 + (B_L + Y_0 t)^2\right]} \tag{5.13b}$$

现在，选择 d（意指 t）使得 $R = Z_0 = 1/Y_0$。根据式(5.13a)，由这一结果可得出 t 的二次方程，

$$Y_0(G_L - Y_0)t^2 - 2B_L Y_0 t + (G_L Y_0 - G_L^2 - B_L^2) = 0$$

求解 t 得

$$t = \frac{B_L \pm \sqrt{G_L\left[(Y_0 - G_L)^2 + B_L^2\right]/Y_0}}{G_L - Y_0},\quad G_L \neq Y_0 \tag{5.14}$$

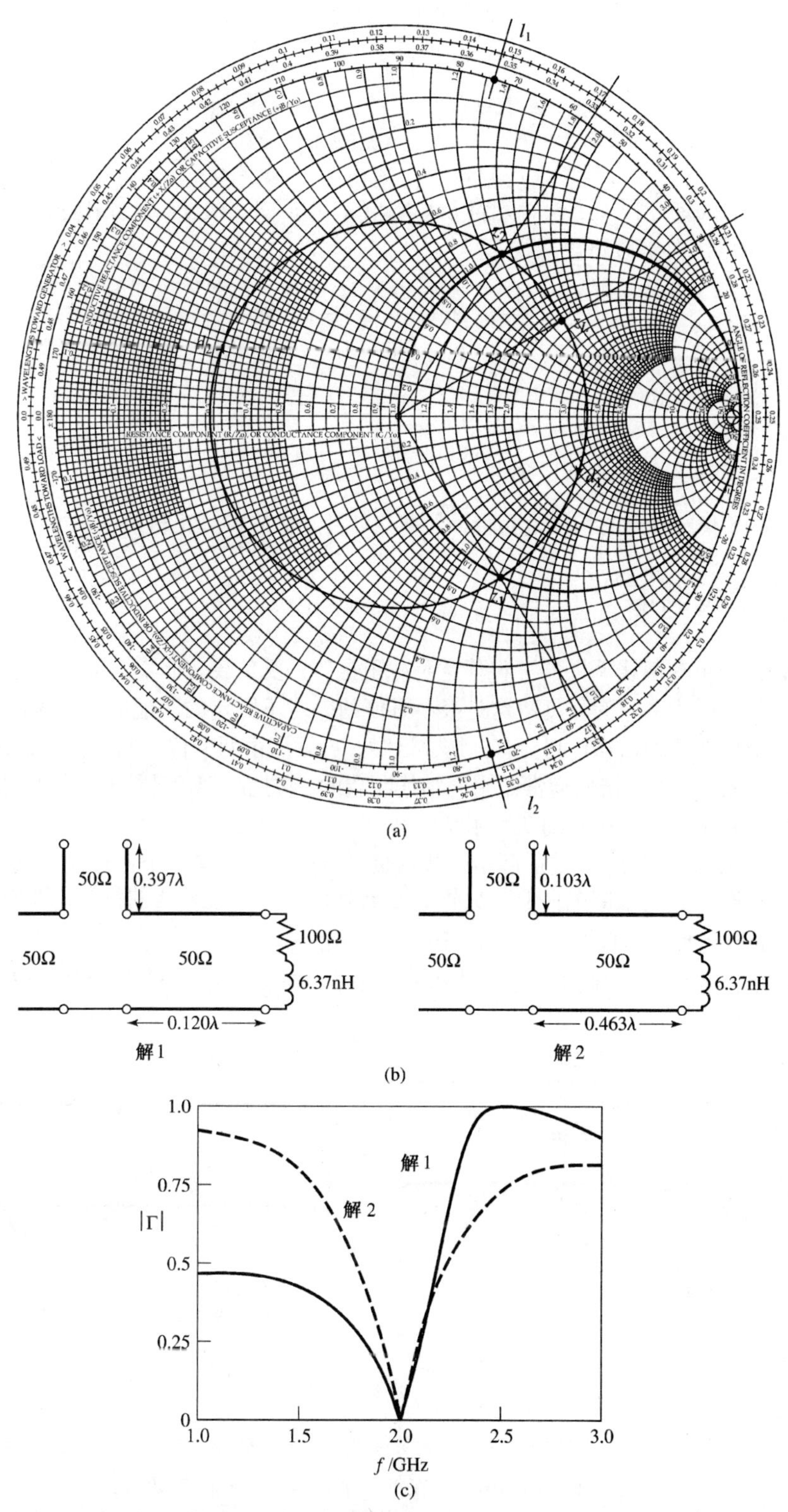

图 5.6　例题 5.3 的解：(a)串联短截线调谐器的 Smith 圆图；(b)两个串联短截线调谐电路的解；(c)调谐电路(b)的反射系数幅值与频率的关系曲线

$G_L = Y_0$时，$t = -B_L/2Y_0$。于是，d的两个最主要的解是

$$d/\lambda = \begin{cases} \dfrac{1}{2\pi}\arctan t, & t \geqslant 0 \\ \dfrac{1}{2\pi}(\pi + \arctan t), & t < 0 \end{cases} \tag{5.15}$$

所需短截线长度的确定过程如下。首先将t代入式(5.13b)，求出电抗X，该电抗是所需短截线电抗X_s的负值。所以，对于短路短截线有

$$\frac{\ell_s}{\lambda} = \frac{1}{2\pi}\arctan\left(\frac{X_s}{Z_0}\right) = \frac{-1}{2\pi}\arctan\left(\frac{X}{Z_0}\right) \tag{5.16a}$$

对于开路短截线有

$$\frac{\ell_o}{\lambda} = \frac{-1}{2\pi}\arctan\left(\frac{Z_0}{X_s}\right) = \frac{1}{2\pi}\arctan\left(\frac{Z_0}{X}\right) \tag{5.16b}$$

若式(5.16a)或式(5.16b)给出的长度是负值，则可在加上$\lambda/2$后得到正值解。

5.3 双短截线调谐

前一节讨论的单短截线调谐器可将任意负载阻抗（只要负载有非零实部）匹配到传输线，但需要改变负载和短截线之间的长度，这是很不方便的。对于固定的匹配电路，这可能不是问题，但若希望有一个可调的调谐器，则会有问题。这时，可采用由两个位置固定的双调谐短截线组成的双短截线调谐器。这种调谐器通常是用同轴线制造的，它把可调短截线与主同轴线并联。然而，双短截线调谐器并不能匹配所有的负载阻抗。

双短截线调谐器电路如图 5.7a 所示，其中负载可以位于到第一个短截线任意距离的位置。虽然这个电路更能代表实际情况，但其负载Y_L'已转换回第一个短截线的位置，即图 5.7b 中的电路所示，这很容易处理，并且不失一般性。图 5.7 显示的短截线是并联短截线，在实际中它通常要比串联短截线更容易实现。原则上也能使用串联短截线，在任何情况下，短截线可以是开路线或短路线。

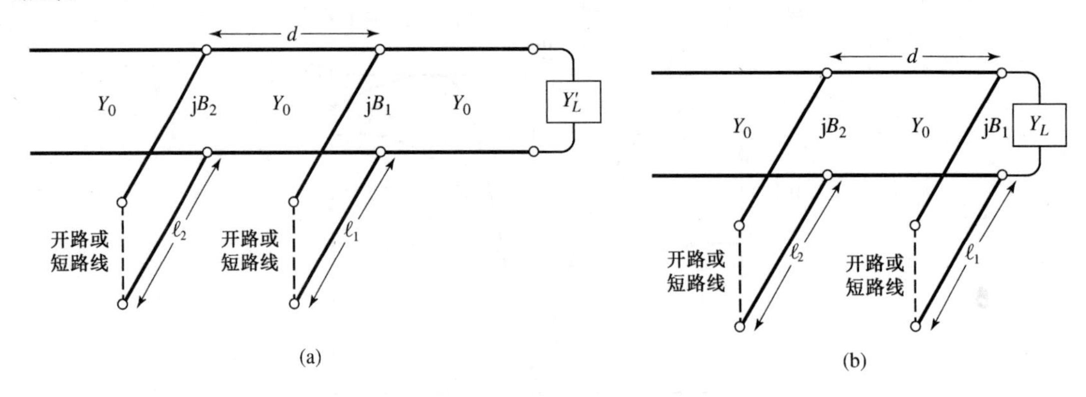

图 5.7　双短截线调谐：(a)负载到第一个短截线任意距离的原电路；(b)负载在第一个短截线位置的等效电路

5.3.1 Smith 圆图解法

图 5.8 所示的 Smith 圆图显示了双短截线调谐器的基本运作过程。与单短截线调谐器的情况一样，它可能有两个解。第一个短截线的电纳 b_1（或b_1'，对于第二个解）把负载导纳移动到 y_1（或 y_1'），该点位于旋转后的 $1+\mathrm{j}b$ 圆上，旋转量是向负载方向旋转的 d 波长数，这里 d 是两个短截线之间的电距离。然后，传输线的长度 d 向信号源方向转换 y_1（或 y_1'），落到点 y_2（或 y_2'），这个点必定在 $1+\mathrm{j}b$ 圆上。再后，第二个短截线产生附加电纳 b_2（或b_2'），最终回圆图的中心并完成匹配。

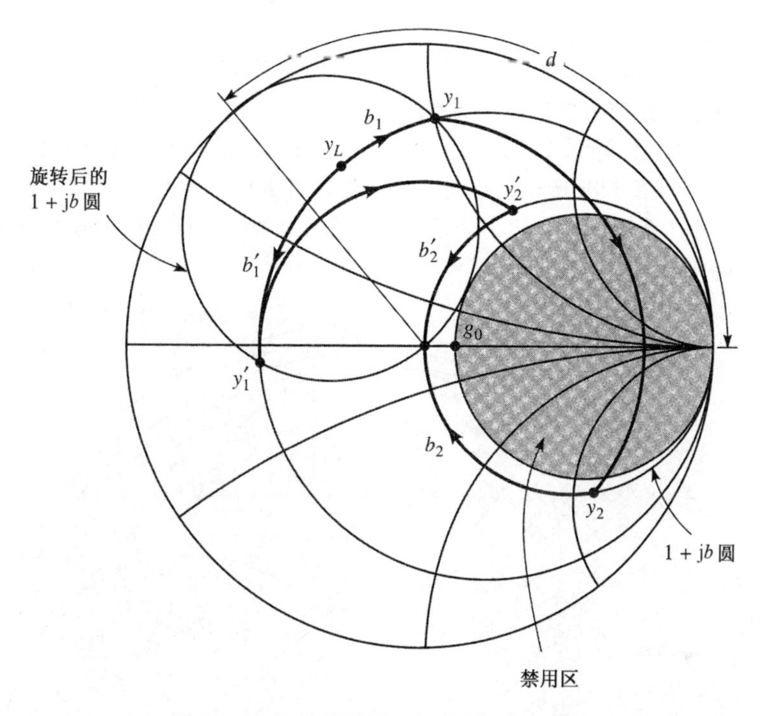

图 5.8　双短截线调谐器运作的 Smith 圆图

注意，在图 5.8 中，若负载导纳 y_L 位于 $g_0+\mathrm{j}b$ 圆的阴影区内，则没有短截线提供的电纳 b_1 值能将负载点带到与旋转后的 $1+\mathrm{j}b$ 圆的交点。因此，这个阴影区形成了一个禁用负载导纳的区域，在这个区域内不能用这个特定的双短截线调谐器匹配。缩小禁用区的简单方法是，减小短截线之间的距离 d，使旋转后的 $1+\mathrm{j}b$ 圆摆动到 $y=\infty$点。制造两个分开的短截线时，实际要求是 d 必须足够大。另外，两个短截线之间的距离接近 0 或 $\lambda/2$ 时，匹配网络对频率很敏感。实际上，两个短截线之间的距离通常选为 $\lambda/8$ 或 $3\lambda/8$。若负载与第一个短截线之间的传输线长度可调，则负载导纳 y_L 总能移出这个禁用区。

例题 5.4　双短截线调谐

设计一个双短截线并联调谐器，将负载阻抗 $Z_L=60-\mathrm{j}80\Omega$ 匹配到 50Ω 传输线，这两个短截线是相距 $\lambda/8$ 的开路短截线。假定负载是由电阻和电容串联而成的，匹配频率是 2GHz，画出反射系数的幅值在频率区间 1～3GHz 内的曲线。

解：归一化负载导纳为 $y_L=0.3+\mathrm{j}0.4$，画在图 5.9a 所示的 Smith 圆图上。接着画出旋转后的

$1 + \mathrm{j}b$ 电导圆，将 $g = 1$ 圆上的每个点向负载方向移动 $\lambda/8$。然后求出第一个短截线的电纳，它可以是下面两个可能值中的一个：

$$b_1 = 1.314 \quad 或 \quad b_1' = -0.114$$

现在通过 $\lambda/8$ 传输线段进行变换，方法是沿恒定半径（等 SWR）的圆向信号源方向旋转 $\lambda/8$，使得两个解到达如下点：

$$y_2 = 1 - \mathrm{j}3.38 \quad 或 \quad y_2' = 1 + \mathrm{j}1.38$$

于是，第二个短截线的电纳是

$$b_2 = 3.38 \quad 或 \quad b_2' = -1.38$$

然后，求出开路短截线的长度：

$$\ell_1 = 0.146\lambda, \quad \ell_2 = 0.482\lambda \quad 或 \quad \ell_1' = 0.204\lambda, \quad \ell_2' = 0.350\lambda$$

这就得到了双短截线调谐器设计的两个解。

在 $f = 2\mathrm{GHz}$ 处，电阻-电容负载为 $Z_L = 60 - \mathrm{j}80\Omega$，这表明 $R = 60\Omega$ 和 $C = 0.995\mathrm{pF}$。于是，这两个调谐电路就如图 5.9b 所示，反射系数幅值与频率的关系曲线如图 5.9c 所示。注意，第一个解与第二个（基本）解相比，带宽较窄，原因是第一个解的两个短截线长度（接近 $\lambda/2$）长于第二个解的短截线长度。

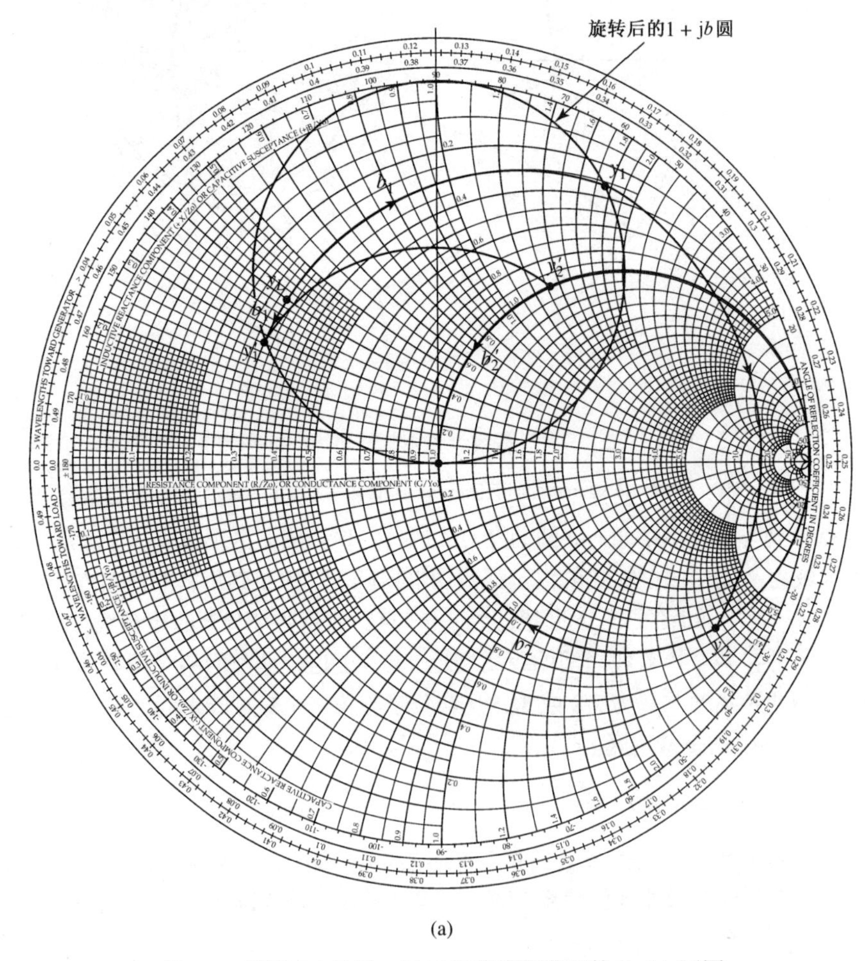

(a)

图 5.9　例题 5.4 的解：(a)双短截线调谐器的 Smith 圆图

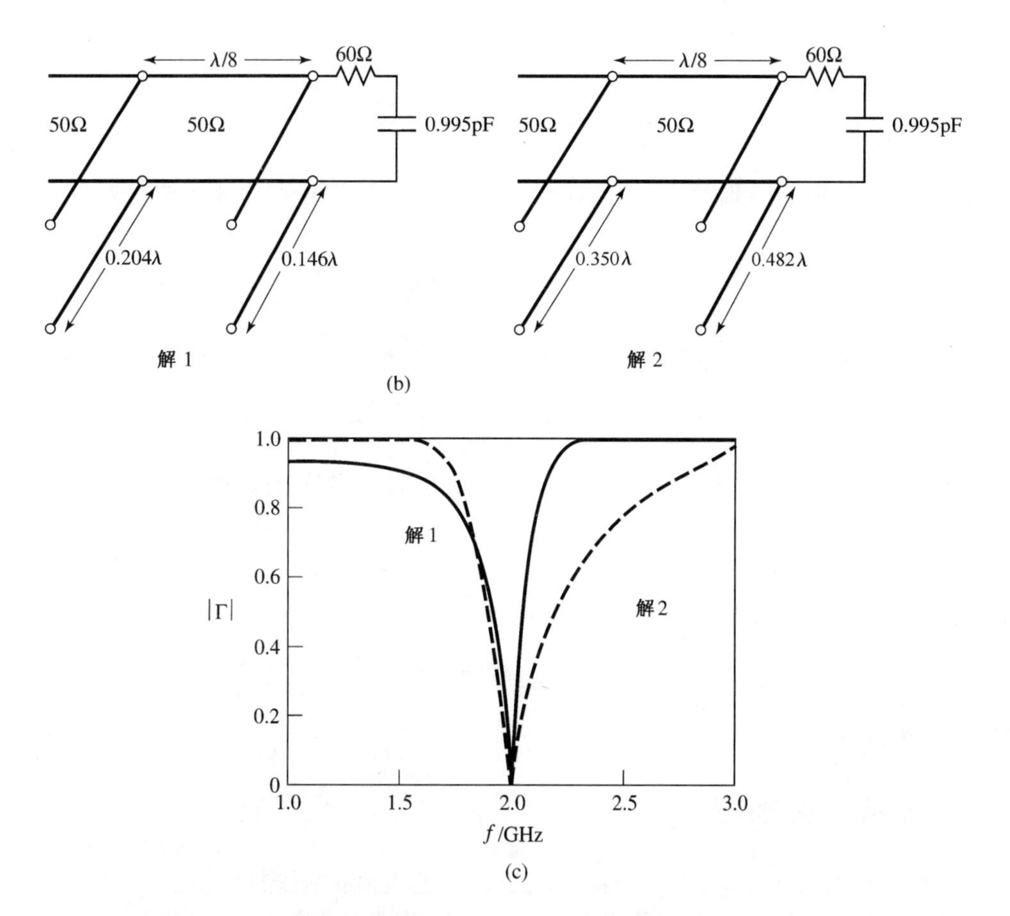

图 5.9　例题 5.4 的解：(b)两个双短截线调谐的解；(c)图(b)所示调谐电路的反射系数幅值与频率的关系曲线（续）　■

5.3.2　解析解法

在图 5.7b 中第一个短截线的左侧，导纳是

$$Y_1 = G_L + \mathrm{j}(B_L + B_1) \tag{5.17}$$

式中，$Y_L = G_L + \mathrm{j}B_L$ 是负载导纳，B_1 是第一个短截线的电纳。经过长度为 d 的传输线的转换，恰好落在第二个短截线右侧的导纳为

$$Y_2 = Y_0 \frac{G_L + \mathrm{j}(B_L + B_1 + Y_0 t)}{Y_0 + \mathrm{j}t(G_L + \mathrm{j}B_L + \mathrm{j}B_1)} \tag{5.18}$$

式中，$t = \tan\beta d$ 和 $Y_0 = 1/Z_0$。在该点，Y_2 的实部必须等于 Y_0，从而得出公式

$$G_L^2 - G_L Y_0 \frac{1+t^2}{t^2} + \frac{(Y_0 - B_L t - B_1 t)^2}{t^2} = 0 \tag{5.19}$$

求解 G_L 得

$$G_L = Y_0 \frac{1+t^2}{2t^2}\left[1 \pm \sqrt{1 - \frac{4t^2(Y_0 - B_L t - B_1 t)^2}{Y_0^2(1+t^2)^2}}\right] \tag{5.20}$$

因为 G_L 是实数，平方根符号内的数必须是非负数，所以有

$$0 \leqslant \frac{4t^2(Y_0 - B_L t - B_1 t)^2}{Y_0^2(1+t^2)^2} \leqslant 1$$

这表明

$$0 \leqslant G_L \leqslant Y_0 \frac{1+t^2}{t^2} = \frac{Y_0}{\sin^2 \beta d} \tag{5.21}$$

由此给出了短截线间距为 d 时能够匹配的 G_L 的范围。固定 d 后，第一个短截线的电纳可由式(5.19)求出：

$$B_1 = -B_L + \frac{Y_0 \pm \sqrt{(1+t^2)G_L Y_0 - G_L^2 t^2}}{t} \tag{5.22}$$

因此，第二个短截线的电纳可由式(5.18)的虚部的负值求出：

$$B_2 = \frac{\pm Y_0 \sqrt{Y_0 G_L (1+t^2) - G_L^2 t^2} + G_L Y_0}{G_L t} \tag{5.23}$$

在式(5.22)和式(5.23)中，上下符号对应同样的解。求得开路短截线的长度是

$$\frac{\ell_o}{\lambda} = \frac{1}{2\pi} \arctan\left(\frac{B}{Y_0}\right) \tag{5.24a}$$

短路短截线的长度是

$$\frac{\ell_s}{\lambda} = \frac{-1}{2\pi} \arctan\left(\frac{Y_0}{B}\right) \tag{5.24b}$$

式中，$B = B_1$ 或 B_2。

5.4　1/4 波长变换器

如 2.5 节所述，1/4 波长变换器是将实数负载阻抗匹配到传输线的简单的、有用的电路。1/4 波长变换器的其他特点是，能够以有规律的方式应用到宽带多节变换器的设计中。只需要窄带匹配，单节变换器就能满足需求。然而，如后面几节中介绍的那样，多节 1/4 波长变换器的设计可在希望的频带上同时达到最优匹配特性。第 8 章会讲到这种网络与带通滤波器密切相关。

1/4 波长变换器的缺点是，只能匹配实数负载阻抗。然而，在负载和变换器之间加一段合适长度的传输线，或者使用合适的串联或并联电抗性短截线，总能将复数负载阻抗转换成实数阻抗。这些技术通常会改变负载的频率依赖性，产生降低匹配带宽的效应。

2.5 节从阻抗观点和多次反射的观点分析了 1/4 波长变换器的作用。下面主要探讨变换器作为负载失配函数的带宽特性，这一讨论也可作为后面几节中讨论多节变换器的前奏。

单节 1/4 波长匹配变换器的电路如图 5.10 所示。匹配段的特征阻抗是

$$Z_1 = \sqrt{Z_0 Z_L} \tag{5.25}$$

在设计频率 f_0 处，匹配段的电长度是 $\lambda_0/4$，但在其他频率下电长度是不同的，因此无法得到完全的匹配。下面推导失配与频率关系的近似表达式。

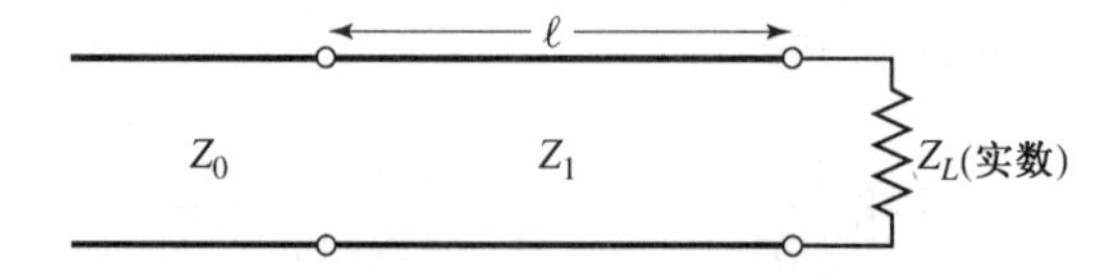

图 5.10　单节 1/4 波长匹配变换器，在设计频率 f_0 处有 $\ell = \lambda_0/4$

向匹配段看去的输入阻抗是

$$Z_{\text{in}} = Z_1 \frac{Z_L + jZ_1 t}{Z_1 + jZ_L t} \tag{5.26}$$

式中，$t = \tan\beta\ell = \tan\theta$，在设计频率 f_0 处，$\beta\ell = \theta = \pi/2$。于是，反射系数为

$$\Gamma = \frac{Z_{\text{in}} - Z_0}{Z_{\text{in}} + Z_0} = \frac{Z_1(Z_L - Z_0) + jt(Z_1^2 - Z_0 Z_L)}{Z_1(Z_L + Z_0) + jt(Z_1^2 + Z_0 Z_L)} \tag{5.27}$$

因为 $Z_1^2 = Z_0 Z_L$，所以上式简化为

$$\Gamma = \frac{Z_L - Z_0}{Z_L + Z_0 + j2t\sqrt{Z_0 Z_L}} \tag{5.28}$$

反射系数的值是

$$\begin{aligned}
|\Gamma| &= \frac{|Z_L - Z_0|}{\left[(Z_L + Z_0)^2 + 4t^2 Z_0 Z_L\right]^{1/2}} \\
&= \frac{1}{\left\{(Z_L + Z_0)^2/(Z_L - Z_0)^2 + \left[4t^2 Z_0 Z_L/(Z_L - Z_0)^2\right]\right\}^{1/2}} \\
&= \frac{1}{\left\{1 + \left[4Z_0 Z_L/(Z_L - Z_0)^2\right] + \left[4Z_0 Z_L t^2/(Z_L - Z_0)^2\right]\right\}^{1/2}} \\
&= \frac{1}{\left\{1 + \left[4Z_0 Z_L/(Z_L - Z_0)^2\right]\sec^2\theta\right\}^{1/2}}
\end{aligned} \tag{5.29}$$

因为 $1 + t^2 = 1 + \tan^2\theta = \sec^2\theta$。

现在假设频率接近于设计频率 f_0，有 $\ell \approx \lambda_0/4$ 和 $\theta \approx \pi/2$。于是 $\sec^2\theta \gg 1$，并且式(5.29)简化为

$$|\Gamma| \approx \frac{|Z_L - Z_0|}{2\sqrt{Z_0 Z_L}}|\cos\theta|, \ \theta\text{接近于}\pi/2 \tag{5.30}$$

这个结果给出了 1/4 波长变换器在接近设计频率时的近似失配性，如图 5.11 所示。

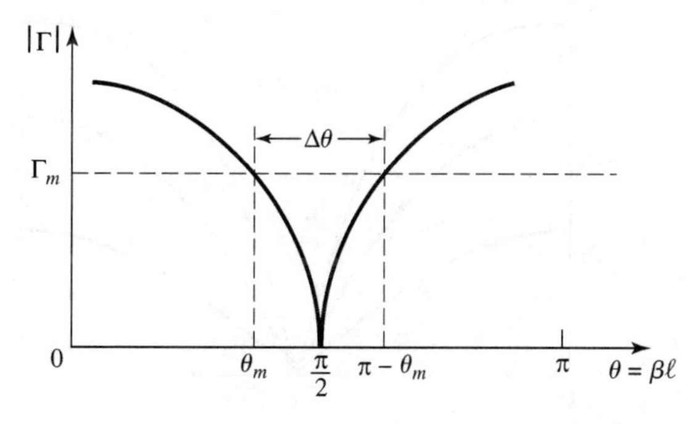

图 5.11　单节 1/4 波长匹配变换器工作在设计频率附近时反射系数幅值的近似形态

若将最大可容忍的反射系数的幅值设为 Γ_m，则可将匹配变换器的带宽定义为

$$\Delta\theta = 2\left(\frac{\pi}{2} - \theta_m\right) \tag{5.31}$$

因为式(5.29)的响应关于 $\theta = \pi/2$ 对称，且在 $\theta = \theta_m$ 和 $\theta = \pi - \theta_m$ 处有 $\Gamma = \Gamma_m$。为了得出反射系数的精确表达式，可以由式(5.29)解出 θ_m：

$$\frac{1}{\Gamma_m^2}=1+\left(\frac{2\sqrt{Z_0 Z_L}}{Z_L-Z_0}\sec\theta_m\right)^2$$

或

$$\cos\theta_m=\frac{\Gamma_m}{\sqrt{1-\Gamma_m^2}}\frac{2\sqrt{Z_0 Z_L}}{|Z_L-Z_0|} \tag{5.32}$$

假定采用的是 TEM 传输线，有

$$\theta=\beta\ell=\frac{2\pi f}{v_p}\frac{v_p}{4f_0}=\frac{\pi f}{2f_0}$$

所以在 $\theta=\theta_m$ 处，带宽低端的频率是

$$f_m=\frac{2\theta_m f_0}{\pi}$$

由式(5.32)可得到相对带宽为

$$\frac{\Delta f}{f_0}=\frac{2(f_0-f_m)}{f_0}=2-\frac{2f_m}{f_0}=2-\frac{4\theta_m}{\pi}=2-\frac{4}{\pi}\arccos\left[\frac{\Gamma_m}{\sqrt{1-\Gamma_m^2}}\frac{2\sqrt{Z_0 Z_L}}{|Z_L-Z_0|}\right] \tag{5.33}$$

相对带宽通常表示为百分数，即 $100\Delta f/f_0\%$。注意，当 Z_L 变得接近 Z_0 时（小失配负载），变换器的带宽增加。

上面的结果只对 TEM 传输线严格有效。使用非 TEM 传输线（如波导）时，传播常数不再是频率的线性函数，而且波阻抗也与频率有关。这些因素使得非 TEM 传输线的一般特性更为复杂。然而，实际上转换器的带宽通常会小到足以使这些复杂性对结果不会造成明显影响。上述分析中被忽略的另一个因素是，传输线的尺寸出现阶跃变化时，与这个不连续性相关联的电抗的影响。对匹配段长度做小的调整，通常可以补偿电抗的影响。

图 5.12 显示了各种失配负载的一组反射系数幅值与归一化频率的关系曲线，从中可以看出负载失配越小带宽越宽的趋势。

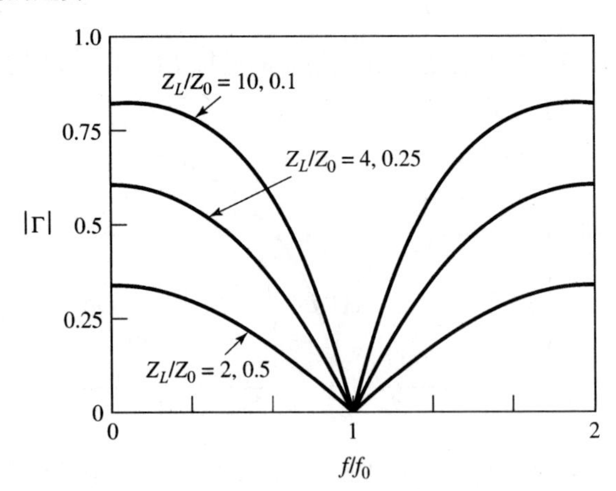

图 5.12　具有各种失配负载的单节 1/4 波长匹配变换器的反射系数幅值与频率的关系曲线

例题 5.5　1/4 波长变换器带宽

设计一个单节 1/4 波长匹配变换器，在 f_0 = 3GHz 处把 10Ω 负载匹配到 50Ω 的传输线。求 SWR≤1.5 时的相对带宽。

解：由式(5.25)可得匹配段的特征阻抗为

$$Z_1 = \sqrt{Z_0 Z_L} = \sqrt{50 \times 10} = 22.36\Omega$$

而且匹配段长度在 3GHz 时是 $\lambda/4$，SWR 为 1.5 时对应的反射系数的幅值为

$$\Gamma_m = \frac{\text{SWR}-1}{\text{SWR}+1} = \frac{1.5-1}{1.5+1} = 0.2$$

由式(5.33)算得相对带宽为

$$\begin{aligned}\frac{\Delta f}{f_0} &= 2 - \frac{4}{\pi}\arccos\left[\frac{\Gamma_m}{\sqrt{1-\Gamma_m^2}}\frac{2\sqrt{Z_0 Z_L}}{|Z_L - Z_0|}\right] \\ &= 2 - \frac{4}{\pi}\arccos\left[\frac{0.2}{\sqrt{1-0.2^2}}\frac{2\sqrt{50\times 10}}{|10-50|}\right] \\ &= 0.29\text{或}29\%\end{aligned}$$

■

5.5 小反射理论

1/4 波长变换器提供了任意实数负载阻抗与任意传输线阻抗相匹配的简单方法。对于需要带宽大于单个 1/4 波长节所能提供的带宽的应用，可使用多节变换器。这种变换器的设计是下两节的主题，但在介绍这些内容之前，首先推导几个小的不连续点的局部反射导致的总反射的近似结果。这一主题通常称为小反射理论[1]。

5.5.1 单节变换器

考虑如图 5.13 所示的单节变换器。下面将推导总反射系数 Γ 的近似表达式。局部反射和传输系数是

$$\Gamma_1 = \frac{Z_2 - Z_1}{Z_2 + Z_1} \tag{5.34}$$

$$\Gamma_2 = -\Gamma_1 \tag{5.35}$$

$$\Gamma_3 = \frac{Z_L - Z_2}{Z_L + Z_2} \tag{5.36}$$

$$T_{21} = 1 + \Gamma_1 = \frac{2Z_2}{Z_1 + Z_2} \tag{5.37}$$

$$T_{12} = 1 + \Gamma_2 = \frac{2Z_1}{Z_1 + Z_2} \tag{5.38}$$

可以使用 2.5 节讨论的阻抗方法和多点反射方法计算由馈线看去的总反射系数 Γ。就这里的意图而言，采用多点反射方法，因此可把总反射表示为无限多项的局部反射和传输系数的和，如下式所示：

$$\Gamma = \Gamma_1 + T_{12}T_{21}\Gamma_3 e^{-2j\theta} + T_{12}T_{21}\Gamma_3^2\Gamma_2 e^{-4j\theta} + \cdots = \Gamma_1 + T_{12}T_{21}\Gamma_3 e^{-2j\theta}\sum_{n=0}^{\infty}\Gamma_2^n\Gamma_3^n e^{-2jn\theta} \tag{5.39}$$

使用几何级数求和

$$\sum_{n=0}^{\infty} x^n = \frac{1}{1-x}, \qquad |x| < 1$$

可将式(5.39)表示为解析形式，即

$$\Gamma = \Gamma_1 + \frac{T_{12}T_{21}\Gamma_3 e^{-2j\theta}}{1-\Gamma_2\Gamma_3 e^{-2j\theta}} \tag{5.40}$$

将式(5.35)、式(5.37)和式(5.38)中的 $\Gamma_2 = -\Gamma_1$，$T_{21} = 1 + \Gamma_1$ 和 $T_{12} = 1 - \Gamma_1$ 代入式(5.40)，得

$$\Gamma = \frac{\Gamma_1 + \Gamma_3 e^{-2j\theta}}{1+\Gamma_1\Gamma_3 e^{-2j\theta}} \tag{5.41}$$

现在，如果阻抗 Z_1 和 Z_2 之间及 Z_2 和 Z_L 之间的不连续很小，那么有 $|\Gamma_1\Gamma_3| = 1$，因此可将式(5.41)近似表示为

$$\Gamma \approx \Gamma_1 + \Gamma_3 e^{-2j\theta} \tag{5.42}$$

这个结果证明了我们的直觉想法：总反射主要来自 Z_1 和 Z_2 之间初始不连续性的反射（Γ_1）及 Z_2 和 Z_L 之间不连续性的第一个反射（$\Gamma_3 e^{-2j\theta}$）。$e^{-2j\theta}$ 是由输入波在传输线上前后行进时产生的相位延迟导致的。这种近似法的精度将在习题 5.14 中加以说明。

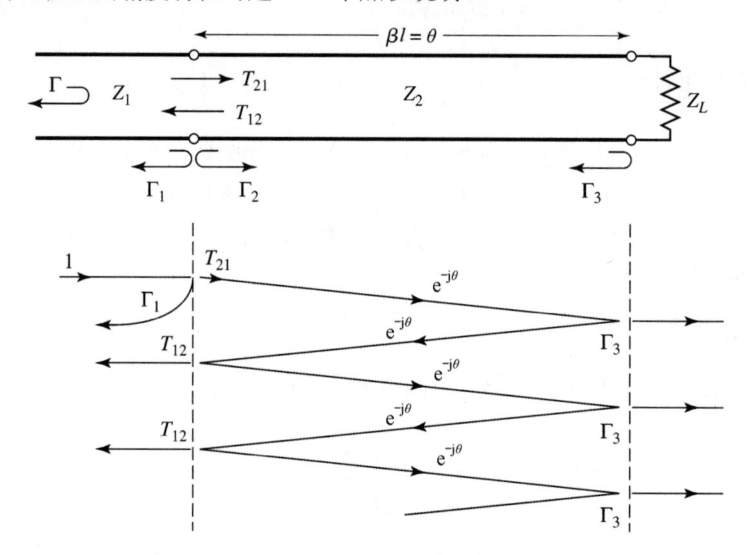

图 5.13　单节匹配变换器上的局部反射和传输

5.5.2　多节变换器

现在考虑图 5.14 所示的多节变换器。该变换器由 N 个等长（均衡）的传输线段组成。下面推导总反射系数 Γ 的近似表达式。

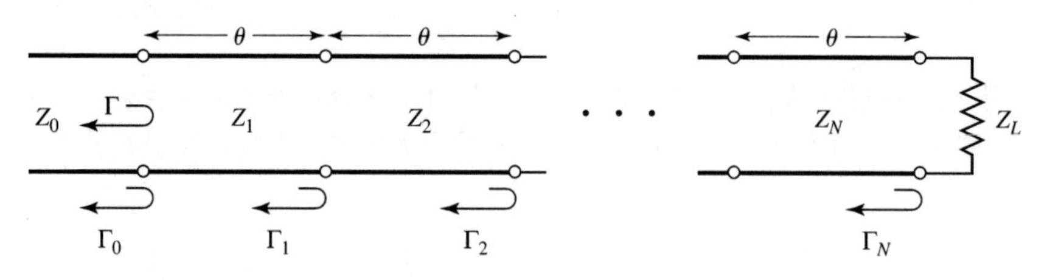

图 5.14　多节匹配变换器上的局部反射系数

每个连接位置的局部反射系数定义为

$$\Gamma_0 = \frac{Z_1 - Z_0}{Z_1 + Z_0} \tag{5.43a}$$

$$\Gamma_n = \frac{Z_{n+1} - Z_n}{Z_{n+1} + Z_n} \tag{5.43b}$$

$$\Gamma_N = \frac{Z_L - Z_N}{Z_L + Z_N} \tag{5.43c}$$

假设从变换器的一端到另一端，所有的 Z_n 都是单调递增或单调递减的，并且 Z_L 是实数。这意味着所有 Γ_n 都是实数而且符号相同（$Z_L > Z_0$ 时 $\Gamma_n > 0$，$Z_L < Z_0$ 时 $\Gamma_n < 0$）。于是，使用前一节给出的结果，可知总反射系数近似为

$$\Gamma(\theta) = \Gamma_0 + \Gamma_1 \mathrm{e}^{-2\mathrm{j}\theta} + \Gamma_2 \mathrm{e}^{-4\mathrm{j}\theta} + \cdots + \Gamma_N \mathrm{e}^{-2\mathrm{j}N\theta} \tag{5.44}$$

进一步假设这个变换器可制造成对称的，有 $\Gamma_0 = \Gamma_N, \Gamma_1 = \Gamma_{N-1}, \Gamma_2 = \Gamma_{N-2}, \cdots$（注意，这并不意味着 Z_n 是对称的），于是式(5.44)可写为

$$\Gamma(\theta) = \mathrm{e}^{-\mathrm{j}N\theta}\left\{\Gamma_0\left[\mathrm{e}^{\mathrm{j}N\theta} + \mathrm{e}^{-\mathrm{j}N\theta}\right] + \Gamma_1\left[\mathrm{e}^{\mathrm{j}(N-2)\theta} + \mathrm{e}^{-\mathrm{j}(N-2)\theta}\right] + \cdots\right\} \tag{5.45}$$

N 是奇数时，最后一项是 $\Gamma_{(N-1)/2}(\mathrm{e}^{\mathrm{j}\theta} + \mathrm{e}^{-\mathrm{j}\theta})$；$N$ 是偶数时，最后一项是 $\Gamma_{N/2}$。因此，式(5.45)可视为 θ 的有限项傅里叶余弦级数，该级数可写为

$$\Gamma(\theta) = 2\mathrm{e}^{-\mathrm{j}N\theta}\left[\Gamma_0 \cos N\theta + \Gamma_1 \cos(N-2)\theta + \cdots + \Gamma_n \cos(N-2n)\theta + \cdots + \frac{1}{2}\Gamma_{N/2}\right],\ N\text{为偶数} \tag{5.46a}$$

$$\Gamma(\theta) = 2\mathrm{e}^{-\mathrm{j}N\theta}\left[\Gamma_0 \cos N\theta + \Gamma_1 \cos(N-2)\theta + \cdots + \Gamma_n \cos(N-2n)\theta + \cdots + \Gamma_{(N-1)/2} \cos\theta\right],\ N\text{为奇数} \tag{5.46b}$$

这些结果的重要性是，恰当地选择 Γ_n 并用足够多的节数（N），能够综合处理任意希望的作为频率（θ）的函数的反射系数响应。显然，这是可以实现的，因此使用足够多的项时，傅里叶级数能够近似为任意的平滑函数。下面两节将介绍如何使用这个理论设计两种最通用的带通响应多节变换器：二项式（最平坦）响应和切比雪夫（等纹波）响应。

5.6 二项式多节匹配变换器

二项式匹配变换器的通带响应从给定节数的意义上说是最优的，在接近设计频率处，响应会尽可能地平坦。所以这种响应又称*最平坦响应*。对于 N 节变换器，这类响应是在中心频率 f_0 处将$|\Gamma(\theta)|$的前 $N-1$ 阶导数设为零得到的。这样的响应能够得到，假如令

$$\Gamma(\theta) = A(1 + \mathrm{e}^{-2\mathrm{j}\theta})^N \tag{5.47}$$

于是反射系数值是

$$|\Gamma(\theta)| = |A|\left|\mathrm{e}^{-\mathrm{j}\theta}\right|^N \left|\mathrm{e}^{\mathrm{j}\theta} + \mathrm{e}^{-\mathrm{j}\theta}\right|^N = 2^N |A| |\cos\theta|^N \tag{5.48}$$

注意，当$|\Gamma(\theta)| = 0$ 时，$\theta = \pi/2$，且 $\theta = \pi/2$ 处有 $d^n|\Gamma(\theta)|/\mathrm{d}\theta^n = 0$，其中 $n = 1, 2, \cdots, N-1$（$\theta = \pi/2$ 对应于中心频率 f_0，这时有 $\ell = \lambda/4$ 和 $\theta = \beta\ell = \pi/2$）。

令 $f \to 0$，可求出常数 A。因此有 $\theta = \beta\ell = 0$，并且式(5.47)简化为

$$\Gamma(0) = 2^N A = \frac{Z_L - Z_0}{Z_L + Z_0}$$

因为对于 $f = 0$，所有节的电长度都是零，所以常数 A 可写为

$$A = 2^{-N} \frac{Z_L - Z_0}{Z_L + Z_0} \tag{5.49}$$

现在，按照二项式将式(5.47)中的 $\Gamma(\theta)$展开：

$$\Gamma(\theta)=A(1+\mathrm{e}^{-2\mathrm{j}\theta})^N=A\sum_{n=0}^{N}C_n^N\mathrm{e}^{-2\mathrm{j}n\theta} \tag{5.50}$$

式中，

$$C_n^N=\frac{N!}{(N-n)!n!} \tag{5.51}$$

是二项式系数。注意，$C_n^N=C_{N-n}^N$，$C_0^N=1$和$C_1^N=N=C_{N-1}^N$。现在，关键性的一步是让式(5.50)给出的期望带通响应（近似地）等于式(5.44)给出的实际响应：

$$\Gamma(\theta)=A\sum_{n=0}^{N}C_n^N\mathrm{e}^{-2\mathrm{j}n\theta}=\Gamma_0+\Gamma_1\mathrm{e}^{-2\mathrm{j}\theta}+\Gamma_2\mathrm{e}^{-4\mathrm{j}\theta}+\cdots+\Gamma_N\mathrm{e}^{-2\mathrm{j}N\theta}$$

这表明Γ_n必须选为

$$\Gamma_n=AC_n^N \tag{5.52}$$

式中，A由式(5.49)给出，C_n^N是二项式系数。

此时，特征阻抗Z_n可由式(5.43)求得，但较简单的解可用下面的近似法[1]得到。因为假设Γ_n较小，所以可以写出

$$\Gamma_n=\frac{Z_{n+1}-Z_n}{Z_{n+1}+Z_n}\approx\frac{1}{2}\ln\frac{Z_{n+1}}{Z_n}$$

因为x接近于1时有$\ln x\approx 2(x-1)/(x+1)$。于是，使用式(5.52)和式(5.49)可得

$$\ln\frac{Z_{n+1}}{Z_n}\approx 2\Gamma_n=2AC_n^N=2(2^{-N})\frac{Z_L-Z_0}{Z_L+Z_0}C_n^N\approx 2^{-N}C_n^N\ln\frac{Z_L}{Z_0} \tag{5.53}$$

使用上式可以求出Z_{n+1}，从$n=0$开始。这种方法具有确保自身一致性的优点，即由式(5.53)计算得到的Z_{N+1}等于Z_L，这正是它应该具有的优点。

包含每节中多次反射效应的精确结果，可由每节中的传输线方程通过数值求解得到特征阻抗[2]。这类计算的结果列在表5.1中，该表给出了$N=2, 3, 4, 5$和6节二项式匹配变换器的精确传输线阻抗（在不同负载阻抗Z_L和馈线阻抗Z_0的比值下）。该表给出的结果只适用于$Z_L/Z_0>1$的情形；$Z_L/Z_0<1$时，这些结果应该用于Z_0/Z_L，但Z_1应从负载端开始。这是因为这个解在$Z_L/Z_0=1$附近是对称的，能将Z_L匹配到Z_0的一个变换器也能反过来用于将Z_0匹配到Z_L。更大范围的表可在参考文献[2]中找到。

二项式变换器的带宽计算如下。如5.4节中那样，令Γ_m是在通带内可容忍的反射系数最大值，由式(5.48)可得

$$\Gamma_m=2^N|A|\cos^N\theta_m$$

式中，$\theta_m<\pi/2$是通带的低端，如图5.11所示。所以

$$\theta_m=\arccos\left[\frac{1}{2}\left(\frac{\Gamma_m}{|A|}\right)^{1/N}\right] \tag{5.54}$$

使用式(5.33)可给出相对带宽为

$$\frac{\Delta f}{f_0}=\frac{2(f_0-f_m)}{f_0}=2-\frac{4\theta_m}{\pi}=2-\frac{4}{\pi}\arccos\left[\frac{1}{2}\left(\frac{\Gamma_m}{|A|}\right)^{1/N}\right] \tag{5.55}$$

表 5.1　二项式变换器设计

Z_L/Z_0	$N=2$		$N=3$			$N=4$			
	Z_1/Z_0	Z_2/Z_0	Z_1/Z_0	Z_2/Z_0	Z_3/Z_0	Z_1/Z_0	Z_2/Z_0	Z_3/Z_0	Z_4/Z_0
1.0	1.0000	1.0000	1.0000	1.0000	1.0000	1.0000	1.0000	1.0000	1.0000
1.5	1.1067	1.3554	1.0520	1.2247	1.4259	1.0257	1.1351	1.3215	1.4624
2.0	1.1892	1.6818	1.0907	1.4142	1.8337	1.0444	1.2421	1.6102	1.9150
3.0	1.3161	2.2795	1.1479	1.7321	2.6135	1.0718	1.4105	2.1269	2.7990
4.0	1.4142	2.8285	1.1907	2.0000	3.3594	1.0919	1.5442	2.5903	3.6633
6.0	1.5651	3.8336	1.2544	2.4495	4.7832	1.1215	1.7553	3.4182	5.3500
8.0	1.6818	4.7568	1.3022	2.8284	6.1434	1.1436	1.9232	4.1597	6.9955
10.0	1.7783	5.6233	1.3409	3.1623	7.4577	1.1613	2.0651	4.8424	8.6110

Z_L/Z_0	$N=5$					$N=6$					
	Z_1/Z_0	Z_2/Z_0	Z_3/Z_0	Z_4/Z_0	Z_5/Z_0	Z_1/Z_0	Z_2/Z_0	Z_3/Z_0	Z_4/Z_0	Z_5/Z_0	Z_6/Z_0
1.0	1.0000	1.0000	1.0000	1.0000	1.0000	1.0000	1.0000	1.0000	1.0000	1.0000	1.0000
1.5	1.0128	1.0790	1.2247	1.3902	1.4810	1.0064	1.0454	1.1496	1.3048	1.4349	1.4905
2.0	1.0220	1.1391	1.4142	1.7558	1.9569	1.0110	1.0790	1.2693	1.5757	1.8536	1.9782
3.0	1.0354	1.2300	1.7321	2.4390	2.8974	1.0176	1.1288	1.4599	2.0549	2.6577	2.9481
4.0	1.0452	1.2995	2.0000	3.0781	3.8270	1.0225	1.1661	1.6129	2.4800	3.4302	3.9120
6.0	1.0596	1.4055	2.4495	4.2689	5.6625	1.0296	1.2219	1.8573	3.2305	4.9104	5.8275
8.0	1.0703	1.4870	2.8284	5.3800	7.4745	1.0349	1.2640	2.0539	3.8950	6.3291	7.7302
10.0	1.0789	1.5541	3.1623	6.4346	9.2687	1.0392	1.2982	2.2215	4.5015	7.7030	9.6228

例题 5.6　二项式变换器设计

设计一个 3 节二项式变换器，将 50Ω 负载匹配到 100Ω 传输线，并计算 $\Gamma_m = 0.05$ 时的带宽。对于使用 1, 2, 3, 4 和 5 节变换器的精确设计，画出反射系数幅值与归一化频率的关系曲线。

解： 对于 $N=3$，$Z_L = 50\Omega$，$Z_0 = 100\Omega$，由式(5.49)和式(5.53)得

$$A = 2^{-N}\frac{Z_L - Z_0}{Z_L + Z_0} \approx \frac{1}{2^{N+1}}\ln\frac{Z_L}{Z_0} = -0.0433$$

由式(5.55)求出带宽为

$$\frac{\Delta f}{f_0} = 2 - \frac{4}{\pi}\arccos\left[\frac{1}{2}\left(\frac{\Gamma_m}{|A|}\right)^{1/N}\right] = 2 - \frac{4}{\pi}\arccos\left[\frac{1}{2}\left(\frac{0.05}{0.0433}\right)^{1/3}\right] = 0.70或70\%$$

所需的二项式系数是

$$C_0^3 = \frac{3!}{3!0!} = 1,\quad C_1^3 = \frac{3!}{2!1!} = 3,\quad C_2^3 = \frac{3!}{1!2!} = 3$$

由式(5.53)给出所需的特征阻抗为

$$n = 0: \ln Z_1 = \ln Z_0 + 2^{-N} C_0^3 \ln\frac{Z_L}{Z_0} = \ln 100 + 2^{-3}(1)\ln\frac{50}{100} = 4.518$$

$$Z_1 = 91.7\Omega$$

$$n=1:\ln Z_2=\ln Z_1+2^{-N}C_1^3\ln\frac{Z_L}{Z_0}=\ln 91.7+2^{-3}(3)\ln\frac{50}{100}=4.26$$

$$Z_2=70.7\Omega$$

$$n=2:\ln Z_3=\ln Z_2+2^{-N}C_2^3\ln\frac{Z_L}{Z_0}=\ln 70.7+2^{-3}(3)\ln\frac{50}{100}=4.00$$

$$Z_3=54.5\Omega$$

为使用表 5.1 中的数据，将源和负载阻抗倒过来，并考虑 100Ω 负载到 50Ω 传输线的匹配问题。这时，$Z_L/Z_0=2.0$，因此得到精确的特征阻抗为 $Z_1=91.7\Omega$，$Z_2=70.7\Omega$ 和 $Z_3=54.5\Omega$，这个结果与近似求解的三个数据完全相同。图 5.15 显示了使用 $N=1, 2, 3, 4$ 和 5 节变换器精确设计的反射系数的幅值与频率的关系。由此可知，用较多节数的变换器可得到较大的带宽。

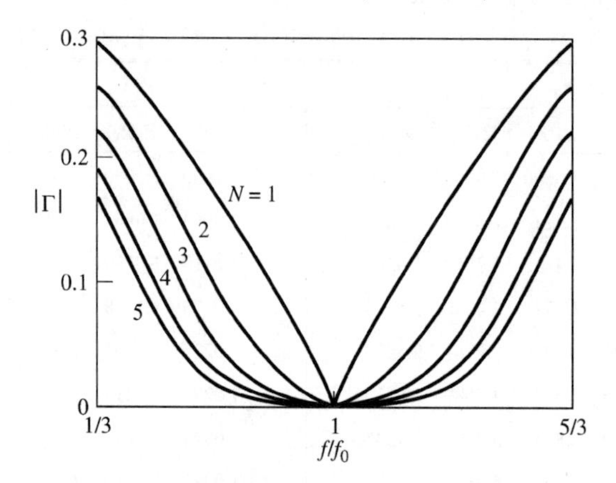

图 5.15　例题 5.6 中多节二项式匹配变换器的反射系数幅值与频率的关系，$Z_L=50\Omega$ 和 $Z_0=100\Omega$ ■

5.7　切比雪夫多节匹配变换器

与二项式匹配变换器相比，切比雪夫变换器以通带内的纹波为代价得到最优带宽。若能容忍这种通带特性，则对于给定的节数，切比雪夫变换器的带宽会明显好于二项式变换器的带宽。切比雪夫变换器是通过使 $\Gamma(\theta)$与切比雪夫多项式相等的方法设计的，因为切比雪夫多项式具有这类变换器所需的最优特性。因此，下面首先讨论切比雪夫多项式的特性，然后用 5.5 节的小反射理论推导切比雪夫匹配变换器的设计过程。

5.7.1　切比雪夫多项式

第 n 阶切比雪夫多项式是用 $T_n(x)$表示的一个 n 次多项式。前 4 阶切比雪夫多项式是

$$T_1(x)=x \tag{5.56a}$$

$$T_2(x)=2x^2-1 \tag{5.56b}$$

$$T_3(x)=4x^3-3x \tag{5.56c}$$

$$T_4(x)=8x^4-8x^2+1 \tag{5.56d}$$

高阶切比雪夫多项式可用下面的递归公式求出：

$$T_n(x)=2xT_{n-1}(x)-T_{n-2}(x) \tag{5.57}$$

前 4 阶切比雪夫多项式画在图 5.16 中，从这些曲线可以看出切比雪夫多项式具有如下有用

的特性：

- $-1\leqslant x\leqslant 1$ 时 $|T_n(x)|\leqslant 1$。在这个范围内，切比雪夫多项式在 ±1 之间振荡，这是等纹波特性，这个区域将映射到匹配变换器的通带。
- $|x|>1$ 时 $|T_n(x)|>1$。这区域将映射到通带之外的频率范围。
- $|x|>1$ 时，$|T_n(x)|$ 随着 x 和 n 的增加而迅速增加。

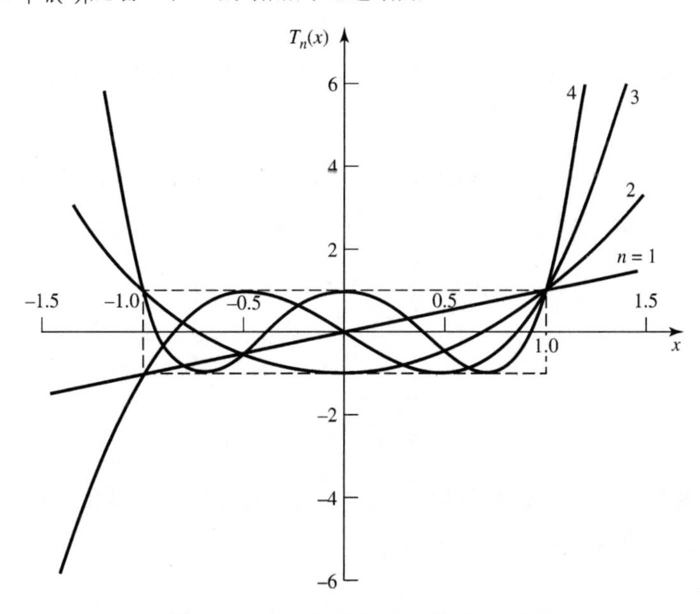

图 5.16　前 4 阶切比雪夫多项式 $T_n(x)$

现在令 $x=\cos\theta$，其中 $|x|<1$。于是，切比雪夫多项式可表示为

$$T_n(\cos\theta)=\cos n\theta$$

或者更一般地表示为

$$T_n(x)=\cos(n\arccos x),\qquad |x|<1 \tag{5.58a}$$

$$T_n(x)=\cosh(n\arccos x),\qquad x>1 \tag{5.58b}$$

我们希望在变换器的通带内等纹波，因此必须使 θ_m 与 $x=1$ 对应，使 $\pi-\theta_m$ 与 $x=-1$ 对应，其中 θ_m 和 $\pi-\theta_m$ 是通带的低端和高端，如图 5.11 所示。这可将式(5.58a)中的 $\cos\theta$ 用 $\cos\theta/\cos\theta_m$ 替代来实现：

$$T_n\left(\frac{\cos\theta}{\cos\theta_m}\right)=T_n\left(\sec\theta_m\cos\theta\right)=\cos n\left[\arccos\left(\frac{\cos\theta}{\cos\theta_m}\right)\right] \tag{5.59}$$

对于 $\theta_m<\theta<\pi-\theta_m$ 有 $|\sec\theta_m\cos\theta|\leqslant 1$，所以在同样的范围内有 $|T_n(\sec\theta_m\cos\theta)|\leqslant 1$。

因为 $\cos n\theta$ 可展开为形如 $\cos(n-2m)\theta$ 的多项之和，所以式(5.56)给出的切比雪夫多项式能改写为如下有用的形式：

$$T_1(\sec\theta_m\cos\theta)=\sec\theta_m\cos\theta \tag{5.60a}$$

$$T_2(\sec\theta_m\cos\theta)=\sec^2\theta_m(1+\cos 2\theta)-1 \tag{5.60b}$$

$$T_3(\sec\theta_m\cos\theta)=\sec^3\theta_m(\cos 3\theta+3\cos\theta)-3\sec\theta_m\cos\theta \tag{5.60c}$$

$$T_4(\sec\theta_m\cos\theta)=\sec^4\theta_m(\cos 4\theta+4\cos 2\theta+3)-4\sec^2\theta_m(\cos 2\theta+1)+1 \tag{5.60d}$$

这些结果可用于设计高达 4 节的匹配变换器，也可在后几章中用于设计定向耦合器和滤波器。

5.7.2 切比雪夫变换器的设计

现在通过使 $\Gamma(\theta)$正比于 $T_N(\sec\theta_m\cos\theta)$来综合切比雪夫等纹波的通带，其中 N 是变换器的节数。于是，由式(5.46)有

$$\begin{aligned}\Gamma(\theta)&=2\mathrm{e}^{-\mathrm{j}N\theta}\left[\Gamma_0\cos N\theta+\Gamma_1\cos(N-2)\theta+\cdots+\Gamma_n\cos(N-2n)\theta+\cdots\right]\\&=A\mathrm{e}^{-\mathrm{j}N\theta}T_N(\sec\theta_m\cos\theta)\end{aligned} \tag{5.61}$$

式(5.61)所示级数中的最后一项，当 N 为偶数时为$(1/2)\Gamma_{N/2}$，当 N 为奇数时为 $\Gamma_{(N-1)/2}\cos\theta$。与二项式变换器的情况一样，通过令 $\theta=0$（对应零频率）求出常数 A。于是有

$$\Gamma(\theta)=\frac{Z_L-Z_0}{Z_L+Z_0}=AT_N(\sec\theta_m)$$

所以有

$$A=\frac{Z_L-Z_0}{Z_L+Z_0}\frac{1}{T_N(\sec\theta_m)} \tag{5.62}$$

现在，若通带内的最大允许反射系数幅值是 Γ_m，则由式(5.61)可得 $\Gamma_m = |A|$，因为在通带内 $T_n(\sec\theta_m\cos\theta)$的最大值是 1。

由式(5.62)有

$$T_N(\sec\theta_m)=\frac{1}{\Gamma_m}\left|\frac{Z_L-Z_0}{Z_L+Z_0}\right|$$

使用式(5.58b)和 5.6 节中介绍的近似法，可求得 θ_m 为

$$\sec\theta_m=\cosh\left[\frac{1}{N}\operatorname{arcosh}\left(\frac{1}{\Gamma_m}\left|\frac{Z_L-Z_0}{Z_L+Z_0}\right|\right)\right]\approx\cosh\left[\frac{1}{N}\operatorname{arcosh}\left(\left|\frac{\ln Z_L/Z_0}{2\Gamma_m}\right|\right)\right] \tag{5.63}$$

知道 θ_m 后，相对带宽就可由式(5.33)算出如下：

$$\frac{\Delta f}{f_0}=2-\frac{4\theta_m}{\pi} \tag{5.64}$$

由式(5.61)可求出 Γ_n，方法是用式(5.60)的结果展开 $T_N(\sec\theta_m\cos\theta)$，并让形如 $\cos(N-2n)\theta$ 的项相等。因此，特征阻抗 Z_n 可由式(5.43)求得。然而，如同二项式变换器的情况那样，采用这种近似法能够提高精度并实现自身的一致性：

$$\Gamma_n\approx\frac{1}{2}\ln\frac{Z_{n+1}}{Z_n}$$

这个过程将在例题 5.7 中说明。

上面的结果是近似的，因为它是以小反射理论为依据的，但在设计具有任意纹波电平 Γ_m 的变换器时，这种近似一般来说已经足够。对于 $N=2, 3$ 和 4 节时的几个特定值，表 5.2 给出了精确的结果[2]，更大范围的表可在参考文献[2]中找到。

表 5.2　切比雪夫变换器设计

Z_L/Z_0	$N=2$				$N=3$					
	$\Gamma_m=0.05$		$\Gamma_m=0.20$		$\Gamma_m=0.05$			$\Gamma_m=0.20$		
	Z_1/Z_0	Z_2/Z_0	Z_1/Z_0	Z_2/Z_0	Z_1/Z_0	Z_2/Z_0	Z_3/Z_0	Z_1/Z_0	Z_2/Z_0	Z_3/Z_0
1.0	1.0000	1.0000	1.0000	1.0000	1.0000	1.0000	1.0000	1.0000	1.0000	1.0000
1.5	1.1347	1.3219	1.2247	1.2247	1.1029	1.2247	1.3601	1.2247	1.2247	1.2247
2.0	1.2193	1.6402	1.3161	1.5197	1.1475	1.4142	1.7429	1.2855	1.4142	1.5558
3.0	1.3494	2.2232	1.4565	2.0598	1.2171	1.7321	2.4649	1.3743	1.7321	2.1829
4.0	1.4500	2.7585	1.5651	2.5558	1.2662	2.0000	3.1591	1.4333	2.0000	2.7908
6.0	1.6047	3.7389	1.7321	3.4641	1.3383	2.4495	4.4833	1.5193	2.4495	3.9492
8.0	1.7244	4.6393	1.8612	4.2983	1.3944	2.8284	5.7372	1.5766	2.8284	5.0742
10.0	1.8233	5.4845	1.9680	5.0813	1.4385	3.1623	6.9517	1.6415	3.1623	6.0920

Z_L/Z_0	$N=4$							
	$\Gamma_m=0.05$				$\Gamma_m=0.20$			
	Z_1/Z_0	Z_2/Z_0	Z_3/Z_0	Z_4/Z_0	Z_1/Z_0	Z_2/Z_0	Z_3/Z_0	Z_4/Z_0
1.0	1.0000	1.0000	1.0000	1.0000	1.0000	1.0000	1.0000	1.0000
1.5	1.0892	1.1742	1.2775	1.3772	1.2247	1.2247	1.2247	1.2247
2.0	1.1201	1.2979	1.5409	1.7855	1.2727	1.3634	1.4669	1.5715
3.0	1.1586	1.4876	2.0167	2.5893	1.4879	1.5819	1.8965	2.0163
4.0	1.1906	1.6414	2.4369	3.3597	1.3692	1.7490	2.2870	2.9214
6.0	1.2290	1.8773	3.1961	4.8820	1.4415	2.0231	2.9657	4.1623
8.0	1.2583	2.0657	3.8728	6.3578	1.4914	2.2428	3.5670	5.3641
10.0	1.2832	2.2268	4.4907	7.7930	1.5163	2.4210	4.1305	6.5950

例题 5.7　切比雪夫变换器设计

用上面的理论设计一个 3 节切比雪夫变换器，将 100Ω 负载匹配到 50Ω 传输线，$\Gamma_m=0.05$。对于使用 1, 2, 3 和 4 节的精确设计，画出反射系数幅值与归一化频率的关系曲线。

解：将 $N=3$ 代入式(5.61)得

$$\Gamma(\theta)=2\mathrm{e}^{-\mathrm{j}3\theta}\left(\Gamma_0\cos3\theta+\Gamma_1\cos\theta\right)=A\mathrm{e}^{-\mathrm{j}3\theta}T_3(\sec\theta_m\cos\theta)$$

然后，由 $A=\Gamma_m=0.05$ 和式(5.63)得

$$\sec\theta_m=\cosh\left[\frac{1}{N}\operatorname{arcosh}\left(\frac{\ln Z_L/Z_0}{2\Gamma_m}\right)\right]=\cosh\left[\frac{1}{3}\operatorname{arcosh}\left(\frac{\ln(100/50)}{2\times0.05}\right)\right]=1.408$$

所以 $\theta_m=44.7°$。

由式(5.60c)可得 T_3 为

$$2\left(\Gamma_0\cos3\theta+\Gamma_1\cos\theta\right)=A\sec^3\theta_m\left(\cos3\theta+3\cos\theta\right)-3A\sec\theta_m\cos\theta$$

使形如 $\cos n\theta$ 的类似项相等，可得到如下结果：

$$\cos3\theta:\quad 2\Gamma_0=A\sec^3\theta_m,\ \Gamma_0=0.0698$$

$$\cos\theta:\quad 2\Gamma_1=3A(\sec^3\theta_m-\sec\theta_m),\quad \Gamma_1=0.1037$$

根据对称性，有

$$\Gamma_3=\Gamma_0=0.0698,\ \Gamma_2=\Gamma_1=0.1037$$

因此，特征阻抗是

$$n=0:\quad \ln Z_1=\ln Z_0+2\Gamma_0=\ln 50+2\times 0.0698=4.051$$

$$Z_1=57.5\Omega$$

$$n=1:\quad \ln Z_2=\ln Z_1+2\Gamma_1=\ln 57.5+2\times 0.1037=4.259$$

$$Z_2=70.7\Omega$$

$$n=2:\quad \ln Z_3=\ln Z_2+2\Gamma_2=\ln 70.7+2\times 0.1037=4.466$$

$$Z_3=87.0\Omega$$

这些值能与表 5.2 中的精确值 $Z_1=57.37\Omega$, $Z_2=70.71\Omega$ 和 $Z_3=87.15\Omega$ 差不多。由式(5.64)得到带宽为

$$\frac{\Delta f}{f_0}=2-\frac{4\theta_m}{\pi}=2-4\times\left(\frac{44.7^\circ}{180^\circ}\right)=1.01$$

或 101%。这明显大于例题 5.6 中同样阻抗失配的二项式变换器的带宽（70%）。当然，折中是切比雪夫变换器的通带中存在非零纹波。

图 5.17 显示了表 5.2 中精确设计的反射系数幅值与频率的关系曲线，其中 $N=1,2,3$ 和 4 节。

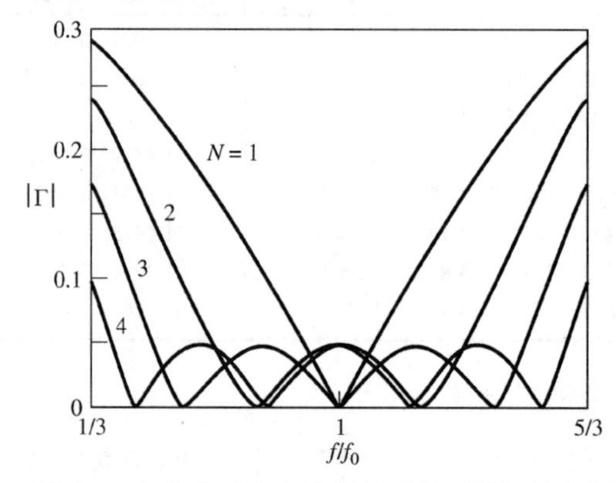

图 5.17　例题 5.7 中多节匹配变换器的反射系数幅值与频率的关系曲线 ■

5.8　渐变传输线

前面几节说到，任意实数负载阻抗在期望的带宽上都能用多节匹配变换器匹配。当分立的节数 N 增加时，各节之间的特征阻抗的阶跃变化随之减小，并且变换器几何结构近似为一个连续渐变的传输线。当然，实际情况下匹配变换器的长度必须是有限的——长度通常不超过几节。这表明可以使用连续渐变的传输线代替分立的各节，如图 5.18a 所示。使用不同类型的渐变能得到不同的通带特性。

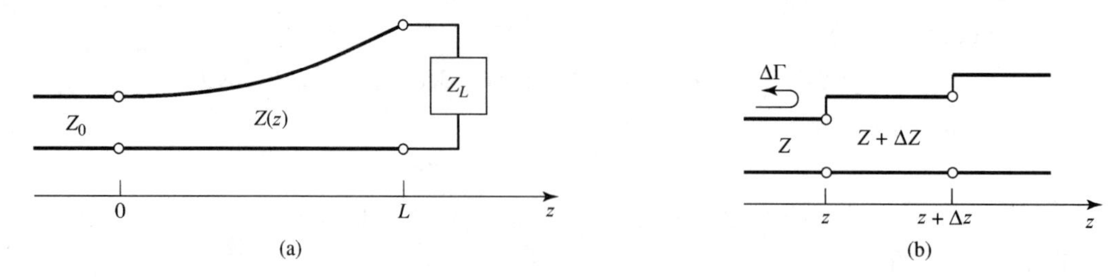

图 5.18　渐变传输线匹配节和渐变线增量长度模型：(a)渐变传输线匹配节；(b)渐变线阻抗增量阶跃变化模型

本节首先推导以小反射理论为基础的近似理论，预计作为阻抗渐变器的函数 $Z(z)$的反射系数响应，然后将把这些结果应用到几种常见的渐变类型。

考虑图 5.18a 所示的连续渐变线，它由一系列长度为 Δz 的增量节组成，逐节阻抗变化为 $\Delta Z(z)$，如图 5.18b 所示。于是，在阶跃 z 处由阻抗阶跃产生的增量反射系数为

$$\Delta\Gamma = \frac{(Z+\Delta Z)-Z}{(Z+\Delta Z)+Z} \approx \frac{\Delta Z}{2Z} \tag{5.65}$$

在 $\Delta z\to 0$ 的极限情况下，得到精确的微分：

$$\mathrm{d}\Gamma = \frac{\mathrm{d}Z}{2Z} = \frac{1}{2}\frac{\mathrm{d}(\ln Z/Z_0)}{\mathrm{d}z}\mathrm{d}z \tag{5.66}$$

因为

$$\frac{\mathrm{d}(\ln f(z))}{\mathrm{d}z} = \frac{1}{f}\frac{\mathrm{d}f(z)}{\mathrm{d}z}$$

于是，根据小反射理论，$z = 0$ 处的总反射系数可用所有带有适当相移的局部反射之和得出：

$$\Gamma(\theta)=\frac{1}{2}\int_{z=0}^{L} \mathrm{e}^{-2\mathrm{j}\beta z}\frac{\mathrm{d}}{\mathrm{d}z}\ln\left(\frac{Z}{Z_0}\right)\mathrm{d}z \tag{5.67}$$

式中，$\theta = 2\beta\ell$。知道 $Z(z)$后，$\Gamma(\theta)$就能作为频率的函数求出。另一种方法是，根据原理设定 $\Gamma(\theta)$来求 $Z(z)$，但这很困难，实际中通常要加以避免；关于该主题的进一步讨论，读者可以参阅参考文献[1]和[4]。下面考虑三种特定的 $Z(z)$阻抗渐变并计算它们的响应。

5.8.1 指数渐变

首先考虑指数渐变，其中

$$Z(z) = Z_0\mathrm{e}^{az}, \qquad 0 < z < L \tag{5.68}$$

如图 5.19a 所示。如期望的那样，在 $z = 0$ 处有 $Z(0) = Z_0$。在 $z = L$ 处，希望有 $Z(L) = Z_L = Z_0\mathrm{e}^{aL}$，因而求得常数 a 为

$$a = \frac{1}{L}\ln\left(\frac{Z_L}{Z_0}\right) \tag{5.69}$$

现在将式(5.68)和式(5.69)代入式(5.67)，求得 $\Gamma(\theta)$为

$$\Gamma=\frac{1}{2}\int_0^L \mathrm{e}^{-2\mathrm{j}\beta z}\frac{\mathrm{d}}{\mathrm{d}z}(\ln \mathrm{e}^{az})\mathrm{d}z=\frac{\ln Z_L/Z_0}{2L}\int_0^L \mathrm{e}^{-2\mathrm{j}\beta z}\mathrm{d}z = \frac{\ln Z_L/Z_0}{2L}\mathrm{e}^{-\mathrm{j}\beta L}\frac{\sin\beta L}{\beta L} \tag{5.70}$$

注意，该推导假定渐变线的传播常数 β 不是 z 的函数，这个假定通常只适用于 TEM 线。

图 5.19b 是式(5.70)中的反射系数幅值示意图；如期望的那样，$|\Gamma|$的峰值随着长度的增加而降低，而且为了降低低频率处的失配，长度应大于 $\lambda/2$（$\beta L > \pi$）。

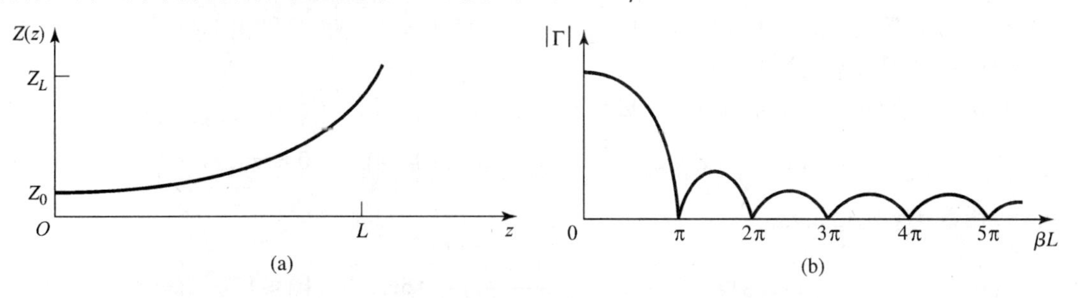

图 5.19 指数阻抗渐变的匹配节：(a)阻抗变化；(b)得到的反射系数幅值响应

5.8.2 三角形渐变

下面考虑 $\mathrm{d}(\ln Z/Z_0)/\mathrm{d}z$ 的三角形渐变，即

$$Z(z)=\begin{cases} Z_0\mathrm{e}^{2(z/L)^2\ln Z_L/Z_0} & 0\leqslant z\leqslant L/2 \\ Z_0\mathrm{e}^{(4z/L-2z^2/L^2-1)\ln Z_L/Z_0}, & L/2\leqslant z\leqslant L \end{cases} \tag{5.71}$$

因此有

$$\frac{\mathrm{d}(\ln Z/Z_0)}{\mathrm{d}z}=\begin{cases} 4z/L^2\ln Z_L/Z_0, & 0\leqslant z\leqslant L/2 \\ (4/L-4z/L^2)\ln Z_L/Z_0, & L/2\leqslant z\leqslant L \end{cases} \tag{5.72}$$

$Z(z)$画在图 5.20a 中。由式(5.67)计算 Γ 得到

$$\Gamma(\theta)=\frac{1}{2}\mathrm{e}^{-\mathrm{j}\beta L}\ln\left(\frac{Z_L}{Z_0}\right)\left[\frac{\sin(\beta L/2)}{\beta L/2}\right]^2 \tag{5.73}$$

该反射系数的幅值示意图如图 5.20b 所示。注意，对于 $\beta L>2\pi$，三角形渐变的峰值低于相应指数情形的峰值，但三角形渐变的第一个零点出现在 $\beta L=2\pi$ 处，而指数渐变的第一个零点出现在 $\beta L=\pi$ 处。

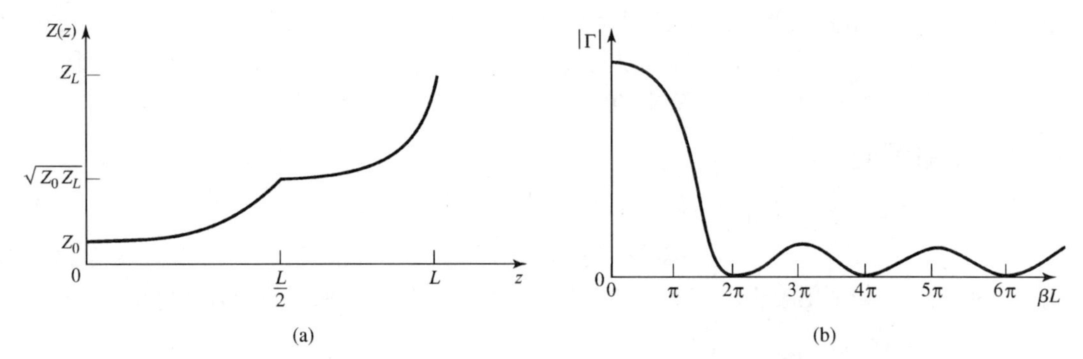

图 5.20 $\mathrm{d}(\ln Z/Z_0)/\mathrm{d}z$ 的三角形渐变匹配节：(a)阻抗变化；(b)得到的反射系数幅值响应

5.8.3 Klopfenstein 渐变

考虑到选择一个阻抗匹配渐变时有无数可能的事实，我们不禁合乎逻辑地要问，是否存在一个设计是“最好的”？对于给定的渐变长度（大于某个临界值），就反射系数在整个通带内最小而言，Klopfenstein 阻抗渐变是最优的[4, 5]。换句话说，在通带内限定最大反射系数规格时，Klopfenstein 渐变可给出最短的匹配节。

Klopfenstein 渐变是由阶跃切比雪夫变换器在节数增加到无限时推导出来的，类似于天线阵列的泰勒分布理论。这里不介绍推导的细节，详情可在参考文献[1]和[4]中找到；下面只给出 Klopfenstein 渐变设计的必要结论。

Klopfenstein 渐变特征阻抗变化的自然对数为

$$\ln Z(z)=\frac{1}{2}\ln Z_0Z_L+\frac{\Gamma_0}{\cosh A}A^2\phi(2z/L-1,\ A),\qquad 0\leqslant z\leqslant L \tag{5.74}$$

式中，函数 $\phi(x,A)$定义为

$$\phi(x,A)=-\phi(-x,A)=\int_0^x\frac{I_1(A\sqrt{1-y^2})}{A\sqrt{1-y^2}}\mathrm{d}y,\qquad |x|\leqslant 1 \tag{5.75}$$

式中，$I_1(x)$是修正贝塞尔函数。该函数有下列特定值：

$$\phi(0,A)=0$$

$$\phi(x,0)=\frac{x}{2}$$

$$\phi(1,A)=\frac{\cosh A-1}{A^2}$$

但在其他情况下必须用数值计算。一种简单且有效的方法是利用参考文献[6]中的结果。

最后得出的反射系数为

$$\Gamma(\theta)=\Gamma_0 \mathrm{e}^{-\mathrm{j}\beta L}\frac{\cos\sqrt{(\beta L)^2-A^2}}{\cosh A},\qquad \beta L>A \tag{5.76}$$

若 $BL<A$，则 $\cos\sqrt{(\beta L)^2-A^2}$ 项变为 $\cosh\sqrt{A^2-(\beta L)^2}$ 。

在式(5.74)和式(5.76)中，Γ_0 是在零频率处的反射系数，给出为

$$\Gamma_0=\frac{Z_L-Z_0}{Z_L+Z_0}\approx\frac{1}{2}\ln\left(\frac{Z_L}{Z_0}\right) \tag{5.77}$$

通带定义 $\beta L\geqslant A$，所以通带内的最大纹波是

$$\Gamma_m=\frac{\Gamma_0}{\cosh A} \tag{5.78}$$

因为对于 $BL>A$，$\Gamma(\theta)$在$\pm\Gamma_0/\cosh A$ 之间振荡。

值得注意的是，式(5.74)的阻抗渐变在 $z=0$ 处和 L 处（该渐变节的端点）存在阶跃，因此不会与源和负载阻抗平滑地连接。典型的 Klopfenstein 阻抗渐变及其响应用将在下面的例题中给出。

例题 5.8　渐变匹配节设计

设计一个三角形渐变、一个指数渐变和一个 Klopfenstein 渐变（其中 $\Gamma_m=0.02$），将 50Ω 负载匹配到 100Ω 传输线。画出阻抗的变化，以及反射系数幅值与 βL 的关系曲线。

解： 三角形渐变。由式(5.71)求得阻抗变化为

$$Z(z)=Z_0\begin{cases}\mathrm{e}^{2(z/L)^2\ln Z_L/Z_0}, & 0\leqslant z\leqslant L/2\\ \mathrm{e}^{(4z/L-2z^2/L^2-1)\ln Z_L/Z_0}, & L/2\leqslant z\leqslant L\end{cases}$$

有 $Z_0=100\Omega$ 和 $Z_L=50\Omega$。由式(5.73)求得反射系数响应是

$$|\Gamma(\theta)|=\frac{1}{2}\ln\left(\frac{Z_L}{Z_0}\right)\left[\frac{\sin(\beta L/2)}{\beta L/2}\right]^2$$

指数渐变。由式(5.68)求得阻抗变化为

$$Z(z)=Z_0\mathrm{e}^{az},\qquad 0<z<L$$

有 $a=(1/L)\ln Z_L/Z_0=0.693/L$。由式(5.70)求得反射系数响应为

$$|\Gamma(\theta)|=\frac{1}{2}\ln\left(\frac{Z_L}{Z_0}\right)\frac{\sin\beta L}{\beta L}$$

Klopfenstein 渐变。由式(5.77)给出 Γ_0 为

$$\Gamma_0=\frac{1}{2}\ln\left(\frac{Z_L}{Z_0}\right)=0.346$$

并由式(5.78)给出 A 为

$$A=\operatorname{arcosh}\left(\frac{\Gamma_0}{\Gamma_m}\right)=\operatorname{arcosh}\left(\frac{0.346}{0.02}\right)=3.543$$

阻抗渐变必须用式(5.74)数值求解。反射系数幅值由式(5.76)给出为

$$|\Gamma(\theta)|=\Gamma_0\frac{\cos\sqrt{(\beta L)^2-A^2}}{\cosh A}$$

Klopfenstein 渐变的通带定义为 $\beta L>A=3.543=1.13\pi$。

图 5.21a, b 显示了这三种渐变类型的阻抗变化与 z/L 的关系曲线，及计算得出的反射系数幅值与 βL 的关系曲线。观察发现，Klopfenstein 渐变在 $\beta L\geqslant 1.13\pi$ 时，给出了期望的响应 $|\Gamma|\leqslant\Gamma_m=0.02$，它低于三角形渐变和指数渐变的响应。还可发现，像阶跃切比雪夫匹配变换器那样，Klopfenstein 渐变的响应在其通带内有等纹波波瓣与频率。

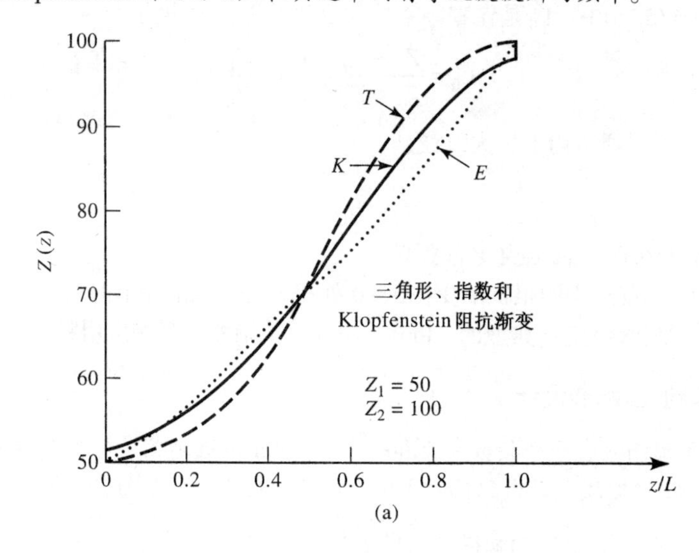

(a)

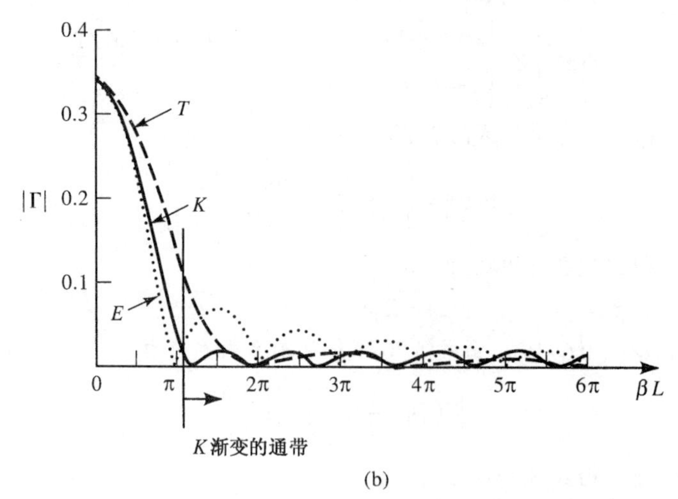

(b)

图 5.21 例题 5.8 的解：(a)三角形、指数和 Klopfenstein 渐变的阻抗变化；(b)对于(a)中的各种渐变，得出的反射系数幅值与频率的关系曲线 ■

5.9 Bode-Fano 约束条件

本章前面首先讨论了在单一频率处用来匹配任意负载的几种技术（使用集总元件、可调短截线和单节 1/4 波长变换器），然后介绍了在不同的通带特性下获得较宽带宽的方法（采用多节匹配变换器和渐变传输线）。下面定性地探讨制约阻抗匹配网络特性的理论。

讨论限定于图 5.1 中在非零带宽上用来匹配任意复数负载的无耗网络。从最一般的观点来看，关于这个问题，我们可以提出如下子问题：

- 可在设定的带宽上实现完全匹配（零反射）吗？
- 若不能，应如何做？在通带内如何折中最大容许反射系数 Γ_m 和带宽？
- 对于给定规格的网络，匹配如何综合？

这些问题可用 Bode-Fano 约束条件[7, 8]回答，对于某些标准类型的负载阻抗，它给出了用任意匹配网络获得的最小反射系数幅值的理论极限。因此，Bode-Fano 约束条件代表了理论上可以实现的最优结果，但在实际中这只是近似结果。然而，这一最优结果通常是重要的，因为它为我们提供了性能的上限，以及一个可与实际设计比较的参照点。

图 5.22a 显示了用于匹配并联 RC 负载阻抗的无耗网络，其 Bode-Fano 约束条件为

$$\int_0^{\infty} \ln \frac{1}{|\Gamma(\omega)|} \mathrm{d}\omega \leqslant \frac{\pi}{RC} \tag{5.79}$$

式中，$\Gamma(\omega)$是向任意无耗网络看去的反射系数。这个结果的推导超出了本书的范围（感兴趣的读者可参阅参考文献[7]和[8]），这里的目的是讨论上述结果的应用。

假定我们要综合一个匹配网络，其反射系数响应如图 5.23a 所示。将其代入式(5.79)得

$$\int_0^{\infty} \ln \frac{1}{|\Gamma|} \mathrm{d}\omega = \int_{\Delta\omega} \ln \frac{1}{\Gamma_m} \mathrm{d}\omega = \Delta\omega \ln \frac{1}{\Gamma_m} \leqslant \frac{\pi}{RC} \tag{5.80}$$

由此得出以下结论：

- 对于给定的负载（乘积 RC 固定），只有在通带内的反射系数（Γ_m）较高时，才能实现较宽的通带（$\Delta\omega$）。
- 通带内的反射系数 Γ_m 不能为零，除非 $\Delta\omega = 0$。因此，只能在有限个频率上实现完全匹配，如图 5.23b 所示。
- 当 R 和/或 C 增加时，匹配质量（$\Delta\omega$ 和/或 $1/\Gamma_m$）必须降低，因此高 Q 电路本质上比低 Q 电路更难以匹配（第 6 章中将讨论 Q）。

因为 $\ln(1/|\Gamma|)$与匹配网络输入端的回波损耗（单位为 dB）成正比，所以式(5.79)可解释如下：回波损耗曲线与$|\Gamma| = 1$（RL = 0dB）轴之间的面积小于等于某个特定常数。因此，最优化意味着回波损耗曲线要做如下调整：在通带内$|\Gamma| = \Gamma_m$，在通带外$|\Gamma| = 1$，如图 5.23a 所示。据此，在通带之外，回波损耗曲线下的面积未被浪费，$|\Gamma| < \Gamma_m$的通带内的区域中无损失。因此，图 5.23a 所示的矩形响应是最优响应，但实际中无法实现，因为这种响应的匹配网络需要由无数个元件组成。然而，它可用很少的元件来合理地近似，详见参考文献[8]。最后，注意到切比雪夫匹配变换器可被认为是对图 5.23a 中理想通带的近似，只要其响应的纹波等于 Γ_m。图 5.22 中显示了其他类型 RC 和 RL 负载的 Bode-Fano 限制。

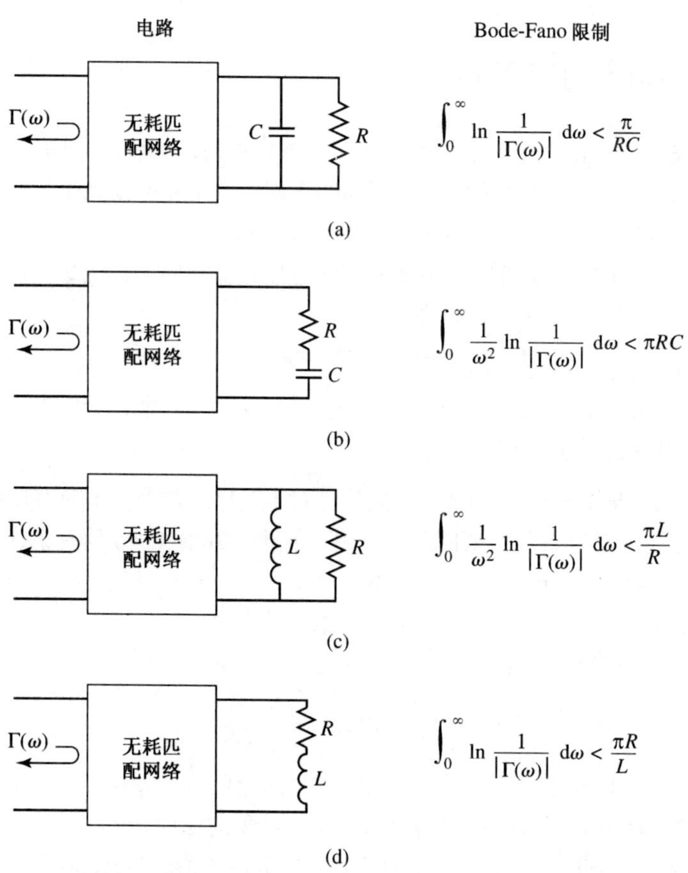

图 5.22　用无源和无耗网络匹配 RC 和 RL 负载的 Bode-Fano 限制（ω_0 是匹配带宽的中心频率）：(a)RC 并联；(b)RC 串联；(c)RL 并联；(d)RL 串联

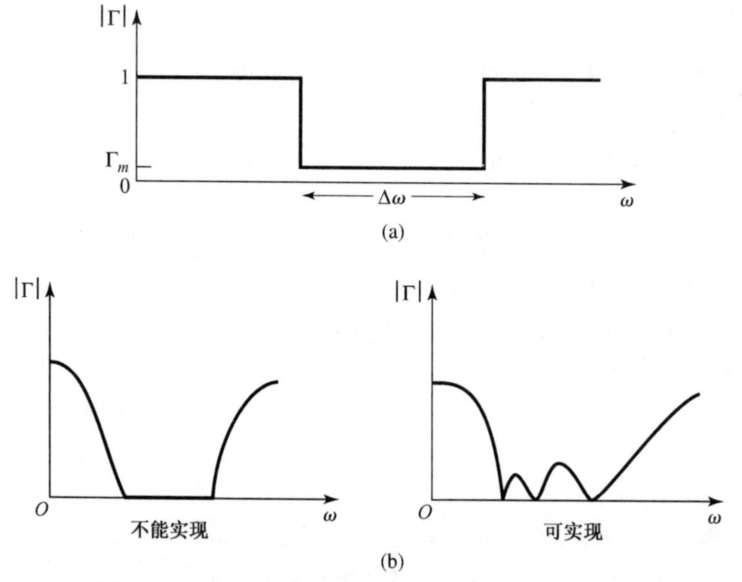

图 5.23　Bode-Fano 约束条件图示：(a)可能的反射系数响应；(b)不可实现和可实现的反射系数响应

参考文献

[1] R. E. Collin, *Foundations for Microwave Engineering*, 2nd edition, McGraw-Hill, New York, 1992.
[2] G. L. Matthaei, L. Young, and E. M. T. Jones, *Microwave Filters, Impedance-Matching Networks, and Coupling Structures,* Artech House Books, Dedham, Mass. 1980.
[3] P. Bhartia and I. J. Bahl, *Millimeter Wave Engineering and Applications*, Wiley Interscience, New York, 1984.
[4] R. E. Collin, "The Optimum Tapered Transmission Line Matching Section," *Proceedings of the IRE,* vol. 44, pp. 539–548, April 1956.
[5] R. W. Klopfenstein, "A Transmission Line Taper of Improved Design," *Proceedings of the IRE,* vol. 44, pp. 31–15, January 1956.
[6] M. A. Grossberg, "Extremely Rapid Computation of the Klopfenstein Impedance Taper," *Proceedings of the IEEE,* vol. 56, pp. 1629–1630, September 1968.
[7] H. W. Bode, *Network Analysis and Feedback Amplifier Design,* Van Nostrand, New York, 1945.
[8] R. M. Fano, "Theoretical Limitations on the Broad-Band Matching of Arbitrary Impedances," *Journal of the Franklin Institute,* vol. 249, pp. 57–83, January 1950, and pp. 139–154, February 1950.

习题

5.1 设计两个无耗 L 节匹配电路，将如下负载匹配到 100Ω 信号源：(a) $Z_L = 150 - \mathrm{j}200\Omega$；(b)$Z_L = 20 - \mathrm{j}90\Omega$。

5.2 我们知道任意负载阻抗的匹配至少需要使用有两个自由度的网络。确定使用如下所示的两个单元件网络时，能够匹配的负载阻抗/导纳类型。

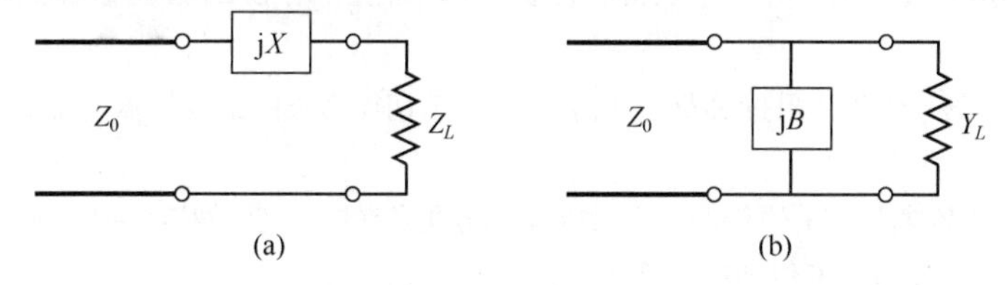

5.3 使用单个并联短截线调谐器将负载阻抗 $Z_L = 100 + \mathrm{j}80\Omega$ 与 75Ω 传输线匹配，求使用开路短截线时的两个解。

5.4 使用短路短截线重做习题 5.3。

5.5 使用单个串联短截线调谐器将负载阻抗 $Z_L = 90 + \mathrm{j}60\Omega$ 匹配到 75Ω 传输线，求使用开路短截线时的两个解。

5.6 使用短路短截线重做习题 5.5。

5.7 在如下电路中，用特征阻抗为 Z_1、长度为 ℓ 的无耗传输线使负载阻抗 $Z_L = 200 + \mathrm{j}100\Omega$ 与 40Ω 传输线匹配。求 ℓ 和 Z_1，并确定何种类型的负载阻抗通常能用于这种电路匹配。

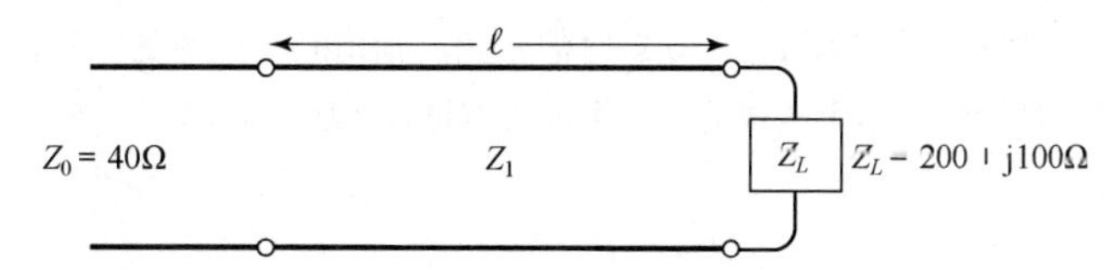

5.8 一个开路调谐短截线由衰减常数为 α 的有损耗传输线制成，用这个短截线能获得归一化电抗的最大值是多少？用同样类型的传输线制成的短路短截线能获得归一化电抗的最大值是多少？假设 $\alpha\ell$ 很小。

5.9 用开路短截线设计一个间距为 $\lambda/8$ 的双短截线调谐器，匹配负载导纳 $Y_L = (0.4 + \mathrm{j}1.2)Y_0$。

5.10 用短路短截线和 $3\lambda/8$ 的间距，重做习题 5.9。

5.11 推导使用间距为 d 的两个串联短截线设计双短截线调谐器的公式，假定负载阻抗 $Z_L = R_L + jX_L$。

5.12 考虑把负载 $Z_L = 200\Omega$ 匹配到 100Ω 传输线，分别使用短路短截线制成的单个并联短截线、单个串联短截线和双并联短截线进行匹配。哪个调谐器能给出最好的带宽？通过计算全部 6 个解在 $1.1f_0$ 处的反射系数，或用 CAD 画出反射系数与频率的关系曲线，证明你的答案是正确的，此处 f_0 是匹配频率。

5.13 设计一个单节 1/4 波长匹配变换器，将 350Ω 负载匹配到 100Ω 传输线。对于 SWR $\leqslant 2$，这个转换器的相对带宽是多少？假设设计频率是 4GHz，粗略画出实现这个匹配变换器的微带电路布局草图，包括尺寸。假定基片厚度是 0.159cm，相对介电常数是 2.2。

5.14 考虑图 5.13 所示的 1/4 波长变换器，$Z_1 = 100\Omega$，$Z_2 = 150\Omega$ 和 $Z_L = 225\Omega$。计算由近似表达式(5.42)给出的$|\Gamma|$相对于精确结果相的百分比误差（做最坏打算）。

5.15 一个波导负载，其等效 TE_{10} 波阻抗为 377Ω，必须在 10GHz 时与空气填充的矩形波导匹配。使用 1/4 波长匹配变换器，该匹配变换器由介质填充的一段波导组成。求所需的介电常数和匹配节的物理长度。应用这种技术时对负载阻抗的限制是什么？

5.16 使用一个 4 节二项式匹配变换器将 12.5Ω 负载匹配到 50Ω 传输线，中心频率是 1GHz。(a)设计这个匹配变换器并计算 $\Gamma_m = 0.05$ 的带宽，用 CAD 画出输入反射系数与频率的关系曲线。(b)该电路在 FR4 基片上用微带线实现，基片的参数为 $\epsilon_r = 4.2$，$d = 0.158$cm，$\tan\delta = 0.02$，铜导体的厚度为 0.5mil。用 CAD 画出插入损耗与频率的关系曲线。

5.17 对归一化负载阻抗 $Z_L/Z_0 = 1.5$，推导 2 节二项式匹配变换器的准确特征阻抗，并用表 5.1 验证结果。

5.18 对于 $\Gamma_m = 0.2$，计算并画出 $N = 1, 2$ 和 4 节二项式阻抗变换器的百分比带宽与 $Z_L/Z_0 = 1.5$ 到 6 的关系曲线。

5.19 设计一个 4 节切比雪夫匹配变换器，将 50Ω 传输线匹配到 30Ω 负载，在整个通带上最大允许 SWR 是 1.25。利用本书中开发的不同于表格的近似理论求带宽。用 CAD 画出输入反射系数与频率的关系曲线。

5.20 对 $\Gamma_m = 0.05$ 和归一化负载阻抗 $Z_L/Z_0 = 1.5$，推导 2 节切比雪夫匹配变换器的特征阻抗，并用表 5.2 验证结果。

5.21 用多节变换器将 $Z_L/Z_0 = 1.5$ 的负载匹配到馈线，期望的通带响应在区间 $0 \leqslant \theta \leqslant \pi$ 内是$|\Gamma(\theta)| = A(0.1 + \cos^2\theta)$。用多节变换器的近似理论，设计一个 2 节变换器。

5.22 一个渐变匹配节有 $d\ln(Z/Z_0)/dz = A\sin\pi z/L$。求常数 A，使 $Z(0) = Z_0$ 和 $Z(L) = Z_L$。计算 Γ 并画出$|\Gamma|$与 βL 的关系曲线。

5.23 设计一个指数渐变匹配变换器，将 100Ω 负载匹配到 50Ω 传输线，画出$|\Gamma|$与 βL 的关系曲线，并求 100%带宽上$|\Gamma| \leqslant 0.05$ 时，匹配节所需的长度（在中心频率处）。如果用切比雪夫匹配变换器实现同样的性能，那么需要多少节？

5.24 使用工作于频率范围 3.1～10.6GHz 的一台超宽带（UWB）无线电发射机驱动一个 RC 并联负载，$R = 75\Omega$ 和 $C = 0.6$pF。用一个最优匹配网络能获得的最好回波损耗是多少？

5.25 考虑一个 RL 串联负载，$R = 80\Omega$ 和 $L = 5$nH。设计一个集总元件 L 节匹配网络，在 2GHz 处将这个负载匹配到 50Ω 传输线。求$|\Gamma| \leqslant \Gamma_m = 0.1$ 时的带宽，画出$|\Gamma|$与频率的关系曲线。将这个结果与由 Bode-Fano 限制条件给出的这个负载的最大可能带宽进行比较［假定有像图 5.23a 一样的矩形反射系数响应］。

第 6 章　微波谐振器

微波谐振器的应用多种多样，包括滤波器、振荡器、频率计和可调谐放大器。因为微波谐振器的作用与电路理论中集总元件谐振器的作用非常相似，因此本章首先回顾串联和并联 RLC 谐振电路的基本特性，然后讨论在微波频率下如何采用分布元件（如传输线、矩形波导、圆柱波导和介质腔）实现谐振器，最后讨论如何用小孔和电流片激励谐振腔。

6.1　串联和并联谐振电路

在接近谐振的频率处，微波谐振器常用串联或并联 RLC 集总元件等效电路来建模，因此下面回顾这些电路的一些基本性质。

6.1.1　串联谐振电路

在如图 6.1a 所示的一个串联 RLC 谐振电路中，输入阻抗是

$$Z_{\text{in}} = R + \text{j}\omega L - \text{j}\frac{1}{\omega C} \tag{6.1}$$

传送到谐振器的复数功率是

$$P_{\text{in}} = \frac{1}{2}VI^* = \frac{1}{2}Z_{\text{in}}|I|^2 = \frac{1}{2}Z_{\text{in}}\left|\frac{V}{Z_{\text{in}}}\right|^2 = \frac{1}{2}|I|^2\left(R + \text{j}\omega L - \text{j}\frac{1}{\omega C}\right) \tag{6.2}$$

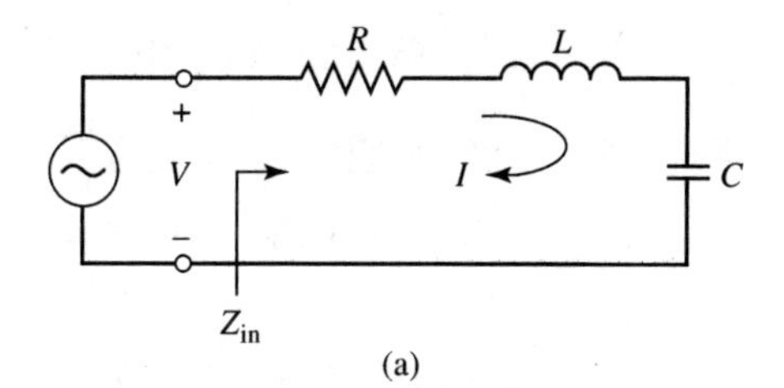

(a)

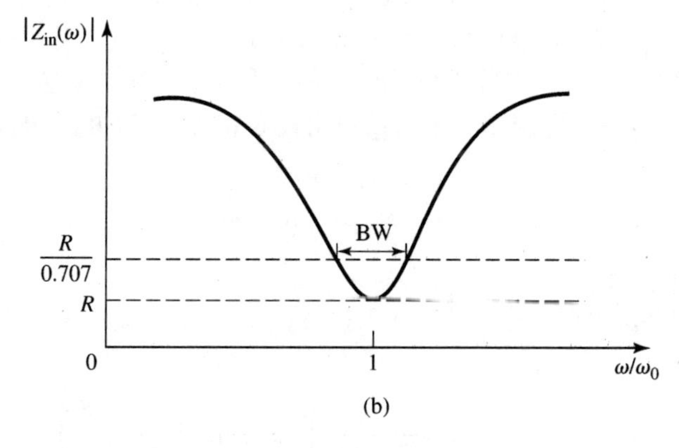

(b)

图 6.1　串联 RLC 谐振器及其响应：(a)串联 RLC 谐振器电路；(b)输入阻抗幅值与频率的关系曲线

电阻 R 消耗的功率是

$$P_{\mathrm{loss}}=\frac{1}{2}|I|^2 R \tag{6.3a}$$

存储在电感 L 中的平均磁能是

$$W_m=\frac{1}{4}|I|^2 L \tag{6.3b}$$

存储在电容 C 中的平均电能是

$$W_e=\frac{1}{4}|V_C|^2 C=\frac{1}{4}|I|^2\frac{1}{\omega^2 C} \tag{6.3c}$$

式中，V_c 是跨接在电容上的电压。于是，式(6.2)的复数功率可重写为

$$P_{\mathrm{in}}=P_{\mathrm{loss}}+2\mathrm{j}\omega\left(W_m-W_e\right) \tag{6.4}$$

而式(6.1)中的输入阻抗式可重写为

$$Z_{\mathrm{in}}=\frac{2P_{\mathrm{in}}}{|I|^2}=\frac{P_{\mathrm{loss}}+2\mathrm{j}\omega\left(W_m-W_e\right)}{\frac{1}{2}|I|^2} \tag{6.5}$$

当平均存储磁能和电能相等即 $W_m=W_e$ 时，产生谐振。因此，由式(6.5)和式(6.3a)得出谐振时的输入阻抗为

$$Z_{\mathrm{in}}=\frac{P_{\mathrm{loss}}}{\frac{1}{2}|I|^2}=R$$

这是纯实数。根据式(6.3b, c)，$W_m=W_e$ 意味着谐振频率 ω_0 可定义为

$$\omega_0=\frac{1}{\sqrt{LC}} \tag{6.6}$$

谐振电路的另一个重要参量是 Q 或品质因数，它定义为

$$Q=\omega\frac{\text{平均存储能量}}{\text{能量损耗/秒}}=\omega\frac{W_m+W_e}{P_{\mathrm{loss}}} \tag{6.7}$$

因此 Q 是谐振电路损耗的测度——较低的损耗意味着较高的 Q。谐振器损耗包括导体损耗、介质损耗或辐射损耗，它由等效电路的阻抗 R 表示。外部连接网络也会引入额外的损耗。这些损耗都会降低 Q。谐振器本身不受外部负载影响的 Q 称为**无载** Q，表示为 Q_0。

对于图 6.1a 所示的串联谐振电路，无载 Q 可用式(6.3)和谐振时 $W_m=W_e$ 的事实由式(6.7)算出：

$$Q_0=\omega_0\frac{2W_m}{P_{\mathrm{loss}}}=\frac{\omega_0 L}{R}=\frac{1}{\omega_0 RC} \tag{6.8}$$

该式表明当 R 减小时 Q 增加。

现在考虑接近谐振频率时谐振器的输入阻抗特性[1]。令 $\omega=\omega_0+\Delta\omega$，其中 $\Delta\omega$ 很小，则输入阻抗可由式(6.1)重写为

$$Z_{\mathrm{in}}=R+\mathrm{j}\omega L\left(1-\frac{1}{\omega^2 LC}\right)=R+\mathrm{j}\omega L\left(\frac{\omega^2-\omega_0^2}{\omega^2}\right)$$

因为 $\omega_0^2=1/LC$。由于 $\Delta\omega$ 很小，因此 $\omega^2-\omega_0^2=\left(\omega-\omega_0\right)\left(\omega+\omega_0\right)=\Delta\omega\left(2\omega-\Delta\omega\right)\approx 2\omega\Delta\omega$，于是有

$$Z_{\text{in}} \approx R + \text{j}2L\Delta\omega \approx R + \text{j}\frac{2RQ_0\Delta\omega}{\omega_0} \tag{6.9}$$

这一形式对于确定分布元件谐振器的等效电路是有用的。

另一种方法是，有损谐振器可建模为一个无耗谐振器，后者的谐振频率 ω_0 用复数有效谐振频率代替：

$$\omega_0 \leftarrow \omega_0\left(1+\frac{\text{j}}{2Q_0}\right) \tag{6.10}$$

这表明，无耗串联谐振器的输入阻抗可由 $R=0$ 时的式(6.9)给出：

$$Z_{\text{in}} = \text{j}2L(\omega-\omega_0)$$

上式中的 ω_0 用式(6.10)给出的复频率替换，得到

$$Z_{\text{in}} = \text{j}2L\left(\omega-\omega_0-\text{j}\frac{\omega_0}{2Q_0}\right)=\frac{\omega_0 L}{Q_0}+\text{j}2L(\omega-\omega_0)=R+\text{j}2L\Delta\omega$$

这与式(6.9)完全相同。这是一种有用的过程，因为大多数实际谐振器的损耗都很小，从无耗情况的解开始，使用这种微扰法可求出 Q。然后，用式(6.10)给出的复数谐振频率代替 ω_0，损耗的影响可加到输入阻抗上。

最后，考虑谐振器的半功率相对带宽。图 6.1b 显示了输入阻抗幅值的变化与频率的关系。当频率使得 $|Z_{\text{in}}|^2 = 2R^2$ 时，由式(6.2)得到的传送到电路的平均（实数）功率是谐振时传送功率的一半。若 BW 是相对带宽，则在频带高端有 $\Delta\omega/\omega_0 = \text{BW}/2$。于是，由式(6.9)有

$$\left|R+\text{j}RQ_0(\text{BW})\right|^2 = 2R^2$$

或

$$\text{BW} = 1/Q_0 \tag{6.11}$$

6.1.2 并联谐振电路

图 6.2a 所示的并联 RLC 谐振电路是串联 RLC 电路的对偶。电路的输入阻抗是

$$Z_{\text{in}} = \left(\frac{1}{R}+\frac{1}{\text{j}\omega L}+\text{j}\omega C\right)^{-1} \tag{6.12}$$

传送到谐振器的复数功率是

$$P_{\text{in}} = \frac{1}{2}VI^* = \frac{1}{2}Z_{\text{in}}|I|^2 = \frac{1}{2}|V|^2\frac{1}{Z_{\text{in}}^*} = \frac{1}{2}|V|^2\left(\frac{1}{R}+\frac{\text{j}}{\omega L}-\text{j}\omega C\right) \tag{6.13}$$

电阻 R 上消耗的功率是

$$P_{\text{loss}} = \frac{1}{2}\frac{|V|^2}{R} \tag{6.14a}$$

存储在电容 C 中的平均电能是

$$W_e = \frac{1}{4}|V|^2 C \tag{6.14b}$$

存储在电感 L 中的平均磁能是

$$W_m = \frac{1}{4}|I_L|^2 L = \frac{1}{4}|V|^2\frac{1}{\omega^2 L} \tag{6.14c}$$

式中，I_L是流经电感的电流。于是，复数功率公式(6.13)可重写为

$$P_{\text{in}} = P_{\text{loss}} + 2\text{j}\omega\left(W_m - W_e\right) \tag{6.15}$$

它与式(6.4)相同。类似地，输入阻抗可表示为

$$Z_{\text{in}} = \frac{2P_{\text{in}}}{|I|^2} = \frac{P_{\text{loss}} + 2\text{j}\omega\left(W_m - W_e\right)}{\frac{1}{2}|I|^2} \tag{6.16}$$

它与式(6.5)相同。

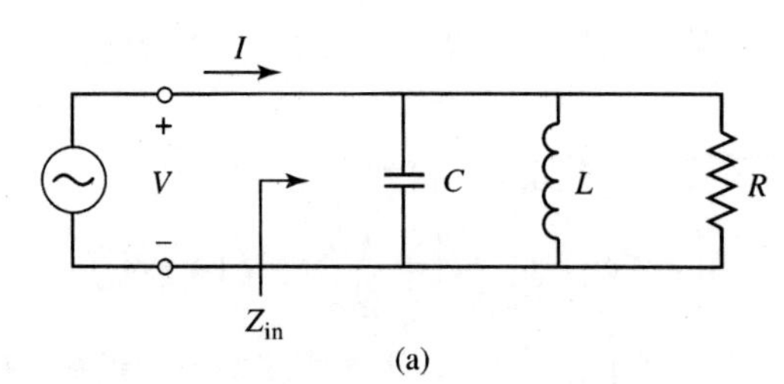

(a)

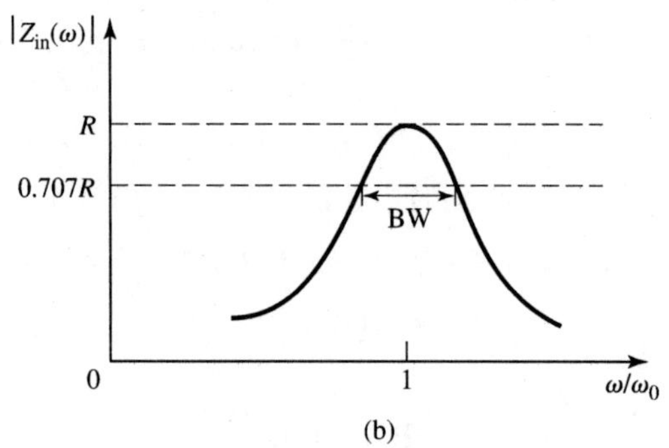

(b)

图 6.2 并联 RLC 谐振器及其响应：(a)并联 RLC 电路；(b)输入阻抗幅值与频率的关系曲线

如串联情形那样，$W_m = W_e$时发生谐振。于是由式(6.16)和式(6.14a)得到谐振时的输入阻抗为

$$Z_{\text{in}} = \frac{P_{\text{loss}}}{\frac{1}{2}|I|^2} = R$$

这是纯实数阻抗。由式(6.14b)、式(6.14c)和 $W_m = W_e$ 推算出谐振频率 ω_0 为

$$\omega_0 = \frac{1}{\sqrt{LC}} \tag{6.17}$$

它也和串联谐振电路情形下的相同。并联 RLC 电路情形下的谐振有时也称反谐振。

根据式(6.7)和式(6.14)，可将并联谐振电路的无载 Q 表示为

$$Q_0 = \omega_0 \frac{2W_m}{P_{\text{loss}}} = \frac{R}{\omega_0 L} = \omega_0 RC \tag{6.18}$$

因为谐振时 $W_m = W_e$。这个结果表明并联谐振电路的 Q 随着 R 的增加而增加。

接近谐振时，式(6.12)的输入阻抗可用下面的级数展开结果简化：

$$\frac{1}{1+x} \approx 1 - x + \cdots$$

再次令 $\omega = \omega_0 + \Delta\omega$，其中 $\Delta\omega$ 很小，式(6.12)可重写为[1]

$$
\begin{aligned}
Z_{\text{in}} &\approx \left(\frac{1}{R}+\frac{1-\Delta\omega/\omega_0}{\mathrm{j}\omega_0 L}+\mathrm{j}\omega_0 C+\mathrm{j}\Delta\omega C\right)^{-1} \\
&\approx \left(\frac{1}{R}+\mathrm{j}\frac{\Delta\omega}{\omega_0^2 L}+\mathrm{j}\Delta\omega C\right)^{-1} \\
&\approx \left(\frac{1}{R}+2\mathrm{j}\Delta\omega C\right)^{-1} \\
&\approx \frac{R}{1+2\mathrm{j}\Delta\omega RC}=\frac{R}{1+2\mathrm{j}Q_0\Delta\omega/\omega_0}
\end{aligned} \tag{6.19}
$$

因为 $\omega_0^2=1/LC$。当 $R=\infty$时，式(6.19)简化为

$$
Z_{\text{in}}=\frac{1}{\mathrm{j}2C(\omega-\omega_0)}
$$

如串联谐振器情形中那样，用复数有效谐振频率替代上式中的 ω_0，可以计算损耗的影响：

$$
\omega_0 \leftarrow \omega_0\left(1+\frac{\mathrm{j}}{2Q_0}\right) \tag{6.20}
$$

图 6.2b 显示了输入阻抗幅值与频率的关系曲线。半功率带宽的边缘出现在频率 $\Delta\omega/\omega_0=\mathrm{BW}/2$ 处，满足

$$
|Z_{\text{in}}|^2=R^2/2
$$

上式由式(6.19)得出，它表明

$$
\mathrm{BW}=1/Q_0 \tag{6.21}
$$

与串联谐振情形中的相同。

6.1.3 有载 Q 和无载 Q

前几节中定义的无载 Q 即 Q_0 是谐振电路本身的特性，不存在外部电路引起的任何负载效应。然而，实际中谐振电路必定要与其他电路耦合，而这些电路会降低谐振电路的总体 Q 或有载 Q，即 Q_L。图 6.3 描述了耦合到一个外部负载电阻 R_L 的谐振器。谐振器是一个串联 RLC 电路时，负载电阻 R_L 与 R 串联，所以式(6.8)中的有效电阻是 $R+R_L$。谐振器是一个并联 RLC 电路时，负载电阻 R_L 与 R 并联，所以式(6.18)中的有效电阻是 $RR_L/(R+R_L)$。若将外部 Q 即 Q_e 定义为

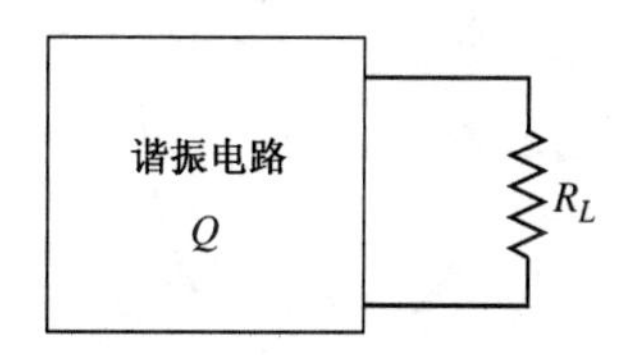

图 6.3 连接到一个外部负载 R_L 的谐振电路

$$
Q_e=\begin{cases}\dfrac{\omega_0 L}{R_L}, & \text{对于串联电路} \\[2ex] \dfrac{R_L}{\omega_0 L}, & \text{对于并联电路}\end{cases} \tag{6.22}
$$

则有载 Q 可表示为

$$
\frac{1}{Q_L}=\frac{1}{Q_e}+\frac{1}{Q_0} \tag{6.23}
$$

表 6.1 中小结了串联和并联谐振电路的以上结果。

表 6.1 串联和并联谐振器的结果小结

量	串联谐振器	并联谐振器
输入阻抗/导纳	$Z_{\text{in}}=R+\text{j}\omega L-\text{j}\dfrac{1}{\omega C}\approx R+\text{j}\dfrac{2RQ_0\Delta\omega}{\omega_0}$	$Y_{\text{in}}=\dfrac{1}{R}+\text{j}\omega C-\text{j}\dfrac{1}{\omega L}\approx\dfrac{1}{R}+\text{j}\dfrac{2Q_0\Delta\omega}{R\omega_0}$
功耗	$P_{\text{loss}}=\dfrac{1}{2}\lvert I\rvert^2 R$	$P_{\text{loss}}=\dfrac{1}{2}\dfrac{\lvert V\rvert^2}{R}$
存储的磁能	$W_m=\dfrac{1}{4}\lvert I\rvert^2 L$	$W_m=\dfrac{1}{4}\lvert V\rvert^2\dfrac{1}{\omega^2 L}$
存储的电能	$W_e=\dfrac{1}{4}\lvert I\rvert^2\dfrac{1}{\omega^2 C}$	$W_e=\dfrac{1}{4}\lvert V\rvert^2 C$
谐振频率	$\omega_0=\dfrac{1}{\sqrt{LC}}$	$\omega_0=\dfrac{1}{\sqrt{LC}}$
无载 Q	$Q_0=\dfrac{\omega_0 L}{R}=\dfrac{1}{\omega_0 RC}$	$Q_0=\omega_0 RC=\dfrac{R}{\omega_0 L}$
外部 Q	$Q_e=\dfrac{\omega_0 L}{R_L}$	$Q_e=\dfrac{R_L}{\omega_0 L}$

6.2 传输线谐振器

前面说过，理想集总电路元件在微波频率通常难以实现，因此普遍地采用分布元件。本节研究如何使用各种长度的传输线段和端接法（通常为开路或短路）形成谐振器。由于我们感兴趣的是这些谐振器的 Q 值，因此必须考虑有耗传输线。

6.2.1 短路 $\lambda/2$ 传输线

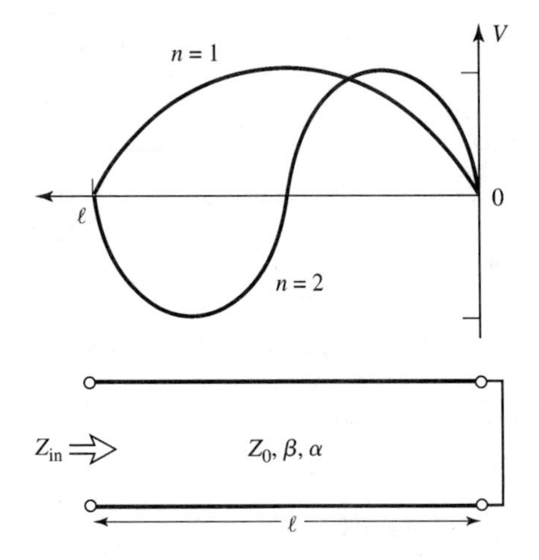

图 6.4 一端短路且长度为 ℓ 的有耗传输线及 $n=1$（$\ell=\lambda/2$）和 $n=2$（$\ell=\lambda$）的谐振器的电压分布

考虑在一端短路且长度为 ℓ 的有耗传输线，如图 6.4 所示。该传输线的特征阻抗为 Z_0、传播常数为 β、衰减常数为 α。在频率 $\omega=\omega_0$ 处，传输线长度 $\ell=\lambda/2$。由式(2.91)可得输入阻抗为

$$Z_{\text{in}}=Z_0\tanh(\alpha+\text{j}\beta)\ell$$

使用双曲正切恒等式有

$$Z_{\text{in}}=Z_0\frac{\tanh\alpha\ell+\text{j}\tan\beta\ell}{1+\text{j}\tan\beta\ell\tanh\alpha\ell} \tag{6.24}$$

注意，$\alpha=0$（无耗线）时有 $Z_{\text{in}}=\text{j}Z_0\tan\beta\ell$。

实际中，通常希望使用低损耗传输线，因此假设 $\alpha\ell\ll1$，此时有 $\tanh\alpha\ell\approx\alpha\ell$。再次令 $\omega=\omega_0+\Delta\omega$，其中 $\Delta\omega$ 很小。于是，假定是 TEM 传输线，有

$$\beta\ell=\frac{\omega\ell}{v_p}=\frac{\omega_0\ell}{v_p}+\frac{\Delta\omega\ell}{v_p}$$

式中，v_p 是传输线的相速。因为 $\omega=\omega_0$ 时 $\ell=\lambda/2=\pi v_p/\omega_0$，所以有

$$\beta\ell = \pi + \frac{\Delta\omega\pi}{\omega_0}$$

于是有

$$\tan\beta\ell = \tan\left(\pi + \frac{\Delta\omega\pi}{\omega_0}\right) = \tan\frac{\Delta\omega\pi}{\omega_0} \approx \frac{\Delta\omega\pi}{\omega_0}$$

将以上结果代入式(6.24)得

$$Z_{\text{in}} \approx Z_0 \frac{\alpha\ell + \text{j}(\Delta\omega\pi/\omega_0)}{1 + \text{j}(\Delta\omega\pi/\omega_0)\alpha\ell} \approx Z_0\left(\alpha\ell + \text{j}\frac{\Delta\omega\pi}{\omega_0}\right) \tag{6.25}$$

因为 $\Delta\omega\alpha\ell/\omega_0 \ll 1$。

式(6.25)的形式为

$$Z_{\text{in}} = R + 2\text{j}L\Delta\omega$$

这是串联 RLC 谐振电路的输入阻抗，如式(6.9)给出的那样。然后，求得等效电路的电阻为

$$R = Z_0 a\ell \tag{6.26a}$$

等效电路的电感为

$$L = \frac{Z_0\pi}{2\omega_0} \tag{6.26b}$$

由式(6.6)求出等效电路的电容为

$$C = \frac{1}{\omega_0^2 L} \tag{6.26c}$$

因此，图 6.4 所示的谐振器在 $\Delta\omega = 0$($\ell = \lambda/2$)时谐振，谐振时其输入阻抗是 $Z_{\text{in}} = R = Z_0\alpha\ell$。谐振还出现在 $\ell = n\lambda/2$ 处，$n = 1, 2, 3, \cdots$。对于 $n = 1$ 和 $n = 2$ 的谐振模，电压分布如图 6.4 所示。由式(6.8)和式(6.26)求出谐振器的无载 Q 为

$$Q = \frac{\omega_0 L}{R} = \frac{\pi}{2\alpha\ell} = \frac{\beta}{2\alpha} \tag{6.27}$$

因为在第一个谐振点有 $\beta\ell = \pi$。这一结果表明，如期望的那样，Q 随着传输线衰减的增加而降低。

例题 6.1　半波长同轴线谐振器的 Q

由一根同轴铜线制成的 $\lambda/2$ 谐振器，其内导体半径为 1mm，外导体半径为 4mm。若谐振频率是 5GHz，对空气填充的同轴线谐振器的无载 Q 和聚四氟乙烯填充的同轴线谐振器的无载 Q 进行比较。

解：首先计算同轴线的衰减，方法是使用例题 2.6 或例题 2.7 的结果。由附录 F 可知，铜的电导率 $\sigma = 5.813\times10^7$S/m，因此 5GHz 时的表面电阻是

$$R_s = \sqrt{\frac{\omega\mu_0}{2\sigma}} = 1.84\times10^{-2}\,\Omega$$

对于空气填充的同轴线，由导体损耗引起的衰减是

$$\alpha_c = \frac{R_s}{2\eta\ln b/a}\left(\frac{1}{a} + \frac{1}{b}\right) = \frac{1.84\times10^{-2}}{2\times377\times\ln(0.004/0.001)}\left(\frac{1}{0.001} + \frac{1}{0.004}\right) = 0.022\text{Np/m}$$

聚四氟乙烯的 $\epsilon_r = 2.08$ 和 $\tan\delta = 0.0004$，因此使用聚四氟乙烯填充的同轴线时，由导体损耗引起的衰减是

$$\alpha_c = \frac{1.84\times10^{-2}\times\sqrt{2.08}}{2\times377\times\ln(0.004/0.001)}\left(\frac{1}{0.001}+\frac{1}{0.004}\right)=0.032\text{Np/m}$$

空气填充的同轴线的介质损耗是零，而聚四氟乙烯填充的同轴线的介质损耗是

$$\alpha_d = k_0\frac{\sqrt{\epsilon_r}}{2}\tan\delta = \frac{104.7\times\sqrt{2.08}\times0.0004}{2}=0.030\text{Np/m}$$

最终，由式(6.27)计算得到的无载 Q 是

$$Q_{空气}=\frac{\beta}{2\alpha}=\frac{104.7}{2\times0.022}=2380,\quad Q_{聚四氟乙烯}=\frac{\beta}{2\alpha}=\frac{104.7\times\sqrt{2.08}}{2\times(0.032+0.030)}=1218$$

由此可见，空气填充的同轴线的 Q 几乎是聚四氟乙烯填充的同轴线的 2 倍。使用镀银导体，能进一步提高 Q。 ■

6.2.2 短路 $\lambda/4$ 传输线

并联型谐振（电流谐振）能用 $\lambda/4$ 长度的短路传输线得到。长度为 ℓ 的短路传输线的输入阻抗是

$$Z_{\text{in}} = Z_0\tanh(\alpha+\text{j}\beta)\ell = Z_0\frac{\tanh\alpha\ell+\text{j}\tan\beta\ell}{1+\text{j}\tan\beta\ell\tanh\alpha\ell}=Z_0\frac{1-\text{j}\tanh\alpha\ell\cot\beta\ell}{\tanh\alpha\ell-\text{j}\cot\beta\ell} \tag{6.28}$$

式中的最终结果是用$-\text{j}\cot\beta\ell$乘以分子和分母得到的。现在假定在 $\omega=\omega_0$ 处 $\ell=\lambda/4$，并令 $\omega=\omega_0+\Delta\omega$，于是对 TEM 传输线有

$$\beta\ell=\frac{\omega_0\ell}{v_p}+\frac{\Delta\omega\ell}{v_p}=\frac{\pi}{2}+\frac{\pi\Delta\omega}{2\omega_0}$$

所以有

$$\cot\beta\ell=\cot\left(\frac{\pi}{2}+\frac{\pi\Delta\omega}{2\omega_0}\right)=-\tan\frac{\pi\Delta\omega}{2\omega_0}\approx\frac{-\pi\Delta\omega}{2\omega_0}$$

和前面一样，对于小损耗，$\tanh\alpha\ell\approx\alpha\ell$。将这些结果代入式(6.28)得

$$Z_{\text{in}}=Z_0\frac{1+\text{j}\alpha\ell\pi\Delta\omega/2\omega_0}{\alpha\ell+\text{j}\pi\Delta\omega/2\omega_0}\approx\frac{Z_0}{\alpha\ell+\text{j}\pi\Delta\omega/2\omega_0} \tag{6.29}$$

因为 $\alpha\ell\pi\Delta\omega/2\omega_0\ll1$。这个结果和 RLC 并联电路的阻抗形式［如式(6.19)所示］相同：

$$Z_{\text{in}}=\frac{1}{(1/R)+2\text{j}\Delta\omega C}$$

因此可得等效电路的电阻为

$$R=\frac{Z_0}{\alpha\ell} \tag{6.30a}$$

等效电路的电容为

$$C=\frac{\pi}{4\omega_0 Z_0} \tag{6.30b}$$

等效电路的电感为

$$L=\frac{1}{\omega_0^2 C} \tag{6.30c}$$

因此，图 6.4 中的谐振器对 $\ell=\lambda/4$ 有并联型谐振，谐振处的输入阻抗为 $Z_{\text{in}}=R=Z_0/\alpha\ell$。由式(6.18)

和式(6.30)可得该谐振器的无载 Q 是

$$Q=\omega_0 RC=\frac{\pi}{4\alpha\ell}=\frac{\beta}{2\alpha} \tag{6.31}$$

因为谐振时 $\ell=\pi/2\beta$。

6.2.3 开路 $\lambda/2$ 传输线

常用于微带电路的实际谐振器是由开路传输线段组成的，如图 6.5 所示。这种谐振器在长度是 $\lambda/2$ 或 $\lambda/2$ 的整倍数时，具有并联谐振电路的特性。

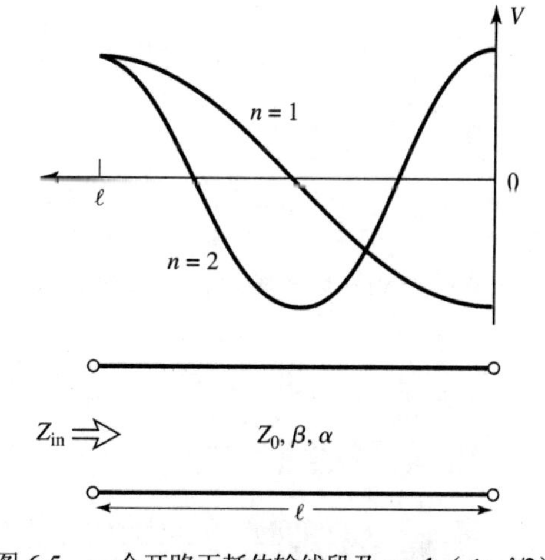

图 6.5 一个开路无耗传输线段及 $n=1$（$\ell=\lambda/2$）和 $n=2$（$\ell=\lambda$）的谐振器的电压分布

长度为 ℓ 的开路传输线的输入阻抗是

$$Z_{\text{in}}=Z_0\coth\left(\alpha+\mathrm{j}\beta\right)\ell=Z_0\frac{1+\mathrm{j}\tan\beta\ell\tanh\alpha\ell}{\tanh\alpha\ell+\mathrm{j}\tan\beta\ell} \tag{6.32}$$

像前面一样，假定在 $\omega=\omega_0$ 处有 $\ell=\lambda/2$，并令 $\omega=\omega_0+\Delta\omega$，则有

$$\beta\ell=\pi+\frac{\pi\Delta\omega}{\omega_0}$$

所以

$$\tan\beta\ell=\tan\frac{\Delta\omega\pi}{\omega}\approx\frac{\Delta\omega\pi}{\omega_0}$$

且 $\tanh\alpha\ell\approx\alpha\ell$。将这些结果代入式(6.32)得

$$Z_{\text{in}}=\frac{Z_0}{\alpha\ell+\mathrm{j}\left(\Delta\omega\pi/\omega_0\right)} \tag{6.33}$$

与式(6.19)给出的并联谐振电路的输入阻抗相比，可间接得到等效 RLC 电路的阻抗是

$$R=\frac{Z_0}{a\ell} \tag{6.34a}$$

等效电路的电容是

$$C=\frac{\pi}{2\omega_0 Z_0} \tag{6.34b}$$

等效电路的电感是

$$L=\frac{1}{\omega_0^2 C} \tag{6.34c}$$

由式(6.18)和式(6.34)得无载 Q 为

$$Q=\omega_0 RC=\frac{\pi}{2\alpha\ell}=\frac{\beta}{2\alpha} \tag{6.35}$$

因为谐振时 $\ell=\pi/\beta$。

例题 6.2 半波长微带谐振器

考虑一个长度为 $\lambda/2$ 的 50Ω 开路微带线构成的微带谐振器。基片是聚四氟乙烯（$\epsilon_r=2.08$ 和

$\tan\delta = 0.0004$)，厚度是 0.159cm，导体是铜。计算在 5GHz 谐振时微带线的长度、谐振器的无载 Q。忽略微带线端口的杂散场。

解：由式(3.197)可得这种基片上的 50Ω 微带线的宽度是 $W = 0.508\text{cm}$，有效介电常数是 $\epsilon_e = 1.80$。因此，计算出谐振长度为

$$\ell = \frac{\lambda}{2} = \frac{v_p}{2f} = \frac{c}{2f\sqrt{\epsilon_e}} = \frac{3\times10^8}{2\times(5\times10^9)\times\sqrt{1.80}} = 2.24\text{cm}$$

传播常数是

$$\beta = \frac{2\pi f}{v_p} = \frac{2\pi f\sqrt{\epsilon_e}}{c} = \frac{2\pi\times(5\times10^9)\times\sqrt{1.80}}{3\times10^8} = 151.0\text{rad/m}$$

由式(3.199)得出导体损耗导致的衰减是

$$\alpha_c = \frac{R_s}{Z_0 W} = \frac{1.84\times10^{-2}}{50\times0.00508} = 0.0724\text{Np/m}$$

此处用到了例题 6.1 中的 R_s。由式(3.198)得出介质损耗引起的衰减是

$$\alpha_d = \frac{k_0\epsilon_r(\epsilon_e-1)\tan\delta}{2\sqrt{\epsilon_e}(\epsilon_r-1)} = \frac{104.7\times2.08\times0.80\times0.0004}{2\times\sqrt{1.80}\times1.08} = 0.024\text{Np/m}$$

然后，由式(6.35)计算出 Q 为

$$Q = \frac{\beta}{2\alpha} = \frac{151.0}{2\times(0.0724+0.024)} = 783$$

■

6.3 矩形波导腔谐振器

微波谐振器也可由封闭的波导段构建。因为来自开路端波导的辐射损耗意义重大，因此波导谐振器通常在两端短路，形成一个封闭的盒子或腔。电能和磁能存储在腔的内部，功率被消耗在腔的金属壁上及填充腔体的电介质中。通过小孔或小探针或环，可耦合到腔谐振器。后面会看到，腔谐振器具有许多可能的谐振模，它们对应于三个方向的场的变化。

下面首先推导矩形腔的一般TE或TM谐振模的谐振频率，然后推导 $\text{TE}_{10\ell}$ 模的无载 Q 表达式。对于任意 TE 模和 TM 模的无载 Q 的完整论述，可采用同样的过程，但这一过程冗长且复杂，这里不做介绍。

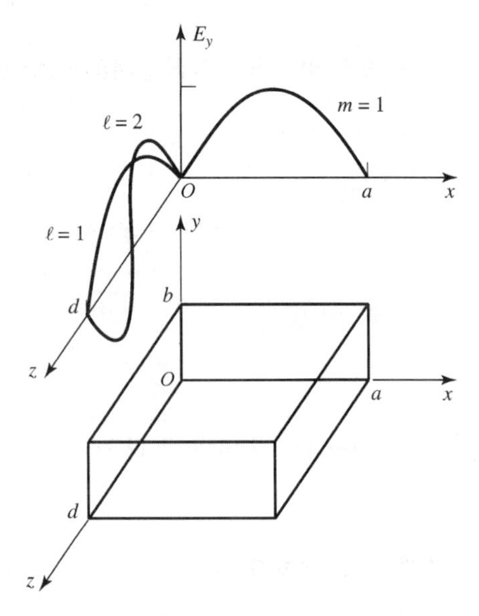

图 6.6 矩形腔谐振器及 TE_{101} 和 TE_{102} 谐振模的电场变化

6.3.1 谐振频率

矩形腔的几何结构如图 6.6 所示，它由两端（$z = 0, d$）短路、长度为 d 的矩形波导段组成。下面首先在矩形腔无耗的假设下，求其谐振频率，然后用 2.7 节中介绍微扰法求无载 Q。尽管能从亥姆霍兹波动方程出

发并采用分离变量法来求解满足腔体边界条件的电场和磁场，但更为简单的方法是从 TE 和 TM 波导模的场出发，因为这些模的场满足腔体侧壁（$x = 0, a$ 和 $y = 0, b$）的边界条件。然后，只需在 $z = 0, d$ 处的端壁上考虑边界条件 $E_x = E_y = 0$。

由表 3.2 可知 TE_{mn} 或 TM_{mn} 矩形波导模的横向电场（E_x, E_y）为

$$\boldsymbol{E}_t(x,y,z) = \boldsymbol{e}(x,y)\left(A^+ \mathrm{e}^{-\mathrm{j}\beta_{mn}z} + A^- \mathrm{e}^{\mathrm{j}\beta_{mn}z}\right) \tag{6.36}$$

式中，$\boldsymbol{e}(x,y)$是该模的横向变化，A^+和 A^-是前向行波和反向行波的任意振幅。第 m, n 次 TE 模或 TM 模的传播常数是

$$\beta_{mn} = \sqrt{k^2 - \left(\frac{m\pi}{a}\right)^2 - \left(\frac{n\pi}{b}\right)^2} \tag{6.37}$$

式中，$k = \omega\sqrt{\mu\epsilon}$ ，ϵ 和 μ 是填充腔体的材料的磁导率和介电常数。

将 $z = 0$ 处的条件 $\boldsymbol{E}_t = 0$ 应用到式(6.36)中，得出 $A^+ = -A^-$（不出所料，出现了理想导体壁上的全反射）。于是条件 $\boldsymbol{E}_t = 0$ 在 $z = d$ 处可导出公式

$$\boldsymbol{E}_t(x,y,d) = -\boldsymbol{e}(x,y)A^+ 2\mathrm{j}\ \sin\beta_{mn}d = 0$$

唯一的非无效解（$A^+ \neq 0$）出现在如下位置：

$$\beta_{mn}d = \ell\pi, \qquad \ell = 1,2,3,\cdots \tag{6.38}$$

这意味着在谐振频率处，腔的长度必须是半波导波长的整数倍。对于其他长度或不是谐振频率的其他频率，不可能存在有效解。

矩形腔的谐振波数定义为

$$k_{mn\ell} = \sqrt{\left(\frac{m\pi}{a}\right)^2 + \left(\frac{n\pi}{b}\right)^2 + \left(\frac{\ell\pi}{d}\right)^2} \tag{6.39}$$

下面介绍腔的 $TE_{mn\ell}$ 或 $TM_{mn\ell}$ 谐振模，其中下标 m, n, ℓ 分别表示 x, y, z 方向的驻波图中的变化数。$TE_{mn\ell}$ 模或 $TM_{mn\ell}$ 模的谐振频率为

$$f_{mn\ell} = \frac{ck_{mn\ell}}{2\pi\sqrt{\mu_r\epsilon_r}} = \frac{c}{2\pi\sqrt{\mu_r\epsilon_r}}\sqrt{\left(\frac{m\pi}{a}\right)^2 + \left(\frac{n\pi}{b}\right)^2 + \left(\frac{\ell\pi}{d}\right)^2} \tag{6.40}$$

$b < a < d$ 时，基本谐振模（最低谐振频率）是 TE_{101} 模，它对应于长度为 $\lambda_g/2$ 的短路波导中的 TE_{10} 波导基模，并且类似于短路 $\lambda/2$ 传输线谐振器。TM 谐振基模是 TM_{110} 模。

6.3.2 $TE_{10\ell}$ 模的无载 Q

由表 3.2、式(6.36)和 $A^- = -A^+$可知，$TM_{10\ell}$ 谐振模的总场为

$$E_y = A^+ \sin\frac{\pi x}{a}\left(\mathrm{e}^{-\mathrm{j}\beta z} - \mathrm{e}^{\mathrm{j}\beta z}\right) \tag{6.41a}$$

$$H_x = \frac{-A^+}{Z_{\mathrm{TE}}}\sin\frac{\pi x}{a}\left(\mathrm{e}^{-\mathrm{j}\beta z} + \mathrm{e}^{\mathrm{j}\beta z}\right) \tag{6.41b}$$

$$H_z = \frac{\mathrm{j}\pi A^+}{k\eta a}\cos\frac{\pi x}{a}\left(\mathrm{e}^{-\mathrm{j}\beta z} - \mathrm{e}^{\mathrm{j}\beta z}\right) \tag{6.41c}$$

令 $E_0 = -2\mathrm{j}A^+$并使用式(6.38)，可使这些表达式简化为

$$E_y = E_0 \sin\frac{\pi x}{a}\sin\frac{\ell\pi z}{d} \tag{6.42a}$$

$$H_x = \frac{-\mathrm{j}E_0}{Z_{\mathrm{TE}}} \sin\frac{\pi x}{a} \cos\frac{\ell\pi z}{d} \tag{6.42b}$$

$$H_z = \frac{\mathrm{j}\pi E_0}{k\eta a} \cos\frac{\pi x}{a} \sin\frac{\ell\pi z}{d} \tag{6.42c}$$

这清楚地表明腔内的场是驻波形式的。现在通过求存储的电能和磁能及导体壁和电介质中的功耗，来计算这个模的无载 Q。

由式(1.84)得到存储的电能为

$$W_e = \frac{\epsilon}{4} \int_V E_y E_y^* \mathrm{d}\upsilon = \frac{\epsilon abd}{16} E_0^2 \tag{6.43a}$$

同时由式(1.86)得到存储的磁能为

$$W_m = \frac{\mu}{4} \int_V \left(H_x H_x^* + H_z H_z^* \right) \mathrm{d}v = \frac{\mu abd}{16} E_0^2 \left(\frac{1}{Z_{\mathrm{TE}}^2} + \frac{\pi^2}{k^2 \eta^2 a^2} \right) \tag{6.43b}$$

因为 $Z_{\mathrm{TE}} = k\eta/\beta$，$\beta = \beta_{10} = \sqrt{k^2 - (\pi/a)^2}$ ，所以式(6.43b)中括号内的量可简化成

$$\left(\frac{1}{Z_{\mathrm{TE}}^2} + \frac{\pi^2}{k^2 \eta^2 a^2} \right) = \frac{\beta^2 + (\pi/a)^2}{k^2 \eta^2} = \frac{1}{\eta^2} = \frac{\epsilon}{\mu}$$

这表明谐振时 $W_e = W_m$。谐振时存储的电能和磁能相等这一条件，也适用于 6.1 节的 RLC 谐振电路。

对于小损耗，可用 2.7 节中介绍的微扰法求出消耗在腔壁上的功率。因此，导体壁上的功耗由式(1.131)给出：

$$P_c = \frac{R_s}{2} \int_{\mathrm{walls}} |H_t|^2 \mathrm{d}s \tag{6.44}$$

式中，$R_s = \sqrt{\omega\mu_0 / 2\sigma}$ 是金属壁的表面电阻，H_t 是在壁表面的切向磁场。将式(6.42b)和式(6.42c)代入式(6.44)得

$$\begin{aligned} P_c &= \frac{R_s}{2} \left\{ 2\int_{y=0}^{b} \int_{x=0}^{a} \left| H_x(z=0) \right|^2 \mathrm{d}x\mathrm{d}y + 2\int_{z=0}^{d} \int_{y=0}^{b} \left| H_z(x=0) \right|^2 \mathrm{d}y\mathrm{d}z + \right. \\ &\quad \left. 2\int_{z=0}^{d} \int_{x=0}^{a} \left[\left| H_x(y=0) \right|^2 + \left| H_z(y=0) \right|^2 \right] \mathrm{d}x\mathrm{d}z \right\} \\ &= \frac{R_s E_0^2 \lambda^2}{8\eta^2} \left(\frac{\ell^2 ab}{d^2} + \frac{bd}{a^2} + \frac{\ell^2 a}{2d} + \frac{d}{2a} \right) \end{aligned} \tag{6.45}$$

式中用到了腔的对称性，即把分别来自 $x = 0, y = 0$ 和 $z = 0$ 的壁上的贡献加倍，计入了 $x = a, y = b, z = d$ 的壁上的贡献。为简化式(6.45)，还使用了关系式 $k = 2\pi/\lambda$ 和 $Z_{\mathrm{TE}} = k\eta/\beta = 2d\eta/\ell\lambda$。于是，由式(6.7)得出导体壁有耗但电介质无耗的腔的无载 Q 为

$$\begin{aligned} Q_c &= \frac{2\omega_0 We}{P_c} \\ &= \frac{k^3 abd\eta}{4\pi^2 R_s} \frac{1}{\left[\left(\ell^2 ab/d^2 \right) + \left(bd/a^2 \right) + \left(\ell^2 a/2d \right) + \left(d/2a \right) \right]} \\ &= \frac{(kab)^3 d\eta}{2\pi^2 R_s} \frac{1}{\left(2\ell^2 a^3 b + 2bd^3 + \ell^2 a^3 d + ad^3 \right)} \end{aligned} \tag{6.46}$$

下面计算电介质中的功耗。如第 1 章所述，有耗电介质的有效电导率 $\sigma = \omega\epsilon'' = \omega\epsilon_r\epsilon_0 \tan\delta$ ，其中 $\epsilon = \epsilon' - \mathrm{j}\epsilon'' = \epsilon_r\epsilon_0 (1 - \mathrm{j}\tan\delta)$，$\tan\delta$ 是材料的损耗角正切。于是由式(1.92)可知电介质中的功耗为

$$P_d = \frac{1}{2}\int_v \boldsymbol{J}\cdot\boldsymbol{E}^* \mathrm{d}v = \frac{\omega\epsilon''}{2}\int_v |\boldsymbol{E}|^2 \mathrm{d}v = \frac{abd\omega\epsilon''|E_0|^2}{8} \tag{6.47}$$

式中，$\boldsymbol{E}$ 由式(6.42a)给出。由式(6.7)可知，填充了有耗电介质但导体壁理想的腔的无载 Q 为

$$Q_d = \frac{2\omega W_e}{P_d} = \frac{\epsilon'}{\epsilon''} = \frac{1}{\tan\delta} \tag{6.48}$$

这个结果得以简化的原因是，在式(6.43a)对 W_e 的积分中消去了式(6.47)对 P_d 的相同积分。因此，这个结果适用于任意谐振腔模的 Q_d。当壁上的损耗和电介质的损耗同时存在时，总功耗是 $P_c + P_d$，因此式(6.7)给出的总无载 Q 为

$$Q = \left(\frac{1}{Q_c} + \frac{1}{Q_d}\right)^{-1} \tag{6.49}$$

例题 6.3　设计一个矩形腔谐振器

一个矩形波导腔由一段铜制 WR-187 H 波段波导制成，有 $a = 4.755\text{cm}$ 和 $b = 2.215\text{cm}$，该腔用聚乙烯（$\epsilon_r = 2.25$，$\tan\delta = 0.0004$）填充。谐振出现在 $f = 5\text{GHz}$ 处，求所需长度 d 和 $\ell = 1, 2$ 谐振模导致的无载 Q。

解： 波数 k 是

$$k = \frac{2\pi f\sqrt{\epsilon_r}}{c} = 157.08\text{m}^{-1}$$

由式(6.40)得谐振时所需的长度 d（$m = 1$，$n = 0$ 时）为

$$d = \frac{\ell\pi}{\sqrt{k^2 - (\pi/a)^2}}$$

$$\ell = 1, \qquad d = \frac{\pi}{\sqrt{(157.08)^2 - (\pi/0.04755)^2}} = 2.20\text{cm}$$

$$\ell = 2, \qquad d = 2\times 2.20 = 4.40\text{cm}$$

由例题 6.1 可知，在 5GHz 时铜的表面电阻为 $R_s = 1.84\times10^{-2}\Omega$。本征阻抗是

$$\eta = \frac{377}{\sqrt{\epsilon_r}} = 251.3\Omega$$

于是，由式(6.46)得出仅由导体损耗导致的 Q 是

$$\ell = 1, \qquad Q_c = 8403$$

$$\ell = 2, \qquad Q_c = 11898$$

由式(6.48)得出仅由电介质损耗导致的 Q（$\ell = 1$ 和 $\ell = 2$）是

$$Q_d = \frac{1}{\tan\delta} = \frac{1}{0.0004} = 2500$$

所以，由式(6.49)得出总无载 Q 是

$$\ell = 1, \qquad Q_0 = \left(\frac{1}{8403} + \frac{1}{2500}\right)^{-1} = 1927$$

$$\ell = 2, \qquad Q_0 = \left(\frac{1}{11898} + \frac{1}{2500}\right)^{-1} = 2065$$

注意，电介质损耗对 Q 有着决定性的影响；使用空气填充的腔能得到更高的 Q。这个结果可与例题 6.1 和例题 6.2 的结果进行比较，它们都在同样的频率上使用了类似的材料。■

6.4 圆波导腔谐振器

类似于矩形腔谐振器，圆柱腔谐振器可由一段两端短路的圆波导构建。因为圆波导的基模是 TE_{11} 模，所以圆柱腔的基模是 TE_{111} 模。下面推导 $TE_{nm\ell}$ 和 $TM_{nm\ell}$ 圆腔模的谐振频率及 $TE_{nm\ell}$ 模的无载 Q 表达式。

圆腔通常用在微波频率计中。圆腔由一个可移动的顶壁制成，可以机械调谐谐振频率，腔体通过小孔弱耦合到波导。在使用过程中，当腔调谐到系统的工作频率时，腔会吸收功率，同时在系统的另一处用功率计监测这一吸收现象。调谐度表盘通常直接用频率校准，如图 6.7 所示。频率分辨率由谐振器的 Q 决定，因此通常用 TE_{011} 模作为频率计，因为其 Q 值远高于圆腔的基模的 Q 值。这也是弱耦合到腔的原因。

图 6.7　W 波段波导频率计的照片。旋钮改变圆腔谐振器的长度，标尺给出频率的读数。承蒙 Millitech Inc., Northampton, Mass 提供照片

6.4.1 谐振频率

圆柱腔的几何形状如图 6.8 所示。类似于矩形腔的情形，从满足圆波导壁要求的边界条件的圆波导模开始求解是简单的。由表 3.5 可知，圆波导 TE_{nm} 模或 TM_{nm} 模的横向电场（E_ρ, E_ϕ）可写为

$$\boldsymbol{E}_t(\rho,\phi,z)=\boldsymbol{e}(\rho,\phi)\left(A^+\mathrm{e}^{-\mathrm{j}\beta_{nm}z}+A^-\mathrm{e}^{\mathrm{j}\beta_{nm}z}\right) \tag{6.50}$$

式中，$\boldsymbol{e}(\rho,\phi)$表示这个模的横向变化，$A^+$和 A^-是前向行波和反向行波的振幅。由式(3.126)得出 TE_{nm} 模的传播常数为

$$\beta_{nm}=\sqrt{k^2-\left(\frac{p'_{nm}}{a}\right)^2} \tag{6.51a}$$

由式(3.139)得出 TM_{nm} 模的传播常数为

$$\beta_{nm}=\sqrt{k^2-\left(\frac{p_{nm}}{a}\right)^2} \tag{6.51b}$$

式中，$k=\omega\sqrt{\mu\epsilon}$ 。

要在 $z=0, d$ 处有 $\boldsymbol{E}_t=0$，必须选择 $A^+=-A^-$和 $A^+\sin\beta_{nm}d=0$，或

$$\beta_{nm}d=\ell\pi, \qquad \ell=0,1,2,3,\cdots \tag{6.52}$$

这意味着波导的长度必须是半个波导波长的整数倍。因此，$\mathrm{TE}_{nm\ell}$ 模的谐振频率是

$$f_{nm\ell}=\frac{c}{2\pi\sqrt{\mu_r\epsilon_r}}\sqrt{\left(\frac{p'_{nm}}{a}\right)^2+\left(\frac{\ell\pi}{d}\right)^2} \tag{6.53a}$$

$\mathrm{TM}_{nm\ell}$ 模的谐振频率是

$$f_{nm\ell}=\frac{c}{2\pi\sqrt{\mu_r\epsilon_r}}\sqrt{\left(\frac{p_{nm}}{a}\right)^2+\left(\frac{\ell\pi}{d}\right)^2} \tag{6.53b}$$

这样，TE 的基模就是 TE_{111} 模，而 TM 的基模是 TM_{010} 模。图 6.9 显示了圆柱腔较低次谐振模的模式图。该图对于设计圆柱谐振腔是很有用的，因为对于给定的腔尺寸，它给出指定频率下可激励的模。

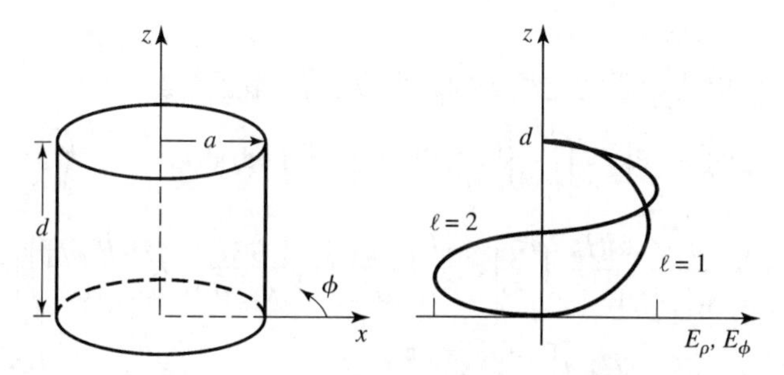

图 6.8　圆柱谐振腔及 $\ell=1$ 或 $\ell=2$ 时的谐振模的电场分布

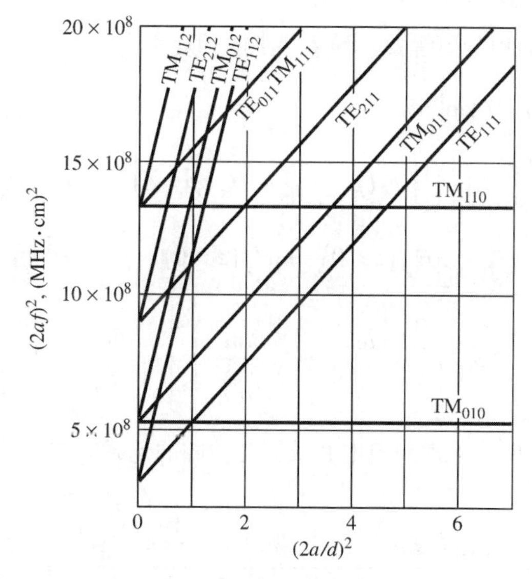

图 6.9　圆柱腔的谐振模式图。数据摘自 R. E. Collin, *Foundations for Microwave Engineering*, 2nd edition, Wiley-IEEE Press, Hoboken, N. J., 2001。经许可使用

6.4.2 $TE_{nm\ell}$ 模的无载 Q

根据表 3.5、式(6.50)和 $A^+=-A^-$，$TE_{nm\ell}$ 模的场可表示为

$$H_z=H_0J_n\left(\frac{p'_{nm}\rho}{a}\right)\cos n\phi\sin\frac{\ell\pi z}{d} \tag{6.54a}$$

$$H_\rho=\frac{\beta aH_0}{p'_{nm}}J'_n\left(\frac{p'_{nm}\rho}{a}\right)\cos n\phi\cos\frac{\ell\pi z}{d} \tag{6.54b}$$

$$H_\phi=\frac{-\beta a^2nH_0}{(p'_{nm})^2\rho}J_n\left(\frac{p'_{nm}\rho}{a}\right)\sin n\phi\cos\frac{\ell\pi z}{d} \tag{6.54c}$$

$$E_\rho=\frac{\mathrm{j}k\eta a^2nH_0}{(p'_{nm})^2\rho}J_n\left(\frac{p'_{nm}\rho}{a}\right)\sin n\phi\sin\frac{\ell\pi z}{d} \tag{6.54d}$$

$$E_\phi=\frac{\mathrm{j}k\eta aH_0}{p'_{nm}}J'_n\left(\frac{p'_{nm}\rho}{a}\right)\cos n\phi\sin\frac{\ell\pi z}{d} \tag{6.54e}$$

$$E_z=0 \tag{6.54f}$$

式中，$\eta=\sqrt{\mu/\epsilon}$，$H_0=-2\mathrm{j}A^+$。

因为时间平均存储电能和磁能是相等的，所以总存储能量是

$$\begin{aligned}W&=2W_e=\frac{\epsilon}{2}\int_{z=0}^{d}\int_{\phi=0}^{2\pi}\int_{\rho=0}^{a}\left(\left|E_\rho\right|^2+\left|E_\phi\right|^2\right)\rho\mathrm{d}\rho\mathrm{d}\phi\mathrm{d}z\\&=\frac{\epsilon k^2\eta^2a^2\pi dH_0^2}{4(p'_{nm})^2}\int_{\rho=0}^{a}\left[J_n'^2\left(\frac{p'_{nm}\rho}{a}\right)+\left(\frac{na}{p'_{nm}\rho}\right)^2J_n^2\left(\frac{p'_{nm}\rho}{a}\right)\right]\rho\mathrm{d}\rho\\&=\frac{\epsilon k^2\eta^2a^4H_0^2\pi d}{8(p'_{nm})^2}\left[1-\left(\frac{n}{p'_{nm}}\right)^2\right]J_n^2(p'_{nm})\end{aligned} \tag{6.55}$$

式中使用了附录 C.17 中的积分恒等式。导体壁上的功耗是

$$\begin{aligned}P_c&=\frac{R_s}{2}\int_s\left|\boldsymbol{H}\tan\right|^2\mathrm{d}s\\&=\frac{R_s}{2}\left\{\int_{z=0}^{d}\int_{\phi=0}^{2\pi}\left[\left|H_\phi(\rho=a)\right|^2+\left|H_z(\rho=a)\right|^2\right]a\mathrm{d}\phi\mathrm{d}z+\right.\\&\left.2\int_{\phi=0}^{2\pi}\int_{\rho=0}^{a}\left[\left|H_\rho(z=0)\right|^2+\left|H_\phi(z=0)\right|^2\right]\rho\mathrm{d}\rho\mathrm{d}\phi\right\}\\&=\frac{R_s}{2}\pi H_0^2J_n^2(p'_{nm})\left\{\frac{da}{2}\left[1+\left(\frac{\beta an}{(p'_{nm})^2}\right)^2\right]+\left(\frac{\beta a^2}{p'_{nm}}\right)^2\left(1-\frac{n^2}{(p'_{nm})^2}\right)\right\}\end{aligned} \tag{6.56}$$

于是，由式(6.8)可得出导体壁不理想但电介质无耗的腔的无载 Q 是

$$Q_c=\frac{\omega_0W}{P_c}=\frac{(ka)^3\eta ad}{4(p'_{nm})^2R_s}\frac{1-\left(\frac{n}{p'_{nm}}\right)^2}{\left\{\frac{ad}{2}\left[1+\left(\frac{\beta an}{(p'_{nm})^2}\right)^2\right]+\left(\frac{\beta a^2}{p'_{nm}}\right)^2\left(1-\frac{n^2}{(p'_{nm})^2}\right)\right\}} \tag{6.57}$$

由式(6.52)和式(6.51)可知，对于固定尺寸的腔，$\beta = \ell\pi/d$ 和$(ka)^2$是不随频率变化的常数。因此，取决于Q_c的频率由k/R_s给出，它按$1/\sqrt{f}$变化。式(6.57)给出了给定谐振模和腔的形状（固定n, m, ℓ和a/d）的Q_c的变化。

图 6.10 显示了圆柱腔的各种谐振模由导体损耗导致的归一化无载Q。可见TE_{011}模的无载Q明显高于低阶模TE_{111}, TM_{010}或TM_{111}的无载Q。

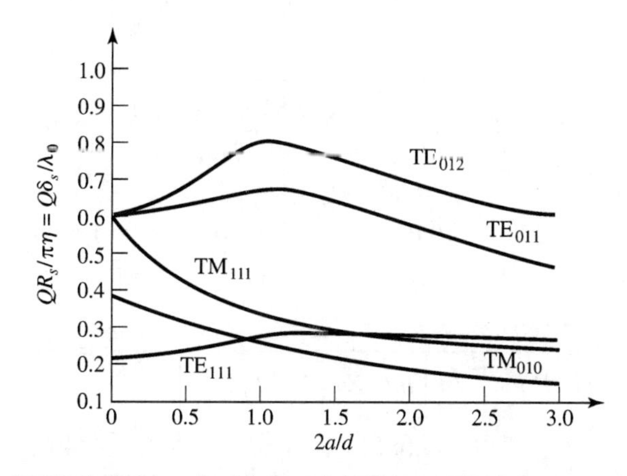

图 6.10　各种圆柱腔模的归一化无载Q（空气填充）。数据摘自 R. E. Collin, *Foundations for Microwave Engineering*, 2nd edition, Wiley-IEEE Press, N. J., 2001。经许可使用

要计算由电介质损耗导致的无载Q，就必须计算电介质中的功率耗散。因此，

$$\begin{aligned}P_d &= \frac{1}{2}\int_v \boldsymbol{J}\cdot\boldsymbol{E}^*\mathrm{d}v = \frac{\omega\epsilon''}{2}\int_v\left[\left|E_\rho\right|^2+\left|E_\phi\right|^2\right]\mathrm{d}v\\ &= \frac{\omega\epsilon'' k^2\eta^2a^2H_0^2\pi d}{4\left(p'_{nm}\right)^2}\int_{\rho=0}^{a}\left[\left(\frac{na}{p'_{nm}\rho}\right)^2 J_n^2\left(\frac{p'_{nm}\rho}{a}\right)+J_n'^2\left(\frac{p'_{nm}\rho}{a}\right)\right]\rho\mathrm{d}\rho\\ &= \frac{\omega\epsilon'' k^2\eta^2a^4H_0^2}{8\left(p'_{nm}\right)^2}\left[1-\left(\frac{n}{p'_{nm}}\right)^2\right]J_n^2\left(p'_{nm}\right)\end{aligned} \tag{6.58}$$

于是，式(6.8)给出的电介质损耗导致的无载Q为

$$Q_d = \frac{\omega W}{P_d} = \frac{\epsilon}{\epsilon''} = \frac{1}{\tan\delta} \tag{6.59}$$

式中，$\tan\delta$是电介质的损耗角正切。这与式(6.48)得到的矩形腔的Q_d的结果相同。当导体和电介质损耗都存在时，由式(6.49)可得到腔的总无载Q。

例题 6.4　圆腔谐振器的设计

一个圆腔谐振器，$d=2a$，设计在 5.0GHz 时谐振，使用的是TE_{011}模。若腔由铜制成，并用聚四氟乙烯填充（$\epsilon_r=2.08$，$\tan\delta=0.0004$），求腔的尺寸和无载Q。

解：

$$k = \frac{2\pi f_{011}\sqrt{\epsilon_r}}{c} = \frac{2\pi\times\left(5\times10^9\right)\times\sqrt{2.08}}{3\times10^8} = 151.0\mathrm{m}^{-1}$$

由式(6.53a)得TE_{011}模的谐振频率是

$$f_{011}=\frac{c}{2\pi\sqrt{\epsilon_r}}\sqrt{\left(\frac{p'_{01}}{a}\right)^2+\left(\frac{\pi}{d}\right)^2}$$

其中 $p'_{01}=3.832$。于是由 $d=2a$ 有

$$\frac{2\pi f_{011}\sqrt{\epsilon_r}}{c}=k=\sqrt{\left(\frac{p'_{01}}{a}\right)^2+\left(\frac{\pi}{d}\right)^2}$$

求解 a 得

$$a=\frac{\sqrt{\left(p'_{01}\right)^2+\left(\pi/2\right)^2}}{k}=\frac{\sqrt{(3.832)^2+\left(\pi/2\right)^2}}{151.0}=2.74\text{cm}$$

于是有 $d=5.48\text{cm}$。

在 5GHz 时，铜的表面电阻 $R_s=0.0184\Omega$ 。用 $n=0$，$m=\ell=1$ 和 $d=2a$ 由式(6.57)得导体损耗导致的无载 Q 是

$$Q_c=\frac{(ka)^3\eta ad}{4\left(p'_{01}\right)^2R_s}\frac{1}{\left[ad/2+\left(\beta a^2/p'_{01}\right)^2\right]}=\frac{ka\eta}{2R_s}=29390$$

为简化这一表达式，其中用到了式(6.51a)。由式(6.59)得介质损耗导致的无载 Q 是

$$Q_d=\frac{1}{\tan\delta}=\frac{1}{0.0004}=2500$$

该腔的总无载 Q 是

$$Q_0=\left(\frac{1}{Q_c}+\frac{1}{Q_d}\right)^{-1}=2300$$

这个结果可与例题 6.3 中的矩形腔情况的结果相比较，后者对 TE_{101} 模有 $Q_0=1927$，对 TE_{102} 模有 $Q_0=2065$。若腔由空气填充，则 Q 可提高到 42400。■

6.5 介质谐振器

小圆盘或立方体（或其他形状的）介质材料也可用作微波谐振器。这种介质谐振器的原理类似于前面讨论的矩形或圆柱腔。介质谐振器通常使用低损耗和高介电常数的材料，以保证大部分场包含在电介质内。但与金属腔不同的是，有些场会从介质谐振器的两边或两端（未金属化）辐射或泄漏，导致小的辐射损耗并降低 Q 值。这种谐振器与等效的金属腔相比，通常成本低，尺寸和重量都较小，能很容易地集成到微波集成电路中，并耦合到平面传输线上。通常使用介电常数为 $10\leqslant\epsilon_r\leqslant100$ 的材料，典型例子是用钛酸钡和二氧化钛。导体损耗可忽略不计，但介质损耗一般会随介电常数的增大而加大；Q 值甚至会高达几千。在谐振器上方使用一个可调的金属板，能够机械地调谐谐振频率。由于具有这些特性，介质谐振器已成为集成微波滤波器和振荡器的关键性器件。

下面给出圆柱介质谐振器的 $\text{TE}_{01\delta}$ 模的谐振频率的近似分析；在实际工作中，这个模是最常用的模，它与圆金属腔的 TE_{011} 模类似。

6.5.1 $\text{TE}_{01\delta}$ 模的谐振频率

圆柱介质谐振腔的几何形状如图 6.11 所示。$\text{TE}_{01\delta}$ 模的基本工作原理解释如下。介质谐振器

可认为是一小段两端开路的、长度为 L 的介质波导。这个波导的最低次 TE 模是 TE_{01} 模，而圆金属波导是双重 TM_{01} 模。因为谐振器的介电常数较高，在谐振频率处沿 z 轴的传播发生在介质内部，但在介质周围的空气区域内场被截止（渐近于零），因此场 H_z 的外观很像图 6.12 给出的示意图。较高阶的谐振模在谐振器内部的 z 方向变化更大。因为对于 $TE_{01\delta}$ 模，谐振长度 L 小于 $\lambda_g/2$（这里 λ_g 是介质波导 TE_{01} 模的波导波长），符号 $\delta = 2L/\lambda_g < 1$ 表示谐振模的 z 向变化。所以谐振器的等效电路类似于一段两端都是纯电抗性负载的传输线。

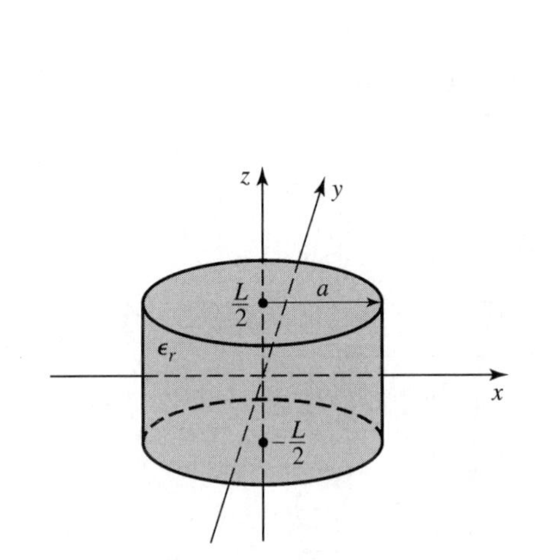

图 6.11　圆柱介质谐振器的几何形状

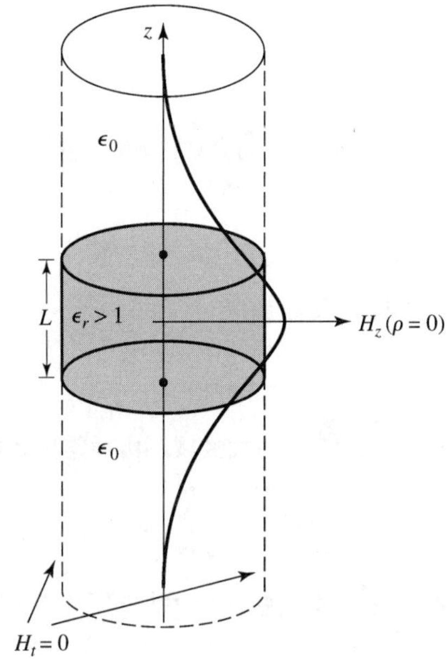

图 6.12　磁壁边界条件近似和圆柱介质谐振器的第一个模的 H_z 沿 z 的分布曲线（$\rho = 0$）

这里的分析采用参考文献[2]中的方法，它假设能在 $\rho = a$ 处强加磁壁边界条件。这种近似的依据是，在高介电常数区域中，波入射到空气填充区域时的反射系数近似为+1：

$$\Gamma = \frac{\eta_0 - \eta}{\eta_0 + \eta} = \frac{\sqrt{\epsilon_r} - 1}{\sqrt{\epsilon_r} + 1} \to 1, \qquad \epsilon_r \to \infty$$

该反射系数与理想磁壁边界条件下或理想开路条件条件下的结果相同。

首先求解在 $\rho = a$ 处满足磁壁边界条件的介质波导 TE_{01} 模的场。对于 TE 模，$E_z = 0$，且 H_z 必须满足波动方程

$$\left(\nabla^2 + k^2\right) H_z = 0 \tag{6.60}$$

式中，

$$k = \begin{cases} \sqrt{\epsilon_r} k_0, & |z| < L/2 \\ k_0, & |z| \ge L/2 \end{cases} \tag{6.61}$$

因为 $\partial / \partial\phi = 0$，由式(3.110)可得横向场为

$$E_\phi = \frac{j\omega\mu_0}{k_c^2} \frac{\partial H_z}{\partial \rho} \tag{6.62a}$$

$$H_\rho = \frac{-\mathrm{j}\beta}{k_c^2}\frac{\partial H_z}{\partial \rho} \tag{6.62b}$$

式中，$k_c^2 = k^2 - \beta^2$。因为 H_z 在 $\rho = 0$ 处必须是有限的，所以在 $\rho = a$（磁壁）处为零，从而有

$$H_z = H_0 J_0(k_c\rho)\mathrm{e}^{\pm \mathrm{j}\beta z} \tag{6.63}$$

式中，$k_c = p_{01}/a$ 和 $J_0(p_{01}) = 0$（$p_{01} = 2.405$）。于是，由式(6.62)得横向场为

$$E_\phi = \frac{\mathrm{j}\omega\mu_0 H_0}{k_c} J_0'(k_c\rho)\mathrm{e}^{\pm \mathrm{j}\beta z} \tag{6.64a}$$

$$H_\rho = \frac{\mp \mathrm{j}\beta H_0}{k_c} J_0'(k_c\rho)\mathrm{e}^{\pm \mathrm{j}\beta z} \tag{6.64b}$$

在 $|z| < L/2$ 的介质区域，传播常数是实数：

$$\beta = \sqrt{\epsilon_r k_0^2 - k_c^2} = \sqrt{\epsilon_r k_0^2 - \left(\frac{p_{01}}{a}\right)^2} \tag{6.65a}$$

波阻抗定义为

$$Z_d = \frac{E_\phi}{H_\rho} = \frac{\omega\mu_0}{\beta} \tag{6.65b}$$

在 $|z| > L/2$ 的空气区域，传播常数是虚数，所以写成如下形式是方便的：

$$\alpha = \sqrt{k_c^2 - k_0^2} = \sqrt{\left(\frac{p_{01}}{a}\right)^2 - k_0^2} \tag{6.66a}$$

在空气区域，波阻抗定义为

$$Z_a = \frac{\mathrm{j}\omega\mu_0}{\alpha} \tag{6.66b}$$

可以看出它是虚数。

由于对称性，对于最低阶的模，H_z 场和 E_ϕ 场分布是关于 $z = 0$ 的偶函数。于是，在 $|z| < L/2$ 的区域，$TE_{01\delta}$ 模的横向场可写为

$$E_\phi = A J_0'(k_c\rho)\cos\beta z \tag{6.67a}$$

$$H_\rho = \frac{-\mathrm{j}A}{Z_d} J_0'(k_c\rho)\sin\beta z \tag{6.67b}$$

在 $|z| > L/2$ 的区域有

$$E_\phi = B J_0'(k_c\rho)\mathrm{e}^{-\alpha|z|} \tag{6.68a}$$

$$H_\rho = \frac{\pm B}{Z_a} J_0'(k_c\rho)\mathrm{e}^{-\alpha|z|} \tag{6.68b}$$

式中，A 和 B 是未知的振幅系数。在式(6.68b)中，$\pm$ 号分别用于 $z > L/2$ 或 $z < -L/2$。

在 $z = L/2$（或 $z = -L/2$）处，匹配切向场导出如下两个方程：

$$A\cos\frac{\beta L}{2} = B\mathrm{e}^{-\alpha L/2} \tag{6.69a}$$

$$\frac{-\mathrm{j}A}{Z_d}\sin\frac{\beta L}{2} = \frac{B}{Z_a}\mathrm{e}^{-\alpha L/2} \tag{6.69b}$$

这两个公式可化简为单个超越方程：

$$-jZ_a\sin\frac{\beta L}{2}=Z_d\cos\frac{\beta L}{2}$$

利用式(6.65b)和式(6.66b)，可将这个方程表示为

$$\tan\frac{\beta L}{2}=\frac{\alpha}{\beta} \tag{6.70}$$

式中，β 由式(6.65a)给出，α 由式(6.66a)给出。这个方程可首先用数值求解法解出 k_0，然后求出谐振频率。

这个解是近似解，因为它忽略了谐振器侧面的杂散场，只提供 10%量级的精度（对多数实际应用来说这一精度是不够的），但它描述了介质谐振器的基本特性。更精确的解法可在参考文献[3]中找到。

谐振器的无载 Q 可通过确定存储能量（介质圆柱体的内部和外部）、消耗在介质中的功率及辐射损耗的功率来计算。辐射损耗的功率很小时，无载 Q 可近似为 $1/\tan\delta$，这与金属腔谐振器的情形相同。

例题 6.5　介质谐振器的谐振频率和 Q

求介质谐振器 $TE_{01\delta}$ 模的谐振频率和近似无载 Q，该谐振器由二氧化钛（$\epsilon_r=95$ 和 $\tan\delta=0.001$）制成，谐振器的尺寸是 $a=0.413$cm 和 $L=0.8255$cm。

解： 式(6.70)中的超越方程必须用式(6.65a)和式(6.66a)给出的 β 和 α 值对 k_0 数值求解。于是有

$$\tan\frac{\beta L}{2}=\frac{\alpha}{\beta}$$

式中，

$$\alpha=\sqrt{(2.405/a)^2-k_0^2},\quad \beta=\sqrt{\epsilon_r k_0^2-(2.405/a)^2}$$

和

$$k_0=\frac{2\pi f}{c}$$

因为 α 和 β 必须都是实数，所以可能的频率范围是从 f_1 到 f_2，其中

$$f_1=\frac{ck_0}{2\pi}\frac{c\times 2.405}{2\pi\sqrt{\epsilon_r}a}=2.853\text{GHz},\quad f_2=\frac{ck_0}{2\pi}\frac{c\times 2.405}{2\pi a}=27.804\text{GHz}$$

采用区间半分法（见第 3 章中的相关兴趣点）求上面方程的根，给出谐振频率约为 3.152GHz，它相对于参考文献[2]中的测量值 3.4GHz 的误差为 10%。由介质损耗引起的近似无载 Q 值是

$$Q_d=\frac{1}{\tan\delta}=1000$$

■

6.6　谐振器的激励

谐振器只有耦合到外部电路时才是有用的，因此下面讨论如何将谐振器耦合到传输线和波导。实际工作中，耦合方法取决于具体情况下的谐振器类型；图 6.13 中给出了谐振器耦合技术的一些示例。本节讨论一些通用的耦合技术，特别是缝隙耦合和小孔耦合。首先探讨连接到馈线的谐振器的耦合系数和临界耦合。实际工作中一个相关的主题是，谐振器的无载 Q 可由耦合到

传输线的谐振器的二端口响应求出。

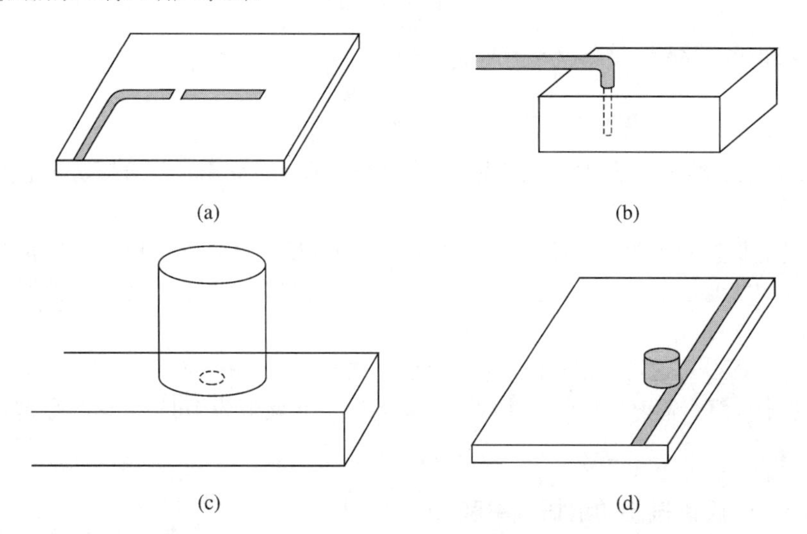

图 6.13　耦合到微波谐振器：(a)微带传输线谐振器缝隙耦合到微带馈线；(b)用同轴探针馈送到矩形腔谐振器；(c)圆柱腔谐振器小孔耦合到矩形波导；(d)介质谐振器耦合到微带馈线

6.6.1　耦合系数和临界耦合

谐振器及其连接的电路之间要求的耦合级别，取决于具体的应用。例如，用作频率计的波导腔通常要松耦合到其馈线，以便保持更高的 Q 值和较好的精度。然而，振荡器或调谐放大器中的谐振器可能要紧耦合到其馈线，以便实现最大的功率传输。谐振器和馈线之间耦合级别的测度由耦合系数给出。要在谐振器和馈线之间得到最大功率的传输，谐振器在谐振频率处必须与馈线匹配；此时，称该谐振器临界耦合到馈线。下面通过图 6.14 所示的串联谐振电路来说明以上概念。

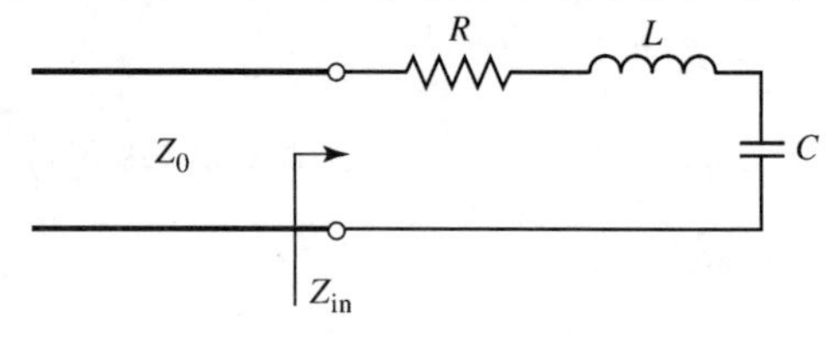

图 6.14　耦合到馈线的串联谐振电路

由式(6.9)得出图 6.14 所示串联谐振电路在接近谐振时的输入阻抗是

$$Z_{in} = R + j2L\Delta\omega = R + j\frac{2RQ_0\Delta\omega}{\omega_0} \tag{6.71}$$

由式(6.8)得到无载 Q 是

$$Q_0 = \frac{\omega_0 L}{R} \tag{6.72}$$

谐振时 $\Delta\omega = 0$，所以由式(6.71)得到输入阻抗 $Z_{in} = R$。为使谐振器与传输线匹配，必须有

$$R = Z_0 \tag{6.73}$$

这时，无载 Q 是

$$Q_0 = \frac{\omega_0 L}{Z_0} \tag{6.74}$$

由式(6.22)得到外部 Q 是

$$Q_e = \frac{\omega_0 L}{Z_0} = Q_0 \tag{6.75}$$

由此可以看出外部 Q 和无载 Q 在临界耦合条件下是相等的。有载 Q 是该值的一半。

通常定义耦合系数 g 为

$$g = \frac{Q_0}{Q_e} \tag{6.76}$$

连接到特征阻抗为 Z_0 的传输线后，它适用于串联（$g = Z_0/R$）和并联（$g = R/Z_0$）谐振电路。此时，可分为三种情况：

1. $g < 1$：此时称谐振器欠耦合到馈线。
2. $g = 1$：此时称谐振器临界耦合到馈线。
3. $g > 1$：此时称谐振器过耦合到馈线。

图 6.15 显示了对式(6.71)给出对应上述情况的各种 R 值时，串联谐振电路（输入）阻抗轨迹的 Smith 圆图。

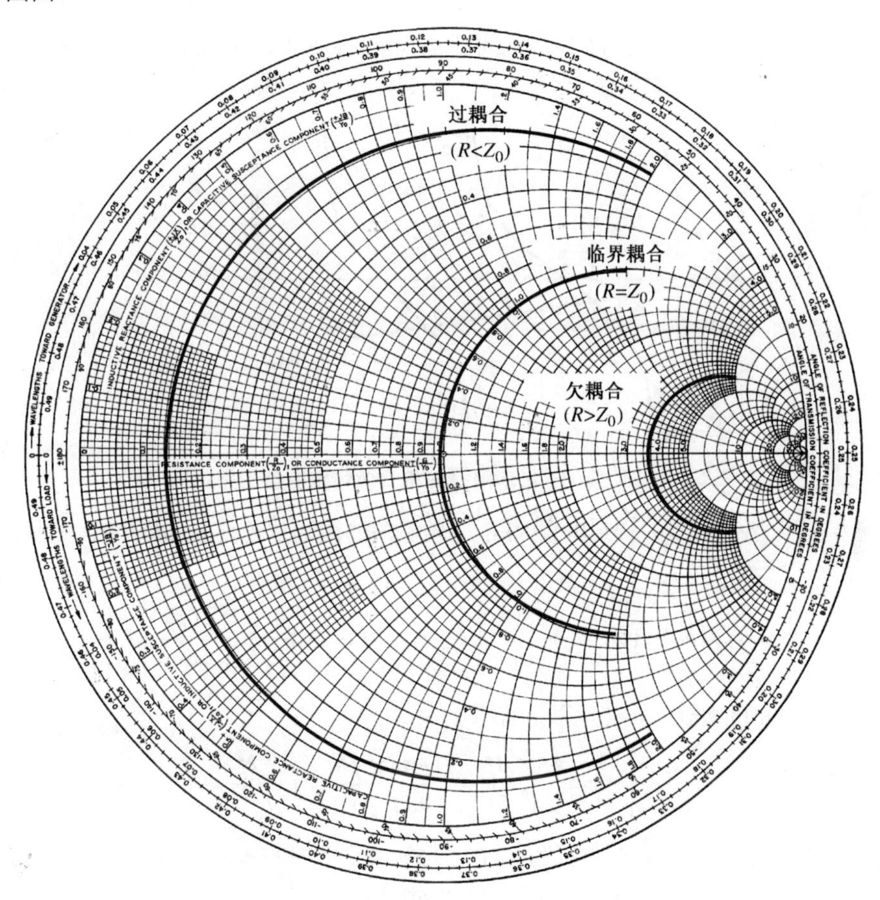

图 6.15　耦合到串联 RLC 电路的 Smith 圆图

6.6.2　缝隙耦合微带谐振器

下面考虑已接近耦合到微带馈线的一个 $\lambda/2$ 开路微带谐振器，如图 6.13a 所示。谐振器和微带线之间的缝隙可建模为一个串联电容，因此构建的等效电路如图 6.16 所示。由馈线看去的归一化输入阻抗是

$$z=\frac{Z}{Z_0}=-\mathrm{j}\frac{\left(1/\omega C+Z_0\cot\beta\ell\right)}{Z_0}=-\mathrm{j}\left(\frac{\tan\beta\ell+b_c}{b_c\tan\beta\ell}\right) \tag{6.77}$$

式中，$b_c=Z_0\omega C$ 是耦合电容 C 的归一化电纳。当 $z=0$ 时，或当

$$\tan\beta\ell+b_c=0 \tag{6.78}$$

时，发生谐振。这个超越方程的解法如图 6.17 所示。实际工作中，$b_c\ll 1$，因此第一个谐振频率 ω_1 靠近 $\beta\ell=\pi$（无载谐振器的第一个谐振频率）。谐振器到馈线的耦合会降低谐振器的频率。

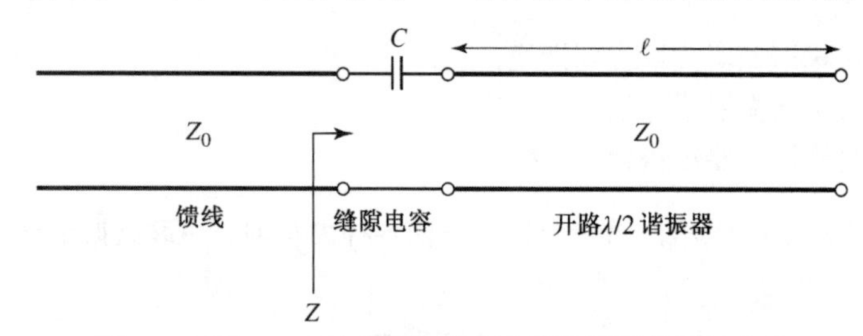

图 6.16　图 6.13a 所示缝隙耦合微带谐振器的等效电路

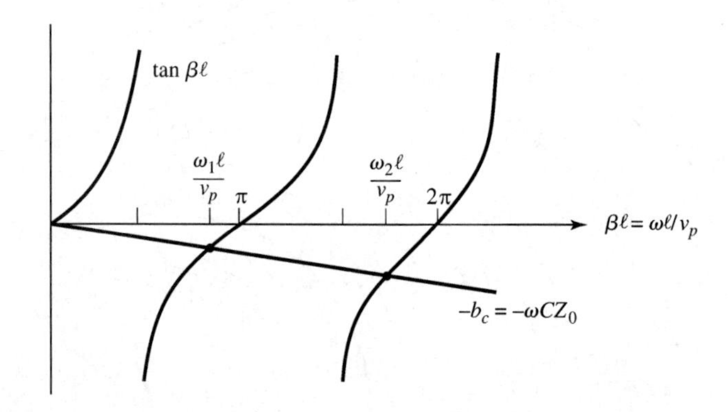

图 6.17　使用式(6.78)求解缝隙耦合微带谐振器的谐振频率

现在希望简化把谐振器关联到串联 RLC 等效电路的激励点阻抗公式(6.77)，方法是在谐振频率 ω_1 附近用泰勒级数展开 $z(\omega)$，并假定 b_c 很小。于是有

$$z(\omega)=z(\omega_1)+(\omega-\omega_1)\left.\frac{\mathrm{d}z(\omega)}{\mathrm{d}\omega}\right|_{\omega_1}+\cdots=(\omega-\omega_1)\left.\frac{\mathrm{d}z(\omega)}{\mathrm{d}(\beta\ell)}\frac{\mathrm{d}(\beta\ell)}{\mathrm{d}\omega}\right|_{\omega_1}+\cdots \tag{6.79}$$

由式(6.77)和式(6.78)可知 $z(\omega_1)=0$。于是有

$$\left.\frac{\mathrm{d}z}{\mathrm{d}(\beta\ell)}\right|_{\omega_1}=\mathrm{j}\frac{\sec^2\beta\ell}{\tan^2\beta\ell}=\mathrm{j}\frac{1+\tan^2\beta\ell}{\tan^2\beta\ell}=\mathrm{j}\frac{1+b_c^2}{b_c^2}\approx\frac{\mathrm{j}}{b_c^2}$$

式中用到了式(6.78)和假设 $b_c\ll 1$。假设是 TEM 传输线，此时有 $\mathrm{d}(\beta\ell)/\mathrm{d}\omega=\ell/v_p$，其中 v_p 是传输线的相速。因为 $\ell\approx\pi v_p/\omega_1$，因此归一化阻抗可写为

$$z(\omega)\approx\frac{\mathrm{j}\ell(\omega-\omega_1)}{b_c^2 v_p}\approx\frac{\mathrm{j}\pi(\omega-\omega_1)}{\omega_1 b_c^2} \tag{6.80}$$

迄今为止都忽略了损耗，但用式(6.10)中的复数谐振频率 $\omega_1(1+\mathrm{j}/2Q_0)$ 代替谐振频率 ω_1，可包含高 Q 值谐振器损耗。将这一过程应用到式(6.80)，可得到缝隙耦合有耗谐振器的输入阻抗为

$$z(\omega)=\frac{\pi}{2Q_0b_c^2}+\mathrm{j}\frac{\pi(\omega-\omega_1)}{\omega_1b_c^2}\tag{6.81}$$

注意，一个无耦合 $\lambda/2$ 开路传输线谐振器看起来像是接近谐振的并联 RLC 电路，但现在的情况是，电容耦合的 $\lambda/2$ 谐振器看起来像是接近谐振的串联 RLC 电路。这是因为串联耦合电容会使得谐振器激励点的阻抗倒相（见 8.5 节中关于阻抗倒相器的讨论）。

谐振时，输入电阻为 $R=Z_0\pi/2Q_0b_c^2$。对于临界耦合，必须有 $R=Z_0$ 或

$$b_c=\sqrt{\frac{\pi}{2Q_0}}\tag{6.82}$$

式(6.76)的耦合系数是

$$g=\frac{Z_0}{R}=\frac{2Q_0b_c^2}{\pi}\tag{6.83}$$

$b_c<\sqrt{\pi/2Q}$ 地，$g<1$，谐振器是欠耦合的；$b_c>\sqrt{\pi/2Q}$ 时，$g>1$，谐振器是过耦合的。

例题 6.6　缝隙耦合微带谐振器的设计

一个谐振器由一段开路 50Ω 微带线制成，缝隙耦合到 50Ω 的馈线，如图 6.13a 所示。谐振器在接近谐振时的长度为 2.175cm，有效介电常数是 1.9，衰减是 0.01dB/cm。求临界耦合时所需耦合电容的值，并求最终的谐振频率。

解： 第一个谐振频率出现在谐振器长度约为 $\ell=\lambda_g/2$ 的位置。忽略边缘场后求得近似谐振频率为

$$f_0=\frac{v_p}{\lambda_g}=\frac{c}{2\ell\sqrt{\epsilon_e}}=\frac{3\times10^8}{2\times0.02175\times\sqrt{1.9}}=5.00\text{GHz}$$

这一结果中不包含耦合电容的影响。由式(6.35)求得谐振器的无载 Q 为

$$Q_0=\frac{\beta}{2\alpha}=\frac{\pi}{\lambda_g\alpha}=\frac{\pi}{2\ell\alpha}=\frac{\pi\times8.7\text{dB}/\text{Np}}{2\times(0.02175\ \text{m})\times(1\text{dB}/\text{m})}=628$$

由式(6.82)求得归一化耦合电容的电纳为

$$b_c=\sqrt{\frac{\pi}{2Q_0}}=\sqrt{\frac{\pi}{2\times628}}=0.05$$

所以耦合电容的数值为

$$C=\frac{b_c}{\omega Z_0}=\frac{0.05}{2\pi\times\left(5\times10^9\right)\times50}=0.032\text{pF}$$

这应提供了谐振器到 50Ω 馈线的临界耦合。

既然 C 已求出，那么精确的谐振频率就能通过求解式(6.78)给出的超越方程求出。根据图 6.17 的几何求解可知，实际谐振频率要略低于无载谐振频率 5.0GHz，对几个邻近的频率计算式(6.78)很容易，求得的值约为 4.918GHz，比无载谐振频率低约 1.6%。图 6.18 是耦合电容值分别导致谐振器欠耦合、临界耦合和过耦合时，缝隙耦合谐振器的输入阻抗的 Smith 圆图。

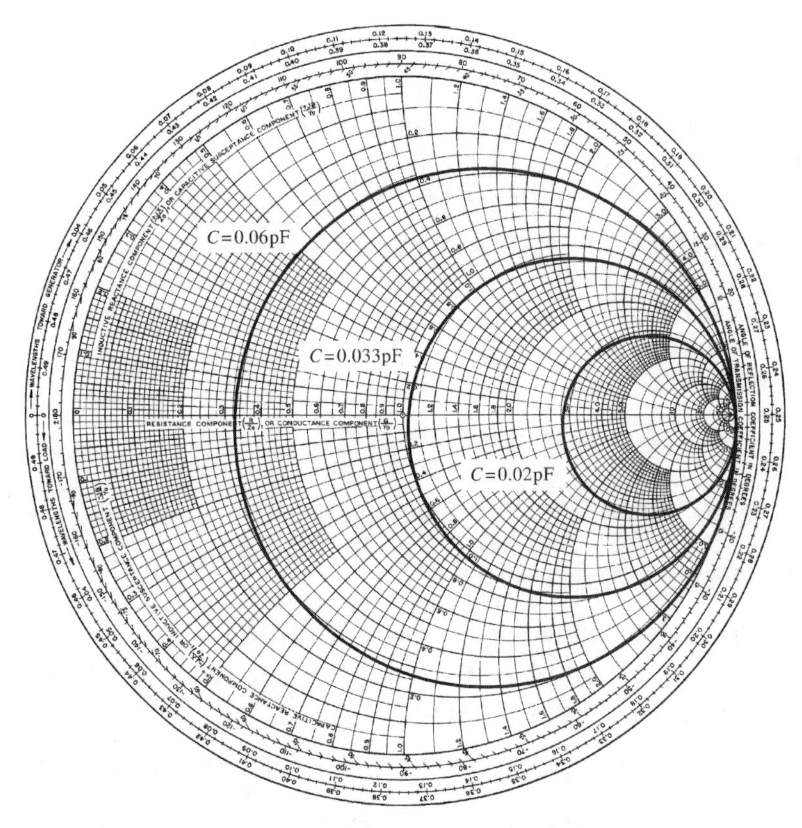

图 6.18　耦合电容值不同时，例题 6.6 中缝隙耦合微带谐振器的输入阻抗与频率关系的 Smith 圆图　■

6.6.3　小孔耦合腔

作为谐振器激励的最后一个例子，考虑图 6.19 中的小孔耦合波导腔。如 4.8 节所述，波导横壁上小孔的作用相当于一个并联电感。如果考虑这个腔的第一个谐振模（它出现在腔长 $\ell = \lambda_g/2$ 的位置），那么可将该腔视为一端短路的传输线谐振器。然后，小孔耦合腔可用图 6.20 所示的等效电路来建模。这个电路基本上是图 6.16 所示缝隙耦合微带谐振器的等效电路的对偶形式，因此下面将采用同样的方式来近似求解。

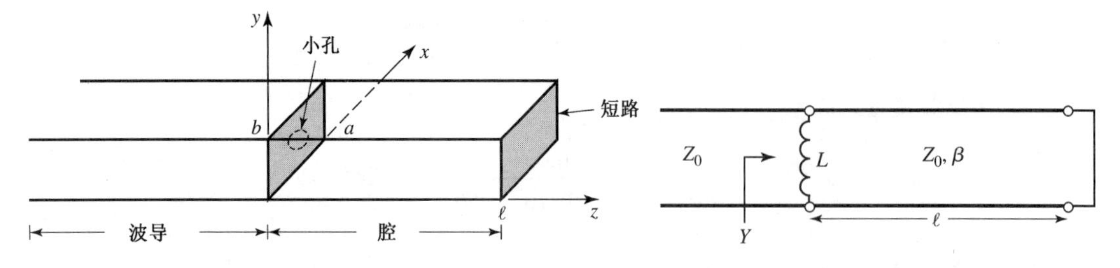

图 6.19　耦合到矩形腔的矩形波导小孔　　　图 6.20　小孔耦合腔谐振器的等效电路

由馈线看去的归一化输入导纳是

$$y = Z_0 Y = -\mathrm{j}\left(\frac{Z_0}{X_L} + \cot\beta\ell\right) = -\mathrm{j}\left(\frac{\tan\beta\ell + x_L}{x_L\tan\beta\ell}\right) \tag{6.84}$$

式中，$x_L = \omega_L/Z_0$ 是小孔的归一化电抗。当式(6.84)的分子变为零时，或当

$$\tan\beta\ell + x_L = 0 \tag{6.85}$$

时，发生反谐振。式(6.85)在形式上与缝隙耦合微带谐振器情形下的式(6.78)相似。实际中，$x_L \ll 1$，因此第一个谐振频率 ω_1 将是靠近 $\beta\ell = \pi$ 的谐振频率，类似于图 6.17 中的解。

采用与前一节中相同的步骤，式(6.84)的输入导纳可在谐振频率 ω_1 附近用泰勒级数展开，假定 $x_L \ll 1$，得到

$$y(\omega) = y(\omega_1) + (\omega - \omega_1)\left.\frac{\mathrm{d}y(\omega)}{\mathrm{d}\omega}\right|_{\omega_1} + \cdots = (\omega - \omega_1)\left.\frac{\mathrm{d}y(\omega)}{\mathrm{d}\beta\ell}\frac{\mathrm{d}y(\beta\ell)}{\mathrm{d}\omega}\right|_{\omega_1} + \cdots \tag{6.86}$$

因为由式(6.84)和式(6.85)有 $y(\omega_1) = 0$。于是有

$$\frac{\mathrm{d}\,y(\omega)}{\mathrm{d}(\beta\ell)} = \mathrm{j}\frac{\sec^2\beta\ell}{\tan^2\beta\ell} = \mathrm{j}\frac{1+\tan^2\beta\ell}{\tan^2\beta\ell} = \mathrm{j}\frac{1+x_L^2}{x_L^2} \approx \frac{\mathrm{j}}{x_L^2}$$

对于矩形波导，

$$\frac{\mathrm{d}\beta}{\mathrm{d}\omega} = \frac{\mathrm{d}}{\mathrm{d}\omega}\sqrt{k_0^2 - k_c^2} = \frac{k_0}{\beta c}$$

式中，c 是光速。于是，式(6.86)中的归一化导纳简化为

$$y(\omega) \approx \frac{\mathrm{j}k_0\ell}{x_L^2\beta c}(\omega - \omega_1) \approx \frac{\mathrm{j}\pi k_0}{x_L^2\beta^2 c}(\omega - \omega_1) \tag{6.87}$$

在式(6.87)中，k_0, β 和 x_L 应在谐振频率 ω_1 处计算。

假定有一个高 Q 腔并用 $\omega_1(1 + \mathrm{j}/2Q_0)$代替式(6.87)中的 ω_1，那么现在就可以包含损耗，得到

$$y(\omega) \approx \frac{\pi k_0\omega_1}{2Q_0\beta^2 c x_L^2} + \mathrm{j}\frac{\pi k_0(\omega - \omega_1)}{\beta^2 c x_L^2} \tag{6.88}$$

谐振时输入阻抗为 $R = 2Q_0\beta^2 c x_L^2 Z_0 / \pi k_0\omega_1$。要得到临界耦合，必须有 $R = Z_0$，于是给出所需的小孔电抗为

$$X_L = Z_0\sqrt{\frac{\pi k_0\omega_1}{2Q_0\beta^2 c}} \tag{6.89}$$

从 X_L 可求出所需的小孔尺寸。

小孔耦合腔的下一个模出现在输入阻抗变为零或 $Y \to \infty$时。由式(6.84)可以看出，它出现在 $\tan\beta\ell = 0$ 或 $\beta\ell = \pi$ 时的频率处，此时腔的精确长度是 $\lambda_g/2$，因此小孔平面上存在的横向电场是零，而且小孔对耦合不起作用。这个模在实际中意义不大，因为这一耦合太弱。

由电流探针或环激励的腔谐振器，可用模分析法进行分析，这类似于 4.7 节和 4.8 节讨论的方法。然而，这一过程很复杂，因此完整的模展开式需要有无旋（零旋度）场分量。感兴趣的读者可参阅参考文献[1]和[4]。

6.6.4 通过二端口测量求无载 Q

测量系统的负载效应使得我们无法直接测量谐振器的无载 Q，但在有载谐振器连接到传输线时，测量有载谐振器的频率响应可求出无载 Q。一端口（反射测量）和二端口（传输测量）技术都可行。下面描述如何由二端口测量来求无载 Q。

图 6.21 显示了在特征阻抗为 Z_0 的传输线上串联的 RLC 谐振器，它形成了一个二端口网络。谐振时出现了最大传输，因为串联谐振器的阻抗在谐振时最小。失谐时，谐振器的阻抗增大，插入损耗增大。结果是图 6.21 所示的网络有一个二端口传输响应（由 $|S_{21}|$ 给出），其形式如图 6.22

所示。有载 Q 可在 $Q_L = f_0/\mathrm{BW}$ 时由式(6.21)求出，其中 f_0 是谐振频率，BW 是半功率带宽（单位为 Hz），此时传输响应为 3dB，它要小于谐振时的响应。

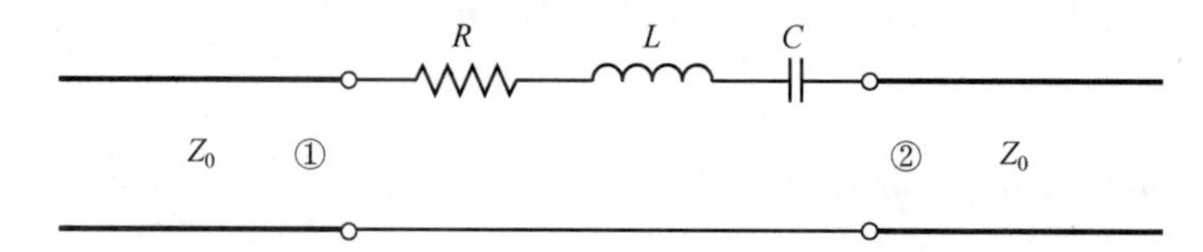

图 6.21　由串联 RLC 谐振器与传输线串联组成的二端口网络

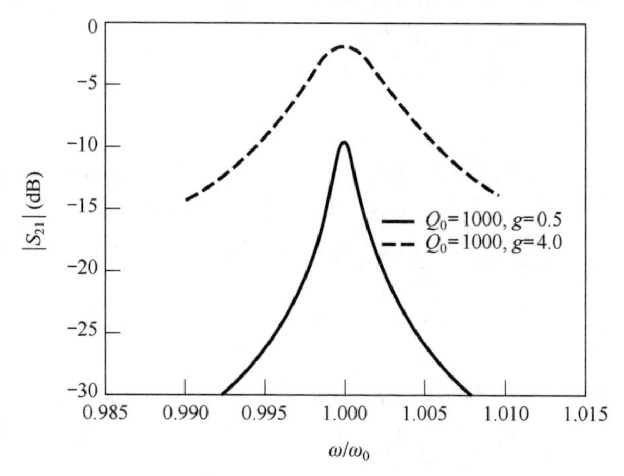

图 6.22　对于无载 Q 和耦合系数两个值，图 6.21 所示谐振器网络的传输特性的频率响应

无载 Q 可表示为有载 Q 和耦合系数 g 的函数。根据式(6.23)有

$$\frac{1}{Q_L} = \frac{1}{Q_e} + \frac{1}{Q_0} = \frac{1}{Q_0}\left(1 + \frac{Q_0}{Q_e}\right) = \frac{1}{Q_0}(1+g) \tag{6.90}$$

因为由式(6.76)有 $g = Q_0/Q_e$。重写式(6.90)得

$$Q_0 = (1+g)Q_L \tag{6.91}$$

因为串联谐振器的 $Q_0 = \omega_0 L/R$，外部 Q 为 $Q_e = \omega_0 L/2Z_0$，耦合系数为

$$g = \frac{2Z_0}{R} \tag{6.92}$$

谐振时，串联 RLC 谐振器的阻抗简化为 $Z = R$。图 6.21 所示二端口网络的散射参量 S_{21} 可用表 4.2（或习题 4.11）中的串联谐振器阻抗求出。谐振时，

$$S_{21}(\omega_0) = \frac{2Z_0}{2Z_0 + Z(\omega_0)} = \frac{2Z_0}{2Z_0 + R} = \frac{g}{1+g} \tag{6.93}$$

求解 g 得

$$g = \frac{S_{21}(\omega_0)}{1 - S_{21}(\omega_0)} \tag{6.94}$$

根据测量的散射参量数据（或计算机模型产生的数据）求无载 Q 的过程如下：首先用式(6.94)求耦合系数，然后根据 3dB 带宽求有载 Q，最后用式(6.91)求 Q_0。注意，S_{21} 在谐振时应是实数，假设相位参考平面在谐振器电路上。谐振器以并联电路出现时，很容易证明式(6.94)中的 g 应倒过来。

6.7 腔的微扰

在实际应用中，让腔谐振器的形状发生较小的变化，或引入小片介质或金属材料，可改变腔谐振器。例如，腔谐振器的谐振频率可用进入腔体的小螺杆（介质或金属）来调谐，也可改变带有可移动壁的腔的尺寸来调谐。另一个应用是把小介质样品引入腔中，通过测量谐振频率的偏离来求介电常数。

在某些情况下，可以精确地计算这种微扰对腔的性能的影响，但通常情况下必须进行近似。这样做的一种技术是微扰法，这种方法假定形状或填充材料变化不大的腔的场，与无微扰腔的场区别不大。因此，这种技术在概念上与 2.7 节处理良导体损耗时（假定用良导体与用理想导体制成的器件的场的差别很小）所用的微扰法相似。

本节推导谐振腔因填充材料或形状发生小变化时，谐振频率变化的近似表达式。

6.7.1 材料微扰

图 6.23 显示了因所有或部分填充材料介电常数变化（$\Delta\epsilon$）或磁导率变化（$\Delta\mu$）而受到微扰的谐振腔。若 $\boldsymbol{E}_0, \boldsymbol{H}_0$ 是原始腔的场，而 $\boldsymbol{E}, \boldsymbol{H}$ 是微扰腔的场，则这两种情形下的麦克斯韦旋度方程组可表示为

$$\nabla\times\boldsymbol{E}_0 = -\mathrm{j}\omega_0\mu\boldsymbol{H}_0 \tag{6.95a}$$

$$\nabla\times\boldsymbol{H}_0 = \mathrm{j}\omega_0\epsilon\boldsymbol{E}_0 \tag{6.95b}$$

$$\nabla\times\boldsymbol{E} = -\mathrm{j}\omega(\mu+\Delta\mu)\boldsymbol{H} \tag{6.96a}$$

$$\nabla\times\boldsymbol{H} = \mathrm{j}\omega(\epsilon+\Delta\epsilon)\boldsymbol{E} \tag{6.96b}$$

式中，ω_0 是原始腔的谐振频率，ω 是被微扰腔的谐振频率。

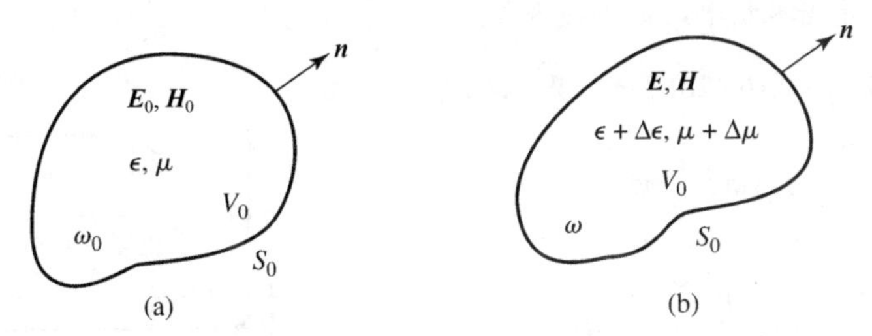

图 6.23 被腔内材料介电常数或磁导率变化微扰的谐振腔：(a)原始腔；(b)微扰腔

用 $\boldsymbol{H}$ 乘以式(6.90a)的共轭，用 $\boldsymbol{E}_0^*$ 乘以式(6.96b)，得到

$$\boldsymbol{H}\cdot\nabla\times\boldsymbol{E}_0^* = \mathrm{j}\omega_0\mu\boldsymbol{H}\cdot\boldsymbol{H}_0^*$$

$$\boldsymbol{E}_0^*\cdot\nabla\times\boldsymbol{H} = \mathrm{j}\omega(\epsilon+\Delta\epsilon)\boldsymbol{E}_0^*\cdot\boldsymbol{E}$$

这两个方程相减，并使用向量恒等式(B.8)即 $\nabla\cdot(\boldsymbol{A}\times\boldsymbol{B}) = \boldsymbol{B}\cdot\nabla\times\boldsymbol{A} - \boldsymbol{A}\cdot\nabla\times\boldsymbol{B}$，可得

$$\nabla\cdot\left(\boldsymbol{E}_0^*\times\boldsymbol{H}\right) = \mathrm{j}\omega_0\mu\boldsymbol{H}\cdot\boldsymbol{H}_0^* - \mathrm{j}\omega(\epsilon+\Delta\epsilon)\boldsymbol{E}_0^*\cdot\boldsymbol{E} \tag{6.97a}$$

类似地，用 $\boldsymbol{E}$ 乘以式(6.95b)的共轭，用 $\boldsymbol{H}_0^*$ 乘以式(6.96a)，得到

$$\boldsymbol{E}\cdot\nabla\times\boldsymbol{H}_0^* = -\mathrm{j}\omega_0\epsilon\boldsymbol{E}_0^*\cdot\boldsymbol{E}$$

$$\boldsymbol{H}_0^*\cdot\nabla\times\boldsymbol{E} = -\mathrm{j}\omega(\mu+\Delta\mu)\boldsymbol{H}_0^*\cdot\boldsymbol{H}$$

这两个方程相减，并使用向量恒等式(B.8)，可得

$$\nabla\cdot\left(\boldsymbol{E}\times\boldsymbol{H}_0^*\right)=-\mathrm{j}\omega\left(\mu+\Delta\mu\right)\boldsymbol{H}_0^*\cdot\boldsymbol{H}+\mathrm{j}\omega_0\epsilon\boldsymbol{E}_0^*\cdot\boldsymbol{E} \tag{6.97b}$$

现在，将式(6.97a)和式(6.97b)相加，对体积 V_0 积分，并使用散度定理，得到

$$\begin{aligned}\int_{V_0}\nabla\cdot\left(\boldsymbol{E}_0^*\times\boldsymbol{H}+\boldsymbol{E}\times\boldsymbol{H}_0^*\right)\mathrm{d}v&=\oint_{S_0}\left(\boldsymbol{E}_0^*\times\boldsymbol{H}+\boldsymbol{E}\times\boldsymbol{H}_0^*\right)\cdot\mathrm{d}\boldsymbol{s}=0\\&=\mathrm{j}\int_{V_0}\left\{\left[\omega_0\epsilon-\omega\left(\epsilon+\Delta\epsilon\right)\right]\boldsymbol{E}_0^*\cdot\boldsymbol{E}+\left[\omega_0\mu-\omega\left(\mu+\Delta\mu\right)\right]\boldsymbol{H}_0^*\cdot\boldsymbol{H}\right\}\mathrm{d}v\end{aligned} \tag{6.98}$$

式中，因为在 S_0 上 $\boldsymbol{n}\times\boldsymbol{E}=0$，所以面积分是零。重写上式有

$$\frac{\omega-\omega_0}{\omega}=\frac{-\int_{V_0}\left(\Delta\epsilon\boldsymbol{E}\cdot\boldsymbol{E}_0^*+\Delta\mu\boldsymbol{H}\cdot\boldsymbol{H}_0^*\right)\mathrm{d}v}{\int_{V_0}\left(\epsilon\boldsymbol{E}\cdot\boldsymbol{E}_0^*+\mu\boldsymbol{H}\cdot\boldsymbol{H}_0^*\right)\mathrm{d}v} \tag{6.99}$$

这是一个由于材料微扰引起的谐振频率改变的精确公式，但不方便使用，因为我们通常不知道 $\boldsymbol{E}$ 和 $\boldsymbol{H}$ 在微扰后的腔中的精确场。然而，若假定 $\Delta\epsilon$ 和 $\Delta\mu$ 很小，则能用原始场 $\boldsymbol{E}_0,\boldsymbol{H}_0$ 来近似微扰后的场 $\boldsymbol{E},\boldsymbol{H}$，并把式(6.99)的分母中的 ω 用 ω_0 代替，得出谐振频率的相对改变近似为

$$\frac{\omega-\omega_0}{\omega}\approx\frac{-\int_{V_0}\left(\Delta\epsilon\left|\boldsymbol{E}_0\right|^2+\Delta\mu\left|\boldsymbol{H}_0\right|^2\right)\mathrm{d}v}{\int_{V_0}\left(\epsilon\left|\boldsymbol{E}_0\right|^2+\mu\left|\boldsymbol{H}_0\right|^2\right)\mathrm{d}v} \tag{6.100}$$

这个结果说明腔中任意点 ϵ 和 μ 的提高将降低谐振频率。读者可能已经注意到，在式(6.100)中，这些项与在原始和微扰后的腔中存储的电能和磁能有关，因此谐振频率的降低与被微扰腔的储能提高有关。

例题 6.7　矩形腔的材料微扰

一个工作在 TE_{101} 模的矩形腔被插入腔底部的介质薄片扰动，如图 6.24 所示。用式(6.100)所示的微扰结果推导谐振频率改变的表达式。

解： 由式(6.42a)～式(6.42c)可知，无微扰的 TE_{101} 腔模的场可表示为

$$E_y=A\sin\frac{\pi x}{a}\sin\frac{\pi z}{d}$$

$$H_x=\frac{-\mathrm{j}A}{Z_{\mathrm{TE}}}\sin\frac{\pi x}{a}\cos\frac{\pi z}{d}$$

$$H_Z=\frac{\mathrm{j}\pi A}{k\eta a}\cos\frac{\pi x}{a}\sin\frac{\pi z}{d}$$

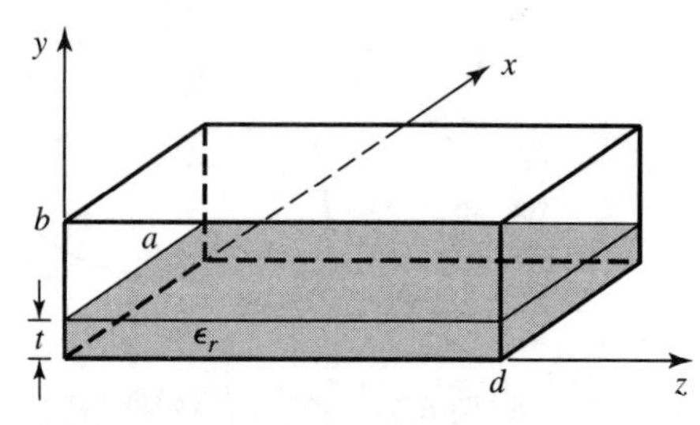

图 6.24　被介质薄片微扰的谐振腔

在式(6.100)的分子中，对 $0\leqslant y\leqslant t$ 有 $\Delta\epsilon=\left(\epsilon_r-1\right)\epsilon_0$，而在其他位置 $\Delta\epsilon=0$。于是，积分可计算为

$$\int_V\left(\Delta\epsilon\left|\boldsymbol{E}_0\right|^2+\Delta\mu\left|\boldsymbol{H}_0\right|^2\right)\mathrm{d}\upsilon=\left(\epsilon_r-1\right)\epsilon_0\int_{x=0}^{a}\int_{y=0}^{t}\int_{z=0}^{d}\left|E_y\right|^2\mathrm{d}z\mathrm{d}y\mathrm{d}x=\frac{\left(\epsilon_r-1\right)\epsilon_0A^2atd}{4}$$

式(6.100)的分子正比于无微扰腔中的总能量，它用式(6.43)计算；于是有

$$\int_V\left(\epsilon\left|\boldsymbol{E}_0\right|^2+\mu\left|\boldsymbol{H}_0\right|^2\right)\mathrm{d}v=\frac{abd\epsilon_0}{2}A^2$$

然后，式(6.100)给出谐振频率的相对变化（降低）为

$$\frac{\omega-\omega_0}{\omega}=\frac{-\left(\epsilon_r-1\right)t}{2b}$$

■

6.7.2 形状微扰

小幅度地改变腔的尺寸或插入一个可调螺丝来改变腔的形状时，也可采用微扰技术来处理。图 6.25 显示了形状受到微扰的一个任意腔。下面推导谐振频率变化的表达式。

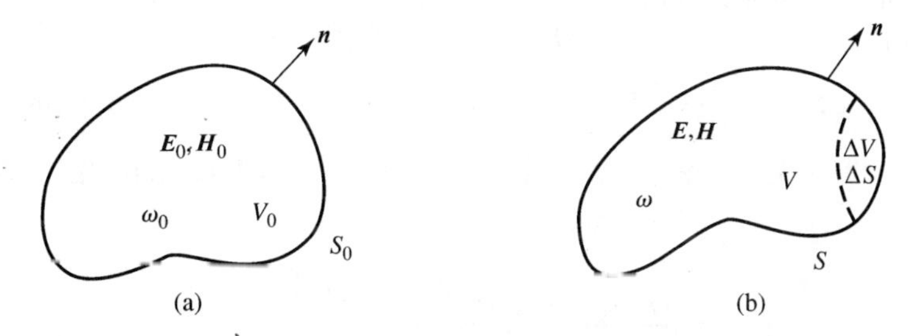

图 6.25 因形状变化而被微扰的谐振腔：(a)原始腔；(b)被微扰腔

类似于材料微扰的情形，令 $\boldsymbol{E}_0, \boldsymbol{H}_0, \omega_0$ 是原始腔的场和频率，并令 $\boldsymbol{E}, \boldsymbol{H}, \omega$ 是被微扰腔的场和频率。于是，两种情形下的麦克斯韦旋度方程组可表示为

$$\nabla\times\boldsymbol{E}_0=-\mathrm{j}\omega_0\mu\boldsymbol{H}_0 \tag{6.101a}$$

$$\nabla\times\boldsymbol{H}_0=\mathrm{j}\omega_0\epsilon\boldsymbol{E}_0 \tag{6.101b}$$

$$\nabla\times\boldsymbol{E}=-\mathrm{j}\omega\mu\boldsymbol{H} \tag{6.102a}$$

$$\nabla\times\boldsymbol{H}=\mathrm{j}\omega\epsilon\boldsymbol{E} \tag{6.102b}$$

用 $\boldsymbol{H}$ 乘以式(6.101a)的共轭，并用 $\boldsymbol{E}_0^*$ 乘以式(6.102b)，得到

$$\boldsymbol{H}\cdot\nabla\times\boldsymbol{E}_0^*=\mathrm{j}\omega_0\mu\boldsymbol{H}\cdot\boldsymbol{H}_0^*$$

$$\boldsymbol{E}_0^*\cdot\nabla\times\boldsymbol{H}=\mathrm{j}\omega\epsilon\boldsymbol{E}_0^*\cdot\boldsymbol{E}$$

两个方程相减，并使用向量恒等式(B.8)，给出

$$\nabla\cdot\left(\boldsymbol{E}_0^*\times\boldsymbol{H}\right)=\mathrm{j}\omega_0\mu\boldsymbol{H}\cdot\boldsymbol{H}_0^*-\mathrm{j}\omega\epsilon\boldsymbol{E}_0^*\cdot\boldsymbol{E} \tag{6.103a}$$

类似地，用 $\boldsymbol{E}$ 乘以式(6.101b)的共轭，用 $\boldsymbol{H}_0^*$ 乘以式(6.102a)，得到

$$\boldsymbol{E}\cdot\nabla\times\boldsymbol{H}_0^*=-\mathrm{j}\omega_0\epsilon\boldsymbol{E}_0^*\cdot\boldsymbol{E}$$

$$\boldsymbol{H}_0^*\cdot\nabla\times\boldsymbol{E}=-\mathrm{j}\omega\mu\boldsymbol{H}_0^*\cdot\boldsymbol{H}$$

两式相减，并使用向量恒等式(B.8)，给出

$$\nabla\cdot\left(\boldsymbol{E}\times\boldsymbol{H}_0^*\right)=-\mathrm{j}\omega\mu\boldsymbol{H}_0^*\cdot\boldsymbol{H}+\mathrm{j}\omega_0\epsilon\boldsymbol{E}_0^*\cdot\boldsymbol{E} \tag{6.103b}$$

现在，将式(6.103a)和式(6.103b)相加，在体积 V 上积分，并使用散度定理，得出

$$\begin{aligned}\int_V\nabla\cdot\left(\boldsymbol{E}\times\boldsymbol{H}_0^*+\boldsymbol{E}_0^*\times\boldsymbol{H}\right)\mathrm{d}v&=\oint_S\left(\boldsymbol{E}\times\boldsymbol{H}_0^*+\boldsymbol{E}_0^*\times\boldsymbol{H}\right)\cdot\mathrm{d}\boldsymbol{s}\\&=\oint_S\boldsymbol{E}_0^*\times\boldsymbol{H}\cdot\mathrm{d}\boldsymbol{s}=-\mathrm{j}\left(\omega-\omega_0\right)\int_V\left(\epsilon\boldsymbol{E}\cdot\boldsymbol{E}_0^*+\mu\boldsymbol{H}\cdot\boldsymbol{H}_0^*\right)\mathrm{d}v\end{aligned} \tag{6.104}$$

因为在 S 上有 $\boldsymbol{n}\times\boldsymbol{E}=0$。

因为被微扰表面 $S=S_0-\Delta S$，因此可以写出

$$\oint_S\boldsymbol{E}_0^*\times\boldsymbol{H}\cdot\mathrm{d}\boldsymbol{s}=\oint_{S_0}\boldsymbol{E}_0^*\times\boldsymbol{H}\cdot\mathrm{d}\boldsymbol{s}-\oint_{\Delta S}\boldsymbol{E}_0^*\times\boldsymbol{H}\cdot\mathrm{d}\boldsymbol{s}=-\oint_{\Delta S}\boldsymbol{E}_0^*\times\boldsymbol{H}\cdot\mathrm{d}\boldsymbol{s}$$

因为在 S_0 上有 $\boldsymbol{n}\times\boldsymbol{E}_0=0$。将这一结果用到式(6.104)中，得到

$$\omega-\omega_0=\frac{-\mathrm{j}\oint_{\Delta S}\boldsymbol{E}_0^*\times\boldsymbol{H}\cdot\mathrm{d}\boldsymbol{s}}{\int_V\left(\epsilon\boldsymbol{E}\cdot\boldsymbol{E}_0^*+\mu\boldsymbol{H}\cdot\boldsymbol{H}_0^*\right)\mathrm{d}v}\tag{6.105}$$

这是新谐振频率的一个精确表达式，但可用性差，因为我们最初并不知道$\boldsymbol{E}$，$\boldsymbol{H}$或ω。若假定ΔS很小，并用无微扰值$\boldsymbol{E}_0$，$\boldsymbol{H}_0$来近似$\boldsymbol{E}$，$\boldsymbol{H}$，则式(6.105)的分子可简化为

$$\oint_{\Delta S}\boldsymbol{E}_0^*\times\boldsymbol{H}\cdot\mathrm{d}\boldsymbol{s}\approx\oint_{\Delta S}\boldsymbol{E}_0^*\times\boldsymbol{H}_0\cdot\mathrm{d}\boldsymbol{s}=-\mathrm{j}\omega_0\int_{\Delta V}\left(\epsilon\left|\boldsymbol{E}_0\right|^2-\mu\left|\boldsymbol{H}_0\right|^2\right)\mathrm{d}v\tag{6.106}$$

式中，最后一个恒等式来自功率守恒，它是令$\sigma,\boldsymbol{J}_s$和$\boldsymbol{M}_s$为零并由式(1.87)的共轭导出的。采用式(6.106)，可得谐振频率相对变化的表达式近似为

$$\frac{\omega-\omega_0}{\omega_0}\approx\frac{\int_{\Delta V}\left(\mu\left|\boldsymbol{H}_0\right|^2-\epsilon\left|\boldsymbol{E}_0\right|^2\right)\mathrm{d}v}{\int_{V_0}\left(\mu\left|\boldsymbol{H}_0\right|^2+\epsilon\left|\boldsymbol{E}_0\right|^2\right)\mathrm{d}v}\tag{6.107}$$

式中，还假定式(6.105)的分母代表被微扰腔中存储的总能量近似等于未被微扰腔中存储的总能量。

式(6.107)的储能形式为

$$\frac{\omega-\omega_0}{\omega_0}=\frac{\Delta W_m-\Delta W_e}{W_m+W_e}\tag{6.108}$$

式中，ΔW_m和ΔW_e分别是形状微扰后存储磁能和电能的改变，而W_m+W_e是腔中的总存储能量。这些结果表明谐振频率可能会增大或减小，具体取决于微扰位于何处及腔的体积是增大还是减小。

例题 6.8　矩形腔的形状微扰

一个半径为r_0的细螺杆，竖立在以TE_{101}模工作的矩形腔的顶壁中心，其延伸距离为ℓ，如图6.26所示。该腔由空气填充，用式(6.107)推导相对于无微扰腔的谐振频率变化的表达式。

解：由式(6.42a)～式(6.42c)得出无微扰TE_{101}腔的场的表达式为

$$E_y=A\sin\frac{\pi x}{a}\sin\frac{\pi z}{d}$$

$$H_x=\frac{-\mathrm{j}A}{Z_{\mathrm{TE}}}\sin\frac{\pi x}{a}\cos\frac{\pi z}{d}$$

$$H_z=\frac{\mathrm{j}\pi A}{k\eta a}\cos\frac{\pi x}{a}\sin\frac{\pi z}{d}$$

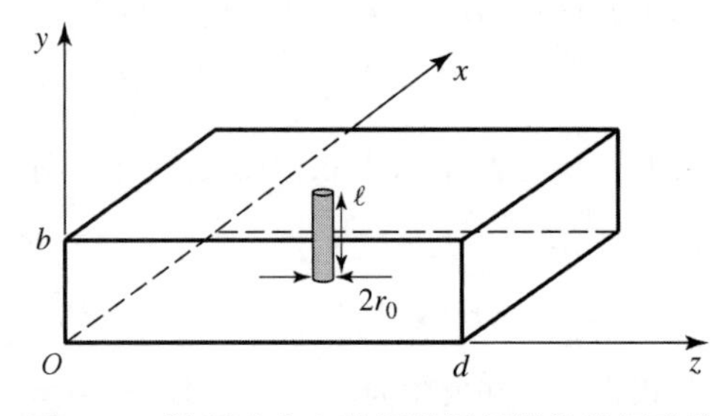

图6.26　被顶壁中心的调谐螺杆微扰的矩形腔

螺杆很细时，可假定场在螺杆的横截面上是常量，且可用$x=a/2$，$z=d/2$处的场来表示：

$$E_y\left(x=\frac{a}{2},y,z=\frac{d}{2}\right)=A$$

$$H_x\left(x=\frac{a}{2},y,z=\frac{d}{2}\right)=0$$

$$H_z\left(x=\frac{a}{2},y,z=\frac{d}{2}\right)=0$$

于是，式(6.107)的分子可计算如下：

$$\int_{\Delta V}\left(\mu\left|\boldsymbol{H}_0\right|^2-\epsilon\left|\boldsymbol{E}_0\right|^2\right)\mathrm{d}v=-\epsilon_0\int_{\Delta V}A^2\mathrm{d}v=-\epsilon_0A^2\Delta V$$

式中，$\Delta V = \pi \ell r_0^2$ 是螺杆的体积。由式(6.43)得出式(6.107)的分母是

$$\int_{V_0}\left(\mu\left|\boldsymbol{H}_0\right|^2+\epsilon\left|\boldsymbol{E}_0\right|^2\right)\mathrm{d}v=\frac{abd\epsilon_0 A^2}{2}=\frac{V_0\epsilon_0 A^2}{2}$$

式中 $V_0 = abd$ 是无微扰腔的体积。于是，由式(6.107)可得

$$\frac{\omega-\omega_0}{\omega_0}=\frac{-2\ell\pi r_0^2}{abd}=\frac{-2\Delta V}{V_0}$$

它表明谐振频率变低。 ■

参考文献

[1] R. E. Collin, *Foundations for Microwave Engineering*, 2nd edition, Wiley–IEEE Press, Hoboken, N.J., 2001.

[2] S. B. Cohn, "Microwave Bandpass Filters Containing High-Q Dielectric Resonators," *IEEE Transactions on Microwave Theory and Techniques*, vol. MTT-16, pp. 218–227, April 1968.

[3] M. W. Pospieszalski, "Cylindrical Dielectric Resonators and Their Applications in TEM Line Microwave Circuits," *IEEE Transactions on Microwave Theory and Techniques*, vol. MTT-27, pp. 233–238, March 1979.

[4] R. E. Collin, *Field Theory of Guided Waves*, McGraw-Hill, New York, 1960.

习题

6.1 考虑下图所示的有载并联 RLC 谐振电路。计算其谐振频率、无载 Q 和有载 Q。

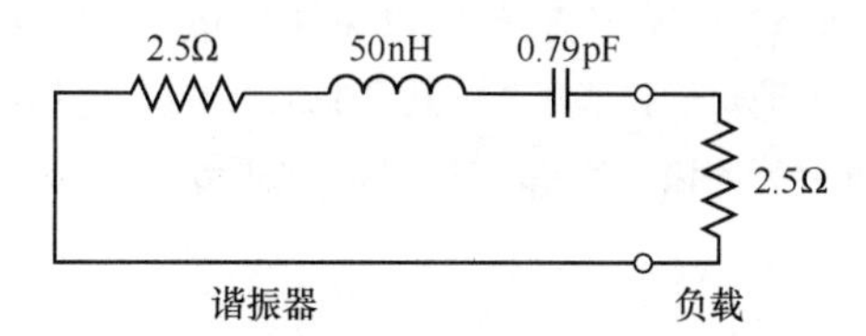

6.2 推导由长度为 1λ 的短路传输线构成的传输线谐振器的 Q 的表达式。

6.3 一个传输线谐振器由长度为 λ/4 的开路传输线制成。求该传输线的 Q，假定传输线的复传播常数是 $\alpha + \mathrm{j}\beta$。

6.4 考虑下图所示的谐振器，它由两端短路的、长度为 λ/2 的无耗传输线组成。在线上的任意点 z 处，计算向左或向右看去的阻抗 Z_L 和 Z_R，并证明 $Z_L = Z_R^*$（这个条件适用于任意无耗谐振器，是 3.9 节讨论过的横向谐振技术的基础）。

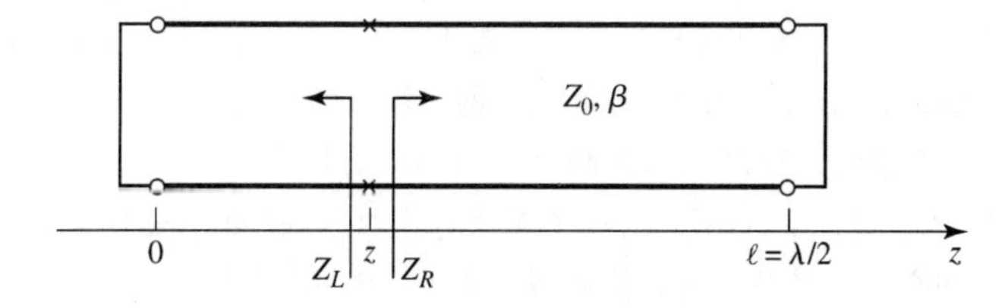

6.5 一个谐振器由一端短路、另一端接一个电容的长度为 3.0cm 的 100Ω 空气填充的同轴线构成，如下图所示。(a)求在 6.0GHz 达到最低阶谐振的电容值；(b)假定损耗由与电容并联的 10000Ω 电阻引入，计算无载 Q。

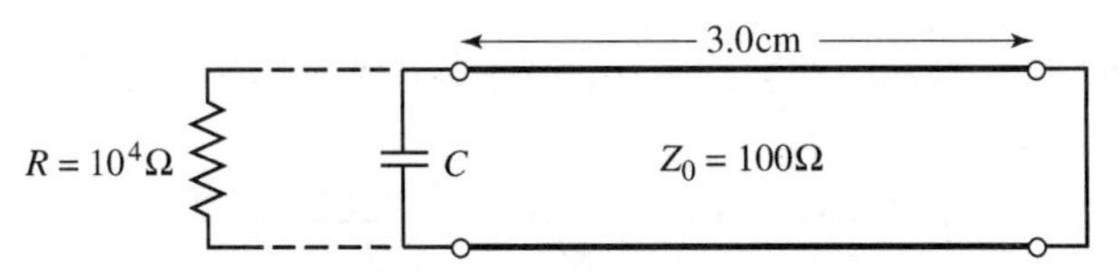

6.6 一个传输线谐振器由长度为 ℓ、特征阻抗为 $Z_0 = 100\Omega$ 的传输线制成。若传输线两端的负载如下图所示，求第一个谐振模的 ℓ/λ 和这个谐振器的无载 Q。

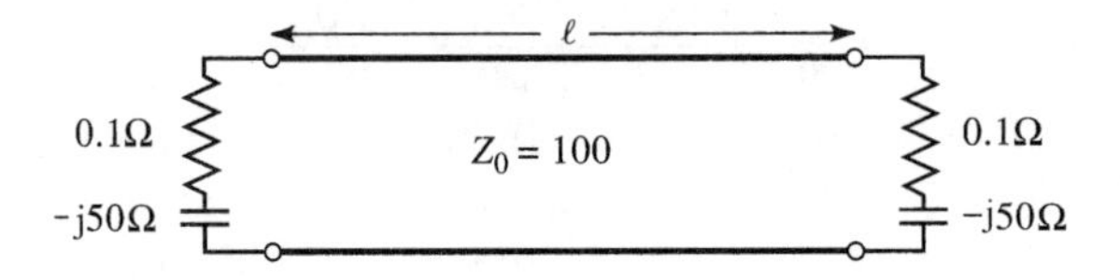

6.7 写出短路 $\lambda/2$ 同轴线谐振器的 $\boldsymbol{E}$ 和 $\boldsymbol{H}$ 的表达式，并证明时间平均的电储能和磁储能是相等的。

6.8 在谐振频率下，串联 RLC 谐振电路与长度为 $\lambda/4$ 的传输线相连。证明在谐振点附近输入阻抗的特性类似于并联 RLC 电路。

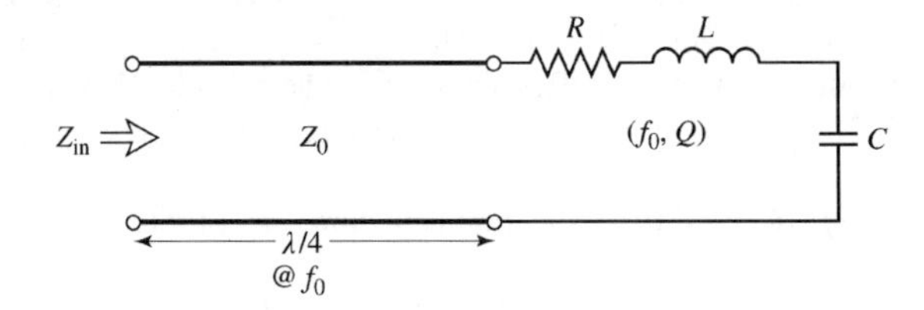

6.9 一个矩形腔谐振器由 2.0cm 长的铝 X 波段波导构建，腔由空气填充。求 TE_{101} 模和 TE_{102} 模的谐振频率和无载 Q。

6.10 推导矩形腔 TM_{111} 模的无载 Q，假定是有耗导体壁和无耗介质。

6.11 考虑下图所示部分填充介质的矩形腔谐振器。根据 TE_{10} 波导模，写出由空气和介质填充的区域的场，并使其满足 $z = 0, d - t$ 和 d 处的边界条件，推导基模谐振频率的超越方程。

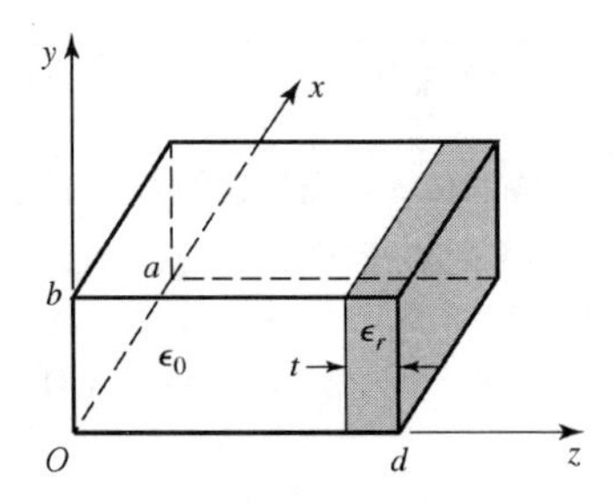

6.12 通过全分离变量法求解 E_z（对 TM 模）和 H_z（对 TE 模）的波动方程，并使其满足腔的恰当的边界条件［假定解的形式是 $X(x)Y(y)Z(z)$］，求矩形腔的谐振频率。

6.13 求圆柱腔 TM_{nm0} 谐振模的无载 Q，假定导体和介质都是有耗的。

6.14 设计一个工作在 TE_{111} 模、在 6GHz 频率处有最大无载 Q 的圆柱谐振器腔。该腔是镀金的，并用介质材料（$\epsilon_r = 1.5$，$\tan\delta = 0.0005$）填充。求腔的尺寸和最终的无载 Q。

6.15 一个空气填充的矩形谐振腔，前三个谐振模在频率 5.2GHz、6.5GHz 和 7.2GHz 处，求该腔的尺寸。

6.16 一个微带圆环谐振器如下图所示。若微带线的有效介电常数是 ϵ_e，求第一个谐振频率的公式，并对这种谐振器的耦合方法提出建议。

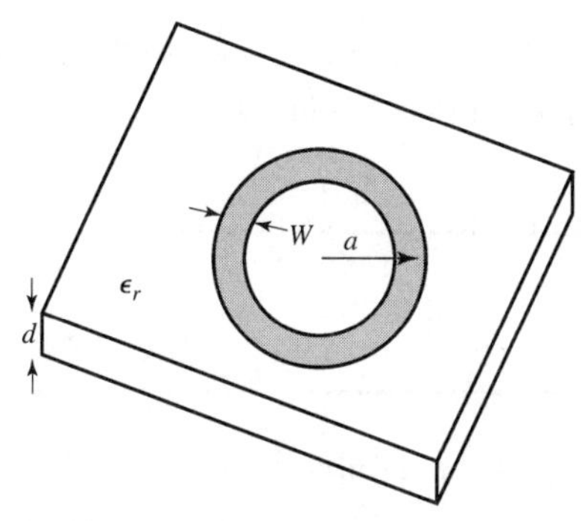

6.17 一个圆形微带贴片谐振器如下图所示。使用在 $\rho = a$ 处 $H_\varphi = 0$ 的磁壁近似法，求解这种结构的 TM_{nm0} 模的波动方程。若边缘场可以忽略，证明基模的谐振频率是

$$f_{110} = \frac{1.841c}{2\pi a\sqrt{\epsilon_r}}$$

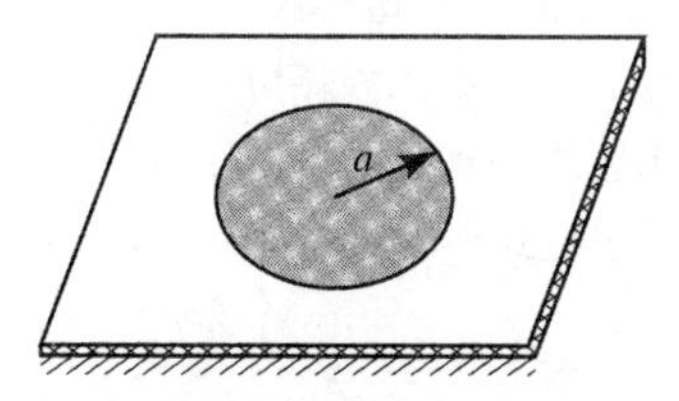

6.18 计算圆柱介质谐振器的谐振频率，该谐振器的参量为 $\epsilon_r = 36.2$，$2a = 7.99$mm 和 $L = 2.14$mm。

6.19 扩展 6.5 节的分析，导出圆柱介质谐振器下一个谐振模（H_z 是 z 的奇函数）的超越方程。

6.20 考虑下图所示的矩形介质谐振器，假定该腔的边缘存在磁壁边界条件，且在± z 方向远离介质的位置场消逝，类似于 6.5 节的分析。推导谐振频率的超越方程。

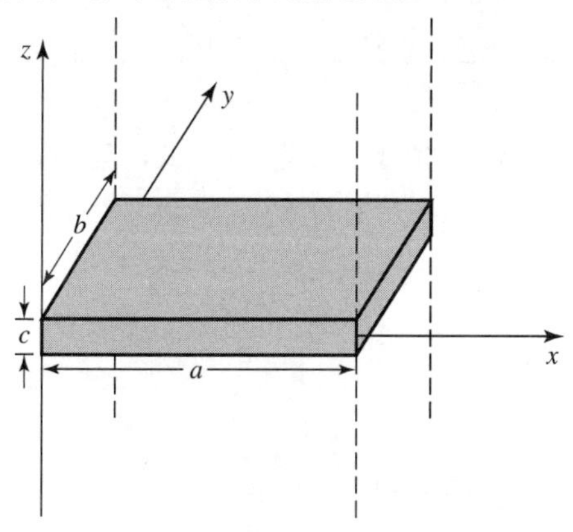

6.21 能用于毫米波频率的高 Q 谐振器是 Fabry–Perot 谐振器，它由两个平行金属板组成（见下图），一个平面波在法线方向入射，当两个平板间的距离等于 $\lambda/2$ 的整数倍时，两板之间建立谐振。(a)推导平板间距为 d、模数为 ℓ 的 Fabry–Perot 谐振器的谐振频率表达式。(b)假定平板电导率为 σ，推导该谐振腔的无载 Q 的表达式。(c)用这些结果求 Fabry–Perot 谐振器的谐振频率和无载 Q。谐振器的 $d = 4.0$cm，使用的是铜板，模数 $\ell = 25$。

E_x^+ E_x^- z 0 d

6.22 一个并联 RLC 电路，$R = 1000\Omega$，$L = 1.26\text{nH}$，$C = 0.804\text{pF}$，用串联电容 C_0 耦合到 50Ω 的传输线，如下图所示。求与传输线临界耦合时的 C_0 值和谐振频率。

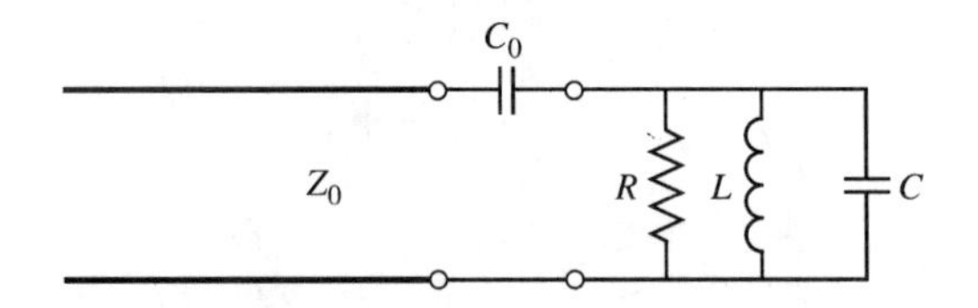

6.23 一个小孔耦合矩形波导腔，谐振频率为 9.0GHz，无载 Q 为 11000。若波导尺寸为 $a = 2.5\text{cm}$，$b = 1.25\text{cm}$，求临界耦合时所需小孔的归一化电抗。

6.24 一个微波谐振器连接为一个单端口电路，测量了其回波损耗与频率的关系。谐振时的回波损耗为 14dB，频率为 2.9985GHz 和 3.0015GHz 时回波损耗为 11dB（半功率点）。求该谐振器的无载 Q。对串联和并联谐振器，重复此过程。

6.25 如图 6.21 所示，测量一个二端口结构的微波谐振器。当频率为 3.0000GHz 时，最小插入损耗为 1.94dB，当频率为 2.9925GHz 和 3.0075GHz 时，插入损耗为 4.95dB。该谐振器的无载 Q 是多少？

6.26 一个磁性材料薄片贴在紧靠矩形腔的 $z = 0$ 壁处，如下图所示。若腔工作于 TE_{101} 模，推导由该磁性材料引起的谐振频率变化的微扰表达式。

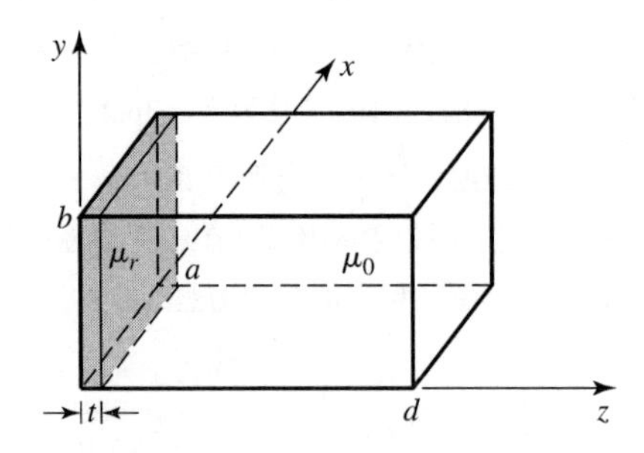

6.27 推导例题 6.8 中螺杆调谐矩形腔的谐振频率变化的表达式，假定螺杆位于 $x = a/2$, $z = 0$ 处，此处 H_x 最大而 E_y 最小。

第 7 章　功率分配器和定向耦合器

功率分配器和定向耦合器是无源微波器件，其作用是分配功率或组合功率，如图 7.1 所示。分配功率时，一个输入信号被耦合器分为两个（或多个）较小的功率信号。耦合器可以是如图所示的有耗或无耗三端口器件，也可以是四端口器件。三端口网络采用 T 形结和其他功率分配器形式，四端口网络采用定向耦合器和混合网络形式。功率分配器通常提供等功率分配比（3dB）的相位输出信号，但有时也提供不等功率分配比的相位输出信号。定向耦合器可以设计为任意功率分配比，而混合结通常具有等功率分配比。混合结在输出端口之间有 90°（正交）或 180°（魔 T）的相移。

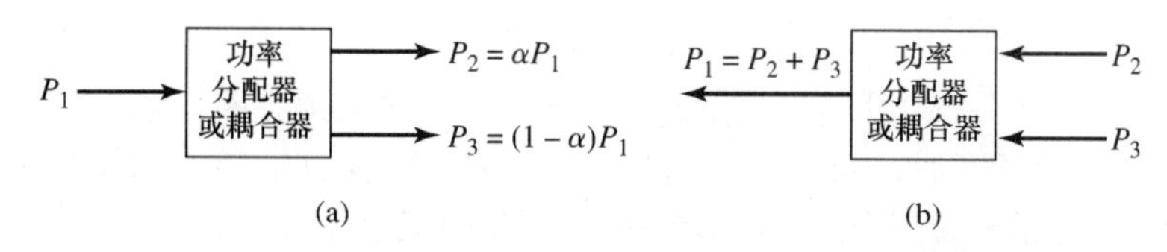

图 7.1　功率分配和组合：(a)功率分配；(b)功率组合

20 世纪 40 年代，MIT 辐射实验室发明和描述了各种波导型耦合器和功率分配器，包括 E 和 H 平面波导 T 形结、倍兹孔耦合器、多孔定向耦合器、Schwinger 耦合器、波导魔 T 和使用同轴探针的各类耦合器。20 世纪 50 年代中期到 60 年代，又发明了多种采用带状线或微带技术的耦合器。平面型传输线应用的增加，也导致了新型耦合器和功率分配器的开发，如 Wilkinson 功率分配器、分支线混合网络和耦合线定向耦合器。

下面首先讨论三端口和四端口网络的一些通用特性，然后分析和设计一些常用的功率分配器、耦合器和混合网络。

7.1　功率分配器和耦合器的基本特性

本节采用 4.3 节介绍的散射矩阵理论推导三端口和四端口网络的基本特性，并定义隔离度、耦合度和方向性这些术语，它们都是表征耦合器和混合网络的有用参量。

7.1.1　三端口网络（T 形结）

最简单的功率分配器是 T 形结，它是有一个输入和两个输出[①]的三端口网络。任意三端口网络的散射矩阵都有 9 个独立的矩阵元素：

$$\boldsymbol{S} = \begin{bmatrix} S_{11} & S_{12} & S_{13} \\ S_{21} & S_{22} & S_{23} \\ S_{31} & S_{32} & S_{33} \end{bmatrix} \tag{7.1}$$

若器件是无源的，且不包含各向异性材料，则它必定是互易的，因而其 $\boldsymbol{S}$ 矩阵必定对称（$S_{ij} = S_{ji}$）。通常，为了避免功率损耗，我们希望结是无耗的且所有端口都是匹配的。然而，容易证明，构建

① 原书为“两个输入和一个输出”，疑有误。——译者注

这种所有端口都匹配的三端口无耗且互易的网络是不可能的。

若所有端口是匹配的，则有 $S_{ii}=0$，并且若网络是互易的，则散射矩阵式(7.1)可简化为

$$\boldsymbol{S}=\begin{bmatrix}0 & S_{12} & S_{13}\\ S_{12} & 0 & S_{23}\\ S_{13} & S_{23} & 0\end{bmatrix} \tag{7.2}$$

现在，若网络也是无耗的，则能量守恒公式(4.53)要求散射矩阵是幺正的，这会导出下列条件[1, 2]：

$$|S_{12}|^2+|S_{13}|^2=1 \tag{7.3a}$$

$$|S_{12}|^2+|S_{23}|^2=1 \tag{7.3b}$$

$$|S_{13}|^2+|S_{23}|^2=1 \tag{7.3c}$$

$$S_{13}^*S_{23}=0 \tag{7.3d}$$

$$S_{23}^*S_{12}=0 \tag{7.3e}$$

$$S_{12}^*S_{13}=0 \tag{7.3f}$$

式(7.3d)～式(7.3f)表明三个参量（S_{12}, S_{13}, S_{23}）中至少有两个必须为零。但该条件总和式(7.3a)～式(7.3c)中的一个条件相矛盾，表明这个三端口网络不能是无耗的、互易的和全部端口匹配的。若放宽这三个条件中的任意一个条件，则这种器件实际上是可以实现的。

若三端口网络是非互易的，则有 $S_{ij}\neq S_{ji}$，同时可满足在全部端口输入匹配和能量守恒的条件。这种器件称为环形器，通常用各向异性材料如铁氧体来实现非互易特性。第 9 章中将详细讨论环形器，这里只是证明任何匹配的、无耗的三端口网络必定是非互易的，环形器就是一个例子。匹配的三端口网络的 $\boldsymbol{S}$ 矩阵有下列形式：

$$\boldsymbol{S}=\begin{bmatrix}0 & S_{12} & S_{13}\\ S_{21} & 0 & S_{23}\\ S_{31} & S_{32} & 0\end{bmatrix} \tag{7.4}$$

另外，若网络是无耗的，则 $\boldsymbol{S}$ 矩阵必定是幺正的，这蕴含了下列条件：

$$S_{31}^*S_{32}=0 \tag{7.5a}$$

$$S_{21}^*S_{23}=0 \tag{7.5b}$$

$$S_{12}^*S_{13}=0 \tag{7.5c}$$

$$|S_{12}|^2+|S_{13}|^2=1 \tag{7.5d}$$

$$|S_{21}|^2+|S_{23}|^2=1 \tag{7.5e}$$

$$|S_{31}|^2+|S_{32}|^2=1 \tag{7.5f}$$

这些方程可用下面两种方法之一来满足，即

$$S_{12}=S_{23}=S_{31}=0\,,\qquad |S_{21}|=|S_{32}|=|S_{13}|=1 \tag{7.6a}$$

或

$$S_{21}=S_{32}=S_{13}=0\,,\qquad |S_{12}|=|S_{23}|=|S_{31}|=1 \tag{7.6b}$$

上述结果表明，对于 $i\neq j$ 有 $S_{ij}\neq S_{ji}$，这意味着该器件必定是非互易的。式(7.6)的两个解的 $\boldsymbol{S}$ 矩阵如图 7.2 所示，图中采用图形符号表示这两类环形器，两者的差别仅在于各个端口之间的功率流的方向。因此，式(7.6a)对应的环形器只允许功率从端口 1 流到端口 2，或从端口 2 流到端口 3，或从端口 3 流到端口 1，而式(7.6b)对应的环形器会有相反的功率流方向。

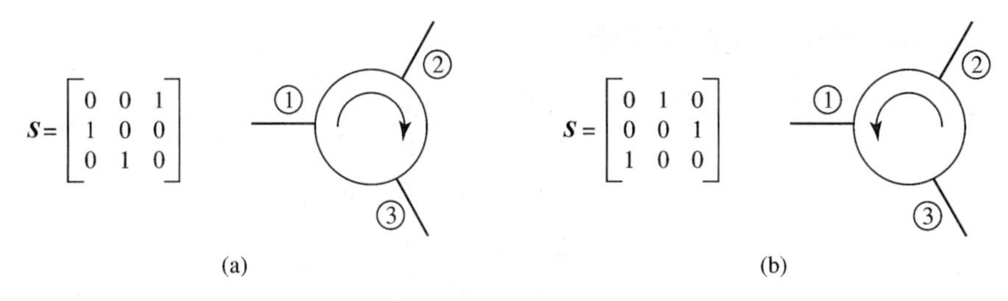

图 7.2　两类环形器及其 $\boldsymbol{S}$ 矩阵（这些端口的相位参考点是任意的）：(a)顺时针环形器；(b)逆时针环形器

另一种方法是，若无耗且互易的三端口网络只有两个端口是匹配的[1]，则其实际上可以实现。假定端口 1 和端口 2 是匹配端口，则 $\boldsymbol{S}$ 矩阵可表示为

$$\boldsymbol{S}=\begin{bmatrix}0 & S_{12} & S_{13}\\ S_{12} & 0 & S_{23}\\ S_{13} & S_{23} & S_{33}\end{bmatrix} \tag{7.7}$$

因为是无耗的，所以必定满足下面的幺正条件：

$$S_{13}^{*}S_{23}=0 \tag{7.8a}$$

$$S_{12}^{*}S_{13}+S_{23}^{*}S_{33}=0 \tag{7.8b}$$

$$S_{23}^{*}S_{12}+S_{33}^{*}S_{13}=0 \tag{7.8c}$$

$$\left|S_{12}\right|^{2}+\left|S_{13}\right|^{2}=1 \tag{7.8d}$$

$$\left|S_{12}\right|^{2}+\left|S_{23}\right|^{2}=1 \tag{7.8e}$$

$$\left|S_{13}\right|^{2}+\left|S_{23}\right|^{2}+\left|S_{33}\right|^{2}=1 \tag{7.8f}$$

式(7.8d)～式(7.8e)表明$\left|S_{13}\right|=\left|S_{23}\right|$，由式(7.8a)得 $S_{13}=S_{23}=0$。于是，有$\left|S_{12}\right|=\left|S_{33}\right|=1$。该网络的散射矩阵和对应的信号流图如图 7.3 所示，由此看出该网络实际上由两个分开的器件组成，一个是匹配的二端口传输线，另一个是完全失配的一端口网络。

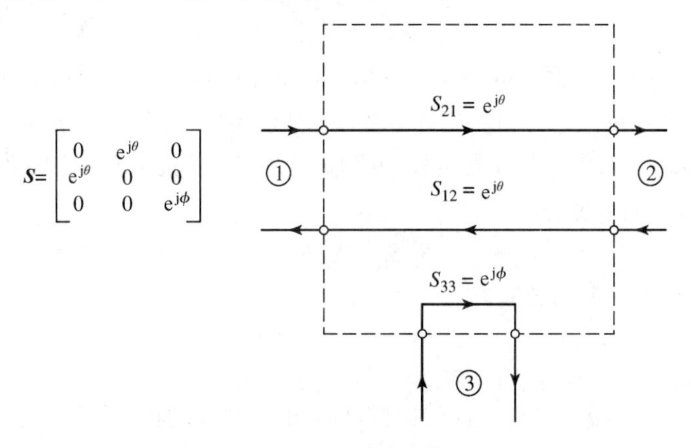

图 7.3　在端口 1 和端口 2 匹配的互易、无耗三端口网络

最后，若允许三端口网络是有耗的，则该网络是互易的，且全部端口是匹配的。这是电阻性功率分配器的情形，详见 7.2 节。此外，有耗三端口网络能做到输出端口之间是隔离的（如 $S_{23}=S_{32}=0$）。

7.1.2 四端口网络（定向耦合器）

所有端口都匹配的互易四端口网络的 $\boldsymbol{S}$ 矩阵为

$$\boldsymbol{S}=\begin{bmatrix} 0 & S_{12} & S_{13} & S_{14} \\ S_{12} & 0 & S_{23} & S_{24} \\ S_{13} & S_{23} & 0 & S_{34} \\ S_{14} & S_{24} & S_{34} & 0 \end{bmatrix} \tag{7.9}$$

若网络是无耗的，则由幺正性或能量守恒条件可得到 10 个方程[1, 2]。现在，让矩阵中的第 1 行和第 2 行相乘，第 4 行和第 3 行相乘：

$$S_{13}^{*}S_{23}+S_{14}^{*}S_{24}=0 \tag{7.10a}$$

$$S_{14}^{*}S_{13}+S_{24}^{*}S_{23}=0 \tag{7.10b}$$

用 S_{24}^{*} 乘以式(7.10a)，用 S_{13}^{*} 乘以式(7.10b)，并将二者的结果相减，得到

$$S_{14}^{*}\left(|S_{13}|^{2}-|S_{24}|^{2}\right)=0 \tag{7.11}$$

同样，让第 1 行和第 3 行相乘，第 4 行和第 2 行相乘，可得

$$S_{12}^{*}S_{23}+S_{14}^{*}S_{34}=0 \tag{7.12a}$$

$$S_{14}^{*}S_{12}+S_{34}^{*}S_{23}=0 \tag{7.12b}$$

用 S_{12} 乘以式(7.12a)，用 S_{34} 乘以式(7.12b)，并将二者的结果相减，得到

$$S_{23}\left(|S_{12}|^{2}-|S_{34}|^{2}\right)=0 \tag{7.13}$$

满足式(7.11)和式(7.13)的一种方法是，令 $S_{14}=S_{23}=0$，这将导致一个定向耦合器。然后，让式(7.9)给出的幺正矩阵 $\boldsymbol{S}$ 的各行自乘，可得到下列方程：

$$|S_{12}|^{2}+|S_{13}|^{2}=1 \tag{7.14a}$$

$$|S_{12}|^{2}+|S_{24}|^{2}=1 \tag{7.14b}$$

$$|S_{13}|^{2}+|S_{34}|^{2}=1 \tag{7.14c}$$

$$|S_{24}|^{2}+|S_{34}|^{2}=1 \tag{7.14d}$$

这意味着 $|S_{13}|=|S_{24}|$［使用式(7.14a)和式(7.14b)］和 $|S_{12}|=|S_{34}|$［使用式(7.14b)和式(7.14d)］。

通过选择四端口中的三个端口的相位参考点，能够做进一步简化。因此，选择 $S_{12}=S_{34}=\alpha$，$S_{13}=\beta\mathrm{e}^{\mathrm{j}\theta}$ 和 $S_{24}=\beta\mathrm{e}^{\mathrm{j}\phi}$，其中 α 和 β 是实数，θ 和 ϕ 是待定的相位常数（它们之中仍有一个可自由选定）。第 2 行和第 3 行相乘得

$$S_{12}^{*}S_{13}+S_{24}^{*}S_{34}=0 \tag{7.15}$$

它给出待定的相位常数之间的关系为

$$\theta+\phi=\pi\pm 2n\pi \tag{7.16}$$

若略去 2π 的整倍数，则在实际中通常有两种特定的选择：

1. 对称耦合器：$\theta=\phi=\pi/2$。选择具有振幅 β 的那些项的相位相等。于是，散射矩阵为

$$\boldsymbol{S}=\begin{bmatrix} 0 & \alpha & \mathrm{j}\beta & 0 \\ \alpha & 0 & 0 & \mathrm{j}\beta \\ \mathrm{j}\beta & 0 & 0 & \alpha \\ 0 & \mathrm{j}\beta & \alpha & 0 \end{bmatrix} \tag{7.17}$$

2. 反对称耦合器：$\theta=0$，$\phi=\pi$。选择具有振幅 β 的那些项的相位相差 180°。于是，散射矩

阵为

$$\boldsymbol{S}=\begin{bmatrix}0 & \alpha & \beta & 0\\ \alpha & 0 & 0 & -\beta\\ \beta & 0 & 0 & \alpha\\ 0 & -\beta & \alpha & 0\end{bmatrix} \tag{7.18}$$

注意，这两个耦合器的差别只是在参考平面的选择上。此外，振幅 α 和 β 不是独立的，按照式(7.14a)，要求有

$$\alpha^2+\beta^2=1 \tag{7.19}$$

所以除相位参考点外，一个理想的定向耦合器只有一个自由度。

满足式(7.11)和式(7.13)的另一种方法是，假定 $|S_{13}|=|S_{24}|$ 和 $|S_{12}|=|S_{34}|$。然而，若选择相位参考点使 $S_{13}=S_{24}=\alpha$ 和 $S_{12}=S_{34}=\mathrm{j}\beta$［满足式(7.16)］，则式(7.10a)给出 $\alpha(S_{23}+S_{14}^*)=0$，式(7.12a)给出 $\beta(S_{14}^*-S_{23})=0$。这两个方程有两个可能的解。第一个解为 $S_{14}=S_{23}=0$，这和上面的定向耦合器的解相同。第二个解出现在 $\alpha=\beta=0$ 时，这意味着 $S_{12}=S_{13}=S_{24}=S_{34}=0$。这是两个去耦二端口网络的情况（端口 1 和端口 4 之间及端口 2 和端口 3 之间），我们对此不感兴趣，因此不深入探讨。于是，我们得出如下结论：任何互易、无耗、匹配的四端口网络都是定向耦合器。

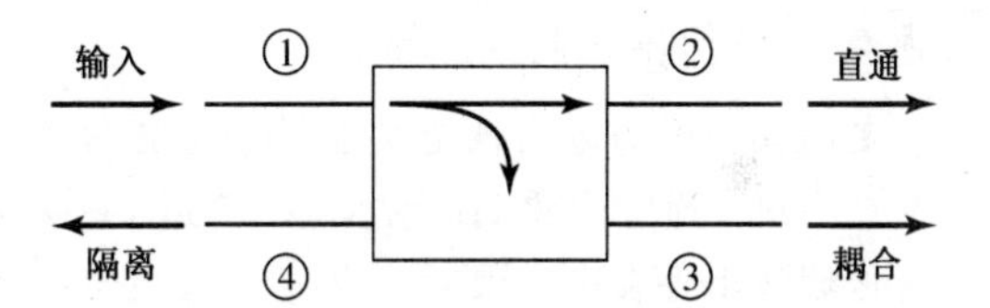

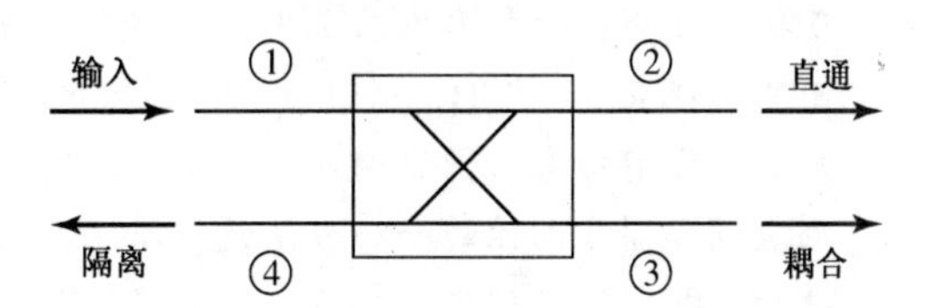

图 7.4　定向耦合器的两种常用表示符号和功率流约定

定向耦合器的基本运作可借助图7.4来说明，它给出了定向耦合器的两种常用表示符号和端口定义。提供给端口 1 的功率耦合到端口 3（耦合端口），耦合因数 $|S_{13}|^2=\beta^2$，而剩余的输入功率传送到端口 2（直通端口），其耦合系数 $|S_{12}|^2=\alpha^2=1-\beta^2$。在理想的耦合器中，没有功率传送到端口 4（隔离端口）。

通常用下面几个参量来表征定向耦合器：

$$\text{耦合度}=C=10\lg\frac{P_1}{P_3}=-20\lg\beta\ \text{dB} \tag{7.20a}$$

$$\text{方向性}=D=10\lg\frac{P_3}{P_4}=20\lg\frac{\beta}{|S_{14}|}\ \text{dB} \tag{7.20b}$$

$$\text{隔离度}=I=10\lg\frac{P_1}{P_4}=-20\lg|S_{14}|\ \text{dB} \tag{7.20c}$$

$$\text{插入损耗}=L=10\lg\frac{P_1}{P_2}=-20\lg|S_{12}|\ \text{dB} \tag{7.20d}$$

耦合度是耦合到输出端口的功率与输入功率的比值。方向性是耦合器隔离前向波和反向波（或耦合端口和解耦端口）能力的测度。隔离度是发送到解耦端口的功率的测度。这些量之间的关系为

$$I=D+C\ \text{dB} \tag{7.21}$$

插入损耗是指发送到直通端口的功率中，由于发送到耦合端口和隔离端口的功率而损耗的功率。理想耦合器具有无限大的方向性和隔离度（$S_{14}=0$）。因此，α 和 β 可根据耦合因数 C 确定。

混合网络耦合器是定向耦合器的特殊情况，其耦合因数是3dB，这意味着$\alpha=\beta=1/\sqrt{2}$。存在两类混合网络。对于正交混合网络，在端口 1 馈入时，端口 2 和端口 3 之间有 90°的相移（$\theta=\phi=\pi/2$），因此是一个对称耦合器的例子。其散射矩阵$\boldsymbol{S}$为

$$\boldsymbol{S}=\frac{1}{\sqrt{2}}\begin{bmatrix}0&1&\mathrm{j}&0\\1&0&0&\mathrm{j}\\\mathrm{j}&0&0&1\\0&\mathrm{j}&1&0\end{bmatrix}\tag{7.22}$$

对于魔 T 混合网络或环形波导混合网络，在端口 4 馈入时，端口 2 和端口 3 之间有 180°的相差，是一个反对称耦合器的例子。其散射矩阵$\boldsymbol{S}$为

$$\boldsymbol{S}=\frac{1}{\sqrt{2}}\begin{bmatrix}0&1&1&0\\1&0&0&-1\\1&0&0&1\\0&-1&1&0\end{bmatrix}\tag{7.23}$$

兴趣点：耦合器方向性测量

定向耦合器的方向性是耦合器分离前向波和反向波分量能力的测度。因此，在定向耦合器的应用中，通常需要高的方向性（35dB 或更大）。方向性差会限制反射计的精度，甚至在直通传输线上存在小失配时，也能引起耦合功率电平的改变。

耦合器的方向性通常不能直接测量，因为它含有一个低电平信号，这个信号能被直通臂上的反射波耦合出的功率掩盖。例如，假定耦合器有$C=20$dB 和$D=35$dB，接有一个负载，其回波损耗 RL = 30dB，通过方向性通道的信号电平将低于输入功率$D+C=55$dB，但通过耦合臂的反射功率只低于输入功率 RL + $C=50$dB。

测量耦合器方向性的一种方法是用滑动匹配负载，测量步骤如下：首先，如左下图所示，将源和匹配负载与耦合器相连，测量耦合输出功率。若假定输入功率为P_i，则耦合输出功率为$P_c=C^2P_i$，其中$C=10^{(-C\ \mathrm{dB})/20}$是耦合器用数值表示的电压耦合因数。现在将耦合器的位置倒向，如右下图所示，直通线终端接滑动负载。

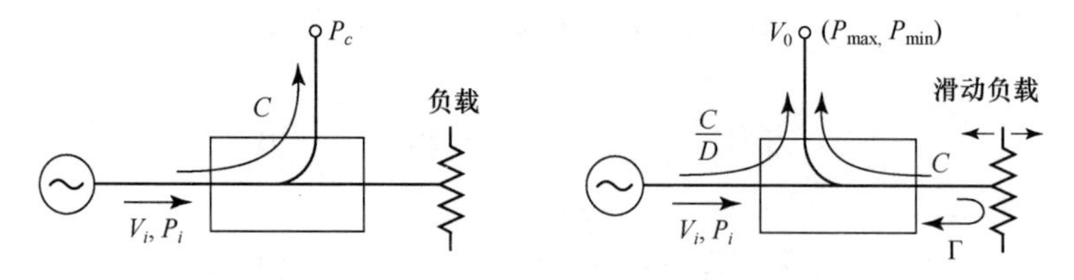

改变滑动负载的位置，从负载反射的信号引起可变的相移并耦合到输出端口，所以在输出端口的电压可表示为

$$V_0=V_i\left(\frac{C}{D}+C\,|\Gamma|\,\mathrm{e}^{-\mathrm{j}\theta}\right)$$

式中，V_i是输入电压，$D=10^{(D\ \mathrm{dB})/20}\geqslant 1$是用数值表示的方向性，$|\Gamma|$是负载反射系数的幅值，$\theta$是定向信号和反射信号之间的通道长度差。移动滑动负载改变θ，这两个信号将组合形成一个圆形轨迹，如下图所示。

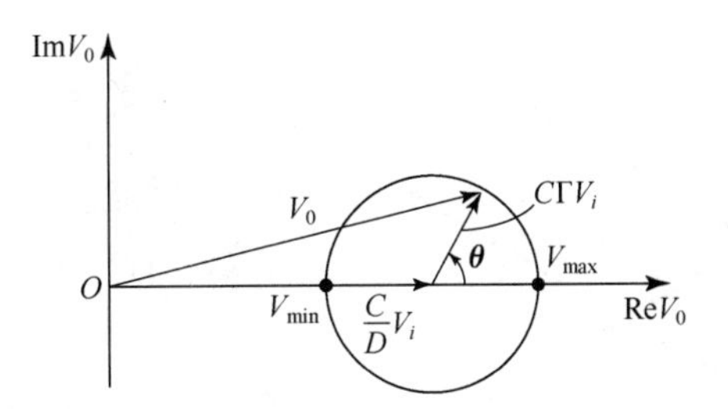

给出的最小功率和最大功率为

$$P_{\min} = P_i\left(\frac{C}{D} - C|\Gamma|\right)^2, \qquad P_{\max} = P_i\left(\frac{C}{D} + C|\Gamma|\right)^2$$

现在，用这些功率求得 M 和 m 如下：

$$M = \frac{P_c}{P_{\max}}\left(\frac{D}{1+|\Gamma|D}\right)^2, \qquad m = \frac{P_{\max}}{P_{\min}} = \left(\frac{1+|\Gamma|D}{1-|\Gamma|D}\right)^2$$

在源和耦合器之间使用一个可变衰减器，可以直接精确地测量这些比值。然后，求出（数值的）方向性为

$$D = M\left(\frac{2m}{m+1}\right)$$

这种方法要求 $|\Gamma| < 1/D$，或用 dB 表示为 RL > D。

参考文献：M. Sucher and J. Fox, eds., *Handbook of Microwave Measurements*, third edition, volume II, Polytechnic Press, New York, 1963.

7.2 T 形结功率功率分配器

T 形结功率功率分配器是一个简单的三端口网络，可用于功率分配或功率组合；实际上，T 形结功率分配器可用任意类型的传输线制作。图 7.5 给出了一些波导和微带或带状线形式的常用 T 形结。这里显示的结是不存在传输线损耗的无耗结。如前一节所述，这种结不能同时在全部端口匹配。下面首先分析 T 形结功率分配器，然后讨论可在全部端口匹配但非无耗的电阻性功率分配器。

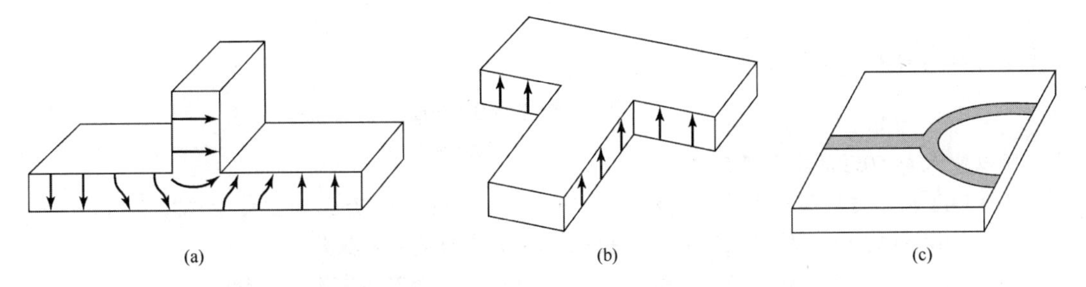

图 7.5　各种 T 形结功率分配器：(a)E 平面波导 T 形结；(b)H 平面波导 T 形结；(c)微带线 T 形结

7.2.1 无耗功率分配器

图 7.5 所示的各个无耗 T 形结功率分配器都可建模为三条传输线的结，如图 7.6 所示[3]。一般来说，在每个结的不连续处伴随有杂散场或高阶模，导致能够使用集总电纳 B 来计算的存储能量。为了使功率分配器与特征阻抗为 Z_0 的传输线匹配，必须有

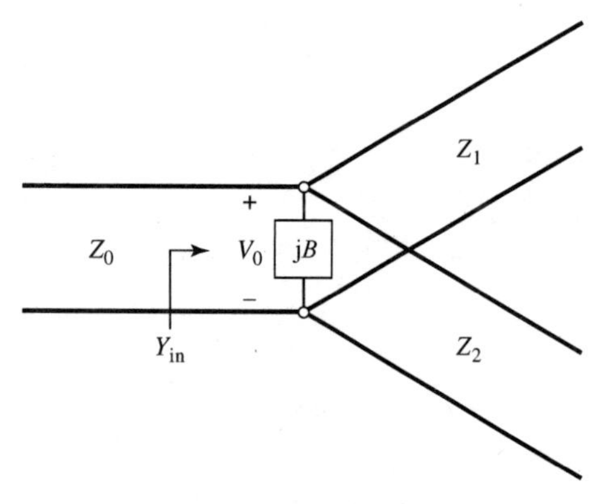

图 7.6　无耗 T 形结功率功率分配器的传输线模型

$$Y_{in} = jB + \frac{1}{Z_1} + \frac{1}{Z_2} = \frac{1}{Z_0} \tag{7.24}$$

若假定传输线是无耗的（或低耗的），则特征阻抗是实数。若还假定 $B = 0$，则式(7.24)简化为

$$\frac{1}{Z_1} + \frac{1}{Z_2} = \frac{1}{Z_0} \tag{7.25}$$

实际上，若 B 是不可忽略的，则可将某种类型的电抗性调谐元件添加到功率分配器中，以便（至少能够在一个较窄的频率范围内）抵消这个电纳。

然后，可以选择输出传输线特征阻抗 Z_1 和 Z_2，以提供所需的各种功率分配比。因此，对于 50Ω 的输入传输线，3dB（等分）功率分配器能选用两个 100Ω 的输出传输线。如有必要，可用 1/4 波长变换器将输出传输线的阻抗变换到所希望的值。若输出传输线是匹配的，则输入传输线也是匹配的。两个输出端口没有隔离，且从输出端口往里看时是失配的。

例题 7.1　T 形结功率分配器

考虑一个无耗 T 形结功率分配器，其源阻抗为 50Ω。求使得输入功率分配比为 2 : 1 的输出特征阻抗。计算从输出端往里看的反射系数。

解：假定在结处的电压是 V_0，如图 7.6 所示，输入匹配功率分配器的功率是

$$P_{in} = \frac{1}{2}\frac{V_0^2}{Z_0}$$

输出功率是

$$P_1 = \frac{1}{2}\frac{V_0^2}{Z_1} = \frac{1}{3}P_{in}, \qquad P_2 = \frac{1}{2}\frac{V_0^2}{Z_2} = \frac{2}{3}P_{in}$$

由这些结果得到特征阻抗为

$$Z_1 = 3Z_0 = 150\,\Omega, \qquad Z_2 = \frac{3Z_0}{2} = 75\,\Omega$$

于是该结的输入阻抗是

$$Z_{in} = 75 \mathbin{/\!/} 150 = 50\Omega$$

所以输入与 50Ω 的源是匹配的。

从 150Ω 输出传输线往里看时，阻抗为 $50 \mathbin{/\!/} 75 = 30\Omega$，在 75Ω 输出传输线处看到的阻抗为 $50 \mathbin{/\!/} 150 = 37.5\,\Omega$，所以从这两个输出端口往里看的反射系数是

$$\Gamma_1 = \frac{30-150}{30+150} = -0.666, \qquad \Gamma_2 = \frac{37.5-75}{37.5+75} = -0.333$$ ■

7.2.2　电阻性功率分配器

三端口功率分配器包含有耗元件时，它可制成在全部端口都是匹配的，但两个输出端口可能不是隔离的[3]。这种使用集总电阻元件的功率分配器电路如图 7.7 所示。图中所示的是等分(−3dB)功率分配器，但非等分功率分配比也是可能的。

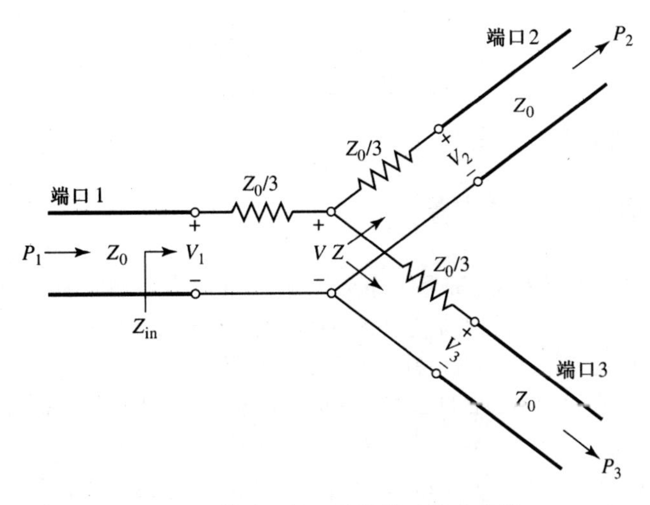

图 7.7　等分三端口电阻性功率分配器

图 7.7 中的电阻性功率分配器容易用电路理论分析。假定所有端口都端接特征阻抗 Z_0，看向后接输出线的 $Z_0/3$ 电阻的阻抗 Z 是

$$Z=\frac{Z_0}{3}+Z_0=\frac{4Z_0}{3} \tag{7.26}$$

于是功率分配器的输入阻抗是

$$Z_{\text{in}}=\frac{Z_0}{3}+\frac{2Z_0}{3}=Z_0 \tag{7.27}$$

这表明输入与馈线是匹配的。因为该网络从所有三个端口看时都是对称的，所以输出端也是匹配的。于是有 $S_{11}=S_{22}=S_{33}=0$。

若端口 1 处的电压是 V_1，则分压后结中心的电压 V 是

$$V=V_1\frac{2Z_0/3}{Z_0/3+2Z_0/3}=\frac{2}{3}V_1 \tag{7.28}$$

再通过分压，得到输出电压是

$$V_2=V_3=V\frac{Z_0}{Z_0+Z_0/3}=\frac{3}{4}V=\frac{1}{2}V_1 \tag{7.29}$$

于是，$S_{21}=S_{31}=S_{23}=1/2$，这低于输入功率电平 6dB。这个网络是互易的，所以散射矩阵是对称的，可表示为

$$\boldsymbol{S}=\frac{1}{2}\begin{bmatrix}0 & 1 & 1\\ 1 & 0 & 1\\ 1 & 1 & 0\end{bmatrix} \tag{7.30}$$

读者可以证明这不是幺正矩阵。

传送到功率分配器的输入功率是

$$P_{\text{in}}=\frac{1}{2}\frac{V_1^2}{Z_0} \tag{7.31}$$

输出功率是

$$P_2 = P_3 = \frac{1}{2}\frac{(1/2V_1)^2}{Z_0} = \frac{1}{8}\frac{V_1^2}{Z_0} = \frac{1}{4}P_{\text{in}} \tag{7.32}$$

这表示供给功率的一半消耗在电阻上。

7.3 Wilkinson 功率分配器

无耗 T 形结功率分配器的缺点是不能在全部端口匹配，且在输出端口之间没有隔离。电阻性功率分配器能在全部端口匹配，但不是无耗的，而且仍然不能实现隔离。然而，由 7.1 节中的讨论可知，有耗三端口网络能制成全部端口都是匹配的，并隔离输出端口。Wilkinson 功率分配器[4]就是这样的一个网络，即在输出端口都匹配时，它仍具有无耗的有用特性，而只耗散由输出端口反射的功率。

我们可制作任意功率分配比的 Wilkinson 功率分配器，但首先考虑等分（3dB）的情况。这种功率分配器常制成微带或带状线形式，如图 7.8a 所示；图 7.8b 给出了对应的传输线电路。我们可将这个电路化为两个较简单的电路（在输出端口用对称和反对称源驱动）来分析。这种“偶-奇”模分析技术[5]对我们在后几节中分析其他网络也是有用的。

7.3.1 偶-奇模分析

为简单起见，我们将所有阻抗都归一化为特征阻抗 Z_0，重新画出图 7.8b 所示的电路，并在输出端口接电压源，如图 7.9 所示。这个画出的网络形式上关于横向中心平面对称；两个归一化源电阻值是 2，并联组成的归一化电阻值为 1，代表匹配源的阻抗。1/4 波长线有归一化特征阻抗 Z，并联电阻有归一化值 r；观察发现，等分功率分配器的这些值应为 $Z=\sqrt{2}$ 和 $r = 2$，如图 7.8 所示。

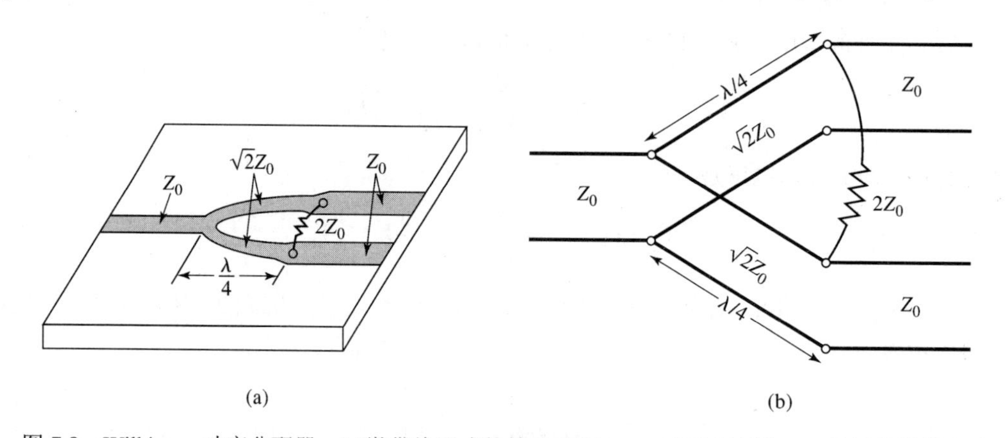

图 7.8 Wilkinson 功率分配器：(a)微带线形式的等分 Wilkinson 功率分配器；(b)等效传输线电路

现在定义图 7.9 所示电路中的两个分立激励模：偶模，$V_{g2}=V_{g3}=2V_0$；奇模，$V_{g2}=-V_{g3}=2V_0$。这两个模叠加有效地产生了激励 $V_{g2}=4V_0$，$V_{g3}=0$，由此可求出网络的 S 参量。下面分别介绍这两个模。

偶模。对于偶模激励，$V_{g2}=V_{g3}=2V_0$，因此 $V_2^e=V_3^e$，无电流流过 $r/2$ 电阻，或者说在端口 1 的两个传输线输入之间短路。此时，可将图 7.9 的网络在这些点上剖分，得到如图 7.10a 所示的网络（$\lambda/4$ 线的接地侧未给出）。于是，从端口 2 向里看去的阻抗为

$$Z_{\text{in}}^e = \frac{Z^2}{2} \tag{7.33}$$

因为传输线看起来像一个 1/4 波长变换器。这样，若 $Z=\sqrt{2}$，则对于偶模激励，端口 2 是匹配的；因为 $Z_{\text{in}}^e=1$，所以 $V_2^e=V_0$。在这种情况下，因为 $r/2$ 电阻的一端开路，所以是无用的。接着，由传输线方程求 V_1^e。若在端口 1 处令 $x=0$，则在端口 2 处 $x=-\lambda/4$，传输线段上的电压可表示为

$$V(x)=V^+(\mathrm{e}^{-\mathrm{j}\beta x}+\Gamma\mathrm{e}^{\mathrm{j}\beta x})$$

于是有

$$\begin{aligned} V_2^e &= V(-\lambda/4)=\mathrm{j}V^+(1-\Gamma)=V_0 \\ V_1^e &= V(0)=V^+(1+\Gamma)=\mathrm{j}V_0\frac{\Gamma+1}{\Gamma-1} \end{aligned} \tag{7.34}$$

在端口 1，看向归一化值为 2 的电阻的反射系数 Γ 是

$$\Gamma=\frac{2-\sqrt{2}}{2+\sqrt{2}}$$

和

$$V_1^e=-\mathrm{j}V_0\sqrt{2} \tag{7.35}$$

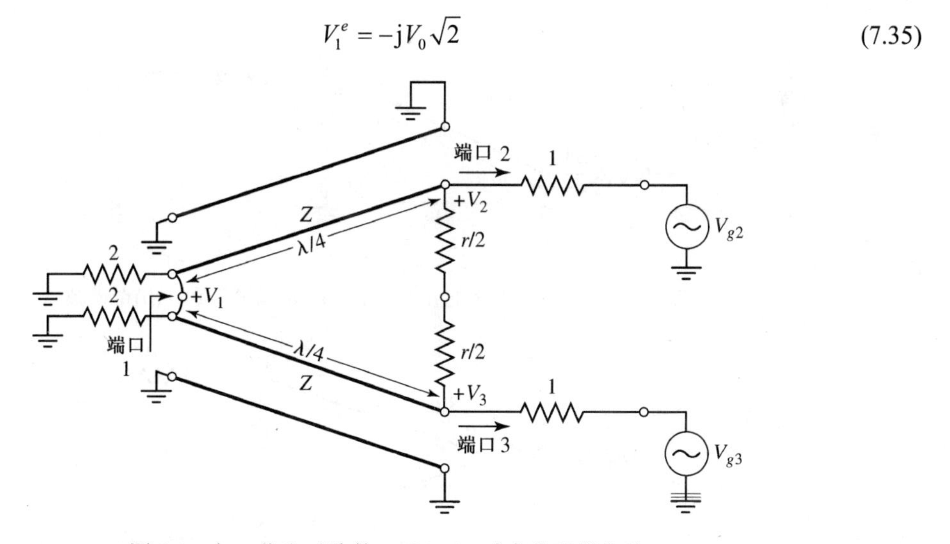

图 7.9　归一化和对称的 Wilkinson 功率分配器电路

奇模。对于奇模激励，$V_{g2}=-V_{g3}=2V_0$，因此 $V_2^o=-V_3^o$，沿图 7.9 所示电路的中线是电压零点，所以能把中心平面上的两个点接地，将电路剖分为两部分，给出如图 7.10b 所示的网络。从端口 2 向里看，看到阻抗 $r/2$，这是因为并联的传输线长度是 $\lambda/4$，而且在端口 1 处短路，因此在端口 2 看是开路。这样，若选择 $r=2$，则对于奇模激励，端口 2 是匹配的。于是，$V_2^o=V_0$ 和 $V_1^o=0$；对于这种激励模，全部功率都传送到 $r/2$ 电阻上，而没有功率进入端口 1。

最后，必须求出端口 2 和端口 3 终端接匹配负载时，Wilkinson 功率分配器的端口 1 处的输入阻抗。求解的电路如图 7.11a 所示，可以看出它与偶模激励相似，因为 $V_2=V_3$，所以没有电流流过归一化值为 2 的电阻，因此它能被移走，留下的是图 7.11b 所示的电路。现在，两个端接归一化值为 1 的负载电阻的 1/4 波长变换器并联。于是，输入阻抗是

$$Z_{\text{in}}=\frac{1}{2}\left(\sqrt{2}\right)^2=1 \tag{7.36}$$

总之，对于 Wilkinson 功率分配器，可以确立以下 S 参量：

$S_{11}=0$	（在端口 1 处，$Z_{\text{in}}=1$）
$S_{22}=S_{33}=0$	（对于偶模和奇模，端口 2 和端口 3 匹配）
$S_{12}=S_{21}=\dfrac{V_1^e+V_1^o}{V_2^e+V_2^o}=-\text{j}/\sqrt{2}$	（由于互易性而对称）
$S_{13}=S_{31}=-\text{j}/\sqrt{2}$	（端口 2 和端口 3 对称）
$S_{23}=S_{32}=0$	（由于剖分下的短路或开路）

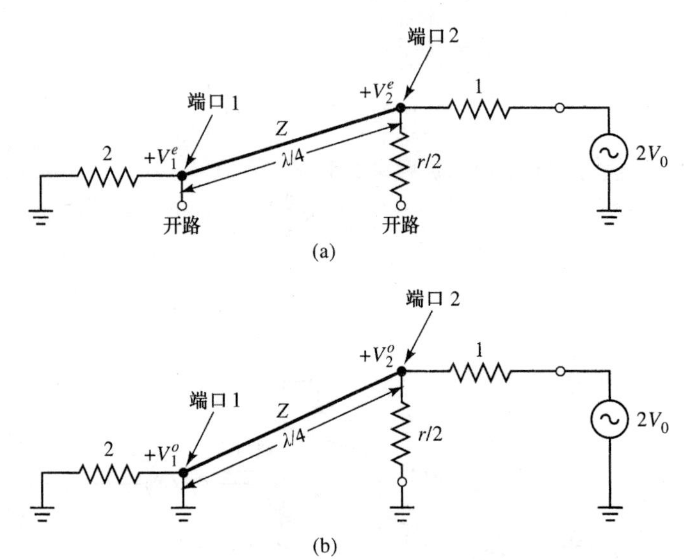

图 7.10　图 7.9 所示电路剖分为两部分：(a)偶模激励；(b)奇模激励

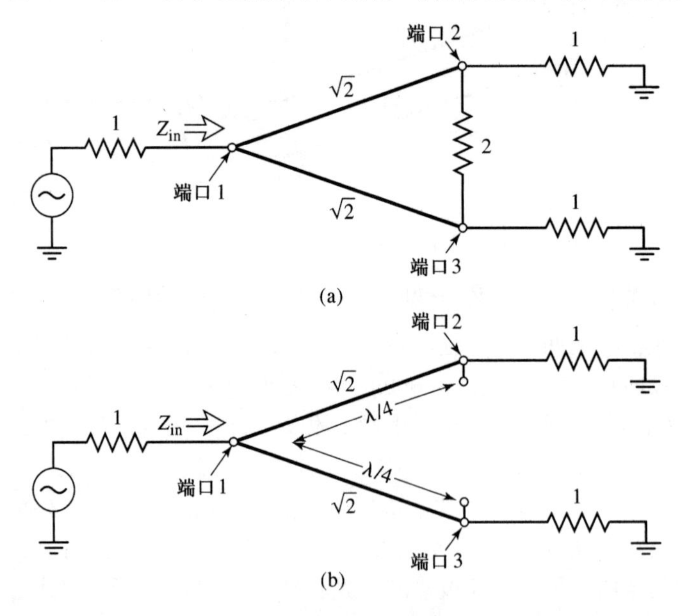

图 7.11　分析 Wilkinson 功率分配器求 S_{11}：(a)端接的 Wilkinson 功率分配器；(b)图(a)所示电路的剖分

前面 S_{12} 的方程成立，因为终端接匹配负载时，全部端口都是匹配的。注意，当功率分配器在端口 1 驱动并且输出匹配时，没有功率消耗在电阻上。所以，当输出都匹配时，功率分配器是无耗的；只有从端口 2 或端口 3 反射的功率消耗在电阻上。因为 $S_{23}=S_{32}=0$，所以端口 2 和端口 3 是隔离的。

例题 7.2　Wilkinson 功率分配器的设计和特性

设计一个频率 f_0 处系统阻抗为 50Ω 的等分 Wilkinson 功率分配器，画出回波损耗（S_{11}）、插入损耗（$S_{21}=S_{31}$）和隔离度（$S_{23}=S_{32}$）与频率（从 $0.5f_0$ 到 $1.5f_0$）的关系曲线。

解：由图 7.8 和上面的推导可知，在功率分配器中 1/4 波长传输线的特征阻抗是

$$Z=\sqrt{2}Z_0=70.7\Omega$$

并联电阻的值是

$$R=2Z_0=100\Omega$$

在频率 f_0 处传输线的长度是 $\lambda/4$。用计算机辅助设计程序对这个微波电路进行分析后，计算 S 参量的幅值并画在图 7.12 中。

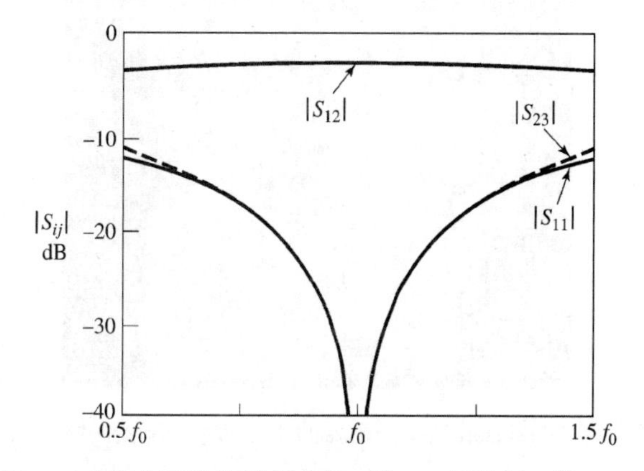

图 7.12　等分 Wilkinson 功率分配器的频率响应，端口 1 是输入，端口 2 和端口 3 是输出 ■

7.3.2　不等分功率分配和 N 路 Wilkinson 功率分配器

Wilkinson 类型的功率分配器也可制成不等分功率分配，其微带结构如图 7.13 所示。端口 2 和端口 3 之间的功率比是 $K^2=P_3/P_2$ 时，应用下面的设计公式：

$$Z_{03}=Z_0\sqrt{\frac{1+K^2}{K^3}} \tag{7.37a}$$

$$Z_{02}=K^2Z_{03}=Z_0\sqrt{K(1+K^2)} \tag{7.37b}$$

$$R=Z_0\left(K+\frac{1}{K}\right) \tag{7.37c}$$

注意，当 $K=1$ 时，上面的结果简为功率等分情况。还可看到输出线是与阻抗 $R_2=Z_0K$ 和 $R_3=Z_0/K$ 匹配的，而不与阻抗 Z_0 匹配。匹配变换器可用来变换这些输出阻抗。

Wilkinson 功率分配器也可推广到 N 路功率分配器或合成器[4]，如图 7.14 所示。这个电路可以在所有端口上实现匹配，并且所有端口之间彼此隔离。然而，缺点是当 $N\geqslant 3$ 时，功率分配器需要电阻跨接。这使得采用平面电路形式时制作困难。为了提高带宽，Wilkinson 功率分配器也可采用阶梯式多节结构。一个 4 路 Wilkinson 功率分配器网络的照片如图 7.15 所示。

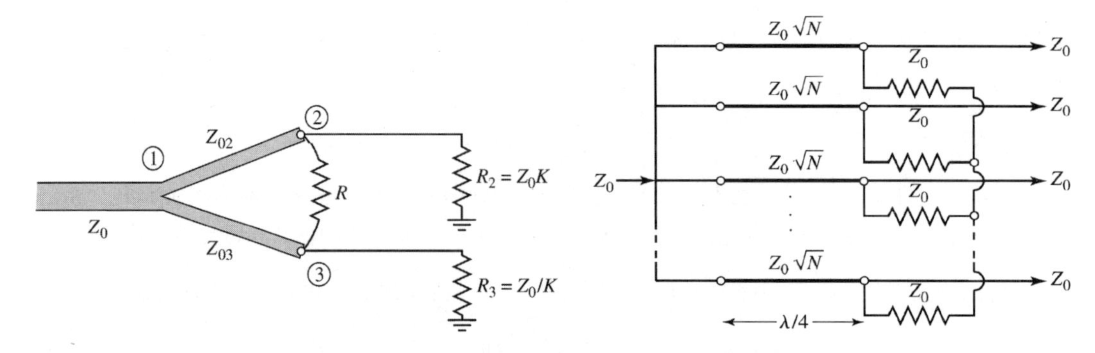

图 7.13 微带不等分功率分配的 Wilkinson 功率分配器　　图 7.14 N 路等分的 Wilkinson 功率分配器

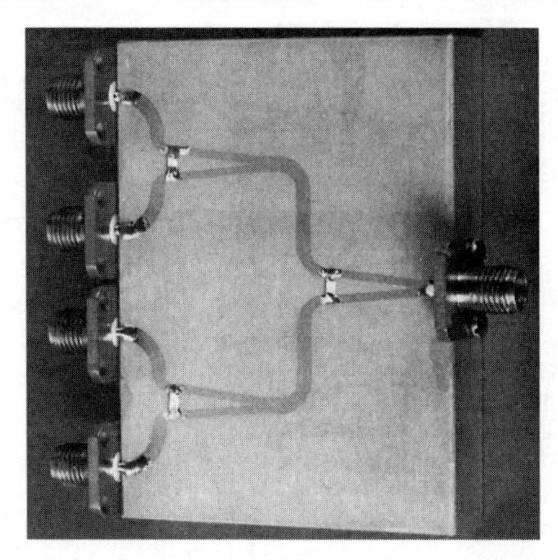

图 7.15 使用 3 个微带 Wilkinson 功率分配器的 4 路功率分配器网络的照片。可以看到隔离片状电阻。承蒙 M. D. Abouzahra, MIT Lincoln Laboratory, Lexington, Mass 提供照片

7.4 波导定向耦合器

现在把注意力转到定向耦合器，它是一个四端口器件，具有在 7.1 节中讨论过的特性。为了回顾其基本工作过程，考虑图 7.4 中定向耦合器的图示符号。端口 1 的输入功率耦合到端口 2（直通端口）和端口 3（耦合端口），但不耦合到端口 4（隔离端口）。同样，端口 2 的输入功率耦合到端口 1 和端口 4，但不耦合到端口 3。因此，端口 1 和端口 4 是去耦合的，端口 2 和端口 3 也是去耦合的。从端口 1 到端口 3，功率耦合的百分数由 C 给出，耦合系数由式(7.20a)定义，从端口 1 到端口 4 的功率泄漏由 I 给出，隔离度由式(7.20c)定义。另一个可用于表征耦合器的测度是方向性 $D = I - C$(dB)，它是传送到耦合端口和隔离端口的功率比。理想耦合器只用耦合因数表征，因为隔离度和方向性都无限大。理想耦合器也是无耗的，而且所有端口都是匹配的。

定向耦合器可以制成多种形式。下面首先讨论波导耦合器，然后讨论混合结。混合结是定向耦合器的一种特殊情况，它的耦合因数是 3dB（等分），输出端口之间的相位关系是 90°（正交混合网络）或 180°（魔 T 或环形波导混合网络）。最后讨论耦合传输线形式的定向耦合器的实现。

7.4.1 倍兹孔耦合器

所有定向耦合器的定向特性都是用两个分开的波或波分量在耦合端口处相位相加，并在隔离

端口处相位相消产生的。一种最简单的方法是让信号通过两个波导公共宽壁上的一个小孔，从一个波导耦合到另一个波导。这种耦合器称为**倍兹孔耦合器**，它的两种形式如图 7.16 所示。从 4.8 节的小孔耦合理论得知，一个小孔能用由电和磁偶极矩组成的等效源代替[6]。这个法向的电偶极矩和轴向的磁偶极矩在耦合波导中的辐射具有偶对称性质，而横向磁偶极矩的辐射具有奇对称性质。因此，调整这两个等效源的相对振幅就能抵消隔离端口方向上的辐射，增强耦合端口方向上的辐射。图 7.16 显示了能控制这些波的振幅的两种方法：对于图 7.16a 所示的耦合器，两个波导是平行的，耦合由小孔到波导窄壁的距离 s 控制；对于图 7.16b 所示的耦合器，波的振幅是由两个波导之间的角度 θ 控制的。

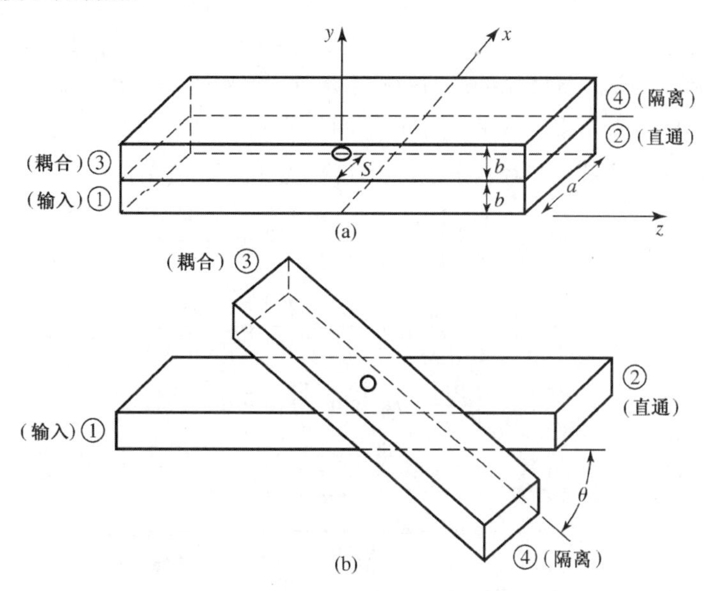

图 7.16　倍兹孔定向耦合器的两种类型：(a)平行波导；(b)斜交波导

首先考虑图 7.16a 所示的结构，此时从端口 1 输入 TE_{10} 模。场可表示为

$$E_y = A\sin\frac{\pi x}{a}\mathrm{e}^{-\mathrm{j}\beta z} \tag{7.38a}$$

$$H_x = \frac{-A}{Z_{10}}\sin\frac{\pi x}{a}\mathrm{e}^{-\mathrm{j}\beta z} \tag{7.38b}$$

$$H_z = \frac{\mathrm{j}\pi A}{\beta a Z_{10}}\cos\frac{\pi x}{a}\mathrm{e}^{-\mathrm{j}\beta z} \tag{7.38c}$$

式中，$Z_{10} = k_0\eta_0/\beta$ 是 TE_{10} 模的波阻抗。此外，由式(4.124)和式(4.125)求出输入波在小孔位置 $x = s$，$y = b$，$z = 0$ 产生的等效极化电流如下：

$$\boldsymbol{P}_e = \epsilon_0\alpha_e \boldsymbol{y} A\sin\frac{\pi s}{a}\delta(x-s)\delta(y-b)\delta(z) \tag{7.39a}$$

$$\boldsymbol{P}_m = -\alpha_m A\left[\frac{-\boldsymbol{x}}{Z_{10}}\sin\frac{\pi s}{a} + \boldsymbol{z}\frac{\mathrm{j}\pi}{\beta a Z_{10}}\cos\frac{\pi s}{a}\right]\delta(x-s)\delta(y-b)\delta(z) \tag{7.39b}$$

用式(4.128a)和式(4.128b)求出与 $\boldsymbol{P}_e$ 和 $\boldsymbol{P}_m$ 有关的电流 $\boldsymbol{J}$ 和 $\boldsymbol{M}$，然后用式(4.118)、式(4.120)、式(4.122)和式(4.123)求出上波导中的前向和反向行波的振幅如下：

$$A_{10}^{+}=\frac{-1}{P_{10}}\int_{v}\boldsymbol{E}_{10}^{-}\cdot\boldsymbol{J}\,\mathrm{d}v+\frac{1}{P_{10}}\int_{v}\boldsymbol{H}_{10}^{-}\cdot\boldsymbol{M}\,\mathrm{d}v$$
$$=\frac{-\mathrm{j}\omega A}{P_{10}}\left[\epsilon_0\alpha_e\sin^2\frac{\pi s}{a}-\frac{\mu_0\alpha_m}{Z_{10}^2}\left(\sin^2\frac{\pi s}{a}+\frac{\pi^2}{\beta^2a^2}\cos^2\frac{\pi s}{a}\right)\right] \tag{7.40a}$$

$$A_{10}^{-}=\frac{-1}{P_{10}}\int_{v}\boldsymbol{E}_{10}^{+}\cdot\boldsymbol{J}\mathrm{d}v+\frac{1}{P_{10}}\int_{v}\boldsymbol{H}_{10}^{+}\cdot\boldsymbol{M}\,\mathrm{d}v$$
$$=\frac{-\mathrm{j}\omega A}{P_{10}}\left[\epsilon_0\alpha_e\sin^2\frac{\pi s}{a}+\frac{\mu_0\alpha_m}{Z_{10}^2}\left(\sin^2\frac{\pi s}{a}-\frac{\pi^2}{\beta^2a^2}\cos^2\frac{\pi s}{a}\right)\right] \tag{7.40b}$$

式中，$P_{10}=ab/Z_{10}$是功率归一化常数。注意，由式(7.40a)和式(7.40b)得到向端口 4 激励的波的振幅（A_{10}^{+}）通常不同于向端口 3 激励的波的振幅（A_{10}^{-}），因为 $H_x^{+}=-H_x^{-}$，所以可通过设置 $A_{10}^{+}=0$ 来消去传送到端口 4 的功率。若假定小孔是圆的，则表 4.3 给出的极化率为 $\alpha_e=2r_0^3/3$ 和 $\alpha_m=4r_0^3/3$，式中 r_0 是小孔的半径。于是，由式(7.40a)得到下列条件：

$$\left(2\epsilon_0-\frac{4\mu_0}{Z_{10}^2}\right)\sin^2\frac{\pi s}{a}-\frac{4\pi^2\mu_0}{\beta^2a^2Z_{10}^2}\cos^2\frac{\pi s}{a}=0$$

$$\left(k_0^2-2\beta^2\right)\sin^2\frac{\pi s}{a}=\frac{2\pi^2}{a^2}\cos^2\frac{\pi s}{a}$$

$$\left(\frac{4\pi^2}{a^2}-k_0^2\right)\sin^2\frac{\pi s}{a}=\frac{2\pi^2}{a^2}$$

或

$$\sin\frac{\pi s}{a}=\pi\sqrt{\frac{2}{4\pi^2-k_0^2a^2}}=\frac{\lambda_0}{\sqrt{2(\lambda_0^2-a^2)}} \tag{7.41}$$

然后，给出耦合因数为

$$C=20\lg\left|\frac{A}{A_{10}^{-}}\right|\ \mathrm{dB} \tag{7.42a}$$

方向性为

$$D=20\lg\left|\frac{A_{10}^{-}}{A_{10}^{+}}\right|\ \mathrm{dB} \tag{7.42b}$$

因此，可以设计图 7.16a 所示的倍兹孔定向耦合器，方法是首先用式(7.41)求出小孔的位置 s，然后用式(7.42a)求出小孔的半径 r_0，给出所需的耦合因数。

对于图 7.16b 所示的斜交结构，小孔中心位于 $s=a/2$ 处，斜交角 θ 可以调整，以便在端口 4 相消。在这种情况下，法向电场不随 θ 改变，但横向磁场分量随 $\cos\theta$ 减小，所以用 $\alpha_m\cos\theta$ 替换前面推导中的 α_m 就可估算出这个斜交角。对于 $s=a/2$，式(7.40a)和式(7.40b)中波的振幅变为

$$A_{10}^{+}=\frac{-\mathrm{j}\omega A}{P_{10}}\left(\epsilon_0\alpha_e-\frac{\mu_0\alpha_m}{Z_{10}^2}\cos\theta\right) \tag{7.43a}$$

$$A_{10}^{-}=\frac{-\mathrm{j}\omega A}{P_{10}}\left(\epsilon_0\alpha_e+\frac{\mu_0\alpha_m}{Z_{10}^2}\cos\theta\right) \tag{7.43b}$$

设 $A_{10}^{+}=0$，得出斜交角 θ 的条件是

$$2\epsilon_0 - \frac{4\mu_0}{Z_{10}^2}\cos\theta = 0$$

或

$$\cos\theta = \frac{k_0^2}{2\beta^2} \tag{7.44}$$

而耦合因数简化为

$$C = 20\lg\left|\frac{A}{A_{10}^-}\right| = -20\lg\frac{4k_0^2 r_0^3}{3ab\beta}\ \mathrm{dB} \tag{7.45}$$

斜交倍兹孔耦合器的几何形状在制作和应用上不方便。此外，这两种耦合器只在设计频率处正常工作；偏离开这个频率时，耦合度和方向性将降低，如下例所述。

例题 7.3　倍兹孔定向耦合器的设计和性能

用工作于 9GHz 频率的 X 波段波导，设计一个如图 7.16a 所示的倍兹孔耦合器，要求有 20dB 的耦合度。计算并画出频率范围 7～11GHz 内的耦合度和方向性。假定小孔是圆的。

解：对于 9GHz 的 X 波段波导，有下列常数：

$$a = 0.02286\mathrm{m},\ b = 0.01016\mathrm{m},\ \lambda_0 = 0.0333\mathrm{m}$$

$$k_0 = 188.5\mathrm{m}^{-1},\ \beta = 129.0\mathrm{m}^{-1},\ Z_{10} = 550.9\Omega$$

$$P_{10} = 4.22\times10^{-7}\ \mathrm{m}^2/\Omega$$

然后，可用式(7.41)求出小孔的位置 s：

$$\sin\frac{\pi s}{a} = \frac{\lambda_0}{\sqrt{2(\lambda_0^2 - a^2)}} = 0.972,\ \ s = \frac{a}{\pi}\arcsin 0.972 = 0.424a = 9.69\mathrm{mm}$$

由于耦合度是 20dB，所以

$$C = 20\ \mathrm{dB} = 20\lg\left|\frac{A}{A_{10}^-}\right|$$

或

$$\left|\frac{A}{A_{10}^-}\right| = 10^{20/20} = 10$$

于是 $|A_{10}^- / A| = 1/10$。现在用式(7.40b)求 r_0：

$$\left|\frac{A_{10}^-}{A}\right| = \frac{1}{10} = \frac{\omega}{P_{10}}\left[\left(\epsilon_0\alpha_e + \frac{\mu_0\alpha_m}{Z_{10}^2}\right)\times0.944 - \frac{\pi^2\mu_0\alpha_m}{\beta^2a^2Z_{10}^2}\times0.056\right]$$

因为 $\alpha_e = 2r_0^3/3$ 和 $\alpha_m = 4r_0^3/3$，得到

$$0.1 = 1.44\times10^6 r_0^3$$

或

$$r_0 = 4.15\mathrm{mm}$$

这就完成了倍兹孔耦合器的设计。为了计算耦合度和方向性随频率变化的曲线，我们用式(7.40a)和式(7.40b)给出的 A_{10}^- 和 A_{10}^+ 表达式来计算式(7.42a)和式(7.42b)。在这些表达式中，小孔位置和半径分别固定为 $s = 9.69$mm 和 $r_0 = 4.15$mm，而频率是变化的。为了计算图 7.17 所示的数据，采用了一个短小的计算机程序。从图中看到，在整个带宽内耦合度的变化小于 1dB，方

向性在设计频率处很大（大于 60dB），但在频率边缘下降到了 15～20dB。方向性随频率变化更为敏感，因为它与两个波分量的相消有关。

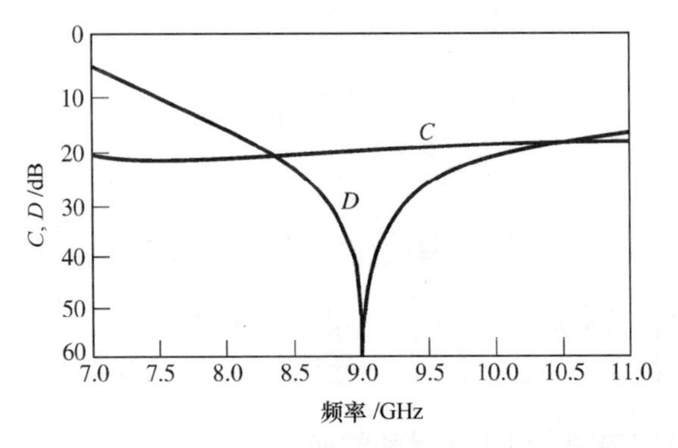

图 7.17　例题 7.3 中倍兹孔定向耦合器的耦合度和方向性随频率变化的曲线 ■

7.4.2　多孔耦合器的设计

由例题 7.3 看到，单孔耦合器至少在方向性上有相对较窄的带宽。然而，若将耦合器设计成有一系列耦合孔，则这个额外的自由度可以提高带宽。这种多孔波导耦合器的工作原理和设计类似于多节匹配变换器。

首先，考虑图 7.18 所示的双孔耦合器的工作原理。图中显示了具有公共宽壁的两个平行波导，当然，同样的结构也可制成微带或带状线形式。间距为 $\lambda_g/4$ 的两个小孔使这两个波导耦合。在端口 1 输入的波大部分传输到端口 2，但有部分功率通过两个小孔耦合出去。若相位参考点设在第一个小孔处，则输入波在第二个小孔处的相位是−90°。每个小孔将前向波分量和反向波分量辐射到上波导中；一般来说，前向波和反向波的振幅是不同的。在端口 3 的方向，两个分量是同相的，因为这两个波到达第二个小孔时都行进了 $\lambda_g/4$。但是，在端口 4 得到的是相消波，因为来自第二个小孔的波比来自第一个小孔的波多行进了 $\lambda_g/2$，这一相消对频率是敏感的，使得方向性成为频率的敏感函数。耦合度的频率依赖性较低，因为从端口 1 到端口 3 的通道长度总是相同的。所以在多孔耦合器的设计中，我们综合的是方向性响应，因为它与耦合度响应不同，是频率的函数。

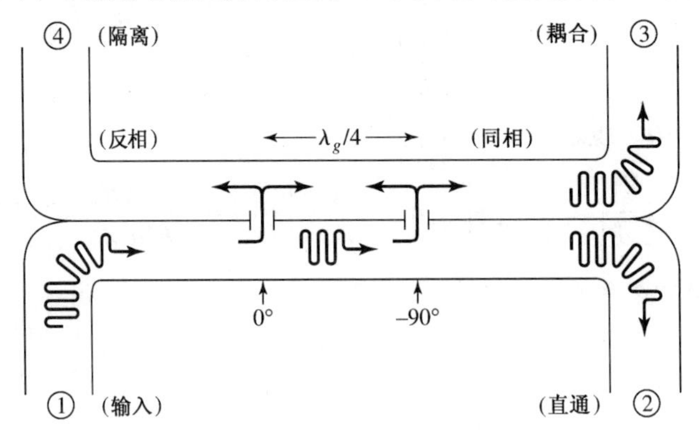

图 7.18　双孔定向耦合器的基本工作原理

现在考虑图 7.19 所示的普通多孔耦合器的情况，其中 $N+1$ 个等间距的小孔使得两个平行的波导耦合。在下波导的左边，输入波的振幅是 A，对于小耦合，下波导直通波的振幅几乎是相同的。例如，一个 20dB 耦合器的功率耦合因数为 $10^{-20/10}=0.01$，所以经过波导 A 传输的功率是输入功率的 1 − 0.01 = 0.99（1%耦合到上波导）。电压（或场）在波导 A 中下降到 $\sqrt{0.99} = 0.995$，或下降 0.5%。因此，在每个小孔处假定输入场的振幅相等是一个较好的近似。当然，从一个小孔到下一个小孔时，相位是有变化的。

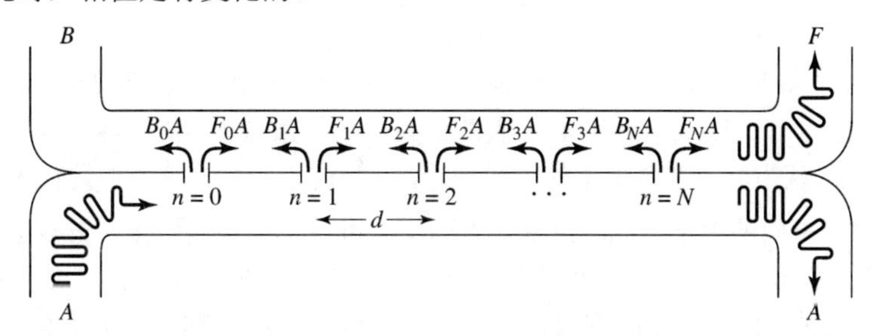

图 7.19　$N+1$ 个孔波导定向耦合器的几何形状

如前一节关于倍兹孔耦合器的介绍那样，一个小孔通常会激励不同振幅的前向行波和反向行波。因此，令 F_n 代表第 n 个小孔的前向耦合系数，令 B_n 代表第 n 个小孔的反向耦合系数，就可将前向波的振幅写为

$$F = A\mathrm{e}^{-\mathrm{j}\beta Nd}\sum_{n=0}^{N}F_n \tag{7.46}$$

因为前向波的所有分量行进同样的通道长度。反向波的振幅是

$$B = A\sum_{n=0}^{N}B_n\mathrm{e}^{-2\mathrm{j}\beta nd} \tag{7.47}$$

因为第 n 个分量的通道长度是 $2\beta nd$，此处 d 是两个相邻小孔之间的距离。在式(7.46)和式(7.47)中，相位参考点取在 $n=0$ 的小孔处。

由式(7.20a)和式(7.20b)的定义，可计算出耦合度和方向性为

$$C = -20\lg\left|\frac{F}{A}\right| = -20\lg\left|\sum_{n=0}^{N}F_n\right| \text{ dB} \tag{7.48}$$

$$D = -20\lg\left|\frac{B}{F}\right| = -20\lg\left|\frac{\sum_{n=0}^{N}B_n\mathrm{e}^{-2\mathrm{j}\beta nd}}{\sum_{n=0}^{N}F_n}\right| = -C - 20\lg\left|\sum_{n=0}^{N}B_n\mathrm{e}^{-2\mathrm{j}\beta nd}\right| \text{ dB} \tag{7.49}$$

现在假定这些小孔是圆孔，它们相对于波导边缘有相同的位置 s，r_n 是第 n 个小孔的半径。由 4.8 节和前面一节可知，耦合系数正比于小孔的极化强度 α_e 和 α_m，因此与 r_n^3 成比例，所以能写出

$$F_n = K_f r_n^3 \tag{7.50a}$$

$$B_n = K_b r_n^3 \tag{7.50b}$$

式中，K_f 和 K_b 分别是前向和反向耦合系数的常数，对所有小孔都是一样的，但与频率有关。于是，式(7.48)和式(7.49)简化为

$$C = -20\lg|K_f| - 20\lg\sum_{n=0}^{N}r_n^3 \text{ dB} \tag{7.51}$$

$$D = -C - 20\lg|K_b| - 20\lg\left|\sum_{n=0}^{N}r_n^3\mathrm{e}^{-2\mathrm{j}\beta nd}\right| = -C - 20\lg|K_b| - 20\lg S \text{ dB} \tag{7.52}$$

在式(7.51)中，第二项是与频率无关的常数。第一项不受 r_n 选择的影响，而是一个随频率相对变化较慢的函数。类似地，在式(7.52)中，前两项是随频率变化较慢的函数，代表单个小孔的方向性，但最后一项（S）由于在求和中相位相消，所以是频率的敏感函数。我们能选择 r_n，对

方向性综合出所希望的频率响应，而耦合度应该是相对不随频率变化的。

仔细观察式(7.52)中的最后一项，

$$S=\left|\sum_{n=0}^{N}r_n^3\mathrm{e}^{-2\mathrm{j}\beta nd}\right| \tag{7.53}$$

在形式上它与5.5节得到的多节1/4波长匹配变换器的表达式很相似。对于多节1/4波长变换器，可以开发对方向性给出二项式（最平坦）或切比雪夫（等波纹）响应的耦合器设计。式(7.53)的另一种解释是，可以认为学生熟悉基本的天线理论，因为这个表达式等同于具有数组元素权重r_n^3的$N+1$元数组的辐射方向图因子。此时，辐射方向图也可用二项式或切比雪夫多项式综合。

二项式响应。和多节1/4波长匹配变换器的情况一样，可以采用使得耦合系数与二项式系数成比例的方法，得到多孔耦合器的方向性的二项式（或最平坦）响应。于是有

$$r_n^3=kC_n^N \tag{7.54}$$

式中，k是待定常数，C_n^N是式(5.51)给出的二项式系数。为了求出k，用式(7.51)计算耦合度：

$$C=-20\lg\left|K_f\right|-20\lg k-20\lg\sum_{n=0}^{N}C_n^N\,\mathrm{dB} \tag{7.55}$$

因为已经知道K_f, N和C，因而能解出k，然后由式(7.54)求出所需小孔的半径。间距d在中心频率处应为$\lambda_g/4$。

切比雪夫响应。首先假定N是偶数（奇数个孔）且耦合器是对称的，所以有$r_0=r_N$，$r_1=r_{N-1}$等。于是，由式(7.53)可将S表示为

$$S=\left|\sum_{n=0}^{N}r_n^3\mathrm{e}^{-2\mathrm{j}n\theta}\right|=2\sum_{n=0}^{N/2}r_n^3\cos(N-2n)\theta$$

式中，$\theta=\beta d$。为了得到切比雪夫响应，使其与N阶切比雪夫多项式相等：

$$S=2\sum_{n=0}^{N/2}r_n^3\cos(N-2n)\theta=k\left|T_N(\sec\theta_m\cos\theta)\right| \tag{7.56}$$

式中，k和θ_m是待定常量。由式(7.53)和式(7.56)可知，对于$\theta=0$，$S=\sum_{n=0}^{N}r_n^3=k\left|T_N(\sec\theta_m)\right|$。将此结果用到式(7.51)中可得到耦合度为

$$C=-20\lg\left|K_f\right|-20\lg S\big|_{\theta=0}=-20\lg\left|K_f\right|-20\lg k-20\lg\left|T_N(\sec\theta_m)\right|\,\mathrm{dB} \tag{7.57}$$

由式(7.52)得出方向性是

$$D=-C-20\lg\left|K_b\right|-20\lg S=20\lg\frac{K_f}{K_b}+20\lg\frac{T_N(\sec\theta_m)}{T_N(\sec\theta_m\cos\theta)}\,\mathrm{dB} \tag{7.58}$$

$\lg K_f/K_b$项是频率的函数，所以D不会有精确的切比雪夫响应，位误差通常很小。因为$|T_N(\sec\theta_m)|\geqslant|T_N(\sec\theta_m\cos\theta)|$，所以能假定$D$的最小值出现在$T_N(\sec\theta_m\cos\theta)=1$时。于是，假定$D_{\min}$是通带内方向性的指定最小值，则$\theta_m$能由下面的关系式求出：

$$D_{\min}=20\lg T_N(\sec\theta_m)\,\mathrm{dB} \tag{7.59}$$

另一种方法是，指定带宽后，求出θ_m和$D_{\min}$。两种情形下都能用式(7.57)求出k，并用式(7.56)求出半径r_n。

N为奇数（偶数个孔）时，仍然可以使用式(7.57)、式(7.58)和式(7.59)解出C, D和$D_{\min}$，但要用如下关系式替代式(7.56)来求小孔的半径：

$$S = 2\sum_{n=0}^{(N-1)/2} r_n^3 \cos(N-2n)\theta = k\left|T_N(\sec\theta_m \cos\theta)\right| \tag{7.60}$$

例题 7.4　多孔波导耦合器的设计

用 X 波段波导和位于 $s = a/4$ 的圆形小孔，设计一个 4 孔切比雪夫耦合器。中心频率是 9GHz，耦合度是 20dB，最小方向性是 40dB。画出从 7GHz 至 11GHz 的耦合度和方向性响应。

解：在 9GHz 处，对于 X 波段波导，有下列常数：

$$a = 0.022\,86\text{m},\ b = 0.010\,16\text{m},\ \lambda_0 = 0.0333\text{m}$$

$$k_0 = 188.5\text{m}^{-1},\ \beta = 129.0\text{m}^{-1},\ Z_{10} = 550.9\Omega$$

$$P_{10} = 4.22\times10^{-7}\,\text{m}^2/\Omega$$

由式(7.40a)和式(7.40b)，对于 $s = a/4$ 处的一个小孔，有

$$\left|K_f\right| = \frac{2k_0}{3\eta_0 P_{10}}\left[\sin^2\frac{\pi s}{a} - \frac{2\beta^2}{k_0^2}\left(\sin^2\frac{\pi s}{a} + \frac{\pi^2}{\beta^2 a^2}\cos^2\frac{\pi s}{a}\right)\right] = 3.953\times10^5$$

$$\left|K_b\right| = \frac{2k_0}{3\eta_0 P_{10}}\left[\sin^2\frac{\pi s}{a} + \frac{2\beta^2}{k_0^2}\left(\sin^2\frac{\pi s}{a} - \frac{\pi^2}{\beta^2 a^2}\cos^2\frac{\pi s}{a}\right)\right] = 3.454\times10^5$$

对于 4 孔耦合器，$N = 3$，于是由式(7.59)给出

$$40 = 20\lg T_3(\sec\theta_m)\ \text{dB}$$

$$100 = T_3(\sec\theta_m) = \cosh\left[3\ \text{arcosh}(\sec\theta_m)\right]$$

$$\sec\theta_m = 3.01$$

其中用到了式(5.58b)。于是，在通带两边有 $\theta_m = 70.6°$和 $109.4°$。然后，由式(7.57)可解出 k：

$$C = 20 = -20\lg(3.953\times10^5) - 20\lg k - 40\ \text{dB}$$

$$20\lg k = -171.94$$

$$k = 2.53\times10^{-9}$$

最后，由式(7.60)和来自式(5.60c)的 T_3 展开式，解出半径如下：

$$S = 2\left(r_0^3\cos3\theta + r_1^3\cos\theta\right) = k[\sec^3\theta_m(\cos3\theta + 3\cos\theta) - 3\sec\theta_m\cos\theta]$$

$$2r_0^3 = k\sec^3\theta_m \quad \Rightarrow \quad r_0 = r_3 = 3.26\text{mm}$$

$$2r_1^3 = 3k(\sec^3\theta_m - \sec\theta_m) \quad \Rightarrow \quad r_1 = r_2 = 4.51\text{mm}$$

最后得到的耦合度和方向性画在图 7.20 中。注意，与例题 7.3 中的倍兹孔耦合器相比，方向性带宽得到了提高。

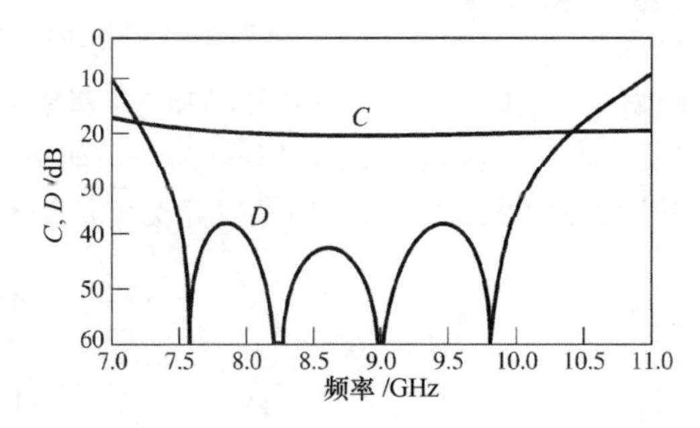

图 7.20　例题 7.4 中 4 孔耦合器的耦合度和方向性与频率的关系曲线　■

7.5 正交（90°）混合网络

正交混合网络是 3dB 定向耦合器，其直通和耦合臂的输出之间有 90°的相移。这类混合网络通常制成微带线或带状线形式，如图 7.21 所示，也称分支线混合网络。其他 3dB 耦合器，如耦合线耦合器或 Lange 耦合器，也能用作正交耦合器，这些器件将在下一节讨论。下面使用类似于 Wilkinson 功率分配器所用的偶-奇模分解技术来分析正交混合网络的工作过程。

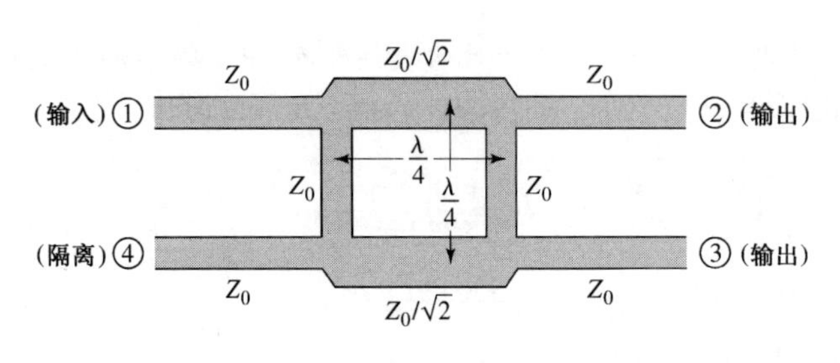

图 7.21　分支线耦合器的几何形状

参考图 7.21，分支线耦合器的基本运作如下：所有端口都是匹配的，从端口 1 输入的功率对等地分配给端口 2 和端口 3，这两个输出端口之间有 90°的相移，没有功率耦合到端口 4（隔离端）。所以 **S** 矩阵有如下形式：

$$\boldsymbol{S}=\frac{-1}{\sqrt{2}}\begin{bmatrix}0 & \mathrm{j} & 1 & 0\\ \mathrm{j} & 0 & 0 & 1\\ 1 & 0 & 0 & \mathrm{j}\\ 0 & 1 & \mathrm{j} & 0\end{bmatrix} \tag{7.61}$$

注意，分支线混合网络高度对称，任意端口都可作为输入端口，输出端口总在与网络输入端口相反的一侧，而隔离端是输入端口同侧的余下端口。对称性也反映在散射矩阵中，因为每行都可以由第一行的元素交换位置后得到。

7.5.1 偶-奇模分析

首先采用归一化形式画出分支线耦合器的电路示意图，如图 7.22 所示。图中要了解的是，每条线都代表一根传输线，线上表示的值是用 Z_0 归一化的特征阻抗。未显示每根传输线的公共接地回路。假设在端口 1 输入单位幅值（$A_1=1$）的波。

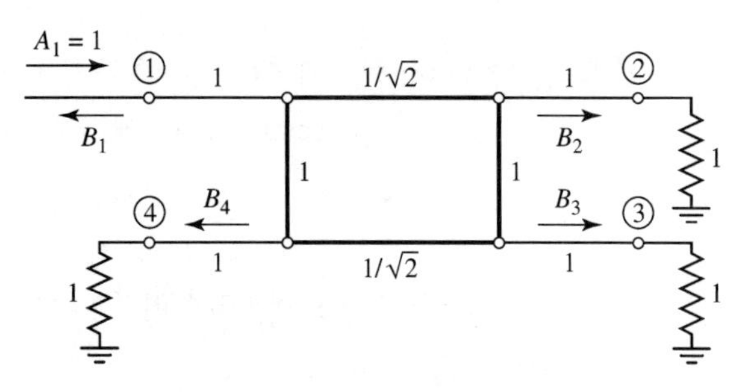

图 7.22　归一化形式的分支线混合耦合器电路

图 7.22 所示的电路可分解为偶模激励和奇模激励的叠加[5]，如图 7.23 所示。注意，叠加这两组激励可产生图 7.22 所示的原始激励，因为该电路是线性的，实际响应（散射波）可由偶模激励和奇模激励的响应之和获得。

因为激励的对称性或反对称性，四端口网络可分解为一组两个去耦合的二端口网络，如图 7.23 所示。因为这两个端口的输入波振幅是±1/2，所以分支线混合网络每个端口的出射波的振幅可表示为

$$B_1=\frac{1}{2}\Gamma_e+\frac{1}{2}\Gamma_o \tag{7.62a}$$

$$B_2=\frac{1}{2}T_e+\frac{1}{2}T_o \tag{7.62b}$$

$$B_3 = \frac{1}{2}T_e - \frac{1}{2}T_o \tag{7.62c}$$

$$B_4 = \frac{1}{2}\Gamma_e - \frac{1}{2}\Gamma_o \tag{7.62d}$$

式中，$\Gamma_{e,o}$ 和 $T_{e,o}$ 是图 7.23 所示二端口网络偶模和奇模的反射系数和传输系数。首先考虑偶模二端口电路的 Γ_e 和 T_e 的计算。这可通过将电路中的每个级联器件的 $ABCD$ 矩阵相乘来实现，得出

$$\begin{bmatrix} A & B \\ C & D \end{bmatrix}_e = \underbrace{\begin{bmatrix} 1 & 0 \\ \mathrm{j} & 1 \end{bmatrix}}_{\substack{\text{并联分支} \\ Y=j}} \underbrace{\begin{bmatrix} 0 & \mathrm{j}/\sqrt{2} \\ \mathrm{j}\sqrt{2} & 0 \end{bmatrix}}_{\substack{\lambda/4 \\ \text{传输线}}} \underbrace{\begin{bmatrix} 1 & 0 \\ \mathrm{j} & 1 \end{bmatrix}}_{\substack{\text{并联分支} \\ Y=J}} = \frac{1}{\sqrt{2}}\begin{bmatrix} -1 & \mathrm{j} \\ \mathrm{j} & -1 \end{bmatrix} \tag{7.63}$$

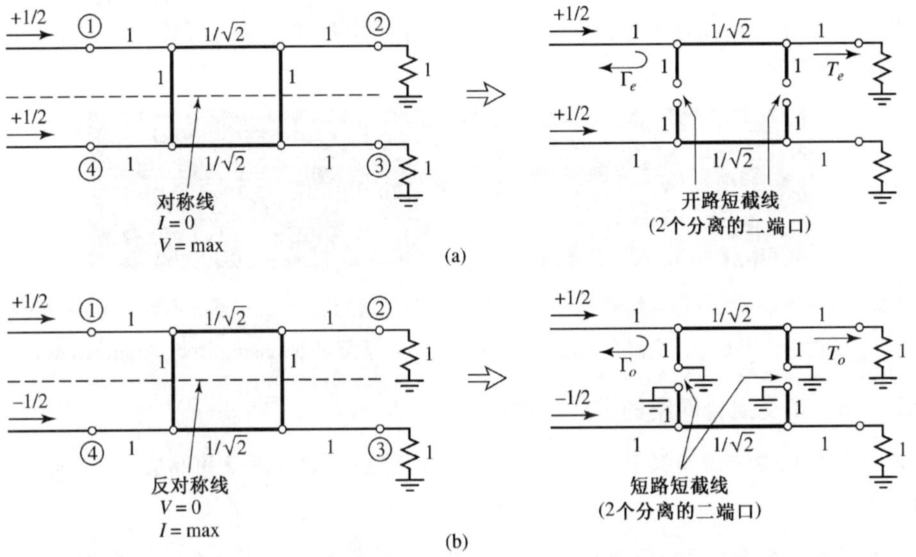

图 7.23　分支线耦合器分解为偶模激励和奇模激励：(a)偶模（e）；(b)奇模（o）

式中，各个矩阵可从表 4.1 中找到，并联开路 $\lambda/8$ 短截线的导纳为 $Y = \mathrm{j}\tan\beta\ell = \mathrm{j}$。然后，可用表 4.2 将 $ABCD$ 参量（此处 $Z_o = 1$）转换到与反射系数和传输系数等效的 S 参量。所以有

$$\Gamma_e = \frac{A+B-C-D}{A+B+C+D} = \frac{(-1+\mathrm{j}-\mathrm{j}+1)/\sqrt{2}}{(-1+\mathrm{j}+\mathrm{j}-1)/\sqrt{2}} = 0 \tag{7.64a}$$

$$T_e = \frac{2}{A+B+C+D} = \frac{2}{(-1+\mathrm{j}+\mathrm{j}-1)/\sqrt{2}} = \frac{-1}{\sqrt{2}}(1+\mathrm{j}) \tag{7.64b}$$

同样，对奇模有

$$\begin{bmatrix} A & B \\ C & D \end{bmatrix}_o = \frac{1}{\sqrt{2}}\begin{bmatrix} 1 & \mathrm{j} \\ \mathrm{j} & 1 \end{bmatrix} \tag{7.65}$$

它给出反射系数和传输系数为

$$\Gamma_o = 0 \tag{7.66a}$$

$$T_o = \frac{1}{\sqrt{2}}(1-\mathrm{j}) \tag{7.66b}$$

将式(7.64)和式(7.66)代入式(7.62)，得到如下结果：

$$B_1 = 0 \qquad \text{（端口 1 是匹配的）} \tag{7.67a}$$

$$B_2 = -\frac{\mathrm{j}}{\sqrt{2}} \quad \text{（半功率，从端口 1 到端口 2 有−90°的相移）} \tag{7.67b}$$

$$B_3 = -\frac{1}{\sqrt{2}} \quad \text{（半功率，从端口 1 到端口 3 有−180°的相移）} \tag{7.67c}$$

$$B_4 = 0 \quad \text{（无功率到端口 4）} \tag{7.67d}$$

这些结果与式(7.61)给出的 **S** 矩阵的第 1 行和第 1 列是一致的；剩下的矩阵元素可通过交换位置求出。

事实上，由于需要 1/4 波长，分支线混合网络的带宽限制为 10%～20%。但与多节匹配变换器和多孔定向耦合器一样，使用多节级联，分支线混合网络的带宽可提高十倍或更多。此外，这个基本设计经修正后，可用于非等分功率分配和/或在输出端口有不同特征阻抗的情形。另一个实际问题是，在分支线耦合器结点处的不连续效应可能要求并联臂延长 10°～20°。图 7.24 给出了正交混合网络的照片。

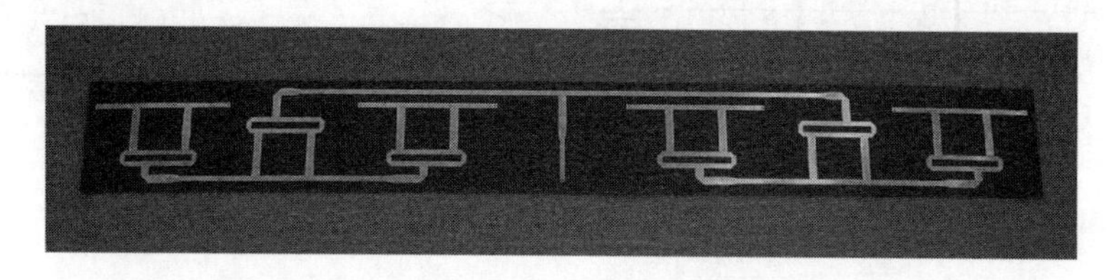

图 7.24　任意阵列天线反馈网络的一个 8 路微带功率分配器的照片。该电路对不等分功率分配比，在 Bailey 结构中使用 6 个正交混合电路（见习题 7.33）。承蒙 ProSensing, Inc., Amherst, Mass 提供照片

例题 7.5　正交混合网络的设计和性能

设计一个 50Ω 分支线正交混合结，画出从 $0.5f_0$ 到 $1.5f_0$ 的 S 参量的幅值变化，此处 f_0 是设计频率。

解：经过前面的分析后，正交混合网络的设计就很简单了。线长在设计频率 f_0 处是 $\lambda/4$，分支线阻抗是

$$\frac{Z_0}{\sqrt{2}} = \frac{50}{\sqrt{2}} = 35.4\,\Omega$$

计算出的频率响应画在图 7.25 中。注意，在设计频率 f_0 下，分别得到了端口 2 和端口 3 处的理想 3dB 功率分配，以及端口 4 和端口 1 处的理想隔离和回波损耗。然而，在频率偏离 f_0 时，所有这些量都迅速变坏。

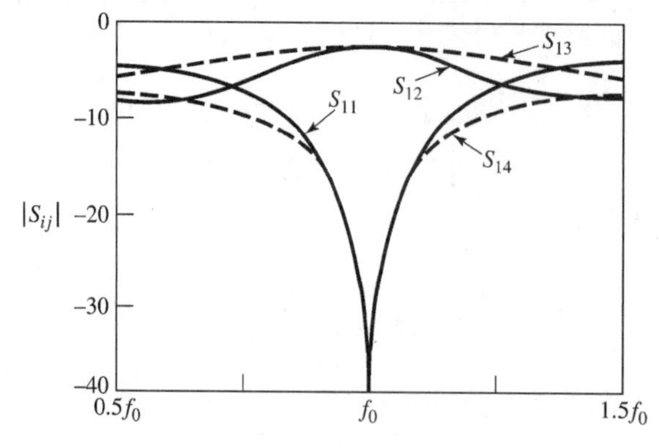

图 7.25　例题 7.5 中分支线耦合器的 S 参量的幅值与频率的关系曲线　■

7.6 耦合线定向耦合器

当两根无屏蔽的传输线紧靠在一起时，由于各条传输线的电磁场的相互作用，在传输线之间会出现功率耦合。这种传输线称为耦合传输线，它通常由靠得很近的三个导体组成，当然也可使用更多的导体。图 7.26 显示了耦合传输线的几个例子。通常假定耦合传输线工作在 TEM 模，这对于带状线结构是严格正确的，而对于微带线、共面波导或槽线结构是近似正确的。耦合传输线可以支持两种不同的传播模，这一特性可用于实现各种实用的定向耦合器、混合网络和滤波器。

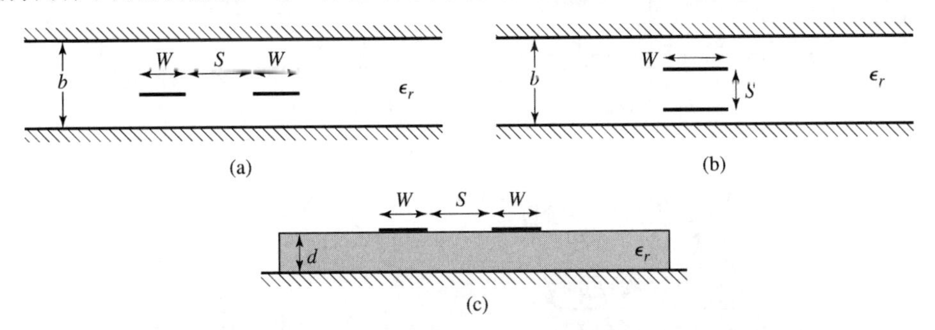

图 7.26 各种耦合传输线的几何形状：(a)耦合带状线（平面或边缘耦合）；(b)耦合带状线（分层或宽边耦合）；(c)耦合微带线

图 7.26 所示的耦合线是对称的，这意味着两个导带有着相同的宽度和相对于地的位置，因此简化了其工作原理的分析。下面首先讨论耦合线理论，介绍耦合带状线和耦合微带线的某些设计数据，然后分析单节定向耦合器的工作原理，并将这些结果扩展到多节耦合器的设计中。

7.6.1 耦合线理论

图 7.26 所示的耦合线或其他对称的 3 线传输线，都能用图 7.27 所示的结构来表示。如果假定传输的是 TEM 模，那么耦合线的电特性完全可由传输线之间的等效电容及在传输线上的传播速度确定。如图 7.27 所示，C_{12} 代表两个条状导体之间的电容，C_{11} 和 C_{22} 代表每个条状导体和地之间的电容，若这些条状导体的尺寸和相对于接地导体的位置相同，则有 $C_{11} = C_{22}$。注意，把第 3 个导体指定为"接地"，除更方便外，并无特别的意义，因为在许多应用中该导体是带状线和微带电路的接地板。

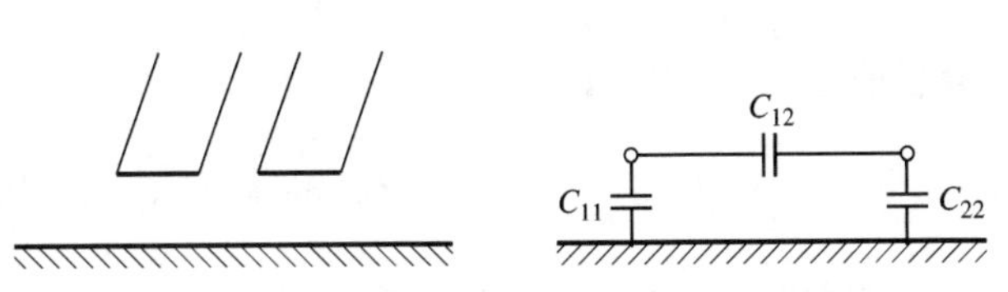

图 7.27 3 线耦合传输线及其等效电容网络

现在考虑耦合线的两种特殊激励类型：偶模，此时在两个带状导体上电流的幅值相等，方向相同；奇模，此时在带状导体上电流的幅值相等，方向相反。这两种情况下的场线示意图如图 7.28 所示。由于线是 TEM 线，因此两种模的传播常数和相速相同：$\beta = \omega / v_p$ 和 $v_p = \sqrt{\epsilon_r}$，其中 ϵ_r 是 TEM 线的相对介电常数。

对于偶模，电场关于中心线偶对称，两根带状导体之间没有电流流过。这时的等效电路如图所示，其中 C_{12} 处于开路状态。对于偶模，每根线到地产生的电容是

$$C_e = C_{11} = C_{22} \tag{7.68}$$

假如这两个带状导体在尺寸和位置上是相同的，则偶模的特征阻抗是

$$Z_{0e} = \sqrt{\frac{L_e}{C_e}} = \frac{\sqrt{L_e C_e}}{C_e} = \frac{1}{v_p C_e} \tag{7.69}$$

式中，$v_p = c/\sqrt{\epsilon_r} = 1/\sqrt{L_e C_e} = 1/\sqrt{L_o C_o}$ 是线上传播的相速。

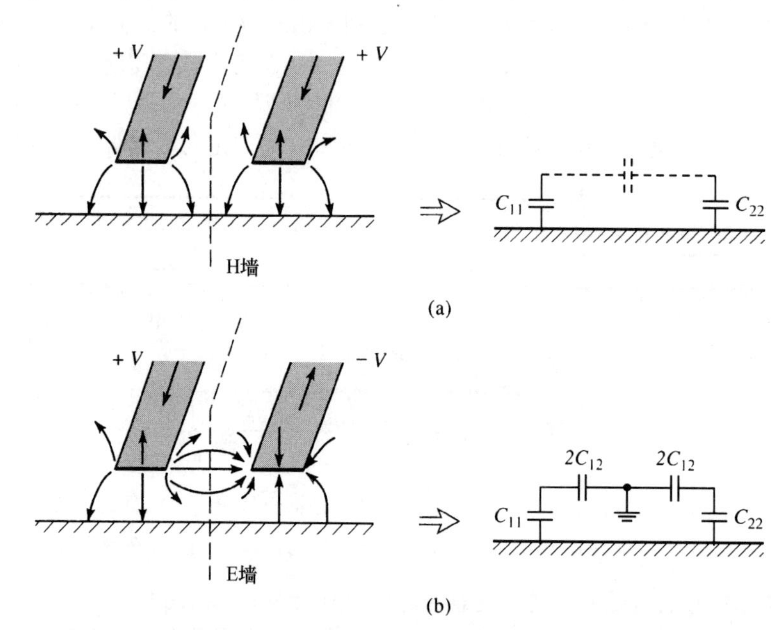

图 7.28　耦合线的偶模激励和奇模激励及其等效电容网络：(a)偶模激励；(b)奇模激励

对于奇模，场线关于中心线奇对称，两条带状导体之间的电压为零。我们可以将想象在 C_{12} 的中间有一个接地面，这导致了如图所示的等效电路。此时，每条带状线和地之间的等效电容是

$$C_o = C_{11} + 2C_{12} = C_{22} + 2C_{12} \tag{7.70}$$

奇模的特征阻抗是

$$Z_{0o} = \sqrt{L_o / C_o} = \sqrt{L_o C_o} / C_o = \frac{1}{v_p C_o} \tag{7.71}$$

简言之，当耦合线工作于偶（奇）模时，Z_{0e}（Z_{0o}）是带状导体相对于地的特征阻抗。耦合线的任何激励，总可视为偶模激励和奇模激励的合适振幅的叠加。上述分析假定耦合线是对称的，且边缘电容对偶模和奇模是相同的。

若耦合线支持纯 TEM 模，如同轴线、平行板或带状线，则可用诸如保角映射[7]分析技术来计算线的单位长度的电容，然后求偶模或奇模的特征阻抗。对于准 TEM 波传输线，如微带线，可用数值方法或近似准静态技术[8]求得这些结果。不管在哪种情况下，这些计算通常都要比我们想象的复杂，所以下面只介绍两个关于耦合线设计数据的例子。

对于图 7.26a 所示的对称耦合带状线，可以使用图 7.29 中的设计图，对给定的一组特征阻抗 Z_{0e} 和 Z_{0o} 及介电常数，求得所需的带的宽度和间距。该图适用于大多数实际应用中参量覆盖的范围，并可用于任意介电常数，因为带状线的 TEM 模允许按照介电常数比例缩放。

对于微带线，结果并不按照介电常数比例缩放，因此设计图必须针对特定的介电常数给出。图 7.30 显示了 $\epsilon_r = 10$ 的基片上的对称耦合微带线的这种设计图。使用耦合微带线的另一个问题是，两种模传播的相速通常是不同的，因为两个模运行在空气–介质界面附近具有不同场结

构的情形下。因此，这会降低耦合器的方向性。

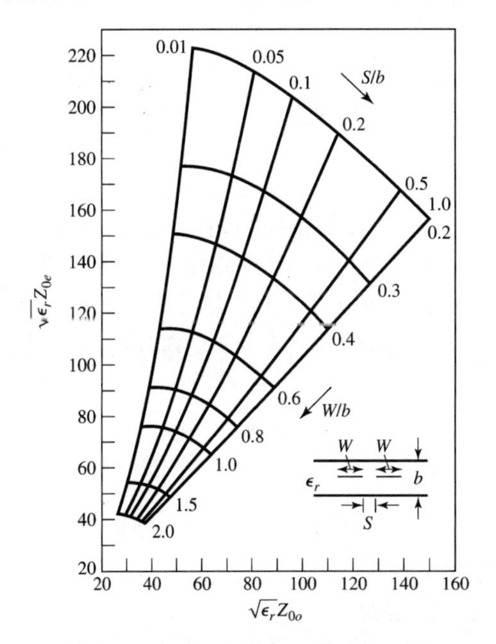

图 7.29　对称边缘耦合带状线的归一化偶模和奇模特征阻抗设计数据

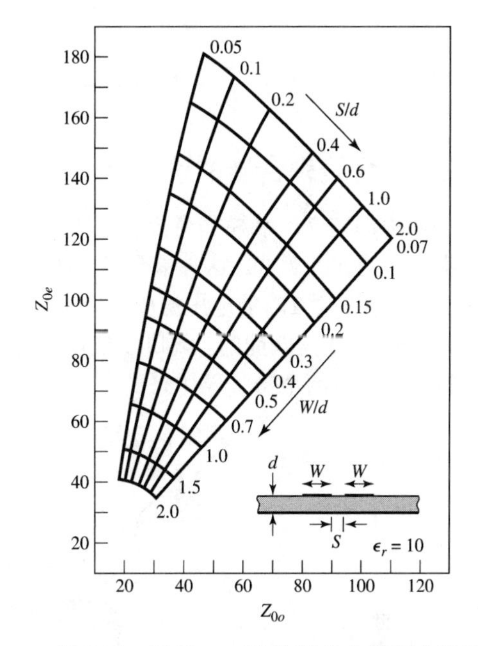

图 7.30　对于 $\epsilon_r = 10$ 的基片上的耦合微带线，偶模和奇模特征阻抗设计数据

例题 7.6　简单耦合线的阻抗

对于图 7.26b 所示的宽边耦合带状线结构，假定 $W \gg S$ 和 $W \gg b$，因此可忽略边缘场。求偶模和奇模特征阻抗。

解： 首先求等效网络电容 C_{11} 和 C_{12}（线是对称的，有 $C_{22} = C_{11}$）。宽度为 W、间距为 d 的宽边平行传输线，单位长度的电容是

$$\overline{C} = \frac{\epsilon W}{d} \text{ F/m}$$

式中，ϵ 是基片的介电常数。该公式忽略了边缘场。

C_{11} 是由一个条带到接地板形成的电容，因此单位长度的电容是

$$\overline{C}_{11} = \frac{2\epsilon_r\epsilon_0 W}{b-s} \text{ F/m}$$

两个条带之间单位长度的电容是

$$\overline{C}_{12} = \frac{\epsilon_r\epsilon_0 W}{S} \text{ F/m}$$

于是，由式(7.68)和式(7.70)求出偶模和奇模电容为

$$\overline{C}_e = \overline{C}_{11} = \frac{2\epsilon_r\epsilon_0 W}{b-S} \text{ F/m}$$

$$\overline{C}_o = \overline{C}_{11} + 2\overline{C}_{12} = 2\epsilon_r\epsilon_0 W\left(\frac{1}{b-S} + \frac{1}{S}\right) \text{ F/m}$$

线上的相速是 $v_p = 1/\sqrt{\epsilon_r\epsilon_0\mu_0} = c/\sqrt{\epsilon_r}$，所以特征阻抗为

$$Z_{0e} = \frac{1}{v_p \bar{C}_e} = \eta_0 \frac{b-S}{2W\sqrt{\epsilon_r}}$$

$$Z_{0o} = \frac{1}{v_p \bar{C}_e} = \eta_0 \frac{1}{2W\sqrt{\epsilon_r}\left[1/(b-S)+1/S\right]}$$

■

7.6.2 耦合线耦合器的设计

使用前面定义的偶模和奇模特征阻抗，可把偶-奇模分析应用到一段耦合线上，得出单节耦合线耦合器的设计公式。这种耦合线如图 7.31 所示。在这个四端口的网络中，3 个端口接有负载阻抗 Z_0。端口 1 用 $2V_0$ 的电压源驱动，内阻为 Z_0。下面说明可以设计出具有任意耦合度的耦合器，其输入（端口 1）是匹配的，端口 4 是隔离的，端口 2 是直通端口，端口 3 是耦合端口。在图 7.31 中，接地导体对两个带状导体来说是共用的。

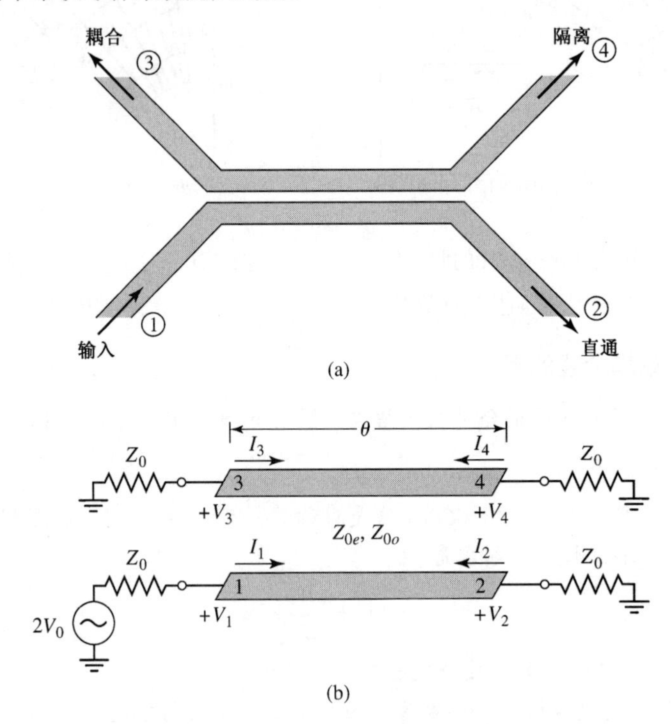

图 7.31　单节耦合线耦合器：(a)几何结构和端口命名；(b)示意性电路

对于这个问题，下面应用偶-奇模分析技术并结合线上的电压与电流，而不应用线的反射系数和传输系数。因此，通过叠加，图 7.31 中端口 1 的激励可视为图 7.32 所示偶模和奇模激励的和。由于对称性，对偶模有 $I_1^e = I_3^e$，$I_4^e = I_2^e$，$V_1^e = V_3^e$ 和 $V_4^e = V_2^e$，对于奇模有 $I_1^o = -I_3^o$，$I_4^o = -I_2^o$，$V_1^o = -V_3^o$ 和 $V_4^o = -V_2^o$。因此，图 7.31 所示耦合器在端口 1 处的输入阻抗可以表示为

$$Z_{\text{in}} = \frac{V_1}{I_1} = \frac{V_1^e + V_1^o}{I_1^e + I_1^o} \tag{7.72}$$

若令端口 1 处偶模的输入阻抗是 Z_{in}^e，奇模的输入阻抗是 Z_{in}^o，则有

$$Z_{\text{in}}^e = Z_{0e} \frac{Z_0 + jZ_{0e} \tan\theta}{Z_{0e} + jZ_0 \tan\theta} \tag{7.73a}$$

$$Z_{\text{in}}^{o} = Z_{0o}\frac{Z_0 + \mathrm{j}Z_{0o}\tan\theta}{Z_{0o} + \mathrm{j}Z_0\tan\theta} \tag{7.73b}$$

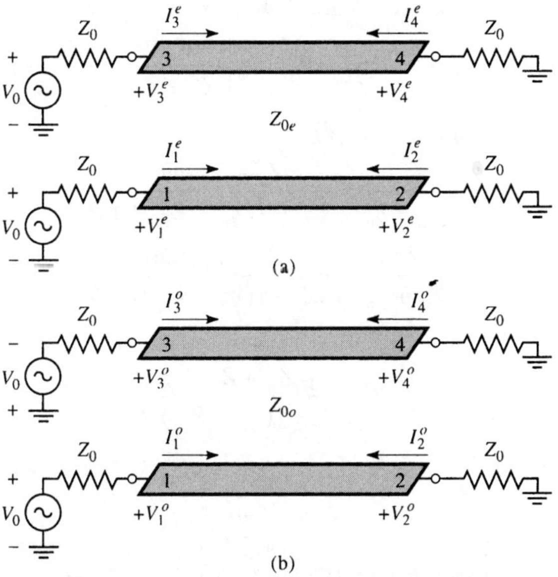

图 7.32　图 7.31 所示耦合线耦合器分解为偶模激励和奇模激励：(a)偶模；(b)奇模

因为对于每种模，该线看起来是特征阻抗为 Z_{0e} 或 Z_{0o}、端接有负载阻抗 Z_0 的传输线。于是，通过分压可得

$$V_1^o = V_0\frac{Z_{\text{in}}^o}{Z_{\text{in}}^o + Z_0} \tag{7.74a}$$

$$V_1^e = V_0\frac{Z_{\text{in}}^e}{Z_{\text{in}}^e + Z_0} \tag{7.74b}$$

$$I_1^o = \frac{V_0}{Z_{\text{in}}^o + Z_0} \tag{7.75a}$$

$$I_1^e = \frac{V_0}{Z_{\text{in}}^e + Z_0} \tag{7.75b}$$

将这些结果代入式(7.72)得

$$Z_{\text{in}} = \frac{Z_{\text{in}}^o(Z_{\text{in}}^e + Z_0) + Z_{\text{in}}^e(Z_{\text{in}}^o + Z_0)}{Z_{\text{in}}^e + Z_{\text{in}}^o + 2Z_0} = Z_0 + \frac{2(Z_{\text{in}}^o Z_{\text{in}}^e - Z_0^2)}{Z_{\text{in}}^e + Z_{\text{in}}^o + 2Z_0} \tag{7.76}$$

现在若令

$$Z_0 = \sqrt{Z_{0e}Z_{0o}} \tag{7.77}$$

则式(7.73a)和式(7.73b)可简化为

$$Z_{\text{in}}^e = Z_{0e}\frac{\sqrt{Z_{0o}} + \mathrm{j}\sqrt{Z_{0e}}\tan\theta}{\sqrt{Z_{0e}} + \mathrm{j}\sqrt{Z_{0o}}\tan\theta}$$

$$Z_{\text{in}}^o = Z_{0o}\frac{\sqrt{Z_{0e}} + \mathrm{j}\sqrt{Z_{0o}}\tan\theta}{\sqrt{Z_{0o}} + \mathrm{j}\sqrt{Z_{0e}}\tan\theta}$$

所以 $Z_{\text{in}}^e Z_{\text{in}}^o = Z_{0e}Z_{0o} = Z_0^2$，且式(7.76)可简化为

$$Z_{\text{in}} = Z_0 \tag{7.78}$$

因此，只要满足式(7.77)，端口 1（根据对称性，所有其他端口也一样）就是匹配的。

现在，若满足式(7.77)，则 $Z_{\text{in}} = Z_0$，通过分压有 $V_1 = V_0$。端口 3 处的电压是

$$V_3 = V_3^e + V_3^o = V_1^e - V_1^o = V_0\left[\frac{Z_{\text{in}}^e}{Z_{\text{in}}^e + Z_0} - \frac{Z_{\text{in}}^o}{Z_{\text{in}}^o + Z_0}\right] \tag{7.79}$$

式中使用了式(7.74)。由式(7.73)和式(7.77)得

$$\frac{Z_{\text{in}}^e}{Z_{\text{in}}^e + Z_0} = \frac{Z_0 + \mathrm{j}Z_{0e}\tan\theta}{2Z_0 + \mathrm{j}(Z_{0e} + Z_{0o})\tan\theta}$$

$$\frac{Z_{\text{in}}^o}{Z_{\text{in}}^o + Z_0} = \frac{Z_0 + \mathrm{j}Z_{0o}\tan\theta}{2Z_0 + \mathrm{j}(Z_{0e} + Z_{0o})\tan\theta}$$

所以式(7.79)简化为

$$V_3 = V_0\frac{\mathrm{j}(Z_{0e} - Z_{0o})\tan\theta}{2Z_0 + \mathrm{j}(Z_{0e} - Z_{0o})\tan\theta} \tag{7.80}$$

现在定义 C 为

$$C = \frac{Z_{0e} - Z_{0o}}{Z_{0e} + Z_{0o}} \tag{7.81}$$

下面很快看到，这确实是频带中心处的电压耦合系数 V_3/V_0。因此，

$$\sqrt{1-C^2} = \frac{2Z_0}{Z_{0e} + Z_{0o}}$$

所以

$$V_3 = V_0 = \frac{\mathrm{j}C\tan\theta}{\sqrt{1-C^2} + \mathrm{j}\tan\theta} \tag{7.82}$$

同样，能够证明

$$V_4 = V_4^e + V_4^o = V_2^e - V_2^o = 0 \tag{7.83}$$

$$V_2 = V_2^e + V_2^o = V_0\frac{\sqrt{1-C^2}}{\sqrt{1-C^2}\cos\theta + \mathrm{j}\sin\theta} \tag{7.84}$$

使用式(7.82)和式(7.84)可以画出耦合端口和直通端口电压与频率的关系曲线，如图 7.33 所示。在很低的频率处（$\theta \ll \pi/2$），实际上全部功率都传输到了直通端口 2，因而没有功率耦合到端口 3。当 $\theta = \pi/2$ 时，耦合到端口 3 有第一个最大值，通常对应这个工作点的耦合器具有小的尺寸和小的传输线损耗。另外，响应是周期性的，在 $\theta = \pi/2, 3\pi/2, \cdots$ 处 V_3 有最大值。

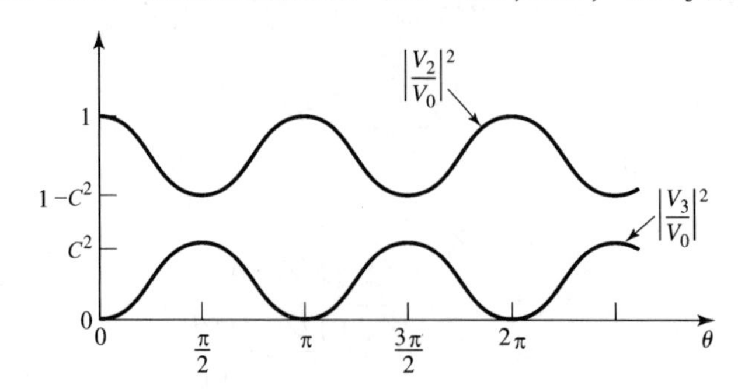

图 7.33　对于图 7.31 所示的耦合线耦合器，耦合和直通端口电压（平方）与频率的关系曲线

对于$\theta=\pi/2$，耦合器的长度是$\lambda/4$，且式(7.82)和式(7.84)可简化为

$$\frac{V_3}{V_0}=C \tag{7.85}$$

$$\frac{V_2}{V_0}=-\mathrm{j}\sqrt{1-C^2} \tag{7.86}$$

这表明在设计频率即$\theta=\pi/2$处，电压耦合因数 $C<1$。注意，这些结果满足功率守恒，因为$P_{in}=(1/2)|V_0|^2/Z_0$，而输出功率$P_2=(1/2)|V_2|^2/Z_0=(1/2)(1-C^2)|V_0|^2/Z_0, P_3=(1/2)|C|^2|V_0|^2/Z_0, P_4=0$，所以$P_{in}=P_2+P_3+P_4$。还要注意两个输出端口的电压之间有90°的相移，因此这种耦合器可用作正交混合网络。只要满足式(7.77)，耦合器就能在输入端匹配，且在任何频率处都完全隔离。

最后，若特征阻抗Z_0和电压耦合系数 C 是设定的，则可由式(7.77)和式(7.81)推导出用来设计所需偶模和奇模特征阻抗的公式：

$$Z_{0e}=Z_0\sqrt{\frac{1+C}{1-C}} \tag{7.87a}$$

$$Z_{0o}=Z_0\sqrt{\frac{1-C}{1+C}} \tag{7.87b}$$

在上面的分析中，已经假定耦合线结构的偶模和奇模有着相同的传播速度，因此该线对两种模具有同样的电长度。耦合微带线和其他非 TEM 传输线通常不满足这个条件，因此耦合器的方向性较差。耦合微带线具有不同的偶模和奇模相速，这个事实可以通过考察图 7.28 所示的场线图得到直观解释，它表明在空气区域中偶模的边缘场要比奇模的少，因此其有效介电常数应较高，进而表明偶模的相速较小。为了使偶模和奇模的相速相同，可采用耦合线补偿技术，包括使用介电涂覆层和各向异性基片。

这种类型的耦合器最适用于弱耦合，因为大耦合度要求线靠得很近，这是不实际的，或者要求合并偶模和奇模特征阻抗，而这是无法实现的。

例题 7.7　单节耦合器设计和性能

用带有接地板的微带线，设计一个 20dB 单节耦合线耦合器，线距是 0.32cm，介电常数是 2.2，特征阻抗是 50Ω，中心频率是 3GHz。画出频率范围 1～5GHz 内的耦合度和方向性。要包含损耗的影响，假定介电材料的损耗角正切是 0.05，铜导体的厚度是 2mil[①]。

解： 电压耦合度是$C=10^{-20/20}=0.1$。由式(7.87)可得偶模和奇模的特征阻抗为

$$Z_{0e}=Z_0\sqrt{\frac{1+C}{1-C}}=55.28\Omega,\quad Z_{0o}=Z_0\sqrt{\frac{1-C}{1+C}}=45.23\Omega$$

为了利用图 7.29，有

$$\sqrt{\epsilon_r}Z_{0e}=82.0,\quad \sqrt{\epsilon_r}Z_{0o}=67.1$$

所以 $W/b=0.809$ 和 $S/b=0.306$。这给出了导体宽度 $W=0.259$cm 和导体间距 $S=0.098$cm(这些值是用商用 CAD 软件实际计算得到的)。

图 7.34 显示了耦合度和方向性与频率的关系，包含了电介质和导体损耗的影响。损耗有降低方向性的效应，没有损耗时，典型的方向性大于 70dB。

① 1 min = 0.001in，1in = 2.54cm。——译者注

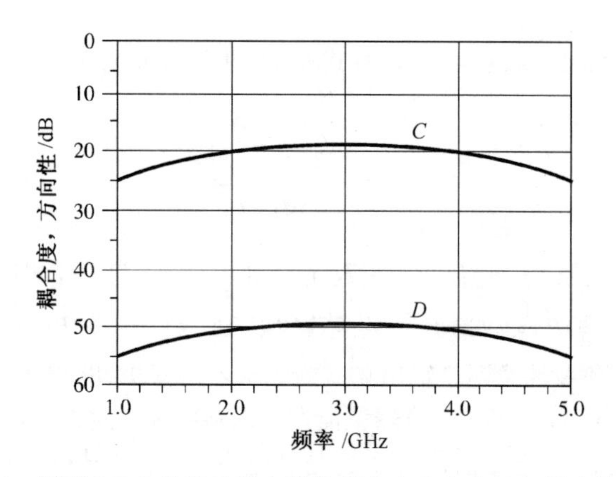

图 7.34　例题 7.7 中的单节耦合器的耦合度和方向性与频率的关系曲线 ■

7.6.3　多节耦合线耦合器的设计

如图 7.33 所示，由于需要 $\lambda/4$ 长度，单节耦合线耦合器在带宽上是受限的。与匹配变换器和波导耦合器的情况一样，采用多节结构可以增大带宽。事实上，多节耦合线耦合器和多节 1/4 波长变换器[9]之间有着非常密切的关系。

由于相位特性较好，因此多节耦合线耦合器通常制成奇数节，如图 7.35 所示。于是，可以假定 N 是奇数。还假定耦合是弱的（耦合度 $C \geqslant 10$dB），且中心频率处每节的长度为 $\lambda/4$（$\theta=\pi/2$）。

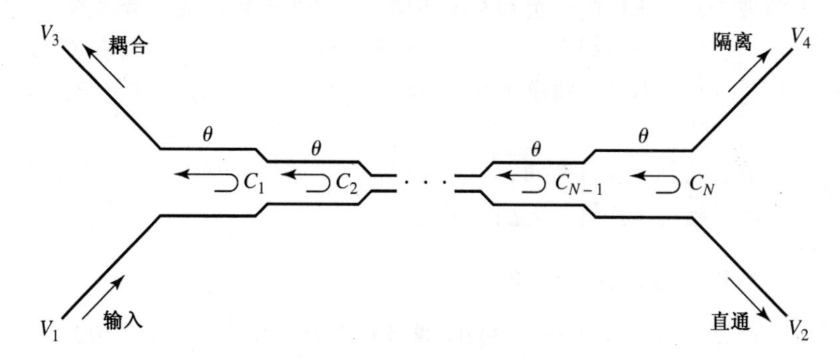

图 7.35　N 节耦合线耦合器

对于 $C \ll 1$ 的单个耦合线段，式(7.82)和式(7.84)简化为

$$\frac{V_3}{V_1}=\frac{\mathrm{j}C\tan\theta}{\sqrt{1-C^2}+\mathrm{j}\sin\theta}\approx\frac{\mathrm{j}C\tan\theta}{1+\mathrm{j}\sin\theta}=\mathrm{j}C\sin\theta\mathrm{e}^{-\mathrm{j}\theta} \tag{7.88a}$$

$$\frac{V_2}{V_1}=\frac{\sqrt{1-C^2}}{\sqrt{1-C^2}\cos\theta+\mathrm{j}\sin\theta}\approx\mathrm{e}^{-\mathrm{j}\theta} \tag{7.88b}$$

于是，对于 $\theta=\pi/2$，有 $V_3/V_1=C$ 和 $V_2/V_1=-\mathrm{j}$。上面的近似等效于假设在从一节到另一节的直通通道上没有功率损失，并且类似于进行多节波导耦合器分析的近似。对于较小的 C，这是一个好的假设，即使违背了功率守恒。

使用这些结果，可将图 7.35 所示级联耦合器的耦合端口（端口 3）的总电压表示为

$$V_3=(\mathrm{j}C_1\sin\theta\mathrm{e}^{-\mathrm{j}\theta})V_1+(\mathrm{j}C_2\sin\theta\mathrm{e}^{-\mathrm{j}\theta})V_1\mathrm{e}^{-2\mathrm{j}\theta}+\cdots+(\mathrm{j}C_N\sin\theta\mathrm{e}^{-\mathrm{j}\theta})V_1\mathrm{e}^{-2\mathrm{j}(N-1)\theta} \tag{7.89}$$

式中，C_n 是第 n 节的电压耦合系数。若假定耦合器是对称的，则有 $C_1=C_N$，$C_2=C_{N-1}$ 等，式(7.89)可简化为

$$V_3 = \mathrm{j}V_1 \sin\theta \mathrm{e}^{-\mathrm{j}\theta}\left[C_1\left(1+\mathrm{e}^{-2\mathrm{j}(N-1)\theta}\right)+C_2(\mathrm{e}^{-2\mathrm{j}\theta}+\mathrm{e}^{-2\mathrm{j}(N-2)\theta})+\cdots+C_M\mathrm{e}^{-\mathrm{j}(N-1)\theta}\right]$$
$$= 2\mathrm{j}V_1 \sin\theta \mathrm{e}^{-\mathrm{j}N\theta}\left[C_1\cos(N-1)\theta + C_2\cos(N-3)\theta+\cdots+\frac{1}{2}C_M\right] \tag{7.90}$$

式中，$M=(N+1)/2$。

在中心频率处，定义电压耦合因数 C_0 为

$$C_0 = \left|\frac{V_3}{V_1}\right|_{\theta=\pi/2} \tag{7.91}$$

式(7.90)是作为频率的函数的耦合度的傅里叶级数形式。因此，可以选择耦合系数 C_n 来综合希望的耦合度响应。注意，这时综合的是耦合度响应；而在多孔波导耦合器情况下，综合的是方向性响应。这是因为多节耦合线耦合器的去耦合臂通道是在前进方向，与反方向的耦合臂通道相比极少随频率变化，因此与多孔波导耦合器的情况不同。

这种形式的多节耦合器能实现十倍带宽，但耦合电平很低。因为有较长的电长度，所以要求偶模和奇模的相速相等，这比单节耦合器的要求更为严格。对于这种耦合器，通常选用带状线作为媒质。失配的相速、结的不连续性、负载失配和制造公差，都会降低耦合器的方向性。图 7.36 显示了耦合线耦合器的照片。

图 7.36　单节微带耦合线耦合器的照片。承蒙 M. D. Abouz-ahra, MIT Lincoln Laboratory, Lexington, Mass 提供照片

例题 7.8　多节耦合器的设计和性能

设计一个具有二项式(最平坦)响应的 3 节 20dB 耦合器，系统阻抗为 50Ω，中心频率为 3GHz。画出从 1GHz 到 5GHz 的耦合度和方向性。

解：对于 3 节（$N=3$）耦合器的最平坦响应，需要

$$\left.\frac{\mathrm{d}^n}{\mathrm{d}\theta^n}C(\theta)\right|_{\theta=\pi/2} = 0, \quad n=1,2$$

由式(7.90)得

$$C=\left|\frac{V_3}{V_1}\right|=2\sin\theta\left(C_1\cos2\theta+\frac{1}{2}C_2\right)$$
$$=C_1(\sin3\theta-\sin\theta)+C_2\sin\theta$$
$$=C_1\sin3\theta+(C_2-C_1)\sin\theta$$

所以

$$\frac{\mathrm{d}C}{\mathrm{d}\theta}=[3C_1\cos3\theta+(C_2-C_1)\cos\theta]\Big|_{\pi/2}=0$$
$$\frac{\mathrm{d}^2C}{\mathrm{d}\theta^2}=[-9C_1\sin3\theta-(C_2-C_1)\sin\theta]\Big|_{\pi/2}=10C_1-C_2=0$$

在波段中心有 $\theta=\pi/2$ 和 $C_0=20\mathrm{dB}$，所以 $C=10^{-20/20}=0.1=C_2-2C_1$。解这两个关于 C_1 和 C_2 的方程得

$$C_1=C_3=0.0125,\quad C_2=0.125$$

然后由式(7.87)求得每节的偶模和奇模特征阻抗为

$$Z_{0e}^1=Z_{0e}^3=50\sqrt{\frac{1.0125}{0.9875}}=56.63\Omega$$
$$Z_{0o}^1=Z_{0o}^3=50\sqrt{\frac{0.9875}{1.0125}}=49.38\Omega$$
$$Z_{0e}^2=50\sqrt{\frac{1.125}{0.875}}=56.69\Omega$$
$$Z_{0o}^2=50\sqrt{\frac{0.875}{1.125}}=44.10\Omega$$

该耦合器的耦合度和方向性如图 7.37 所示。

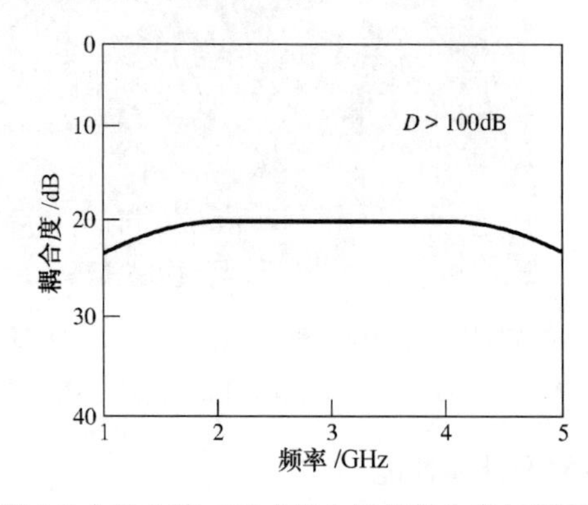

图 7.37　例题 7.8 中的 3 节二项式耦合器的耦合度与频率的关系曲线 ■

7.7　Lange 耦合器

由于普通耦合线耦合器的耦合太松，因此无法实现 3dB 或 6dB 的耦合因数。提高边缘耦合线之间的耦合度的一种方法是，采用几根彼此平行的线，使得线的两个边缘的杂散场对耦合度有贡献。这种想法最实际的实现或许是图 7.38a 所示的 Lange 耦合器[10]。为了实现紧耦合，这里使用了相互连接的 4 根耦合线。这种耦合器容易达到 3dB 的耦合比，并有一个倍频程或更宽的带宽。

这种设计不仅能够补偿不相等的偶模和奇模相速，而且能提高带宽。输出线（端口 2 和端口 3）之间有 90°的相位差，所以 Lange 耦合器是一种正交混合网络。Lange 耦合器的主要缺点是不实用，因为这些线很窄，又紧靠在一起，导致横跨这些线的键合丝加工起来非常困难。这类耦合线的几何形状也称交叉指形，这种结构也可用于滤波器电路。

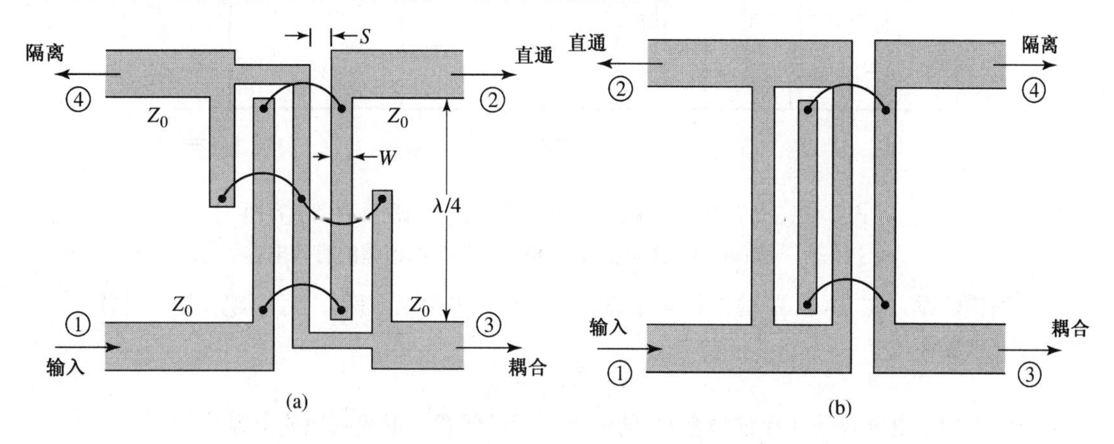

图 7.38　Lange 耦合器：(a)微带形式的布局；(b)展开型 Lange 耦合器

展开型 Lange 耦合器[11]如图 7.38b 所示，其基本工作原理与最初的 Lange 耦合器一样，但更容易用等效电路来建模。其等效电路如图 7.39a 所示，它由 4 根耦合线组成。所有这些耦合线都有同样的宽度和间距。若合理地假设每根线只与最靠近的线耦合，而忽略远距离的耦合，则可等效为如图 7.39b 所示的 2 导线耦合线电路。于是，若能推导出图 7.39a 所示的 4 线电路的偶模和奇模特征阻抗 Z_{e4} 和 Z_{o4}（用任意线对的偶模和奇模特征阻抗 Z_{0e} 和 Z_{0o} 表示），则能应用 7.6 节中的耦合线耦合器的结果来分析 Lange 耦合器。

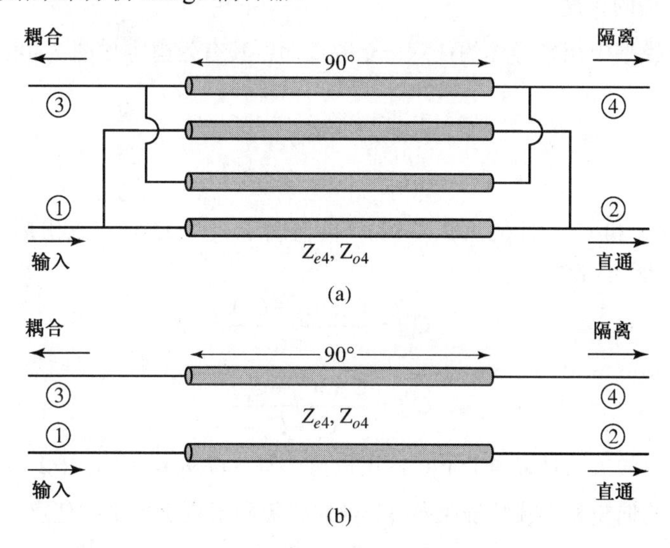

图 7.39　展开型 Lange 耦合器的等效电路：(a)4 线耦合线模型；(b)近似的 2 线耦合线模型

图 7.40a 显示了图 7.39a 中 4 根耦合线的导体之间的有效电容。与 7.6 节中的 2 线情况不同，4 线到地的电容是不同的，具体取决于该线是在外侧（1 和 4）还是在内侧（2 和 3）。这些电容之间的近似关系为[12]

$$C_{\text{in}} = C_{\text{ex}} - \frac{C_{\text{ex}}C_m}{C_{\text{ex}} + C_m} \tag{7.92}$$

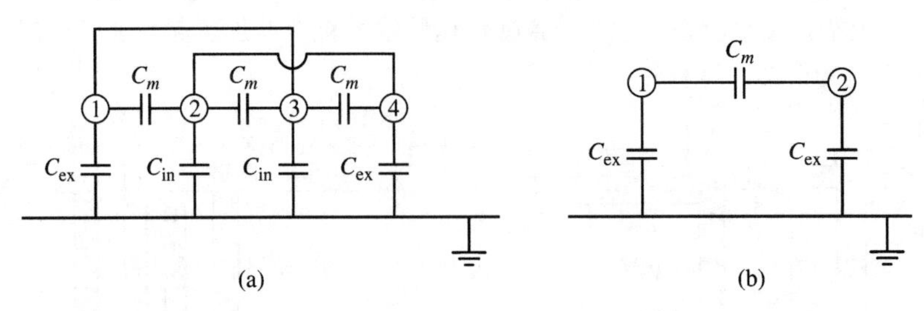

图 7.40　图 7.39 中展开型 Lange 耦合器等效电路的有效电容网络：(a)4 线模型的有效电容；(b)2 线模型的有效电容

对偶模激励，图 7.40a 中的所有 4 个导体都在同一电位上，所以 C_m 不起作用，且任意一根线到地的总电容是

$$C_{e4} = C_{\text{ex}} + C_{\text{in}} \tag{7.93a}$$

对于奇模激励，电壁有效地穿过每个 C_m 的中点，所以任意一根线到地的电容是

$$C_{o4} = C_{\text{ex}} + C_{\text{in}} + 6C_m \tag{7.93b}$$

于是，偶模和奇模特征阻抗是

$$Z_{e4} = \frac{1}{v_p C_{e4}} \tag{7.94a}$$

$$Z_{o4} = \frac{1}{v_p C_{o4}} \tag{7.94b}$$

式中，v_p 是线上传播的相速。

现在考虑 4 线模型中相邻导体的任意一个隔离对；其有效电容如图 7.40b 所示。偶模和奇模电容是

$$C_e = C_{\text{ex}} \tag{7.95a}$$

$$C_o = C_{\text{ex}} + 2C_m \tag{7.95b}$$

使用式(7.95)求解 C_{ex} 和 C_m，并代入式(7.93)，再借助于式(7.92)，可求出用 2 线耦合线表示的 4 线传输线的偶模和奇模电容：

$$C_{e4} = \frac{C_e(3C_e + C_o)}{C_e + C_o} \tag{7.96a}$$

$$C_{o4} = \frac{C_o(3C_o + C_e)}{C_e + C_o} \tag{7.96b}$$

因为特征阻抗与电容的关系是 $Z_0 = 1/v_p C$，所以可改写式(7.96)，给出由 2 导体线的特征阻抗表示的 Lange 耦合器的偶模和奇模特征阻抗，2 导体线等同于耦合器中的任意一个相邻线对：

$$Z_{e4} = \frac{Z_{0o} + Z_{0e}}{3Z_{0o} + Z_{0e}} Z_{0e} \tag{7.97a}$$

$$Z_{o4} = \frac{Z_{0o} + Z_{0e}}{3Z_{0e} + Z_{0o}} Z_{0o} \tag{7.97b}$$

式中，Z_{0e}, Z_{0o} 是 2 导体对的偶模和奇模特征阻抗。

现在，可以将 7.6 节的结果应用到图 7.39b 所示的耦合器中。由式(7.77)可得特征阻抗为

$$Z_0=\sqrt{Z_{e4}Z_{o4}}=\sqrt{\frac{Z_{0e}Z_{0o}(Z_{0o}+Z_{0e})^2}{(3Z_{0o}+Z_{0e})(3Z_{0e}+Z_{0o})}} \tag{7.98}$$

由式(7.81)可得电压耦合因数为

$$C=\frac{Z_{e4}-Z_{o4}}{Z_{e4}+Z_{o4}}=\frac{3(Z_{0e}^2-Z_{0o}^2)}{3(Z_{0e}^2+Z_{0o}^2)+2Z_{0e}Z_{0o}} \tag{7.99}$$

此处用到了式(7.97)。反演这些结果，给出所希望特征阻抗和耦合因数必需的偶模和奇模特征阻抗，对于设计目的是有用的：

$$Z_{0e}=\frac{4C-3+\sqrt{9-8C^2}}{2C\sqrt{(1-C)/(1+C)}}Z_0 \tag{7.100a}$$

$$Z_{0o}=\frac{4C+3-\sqrt{9-8C^2}}{2C\sqrt{(1+C)/(1-C)}}Z_0 \tag{7.100b}$$

这些结果是近似的，因为经过了简化，包括将 2 线的特征阻抗应用到 4 线电路，以及假定偶模和奇模相速相等。然而，实际应用时，这些结果提供的精度通常足以满足要求。必要时，可以进行更完善的分析，直接求出 4 线电路的 Z_{e4} 和 Z_{o4}，详见参考文献[13]。

7.8 180°混合网络

180°混合结是一种在两个输出端口之间有 180°相移的四端口网络，但也可以实现同相输出。180°混合网络所用的符号如图 7.41 所示。施加到端口 1 的信号在端口 2 和端口 3 被均匀地分成两个同相分量，而端口 4 将被隔离。若输入施加到端口 4，则输入将在端口 2 和端口 3 等分成两个有 180°相位差的分量，而端口 1 将被隔离。作为合成器使用时，输入信号施加到端口 2 和端口 3，在端口 1 形成输入信号的和，而在端口 4 形成输入信号的差。因此端口 1 称为*和端口*，端口 4 称为*差端口*。所以 3dB 的理想 180°混合网络的散射矩阵有如下形式：

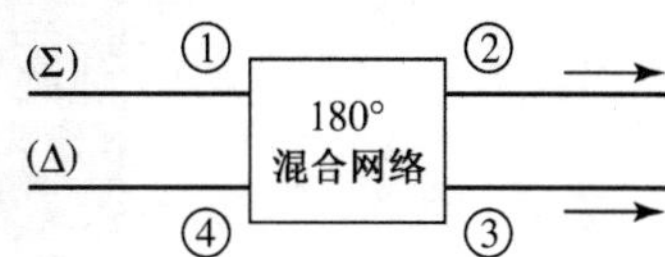

图 7.41　180°混合网络的符号

$$\boldsymbol{S}=\frac{-\mathrm{j}}{\sqrt{2}}\begin{bmatrix}0&1&1&0\\1&0&0&-1\\1&0&0&1\\0&-1&1&0\end{bmatrix} \tag{7.101}$$

读者可以证明这个矩阵是幺正的和对称的。

180°混合网络可以制作成多种形式。图 7.42a 和图 7.43 所示的环形混合网络或称环形波导容易制成平面（微带线或带状线）形式，但也可以制成波导形式。另一类平面型 180°混合网络使用渐变匹配线和耦合线，如图 7.42b 所示。此外，还有一种类型的混合网络是混合波导结或魔 T，如图 7.42c 所示。下面首先使用类似于分支线混合网络所用的偶-奇模分析法来分析环形混合网络，然后使用类似的技术来分析渐变线混合网络，最后定性地讨论波导魔 T 的工作原理。

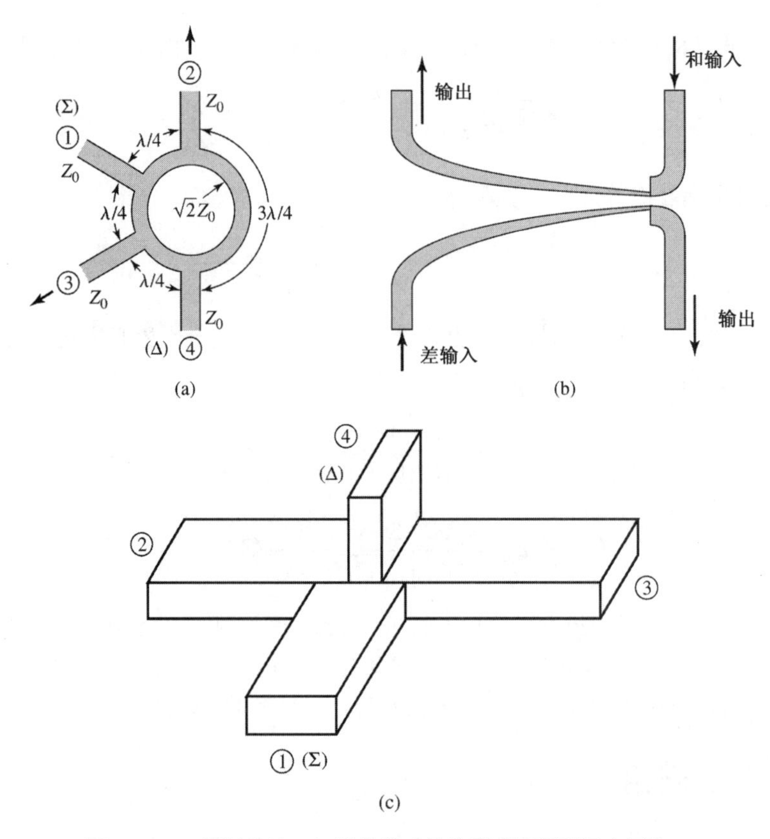

图 7.42 三类混合结：(a)微带线或带状形式的环形混合网络；(b)渐变耦合线混合网络；(c)波导混合结或魔 T

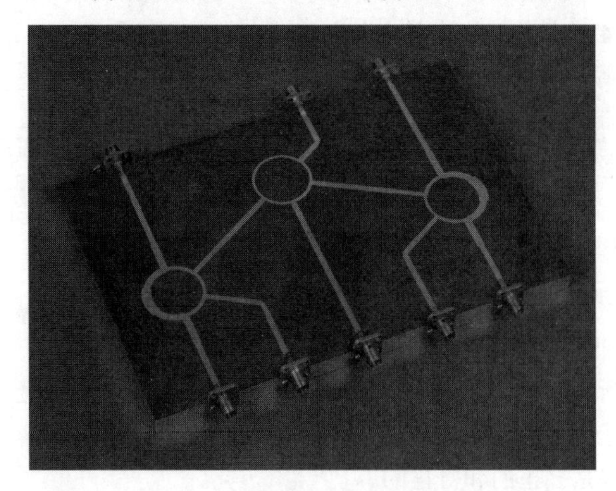

图 7.43 使用三个环形混合网络的微带功率分配器网络的照片。承蒙 M. D. Abouzahra, MIT Lincoln Laboratory, Lexington, Mass 供图

7.8.1 环形混合网络的偶-奇模分析

首先考虑在图 7.42a 所示环形混合网络的端口 1（和端口）输入一个单位振幅的波的情形。在环形结中，波将分成两个分量，它们同相到达端口 2 和端口 3，而在端口 4 它们的相位相差 180°。采用偶-奇模分析技术[5]，可将这种情况分解为图 7.44 所示的两个简单电路和激励的叠加。最后，

来自环形混合网络的散射波的振幅是

$$B_1 = \frac{1}{2}\Gamma_e + \frac{1}{2}\Gamma_o \tag{7.102a}$$

$$B_2 = \frac{1}{2}T_e + \frac{1}{2}T_o \tag{7.102b}$$

$$B_3 = \frac{1}{2}\Gamma_e - \frac{1}{2}\Gamma_o \tag{7.102c}$$

$$B_4 = \frac{1}{2}T_e - \frac{1}{2}T_o \tag{7.102d}$$

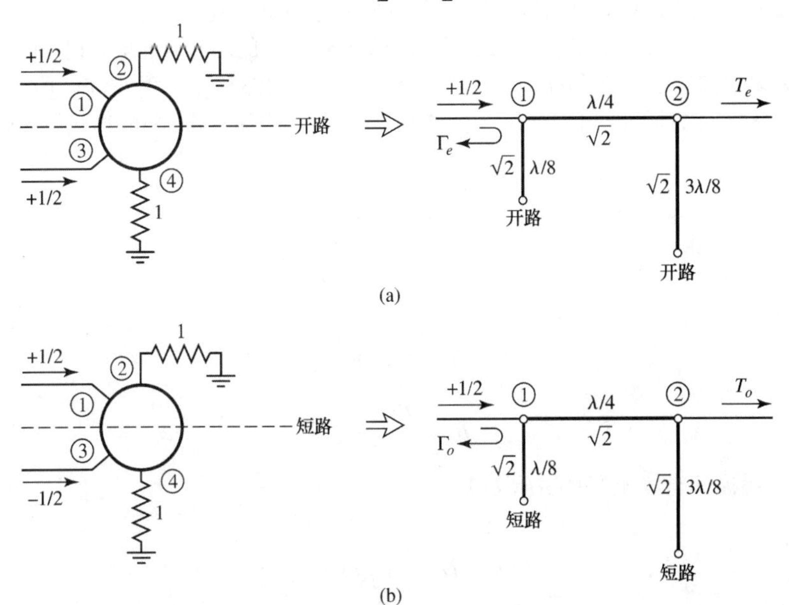

图 7.44　端口 1 用单位振幅输入射波激励时，环形混合网络分解为偶模和奇模：(a)偶模；(b)奇模

可以用图 7.44 所示偶模和奇模二端口电路的 *ABCD* 矩阵来计算图 7.44 定义的反射和传输系数。结果是

$$\begin{bmatrix} A & B \\ C & D \end{bmatrix}_e = \begin{bmatrix} 1 & \mathrm{j}\sqrt{2} \\ \mathrm{j}\sqrt{2} & -1 \end{bmatrix} \tag{7.103a}$$

$$\begin{bmatrix} A & B \\ C & D \end{bmatrix}_o = \begin{bmatrix} -1 & \mathrm{j}\sqrt{2} \\ \mathrm{j}\sqrt{2} & 1 \end{bmatrix} \tag{7.103b}$$

然后，借助于表 4.2 有

$$\Gamma_e = \frac{-\mathrm{j}}{\sqrt{2}} \tag{7.104a}$$

$$T_e = \frac{-\mathrm{j}}{\sqrt{2}} \tag{7.104b}$$

$$\Gamma_o = \frac{\mathrm{j}}{\sqrt{2}} \tag{7.104c}$$

$$T_o = \frac{-\mathrm{j}}{\sqrt{2}} \tag{7.104d}$$

将这些结果代入式(7.102)，可得

$$B_1 = 0 \tag{7.105a}$$

$$B_2 = \frac{-\mathrm{j}}{\sqrt{2}} \tag{7.105b}$$

$$B_3 = \frac{-\mathrm{j}}{\sqrt{2}} \tag{7.105c}$$

$$B_4 = 0 \tag{7.105d}$$

这表明输入端口是匹配的，端口 4 是隔离的，输入功率是等分的，端口 2 和端口 3 之间是同相的。这些结果形成了由式(7.101)给出的散射矩阵中的第 1 行和第 1 列。

现在考虑单位振幅波入射到图 7.42a 所示环形混合网络的端口 4（差端口）的情形。在环上，这两个波分量同相到达端口 2 和端口 3，这两个端口之间的净相位差为 180°。两个波分量在端口 1 的相位差为 180°。这种情况可以分解为图 7.45 所示的两个简单电路和激励的叠加。散射波的振幅是

$$B_1 = \frac{1}{2}T_e - \frac{1}{2}T_o \tag{7.106a}$$

$$B_2 = \frac{1}{2}\Gamma_e - \frac{1}{2}\Gamma_o \tag{7.106b}$$

$$B_3 = \frac{1}{2}T_e + \frac{1}{2}T_o \tag{7.106c}$$

$$B_4 = \frac{1}{2}\Gamma_e + \frac{1}{2}\Gamma_o \tag{7.106d}$$

图 7.45 中偶模和奇模电路的 *ABCD* 矩阵是

$$\begin{bmatrix} A & B \\ C & D \end{bmatrix}_e = \begin{bmatrix} -1 & \mathrm{j}\sqrt{2} \\ \mathrm{j}\sqrt{2} & 1 \end{bmatrix} \tag{7.107a}$$

$$\begin{bmatrix} A & B \\ C & D \end{bmatrix}_o = \begin{bmatrix} 1 & \mathrm{j}\sqrt{2} \\ \mathrm{j}\sqrt{2} & -1 \end{bmatrix} \tag{7.107b}$$

于是，由表 4.2 得到所需的反射和传输系数是

$$\Gamma_e = \frac{\mathrm{j}}{\sqrt{2}} \tag{7.108a}$$

$$T_e = \frac{-\mathrm{j}}{\sqrt{2}} \tag{7.108b}$$

$$\Gamma_o = \frac{-\mathrm{j}}{\sqrt{2}} \tag{7.108c}$$

$$T_o = \frac{-\mathrm{j}}{\sqrt{2}} \tag{7.108d}$$

将这些结果代入式(7.106)得

$$B_1 = 0 \tag{7.109a}$$

$$B_2 = \frac{\mathrm{j}}{\sqrt{2}} \tag{7.109b}$$

$$B_3 = \frac{-\mathrm{j}}{\sqrt{2}} \tag{7.109c}$$

$$B_4 = 0 \tag{7.109d}$$

这表明输入端口是匹配的，端口 1 是隔离的，输入功率等分到端口 2 和端口 3，并有 180°的相位差。这些结果形成了式(7.101)给出的散射矩阵的第 4 行和第 4 列。矩阵中的其他元素可由对称性得到。

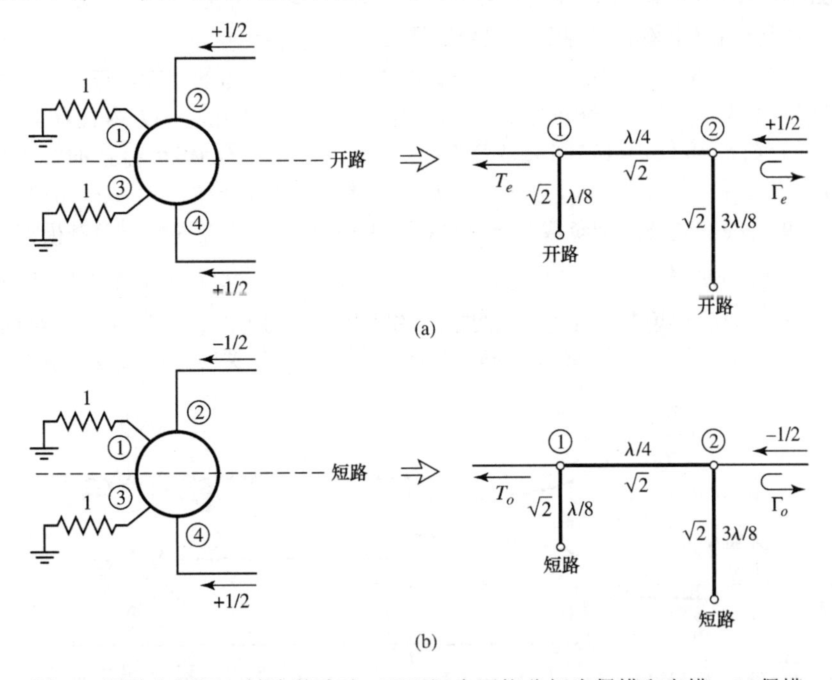

图 7.45　端口 4 用单位振幅入射波激励时，环形混合网络分解为偶模和奇模：(a)偶模；(b)奇模

环形混合网络的带宽受限于与环长度有关的频率，但带宽的量级通常为 20%～30%。可以通过添加节数或用参考文献[14]中提出的对称环电路来增大带宽。

例题 7.9　环形混合网络的设计和性能

设计一个系统阻抗为 50Ω 的 180°环形混合网络。画出从 0.5 f_0 到 1.5 f_0 的 S 参量（S_{1j}）的幅值，其中 f_0 是设计频率。

解： 参考图 7.42a，环形传输线的特征阻抗是

$$\sqrt{2}Z_0 = 70.7\Omega$$

馈线阻抗是 50Ω。S 参量幅值与频率的关系曲线如图 7.46 所示。

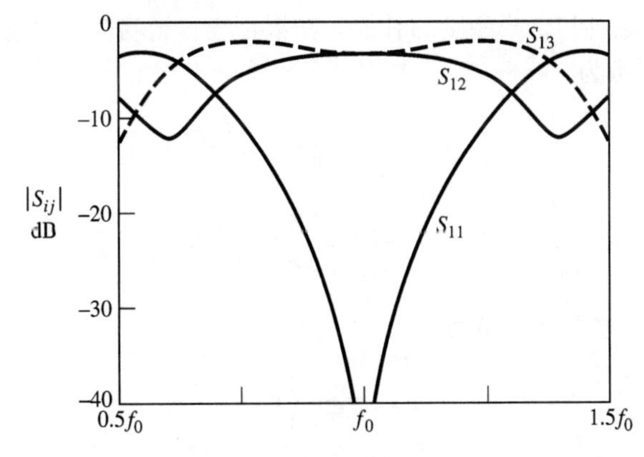

图 7.46　例题 7.9 中环形混合网络的 S 参量的幅值与频率的关系曲线　■

7.8.2 渐变耦合线混合网络偶-奇模分析

图 7.42b 所示的渐变耦合线 180°混合网络可提供任意功率分配比[15]，并具有十倍频程或更大的带宽。这种混合网络也称非对称渐变耦合线耦合器。

这种耦合器的电路示意图如图 7.47 所示。用数字标记的端口的功能，与图 7.41 和图 7.42 中 180°混合网络的相应端口的功能相同。耦合器由两根长度在范围 $0 < z < L$ 内且有着渐变特征阻抗的耦合线组成。在 $z = 0$ 处，线之间的耦合很弱，所以 $Z_{0e}(0) = Z_{0o}(0) = Z_0$，而在 $z = L$ 处，耦合使得 $Z_{0e}(L) = Z_0 / k$ 和 $Z_{0o}(L) = kZ_0$，其中 $0 \leqslant k \leqslant 1$ 是耦合因数，该耦合因数可与电压耦合因数相联系。这样，耦合线的偶模就把负载阻抗 Z_0 / k（在 $z = L$ 处）与 Z_0 匹配，而奇模把负载阻抗 kZ_0 与 Z_0 匹配；注意，对所有 z 有 $Z_{0e}(z)Z_{0o}(z) = Z_0^2$。通常采用 Klopfenstein 渐变线作为这些渐变匹配线。对于 $L < z < 2L$，线是无耦合的，两根线的特征阻抗均为 Z_0；这些线需要对耦合线段的相位进行补偿。每段的长度 $\theta = \beta L$ 必须相同，且应是在希望的带宽内提供良好阻抗匹配的电长度。

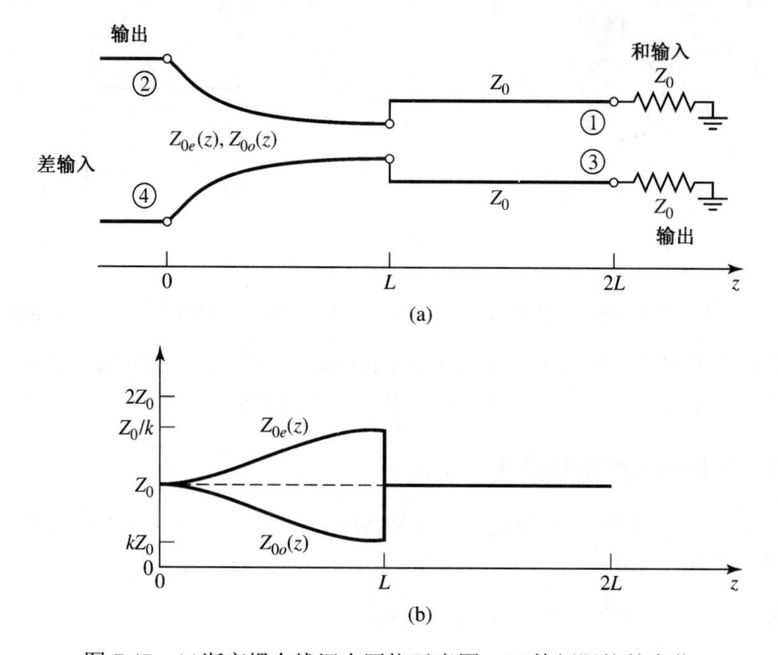

图 7.47 (a)渐变耦合线混合网络示意图；(b)特征阻抗的变化

首先，考虑施加到端口 4（差输入端口）上的振幅为 V_0 的输入电压波。该激励可简化为图 7.48a 和图 7.48b 所示的偶模激励和奇模激励的叠加。在耦合线和无耦合线的连接处（$z = L$），渐变线的偶模和奇模的反射系数为

$$\Gamma_e' = \frac{Z_0 - Z_0 / k}{Z_0 + Z_0 / k} = \frac{k-1}{k+1} \tag{7.110a}$$

$$\Gamma_o' = \frac{Z_0 - kZ_0}{Z_0 + kZ_0} = \frac{1-k}{1+k} \tag{7.110b}$$

在 $z = 0$ 处，这些反射系数变换为

$$\Gamma_e = \frac{k-1}{k+1} \mathrm{e}^{-2\mathrm{j}\theta} \tag{7.111a}$$

$$\Gamma_o = \frac{1-k}{1+k} e^{-2j\theta} \tag{7.111b}$$

因此，叠加端口 2 和端口 4 的散射参量后有

$$S_{44} = \frac{1}{2}(\Gamma_e + \Gamma_o) = 0 \tag{7.112a}$$

$$S_{24} = \frac{1}{2}(\Gamma_e - \Gamma_o) = \frac{k-1}{k+1} e^{-2j\theta} \tag{7.112b}$$

根据对称性有 $S_{22} = 0$ 和 $S_{42} = S_{24}$。

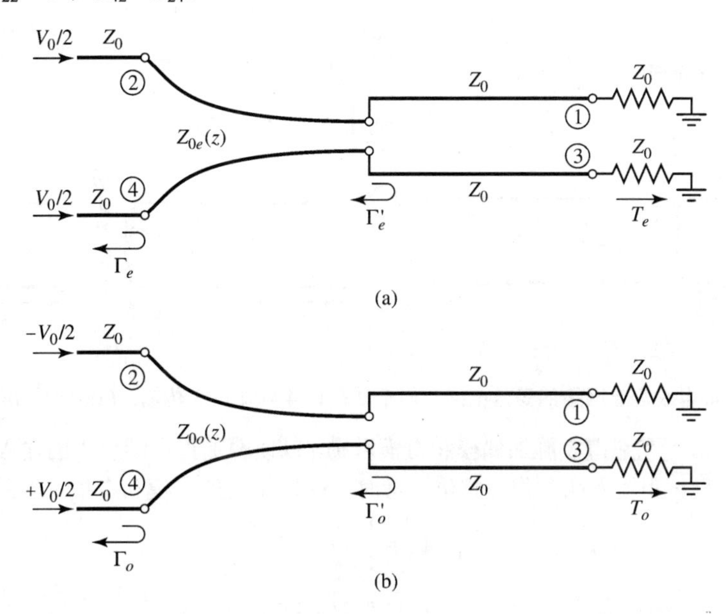

图 7.48　渐变耦合线混合网络的激励：(a)偶模激励；(b)奇模激励

为了计算进入端口 1 和端口 3 的传输系数，使用图 7.49 所示等效电路的 *ABCD* 参量，其中渐变匹配段假定是理想的，并用变压器替代。传输线-变压器-传输线级联的 *ABCD* 矩阵可用这些元件的 3 个单独的 *ABCD* 矩阵相乘求出，事实上，传输线段只影响传输系数的相位，它更容易算出。对偶模，变压器的 *ABCD* 矩阵是

$$\begin{bmatrix} \sqrt{k} & 0 \\ 0 & 1/\sqrt{k} \end{bmatrix}$$

对于奇模，变压器的 *ABCD* 矩阵是

$$\begin{bmatrix} 1/\sqrt{k} & 0 \\ 0 & \sqrt{k} \end{bmatrix}$$

于是，偶模和奇模传输系数是

$$T_e = T_o = \frac{2\sqrt{k}}{k+1} e^{-2j\theta} \tag{7.113}$$

因为对这两种模有 $T = 2/(A + B/Z_0 + CZ_0 + D) = 2\sqrt{k}/(k+1)$；系数 $e^{-2j\theta}$ 考虑了两个传输线段的相位延迟。然后，可以计算下列散射参量：

$$S_{34}=\frac{1}{2}(T_e+T_o)=\frac{2\sqrt{k}}{k+1}\mathrm{e}^{-2\mathrm{j}\theta} \tag{7.114a}$$

$$S_{14}=\frac{1}{2}(T_e-T_o)=0 \tag{7.114b}$$

于是，从端口 4 到端口 3 的电压耦合因数是

$$\beta=\left|S_{34}\right|=\frac{2\sqrt{k}}{k+1},\qquad 0<\beta<1 \tag{7.115a}$$

而从端口 4 到端口 2 的电压耦合因数是

$$\alpha=\left|S_{24}\right|=-\frac{k-1}{k+1},\qquad 0<\alpha<1 \tag{7.115b}$$

功率守恒可由下式证明：

$$\left|S_{24}\right|^2+\left|S_{34}\right|^2=\alpha^2+\beta^2=1$$

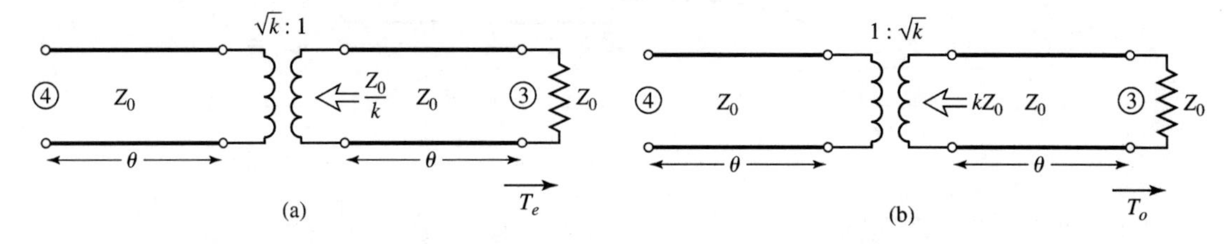

图 7.49　渐变耦合线混合网络的等效电路，用于从端口 4 到端口 3 传输：(a)偶模情况；(b)奇模情况

若现在在端口 1 和端口 3 施加偶模和奇模激励，以便叠加得出端口 1 的输入电压，则能推导出其余的散射参量。用输入端口作为相位参考时，端口 1 处的偶模和奇模反射系数为

$$\Gamma_e=\frac{1-k}{1+k}\mathrm{e}^{-2\mathrm{j}\theta} \tag{7.116a}$$

$$\Gamma_o=\frac{k-1}{k+1}\mathrm{e}^{-2\mathrm{j}\theta} \tag{7.116b}$$

于是，能够计算下列散射参量：

$$S_{11}=\frac{1}{2}(\Gamma_e+\Gamma_o)=0 \tag{7.117a}$$

$$S_{31}=\frac{1}{2}(\Gamma_e-\Gamma_o)=\frac{1-k}{1+k}\mathrm{e}^{-2\mathrm{j}\theta}=\alpha\mathrm{e}^{-2\mathrm{j}\theta} \tag{7.117b}$$

根据对称性有 $S_{33}=0$，$S_{13}=S_{31}$ 和 $S_{14}=S_{32}$，$S_{12}=S_{34}$。所以渐变耦合线 180°混合网络有下列散射矩阵：

$$\boldsymbol{S}=\begin{bmatrix}0&\beta&\alpha&0\\\beta&0&0&-\alpha\\\alpha&0&0&\beta\\0&-\alpha&\beta&0\end{bmatrix}\mathrm{e}^{-2\mathrm{j}\theta} \tag{7.118}$$

7.8.3　波导魔 T

图 7.42c 所示的波导魔 T 与环形混合网络有相似的终端特性，而散射矩阵与式(7.101)的形式相似。这种结的严格分析极其复杂，以至于不能在此介绍，但我们能通过考虑在和、差端口激励的场线，定性地解释它的工作原理。

首先考虑在端口 1 输入一个 TE_{10} 模，求出的 E_y 场线如图 7.50(a)所示，场线关于波导 4 是奇对称的。因为在波导 4 中 TE_{10} 模的场线有偶对称性，因此在端口 1 和端口 4 之间没有耦合。但对端口 2 和端口 3 有相同的耦合，因此导致了同相、等功率分配。

从端口 4 输入 TE_{10} 模时，场线如图 7.50b 所示。由于对称性（或互易性），端口 1 和端口 4 之间还是没有耦合。端口 2 和端口 3 被输入波等激励，但有 180°的相位差。

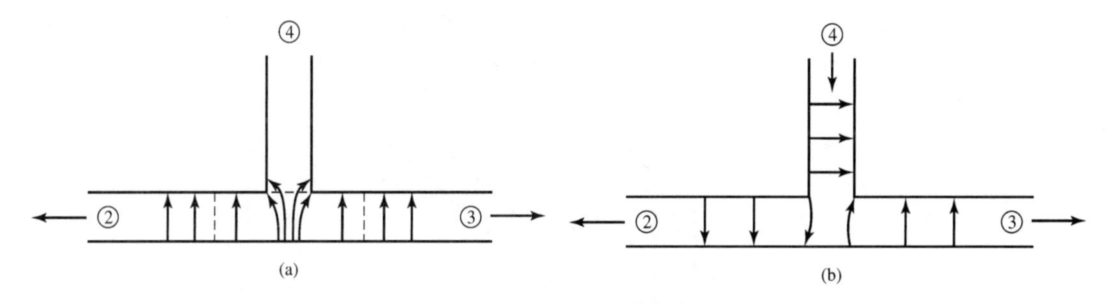

图 7.50　波导混合结的场线：(a)在端口 1 输入波；(b)在端口 4 输入波

实际上，为了匹配，经常要采用调谐杆或模片，这些匹配元件必须对称地放置，以维持混合网络的正常运行。

7.9　其他耦合器

尽管前面讨论了耦合器的一般特性，分析并推导了几种常用耦合器的设计数据，但仍有几种其他类型的耦合器未详细论述。本节简要介绍几种这类耦合器。

Moreno 正交波导耦合器。这是一个波导定向耦合器，它由两个成直角的波导构成，通过在波导公共宽壁上的两个小孔提供耦合，如图 7.51 所示。正确设计后[16]，被这些小孔激励的两个波分量能够背向相消。为使得这两个波导的场紧密耦合，这些小孔通常由互相垂直的狭缝构成。

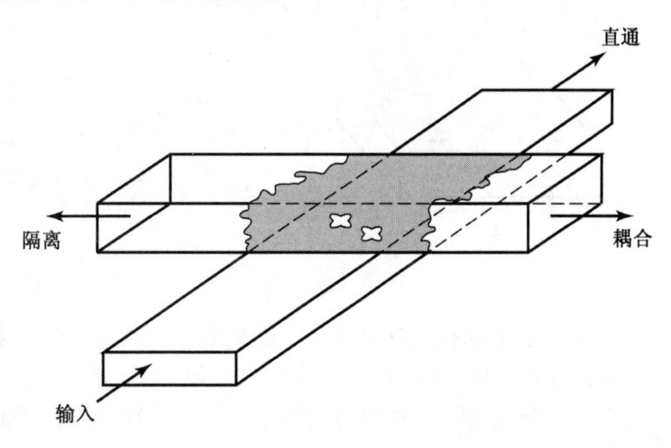

图 7.51　Moreno 正交波导耦合器

Schwinger 反相耦合器。该波导耦合器的两个耦合孔对无耦合端口的通道长度是相同的，所以方向性基本上与频率无关。隔离端口处的波相消，这是通过在波导壁的中心线两侧安放两个缝隙实现的，如图 7.52 所示。在两个缝隙上耦合出的磁偶极子有 180°的相位差。于是，$\lambda_g/4$ 的缝隙间距使其在耦合（向后）端口同相合成，但这种耦合对频率很敏感。这与在 7.4 节中讨论的多孔波导耦合器的情况相反。

Riblet 短缝耦合器。图 7.53 所示的 Riblet 短缝耦合器由两个有公共侧壁的波导组成。耦合发生在公共壁被挖去的区域，在这个区域中，TE_{10}（偶模）和 TE_{20}（奇模）被激励，通过合适的设计使得在隔离端口产生相消，而在耦合端口相长。为避免传播不希望有的 TE_{30} 模，通常需要缩短相互作用区域的波导宽度。与其他波导耦合器相比，这种耦合器通常可做得较小。

对称渐变耦合线耦合器。我们知道，连续渐变传输线匹配变换器是多节匹配变换器的逻辑延伸。同样，多节耦合线耦合器也可延伸为连续渐变线，得到具有良好带宽特性的耦合线耦合器。这种耦合器如图 7.54 所示。一般来说，为了提供合成的耦合和方向性响应，可调整导带的宽度和间距。这样做的一种方法是，采用阶跃段来近似连续渐变段[17]。这种耦合器在输出端之间有 90°的相移。

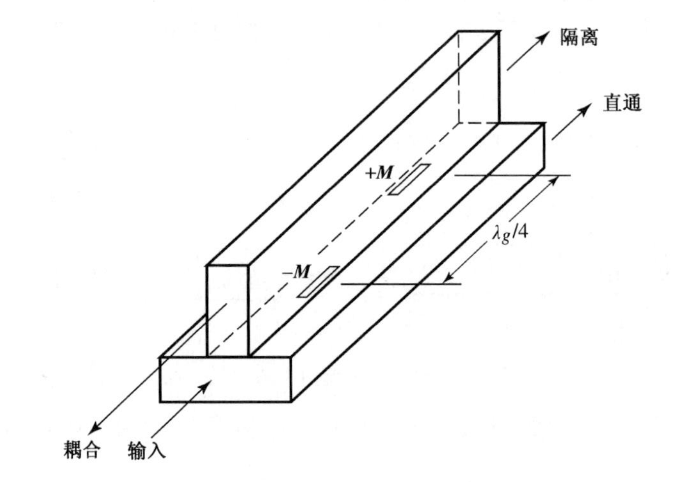

图 7.52　Schwinger 反相耦合器

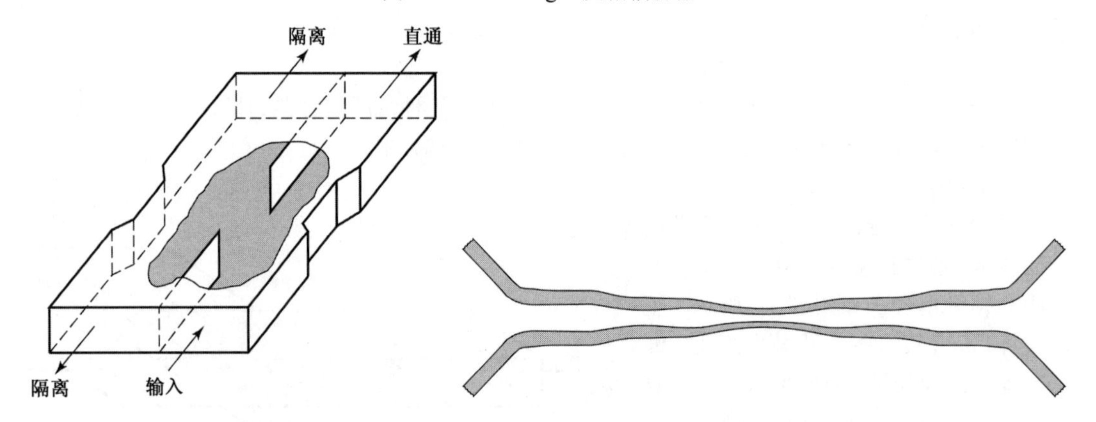

图 7.53　Riblet 短缝耦合器

图 7.54　对称渐变耦合线耦合器

平面线上的有孔耦合器。上面提到的几种波导耦合器也可用于平面线，如微带线、带状线、介质镜像线或这些线的组合。图 7.55 显示了一些可能的方案。原理上，这类耦合器的设计可以用小孔耦合理论和本章中用到的分析技术进行设计。然而，平面线的场计算通常要比矩形波导复杂得多。

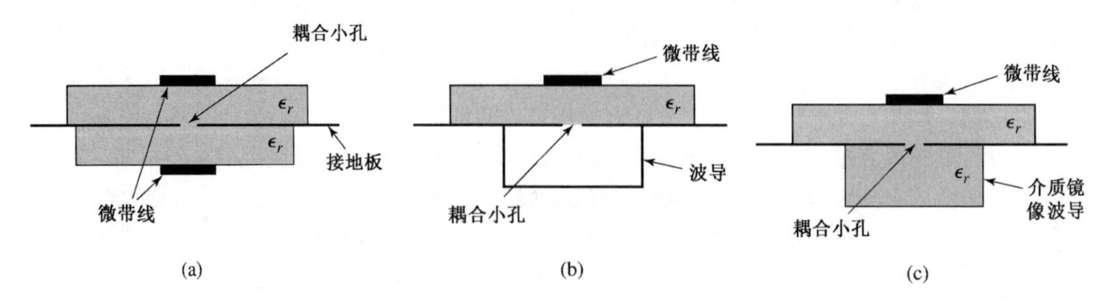

图 7.55　各种孔耦合平面线耦合器：(a)微带-微带耦合器；(b)微带-波导耦合器；(c)微带-介质镜像线耦合器

兴趣点：反射计

反射计是指这样的一个电路，该电路使用一个定向耦合器来隔离和采集输入功率及来自失配负载的反射功率。反射计是标量或向量网络分析仪的核心，因为能用它来测量一端口网络的反射系数，并在更为通用的配置下测量二端口网络的 S 参量。还能将它用作驻波比（SWR）测量仪，或在系统应用中用作功率监测仪。

基本的反射计电路如下图所示，它可用于测量未知负载的反射系数幅值。若设定一个松散耦合（$C\ll 1$）并恰当匹配的耦合器，有 $\sqrt{1-C^2}\approx 1$，则该电路能用下图所示的信号流图表示。使用时，该定向耦合器提供一个输入波的取样值 V_i 和反射波的取样值 V_r。使用一个经过合适校准并定标的比值计，就可测量这些电压并给出用反射系数幅值或 SWR 表示的读数。

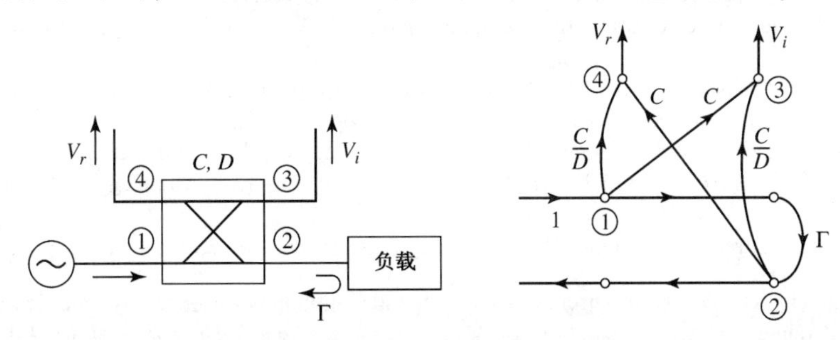

然而，实际定向耦合器的方向性是有限值，这意味着入射功率和反射功率都对 V_i 和 V_r 有贡献，从而导致误差。若假设来自源的是单位振幅入射波，则观察信号流图可得 V_i 和 V_r 的表达式如下：

$$V_i = C + \frac{C}{D}\Gamma e^{j\theta}, \quad V_r = \frac{C}{D} + C\Gamma e^{j\phi}$$

式中，Γ 是负载反射系数，$D = 10^{(D\text{dB}/20)}$ 是用数值表示的耦合器的方向性，θ 和 ϕ 是通过该电路的未知相位延时。于是，V_r/V_i 幅值的最大值和最小值可以表示为

$$\left|\frac{V_r}{V_i}\right|_{\substack{\max\\ \min}} = \frac{|\Gamma| \pm \frac{1}{D}}{1 \mp \frac{|\Gamma|}{D}}$$

对于有无限大方向性的耦合器，这得出了所希望的 $|\Gamma|$。否则，会引入约 $\pm 1/D$ 的测量不确定性。因此，要有好的精度，就需要耦合器有高的方向性，最好大于 40dB。

参考文献

[1] A. E. Bailey, ed., *Microwave Measurement*, Peter Peregrinus, London, 1985.
[2] R. E. Collin, *Foundations for Microwave Engineering*, 2nd edition, Wiley–IEEE Press, Hoboken, N.J., 2001.
[3] F. E. Gardiol, *Introduction to Microwaves*, Artech House, Dedham, Mass., 1984.
[4] E. Wilkinson, "An *N*-Way Hybrid Power Divider," *IRE Transactions on Microwave Theory and Techniques*, vol. MTT-8, pp. 116–118, January 1960.
[5] J. Reed and G. J. Wheeler, "A Method of Analysis of Symmetrical Four-Port Networks," *IRE Transactions on Microwave Theory and Techniques*, vol. MTT-4, pp. 246–252, October 1956.

[6] C. G. Montgomery, R. H. Dicke, and E. M. Purcell, *Principles of Microwave Circuits*, MIT Radiation Laboratory Series, vol. 8, McGraw-Hill, New York, 1948.
[7] H. Howe, *Stripline Circuit Design*, Artech House, Dedham, Mass., 1974.
[8] K. C. Gupta, R. Garg, and I. J. Bahl, *Microstrip Lines and Slot Lines*, Artech House, Dedham, Mass., 1979.
[9] L. Young, "The Analytical Equivalence of the TEM-Mode Directional Couplers and Transmission-Line Stepped Impedance Filters," *Proceedings of the IEEE*, vol. 110, pp. 275–281, February 1963.
[10] J. Lange, "Interdigitated Stripline Quadrature Hybrid," *IEEE Transactions on Microwave Theory and Techniques*, vol. MTT-17, pp. 1150–1151, December 1969.
[11] R. Waugh and D. LaCombe, "Unfolding the Lange Coupler," *IEEE Transactions on Microwave Theory and Techniques*, vol. MTT-20, pp. 777–779, November 1972.
[12] W. P. Ou, "Design Equations for an Interdigitated Directional Coupler," *IEEE Transactions on Microwave Theory and Techniques*, vol. MTT-23, pp. 253–255, February 1973.
[13] D. Paolino, "Design More Accurate Interdigitated Couplers," *Microwaves*, vol. 15, pp. 34–38, May 1976.
[14] J. Hughes and K. Wilson, "High Power Multiple IMPATT Amplifiers," in: *Proceedings of the 4th European Microwave Conference*, Montreux, Switzerland, pp. 118–122, 1974.
[15] R. H. DuHamel and M. E. Armstrong, "The Tapered-Line Magic-T," in: *Abstracts of 15th Annual Symposium of the USAF Antenna Research and Development Program*, Monticello, Ill., October 12–14, 1965.
[16] T. N. Anderson, "Directional Coupler Design Nomograms," *Microwave Journal*, vol. 2, pp. 34–38, May 1959.
[17] D. W. Kammler, "The Design of Discrete N-Section and Continuously Tapered Symmetrical TEM Directional Couplers," *IEEE Transactions on Microwave Theory and Techniques*, vol. MTT-17, pp. 577–590, August 1969.

习题

7.1 如式(7.20)定义的那样，根据 C, D, I 和 L，写出一个非理想对称混合耦合器的散射矩阵，并写出一个非理想非对称混合耦合器的散射矩阵。假设耦合器在所有端口处都匹配。

7.2 一个 20dBm 的功率源连接到耦合度为 20dB 的一个方向性耦合器的输入端，方向性为 35dB，插入损耗为 0.5dB。如果所有端口都匹配，求直通、耦合和隔离端口处的输出功率（单位为 dBm）。

7.3 一个定向耦合器有如下散射矩阵。求回波损耗、耦合度、方向性和插入损耗。假设所有端口都端接有匹配负载。

$$S = \begin{bmatrix} 0.1\angle 40^\circ & 0.944\angle 90^\circ & 0.178\angle 180^\circ & 0.0056\angle 90^\circ \\ 0.944\angle 90^\circ & 0.1\angle 40^\circ & 0.0056\angle 90^\circ & 0.178\angle 180^\circ \\ 0.178\angle 180^\circ & 0.0056\angle 90^\circ & 0.1\angle 40^\circ & 0.944\angle 90^\circ \\ 0.0056\angle 90^\circ & 0.178\angle 180^\circ & 0.944\angle 90^\circ & 0.1\angle 40^\circ \end{bmatrix}$$

7.4 两个理想的 90°耦合器（$C = 8.34$dB）按下图所示的方式连接。求在端口 2′和端口 3′处产生的相位和振幅（相对于端口 1）。

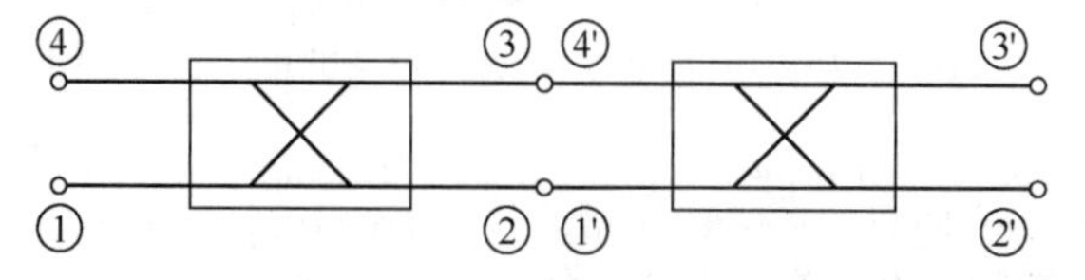

7.5 考虑特征阻抗为 Z_1, Z_2 和 Z_3 的 3 线 T 形结，如下图所示。证明向结看去所有 3 线都匹配是不可能的。

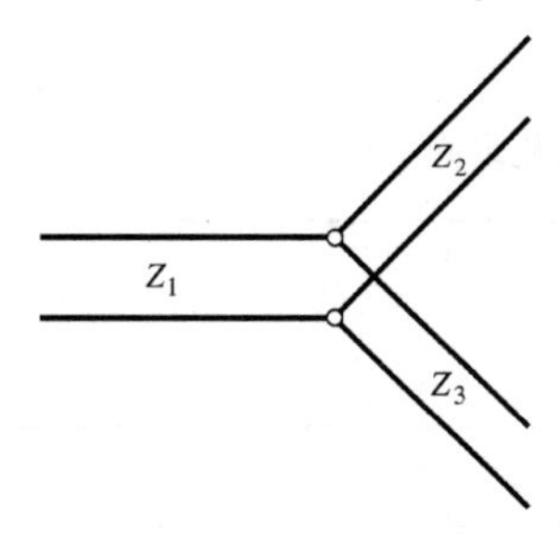

7.6 设计一个无耗 T 形结功率分配器，其源阻抗为 30Ω，功率分配比为 3∶1。设计一个 1/4 波长匹配变换器，把输出线的特征阻抗转换到 30Ω，求该电路的散射参量的幅值，使用 30Ω 的特征阻抗。

7.7 考虑下图所示的 T 形和 π 形电阻性衰减器电路。若输入和输出匹配到 Z_0，输出电压与输入电压的比是 α。推导每个电路的 R_1 和 R_2 的设计公式。若 $Z_0 = 50\Omega$，计算每种衰减器的衰减量为 3dB、10dB 和 20dB 时的 R_1 与 R_2。

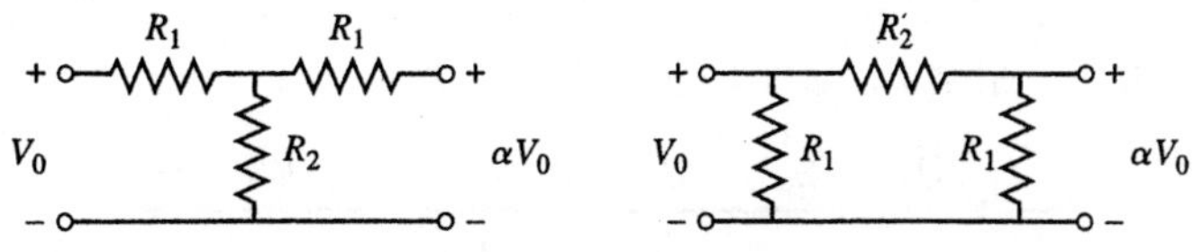

7.8 设计一个等功率分配的 3 端口电阻性功率分配器，系统阻抗是 100Ω，如下图所示。若端口 3 是匹配的，计算当端口 2 先接一个匹配负载、后接 $\Gamma = 0.3$ 的一个失配负载时，端口 3 输出功率的改变（用 dB 表示）。

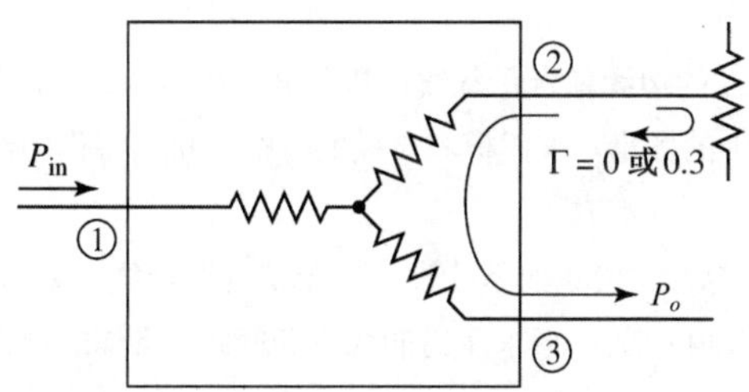

7.9 考虑下图所示的电阻性功率分配器。对于任意功率分配比 $\alpha = P_2/P_3$，推导 R_1, R_2, R_3 和使得所用端口匹配的输出特征阻抗 Z_{o2}, Z_{o3} 的表达式，假定源阻抗是 Z_0。

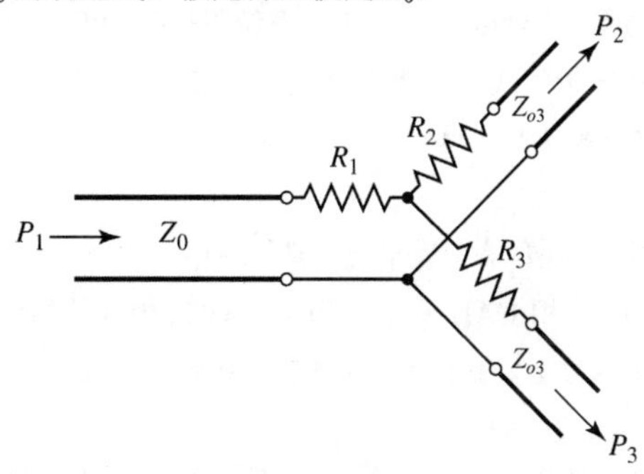

7.10 设计一个 Wilkinson 功率分配器，其功率分配比为 $P_3/P_2 = 1/3$，源阻抗为 50Ω。

7.11 对非等分 Wilkinson 功率分配器，推导设计公式(7.37a)～(7.37c)。

7.12 对于图 7.16a 所示的倍兹孔耦合器，推导对 s 的设计，使端口 3 是隔离端口。

7.13 设计一个如图 7.16a 所示的工作在 11GHz、Ku 波段波导的倍兹孔耦合器，需要的耦合度是 20dB。

7.14 设计一个如图 7.16b 所示的工作在 17GHz、Ku 波段波导的倍兹孔耦合器，需要的耦合度是 30dB。

7.15 用 Ku 波段波导设计一个 5 孔定向耦合器，它有二项式方向性响应，中心频率是 17.5GHz，所需耦合度是 20dB。使用中心在波导宽壁上的圆孔。

7.16 使用切比雪夫响应，重复习题 7.14 的设计，最小方向性为 30dB。

7.17 开发用来设计两个波导组成的双孔定向耦合器的公式，小孔在公共窄壁上，如下图所示。

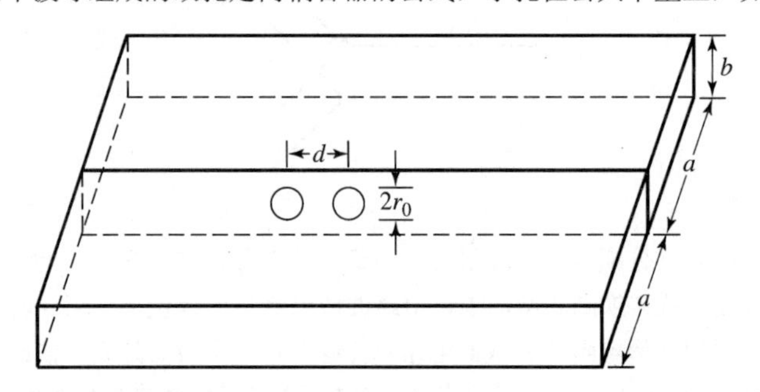

7.18 考虑下图所示的普通分支线耦合器，并联臂的特征阻抗为 Z_a，串联臂的特征阻抗为 Z_b。用偶-奇模分析法，推导具有任意功率分配比 $\alpha = P_2/P_3$ 且输入端口（端口 1）匹配的正交混合耦合器的设计公式。假定所有臂长是 $\lambda/4$。一般来说，端口 4 是隔离的吗？

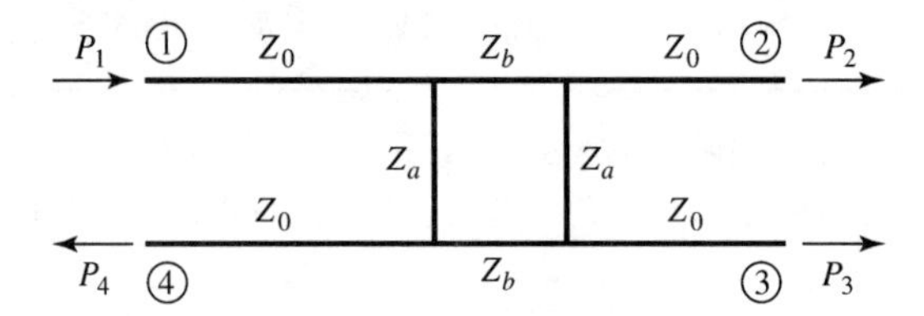

7.19 一个与接地板相距 2.0mm 的边缘耦合带状线，其介电常数为 4.2，带宽为 0.6mm，带边缘之间的间距为 0.2mm。使用图 7.29 中的图形，求偶模和奇模的特征阻抗。将你的结果与由微波 CAD 工具得到的结果进行比较。

7.20 对厚度为 2.0mm、介电常数为 10.0 的基片设计一个耦合微带线。要求偶模和奇模的特征阻抗分别为 133Ω 和 71.5Ω。使用图 7.30 中的图形求所需的线宽和间距。将你的结果与由微波 CAD 工具得到的结果进行比较。

7.21 用反射系数和传输系数代替电压和电流，重做 7.6 节中对单节耦合线耦合器的推导。

7.22 设计一个单节耦合线耦合器，耦合度为 19.1dB，系统阻抗为 60Ω，中心频率为 8GHz。假定该耦合器是用$\epsilon_r = 2.2$ 和 $b = 0.32$cm 的带状线（边缘耦合）制作的。求所需带状线的宽度和间距。

7.23 对于耦合因数 5dB，重做习题 7.22。这是一个实用的设计吗？

7.24 推导式(7.83)和式(7.84)。

7.25 一个 20dB 的 3 节耦合线耦合器要求有最平坦的耦合度响应，中心频率为 3GHz，$Z_0 = 50\Omega$。(a)设计该耦合器并求每节的 Z_{0e} 和 Z_{0o}。用 CAD 画出区间 1～5GHz 内计算得到的耦合度（用 dB 表示）；(b)耦合器用微带线实现在 FR4 基片上，基片有$\epsilon_r = 4.2$ 和 $d = 0.158$cm，$\tan\delta = 0.02$，铜导体厚 0.5mil。用 CAD 画出插入损耗与频率的关系曲线。

7.26 对于等波纹耦合响应的耦合器，重做习题 7.25，其中在通带范围内耦合度的波纹是 1dB。

7.27 由式(7.98)和式(7.99)推导 Lange 耦合器的 Z_{0e} 和 Z_{0o} 的设计公式(7.100)。

7.28 设计一个工作频率为 5GHz 的 3dB Lange 耦合器，假定该耦合器使用微带线制作在$\epsilon_r = 10$ 和 $d = 1.0$mm 的氧化铝基片上。计算两根邻线的 Z_{0e} 和 Z_{0o}，并求所需的线距和线宽。

7.29 输入信号 V_1 施加到 180°混合网络的和端口上，另一个输入信号 V_4 施加到差端口上，求输出信号。

7.30 计算具有 3dB 耦合比和 50Ω 特征阻抗的渐变耦合线 180°混合耦合器的偶模与奇模特征阻抗。

7.31 求下图所示四端口 Bagley 多边形功率分配器的散射参量。

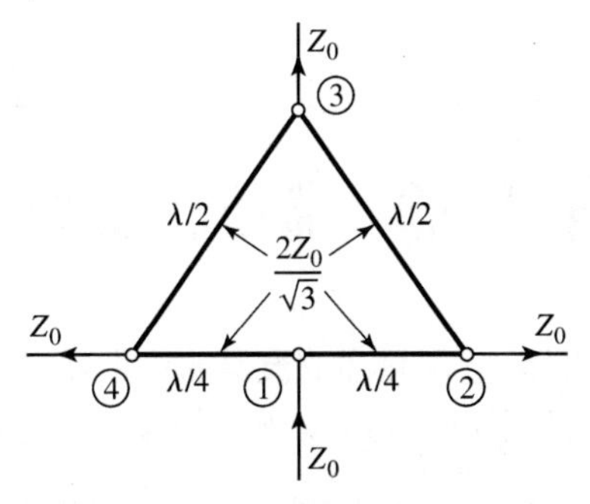

7.32 计算下图所示对称混合网络的输出电压。假定端口 1 馈入$1\angle 0$V 的输入波，并假定输出是匹配的。

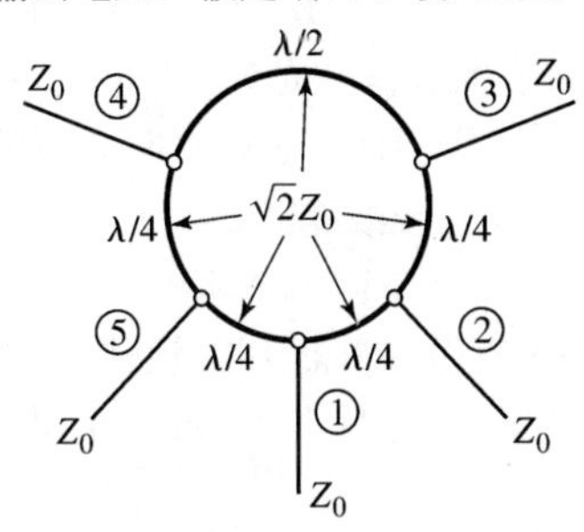

7.33 由一个 90°混合耦合器和一个 T 形结制成的 Bailey 等分功率分配器如下图所示。功率分配比可以通过调整沿连接混合网络端口 1 和端口 4 的传输线长度 b 上的馈入位置 a 来控制。一个阻抗为 $Z_0/\sqrt{2}$ 的 1/4 波长变换器用以匹配这个器件的输入。(a)对于 $b=\lambda/4$，证明输出功率分配比为 $P_3/P_2=\tan^2(\pi a/2b)$；(b)用 Z_0 = 50Ω 的分支线混合网络设计一个功率分配比为 $P_3/P_2=0.5$ 的功率分配器，并画出计算得到的输入回波损耗和传输系数与频率的关系曲线。

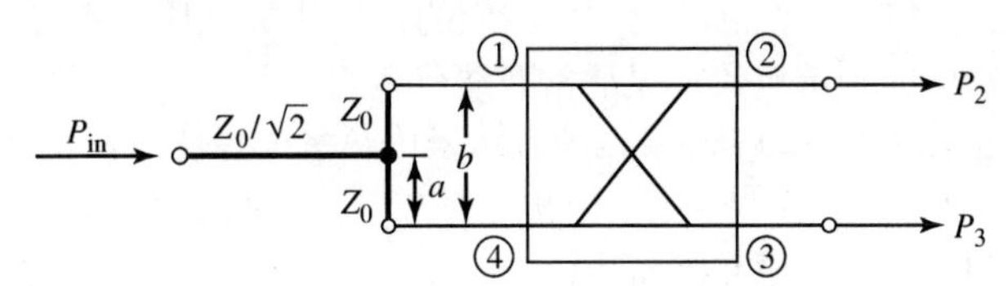

第 8 章　微波滤波器

微波滤波器是一个二端口网络，它通过在滤波器的通带频率内提供信号传输并在阻带频率内提供衰减，来控制微波系统中某处的频率响应。典型的频率响应包括低通、高通、带通和带阻特性。微波滤波器实际上已应用于任何类型的微波通信、雷达测试或测量系统中。

微波滤波器的理论和实践始于“二战”前几年，开拓者包括 Mason, Sykes, Darlington, Fano, Lawson 和 Richards。滤波器设计的镜像参量法是在 20 世纪 30 年代后期开发的，主要用在广播和电话的低频滤波器中。20 世纪 50 年代初期，斯坦福研究所的 G. Matthaei, L. Young, E. Jones, S. Cohn 和其他人员组成的研究小组，成为微波滤波器和耦合器开发的活跃人物。滤波器和耦合器方面的多卷本手册就来自这些研究工作，是留存下来的有价值的参考书[1]。今天，大多数微波滤波器设计都是使用基于插入损耗法的复杂计算机辅助设计（CAD）软件包来进行的。分布元件网络综合法的不断改进、低温超导的应用及有源器件在滤波器电路中的应用，使得微波滤波器的设计至今仍是一个活跃的研究领域。

要探讨滤波器理论和设计，首先就要了解周期结构的频率特性。周期结构是由电抗性元件周期加载的传输线或波导组成的。这些结构本身之所以受人关注，一方面是因为它们应用于慢波器件和行波放大器的设计中，另一方面是因为它们展现了基本的通带-阻带响应，并由此导出了滤波器设计的镜像参量法。

使用镜像参量法设计的滤波器，由简单二端口滤波器节级联构成，可以提供希望的截止频率和衰减特性，但不能提供整个工作范围内频率响应的具体性质。因此，采用镜像参量法设计滤波器虽然过程相对简单，但得到希望的结果通常要迭代多次。

一种更现代的过程称为*插入损耗法*，这种方法采用网络综合技术来设计具有完整频率响应的滤波器。为简化这一设计过程，首先使用了阻抗和频率归一化的低通滤波器原型，然后进行转换，将设计原型变换到期望的频率范围和阻抗上。

镜像参量法和插入损耗法可给出集总元件电路。对于微波应用，这种设计通常要使用理查德变换和科洛达恒等关系变换到由传输线段组成的分布元件。我们还将讨论使用阶跃阻抗和耦合线的传输线滤波器，并简单描述使用耦合谐振器的滤波器。

由于这些元件在实际系统中的重要性及各种可能的实现方法，因此微波滤波器这一主题涉及的内容相当广泛。这里只给出基本原理和一些常见滤波器的设计；详细探讨请参阅文献[1～4]。

8.1　周期结构

周期性加载电抗性元件的有限长传输线或波导是周期结构的一个例子。如图 8.1 所示，周期结构能制成与所用传输线性质有关的各种形式。通常，加载元件在传输线上会导致不连续性，但在任何情况下，它们都可建模为跨接在传输线上的集总电抗，如图 8.2 所示。周期结构提供慢波传播（比无加载传输线的相速慢）并有与滤波器相似的通带和阻带特性。它们主要应用在行波管、微波激射器、相移器和天线中。

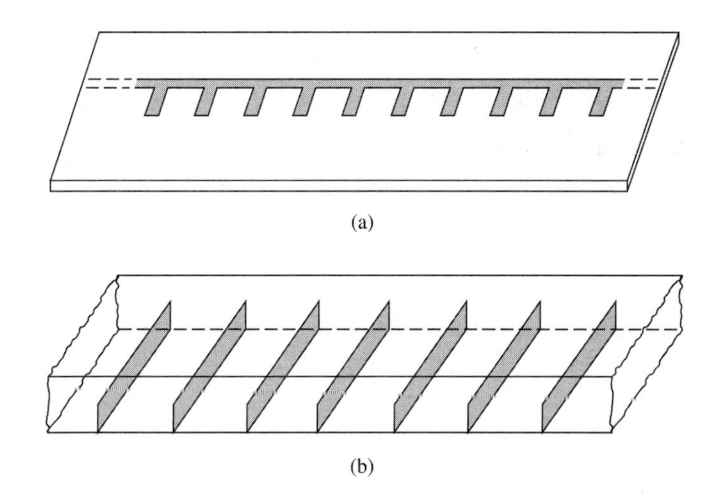

图 8.1　周期结构的例子：(a)微带线上的周期短截线；(b)波导中的周期模片

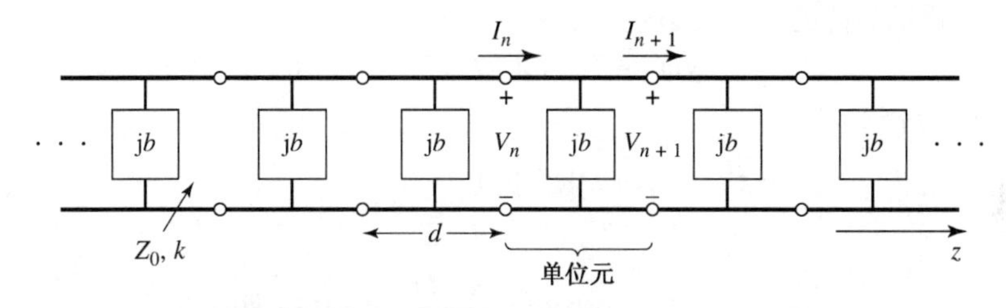

图 8.2　周期性加载传输线的等效电路。无加载线的特征阻抗为 Z_0，传输常数为 k

8.1.1　无限长周期结构的分析

首先研究图 8.2 所示的无限长加载线的传播特性。线的每个单元包括一段长度为 d 的传输线和跨接在该线段中点的电纳，电纳 b 用特征阻抗 Z_0 归一化。如果认为无限长线是用相同的二端口网络级联而成的，那么能用 $ABCD$ 矩阵把第 n 个单位元两侧的电压和电流联系起来：

$$\begin{bmatrix} V_n \\ I_n \end{bmatrix} = \begin{bmatrix} A & B \\ C & D \end{bmatrix} \begin{bmatrix} V_{n+1} \\ I_{n+1} \end{bmatrix} \tag{8.1}$$

式中，A, B, C 和 D 是长度为 $d/2$ 的传输线段、并联电纳 b 和另一个长度为 $d/2$ 的传输线段的级联的矩阵参量。由表 4.1 得到该矩阵的归一化形式为

$$\begin{aligned} \begin{bmatrix} A & B \\ C & D \end{bmatrix} &= \begin{bmatrix} \cos\frac{\theta}{2} & \mathrm{j}\sin\frac{\theta}{2} \\ \mathrm{j}\sin\frac{\theta}{2} & \cos\frac{\theta}{2} \end{bmatrix} \begin{bmatrix} 1 & 0 \\ \mathrm{j}b & 1 \end{bmatrix} \begin{bmatrix} \cos\frac{\theta}{2} & \mathrm{j}\sin\frac{\theta}{2} \\ \mathrm{j}\sin\frac{\theta}{2} & \cos\frac{\theta}{2} \end{bmatrix} \\ &= \begin{bmatrix} \left(\cos\theta - \frac{b}{2}\sin\theta\right) & \mathrm{j}\left(\sin\theta + \frac{b}{2}\cos\theta - \frac{b}{2}\right) \\ \mathrm{j}\left(\sin\theta + \frac{b}{2}\cos\theta + \frac{b}{2}\right) & \left(\cos\theta - \frac{b}{2}\sin\theta\right) \end{bmatrix} \end{aligned} \tag{8.2}$$

式中，$\theta = kd$，k 是无加载传输线的传播常数。可以证明，如互易网络要求的那样，有 $AD - BC = 1$。

对于 $+z$ 方向传播的波，必须有

$$V(z) = V(0)\mathrm{e}^{-\gamma z} \tag{8.3a}$$

$$I(z)=I(0)\mathrm{e}^{-\gamma z} \tag{8.3b}$$

相位参考点在 $z=0$ 处。因为该结构是无限长的，因此第 n 个终端的电压和电流与第 $n+1$ 个终端的电压和电流的区别，只是传播因数 $\mathrm{e}^{-\gamma d}$。于是，有

$$V_{n+1}=V_n\mathrm{e}^{-\gamma d} \tag{8.4a}$$

$$I_{n+1}=I_n\mathrm{e}^{-\gamma d} \tag{8.4b}$$

将该结果代入式(8.1)，可得到如下关系：

$$\begin{bmatrix} V_n \\ I_n \end{bmatrix}=\begin{bmatrix} A & B \\ C & D \end{bmatrix}\begin{bmatrix} V_{n+1} \\ I_{n+1} \end{bmatrix}=\begin{bmatrix} V_{n+1}\mathrm{e}^{\gamma d} \\ I_{n+1}\mathrm{e}^{\gamma d} \end{bmatrix}$$

或

$$\begin{bmatrix} A-\mathrm{e}^{\gamma d} & B \\ C & D-\mathrm{e}^{\gamma d} \end{bmatrix}\begin{bmatrix} V_{n+1} \\ I_{n+1} \end{bmatrix}=0 \tag{8.5}$$

对于非零解，上面的矩阵的行列式必须等于零：

$$AD+\mathrm{e}^{2\gamma d}-(A+D)\mathrm{e}^{\gamma d}-BC=0 \tag{8.6}$$

或者，因为 $AD-BC=1$，

$$1+\mathrm{e}^{2\gamma d}-(A+D)\mathrm{e}^{\gamma d}=0$$

$$\mathrm{e}^{-\gamma d}+\mathrm{e}^{\gamma d}=A+D \tag{8.7}$$

$$\cosh\gamma d=\frac{A+D}{2}=\cos\theta-\frac{b}{2}\sin\theta$$

这里用到了式(8.2)中的 A 值和 D 值。现在假定 $\gamma=\alpha+\mathrm{j}\beta$，有

$$\cosh\gamma d=\cosh\alpha d\cos\beta d+\mathrm{j}\ \sinh\alpha d\sin\beta d=\cos\theta-\frac{b}{2}\sin\theta \tag{8.8}$$

因为式(8.8)的右侧是纯实数，所以必定有 $\alpha=0$ 或 $\beta=0$。

情况 1：$\alpha=0$，$\beta\neq 0$。这种情况对应于在周期结构上传播的波无衰减，并能定义该结构的通带。所以式(8.8)简化为

$$\cos\beta d=\cos\theta-\frac{b}{2}\sin\theta \tag{8.9a}$$

若该式右侧的幅值小于等于 1，则能解出 β。注意，满足式(8.9a)的 β 值有无限个。

情况 2：$\alpha\neq 0$，$\beta=0,\pi$。这种情况下波并不传播，而是沿着线衰减。这定义了结构的阻带。因为线是无耗的，所以功率不是耗散在线上，而是反射回线的输入端。式(8.8)的幅值简化为

$$\cosh\alpha d=\left|\cos\theta-\frac{b}{2}\sin\theta\right|\geqslant 1 \tag{8.9b}$$

该方程只有一个解：$\alpha>0$ 对应于正向行波；$\alpha<0$ 对应于反向行波。若 $\cos\theta-(b/2)\sin\theta\leqslant -1$，则式(8.9b)可通过令式(8.8)中的 $\beta=\pi$ 得到；于是线上的所有集总负载都相隔 $\lambda/2$，给出了与 $\beta=0$ 时相同的输入阻抗。

因而，根据频率和归一化电纳值，周期加载线将显示为通带或阻带，所以可以将它视为一种类型的滤波器。记录式(8.3)和式(8.4)定义的电压波和电流波很重要，但只有在这些单位元的终端上进行测量才是有意义的，并且不把电压和电流应用到单位元内部的点上。这些波与通过晶体周期性点阵传播的弹性波（布洛赫波）相似。

除周期加载线上的波的传播常数外，我们还对这种波的特征阻抗感兴趣。可将单位元终端的

特征阻抗定义为

$$Z_B = Z_0 \frac{V_{n+1}}{I_{n+1}} \tag{8.10}$$

因为在上面的推导过程中 V_{n+1} 和 I_{n+1} 是归一化量，所以该阻抗也称布洛赫阻抗。由式(8.5)有

$$(A - \mathrm{e}^{\gamma d})V_{n+1} + BI_{n+1} = 0$$

所以式(8.10)给出

$$Z_B = \frac{-BZ_0}{A - \mathrm{e}^{\gamma d}}$$

由式(8.6)解出用 A 和 D 表示的 $\mathrm{e}^{\gamma d}$ 为

$$\mathrm{e}^{\gamma d} = \frac{(A+D) \pm \sqrt{(A+D)^2 - 4}}{2}$$

所以布洛赫阻抗有两个解：

$$Z_B^{\pm} = \frac{-2BZ_0}{A - D \mp \sqrt{(A+D)^2 - 4}} \tag{8.11}$$

对于对称的单位元（如图 8.2 假定的那样），总有 $A = D$。在这种情况下，式(8.11)简化为

$$Z_B^{\pm} = \frac{\pm BZ_0}{\sqrt{A^2 - 1}} \tag{8.12}$$

± 解分别对应于正向和反向行波的特征阻抗。对于对称网络，除符号外，这些阻抗是相同的。对于反向行波，出现了负号，因为在图 8.2 中定义的 I_n 总是正向的。

由式(8.2)可知 B 总是纯虚数。若 $\alpha = 0$，$\beta \neq 0$（通带），则由式(8.7)有 $\cosh\gamma d = A \leqslant 1$（对于对称网络），而由式(8.12)有 Z_B 是实数。若 $\alpha \neq 0$，$\beta = 0$（阻带），则由式(8.7)有 $\cosh\gamma d = A \geqslant 1$，由式(8.12)有 Z_B 是虚数。这种情况与波导的波阻抗相似，即对传播模是实数，对截止模或消逝模是虚数。

8.1.2 截断的周期结构

下面考虑一端截断的周期结构，它端接一个负载阻抗 Z_L，如图 8.3 所示。在任意单元的终端，入射和反射电压与电流可以表示为（假定工作在通带）

$$V_n = V_0^+ \mathrm{e}^{-\mathrm{j}\beta n d} + V_0^- \mathrm{e}^{\mathrm{j}\beta n d} \tag{8.13a}$$

$$I_n = I_0^+ \mathrm{e}^{-\mathrm{j}\beta n d} + I_0^- \mathrm{e}^{-\mathrm{j}\beta n d} = \frac{V_0^+}{Z_B^+}\mathrm{e}^{-\mathrm{j}\beta n d} + \frac{V_0^-}{Z_B^-}\mathrm{e}^{\mathrm{j}\beta n d} \tag{8.13b}$$

此处用 $\mathrm{j}\beta n d$ 代替了式(8.3)中的 γz，因为感兴趣的只是终端量。

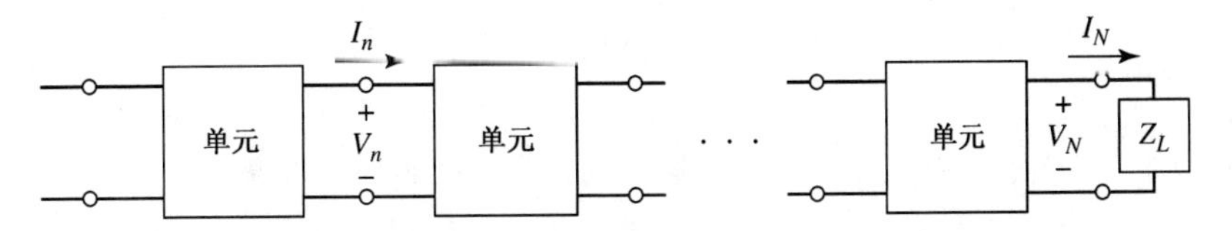

图 8.3　端接一个归一化负载阻抗 Z_L 的周期结构

现在，将第 n 个单元的入射和反射电压定义为

$$V_n^+ = V_0^+ \mathrm{e}^{-\mathrm{j}\beta nd} \tag{8.14a}$$

$$V_n^- = V_0^- \mathrm{e}^{\mathrm{j}\beta nd} \tag{8.14b}$$

则式(8.13)可写为

$$V_n = V_n^+ + V_n^- \tag{8.15a}$$

$$I_n = \frac{V_n^+}{Z_B^+} + \frac{V_n^-}{Z_B^-} \tag{8.15b}$$

在负载处，$n = N$，有

$$V_N = V_N^+ + V_N^- = Z_L I_N = Z_L \left(\frac{V_N^+}{Z_B^+} + \frac{V_N^-}{Z_B^-} \right) \tag{8.16}$$

所以，可以求出负载处的反射系数为

$$\Gamma = \frac{V_N^-}{V_N^+} = -\frac{Z_L / Z_B^+ - 1}{Z_L / Z_B^- - 1} \tag{8.17}$$

若单元网络是对称的（$A = D$），则 $Z_B^+ = -Z_B^- = Z_B$，从而式(8.17)可简化为我们熟悉的结果：

$$\Gamma = \frac{Z_L - Z_B}{Z_L + Z_B} \tag{8.18}$$

因此，为了避免在接有负载的周期结构中出现反射，必须有 $Z_L = Z_B$，对于工作在通带的无耗结构，Z_B 是实数。需要时，1/4 波长阻抗变换器可以用在周期加载线和这个负载之间。

8.1.3 *k*–*β* 图和波速

研究周期结构的通带和阻带特性时，画出传播常数 β 与无加载线的传播常数 k（或 ω）的关系曲线是有用的。这种曲线图称为 k–β 图或布里渊图（L. Brillouin，物理学家，其研究对象为波在晶体周期结构中的传播）。

k–β 图可由式(8.9a)画出，这是一般周期结构的色散关系。实际上，能用 k–β 图研究很多类型的微波器件和传输系统的色散特性。例如，考虑波导模的色散关系：

$$\beta = \sqrt{k^2 - k_c^2} \quad \text{或} \quad k = \sqrt{\beta^2 + k_c^2} \tag{8.19}$$

式中，k_c 是波导模的截止波数，k 是真空波数，β 是波导模的传播常数。关系式(8.19)描绘在图 8.4 所示的 k–β 图中。对于 $k < k_c$ 的值，β 没有实数解，所以波导模不能传播；对于 $k > k_c$，波导模能传播，并且对于大的 β 值 k 接近 β（TEM 传播）。

k–β 图也可用于解释与色散结构相关联的各种波速。相速为

$$v_p = \frac{\omega}{\beta} = c\frac{k}{\beta} \tag{8.20}$$

可以看出它等于 c（光速）乘以 k–β 图上从原点到工作点的斜率。群速为

$$v_g = \frac{\mathrm{d}\omega}{\mathrm{d}\beta} = c\frac{\mathrm{d}k}{\mathrm{d}\beta} \tag{8.21}$$

它是 k–β 曲线上工作点处的斜率。于是，参照图 8.4 可以看出在截止频率处传播波导模的相速无

限大，随着 k 增大而逼近于 c（从上面）。但在截止频率处群速是零，并且随着 k 增加而（从下面）逼近 c。下面用电容性加载传输线的实际例子来结束对周期结构的讨论。

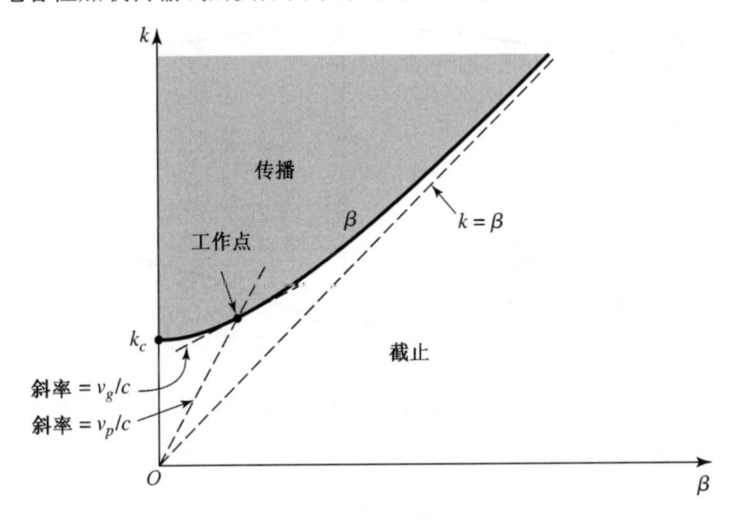

图 8.4　波导模的 k–β 图

例题 8.1　周期结构的分析

考虑一个周期电容性加载线，如图 8.5 所示（此线可用图 8.1 所示的电容性短截线实现）。假设 $Z_0 = 50\Omega$，$d = 1.0\text{cm}$ 和 $C_0 = 2.666\text{pF}$，画出 k–β 示意图并计算 $f = 3.0\text{GHz}$ 时的传播常数、相速和布洛赫阻抗。假定 $k = k_0$。

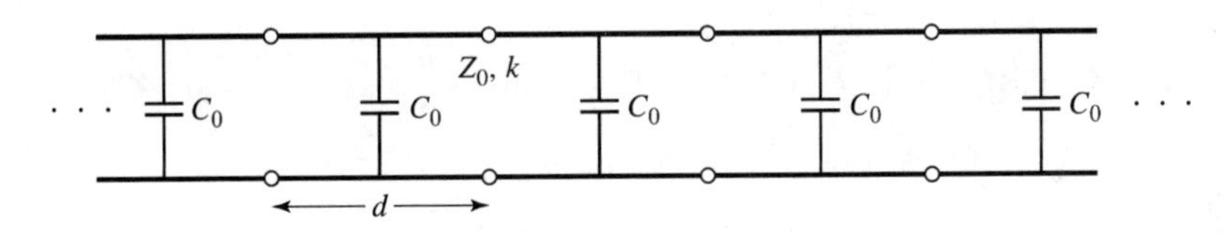

图 8.5　电容性加载线

解：可将式(8.9a)的色散关系改写为

$$\cos\beta d = \cos k_0 d - \left(\frac{C_0 Z_0 c}{2d}\right) k_0 d \sin k_0 d$$

于是有

$$\frac{C_0 Z_0 c}{2d} = \frac{(2.666\times 10^{-12})\times 50\times(3\times 10^{8})}{2\times 0.01} = 2.0$$

所以有

$$\cos\beta d = \cos k_0 d - 2k_0 d \sin k_0 d$$

此时，最简单的方法是数值求解，上式的右侧从零开始设一组 $k_0 d$ 值。当右侧的幅值是 1 或小于 1 时，存在一个通带并能解出 βd，否则为一个阻带。计算表明，对于 $0 \leqslant k_0 d \leqslant 0.96$，存在第一个通带。直到 $k_0 d = \pi$，使得 $\sin k_0 d$ 项改变符号时，才开始第二个通带。随着 $k_0 d$ 的增加，可能出现无数个通带，但它们会变得更窄。图 8.6 显示了前两个通带的 k–β 图。

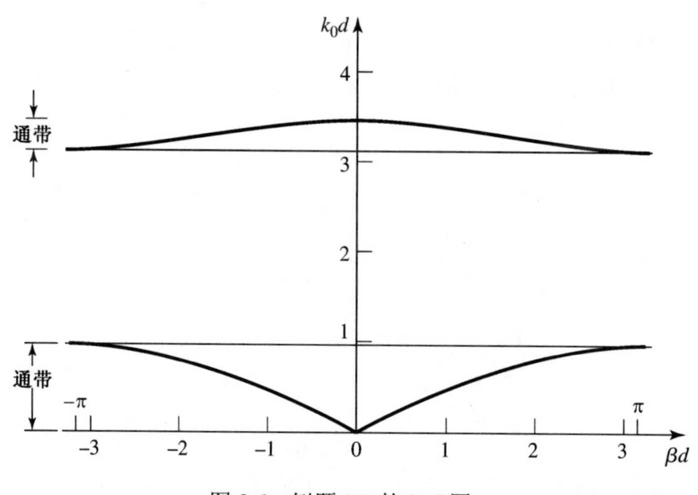

图 8.6　例题 8.1 的 k–β 图

在 3.0GHz 处，有

$$k_0 d = \frac{2\pi \times (3\times 10^9)}{3\times 10^8} \times 0.01 = 0.6283 = 36°$$

所以有 $\beta d = 1.5$，得到传播常数 $\beta = 150\text{rad/m}$。相速为

$$v_p = \frac{k_0 c}{\beta} = \frac{0.6283}{1.5} c = 0.42c$$

它远小于光速，表明这是一个慢波结构。用式(8.2)和式(8.12)计算布洛赫阻抗：

$$\frac{b}{2} = \frac{\omega C_0 Z_0}{2} = 1.256, \quad \theta = k_0 d = 36°$$

$$A = \cos\theta - \frac{b}{2}\sin\theta = 0.0707, \quad B = \mathrm{j}\left(\sin\theta + \frac{b}{2}\cos\theta - \frac{b}{2}\right) = \mathrm{j}0.3479$$

所以

$$Z_B = \frac{BZ_0}{\sqrt{A^2 - 1}} = \frac{\mathrm{j}0.3479 \times 50}{\mathrm{j}\sqrt{1-(0.0707)^2}} = 17.4\Omega$$ ■

8.2　采用镜像参量法设计滤波器

设计滤波器的镜像参量法涉及级联二端口网络的具体通带和阻带特性，因此在概念上与 8.1 节分析的周期结构相似。这种方法相对简单，但在设计过程中存在不能全部包含任意频率响应的缺点，因此与下一节讨论的插入损耗法不同。尽管如此，镜像参量法对简单的滤波器是有用的，它在无限长周期结构与实际滤波器设计之间建立了联系。镜像参量法也用在固态行波放大器的设计中。

8.2.1　二端口网络的镜像阻抗和传递函数

首先定义任意互易二端口网络的镜像阻抗和电压传递函数。在用镜像参量法分析和设计滤波器时，需要用到这些结果。

考虑图 8.7 所示的任意二端口网络，该网络由其 *ABCD* 参量给出。注意，在端口 2，电流的参考方向是按 *ABCD* 参量的约定选择的。该网络的镜像阻抗 Z_{i1} 和 Z_{i2} 定义为

$Z_{i1}=$ 当端口 2 端接 Z_{i2} 时，端口 1 的输入阻抗

$Z_{i2}=$ 当端口 1 端接 Z_{i1} 时，端口 2 的输入阻抗

因此，当端接它们的镜像阻抗时，两个端口是匹配的。现在根据网络的 *ABCD* 参量推导镜像阻抗的表达式。

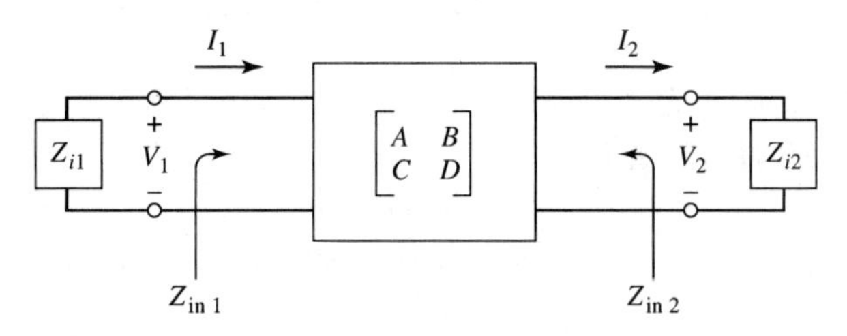

图 8.7　端接其镜像阻抗的二端口网络

端口电压和电流的关系为

$$V_1 = AV_2 + BI_2 \tag{8.22a}$$

$$I_1 = CV_2 + DI_2 \tag{8.22b}$$

端口 2 端接阻抗 Z_{i2} 时，端口 1 的输入阻抗是

$$Z_{\text{in1}} = \frac{V_1}{I_1} = \frac{AV_2 + BI_2}{CV_2 + DI_2} = \frac{AZ_{i2} + B}{CZ_{i2} + D} \tag{8.23}$$

因为 $V_2 = Z_{i2}I_2$。

现在用 *ABCD* 矩阵的逆矩阵对式(8.22)求解 V_2 和 I_2。因为网络是互易的，所以有 $AD - BC = 1$，从而得到

$$V_2 = DV_1 - BI_1 \tag{8.24a}$$

$$I_2 = -CV_1 + AI_1 \tag{8.24b}$$

于是，端口 1 端接阻抗 Z_{i1} 时，可求得端口 2 的输入阻抗为

$$Z_{\text{in2}} = \frac{-V_2}{I_2} = -\frac{DV_1 - BI_1}{-CV_1 + AI_1} = \frac{DZ_{i1} + B}{CZ_{i1} + A} \tag{8.25}$$

因为 $V_1 = -Z_{i1}I_1$（图 8.7 所示的电路）。

我们希望 $Z_{\text{in1}} = Z_{i1}$ 和 $Z_{\text{in2}} = Z_{i2}$，所以式(8.23)和式(8.25)给出了镜像阻抗的两个方程：

$$Z_{i1}(CZ_{i2} + D) = AZ_{i2} + B \tag{8.26a}$$

$$Z_{i1}D - B = Z_{i2}(A - CZ_{i1}) \tag{8.26b}$$

求解 Z_{i1} 和 Z_{i2} 得

$$Z_{i1} = \sqrt{\frac{AB}{CD}} \tag{8.27a}$$

$$Z_{i2} = \sqrt{\frac{BD}{AC}} \tag{8.27b}$$

有 $Z_{i2} = DZ_{i1}/A$。若该网络是对称的，则有 $A = D$ 和 $Z_{i1} = Z_{i2}$，这正是我们期望的结果。

现在考虑端接有镜像阻抗的二端口网络的电压传递函数。参考图 8.8 和式(8.24a)，端口 2 的输出电压可以表示为

$$V_2 = DV_1 - BI_1 = \left(D - \frac{B}{Z_{i1}}\right)V_1 \tag{8.28}$$

（因为现在有 $V_1 = I_1Z_{i1}$），所以电压比是

$$\frac{V_2}{V_1}=D-\frac{B}{Z_{i1}}=D-B\sqrt{\frac{CD}{AB}}=\sqrt{\frac{D}{A}}(\sqrt{AD}-\sqrt{BC}) \tag{8.29a}$$

同样，电流比是

$$\frac{I_2}{I_1}=-C\frac{V_1}{I_1}+A=-CZ_{i1}+A=\sqrt{\frac{A}{D}}(\sqrt{AD}-\sqrt{BC}) \tag{8.29b}$$

系数 $\sqrt{D/A}$ 出现在式(8.29a)和式(8.29b)中的互易位置，因此可视为变压器的匝数比。不考虑这个系数时，可将该网络的传播因数定义为

$$\mathrm{e}^{-\gamma}=\sqrt{AD}-\sqrt{BC} \tag{8.30}$$

照例有 $\gamma=\alpha+\mathrm{j}\beta$。由于 $\mathrm{e}^{\gamma}=1/(\sqrt{AD}-\sqrt{BC})=(AD-BC)/(\sqrt{AD}-\sqrt{BC})=\sqrt{AD}+\sqrt{BC}$ 和 $\cosh\gamma=(\mathrm{e}^{\gamma}+\mathrm{e}^{-\gamma})/2$，因此有

$$\cosh\gamma=\sqrt{AD} \tag{8.31}$$

两种重要类型的二端口网络是 T 形网络和 π 形网络，它们都可以制成对称形式。表 8.1 列出了这两类网络的镜像阻抗、传播因数及其他有用的参量。

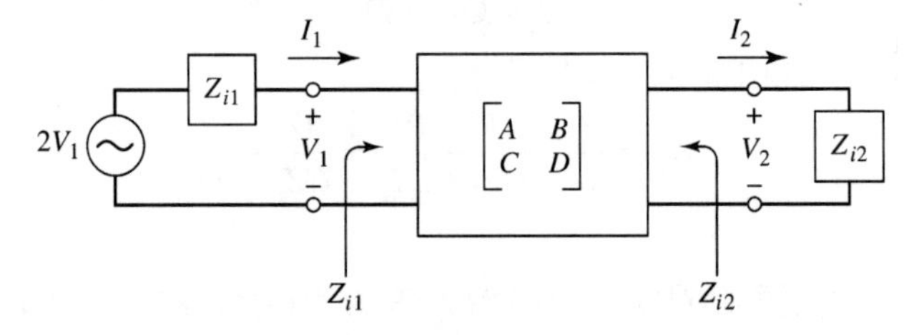

图 8.8　端接其镜像阻抗并使用电压源驱动的二端口网络

表 8.1　T 形和 π 形网络的镜像参量

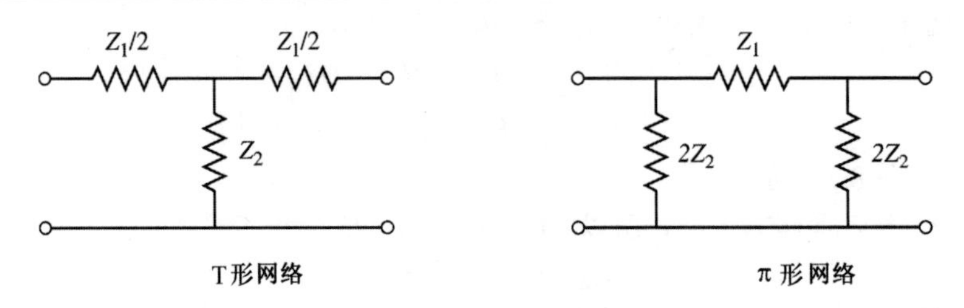

T 形网络	π 形网络
***ABCD* 参量：**	***ABCD* 参量：**
$A=1+Z_1/2Z_2$	$A=1+Z_1/2Z_2$
$B=Z_1+Z_1^2/4Z_2$	$B=Z_1$
$C=1/Z_2$	$C=1/Z_2+Z_1/4Z_2^2$
$D=1+Z_1/2Z_2$	$D=1+Z_1/2Z_2$
***Z* 参量：**	***Y* 参量：**
$Z_{11}=Z_{22}=Z_2+Z_1/2$	$Y_{11}=Y_{22}=1/Z_1+1/2Z_2$
$Z_{12}=Z_{21}=Z_2$	$Y_{12}=Y_{21}=1/Z_1$
镜像阻抗：	**镜像阻抗：**
$Z_{iT}=\sqrt{Z_1Z_2}\sqrt{1+Z_1/4Z_2}$	$Z_{i\pi}=\sqrt{Z_1Z_2}\sqrt{1+Z_1/4Z_2}=Z_1Z_2/Z_{iT}$
传播常数：	**传播常数：**
$\mathrm{e}^{\gamma}=1+Z_1/2Z_2+\sqrt{Z_1/Z_2+Z_1^2/4Z_2^2}$	$\mathrm{e}^{\gamma}=1+Z_1/2Z_2+\sqrt{Z_1/Z_2+Z_1^2/4Z_2^2}$

8.2.2 定 k 式滤波器节

现在开发低通和高通滤波器节。首先考虑图 8.9 所示的 T 形网络。凭直觉可知，低通滤波器网络因为串联电感和并联电容，因此会抑制高频信号而通过低频信号。与表 8.1 给出的结果比较，有 $Z_1 = \mathrm{j}\omega L$ 和 $Z_2 = 1/\mathrm{j}\omega C$，所以镜像阻抗是

$$Z_{iT} = \sqrt{\frac{L}{C}}\sqrt{1-\frac{\omega^2 LC}{4}} \tag{8.32}$$

若将截止频率 ω_c 定义为

$$\omega_c = \frac{2}{\sqrt{LC}} \tag{8.33}$$

将标称特征阻抗 R_0 定义为

$$R_0 = \sqrt{L/C} = k \tag{8.34}$$

式中，k 是常数，则式(8.32)可重写为

$$Z_{iT} = R_0\sqrt{1-\omega^2/\omega_c^2} \tag{8.35}$$

于是，对于 $\omega = 0$ 有 $Z_{iT} = R_0$。

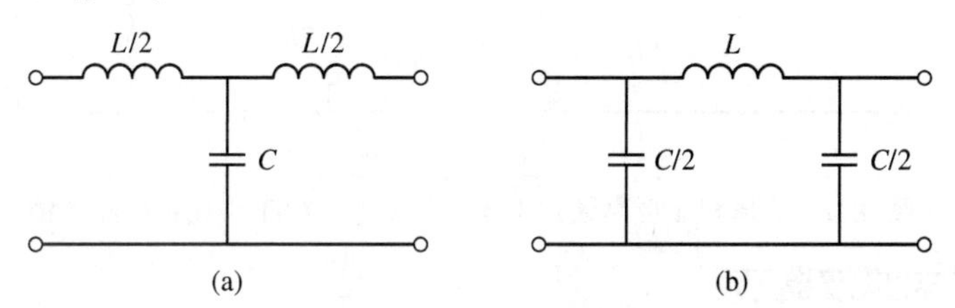

图 8.9　T 形和 π 形低通定 k 式滤波器节：(a)T 形结；(b)π 形结

由表 8.1 得到传播因数

$$\mathrm{e}^{\gamma} = 1-\frac{2\omega^2}{\omega_c^2}+\frac{2\omega}{\omega_c}\sqrt{\frac{\omega^2}{\omega_c^2}-1} \tag{8.36}$$

现在考虑两个频率范围：

1. $\omega < \omega_c$：这是滤波器节的通带。由式(8.35)看出 Z_{iT} 是实数，由式(8.36)看出 γ 是虚数，因为 $\omega^2/\omega_c^2 - 1$ 是负数，且 $\left|\mathrm{e}^{\gamma}\right| = 1$：

$$\left|\mathrm{e}^{\gamma}\right|^2 = \left(1-\frac{2\omega^2}{\omega_c^2}\right)^2+\frac{4\omega^2}{\omega_c^2}\left(1-\frac{\omega^2}{\omega_c^2}\right) = 1$$

2. $\omega > \omega_c$：这是滤波器节的阻带。式(8.35)表明 Z_{iT} 是虚数，而式(8.36)表明 e^{γ} 是实数，且 $-1 < \mathrm{e}^{\gamma} < 0$（正如看到的极限是 $\omega \to \omega_c$ 和 $\omega \to \infty$）。对于 $\omega \gg \omega_c$，衰减率是 40dB/十倍频程。

典型的相位和衰减常数如图 8.10 所示。注意，接近截止频率时衰减 α 是零或相当小，但当 $\alpha \to \infty$时，$\omega \to \infty$。这种类型的滤波器称为*定 k 式低通原型*。只有两个参量可供选择（L 和 C），它们由截止频率 ω_c 和零频率时的镜像阻抗 R_0 决定。

上面的结果只有在滤波器节的两端都接镜像阻抗时才正确，这是这种设计的主要缺点，因为镜像阻抗是频率的函数，不大可能与给定的源和负载阻抗匹配。另外，在接近截止频率时，衰减较低的缺点可用下面将要讨论的修正 m 导出式节来改善。

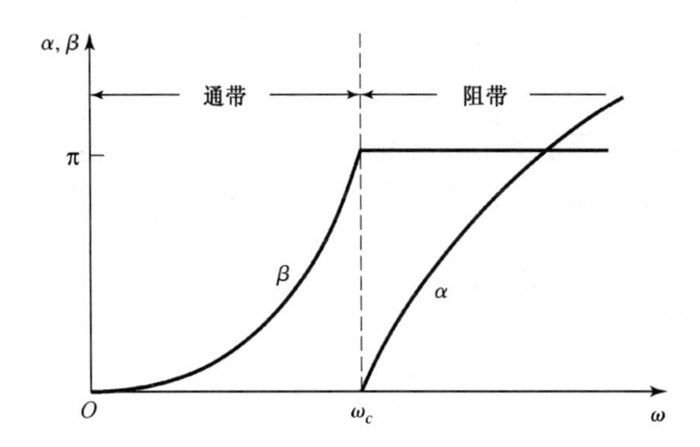

图 8.10　图 8.9 所示低通定 k 式滤波器节的典型通带和阻带特性曲线

对于图 8.9 所示的低通 π 形网络，有 $Z_1 = \mathrm{j}\omega L$ 和 $Z_2 = 1/\mathrm{j}\omega C$，所以传播因数和低通 T 形网络的传播因素相同。截止频率 ω_c 和标称特征阻抗 R_0 与式(8.33)和式(8.34)给出的 T 形网络的对应值相同。当 $\omega = 0$ 时，有 $Z_{iT} = Z_{i\pi} = R_0$，其中 $Z_{i\pi}$ 是低通 π 形网络的镜像阻抗，但 Z_{iT} 和 $Z_{i\pi}$ 在其他频率时通常是不相等的。

高通定 k 式滤波器节如图 8.11 所示。可以看到电感和电容的位置与低通原型中的互换了。容易证明设计公式是

$$R_0 = \sqrt{L/C} \tag{8.37}$$

$$\omega_c = \frac{1}{2\sqrt{LC}} \tag{8.38}$$

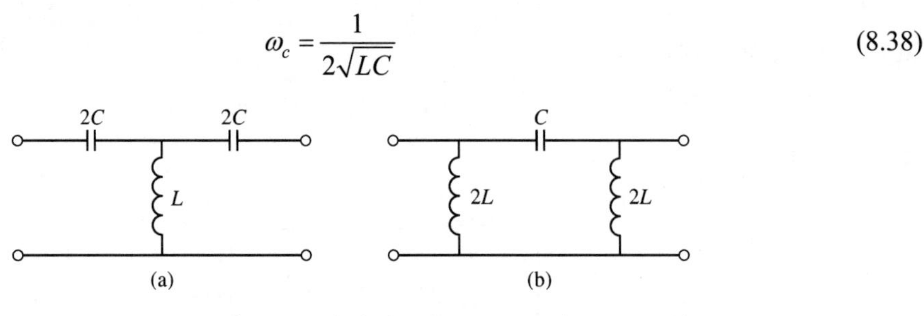

图 8.11　T 形和 π 形高通定 k 式滤波器节：(a)T 形结；(b)π 形结

8.2.3　*m* 导出式滤波器节

前面讲过，定 k 式滤波器节在过截止点后，具有相对较低的衰减率及镜像阻抗不是常数的缺点。m 导出式节是为克服这些问题而设计的定 k 式滤波器节的修正形式。如图 8.12a 和图 8.12b 所示，将定 k 式 T 形结中的 Z_1 和 Z_2 用 Z_1' 和 Z_2' 替换，并令

$$Z_1' = mZ_1 \tag{8.39}$$

选择 Z_2' 使得到的 Z_{iT} 值与定 k 式节的相同。于是，由表 8.1 有

$$Z_{iT} = \sqrt{Z_1 Z_2 + \frac{Z_1^2}{4}} = \sqrt{Z_1' Z_2' + \frac{Z_1'^2}{4}} = \sqrt{mZ_1 Z_2' + \frac{m^2 Z_1^2}{4}} \tag{8.40}$$

求解 Z_2' 得

$$Z_2' = \frac{Z_2}{m} + \frac{Z_1}{4m} - \frac{mZ_1}{4} = \frac{Z_2}{m} + \frac{(1-m^2)}{4m} Z_1 \tag{8.41}$$

因为阻抗 Z_1 和 Z_2 代表电抗性元件，Z_2' 代表两个元件的串联，如图 8.12c 所示。注意，$m = 1$ 时，上式会简化为原来的定 k 式滤波器节。

对于低通滤波器有 $Z_1 = \mathrm{j}\omega L$ 和 $Z_2 = 1/(\mathrm{j}\omega C)$。于是由式(8.39)和式(8.41)给出 m 导出式元件为

$$Z_1' = \mathrm{j}\omega Lm \tag{8.42a}$$

$$Z_2' = \frac{1}{\mathrm{j}\omega Cm} + \frac{(1-m^2)}{4m} \mathrm{j}\omega L \tag{8.42b}$$

这就得出了图 8.13 所示的电路。现在考虑 m 导出式节的传播因数。由表 8.1 得

$$e^{\gamma}=1+\frac{Z_1'}{2Z_2'}+\sqrt{\frac{Z_1'}{Z_2'}\left(1+\frac{Z_1'}{4Z_2'}\right)} \tag{8.43}$$

对于低通 m 导出式滤波器，

$$\frac{Z_1'}{Z_2'}=\frac{\mathrm{j}\omega Lm}{(1/\mathrm{j}\omega Cm)+\mathrm{j}\omega L(1-m^2)/4m}=\frac{-(2\omega m/\omega_c)^2}{1-(1-m^2)(\omega/\omega_c)^2}$$

式中照例有 $\omega_c=2/\sqrt{LC}$。于是有

$$1+\frac{Z_1'}{4Z_2'}=\frac{1-(\omega/\omega_c)^2}{1-(1-m^2)(\omega/\omega_c)^2}$$

若 $0<m<1$，则这些结果表明 e^{γ} 是实数，且当 $\omega>\omega_c$ 时 $|e^{\gamma}|>1$。于是，阻带在 $\omega=\omega_c$ 处开始，这和定 k 式滤波器节一样。然而，当 $\omega=\omega_\infty$ 时，其中

$$\omega_\infty=\frac{\omega_c}{\sqrt{1-m^2}} \tag{8.44}$$

分母变为零，e^{γ} 变为无限大，这意味着无限大的衰减。物理上说，衰减特性曲线上的极点是由 T 形结并联臂中的 LC 并联谐振引起的，这很容易通过 LC 谐振电路的谐振频率等于 ω_∞ 来证明。注意到式(8.44)给出 $\omega_\infty>\omega_c$，所以无限大衰减发生在截止频率 ω_c 之后，如图 8.14 所示。极点的位置 ω_∞ 可用 m 值调节。

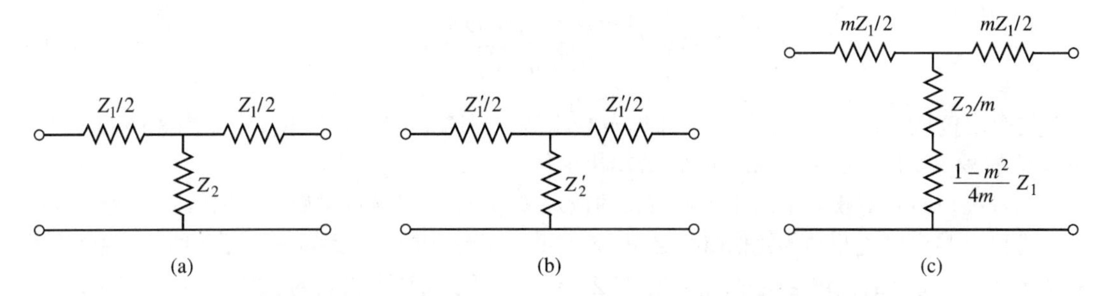

图 8.12　从定 k 式滤波器节发展而来的 m 导出式滤波器节：(a)定 k 式滤波器节；(b)普通的 m 导出式节；(c)最终的 m 导出式节

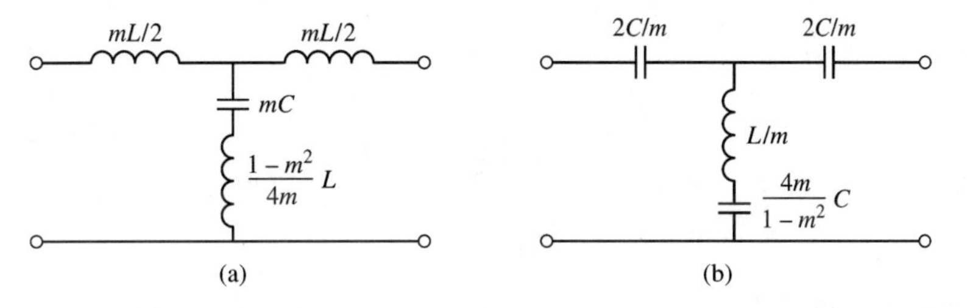

图 8.13　m 导出式滤波器节：(a)低通 T 形结；(b)高通 T 形结

现在有很陡峭的截止响应，但 m 导出式节存在一个问题，即当 $\omega>\omega_\infty$ 时衰减降低。通常希望当 $\omega\to\infty$ 时有无限大的衰减，m 导出式节可以与定 k 式节级联，给出复合的衰减响应，如图 8.14 所示。

设计的 m 导出式 T 形结的镜像阻抗与定 k 式节的相同（与 m 无关），因而仍然存在镜像阻抗不是常量的问题。然而，π 形等效镜像阻抗与 m 有关，这个外加的自由度可用来设计最优匹配节。

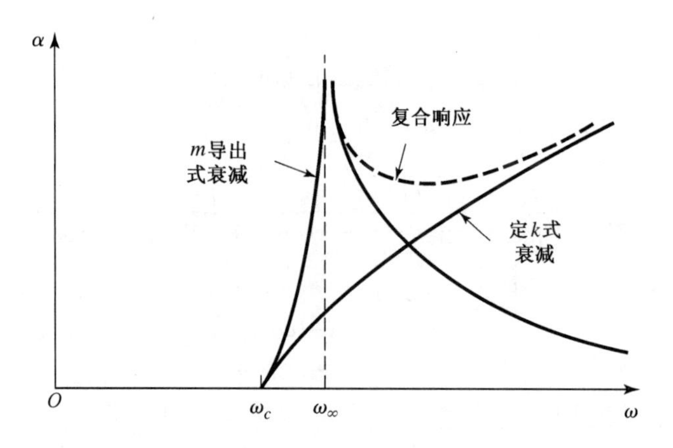

图 8.14　定 k 式、m 导出式和复合滤波器的典型衰减响应

得到对应 π 形结的最简方法是，将它考虑为无限个 m 导出式 T 形结的级联中的一段，如图 8.15 所示。于是，用表 8.1 和式(8.35)求得这个网络的镜像阻抗为

$$Z_{i\pi}=\frac{Z_1'Z_2'}{Z_{iT}}=\frac{Z_1Z_2+Z_1^2(1-m^2)/4}{R_0\sqrt{1-(\omega/\omega_c)^2}} \tag{8.45}$$

现在有 $Z_1Z_2=L/C=R_0^2$ 和 $Z_1^2=-\omega^2L^2=-4R_0^2\left(\omega/\omega_c\right)^2$，所以式(8.45)简化为

$$Z_{i\pi}=\frac{1-(1-m^2)(\omega/\omega_c)^2}{\sqrt{1-(\omega/\omega_c)^2}}R_0 \tag{8.46}$$

因为这个阻抗是 m 的函数，所以能够选择 m 使得滤波器通带内 $Z_{i\pi}$ 的变化最小。图 8.16 显示了几个 m 值的频率变化，通常在 $m=0.6$ 时会给出最优结果。

这种类型的 m 导出式节可用于滤波器的输入和输出，提供接近常数的阻抗与 R_0 匹配。然而，定 k 式和 m 导出式 T 形结的镜像阻抗 Z_{iT} 与 $Z_{i\pi}$ 不匹配，这个问题可通过剖分 π 形结来克服，如图 8.17 所示。该电路的镜像阻抗是 $Z_{i1}=Z_{iT}$ 和 $Z_{i2}=Z_{i\pi}$，可以通过求出它的 $ABCD$ 参量来证明：

$$A=1+\frac{Z_1'}{4Z_2'} \tag{8.47a}$$

$$B=\frac{Z_1'}{2} \tag{8.47b}$$

$$C=\frac{1}{2Z_2'} \tag{8.47c}$$

$$D=1 \tag{8.47d}$$

然后将它们代入式(8.27)，有

$$Z_{i1}=\sqrt{Z_1'Z_2'+\frac{Z_1'^2}{4}}=Z_{iT} \tag{8.48a}$$

$$Z_{i2}=\sqrt{\frac{Z_1'Z_2'}{1+Z_1'/4Z_2'}}=\frac{Z_1'Z_2'}{Z_{iT}}=Z_{i\pi} \tag{8.48b}$$

式中，对 Z_{iT} 用到了式(8.40)。

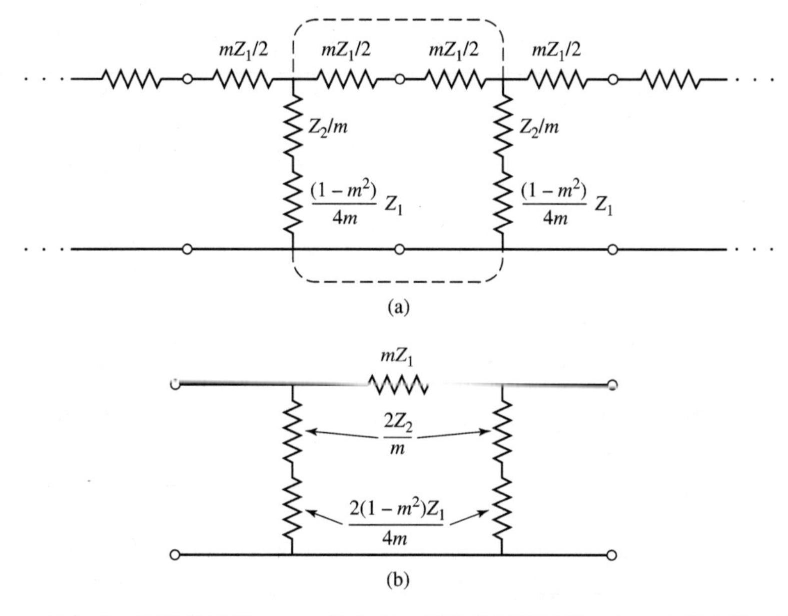

图 8.15　m 导出式 π 形结的开发：(a)m 导出式 T 形结的无限级联；(b)一个抽出的 π 形等效节

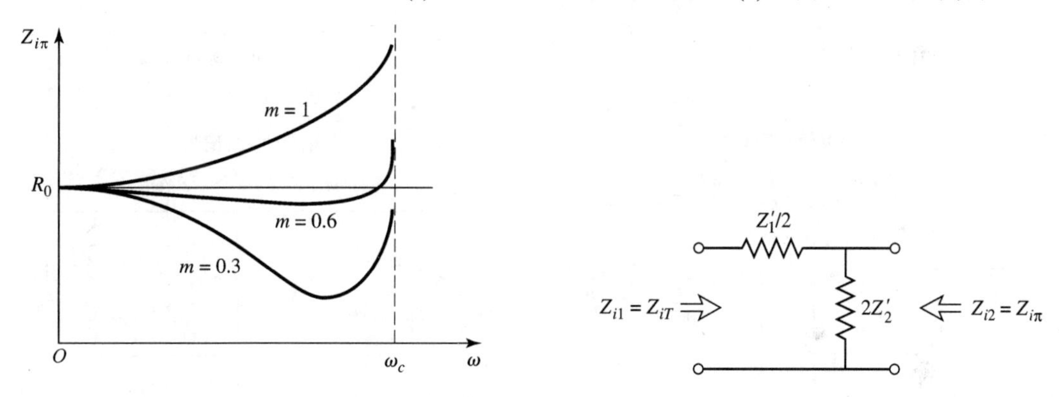

图 8.16　不同 m 值时低通 m 导出式节的通带内的 $Z_{i\pi}$ 变化　　图 8.17　将 $Z_{i\pi}$ 匹配到 Z_{iT} 的剖分 π 形节

8.2.4　复合滤波器

通过级联并组合定 k 式、m 导出式锐截止和 m 导出式匹配节，可实现具有期望衰减和匹配特性的滤波器。这种设计类型称为复合滤波器，如图 8.18 所示。用 $m<0.6$ 的锐截止节，并在靠近截止频率处放置一个衰减极点，可提供陡峭的衰减响应；定 k 式滤波器节在离截止频率更远的阻带上提供高衰减。滤波器两端的剖分 π 形结分别将标称源和负载阻抗 R_0 与定 k 式和 m 导出式的内部镜像阻抗 Z_{iT} 匹配。表 8.2 中归纳了低通和高通复合滤波器的设计公式。注意，一旦设定截止频率和阻抗，就只留下一个自由度（锐截止节的 m 值）来控制滤波器的响应。下面用例题说明设计过程。

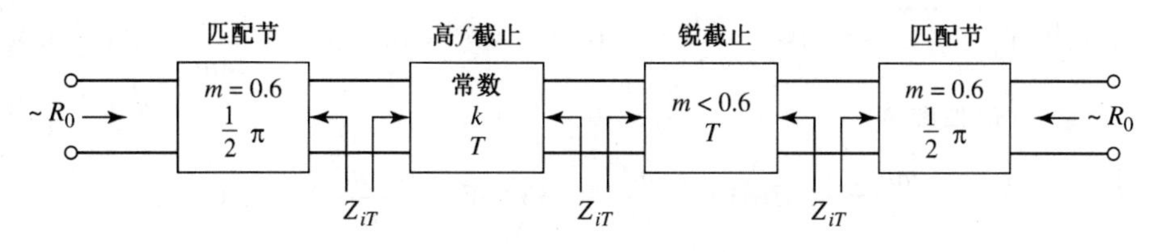

图 8.18　最终形成的 4 级复合滤波器

表 8.2　复合滤波器设计一览表

低　通	高　通
定 k 式 T 形节	**定 k 式 T 形节**
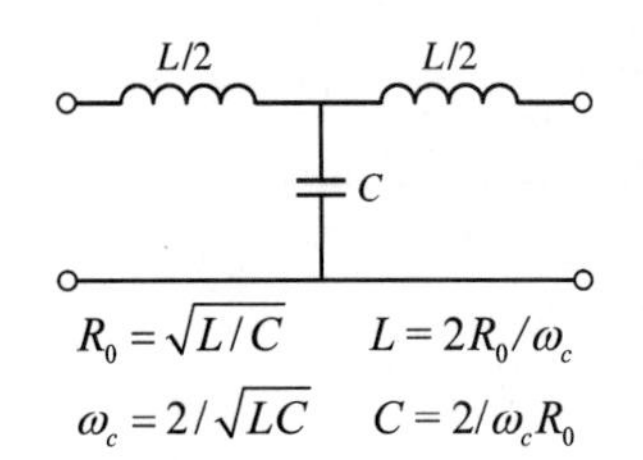	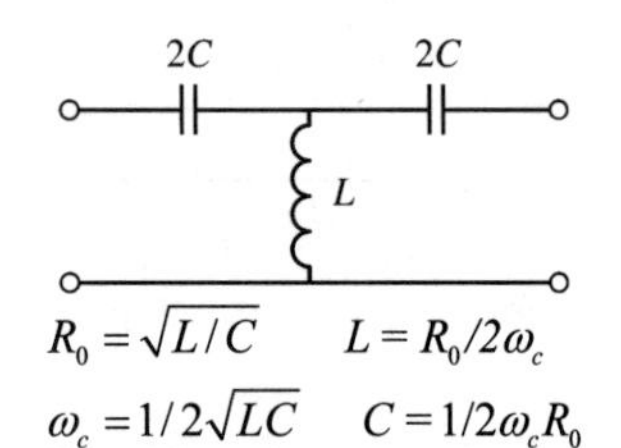
$R_0=\sqrt{L/C}$　　$L=2R_0/\omega_c$ $\omega_c=2/\sqrt{LC}$　　$C=2/\omega_c R_0$	$R_0=\sqrt{L/C}$　　$L=R_0/2\omega_c$ $\omega_c=1/2\sqrt{LC}$　　$C=1/2\omega_c R_0$
m 导出式 T 形节	**m 导出式 T 形节**
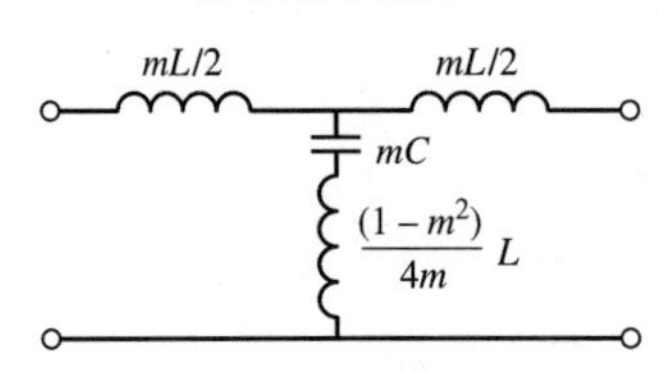	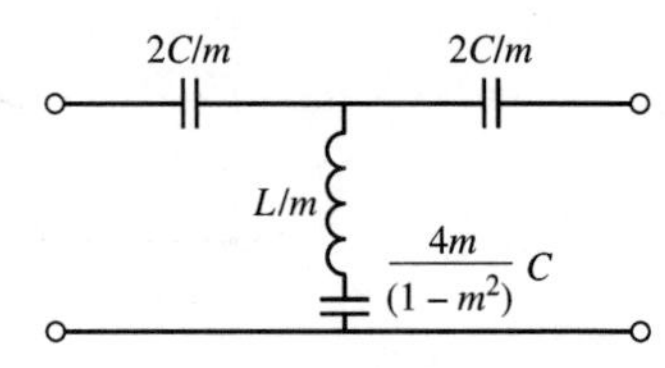
L, C 与定 k 式滤波器节的相同	L, C 与定 k 式滤波器节的相同
$m=\begin{cases}\sqrt{1-(\omega_c/\omega_\infty)^2} & 锐截止\\ 0.6 & 匹配\end{cases}$	$m=\begin{cases}\sqrt{1-(\omega_\infty/\omega_c)^2} & 锐截止\\ 0.6 & 匹配\end{cases}$
剖分的 π 匹配节	**剖分的 π 匹配节**
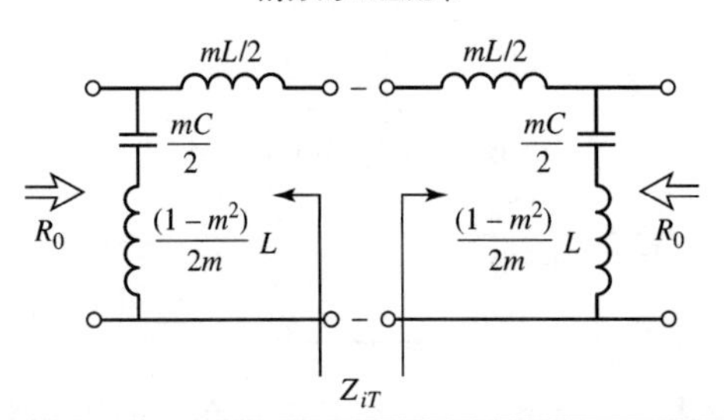	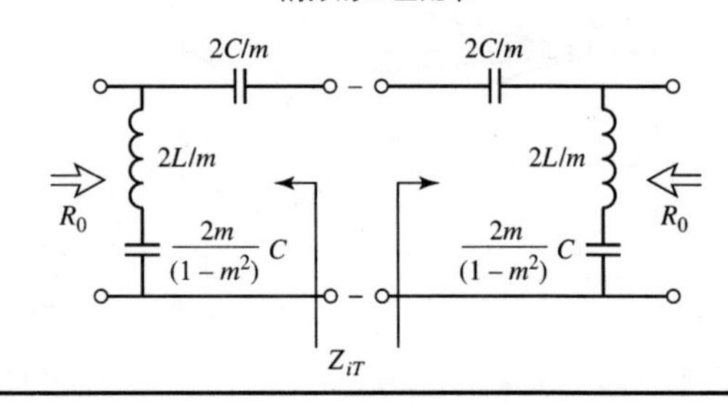

例题 8.2　低通复合滤波器设计

设计一个低通复合滤波器，使其具有截止频率 2MHz 和阻抗 75Ω。设置无限衰减极点在 2.05MHz 处，并画出从 0 至 4MHz 的频率响应。

解：所有元件值可从表 8.2 中找到。对于定 k 式节，

$$L=\frac{2R_0}{\omega_c}=11.94\mu\text{H},\qquad C=\frac{2}{R_0\omega_c}=2.122\text{nF}$$

对于 m 导出式锐截止节，

$$m=\sqrt{1-(f_c/f_\infty)^2}=0.2195,\quad \frac{mL}{2}=1.310\mu\text{H},\quad mC=465.8\text{pF},\quad \frac{1-m^2}{4m}L=12.94\mu\text{H}$$

对于 $m=0.6$ 的匹配节，

$$\frac{mL}{2}=3.582\mu\text{H},\quad \frac{mC}{2}=636.5\text{pF},\quad \frac{1-m^2}{2m}L=6.368\mu\text{H}$$

完成的滤波器电路如图 8.19 所示。各节之间的串联电感对可以合并。图 8.20 显示了$|S_{12}|$的频率响应。注意，$f = 2.05\text{MHz}$ 处的极陡下陷是由 $m = 0.2195$ 的节造成的，2.50MHz 处极点是由 $m = 0.6$ 的匹配节造成的。

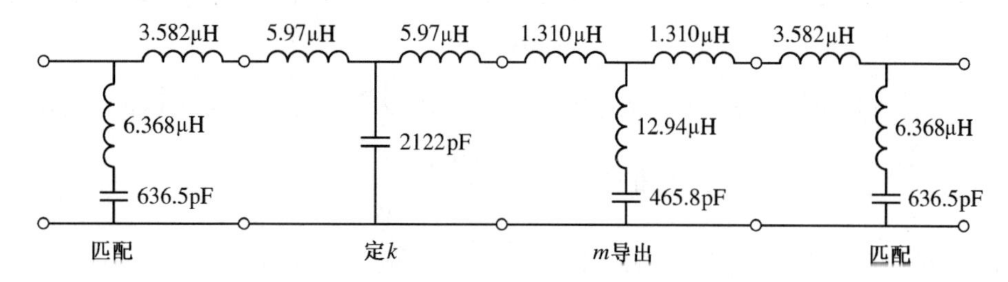

图 8.19　例题 8.2 中的低通复合滤波器

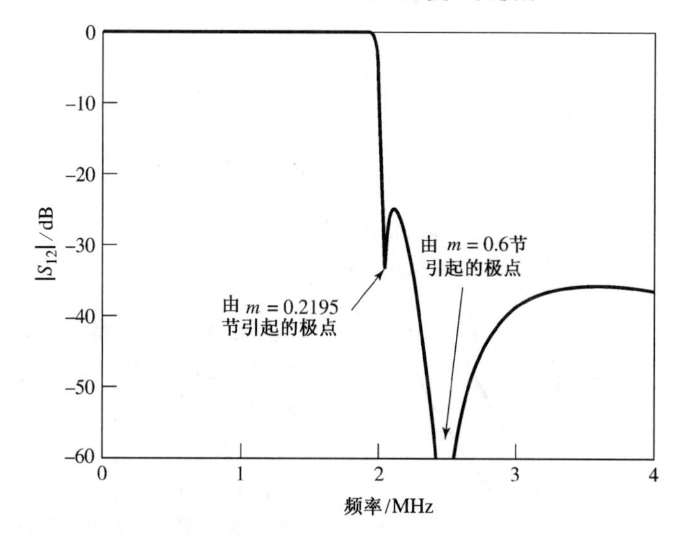

图 8.20　例题 8.2 中低通复合滤波器的频率响应 ■

8.3　采用插入损耗法设计滤波器

理想滤波器通带内的插入损耗为零，阻带内的衰减为无限大，且在通带内是线性相位响应（为避免信号畸变）。当然，这种滤波器实际上是不存在的，所以必须综合考虑。下面给出滤波器设计的技巧。

前一节的镜像参量法可给出某些应用的可用滤波器响应，但不存在明确改进设计的方法。然而，插入损耗法采用一种系统的方法来综合期望的响应，可以高度控制整个通带和阻带内的振幅和相位特性。可以计算出必要的设计折中，以便满足应用需求。例如，若最小插入损耗最重要，则可使用二项式响应；切比雪夫响应能满足锐截止的需求。若有可能牺牲衰减率，则可用线性相位滤波器设计法得到较好的相位响应。对于所有情况，插入损耗法提高滤波器性能的最简方式是增加滤波器的阶数。对于下面将要讨论的滤波器原型，滤波器的阶数等于电抗性元件的个数。

8.3.1　用功率损耗比表征

在插入损耗法中，滤波器响应是由其插入损耗或功率损耗比 P_{LR} 来定义的：

$$P_{\mathrm{LR}} = \frac{\text{来自源的可用功率}}{\text{传送到负载的功率}} = \frac{P_{\mathrm{inc}}}{P_{\mathrm{load}}} = \frac{1}{1-|\Gamma(\omega)|^2} \tag{8.49}$$

注意，若负载和源都是匹配的，则这个量是$|S_{12}|^2$的倒数。用 dB 表示的插入损耗（IL）是

$$\mathrm{IL} = 10\lg P_{\mathrm{LR}} \tag{8.50}$$

由 4.1 节可知$|\Gamma(\omega)|^2$是 ω 的偶函数，因此它可以表示为 ω^2 的多项式。所以可以写出

$$|\Gamma(\omega)|^2 = \frac{M(\omega^2)}{M(\omega^2)+N(\omega^2)} \tag{8.51}$$

式中，M 和 N 是 ω^2 的实数多项式。将它代入式(8.49)，可得

$$P_{\mathrm{LR}} = 1 + \frac{M(\omega^2)}{N(\omega^2)} \tag{8.52}$$

对于物理上可实现的滤波器，其功率损耗比必须取式(8.52)的形式。注意，指定功率损耗比的同时限制了反射系数的幅度$|\Gamma(\omega)|$。下面讨论一些实用的滤波器响应。

最平坦。该特性也称二项式或巴特沃兹响应，在给定滤波器复杂性或阶数的情况下，它提供最平坦的通带响应，在这一意义上它是最优的。对于低通滤波器，它指定为

$$P_{\mathrm{LR}} = 1 + k^2\left(\omega/\omega_c\right)^{2N} \tag{8.53}$$

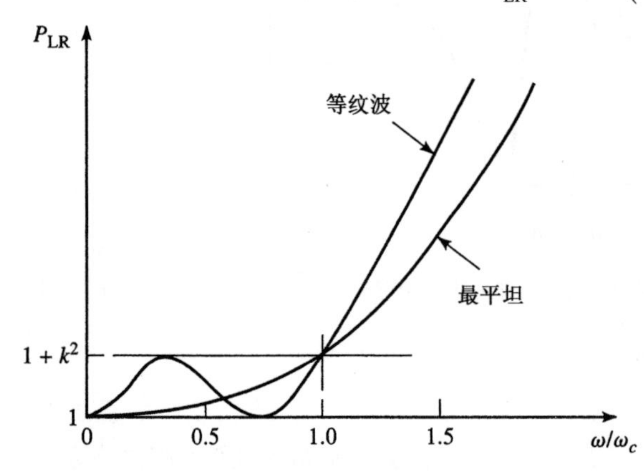

图 8.21 最大平坦和等纹波低通滤波器响应（$N=3$）

式中，N 是滤波器的阶数，ω_c 是截止频率。通带从 $\omega = 0$ 延伸到 $\omega = \omega_c$。在通带边缘，功率损耗比为 $1+k^2$。若像往常那样将该点选择为−3dB 点，则有 $k=1$，后面将遵从这一约定。对于 $\omega > \omega_c$，衰减随着频率单调上升，如图 8.21 所示。对于 $\omega \gg \omega_c$，$P_{\mathrm{LR}} \approx k^2(\omega/\omega_c)^{2N}$，它表明插入损耗上升率是 20$N$dB/十倍频程。类似于多节 1/4 波长匹配变换器，在 $\omega=0$ 处式(8.53)的前 $2N-1$ 阶导数都是零。

等纹波。若用切比雪夫多项式将 N 阶低通滤波器的插入损耗响应指定为

$$P_{\mathrm{LR}} = 1 + k^2 T_N^2\left(\omega/\omega_c\right) \tag{8.54}$$

则会得到一个较陡的截止响应，但通带响应具有幅值为 $1+k^2$ 的纹波，如图 8.21 所示。因为对于$|x| \leqslant 1$，$T_N(x)$在±1 之间振荡，所以 k^2 决定通带纹波的高度。对于较大的 x，$T_N(x) \approx \frac{1}{2}(2x)^N$，所以对于 $\omega \gg \omega_c$，插入损耗变为

$$P_{\mathrm{LR}} \approx \frac{k^2}{4}\left(2\omega/\omega_c\right)^{2N}$$

其上升率也是 20NdB/十倍频程。然而，在任意给定的频率 $\omega \gg \omega_c$ 处，对于切比雪夫情形，插入损耗是$(2^{2N})/4$，大于二项式响应。

椭圆函数。最平坦和等纹波响应两者在阻带中都有单调上升的衰减。在许多应用中，需要指

定一个最小阻带衰减，以便获得较好的截止频率。这类滤波器称为椭圆函数滤波器[3]，它们在通带和阻带内都有等纹波响应，如图 8.22 所示。可在通带中指定最大衰减 $A_{\max}$，也可在阻带中指定最小衰减 $A_{\min}$。椭圆函数滤波器难以综合，因此这里不做深入探讨，感兴趣的读者可以参阅参考文献[3]。

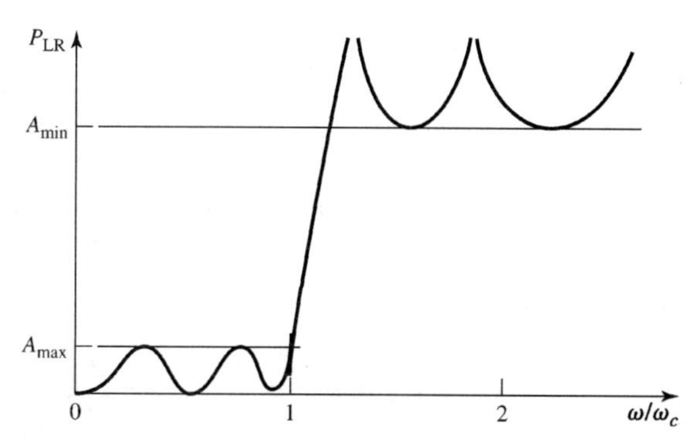

图 8.22　椭圆函数低通滤波器响应

线性相位。上面的滤波器指定振幅响应，但在有些应用(如通信系统的多路滤波器)中，为避免信号失真，在通带中具有线性相位响应很重要。因为较陡的截止响应通常与较好的相位响应不兼容，因此滤波器的相位响应必须仔细加以综合，通常会导致较差的衰减特性。线性相位特性可以用下面的相位响应来实现：

$$\phi(\omega) = A\omega\left[1 + p\left(\omega/\omega_c\right)^{2N}\right] \tag{8.55}$$

式中，$\phi(\omega)$ 是滤波器电压传递函数的相位，p 是常数。相关的量是群时延，它定义为

$$\tau_d = \frac{\mathrm{d}\phi}{\mathrm{d}\omega} = A\left[1 + p\left(2N+1\right)\left(\omega/\omega_c\right)^{2N}\right] \tag{8.56}$$

上式表明线性相位滤波器的群时延是最平坦函数。

也可得到更一般的滤波器性能指标，但上面的情形最为常见。下面讨论按阻抗和频率归一化的低通滤波器原型的设计；这种归一化简化了任意频率、阻抗和类型（低通、高通、带通或带阻）滤波器的设计。于是，低通原型就可定标到期望的频率和阻抗，并且为了在微波频率实现它，需要用分布电路元件代替集总元件。设计过程如图 8.23 所示。

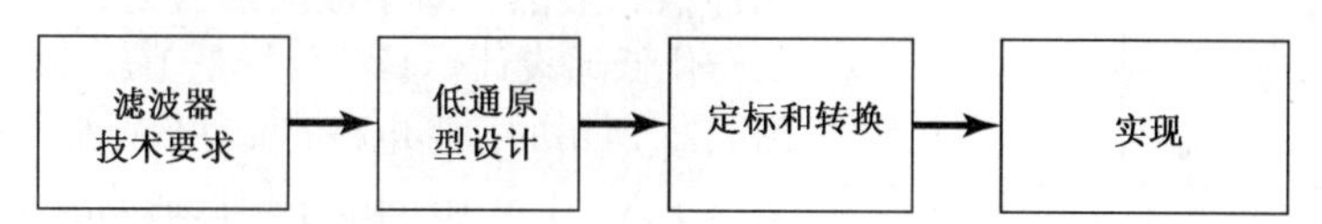

图 8.23　采用插入损耗法设计滤波器的过程

8.3.2　最平坦低通滤波器原型

考虑图 8.24 所示的二元件低通滤波器原型，我们将针对最平坦响应推导归一化元件 L 和 C 的值。假定源阻抗是 1Ω，截止频率为 $\omega_c = 1$。当 $N = 2$ 时，由式(8.53)得到期望的功率损耗比为

$$P_{\mathrm{LR}} = 1 + \omega^4 \tag{8.57}$$

滤波器的输入阻抗为

$$Z_{\mathrm{in}} = \mathrm{j}\omega L + \frac{R(1 - \mathrm{j}\omega RC)}{1 + \omega^2 R^2 C^2} \tag{8.58}$$

因为

$$\Gamma = \frac{Z_{\mathrm{in}} - 1}{Z_{\mathrm{in}} + 1}$$

所以功率损耗比可写为

$$P_{\mathrm{LR}} = \frac{1}{1 - |\Gamma|^2} = \frac{1}{1 - \left[(Z_{\mathrm{in}} - 1)/(Z_{\mathrm{in}} + 1)\right]\left[(Z_{\mathrm{in}}^* - 1)/(Z_{\mathrm{in}}^* + 1)\right]} = \frac{|Z_{\mathrm{in}} + 1|^2}{2(Z_{\mathrm{in}} + Z_{\mathrm{in}}^*)} \tag{8.59}$$

现在

$$Z_{\text{in}} + Z_{\text{in}}^* = \frac{2R}{1+\omega^2 R^2 C^2}$$

$$\left|Z_{\text{in}} + 1\right|^2 = \left(\frac{R}{1+\omega^2 R^2 C^2} + 1\right)^2 + \left(\omega L - \frac{\omega C R^2}{1+\omega^2 R^2 C^2}\right)^2$$

所以式(8.59)变为

$$\begin{aligned}P_{\text{LR}} &= \frac{1+\omega^2 R^2 C^2}{4R}\left[\left(\frac{R}{1+\omega^2 R^2 C^2} + 1\right)^2 + \left(\omega L - \frac{\omega C R^2}{1+\omega^2 R^2 C^2}\right)^2\right] \\ &= \frac{1}{4R}(R^2 + 2R + 1 + R^2\omega^2 C^2 + \omega^2 L^2 + \omega^4 L^2 C^2 R^2 - 2\omega^2 LCR^2) \qquad (8.60) \\ &= 1 + \frac{1}{4R}\left[(1-R)^2 + (R^2C^2 + L^2 - 2LCR^2)\omega^2 + L^2C^2R^2\omega^4\right]\end{aligned}$$

注意，该表达式是 ω^2 的多项式。与期望的响应式(8.57)进行比较可以看出 $R = 1$，因为对于 $\omega = 0$，有 $P_{\text{LR}} = 1$。另外，ω^2 项的系数必须为零，所以

$$C^2 + L^2 - 2LC = (C-L)^2 = 0$$

或者 $L = C$。而 ω^4 的系数是 1，因此必须有

$$\frac{1}{4}L^2C^2 = \frac{1}{4}L^4 = 1$$

或

$$L = C = \sqrt{2}$$

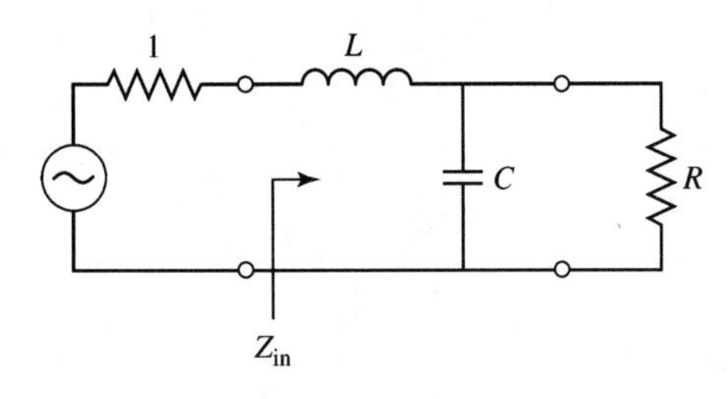

图 8.24　低通滤波器原型，$N = 2$

原理上，这个过程可推广到求有 N 个元件的滤波器的元件值。显然，对于较大的 N 这是不实际的。但对于归一化低通设计，其源阻抗是 1Ω，截止频率是 $\omega_c = 1$，图 8.25 所示的梯形电路的元件值已被制成表格[1]。表 8.3 给出了 $N = 1$ 至 10 的最平坦低通滤波器原型的这些元件值（注意，$N = 2$ 的元件值与上面的解析解相同）。这些数据可用于图 8.25 中的任意一种梯形电路，方法如下：对于有 N 个电抗性元件的滤波器，这些元件值已编号为从源阻抗 g_0 到负载阻抗 g_{N+1}。这些元件在串联和并联之间交替出现，且 g_k 有下面的定义：

$$g_0 = \begin{cases}\text{源电阻(图8.25a所示的网络)} \\ \text{源电导(图8.25b所示的网络)}\end{cases}$$

$$\underset{(k=1\text{到}N)}{g_k} = \begin{cases}\text{串联电感器的电感} \\ \text{并联电容器的电容}\end{cases}$$

$$g_{N+1} = \begin{cases}\text{负载电阻, 若}g_N\text{是并联电容} \\ \text{负载电导, 若}g_N\text{是串联电感}\end{cases}$$

于是，图 8.25 所示的电路就可以认为是互为对偶的，两者给出同样的响应。

最后，作为实际设计过程的一个问题，有必要确定滤波器的规模或阶数。这通常由滤波器阻带中某些频率处关于插入损耗的规范制约。图 8.26 显示了不同 N 值的衰减特性与归一化频率的关系曲线。需要一个 $N > 10$ 的滤波器时，级联两个低阶滤波器通常可得到较好的结果。

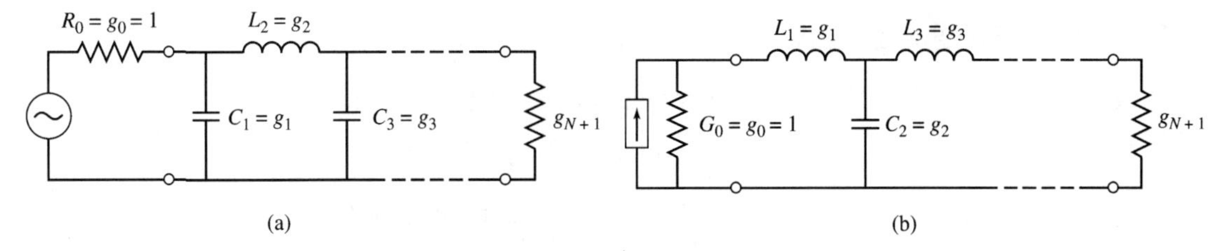

图 8.25 低通滤波器原型的梯形电路及其元件的定义：(a)用并联元件开始的原型；(b)用串联元件开始的原型

表 8.3 最平坦低通滤波器原型的元件值（$g_0 = 1$，$\omega_c = 1$，$N = 1$～10）

N	g_1	g_2	g_3	g_4	g_5	g_6	g_7	g_8	g_9	g_{10}	g_{11}
1	2.0000	1.0000									
2	1.4142	1.4142	1.0000								
3	1.0000	2.0000	1.0000	1.0000							
4	0.7654	1.8478	1.8478	0.7654	1.0000						
5	0.6180	1.6180	2.0000	1.6180	0.6180	1.0000					
6	0.5176	1.4142	1.9318	1.9318	1.4142	0.5176	1.0000				
7	0.4450	1.2470	1.8019	2.0000	1.8019	1.2470	0.4450	1.0000			
8	0.3902	1.1111	1.6629	1.9615	1.9615	1.6629	1.1111	0.3902	1.0000		
9	0.3473	1.0000	1.5321	1.8794	2.0000	1.8794	1.5321	1.0000	0.3473	1.0000	
10	0.3129	0.9080	1.4142	1.7820	1.9754	1.9754	1.7820	1.4142	0.9080	0.3129	1.0000

来源：经许可摘自 G. L. Matthaei, L. Young, and E. M. T. Jones, *Microwave Filters, Impedance-Matching Networks, and Coupling Structures*, Artech House, Dedham, Mass., 1980。

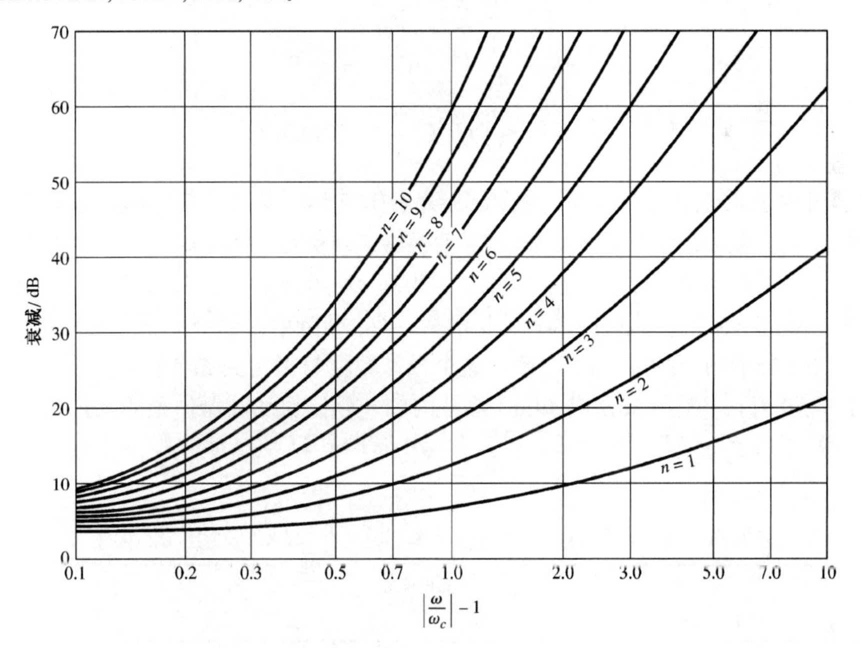

图 8.26 最平坦滤波器原型的衰减与归一化频率的关系曲线。经允许摘自 G. L. Matthaei, L. Young, and E. M. T. Jones, *Microwave Filters, Impedance-Matching Networks, and Coupling Structures*, Artech House, Dedham, Mass., 1980

8.3.3 等纹波低通滤波器原型

截止频率 $\omega_c = 1\text{rad/s}$ 的等纹波低通滤波器的功率损耗比可由式(8.54)得到：

$$P_{\text{LR}} = 1 + k^2 T_N^2(\omega) \tag{8.61}$$

式中，$1 + k^2$ 是通带中的纹波高度。因为切比雪夫多项式有下面的特性：

$$T_N(0) = \begin{cases} 0, & N\text{为奇数} \\ 1, & N\text{为偶数} \end{cases}$$

式(8.61)表明，在 $\omega = 0$ 处，N 为奇数时，滤波器功率损耗比为 1，但在 $\omega = 0$ 处，N 为偶数时，功率损耗比为 $1 + k^2$。因此，要考虑取决于 N 值的两种情况。

图 8.24 所示二元件滤波器的功率损耗比在式(8.60)中用元件值给出。由式(5.56b)可知 $T_2(x) = 2x^2 - 1$，所以将式(8.61)代入式(8.60)有

$$1 + k^2(4\omega^4 - 4\omega^2 + 1) = 1 + \frac{1}{4R}\left[(1-R)^2 + (R^2C^2 + L^2 - 2LCR^2)\omega^2 + L^2C^2R^2\omega^4\right] \tag{8.62}$$

若已知纹波高度（由 k^2 决定），则可求解 R, L 和 C。于是，在 $\omega = 0$ 处有

$$k^2 = \frac{(1-R)^2}{4R} \tag{8.63}$$

或

$$R = 1 + 2k^2 \pm 2k\sqrt{1+k^2}, \qquad (N\text{为偶数})$$

令 ω^2 和 ω^4 的系数分别相等，可以给出附加关系式

$$4k^2 = \frac{1}{4R}L^2C^2R^2$$

$$-4k^2 = \frac{1}{4R}(R^2C^2 + L^2 - 2LCR^2)$$

这两个式子可用于求 L 和 C。注意，式(8.63)给出的 R 值不为 1，若实际负载的阻抗是 1（归一化），则阻抗是失配的；这时可插入 1/4 波长变换器来调整它，或附加一个 N 为奇数的滤波器单元来调整它。对于奇数 N，可以证明 $R = 1$（因为在 $\omega = 0$ 处，N 为奇数时，功率损耗比为 1）。

已有用于设计具有归一化源阻抗和截止频率（$\omega_c' = 1\text{ rad/s}$）的等纹波低通滤波器的表[1]，这些表可用于图 8.25 所示的两种梯形电路。这个设计数据与指定的通带纹波高度有关；表 8.4 列出了 $N = 1$ 至 10 时，具有 0.5dB 或 3.0dB 纹波的归一化低通滤波器原型的元件值。注意，负载阻抗对于偶数 N 有 $g_{N+1} \neq 1$。若指定了阻带衰减，则图 8.27 所示曲线可用于求这些纹波值所需的 N 值。

表 8.4 等纹波低通滤波器原型的元件值（$g_0 = 1$，$\omega_c = 1$，$N = 1$～10，0.5dB 和 3.0dB 纹波）

0.5dB 纹波											
N	g_1	g_2	g_3	g_4	g_5	g_6	g_7	g_8	g_9	g_{10}	g_{11}
1	0.6986	1.0000									
2	1.4029	0.7071	1.9841								
3	1.5963	1.0967	1.5963	1.0000							

（续表）

0.5dB 纹波											
N	g_1	g_2	g_3	g_4	g_5	g_6	g_7	g_8	g_9	g_{10}	g_{11}
4	1.6703	1.1926	2.3661	0.8419	1.9841						
5	1.7058	1.2296	2.5408	1.2296	1.7058	1.0000					
6	1.7254	1.2479	2.6064	1.3137	2.4758	0.8696	1.9841				
7	1.7372	1.2583	2.6381	1.3444	2.6381	1.2583	1.7372	1.0000			
8	1.7451	1.2647	2.6564	1.3590	2.6964	1.3389	2.5093	0.8796	1.9841		
9	1.7504	1.2690	2.6678	1.3673	2.7239	1.3673	2.6678	1.2690	1.7504	1.0000	
10	1.7543	1.2721	2.6754	1.3725	2.7392	1.3806	2.7231	1.3485	2.5239	0.8842	1.9841
3.0dD 纹波											
N	g_1	g_2	g_3	g_4	g_5	g_6	g_7	g_8	g_9	g_{10}	g_{11}
1	1.9953	1.0000									
2	3.1013	0.5339	5.8095								
3	3.3487	0.7117	3.3487	1.0000							
4	3.4389	0.7483	4.3471	0.5920	5.8095						
5	3.4817	0.7618	4.5381	0.7618	3.4817	1.0000					
6	3.5045	0.7685	4.6061	0.7929	4.4641	0.6033	5.8095				
7	3.5182	0.7723	4.6386	0.8039	4.6386	0.7723	3.5182	1.0000			
8	3.5277	0.7745	4.6575	0.8089	4.6990	0.8018	4.4990	0.6073	5.8095		
9	3.5340	0.7760	4.6692	0.8118	4.7272	0.8118	4.6692	0.7760	3.5340	1.0000	
10	3.5384	0.7771	4.6768	0.8136	4.7425	0.8164	4.7260	0.8051	4.5142	0.6091	5.8095

来源：经许可摘自 G. L. Matthaei, L. Young, and E. M. T. Jones, *Microwave Filters，Impedance-Matching Networks，and Coupling Structures*, Artech House, Dedham, Mass., 1980。

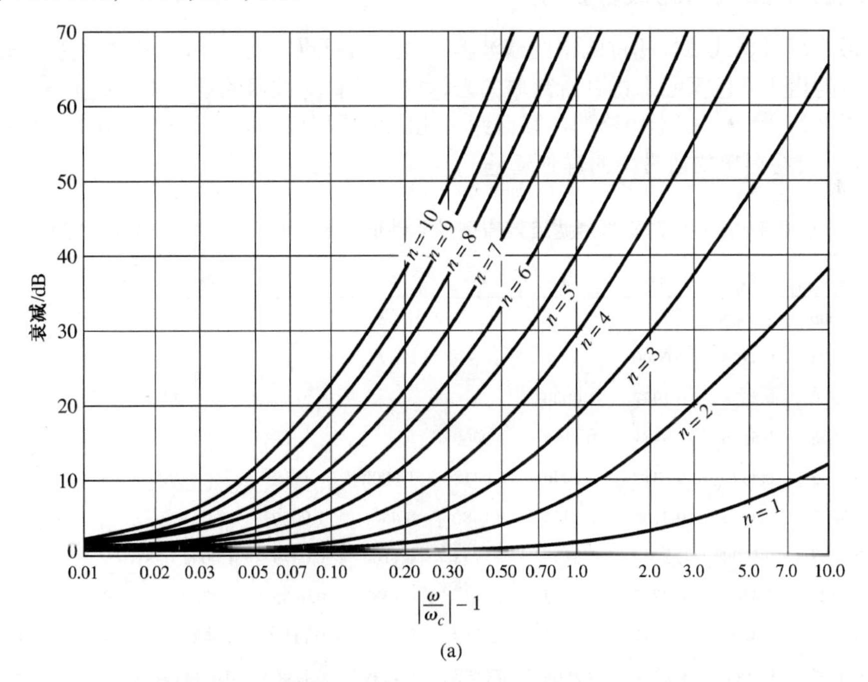

(a)

图 8.27　等纹波滤波器原型的衰减与归一化频率的关系曲线：(a)0.5dB 纹波高度；(b)3.0dB 纹波高度。经允许摘自 G. L. Matthaei, L. Young，and E. M. T. Jones, *Microwave Filters, Impedance-Matching Networks，and Coupling Structures*, Artech House, Dedham, Mass., 1980

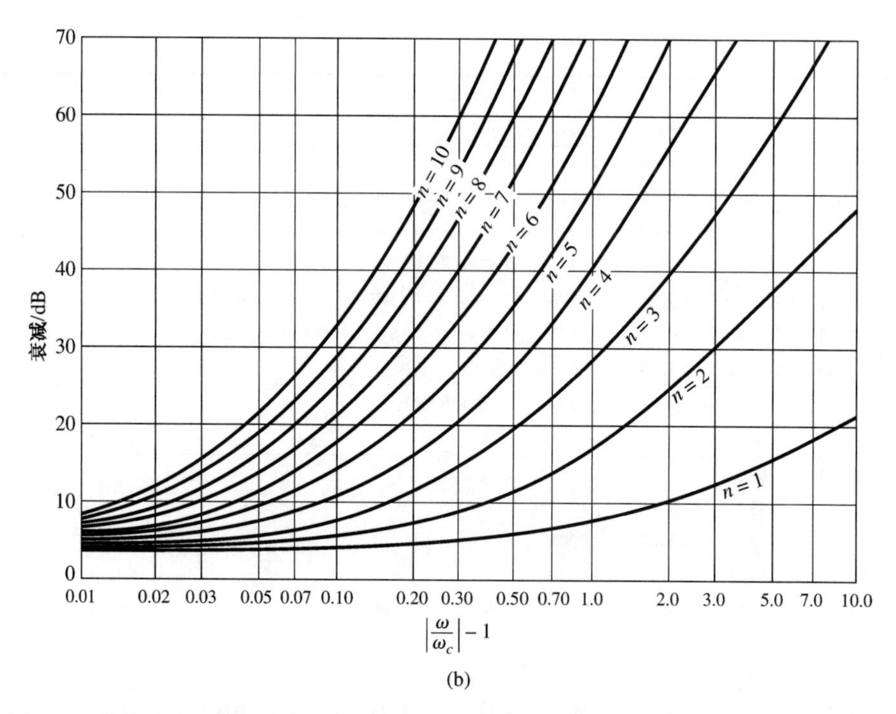

图 8.27 等纹波滤波器原型的衰减与归一化频率的关系曲线：(a)0.5dB 纹波高度；(b)3.0dB 纹波高度。经允许摘自 G. L. Matthaei, L. Young，and E. M. T. Jones, *Microwave Filters, Impedance-Matching Networks，and Coupling Structures*, Artech House, Dedham, Mass., 1980（续）

8.3.4 线性相位低通滤波器原型

具有最平坦时延或线性相位响应的滤波器，可用相同的方法设计，但事情有些复杂，因为电压传递函数的相位不像振幅那样具有简单的表达式。这种滤波器的设计值已被推导出来[1]，但仍然是针对图 8.25 所示的梯形电路的，针对归一化源阻抗和截止频率（$\omega_c' = 1\,\mathrm{rad/s}$）的元件值如表 8.5 所示。最终得出的通带中的群时延是 $\tau_d = 1/\omega_c' = 1\,\mathrm{s}$。

表 8.5 最平坦时延低通滤波器原型的元件值（$g_0 = 1$，$\omega_c = 1$，$N = 1 \sim 10$）

N	g_1	g_2	g_3	g_4	g_5	g_6	g_7	g_8	g_9	g_{10}	g_{11}
1	2.0000	1.0000									
2	1.5774	0.4226	1.0000								
3	1.2550	0.5528	0.1922	1.0000							
4	1.0598	0.5116	0.3181	0.1104	1.0000						
5	0.9303	0.4577	0.3312	0.2090	0.0718	1.0000					
6	0.8377	0.4116	0.3158	0.2364	0.1480	0.0505	1.0000				
7	0.7677	0.3744	0.2944	0.2378	0.1778	0.1104	0.0375	1.0000			
8	0.7125	0.3446	0.2735	0.2297	0.1867	0.1387	0.0855	0.0289	1.0000		
9	0.6678	0.3203	0.2547	0.2184	0.1859	0.1506	0.1111	0.0682	0.0230	1.0000	
10	0.6305	0.3002	0.2384	0.2066	0.1808	0.1539	0.1240	0.0911	0.0557	0.0187	1.0000

来源：经许可摘自 G. L. Matthaei, L. Young, and E. M. T. Jones, *Microwave Filters, Impedance-Matching Networks, and Coupling Structures*, Artech House, Dedham, Mass., 1980。

8.4 滤波器变换

前一节介绍的低通滤波器原型是源阻抗 $R_s = 1\Omega$ 和截止频率 $\omega_c = 1\text{rad/s}$ 的归一化设计。下面说明这些设计如何根据阻抗和频率来定标和转换，以便提供高通、带通或带阻特性。我们将举几个例子来说明设计过程。

8.4.1 阻抗和频率定标

阻抗定标。在原型设计中，源和负载电阻是 1（除负载阻抗不是 1 的 N 为偶数的等纹波滤波器外）。源阻抗 R_0 可以将原型设计的阻抗值与 R_0 相乘得到。于是，若令带撇号的符号表示阻抗定标后的值，则可给出新的滤波器元件值为

$$L' = R_0 L \tag{8.64a}$$

$$C' = C / R_0 \tag{8.64b}$$

$$R_s' = R_0 \tag{8.64c}$$

$$R_L' = R_0 R_L \tag{8.64d}$$

式中，L, C 和 R_L 是原始原型的元件值。

低通滤波器频率定标。要将低通原型的截止频率从 1 变为 ω_c，需要乘以因子 $1/\omega_c$ 来定标滤波器的频率，这是通过用 ω/ω_c 代替 ω 实现的：

$$\omega \leftarrow \omega / \omega_c \tag{8.65}$$

于是新功率损耗比为

$$P_{\text{LR}}'(\omega) = P_{\text{LR}}(\omega / \omega_c)$$

式中，ω_c 是新截止频率，截止发生在 $\omega/\omega_c = 1$ 或 $\omega = \omega_c$ 处。这种变换可视为对原始通带的拉伸或展宽，如图 8.28a 和图 8.28b 所示。

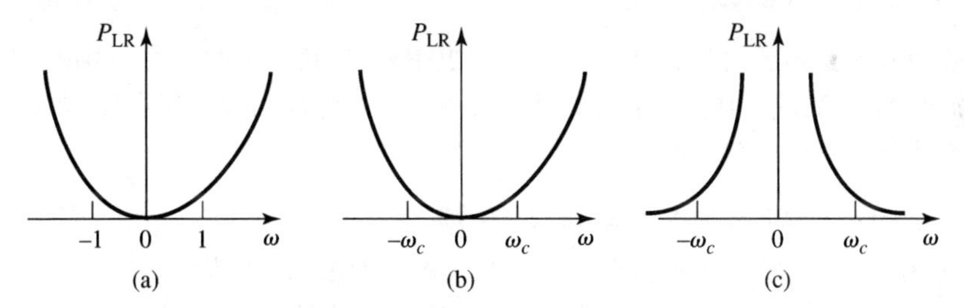

图 8.28 低通滤波器的频率定标和至高通响应的变换：(a)低通滤波器原型响应，$\omega_c = 1\text{rad/s}$；(b)低通滤波器响应的频率定标；(c)变换到高通响应

将式(8.65)代入原型滤波器的串联电抗 $\text{j}\omega L_k$ 和并联电纳 $\text{j}\omega C_k$，可求得新元件值。于是，

$$\text{j}X_k = \text{j}\frac{\omega}{\omega_c}L_k = \text{j}\omega L_k', \quad \text{j}B_k = \text{j}\frac{\omega}{\omega_c}C_k = \text{j}\omega C_k'$$

这表明新元件值是

$$L_k' = \frac{L_k}{\omega_c} \tag{8.66a}$$

$$C_k' = \frac{C_k}{\omega_c} \tag{8.66b}$$

当阻抗和频率都要求定标时，式(8.64)的结果结合式(8.66)可以给出

$$L_k' = \frac{R_0 L_k}{\omega_c} \tag{8.67a}$$

$$C_k' = \frac{C_k}{R_0 \omega_c} \tag{8.67b}$$

低通到高通变换。频率代换

$$\omega \leftarrow -\frac{\omega_c}{\omega} \tag{8.68}$$

可用来将低通响应转换到高通响应，如图 8.28c 所示。该代换将 $\omega = 0$ 映射到 $\omega = \pm\infty$，反之亦然；截止发生在 $\omega = \pm\omega_c$ 时。要将电感（或电容）转换为可实现的电容（或电感），负号是必需的。将式(8.68)应用到原型滤波器的串联电抗 $\mathrm{j}\omega L_k$ 和并联电纳 $\mathrm{j}\omega C_k$，可给出

$$\mathrm{j}X_k = -\mathrm{j}\frac{\omega_c}{\omega}L_k = \frac{1}{\mathrm{j}\omega C_k'}, \quad \mathrm{j}B_k = -\mathrm{j}\frac{\omega_c}{\omega}C_k = \frac{1}{\mathrm{j}\omega L_k'}$$

这表明串联电感 L_k 必须用电容 C_k' 代替，并联电容 C_k 必须用电感 L_k' 替代。新元件值为

$$C_k' = \frac{1}{\omega_c L_k} \tag{8.69a}$$

$$L_k' = \frac{1}{\omega_c C_k} \tag{8.69b}$$

使用式(8.64)包含阻抗定标，可给出

$$C_k' = \frac{1}{R_0 \omega_c L_k} \tag{8.70a}$$

$$L_k' = \frac{R_0}{\omega_c C_k} \tag{8.70b}$$

例题 8.3　低通滤波器设计比较

设计一个最平坦低通滤波器，其截止频率为 2GHz，阻抗为 50Ω，在 3GHz 处插入损耗至少为 15dB。计算并画出 $f = 0$ 至 4GHz 时的振幅响应和群时延，并与有相同级数的等纹波（3.0dB 纹波）和线性相位滤波器比较。

解：首先求 3GHz 处满足插入损耗特性指标的最平坦滤波器的阶数。我们有 $|\omega/\omega_c| - 1 = 0.5$；从图 8.26 看出 $N = 5$ 就已足够。因此，表 8.3 给出原型元件值为

$$g_1 = 0.618,\ g_2 = 1.618,\ g_3 = 2.000,\ g_4 = 1.618,\ g_5 = 0.618$$

于是能用式(8.67)得到定标后的元件值为

$$C_1' = 0.984\text{pF},\ L_2' = 6.438\text{nH},\ C_3' = 3.183\text{pF},\ L_4' = 6.438\text{nH},\ C_5' = 0.984\text{pF}$$

最终的滤波器电路如图 8.29 所示；这里使用了图 8.25a 所示的梯形电路，还使用了图 8.25b 所示的电路。

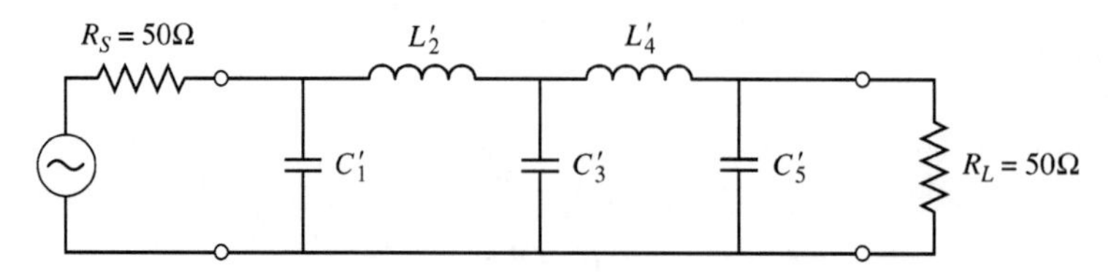

图 8.29　例题 8.3 中的低通最平坦滤波器电路

等纹波滤波器和线性相位滤波器的元件值，可由表 8.4 和表 8.5 中对应于 $N=5$ 的数据求出。对这三类滤波器求出的振幅和群时延结果如图 8.30 所示。这些结果清楚地表明三类滤波器各有优缺点：等纹波响应有最陡峭的截止特性，但有最坏的群时延特性；最平坦响应在通带内有较平坦的衰减特性，但有较慢变化的截止陡度；线性相位滤波器有最坏的截止陡度，但有很好的群时延特性。

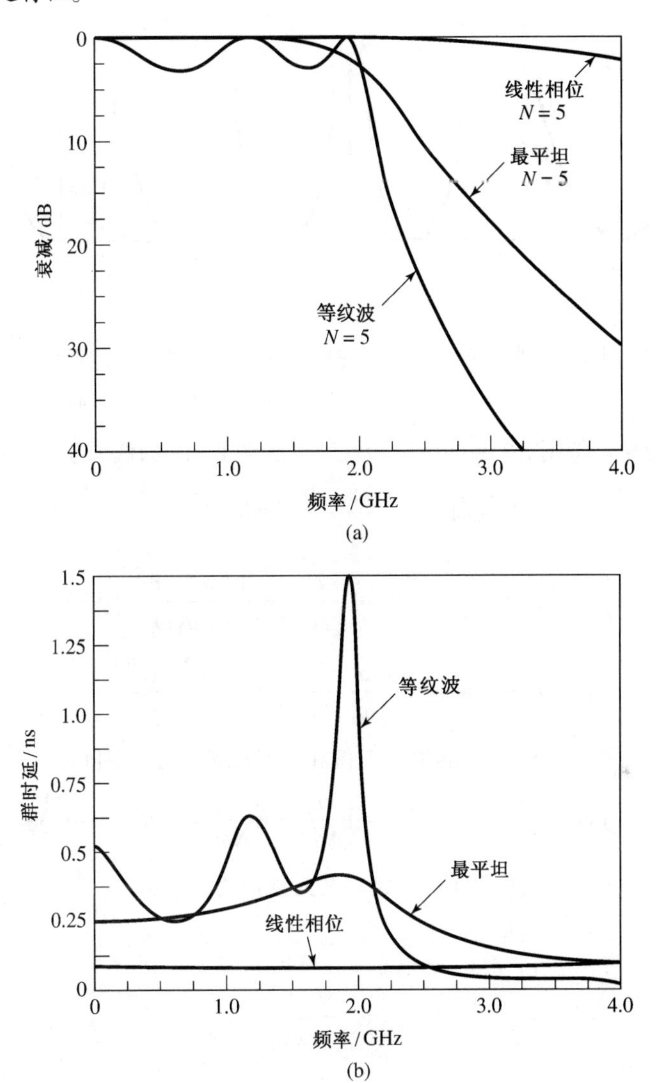

图 8.30　例题 8.3 中滤波器设计的频率响应：(a)振幅响应；(b)群时延响应 ■

8.4.2　带通和带阻变换

低通原型滤波器设计也能变换到具有带通或带阻响应的情形，如图 8.31 所示。假设 ω_1 和 ω_2 表示通带的边界，则带通响应可用下面的频率代换得到：

$$\omega \leftarrow \frac{\omega_0}{\omega_2-\omega_1}\left(\frac{\omega}{\omega_0}-\frac{\omega_0}{\omega}\right)=\frac{1}{\Delta}\left(\frac{\omega}{\omega_0}-\frac{\omega_0}{\omega}\right) \tag{8.71}$$

式中，

$$\Delta = \frac{\omega_2 - \omega_1}{\omega_0} \tag{8.72}$$

是通带的相对宽度。中心频率 ω_0 可选为 ω_1 和 ω_2 的算术平均值，但若选择为下式所示的几何平均，则这个公式会更简单：

$$\omega_0 = \sqrt{\omega_1 \omega_2} \tag{8.73}$$

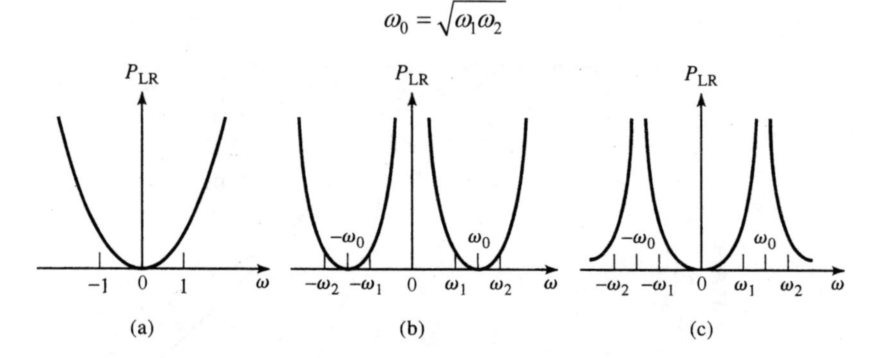

图 8.31　带通和带阻频率变换：(a)低通滤波器原型响应，$\omega_c = 1$；(b)变换到带通响应；(c)变换到带阻响应

于是，式(8.71)的变换可将图 8.31b 的带通特性映射到图 8.31a 的低通响应，如下所示：

$$\text{当}\omega = \omega_0\text{时，}\quad \frac{1}{\Delta}\left(\frac{\omega}{\omega_0} - \frac{\omega_0}{\omega}\right) = 0$$

$$\text{当}\omega = \omega_1\text{时，}\quad \frac{1}{\Delta}\left(\frac{\omega}{\omega_0} - \frac{\omega_0}{\omega}\right) = \frac{1}{\Delta}\left(\frac{\omega_1^2 - \omega_0^2}{\omega_0 \omega_1}\right) = -1$$

$$\text{当}\omega = \omega_2\text{时，}\quad \frac{1}{\Delta}\left(\frac{\omega}{\omega_0} - \frac{\omega_0}{\omega}\right) = \frac{1}{\Delta}\left(\frac{\omega_2^2 - \omega_0^2}{\omega_0 \omega_2}\right) = 1$$

这个新滤波器元件由式(8.71)中的串联电抗和并联电纳确定。因此，

$$\mathrm{j}X_k = \frac{\mathrm{j}}{\Delta}\left(\frac{\omega}{\omega_0} - \frac{\omega_0}{\omega}\right)L_k = \mathrm{j}\frac{\omega L_k}{\Delta\omega_0} - \mathrm{j}\frac{\omega_0 L_k}{\Delta\omega} = \mathrm{j}\omega L_k' = -\mathrm{j}\frac{1}{\omega C_k'}$$

该式表明串联电感 L_k 被变换为串联 LC 电路，其元件值为

$$L_k' = \frac{L_k}{\Delta\omega_0} \tag{8.74a}$$

$$C_k' = \frac{\Delta}{\omega_0 L_k} \tag{8.74b}$$

同样，

$$\mathrm{j}B_k = \frac{\mathrm{j}}{\Delta}\left(\frac{\omega}{\omega_0} - \frac{\omega_0}{\omega}\right)C_k = \mathrm{j}\frac{\omega C_k}{\Delta\omega_0} - \mathrm{j}\frac{\omega_0 C_k}{\Delta\omega} = \mathrm{j}\omega C_k' = -\mathrm{j}\frac{1}{\omega L_k'}$$

该式表明并联电容 C_k 被变换为并联 LC 电路，其元件值为

$$L_k' = \frac{\Delta}{\omega_0 C_k} \tag{8.74c}$$

$$C_k' = \frac{C_k}{\Delta\omega_0} \tag{8.74d}$$

于是，低通滤波器串联臂上的元件被转换为串联谐振电路（谐振时具有低阻抗），而并联臂上的

元件被转换为并联谐振电路（谐振时具有高阻抗）。注意，串联和并联谐振器元件的谐振频率都为 ω_0。

使用逆变换可以得到带阻响应。于是，

$$\omega \leftarrow -\Delta\left(\frac{\omega}{\omega_0}-\frac{\omega_0}{\omega}\right)^{-1} \tag{8.75}$$

式中，Δ 和 ω_0 的定义与式(8.72)至式(8.73)中的相同。于是，低通原型的串联电感被转换到并联 LC 电路，其元件值为

$$L_k' = \frac{\Delta L_k}{\omega_0} \tag{8.76a}$$

$$C_k' = \frac{1}{\omega_0 \Delta L_k} \tag{8.76b}$$

低通原型的并联电容被转换到串联 LC 电路，其元件值为

$$L_k' = \frac{1}{\omega_0 \Delta C_k} \tag{8.76c}$$

$$C_k' = \frac{\Delta C_k}{\omega_0} \tag{8.76d}$$

表 8.6 中小结了从低通原型到高通、带通或带阻滤波器的元件变换。这些结果并不包括阻抗定标，阻抗定标可用式(8.64)实现。

表 8.6　原型滤波器变换小结，$\Delta = \left(\dfrac{\omega_2-\omega_1}{\omega_0}\right)$

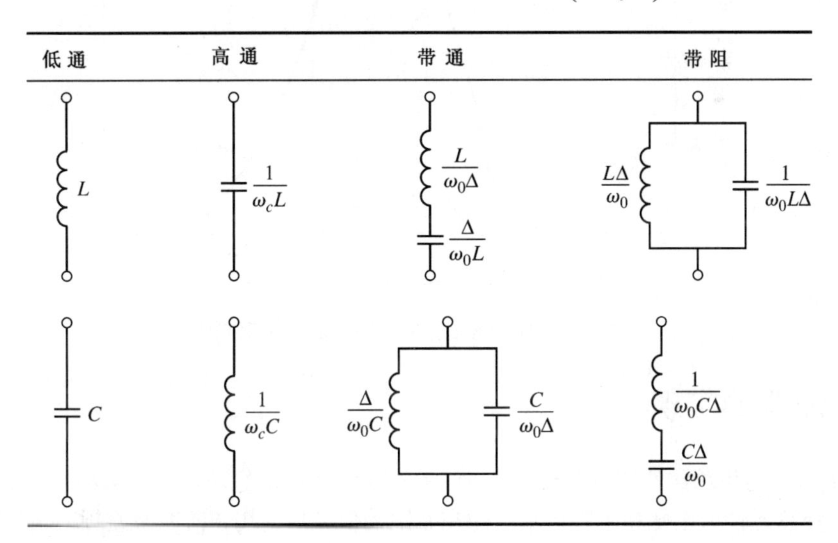

例题 8.4　带通滤波器设计

设计一个等纹波响应为 0.5dB 的带通滤波器，其中 $N=3$。中心频率是 1GHz，带宽是 10%，阻抗是 50Ω。

解： 由表 8.4 可知，图 8.25b 所示低通原型电路的元件值为

$$g_1 = 1.5963 = L_1,\ g_2 = 1.0967 = C_2,\ g_3 = 1.5963 = L_3,\ g_4 = 1.000 = R_L$$

于是，式(8.64)和式(8.74)给出图 8.32 所示电路的阻抗定标和频率变换的元件值为

$$L_1' = \frac{L_1 R_0}{\omega_0 \Delta} = 127.0\text{nH},\quad C_1' = \frac{\Delta}{\omega_0 L_1 R_0} = 0.199\text{pF}$$

$$L_2' = \frac{\Delta R_0}{\omega_0 C_2} = 0.726\text{nH},\quad C_2' = \frac{C_2}{\omega_0 \Delta R_0} = 34.91\text{pF}$$

$$L_3' = \frac{L_3 R_0}{\omega_0 \Delta} = 127.0\text{nH},\quad C_3' = \frac{\Delta}{\omega_0 L_3 R_0} = 0.199\text{pF}$$

最后得出的振幅响应如图 8.33 所示。

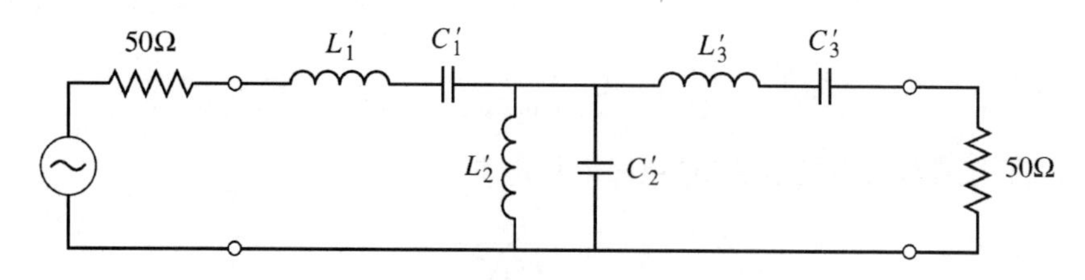

图 8.32　例题 8.4 的带通滤波器电路

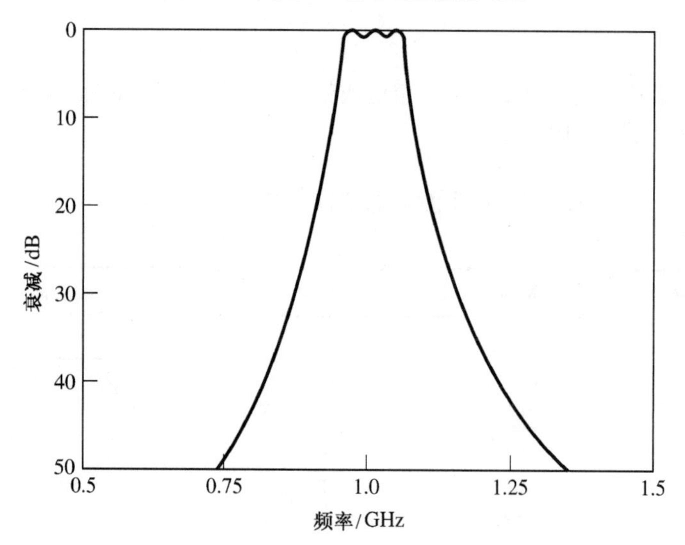

图 8.33　例题 8.4 的带通滤波器的振幅响应

■

8.5　滤波器的实现

前几节讨论的集总元件滤波器设计，在低频时通常运行良好，但在微波频率下会出现两个问题。第一，集总元件如电感和电容通常只能在有限的值域内使用，而在微波频率下很能实现。分布元件如开路或短路传输短截线，通常用于近似理想的集总元件。第二，在微波频率下，滤波器各元件之间的距离不可忽视。第一个问题可由理查德变换解决，该变换将集总元件转换为传输线段。科洛达恒等关系采用传输线段物理上分隔各个滤波器元件。因为这些额外的传输线段并不影响滤波器响应，所以这类设计称为冗余滤波器综合。可以设计充分利用这些传输线段的微波滤波器，以便改进滤波器响应[4]；集总元件不存在这种非冗余综合。

8.5.1 理查德变换

变换

$$\Omega = \tan \beta\ell = \tan\left(\frac{\omega\ell}{\upsilon_p}\right) \tag{8.77}$$

将 ω 平面映射到 Ω 平面，它以周期 $\omega\ell / v_p = 2\pi$ 重复出现。这个变换是 P. Richard[6]为了用开路和短路传输线来综合 LC 网络引入的。这样，若用 Ω 替换频率变量 ω，则电感的电抗可表示为

$$\mathrm{j}X_L = \mathrm{j}\Omega L = \mathrm{j}L \tan \beta\ell \tag{8.78a}$$

电容的电纳可表示为

$$\mathrm{j}B_C = \mathrm{j}\Omega C = \mathrm{j}C \tan \beta\ell \tag{8.78b}$$

这些结果表明电感可用电长度为 $\beta\ell$ 和特征阻抗为 L 的短路短截线代替，而电容可用电长度为 $\beta\ell$ 和特征阻抗为 $1/C$ 的开路短截线代替。假设滤波器的阻抗为 1。

对于低通滤波器原型，截止发生在单位频率处；要使理查德变换后的滤波器得到同样的截止频率，式(8.77)表明

$$\Omega = 1 = \tan \beta\ell$$

它给出短截线的长度 $\ell = \lambda/8$，其中 λ 是传输线在截止频率 ω_c 处的波长。在频率 $\omega_0 = 2\omega_c$ 处，传输线的长度是 $\lambda/4$，在这里将出现衰减极点。在远离 ω_c 的频率处，短截线的阻抗将不再与原来的集总元件阻抗匹配，这时滤波器的响应将不同于期望的原型响应。此外，该响应将是随频率周期变化的，每隔 $4\omega_c$ 重复一次。

原理上，理查德变换允许使用短路和开路短截线代替集总元件滤波器设计中的电感和电容，如图 8.34 所示。因为所有短截线的长度都是相同的（在 ω_c 处是 $\lambda/8$），所以这种线称为公比线。

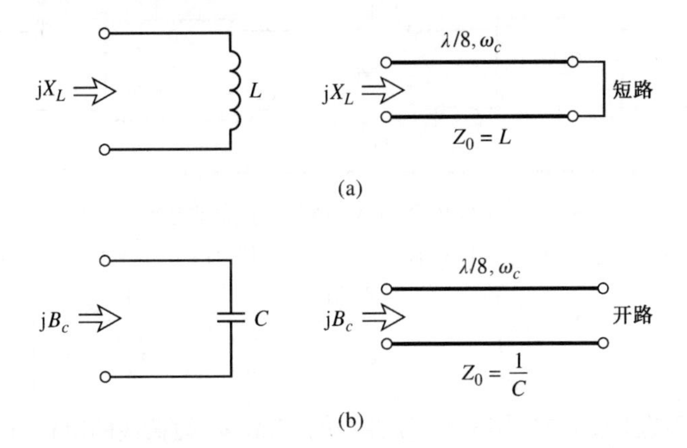

图 8.34 理查德变换：(a)电感变为短路短截线；(b)电容变为开路短截线

8.5.2 科洛达恒等关系

4 个科洛达恒等关系通过执行如下操作之一，用冗余传输线段来实现更实用的微波滤波器：

- 物理上分隔传输线短截线。
- 将串联短截线变换为并联短截线，或将并联短截线变换为串联短截线。
- 将不实用的特征阻抗变为更易实现的特征阻抗。

附加的传输线段称为单位元件，它在 ω_c 处的长度为 $\lambda/8$；因此，单位元件与用于实现原型设计的电感和电容的短截线对应。

4 个科洛达恒等关系如表 8.7 所示，其中每个盒子表示指定特征阻抗和长度（在 ω_c 处为 $\lambda/8$）的单位元件或传输线。电感和电容分别表示短路和开路短截线。下面首先证明第一种情况的等效性，然后在例题 8.5 中说明如何应用这些恒等关系。

表 8.7　4 个科洛达恒等关系（ $n^2 = 1 + Z_2/Z_1$ ）

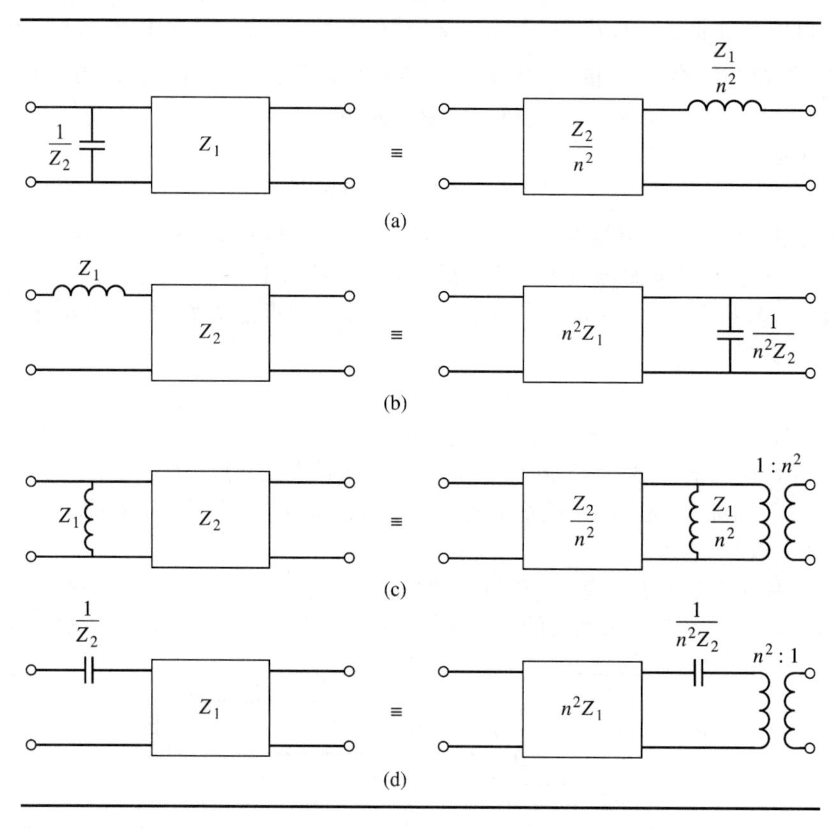

图 8.35 中重新画出了表 8.7a 中的两个恒等电路；下面通过说明它们的 *ABCD* 矩阵相同来证明两个网络是等效的。从表 4.1 得到特征阻抗为 Z_1、长度为 ℓ 的传输线的 *ABCD* 矩阵是

$$\begin{bmatrix} A & B \\ C & D \end{bmatrix} = \begin{bmatrix} \cos\beta\ell & \mathrm{j}Z_1\sin\beta\ell \\ \dfrac{\mathrm{j}}{Z_1}\sin\beta\ell & \cos\beta\ell \end{bmatrix} = \frac{1}{\sqrt{1+\Omega^2}} \begin{bmatrix} 1 & \mathrm{j}\Omega Z_1 \\ \dfrac{\mathrm{j}\Omega}{Z_1} & 1 \end{bmatrix} \tag{8.79}$$

式中，$\Omega = \tan\ell\beta$。现在，图 8.35 中第一个电路中的开路并联短截线的阻抗为$-\mathrm{j}Z_2\cot\ell\beta = -\mathrm{j}Z_2/\Omega$，所以整个电路的 *ABCD* 矩阵是

$$\begin{aligned} \begin{bmatrix} A & B \\ C & D \end{bmatrix}_L &= \begin{bmatrix} 1 & 0 \\ \dfrac{\mathrm{j}\Omega}{Z_2} & 1 \end{bmatrix} \begin{bmatrix} 1 & \mathrm{j}\Omega Z_1 \\ \dfrac{\mathrm{j}\Omega}{Z_1} & 1 \end{bmatrix} \frac{1}{\sqrt{1+\Omega^2}} \\ &= \frac{1}{\sqrt{1+\Omega^2}} \begin{bmatrix} 1 & \mathrm{j}\Omega Z_1 \\ \mathrm{j}\Omega\left(\dfrac{1}{Z_1}+\dfrac{1}{Z_2}\right) & 1-\Omega^2\dfrac{Z_1}{Z_2} \end{bmatrix} \end{aligned} \tag{8.80a}$$

图 8.35 中第二个电路中的短路串联短截线的阻抗为 $\mathrm{j}(Z_1/n^2)\tan\beta\ell = \mathrm{j}\Omega Z_1/n^2$，所以整个电路的 *ABCD* 矩阵是

$$\begin{bmatrix} A & B \\ C & D \end{bmatrix}_R = \begin{bmatrix} 1 & \mathrm{j}\dfrac{\Omega Z_2}{n^2} \\ \dfrac{\mathrm{j}\Omega n^2}{Z_2} & 1 \end{bmatrix} \begin{bmatrix} 1 & \dfrac{\mathrm{j}\Omega Z_1}{n^2} \\ 0 & 1 \end{bmatrix} \frac{1}{\sqrt{1+\Omega^2}}$$

$$= \frac{1}{\sqrt{1+\Omega^2}} \begin{bmatrix} 1 & \dfrac{\mathrm{j}\Omega}{n^2}(Z_1+Z_2) \\ \dfrac{\mathrm{j}\Omega n^2}{Z_2} & 1-\Omega^2\dfrac{Z_1}{Z_2} \end{bmatrix} \tag{8.80b}$$

若选择 $n^2 = 1 + Z_2/Z_1$，则式(8.80a)和式(8.80b)的结果是恒等的。表 8.7 中的其他恒等关系可用同样的方法证明。

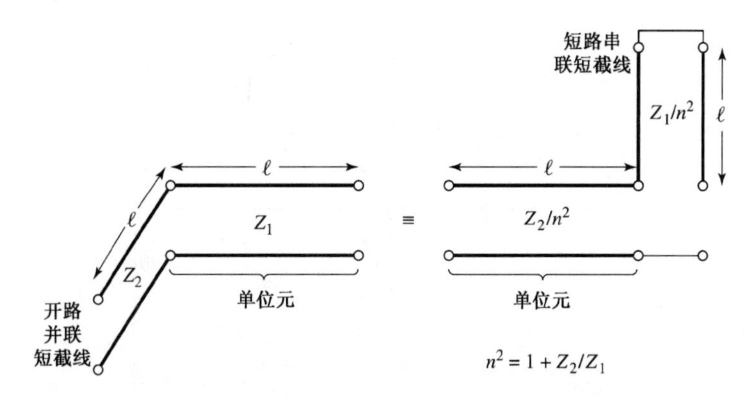

图 8.35　表 8.7 中科洛达恒等关系(a)的等效电路

例题 8.5　使用短截线设计低通滤波器

设计一个用微带线制作的低通滤波器，其指标如下：截止频率为 4GHz，阻抗为 50Ω，一个 3 阶 3dB 等纹波通带响应。

解：由表 8.4 可得归一化低通滤波器原型元件值是

$$g_1 = 3.3487 = L_1,\ g_2 = 0.7117 = C_2,\ g_3 = 3.3487 = L_3,\ g_4 = 1.0000 = R_L$$

集总元件电路如图 8.36a 所示。

下面用理查德变换将串联电感转换为串联短截线，将并联电容转换为并联短截线，如图 8.36b 所示。根据式(8.78)，串联短截线（电感）的特征阻抗是 L，并联短截线（电容）的特征阻抗是 $1/C$。对公比线综合，所有短截线在 $\omega = \omega_c$ 处的长度都是 $\lambda/8$（直到设计的最后一步都用归一化值通常是方便的）。

图 8.36b 中的串联短截线用微带形式实现很困难，所以用科洛达恒等关系之一将其转换为并联短截线。首先，在滤波器的每端添加单位元件，如图 8.36c 所示。因为这些冗余元件与源和负载匹配（$Z_0 = 1$），因此不会影响滤波器的性能。然后，对滤波器的两端应用表 8.7 中的科洛达恒等关系(b)。在两种情况下，有

$$n^2 = 1 + \frac{Z_2}{Z_1} = 1 + \frac{1}{3.3487} = 1.299$$

结果如图 8.36d 所示。

最后，对电路的阻抗和频率定标，这很简单，只需用 50Ω 乘以归一化阻抗，并在 4GHz 处选择短截线长度为 $\lambda/8$。最终的电路如图 8.36e 所示，图 8.36f 是微带线布局图。

该设计计算得到的振幅响应如图 8.37 所示，其中还画出了集总元件方案的响应。可以看出，一直到 4GHz 通带特性都很类似，但分布元件滤波器有一个较陡的截止。还要注意分布元件滤波器的响应是每隔 16GHz 重复一次，这是理查德变换的周期性结果。

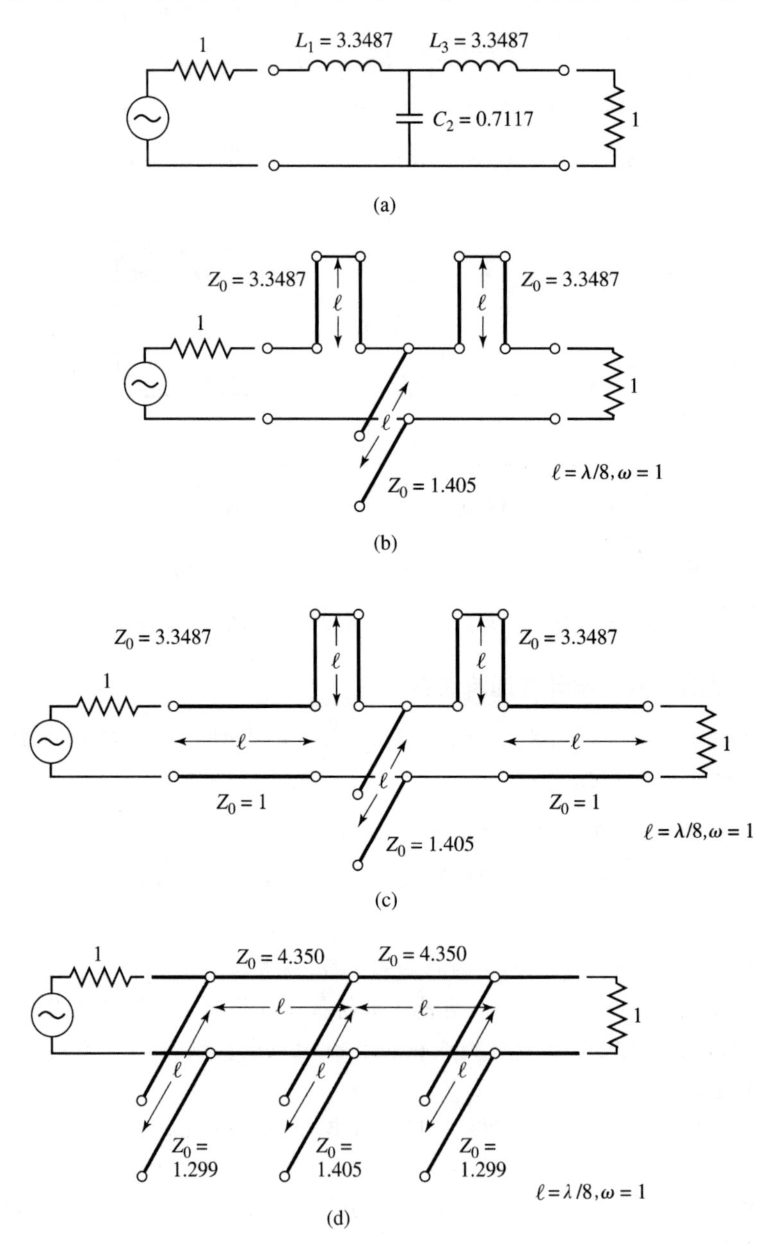

图 8.36　例题 8.5 的滤波器设计过程：(a)集总元件低通滤波器原型；(b)用理查德变换将电感和电容转换为串联和并联短截线；(c)在滤波器的两端添加单位元件；(d)应用第二个科洛达恒等关系

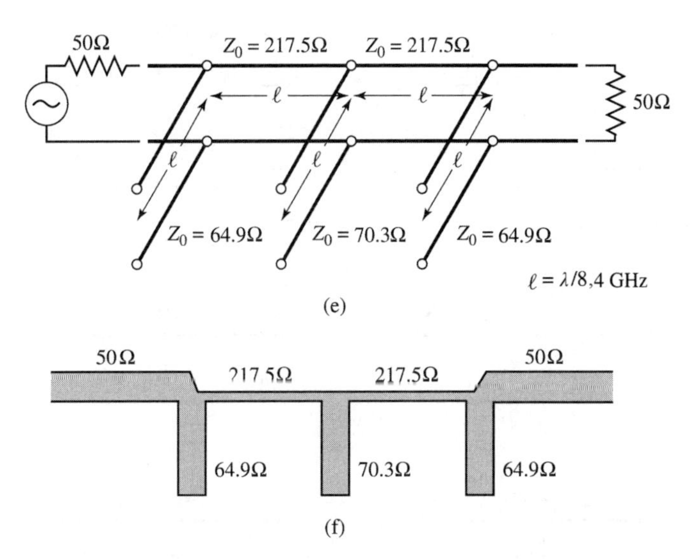

图 8.36　例题 8.5 的滤波器设计过程：(e)经阻抗和频率定标后；(f)滤波器最终制作成微带线形式（续）

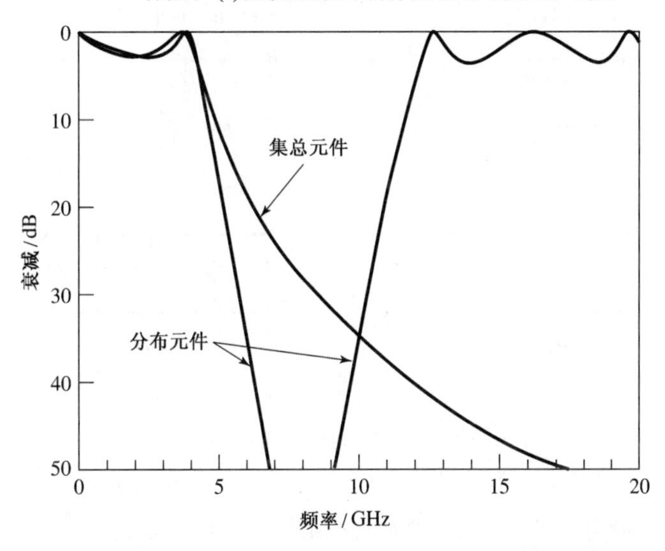

图 8.37　例题 8.5 中集总元件和分布元件低通滤波器的振幅响应 ■

类似的步骤可用于带阻滤波器，但科洛达恒等关系不能用于高通或带通滤波器。

8.5.3　阻抗和导纳倒相器

如前所述，当用特定类型的传输线实现滤波器时，常常希望只用串联或并联元件。科洛达恒等关系可用于这种形式的转换，但另一种可能性是用阻抗（K）或导纳（J）倒相器[1, 4, 7]。这种倒相器特别适用于窄带（小于 10%）带通或带阻滤波器。

阻抗和导纳倒相器的工作原理如图 8.38 所示；这些倒相器本质上使得负载阻抗或导纳反相，因此可用它们将串联元件变换为并联元件，反之亦然。这些步骤将在后面关于带通和带阻滤波器的几节中说明。

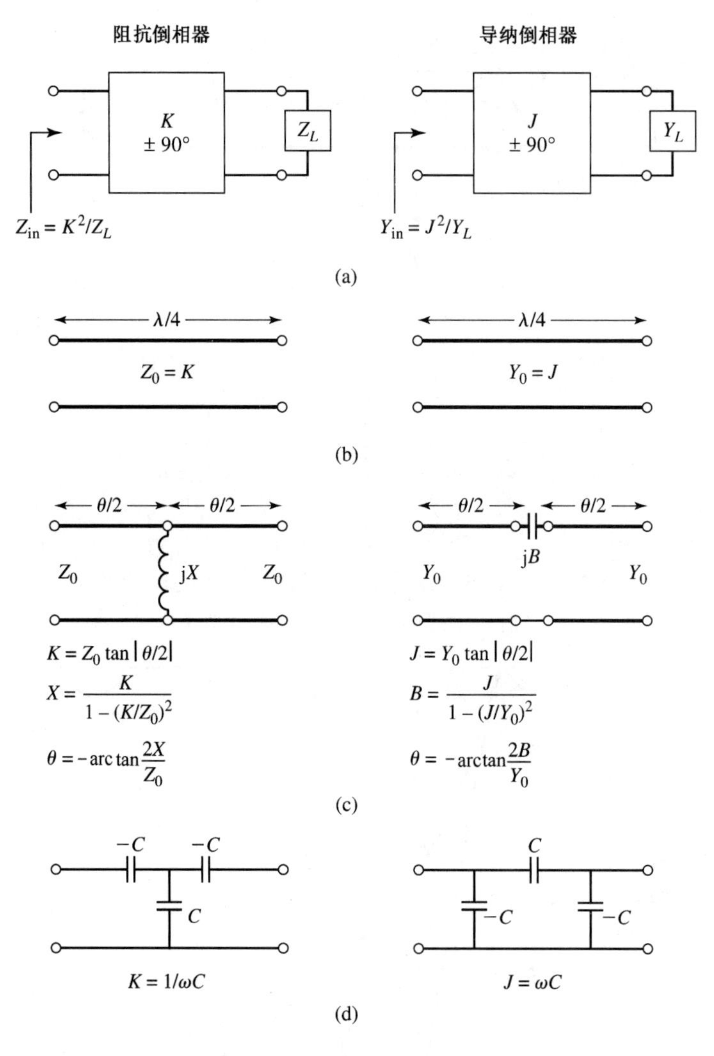

图 8.38 阻抗和导纳倒相器：(a)阻抗和导纳倒相器的原理；(b)用 1/4 波长变换器实现；(c)用传输线和电抗性元件实现；(d)用电容网络实现

J 或 K 倒相器的最简形式可用具有合适特征阻抗的 1/4 波长变换器制成，如图 8.38b 所示。这种方法实现的倒相器的 $ABCD$ 矩阵容易由表 4.1 给出的定长传输线的 $ABCD$ 参量求出。许多其他类型的电路也能用做 J 或 K 倒相器，其中的一个电路如图 8.38c 所示。这种形式的倒相器用于模拟 8.8 节的耦合谐振滤波器。这类倒相器通常要求传输线段的长度 $\theta/2$ 是负的，如果这些线可被吸收到两端连接的传输线中，就不会有问题。

8.6 阶跃阻抗低通滤波器

采用微带或带状线实现低通滤波器的一种相对容易的方法是，使用很高和很低特征阻抗传输线段交替排列的结构。这种滤波器通常称为阶跃阻抗或高 Z–低 Z 滤波器。因为与用短截线制作的类似低通滤波器相比，它容易设计且结构紧凑，所以较为流行。然而，因为近似性，它的电特性不是很好，所以这类滤波器通常仅在不需要陡峭截止的应用（如抑制带外混频器产物）中使用。

8.6.1 短传输线段近似等效电路

首先找到具有很高或很低特征阻抗的短传输线段的近似等效电路。特征阻抗为 Z_0、长度为 ℓ 的传输线的 $ABCD$ 参量已在表 4.1 中给出；然后，通过表 4.2 的变换关系求出 Z 参量为

$$Z_{11}=Z_{22}=\frac{A}{C}=-\mathrm{j}Z_0\cot\beta\ell \tag{8.81a}$$

$$Z_{12}=Z_{21}=\frac{1}{C}=-\mathrm{j}Z_0\csc\beta\ell \tag{8.81b}$$

T 形等效电路的串联元件是

$$Z_{11}-Z_{12}=-\mathrm{j}Z_0\left(\frac{\cot\beta\ell-1}{\sin\beta\ell}\right)=\mathrm{j}Z_0\tan\left(\frac{\beta\ell}{2}\right) \tag{8.82}$$

T 形等效电路的并联元件是 Z_{12}。所以，若 $\beta\ell<\pi/2$，则串联元件有正电抗（电感），而并联元件有负电抗（电容）。于是，有图 8.39a 所示的等效电路，其中

$$\frac{X}{2}=Z_0\tan\left(\frac{\beta\ell}{2}\right) \tag{8.83a}$$

$$B=\frac{1}{Z_0}\sin\beta\ell \tag{8.83b}$$

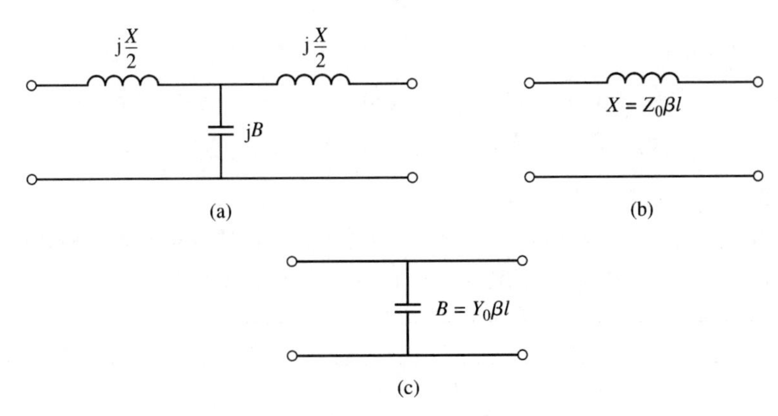

图 8.39 短传输线段的近似等效电路：(a) $\beta\ell\ll\pi/2$ 的传输线段的 T 形等效电路；(b)小 $\beta\ell$ 和大 Z_0 的等效电路；(c)小 $\beta\ell$ 和小 Z_0 的等效电路

现在假定有短的线长（$\beta\ell<\pi/4$）和大的特征阻抗，则式(8.83)可近似简化为

$$X\approx Z_0\beta\ell \tag{8.84a}$$

$$B\approx 0 \tag{8.84b}$$

这对应于图 8.39b 所示的等效电路（串联电感）。对于短的线长和小的特征阻抗，式(8.83)近似简化为

$$X\approx 0 \tag{8.85a}$$

$$B\approx Y_0\beta\ell \tag{8.85b}$$

这对应于图 8.39c 所示的等效电路（并联电容）。因此，低通原型的串联电感可用高阻线段（$Z_0=Z_h$）代替，而并联电容可用低阻线段（$Z_0=Z_\ell$）代替。比值 Z_h/Z_ℓ 应尽可能大，所以 Z_h 和 Z_ℓ 的实际值通常设置为能够实际做到的最高和最低特征阻抗；要得到接近截止的最好响应，线的长度应在 $\omega=\omega_c$ 处计算。由式(8.84)、式(8.85)和定标方程(8.67)，可得出电感段的电长度为

$$\beta\ell = \frac{LR_0}{Z_h} \quad （电感） \tag{8.86a}$$

电容段的电长度是

$$\beta\ell = \frac{CZ_\ell}{R_0} \quad （电容） \tag{8.86b}$$

式中，R_0是滤波器阻抗，L和C是低通原型的归一化元件值（g_k）。

例题 8.6　阶跃阻抗滤波器设计

设计一个阶跃阻抗低通滤波器，它具有最平坦响应，截止频率为 2.5GHz，在 4GHz 处插入损耗大于 20dB，滤波器阻抗为 50Ω，最高实际线阻抗为 120Ω，最低实际线阻抗为 20Ω。当该滤波器用微带实现时，要考虑损耗的影响，基片的参数为 $d = 0.158\text{cm}$，$\epsilon_r = 4.2$，$\tan\delta = 0.02$，铜导体的厚度为 0.5mil。

解：使用图 8.26，计算出

$$\frac{\omega}{\omega_c} - 1 = \frac{4.0}{2.5} - 1 = 0.6$$

该图表明当 $N = 6$ 时，在 4.0GHz 处能给出所需的衰减。表 8.3 给出低通原型的值为

$$g_1 = 0.517 = C_1,\quad g_2 = 1.414 = L_2,\quad g_3 = 1.932 = C_3$$
$$g_4 = 1.932 = L_4,\quad g_5 = 1.414 = C_5,\quad g_6 = 0.517 = L_6$$

该低通原型滤波器如图 8.40a 所示。

接着，根据式(8.86a)和式(8.86b)，用低阻抗和高阻抗线段替代串联电感和并联电容。所需线的电长度$\beta\ell_i$以及实际微带线宽W_i和线长ℓ_i在下表中给出：

节	$Z_1 = Z_\ell$ 或 Z_h	$\beta\ell_i$	W_i/mm	ℓ_i/mm
1	20Ω	11.8°	11.3	2.05
2	120Ω	33.8°	0.428	6.63
3	20Ω	44.3°	11.3	7.69
4	120Ω	46.1°	0.428	9.04
5	20Ω	32.4°	11.3	5.63
6	120Ω	12.3°	0.428	2.41

最终的滤波器电路如图 8.40b 所示，其中 $Z_\ell = 20\Omega$ 和 $Z_h = 120\Omega$。注意，几乎每一线段都有$\beta\ell < 45°$。该滤波器的微带线布局如图 8.40c 所示。

图 8.41 显示了计算得到的有耗和无耗滤波器的振幅响应。损耗的影响是增加通带的衰减，在 2GHz 处约增加 1dB。对应集总元件滤波器的响应也显示在图 8.41 中。通带特性与阶跃阻抗滤波器类似，但在较高频率处集总元件滤波器给出了较大的衰减。这是因为在较高频率处阶跃阻抗滤波器元件与集总元件明显不同。阶跃阻抗滤波器在较高频率处有其他一些通带，但响应不是完全周期的，因为这种线不是公比线。

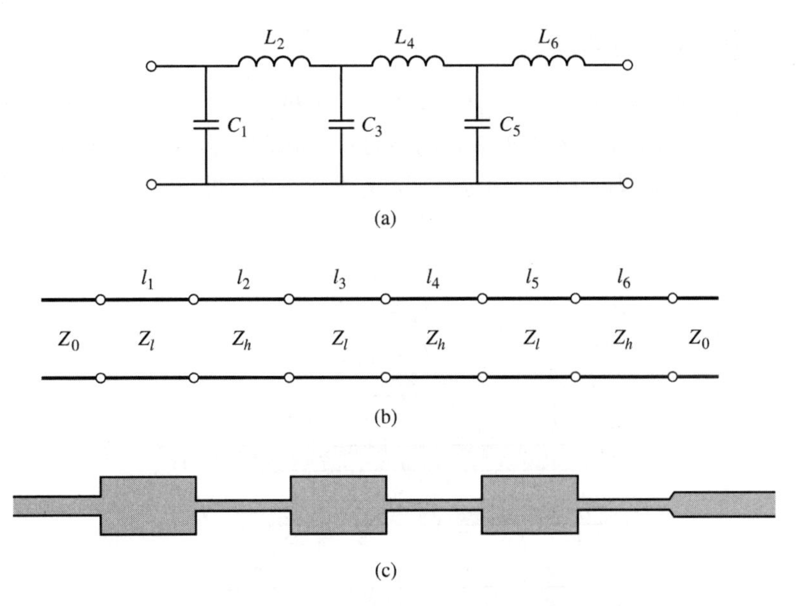

图 8.40　例题 8.6 的滤波器设计：(a)低通滤波器原型电路；(b)阶跃阻抗的实现；(c)最终滤波器的微带线布局

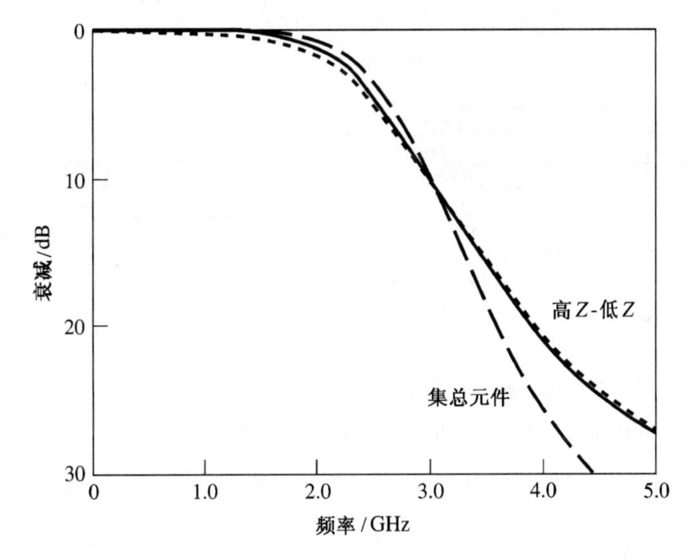

图 8.41　例题 8.6 中有耗（虚线）和无耗（实线）阶跃阻抗低通滤波器的振幅响应，以及相应集总元件滤波器的响应

■

8.7　耦合线滤波器

7.6 节中（针对定向耦合器）讨论的平行耦合传输线也可用于构建多种类型的滤波器。要制作带宽小于 20%的微带或带状线多节带通或带阻耦合线滤波器，实际上很容易办到。更宽的带宽滤波器通常需要非常紧密的耦合线，因此制作很困难。首先研究单个 1/4 波长耦合线段的滤波器特性，然后说明如何用这些耦合线段设计带通滤波器[7]。用耦合线设计的其他滤波器可以在参考文献[1]中找到。

8.7.1 耦合线段的滤波器特性

图 8.42a 显示了平行耦合线段，并且带有端口电压和电流的定义。考虑图 8.42b 所示偶模和奇模激励的叠加[8]，可以推导出这个四端口网络的开路阻抗矩阵。因此，电流源 i_1 和 i_3 驱动该线的偶模，而 i_2 和 i_4 驱动该线的奇模。通过叠加，总端口电流 I_i 可用偶模和奇模电流表示为

$$I_1 = i_1 + i_2 \tag{8.87a}$$

$$I_2 = i_1 - i_2 \tag{8.87b}$$

$$I_3 = i_3 - i_4 \tag{8.87c}$$

$$I_4 = i_3 + i_4 \tag{8.87d}$$

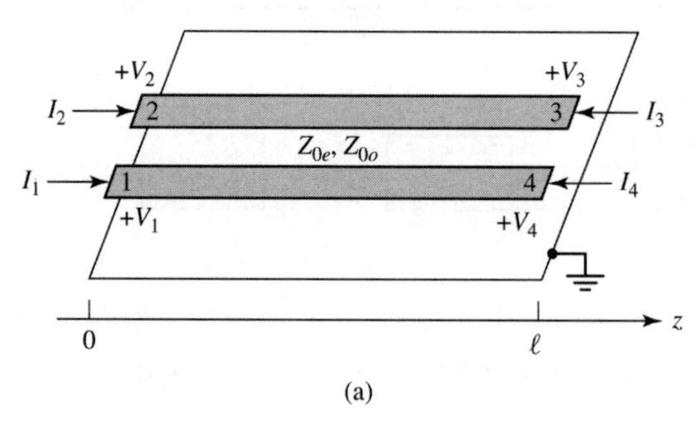

(a)

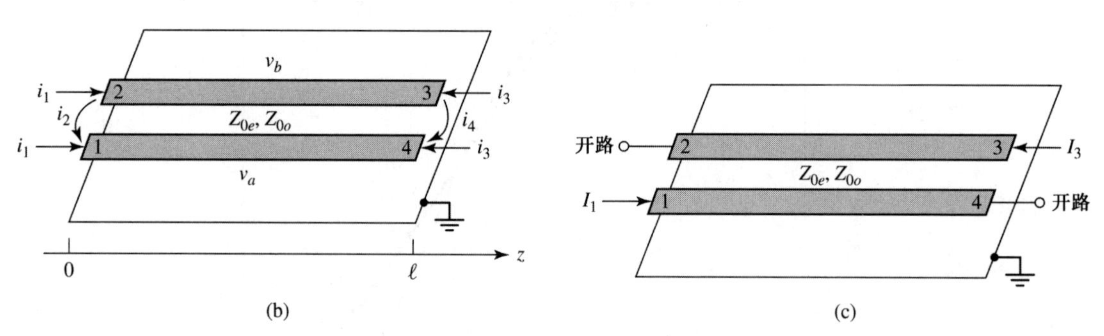

(b) (c)

图 8.42 关于耦合线滤波器节的定义：(a)用端口电压和电流定义的平行耦合线段；(b)用偶模和奇模电流定义的平行耦合线段；(c)具有带通响应的二端口耦合线段

首先考虑用 i_1 电流源在偶模下驱动该线。若其他端口开路，则在端口 1 或端口 2 看到的阻抗为

$$Z_{\text{in}}^{e} = -\text{j}Z_{0e}\cot\beta\ell \tag{8.88}$$

这两个导体上的电压可表示为

$$v_a^1(z) = v_b^1(z) = V_e^+\left[\text{e}^{-\text{j}\beta(z-\ell)} + \text{e}^{\text{j}\beta(z-\ell)}\right] = 2V_e^+\cos\beta(\ell - z) \tag{8.89}$$

所以在端口 1 或端口 2 的电压是

$$v_a^1(0) = v_b^1(0) = 2V_e^+\cos\beta\ell = i_1 Z_{\text{in}}^e$$

利用这个结果和式(8.88)，可把式(8.89)改写成用 i_1 表示，即

$$v_a^1(z) = v_b^1(z) = -\text{j}Z_{0e}\frac{\cos\beta(\ell - z)}{\sin\beta\ell}i_1 \tag{8.90}$$

同样，用电流源 i_3 驱动该线时，偶模电压是

$$v_a^3(z) = v_b^3(z) = -\mathrm{j}Z_{0e}\frac{\cos\beta z}{\sin\beta\ell}i_3 \tag{8.91}$$

现在考虑电流 i_2 驱动线上的奇模的情形。若其他端开路，则在端口 1 或端口 2 看到的阻抗是

$$Z_{\text{in}}^o = -\mathrm{j}Z_{0o}\cot\beta\ell \tag{8.92}$$

每个导体上的电压可以表示为

$$v_a^2(z) = -v_b^2(z) = V_0^+\left[\mathrm{e}^{-\mathrm{j}\beta(z-\ell)} + \mathrm{e}^{\mathrm{j}\beta(z-\ell)}\right] = 2V_0^+\cos\beta(\ell - z) \tag{8.93}$$

则在端口 1 或端口 2 处的电压是

$$v_a^2(0) = -v_b^2(0) = 2V_0^+\cos\beta\ell = i_2 Z_{\text{in}}^o$$

用这个结果和式(8.92)可把式(8.93)改写成用 i_2 表示，即

$$v_a^2(z) = -v_b^2(z) = -\mathrm{j}Z_{0o}\frac{\cos\beta(\ell - z)}{\sin\beta\ell}i_2 \tag{8.94}$$

同样，由电流源 i_4 驱动该线时，奇模电压是

$$v_a^4(z) = -v_b^4(z) = -\mathrm{j}Z_{0o}\frac{\cos\beta z}{\sin\beta\ell}i_4 \tag{8.95}$$

端口 1 处的总电压是

$$\begin{aligned} V_1 &= v_a^1(0) + v_a^2(0) + v_a^3(0) + v_a^4(0) \\ &= -\mathrm{j}(Z_{0e}i_1 + Z_{0o}i_2)\cot\theta - \mathrm{j}(Z_{0e}i_3 + Z_{0o}i_4)\csc\theta \end{aligned} \tag{8.96}$$

这里用到了式(8.90)、式(8.91)、式(8.94)和式(8.95)的结果及 $\theta = \beta\ell$。接着，求解式(8.87)，得到用 I 表示的 i_j：

$$i_1 = \frac{1}{2}(I_1 + I_2) \tag{8.97a}$$

$$i_2 = \frac{1}{2}(I_1 - I_2) \tag{8.97b}$$

$$i_3 = \frac{1}{2}(I_3 + I_4) \tag{8.97c}$$

$$i_4 = \frac{1}{2}(I_4 - I_3) \tag{8.97d}$$

将这些结果代入式(8.96)得

$$V_1 = \frac{-\mathrm{j}}{2}(Z_{0e}I_1 + Z_{0e}I_2 + Z_{0o}I_1 - Z_{0o}I_2)\cot\theta = \frac{-\mathrm{j}}{2}(Z_{0e}I_3 + Z_{0e}I_4 + Z_{0o}I_4 - Z_{0o}I_3)\csc\theta \tag{8.98}$$

该结果可给出描述耦合线段的开路阻抗矩阵 $\boldsymbol{Z}$ 的第一行。根据对称性，一旦第一行已知，则所有其他矩阵元都能求出。于是，矩阵元素是

$$Z_{11} = Z_{22} = Z_{33} = Z_{44} = \frac{-\mathrm{j}}{2}(Z_{0e} + Z_{0o})\cot\theta \tag{8.99a}$$

$$Z_{12} = Z_{21} = Z_{34} = Z_{43} = \frac{-\mathrm{j}}{2}(Z_{0e} - Z_{0o})\cot\theta \tag{8.99b}$$

$$Z_{13} = Z_{31} = Z_{24} = Z_{42} = \frac{-\mathrm{j}}{2}(Z_{0e} - Z_{0o})\csc\theta \tag{8.99c}$$

$$Z_{14} = Z_{41} = Z_{23} = Z_{32} = \frac{-\mathrm{j}}{2}(Z_{0e} + Z_{0o})\csc\theta \tag{8.99d}$$

一个二端口网络可以由耦合线段形成，方法是用开路或短路端接四个端口中的两个；此时有10种可能的组合，如表8.8所示。如表中所示，不同电路具有不同的频率响应，包括低通、带通、全通和全阻。对于带通滤波器，我们最感兴趣的情形如图8.42c所示，因为在制作上开路要比短路更容易。在这种情况下，$I_2 = I_4 = 0$，所以四端口阻抗矩阵方程简化为

$$V_1 = Z_{11}I_1 + Z_{13}I_3 \tag{8.100a}$$

$$V_3 = Z_{31}I_1 + Z_{33}I_3 \tag{8.100b}$$

式中，Z_{ij} 由式(8.99)给出。

表8.8 10种标准的耦合线电路

电 路	镜像阻抗	响 应
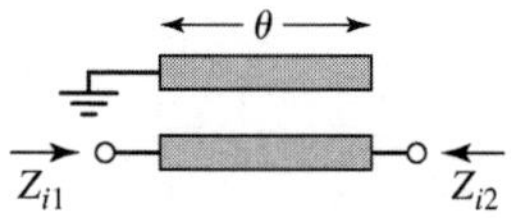 θ; Z_{i1}, Z_{i2}	$Z_{i1} = \dfrac{2Z_{0e}Z_{0o}\cos\theta}{\sqrt{(Z_{0e}+Z_{0o})^2\cos^2\theta - (Z_{0e}-Z_{0o})^2}}$ $Z_{i2} = \dfrac{Z_{0e}Z_{0o}}{Z_{i1}}$	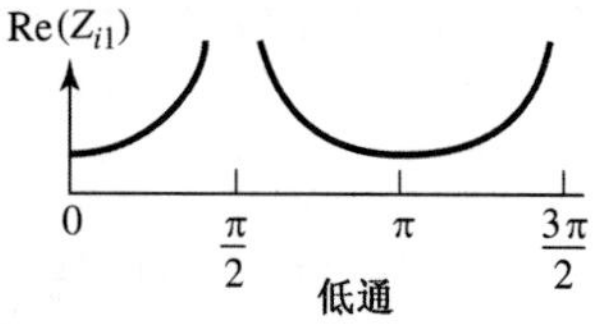 $\mathrm{Re}(Z_{i1})$; 0, $\frac{\pi}{2}$, π, $\frac{3\pi}{2}$ 低通
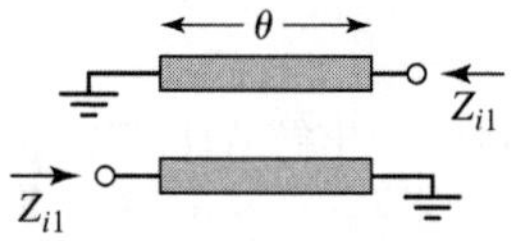 θ; Z_{i1}, Z_{i1}	$Z_{i1} = \dfrac{2Z_{0e}Z_{0o}\sin\theta}{\sqrt{(Z_{0e}-Z_{0o})^2 - (Z_{0e}+Z_{0o})^2\cos^2\theta}}$	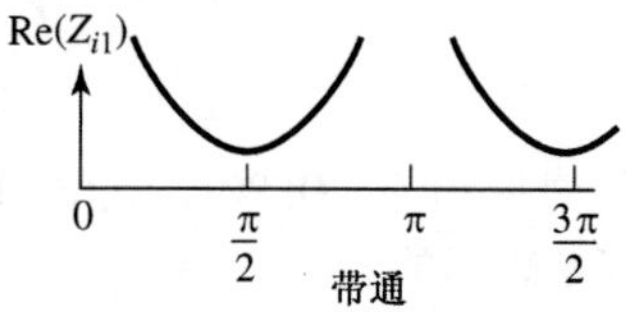 $\mathrm{Re}(Z_{i1})$; 0, $\frac{\pi}{2}$, π, $\frac{3\pi}{2}$ 带通
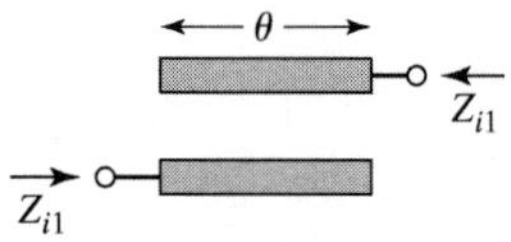 θ; Z_{i1}, Z_{i1}	$Z_{i1} = \dfrac{\sqrt{(Z_{0e}-Z_{0o})^2 - (Z_{0e}+Z_{0o})^2\cos^2\theta}}{2\sin\theta}$	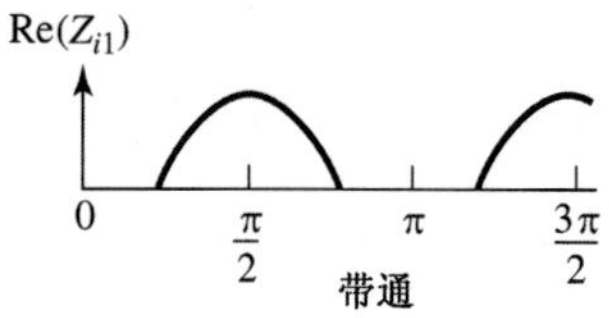 $\mathrm{Re}(Z_{i1})$; 0, $\frac{\pi}{2}$, π, $\frac{3\pi}{2}$ 带通
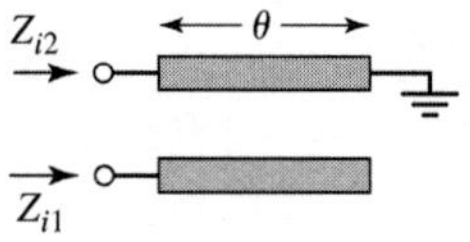 θ; Z_{i2}, Z_{i1}	$Z_{i1} = \dfrac{\sqrt{Z_{0e}Z_{0o}}\sqrt{(Z_{0e}-Z_{0o})^2 - (Z_{0e}+Z_{0o})^2\cos^2\theta}}{(Z_{0e}+Z_{0o})\sin\theta}$ $Z_{i2} = \dfrac{Z_{0e}Z_{0o}}{Z_{i1}}$	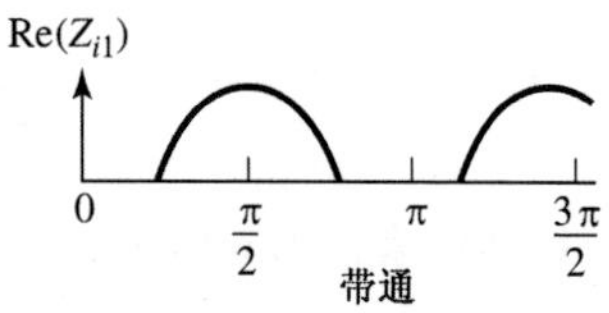 $\mathrm{Re}(Z_{i1})$; 0, $\frac{\pi}{2}$, π, $\frac{3\pi}{2}$ 带通
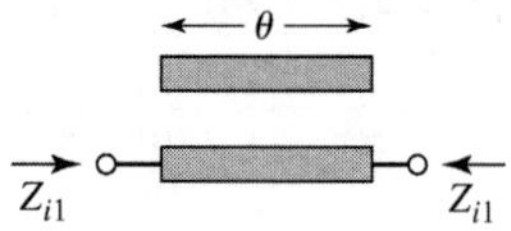 θ; Z_{i1}, Z_{i1}	$Z_{i1} = \dfrac{Z_{0e}+Z_{0o}}{2}$	全通
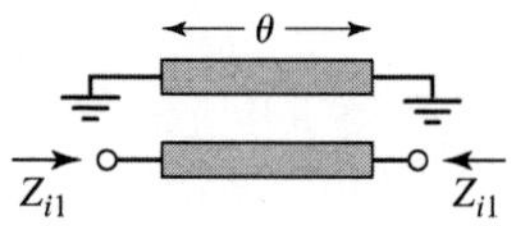 θ; Z_{i1}, Z_{i1}	$Z_{i1} = \dfrac{2Z_{0e}Z_{0o}}{Z_{0e}+Z_{0o}}$	全通

（续表）

电　路	镜像阻抗	响　应
Z_{i1}, θ, Z_{i1}	$Z_{i1}=\sqrt{Z_{0e}Z_{0o}}$	全通
θ, Z_{i2}, Z_{i1}	$Z_{i1}=-\mathrm{j}\dfrac{2Z_{0e}Z_{0o}}{Z_{0e}+Z_{0o}}\cot\theta$ $Z_{i2}=\dfrac{Z_{0e}Z_{0o}}{Z_{i1}}$	全阻
θ, Z_{i1}, Z_{i1}	$Z_{i1}=\mathrm{j}\sqrt{Z_{0e}Z_{0o}}\tan\theta$	全阻
Z_{i1}, Z_{i1}, θ	$Z_{i1}=-\mathrm{j}\sqrt{Z_{0e}Z_{0o}}\cot\theta$	全阻

计算镜像阻抗（在端口 1 和端口 3 镜像阻抗相同）和传播常数，可以分析该电路的滤波特性。由表 8.1 可知用 Z 参量表示的镜像阻抗是

$$Z_i=\sqrt{Z_{11}^2-\frac{Z_{11}Z_{13}^2}{Z_{23}}}=\frac{1}{2}\sqrt{\left(Z_{0e}-Z_{0o}\right)^2\csc^2\theta-\left(Z_{0e}+Z_{0o}\right)^2\cot^2\theta}\tag{8.101}$$

当耦合线段长为 $\lambda/4$（$\theta=\pi/2$）时，镜像阻抗简化为

$$Z_i=\frac{1}{2}\left(Z_{0e}-Z_{0o}\right)\tag{8.102}$$

这是一个正实数，因为 $Z_{0e}>Z_{0o}$。然而，当 $\theta\to 0$ 或 π 时，$Z_i\to\pm\mathrm{j}\infty$，表明是阻带。镜像阻抗的实部如图 8.43 所示，其中截止频率可由式(8.101)求得如下：

$$\cos\theta_1=-\cos\theta_2=\frac{Z_{0e}-Z_{0o}}{Z_{0e}+Z_{0o}}$$

由表 8.1 的结果还可算出传播常数为

$$\cos\beta=\sqrt{\frac{Z_{11}Z_{33}}{Z_{13}^2}}=\frac{Z_{11}}{Z_{13}}=\frac{Z_{0e}+Z_{0o}}{Z_{0e}-Z_{0o}}\cos\theta\tag{8.103}$$

这表明对于 $\theta_1<\theta<\theta_2=\pi-\theta_1$，$\beta$ 是实数，其中 $\cos\theta_1=(Z_{0e}-Z_{0o})/(Z_{0e}+Z_{0o})$。

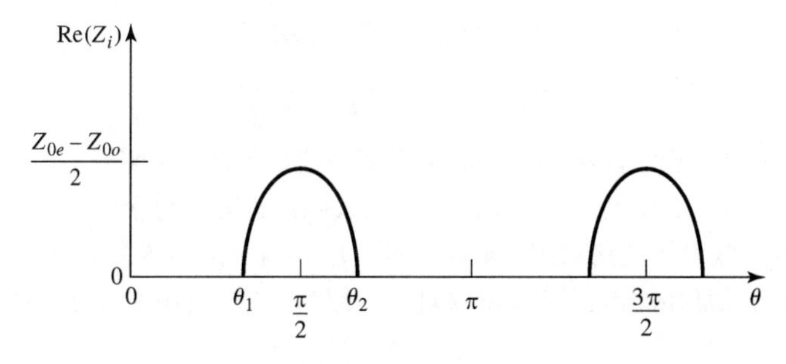

图 8.43　图 8.42c 所示带通网络的镜像阻抗的实部

8.7.2 耦合线带通滤波器的设计

窄带带通滤波器可制成如图 8.42c 所示的级联耦合线段形式。为了推导这类滤波器的设计公式，首先说明单耦合线段可以近似用图 8.44 所示的等效电路模拟。下面通过计算这个等效电路的镜像阻抗和传播常数，证明它们与 $\theta = \pi/2$（对应于通带响应的中心频率）的耦合线段近似相等。

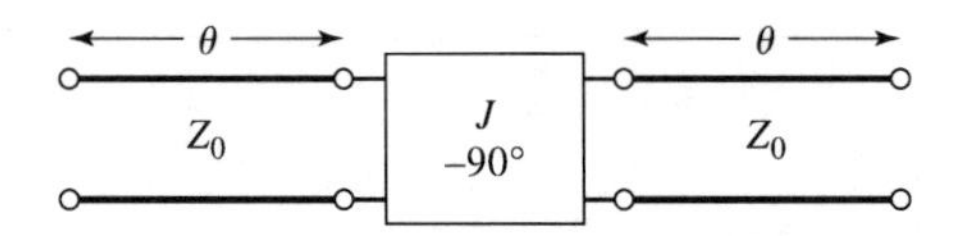

图 8.44　图 8.42c 中耦合线段的等效电路

等效电路的 *ABCD* 参量可用表 4.1 中传输线的 *ABCD* 矩阵计算：

$$\begin{bmatrix} A & B \\ C & D \end{bmatrix} = \begin{bmatrix} \cos\theta & jZ_0\sin\theta \\ \dfrac{j\sin\theta}{Z_0} & \cos\theta \end{bmatrix} \begin{bmatrix} 0 & -j/J \\ -jJ & 0 \end{bmatrix} \begin{bmatrix} \cos\theta & jZ_0\sin\theta \\ \dfrac{j\sin\theta}{Z_0} & \cos\theta \end{bmatrix}$$
$$= \begin{bmatrix} \left(JZ_0 + \dfrac{1}{JZ_0}\right)\sin\theta\cos\theta & j\left(JZ_0^2\sin^2\theta - \dfrac{\cos^2\theta}{J}\right) \\ j\left(\dfrac{1}{JZ_0^2}\sin^2\theta - J\cos^2\theta\right) & \left(JZ_0 + \dfrac{1}{JZ_0}\right)\sin\theta\cos\theta \end{bmatrix} \tag{8.104}$$

导纳倒相器的 *ABCD* 参量可由特征阻抗是 $1/J$ 的 1/4 波长传输线段得到。由式(8.27)得到该等效电路的镜像阻抗为

$$Z_i = \sqrt{\frac{B}{C}} = \sqrt{\frac{JZ_0^2\sin^2\theta - (1/J)\cos^2\theta}{(1/JZ_0^2)\sin^2\theta - J\cos^2\theta}} \tag{8.105}$$

在中心频率 $\theta = \pi/2$ 处，该式简化为

$$Z_i = JZ_0^2 \tag{8.106}$$

由式(8.31)得到传播常数是

$$\cos\beta = A = \left(JZ_0 + \frac{1}{JZ_0}\right)\sin\theta\cos\theta \tag{8.107}$$

由镜像阻抗式(8.102)和式(8.106)相等及传播常数式(8.103)和式(8.107)相等，可给出下列等式：

$$\frac{1}{2}(Z_{0e} - Z_{0o}) = JZ_0^2, \qquad \frac{Z_{0e} + Z_{0o}}{Z_{0e} - Z_{0o}} = JZ_0 + \frac{1}{JZ_0}$$

式中，已经假定当 θ 接近 $\pi/2$ 时 $\sin\theta \approx 1$。由这些公式，可求出偶模和奇模线阻抗为

$$Z_{0e} = Z_0\left[1 + JZ_0 + (JZ_0)^2\right] \tag{8.108a}$$

$$Z_{0o} = Z_0\left[1 - JZ_0 + (JZ_0)^2\right] \tag{8.108b}$$

现在考虑 $N + 1$ 个耦合线段级联而成的带通滤波器，如图 8.45a 所示。线段从左至右编号，负载在右边，但滤波器可以反过来使用，而不影响其响应。因为每个耦合线段的等效电路形式如图 8.44 所示，所以级联等效电路如图 8.45b 所示。任意两个倒相器之间有一个有效长度为 2θ 的传输线段。这条线的长度在滤波器带通范围附近近似为 $\lambda/2$，它由并联 LC 谐振器的近似等效电路，如图 8.45c 所示。

证实这一等效的第一步是求出图 8.45c 所示 T 形等效电路和理想变压器电路的参量（精确等效）。该电路的 *ABCD* 矩阵可用表 4.1 中的 T 形电路和理想变压器的结果计算：

$$\begin{bmatrix} A & B \\ C & D \end{bmatrix} = \begin{bmatrix} \dfrac{Z_{11}}{Z_{12}} & \dfrac{Z_{11}^2 - Z_{12}^2}{Z_{12}} \\ \dfrac{1}{Z_{12}} & \dfrac{Z_{11}}{Z_{12}} \end{bmatrix} \begin{bmatrix} -1 & 0 \\ 0 & -1 \end{bmatrix} = \begin{bmatrix} \dfrac{-Z_{11}}{Z_{12}} & \dfrac{Z_{12}^2 - Z_{11}^2}{Z_{12}} \\ \dfrac{-1}{Z_{12}} & \dfrac{-Z_{11}}{Z_{12}} \end{bmatrix} \tag{8.109}$$

这个结果与长度为 2θ、特征阻抗为 Z_0 的传输线的 *ABCD* 参量相等，由此可得该等效电路的参量为

$$Z_{12} = \frac{-1}{C} = \frac{\mathrm{j}Z_0}{\sin 2\theta} \tag{8.110a}$$

$$Z_{11} = Z_{22} = -Z_{12}A = -\mathrm{j}Z_0 \cot 2\theta \tag{8.110b}$$

而串联臂的阻抗是

$$Z_{11} - Z_{12} = -\mathrm{j}Z_0 \frac{\cos 2\theta + 1}{\sin 2\theta} = -\mathrm{j}Z_0 \cot \theta \tag{8.111}$$

这个 1∶−1 变压器提供 180°相移，而这个相移是不能单独用 T 形网络得到的；因为这不影响滤波器振幅响应，所以它能被弃之不用。对于 $\theta \sim \pi/2$，串联臂的阻抗式(8.111)接近零，因而也可忽略。然而，并联阻抗 Z_{12} 看起来像是 $\theta \sim \pi/2$ 的并联谐振电路的阻抗。若令 $\omega = \omega_0 + \Delta\omega$，其中在中心频率 ω_0 处 $\theta = \pi/2$，则有 $2\theta = \beta\ell = \omega\ell / v_p = (\omega_0 + \Delta\omega)\pi / \omega_0 = \pi(1 + \Delta\omega/\omega_0)$，所以对于小的 $\Delta\omega$，式(8.110a)能表示为

$$Z_{12} = \frac{\mathrm{j}Z_0}{\sin \pi(1 + \Delta\omega/\omega_0)} \approx \frac{-\mathrm{j}Z_0\omega_0}{\pi(\omega - \omega_0)} \tag{8.112}$$

由 6.1 节可知，并联 LC 电路接近谐振时的阻抗是

$$Z = \frac{-\mathrm{j}L\omega_0^2}{2(\omega - \omega_0)} \tag{8.113}$$

其中 $\omega_0^2 = 1/LC$。让该式与式(8.112)相等，可得等效电感和电容值为

$$L = \frac{2Z_0}{\pi\omega_0} \tag{8.114a}$$

$$C = \frac{1}{\omega_0^2 L} = \frac{\pi}{2Z_0\omega_0} \tag{8.114b}$$

图 8.45b 所示电路的最后几段需要做不同的处理。在滤波器的每端，长度为 θ 的线是与 Z_0 匹配的，所以可以忽略。两端的倒相器 J_1 和 J_{N+1} 分别代表后面接有 $\lambda/4$ 线段的变压器，如图 8.45d 所示。与 1/4 波长线级联的匝数比为 N 的变压器的 *ABCD* 矩阵是

$$\begin{bmatrix} A & B \\ C & D \end{bmatrix} = \begin{bmatrix} \dfrac{1}{N} & 0 \\ 0 & N \end{bmatrix} \begin{bmatrix} 0 & -\mathrm{j}Z_0 \\ \dfrac{-\mathrm{j}}{Z_0} & 0 \end{bmatrix} = \begin{bmatrix} 0 & \dfrac{-\mathrm{j}Z_0}{N} \\ \dfrac{-\mathrm{j}N}{Z_0} & 0 \end{bmatrix} \tag{8.115}$$

该式与导纳倒相器的 *ABCD* 矩阵［式(8.104)中的一部分］比较表明，匝数比必须是 $N = JZ_0$。$\lambda/4$ 线仅产生一个相移，因此可以忽略。

对图 8.45b 所示电路的中间段和末段应用这些结果，可转换为图 8.45e 所示的电路，这是专门针对 $N = 2$ 的情况。我们看到，每对耦合线段导出一个等效并联 LC 谐振器，在每对并联谐振

器之间存在一个导纳倒相器。接着，证明倒相器具有将并联 LC 谐振器转换到串联 LC 谐振器的作用，最终得出图 8.45f（示出的是 $N=2$ 的情形）所示的等效电路。因此，可以由低通原型的元件值求出导纳倒相器常数 J_n。下面对 $N=2$ 的情况加以证明。

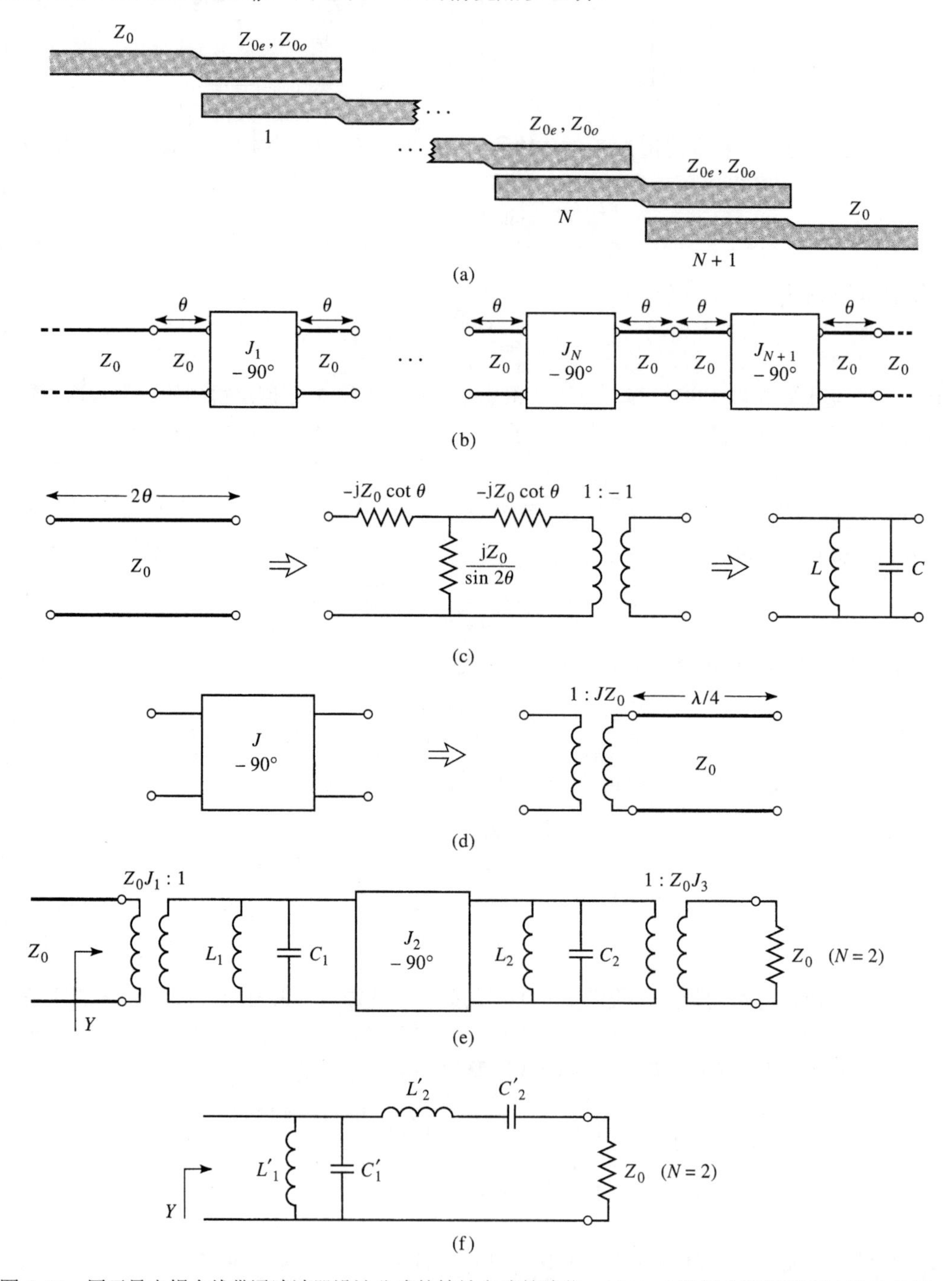

图 8.45　用于导出耦合线带通滤波器设计公式的等效电路的演化：(a)$N+1$ 段耦合线带通滤波器的布局；(b)对每个耦合线段使用图 8.44 所示的等效电路；(c)长为 2θ 的传输线的等效电路；(d)导纳倒相器的等效电路；(e)$N=2$ 时使用(c)和(d)的结果；(f)$N=2$ 时带通滤波器的集总元件电路

参考图 8.45e，正好在 J_2 倒相器右边的导纳是

$$j\omega C_2+\frac{1}{j\omega L_2}+Z_0J_3^2=j\sqrt{\frac{C_2}{L_2}}\left(\frac{\omega}{\omega_0}-\frac{\omega_0}{\omega}\right)+Z_0J_3^2$$

因为变压器用匝数比的平方来定标负载导纳，所以在滤波器的输入处看到的导纳是

$$\begin{aligned}Y&=\frac{1}{J_1^2Z_0^2}\left\{j\omega C_1+\frac{1}{j\omega L_1}+\frac{J_2^2}{j\sqrt{C_2/L_2}\left[(\omega/\omega_0)-(\omega_0/\omega)\right]+Z_0J_3^2}\right\}\\&=\frac{1}{J_1^2Z_0^2}\left\{j\sqrt{\frac{C_1}{L_1}}\left(\frac{\omega}{\omega_0}-\frac{\omega_0}{\omega}\right)+\frac{J_2^2}{j\sqrt{C_2/L_2}\left[(\omega/\omega_0)-(\omega_0/\omega)\right]+Z_0J_3^2}\right\}\end{aligned}\tag{8.116}$$

这些结果也用到了由式(8.114)得出的对所有 LC 谐振器都有 $L_nC_n=1/\omega_0^2$ 的事实。现在，向图 8.45f 所示电路看去的导纳是

$$\begin{aligned}Y&=j\omega C_1'+\frac{1}{j\omega L_1'}+\frac{1}{j\omega L_2'+1/j\omega C_2'+Z_0}\\&=j\sqrt{\frac{C_1'}{L_1'}}\left(\frac{\omega}{\omega_0}-\frac{\omega_0}{\omega}\right)+\frac{1}{j\sqrt{L_2'/C_2'}\left[(\omega/\omega_0)-(\omega_0/\omega)\right]+Z_0}\end{aligned}\tag{8.117}$$

上式形式上与式(8.116)完全相同。因此，若满足如下条件，则这两个电路是等效的：

$$\frac{1}{J_1^2Z_0^2}\sqrt{\frac{C_1}{L_1}}=\sqrt{\frac{C_1'}{L_1'}}\tag{8.118a}$$

$$\frac{J_1^2Z_0^2}{J_2^2}\sqrt{\frac{C_2}{L_2}}=\sqrt{\frac{C_2'}{L_2'}}\tag{8.118b}$$

$$\frac{J_1^2Z_0^3J_3^2}{J_2^2}=Z_0\tag{8.118c}$$

由式(8.114)可知 L_n 和 C_n；由低通原型的集总元件值，经过阻抗定标和频率变换到带通滤波器，就可求出 L_n' 和 C_n'。用表 8.6 的结果和阻抗定标式(8.64)可得到 L_n' 和 C_n' 的值为

$$L_1'=\frac{\Delta Z_0}{\omega_0g_1}\tag{8.119a}$$

$$C_1'=\frac{g_1}{\Delta\omega_0Z_0}\tag{8.119b}$$

$$L_2'=\frac{g_2Z_0}{\Delta\omega_0}\tag{8.119c}$$

$$C_2'=\frac{\Delta}{\omega_0g_2Z_0}\tag{8.119d}$$

式中，$\Delta=(\omega_2-\omega_1)/\omega_0$ 是滤波器的相对带宽。于是，由式(8.118)可以解出倒相器常数如下（$N=2$）：

$$J_1Z_0=\left(\frac{C_1L_1'}{L_1C_1'}\right)^{1/4}=\sqrt{\frac{\pi\Delta}{2g_1}}\tag{8.120a}$$

$$J_2Z_0 = J_1Z_0^2 = \left(\frac{C_2L_2'}{L_2C_2'}\right)^{1/4} = \frac{\pi\Delta}{2\sqrt{g_1g_2}} \tag{8.120b}$$

$$J_3Z_0 = \frac{J_2}{J_1} = \sqrt{\frac{\pi\Delta}{2g_2}} \tag{8.120c}$$

求得 J_n 后，每个耦合线段的 Z_{0e} 和 Z_{0o} 就可由式(8.108)计算得出。

上面的结果针对的是 $N=2$ 的特定情况(3个耦合线段)，但也能推导出针对任意段数和 $Z_L \neq Z_0$（或 $g_{N+1} \neq 1$，如 N 为偶数等纹波响应的情况）的更普遍结果。因此，具有 $N+1$ 个耦合线段的带通滤波器的设计公式是

$$Z_0J_1 = \sqrt{\frac{\pi\Delta}{2g_1}} \tag{8.121a}$$

$$Z_0J_n = \frac{\pi\Delta}{2\sqrt{g_n - 1g_n}}, \qquad n = 2,3,\cdots,N \tag{8.121b}$$

$$Z_0J_{N+1} = \sqrt{\frac{\pi\Delta}{2g_Ng_{N+1}}} \tag{8.121c}$$

然后用式(8.108)就可求出偶模和奇模的特征阻抗。

例题 8.7　耦合线带通滤波器设计

设计一个 $N=3$ 和等纹波响应为 0.5dB 的耦合线带通滤波器。中心频率为 2.0GHz，带宽为 10%，$Z_0 = 50\Omega$。1.8GHz 处的衰减是多少？

解：相对带宽 $\Delta = 0.1$。可以使用图 8.27a 得到 1.8GHz 处的衰减，但首先要用式(8.71)把这个频率转换到归一化低通形式（$\omega_c = 1$）:

$$\omega \leftarrow \frac{1}{\Delta}\left(\frac{\omega}{\omega_0} - \frac{\omega_0}{\omega}\right) = \frac{1}{0.1}\left(\frac{1.8}{2.0} - \frac{2.0}{1.8}\right) = -2.11$$

而这个值在图 8.27a 的横向标度是

$$\left|\frac{\omega}{\omega_c}\right| - 1 = |-2.11| - 1 = 1.11$$

它表示 $N=3$ 时的衰减约为 20dB。

低通原型值 g_n 由表 8.4 给出；然后用式(8.121)计算导纳倒相器的常数 J_n。最后由式(8.108)求出偶模和奇模特征阻抗。这些结果归纳在下表中：

n	g_n	Z_0J_n	Z_{0e}/Ω	Z_{0o}/Ω
1	1.5963	0.3137	70.61	39.24
2	1.0967	0.1187	56.64	44.77
3	1.5963	0.1187	56.64	44.77
4	1.0000	0.3137	70.61	39.24

注意，该滤波器的各段关于中点对称。图 8.46 显示了计算得到的滤波器响应；通带也出现在 6GHz、10GHz 等频率处。

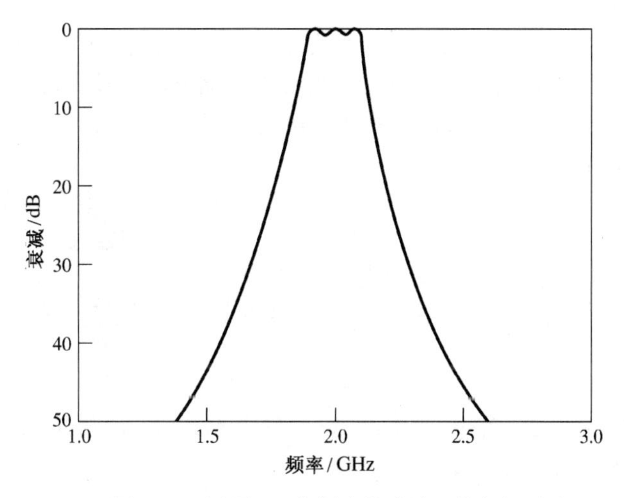

图 8.46　例题 8.7 中耦合线滤波器的振幅响应 ■

使用耦合线段还能制成其他几种滤波器，多数这类滤波器是带通或带阻类型。一种特别紧凑的设计是叉指形滤波器，它可在耦合线滤波器的中点折叠这些线得到，详见参考文献[1]和[3]。

8.8　耦合谐振器滤波器

前面说过，带通和带阻滤波器需要具有串联或并联谐振电路特性的元件，前一节的耦合线带通滤波器即属于这种类型。现在考虑其他几种采用传输线或空腔谐振器的微波滤波器。

8.8.1　使用 1/4 波长谐振器的带阻和带通滤波器

由第 6 章可知，1/4 波长开路或短路传输线短截线看起来像是串联或并联谐振电路。因此，可在传输线上并联这种短截线来实现带通或带阻滤波器，如图 8.47 所示。短截线之间的 1/4 波长传输线段作为导纳倒相器，是为了有效地将并联谐振器转换为串联谐振器。短截线和传输线段在中心频率 ω_0 处的长度都是 $\lambda/4$。

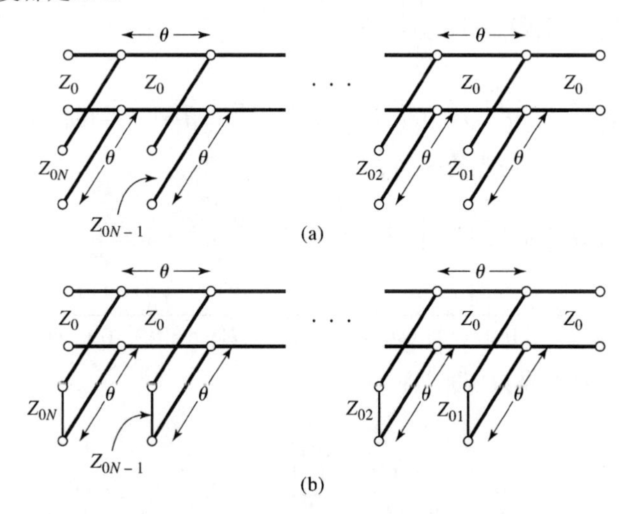

图 8.47　使用并联传输线谐振器的带阻和带通滤波器（在中心频率处 $\theta=\pi/2$）：(a)带阻滤波器；(b)带通滤波器

对一些窄频带使用 N 个短截线的滤波器响应，基本上与用 $N+1$ 节耦合线的滤波器相同。短截线滤波器的内部阻抗是 Z_0，而在耦合线滤波器情况下，末段需要转换阻抗数值，这就使得短截线滤波器更加方便和容易设计。然而，使用短截线谐振器的滤波器的缺点是，所需特征阻抗实际上难以实现。

先考虑使用 N 节开路短截线的带通滤波器，如图 8.47a 所示。所需短截线特征阻抗 Z_{0n} 的设计公式，可用等效电路由低通原型元件值推导出来。采用短路短截线的带通分析按照同样的步骤进行，因此这里不详细介绍这些情况下的设计公式。

如图 8.48a 所示，当开路短截线的长度接近 90°时，它能近似为串联 LC 谐振器。特征阻抗为 Z_{0n} 的开路传输线的输入阻抗是

$$Z = -\mathrm{j}Z_{0n}\cot\theta$$

式中，对于 $\omega=\omega_0$ 有 $\theta=\pi/2$。若令 $\omega=\omega_0+\Delta\omega$，其中 $\Delta\omega \ll \omega_0$，则 $\theta=\pi/2(1+\Delta\omega/\omega_0)$；对于中心频率 ω_0 附近的频率，该阻抗可以近似为

$$Z = \mathrm{j}Z_{0n}\tan\frac{\pi\Delta\omega}{2\omega_0} \approx \frac{\mathrm{j}Z_{0n}\pi(\omega-\omega_0)}{2\omega_0} \tag{8.122}$$

串联 LC 电路的阻抗是

$$Z = \mathrm{j}\omega L_n + \frac{1}{\mathrm{j}\omega C_n} = \mathrm{j}\sqrt{\frac{L_n}{C_n}}\left(\frac{\omega}{\omega_0}-\frac{\omega_0}{\omega}\right) \approx 2\mathrm{j}\sqrt{\frac{L_n}{C_n}}\frac{\omega-\omega_0}{\omega_0} \approx 2\mathrm{j}L_n(\omega-\omega_0) \tag{8.123}$$

式中，$L_nC_n = 1/\omega_0^2$。 让式(8.122)和式(8.123)相等，可给出用谐振器参量表示的短截线的特征阻抗为

$$Z_{0n} = \frac{4\omega_0 L_n}{\pi} \tag{8.124}$$

然后，若将短截线之间的 1/4 波长线段考虑为理想的导纳倒相器，则图 8.47a 所示的带阻滤波器可用图 8.48b 所示的等效电路来表示。接着，该等效电路的电路元件与图 8.48c 所示的带阻滤波器原型的集总元件有关。

参考图 8.48b，向 L_2C_2 谐振器看去的导纳 Y 是

$$\begin{aligned} Y &= \frac{1}{\mathrm{j}\omega L_2 + (1/\mathrm{j}\omega C_2)} + \frac{1}{Z_0^2}\left(\frac{1}{\mathrm{j}\omega L_1 + 1/\mathrm{j}\omega C_1} + \frac{1}{Z_0}\right)^{-1} \\ &= \frac{1}{\mathrm{j}\sqrt{L_2/C_2}\left[(\omega/\omega_0)-(\omega_0/\omega)\right]} + \frac{1}{Z_0}\left\{\frac{1}{\mathrm{j}\sqrt{L_1/C_1}\left[(\omega/\omega_0)-(\omega_0/\omega)\right]} + \frac{1}{Z_0}\right\} \end{aligned} \tag{8.125}$$

在图 8.48c 所示的电路中，对应点的导纳是

$$\begin{aligned} Y &= \frac{1}{\mathrm{j}\omega L_2' + (1/\mathrm{j}\omega C_2')} + \left(\frac{1}{\mathrm{j}\omega C_1' + 1/\mathrm{j}\omega L_1'} + Z_0\right)^{-1} \\ &= \frac{1}{\mathrm{j}\sqrt{L_2'/C_2'}\left[(\omega/\omega_0)-(\omega_0/\omega)\right]} + \left\{\frac{1}{\mathrm{j}\sqrt{C_1'/L_1'}\left[(\omega/\omega_0)-(\omega_0/\omega)\right]} + Z_0\right\}^{-1} \end{aligned} \tag{8.126}$$

若满足如下条件，则这两个结果应相等：

$$\frac{1}{Z_0^2}\sqrt{\frac{L_1}{C_1}} = \sqrt{\frac{C_1'}{L_1'}} \tag{8.127a}$$

$$\sqrt{\frac{L_2}{C_2}} = \sqrt{\frac{L_2'}{C_2'}} \tag{8.127b}$$

因为 $L_nC_n = L_n'C_n' = 1/\omega_0^2$，所以由这些结果可以解出 L_n：

$$L_1 = \frac{Z_0^2}{\omega_0^2 L_1'} \tag{8.128a}$$

$$L_2 = L_2' \tag{8.128b}$$

使用式(8.124)和表 8.6 给出的阻抗定标后的带阻滤波器元件，得出短截线特征阻抗为

$$Z_{01} = \frac{4Z_0^2}{\pi\omega_0 L_1'} = \frac{4Z_0}{\pi g_1 \Delta} \tag{8.129a}$$

$$Z_{02} = \frac{4\omega_0 L_2'}{\pi} = \frac{4Z_0}{\pi g_2 \Delta} \tag{8.129b}$$

式中，$\Delta = (\omega_2 - \omega_1)/\omega_0$ 是滤波器的相对带宽。容易看出，带阻滤波器的特征阻抗的一般结果是

$$Z_{0n} = \frac{4Z_0}{\pi g_n \Delta} \tag{8.130}$$

对于使用短路短截线谐振器的带通滤波器，相应的结果是

$$Z_{0n} = \frac{\pi Z_0 \Delta}{4g_n} \tag{8.131}$$

这些结果只适用于输入和输出阻抗为 Z_0 的滤波器，因此不能用于 N 为偶数的等纹波设计。

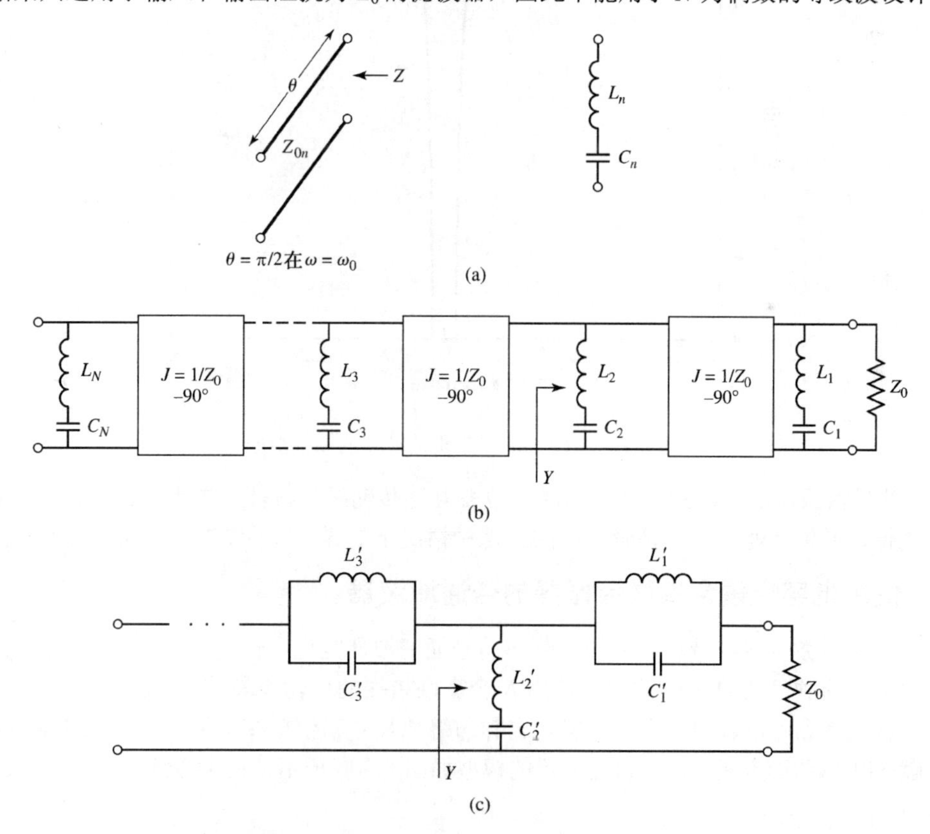

图 8.48　图 8.47a 中带阻滤波器的等效电路：(a)开路短截线 θ 接近 $\pi/2$ 时的等效电路；(b)使用谐振器和导纳倒相器的等效滤波电路；(c)等效的集总元件带阻滤波器

例题 8.8　带阻滤波器设计

使用 $3\lambda/4$ 开路短截线设计一个带阻滤波器，中心频率为 2.0GHz，带宽为 15%，阻抗为 50Ω，等纹波响应为 0.5dB。

解： 相对带宽 $\Delta = 0.15$。表 8.4 给出了 $N = 3$ 时的低通原型值 g_n。于是，短截线的特征阻抗可由式(8.130)求出，结果列于下表：

n	g_n	Z_{0n}
1	1.5963	265.9Ω
2	1.0967	387.0Ω
3	1.5963	265.9Ω

该滤波器电路如图 8.47a 所示。在 2.0GHz 处，所有短截线和传输线的长度都是 $\lambda/4$。该滤波器计算得到的衰减如图 8.49 所示；在通带中纹波略大于 0.5dB，因为在设计公式的推导过程中采用了近似结果。

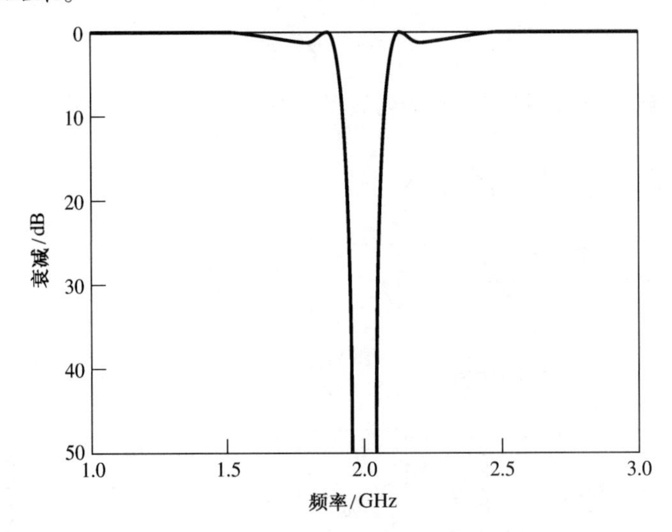

图 8.49　例题 8.8 中带阻滤波器的振幅响应 ■

1/4 波长谐振器滤波器的性能可以通过改变互连传输线的特征阻抗来提升；此外，可以证明耦合线带通或带阻滤波器是精确对应的。这种情况下的详细设计见参考文献[1]。

8.8.2　使用电容性耦合串联谐振器的带通滤波器

另一种可用微带线或带状线方便地制作的带通滤波器是电容性缝隙耦合谐振器滤波器，如图 8.50 所示。这种形式的 N 阶滤波器使用 N 个串联谐振的传输线段，它们之间有 $N+1$ 个电容性缝隙。这些缝隙可以近似为串联电容，电容与缝隙尺寸和传输线参量有关的设计数据，已在参考文献[1]中以图形方式给出。该滤波器的模型如图 8.50b 所示。在中心频率 ω_0 处谐振器的长度近似为 $\lambda/2$。

接着，在串联电容两侧用负长度传输线段来重绘图 8.50b 所示的等效电路。在 ω_0 处，线的长度 $\phi = \lambda/2$，所以图 8.50a, b 中第 i 段的电长度 θ_i 是

$$\theta_i = \pi + \frac{1}{2}\phi_i + \frac{1}{2}\phi_{i+1}, \qquad i = 1, 2, \cdots, N \tag{8.132}$$

式中，$\phi_i < 0$。这样做的原因是，串联电容和负长度传输线的组合形成了导纳倒相器的等效电路，如图 8.38c 所示。要使这个等效关系成立，线的电长度和容性电纳之间的如下关系必须成立：

$$\phi_i = -\arctan(2Z_0B_i) \tag{8.133}$$

于是得出倒相器常数和容性电纳的关系为

$$B_i = \frac{J_i}{1-(Z_0J_i)^2} \tag{8.134}$$

（这些结果在图 8.38 中给出，并且习题 8.15 中要求读者对它们进行推导。）

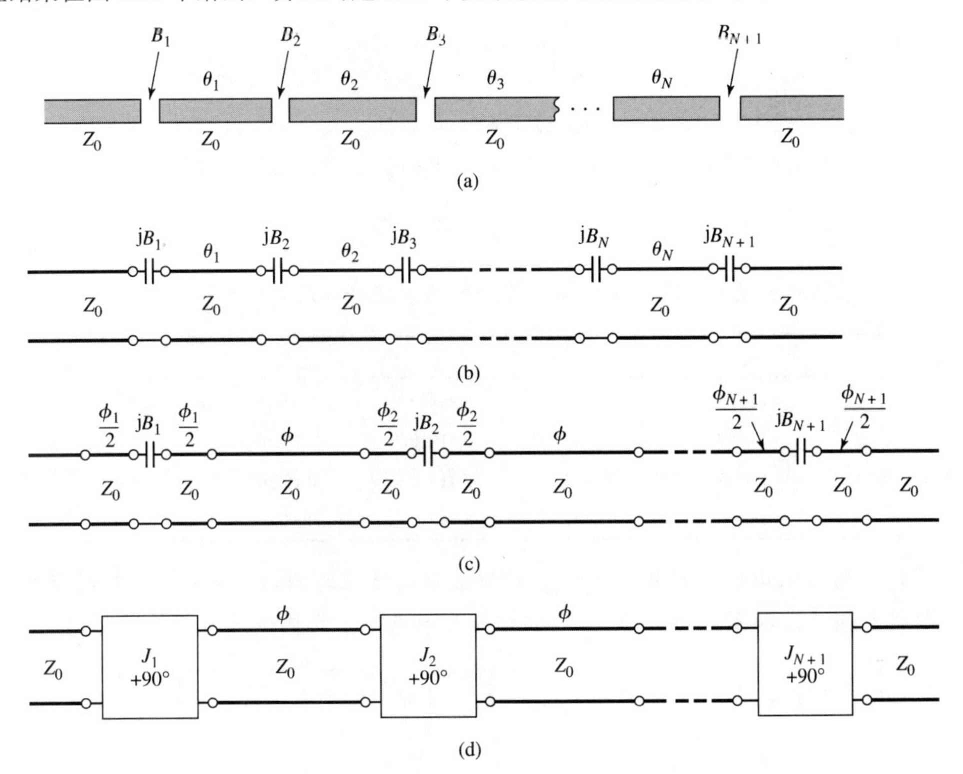

图 8.50　电容性缝隙耦合谐振腔带通滤波器至图 8.45 所示耦合线带通滤波器的等效演化过程：(a)电容性缝隙耦合谐振腔带通滤波器；(b)传输线模型；(c)使用导纳倒相器形成的负长度传输线段模型（$\phi_i/2<0$）；(d)使用倒相器和 $\lambda/2$ 谐振器（在 ω_0 处 $\phi = \pi$）的等效电路。该电路和图 8.45b 中耦合线带通滤波器的等效电路形式上一致

电容性缝隙耦合滤波器可用图 8.50d 建模。现在考虑图 8.45b 所示耦合线带通滤波器的等效电路。因为两个电路相同（在中心频率处有 $\phi = 2\theta = \pi$），所以可用来自耦合线滤波器分析的结果来完成当前的问题。于是，利用式(8.121)，由低通原型值（g_i）和相对带宽 Δ 求出导纳倒相器常数 J_i。如同耦合线滤波器的情况那样，N 阶滤波器有 $N+1$ 个倒相器常数。然后，可以用式(8.134)求出第 i 个耦合缝隙的电纳 B_i。最终，谐振器段的电长度可由式(8.132)和式(8.133)求出为

$$\theta_i = \pi - \frac{1}{2}\left[\arctan(2Z_0B_i) + \arctan(2Z_0B_{i+1})\right] \tag{8.135}$$

例题 8.9　电容性耦合串联谐振器带通滤波器设计

用电容性耦合串联谐振器设计一个带通滤波器，它有 0.5dB 的等纹波带通特性，中心频率为 2.0GHz，带宽为 10%，阻抗为 50Ω，在 2.2GHz 处所需的衰减至少为 20dB。

解：首先求满足 2.2GHz 处衰减特性的阶数。用式(8.71)转换到归一化频率有

$$\omega \leftarrow \frac{1}{\Delta}\left(\frac{\omega}{\omega_0}-\frac{\omega_0}{\omega}\right)=\frac{1}{0.1}\left(\frac{2.2}{2.0}-\frac{2.0}{2.2}\right)=1.91$$

所以

$$\left|\frac{\omega}{\omega_c}\right|-1=1.91-1.0=0.91$$

由图 8.27a，看到 $N=3$ 应满足 2.2GHz 处的衰减特性。表 8.4 给出了低通原型值，由此可用式(8.121)计算倒相器常数，然后由式(8.134)求出耦合电纳和耦合电容值为

$$C_n=\frac{B_n}{\omega_0}$$

最后，谐振器的长度由式(8.135)计算。下表概括了这些结果。

n	g_n	Z_0J_n	B_n	C_n	θ_n
1	1.5963	0.3137	6.96×10^{-3}	0.554pF	155.8°
2	1.0967	0.1187	2.41×10^{-3}	0.192pF	166.5°
3	1.5963	0.1187	2.41×10^{-3}	0.192pF	155.8°
4	1.0000	0.3137	6.96×10^{-3}	0.554pF	—

计算得到的振幅响应如图 8.51 所示。该滤波器的特性与例题 8.8 中的耦合线带通滤波器的特性相同。比较图 8.51 和图 8.46 的结果可以看出，在通带区域附近响应是相同的。

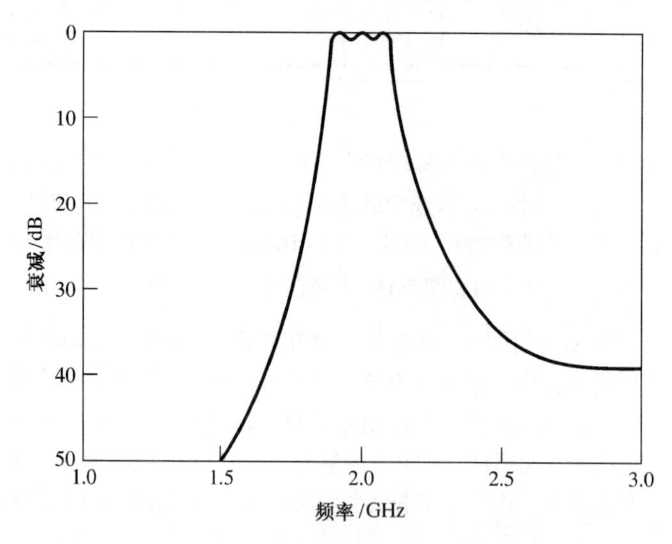

图 8.51　例题 8.9 中电容性缝隙耦合串联谐振器带通滤波器的振幅响应　■

8.8.3 使用电容性耦合并联谐振器的带通滤波器

图 8.52 显示了一种相关类型的带通滤波器，其中短路并联谐振器与串联电容器是电容耦合的。N 阶滤波器将使用 N 个短截线，在滤波器中心频率处短截线略短于 $\lambda/4$。短路短截线谐振器可用同轴线段制成，组成这些同轴线的材料是具有很高介电常数和低损耗的陶瓷材料，因此甚至在 UHF 频率也会导致非常紧凑的设计[9]。这种滤波器通常称为陶瓷谐振器滤波器，是便携式无线系统中的最常用的 RF 带通滤波器，几乎每部手机、GPS 接收机和其他无线设备都使用 2 个或 2 个以上的这种滤波器。

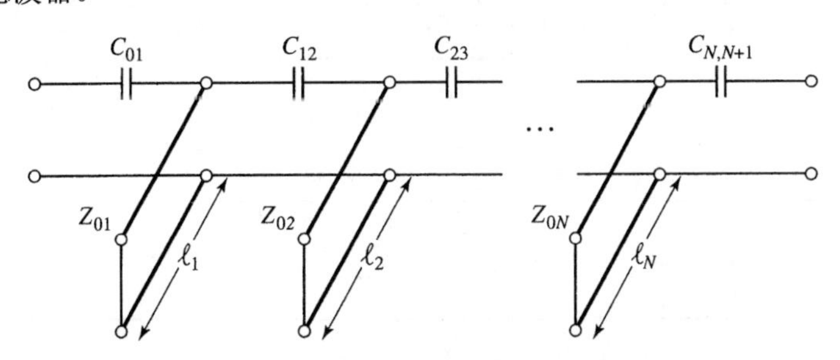

图 8.52　使用电容性耦合并联短截线谐振器的带通滤波器

要了解这种滤波器的工作原理和设计，可从图 8.53a 所示的普通带通滤波器电路开始，其中并联 LC 谐振器与导纳倒相器交替出现。类似于前面的耦合谐振器带通和带阻滤波器，导纳倒相器的作用是把交替出现的并联谐振器转换为串联谐振器；两端附加的倒相器用来将滤波器的定标阻抗数值转换为实际数值。使用类似于带阻滤波器的分析方法，推出导纳倒相器常数为

$$Z_0 J_{01} = \sqrt{\frac{\pi\Delta}{4g_1}} \tag{8.136a}$$

$$Z_0 J_{n,n+1} = \frac{\pi\Delta}{4\sqrt{g_n g_{n+1}}} \tag{8.136b}$$

$$Z_0 J_{N,N+1} = \sqrt{\frac{\pi\Delta}{4g_N g_{N+1}}} \tag{8.136c}$$

同样，可求出耦合电容器的值为

$$C_{01} = \frac{J_{01}}{\omega_0\sqrt{1-(Z_0 J_{01})^2}} \tag{8.137a}$$

$$C_{n,n+1} = \frac{J_{n,n+1}}{\omega_0} \tag{8.137b}$$

$$C_{N,N+1} = \frac{J_{N,N+1}}{\omega_0\sqrt{1-(Z_0 J_{N,N+1})^2}} \tag{8.137c}$$

注意，对两端电容的处理不同于内部元件。

现在，为产生图 8.53b 所示的等效集总元件电路，用图 8.38d 所示的等效 π 形网络代替图 8.53a 所示的导纳倒相器。注意，导纳倒相器电路的并联电容是负的，但这些元件与 LC 谐振器的较大电容并联在一起可给出正电容值。最后的电路如图 8.53c 所示，其中有效谐振器电容值为

$$C_n' = C_n + \Delta C_n = C_n - C_{n-1,n} - C_{n,n+1} \tag{8.138}$$

式中，$\Delta C_n = -C_{n-1,n} - C_{n,n+1}$ 表示倒相器元件并联导致的谐振器电容的改变。

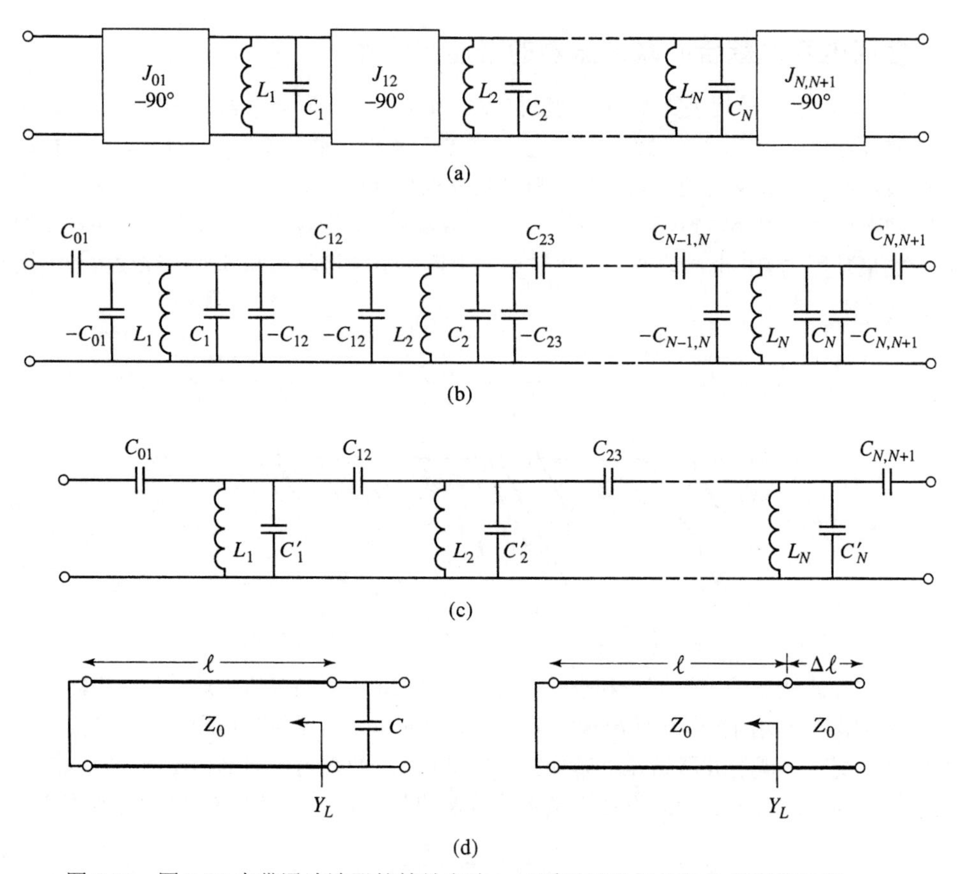

图 8.53　图 8.52 中带通滤波器的等效电路：(a)采用导纳倒相器的并联谐振器的普通带通滤波器电路；(b)导纳倒相器用图 8.38d 所示的电路实现；(c)并联电容元件合并后；(d)并联电容导致的谐振短截线长度的改变

最终，图 8.53c 所示的并联 LC 谐振器已用短路传输线短截线代替，就像在图 8.52 中的电路那样。注意，短截线谐振器的谐振频率不再是 ω_0，因为谐振电容值已被调整了 ΔC_n。这意味着谐振器在中心频率 ω_0 处的长度小于 $\lambda/4$。考虑了电容变化的短截线长度的变换如图 8.53d 所示。在线的输入端，有一个并联电容的短路线段的输入导纳是

$$Y = Y_L + \mathrm{j}\omega_0 C \tag{8.139a}$$

式中，$Y_L = \dfrac{-\mathrm{j}}{Z_0}\cot\beta\ell$。若该电容用长为 $\Delta\ell$ 的短传输线代替，则输入导纳是

$$Y = \frac{1}{Z_0}\frac{Y_L + \mathrm{j}\dfrac{1}{Z_0}\tan\beta\Delta\ell}{\dfrac{1}{Z_0} + \mathrm{j}Y_L\tan\beta\Delta\ell} \approx Y_L + \mathrm{j}\frac{\beta\Delta\ell}{Z_0} \tag{8.139b}$$

最后一步的近似使用了 $\beta\Delta\ell \ll 1$，这符合这类滤波器的实际情况。比较式(8.139b)和式(8.139a)可以得出用电容值表示的短截线长度的改变值为

$$\Delta\ell = \frac{Z_0\omega_0 C}{\beta} = \left(\frac{Z_0\omega_0 C}{2\pi}\right)\lambda \tag{8.140}$$

注意，$C<0$ 时有 $\Delta\ell<0$，表明短截线的长度变短。因此，总的短截线长度为

$$\ell_n=\frac{\lambda}{4}+\left(\frac{Z_0\omega_0\Delta C_n}{2\pi}\right)\lambda \tag{8.141}$$

式中，ΔC_n 由式(8.138)定义，短截线谐振器的特征阻抗是 Z_0。

在陶瓷谐振器滤波器的特性中，介质材料特性起重要作用。要在无线应用的典型频率下提供微型化，需要有高介电常数的材料。损耗必须低到足以提供具有高 Q 值的谐振器，进而实现低通带插入损耗和最大阻带衰减。此外，介电常数必须稳定，以避免在正常工作条件下因温度变化而导致滤波器通带的漂移。介质谐振腔滤波器用得最多的材料通常是陶瓷，如钛酸钡、钛酸锌/锶和各种氧化钛化合物。例如，钛酸锌/锶陶瓷材料的介电常数是 36，在 4GHz 处 Q 值为 10000，介电常数温度系数为−7ppm/℃。

例题 8.10　电容性耦合并联谐振器带通滤波器设计

使用电容性耦合短路并联短截线谐振器设计一个 3 阶带通滤波器，其等纹波响应为 0.5dB，中心频率为 2.5GHz，带宽为 10%，阻抗为 50Ω。3.0GHz 处的衰减是多少？

解： 首先计算 3.0GHz 处的衰减。用式(8.71)将 3.0GHz 转换到归一化低通形式有

$$\omega\leftarrow\frac{1}{\Delta}\left(\frac{\omega}{\omega_0}-\frac{\omega_0}{\omega}\right)=\frac{1}{0.1}\left(\frac{3.0}{2.5}-\frac{2.5}{3.0}\right)=3.667$$

然后，为了使用图 8.27a，算出横轴上的值是

$$\left|\frac{\omega}{\omega_c}\right|-1=|-3.667|-1=2.667$$

由此找出衰减为 35dB。

接着，用式(8.136)和式(8.137)计算导纳倒相器常数和耦合电容器值：

n	g_n	$Z_0J_{n-1,n}$	$C_{n-1,n}$/pF
1	1.5963	$Z_0J_{01}=0.2218$	$C_{01}=0.2896$
2	1.0967	$Z_0J_{12}=0.0594$	$C_{12}=0.0756$
3	1.5963	$Z_0J_{23}=0.0594$	$C_{23}=0.0756$
4	1.0000	$Z_0J_{34}=0.2218$	$C_{34}=0.2896$

然后用式(8.138)、式(8.140)和式(8.141)求出所需的谐振器长度：

n	ΔC_n/pF	$\Delta\ell_n/\lambda$	ℓ/°
1	−0.3652	−0.04565	73.6
2	−0.1512	−0.0189	83.2
3	−0.3652	−0.04565	73.6

注意，谐振器长度略小于 90°（$\lambda/4$）。计算得到的该设计的振幅响应如图 8.54 所示。阻带在高频处的滚降慢于低频处的滚降，在 3.0GHz 处看到的衰减约为 30dB，而计算得到的典型集总元件带通滤波器的值是 35dB。■

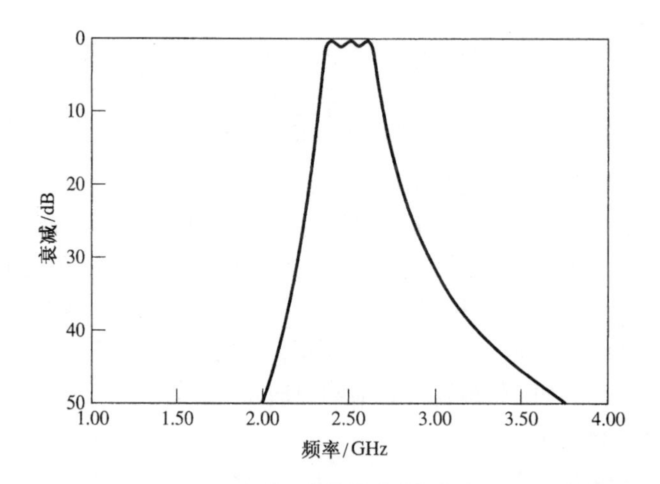

图 8.54　例题 8.10 中的电容性耦合并联谐振器带通滤波器的振幅响应

图 8.55 显示了采用许多不同类型滤波器的宽带接收器的下变频器模块。

图 8.55　一个宽带下变频器的照片。多个 PIN 二极管开关、滤波器组、放大器和混合器用于覆盖频率范围 10MHz～27GHz。在该模块中可以看到不同类型的滤波器，包括短截线滤波器、耦合线滤波器和阶跃阻抗滤波器。左侧的微带短截线滤波器是一个低通 21 孔滤波器，其截止频率为 5.4GHz，对 5.8～9.0GHz 的抑制大于 75dB。承蒙 LNX Corporation, Salem, N. H.许可

参考文献

[1] G. L. Matthaei, L. Young, and E. M. T. Jones, *Microwave Filters, Impedance-Matching Networks, and Coupling Structures*, Artech House, Dedham, Mass., 1980.

[2] R. E. Collin, *Foundations for Microwave Engineering*, 2nd edition, Wiley-IEEE Press, Hoboken, N.J., 2001.

[3] J. A. G. Malherbe, *Microwave Transmission Line Filters*, Artech House, Dedham, Mass., 1979.

[4] W. A. Davis, *Microwave Semiconductor Circuit Design*, Van Nostrand Reinhold, New York, 1984.

[5] R. F. Harrington, *Time-Harmonic Electromagnetic Fields*, McGraw-Hill, New York, 1961.

[6] P. I. Richards, "Resistor-Transmission Line Circuits," *Proceedings of the IRE*, vol. 36, pp. 217–220, February 1948.

[7] S. B. Cohn, "Parallel-Coupled Transmission-Line-Resonator Filters," *IRE Transactions on Microwave Theory and Techniques*, vol. MTT-6, pp. 223–231, April 1958.

[8] E. M. T. Jones and J. T. Bolljahn, "Coupled-Strip-Transmission Line Filters and Directional Couplers," *IRE Transactions on Microwave Theory and Techniques*, vol. MTT-4, pp. 78–81, April 1956.

[9] M. Sagawa, M. Makimoto, and S. Yamashita, "A Design Method of Bandpass Filters Using Dielectric-Filled Coaxial Resonators," *IEEE Transactions on Microwave Theory and Techniques*, vol. MTT-33, pp. 152–157, February 1985.

习题

8.1 对下图所示的无限长周期结构，画出 k–β 示意图。假定 $Z_0 = 75\Omega$，$d = 1.0$cm，$k = k_0$ 和 $L_0 = 1.25$nH。

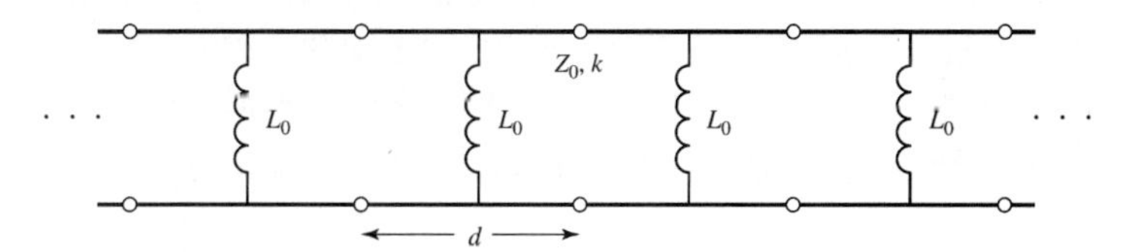

8.2 证明表 8.1 给出的 π 形网络的镜像阻抗公式成立。

8.3 对下图所示的网络，计算镜像阻抗和传播因数。

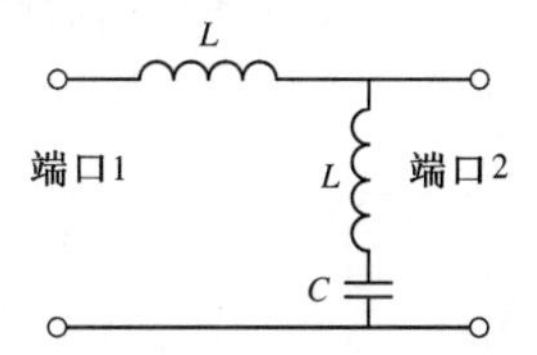

8.4 用镜像参量法设计一个复合低通滤波器，该滤波器具有下列特性：$R_0 = 50\Omega$，$f_c = 50$MHz 和 $f_\infty = 52$MHz。用 CAD 画出插入损耗与频率的关系曲线。

8.5 用镜像参量法设计一个综合高通滤波器，该滤波器具有下列特性：$R_0 = 75\Omega$，$f_c = 50$MHz 和 $f_\infty = 48$MHz。用 CAD 画出插入损耗与频率的关系曲线。

8.6 求解 8.3 节中 $N = 2$ 的等纹波滤波器元件的设计公式，假定纹波设定值为 1dB。

8.7 设计一个低通最平坦集总元件滤波器，其通带为 0～2GHz，在 3.4GHz 处的衰减为 20dB，特征阻抗为 50Ω。用 CAD 画出插入损耗与频率的关系曲线。

8.8 设计一个高通集总元件滤波器，其等纹波响应为 3dB，截止频率为 3GHz，2.0GHz 处的插入损耗至少为 30dB。特征阻抗为 75Ω。用 CAD 画出插入损耗与频率的关系曲线。

8.9 设计一个 4 节带通集总元件滤波器，它有最平坦的群时延响应，中心频率为 2GHz，带宽为 5%，阻抗为 50Ω。用 CAD 画出插入损耗与频率的关系曲线。

8.10 设计一个 3 节带阻集总元件滤波器，其等纹波响应为 0.5dB，带宽为 10%，中心频率为 3GHz，阻抗为 75Ω。在 3.1GHz 处衰减是多少？用 CAD 画出插入损耗与频率的关系曲线。

8.11 通过计算两个电路的 *ABCD* 矩阵，证明表 8.7 中第二个科洛达恒等关系成立。

8.12 只用串联短截线设计一个低通 3 阶最平坦滤波器。截止频率为 6GHz，阻抗为 50Ω。用 CAD 画出插入损耗与频率的关系曲线。

8.13 只用串联短截线设计一个低通 4 阶最平坦滤波器。截止频率为 8GHz，阻抗为 50Ω。用 CAD 画出插入损耗与频率的关系曲线

8.14 验证图 8.38c 中导纳倒相器的工作原理，方法是计算其 *ABCD* 矩阵并与用 1/4 波长传输线制作的导纳导相器的 *ABCD* 矩阵进行比较。

8.15 证明由短传输线的 π 形等效电路可得出大和小特征阻抗等效电路，这两个等效电路分别与图 8.39b 和图 8.39c 相同。

8.16 设计一个阶跃阻抗低通滤波器，其截止频率为 3GHz，5 阶等纹波响应为 0.5dB。假定 $R_0 = 50\Omega$，$Z_\ell = 15\Omega$ 和 $Z_h = 120\Omega$。(a)求所需 5 节的电长度，并用 CAD 画出从 0 到 6GHz 的插入损耗；(b)该滤波器在 FR4 基片上使用实现微带布线，FR4 基片的 $\epsilon_r = 4.2$，$d = 0.079\text{cm}$，$\tan\delta = 0.02$，铜导体厚 0.5mil。用 CAD 画出滤波器通带内插入损耗与频率的关系曲线，并与无耗情况进行比较。

8.17 用图 8.39a 所示的精确传输线等效电路，设计一个 $f_c = 2.0\text{GHz}$ 和 $R_0 = 50\Omega$ 的阶跃阻抗低通滤波器。假定有一个 $N = 5$ 的最平坦响应，求解必需的线长和阻抗，假定 $Z_\ell = 10\Omega$ 和 $Z_h = 150\Omega$。用 CAD 画出插入损耗与频率的关系曲线。

8.18 设计一个等纹波响应为 0.5dB 的 4 节耦合线带通滤波器，其中心频率为 2.45GHz，带宽为 10%，阻抗为 50Ω。(a)求耦合线段所需的偶模和奇模阻抗，计算 2.1GHz 处的准确衰减值，用 CAD 画出从 1.55GHz 至 3.35GHz 的插入损耗；(b)画出在 FR4 基片上使用微带实现的布局，基片的 $\epsilon_r = 4.2$，$d = 0.158\text{cm}$，$\tan\delta = 0.01$，铜导体厚 0.5mil。用 CAD 画出滤波器通带中的插入损耗与频率的关系曲线，并与无耗情况进行比较。

8.19 下图所示的 Schiffman 移相器可在相对较宽的频率范围内产生 90° 差分相移。它由一个长为 θ 的耦合线段和一个长为 3θ 的传输线组成；在中间频带有 $\theta = \pi/2$。传输线的特征阻抗是 $Z_0 = \sqrt{Z_{0e}Z_{0o}}$，其中 Z_{0e} 和 Z_{0o} 是耦合线段的偶模和奇模阻抗。使用 8.7 节的分析，求通过耦合线段的相移，并求两个输出间的差分相移。对于 $Z_{0e}/Z_{0o} = 2.7$，从 $\theta = 0$ 到 π 画出差分相移，并求相移为 $90° \pm 2.5°$ 时的带宽。

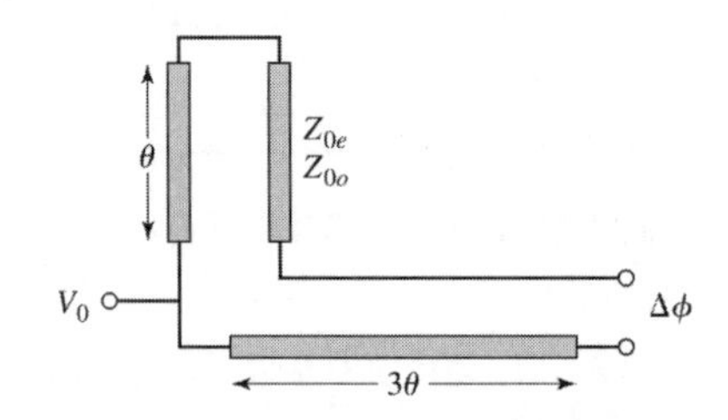

8.20 用 4 个开路 1/4 波长短截线谐振器，设计一个最平坦带阻滤波器，其中心频率为 3GHz，带宽为 15%，阻抗为 40Ω。用 CAD 画出插入损耗与频率的关系曲线。

8.21 用 3 个 1/4 波长短路短截线谐振器设计一个带通滤波器，该滤波器的等纹波响应为 0.5dB，中心频率为 3GHz，带宽为 20%，阻抗为 100Ω。(a)求谐振器所需的特征阻抗，用 CAD 画出从 1GHz 到 5GHz 的插入损耗；(b)画出谐振器在 FR4 基片上使用微带实现的布局，基片的 $\epsilon_r = 4.2$，$d = 0.079\text{cm}$，$\tan\delta = 0.02$，铜导体厚 0.5mil。用 CAD 画出该滤波器通带中插入损耗与频率的关系曲线，并与无耗情况进行对比。

8.22 推导使用 1/4 波长短路短截线谐振器的带通滤波器的设计公式(8.131)。

8.23 设计一个使用电容性缝隙耦合谐振器的带通滤波器。响应应该是最平坦的，中心频率为 4GHz，带宽为 12%，在 3.6GHz 下至少有 12dB 衰减，特征阻抗为 50Ω。求线的电长度和耦合电容值。用 CAD 画出插入损耗与频率的关系曲线。

8.24 设计一个用于 PCS 接收机的带通滤波器，接收机的工作频带为 824～849MHz，在发射频段（869～894MHz）的最低端，必须提供至少 30dB 的隔离度。用电容性耦合短路并联谐振器设计一个满足这些特性的 1dB 等纹波带通滤波器。假定阻抗为 50Ω。

8.25 推导电容性耦合并联短截线谐振器的带通滤波器的设计公式(8.136)和公式(8.137)。

第 9 章　铁氧体元件的理论与设计

迄今为止讨论的元件和网络都是互易的。也就是说，一个元件在任何二端口 i 和 j 之间的响应与信号流的方向无关（于是有 $S_{ij} = S_{ji}$）。由无源和各向同性材料组成的元件都属于这种情形，若元件包含有源器件或各向异性材料，则能得到非互易特性。在某些情形（如环形器、隔离器）下，非互易是一种有用的性质；而在其他情形（如晶体管放大器、铁氧体移相器）下，非互易是一种辅助性质。

第 1 章中讨论了具有电各向异性（张量介电常数）和磁各向异性（张量磁导率）的材料。微波应用中最实用的各向异性材料是亚铁磁性复合材料，也称铁氧体，如 YIG（钇铁石榴石）和由铁氧化物与各种其他元素（如铝、钴、镁和镍）构成的材料。与铁磁性材料（如铁和钢）相比，亚铁磁性材料在微波频率下具有高的电阻率和明显的各向异性。如后所述，铁磁性材料的磁各向异性实际上是由外加的直流偏置磁场导致的。该磁场使得亚铁磁性材料中的磁偶极子按同一方向排列，产生合成（非零）的磁偶极矩，并使磁偶极子以偏置磁场强度控制的频率进动。与进动同一方向的圆极化微波信号将与偶极矩发生强烈的相互作用，而相反方向极化的场将发生较弱的相互作用。因此，对于给定的旋转方向，极化的含义将随传播方向的改变而改变，微波信号通过磁偏铁氧体的传播特性在不同方向上是不同的。这一效应可用来制作方向性器件，如隔离器、环形器和回转器。亚铁磁性材料的另一个有用特性是，通过调整偏置磁场强度，可控制其与外加微波信号的相互作用。这个效应导致了各种各样的控制器件，如相移器、转换开关及可调谐谐振器和滤波器。

将铁氧体材料与顺电材料进行对比很有趣，后者几乎是铁氧体材料的对偶形式。某些陶瓷化合物，如铌酸锂和钛酸钡，都有介电常数受直流偏置电场控制的性质。顺电材料因此可用于可变相移器和其他控制元件。与铁氧体材料不同的是，顺电材料也是各向同性的，因此顺电器件是互易的。块状顺电材料通常具有非常高的介电常数和损耗角正切，因此现代应用通常使用叠加在基片上的顺电材料的薄膜胶片。

首先，考虑亚铁磁性材料的微观性质及其与微波信号的相互作用，以便导出磁导率张量。然后，使用麦克斯韦方程组宏观描述材料，分析波在无限大铁氧体媒质中与在铁氧体加载波导中的传播。这些典型的问题将阐明亚铁磁性材料的非互易传播特性，包括法拉第旋转和双折射效应，并在后面各节中用来讨论波导相移器和隔离器的工作特性与设计。

9.1　亚铁磁性材料的基本性质

本节说明如何从原子的相对简单的微观观点导出亚铁磁材料的磁导率张量，并讨论损耗如何影响磁导率张量，以及一片在有限尺寸铁氧体内的退磁场。

9.1.1　磁导率张量

材料的磁性由存在磁偶极矩导致，而磁偶极矩主要由电子自旋引起。根据量子力学[1]，一个电子因自旋导致的磁偶极矩为

$$m = \frac{q\hbar}{2m_e} = 9.27\times10^{-24}\,\mathrm{A\cdot m^2} \tag{9.1}$$

式中，$\hbar$ 是除以 2π 后的普朗克常数，q 是电子电荷，m_e 是电子质量。在围绕原子核的轨道上运动的一个电子会引起一个有效的电流环，进而引起一个附加的磁矩，但该效应与自旋造成的磁矩相比通常无足轻重。朗德因子 g 是轨道矩和自旋矩相对于总磁矩的贡献的测度；磁矩仅由轨道运动引起时，$g = 1$；磁矩仅由自旋引起时，$g = 2$。对绝大多数微波铁氧体材料，g 的值域为 1.98～2.01，所以 $g = 2$ 是很好的近似值。

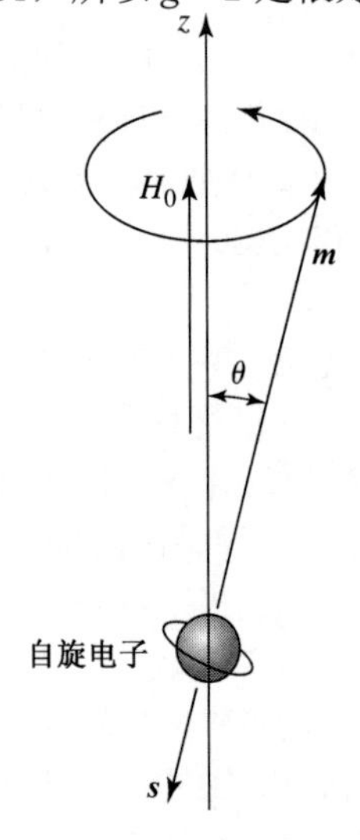

图 9.1　自旋电子的自旋偶极矩和角动量向量

在大多数固体中，电子自旋成对出现，且符号相反，因此总磁矩可以忽略不计。然而，在磁性材料中，大部分电子自旋不是成对出现的（左手自旋大于右手自旋，或右手自旋大于左手自旋），磁矩的指向是无规律的，因此总磁矩仍然很小。在外磁场作用下，偶极矩可沿同一方向排列，产生一个大的总磁矩。移走外磁场后，存在的交换力会使得相邻的电子自旋对齐；于是称这样的材料为永磁材料。

电子有一个自旋角动量，它可用普朗克常数表示为[1, 2]

$$s = \frac{\hbar}{2} \tag{9.2}$$

该动量的向量方向与自旋磁偶极矩的方向相反，如图 9.1 所示。自旋磁矩与自旋角动量之比是一常数，称为*旋磁比*：

$$\gamma = \frac{m}{s} = \frac{q}{m_e} = 1.759 \times 10^{11}\,\mathrm{C/kg} \tag{9.3}$$

式中用到了式(9.1)和式(9.2)。于是，磁矩和角动量之间的向量关系为

$$\boldsymbol{m} = -\gamma \boldsymbol{s} \tag{9.4}$$

式中出现负号是因为这两个向量的方向相反。

存在偏置磁场 $\boldsymbol{H}_0 = \boldsymbol{z}H_0$ 时，一个转矩将作用到磁偶极子上：

$$\boldsymbol{T} = \boldsymbol{m} \times \boldsymbol{B}_0 = \mu_0 \boldsymbol{m} \times \boldsymbol{H}_0 = -\mu_0 \gamma \boldsymbol{s} \times \boldsymbol{H}_0 \tag{9.5}$$

因为转矩等于角动量的时间变化率，所以有

$$\frac{\mathrm{d}\boldsymbol{s}}{\mathrm{d}t} = \frac{-1}{\gamma}\frac{\mathrm{d}\boldsymbol{m}}{\mathrm{d}t} = \boldsymbol{T} = \mu_0 \boldsymbol{m} \times \boldsymbol{H}_0$$

或

$$\frac{\mathrm{d}\boldsymbol{m}}{\mathrm{d}t} = -\mu_0 \gamma \boldsymbol{m} \times \boldsymbol{H}_0 \tag{9.6}$$

这是磁偶极矩 $\boldsymbol{m}$ 的运动方程。下面求解该方程，证明磁偶极子绕 H_0 场向量进动时有如一个自旋陀螺绕垂直轴进动。

将式(9.6)用三个向量分量写出，有

$$\frac{\mathrm{d}m_x}{\mathrm{d}t} = -\mu_0 \gamma m_y H_0 \tag{9.7a}$$

$$\frac{\mathrm{d}m_y}{\mathrm{d}t} = \mu_0 \gamma m_x H_0 \tag{9.7b}$$

$$\frac{\mathrm{d}m_z}{\mathrm{d}t} = 0 \tag{9.7c}$$

现在用式(9.7a)和式(9.7b)得到 m_x 和 m_y 的两个方程：

$$\frac{\mathrm{d}^2 m_x}{\mathrm{d}t^2} + \omega_0^2 m_x = 0 \tag{9.8a}$$

$$\frac{\mathrm{d}^2 m_y}{\mathrm{d}t^2}+\omega_0^2 m_y=0 \tag{9.8b}$$

式中，

$$\omega_0=\mu_0\gamma H_0 \tag{9.9}$$

称为拉莫或进动频率。与式(9.7a, b)兼容的式(9.8)的一个解为

$$m_x = A\cos\omega_0 t \tag{9.10a}$$

$$m_y = A\sin\omega_0 t \tag{9.10b}$$

式(9.7c)表明 m_z 是一个常量，而式(9.1)表明 $\boldsymbol{m}$ 的数值也是一个常量，所以有以下关系：

$$|\boldsymbol{m}|^2=\left(\frac{q\hbar}{2m_e}\right)^2=m_x^2+m_y^2+m_z^2=A^2+m_z^2 \tag{9.11}$$

于是，在 $\boldsymbol{m}$ 和 $\boldsymbol{H}_0$（z 轴）之间的进动角 θ 由下式给出：

$$\sin\theta=\frac{\sqrt{m_x^2+m_y^2}}{|\boldsymbol{m}|}=\frac{A}{|\boldsymbol{m}|} \tag{9.12}$$

$\boldsymbol{m}$ 在 xy 平面上的投影由式(9.10)给出，它表明 $\boldsymbol{m}$ 在该平面上的轨迹是一个圆形路径。该投影在时刻 t 的位置由 $\phi=\omega_0 t$ 给出，所以旋转的角速率是 $\mathrm{d}\phi/\mathrm{d}t=\omega_0$，即进动频率。不存在任何阻尼力时，实际的进动角由磁偶极子的初始位置确定，同时偶极子在该角度上相对于 $\boldsymbol{H}_0$ 做无限期的进动（自由进动）。然而，阻尼力的存在事实上将使得偶极矩从其初始角盘旋下落，直到 $\boldsymbol{m}$ 与 $\boldsymbol{H}_0(\theta=0)$ 对齐为止。

现在假设单位体积内有 N 个非平衡的电子自旋（磁偶极子），则总磁化强度为

$$\boldsymbol{M}=N\boldsymbol{m} \tag{9.13}$$

此时，式(9.6)中的运动方程为

$$\frac{\mathrm{d}\boldsymbol{M}}{\mathrm{d}t}=-\mu_0\gamma\boldsymbol{M}\times\boldsymbol{H} \tag{9.14}$$

式中，$\boldsymbol{H}$ 是外加场（注意，第 1 章中用 $\boldsymbol{P}_m$ 表示磁化强度，用 $\boldsymbol{M}$ 表示磁流；而在此处用 $\boldsymbol{M}$ 表示磁化强度，因为这是在亚铁磁学中的约定。由于本章中不使用磁流，因此应当不会引起混淆）。当偏置场强 H_0 增大时，会有更多的偶极子与 H_0 排成一线，直到全部偶极子排成一线为止，同时 $\boldsymbol{M}$ 达到上限，如图 9.2 所示。此时该材料称为*磁饱和的*，并用 M_s 代表*饱和磁化强度*。这样，M_s 就是铁氧体材料的一个物理特性，其值域通常为 $4\pi M_s=300\sim5000\text{G}$（附录 H 中列出了某些微波铁氧体材料的饱和磁化强度和其他物理特性）。对于欠饱和的情况，微波频率下铁氧体材料中的损耗很大，其射频相互作用减弱。因此，铁氧体通常工作在饱和状态下，且这一假设适用于本章的剩余内容。

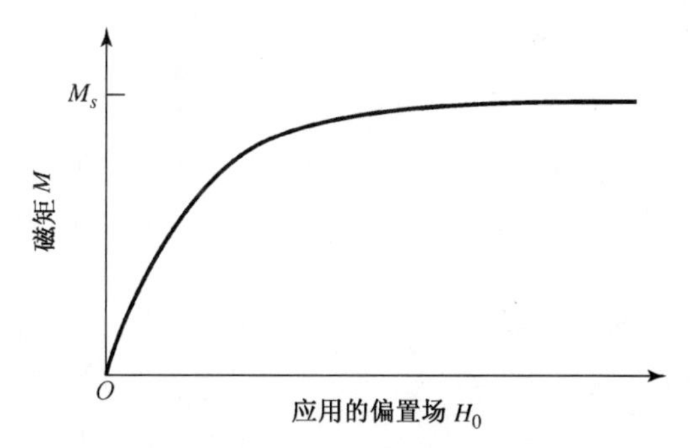

图 9.2　一种亚铁磁材料的磁矩与偏置场 H_0 的关系曲线

材料的饱和磁化强度是温度的强函数，它随着温度的升高而减小。该效应可以这样来理解，即原子的振动能量随着温度的升高而增加，这就使得我们更难以把所有磁偶极子排列成行。在足够高的温度下，热能大于外磁场提供的能量，此时净磁化强度为零。该温度称为*居里温度* T_C。

现在考虑一个小交流（微波）磁场与磁饱和铁氧体材料的相互作用。这样的磁场会使得偶极

矩在外加交流场的频率下绕 $\boldsymbol{H}_0(z)$ 轴做强迫进动，非常像交流同步马达的运动。我们对感兴趣的所有铁氧体元件采用小信号近似，但有些应用要求使用高功率信号来获得有用的非线性效应。

设 $\boldsymbol{H}$ 是外加的交流场，则总磁场强度是

$$\boldsymbol{H}_t = H_0\boldsymbol{z} + \boldsymbol{H} \tag{9.15}$$

式中假设 $|\boldsymbol{H}| \ll H_0$。这样的场在铁氧体材料中产生的总磁化强度为

$$\boldsymbol{M}_t = M_s\boldsymbol{z} + \boldsymbol{M} \tag{9.16}$$

式中，M_s 是（直流）饱和磁化强度，$\boldsymbol{M}$ 是由 $\boldsymbol{H}$ 造成的附加（交流）磁化强度（在 xy 平面上）。把式(9.16)和式(9.15)代入式(9.14)，可给出以下分量运动方程：

$$\frac{\mathrm{d}M_x}{\mathrm{d}t} = -\mu_0\gamma M_y(H_0 + H_z) + \mu_0\gamma(M_s + M_z)H_y \tag{9.17a}$$

$$\frac{\mathrm{d}M_y}{\mathrm{d}t} = \mu_0\gamma M_x(H_0 + H_z) - \mu_0\gamma(M_s + M_z)H_x \tag{9.17b}$$

$$\frac{\mathrm{d}M_z}{\mathrm{d}t} = -\mu_0\gamma M_x H_y + \mu_0\gamma M_y H_x \tag{9.17c}$$

因为 $\mathrm{d}M_s/\mathrm{d}t = 0$。由于 $|\boldsymbol{H}| \ll H_0$，所以有 $|\boldsymbol{M}||\boldsymbol{H}| \ll |\boldsymbol{M}|H_0$ 和 $|\boldsymbol{M}||\boldsymbol{H}| \ll M_s|\boldsymbol{H}|$，因而可省略乘积 MH。这样，式(9.17)就化为

$$\frac{\mathrm{d}M_x}{\mathrm{d}t} = -\omega_0 M_y + \omega_m H_y \tag{9.18a}$$

$$\frac{\mathrm{d}M_y}{\mathrm{d}t} = \omega_0 M_x - \omega_m H_x \tag{9.18b}$$

$$\frac{\mathrm{d}M_z}{\mathrm{d}t} = 0 \tag{9.18c}$$

式中 $\omega_0=\mu_0\gamma H_0$ 和 $\omega_m = \mu_0\gamma M_s$。对式(9.18a)和式(9.18b)求解得到 M_x 和 M_y 的以下微分方程：

$$\frac{\mathrm{d}^2 M_x}{\mathrm{d}t^2} + \omega_0^2 M_x = \omega_m\frac{\mathrm{d}H_y}{\mathrm{d}t} + \omega_0\omega_m H_x \tag{9.19a}$$

$$\frac{\mathrm{d}^2 M_y}{\mathrm{d}t^2} + \omega_0^2 M_y = -\omega_m\frac{\mathrm{d}H_x}{\mathrm{d}t} + \omega_0\omega_m H_y \tag{9.19b}$$

这些方程是在假设小信号条件下磁偶极子做强迫进动时的运动方程。至此，就可很容易地进一步得出铁氧体的磁导率张量；做到这一点之后，我们从物理上解释所考虑圆极化交变场下的磁相互作用过程。

若交变 $\boldsymbol{H}$ 场有 $\mathrm{e}^{\mathrm{j}\omega t}$ 的时间谐变关系，则式(9.19)的交流稳态解简化为以下相量方程：

$$\left(\omega_0^2 - \omega^2\right)M_x = \omega_0\omega_m H_x + \mathrm{j}\omega\omega_m H_y \tag{9.20a}$$

$$\left(\omega_0^2 - \omega^2\right)M_y = -\mathrm{j}\omega\omega_m H_x + \omega_0\omega_m H_y \tag{9.20b}$$

它表明 $\boldsymbol{H}$ 和 $\boldsymbol{M}$ 之间存在线性关系。就像在式(1.24)中那样，式(9.20)可用张量磁化率 χ 将 $\boldsymbol{H}$ 和 $\boldsymbol{M}$ 联系起来：

$$\boldsymbol{M} = \boldsymbol{\chi}\boldsymbol{H} = \begin{bmatrix} \chi_{xx} & \chi_{xy} & 0 \\ \chi_{yx} & \chi_{yy} & 0 \\ 0 & 0 & 0 \end{bmatrix}\boldsymbol{H} \tag{9.21}$$

式中，χ 的元素给出如下：

$$\chi_{xx} = \chi_{yy} = \frac{\omega_0\omega_m}{\omega_0^2 - \omega^2} \tag{9.22a}$$

$$\chi_{xy} = -\chi_{yx} = \frac{j\omega\omega_m}{\omega_0^2 - \omega^2} \tag{9.22b}$$

在上述假定下，材料的磁矩不受 $\boldsymbol{H}$ 的 z 分量影响。

为把 $\boldsymbol{B}$ 和 $\boldsymbol{H}$ 联系起来，由式(1.23)有

$$\boldsymbol{B} = \mu_0(\boldsymbol{M} + \boldsymbol{H}) = \boldsymbol{\mu}\boldsymbol{H} \tag{9.23}$$

其中张量磁导率 $\boldsymbol{\mu}$ 为

$$\boldsymbol{\mu} = \mu_0(\boldsymbol{U} + \boldsymbol{\chi}) = \begin{bmatrix} \mu & \mathrm{j}\kappa & 0 \\ -\mathrm{j}\kappa & \mu & 0 \\ 0 & 0 & \mu_0 \end{bmatrix} \quad (z\text{偏置}) \tag{9.24}$$

磁导率张量的元素为

$$\mu = \mu_0(1 + \chi_{xx}) = \mu_0(1 + \chi_{yy}) = \mu_0\left(1 + \frac{\omega_0\omega_m}{\omega_0^2 - \omega^2}\right) \tag{9.25a}$$

$$\kappa = -\mathrm{j}\mu_0\chi_{xy} = \mathrm{j}\mu_0\chi_{yx} = \mu_0\frac{\omega\omega_m}{\omega_0^2 - \omega^2} \tag{9.25b}$$

具有这种形式的磁导率张量的材料称为*旋磁性的*；注意，$\boldsymbol{H}$ 的 $\boldsymbol{x}$（或 $\boldsymbol{y}$）分量会同时引起 $\boldsymbol{B}$ 的 $\boldsymbol{x}$ 和 $\boldsymbol{y}$ 分量，两者之间有 90°的相移。

假如偏置的方向是相反的，则 H_0 和 M_s 将改变符号，所以 ω_0 和 ω_m 也将改变符号。偏置场突然取消（$H_0 = 0$）时，铁氧体通常会有剩磁（$0 < |M| < M_s$），只有将这个铁氧体退磁（如使用递减的交流偏置场）才能有 $M = 0$。因为式(9.22)和式(9.25)是在饱和铁氧体模型的假定下得到的结果，对于无偏置退磁情况，M_s 和 H_0 应该设置为零。从而有 $\omega_0 = \omega_m = 0$，式(9.25)表明 $\mu = \mu_0$ 和 $\kappa = 0$，正如非磁性材料所要求的那样。

式(9.24)的张量形式是将偏置场设定在 z 方向得到的。偏置场在其他方向时，按坐标变化对磁导率张量做变换。这样，若 $\boldsymbol{H}_0 = \boldsymbol{x}H_0$，则磁导率张量可写为

$$\boldsymbol{\mu} = \begin{bmatrix} \mu_0 & 0 & 0 \\ 0 & \mu & \mathrm{j}\kappa \\ 0 & -\mathrm{j}\kappa & \mu \end{bmatrix} \quad (\boldsymbol{x}\text{偏置}) \tag{9.26}$$

而若 $\boldsymbol{H}_0 = \boldsymbol{y}H_0$，则磁导率张量可写为

$$\boldsymbol{\mu} = \begin{bmatrix} \mu & 0 & -\mathrm{j}\kappa \\ 0 & \mu_0 & 0 \\ \mathrm{j}\kappa & 0 & \mu \end{bmatrix} \quad (\boldsymbol{y}\text{偏置}) \tag{9.27}$$

必须对单位制进行解释。传统上，在磁学中大多数实际工作是在 CGS 单位制下进行的，磁化强度用高斯（G）来量度（$1\mathrm{G} = 10^{-4}\mathrm{Wb/m^2}$），磁场强度用奥斯特来量度（$4\pi\times10^{-3}\mathrm{Oe} = 1\mathrm{A/m}$）。这样，在 CGS 单位制下 $\mu_0 = 1\mathrm{G/Oe}$。这意味着在非磁性材料中 B 和 H 有相同的数值。饱和磁化强度通常表示为 $4\pi M_s\,\mathrm{G}$，而在 MKS 单位制下的对应值是 $\mu_0 M_s\ \mathrm{Wb/m^2} = 10^{-4}$（$4\pi M_s\mathrm{G}$）。在 CGS 单位制下，拉莫频率表示为 $f_0 = \omega_0/2\pi = \mu_0\gamma H_0/2\pi = (2.8\mathrm{MHz/Oe})\times(H_0\mathrm{Oe})$ 和 $f_m = \omega_m/2\pi = \mu_0\gamma M_s/2\pi = (2.8\,\mathrm{MHz/Oe})\times(4\pi M_s\ \mathrm{G})$。实际上，这些单位是方便的，且易于使用。

9.1.2 圆极化场

为了更好地从物理上理解交流信号与饱和亚铁磁性材料的相互作用，考虑圆极化的场。如 1.5 节中讨论的那样，右旋圆极化场可表示为如下相量形式：

$$\boldsymbol{H}^{+}=H^{+}(\boldsymbol{x}-\mathrm{j}\boldsymbol{y}) \tag{9.28a}$$

在时间域，其形式为

$$\boldsymbol{\mathcal{H}}^{+}=\mathrm{Re}\{\boldsymbol{H}^{+}\mathrm{e}^{\mathrm{j}\omega t}\}=H^{+}(\boldsymbol{x}\cos\omega t+\boldsymbol{y}\sin\omega t) \tag{9.28b}$$

这里已假定振幅 H^{+}是实数。后一种形式说明 $\boldsymbol{\mathcal{H}}^{+}$ 是一个随时间旋转的向量，它在 t 时刻的指向与 x 轴的夹角为 ωt；这样，其角速度就为 ω（还要注意 $\left|\boldsymbol{\mathcal{H}}^{+}\right|=H^{+}\neq\left|\boldsymbol{H}^{+}\right|$）。把式(9.28a)中的 RHCP（右旋圆极化）场代入式(9.20)，可给出磁化强度分量为

$$M_x^{+}=\frac{\omega_m}{\omega_0-\omega}H^{+}$$

$$M_y^{+}=\frac{-\mathrm{j}\omega_m}{\omega_0-\omega}H^{+}$$

所以，由 $\boldsymbol{H}^{+}$ 得出的磁化强度向量可写为

$$\boldsymbol{M}^{+}=M_x^{+}\boldsymbol{x}+M_y^{+}\boldsymbol{y}=\frac{\omega_m}{\omega_0-\omega}H^{+}(\boldsymbol{x}-\mathrm{j}\boldsymbol{y}) \tag{9.29}$$

这表明磁化强度也是 RHCP 的，因而与驱动场 $\boldsymbol{H}^{+}$ 同步地以角速度 ω 旋转。因为 $\boldsymbol{M}^{+}$ 和 $\boldsymbol{H}^{+}$ 是在相同方向上的向量，因此可以写出 $\boldsymbol{B}^{+}=\mu_0(\boldsymbol{M}^{+}+\boldsymbol{H}^{+})=\mu^{+}\boldsymbol{H}^{+}$，其中 μ^{+} 是 RHCP 波的有效磁导率，它由下式给出：

$$\mu^{+}=\mu_0\left(1+\frac{\omega_m}{\omega_0-\omega}\right)=\mu+\kappa \tag{9.30}$$

M^{+} 与 z 轴之间的夹角 θ_M 由下式给出：

$$\tan\theta_M=\frac{\left|\boldsymbol{\mathcal{M}}^{+}\right|}{M_s}=\frac{\omega_m H^{+}}{(\omega_0-\omega)M_s}=\frac{\omega_0 H^{+}}{(\omega_0-\omega)H_0} \tag{9.31}$$

$\boldsymbol{H}^{+}$ 与 z 轴之间的夹角 θ_H 由下式给出：

$$\tan\theta_H=\frac{\left|\boldsymbol{\mathcal{H}}^{+}\right|}{H_0}=\frac{H^{+}}{H_0} \tag{9.32}$$

对于满足 $\omega<2\omega_0$ 的频率，由式(9.31)和式(9.32)看出有 $\theta_M>\theta_H$，如图 9.3a 所示。在这种情况下，磁偶极子在同一方向上做进动，就像不存在 $\boldsymbol{H}^{+}$ 的情况下做自由进动。

现在考虑左旋圆极化（LHCP）场，其相量形式为

$$\boldsymbol{H}^{-}=H^{-}(\boldsymbol{x}+\mathrm{j}\boldsymbol{y}) \tag{9.33a}$$

在时间域中表示为

$$\boldsymbol{\mathcal{H}}^{-}=\mathrm{Re}\{\boldsymbol{H}^{-}\mathrm{e}^{\mathrm{j}\omega t}\}=H^{-}(\boldsymbol{x}\cos\omega t-\boldsymbol{y}\sin\omega t) \tag{9.33b}$$

式(9.33b)说明 $\boldsymbol{\mathcal{H}}^{-}$ 是在$-\omega$（左旋）方向旋转的向量。把式(9.33a)的 LHCP 场用到式(9.20)中可给出磁化强度分量如下：

$$M_x^{-}=\frac{\omega_m}{\omega_0+\omega}H^{-}$$

$$M_y^{-}=\frac{\mathrm{j}\omega_m}{\omega_0+\omega}H^{-}$$

因此向量磁化强度可写为

$$\boldsymbol{M}^{-}=M_x^{-}\boldsymbol{x}+M_y^{-}\boldsymbol{y}=\frac{\omega_m}{\omega_0+\omega}H^{-}(\boldsymbol{x}+\mathrm{j}\boldsymbol{y}) \tag{9.34}$$

这表明磁化是 LHCP 的，与 $\boldsymbol{H}^-$ 同步旋转。写成 $\boldsymbol{B}^- = \mu_0(\boldsymbol{M}^- + \boldsymbol{H}^-) = \mu^- \boldsymbol{H}^-$，可给出 LHCP 波的有效磁导率为

$$\mu^- = \mu_0\left(1 + \frac{\omega_m}{\omega_0 + \omega}\right) = \mu - \kappa \tag{9.35}$$

$\boldsymbol{M}^-$ 与 z 轴之间的夹角 θ_M 给出为

$$\tan\theta_M = \frac{\left|\boldsymbol{\mathcal{M}}^-\right|}{M_s} = \frac{\omega_m H^-}{(\omega_0 + \omega)M_s} = \frac{\omega_0 H^-}{(\omega_0 + \omega)H_0} \tag{9.36}$$

这看来要比式(9.32)给出的 θ_H 小，如图 9.3b 所示。这时，磁偶极子所做进动的方向与其自由进动的方向相反。

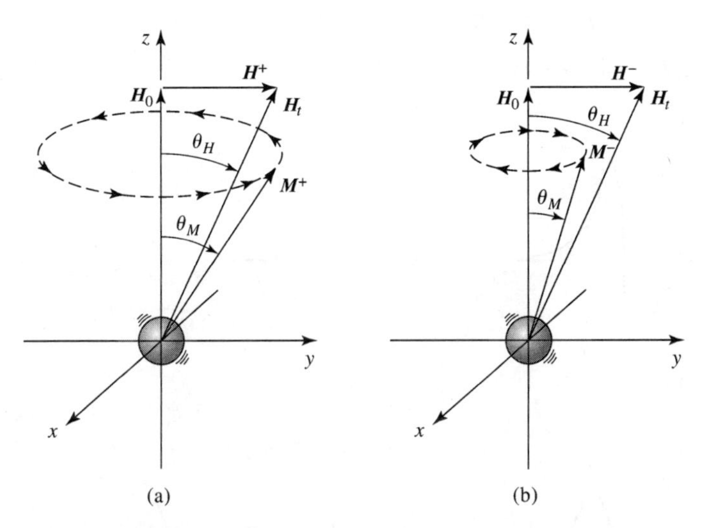

图 9.3　磁偶极子椭圆极化场做强迫进动：(a)RHCP，$\theta_M > \theta_H$；(b)LHCP，$\theta_M < \theta_H$

因此可以看出，一个圆极化波与加有偏置场的铁氧体的相互作用依赖于极化的性质（RHCP 或 LHCP）。这是因为偏置场建立的优先进动方向，与 RHCP 的强迫进动方向一致，但与 LHCP 的强迫进动方向相反。9.2 节将说明这一效应会导致非互易传播特性。

9.1.3　损耗效应

式(9.22)和式(9.25)表明，磁化率或磁导率张量的元素在频率 ω 等于拉莫频率 ω_0 时，趋于无限大。这种效应称为*旋磁共振*，它发生在强迫进动频率等于自由进动频率时。在不存在损耗的情况下，其响应是无限的，这与 LC 谐振电路在外加驱动 AC 信号频率与 LC 电路的自由谐振频率相等时其响应是无限的情形相同。然而，所有实际的铁氧体材料都有不同的损耗机制，使得响应的奇异性受到抑制。

如同其他的谐振系统那样，使谐振频率成为复数可计及损耗：

$$\omega_0 \leftarrow \omega_0 + \mathrm{j}\alpha\omega \tag{9.37}$$

式中，α 是阻尼因子。把式(9.37)代入式(9.22)，可使磁化率成为复数：

$$\chi_{xx} = \chi'_{xx} - \mathrm{j}\chi''_{xx} \tag{9.38a}$$

$$\chi_{xy} = \chi''_{xy} + \mathrm{j}\chi'_{xy} \tag{9.38b}$$

其实部和虚部分别给出如下：

$$\chi'_{xx}=\frac{\omega_0\omega_m(\omega_0^2-\omega^2)+\omega_0\omega_m\omega^2\alpha^2}{[\omega_0^2-\omega^2(1+\alpha^2)]^2+4\omega_0^2\omega^2\alpha^2} \tag{9.39a}$$

$$\chi''_{xx}=\frac{\alpha\omega\omega_m[\omega_0^2+\omega^2(1+\alpha^2)]}{[\omega_0^2-\omega^2(1+\alpha^2)]^2+4\omega_0^2\omega^2\alpha^2} \tag{9.39b}$$

$$\chi'_{xy}=\frac{\omega\omega_m[\omega_0^2-\omega^2(1+\alpha^2)]}{[\omega_0^2-\omega^2(1+\alpha^2)]^2+4\omega_0^2\omega^2\alpha^2} \tag{9.39c}$$

$$\chi''_{xy}=\frac{2\omega_0\omega_m\omega^2\alpha}{[\omega_0^2-\omega^2(1+\alpha^2)]^2+4\omega_0^2\omega^2\alpha^2} \tag{9.39d}$$

式(9.37)也可用于式(9.25)，给出复数 $\mu=\mu'-\mathrm{j}\mu''$ 和 $\kappa=\kappa'-\mathrm{j}\kappa''$；这就是式(9.38b)中反过来定义 χ'_{xy} 和 χ''_{xy} 的原因，即 $\chi_{xy}=\mathrm{j}\kappa/\mu_0$。对于大多数铁氧体材料，该损耗很小，故有 $\alpha\ll 1$，并可将式(9.39)中的$(1+\alpha^2)$项近似为 1。图 9.4 显示了典型铁氧体由式(9.39)给出的磁化率的实部和虚部。

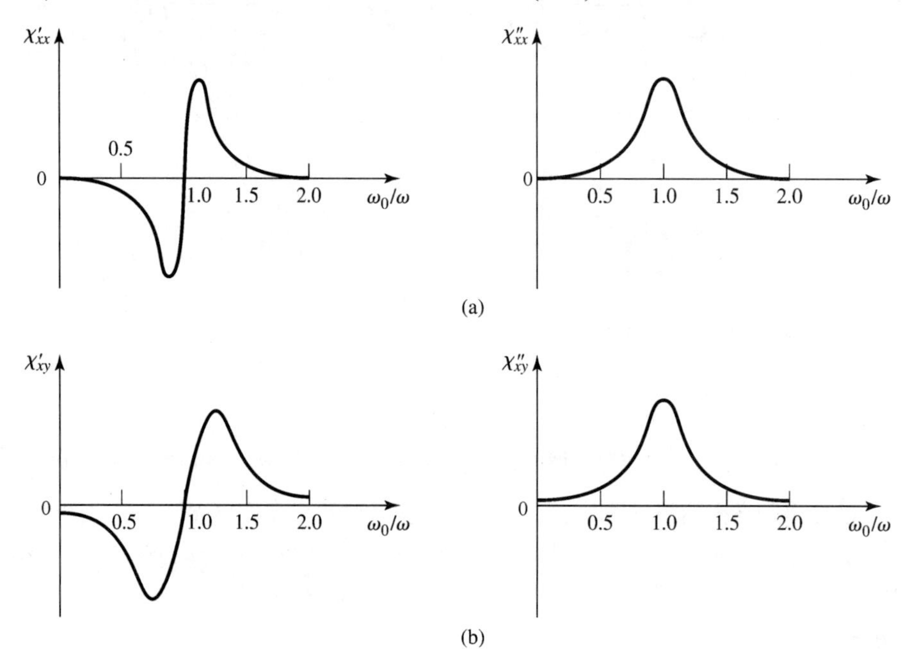

图 9.4　典型铁氧体的复数磁化率：(a) χ_{xx} 的实部与虚部；(b)χ_{xy} 的实部与虚部

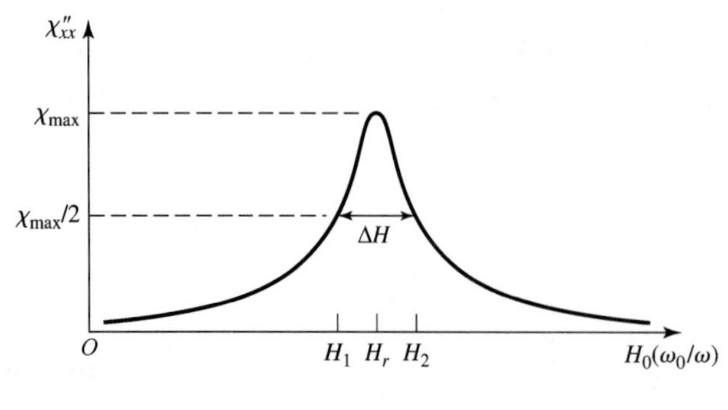

图 9.5　旋磁共振的线宽定义

阻尼因子 α 与谐振附近的磁化率曲线的线宽 ΔH 有关。考虑图 9.5 中所示的 χ''_{xx} 相对于偏置场 H_0 的变化曲线。对于固定频率 ω，当 $H_0=H_r$（有 $\omega_0=\mu_0\gamma H_r$）时发生谐振。定义 ΔH 是在 χ''_{xx} 下降到峰值的一半时 χ''_{xx} 随 H_0 变化曲线的宽度。若设定$(1+\alpha^2)\approx 1$，则式(9.39b)表明 χ''_{xx} 的最大值是 $\omega_m/2\alpha\omega$，它发生在 $\omega=\omega_0$ 时。现在令 $H_0=H_2$ 的拉莫频率是 ω_{02}，在 H_2 处 χ''_{xx} 值降到峰值的一半。于是，可对式(9.39b)求解出用 ω_{02} 表示的 α：

$$\frac{\alpha\omega\omega_m(\omega_{02}^2+\omega^2)}{(\omega_{02}^2-\omega^2)^2+4\omega_{02}^2\omega^2\alpha^2}=\frac{\omega_m}{4\alpha\omega}$$

$$4\alpha^2\omega^4=(\omega_{02}^2-\omega^2)^2$$

$$\omega_{02}=\omega\sqrt{1+2\alpha}\approx\omega(1+\alpha)$$

从而，由 $\Delta\omega_0=2(\omega_{02}-\omega_0)\approx 2[\omega(1+\alpha)-\omega]=2\alpha\omega$ 并利用式(9.9)给出线宽为

$$\Delta H=\frac{\Delta\omega_0}{\mu_0\gamma}=\frac{2\alpha\omega}{\mu_0\gamma} \tag{9.40}$$

典型的线宽范围是从小于 100Oe（对钇铁石榴石）到 100～500Oe（对铁氧体）；单晶 YIG 可有低到 0.3Oe 的线宽。还要注意到这种损耗与亚铁磁性材料可能有的介质损耗是有区别的。

9.1.4 退磁因子

一个铁氧体样品内部的直流偏置磁场 H_0 通常不同于外加场 H_a，原因是铁氧体表面的边界条件。为了阐明这种作用，考虑一个铁氧体薄板，如图 9.6 所示。当外加场与薄板垂直时，薄板表面上 B_n 的连续性给出

$$B_n=\mu_0 H_a=\mu_0(M_s+H_0)$$

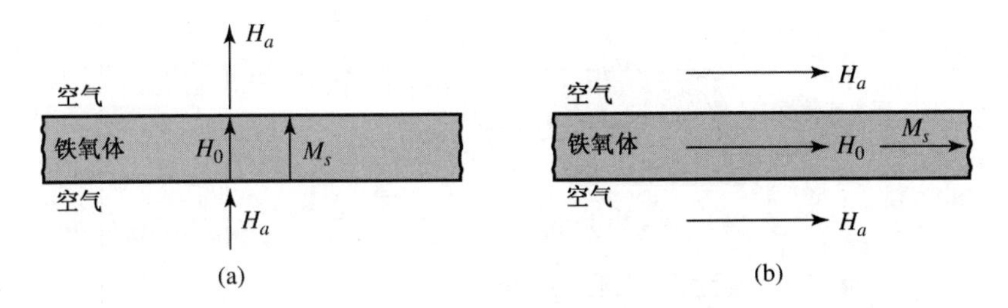

图 9.6 铁氧体薄板的内部场和外部场：(a)垂直偏置；(b)切向偏置

所以内部偏置磁场是

$$H_0=H_a-M_s$$

这表明内部场小于外加场，差额等于饱和磁化强度。当外加场平行于铁氧体薄板时，薄板表面上 H_t 的连续性给出

$$H_t=H_a=H_0$$

在这种情况下，内部场未被削减。一般来说，内部场（交流或直流）$\boldsymbol{H}$ 会受到铁氧体样品形状的影响，并会受到它相对于外部场 $\boldsymbol{H}_e$ 的指向的影响，这可表示成

$$\boldsymbol{H}=\boldsymbol{H}_e-N\boldsymbol{M} \tag{9.41}$$

式中 $N=N_x$，N_y 或 N_z 称为外部场在该方向上的退磁因子。不同形状有不同的退磁因子，与外加场的方向有关。表 9.1 列出了几个简单几何形状的退磁因子，它们满足关系 $N_x+N_y+N_z=1$。

退磁因子还可把铁氧体样品的边界附近的内部和外部射频场联系起来。对于一个有横向射频场的 z 偏置铁氧体，式(9.41)化为

$$H_x=H_{xe}-N_xM_x \tag{9.42a}$$

$$H_y=H_{ye}-N_yM_y \tag{9.42b}$$

$$H_z=H_a-N_zM_s \tag{9.42c}$$

式中，H_{xe} 和 H_{ye} 是铁氧体外面的高频场，H_a 是外加的偏置场。式(9.21)把内部的横向高频场和磁化因子联系起来，现在重写为

$$M_x=\chi_{xx}H_x+\chi_{xy}H_y$$

$$M_y = \chi_{yx} H_x + \chi_{yy} H_y$$

利用式(9.42a, b)消去 H_x 和 H_y，给出

$$M_x = \chi_{xx} H_{xe} + \chi_{xy} H_{ye} - \chi_{xx} N_x M_x - \chi_{xy} N_y M_y$$
$$M_y = \chi_{yx} H_{xe} + \chi_{yy} H_{ye} - \chi_{yx} N_x M_x - \chi_{yy} N_y M_y$$

这些方程可用来求解 M_x 和 M_y，给出如下：

$$M_x = \frac{\chi_{xx}(1+\chi_{yy}N_y) - \chi_{xy}\chi_{yx}N_y}{D} H_{xe} + \frac{\chi_{xy}}{D} H_{ye} \tag{9.43a}$$

$$M_y = \frac{\chi_{yx}}{D} H_{xe} + \frac{\chi_{yy}(1+\chi_{xx}N_x) - \chi_{yx}\chi_{xy}N_x}{D} H_{ye} \tag{9.43b}$$

式中，

$$D = (1+\chi_{xx}N_x)(1+\chi_{yy}N_y) - \chi_{yx}\chi_{xy}N_x N_y \tag{9.44}$$

结果为 $\boldsymbol{M} = \chi_e \boldsymbol{H}$，式(9.43)中 H_{xe} 和 H_{ye} 的系数定义为“外”磁化率，因为它们把磁化强度与外部高频场联系起来了。

表 9.1　几个简单几何形状的退磁因子

形　状	N_x	N_y	N_z
薄盘或薄板	0	0	1
细棍	$\frac{1}{2}$	$\frac{1}{2}$	0
球	$\frac{1}{3}$	$\frac{1}{3}$	$\frac{1}{3}$

在一个无限大的铁氧体媒质中，当磁化率公式(9.22)的分母在频率 $\omega_r = \omega = \omega_0$ 处趋于零时会发生旋磁共振，但对于有限大小的铁氧体样品，退磁因子会改变旋磁共振频率，后者由式(9.43)中的条件 $D = 0$ 给出。将磁化率公式(9.22)代入式(9.44)，并令 $D = 0$，有

$$\left(1+\frac{\omega_0\omega_m N_x}{\omega_0^2-\omega^2}\right)\left(1+\frac{\omega_0\omega_m N_y}{\omega_0^2-\omega^2}\right) - \frac{\omega^2\omega_m^2}{(\omega_0^2-\omega^2)^2}N_x N_y = 0$$

经过一些代数运算后，简化上式可得谐振频率 ω_r 为

$$\omega_r = \omega = \sqrt{(\omega_0+\omega_m N_x)(\omega_0+\omega_m N_y)} \tag{9.45}$$

因为 $\omega_0 = \mu_0\gamma H_0 = \mu_0\gamma(H_a - N_z M_s)$，$\omega_m = \mu_0\gamma M_s$，所以式(9.45)可根据施加的偏置场强和饱和磁化强度改写为

$$\omega_r = \mu_0\gamma\sqrt{[H_a + (N_x - N_z)M_s][H_a + (N_y - N_z)M_s]} \tag{9.46}$$

这个结果称为基太尔方程[4]。

兴趣点： **永磁铁**

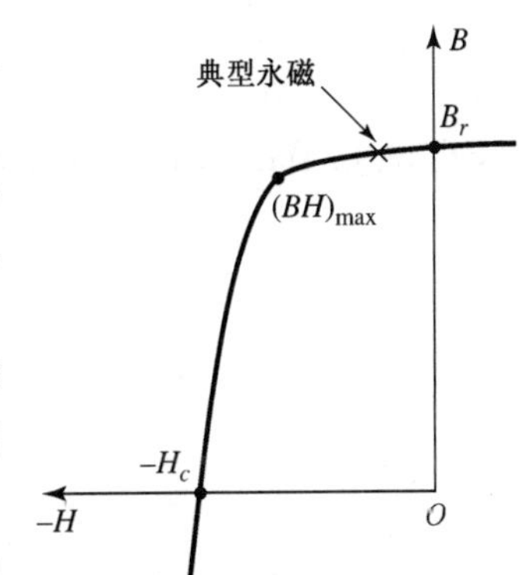

由于铁氧体元件如隔离器、回转器和环形器一般采用永磁铁提供所需的DC偏置场，所以谈论永磁铁的某些重要特性是有益的。

把磁性材料放在强磁场中，然后移走强磁场，会使材料磁化处于残留状态下，这样就制成了永磁铁。除形成封闭路径的磁铁（如环形磁铁）外，在磁铁端面的退磁因子将在磁铁中感应一个小的负向H场。这样，永磁铁的"工作点"将在磁性材料的B-H磁滞曲线的第二象限内。曲线的这部分称为退磁曲线。一个典型的例子如右图所示。

$H=0$点的剩余磁化称为材料的剩磁B_r。这个量表征了磁铁的场强，所以一般选择有较大剩磁的磁性材料。另一个重要的参量是矫顽力H_c，它是使磁化下降至零所需的负H场的值。好的永磁铁应有高的矫顽力，以削弱振动、温度变化和外部场（它们会导致磁化损失）的影响。永磁铁的总品质因数有时用磁化曲线的最大BH乘积（磁能积）$(BH)_{max}$给出。这个量本质上是磁铁所能存储的最大磁能密度，它在电机中是很有用的。下表列出了一些最常用的永磁材料的剩磁、矫顽力和$(BH)_{max}$值。

材　料	成　分	B_r/Oe	H_c/G	$(BH)_{max}$/(G−Oe)×10^6
铝镍钴 5	Al，Ni，Co，Cu	12000	720	5.0
铝镍钴 8	Al，Ni，Co，Cu，Ti	7100	2000	5.5
铝镍钴 9	Al，Ni，Co，Cu，Ti	10400	1600	8.5
莱姆合金	Mo，Co，Fe	10500	250	1.1
铂钴合金	Pt，Co	6450	4300	9.5
陶瓷	$BaO_6Fe_2O_3$	3950	2400	3.5
钐钴合金	Co，Sm	8400	7000	16.0

9.2　铁氧体中的平面波传播

上一节中解释了发生在加有偏置场的铁氧体中的微观现象，得到了由式(9.24)[或式(9.26)或式(9.27)，具体取决于偏置方向]给出的张量磁导率公式。只要有这些铁氧体材料的宏观描述，就能从麦克斯韦方程组求解波在含有铁氧体材料的不同几何结构中的传播。先考虑在无限大铁氧体媒质中平面波的传播，或是在偏置场方向的传播，或是垂直偏置场方向的传播。这些问题将阐明法拉第旋转和双折射的重要效应。

9.2.1　在偏置场方向的传播（法拉第旋转）

考虑一个无限大的填充有铁氧体的区域，其直流偏置场由$\boldsymbol{H}_0 = zH_0$给出，并有由式(9.24)给出的张量磁导率$\boldsymbol{\mu}$。麦克斯韦方程组写出如下：

$$\nabla\times\boldsymbol{E} = -\mathrm{j}\omega\boldsymbol{\mu}\boldsymbol{H} \tag{9.47a}$$

$$\nabla\times\boldsymbol{H} = \mathrm{j}\omega\epsilon\boldsymbol{E} \tag{9.47b}$$

$$\nabla\cdot\boldsymbol{D} = 0 \tag{9.47c}$$

$$\nabla\cdot\boldsymbol{B} = 0 \tag{9.47d}$$

现假设平面波沿 z 方向传播，并有 $\partial/\partial x=\partial/\partial y=0$ 。则电场和磁场有以下形式：

$$\boldsymbol{E}=\boldsymbol{E}_0\mathrm{e}^{-\mathrm{j}\beta z} \tag{9.48a}$$

$$\boldsymbol{H}=\boldsymbol{H}_0\mathrm{e}^{-\mathrm{j}\beta z} \tag{9.48b}$$

使用式(9.24)后，由式(9.47a, b)给出的两个旋度方程可推出以下结果：

$$\mathrm{j}\beta E_y=-\mathrm{j}\omega(\mu H_x+\mathrm{j}\kappa H_y) \tag{9.49a}$$

$$-\mathrm{j}\beta E_x=-\mathrm{j}\omega(-\mathrm{j}\kappa H_x+\mu H_y) \tag{9.49b}$$

$$0=-\mathrm{j}\omega\mu_0 H_z \tag{9.49c}$$

$$\mathrm{j}\beta H_y=\mathrm{j}\omega\epsilon E_x \tag{9.49d}$$

$$-\mathrm{j}\beta H_x=\mathrm{j}\omega\epsilon E_y \tag{9.49e}$$

$$0=\mathrm{j}\omega\epsilon E_z \tag{9.49f}$$

式(9.49c)和式(9.49f)得出 $E_z=H_z=0$，这对 TEM 平面波是预料得到的。还有 $\nabla\cdot\boldsymbol{D}=\nabla\cdot\boldsymbol{B}=0$ ，因为 $\partial/\partial x=\partial/\partial y=0$ 。式(9.49d, e)给出了横向场分量之间的如下关系：

$$Y=\frac{H_y}{E_x}=\frac{-H_x}{E_y}=\frac{\omega\epsilon}{\beta} \tag{9.50}$$

式中，Y 是波导纳。把式(9.50)代入式(9.49a)和式(9.49b)，消去 H_x 和 H_y，得到

$$\mathrm{j}\omega^2\epsilon\kappa E_x+(\beta^2-\omega^2\mu\epsilon)E_y=0 \tag{9.51a}$$

$$(\beta^2-\omega^2\mu\epsilon)E_x-\mathrm{j}\omega^2\epsilon\kappa E_y=0 \tag{9.51b}$$

对于 E_x 和 E_y 的非零解，上述方程组的行列式必须为零：

$$\omega^4\epsilon^2\kappa^2-(\beta^2-\omega^2\mu\epsilon)^2=0$$

或

$$\beta_{\pm}=\omega\sqrt{\epsilon(\mu\pm\kappa)} \tag{9.52}$$

因而有两个可能的传播常数 β_+ 和 β_-。

首先考虑与 β_+ 相联系的场，它可通过把 β_+ 代入式(9.51a)或式(9.51b)求出：

$$\mathrm{j}\omega^2\epsilon\kappa E_x+\omega^2\epsilon\kappa E_y=0$$

或

$$E_y=-\mathrm{j}E_x$$

则式(9.48a)的电场必须取以下形式：

$$\boldsymbol{E}_+=E_0(\boldsymbol{x}-\mathrm{j}\boldsymbol{y})\mathrm{e}^{-\mathrm{j}\beta_+ z} \tag{9.53a}$$

可以看出它是右旋圆极化平面波。利用式(9.50)给出相关的磁场为

$$\boldsymbol{H}_+=E_0Y_+(\mathrm{j}\boldsymbol{x}+\boldsymbol{y})\mathrm{e}^{-\mathrm{j}\beta_+ z} \tag{9.53b}$$

式中，Y_+是这个波的波导纳：

$$Y_+=\frac{\omega\epsilon}{\beta_+}=\sqrt{\frac{\epsilon}{\mu+\kappa}} \tag{9.53c}$$

类似地，得到与 β_- 有关的场是左旋圆极化的：

$$\boldsymbol{E}_-=E_0(\boldsymbol{x}+\mathrm{j}\boldsymbol{y})\mathrm{e}^{-\mathrm{j}\beta_- z} \tag{9.54a}$$

$$\boldsymbol{H}_-=E_0Y_-(-\mathrm{j}\boldsymbol{x}+\boldsymbol{y})\mathrm{e}^{-\mathrm{j}\beta_- z} \tag{9.54b}$$

式中，Y_- 是这个波的波导纳：

$$Y_-=\frac{\omega\epsilon}{\beta_-}=\sqrt{\frac{\epsilon}{\mu-k}} \tag{9.54c}$$

这样，RHCP 和 LHCP 平面波就是 z 偏置铁氧体的无源模式，而且这些波以不同的传播常数穿越铁氧体媒质传播。如上节中讨论的那样，这种效应的物理解释是，偏置磁场为磁偶极子进动创建一个首选方向，一种圆极化使得进动在这个首选方向，另一种圆极化使得在相反的方向。还要注意的是，对于 RHCP 波，铁氧体材料的有效磁导率为 $\mu+\kappa$，而对于 LHCP 波，磁导率是 $\mu-\kappa$。从数学意义上说，$(\mu+\kappa)$ 和 $(\mu-\kappa)$ 或 β_+和 β_-是式(9.51)所示方程组的本征值，$\boldsymbol{E}_+$ 和 $\boldsymbol{E}_-$ 是相关联的本征向量。存在损耗时，RHCP 和 LHCP 波的衰减常数也会不同。

现在考虑一个线极化电场，它在 $z=0$ 处表示为 RHCP 和 LHCP 波的叠加：

$$\boldsymbol{E}\big|_{z=0} = \boldsymbol{x}E_0 = \frac{E_0}{2}(\boldsymbol{x}-\mathrm{j}\boldsymbol{y}) + \frac{E_0}{2}(\boldsymbol{x}+\mathrm{j}\boldsymbol{y}) \tag{9.55}$$

RHCP 分量按 $\mathrm{e}^{-\mathrm{j}\beta_+ z}$ 沿 z 方向传播，而 LHCP 分量按 $\mathrm{e}^{-\mathrm{j}\beta_- z}$ 传播，所以式(9.55)的总场将按如下方式传播：

$$\begin{aligned}\boldsymbol{E} &= \frac{E_0}{2}(\boldsymbol{x}-\mathrm{j}\boldsymbol{y})\mathrm{e}^{-\mathrm{j}\beta_+ z} + \frac{E_0}{2}(\boldsymbol{x}+\mathrm{j}\boldsymbol{y})\mathrm{e}^{-\mathrm{j}\beta_- z} \\ &= \frac{E_0}{2}\boldsymbol{x}(\mathrm{e}^{-\mathrm{j}\beta_+ z}+\mathrm{e}^{-\mathrm{j}\beta_- z}) - \mathrm{j}\frac{E_0}{2}\boldsymbol{y}(\mathrm{e}^{-\mathrm{j}\beta_+ z}-\mathrm{e}^{-\mathrm{j}\beta_- z}) \\ &= E_0\left[\boldsymbol{x}\cos\left(\frac{\beta_+-\beta_-}{2}\right)z - \boldsymbol{y}\sin\left(\frac{\beta_+-\beta_-}{2}\right)z\right]\mathrm{e}^{-\mathrm{j}(\beta_++\beta_-)z/2}\end{aligned} \tag{9.56}$$

这仍是线性极化波，但其极化方向会在沿 z 轴传播时旋转。在 z 轴上的一个给定点，极化方向与 x 轴的夹角是

$$\phi = \arctan\frac{E_y}{E_x} = \arctan\left[-\tan\left(\frac{\beta_+-\beta_-}{2}\right)z\right] = -\left(\frac{\beta_+-\beta_-}{2}\right)z \tag{9.57}$$

法拉第在研究光于磁性液体中的传播时，观察到了这种极化旋转现象；此后，人们把该效应称为*法拉第旋转*。注意，在 z 轴上的固定位置处，这个极化角是固定的，这不同于圆极化波的情况，后者的极化随时间旋转。

对于 $\omega<\omega_0$ 的情况，μ 和 κ 为正，并有 $\mu>\kappa$。于是 $\beta_+>\beta_-$，而式(9.57)表明当 z 增大时 ϕ 变得更负，这意味着向正 z 方向看时，该极化（$\boldsymbol{E}$ 的方向）逆时针旋转。把偏置方向（H_0和 M_s 的符号）反转，κ 变号，使旋转方向变为顺时针。与此类似，对于$+z$ 偏置，向（$-z$）传播方向看时，沿$-z$ 方向传播的波将使其极化顺时针旋转；向$+z$ 方向看，旋转方向是逆时针的（如同波沿$+z$ 方向传播一样）。这样，波从 $z=0$ 到 $z=L$ 传播，然后返回到 $z=0$，所经历的总极化旋转为 2ϕ，其中 ϕ 由 $z=L$ 的式(9.57)给出。所以，这与将螺钉拧入木头然后拧出的情况不同，传播方向反过来时，极化方向并不“退转”。法拉第旋转因此看起来是一种非互易效应。

例题 9.1　铁氧体媒质中的平面波传播

考虑一个无限大的铁氧体媒质，有 $4\pi M_s=1800\mathrm{G}$，$\Delta H=75\mathrm{Oe}$，$\epsilon_r=14$，$\tan\delta=0.001$。设偏置场强 $H_0=3570\mathrm{Oe}$，计算并画出 $f=0\sim20\mathrm{GHz}$ 范围内 RHCP 和 LHCP 平面波的相位常数和衰减常数随频率变化的曲线。

解： 拉莫进动频率为

$$f_0 = \frac{\omega_0}{2\pi} = (2.8\mathrm{MHz/Oe})\times(3570\mathrm{Oe}) = 10.0\mathrm{GHz}$$

和

$$f_m = \frac{\omega_m}{2\pi} = (2.8\mathrm{MHz/Oe})\times(1800\mathrm{G}) = 5.04\mathrm{GHz}$$

在每个频率下，算出复传播常数为

$$\gamma_{\pm}=\alpha_{\pm}+\mathrm{j}\beta_{\pm}=\mathrm{j}\omega\sqrt{\epsilon(\mu\pm\kappa)}$$

式中$\epsilon=\epsilon_0\epsilon_r(1-\mathrm{j}\tan\delta)$是复介电常数，$\mu$和$\kappa$由式(9.25)给出。以下针对$\omega_0$的置换用来估计铁氧体损耗：

$$\omega_0\leftarrow\omega_0+\mathrm{j}\frac{\mu_0\gamma\Delta H}{2}$$

或

$$f_0\leftarrow f_0+\mathrm{j}\frac{(2.8\mathrm{MHz/Oe})\times(75\mathrm{Oe})}{2}=(10.0+\mathrm{j}0.105)\mathrm{GHz}$$

上式可由式(9.37)和式(9.40)导出。利用式(9.25)，量$\mu\pm\kappa$可简化为

$$\mu+\kappa=\mu_0\left(1+\frac{\omega_m}{\omega_0-\omega}\right)$$

$$\mu-\kappa=\mu_0\left(1+\frac{\omega_m}{\omega_0+\omega}\right)$$

其相位和衰减常数画在图9.7中，已用真空波数k_0归一化。

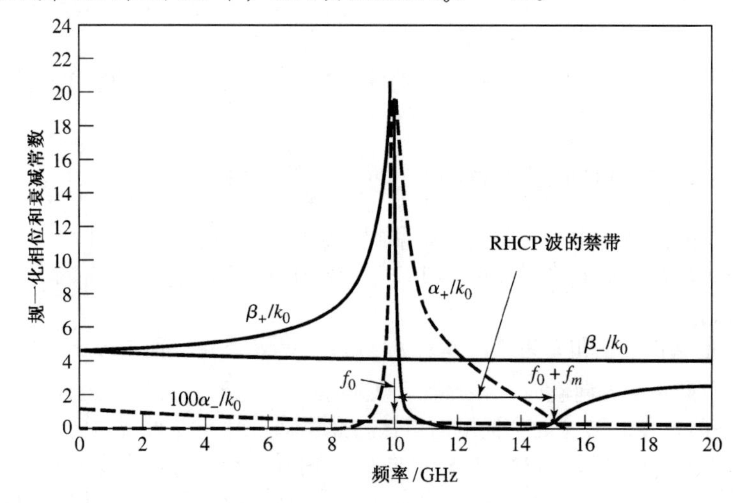

图9.7 例题9.1中圆极化平面波在铁氧体媒质中的归一化相位和衰减常数

可以看出，β_+和α_+（对于RHCP波）在$f=f_0=10$GHz附近有谐振；β_-和α_-（对于LHCP波）则没有，因为在γ_-包含的项$(\mu-\kappa)$中，μ和κ的奇异性已相互抵消。还可在图9.7中看出，对于RHCP波，在f_0和f_0+f_m（ω_0和$\omega_0+\omega_m$）之间的频率范围内存在一个阻带（β_+接近于零，大的α_+）。对于这个范围内的频率，上面$(\mu+\kappa)$的表达式表明这个量是负的，并有$\beta_+=0$（不存在损耗时），所以RHCP波入射到这样的铁氧体媒质中会被全反射。 ■

9.2.2 垂直于偏置场的波传播（双折射）

现在考虑无限大铁氧体区域中偏置场在$\boldsymbol{x}$方向即垂直于传播方向的情形，磁导率张量由式(9.26)给出。对于形如式(9.48)的平面波，麦克斯韦方程组中的两个旋度方程化为以下分量方程：

$$\mathrm{j}\beta E_y=-\mathrm{j}\omega\mu_0H_x \tag{9.58a}$$

$$-\mathrm{j}\beta E_x=-\mathrm{j}\omega(\mu H_y+\mathrm{j}\kappa H_z) \tag{9.58b}$$

$$0=-\mathrm{j}\omega(-\mathrm{j}\kappa H_y+\mu H_z) \tag{9.58c}$$

$$\mathrm{j}\beta H_y = \mathrm{j}\omega\epsilon E_x \tag{9.58d}$$

$$-\mathrm{j}\beta H_x = \mathrm{j}\omega\epsilon E_y \tag{9.58e}$$

$$0 = \mathrm{j}\omega\epsilon E_z \tag{9.58f}$$

此时 $E_z = 0$ 和 $\nabla \cdot \boldsymbol{D} = 0$，因为 $\partial / \partial x = \partial / \partial y = 0$。式(9.58d, e)给出了横向场分量之间的导纳关系：

$$Y = \frac{H_y}{E_x} = \frac{-H_x}{E_y} = \frac{\omega\epsilon}{\beta} \tag{9.59}$$

把式(9.59)代入式(9.58a, b)中消去 H_x 和 H_y，同时把式(9.58c)代入式(9.58b)消去 H_z，得到

$$\beta^2 E_y = \omega^2 \mu_0 \epsilon E_y \tag{9.60a}$$

$$\mu(\beta^2 - \omega^2 \mu\epsilon) E_x = -\omega^2 \epsilon \kappa^2 E_x \tag{9.60b}$$

式(9.60)的一个解产生于 $E_x = 0$ 时：

$$\beta_o = \omega\sqrt{\mu_0 \epsilon} \tag{9.61}$$

则完整的场为

$$\boldsymbol{E}_o = \boldsymbol{y} E_0 \mathrm{e}^{-\mathrm{j}\beta_o z} \tag{9.62a}$$

$$\boldsymbol{H}_o = -\boldsymbol{x} E_0 Y_o \mathrm{e}^{-\mathrm{j}\beta_o z} \tag{9.62b}$$

因为式(9.59)说明 $E_x = 0$ 时有 $H_y = 0$，同时式(9.58c)说明 $H_y = 0$ 时有 $H_z = 0$。此时导纳是

$$Y_o = \frac{\omega\epsilon}{\beta_o} = \sqrt{\frac{\epsilon}{\mu_0}} \tag{9.63}$$

这种波称为寻常波，因为它不受铁氧体磁化的影响。这发生在与偏置场相垂直的磁场分量为零（$H_y = H_z = 0$）时。不管波是在+z 方向传播还是在−z 方向传播，都有相同的传播常数，而与 H_0 无关。

式(9.60)的另一个解产生于 $E_y = 0$ 时：

$$\beta_e = \omega\sqrt{\mu_e \epsilon} \tag{9.64}$$

式中，μ_e 是有效磁导率，它由下式给出：

$$\mu_e = \frac{\mu^2 - \kappa^2}{\mu} \tag{9.65}$$

这种波称为非寻常波，它受到铁氧体磁化的影响。注意，对某个 ω 值（如 ω_0），有效磁导率是负值。电场是

$$\boldsymbol{E}_e = \boldsymbol{x} E_0 \mathrm{e}^{-\mathrm{j}\beta_e z} \tag{9.66a}$$

因有 $E_y = 0$，所以式(9.58e)说明有 $H_x = 0$。H_y 可由式(9.58d)求得，H_z 可由式(9.58c)求得，从而给出总磁场为

$$\boldsymbol{H}_e = E_0 Y_e \left(\boldsymbol{y} + \boldsymbol{z}\frac{\mathrm{j}\kappa}{\mu} \right) \mathrm{e}^{-\mathrm{j}\beta_e z} \tag{9.66b}$$

式中，

$$Y_e = \frac{\omega\epsilon}{\beta_e} = \sqrt{\frac{\epsilon}{\mu_e}} \tag{9.67}$$

这些场构成一个线性极化波，但要注意磁场在传播方向有一个分量。除存在 H_z 外，这个非寻常波的电场和磁场是与寻常波对应的场垂直的。于是，在 y 方向极化的波有传播常数 β_o（寻常波），而在 x 方向极化的波有传播常数 β_e（非寻常波）。这种传播常数与极化有关的效应称为**双折射**[2]。在光学研究中经常会出现双折射现象，此时，不同的极化会有不同的折射率。通过方解石晶体可

以看到两幅图像，这是该效应的一个例子。

由式(9.65)可知，若 $\kappa^2 > \mu^2$，则非寻常波的有效磁导率 μ_e 可以是负值。这一条件依赖于 ω、ω_0 和 ω_m（或 f、H_0 和 M_s）的取值，而在固定频率 f 和固定饱和磁化强度 M_s 下，偏置场 H_0 总有部分范围使 $\mu_e < 0$（忽略损耗）。出现这种情况时，如由式(9.64)看出的那样，β_e 成为虚数，这意味着该波将被截止，即在传播方向上迅速消逝。一个 $\boldsymbol{x}$ 极化的平面波入射到这样的铁氧体区域的界面上时，会被全反射。针对几个频率值和饱和磁化强度值，图 9.8 给出了有效磁导率与偏置场强的关系曲线。

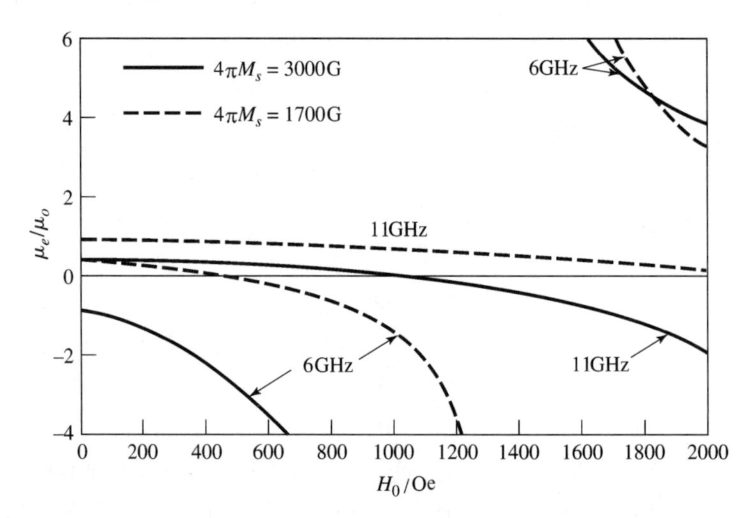

图 9.8　在不同饱和磁化强度和频率下，有效磁导率 μ_e 与偏置场强 H_0 的关系曲线

9.3　波在铁氧体加载的矩形波导中的传播

上一节通过考虑平面波在无限大铁氧体媒质中的传播，介绍了铁氧体材料对电磁波的影响。然而，在实际中，大多数铁氧体元件使用的是加载有铁氧体材料的波导或其他类型的传输线。如果不使用复数数值方法，那么它们的几何形状通常难以处理，但可以分析涉及铁氧体加载矩形波导的一些简单情形。这样做可以定量地说明几种实用铁氧体元件的运行和设计。

9.3.1　有单片铁氧体的波导的 TE$_{m0}$ 模

先考虑图 9.9 所示的几何形状，图中矩形波导内置有一片竖立的铁氧体材料，偏置场在 $\boldsymbol{y}$ 方向。后面几节中将使用这个几何形状及其分析来处理谐振隔离器、场位移隔离器和剩磁（非互易）相移器的运行与设计。

图 9.9　加载横向偏置铁氧体片的矩形波导的几何形状

在铁氧体片中，麦克斯韦方程组可写为

$$\nabla \times \boldsymbol{E} = -\mathrm{j}\omega\boldsymbol{\mu}\boldsymbol{H} \tag{9.68a}$$

$$\nabla \times \boldsymbol{H} = \mathrm{j}\omega\epsilon\boldsymbol{E} \tag{9.68b}$$

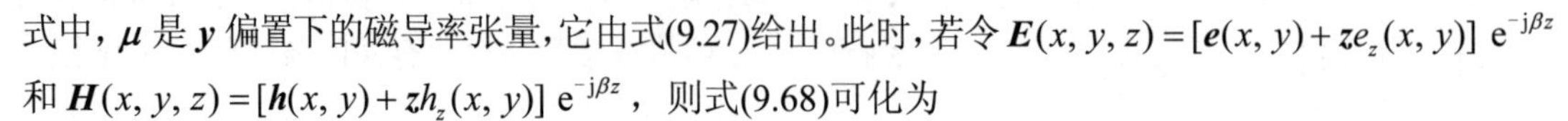

式中，$\boldsymbol{\mu}$ 是 $\boldsymbol{y}$ 偏置下的磁导率张量，它由式(9.27)给出。此时，若令 $\boldsymbol{E}(x, y, z) = [\boldsymbol{e}(x, y) + \boldsymbol{z}e_z(x, y)]\,\mathrm{e}^{-\mathrm{j}\beta z}$ 和 $\boldsymbol{H}(x, y, z) = [\boldsymbol{h}(x, y) + \boldsymbol{z}h_z(x, y)]\,\mathrm{e}^{-\mathrm{j}\beta z}$，则式(9.68)可化为

$$\frac{\partial e_z}{\partial y} + \mathrm{j}\beta e_y = -\mathrm{j}\omega(\mu h_x - \mathrm{j}\kappa h_z) \tag{9.69a}$$

$$-\mathrm{j}\beta e_x - \frac{\partial e_z}{\partial x} = -\mathrm{j}\omega\mu_0 h_y \tag{9.69b}$$

$$\frac{\partial e_y}{\partial x} - \frac{\partial e_x}{\partial y} = -\mathrm{j}\omega(\mathrm{j}\kappa h_x + \mu h_z) \tag{9.69c}$$

$$\frac{\partial h_z}{\partial y} + \mathrm{j}\beta h_y = \mathrm{j}\omega\epsilon e_x \tag{9.69d}$$

$$-\mathrm{j}\beta h_x - \frac{\partial h_z}{\partial x} = \mathrm{j}\omega\epsilon e_y \tag{9.69e}$$

$$\frac{\partial h_y}{\partial x} - \frac{\partial h_x}{\partial y} = \mathrm{j}\omega\epsilon e_z \tag{9.69f}$$

对于 TE_{m0} 模，可知有 $E_z = 0$ 和 $\partial/\partial y = 0$。则式(9.69b)和式(9.69d)暗示有 $e_x = h_y = 0$（因为对波导模有 $\beta^2 \neq \omega^2\mu_0\epsilon$），因此式(9.69)可简化为如下三个方程：

$$\mathrm{j}\beta e_y = -\mathrm{j}\omega(\mu h_x - \mathrm{j}\kappa h_z) \tag{9.70a}$$

$$\frac{\partial e_y}{\partial x} = -\mathrm{j}\omega(\mathrm{j}\kappa h_x + \mu h_z) \tag{9.70b}$$

$$\mathrm{j}\omega\epsilon e_y = -\mathrm{j}\beta h_x - \frac{\partial h_z}{\partial x} \tag{9.70c}$$

可按如下方式求解式(9.70a, b)得到 h_x 和 h_z。式(9.70a)乘以 μ 且式(9.70b)乘以 $\mathrm{j}\kappa$，然后相加得

$$h_x = \frac{1}{\omega\mu\mu_e}\left(-\mu\beta e_y - \kappa\frac{\partial e_y}{\partial x}\right) \tag{9.71a}$$

式(9.70a)乘以 $\mathrm{j}\kappa$ 且式(9.71a)乘以 μ，然后相加得

$$h_z = \frac{\mathrm{j}}{\omega\mu\mu_e}\left(\kappa\beta e_y + \mu\frac{\partial e_y}{\partial x}\right) \tag{9.71b}$$

式中，$\mu_e = (\mu^2 - \kappa^2)/\mu$。将式(9.71)代入式(9.70c)，可给出 e_y 的波动方程为

$$\mathrm{j}\omega\epsilon e_y = \frac{-\mathrm{j}\beta}{\omega\mu\mu_e}\left(-\mu\beta e_y - \kappa\frac{\partial e_y}{\partial x}\right) - \frac{\mathrm{j}}{\omega\mu\mu_e}\left(\kappa\beta\frac{\partial e_y}{\partial x} + \mu\frac{\partial^2 e_y}{\partial x^2}\right)$$

或

$$\left(\frac{\partial^2}{\partial x^2} + k_f^2\right)e_y = 0 \tag{9.72}$$

式中，k_f 定义为铁氧体的截止波数：

$$k_f^2 = \omega^2\mu_e\epsilon - \beta^2 \tag{9.73}$$

对于空气区域，令 $\mu = \mu_0$，$\kappa = 0$ 和 $\epsilon_r = 1$，可得到对应的结果：

$$\left(\frac{\partial^2}{\partial x^2} + k_a^2\right)e_y = 0 \tag{9.74}$$

式中，k_a 是空气区域的截止波数：

$$k_a^2 = k_0^2 - \beta^2 \tag{9.75}$$

空气区域的磁场由以下两个公式给出：

$$h_x = \frac{-\beta}{\omega\mu_0} e_y = \frac{-1}{Z_w} e_y \tag{9.76a}$$

$$h_z = \frac{\mathrm{j}}{\omega\mu_0} \frac{\partial e_y}{\partial_x} \tag{9.76b}$$

于是，在波导的空气-铁氧体-空气区域中，e_y 的解可写为

$$e_y = \begin{cases} A\sin k_a x, & 0 < x < c \\ B\sin k_f(x-c) + C\sin k_f(c+t-x), & c < x < c+t \\ D\sin k_a(a-x), & c+t < x < a \end{cases} \tag{9.77a}$$

上述各区域中的解之所以这样构成，是要在 $x = 0$，c，$c + t$ 和 a 处使边界条件变得容易实施[3]。还需要有 h_z 的解，它可由式(9.77a)、式(9.71b)和式(9.76b)求出：

$$h_z = \begin{cases} (\mathrm{j}k_a A / \omega\mu_0)\cos k_a x, & 0 < x < c \\ (\mathrm{j}/\omega\mu\mu_e)\{\kappa\beta[B\sin k_f(x-c) + C\sin k_f(c+t-x)] + \\ \qquad \mu k_f[B\cos k_f(x-c) - C\cos k_f(c+t-x)]\}, & c < x < c+t \\ (-\mathrm{j}k_a D / \omega\mu_0)\cos k_a(a-x), & c+t < x < a \end{cases} \tag{9.77b}$$

在 $x = c$ 和 $x = c + t = a - d$ 处对 e_y 和 h_z 进行场匹配，可给出常数 A, B, C, D 的 4 个方程：

$$A\sin k_a c = C\sin k_f t \tag{9.78a}$$

$$B\sin k_f t = D\sin k_a d \tag{9.78b}$$

$$A\frac{k_a}{\mu_0}\cos k_a c = B\frac{k_f}{\mu_e} - C\frac{1}{\mu\mu_e}(-\kappa\beta\sin k_f t + uk_f\cos k_f t) \tag{9.78c}$$

$$B\frac{1}{\mu\mu_e}(\kappa\beta\sin k_f t + \mu k_f\cos k_f t) - C\frac{k_f}{\mu_e} = -D\frac{k_a}{\mu_0}\cos k_a d \tag{9.78d}$$

利用式(9.78a)和式(9.78b)解出 C 和 D，然后把它们代入式(9.78c)和式(9.78d)，再由此消去 A 或 B，就可给出传播常数 β 的以下超越方程：

$$\begin{aligned} &\left(\frac{k_f}{\mu_e}\right) + \left(\frac{\kappa\beta}{\mu\mu_e}\right)^2 - k_a\cot k_a c\left(\frac{k_f}{\mu_0\mu_e}\cot k_f t + \frac{\kappa\beta}{\mu_0\mu\mu_e}\right) - \left(\frac{k_a}{\mu_0}\right)^2 \times \\ &\cot k_a c\cot k_a d - k_a\cot k_a d\left(\frac{k_f}{\mu_0\mu_e}\cot k_f t - \frac{\kappa\beta}{\mu_0\mu\mu_e}\right) = 0 \end{aligned} \tag{9.79}$$

利用式(9.73)和式(9.75)，把截止波数 k_f 和 k_a 用 β 来表示，就可对式(9.79)进行数值求解。式(9.79)包含的是 $\kappa\beta$ 的奇次项这一事实，说明产生的波传播是非互易的，因为使偏置场方向变号（等效于改变波的传播方向）会使 κ 变号，进而导致不同的 β 解。我们认定这两个解为 β_+ 和 β_-，分别对应于正偏置和在+z 方向（正 κ）传播，或对应于在$-z$ 方向（负 κ）传播。令 ω_o 为复数，如式(9.37)中那样，就能容易地引入磁损耗的影响。

在随后的几节中，还需要估算波导中的电场，如式(9.77a)中给出的那样。若选定 A 是任意振幅的常数，则利用式(9.78a)、式(9.78b)和式(9.78c)可求得用 A 表示的 B, C 和 D。由式(9.75)可以看出，若 $\beta > k_o$，则 k_a 是虚数。在这种情况下，式(9.77a)中的 $\sin k_a x$ 函数变为 $\mathrm{j}\sinh|k_a|x$，表明场分布接近指数变化。

把式(9.79)中的 β 在 $t = 0$ 附近展开成泰勒级数，就可以得到差分相移 $\beta_+ - \beta_-$ 的有用的近似结果。利用式(9.73)和式(9.75)把 k_f 和 k_a 表示成 β 的隐函数，并对其进行微分，就可做到这一点[4]。结果是

$$\beta_+ - \beta_- \approx \frac{2k_c t\kappa}{a\mu}\sin 2k_c c = 2k_c \frac{\kappa}{\mu}\frac{\Delta S}{S}\sin 2k_c c \tag{9.80}$$

式中，$k_c = \pi/a$ 是空波导（无铁氧体时）的截止波数，$\Delta S/S = t/a$ 是**填充因子**，即铁氧体片的截面积与波导截面积之比。这样，该公式就可应用到其他几何结构，如加载有铁氧体小条或细棒的波导，但对某些铁氧体形状需要得出恰当的退磁因子。不过，式(9.80)给出的结果只对非常小的铁氧体截面积（通常要求 $\Delta S/S < 0.01$）是精确的。

采用相同的方法，可以得到用式(9.39)定义的磁化率的虚部来表示的前向和反向衰减常数的近似表达式：

$$\alpha_{\pm} \approx \frac{\Delta S}{S\beta_0}(\beta_0^2\chi''_{xx}\sin^2 k_c x + k_c^2\chi''_{zz}\cos^2 k_c x \mp \chi''_{xy}k_c\beta_0\sin 2k_c x) \tag{9.81}$$

式中，$\beta_0 = \sqrt{k_0^2 - k_c^2}$ 是空波导的传播常数。设计谐振隔离器时，这个结果很有用。式(9.80)和式(9.81)还可以采用空波导场的扰动法来导出[4]，所以通常将其称为**扰动理论结果**。

9.3.2 有两片对称铁氧体的波导的 TE_{m0} 模

加载有两个对称放置的铁氧体片的矩形波导，其相关的几何关系如图 9.10 所示。加在这两个铁氧体片上的偏置场强度相等，但在 **y** 方向相反，这种结构可为非互易剩磁相移器（将在 9.5 节中讨论）提供有用的模型。它的分析非常类似于单片几何结构的分析。

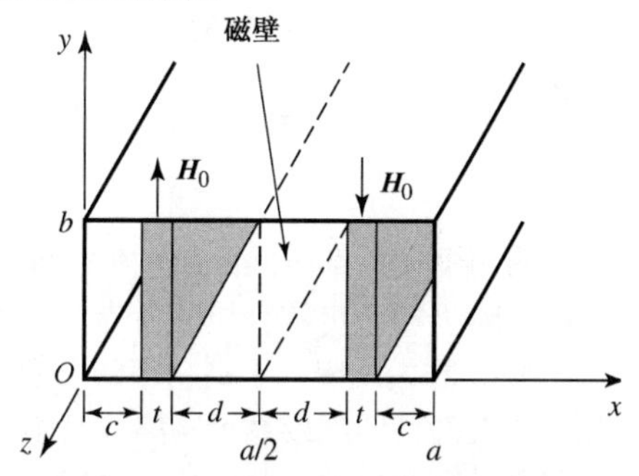

图 9.10 加载有两个对称铁氧体片的矩形波导的几何结构

由于 h_y 场和 h_z 场（包括偏置场）关于 $x = a/2$ 处的中心平面反对称，所以可以在中心平面放置一个磁壁。这样，就只需考虑区域 $0 < x < a/2$。该区域的电场可写为

$$e_y = \begin{cases} A\sin k_a x, & 0 < x < c \\ B\sin k_f(x-c) + C\sin k_f(c+t-x), & c < x < c+t \\ D\cos k_a(a/2-x), & c+t < x < a/2 \end{cases} \tag{9.82a}$$

除区间 $c+t < x < a/2$ 上的表达式在 $x = a/2$ 处形成极大值（因 h_z 在 $x = a/2$ 处必须取为零）外，上式类似于式(9.77a)。截止波数 k_f 和 k_a 已在式(9.73)和式(9.75)中定义。

利用式(9.71)和式(9.76)，可给出 h_z 场为

$$h_z = \begin{cases} (\mathrm{j}k_a A/\omega\mu_0)\cos k_a x, & 0 < x < c \\ (\mathrm{j}/\omega\mu\mu_e)\{-\kappa\beta[B\sin k_f(x-c) + C\sin k_f(c+t-x)] + \\ \qquad \mu k_f[B\cos k_f(x-c) - C\cos k_f(c+t-x)]\}, & c < x < c+t \\ (\mathrm{j}k_a D/\omega\mu_0)\sin k_a(a/2-x), & c+t < x < a/2 \end{cases} \tag{9.82b}$$

在 $x = c$ 和 $x = c + t = a/2 - d$ 处使 e_y 和 h_z 场匹配，可给出常数 A, B, C, D 的 4 个方程：

$$A\sin k_a c = C\sin k_f t \tag{9.83a}$$

$$B\sin k_f t = D\cos k_a d \tag{9.83b}$$

$$A\frac{k_a}{\mu_0}\cos k_a c = B\frac{k_f}{\mu_e} - C\frac{1}{\mu\mu_e}(-\kappa\beta\sin k_f t + \mu k_f\cos k_f t) \tag{9.83c}$$

$$\frac{B}{\mu\mu_e}(\kappa\beta\sin k_f t + \mu k_f\cos k_f t) - C\frac{k_f}{\mu_e} = D\frac{k_a}{\mu_0}\sin k_a d \tag{9.83d}$$

化简这些方程，可给出传播常数 β 的超越方程：

$$\begin{gathered}\left(\frac{k_f}{\mu_e}\right)^2+\left(\frac{\kappa\beta}{\mu\mu_e}\right)^2-k_a\cot k_a c\left(\frac{k_f}{\mu_0\mu_e}\cot k_f t+\frac{\kappa\beta}{\mu_0\mu\mu_e}\right)+\left(\frac{k_a}{\mu_0}\right)^2\times\\ \cot k_a c\tan k_a d+k_a\tan k_a d\left(\frac{k_f}{\mu_0\mu_e}\cot k_f t-\frac{\kappa\beta}{\mu_0\mu\mu_e}\right)=0\end{gathered}\tag{9.84}$$

该方程可对 β 进行数值求解。如同单片情况下的式(9.79)那样，在式(9.84)中 κ 和 β 只能以 $\kappa\beta$, κ^2 或 β^2 的形式出现，这意味着非互易传播。因为对于方程的同一个根，使 κ（或偏置场）变号需要 β 变号。乍看之下，似乎可以认为：在相同的波导和片尺寸及相同参量的条件下，两个片会是一个片的相移的两倍；但这是不正确的，因为场高度集中于铁氧体区域内。

9.4 铁氧体隔离器

最常用的微波铁氧体元件之一是隔离器，它是具有单向传输特点的二端口器件。理想隔离器的 $\boldsymbol{S}$ 矩阵为

$$\boldsymbol{S}=\begin{bmatrix}0&0\\1&0\end{bmatrix}\tag{9.85}$$

这表明两个端口都是匹配的，但传输只在从端口 1 到端口 2 的方向进行。因为 $\boldsymbol{S}$ 不是幺正矩阵，所以该隔离器必定是有损的。当然，$\boldsymbol{S}$ 不是对称的，因为隔离器是非互易元件。

隔离器最常应用于高功率源与负载之间，以阻断可能出现的反射而使源受损。我们可以使用隔离器来替代匹配或调谐网络，但应当了解到隔离器会吸收来自负载的任何功率反射；而采用匹配网络时则会出现与此相反的情况，即功率被反射到负载上。

尽管存在多种类型的铁氧体隔离器，但下面将重点研究谐振隔离器和场位移隔离器。这两类器件有其实用上的重要性，而且可以利用上节的铁氧体片加载波导的结果来进行分析和设计。

9.4.1 谐振隔离器

前面说过，圆极化平面波的旋转方向与铁氧体媒质的磁偶极子的进动方向相同时，波将与材料发生强烈的相互作用；当圆极化波沿相反方向旋转时，相互作用则很弱。例题 9.1 中说明了这一结果，题中给出在铁氧体的旋磁共振点附近圆极化波的衰减很大，而在相反方向传播的波衰减很弱。这一效应可被用来构建隔离器，这样的隔离器必须工作在旋磁共振点附近，所以称为谐振隔离器。谐振隔离器通常由放置在波导内某点的铁氧体片或条组成。下面讨论如图 9.11 所示的两种隔离器的几何结构。

理想情况下，在铁氧体材料内部的射频场应是圆极化的。在空矩形波导中，TE_{10} 模的磁场写为

$$H_x=\frac{\mathrm{j}\beta_0}{k_c}A\sin k_c x\mathrm{e}^{-\mathrm{j}\beta_0 z}$$

$$H_z=A\cos k_c x\mathrm{e}^{-\mathrm{j}\beta_0 z}$$

式中，$k_c=\pi/a$ 是空波导的截止波数，$\beta_0=\sqrt{k_0^2-k_c^2}$ 是其传播常数。因为圆极化波必须满足 $H_x/H_z=\pm\mathrm{j}$ 的条件，所以空波导的圆极化（CP）向量顶点的位置 x 为

$$\tan k_c x=\pm\frac{k_c}{\beta_0}\tag{9.86}$$

然而，铁氧体加载会扰动场，致使式(9.86)给不出其实际的最优位置，或者说会妨碍其内部任何位置上的场成为圆极化场。

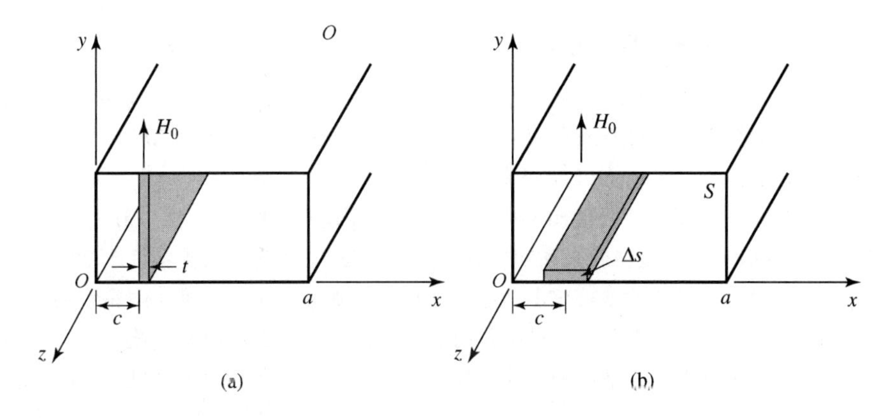

图 9.11　两种谐振隔离器的几何结构：(a) E 平面，全高片；(b)H 平面，非全高片

先考虑图 9.11a 中的 E 平面全高片。我们可以使用上一节的准确结果来分析这种情况。此外，我们还可以使用式(9.81)的扰动理论结果来分析这种情况，但这时需要用到 h_x 的退磁因子，因此结果更不精确。这样，对于给定的一组参量，数值求解式(9.79)可得到铁氧体加载波导的前向波和反向波的复传播常数。需要包含磁损耗效应，而把式(9.37)的复频率用到 μ 和 κ 的公式中就可做到这一点，通过式(9.40)可把 ω_0 的虚部与铁氧体的线宽 ΔH 联系起来。通常情况下，波导宽度 a、频率 ω 及铁氧体参量 $4\pi M_s$ 和 ϵ_r 是给定的，而偏置场及片的位置和厚度则由最优化设计来确定。

理想情况下，前向衰减常数（α_+）为零，而反向衰减常数（α_-）不为零。但对于 E 平面铁氧体片，找不到某个位置 $x = c$ 使得铁氧体中的场是完全圆极化（CP）的（因为其退磁因子 $N_x \approx 1$[4]）。前向波和反向波两者都有 RHCP 分量和 LHCP 分量，不可能得到理想的衰减特性。因此，最优化设计一般使前向衰减极小（由片的位置决定）。另一种选择是，使反向衰减与前向衰减的比值达到极大。因为使前向衰减极小的片位置上一般不会发生反向衰减达到极大的情况，所以这样一种设计包括对前向衰减的折中。

对于长的薄片，其退磁因子近似为薄盘的退磁因子：$N_x \approx 1$，$N_y = N_z = 0$。于是，通过式(9.45)给出的基太尔方程可以看出，片的旋磁共振频率由下式给出：

$$\omega = \sqrt{\omega_0(\omega_0 + \omega_m)} \tag{9.87}$$

在给定工作频率和饱和磁化强度下，由上式可求出 H_0。这是一个近似的结果；式(9.79)给出的超越方程可精确计算退磁，所以先由式(9.87)给出近似的 H_0 值，再对式(9.79)数值求解在近似值附近的衰减常数，就可求出实际的内部偏置场 H_0。

一旦得到片位置 c 和偏置场 H_0，就可选择片长度 L 给出要求的总反向衰减（或隔离度）$(\alpha_-)L$。片的厚度还可用来调节这个值。例题 9.2 中将给出典型的数值结果。

这种结构的优点是之一，全高片容易用外部 C 形永磁铁偏置，没有退磁因子。但它存在某些缺陷：

- 由于磁场不是真正圆极化的，因而不可能得到零前向衰减。
- 隔离器的带宽较窄，它基本上受制于铁氧体的线宽 ΔH。
- 由于片的中部散热性差，因此这种结构不适合于高功率应用，温度升高会导致 M_s 改变，从而使器件性能变坏。

通过附加一个介质加载片，可较大程度上改善前两个问题，详见参考文献[5]。

例题 9.2　铁氧体谐振隔离器设计

在 X 波段波导中设计一个工作频率为 10GHz 的 E 平面谐振隔离器，它有极小前向插入损耗和 30dB 反向衰减。采用 0.5mm 厚的铁氧体片，$4\pi M_s = 1700\text{G}$，$\Delta H = 200\text{Oe}$，$\epsilon_r = 13$。求反向衰减至少为 27dB 以上时的带宽。

解：采用牛顿-辛卜森迭代法的区间半分程序数值求解式(9.79)的复数根。由式(9.87)给出的近似偏置场 H_0 是 2820Oe，但数值结果表明，在 10GHz 谐振下的真实场更接近于 2840Oe。图 9.12a 给出了 10GHz 时计算的前向衰减常数（α_+）和反向衰减常数（α_-）随片位置的变化，并且在图中可以看出，在 $c/a = 0.125$ 时产生极小前向衰减，在这一点上反向衰减是 $\alpha_- = 12.4\text{dB/cm}$。图 9.12b 显示了上述片位置反向衰减随频率的变化关系。对于总反向衰减 20dB，片长度必须为

$$L = \frac{30\text{dB}}{12.4\text{dB / cm}} = 2.4\text{cm}$$

总反向衰减要求至少为 27dB，必须满足以下不等式：

$$\alpha_- > \frac{27\text{dB}}{2.4\text{cm}} = 11.3\text{dB/cm}$$

因此，根据图 9.12b 的数据，上述定义要求的带宽小于 2%。采用有更大线宽的铁氧体，可改善这一结果，但代价是要用更长或更厚的片和更高的前向衰减。

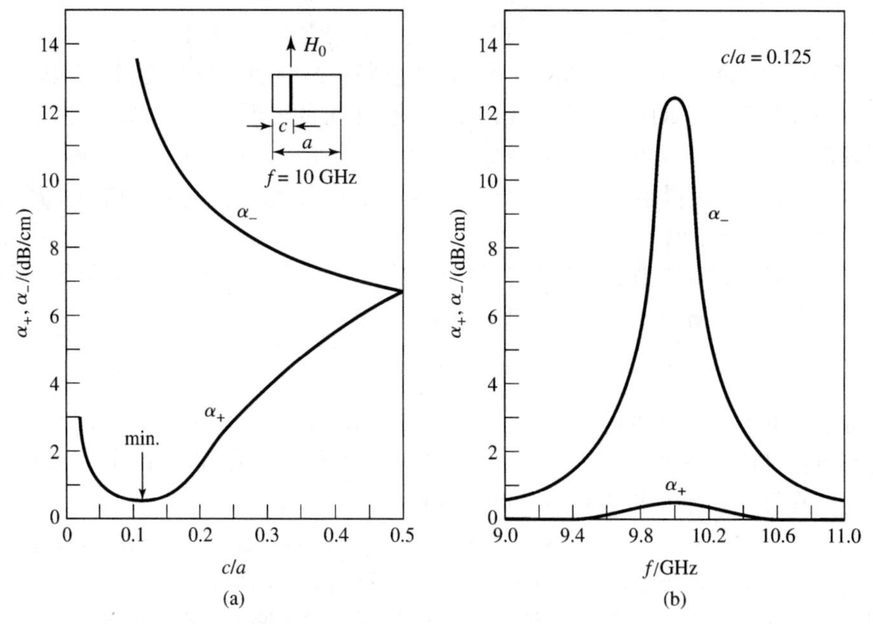

图 9.12　例题 9.2 的谐振隔离器的前向和反向衰减常数：(a)随片位置变化；(b)随频率变化　■

下面讨论采用如图 9.11b 所示 H 平面片结构的谐振隔离器。片宽远大于片厚时，其退磁因子近似为 $N_x = N_z = 0$，$N_y = 1$。这意味着需要更强的外加偏置场来产生 y 方向的内场 H_0。但是，由于 $N_x = N_z = 0$，空气-铁氧体边界条件不会影响到射频磁场分量 h_x 和 h_z，当它位于由式(9.86)给出的空波导的 CP 点时，在铁氧体中将存在完全的圆极化场。这种结构的另一个优点是，它比 E 平面方案有更好的热性能，因为铁氧体片与波导壁接触面积大，有利于散热。

与 E 平面全高片情况不同的是，图 9.11b 所示 H 平面的几何结构不能进行精确分析。但是，如果片只占总波导截面的极小部分（$\Delta S/S \ll 1$，其中 ΔS 和 S 分别是片和波导的截面积），那么可以合理地采用式(9.81)中的扰动理论结果 α_+。给出的表达式用 $\boldsymbol{y}$ 偏置铁氧体的磁化率 $\chi_{xx} = \chi'_{xx} - \mathrm{j}\chi''_{xx}, \chi_{zz} = \chi'_{zz} - \mathrm{j}\chi''_{zz}, \chi_{xy} = \chi''_{xy} + \mathrm{j}\chi'_{xy}$ 定义，其形式类似于式(9.22)。对于不属于薄 H 平面片形状的铁氧体，其磁化率需要用合适的退磁因子加以修正，如式(9.43)中那样[4]。

如从式(9.22)给出的磁化率表达式中看到的那样，这种结构的旋磁共振在 $\omega = \omega_0$ 时发生，而 ω_0 决定内部偏置场 H_0。片中心定位在由式(9.86)给出的空波导的圆极化点上。这使得前向衰减常数接近于零。总反向衰减（或隔离度）可用铁氧体片长度 L 或其截面 ΔS［因为式(9.81)表明 $\alpha_\pm$ 正比于 $\Delta S/S$］来调节。然而，若 $\Delta S/S$ 太大，则遍及截面上的圆极化纯度下降，同时前向损耗加大。另一种可以采取的实用方法是，把第二个相同的铁氧体片放在波导顶板的内壁上，使得 $\Delta S/S$ 加倍，而不会显著降低极化纯度。

9.4.2 场位移隔离器

在加载铁氧体片的波导中，前向波和反向波的电场分布可以是很不相同的，另一类隔离器恰好利用了这一事实。如图 9.13 所示，在铁氧体片一侧的 $x = c + t$ 处可使前向波电场完全消失，而在同一位置上反向波电场可以变得很大。假设在此位置放一个薄电阻片，前向波基本上不受其影响，而反向波则被衰减。这样的隔离器称为场位移隔离器。使用相当紧凑的器件在 10%量级的频宽内可以获得高隔离值。场位移隔离器胜过谐振隔离器的另一个优点是，只需要小得多的偏置场，因为它在远低于谐振点的频率下工作。

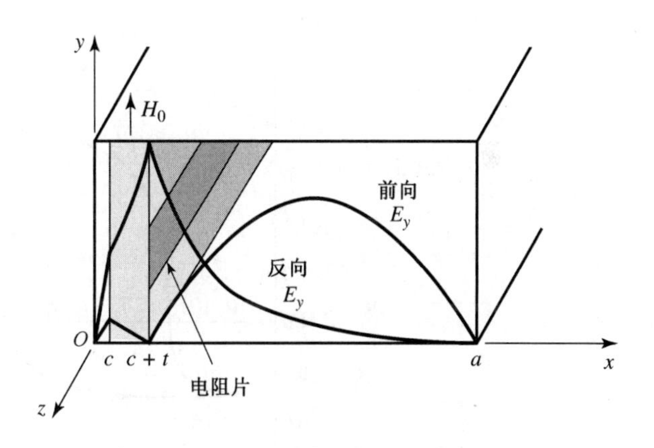

图 9.13　场位移隔离器的几何结构与电场

设计场位移隔离器的主要问题是如何确定能产生像图 9.13 所示的场分布的设计参量。对加载铁氧体片的波导进行分析给出的式(9.77a)是电场的一般形式。由此看出，前向波电场在区间 $c + t < x < a$ 内正弦变化，而在 $x = c + t$ 处完全消失，截止波数 k_a^+ 必须是实数并满足以下条件：

$$k_a^+ = \frac{\pi}{d} \tag{9.88}$$

式中，$d = a - c - t$。此外，反向波电场在区间 $c + t < x < a$ 内呈双曲线变化，这意味着 k_a^- 必须是虚数。因为由式(9.75)可知 $k_a^2 = k_0^2 - \beta^2$，所以上述条件表明 $\beta^+ < k_0$ 和 $\beta^- > k_0$，其中 $k_0 = \omega\sqrt{\mu_0\epsilon_0}$。$\beta_\pm$满足的条件严重依赖于片的位置，后者可通过对式(9.79)数值求解传播常数来确定。片厚度也对该结果有影响，但不太重要，其典型值为 $t = a/10$。

这就证明要满足式(9.88)，必须强制在 $x = c + t$ 处有 $E_y = 0$，且 $\mu_e = (\mu^2 - \kappa^2)/\mu$ 必须取负值。这个要求可以直观地理解为，把区间 $c + t < x < a$ 内的波导模设想为两个倾斜传播的平面波的叠加。这些波的磁场分量 H_x 和 H_z 都与偏置场垂直，这种情形类似于在 9.2 节中讨论的非寻常平面波（$\mu_e < 0$ 时不存在波传播）。把该截止条件应用到加载铁氧体的波导，会使得前向波的 E_y 在 $x = c + t$ 处为零。

μ_e 取负值的条件与频率、饱和磁化强度和偏置场强有关。图 9.8 中给出了在几个频率和饱和磁化强度值下 μ_e 随偏置场的变化关系。使用这类数据可在设定的频率下选择 $\mu_e < 0$ 的饱和磁化强度

和偏置场。可以看出，更高的频率要求铁氧体有更高的饱和磁化强度和更强的偏置场，但 $\mu_e<0$ 总是在 μ_e 于 $\sqrt{\omega_0(\omega_0+\omega_m)}$ 处出现谐振之前发生。设计细节将在下面的例题中给出。

例题 9.3　场位移隔离器设计

在 X 波段波导中设计一个场位移隔离器，其工作频率为 11GHz。铁氧体有 $4\pi M_s=3000\text{G}$ 和 $\epsilon_r=13$。忽略铁氧体损耗。

解： 首先求满足 $\mu_e<0$ 的内部偏置场 H_0。这可从图 9.8 中 $4\pi M_s=3000\text{G}$ 及频率 11GHz 处 μ_e/μ_o 与 H_0 的关系曲线上找出。从中看出，取 $H_0=1200\text{Oe}$ 就已足够。从该图中还可看到，有较小饱和磁化强度的铁氧体需要大得多的偏置磁场。

接着，对式(9.79)数值求解传播常数 $\beta_\pm$ 与 c/a 的函数关系，确定片的位置 c/a。片厚度按近似值 $a/10$ 来设定，即 $t=0.25\text{cm}$。图 9.14a 中给出了得到的传播常数及满足式(9.88)给出的条件的 $\beta_\pm$ 和 c/a 点的轨迹。对前向波，该轨迹与曲线的交点 β_+ 保证在 $x=c+t$ 处有 $E_y=0$；产生该交点的片位置在 $c/a=0.028$ 处。得到的传播常数为 $\beta_+=0.724k_0<k_0$ 和 $\beta_-=1.607k_0>k_0$。

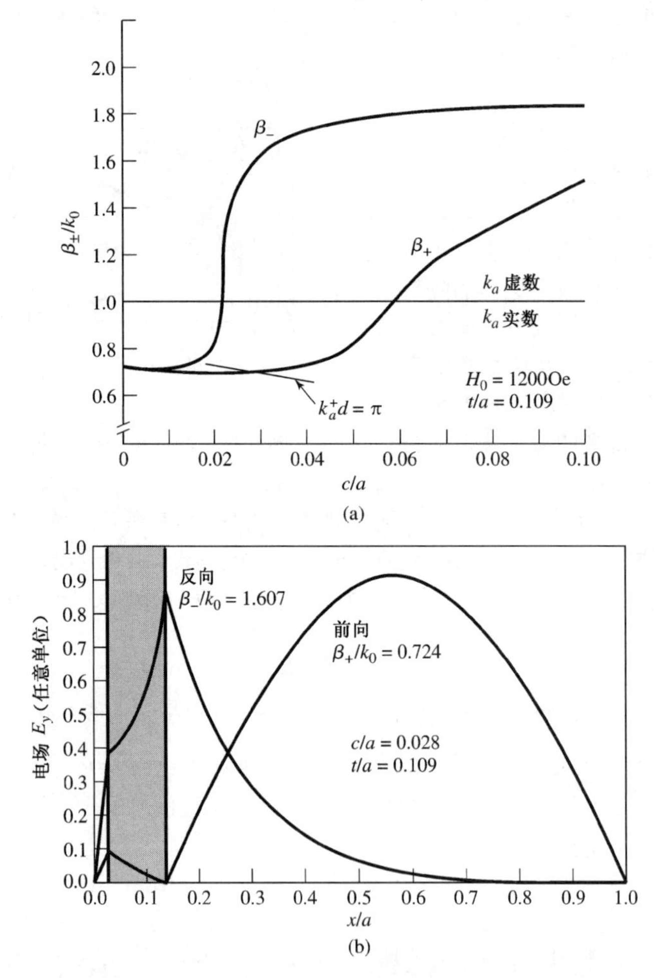

图 9.14　例题 9.3 中场位移隔离器的传播常数和电场分布：(a)前向和反向传播常数随片位置的变化；(b)前向波和反向波的电场振幅

电场分布画在图 9.14b 中。可以看到，在铁氧体片表面，前向波电场有一个零点，而反向波有一个峰值（图中这些场的相对振幅是任意的）。电阻片可放在此点以衰减反向波。实际的隔离度与该电阻片的电阻率有关，典型值是 75Ω/m²。■

9.5 铁氧体相移器

铁氧体材料的另一个重要应用是在相移器中，相移器是二端口元件，它通过改变铁氧体的偏置场来提供可变的相移（微波二极管和 FET 也能用作相移器，见 10.3 节）。测试和测量系统中会用到相移器，但最为重要的用途是在相控阵天线中，相控阵天线的天线方向可通过电控相移器来控制。由于这一需要，人们开发了很多不同类型的相移器，如互易相移器（两个方向有相同的相移）和非互易相移器[2, 6]。最常用的设计之一是在矩形波导中使用铁氧体环的锁存（或剩磁）非互易相移器；我们可以用 9.3 节中讨论的双铁氧体片的几何结构在合理的近似程度下来分析这一结构。然后，定性讨论几种其他相移器的工作原理。

9.5.1 非互易锁存相移器

锁存相移器的几何结构如图 9.15 所示，在波导内对称地放置了一个环形铁氧体心，偏置线穿过环中央。铁氧体被磁化后，环的两个侧壁的磁化强度的方向相反，且与射频场的圆极化平面垂直。由于波导两侧的圆极化性质也相反，所以在高频场与铁氧体之间会产生强烈的相互作用。当然，铁氧体会扰动波导场（场集中在铁氧体内），因而圆极化点不会像在空波导中那样发生在 $\tan k_c x = k_c/\beta_0$ 处。

原理上说，这样一个结构可被用来提供随偏置电流变化而连续改变的（模拟型）相移。但更为有用的技术是利用铁氧体的磁滞回线，它提供的相移可以在两个值之间转换（数字型）。图 9.16 给出了典型的磁滞回线，图中显示了磁化强度 M 随偏置场 H_0 的变化。当偏置场撤走且使铁氧体处于原始退磁状态时，M 和 H_0 都为零。偏置场增大时，磁化强度沿虚线路径增大，直到使得铁氧体磁化饱和为止，且有 $M = M_s$。假如偏置场立刻下降到零，那么磁化强度会下降到剩磁状态（如同永磁铁），其中 $M = M_r$。反向偏置场使得铁氧体在 $M = -M_s$ 时达到饱和，此后移去偏置场将使铁氧体处于剩磁状态，有 $M = -M_r$。这样，就可把铁氧体磁化强度“锁定”在 $M = \pm M_r$ 两个状态之一，给出数字化相移。这两个状态之间的差分相移量由铁氧体环的长度控制。实际应用中，人们采用具有单独偏置线和递减长度的几段来逐级给出 180°、90°和 45°的等差分相移，以便达到所需（或能做到）的解析度。锁定工作模式的一个重要优点是，不需要连续施加偏置电流，而是施加一种极性的脉冲电流，或改变剩磁磁化强度的极性；开关速度可以达到几微秒量级。偏置线取向可以垂直于波导中的电场，它对场的扰动效应可以忽略不计。铁氧体环的顶壁和底壁由于极化强度不与圆极化平面垂直，而且磁化强度的方向相反，因而与高频场的磁相互作用微弱。所以这些壁主要产生介质负载效应，考虑 9.3 节中更为简化的双铁氧体片的几何结构，就可以得出剩磁相移器的主要工作特性。

在给定工作频率和波导尺寸下，剩磁双片相移器的设计内容主要包括：按要求的相移确定片的厚度 t，两片之间的间距 $s = 2d = a - 2c - 2t$（参见图 9.10）及片的长度。这就要求双片结构的传播常数 $\beta_\pm$，它可对超越方程(9.84)数值求解得出。求解该方程需要知道的 μ 和 κ 的值，可在剩磁状态下通过设定 $H_0 = 0$（$\omega_0 = 0$）和 $M_s = M_r$（$\omega_m = \mu_0\gamma M_r$），由式(9.25)给出：

$$\mu = \mu_0 \tag{9.89a}$$

$$\kappa = -\mu_0 \frac{\omega_m}{\omega} \tag{9.89b}$$

差分相移 $\beta_+ - \beta_-$线性正比于 κ（对于 κ/μ_0 直到约 0.5）。从而，由于 κ 正比于 M_r，如式(9.89b)给出

的那样，可以得出：若选用有更高剩磁磁化强度的铁氧体，则可用更短的铁氧体提供给定的相移。相移器的插入损耗随长度减小，但它是铁氧体线宽 ΔH 的函数。相移与插入损耗的比值（用度/dB量度）通常用来表征相移器的品质因数。

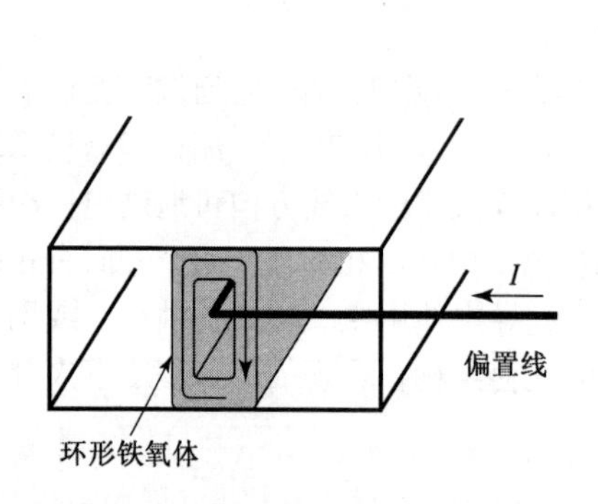

图 9.15　采用铁氧体环的非互易锁存相移器的几何结构

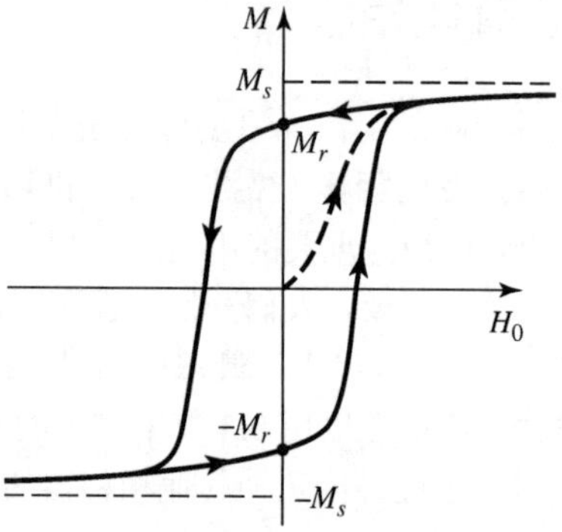

图 9.16　铁氧体环的磁滞回线

例题 9.4　剩磁相移器设计

设计工作在 10GHz 的双片剩磁相移器，使用 X 波段波导，铁氧体有 $4\pi M_r = 1786\text{G}$ 和 $\epsilon_r = 13$。设两个铁氧体片的间距为 1mm。求有极大差分相移时的片厚度，并求 180°和 90°相移段的片长度。

解： 由式(9.89)有

$$\frac{\mu}{\mu_0} = 1, \quad \frac{\kappa}{\mu_0} = \pm\frac{\omega_m}{\omega} = \pm\frac{(2.8\text{MHz/Oe})\times(1786\text{G})}{10000\text{MHz}} = \pm 0.5$$

采用数值求根方法，如区间半分法，可用正和负 κ 值对式(9.84)求解传播常数 β_+和 β_-。图 9.17 给出了在几个片间距下得到的差分相移$(\beta_+ - \beta_-)/k_0$与片厚度 t 的变化曲线。可以看出，当两片之间的距离 s 减小且片厚度增大时，相移会增大（对于 t/a 直到 0.12）。

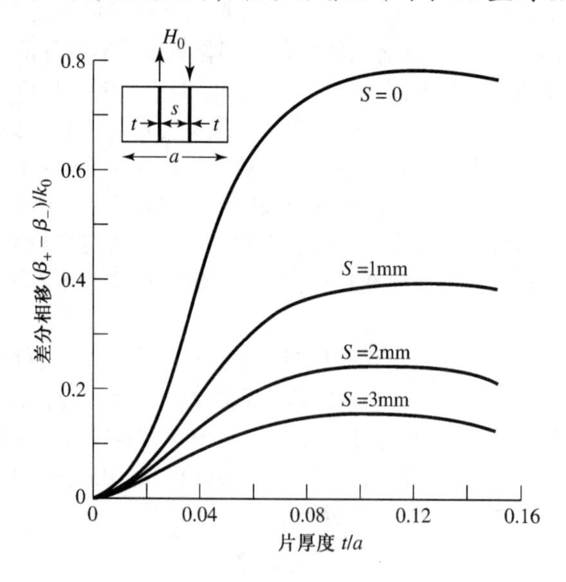

图 9.17　例题 9.4 中的双片剩磁相移器的差分相移

从图 9.17 中 $s = 1\text{mm}$ 的曲线看到，相移极大时的最优片厚度是 $t/a = 0.12$，或 $t = 2.74\text{mm}$（因 X 波段波导的宽边 $a = 2.286\text{cm}$）。对应的归一化差分相移是 0.40，因此有

$$\beta_+ - \beta_- = 0.4k_0 = 0.4\left(\frac{2.09\text{rad}}{\text{cm}}\right) = 0.836\text{rad/cm} = 48^\circ/\text{cm}$$

于是，180°相移段所需的铁氧体长度是

$$L = \frac{180^\circ}{48^\circ/\text{cm}} = 3.75\text{cm}$$

而 90°相移段所需的长度是

$$L = \frac{90^\circ}{48^\circ/\text{cm}} = 1.88\text{cm}$$

■

9.5.2 其他类型的铁氧体相移器

人们已开发出了很多其他类型的铁氧体相移器，如矩形或圆波导、横向或纵向偏置、锁定或连续相位变化，以及互易或非互易相移器的不同组合。采用印制传输线的相移器也已被提出。虽然 PIN 二极管和 FET 电路有更小的体积，并可代替铁氧体元件成为更能集成的器件，但铁氧体相移器在价格、功率容量和功率需求方面经常处于优势地位。但是，人们对低价且紧凑的相移器有很大的需求。

源于非互易法拉第旋转相移器的几种波导相移器设计如图 9.18 所示。从左边进入的矩形波导 TE_{10} 模通过较短的过渡区后，被转换为圆波导 TE_{11} 模。随后，与电场向量成 45°的 1/4 波长介质板使与板平行和垂直的场分量之间出现 90°相移，从而把原来的波转换成 RHCP（右旋圆极化）波。在加载有铁氧体的区域中产生相位延迟 $\beta_+ z$，它可用偏置场强控制大小。第二个 1/4 波长板则把波转换回线性极化场。对于从右边进入的波，其作用是类似的，只是此时相位延迟变为 $\beta_- z$，这表明相移是非互易的。铁氧体棒是沿传播方向纵向加偏置的，偏置场用一螺旋线圈产生。这类相移器也可制成互易的，只要采用两块非互易 1/4 波长板把两个传播方向上的线性极化波都转换成同方向的圆极化波。

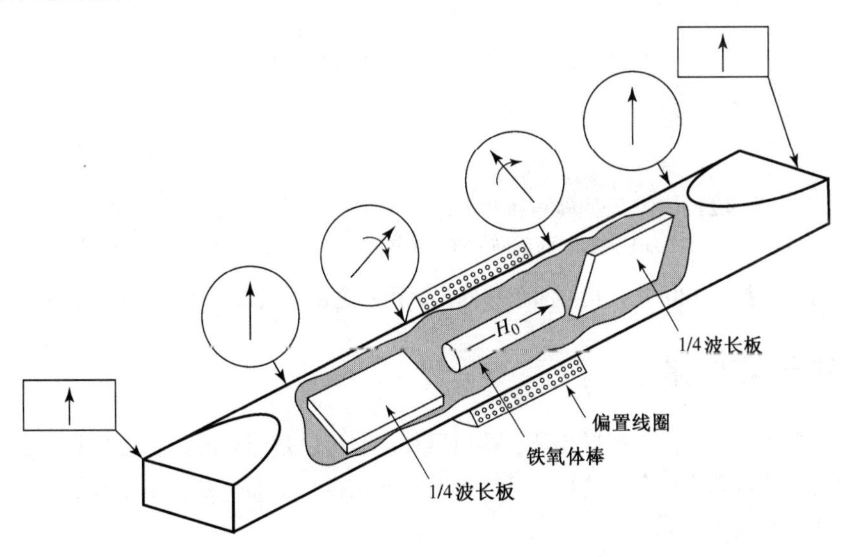

图 9.18　非互易法拉第旋转相移器

Reggia-Spencer（雷贾-斯本塞）相移器如图 9.19 所示，它是一种流行的相移器。其波导形状或是矩形或是圆形，纵向偏置的铁氧体棒位于波导的中轴。当棒的直径大于某一临界尺寸时，场会变得紧紧约束在铁氧体棒内，并且场是圆极化的。相对较短的长度可以得到大的互易相移，但相移在一定程度上对频率敏感。

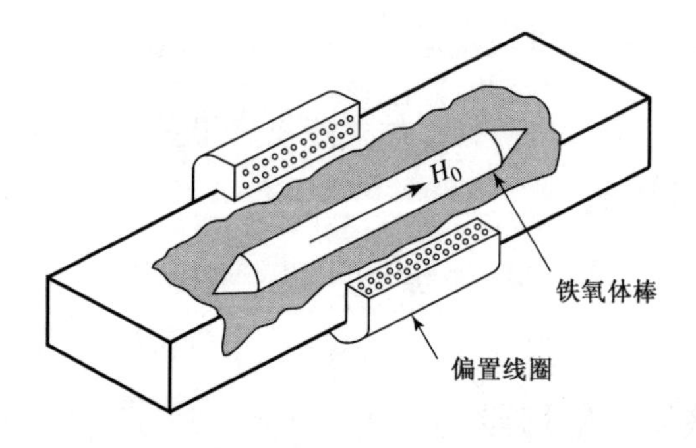

图 9.19　Reggia-Spencer 互易相移器

9.5.3　回转器

一种重要的标准非互易元件是**回转器**，它是二端口器件，有180°的差分相移。回转器的示意符号见图 9.20。理想回转器的散射矩阵是

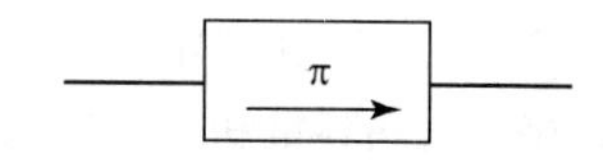

图 9.20　回转器的示意符号，它有 180°的差分相移

$$\boldsymbol{S} = \begin{bmatrix} 0 & 1 \\ -1 & 0 \end{bmatrix} \tag{9.90}$$

这表明它是无耗的、匹配的和非互易的。将回转器作为非互易积木式部件，与互易的功率分配器和耦合器组合在一起，可引出非互易元件的有用等效电路，如隔离器和环形器。例如，图 9.21 给出了用回转器和两个正交混合网络组成的隔离器的等效电路。

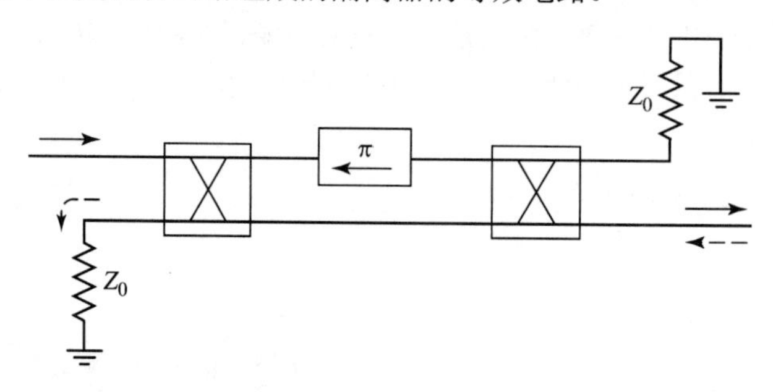

图 9.21　用一个回转器和两个正交混合网络组成的隔离器，前向波（→）通过，而反向波（←）被第一个混合网络的匹配负载吸收

回转器可用作具有 180°差分相移的相移器，可由永磁铁提供偏置场，把回转器制成无源器件。

9.6　铁氧体环形器

如 7.1 节中介绍的那样，**环形器**是三端口器件，它可以是无耗的，并且在所有三个端口上是匹配的。利用其散射矩阵的幺正性质，可以说明为何这样一个器件必须是非互易的。这种理想环形器的散射矩阵有以下形式：

$$\boldsymbol{S}=\begin{bmatrix}0&0&1\\1&0&0\\0&1&0\end{bmatrix} \tag{9.91}$$

这表明功率流可以从端口 1 到端口 2、从端口 2 到端口 3 及从端口 3 到端口 1 导通，而不能是反方向的。把端口指数互换，可得到相反的环形。实际上，通过改变铁氧体偏置场的极性就能产生这种效果。大多数环形器采用永磁铁作为偏置场，但若采用电磁铁，则环形器可工作在锁存（剩磁）模式，作为单刀双掷（SPDT）开关。环形器的端口之一接上匹配负载，也可用作隔离器。一种拆开后的结型环形器如图 9.22 所示。

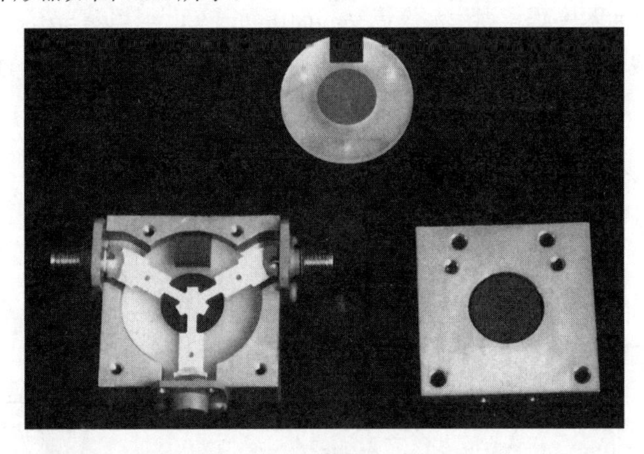

图 9.22 一个拆开的铁氧体结型环形器的照片，照片中显示了微带导线、铁氧体圆片和偏置场磁铁。环形器的中央部分与一个匹配负载端接，因此环形器确实配置成了隔离器。可以看出，微带导体的宽度有变化，因为铁氧体和外周塑料的介电常数不同

下面首先根据环形器的散射矩阵来讨论它的特性，然后分析微带结型环形器的运行。波导环形器的运行原理上是类似的。

9.6.1 失配环形器的特性

假设环形器关于三个端口是圆对称的，而且是无耗的，但不完全匹配，则其散射矩阵为

$$\boldsymbol{S}=\begin{bmatrix}\Gamma&\beta&\alpha\\\alpha&\Gamma&\beta\\\beta&\alpha&\Gamma\end{bmatrix} \tag{9.92}$$

因为假定环形器是无耗的，所以 $\boldsymbol{S}$ 必是幺正矩阵，这意味着有以下两个条件：

$$|\Gamma|^2+|\beta|^2+|\alpha|^2=1 \tag{9.93a}$$

$$\Gamma\beta^*+\alpha\Gamma^*+\beta\alpha^*=0 \tag{9.93b}$$

假如环形器是匹配的（$\Gamma=0$），则式(9.93)表明要么有 $\alpha=0$ 和 $|\beta|=1$，要么有 $\beta=0$ 和 $|\alpha|=1$；这样描述的理想环形器有两种可能的环形状态。可以看出，这种条件只与无耗和匹配的器件有关。

现在假设不匹配程度很小，即$|\Gamma|\ll 1$。为清楚起见，考虑原始环形状态使功率沿 1-2-3 方向流动，导致$|\alpha|$接近于 1 且$|\beta|$很小。这样就有 $\beta\Gamma\sim 0$，且式(9.93b)表明 $\alpha\Gamma^*+\beta\alpha^*\approx 0$，因而$|\Gamma|\approx|\beta|$。从而式(9.93a)给出$|\alpha|^2\approx 1-2|\beta|^2\approx 1-2|\Gamma|^2$，或$|\alpha|\approx 1-|\Gamma|^2$。这样，式(9.92)的散射矩阵就可写为

$$
\boldsymbol{S} = \begin{bmatrix} \Gamma & \Gamma & 1-\Gamma^2 \\ 1-\Gamma^2 & \Gamma & \Gamma \\ \Gamma & 1-\Gamma^2 & \Gamma \end{bmatrix} \tag{9.94}
$$

上式中忽略了相位因子。该结果表明环形器的隔离度 $\beta \approx \Gamma$，传输系数 $\alpha \approx 1 - \Gamma^2$，当输入端口失配时两者均变坏。

9.6.2 结型环形器

微带线结型环形器的几何结构画出在图 9.23 中和图 9.22 所示的照片中。两个铁氧体圆片填塞在中央金属圆盘和两个微带接地平面之间的空间中。三条微带导线与中央圆盘的周缘相连，每两条相隔 120°，构成了环形器的三个端口。恒定磁偏置场施加在接地平面的法线方向。

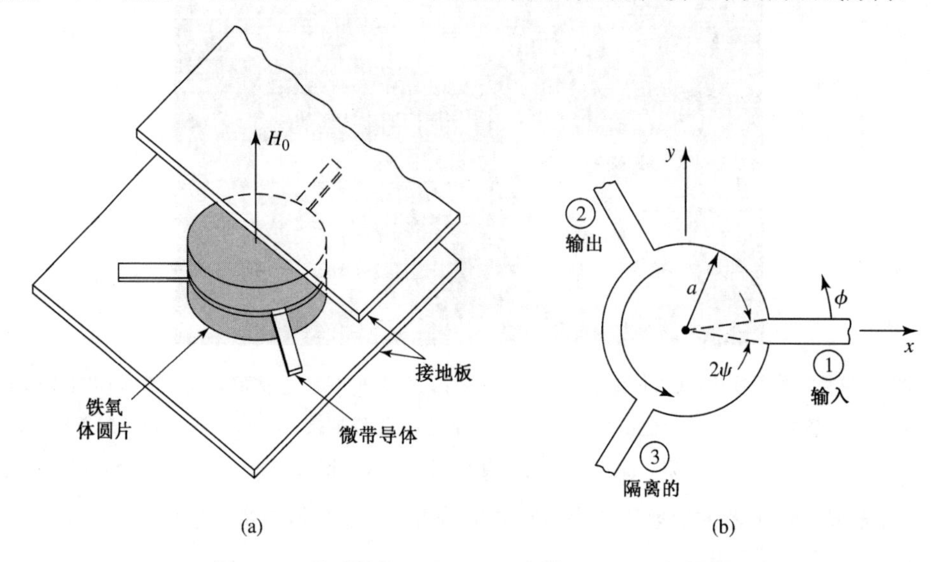

图 9.23 结型微带环形器：(a)立体图；(b)几何图形

运行时，铁氧体圆片形成一个谐振腔；未加偏置场时，谐振腔产生一个按 $\cos\phi$ （或 $\sin\phi$ ）变化的最低次谐振单模。铁氧体存在偏置场时，这个单模分裂成两个谐振模，二者的谐振频率稍有不同。可以这样来选择工作频率，即在输出端让这两个模相长，而在隔离端让这两个模相消。

通过把它视为在顶面和底面带有电壁及在侧面带有近似磁壁的薄腔谐振器，就可分析结型环形器。从而有 $E_\rho = E_\phi \approx 0$ 和 $\partial / \partial z = 0$ ，因此是 TM 模。因为 E_z 在中央导电盘的两边是反对称的，所以只需讨论铁氧体圆片之一的解[7]。

首先，把式(9.23)即 $\boldsymbol{B} = \boldsymbol{\mu H}$ 从直角坐标系转换到柱坐标系：

$$
\begin{aligned}
B_\rho &= B_x \cos\phi + B_y \sin\phi \\
&= (\mu H_x + \mathrm{j}\kappa H_y)\cos\phi + (-\mathrm{j}\kappa H_x + \mu H_y)\sin\phi \\
&= \mu H_\rho + \mathrm{j}\kappa H_\phi
\end{aligned} \tag{9.95a}
$$

$$
\begin{aligned}
B_\phi &= -B_x \sin\phi + B_y \cos\phi \\
&= -(\mu H_x + \mathrm{j}\kappa H_y)\sin\phi + (-\mathrm{j}\kappa H_x + \mu H_y)\cos\phi \\
&= -\mathrm{j}\kappa H_\rho + \mu H_\phi
\end{aligned} \tag{9.95b}
$$

所以有

$$\begin{bmatrix} B_\rho \\ B_\phi \\ B_z \end{bmatrix} = \boldsymbol{\mu} \begin{bmatrix} H_\rho \\ H_\phi \\ H_z \end{bmatrix} \tag{9.96}$$

式中，$\boldsymbol{\mu}$ 矩阵与直角坐标系中的相同，如式(9.24)所示。

在柱坐标系中，$\partial/\partial z = 0$，因此麦克斯韦旋度方程组可化为

$$\frac{1}{\rho}\frac{\partial E_z}{\partial \phi} = -\mathrm{j}\omega(\mu H_\rho + \mathrm{j}\kappa H_\phi) \tag{9.97a}$$

$$-\frac{\partial E_z}{\partial \rho} = -\mathrm{j}\omega(-\mathrm{j}\kappa H_\rho + \mu H_\phi) \tag{9.97b}$$

$$\frac{1}{\rho}\left[\frac{\partial(\rho H_\phi)}{\partial \rho} - \frac{\partial H_\rho}{\partial \phi}\right] = \mathrm{j}\omega\epsilon E_z \tag{9.97c}$$

对式(9.97a, b)解出用 E_z 表示的 H_ρ 和 H_ϕ，得到

$$H_\rho = \frac{\mathrm{j}Y}{k\mu}\left(\frac{\mu}{\rho}\frac{\partial E_z}{\partial \phi} + \mathrm{j}\kappa\frac{\partial E_z}{\partial \rho}\right) \tag{9.98a}$$

$$H_\phi = \frac{-\mathrm{j}Y}{k\mu}\left(\frac{-\mathrm{j}\kappa}{\rho}\frac{\partial E_z}{\partial \phi} + \mu\frac{\partial E_z}{\partial \rho}\right) \tag{9.98b}$$

其中，$k^2 = \omega^2\epsilon(\mu^2 - \kappa^2)/\mu = \omega^2\epsilon\mu_e$ 是有效波数，$Y = \sqrt{\epsilon/\mu_e}$ 是有效导纳。利用式(9.98)消去式(9.97c)中的 H_ρ 和 H_ϕ，给出 E_z 的波动方程为

$$\frac{\partial^2 E_z}{\partial \rho^2} + \frac{1}{\rho}\frac{\partial E_z}{\partial \rho} + \frac{1}{\rho^2}\frac{\partial^2 E_z}{\partial \phi^2} + k^2 E_z = 0 \tag{9.99}$$

该方程在形式上与圆波导的 TM 模的 E_z 方程是等同的，因此其通解可写为

$$E_{zn} = [A_{+n}\mathrm{e}^{\mathrm{j}n\phi} + A_{-n}\mathrm{e}^{-\mathrm{j}n\phi}]J_n(k\rho) \tag{9.100a}$$

其中已排除了 $Y_n(k\rho)$的解，因为 E_z 在 $\rho = 0$ 点必须是有限的。还需要 $H_{\phi n}$，它可用式(9.98b)求出：

$$H_{\phi n} = -\mathrm{j}Y\left\{A_{+n}\mathrm{e}^{\mathrm{j}n\phi}\left[J_n'(k\rho) + \frac{n\kappa}{k\rho\mu}J_n(k\rho)\right] + A_{-n}\mathrm{e}^{-\mathrm{j}n\phi}\left[J_n'(k\rho) - \frac{n\kappa}{k\rho\mu}J_n(k\rho)\right]\right\} \tag{9.100b}$$

在 $\rho = a$ 处强加边界条件 $H_\phi = 0$，就可得到谐振模式。

若铁氧体未被磁化，则有 $H_0 = M_s = 0$ 和 $\omega_0 = \omega_m = 0$，致使 $\kappa = 0$ 和 $\mu = \mu_e = \mu_0$，而发生谐振时有

$$J_n'(ka) = 0$$

或其根为 $ka = x_0 = p_{11}' = 1.841$。定义该频率为 ω_0（不要与 $\omega_0 = \gamma\mu_0 H_0$ 相混淆）：

$$\omega_0 = \frac{x_0}{a\sqrt{\epsilon\mu_e}} = \frac{1.841}{a\sqrt{\epsilon\mu_0}} \tag{9.101}$$

当铁氧体被磁化时，每个 n 值都存在两个可能的谐振模，分别与 $\mathrm{e}^{\mathrm{j}n\phi}$ 变化或 $\mathrm{e}^{-\mathrm{j}n\phi}$ 变化相关。这两个 $n = 1$ 模的谐振条件是

$$\frac{\kappa}{\mu x}J_1(x) \pm J_1'(x) = 0 \tag{9.102}$$

式中，$x = ka$。结果表明，该环形器有非互易性质，在式(9.102)中因为 κ 变号（改变偏置场极性）

就得出另一个根，其波沿 ϕ 反向传播。

若令 x_+和 x_-是式(9.102)的两个根，则这两个 $n=1$ 模的谐振频率可表示为

$$\omega_{\pm} = \frac{x_{\pm}}{a\sqrt{\epsilon\mu_e}} \tag{9.103}$$

若认定 κ/μ 很小，则使 $\omega_{\pm}$趋近于式(9.101)的 ω_0，就可推出 $\omega_{\pm}$的近似结果。将式(9.102)中的这两项在 x_0 处做泰勒级数展开，可给出以下结果：

$$J_1(x) \approx J_1(x_0) + (x - x_0)J_1'(x_0) = J_1(x_0)$$

$$J_1'(x) \approx J_1'(x_0) + (x - x_0)J_1''(x_0) = -(x - x_0)\left(1 - \frac{1}{x_0^2}\right)J_1(x_0)$$

上式中用到了 $J_1'(x_0) = 0$。这样，式(9.102)成为

$$\frac{\kappa}{\mu x_0} \mp (x_{\pm} - x_0)\left(1 - \frac{1}{x_0^2}\right) = 0$$

或

$$x_{\pm} \approx x_0\left(1 \pm 0.418\frac{\kappa}{\mu}\right) \tag{9.104}$$

因为 $x_0 = 1.841$。上面的结果给出谐振频率为

$$\omega_{\pm} \approx \omega_0\left(1 \pm 0.418\frac{\kappa}{\mu}\right) \tag{9.105}$$

注意，当 $\kappa \to 0$ 时，$\omega_{\pm}$趋于 ω_0，于是有

$$\omega_- \leqslant \omega_0 \leqslant \omega_+$$

现在可以使用这两个模来设计环形器。这两个模的振幅提供两个自由度，可用于提供从输入端到输出端的耦合，并在隔离端彼此相消。由此得出，在 $\omega_{\pm}$模的谐振之间的 ω_0 是工作频率。这样，由于 $\omega_0 \neq \omega_{\pm}$，所以铁氧体圆片周缘上的 $H_\phi \neq 0$。若选择端口 1 作为输入，端口 2 作为输出，端口 3 作为隔离端，如图 9.23 所示，则可假设这些端口的 E_z 在 $\rho = a$ 处有如下形式：

$$E_z(\rho = a, \phi) = \begin{cases} E_0, & \phi = 0°(\text{端口1}) \\ -E_0, & \phi = 120°(\text{端口2}) \\ 0, & \phi = 240°(\text{端口3}) \end{cases} \tag{9.106a}$$

若馈线较窄，则沿宽度方向的 E_z 场相对不变。相应的 H_ϕ 场应为

$$H_\phi(\rho = a, \phi) = \begin{cases} H_0, & -\psi < \phi < \psi \\ H_0, & 120° - \psi < \phi < 120° + \psi \\ 0, & \text{其他} \end{cases} \tag{9.106b}$$

令式(9.106a)给出的 E_z 与式(9.100a)给出的 E_z 相等，得到模振幅常数为

$$A_{+1} = \frac{E_0(1 + \mathrm{j}/\sqrt{3})}{2J_1(ka)} \tag{9.107a}$$

$$A_{-1} = \frac{E_0(1 - \mathrm{j}/\sqrt{3})}{2J_1(ka)} \tag{9.107b}$$

于是将式(9.100a, b)化简便可得到电场和磁场：

$$E_{z1}=\frac{E_0 J_1(k\rho)}{2J_1(ka)}\left[\left(1+\frac{\mathrm{j}}{\sqrt{3}}\right)\mathrm{e}^{\mathrm{j}\phi}+\left(1-\frac{\mathrm{j}}{\sqrt{3}}\right)\mathrm{e}^{-\mathrm{j}\phi}\right]=\frac{E_0 J_1(k\rho)}{J_1(ka)}\left(\cos\phi-\frac{\sin\phi}{\sqrt{3}}\right) \tag{9.108a}$$

$$H_{\phi1}=\frac{-\mathrm{j}YE_0}{2J_1(ka)}\left\{\left(1+\frac{\mathrm{j}}{\sqrt{3}}\right)\left[J_1'(k\rho)+\frac{\kappa}{k\rho\mu}J_1(k\rho)\right]\mathrm{e}^{\mathrm{j}\phi}+\left(1-\frac{\mathrm{j}}{\sqrt{3}}\right)\left[J_1'(k\rho)-\frac{\kappa}{k\rho\mu}J_1(k\rho)\right]\mathrm{e}^{-\mathrm{j}\phi}\right\} \tag{9.108b}$$

要近似地使 $H_{\phi1}$ 与式(9.106b)中的 H_ϕ 相等，就要把 H_ϕ 展开成傅里叶级数：

$$H_\phi(\rho=a,\phi)=\sum_{n=-\infty}^{\infty}C_n\mathrm{e}^{\mathrm{j}n\phi}=\frac{2H_0\psi}{\pi}+\frac{H_0}{\pi}\sum_{n=1}^{\infty}[(1+\mathrm{e}^{-\mathrm{j}2\pi n/3})\mathrm{e}^{\mathrm{j}n\phi}+(1+\mathrm{e}^{\mathrm{j}2\pi n/3})\mathrm{e}^{-\mathrm{j}n\phi}]\times\frac{\sin n\psi}{n} \tag{9.109}$$

上式中的 $n=1$ 项是

$$H_{\phi1}(\rho=a,\phi)=\frac{-\mathrm{j}\sqrt{3}H_0\sin\psi}{2\pi}\left[\left(1+\frac{\mathrm{j}}{\sqrt{3}}\right)\mathrm{e}^{\mathrm{j}\phi}-\left(1-\frac{\mathrm{j}}{\sqrt{3}}\right)\mathrm{e}^{-\mathrm{j}\phi}\right]$$

现在它可与 $\rho=a$ 处的式(9.108b)相等。只要满足如下两个条件，两者就可等价：

$$J_1'(ka)=0$$

和

$$\frac{YE_0\kappa}{ka\mu}=\frac{\sqrt{3}H_0\sin\psi}{\pi}$$

第一个条件等同于不存在偏置时的谐振条件，这意味着工作频率是由式(9.101)给出的 ω_0。对于工作频率给定的情况，可用式(9.101)求出圆片半径 a。第二个条件可以与端口 1 或端口 2 处的波阻抗相联系：

$$Z_w=\frac{E_0}{H_0}=\frac{\sqrt{3}ka\mu\sin\psi}{\pi Y\kappa}\approx\frac{\mu\sin\psi}{\kappa Y} \tag{9.110}$$

因为 $\sqrt{3}ka/\pi=\sqrt{3}\times1.841/\pi\approx1.0$。通过偏置场来调节 κ/μ 值，就可控制 Z_w 用于阻抗匹配。

计算得到这三个端口的功率流如下：

$$P_{\mathrm{in}}=P_1=-\boldsymbol{\rho}\cdot\boldsymbol{E}\times\boldsymbol{H}^*=E_zH_\phi\big|_{\phi=0}=\frac{E_0H_0\sin\psi}{\pi}=\frac{E_0^2\kappa Y}{\pi\mu} \tag{9.111a}$$

$$P_{\mathrm{out}}=P_2=\boldsymbol{\rho}\cdot\boldsymbol{E}\times\boldsymbol{H}^*=-E_zH_\phi\big|_{\phi=120^\circ}=\frac{E_0H_0\sin\psi}{\pi}=\frac{E_0^2\kappa Y}{\pi\mu} \tag{9.111b}$$

$$P_{\mathrm{iso}}=P_3=\boldsymbol{\rho}\cdot\boldsymbol{E}\times\boldsymbol{H}^*=-E_zH_\phi\big|_{\phi=240^\circ}=0 \tag{9.111c}$$

这表明从端口 1 到端口 2 出现了功率流，但从端口 1 到端口 3 则无功率流。由环形器的角对称性看，这还表明功率可从端口 2 耦合到端口 3，或从端口 3 耦合到端口 1；但在相反的方向则不能耦合。

式(9.108a)给出的环形器周边的电场如图 9.24 所示，表明 $\mathrm{e}^{\pm\mathrm{j}\phi}$ 模的振幅与相位是这样的：在隔离端口，它们的叠加给出零点；在输入端口和输出端口有相等的电压。这个结果忽略了输入线和输出线的加载效应，后者会使得场出现畸变，如图 9.24 所示。这一设计是窄频带的，但利用介质加载可改善带宽，但该分析需要考虑到高次模。

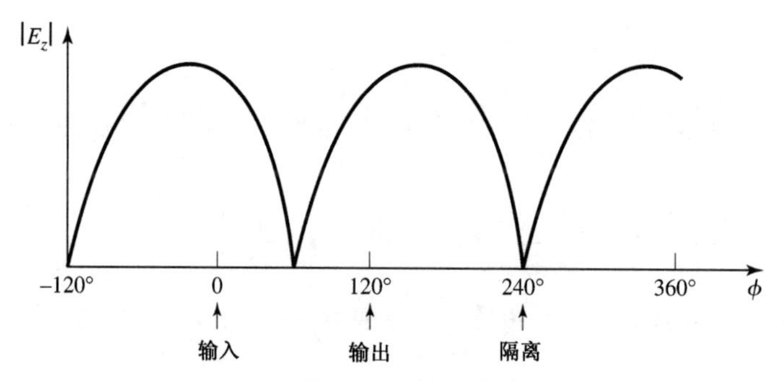

图 9.24　结型环形器周边的电场振幅

参考文献

[1] R. F. Soohoo, *Microwave Magnetics*, Harper and Row, New York, 1985.
[2] A. J. Baden Fuller, *Ferrites at Microwave Frequencies*, Peter Peregrinus, London, 1987.
[3] R. E. Collin, *Field Theory of Guided Waves*, McGraw-Hill, New York, 1960.
[4] B. Lax and K. J. Button, *Microwave Ferrites and Ferrimagnetics*, McGraw-Hill, New York, 1962.

[5] F. E. Gardiol and A. S. Vander Vorst, "Computer Analysis of E-Plane Resonance Isolators," *IEEE Transactions on Microwave Theory and Techniques*, vol. MTT-19, pp. 315–322, March 1971.
[6] G. P. Rodrigue, "A Generation of Microwave Ferrite Devices," *Proceedings of the IEEE*, vol. 76, pp. 121–137, February 1988.
[7] C. E. Fay and R. L. Comstock, "Operation of the Ferrite Junction Circulator," *IEEE Transactions on Microwave Theory and Techniques*, vol. MTT-13, pp. 15–27, January 1965.

习题

9.1 一个 LHCP 射频磁场 $\boldsymbol{H} = (0.5\boldsymbol{x} + \mathrm{j}0.5\boldsymbol{y})$ A/m 被应用于钙钒石榴石（CVG）铁氧体材料，这种材料的饱和磁化强度为 $4\pi M_s = 900\text{G}$。忽略损耗，计算以下两种情形下 $f = 2\text{GHz}$ 处的磁通密度 $\boldsymbol{B}$：(a)无偏置磁场和铁氧体退磁（$M_s = H_0 = 0$）；(b)z 方向的偏置磁场为 800Oe。

9.2 考虑如下从直角坐标分量到圆极化分量的场变换：

$$B^+ = (B_x + \mathrm{j}B_y)/2, \qquad H^+ = (H_x + \mathrm{j}H_y)/2 \qquad \text{(RHCP)}$$
$$B^- = (B_x - \mathrm{j}B_y)/2, \qquad H^- = (H_x - \mathrm{j}H_y)/2 \qquad \text{(LHCP)}$$
$$B_z = B_z, \qquad H_z = H_z$$

对于 z 偏置的铁氧体媒质，证明 $\boldsymbol{B}$ 和 $\boldsymbol{H}$ 之间的关系可用一对角张量磁导率表示如下：

$$\begin{bmatrix} B^+ \\ B^- \\ B_z \end{bmatrix} = \begin{bmatrix} (\mu+\kappa) & 0 & 0 \\ 0 & (\mu-\kappa) & 0 \\ 0 & 0 & \mu_0 \end{bmatrix} \begin{bmatrix} H^+ \\ H^- \\ H_z \end{bmatrix}$$

9.3 在一个饱和磁化强度 $4\pi M_s = 1780\text{G}$ 的 YIG 球内部产生 700Oe 的偏置磁场，需要在该球外部施加多大的磁场强度？

9.4 有一个饱和磁化强度 $4\pi M_s = 800\text{Oe}$ 的细铁氧体棒，沿其轴向放加偏置磁场，计算在 2.52GHz 处产生旋磁共振所需的外部偏置磁场强度。

9.5 有饱和磁化强度为 $4\pi M_s = 1200\text{G}$ 和介电常数 ϵ_r 为 10 的无限大无耗铁氧体媒质，偏置场强为 500Oe。在 8GHz 下计算沿偏置方向传播的 RHCP 波和 LHCP 波之间每米的差分相移。若有一线极化波在此材料中传播，使它极化旋转 90°需要波传播多长的距离？

9.6 有饱和磁化强度为 $4\pi M_s = 1780\text{G}$ 和介电常数 ϵ_r 为 13 的无限大无耗铁氧体媒质，场强 2000Oe 偏置在 $\boldsymbol{x}$

方向。在 5GHz 下，有两个平面波沿$+z$方向传播，其中一个平面波沿 x 线性极化，另一个平面波沿 y 线性极化。这两个波要传播多长的距离才能使它们之间的差分相移达到 180°？

9.7 一个圆极化平面波垂直入射到无限大铁氧体媒质上，如下图所示。计算 RHCP 的反射系数和透射系数（Γ^+和 T^+）及 LHCP 的反射系数和透射系数（Γ^- 和 T^-）。提示：透射波的圆极化性质与入射波的相同，但反射波与入射波的极化方向相反。

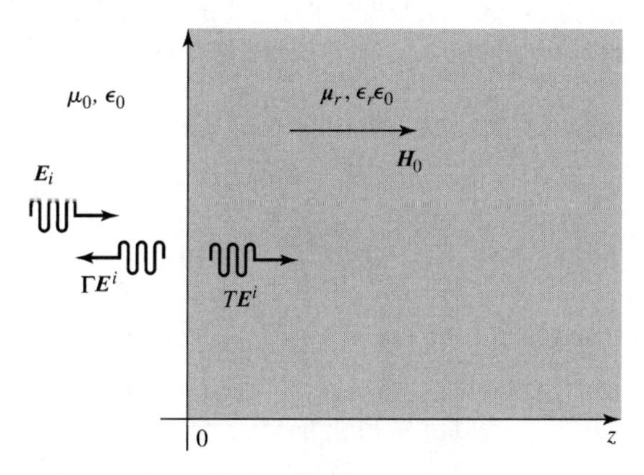

9.8 有 $4\pi M_s = 1200$G 的无限大无耗铁氧体媒质，偏置场 $\boldsymbol{H}_0 = H_0\boldsymbol{x}$ 沿 $\boldsymbol{x}$ 方向。求使得非寻常波（$\boldsymbol{x}$ 方向极化，z 方向传播）被截止的 H_0 的范围。工作频率为 4GHz。

9.9 横向偏置铁氧体半填充在波导内（即在图 9.9 中令 $c = 0$ 和 $t = a/2$），求前向和反向传播常数。设 $a = 1.0$cm，$f = 10$GHz，$4\pi M_s = 1700$G 和 $\epsilon_r = 13$。画出传播常数随 H_0 变化的曲线，H_0 从 0 变到 1500Oe。忽略损耗并且不考虑在小 H_0 下铁氧体未饱和的事实。

9.10 对填充有两片相反偏置的铁氧体的波导（参考图 9.10 所示的结构，并有 $c = 0$ 和 $t = a/2$），求前向和反向传播常数。设 $a = 1.0$cm，$f = 10$GHz，$4\pi M_s = 1700$G 和 $\epsilon_r = 13$。画出它们随 H_0 变化的曲线，H_0 的变化范围为 0～1500Oe。忽略损耗，并且不考虑在小 H_0 下铁氧体未饱和的事实。

9.11 X 波段矩形波导中有一个宽且薄的铁氧体片，如图 9.11b 所示。若 $f = 10$GHz，$4\pi M_s = 1700$G，$c = a/4$ 和 $\Delta S = 2\text{mm}^2$，利用扰动理论公式(9.80)画出差分相移$(\beta_+ - \beta_-)/k_0$ 随 $H_0 = 0$～1200Oe 变化的曲线。忽略损耗。

9.12 考虑具有图 9.11a 所示几何结构的 E 平面谐振隔离器，其工作频率为 8GHz，铁氧体的饱和磁化强度为 $4\pi M_s = 1500$G。(a)产生谐振所需的近似偏置场 H_0 为多少？(b)若采用图 9.11b 所示的 H 平面结构，则所需的偏置场 H_0 为多少？

9.13 设计一个在 X 波段波导中使用图 9.11b 所示的 H 平面铁氧体片结构的谐振隔离器。隔离器应具有极小的前向插入损耗，反向损耗在 10GHz 时为 30dB。采用的铁氧体有 $\Delta S/S = 0.01$，$4\pi M_s = 1700$G 和 $\Delta H = 200$Oe。

9.14 计算并画出空矩形波导中的两个归一化位置 x/a，对于 $k_0 = k_c$ 到 $2k_c$，其 TE_{10} 模的磁场在此处是圆极化的。

9.15 使用双折射效应的锁存铁氧体相移器如下图所示。在状态 1，铁氧体被磁化，结果是 $H_0 = 0$ 和 $\boldsymbol{M} = M_r\boldsymbol{x}$。在状态 2，铁氧体被磁化，结果是 $H_0 = 0$ 和 $\boldsymbol{M} = M_r\boldsymbol{y}$。若 $f = 10$GHz，$\epsilon_r = 12$，$4\pi M_r = 1500$G，求实现差分相移 90°所需的长度 L。假定两种状态下的入射平面波是 $\boldsymbol{x}$ 极化的，并忽略反射的影响。

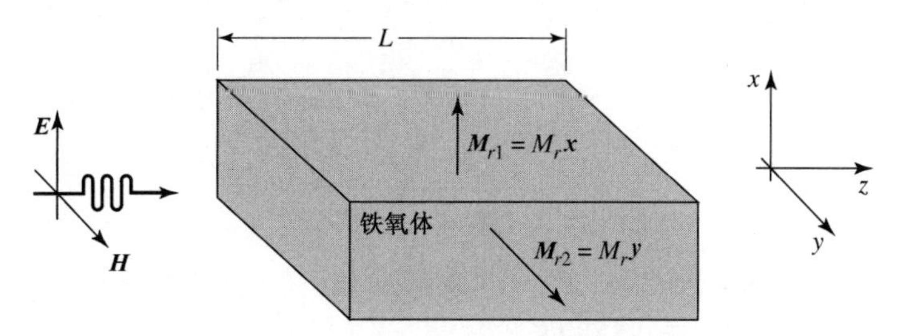

9.16 重做例题 9.4，片间距改为 $s = 2$mm，剩余磁化强度为 1000G（其他所有参量不变，差分相移线性正比

于 κ)。

9.17 考虑一个锁存相移器，它由 X 波段波导中的宽 H 平面铁氧体薄片构成，如图 9.11b 所示。若 f = 9GHz，$4\pi M_r$ = 1200G，$c = a/4$ 和 ΔS = 2mm^2，用式(9.80)给出的扰动理论公式计算差分相移为 22.5°时所需的片长度。

9.18 用下图所示双 H 平面铁氧体片的几何结构设计一个回转器。频率为 9.0GHz，饱和磁化强度为 $4\pi M_s$ = 1700G。每个片的截面积为 3.0mm^2，波导用 X 波段的波导。永磁铁的场强为 H_a = 4000Oe。求铁氧体中的内场 H_0，并用式(9.80)给出的扰动公式计算差分相移为 180°时所需的片的最优位置和长度 L。

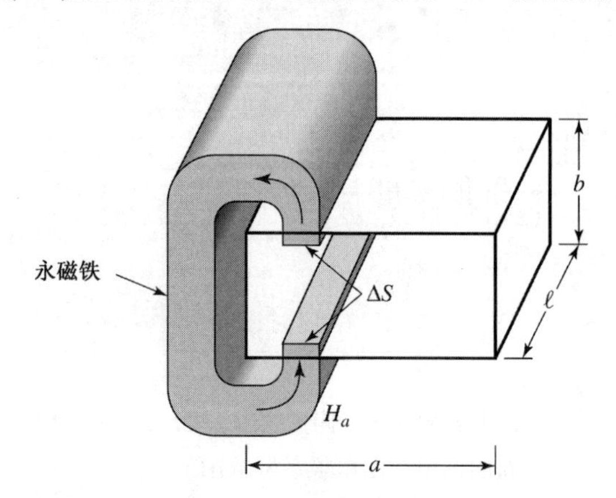

9.19 画出用一个回转器和两个耦合器组成的环形器的等效电路。

9.20 某个无耗环形器有回波损耗 10dB。其隔离度是多少？回波损耗为 20dB 时，其隔离度又是多少？

第 10 章　噪声与非线性失真

对大多数射频和微波通信、雷达和遥感系统的性能而言，噪声效应有着举足轻重的作用，因为噪声最终决定了使接收机可靠检测到最小信号的门限。接收机中的噪声功率，不但源于通过接收天线的外部环境，而且源于接收机线路的内部。本章将研究微波系统中的噪声来源，并用噪声温度和噪声系数（包括有阻抗失配的影响）来表征微波元件。后续章节中将探讨其他一些与噪声有关的主题，如晶体管放大器噪声系数、振荡器相位噪声和天线噪声温度。

我们还将讨论与压缩、谐波失真、交调失真、动态范围有关的内容。当大信号出现在混频器、放大器及其他使用非线性器件（如二极管、晶体管）的元件中时，这些因素将产生很重要的限制作用。

10.1　微波电路中的噪声

电子管或固态器件中的电子或空穴流，穿过电离层或其他电离气体的传播，或任意元件在热力学零度以上的温度下的热振动等随机过程，都会产生噪声功率。噪声由外部源传送到微波系统，也可由微波系统本身产生。不管属于哪种情况，系统的噪声电平都会在噪声出现时设定可检测的信号强度的下限。于是，通常要求使雷达或通信接收机的残留噪声电平最小，以达到最好的性能。某些情况下，在诸如辐射计和射电天文望远镜系统中，期望得到的信号实际上是由天线接收到的噪声功率，并且需要区分接收到的噪声功率与接收系统本身产生的不想要的噪声。

10.1.1　动态范围和噪声源

前面几章中假设所有元件都是线性的（即输出正比于输入），而且是确定性的（即由输入能够预估输出）。实际上，在输入/输出电平不受限制的范围内，没有一个元件可以做到这一点。然而，实际上存在信号电平的一个范围，在此范围内上述这些假定是有效的，这称为元件的动态范围。

例如，考虑一个现实的微波晶体管放大器，其增益 G 为 10dB，如图 10.1 所示。假如它是一个理想的放大器，输出功率随输入功率的变化关系为 $P_{out}=10P_{in}$，对 P_{in} 的任何值，该关系式保持正确。于是，若 $P_{in}=0$，则有 $P_{out}=0$；而若 $P_{in}=10^6$W，则有 $P_{out}=10^7$W。显然，这两种条件均不正确。由于噪声产生于放大器本身，因而当输入功率为零时，放大器就要送出某个不是零的噪声功率。在极高的输入功率下，放大器会被烧毁。因此，输入与输出功率之间的实际关系将是如图 10.1 所示的曲线。在极低输入功率电平下，输出主要来自放大器噪声。该电平常称为该元件或

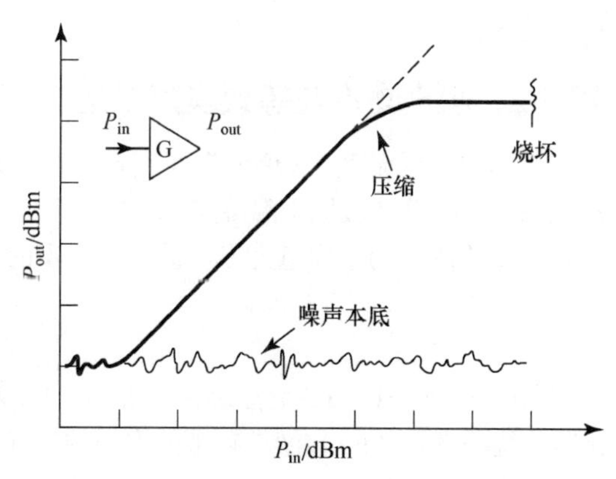

图 10.1　一个实际放大器的动态范围的说明

系统的噪声本底；其典型值在系统的带宽上为−80～−140dBm；将元件冷却会达到更低的值。在噪声本底之上，放大器存在非常接近于 $P_{out} = 10P_{in}$ 的一段输入功率范围。这是该元件的可用动态范围。在动态范围的上端，输出开始饱和，换言之，当输入功率再增加时，输出功率不再线性增长。过大的输入功率会烧坏放大器。

元器件内部的噪声，通常由器件和材料中的电荷或载流子的随机运动产生。这类运动会导致不同的噪声：

- *热噪声*是最基本的一种噪声，它是由束缚电荷的热振动造成的，也称约翰逊或奈奎斯特噪声。
- *散粒噪声*是由电子管或固态器件中载流子的随机涨落引起的。
- *闪烁噪声*发生在固态元件和真空电子管中，闪烁噪声功率与频率 f 成反比，所以常称 $1/f$ 噪声。
- *等离子体噪声*是由电离气体（如等离子体、电离层或火花放电）中的电荷的随机运动造成的。
- *量子噪声*是由载流子和光子的量子化性质造成的，相对于其他噪声源，它通常是无关紧要的。

接收天线或电磁耦合可将外部噪声引入系统。一些外部射频噪声源包括：

- 来自地面的热噪声。
- 来自天空的宇宙背景噪声。
- 来自恒星（包括太阳）的噪声。
- 闪电。
- 气体放电灯。
- 广播、电视和蜂窝基站。
- 无线设备。
- 微波炉。
- 故意干扰设备。

射频和微波系统中的噪声效应主要由噪声温度和噪声系数表征，这适用于所有类型的噪声，而不管其来源是什么，只要噪声频谱在整个系统的带宽上是相对平坦的。具有平坦频谱的噪声称为*白噪声*。

10.1.2 噪声功率与等效噪声温度

考虑热力学温度 T（单位为 K）下的一个电阻，如图 10.2 所示。该电阻中的电子处在随机运动状态下，其动能正比于温度 T。这些随机运动在电阻的两端产生小的随机电压涨落，如图 10.2 所示。电压变化的平均值为零，但具有非零的均方根值，它由普朗克黑体辐射定律给出：

$$V_n = \sqrt{\frac{4hfBR}{\mathrm{e}^{hf/kT} - 1}} \tag{10.1}$$

式中，$h = 6.626\times10^{-34}$J·s 是普朗克常数，$k = 1.380\times10^{-23}$J/K 是玻尔兹曼常数，T 是热力学温度（K），B 是系统的带宽（Hz），f 是频带的中心频率（Hz），R 是电阻（Ω）。

该结果源于量子力学分析，并且对任何频率 f 都有效。在微波频率下，上述结果可做简化：利用事实 $hf \ll kT$（以最差的情况举例，令 f = 100GHz 和 T = 100K，则 $hf = 6.6\times10^{-23} \ll kT$ =

1.4×10^{-21}）。把上式中的指数项做泰勒级数展开，并取其前两项可得

$$e^{hf/kt} - 1 \approx \frac{hf}{kT}$$

所以式(10.1)可化为

$$V_n = \sqrt{4kTBR} \tag{10.2}$$

这称为瑞利–琼斯近似，它是微波研究中最常使用的形式[1]。然而，在极高频率或极低温度下，该近似会失效，此时就要应用式(10.1)。

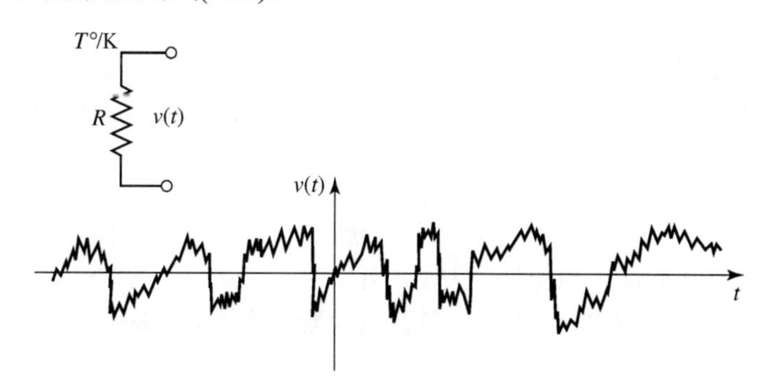

图 10.2　一个有噪电阻上产生的随机电压

图 10.2 所示的有噪电阻可用戴维南等效电路来代替，它包含一个无噪电阻和一个由式(10.2)给出的电压源，如图 10.3 所示。接上负载电阻 R 后，会导致从有噪电阻得到最大的功率转移，从而在带宽 B 内传送到负载的功率是

$$P_n = \left(\frac{V_n}{2R}\right)^2 R = \frac{V_n^{\ 2}}{4R} = kTB \tag{10.3}$$

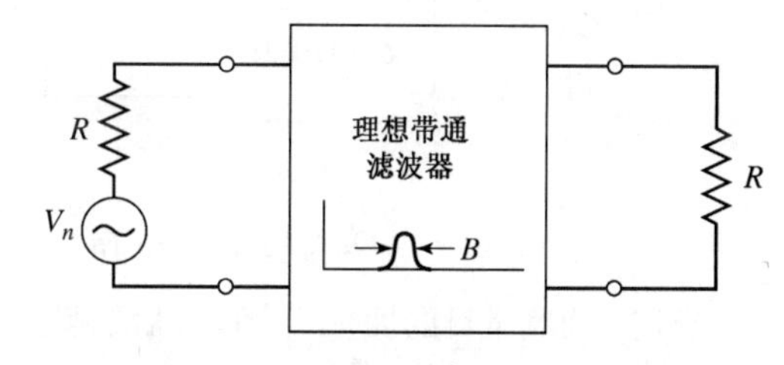

图 10.3　有噪电阻通过理想带通滤波器将最大功率传送到负载电阻的等效电路

因为 V_n 是均方根电压。这个重要的结果给出了在温度 T 下来自有噪电阻的最大可用噪声功率。注意，该噪声功率与频率无关；这样的一个噪声源具有不随频率变化的常数功率谱密度，并且是白噪声源的一个例子。噪声功率直接正比于带宽，实际上它通常受限于射频或微波系统的通带。独立的白噪声源可视为高斯分布的随机变量，因此独立噪声源的噪声功率（方差）是加性的。

由式(10.3)可观察到如下趋势：

- 当 $B \to 0$ 时，$P_n \to 0$。这意味着有较小带宽的系统收集更少的噪声功率。
- 当 $T \to 0$ 时，$P_n \to 0$。这意味着较冷的器件和元件产生更少的噪声功率。
- 当 $B \to \infty$时，$P_n \to \infty$。这就是所谓的紫外灾难。这种灾难实际上不会发生，因为式(10.2)和式(10.3)在 f（或 B）$\to \infty$时不再成立；在这种情况下，必须使用式(10.1)。

如果任意一个热噪声源或非热噪声源是"白色"的，致使噪声功率不是频率的强函数，那么可把它模型化为一个等效噪声源，并用一个等效噪声温度来表征。于是，如图 10.4 所示的任意白噪声源就有一个驱动点阻抗 R，并把噪声功率 N_o 传送到负载电阻 R。该噪声源可用温度 T_e 下数值为 R 的有噪电阻代替，其中 T_e 是等效温度，它的选择是这样的：使同样的噪声功率传送到负载上。换言之，

$$T_e = \frac{N_o}{kB} \tag{10.4}$$

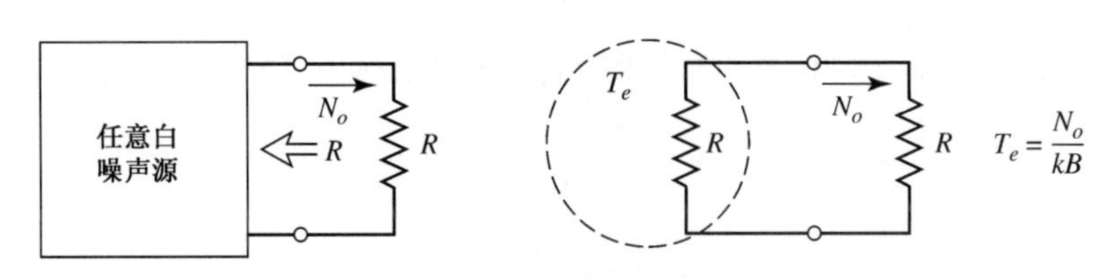

图 10.4　任意白噪声源的等效噪声温度 T_e

通过把元件或系统说成有一个等效噪声温度T_e，可表征元件或系统。这表明它有某个固定的带宽 B，通常说 B 是元件或系统的带宽。

例如，考虑带宽为 B 和增益为 G 的有噪放大器。将该放大器与无噪源和负载电阻匹配，如图 10.5 所示。若假设源电阻的温度为 $T_s = 0$K，则输入放大器的噪声功率为 $N_i = 0$，而输出噪声功率 N_o 仅由放大器自身产生。在温度

$$T_e = \frac{N_o}{GkB} \tag{10.5}$$

下，通过驱动带有一个电阻的理想无噪放大器，可以得到相同的负载噪声功率，因而在这两种情况下的输出功率都是 $N_o = GkT_eB$。于是，T_e 就是放大器的等效噪声温度。

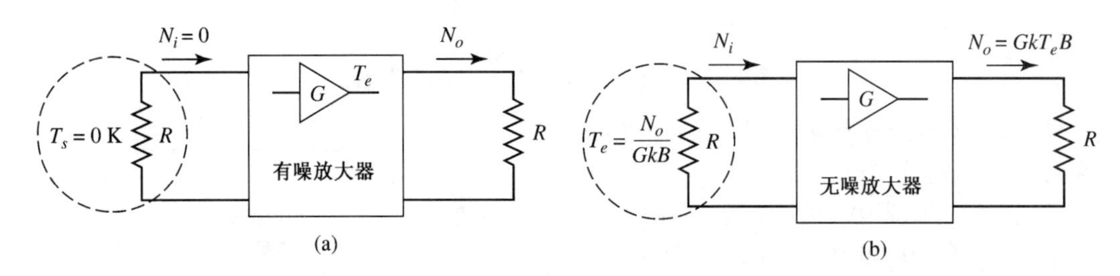

图 10.5　定义有噪放大器的等效噪声温度：(a)有噪放大器；(b)无噪放大器

有时，为测量目的拥有一个校准后的噪声源是有必要的。无源噪声源可仅由常数温度下的一个电阻构成，如温控烤箱或低温烧瓶。有源噪声源可使用一个二极管、晶体管或电子管来提供已校准的噪声功率输出。噪声发生器可由一个等效的温度来表征，但是对于这样的元件，更为常用的噪声功率量度是过量噪声比（Excess Noise Ratio，ENR），它定义为

$$\text{ENR(dB)} = 10\lg\frac{N_g - N_o}{N_o} = 10\lg\frac{T_g - T_0}{T_0} \tag{10.6}$$

式中，N_g 和 T_g 是发生器的噪声功率和等效温度，N_o 和 T_0 是与室温下无源噪声源（匹配负载）相关联的噪声功率和等效温度。固态噪声源的典型 ENR 值是 20～40dB。

10.1.3　噪声温度的测量

原理上，元件的等效噪声温度可通过在该元件的输入端连接一个温度为 0K 的匹配负载，然后测量输出功率来确定。当然，在实际上这个 0K 的源温度是不可能达到的，因此必须采用与此不同的方法。若有两个负载分别处在差别很大的温度下，则可使用 Y 因子法。

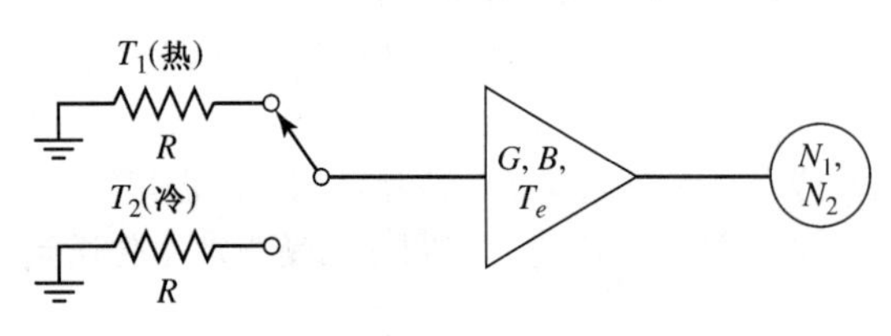

图 10.6　测量放大器的等效噪声温度的 Y 因子法

该技术如图 10.6 所示，图中待测放大器（或其他元件）已连接到两个处于不同温度的匹配负载中的一个，并测量每种情况下的输出功率。令

T_1 是热负载的温度，T_2 是冷负载的温度（$T_1 > T_2$），P_1 和 P_2 分别是在放大器输出端测到的功率。输出功率包括由放大器产生的噪声功率以及来自源电阻的噪声功率。于是有

$$N_1 = GkT_1B + GkT_eB \tag{10.7a}$$

$$N_2 = GkT_2B + GkT_eB \tag{10.7b}$$

这两个方程中有两个未知数，即 T_e 和 GB（放大器的增益带宽积）。定义 Y 因子为

$$Y = \frac{N_1}{N_2} = \frac{T_1 + T_e}{T_2 + T_e} > 1 \tag{10.8}$$

它是输出功率测量值的比值。于是，就可根据负载温度和 Y 因子由式(10.7)求出待测器件的等效噪声温度，即

$$T_e = \frac{T_1 - YT_2}{Y - 1} \tag{10.9}$$

注意，要根据这种方法得到准确的结果，两个源温度 T_1 和 T_2 必须不能靠得太近。若靠得太近，则 N_1 将接近于 N_2，而 Y 因子接近于 1，同时计算式(10.9)时会含有两个相近数的相减，导致计算精度降低。实际上，一个噪声源通常是在室温（T_0）下的负载电阻，而另一个噪声源要么“很热”要么“很冷”，具体取决于 T_e 是大于还是小于 T_0。有源噪声源可以充当“很热”的源，而“很冷”的源可把负载电阻浸没在液氮（$T = 77\text{K}$）或液氦（$T = 4\text{K}$）中得到。

例题 10.1　噪声温度测量

X 波段放大器的增益为 20dB，带宽为 1GHz。采用 Y 因子法测量其等效噪声温度，得到以下数据：

对于 $T_1 = 290\text{K}$，有 $N_1 = -62.0\text{dBm}$

对于 $T_2 = 77\text{K}$，有 $N_2 = -64.7\text{dBm}$

求该放大器的等效噪声温度。若该放大器使用等效噪声温度 $T_s = 450\text{K}$ 的源，则其输出功率为多少 dBm？

解：按式(10.8)，用 dB 表示的 Y 因子是

$$Y = (N_1 - N_2)\text{dB} = (-62.0) - (-64.7) = 2.7\text{dB}$$

其数值为 $Y = 1.86$。因此，利用式(10.9)给出等效噪声温度为

$$T_e = \frac{T_1 - YT_2}{Y - 1} = \frac{290 - 1.86 \times 77}{1.86 - 1} = 170\text{K}$$

若有等效噪声温度 $T_s = 450\text{K}$ 的源驱动该放大器，则进入放大器的噪声功率是 kT_sB。放大器输出的总噪声功率是

$$N_o = GkT_sB + GkT_eB = 100 \times (1.38 \times 10^{-23}) \times 10^9 \times (450 + 170)$$
$$= 8.56 \times 10^{-10}\,\text{W} = -60.7\text{dBm}$$

■

10.2　噪声系数

10.2.1　噪声系数的定义

前面说过，有噪微波元件可用等效噪声温度来表征。另一种表征是元件的**噪声系数**，它是元件输入和输出之间信噪比递降的一种量度。信噪比是所期望的信号功率与不想要的噪声功率之比，因此它与信号功率有关。当噪声和期望的信号功率一起加入一个无噪网络的输入端时，噪声和信号两者以同一个因子衰减或放大，因此信噪比不变。然而，若网络是有噪的，则输出噪声功率的增加要快于输出信号功率的增加，从而使得输出信噪比下降。噪声系数 F 是信噪比下降的量

度，它定义为

$$F = \frac{S_i / N_i}{S_o / N_o} \geqslant 1 \tag{10.10}$$

式中，S_i和N_i是输入信号和噪声功率，而S_o和N_o是输出信号和噪声功率。按此定义，假定输入噪声功率是由$T_0 = 290\text{K}$的匹配电阻产生的；也就是说，$N_i = kT_0B$。

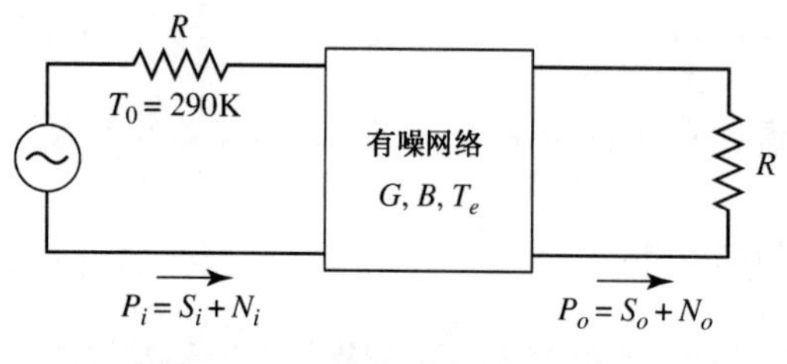

图 10.7　求有噪网络的噪声系数

考虑图 10.7，噪声功率N_i和信号功率S_i被馈送到一个有噪二端口网络。该网络用增益G、带宽B和等效噪声温度T_e来表征。输入噪声功率是$N_i = kT_0B$，而输出噪声功率是放大的输入噪声和网络内部产生的噪声之和，即$N_o = kGB(T_0 + T_e)$。输出信号功率是$S_o = GS_i$。把这些结果用到式(10.10)中，给出噪声系数是

$$F = \frac{S_i}{kT_0B}\frac{kGB(T_0 + T_e)}{GS_i} = 1 + \frac{T_e}{T_0} \geqslant 1 \tag{10.11}$$

上式用 dB 表示为$F = 10\lg(1 + T_e/T_0)\text{dB} \geqslant 0$。若网络是无噪的，则$T_e$为零，得到$F = 1$或 0dB。由式(10.11)解出$T_e$为

$$T_e = (F - 1)T_0 \tag{10.12}$$

有关噪声系数的定义，要牢记两件事情：噪声系数是对匹配输入源定义的；对于噪声源它等于温度为$T_0 = 290\text{K}$的匹配负载。噪声系数和等效噪声温度可以互换来表征一个元件的噪声性质。

实际中出现的一种特殊情形是，二端口网络是无源的，其元件（如衰减器或有耗传输线）是有耗的，并保持在温度T下。现在考虑这样的一个网络，它带有一个匹配的源电阻（也在温度T下），如图 10.8 所示。这个有耗网络的G小于 1；损耗因子L定义为$L = 1/G > 1$。由于整个系统在温度T下处于热平衡状态，并有驱动点阻抗R，因此输出功率必定是$N_o = kTB$。然而，我们也可认为该功率来自源电阻（通过有耗线衰减），并且来自传输线自身产生的噪声。于是，有

$$N_o = kTB = GkTB + GN_{\text{added}} \tag{10.13}$$

式中，N_{added}是由传输线产生的噪声，就好像它出现在线的输入端。对式(10.13)求解该功率有

$$N_{\text{added}} = \frac{1 - G}{G}kTB = (L - 1)kTB \tag{10.14}$$

于是，式(10.4)说明该有耗传输线有一等效噪声温度（把它归到输入处），给出为

$$T_e = \frac{1 - G}{G}T = (L - 1)T \tag{10.15}$$

由式(10.11)得到噪声系数为

$$F = 1 + (L - 1)T / T_0 \tag{10.16}$$

若传输线的温度为T_0，则$F = L$。例如，室温下的一个 6dB 衰减器的噪声系数为$F = 6\text{dB}$。

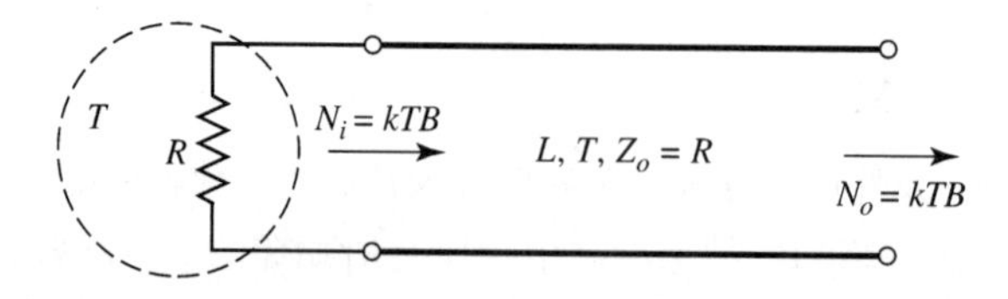

图 10.8　求有损耗L和温度T的有耗传输线或衰减器的噪声系数

10.2.2 级联系统的噪声系数

在典型的微波系统中，输入信号通过许多级联的元件行进，每个元件都会把信噪比降低到某个程度。若知道各级的噪声系数（或噪声温度），则可确定各级级联的噪声系数或噪声温度。下面我们会看到，第一级的噪声性能通常最重要，这是在实际应用中非常重要的一个有趣结果。

考虑两个元件的级联，它们的增益分别为 G_1 和 G_2，噪声系统分别为 F_1 和 F_2，噪声温度分别为 T_{e1} 和 T_{e2}，如图 10.9 所示。我们希望求出级联系统的总噪声系数和噪声温度（把级联系统作为单个元件来看）。级联系统的总增益是 G_1G_2。

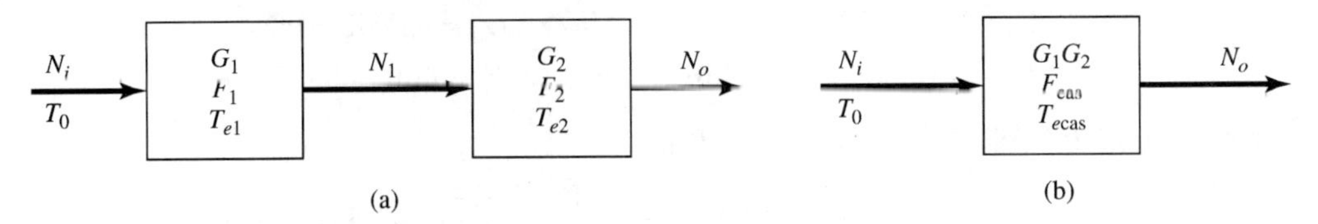

图 10.9 级联系统的噪声系数和等效噪声温度：(a)两个级联网络；(b)等效网络

利用噪声温度，可将第一级的输出端的噪声功率写为

$$N_1 = G_1kT_0B + G_1kT_{e1}B \tag{10.17}$$

因为对于噪声系数的计算，有 $N_i = kT_0B$。第二级的输出端的噪声功率是

$$N_o = G_2N_1 + G_2kT_{e2}B = G_1G_2kB\left(T_0 + T_{e1} + \frac{1}{G_1}T_{e2}\right) \tag{10.18}$$

对于等效的级联系统，有

$$N_o = G_1G_2kB(T_{\text{cas}} + T_0) \tag{10.19}$$

因此与式(10.18)比较，可给出级联系统的噪声温度为

$$F_{\text{cas}} = T_{e1} + \frac{1}{G_1}T_{e2} \tag{10.20}$$

利用式(10.12)，把式(10.20)中的噪声温度转换为噪声系数，可得级联系统的噪声系数为

$$F_{\text{cas}} = F_1 + \frac{1}{G_1}(F_2 - 1) \tag{10.21}$$

式(10.20)和式(10.21)表明，级联系统的噪声特性由第一级的特性支配，因为第二级的作用会因第一级的增益而削弱。于是，整个系统的最佳噪声性能要求第一级有较低的噪声系数且至少有中等水平的增益。因此，应将重点放在第一级上，因为后几级对总噪声性能的影响很小。

式(10.20)和式(10.21)可被推广到任意多级，如下所示：

$$T_{\text{cas}} = T_{e1} + \frac{T_{e2}}{G_1} + \frac{T_{e3}}{G_1G_2} + \cdots \tag{10.22}$$

$$F_{\text{cas}} = F_1 + \frac{F_2 - 1}{G_1} + \frac{T_3 - 1}{G_1G_2} + \cdots \tag{10.23}$$

例题 10.2 无线接收机的噪声分析

图 10.10 所示为无线接收机前端的框图。计算这个子系统的总噪声系数。假设来自馈送天线的输入噪声功率是 $N_i = kT_AB$，其中 $T_A = 150\text{K}$，求输出噪声功率（dBm）。如果要求接收机输出处的最小信噪比为 20dB，问能加到接收机输入处的最小信号电压是多少?假设系统的温度为 T_0，特征阻抗为 50Ω，中频带宽为 10MHz。

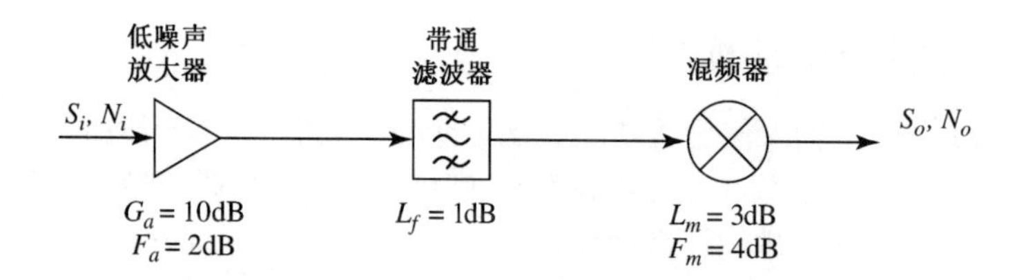

图 10.10　例题 10.2 中无线接收机前端的框图

解：首先执行从 dB 表示到数值的转换：

$$G_a = 10\text{dB} = 10 \quad G_f = -1.0\text{dB} = 0.79 \quad G_m = -3.0\text{dB} = 0.5$$

$$F_a = 2\text{dB} = 1.58 \quad F_f = 1\text{dB} = 1.26 \quad F_m = 4\text{dB} = 2.51$$

然后利用式(10.23)求出系统的总噪声系数：

$$F = F_a + \frac{F_f - 1}{G_a} + \frac{F_m - 1}{G_a G_f} = 1.58 + \frac{1.26 - 1}{10} + \frac{2.51 - 1}{10 \times 0.79} = 1.80 = 2.55\text{dB}$$

计算输出噪声功率的最佳方法是使用噪声温度。由式(10.12)得到总系统的等效噪声温度是

$$T_e = (F - 1)T_0 = (1.80 - 1) \times 290 = 232\text{K}$$

系统的总增益是 $G = 10 \times 0.79 \times 0.5 = 3.95$。从而求出输出噪声功率为

$$N_o = k(T_A + T_e)BG = (1.38 \times 10^{-23}) \times (150 + 232) \times (10 \times 10^6) \times 3.95$$

$$= 2.08 \times 10^{-13}\text{W} = -96.8\text{dBm}$$

对 20dB = 100 的输出信噪比（SNR），输入信号功率必定为

$$S_i = \frac{S_o}{G} = \frac{S_o}{N_o}\frac{N_o}{G} = 100 \times \frac{2.08 \times 10^{-13}}{3.95} = 5.27 \times 10^{-12}\text{W} = -82.8\text{dBm}$$

对于 50Ω 的系统特征阻抗，这对应于输入信号电压

$$V_i \sqrt{Z_o S_i} = \sqrt{50 \times (5.27 \times 10^{-12})} = 1.62 \times 10^{-5}\text{V} = 16.2\mu\text{V(rms)}$$

注意，这可能会诱惑我们由噪声系数的定义来计算输出噪声功率，即

$$N_o = N_i F\left(\frac{S_o}{S_i}\right) = N_i FG = kT_A BFG$$

$$= (1.38 \times 10^{-23}) \times 150 \times (10 \times 10^6) \times 1.8 \times 3.95 = 1.47 \times 10^{-13}\text{W}$$

这个结果是不正确的！因为在噪声系数的定义中已假定输入噪声电平为 kT_0B，而本例的输入噪声为 kT_AB，其中 $T_A = 150\text{K} \neq T_0$。这是一种常见的错误，为避免混乱，这里建议在计算绝对噪声功率时使用噪声温度这种更为安全的方法。■

10.2.3　无源二端口网络的噪声系数

前面使用热力学理念推出了匹配有耗线或衰减器的噪声系数。下面将把这一方法推广到计算普通无源网络（不包含有源器件如二极管、三极管的网络，因为它们会产生非热噪声）的噪声系数。此外，使用这种方法，还可在一个元件的输入端或输出端的阻抗不匹配时，计算噪声系数的变化。一般来说，在确定有源器件（如二极管或三极管）的噪声性能时，更为容易和更为准确的办法是直接测量，而不是由基本原理来计算。

图 10.11 显示了一个任意的无源二端口网络，源在端口 1，负载在端口 2。该网络用散射矩阵 **S** 来表征。一般情况下，每个端口处都可能出现阻抗失配，我们根据如下的反射系数来定义这些失配：Γ_s 表示向源看去的反射系数；Γ_{in} 表示向网络端口 1 看去的反射系数；Γ_{out} 表示向网络端

口 2 看去的反射系数；Γ_L 表示向负载看去的反射系数。

若假设网络处在温度 T 下，并且有 $N_1 = kTB$ 的输入噪声功率加到网络输入，则端口 2 处的可用输出噪声功率可写为

$$N_2 = G_{21}kTB + G_{21}N_{\text{added}} \tag{10.24}$$

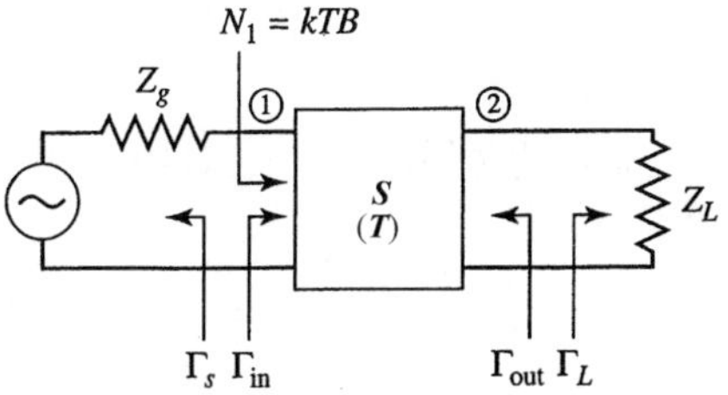

N₁ = kTB

图 10.11　阻抗失配的无源二端口网络。网络处在环境温度 T 下

式中，N_{added} 是由网络内部产生的噪声功率（以端口 1 为参考），G_{21} 是从端口 1 到端口 2 的网络的可用功率增益。该可用增益可由网络的 S 参量和端口失配表示为（参见 12.1 节）。

$$G_{21} = \frac{\text{来自网络的可用功率}}{\text{来自源的可用功率}} = \frac{|S_{21}|^2(1-|\Gamma_S|^2)}{|1-S_{11}\Gamma_S|^2(1-|\Gamma_{\text{out}}|^2)} \tag{10.25}$$

如例题 4.7 中推导的那样，输出端口失配为

$$\Gamma_{\text{out}} = S_{22} + \frac{S_{12}S_{21}\Gamma_S}{1-S_{11}\Gamma_S} \tag{10.26}$$

可以看出，当网络与其外部电路匹配时，有 $\Gamma_s = 0$ 和 $S_{22} = 0$，于是得到 $\Gamma_{\text{out}} = 0$ 和 $G_{21} = |S_{21}|^2$，后者是网络匹配时的增益。还可看出，网络的可用增益并不依赖于负载失配 Γ_L。这是因为可用增益是根据来自网络的可用最大功率来定义的，在负载阻抗与网络的输出阻抗共轭匹配时，才有最大可用功率。

由于输入噪声功率为 kTB，并且网络处在温度 T 下，因此该网络是热力学平衡的，于是可用输出噪声功率必定为 $N_2 = kTB$。因此，可由式(10.24)来求解 N_{added}，得到

$$N_{\text{added}} = \frac{1-G_{21}}{G_{21}}kTB \tag{10.27}$$

这样，网络的等效噪声温度是

$$T_e = \frac{N_{\text{added}}}{kB} = \frac{1-G_{21}}{G_{21}}T \tag{10.28}$$

网络的噪声系数是

$$F = 1 + \frac{T_e}{T_0} = 1 + \frac{1-G_{21}}{G_{21}}\frac{T}{T_0} \tag{10.29}$$

注意，式(10.27)～式(10.29)与有耗传输线的结果式(10.14)～式(10.16)有类似性。主要的区别在于，这里使用了网络的可用增益，它考虑了网络与外电路之间的阻抗失配。下面介绍该结果在一些实际问题中的应用。

10.2.4　失配有耗传输线的噪声系数

前面在有耗传输线与输入和输出电路匹配的假设下，求出了有耗传输线的噪声系数。现在考虑传输线与输入电路失配的情况。图 10.12 给出了长度为 ℓ 的传输线，它处在温度 T 下，功率损耗因子为 $L = 1/G$，并且传输线与源之间存在阻抗失配。这样，就有 $Z_g \neq Z_0$，并且向源看去的反射系数可写为

$$\Gamma_s = \frac{Z_g - Z_0}{Z_g + Z_0} \neq 0$$

特征阻抗为 Z_0 的有耗传输线的散射矩阵可写为

$$\boldsymbol{S}=\begin{bmatrix}0 & 1\\ 1 & 0\end{bmatrix}\frac{\mathrm{e}^{-\mathrm{j}\beta\ell}}{\sqrt{L}} \tag{10.30}$$

式中，β 是传输线的传播常数。在式(10.26)中使用式(10.30)的矩阵元素，可得向传输线的端口 2 看去的反射系数为

$$\Gamma_{\text{out}}=S_{22}+\frac{S_{12}S_{21}\Gamma_s}{1-S_{11}\Gamma_s}=\frac{\Gamma_s}{L}\mathrm{e}^{-2\mathrm{j}\beta\ell} \tag{10.31}$$

于是由式(10.25)得到可用增益为

$$G_{21}=\frac{\frac{1}{L}(1-|\Gamma_s|^2)}{1-|\Gamma_{\text{out}}|^2}=\frac{L(1-|\Gamma_s|^2)}{L^2-|\Gamma_s|^2} \tag{10.32}$$

可以验证式(10.32)的两个极限情况：当 $L=1$ 时有 $G_{21}=1$，当 $\Gamma_s=0$ 时有 $G_{21}=1/L$。把式(10.32)用到式(10.28)中，可得到失配有耗传输线的等效噪声温度为

$$T_e=\frac{1-G_{21}}{G_{21}}T=\frac{(L-1)(L+|\Gamma_s|^2)}{L(1-|\Gamma_s|^2)}T \tag{10.33}$$

于是用式(10.11)就可算出对应的噪声系数。可以看出，当传输线匹配时有 $\Gamma_s=0$，且式(10.33)简化为 $T_e=(L-1)T$，这与式(10.15)给出的匹配有耗传输线的结果相一致。若传输线是无耗的，则 $L=1$，并且如期望的那样，式(10.33)简化为 $T_e=0$，而不管传输线是否失配。然而，当传输线有耗且失配时，结果为 $L>1$ 和$|\Gamma_s|>0$，由式(10.33)给出的噪声温度大于匹配有耗传输线的噪声温度 $T_e=(L-1)T$。增大的理由是，有耗传输线确实把噪声功率从两边的端口传送出去了，但当输入端口失配时，端口 1 上的一些可用噪声功率从源反射回端口 1，并出现在端口 2 上。当源与端口 1 匹配时，没有噪声功率从端口 1 反射回传输线，因而在端口 2 上的可用噪声功率取极小值。

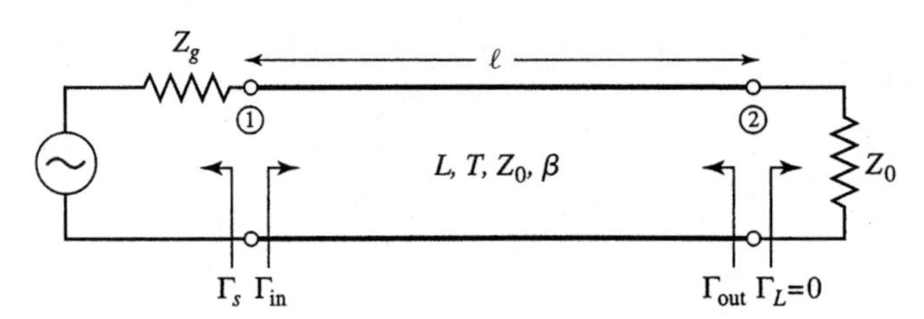

图 10.12　温度 T 下的有耗传输线，其输入端口的阻抗失配

例题 10.3　在 Wilkinson 功率分配器中的应用

当输出端口之一端接匹配负载时，求 Wilkinson 功率分配器的噪声系数。假设从输入到任一输出端口的插入损耗因子为 L。

解：从第 7 章可知，Wilkinson 功率分配器的散射矩阵为

$$\boldsymbol{S}=\frac{-\mathrm{j}}{\sqrt{2L}}\begin{bmatrix}0 & 1 & 1\\ 1 & 0 & 0\\ 1 & 0 & 0\end{bmatrix}$$

式中考虑了从端口 1 到端口 2 或到端口 3 的耗散性损耗（注意耗散性损耗不同于−3dB 功率分配比），因而因子 $L\geqslant 1$。为了计算 Wilkinson 功率分配器的噪声系数，首先在端口 3 处端接一个匹配负载，这就把原来的三端口器件变成了二端口器件。若在端口 1 处有匹配源，则有 $\Gamma_s=0$。于是，式(10.26)给出 $\Gamma_{\text{out}}=S_{22}=0$，因而由式(10.25)算出可用增益为

$$G_{21}=|S_{21}|^2=\frac{1}{2L}$$

这样，由式(10.28)得出 Wilkinson 功率分配器的等效噪声温度是

$$T_e=\frac{1-G_{21}}{G_{21}}T=(2L-1)T$$

式中，T 是功率分配器的物理温度。利用式(10.11)得到噪声系数为

$$F=1+\frac{T_e}{T_0}=1+(2L-1)\frac{T}{T_0}$$

可以看到，若功率分配器处在室温下，则 $T=T_0$，此时上式化为 $F=2L$。若功率分配器处在室温下并且是无耗的，则上式化为 $F=2=3\text{dB}$。在这种情况下，噪声功率源是包含在 Wilkinson 功率分配器电路中的隔离电阻。

由于网络在输入端和输出端是匹配的，因而直接使用热力学理论很容易得到相同的结果。这样，若把输入噪声功率 kTB 加到温度 T 下的匹配功率分配器的端口 1 上，则该系统将处于热平衡状态，所以输出噪声功率必定是 kTB。还可以把输出噪声功率表示为输入功率乘以功率分配器的增益再加上 N_{added}（功率分配器自身添加的噪声功率，以功率分配器输入作为参考）：

$$kTB=\frac{kTB}{2L}+\frac{N_{\text{added}}}{2L}$$

求解得 $N_{\text{added}}=kTB(2L-1)$，所以等效噪声温度是

$$T_e=\frac{N_{\text{added}}}{kB}=(2L-1)T$$

这与上面的结果一致。■

10.2.5 失配放大器的噪声系数

最后，考虑输入阻抗失配对放大器噪声系数的影响。如图 10.13 所示，阻抗匹配时，放大器的增益为 G，噪声系数为 F，带宽为 B。放大器输出是匹配的，但在输入端存在阻抗失配（以反射系数Γ表示）。前面采用式(10.29)分析时包含了失配对噪声系数的影响，但那是由无源网络导出的，不能直接应用于现在探讨的问题。下面的分析中将使用噪声温度。

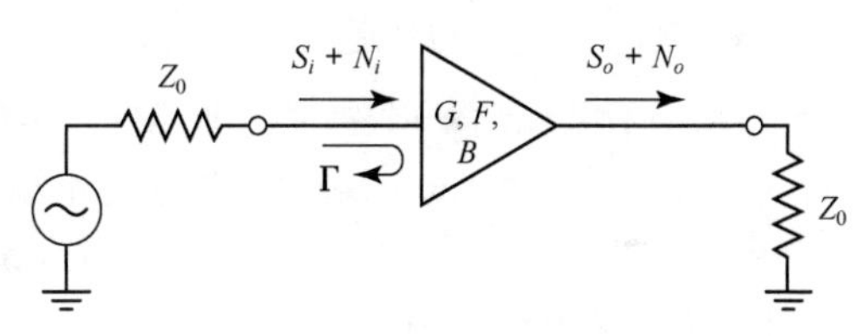

图 10.13 输入阻抗失配的噪声放大器

由于正在分析噪声系数，因此假设放大器的输入噪声功率为 $N_i=kT_0B$。于是，放大器的输出噪声功率（参考输入）为

$$N_o=kT_0GB(1-|\Gamma|^2)+kT_0(F-1)GB \tag{10.34}$$

式中，第一项是由输入噪声功率引起的，可通过减少输入反射降低它；第二项是来自放大器本身的噪声功率，它基于式(10.12)给出的等效噪声温度。假设输入信号功率为 S_i，收输出信号功率为

$$S_o=G(1-|\Gamma|^2)S_i \tag{10.35}$$

失配放大器的总噪声系数 F_m 可由式(10.10)计算得到，即

$$F_m=\frac{S_iN_o}{S_oN_i}=1+\frac{F-1}{1-|\Gamma|^2} \tag{10.36}$$

由式(10.36)可以看出，在极限情况 $|\Gamma|=0$（无失配）时 $F_m=F$，这是可以实现的最小噪声系

数，因为随着失配增加，F_m 增大。这一结果表明，低噪声系数需要良好的阻抗匹配。若放大器的输出端也存在失配，则该问题会更复杂，特别是当放大器不是单边放大器时。

10.3 非线性失真

前面说过热噪声是由有耗元件产生的。因为所有的实际元件总有一些小损耗，所以输出响应严格正比于其输入激励的理想化线性元件或网络并不存在。于是，在很低的功率电平下，由于噪声效应，所有的实际元件是非线性的。此外，所有的实际元件在高功率电平下也可能成为非线性的。在功率电平非常高时，这可能是由有源器件如二极管和三极管产生的增益压缩效应或寄生频率分量导致的。不管属于哪种情况，这些效应都会设定一个最小和最大的实际功率范围，也称动态范围。在此范围内，给定的元件或网络将按要求工作。本节将在一般意义上研究非线性器件的动态范围及其响应。这些结果对于后面讨论的放大器（见第 12 章）、混频器（见第 13 章）和无线接收机设计（见第 14 章）是有用的。

二极管和三极管这类器件具有非线性特征，这种非线性对放大、检波和频率转换等功能是非常有用的[2]。然而，非线性器件的特征也会导致不想要的响应，如产生增益压缩和寄生频率分量。这些效应会使得损耗增大、信号畸变，并且可能会对其他无线信道或业务产生干扰。在射频和微波电路中，一些主要的非线性效应如下[3]：

- 产生谐波（基波信号的倍数）。
- 饱和（放大器的增益下降）。
- 交调失真（输入双音信号的产物）。
- 交叉调制（一个信号对另一个信号的调制）。
- AM−PM 转换（幅度变化导致相移）。
- 频谱再生（与邻近信号交调）。

图 10.14 显示了一个普通的非线性网络，其输入电压为 v_i，输出电压为 v_o。在最为一般的情况下，非线性电路的输出响应可建模为用输入电压 v_i 表示的泰勒级数：

$$v_o = a_0 + a_1 v_i + a_2 v_i^2 + a_3 v_i^3 + \cdots \tag{10.37}$$

式中，泰勒系数定义为

$$a_0 = v_o(0) \qquad \text{（直流输出）} \tag{10.38a}$$

$$a_1 = \left.\frac{\mathrm{d}v_o}{\mathrm{d}v_i}\right|_{v_i=0} \qquad \text{（线性输出）} \tag{10.38b}$$

$$a_2 = \left.\frac{\mathrm{d}^2 v_o}{\mathrm{d}v_i^2}\right|_{v_i=0} \qquad \text{（平方输出）} \tag{10.38c}$$

以及更高阶的其他项。这样，取决于展开式中哪些特定项占优势，由该非线性网络可获得不同的功能。若在式(10.37)中只有系数 a_0 不为零，则该网络可作为整流器使用，它把交流信号转换成直流信号。若只有系数 a_1 不为零，则可作为线性衰减器（$a_1 < 1$）或放大器（$a_1 > 1$）使用。若只有系数 a_2 不为零，则可实现混频或其他频率变换功能。然而，一般来说，实际器件的级数展开具有多个非零项系数，并且将产生几个上述效应的组合效应。下面讨论一些重要的特殊情况。

图 10.14　一般的非线性器件或网络

10.3.1 增益压缩

首先考虑将单频正弦信号输入普通非线性网络（如放大器）的情形：

$$v_i = V_0 \cos \omega_0 t \tag{10.39}$$

由式(10.37)得到输出电压为

$$\begin{aligned} v_o &= a_0 + a_1 V_0 \cos \omega_0 t + a_2 V_0^2 \cos^2 \omega_0 t + a_3 V_0^3 \cos^3 \omega_0 t + \cdots \\ &= \left(a_0 + \tfrac{1}{2} a_2 V_0^2\right) + \left(a_1 V_0 + \tfrac{3}{4} a_3 V_0^3\right) \cos \omega_0 t + \tfrac{1}{2} a_2 V_0^2 \cos 2\omega_0 t + \tfrac{1}{4} a_3 V_0^3 \cos 3\omega_0 t + \cdots \end{aligned} \tag{10.40}$$

可得到信号在频率 ω_0 分量的电压增益为

$$G_v = \frac{v_o^{(\omega_0)}}{v_i^{(\omega_0)}} = \frac{a_1 V_0 + \frac{3}{4} a_3 V_0^3}{V_0} = a_1 + \frac{3}{4} a_3 V_0^2 \tag{10.41}$$

这里只保留到三阶项。

式(10.41)说明了电压增益等于系数 a_1，这正如所预期的那样，但还有正比于输入电压振幅平方的附加项。在大多数的实际放大器中，a_3 的符号通常与 a_1 的相反，因此对较大的 V_0 值，放大器的输出将下降。这一效应称为*增益压缩*或*饱和*，造成这一效应的原因通常是，放大器的瞬间输出电压受到用来偏置有源器件的电源电压的限制。

典型的放大器响应如图 10.15 所示。对于理想的线性放大器，输出功率与输入功率的关系曲线是斜率为 1 的直线，放大器的增益为输出功率与输入功率之比。图 10.15 所示的放大器响应在有限的范围内反映出理想的响应，然后开始饱和，造成增益下降。为定量给出放大器的线性工作范围，我们将输出功率从理想特性曲线下降 1dB 的功率电平点定义为 1dB 压缩点。该功率电平通常用 P_1 表示，它既可以用输入功率（$\text{IP}_{1\text{dB}}$）表示，又可以用输出功率（$\text{OP}_{1\text{dB}}$）表示。1dB 压缩点通常指定为这两者中的较大者，因此对于放大器，$P_{1\text{dB}}$ 通常指定为输出功率，而对于混频器，$P_{1\text{dB}}$ 通常指定为输入功率。输入与输出为 1dB 压缩点之间的关系为 $\text{OP}_{1\text{dB}} = \text{IP}_{1\text{dB}} + G - 1\text{dB}$[4, 5]。

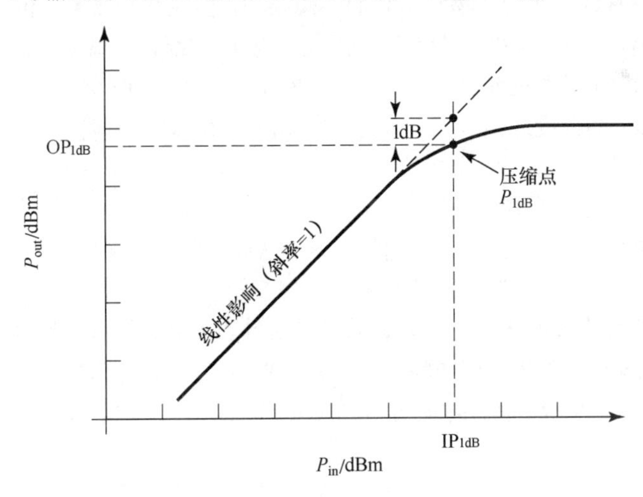

图 10.15　非线性放大器的 1dB 压缩点的定义

10.3.2 谐波频率和交调失真

由展开式(10.40)可以看出，频率 ω_0 处输入功率的一部分被转换为其他频率分量。例如，式(10.40)的第一项代表直流电压，它在整流器应用中是有用的响应。频率 $2\omega_0$ 和 $3\omega_0$ 处的电压分量可用于倍频器电路中。然而在放大器中，如果其他频率分量位于放大器的通带内，那么将导致信号失真。

对于单一输入频率或单音 ω_0，一般来说输出由形如 $n\omega_0$，$n=0, 1, 2, \cdots$的谐波频率组成。这些谐波频率通常位于放大器的通带以外，因此不会干扰频率 ω_0 处的所需信号。然而，当输入信号包含有两个靠得很近的频率时，情况又当别论。

考虑一个双音调输入电压，它包含两个靠得很近的频率 ω_1 和 ω_2：

$$v_i = V_0(\cos\omega_1 t + \cos\omega_2 t) \tag{10.42}$$

由式(10.37)得到输出为

$$\begin{aligned} v_o &= a_0 + a_1V_0(\cos\omega_1 t + \cos\omega_2 t) + a_2V_0^2(\cos\omega_1 t + \cos\omega_2 t)^2 + a_3V_0^3(\cos\omega_1 t + \cos\omega_2 t)^3 + \cdots \\ &= a_0 + a_1V_0\cos\omega_1 t + a_1V_0\cos\omega_2 t + \tfrac{1}{2}a_2V_0^2(1+\cos 2\omega_1 t) + \tfrac{1}{2}a_2V_0^2(1+\cos 2\omega_2 t) + \\ &\quad a_2V_0^2\cos(\omega_1-\omega_2)t + a_2V_0^2\cos(\omega_1+\omega_2)t + \\ &\quad a_3V_0^3\left(\tfrac{3}{4}\cos\omega_1 t + \tfrac{1}{4}\cos 3\omega_1 t\right) + a_3V_0^3\left(\tfrac{3}{4}\cos\omega_2 t + \tfrac{1}{4}\cos 3\omega_2 t\right) + \\ &\quad a_3V_0^3\left[\tfrac{3}{2}\cos\omega_2 t + \tfrac{3}{4}\cos(2\omega_1-\omega_2)t + \tfrac{3}{4}\cos(2\omega_1+\omega_2)t\right] + \\ &\quad a_3V_0^3\left[\tfrac{3}{2}\cos\omega_1 t + \tfrac{3}{4}\cos(2\omega_2-\omega_1)t + \tfrac{3}{4}\cos(2\omega_2+\omega_1)t\right] + \cdots \end{aligned} \tag{10.43}$$

其中使用三角恒等式对原表达式进行了展开。可以看出，输出频谱包含如下形式的谐波：

$$m\omega_1 + n\omega_2 \tag{10.44}$$

式中，$m, n = 0, \pm 1, \pm 2, \pm 3, \cdots$。两个输入频率的这些组合称为*交调产物*，一个给定产物的阶定义为 $|m|+|n|$。例如，式(10.43)中的平方项引起 4 个 2 阶交调产物：

$2\omega_1$	（ω_1 的 2 次谐波频率）	$m=2$，$n=0$，	2 阶
$2\omega_2$	（ω_2 的 2 次谐波频率）	$m=0$，$n=2$，	2 阶
$\omega_1-\omega_2$	（差频）	$m=1$，$n=-1$，	2 阶
$\omega_1+\omega_2$	（和频）	$m=1$，$n=1$，	2 阶

在放大器中，所有这些 2 阶产物都是我们不想要的，但在混频器中，和频或差频构成了想要的输出。无论何种情形，若 ω_1 和 ω_2 靠近，则所有 2 阶产物都将远离 ω_1 或 ω_2，因此能很容易地把该分量从输出中过滤掉(通过或阻断)。而且由式(10.43)可知，2 阶交调产物 $\omega_1-\omega_2$（或 $\omega_1+\omega_2$）的幅度与 2 次谐波 $2\omega_1$ 的幅度之比是 2.0，因此 2 次谐波的功率将比 2 阶和项或差项的功率小 6dB。

式(10.43)中的 3 次项给出了 6 个 3 阶交调产物：$3\omega_1$，$3\omega_2$，$2\omega_1+\omega_2$，$2\omega_2+\omega_1$，$2\omega_1-\omega_2$ 和 $2\omega_2-\omega_1$，其中前 4 个交调产物还是远离 ω_1 或 ω_2，而且通常位于元件的通带之外。然而，两个差频形式的交调产物位于 ω_1 和 ω_2 附近，因此不容易从放大器的通带内滤掉。图 10.16 给出了双音（双频）交调产物的 2 阶项和 3 阶项的典型频谱。对于包含很多频率（其振幅和相位可变）的任意输入信号，最终得到的带内交调产物会造成输出信号的失真。这种效应称为*3 阶交调失真*。

由式(10.43)可以看出，3 阶交调产物 $2\omega_1-\omega_2$（或 $2\omega_2-\omega_1$）的幅度与 3 次谐波 $3\omega_1$（或 $3\omega_2$）的幅度之比为 3.0，因此 3 次谐波功率要比 3 阶交调项的功率小 9.54dB。

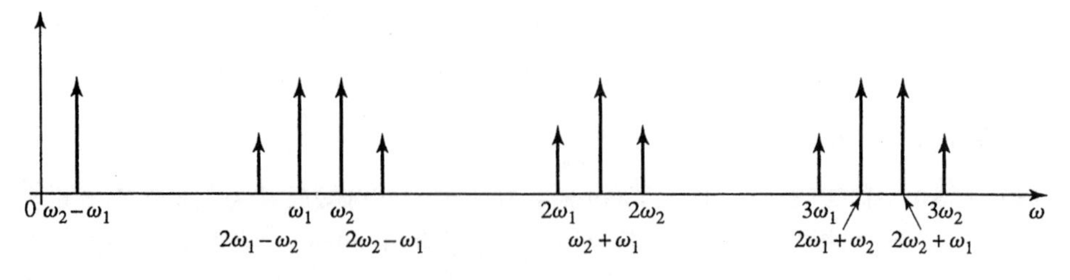

图 10.16　2 阶和 3 阶双频交调产物的输出频谱，假设 $\omega_1 < \omega_2$

10.3.3　3 阶截断点

式(10.43)表明，当输入电压 V_0 增加时，与 3 阶产物相关的电压按 V_0^3 增大。由于功率正比于电压的平方，因此还可以说 3 阶产物的输出功率须按输入功率的三次方增长。所以对于小的输入功率，3 阶交调产物应当是很小的；但当输入功率增大时，它迅速增大。通过在双对数坐标上（或用 dB 表示）画出 1 阶和 3 阶交调产物的输出功率随输入功率变化的曲线后，便可看到这一效应，如图 10.17 所示。

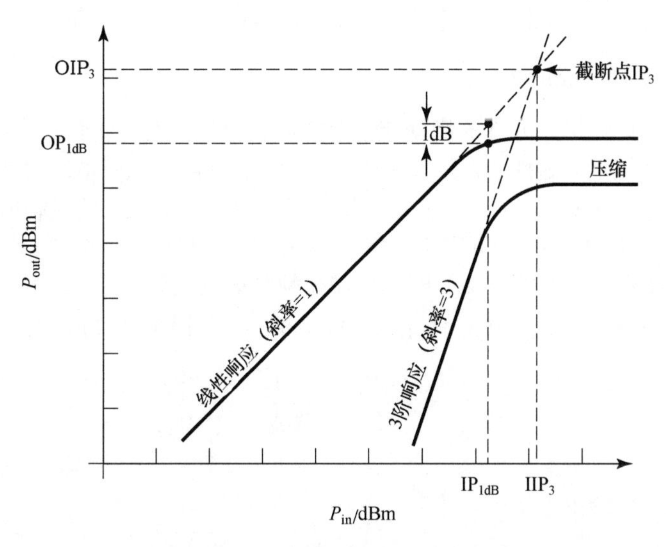

图 10.17　非线性元件的 3 阶截断点

1 阶（或线性）产物的输出功率正比于输入功率，所以描述这一响应的直线的斜率为 1（在压缩开始之前）。描述 3 阶产物响应的直线的斜率为 3（2 阶产物响应的直线的斜率为 2，但这些产物通常不在元件的通带内，所以在图 10.17 中未画出它们的响应）。线性和 3 阶产物响应在高输入功率下都将出现压缩现象，所以用虚线表示理想响应的延伸。由于这两条直线有着不同的斜率，因此它们会相交，交点通常在压缩开始点的上方，如图所示。这个假想的交点（在此 1 阶和 3 阶功率相等）称为 3 阶截断点，用 IP_3 表示，可将它指定为输入功率电平（IIP_3）或输出功率电平（OIP_3）。输入和输出 3 阶截断点之间的关系为 $OIP_3 = G(IIP_3)$。参考 1dB 压缩点，IP_3 通常选择为导致最大值的参考点，因此对于放大器而言 IP_3 通常在输出处，而对于混频器而言 IP_3 通常在输入处。如图 10.17 所示，IP_3 通常出现在比 P_{1dB}（1dB 压缩点）更高的功率电平处。很多实际元件遵循这样一个近似规则，即 IP_3 比 P_{1dB} 大 10～15dB（假定这些功率以同一点为参考）。

可以用式(10.43)的泰勒展开系数将 IP_3 表示如下。定义 P_{ω_1} 为 ω_1 频率处想要信号的输出功率。则由式(10.43)可得

$$P_{\omega_1} = \frac{1}{2}a_1^2V_0^2 \tag{10.45}$$

类似地，将 $P_{2\omega_1-\omega_2}$ 定义为频率 $2\omega_1-\omega_2$ 的交调产物的输出功率。则由式(10.43)可得

$$P_{2\omega_1-\omega_2} = \frac{1}{2}\left(\frac{3}{4}a_3V_0^3\right)^2 = \frac{9}{32}a_3^2V_0^6 \tag{10.46}$$

按此定义，这两个功率在 3 阶截断点处相等。若将截断点处的输入信号电压定义为 V_{IP}，则使式(10.45)和式(10.46)相等，可得

$$\frac{1}{2}a_1^2V_{IP}^2 = \frac{9}{32}a_3^2V_{IP}^6$$

解得 V_{IP} 为

$$V_{IP}=\sqrt{\frac{4a_1}{3a_3}} \tag{10.47}$$

因为 OIP_3 等于截断点处 P_{ω_1} 的线性响应，所以由式(10.45)和式(10.47)得

$$OIP_3=P_{\omega_1}\Big|_{V_0=V_{IP}}=\frac{1}{2}a_1^2V_{IP}^2=\frac{2a_1^3}{3a_3} \tag{10.48}$$

式中，IP_3 在这种情况下是以输出端口作为参考的。后面几节中将用到这些表达式。

10.3.4 级联系统的截断点

类似于噪声系数的情形，元件的级联通常会降低 3 阶截断点。然而，与噪声功率不同的是，级联系统中的交调产物是确定性的，并且相位可能相干，因此不能简单地把功率相加，而必须按电压来处理[5]。首先考虑（相位）相干的级联情形，然后考虑非相干的级联情形。

参考图 10.18，令 G_1 和 OIP_3' 分别是第一级的功率增益和 3 阶截断点，G_2 和 OIP_3'' 分别是第二级的功率增益和 3 阶截断点。令 P_{ω_1}' 是第一级输出端在频率 ω_1 处的想要信号功率，$P_{2\omega_1-\omega_2}'$ 是在第一级输出端的 3 阶交调产物的功率。由式(10.46)、式(10.45)和式(10.48)，可将 $P_{2\omega_1-\omega_2}'$ 重写为

$$P_{2\omega_1-\omega_2}'=\frac{9a_3^2V_0^6}{32}=\frac{\frac{1}{8}a_1^6V_0^6}{\frac{4a_1^6}{9a_3^2}}=\frac{(P_{\omega_1}')^3}{(OIP_3')^2} \tag{10.49}$$

与该功率相关的第一级输出电压为

$$V_{2\omega_1-\omega_2}'=\sqrt{P_{2\omega_1-\omega_2}'Z_0}=\frac{\sqrt{(P_{\omega_1}')^3Z_0}}{OIP_3'} \tag{10.50}$$

式中，Z_0 是系统阻抗。

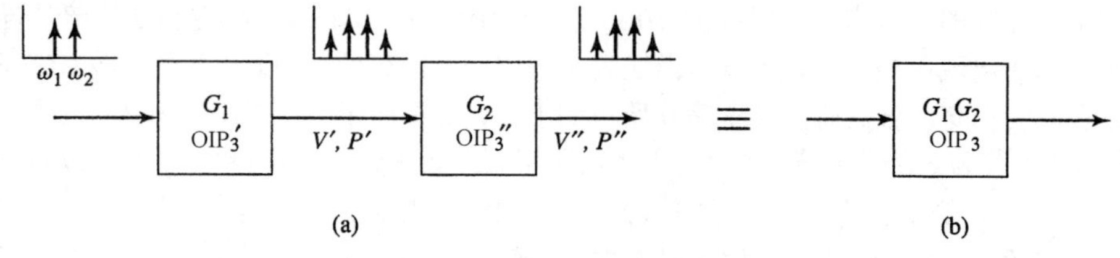

图 10.18 级联系统的 3 阶截断点：(a)两个级联的网络；(b)等效网络

对于相干交调产物，第二级输出端的总 3 阶失真电压，是上面的电压乘以第二级的电压增益与第二级产生的失真电压之和。这是因为这些电压是确定性的和相位相关的，与级联元件产生的不相关的噪声功率是不同的。将这些电压相加，就可以给出失真电平在最坏情形下的结果，因为在各级内部可能会存在相位延迟，而相位延迟可能会导致部分抵消。因此，可将最坏情形下第二级输出端的总失真电压写为

$$V_{2\omega_1-\omega_2}''=\frac{\sqrt{G_2(P_{\omega_1}')^3Z_0}}{OIP_3'}+\frac{\sqrt{(P_{\omega_1}'')^3Z_0}}{OIP_3''}$$

因为 $P_{\omega_1}''=G_2P_{\omega_1}'$，有

$$V_{2\omega_1-\omega_2}''=\left(\frac{1}{G_2(OIP_3')}+\frac{1}{OIP_3''}\right)\sqrt{(P_{\omega_1}'')^3Z_0} \tag{10.51}$$

总输出失真功率为

$$P''_{2\omega_1-\omega_2}=\frac{\left(V''_{2\omega_1-\omega_2}\right)^2}{Z_0}=\left(\frac{1}{G_2(\text{OIP}'_3)}+\frac{1}{\text{OIP}''_3}\right)^2(P''_{\omega_1})^3=\frac{(P''_{\omega_1})^3}{\left(\text{OIP}_3\right)^2} \tag{10.52}$$

这样，具有相干产物的级联系统的 3 阶截断点为

$$\text{OIP}_3=\left(\frac{1}{G_2(\text{OIP}'_3)}+\frac{1}{\text{OIP}''_3}\right)^{-1} \tag{10.53}$$

注意，当 $\text{OIP}''_3\to\infty$ 时，$\text{OIP}_3=G_2(\text{OIP}'_3)$，这是第二级没有 3 阶失真时的极限情形。

如果来自每级的交调产物都具有相对随机的相位（在交调产物不是非常接近基波信号时可能会出现这种情形），那么将各分量视为非相干量可能是正确的，这时可以将功率直接相加。可以证明，此时整个截断点为

$$\text{OIP}_3=\left(\frac{1}{G_2^2(\text{OIP}'_3)^2}+\frac{1}{(\text{OIP}''_3)^2}\right)^{-1/2} \tag{10.54}$$

例题 10.4　级联截断点的计算

图 10.19 显示了一个低噪声放大器和混频器。放大器的增益为 20dB，3 阶截断点为 22dBm（以输出作为参考），混频器有转换损耗 6dB 和 3 阶截断点 13dBm（以输入作为参考）。求在相位相干假设下和随机相位（非相干）假设下这个级联网络的截断点。

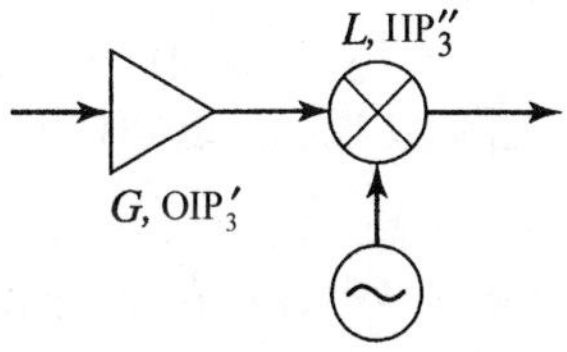

图 10.19　例题 10.4 的系统

解：首先把混频器的 IP_3 参考点从其输入转移到输出：

$$\text{OIP}''_3=(\text{IIP}''_3)G_2=13\,\text{dBm}-6\,\text{dB}=7\,\text{dBm}$$

把所需的 dB 值转换成数值，得出

$$\text{OIP}'_3=22\text{dBm}=158\text{mW} \qquad （对放大器）$$

$$\text{OIP}''_3=7\text{dBm}=5\text{mW} \qquad （对混频器）$$

$$G_2=-6\text{dB}=0.25 \qquad （对混频器）$$

假设是相位相干的，则利用式(10.53)可得到级联截断点为

$$\text{OIP}_3=\left(\frac{1}{G_2(\text{OIP}'_3)}+\frac{1}{\text{OIP}''_3}\right)^{-1}=\left(\frac{1}{0.25\times158}+\frac{1}{5}\right)^{-1}=4.4\text{mW}=6.4\text{dBm}$$

这看来远低于各个元件的最小 IP_3。利用式(10.54)可得到非相干假设情形下的结果为

$$\text{OIP}_3=\left(\frac{1}{G_2^2(\text{OIP}'_3)^2}+\frac{1}{(\text{OIP}''_3)^2}\right)^{-1/2}=\left(\frac{1}{0.25^2\times158^2}+\frac{1}{5^2}\right)^{-1/2}=4.96\text{mW}=6.9\text{dBm}$$

正如预期的那样，非相干情形导致了稍高的截断点。■

10.3.5　无源交调

上面讨论的交调失真是在包含有二极管和三极管的有源电路的环境下产生的，而连接器、电缆、天线或具有金属–金属接触的几乎任何一种元件中的非线性效应也可能产生交调产物。这种效应称为无源交调（Passive InterModulation，PIM），并且如同放大器和混频器中的交调情况那样，这种效应发生在信号于两个或更多多个靠得很近的频率下混频产生寄生产物时。

导致无源交调的因素有多种，如机械接触不良、铁基金属间接合处的氧化、射频接线表面污

染，或非线性材料（如碳纤维复合物或铁磁性材料）的使用。此外，当出现高功率时，热效应对结的非线性也有一定的影响。根据基本原理来预测 PIM 电平很困难，因此通常采用测量技术。

由于 3 阶交调产物随输入功率的 3 次方变化，因此通常只有当输入功率相对较大时无源交调才会变得重要。当蜂窝电话基站发射机以 30～40dBm 的功率工作时，时常会出现这种情况，因为发射机具有很多靠得很近的射频信道。通常希望在有两个 40dBm 的发射信号时保持 PIM 电平低于−125dBm。这是一个很宽的动态范围，它要求发射机高功率部分使用的元件（包括电缆、连接器和天线元件）必须通过仔细挑选。这些元件通常暴露在大气中，会因为氧化、振动和日晒而恶化，因此需要精心维护。通信卫星通常也存在无源交调问题。在接收机系统中，由于功率电平很低，因此无源交调一般不是问题。

10.4 动态范围

10.4.1 线性和无杂散动态范围

在通常意义下，可将动态范围定义为系统或元件具有所期望特性的工作范围。对于功率放大器，动态范围是指在低端被噪声所限而在高端被压缩点所限的功率范围。这基本上是放大器的线性工作范围，称为*线性动态范围*（LDR）。对于低噪声放大器或混频器，在低端其工作被噪声所限，而最大功率会令交调失真变得无法接受。有效的工作范围应使寄生响应最小，这称为*无寄生动态范围*（SFDR）。

于是，如图 10.20 所示，就可根据 1dB 压缩点 P_{1dB} 与元件的噪声电平之比，计算出线性动态范围（LDR）。以 dB 为单位，它可写为输出功率 OP_{1dB} 和 N_o 的函数，即

$$\text{LDR（dB）} = OP_{1dB} - N_o \tag{10.55}$$

式中，OP_{1dB} 和 N_o 的单位为 dBm。注意，有些作者喜欢用最小可检测功率电平来定义线性动态范围。这种定义对于接收机系统（非单个元件）而言更为合适，因为它取决于元器件本身之外的因素，如所采用的调制方式、所建议系统的 SNR、纠错编码的效果以及相关因素。

无寄生动态范围定义为 3 阶交调产物的功率等于元件的噪声电平时的最大输出信号功率。这种情形如图 10.20 所示。若 P_{ω_1} 是在 ω_1 频率处想要信号的输出功率，$P_{2\omega_1-\omega_2}$ 是 3 阶交调产物的输出功率，并使其等于元件的噪声电平，则无寄生动态范围可表示成

$$\text{SFDR} = \frac{P_{\omega_1}}{P_{2\omega_1-\omega_2}} \tag{10.56}$$

如式(10.49)所示，$P_{2\omega_1-\omega_2}$ 可用 OIP_3 和 P_{ω_1} 写为

$$P_{2\omega_1-\omega_2} = \frac{(P_{\omega_1})^3}{(OIP_3)^2} \tag{10.57}$$

这一结果清楚地表明，3 阶交调功率随输入信号功率的 3 次方增长。对式(10.57)求解 P_{ω_1}，并将结果代入式(10.56)，可得用 OIP_3 和 N_o（元件的输出噪声功率）表示的无寄生动态范围：

$$\text{SFDR} = \left.\frac{P_{\omega_1}}{P_{2\omega_1-\omega_2}}\right|_{P_{2\omega_1-\omega_2}=N_o} = \left(\frac{OIP_3}{N_o}\right)^{2/3} \tag{10.58}$$

这一结果也可用 dB 表示为

$$\text{SFDR(dB)} = \tfrac{2}{3}(OIP_3 - N_o) \tag{10.59}$$

式中，OIP_3 和 N_o 的单位为 dBm。虽然这一结果是针对 $2\omega_1-\omega_2$ 产物导出的，但它同样适用于 $2\omega_2-\omega_1$ 产物。

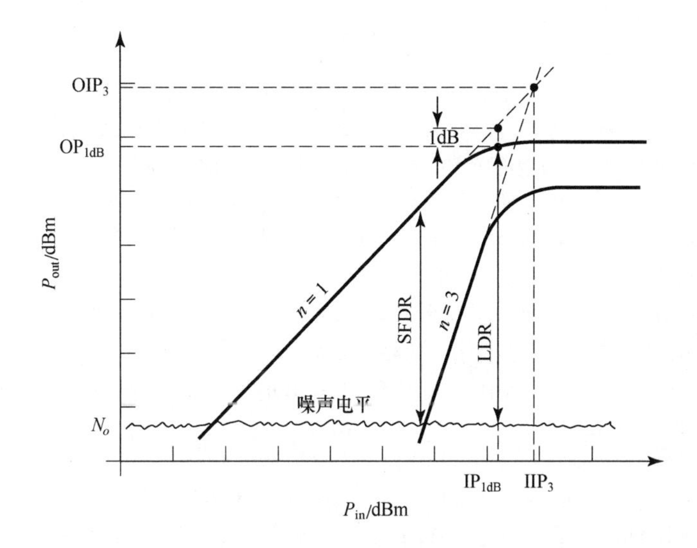

图 10.20　线性动态范围和无寄生动态范围的图示说明

在接收机中，可能要求有一个最小的可检测信号电平或最小 SNR，以达到某个特定的性能水平。这需要增大输入信号电平，导致动态范围相应地减小，因为寄生功率电平仍然等于噪声功率。此时，无寄生动态范围即式(10.59)可修改为[5, 6]

$$\text{SFDR}(\text{dB}) = \tfrac{2}{3}(\text{OIP}_3 - N_o) - \text{SNR} \tag{10.60}$$

例题 10.5　动态范围

考虑一台接收机，其噪声系数为 7dB，1dB 压缩点为 25dBm（以输出作为参考），增益为 40dB，3 阶截断点为 35dBm（以输出作为参考）。假设馈送到接收机的天线的噪声温度为 T_A= 150K，期望的输出 SNR 为 10dB，求线性和无寄生动态范围。假设接收机的带宽为 100MHz。

解： 接收机输出端的噪声功率可用噪声温度计算为

$$N_o = GkB[T_A + (F-1)T_0] = 10^4 \times (1.38\times10^{-23})\times10^8\times(150+4.01\times290)$$
$$= 1.8\times10^{-8}\,\text{W} = -47.4\text{dBm}$$

由式(10.55)，用 dB 表示的线性动态范围为

$$\text{LDR} = \text{OP}_{1\text{dB}} - N_o = 25\text{dBm} + 47.4\text{dBm} = 72.4\text{dB}$$

式(10.60)给出的无寄生动态范围为

$$\text{SFDR} = \tfrac{2}{3}(\text{OIP}_3 - N_o) - \text{SNR} = \tfrac{2}{3}(35 + 47.4) - 10 = 44.9\text{dB}$$

可以看到 SFDR $\ll$ LDR。 ■

参考文献

[1] F. T. Ulaby, R. K. Moore, and A. K. Fung, *Microwave Remote Sensing: Active and Passive, Volume I, Microwave Remote Sensing, Fundamentals and Radiometry*. Addison-Wesley, Reading, Mass., 1981.

[2] M. E. Hines, "The Virtues of Nonlinearity—Detection, Frequency Conversion, Parametric Amplification and Harmonic Generation," *IEEE Transactions on Microwave Theory and Techniques,* vol. MTT-32, pp. 1097–1104, September 1984.

[3] S. A. Maas, *Nonlinear Microwave and RF Circuits*, 2nd ed., Artech House, Norwood, Mass., 2003.

[4] K. Chang, *RF and Microwave Wireless Systems*, John Wiley & Sons, New York, 2000.

[5] W. Egan, *Practical RF System Design*, John Wiley & Sons, Hoboken, N.J., 2003.

[6] M. Steer, *Microwave and RF Design: A Systems Approach*, SciTech, Raleigh, N.C., 2010.

习题

10.1 使用 Y 因子法测量一个微波接收器前端的噪声系数。一个噪声源的 ENR 为 22dB，使用一个液氮冷负载（77K），测量得到一个 Y 因子比为 15.83dB。该接收机的噪声系数是多少？

10.2 假设在 Y 因子测量过程中，测量误差将一个不确定度 ΔY 引入 Y 的测量中。根据 $\Delta Y / Y$ 和温度 T_1, T_2, T_e，推导等效噪声温度 $\Delta T_e / T_e$ 的表达式。关于 T_e 最小化这一结果，得到 T_e 关于 T_1 和 T_2 的表达式，以使误差最小。

10.3 一有耗传输线在温度 $T_0 = 290\text{K}$ 时的噪声系数为 F_0。对于 $F_0 = 1\text{dB}$ 和 $F_0 = 3\text{dB}$，在物理温度范围 $T = 0 \sim 1000\text{K}$ 内计算并画出该传输线的噪声系数。

10.4 一个增益为 12dB、带宽为 150MHz、噪声系数为 4dB 的放大器使用噪声温度 900K 馈送一个接收机。求整个系统的噪声系数。

10.5 下图显示了一个蜂窝电话接收机的前端电路。工作频率为 1805～1880MHz，系统的物理温度为 300K。将 $N_i = -95\text{dBm}$ 的一个噪声源应用到接收机的输入端。(a)在工作带宽上该噪声源的等效噪声温度是多少？(b)放大器的噪声系数是多少 dB？(c)级联传输线和放大器的噪声系数是多少 dB？(d)工作带宽上接收机的总噪声功率输出是多少 dBm？

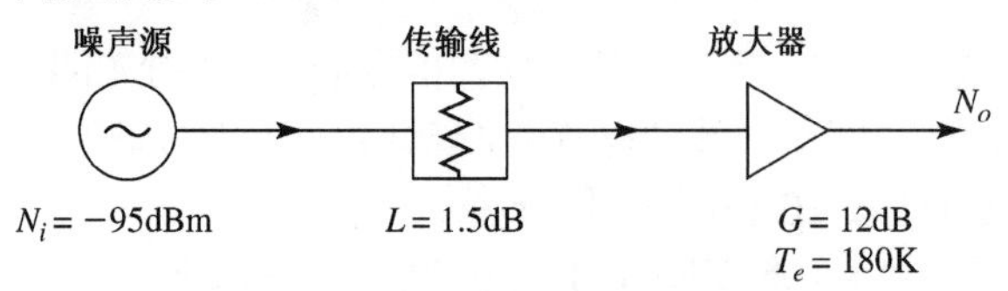

10.6 考虑如下图所示的无线局域网（WLAN）接收机前端，其中带通滤波器的带宽为 100MHz，中心频率为 2.4GHz。系统处于室温下，求整个系统的噪声系数。输入信号功率电平是 -90dBm，输出端的信噪比是多少？这些元件能重新组合得到更好的噪声系数吗？

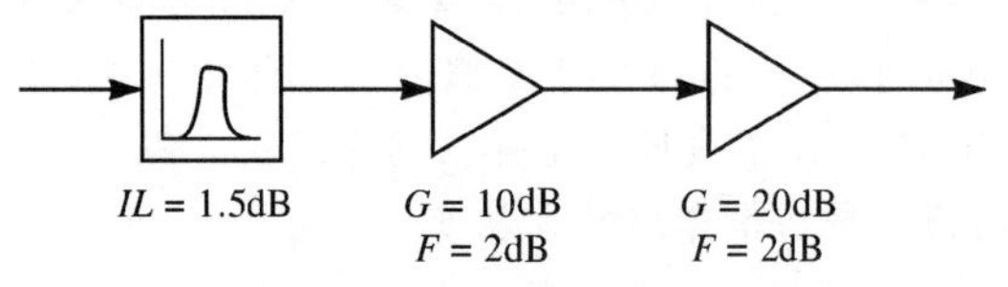

10.7 一个双向功率分配器的一个输出端口端接一个匹配负载，如下图所示。如果该功率分配器是(a)一个等分双向电阻分压器，(b)一个双向 Wilkinson 功率分配器和(c)一个 3dB 正交混合器，求所得二端口网络的噪声系数。假设每种情形下的功率分配器是匹配的，并处于室温下。

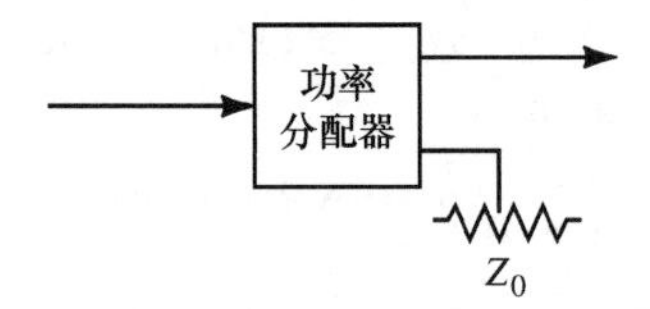

10.8 证明，对于固定损耗 $L > 1$，式(10.33)给出的失配有损传输线的等效噪声温度在 $|\Gamma_S| = 0$ 时最小。

10.9 考虑图 10.13 所示的失配放大器，当其输入端匹配时，噪声系统为 F。对于 $F = 1\text{dB}, 3\text{dB}$ 和 10dB，计算并画出输入反射系数幅值 $|\Gamma|$ 从 0 变化到 0.9 时的噪声系数。

10.10 如下图所示，温度为 T 时一有耗传输线馈入噪声系数为 F 的一个放大器。如果在放大器的输入端出现一个阻抗失配 Γ，求该系统的总噪声系数。

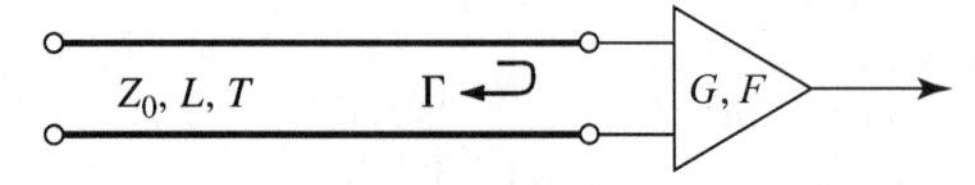

10.11 一个平衡的放大器电路如下图所示。两个放大器相同，每个放大器的功率增益都为 G，噪声系数都为 F。两个正交混合器也相同，从输入到输出的插入损耗 $L > 1$（不包括 3dB 功率分配因子）。推导

平衡放大器的总噪声系数的表达式。混合网络无损时，这一结果会简化为什么？

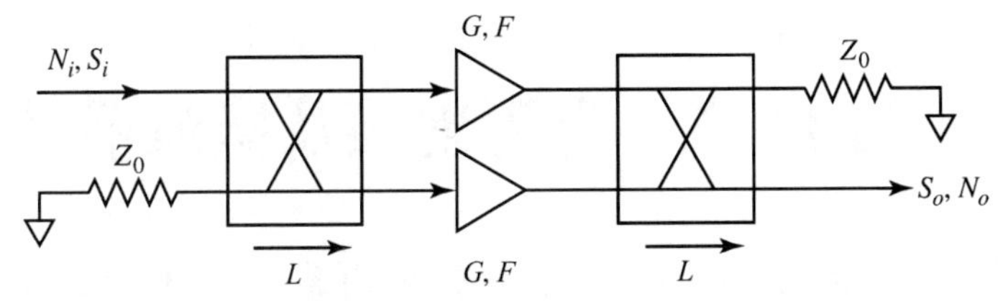

10.12 证明涉及二端口非线性网络的 3 阶截断点的如下关系成立。$P_{\omega_1}^i$ 和 $P_{\omega_1}^o$ 是一个双音信号的输入和输出功率电平，$P_{2\omega_1-\omega_2}^i$ 和 $P_{2\omega_1-\omega_2}^o$ 是参考输入和输出的 3 阶产物的功率电平。

$$\frac{\mathrm{OIP}_3-P_{\omega_1}^o}{\mathrm{IIP}_3-P_{\omega_1}^i}=1,\quad \frac{\mathrm{OIP}_3-P_{2\omega_1-\omega_2}^o}{\mathrm{IIP}_3-P_{2\omega_1-\omega_2}^i}=3$$

10.13 实际中，3 阶截断点是在输入功率电平低于 IP_3 时由测量数据向外插值得到的。对于下图所示的频谱分析仪，其中 ΔP 是功率 P_{ω_1} 和 $P_{2\omega_1-\omega_2}$ 之差，证明 3 阶截断点由 $\mathrm{OIP}_3=P_{\omega_1}+(1/2)\Delta P$ 给出。对于如下数据，计算输入和输出 3 阶截断点：$P_{\omega_1}=5\,\mathrm{dBm}$，$P_{2\omega_1-\omega_2}=-27\,\mathrm{dBm}$，$P_{\mathrm{in}}=-4\,\mathrm{dBm}$。

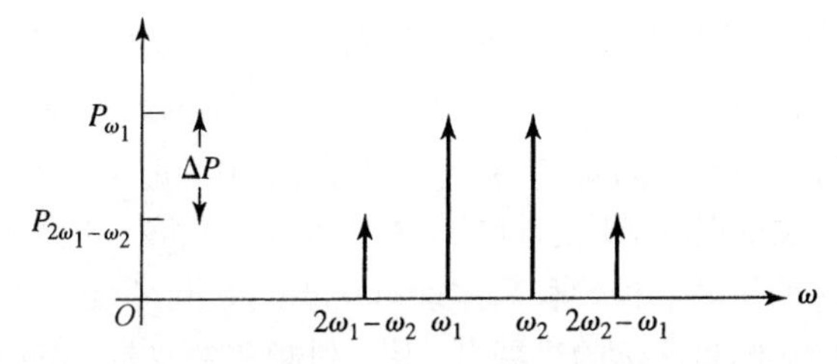

10.14 两个信号电平相差 6dB 的一个双音输入信号被应用到一个非线性元件。假设 ω_1 和 ω_2 非常靠近，导致的两个 3 阶交调产物 $2\omega_1-\omega_2$ 和 $2\omega_2-\omega_1$ 的相对功率比是多少？

10.15 求例题 10.4 中的 3 阶截断点，假设放大器和混频器的位置颠倒。

10.16 将 1dB 压缩点近似相关到 3 阶截断点是可能的。对于一个单音调输入，使用式(10.40)求基频项和 3 阶谐波项的幅值，假设 a_3 相对于 a_1 取正号。令 V_0 是 3 阶项将 1 阶功率减小 1dB 的电压，求 $|a_3/a_1|$。对于一个双音调输入，使用式(10.43)求 3 阶交调产物的幅值，然后使用式(10.44)将 $\mathrm{OP}_{1\mathrm{dB}}$ 关联到 OIP_3。

10.17 一个带宽为 1GHz 的放大器的增益为 15dB，噪声温度为 250K。若对 5dBm 输出功率电平出现输出功率 1dB 压缩点，该放大器的线性动态范围是多少？

10.18 一个接收机子系统的噪声系数为 6dB，1dB 压缩点为 21dBm（以输出为参考），增益为 30dB，3 阶截断点为 33dBm（以输出为参考）。若该子系统馈接一个 $N_i=-105\,\mathrm{dBm}$ 的噪声源，并且期望的输出 SNR 为 8dB，求该子系统的线性和无寄生动态范围。假设系统的带宽为 20MHz。

第 11 章　有源射频及微波器件

有源器件包括二极管、晶体管和电子管，它们可用于信号检测、混频、放大、倍频、开关，以及用作射频和微波信号源。本章探讨这类器件的一些基本特性，但不详细探讨有源器件的物理特性[1~5]，因为我们的目的是使用等效电路或散射参量来表征二极管和晶体管的特性。我们将利用这些结果研究一些基本的二极管检波和控制电路，并在后续章节中研究使用二极管和晶体管的放大器、混频器和振荡器电路设计。本章最后简要介绍微波集成电路（MIC，并讨论一些微波管。

从历史上看，射频和微波有源器件的发展是一个漫长而缓慢的过程。第一个检波二极管大概是 19 世纪早期无线电工作中使用的“触须”式晶体检测器。后来，人们将电子管用作检波器和放大器，使得大多数无线电系统摒弃了这一元件，但 Southworth 在 20 世纪 30 年代进行的波导实验中仍使用了晶体二极管，因为当时电子管检波器无法在如此高的频率下工作。变频和外差技术在 20 世纪 20 年代也首次应用于无线电。在“二战”期间，MIT 辐射实验室将这些技术应用到了微波雷达中（使用晶体二极管作为混频器）[1]，但直到 20 世纪 60 年代，微波半导体器件才取得了重大进展。晶体管的发明促进了固态材料与器件理论的发展，以及新半导体材料的可用性，进而推动了许多高频应用的新型二极管和晶体管的发展。20 世纪 60 年代，砷化镓场效应晶体管的发明是现代微波工程中影响最深远的进展之一[2]。射频和微波晶体管是无线系统中的关键元件，被广泛应用于放大器、振荡器、开关、移相器、混频器和有源滤波器。

随着低频集成电路的发展，单片微波集成电路（MMIC）也将传输线、有源器件和其他元器件集成在半导体基片上。1960 年，人们开发了第一个单功能 MMIC；现在人们可以制造更为复杂的 MMIC，包含更复杂的电路和子系统，如多级 FET 放大器、发射/接收雷达模块、无线产品的射频前端以及许多其他电路[2]。高性能、低功耗、高复杂度和低成本是 MMIC 未来的重要发展趋势。

11.1　二极管及二极管电路

首先讨论射频和微波电路中使用的一些主要二极管的特性。二极管是一种具有非线性 V-I 特性的二端口半导体器件。这种非线性可用于信号检测、解调、开关、倍频和振荡等实用功能的开发[1]。射频与微波二极管可封装成轴向引线的元件、可表面安装的芯片，或与其他元件一起单片集成在某个半导体基片上。接下来首先考虑检波二极管和电路，然后讨论 PIN 二极管和控制电路、变容二极管以及其他类型的二极管。

11.1.1　肖特基二极管和检波器

在低频下使用的经典 pn 结二极管通常具有相对较大的结电容。然而，肖特基势垒二极管以半导体-金属结为依托，具有低得多的结电容[3, 4]，允许在高频下运行。商用微波肖特基二极管通常使用 n 型砷化镓（GaAs）材料，而低频二极管可以使用 n 型硅材料。肖特基二极管通常使用小直流正向电压偏置，但不偏置时也可使用。

肖特基二极管最早应用于输入信号的*频率变换*。图 11.1 显示了三种基本的频率变换操作：

整流（转换成直流）、检波（调幅信号的解调）和混频（频率转移）。

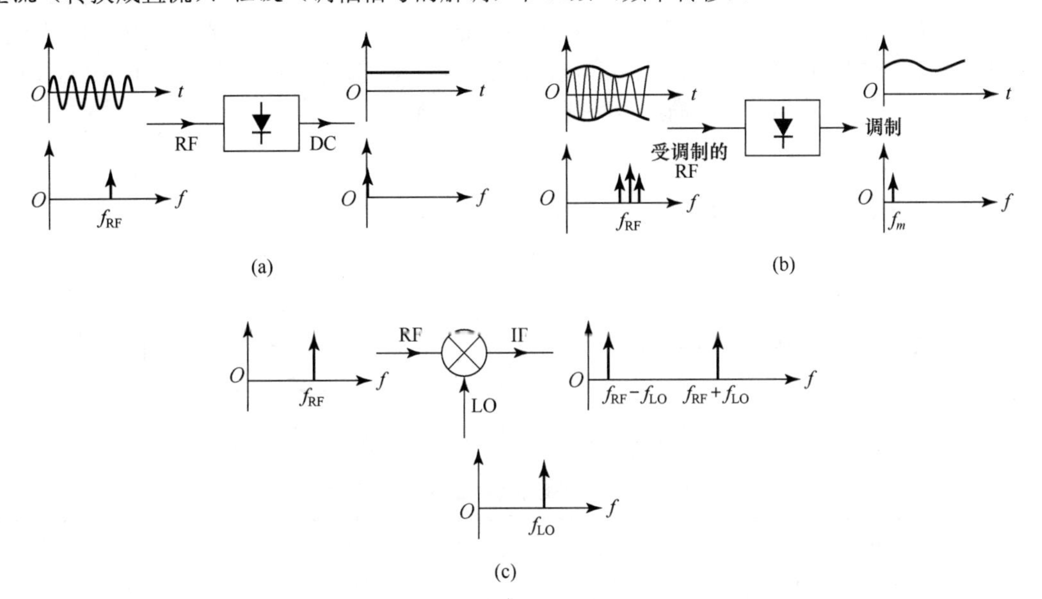

图 11.1 整流、检波和混频的基本频率变换操作：(a)二极管整流器；(b)二极管检波器；(c)混频器

肖特基二极管可建模为一个非线性电阻，其小信号 $V\text{-}I$ 关系为

$$I(V) = I_s(\mathrm{e}^{\alpha V} - 1) \tag{11.1}$$

式中，$\alpha = q/nkT$，q 是电子电荷，k 是玻尔兹曼常数，T 是温度，n 是理想化因子，I_s 是饱和电流[3~5]。一般来说，I_s 在 10^{-6}A 和 10^{-15}A 之间，而对于 $T = 290$K，$\alpha = q/nkT$ 近似为 1/(25mV)。理想化因子 n 与二极管自身的结构有关，其值可从 1.05（对肖特基势垒二极管）到约 2.0（对点接触硅二极管）。图 11.2 显示了典型肖特基二极管的 $V\text{-}I$ 特性。

小信号近似。令二极管电压为

$$V = V_0 + v \tag{11.2}$$

式中，V_0 是直流偏置电压，v 是小交流信号电压。于是，式(11.1)可对 V_0 做泰勒级数展开如下：

$$I(V) = I_0 + v\left.\frac{\mathrm{d}I}{\mathrm{d}V}\right|_{V_0} + \frac{1}{2}v^2\left.\frac{\mathrm{d}^2 I}{\mathrm{d}V^2}\right|_{V_0} + \cdots \tag{11.3}$$

式中，$I_0 = I(V_0)$是直流偏置电流。可算出其一阶导数为

$$\left.\frac{\mathrm{d}I}{\mathrm{d}V}\right|_{V_0} = \alpha I_s \mathrm{e}^{\alpha V_0} = \alpha(I_0 + I_s) = G_d = \frac{1}{R_j} \tag{11.4}$$

它定义了二极管的结电阻 R_j，以及称为*二极管动态电导*的 $G_d = 1/R_j$。其二阶导数为

$$\left.\frac{\mathrm{d}^2 I}{\mathrm{d}V^2}\right|_{V_0} = \left.\frac{\mathrm{d}G_d}{\mathrm{d}V}\right|_{V_0} = \alpha^2 I_s \mathrm{e}^{\alpha V_0} = \alpha^2(I_0 + I_s) = \alpha G_d = G_d' \tag{11.5}$$

于是，式(11.3)可改写为直流偏置电流 I_0 和交流电流 i 之和：

$$I(V) = I_0 + i = I_0 + vG_d + \frac{v^2}{2}G_d' + \cdots \tag{11.6}$$

式(11.6)中二极管电流的三项近似称为*小信号近似*，这对于大多数应用目的是适用的。

小信号近似是以式(11.1)的直流伏安特性为基础的，它表明二极管的等效电路将包括一个非

线性电阻。然而，在实际中，二极管的交流特性还包括由二极管的结构与封装导致的电抗效应。二极管的典型等效电路如图 11.3 所示。二极管封装的引线与接触建模为串联电感 L_s 和并联电容 C_p。图中的串联电阻 R_s 考虑了接触电阻和电流泄漏电阻。C_j 和 R_j 分别是结电容和结电阻，它们与偏置有关。表 11.1 列出了一些商用肖特基二极管的参数。

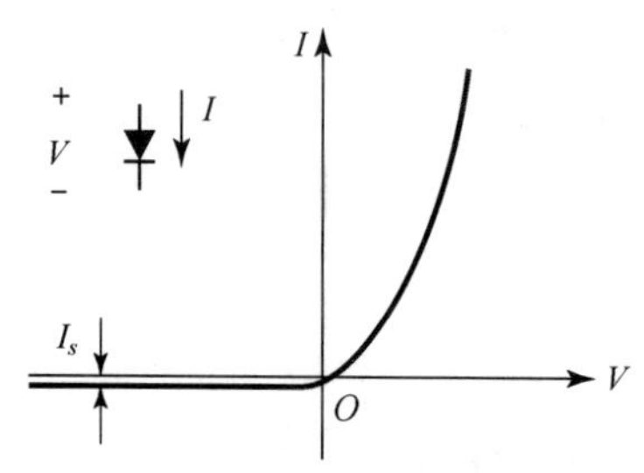

图 11.2　肖特基二极管的 V–I 特性

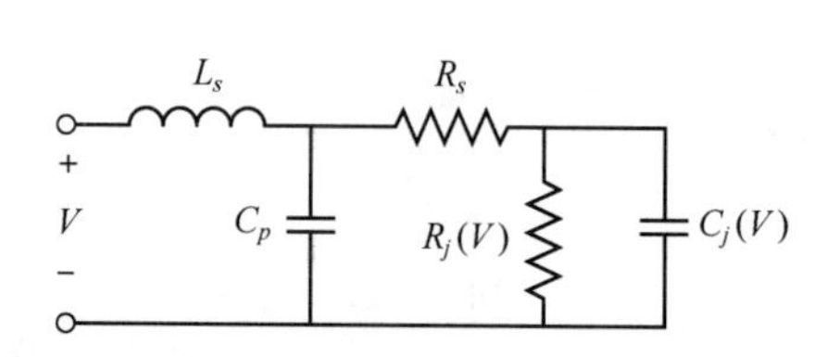

图 11.3　肖特基二极管的等效交流电路模型

表 11.1　一些商用肖特基二极管的参数

肖特基二极管	I_s/A	R_s/Ω	C_j/pF	L_s/nH	C_p/pF
Skyworks SMS1546	3×10^{-7}	4	0.38	1.0	0.07
Skyworks SMS7630	5×10^{-6}	20	0.14	0.05	0.005
Avago HSMS2800	3×10^{-8}	30	1.6	—	—
Hacom MA4E2054	3×10^{-8}	11	0.1	—	0.11

二极管整流与检波器。在整流器应用中，二极管用于把一部分射频输入信号变换成直流功率。整流是一种极为常见的功能，用于功率监测、自动增益控制电路和信号强度指示器。若二极管电压由直流偏置电压和小信号射频电压组成

$$V = V_0 + v_0 \cos\omega_0 t \tag{11.7}$$

则式(11.6)表明二极管电流为

$$\begin{aligned} I &= I_0 + v_0 G_d \cos\omega_0 t + \frac{v_0^2}{2} G_d' \cos^2 \omega_0 t \\ &= I_0 + \frac{v_0^2}{4} G_d' + v_0 G_d \cos\omega_0 t + \frac{v_0^2}{4} G_d' \cos 2\omega_0 t \end{aligned} \tag{11.8}$$

式中，I_0 是偏置电流，$v_0^2 G_d'/4$ 是直流整流电流。输出还包含频率为 ω_0 和 $2\omega_0$（及更高次谐频）的交流信号，这些信号通常使用简单的低通滤波器滤掉。*电流灵敏度* β_i 定义为给定射频输入功率下的直流输出电流变化值。由式(11.6)可知，射频输入功率是 $v_0^2 G_d/2$（只取第一项），而式(11.8)表明直流电流的变化是 $v_0^2 G_d'/4$。于是，电流灵敏度为

$$\beta_i = \frac{\Delta I_{\text{dc}}}{P_{\text{in}}} = \frac{G_d'}{2G_d} \text{ A/W} \tag{11.9}$$

开路电压灵敏度 β_v 在二极管开路时可用结电阻上的电压降来定义。于是有

$$\beta_v = \beta_i R_j \tag{11.10}$$

二极管电压灵敏度的典型值为 400～1500mV/mW。

在检波器应用中，二极管的非线性被用来对调幅的射频载波进行解调。对于这种情况，二极管电压可表示为

$$v(t) = v_0(1 + m\ \cos\omega_m t)\cos\omega_0 t \tag{11.11}$$

式中，ω_m是调制频率，ω_0是射频载波频率（$\omega_0 \gg \omega_m$），m 定义为调制指数（$0 \leqslant m \leqslant 1$）。将式(11.11)代入式(11.6)，可给出二极管电流为

$$\begin{aligned}
i(t) &= v_0 G_d (1+m\cos\omega_m t)\cos\ \omega_0 t + \frac{v_0^2}{2} G_d' (1+m\cos\omega_m t)^2 \cos^2 \omega_0 t \\
&= v_0 G_d \left[\cos\omega_0 t + \frac{m}{2}\cos(\omega_0+\omega_m)t + \frac{m}{2}\cos(\omega_0-\omega_m)t\right] + \\
&\quad \frac{v_0^2}{4} G_d' \left[1+\frac{m^2}{2} + 2m\cos\omega_m t + \frac{m^2}{2}\cos 2\omega_m t + \cos 2\omega_0 t + \right. \\
&\quad m\cos(2\omega_0+\omega_m)t + m\cos(2\omega_0-\omega_m)t + \frac{m^2}{2}\cos 2\omega_0 t + \\
&\quad \left. \frac{m^2}{4}\cos 2(\omega_0+\omega_m)t + \frac{m^2}{4}\cos 2(\omega_0-\omega_m)t \right]
\end{aligned} \tag{11.12}$$

输出频谱如图 11.4 所示。输出电流中二极管电压的线性项(乘以 $v_0 G_d$ 的项)的频率为 ω_0 和 $\omega_0 \pm \omega_m$；而正比于二极管电压平方的各项（乘以 $v_0^2 G_d'/2$ 的项）包括表 11.2 中列出的频率和相对振幅。

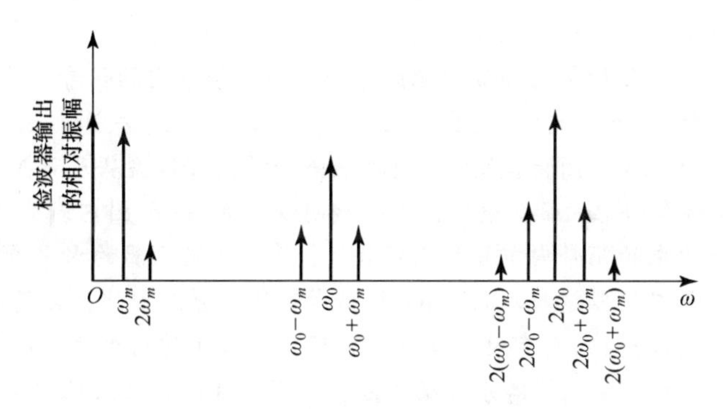

图 11.4　AM 信号的输出频谱

表 11.2　AM 信号的平方律输出的频率和相对振幅

频　率	相对振幅
0	$1+m^2/2$
ω_m	$2m$
$2\omega_m$	$m^2/2$
$2\omega_0$	$1+m^2/2$
$2\omega_0 \pm \omega_m$	m
$2(\omega_0 \pm \omega_m)$	$m^2/4$

使用低通滤波器频率，很容易从不需要的频率分量中分离所需 ω_m 的解调输出。可以看出，该电流的振幅是 $m v_0^2 G_d'/2$，它正比于输入信号的功率。这个平方律性质是检波二极管通常的工作条件，但只在有限的输入功率范围内才具有。输入功率太大，就不适用小信号条件，这时输出将变得饱和并且近似为一条直线，变为恒定的 i–P 特性。而在很低的信号电平下，输入信号将湮没在器件的噪声本底中。图 11.5 显示了典型的 v_{out}–P_{in} 特性，其中输出电压可认为是与二极管串联的电阻上的压降。平方律运用对某些应用是特别重要的，如在 SWR 指示器和信号电平指示器中由检波器电压推导出功率电平。检波器可被直流偏置到能提供最佳灵敏度的工作点上。

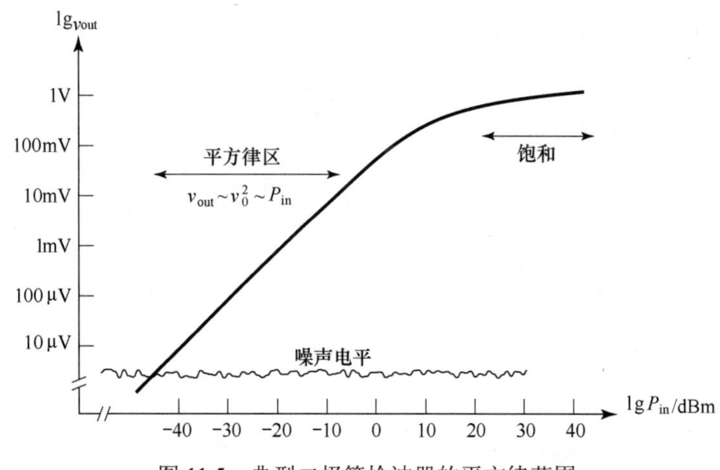

图 11.5　典型二极管检波器的平方律范围

兴趣点：频谱分析仪

频谱分析仪可给出输入信号的频域描述，显示平均功率密度随频率的变化。这样，相对于示波器而言，其功能是双重的。示波器可显示输入信号的时域描述。频谱分析仪基本上是一个高灵敏度接收机，它在指定的频带内调谐并给出与窄频带内的信号功率成正比的视频输出。对于测量调制产物、谐频和交调失真、噪声和干扰效应，频谱分析仪具有无可比拟的价值。下图显示了频谱分析仪的简化框图。典型的频谱分析仪可覆盖从几百 MHz 到几十 GHz 的任意频段。频率分辨率由中频带宽设定，可在 100Hz～1MHz 范围内调节。通过调整本振频率，扫频振荡器可在要求的频带内重复扫描接收机，并提供显示器的水平偏转。现代频谱分析仪的一个重要部分是混频器输入端的 YIG 调谐带通滤波器。该滤波器随同本振调谐，用做预选器以抑制寄生交调产物。具有对数响应的中频放大器通常用于适应较大的动态范围。当然，像许多测试仪器一样，现代频谱分析仪经常包含有一台计算机来控制系统和测量过程。这提高了仪器的性能，并使得分析仪更为通用，但也可能是一个缺点，因为引入计算机也拉大了用户与待测物理现实之间的距离。

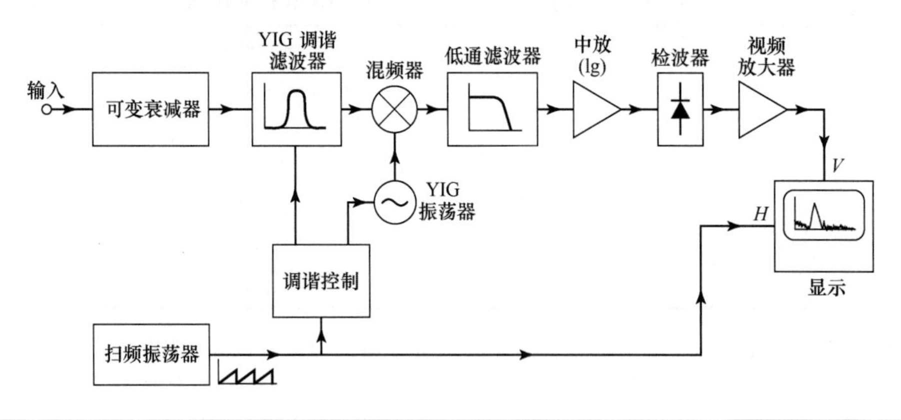

11.1.2　PIN 二极管和控制电路

微波系统中广泛使用了开关，目的是在各个元件之间引导信号或功率流。还可使用开关来构建各种类型的控制电路，如相移器和衰减器。机械式开关可以制作成波导或同轴线形式，且能处理高功率，但其非常笨重且速度较慢。然而，PIN 二极管可被用来构建电子开关元件，易于集成为平面电路，且能高速运行。典型的开关速度为 1～10μs，当精心设计二极管驱动电路时，速度可高达 20ns。PIN 二极管还可用做功率限制器、调制器和可变衰减器。

PIN 二极管特性。PIN 二极管在 p 半导体层和 n 半导体层之间包含一个本征（轻掺杂）层。反向偏置时，小的串联结电容导致相对较高的二极管阻抗；正向偏置电流则去会除结电容，使二极管处于低阻抗状态[5]。这些特性使得 PIN 二极管是一种有用的射频开关元件。正偏和反偏等效电路如图 11.6 所示。寄生电感 L_i 通常小于 1nH；相对于串联电抗，由于结电容的影响，反向电阻 R_r 通常较小，因此通常将其忽略。正向偏置电流通常为 10～30mA，反向偏置电压通常为 10～60V。偏置电压加到二极管上时，必须设计有射频扼流装置和隔直装置，以便与射频信号隔离。表 11.3 列出了一些商用 PIN 二极管的参数。

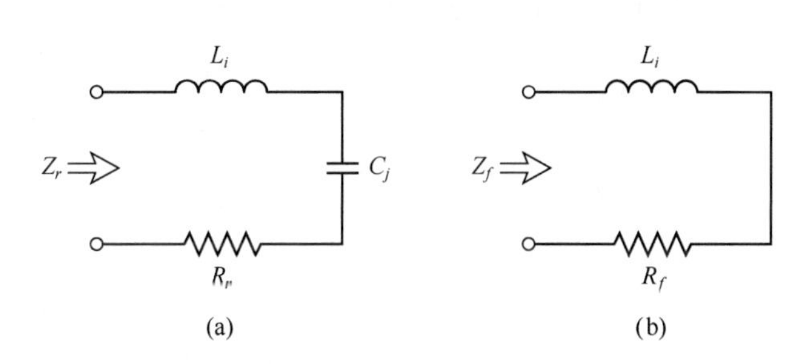

图 11.6　PIN 二极管的正偏和反偏等效电路：(a)反偏；(b)正偏

表 11.3　一些商用 PIN 二极管的参数

PIN 二极管	R_f/Ω	C_j/pF
ASI 8001	3.0	0.03
Skyworks DSG9500	4.0	0.025
Infineon BA592	0.36	1.4
Microsemi UM9605	1.5	0.5

单刀 PIN 二极管开关。PIN 二极管可在串联或并联结构下用做单刀单掷射频开关。这些电路及所需的偏置网络如图 11.7 所示。在图 11.7a 所示的串联结构下，当二极管正向偏置时，开关接通（ON）；在并联结构下，当二极管反向偏置时，开关接通。在这两种情况下，当开关处于断开（OFF）状态时，输入功率将被反射。在射频工作频率下，直流阻隔电容的阻抗很小，而射频扼流电感的射频阻抗相对较高。在某些设计中，可用高阻抗四分之一波长线代替扼流圈来实现射频隔断。

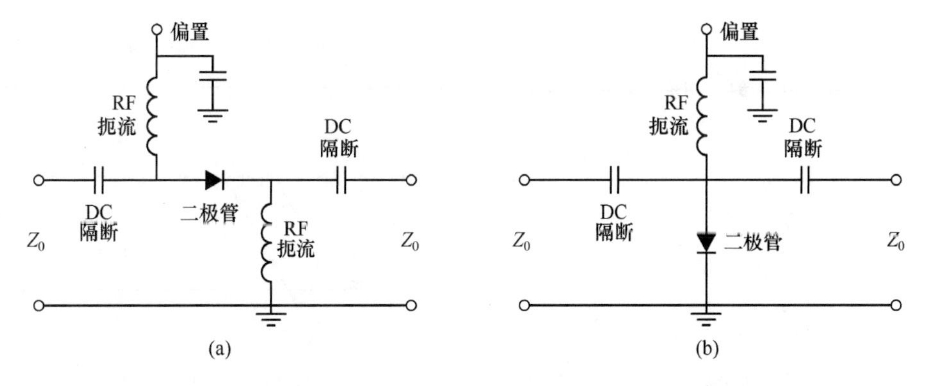

图 11.7　单刀 PIN 二极管开关：(a)串联结构；(b)并联结构

在接通（ON）状态下，理想开关的插入损耗为零；而在断开（OFF）状态下，开关的衰减无限大。当然，实际的开关元件在接通状态下会有一些插入损耗，而在断开状态下的衰减是有限的。知道图 11.6 所示等效电路的二极管参量后，就可算出串联和并联开关在 ON 和 OFF 状态下的插入损耗。参照图 11.8 所示的简化开关电路，可用实际的负载电压 V_L 和 V_0 来定义插入损耗，其中 V_0 是不存在开关（Z_d）时的负载电压：

$$\text{IL} = -20\lg\left|\frac{V_L}{V_0}\right| \tag{11.13}$$

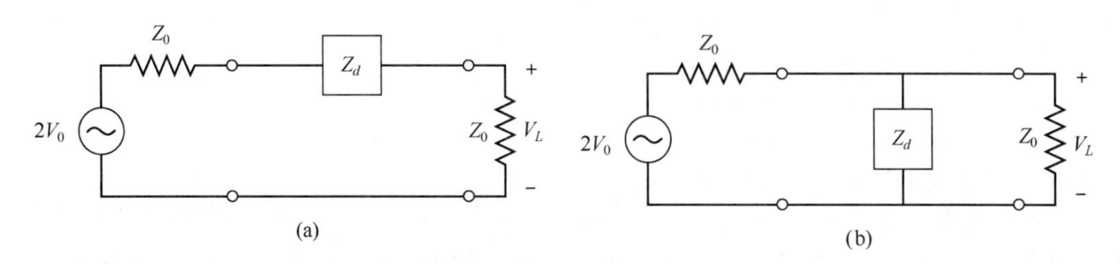

图 11.8 串联和并联单刀 PIN 二极管的简化等效电路：(a)串联开关；(b)并联开关

对图 11.8 所示的两种情况进行简单的电路分析后，得出以下结果：

$$\text{IL} = -20\lg\left|\frac{2Z_0}{2Z_0 + Z_d}\right| \quad \text{（串联开关）} \tag{11.14a}$$

$$\text{IL} = -20\lg\left|\frac{2Z_d}{2Z_d + Z_0}\right| \quad \text{（并联开关）} \tag{11.14b}$$

在这两种情况下，Z_d 是反向或正向偏置状态的二极管阻抗。于是有

$$Z_d = \begin{cases} Z_r = R_r + \mathrm{j}(\omega L_i - 1/\omega C_j) & \text{反向偏置} \\ Z_f = R_f + \mathrm{j}\omega L_i & \text{正向偏置} \end{cases} \tag{11.15}$$

开关 ON 态或 OFF 态的插入损耗通常可通过添加一个与二极管串联或并联的外电抗（补偿二极管的电抗）来改善。然而，这种方法通常会降低带宽。

多个单掷开关可组合为各种多刀和/或多掷开关。图 11.9 显示了单刀双掷开关的串联和并联电路，这样的开关至少需要两个开关元件。工作时，一个二极管偏置在低阻抗状态，另一个二极管偏置在高阻抗状态。并联电路的四分之一波长线限制了这种结构的带宽。图 11.10 显示了一个 PIN SP3T 开关。

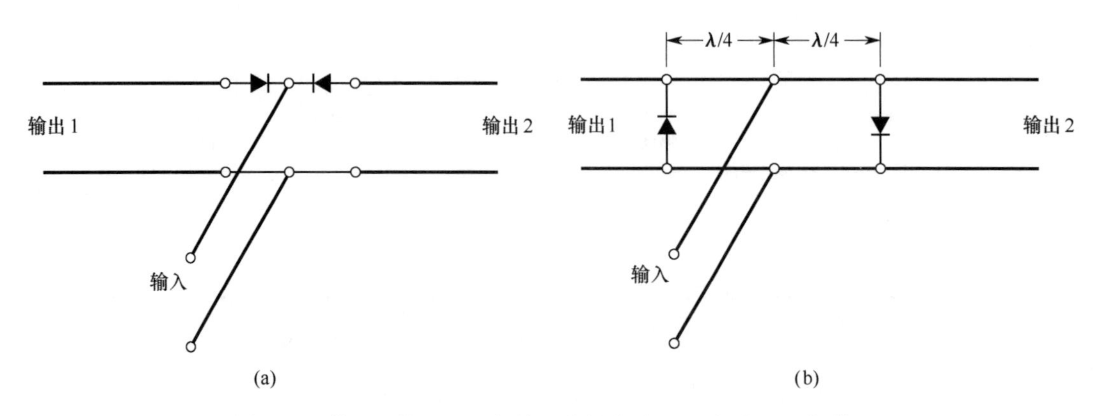

图 11.9 单刀双掷 PIN 二极管开关的电路：(a)串联；(b)并联

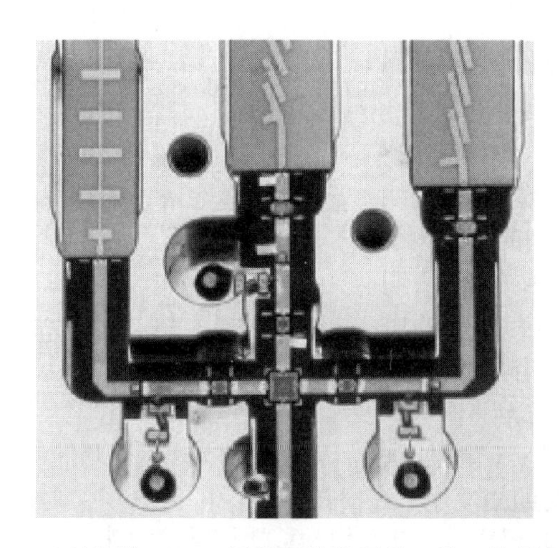

图 11.10　一个 SP3T 砷化镓 PIN 二极管开关的照片，其工作频率为 6～27GHz。二极管芯片的面积约为 15 平方密耳。承蒙 LNX 公司 Salem, N. H.许可使用

例题 11.1　单刀 PIN 二极管开关

使用具有如下参量的 Microsemi UM 9605 PIN 二极管组成单刀开关：$C_j = 0.5\text{pF}$，$R_f = 1.5\Omega$。要得到最大的断开与接通衰减之比，是使用串联电路还是使用并联电路？假设 $L_i = 0.5\text{nH}$，$R_r = 2.0\Omega$，$Z_0 = 50\Omega$。

解： 首先用式(11.15)计算反偏状态和正偏状态的二极管阻抗：

$$Z_d = \begin{cases} Z_r = R_r + \text{j}(\omega L_i - 1/\omega C_j) = 2.0 - \text{j}171.2\Omega \\ Z_f = R_f + \text{j}\omega L_i = 1.5 + \text{j}5.6\Omega \end{cases}$$

然后用式(11.14)给出串联和并联开关的 ON 态和 OFF 态的插入损耗如下。

对串联电路，

$$\text{IL}_{\text{on}} = -20\lg\left|\frac{2Z_0}{2Z_0 + Z_f}\right| = 0.14\text{dB}$$

$$\text{IL}_{\text{off}} = -20\lg\left|\frac{2Z_0}{2Z_0 + Z_r}\right| = 6.0\text{dB}$$

对并联电路，

$$\text{IL}_{\text{on}} = -20\lg\left|\frac{2Z_r}{2Z_r + Z_0}\right| = 0.11\text{dB}$$

$$\text{IL}_{\text{off}} = -20\lg\left|\frac{2Z_f}{2Z_f + Z_0}\right| = 13.3\text{dB}$$

所以串联结构在 ON 态和 OFF 态之间有最大的衰减差，但并联电路有最低的 ON 插入损耗。■

PIN 二极管相移器。使用 PIN 二极管开关元件可以构成多种类型的微波相移器。与铁氧体相移器相比，二极管相移器具有尺寸小、可集成为平面电路以及高速的优点。然而，二极管相移器的功率需求一般要大于锁存铁氧体相移器（见 9.5 节）的功率需求，因为二极管要求连续的偏置电流，而锁存铁氧体器件只需一个脉冲电流来改变其磁态。PIN 二极管相移器基本上分为三类，即开关线、加载线和反射。

如图 11.11 所示的开关线相移器是最简单的类型，它使用两个单刀双掷开关让信号流沿两根

不同长度的传输线之一传送。这两条路径之间的相移差为

$$\Delta\phi = \beta(\ell_2 - \ell_1) \tag{11.16}$$

式中，β 是传输线的传播常数。若传输线是 TEM 型的（或准 TEM 型的，如微带线），则相移是频率的线性函数，这表明在输入端和输出端之间具有真实的时延。在宽带系统中，这是很有用的特性，因为它会使失真最小。这类相移器从本质上说是互易的，既可用于实现接收功能，又可用于实现发送功能。开关线相移器的插入损耗等于 SPDT（单刀双掷）开关的损耗加上线损耗。

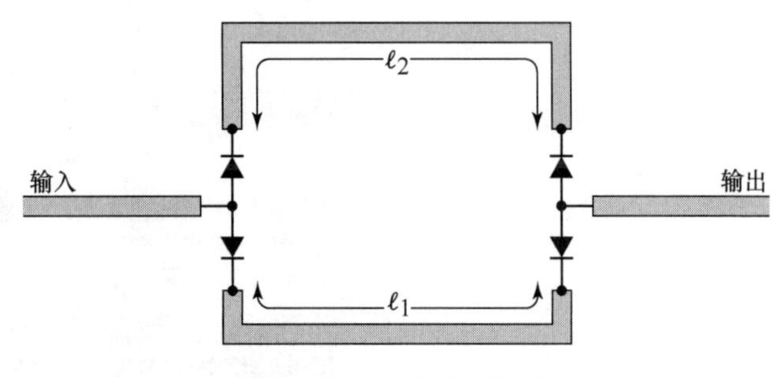

图 11.11　开关线相移器

类似于许多其他类型的相移器，开关线相移器通常被设计为 $\Delta\phi$ = 180°, 90°, 45°等的二进制相移。这类相移器中的一个潜在问题是，若 OFF 线长度接近于 $\lambda/2$ 的整倍数，则会在线上发生谐振。由于反向偏置二极管的串联结电容会使谐振频率略有偏移，所以在选择长度 ℓ_1 和 ℓ_2 时，要考虑到这种效应。

用于小相移量（通常为 45°或更小）的一种设计是加载线相移器。这类相移器的基本原理可用图 11.12a 中的电路加以说明，图中显示了一段加载有并联电纳 jB 的传输线。反射系数和传输系数可写为

$$\Gamma = \frac{1-(1+\mathrm{j}b)}{1+(1+\mathrm{j}b)} = \frac{-\mathrm{j}b}{2+\mathrm{j}b} \tag{11.17a}$$

$$T = 1+\Gamma = \frac{2}{2+\mathrm{j}b} \tag{11.17b}$$

式中，$b = BZ_0$ 是归一化电纳。于是，由该负载引入传输波的相移是

$$\Delta\phi = \arctan\frac{b}{2} \tag{11.18}$$

该相移可正可负，具体取决于 b 的符号。由于来自并联负载的反射，因此插入损耗的存在是其内在缺陷。如式(11.17b)所示，为得到更大的 $\Delta\phi$ 而增大 b，会导致更大的插入损耗。

采用图 11.12b 所示的电路，可减小来自并联电纳的反射，图中有两个相隔 $\lambda/4$ 线长的并联负载。这样，来自第二个负载的部分反射与来自第一个负载的部分反射就有 180°的相位差，导致两者抵消。通过计算其 $ABCD$ 矩阵，可对该电路进行分析，并把它与长度为 θ_e、特征阻抗为 Z_e 的一段等效线的 $ABCD$ 矩阵相比较。于是，对于加载线有

$$\begin{bmatrix} A & B \\ C & D \end{bmatrix} = \begin{bmatrix} 1 & 0 \\ \mathrm{j}B & 1 \end{bmatrix}\begin{bmatrix} 0 & \mathrm{j}Z_0 \\ \mathrm{j}Z_0 & 0 \end{bmatrix}\begin{bmatrix} 1 & 0 \\ \mathrm{j}B & 1 \end{bmatrix} = \begin{bmatrix} -BZ_0 & \mathrm{j}Z_0 \\ \mathrm{j}(1/Z_0 - B^2Z_0) & -BZ_0 \end{bmatrix} \tag{11.19a}$$

而等效传输线的 $ABCD$ 矩阵为

$$\begin{bmatrix} A & B \\ C & D \end{bmatrix} = \begin{bmatrix} \cos\theta_e & \mathrm{j}Z_e\sin\theta_e \\ \mathrm{j}\sin\theta_e/Z_e & \cos\theta_e \end{bmatrix} \tag{11.19b}$$

因而有

$$\cos\theta_e = -BZ_0 = -b \tag{11.20a}$$

$$Z_e = Z_0\cos\theta_e = \frac{Z_0}{\sqrt{1-b^2}} \tag{11.20b}$$

对于小的 b 值，θ_e 接近于 $\pi/2$，并且这些结果可简化为

$$\theta_e \approx \frac{\pi}{2}+b \tag{11.21a}$$

$$Z_e \approx Z_0\left(1+\frac{b}{2}\right) \tag{11.21b}$$

导纳 B 可用一个集总电感或电容来实现，或用一条短截线来实现，并且用一个 SPST（单刀单掷）二极管开关在两个状态之间转换。

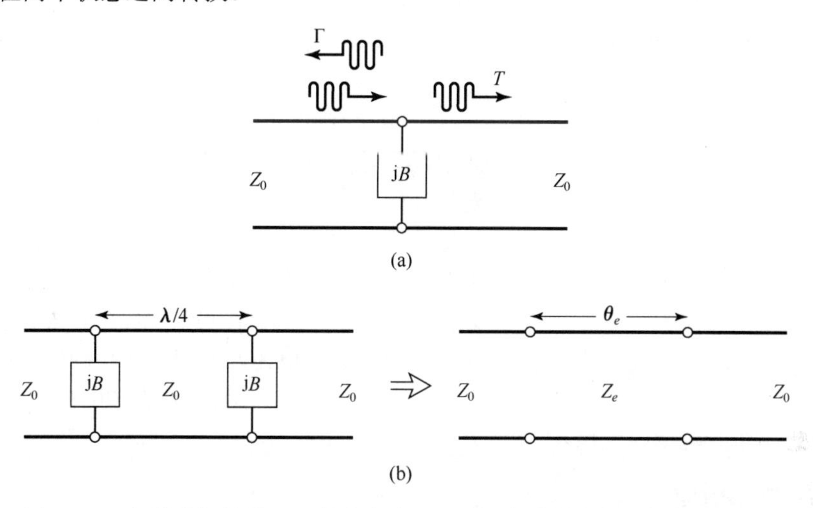

图 11.12　加载线相移器：(a)基本电路；(b)实际加载线相移器及其等效电路

第三种 PIN 二极管相移器是反射相移器，它用一个 SPST 开关来控制反射信号的路径长度，通常使用正交混合网络来提供一个二端口电路，但使用其他类型的混合网络或一个环形器也可以达到这一目的。

图 11.13 显示了一个使用正交混合网络的反射相移器。工作时，输入信号在混合网络右侧的两个端口间等分功率。两个二极管都偏置在同一状态（正向或反向偏置），所以从两个端口反射的波在指定的输出端口同相叠加。把二极管转到 ON 态或 OFF 态，可使两个反射波的总路径长度改变 $\Delta\phi$，从而使输出端产生相移 $\Delta\phi$。理想情况下，二极管在其 ON 态上看起来像是短路，而在 OFF 态上看起来像是开路，所以在混合网络的右边，在二极管都处于 ON 态时反射系数可写为 $\Gamma = \mathrm{e}^{-\mathrm{j}(\phi+\pi)}$，在二极管都处于 OFF 态时反射系数可写为 $\Gamma = \mathrm{e}^{-\mathrm{j}(\phi+\Delta\phi)}$。给出所需 $\Delta\phi$ 的传输线长度存在无限多个选择（即 $\phi/2$ 值是一个自由度），但可以证明：若两个状态的反射系数是相位共轭的，则有最佳的带宽。于是，若 $\Delta\phi = 90°$，则对于 $\phi = 45°$将获得最佳带宽。

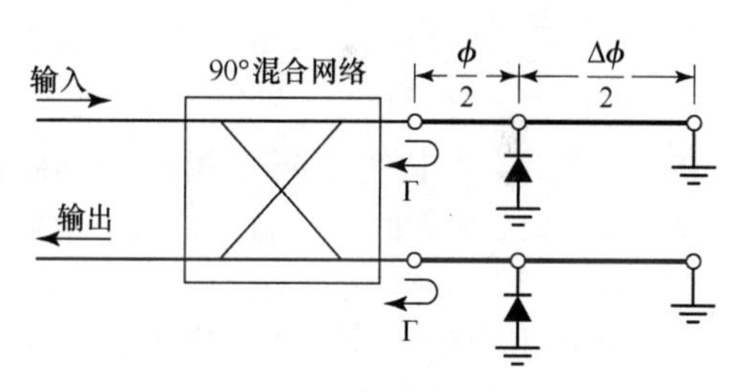

图 11.13　使用正交混合网络的反射相移器

要使反射相移器有良好的输入匹配，就要求这两个二极管的匹配良好。插入损耗受到混合网络损耗的限制，同样还受到二极管的正向电阻与反向电阻的限制。可以用阻抗变换段来改善这方面的性能。

11.1.3　变容二极管

变容二极管有一个随偏置电压改变的结电容。这种效应可以通过调整二极管本征层的大小和掺杂分布得到增强，从而提供反向偏置时所需的结电容与结电压（C–V）的变化关系。这类器件称为变容二极管，它产生一个随偏置电压平滑变化的结电容，进而提供一个电可调的电抗电路元件。变容二极管最为常见的应用是在多信道接收机中使本机振荡器的频率实现电子调谐，诸如在蜂窝电话、无线局域网、电台和电视接收机中的应用。通过在晶体管振荡器的谐振电路中使用一个变容二极管，并改变加到二极管上的偏置电压，就可以实现这一功能。对于倍频器，变容管的非线性特性也使得它的用处非常大（见第 13 章中的讨论）。射频应用中的变容二极管通常由硅制成，对于微波应用，变容二极管通常由砷化镓制成。

反向偏置变容二极管的简化等效电路如图 11.14 所示。结电容取决于结的偏置电压 V，即

$$G_j(V)=\frac{C_0}{(1-V/V_0)^{\gamma}} \tag{11.22}$$

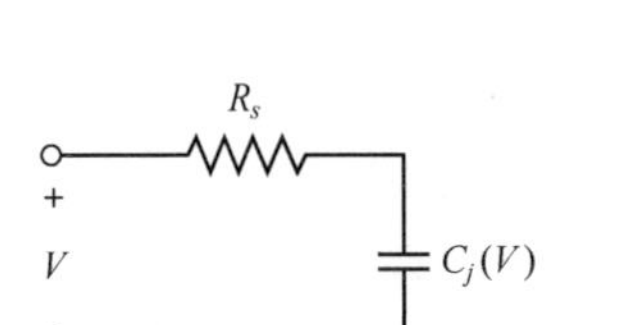

图 11.14　反偏变容二极管的简化等效电路

式中，C_0 是无偏时的结电容；对于硅二极管，$V_0 = 0.5$V，对于砷化镓二极管，$V_0 = 1.3$V。指数 γ 取决于二极管本征层的掺杂曲线。理想超突变结变容二极管的 $\gamma = 0.5$；许多实际二极管的指数约为 $\gamma = 0.47$，对于某些二极管，该值高达 1.5 或 2.0。在等效电路中，R_s 是串联结电阻和接触电阻，典型值为几欧姆。典型的砷化镓变容二极管有 $C_0 = 0.5$～2.0pF，偏置电压在−20～0V 范围内变化时，结电容在 0.1～0.2pF 范围内变化。

11.1.4　其他二极管

下面简述微波电路中常用的其他几种二极管器件的特性。历史上，在高频的三端子器件（如结型晶体管和场效应晶体管）出现之前，人们发展了二极管器件很长时间，并且二极管是不用电子管就能产生和放大微波的唯一方法。如今，这些器件在毫米波频率下非常有用，因为现在有许多类型的晶体管可在射频和微波频率提供更好的性能和设计灵活性。更多关于二极管器件的信息可参阅相关文献。

耿氏二极管。耿氏二极管的工作原理是转移电子效应（也称耿氏效应），它由 J. B. Gunn 于 1963 年发现。与传统的 pn 结相比，实际的耿氏二极管通常使用特殊掺杂形式的砷化镓或磷化铟材料。耿氏二极管的 I-V 特性曲线呈现负微分电阻（负斜率），利用这一特性可直接由正确偏置的直流源产生射频功率。图 11.15 显示了一个直流 I-V 特性曲线，它是耿氏二极管的特性，其中负微分电阻区域（负斜率）对应于器件的工作点。耿氏二极管能产生几百毫瓦的连续功率，频率范围为 1～200GHz，效率范围为 5%～15%。使用耿氏二极管的振荡器电路要求有高 Q 值的谐振电路或谐振腔，后者常采用机械调谐方式（见图 11.16）。由偏置电压调整实现的电子调谐被限定为 1%或更低，但有时把变容二极管引入谐振电路，以便提供更大范围的电子调谐。耿氏二极管广泛用于低成本的应用中，如交通雷达、用于开门和安全警告的运动检测器以及测试和测量系统。

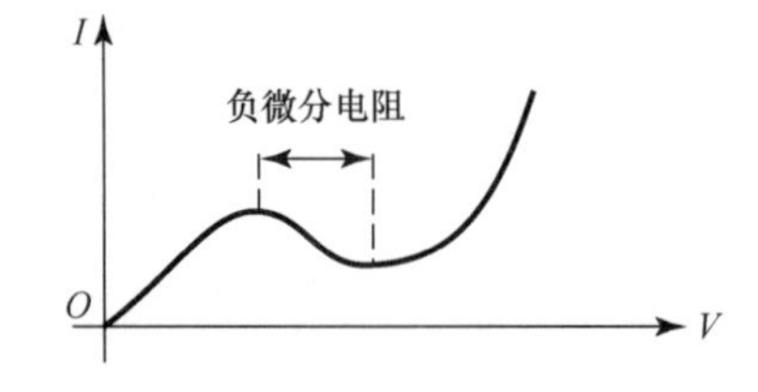

图 11.15　耿氏二极管的直流 I-V 特性曲线显示了负微分电阻区域。其他负电阻器件，如碰撞雪崩和渡越时间（IMPATT）二极管和隧道二极管，也有着类似的 I-V 特性曲线

图 11.16　一个 W 波段耿氏二极管。其输出功率为 16dBm，源在频率范围 4GHz 上机械调谐。承蒙 Millitech 公司提供照片

IMPATT 二极管。IMPATT（Impact Avalanche and Transit Time，碰撞雪崩和渡越时间）二极管在物理结构上与 PIN 二极管类似，但工作在相对较高的电压下（70～100V），以便产生反偏雪崩击穿电流。它在延伸到亚毫米波段的较宽频带内存在负电阻效应，因此可直接用于将直流功率转换为射频功率。IMPATT 源的噪声通常大于耿氏二极管，但具有更高的功率和更高的直流至射频转换效率。与耿氏二极管相比，IMPATT 具有更好的温度稳定性。典型 IMPATT 的工作频率范围是 10～300GHz，效率可达 15%。IMPATT 二极管是少数几种可在 100GHz 以上提供基频功率实用固态器件之一。IMPATT 器件还可用于倍频和放大。

硅 IMPATT 二极管能提供连续波功率，范围从 10GHz 时的 10W 到 94GHz 时的 1W，效率通常低于 10%。砷化镓 IMPATT 能提供连续波功率，范围从 10GHz 时的 20W 到 130GHz 时的 5mW。一般来说，脉冲操作模式下通常会产生更高的功率和更高的效率。由于这些器件的效率较低，因此对连续和脉冲工作模式而言，热效应是其限制因素。IMPATT 振荡器既可以进行机械调谐，又可以进行电子调谐。IMPATT 振荡器的一个缺点是，其 AM（调幅）噪声电平通常要比其他振荡器高。

隧道二极管。L. Esaki 于 1957 年发明的隧道二极管是一种 pn 结二极管，其掺杂分布允许电子隧穿一个狭窄的能带隙，从而在高频时产生负阻抗。隧道二极管可用于振荡器和放大器。在高频晶体管出现之前，隧道二极管是用固态器件进行高频放大的唯一手段。这种放大器将二极管应用于单端口反射电路中，该器件的负射频阻抗产生的反射系数幅度大于 1，从而放大入射信号。这种放大器已被现代射频和微波晶体管淘汰，但隧道二极管仍然在如今天的一些应用中使用。

BARITT 二极管。BARITT（Barrier Injection Transit Time，势垒注入渡越时间）二极管的结构与结型晶体管的类似，但没有基极接触。像 IMPATT 二极管一样，它是一个渡越时间器件。一般来说，它的功率容量要比 IMPATT 二极管的低，但具有 AM 噪声较低的优点。这使得它有利于本振应用（频率可高达 94GHz）。BARITT 二极管也适用于检波器和混频器应用。

11.1.5　功率合成

在许多实际应用中，射频功率需求往往超过单个固态源的功率容量，这在毫米波频段尤其常见。由于固态源与电子管相比具有诸多优点，因此人们发展了各种功率合成技术，并通过大量的努力，将其成功用于提高输出功率。两个或更多源的输出功率合成，实际上是将单个源的输出功率乘以所使用源的数量。被功率合成的各个源要求是相干的、同相的。从理论上讲，采用这种方式可以产生无限大的射频功率，但在实际应用中，高阶模和功率合成损耗将乘数限制为 10～20dB。

功率合成可以在器件级或电路级完成。此外，在一些应用中，人们可通过天线阵列来实现空间功率合成，其中每个辐射单元由单独的源供电（这些源必须相位相干，如使用注入锁定振荡器）。在器件级，多个二极管（或晶体管）结在电小区域内并联以用做单个器件，但这种技术仅限于合

成相对较少的器件结。在电路级别，可以将 N 个器件的功率输出与 N 路合成器连接。功率合成电路可以是 N 路威尔金森型网络或类似的平面功率合成网络。谐振腔也可用于此目的，谐振腔合成器通常具有提供各振荡器相位自锁的优点。这些功率合成技术在效率、带宽、源之间隔离和电路复杂性等方面都各有优缺点。

11.2 双极结型晶体管

晶体管是一种三端半导体器件，可分为结型晶体管或场效应晶体管[3~6]。结型晶体管包括使用单一半导体材料（通常为硅）的双极结型晶体管（BJT），以及使用化合物半导体的异质结双极晶体管（HBT）。npn 和 pnp 结构都是可能的，但大多数射频结型晶体管通常采用 npn 结构，因为其在较高频率下的电子迁移率较高。

11.2.1 双极结型晶体管

射频双极结型晶体管（BJT）通常由硅（Si）制成，由于其成本低，在频率范围、功率容量和噪声特性等方面均具有良好的性能，因此是目前使用最久且最流行的有源射频器件之一。硅结晶体管可用于频率高至 2～10GHz 的放大器以及频率高至约 20GHz 的振荡器。双极结型晶体管通常具有非常低的 $1/f$ 噪声特性，非常适合于低相位噪声振荡器。

在频率低于 2～4GHz 的范围内，双极结型晶体管有时优于 FET，因为其具有更高的增益和更低的成本，以及有可能仅使用单电源偏置即可实现。双极结型晶体管由于受到散射噪声和热噪声的影响，其噪声系数不如 FET 优异。图 11.17 显示了一个典型的硅双极晶体管结构，该晶体管具有用于基极和发射极的多个指状物。双极结型晶体管是电流驱动的，由基极电流调制集电极电流。双极晶体管的上限频率主要由基极长度控制，基极长度的量级通常为 0.1μm。

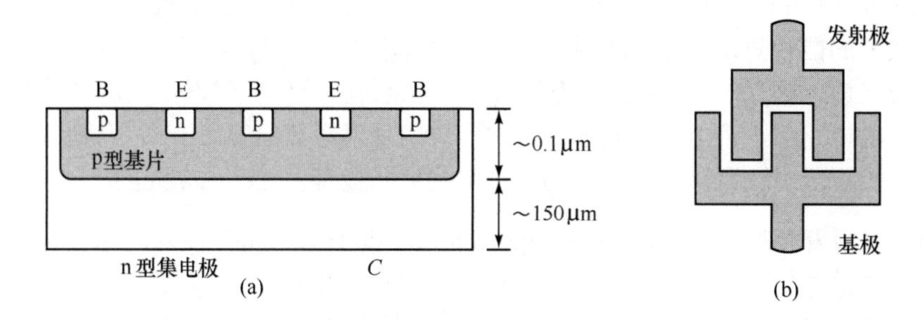

图 11.17 (a)交叉指形微波双极结型晶体管的横截面；(b)显示基极和发射极接触部分的顶视图

图 11.18 给出了共发射极的射频双极晶体管的小信号等效电路模型。这种模型被称为**混合 π 模型**，由于它与 FET 的等效电路相似并且实用性强，因此很受欢迎。该模型不包括由基极和发射极引线引起的寄生电阻和电感。更复杂的等效电路适用于宽频率范围分析，或适用于计算机辅助设计和建模。例如，Gummel-Poon 模型[6]广泛用于 SPICE 电路分析软件包的计算机建模，并可能包含寄生效应。

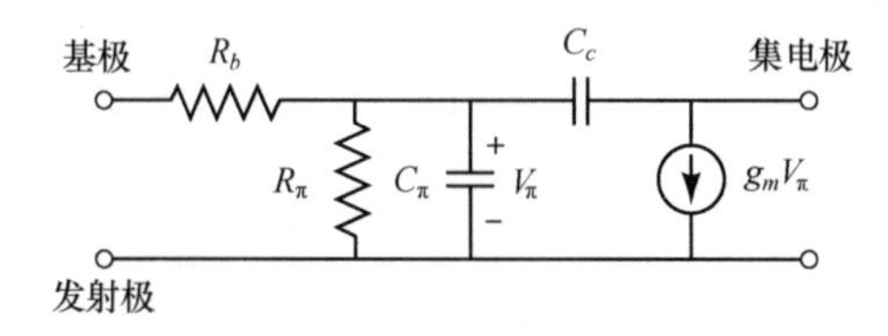

图 11.18 共发射极微波双极结型晶体管的简化混合 π 模型等效电路

在很多情况下，混合 π 模型中基极和集电极之间的电容 C_c 相对较小，可以忽略不计。这令其具有 $S_{12} = 0$ 的效果，表明功率仅在一个方向上流过器件（从端口 1 到端口 2），这类器件被称为单边器件。上述近似通常用于简化分析。

混合 π 模型大致基于结型晶体管的物理学，适用于模型的各参数在工作偏置条件、负载条件及频率范围内都恒定的情况。否则，模型的参数值将与频率、偏置或负载有关，此时混合 π 模型（或任何其他等效电路模型）不再有效。在这种情况下，将晶体管视为双端口网络更加简单，它由两个端口参数表征。实际上，在典型工作条件下测量的散射参数通常用于此目的，并由器件制造商提供。表 11.4 给出了一组典型的共发射极射频硅结晶体管的散射参数。注意在基极（端口 1）和集电极（端口 2）均存在较大的失配，并且增益（大致由 $|S_{21}|$ 给出）随着频率的增加而迅速下降。还要注意到 $|S_{12}|$ 相对较小（特别是在低频段），因此可近似认为是单边的。

表 11.4　NPN 型硅 BJT（NEC NE 58219，V_{ce} = 5.0V，I_c = 5.0mA，共发射极）的散射参数

频率/GHz	S_{11}	S_{12}	S_{21}	S_{22}
0.1	0.78∠−33°	0.03∠71°	12.7∠155°	0.93∠−17°
0.5	0.46∠−113°	0.08∠52°	6.3∠104°	0.53∠−38°
1.0	0.38∠−158°	0.11∠54°	3.5∠80°	0.40∠−43°
2.0	0.40∠157°	0.19∠56°	1.9∠52°	0.33∠−63°
4.0	0.52∠117°	0.38∠45°	1.1∠14°	0.33∠−127°

图 11.18 中的等效电路可用于估计上限频率 f_T（定义为晶体管短路电流增益为 1 时的阈值频率）。如果假设基极的输入电流为 I_{in}，并忽略串联电阻 R_b（通常很小）和分流电阻 R_π（通常很大），那么电容器 C_π 两端的电压为 $V_\pi = I_{\text{in}} /\text{j}\omega C_\pi$。集电极的输出短路电流为 $I_{\text{out}} = g_m V_\pi$，因此短路电流增益为

$$G_I^{SC} = \left|\frac{I_{\text{out}}}{I_{\text{in}}}\right| = \frac{g_m}{\omega C_\pi}$$

电流增益被视为随着频率增加而降低，并且在阈值频率处为单位 1，

$$f_T = \frac{g_m}{2\pi C_\pi} \tag{11.23}$$

图 11.19a 给出了 BJT 的典型直流工作特性。晶体管的偏置点取决于器件应用和类型，低集电极电流通常会提供最佳的噪声系数，高集电极电流通常提供最佳的功率增益。图 11.19b 给出了共发射极电路双极结型晶体管的典型偏置电路和去耦电路。

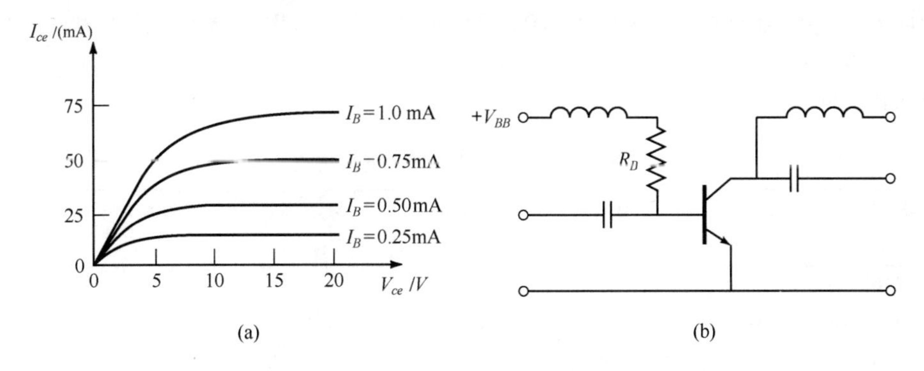

图 11.19　(a)npn 型 BJT 的直流特性；(b)npn 型 BJT 的偏置电路和去耦电路

11.2.2 异质结双极晶体管

异质结双极晶体管（HBT）的工作原理与 BJT 的相同，但 HBT 具有由化合物半导体材料［如砷化镓、磷化铟或硅锗等］制成的基极-发射极结，并通常与其他薄层材料（如铝）结合。这种结构大幅提高了高频性能。有些 HBT 可工作在 100GHz 以上，而且使用硅锗材料的 HBT 的近期研究表明，这类器件可用于 60GHz 甚至更高频率的低成本电路。

由于 HBT 的结构和工作原理与 BJT 的类似，因此图 11.18 所示的等效电路模型同样适用于 HBT。与 BJT 类似，该等效电路模型在对 HBT 进行模拟时，其适用性可能有限，因此针对特定偏压点测量的散射参数数据可能更加有用。表 11.5 给出了常用微波 HJT 在几个不同频点下的散射参数。可见与表 11.4 中的 BJT 相比，$|S_{21}|$随频率的下降速度要慢很多。因为$|S_{12}|$相对较小，因此也被近似认为是单边的。

表 11.5 SiGe HBT 的散射参数（英飞凌 BFP640F，V_{ce} = 2.0V，I_c = 1.2mA，共发射极）

频率/GHz	S_{11}	S_{12}	S_{21}	S_{22}
1.0	$0.91\angle-44°$	$0.06\angle68°$	$3.92\angle149°$	$0.93\angle-17°$
2.0	$0.75\angle-86°$	$0.10\angle46°$	$3.39\angle120°$	$0.79\angle-31°$
4.0	$0.59\angle-144°$	$0.11\angle29°$	$2.18\angle82°$	$0.64\angle-43°$
6.0	$0.54\angle176°$	$0.11\angle34°$	$1.64\angle57°$	$0.58\angle-53°$

采用高电平硅锗 HBT 单片集成不仅容易实现，而且价格便宜，已被证实非常适合国防和商业应用中低成本毫米波电路的应用。

11.3 场效应晶体管

与 BJT 相比，场效应晶体管（FET）是单极型晶体管，它只有一种载流子（空穴或电子）提供流过器件的电流：n 沟道 FET 使用电子，p 沟道 FET 使用空穴。此外，BJT 是电流控制器件；而 FET 是一种电压控制器件，其源极-漏极的特性类似于与电压相关的可变电阻。

场效应晶体管可以采用多种形式，包括 MESFET（金属半导体 FET）、MOSFET（金属氧化物半导体 FET）、HEMT（高电子迁移率晶体管）和 PHEMT（假晶 HEMT）。场效应晶体管技术持续发展了 50 多年——第一个结型场效应晶体管是在 20 世纪 50 年代发展起来的，而 HEMT 是在 20 世纪 80 年代初提出的。砷化镓 MESFET 是微波和毫米波应用中最常用的晶体管之一，可在 60GHz 或更高的频率下使用。采用砷化镓 HEMTS 可以获得更高的工作频率。砷化镓 MESFET 和 HEMT 对于低噪声放大器尤其有用，因为这些晶体管的噪声系数比任何其他有源器件的都低。最近发展的氮化镓 HEMT 对于高功率射频和微波放大器非常有用。CMOS FET 越来越多地用于射频集成电路，为商业无线应用提供了低成本、低功耗的高集成度。表 11.6 总结了一些最流行的微波晶体管的性能特点。

表 11.6 微波晶体管的性能特点

器　件	BJT	HBT	CMOS	MESFET	HEMT	HEMT
半导体	Si	SiGe	Si	GaAs	GaAs	GaN
频率范围/GHz	10	30	20	60	100	10
典型增益/dB	10～15	10～15	10～20	5～20	10～20	10～15
噪声系数/dB	2.0	0.6	1.0	1.0	0.5	1.6

（续表）

器　件	BJT	HBT	CMOS	MESFET	HEMT	HEMT
半导体	Si	SiGe	Si	GaAs	GaAs	GaN
（频率/GHz）	（2）	（8）	（4）	（10）	（12）	（6）
功率容量	高	中	低	中	中	高
价格	低	中	低	中	高	中
单极性电源	是	是	是	否	否	否

11.3.1 金属半导体场效应晶体管

砷化镓金属半导体场效应晶体管（MESFET）是微波技术领域最重要的发展成果之一，使用该器件在微波频段首次实现了固态放大器、振荡器和混频器，并在雷达、全球定位系统、遥感和无线通信中得到了关键应用。砷化镓 MESFET 可用于毫米波范围的频率，具有高增益和低噪声系数，是 10GHz 以上混合和单片集成电路的首选器件。

图 11.20 给出了典型 n 沟道砷化镓 MESFET 的截面图。栅极结形成肖特基势垒。这种晶体管具有理想的增益和噪声特性，原因是砷化镓比硅具有更高的电子迁移率，并且不存在散粒噪声。该器件设置有漏极–源极偏置电压 V_{ds} 和栅极–源极偏置电压 V_{gs}。工作时电子被正 V_{ds} 电源电压从源极引导到漏极。然后，这些多数载流子被施加在栅极上的偏置电压信号调制，产生电压放大。最高工作频率受栅极长度限制；目前 FET 的栅极长度为 0.2～0.6μm，相应的上限频率为 100～50GHz。

用于微波 MESFET 的共源极小信号等效电路模型如图 11.21 所示。该模型的元件和一些典型参数值如下：

R_i（串联栅极电阻）= 7Ω

R_{ds}（漏极-源极电阻）= 400Ω

C_{gs}（栅极-源极电容）= 0.3pF

C_{ds}（漏极-源极电容）= 0.12pF

C_{gd}（栅极-漏极电容）= 0.01pF

g_m（跨导）= 40mS

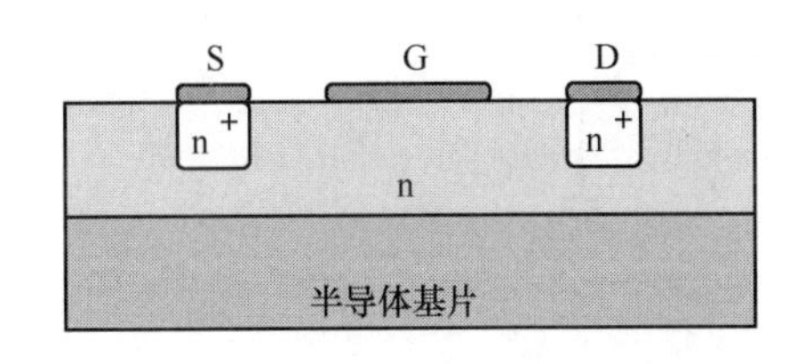

图 11.20　n 沟道砷化镓 MESFET 的截面图

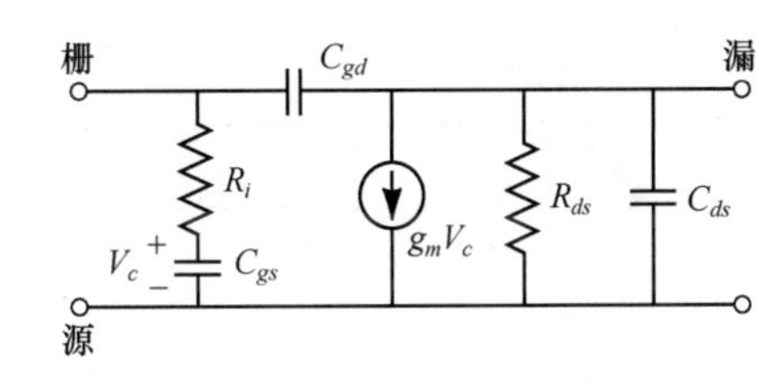

图 11.21　共源极微波场效应晶体管的小信号等效电路模型

该模型不包括封装寄生效应，由于欧姆接触和连接引线，封装寄生效应通常会在三个端子处引入小串联电阻和电感。产生的电流 g_mV_c 取决于栅极–源极电容器 C_{gs} 两端的电压，在正常工作条件下$|S_{21}| > 1$（其中端口 1 为栅极，端口 2 为漏极）。由 S_{12} 给出的反向信号仅通过电容 C_{gd} 传输。从上述数据可以看出，该电容值通常很小，在实际应用中经常被忽略。此时 $S_{12} = 0$，是单边器件。典型的砷化镓 MESFET 的散射参数如表 11.7 所示。

表 11.7　n 通道砷化镓 MESFET 的散射参数（NEC NE76184A，V_{DS} = 3.0V，I_D = 10.0mA，共源极）

频率/GHz	S_{11}	S_{12}	S_{21}	S_{22}
1.0	0.97∠－28°	0.04∠72°	3.82∠154°	0.70∠－19°
2.0	0.90∠－55°	0.08∠54°	3.56∠129°	0.65∠－37°
4.0	0.72∠－103°	0.12∠28°	2.91∠86°	0.53∠－68°
8.0	0.52∠179°	0.14∠－1°	2.0∠20°	0.42∠－129°
12.0	0.49∠103°	0.17∠－19°	1.5∠－38°	0.44∠170°

如分析 BJT 那样，可以使用图 11.21 中的等效电路模型来求 MESFET 工作频率的上限。对于场效应晶体管，短路电流增益 G_I^{SC} 定义为输出短路时漏极电流与栅极电流之比。对单边情况，$C_{gd}=0$，短路电流增益为

$$G_I^{SC}=\left|\frac{I_d}{I_g}\right|=\left|\frac{g_mV_c}{I_g}\right|=\frac{g_m}{\omega C_{gs}}$$

短路电流增益为 1 的上限频率阈值为

$$f_T=\frac{g_m}{2\pi C_{gs}} \tag{11.24}$$

该结果与前述双极结型晶体管的式(11.23)类似。

为了正常工作，晶体管必须偏置在适当的工作点。这取决于应用（低噪声、高增益、高功率）、放大器类型（A 类、AB 类、B 类）和晶体管。图 11.22a 给出了砷化镓 MESFET 的典型直流 I_{ds}–V_{ds} 特性曲线。在低噪声设计中，漏极电流一般选为 I_{dss}（漏极–源极饱和电流）的 15%左右。大功率电路的漏极电流一般较高。在不干扰射频信号正常工作的前提下，栅极和漏极都必须应用直流偏置电压。可以用双极性电源偏置和去耦电路实现，如图 11.22b 所示。射频扼流圈提供非常低的直流偏置电阻，而在射频工作频率处提供高阻抗以将射频信号与偏置电源隔离。类似地，输入和输出去耦电容可以阻止直流信号从线路输入端流向输出端，但允许射频信号通过。更复杂的偏置电路可以提供对温度和器件变化的补偿，并且可以使用单极性电源。

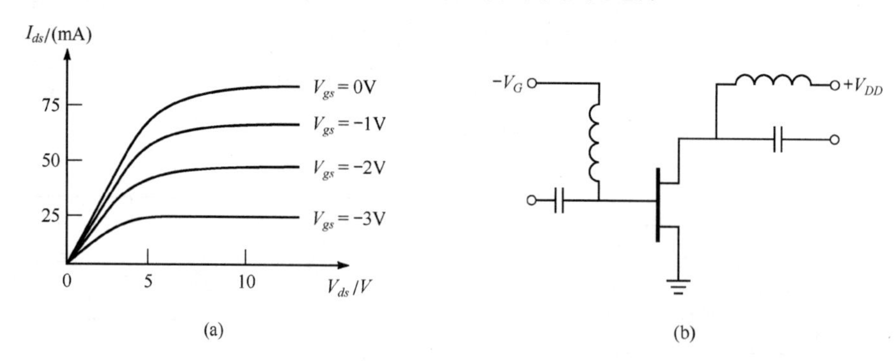

图 11.22　(a)n 沟道砷化镓 MESFET 的直流特性；(b)偏置电路和去耦电路

11.3.2　金属氧化物半导体场效应晶体管

硅金属氧化物半导体场效应晶体管（MOSFET）是最常见的场效应晶体管，广泛用于模拟和数字集成电路。图 11.23 显示了 n 沟道 MOSFET 的横截面。它由轻掺杂的 p 基片组成，在栅极接触和沟道区之间具有薄绝缘层（SiO_2），因此不同于 MESFET。栅极是绝缘的，它不会导通直流偏置电流。

MOSFET 可以在 UHF 频率范围内使用，且在器件并联封装时可以提供几百瓦的功率。横向扩散的 MOSFET（LDMOS）的源极直接接地，可在高功率的低微波频率下工作。这些器件通常用于 900MHz 和 1900MHz 蜂窝移动基站的高功率发射机。

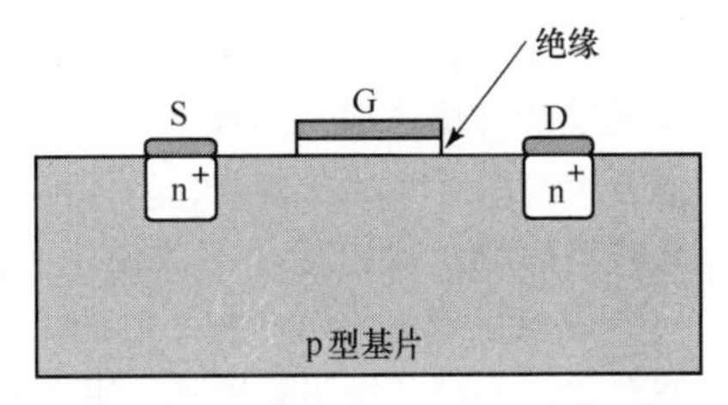

图 11.23　n 沟道 MOSFET 的截面图

高密度集成电路通常使用互补 MOS（CMOS），其中使用了 n 沟道和 p 沟道器件。该技术非常成熟，具有功耗低、单位成本低的优点。大多数射频和微波 MOSFET 使用 n 沟道硅器件，然而也可能使用 GaN 器件。

MOSFET 的小信号等效电路与图 11.21 中 MESFET 的相同。散射参数适用于高频应用的大多数 nMOS 器件。

11.3.3　高电子迁移率晶体管

高电子迁移率晶体管（HEMT）是异质结 FET，这意味着它不使用单个半导体材料，而由多层化合物半导体材料构成。跃迁包括镓砷化镓（GaAlAs）、砷化镓、砷化铟镓（GaInAs）和类似化合物之间的跃迁。这些结构导致了高载流子迁移率——约为标准 MESFET 中的两倍。砷化镓 HEMT 可在 100GHz 以上的频率下工作。

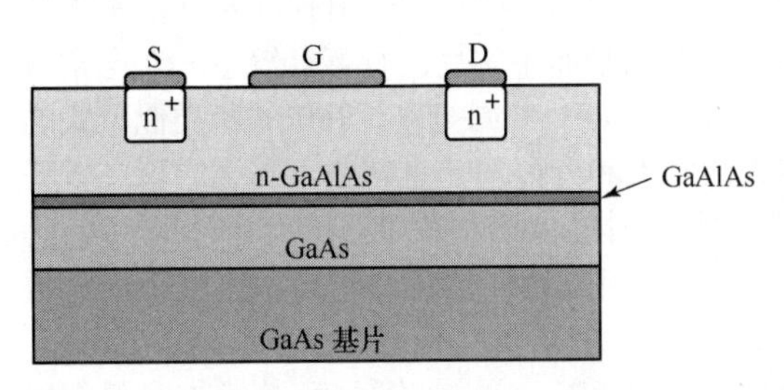

图 11.24　n 沟道 HEMT 器件的横截面

图 11.24 显示了 HEMT 器件的横截面。它由半绝缘砷化镓基片、未掺杂砷化镓层、未掺杂 GaAlAs 薄层组成。上面是 n 掺杂 GaAlAs 层。为散热并降低机械应力，这些层通常具有匹配的晶格。该器件有几种变体，包括使用不同的化合物半导体和假型 HEMT，后者使用层间的晶格失配。HEMT 相对复杂的结构需要复杂的制造技术，导致其成本相对较高。在文献中 HEMT 也被称为 MODFET（调制掺杂 FET）、TEGFET（二维电子气体 FET）和 SDFET（选择性掺杂 FET）。

相对较新的 HEMT 在硅或 SiC 基片上使用 GaN 和氮化镓铝（AlGaN）。GaN HEMT 工作于 20～40V 内的漏极电压，并可在低微波范围内的频率下提供高达 100W 的功率，使得这些器件适用于大功率发射器。

图 11.21 所示的等效电路模型也可用于 HEMT，HEMT 的直流偏置特性与 MESFET 的直流偏置特性相似。表 11.8 给出了中等功率 GaN HEMT 的散射参数。

表 11.8　GaN HEMT 的散射参数（Cree CGH21120，V_{DD} = 328V，I_D = 500mA，共源极）

频率/GHz	S_{11}	S_{12}	S_{21}	S_{22}
0.5	0.96∠180°	0.007∠–16°	3.67∠68°	0.72∠–174°
1.0	0.95∠172°	0.008∠–35°	2.03∠44°	0.78∠–172°
2.0	0.78∠153°	0.014∠–83°	2.09∠–17°	0.91∠–174°
4.0	0.88∠–51°	0.008∠79°	0.84∠88°	0.88∠171°

11.4　微波集成电路

任何一种成熟的电子技术都趋向于缩小尺寸、减轻重量、降低价格并增加复杂度。微波技术沿这一方向向微波集成电路（Microwave Integrated Circuitry，MIC）发展了 10～30 年[2]。这一技术用尺寸小和不太贵的平面电路元件代替笨重而费用高的波导和同轴元件，类似于导致计算机系统的复杂性快速增长的数字集成电路系统。微波集成电路可以与传输线、分立电阻、电容和电感以及有源器件（如二极管、晶体管）组合在一起。MIC 技术已发展到可把完整的微波子系统（如接收机前端、雷达发射/接收模块）集成在一块面积仅为几平方毫米的芯片上的程度。

微波集成电路有两种不同的类型。混合 MIC 具有用做导体和传输线的金属化层，基片上固定有分立元件（电阻、电容、电感、二极管等）。在薄膜混合 MIC 中，基片上会淀积一些更简单的元件。混合 MIC 最早是在 20 世纪 60 年代开发出来的，它为电路实现提供了一条非常灵活且价格合理的途径。单片微波集成电路（MMIC）是最近才开发出来的，它使有源和无源电路元件生长在一个基片上。基片是一种半导体材料，它使用了几层金属、介质和电阻膜。下面将从需用的材料和制造过程以及每类电路的相对优点来简要描述这两种类型的 MIC。

11.4.1 混合微波集成电路

对任何类型的 MIC 来说，材料选择都是要考虑的重大问题，必须对特性（如电导率、介电常数、损耗角、热量转移、机械强度和加工兼容性）进行评估。一般来说，最为看重的是基片材料。对于混合 MIC，氧化铝、石英和聚四氟乙烯（Teflon）纤维是常用的基片材料。氧化铝是坚硬的类陶瓷材料，其介电常数为 9～10。对于较低频率的电路，经常希望能使用高介电常数材料，以便使电路尺寸较小。然而在较高的频率下，必须减小基片的厚度以抑制辐射损耗和其他寄生效应，但传输线（如微带、槽线或共面波导）的尺寸会变得太窄而不实用。石英有较小的介电常数（约为 4），但其较大的刚度使得其适用于较高频率（大于 20GHz）的电路。Teflon 和类似形式的软塑性基片，其介电常数为 2～10，如果不要求较大的刚度和良好的热量转移，那么它可在较低的价格下提供较大的基片面积。用于混合 MIC 的传输线导体主要有铜或金。

计算机辅助设计（CAD）工具广泛应用于微波集成电路设计、优化、布局和掩膜生成。常用的软件包有 CADENCE（Cadence Design Systems 公司）、ADS（Agilent Technologies 公司）、Microwave Office（Applied Wave Research 公司）和 DESIGNER（Ansoft 公司）。掩膜本身通常以一个放大倍数（2×、5×、10×等）制作在红膜（一种柔软的聚酯树脂膜）上，以便达到较高的精度。然后，在薄玻璃或石英片上制作真实大小的掩膜。金属化基片用光抗蚀膜覆盖，罩上掩膜，并在光源下曝光。然后可对基片进行腐蚀，去掉不想要的金属面，在基片上钻孔，并在孔内蒸发一层金属就可制成过孔。最后把分立元件焊接或用线固定在导体上。一般来说，这是混合 MIC 制作中最费工时的部分，也是处理中最费钱的部分。然后，可对 MIC 进行测试。经常要对元件值变化和其他的电路偏差采取相应的对策，这可通过调谐或调整短截线（对每个电路可用人工调整）来实现。这会提高电路的成品率，但也会增大成本，因为调整工作是技巧性很高的劳动。图 11.25 所示为一个混合 MIC 模块的照片。

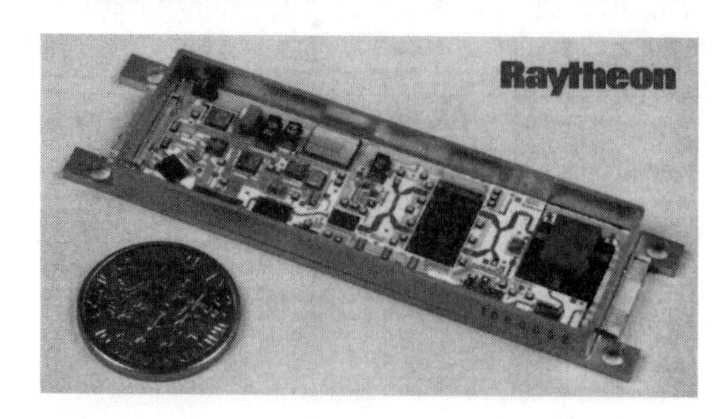

图 11.25　雷神公司地基雷达系统中所用的 25344 个混合集成发送/接收模块之一的照片。这个 X 波段模块包含相移器、放大器、开关、耦合器、一个铁氧体环形器以及相关的控制和偏置电路。承蒙 Raytheon Company, Waltham, Mass 提供照片

11.4.2 单片微波集成电路

自 20 世纪 70 年代后期以来，砷化镓材料处理和器件开发的进展已经表明单片微波集成电路是可以实现的，在 MMIC 中，给定电路所需的无源和有源元件可以在基片上生长或植入。从潜在可能性上说，MMIC 的制造成本较低，因为它消除了加工混合 MIC 时所需的手工劳动。此外，可在单个晶片上包含有大量电路，所有这些电路可以同时进行处理和加工。

MMIC 的基片必须是一种半导体材料，以便适应有源器件的制造；器件的类型及频率范围限定了基片材料的类型。砷化镓 MESFET 是一种用途广泛的器件，可在低噪声放大器、高增益放大器、宽带放大器、混频器、振荡器、相移器和开关等应用中找到。因此，砷化镓是 MMIC 的一种最为常见的基片，但也可采用硅、蓝宝石硅（SoS）、碳化硅（SiC）和磷化铟（InP）。

传输线和其他导体通常由镀金膜制成。为增强金在基片上的附着力，一般先在基片上淀积薄薄的一层铬或钛。这些金属的损耗相对较大，因此金层的厚度至少为几倍趋肤深度，以便降低损耗。电容器和跨线需要绝缘介质膜，如 SiO、SiO_2、Si_2N_4 和 Ta_2O_5。这些材料有较高的介电常数和较低损耗，且与集成电路工艺兼容。电阻要求淀积有耗膜，通常采用 NiCr、Ta、Ti 和掺杂的 GaAs。

设计 MMIC 时要求使用 CAD 软件，以便进行电路设计和优化，并生成掩膜。设计电路时要精心考虑，要允许元件的变动和容差；电路制造后要再修整，事实上非常困难，甚至是不可能的。因此，必须事先考虑到传输线的不连续性、偏置网络、寄生耦合和封装引起的谐振等影响。

电路设计完成后，就可生成掩膜。每个工艺步骤需要一个或多个掩膜。对于所需的有源器件，工艺首先是在半导体基片上形成有源层，此时可以采用离子注入技术或外延技术。然后，采用刻蚀或附加注入技术隔离有源区，只留下用于有源器件的台面。接着，把金或金/锗层熔合到基片上，把欧姆接触制作到有源器件区。再后，把钛/铂/金复合物淀积在源极区和漏极区之间，形成 FET 栅极。此时，有源器件的工艺流程基本完成，可以进行中间测试来评估晶圆。若晶圆满足要求，则下一步是为接触、传输线、电感器和其他导体区域沉积一层金属。然后，淀积电阻膜形成电阻，对电容器和跨接线沉积一层介质膜。再镀一层金属，就完成了电容器和任何剩余互连的形成。最后几个工艺流程涉及基片的底部（背面）。首先把它叠合到所需的厚度，然后通过刻蚀和镀金形成过孔。用过孔把接地线连接到基片上层的电路上，并从有源器件到接地板提供一条散热通道。在加工处理完成后，可将单个电路从晶圆上切割下来，并进行测试。图 11.26 所示为典型的 MMIC 结构，图 11.27 所示为一个 X 波段单片集成功率放大器的照片。

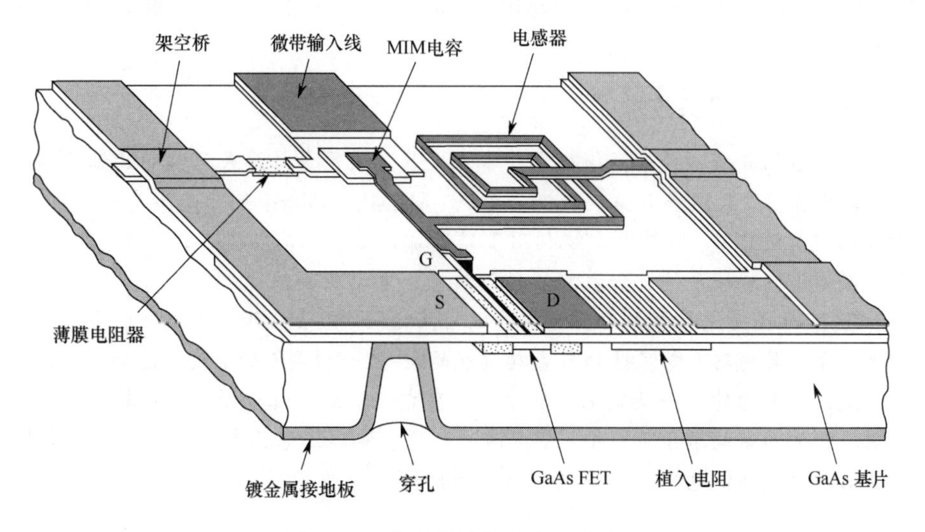

图 11.26 单片微波集成电路的布局

与混合 MIC 或其他类型的电路相比，单片微波集成电路也存在缺点。首先，MMIC 会浪费相对昂贵的半导体基片上的很大一部分面积（用于传输线和混合网络）。其次，MMIC 的工艺流程和容许的偏差非常苛刻，导致产能不足。这些因素使得 MMIC 的造价相当昂贵，对小批量生产（不到几百个）而言尤其如此。一般来说，要求 MMIC 的设计过程更加周密、全面，要考虑到元件容差和不连续性的影响，以及制成后难以实现的排错、调谐或修整等工序。由于尺寸很小，散热效果很差，因此 MMIC 不能用在需求高于中等功率电平的电路中。此外，MMIC 材料固有的电阻性损耗使得在 MMIC 形式下很难实现高 Q 值的谐振器和滤波器。

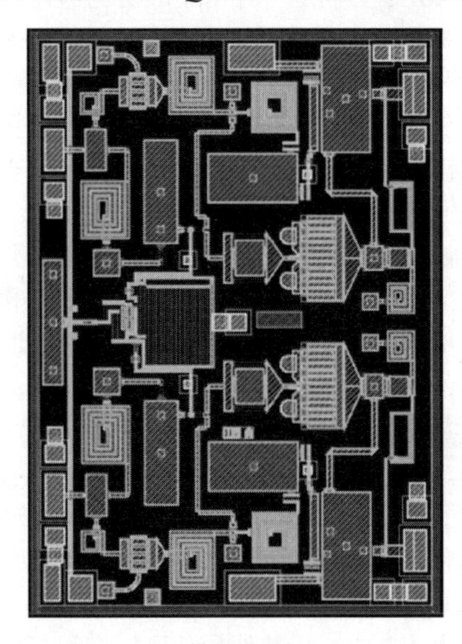

图 11.27　一个典型砷化镓 X 波段 NMIC 的照片，它集成了一对两级放大器。照片由 Raytheon Company, Waltham, Mass 的 M. Adlerstein 提供

除了体积小和重量轻的明显优点外，与其他类型的电路相比，MMIC 还有一些独有的优点。由于在 MMIC 设计中很容易制造出其他的 FET，因此能以最小的额外成本提升电路的灵活性和性能。此外，单片集成电路器件与分立封装的器件相比，寄生电抗要小得多，因此 MMIC 电路与混合电路相比通常有着更宽的频带。MMIC 通常能给出重复性非常好的结果，对于来自同一晶圆的电路来说尤其如此。

兴趣点：射频 MEMS 开关技术

一个令人振奋的新领域是采用微机电技术在硅基片上形成悬浮或可移动的结构，这种结构可用于微波谐振器、天线和开关。微机电系统（MEMS）的一个例子是带有一个机械可移动触点的微机械射频开关，微机电系统利用了硅的独特性质来构成极小的器件，这些极小的器件使用了微型化的机械元件，如杠杆、传动装置、电动机和执行机构。

射频 MEMS 开关是这种新技术大有前途的应用之一。MEMS 开关可以制成多种不同的结构，具体取决于信号通路（电容性的或直接接触的）、执行机制（静电的、磁的或热的）、回拉机制（弹簧式或有源的）以及结构的类型（悬臂式、桥式、杠杆臂式或旋转式）。一种受人欢迎的微波开关的结构示于下图中，图中通过应用直流控制电压来移动一个弹性导电薄膜，使信号通路的电容在低电容态和高电容态之间切换。

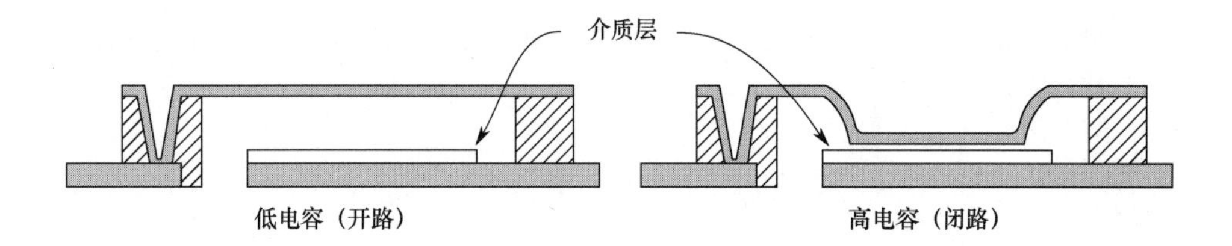

MEMS 开关具有非常好的损耗特性、极低的功耗和较宽的频带。此外，与二极管或晶体管开关不同的是，它几乎不存在交调失真或其他非线性效应。下表在 10～20GHz 频率范围内比较了 MEMS 开关与流行固态开关的某些关键参量。

开关技术	插入损耗	隔离度	开关功率	直流电压	开关速度
PIN 二极管	0.1～0.8dB	25～45dB	1～5mW	1～10V	1～5ns
FET	0.5～1.0dB	20～50dB	1～5mW	1～10V	2～10ns
MEMS	0.1～1.0dB	25～60dB	1μW	10～20V	> 30μs

射频 MEMS 开关最重要的缺点可能是相对较慢的开关时间和潜在的寿命限制，这两者是器件的机械性质造成的。MEMS 开关可以预见的最重要应用之一是低价格的开关-线-长度相移器，相控阵天线需要大量的这种相移器。

11.5 微波管

尽管从尺寸、重量、功率和成本等方面考虑，都会优先选择固态射频和微波功率源，但电子管提供了几种实用的高频功率源，且几十年来它们是以这些频率工作的唯一功率源。今天，固态二极管或晶体管源已用于大多数射频或微波应用中，且固态技术的发展稳定提升了固态源的功率-频率性能。然而，仍有一些系统要使用电子管才能发挥最好的性能，它们通常是微波或毫米波应用，这些应用要求非常高的功率和/或非常高的频率。

雷达系统通常要求相对较高的功率源，发射机要求的功率有时高达 1～10kW（发射机中通常采用相对高功率的源，而在接收机中用于本振和下变频功能的是一个或多个小功率源）。雷达发射机通常工作于脉冲方式，其峰值功率远大于功率源所能提供的连续功率额定值。电子战系统所用的源的功率范围为 100W～1kW，另外要在宽频带上可调谐。此外，最常见的微波系统——微波炉要求 700W 的单频高功率源。满足这些系统的功率需要的最实用的方法是采用电子管。

当频率增大到毫米和亚毫米范围时，使用固态器件产生中等功率也很困难，因此在这些频率电子管变得更有用。一般来说，区分方法是，固态源适用于低中频和低功率到中等功率，电子管适用于高功率和/或高频。图 11.28 给出了这两种类型功率源的功率与频率的关系特性。固体源的优点是体积小，坚固耐用，价格低，适用于微波集成电路，所以只要它能满足所需的功率和频率，通常都推荐使用它。但是，甚高功率应用则由微波电子管支配，即使固态源的功率和频率特性在稳定地提高，微波管的需求在短期内也不会消除。

最早真正实用的微波源是磁控管，它是 20 世纪 30 年代在英国开发的。后来，在“二战”期间，它有力地促进了微波雷达的开发。自此以后，人们设计了大量用于微波功率产生和放大的各种微波管。近年来，虽然固态器件以其具有的许多优点逐渐替代了以前被微波管独占的领域。但电子管对于在更高的毫米波频率（100GHz 及更高）产生很高的功率（10kW 及更高）仍起主要作用。下面简单介绍一些最通用的微波管及它们的基本特性，其中的几种电子管本身并不是直接产生功率的源，而是高功率放大器。这类电子管在发射系统中与低功率源（通常是固态源）组合使用，这种组合称为*微波功率模块*。

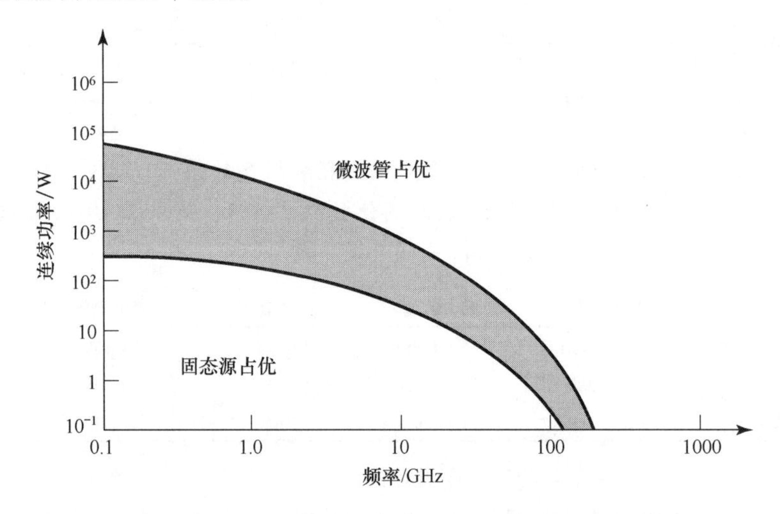

图 11.28　固态源和微波管的功率与频率性能的关系曲线

电子管的外形多种多样，其基本工作原理也因此是多样的，但所有电子管都有几个共同的特性。首先，所有电子管在玻璃或金属真空外壳的内部，都包含有电子束和电磁场的相互作用。所以必须提供一种方法使得射频能量能够耦合到管壳的外部，这通常使用微波透明窗口或同轴耦合探头或环来实现。接着，用热阴极的热电子发射来产生电子流。阴极通常由涂有氧化钡的金属面或浸渍钨表面制成。然后，电子流通过有高压偏置的聚焦阳极聚焦，形成窄电子束。另一种方法是用螺旋线圈的电磁铁聚焦电子束。对于脉冲工作模式，要使用阴极和阳极之间的束调制电极：正偏置电压时从阴极拉出电子并打开电子流，负偏置电压时关闭电子束。电子束离开阳极进入电子管的这一区域后，与所需的射频场相互作用，集电极元件用以提供完整的电流通道，电流通过供电电源回到阴极。阴极、聚焦阳极和调制电极共同称为*电子枪*。因为管子需要高真空，同时需要耗散大量的热量，因此微波电子管通常会大而笨重。另外，电子管通常还需要又大又重的偏置磁体和高电压电源。选择某种特定类型的电子管时，要考虑输出功率、频率、带宽、调谐范围和噪声等因素。

根据电子束与场相互作用的类型，微波管可以分为两大类。在直线形电子束或 O 形电子管中，电子束沿着电子管的长度方向行进，并平行于电场。在交叉场或 m 形电子管中，聚焦磁场垂直于加速电场。微波管还可分为振荡器或放大器。

速调管是直线形电子束电子管，广泛用做放大器或振荡器。在速调管放大器中，电子束通过两个或多个谐振腔。第一个谐振腔接收射频输入信号并调制电子束，使其聚集为高密度和低密度区域。聚集后的电子束进入下一个谐振腔，后者进一步增强聚集效应。在最后一个谐振腔中，提取已高度放大的射频功率。使用两个谐振腔可产生高达 20dB 的增益，使用 4 个谐振腔可产生 80～90dB 的增益（接近实际限制）。速调管可产生兆瓦范围的峰值功率，射频输出功率/直流输入功率的转换效率为 30%～50%。

反射速调管是单腔速调管，用做振荡器，用谐振腔后面的反射电极使电子束折返，以提供正反馈。可用机械方法调节谐振腔的大小。速调管的主要缺点是它们的带宽较窄，因为电子聚集需要高 Q 值的谐振腔。速调管具有很低的 AM 和 FM 噪声电平。

行波管（Traveling Wave Tube，TWT）是直线形电子束放大器，它弥补了速调管放大器带宽窄的不足。电子枪和聚焦磁场加速电子束，并使电子束通过相互作用区域，相互作用区域通常由在电子枪端有射频输入、在集电极端有射频输出的慢波螺旋结构组成。这种螺旋线结构降低射频波的传播速度，使射频波的行进速度与电子束沿相互作用区域行进的速度接近相同并实现放大。然后，被放大的信号从螺旋结构的末端耦合。TWT 在任意放大真空管中有最宽的带宽，带宽范围是 30%～120%，这对需要在宽带宽上有高功率的电子战系统是非常有用的。它有几百瓦（典型值）的额定输出功率，但使用由一串耦合腔组成的相互作用区域，可使功率提高到几千瓦。TWT 的效率相对较低，通常为 20%～40%。

行波管的一种变体是返波振荡管（Backward Wave Oscillator，BWO）。BWO 和 TWT 之间的区别是：在 BWO 中，射频波是沿螺旋从集电极向电子枪端行进的，所以放大的信号是由聚集电子束自身提供的，并且产生振荡。BWO 的一个很有用的特性是，其输出频率可以通过改变阴极到螺旋之间的直流电压进行调谐，调谐范围能达到一个倍频程或更大。但是，BWO 的输出功率相对较低（典型值小于 1W），因此这种真空管通常正被固态源替代。

直线形电子束振荡管的另一种类型是扩展相互作用振荡管（Extended Interaction Oscillator，EIO）。EIO 与速调管非常相似，它用耦合在一起的几个谐振腔组成相互作用区域，用正反馈提供振荡。它的调谐带宽较窄，效率中等，但能在频率高达几百吉赫兹时提供高功率。只有回旋管能在如此高的频率下提供更大的功率。

交叉场管包括磁控管、交叉场放大器（Crossed-Field Amplifier，CFA）和回旋管。如前所述，磁控管是最早的高功率微波源，它由圆柱形阴极外面包围一个圆柱形阳极，并在圆柱形阳极的内部周界表面分布几个空腔谐振器组成。应用的磁偏置场平行于阴极-阳极轴。工作时，在相互作用区域形成围绕阴极旋转的电子云。和直线形电子束器件一样，产生电子聚集并将电子束的能量传送给射频波，射频功率可以通过探针、环或小孔窗耦合出真空管。

磁控管能输出很高的功率（几千瓦量级），其效率可达 80%或更高。然而，它的主要缺点是，噪声大且在脉冲工作模式下不能维持频率或相位相干性。这些因素对于要处理返回脉冲序列的高性能脉冲雷达非常重要（这种类型的现代雷达通常采用稳定的低噪声固态源，后接 TWT 进行功率放大）。今天，磁控管的主要应用是微波炉。

交叉场放大器（Crossed-Field Amplifier，CFA）的几何结构与 TWT 的类似，但采用了与磁控管相似的交叉场相互作用区域。射频输入应用到 CFA 的相互作用区域的慢波结构，负偏置电极偏转电子束，使电子束垂直于慢波结构。另外，所加的磁偏置场垂直于电子束方向。磁场对电子束施加的力与来自底板的电场力相反。不存在射频输入时，调整电场和磁场，使它们对电子束的影响相互抵消，让电子束平行于慢波结构行进。射频场加到电子束上时，会调制电子束的速度并出现聚集。电子束还会周期性地偏向慢波电路，产生放大后的信号。交叉场放大器的效率很高，可达 80%，但增益限制为 10～15dB。另外，CFA 的噪声输出要比速调管放大器或 TWT 的大，其带宽可达 40%。

另一种交叉场电子管是回旋管，它可用做放大器或振荡器。回旋管由沿电子束轴的带有输入腔和输出腔的电子机组成，类似于速调管放大器。然而，回旋管也有一个螺旋偏压磁铁，用于提供轴向磁场。这个磁场迫使电子在螺旋中沿管子长度的方向行进。电子的速度高到足以使我们考虑相对论效应。聚集出现后，来自电子速度横向分量的能量则耦合到射频场。

回旋管的一个主要特性是，工作频率由偏置场强和电子速度决定，并与管子自身的尺寸成反比。这使得回旋管对毫米波频率特别有用，它在这个频率范围内提供比其他电子管都高的输出功率（10～100kW）。在毫米波段的电子管中，它也有较高的效率。回旋管是一种较为新型的电子管，它迅速替代了反射速调管和 EIO，作为毫米波功率源。

图 11.29、图 11.30 显示了微波管振荡器和放大器的功率与频率的关系曲线。

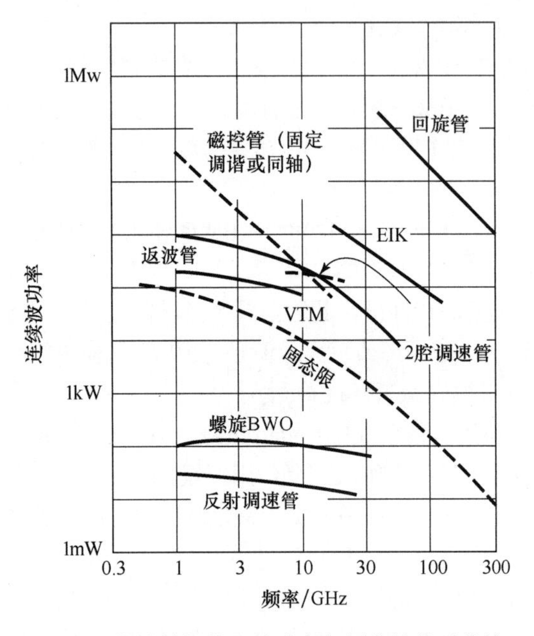

图 11.29 微波管振荡器的功率与频率的关系曲线

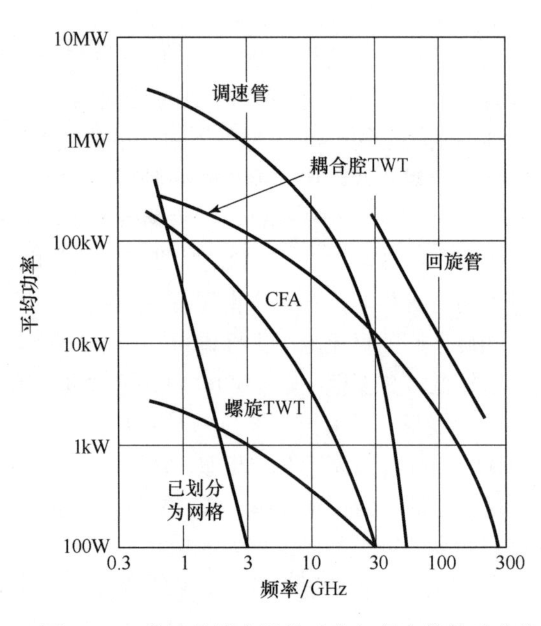

图 11.30 微波管放大器的功率与频率的关系曲线

参考文献

[1] M. E. Hines, "The Virtues of Nonlinearity—Detection, Frequency Conversion, Parametric Amplification and Harmonic Generation," *IEEE Transactions on Microwave Theory and Techniques,* vol. MTT-32, pp. 1097–1104, September 1984.

[2] D. N. McQuiddy, Jr., J. W. Wassel, J. B. Lagrange, and W. R. Wisseman, "Monolithic Microwave Integrated Circuits: An Historical Perspective," *IEEE Transactions on Microwave Theory and Techniques,* vol. MTT-32, pp. 997–1008, September 1984.

[3] S. Yngvesson, *Microwave Semiconductor Devices*, Kluwer, Norwell, Mass., 1991.

[4] R. Ludwig and P. Bretchko, *RF Circuit Design: Theory and Applications*, Prentice-Hall, Upper Saddle River, N.J., 2000.

[5] S. A. Maas, *Nonlinear Microwave and RF Circuits*, 2nd edition, Artech House, Norwood, Mass., 2003.

[6] M. Steer, *Microwave and RF Design: A Systems Approach*, SciTech, Raleigh, N.C., 2010.

习题

11.1 Skyworks SMS1546 肖特基二极管有如下参量：$C_j = 0.38\text{pF}$，$R_s = 4\Omega$，$I_s = 0.3\mu\text{A}$，$L_p = C_p \approx 0$。假设 $\alpha = 1/(25\text{mV})$，并忽略偏置电流对结电容的影响。在 $I_0 = 0\mu\text{A}$, $20\mu\text{A}$ 和 $50\mu\text{A}$ 时，计算 10GHz 处的开路电压灵敏度。

11.2 一个单刀单掷开关在并联电路中使用一个英飞凌 BA592 PIN 二极管。工作频率是 4GHz，$Z_0 = 50\Omega$，二极管参量是 $C_j = 1.4\text{pF}$，$R_r = 0.5\Omega$，$R_f = 0.36\Omega$，$L_i = 0.5\text{nH}$。一开路并联短截线跨接二极管，使开关在 ON 态下的插入损耗最小。求该短截线的电长度，计算 OFF 态和 ON 态下的插入损耗。

11.3 用两个相同的 PIN 二极管构成单刀单掷开关，其电路图如下图所示。在 ON 态下，串联二极管是正向偏置的，并联二极管是反向偏置的；在 OFF 态下，情形正好相反。假设 f = 6GHz，$Z_0 = 50\Omega$，C_j = 0.1pF，$R_r = 0.5\Omega$，$R_f = 0.3\Omega$，L_i = 0.4nH。求 ON 态和 OFF 态下的插入损耗。

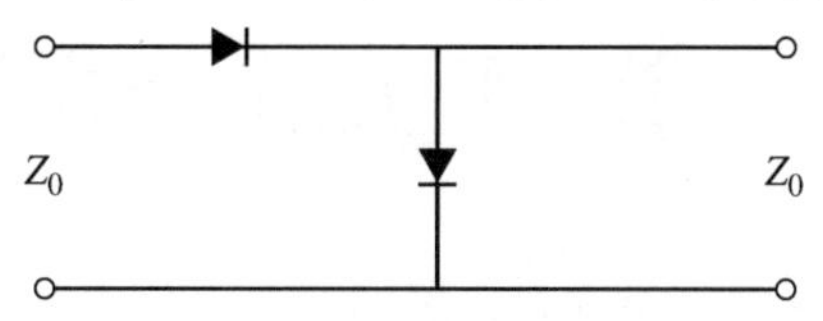

11.4 考虑下图所示的负载线相移器。若 $Z_0 = 50\Omega$，求差分相移为 45°时所需的短截线长度，并计算相移器在两种状态下的最终插入损耗。假定所有传输线都是无耗的，且二极管近似为理想短路的或开路的。

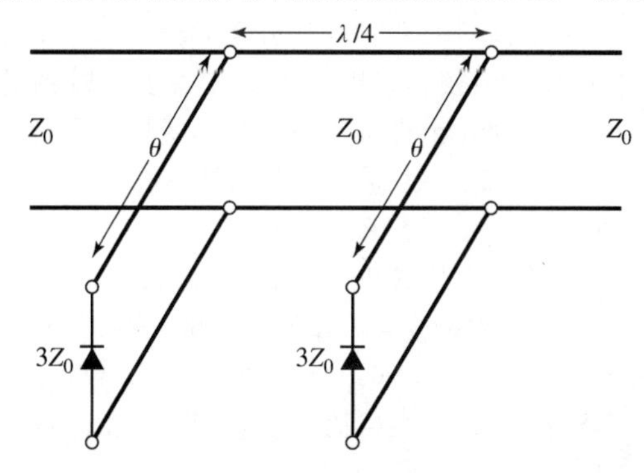

11.5 利用图 11.17 所示的等效电路，推导双极晶体管的短路电流增益的表达式。假定器件是单边的，其中 $C_c = 0$。

11.6 证明一个 FET 的散射参量可表示为图 11.21 所示等效电路的参量的如下函数，假设该器件是单边的。

$$S_{11} = \frac{Z_{11} - Z_0}{Z_{11} + Z_0}, S_{12} = 0, S_{21} = \frac{2\mathrm{j}Z_0 g_m / \omega C_{gs}}{(Z_{11} + Z_0)(Z_{22} + Z_0)}, S_{22} = \frac{Z_{22} - Z_0}{Z_{22} + Z_0}$$

式中，$Z_{11} = R_i - \mathrm{j}/\omega C_{gs}, Z_{22} = (1/R_{ds} + \mathrm{j}\omega C_{ds})^{-1}$。

11.7 已知一个 FET 的散射参量，推导图 11.21 所示等效电路模型的参量的表达式，假设是一个单边器件。使用这些结果求 HEMT 器件的等效电路参量，HEMT 器件的散射参量如表 11.7 所示，频率为 2.0GHz，忽略 S_{12}。

第 12 章　微波放大器设计

在现代射频和微波系统中，信号放大是电路的基本功能之一。早期的微波放大器依赖于电子管（如速调管和行波管），或依赖于基于隧道二极管或变容二极管的负阻性固态反射放大器。自 20 世纪 70 年代以来，固态技术取得了惊人的进步，使得今天大多数射频和微波放大器使用的都是晶体管器件，如 Si BJT、GaAs 或 SiGe HBT、Si MOSFET、GaAs MESFET、GaAs 或 GaN HEMT[1~5]。微波晶体管放大器具有结实、价廉、可靠和容易集成到混合与单片集成电路中等优点。晶体管放大器可在频率大于 100GHz 的需要小体积、低噪声系数、宽频带和中小功率容量的应用范围内使用。虽然在很高功率和/或很高频率的应用中仍然需要微波电子管，但随着晶体管性能的不断提高，对微波电子管的需求正在逐步下降。

针对晶体管放大器设计的讨论主要依赖于晶体管的端口特性，该特性用散射参量或前一章介绍的等效电路模型之一表示。首先介绍对放大器设计有用的一些通用二端口功率增益的定义，然后讨论稳定性问题，再后把这些结果应用到单级晶体管放大器中，包括最大增益、指定增益和低噪声系数。宽带平衡和分布放大器将在 12.4 节中讨论，最后简要介绍晶体管功率放大器。

12.1　二端口功率增益

本节根据晶体管的散射参量推导几种常用二端口放大器的增益和稳定性公式。这些结果将用在随后几节的放大器和振荡器设计中。

12.1.1　二端口功率增益的定义

考虑两端分别连接源阻抗 Z_S 和负载阻抗 Z_L 的任意二端口网络，它由其散射矩阵 $\boldsymbol{S}$ 表征，如图 12.1 所示。下面根据二端口网络的散射参量及源和负载的反射系数 Γ_S 与 Γ_L 推导三类功率增益的公式。

- *功率增益* $= G = P_L/P_{\text{in}}$ 是负载 Z_L 消耗的功率与传送到二端口网络输入端的功率之比。这个增益与 Z_S 无关，即使有些有源电路与 Z_S 密切相关。
- *可用增益* $= G_A = P_{\text{avn}}/P_{\text{avs}}$ 是二端口网络的可用功率与源的可用功率之比。这里假设与源和负载均共轭匹配，且与 Z_S 有关，但与 Z_L 无关。
- *转换功率增益* $= G_T = P_L/P_{\text{avs}}$ 是传送到负载的功率与源的可用功率之比，它与 Z_S 和 Z_L 都有关。

这些定义完全不同于源和负载与二端口器件匹配的情况；输入和输出都与二端口共轭匹配时，增益最大，$G = G_A = G_T$。

参考图 12.1，向负载方向看，反射系数是

$$\Gamma_L = \frac{Z_L - Z_0}{Z_L + Z_0} \tag{12.1a}$$

向源方向看，反射系数是

$$\Gamma_S = \frac{Z_S - Z_0}{Z_S + Z_0} \tag{12.1b}$$

式中，Z_0是二端口网络的散射参量的特征阻抗。

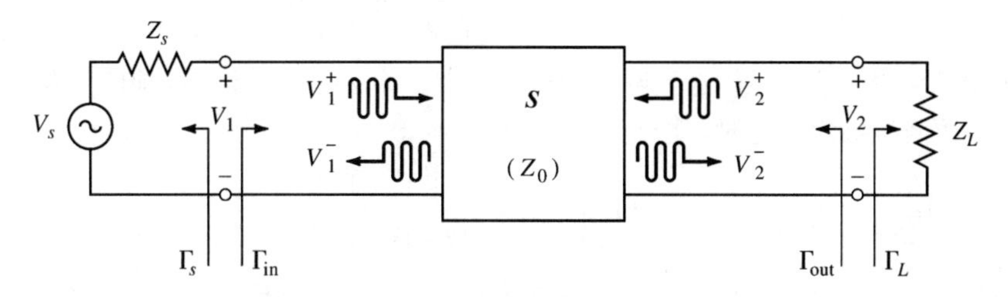

图 12.1　具有任意源和负载阻抗的二端口网络

一般来说，端接二端口网络的输入阻抗是失配的，它由反射系数 Γ_{in} 给出，反射系数可用信号流图（见例题 4.7）或由下面的分析确定。由散射参量的定义和$V_2^+ = \Gamma_L V_2^-$，有

$$V_1^- = S_{11}V_1^+ + S_{12}V_2^+ = S_{11}V_1^+ + S_{12}\Gamma_L V_2^- \tag{12.2a}$$

$$V_2^- = S_{21}V_1^+ + S_{22}V_2^+ = S_{21}V_1^+ + S_{22}\Gamma_L V_2^- \tag{12.2b}$$

从式(12.2a)中消去V_2^-，并解出V_1^- / V_1^+有

$$\Gamma_{in} = \frac{V_1^-}{V_1^+} = S_{11} + \frac{S_{12}S_{21}\Gamma_L}{1 - S_{22}\Gamma_L} = \frac{Z_{in} - Z_0}{Z_{in} + Z_0} \tag{12.3a}$$

式中，Z_{in}是看向端接网络的端口 1 的阻抗。类似地，端口 1 接 Z_S时，看向网络的端口 2 的反射系数是

$$\Gamma_{out} = \frac{V_2^-}{V_2^+} = S_{22} + \frac{S_{12}S_{21}\Gamma_S}{1 - S_{11}\Gamma_S} \tag{12.3b}$$

分压后，有

$$V_1 = V_S \frac{Z_{in}}{Z_S + Z_{in}} = V_1^+ + V_1^- = V_1^+(1 + \Gamma_{in})$$

使用

$$Z_{in} = Z_0 \frac{1 + \Gamma_{in}}{1 - \Gamma_{in}}$$

由式(12.3a)并根据 V_S求解V_1^+有

$$V_1^+ = \frac{V_S}{2}\frac{(1 - \Gamma_S)}{(1 - \Gamma_S\Gamma_{in})} \tag{12.4}$$

上面的电压值都是峰值时，传送到网络的平均功率是

$$P_{in} = \frac{1}{2Z_0}\left|V_1^+\right|^2(1 - \left|\Gamma_{in}\right|^2) = \frac{\left|V_S\right|^2}{8Z_0}\frac{\left|1 - \Gamma_S\right|^2}{\left|1 - \Gamma_S\Gamma_{in}\right|^2}(1 - \left|\Gamma_{in}\right|^2) \tag{12.5}$$

式中，用到了式(12.4)。传送到负载的功率是

$$P_L = \frac{\left|V_2^-\right|^2}{2Z_0}(1 - \left|\Gamma_L\right|^2) \tag{12.6}$$

由式(12.2b)解出V_2^-，代入式(12.6)并利用式(12.4)，有

$$P_L = \frac{\left|V_1^+\right|^2}{2Z_0}\frac{\left|S_{21}\right|^2(1 - \left|\Gamma_L\right|^2)}{\left|1 - S_{22}\Gamma_L\right|^2} = \frac{\left|V_S\right|^2}{8Z_0}\frac{\left|S_{21}\right|^2(1 - \left|\Gamma_L\right|^2)\left|1 - \Gamma_S\right|^2}{\left|1 - S_{22}\Gamma_L\right|^2\left|1 - \Gamma_S\Gamma_{in}\right|^2} \tag{12.7}$$

于是，功率增益可表示为

$$G=\frac{P_L}{P_{\rm in}}=\frac{|S_{21}|^2(1-|\Gamma_L|^2)}{(1-|\Gamma_{\rm in}|^2)|1-S_{22}\Gamma_L|^2} \tag{12.8}$$

源的可用功率 $P_{\rm avs}$ 是能够传送到网络的最大功率。如 2.6 节所述，这种情况发生在端接网络的输入阻抗与源阻抗共轭匹配时。于是，由式(12.5)可得

$$P_{\rm avs}=P_{\rm in}\Big|_{\Gamma_{\rm in}=\Gamma_S^*}=\frac{|V_S|^2}{8Z_0}\frac{|1-\Gamma_S|^2}{(1-|\Gamma_S|^2)} \tag{12.9}$$

类似地，网络的可用功率 $P_{\rm avn}$ 是可以传送到负载的最大功率。于是，由式(12.7)得

$$P_{\rm avn}=P_L\Big|_{\Gamma_L=\Gamma_{\rm out}^*}=\frac{|V_S|^2}{8Z_0}\frac{|S_{21}|^2(1-|\Gamma_{\rm out}|^2)|1-\Gamma_S|^2}{|1-S_{22}\Gamma_{\rm out}^*|^2|1-\Gamma_S\Gamma_{\rm in}|^2}\Bigg|_{\Gamma_L=\Gamma_{\rm out}^*} \tag{12.10}$$

在式(12.10)中，$\Gamma_{\rm in}$ 必须对 $\Gamma_L=\Gamma_{\rm out}^*$ 求值。由式(12.3a)可以证明

$$|1-\Gamma_S\Gamma_{\rm in}|^2\Big|_{\Gamma_L=\Gamma_{\rm out}^*}=\frac{|1-S_{11}\Gamma_S|^2(1-|\Gamma_{\rm out}|^2)^2}{|1-S_{22}\Gamma_{\rm out}^*|^2}$$

上式将式(12.10)简化为

$$P_{\rm avn}=\frac{|V_S|^2}{8Z_0}\frac{|S_{21}|^2|1-\Gamma_S|^2}{|1-S_{11}\Gamma_S|^2(1-|\Gamma_{\rm out}|^2)} \tag{12.11}$$

观察到 $P_{\rm avs}$ 和 $P_{\rm avn}$ 都用源电压 V_S 表示，而 V_S 与输入阻抗或负载阻抗无关。用 V_1^+ 表示这些量时，会发生混淆，因为 V_1^+ 对 P_L、$P_{\rm avs}$ 和 $P_{\rm avn}$ 的计算是不同的。

于是，由式(12.11)和式(12.9)得出可用功率增益为

$$G_A=\frac{P_{\rm avn}}{P_{\rm avs}}=\frac{|S_{21}|^2(1-|\Gamma_S|^2)}{|1-S_{11}\Gamma_S|^2(1-|\Gamma_{\rm out}|^2)} \tag{12.12}$$

由式(12.7)和式(12.9)得出转换功率增益为

$$G_T=\frac{P_L}{P_{\rm avs}}=\frac{|S_{21}|^2(1-|\Gamma_S|^2)(1-|\Gamma_L|^2)}{|1-\Gamma_S\Gamma_{\rm in}|^2|1-S_{22}\Gamma_L|^2} \tag{12.13}$$

转换功率增益是在输入和输出都匹配时发生的一种特殊情况，即零反射（不同于共轭匹配）的一种特殊情况。这时，$\Gamma_L=\Gamma_S=0$，式(12.13)简化为

$$G_T=|S_{21}|^2 \tag{12.14}$$

另一种特殊情况是单边转换功率增益 G_{TU}，其中 $S_{12}=0$（或小到可以忽略）。这种非互易特性对多数实际放大电路都是近似正确的。当 $S_{12}=0$ 时，由式(12.3a)有 $\Gamma_{\rm in}=S_{11}$，所以式(12.13)给出单边转换功率增益为

$$G_{TU}=\frac{|S_{21}|^2(1-|\Gamma_S|^2)(1-|\Gamma_L|^2)}{|1-S_{11}\Gamma_S|^2|1-S_{22}\Gamma_L|^2} \tag{12.15}$$

例题 12.1 功率增益定义的比较

一个参考阻抗为 50Ω 的微波晶体管在 1.0GHz 频率下有如下 S 参量：

$$S_{11}=0.38\angle-158°,\ S_{12}=0.11\angle54°,\ S_{21}=3.50\angle80°,\ S_{22}=0.40\angle-43°$$

源阻抗为 $Z_S=25\Omega$，负载阻抗为 $Z_L=40\Omega$。计算功率增益、可用功率增益和转换功率增益。

解：由式(12.1a, b)求出源和负载处的反射系数为

$$\Gamma_S = \frac{Z_S - Z_0}{Z_S + Z_0} = \frac{25-50}{25+50} = -0.333,\quad \Gamma_L = \frac{Z_L - Z_0}{Z_L + Z_0} = \frac{40-50}{40+50} = -0.111$$

由式(12.3a, b)得到看向端接网络输入端和输出端时的反射系数分别为

$$\Gamma_{\text{in}} = S_{11} + \frac{S_{12}S_{21}\Gamma_L}{1 - S_{22}\Gamma_L} = 0.365\angle -152°$$

$$\Gamma_{\text{out}} = S_{22} + \frac{S_{12}S_{21}\Gamma_S}{1 - S_{11}\Gamma_S} = 0.545\angle -43°$$

于是，由式(12.8)得出功率增益是

$$G = \frac{|S_{21}|^2(1-|\Gamma_L|^2)}{(1-|\Gamma_{\text{in}}|^2)|1-S_{22}\Gamma_L|^2} = 13.1$$

由式(12.12)得出可用功率增益是

$$G_A = \frac{|S_{21}|^2(1-|\Gamma_S|^2)}{|1-S_{11}\Gamma_S|^2(1-|\Gamma_{\text{out}}|^2)} = 19.8$$

由式(12.13)得出转换功率增益是

$$G_T = \frac{|S_{21}|^2(1-|\Gamma_S|^2)(1-|\Gamma_L|^2)}{|1-\Gamma_S\Gamma_{\text{in}}|^2|1-S_{22}\Gamma_L|^2} = 12.6$$ ■

12.1.2　二端口功率增益的深入探讨

单级微波晶体管放大器可建模为图 12.2 所示的电路，其中匹配网络用在晶体管的两侧，将输入和输出阻抗 Z_0 转换为源阻抗 Z_S 和负载阻抗 Z_L。对于放大器设计，最有用的增益定义是转换功率增益公式(12.13)，它考虑了源和负载均失配的情况。于是，由式(12.13)可将输入（源）匹配网络、晶体管本身和输出（负载）匹配网络的有效增益系数分别定义如下：

$$G_S = \frac{1-|\Gamma_S|^2}{|1-\Gamma_{\text{in}}\Gamma_S|^2} \tag{12.16a}$$

$$G_0 = |S_{21}|^2 \tag{12.16b}$$

$$G_L = \frac{1-|\Gamma_L|^2}{|1-S_{22}\Gamma_L|^2} \tag{12.16c}$$

于是，总转换增益为 $G_T = G_S G_0 G_L$。匹配网络的有效增益 G_S 和 G_L 可以大于 1，因为失配晶体管会因晶体管输入端和输出端的反射而出现功率损耗，而匹配节可降低这些损耗。

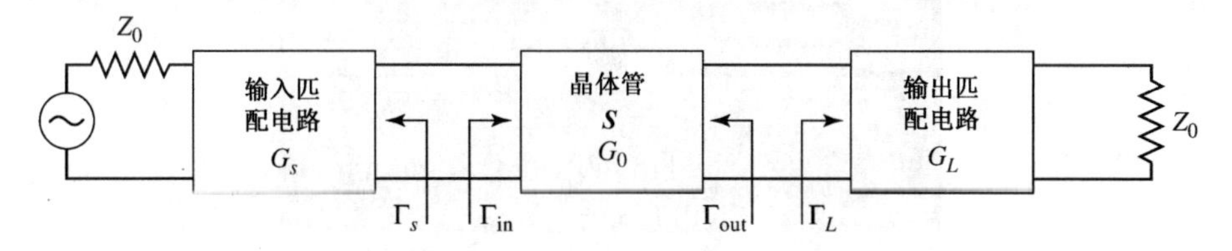

图 12.2　常用晶体管放大器电路

晶体管是单边器件时，$S_{12} = 0$ 或小到可以忽略，式(12.3)简化为 $\Gamma_{\text{in}} = S_{11}$，$\Gamma_{\text{out}} = S_{22}$，且单边晶体管增益简化为 $G_{TU} = G_S G_0 G_L$，其中，

$$G_S = \frac{1-|\Gamma_S|^2}{|1-S_{11}\Gamma_S|^2} \tag{12.17a}$$

$$G_0 = |S_{21}|^2 \tag{12.17b}$$

$$G_L = \frac{1-|\Gamma_L|^2}{|1-S_{22}\Gamma_L|^2} \tag{12.17c}$$

上面这些结果是用晶体管的散射参量推导出来的，也可根据晶体管等效电路参量得到增益的其他表达式。例如，使用图 11.21 所示的等效电路计算共轭匹配 FET 的单边转换增益（其中 $C_{gd}=0$）。为使晶体管共轭匹配，选择如图 12.3 所示的源和负载阻抗。设串联源感抗 $X=1/\omega C_{gs}$，使得 $Z_{\text{in}}=Z_S^*$，设并联负载感纳 $B=-\omega C_{ds}$，使得 $Z_{\text{out}}=Z_L^*$；这有效地从晶体管等效电路中消去了电抗性元件。于是，通过分压 $V_c=V_S/2\text{j}\omega R_i C_{gs}$，可算出增益为

$$G_{TU} = \frac{P_L}{P_{\text{avs}}} = \frac{\frac{1}{8}|g_m V_S|^2 R_{ds}}{\frac{1}{8}|V_S|^2/R_i} = \frac{g_m^2 R_{ds}}{4\omega^2 R_i C_{gs}^2} = \frac{R_{ds}}{4R_i}\left(\frac{f_T}{f}\right)^2 \tag{12.18}$$

式中的最后一步是根据式(11.24)给出的截止频率 f_T 写成的。该式给出了一个有趣的结果，即共轭匹配 FET 放大器的增益是按 $1/f^2$（或 6dB/倍频程）下降的。图 12.4 所示为一个低噪声 MMIC 放大器的照片。

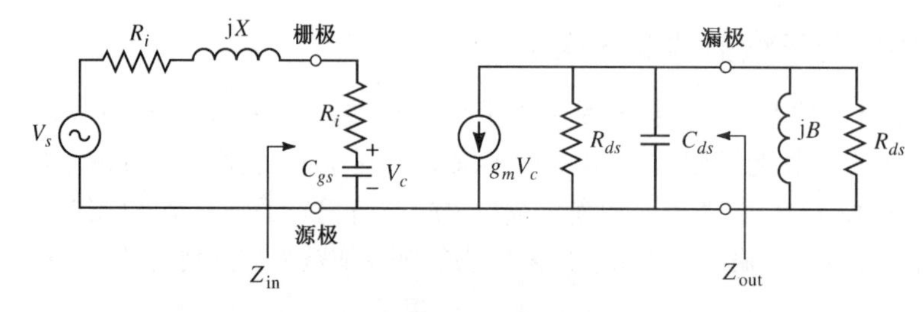

图 12.3　单边 FET 等效电路及用于计算单边转换功率增益的源和负载终端

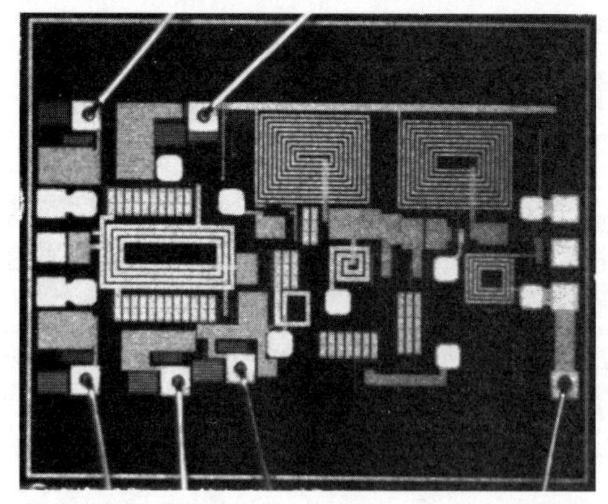

图 12.4　一个低噪声 MMIC 放大器的照片，它可在 2.4GHz、3.6GHz 和 5.8GHz 之间切换。该放大器在级联电路中使用 pHEMT 和源阻抗，后接一个带有反馈的共源极级。每段的增益约为 13dB。芯片尺寸约为 1.85mm×1mm。承蒙麻省理工学院的 J. Shatzman and R. W. Jackson 及 TriQuint 公司的 H. Yu 允许使用

12.2 稳定性

下面讨论晶体管放大器稳定工作的必要条件。在图 12.2 所示的电路中，如果输入端或输出端阻抗中有负实部，那么该电路有可能发生振荡；这意味着$|\Gamma_{in}| > 1$或$|\Gamma_{out}| > 1$。因为Γ_{in}和Γ_{out}与源和负载匹配网络有关，因此放大器的稳定性取决于匹配网络给出的Γ_S和Γ_L。于是，定义两类稳定性：

- *无条件稳定*：若对所有无源信号源和负载阻抗有$|\Gamma_{in}| < 1$和$|\Gamma_{out}| < 1$［即$|\Gamma_S| < 1$和$|\Gamma_L| < 1$］，则这个网络是无条件稳定的。
- *条件稳定*：若只对某些确定范围的无源信号源和负载阻抗有$|\Gamma_{in}| < 1$和$|\Gamma_{out}| < 1$，则这个网络是条件稳定的。这种情况也称潜在不稳定。

注意，放大器电路的稳定性条件常与频率相关，因为输入和输出匹配网络通常与频率有关。所以，一个放大器在其设计频率处稳定而在其他频率处不稳定是可能的。放大器的设计要精心地考虑这种可能性。还要指出的是，下面讨论的稳定性仅限于图 12.2 所示的二端口放大器电路类型，并且在此处测量有源器件的散射参量时，在整个感兴趣的频带内没有振荡。通常，严格的稳定性论述要求网络的散射参量（或其他网络参量）在复数频率右半平面上没有极点，并外加条件$|\Gamma_{in}| < 1$和$|\Gamma_{out}| < 1$[6]。在实际应用中，这种判断可能很困难，但对于这里考虑的特定情况，已知散射参量没有极点（可由可测性证实），下面的稳定条件是足够的。

12.2.1 稳定性圆

如果放大器是无条件稳定的，那么将上面讨论的无条件稳定所需的条件应用到式(12.3)，可给出Γ_S和Γ_L必须满足的如下条件：

$$|\Gamma_{in}| = \left|S_{11} + \frac{S_{12}S_{21}\Gamma_L}{1 - S_{22}\Gamma_L}\right| < 1 \tag{12.19a}$$

$$|\Gamma_{out}| = \left|S_{22} + \frac{S_{12}S_{21}\Gamma_S}{1 - S_{11}\Gamma_S}\right| < 1 \tag{12.19b}$$

器件是单边器件（$S_{12} = 0$）时，这些条件可简化为$|S_{11}| < 1$和$|S_{22}| < 1$，这对无条件稳定是充分的。否则，不等式(12.19)定义了Γ_S和Γ_L值的范围，在此范围内放大器是稳定的。用 Smith 圆图可方便地求出Γ_S和Γ_L的范围并画出输入和输出稳定性圆。稳定性圆定义为$|\Gamma_{in}| = 1$［或$|\Gamma_{out}| = 1$］在Γ_L（或Γ_S）平面上的轨迹。因此，稳定性圆确定了稳定的和潜在不稳定的Γ_S和Γ_L之间的边界。Γ_S和Γ_L必须位于 Smith 圆上（对于无源匹配网络有$|\Gamma_S| < 1$和$|\Gamma_L| < 1$）。

下面推导输出稳定性圆的公式。首先用式(12.19a)将$|\Gamma_{in}| = 1$的条件表示为

$$\left|S_{11} + \frac{S_{12}S_{21}\Gamma_L}{1 - S_{22}\Gamma_L}\right| = 1 \tag{12.20}$$

或

$$|S_{11}(1 - S_{22}\Gamma_L) + S_{12}S_{21}\Gamma_L| = |1 - S_{22}\Gamma_L|$$

现在定义Δ为散射矩阵的行列式：

$$\Delta = S_{11}S_{22} - S_{12}S_{21} \tag{12.21}$$

于是可将上面的结果写为

$$|S_{11} - \Delta\Gamma_L| = |1 - S_{22}\Gamma_L| \tag{12.22}$$

现在对上式两边取平方并化简，得到

$$|S_{11}|^2+|\Delta|^2|\Gamma_L|^2-(\Delta\Gamma_L S_{11}^*+\Delta^*\Gamma_L^* S_{11})=1+|S_{22}|^2|\Gamma_L|^2-(S_{22}^*\Gamma_L^*+S_{22}\Gamma_L)$$

$$(|S_{22}|^2-|\Delta|^2)\Gamma_L\Gamma_L^*-(S_{22}-\Delta S_{11}^*)\Gamma_L-(S_{22}^*-\Delta^* S_{11})\Gamma_L^*=|S_{11}|^2-1 \tag{12.23}$$

$$\Gamma_L\Gamma_L^*-\frac{(S_{22}-\Delta S_{11}^*)\Gamma_L+(S_{22}^*-\Delta^* S_{11})\Gamma_L^*}{|S_{22}|^2-|\Delta|^2}=\frac{|S_{11}|^2-1}{|S_{22}|^2-|\Delta|^2}$$

接着，在等式的两边加上$|S_{22}-\Delta S_{11}^*|^2/(|S_{22}|^2-|\Delta|^2)^2$，配成完全平方：

$$\left|\Gamma_L-\frac{(S_{22}-\Delta S_{11}^*)^*}{|S_{22}|^2-|\Delta|^2}\right|^2=\frac{|S_{11}|^2-1}{|S_{22}|^2-|\Delta|^2}+\frac{|S_{22}-\Delta S_{11}^*|^2}{(|S_{22}|^2-|\Delta|^2)^2}$$

或

$$\left|\Gamma_L-\frac{(S_{22}-\Delta S_{11}^*)^*}{|S_{22}|^2-|\Delta|^2}\right|=\left|\frac{S_{12}S_{21}}{|S_{22}|^2-|\Delta|^2}\right| \tag{12.24}$$

在复数Γ平面上，方程$|\Gamma-C|=R$表示一个圆，圆心在C（复数）点，半径为R（实数）。于是，式(12.24)定义了圆心在C_L、半径为R_L的输出稳定性圆：

$$C_L=\frac{(S_{22}-\Delta S_{11}^*)^*}{|S_{22}|^2-|\Delta|^2} \quad（圆心） \tag{12.25a}$$

$$R_L=\left|\frac{S_{12}S_{21}}{|S_{22}|^2-|\Delta|^2}\right| \quad（半径） \tag{12.25b}$$

将S_{11}和S_{22}互换，可得到输入稳定性圆的类似结果：

$$C_S=\frac{(S_{11}-\Delta S_{22}^*)^*}{|S_{11}|^2-|\Delta|^2} \quad（圆心） \tag{12.26a}$$

$$R_S=\left|\frac{S_{12}S_{21}}{|S_{11}|^2-|\Delta|^2}\right| \quad（半径） \tag{12.26b}$$

给出晶体管的散射参量后，就可画出由$|\Gamma_{in}|=1$和$|\Gamma_{out}|=1$定义的输入和输出稳定性圆。在输入稳定性圆的一侧有$|\Gamma_{out}|<1$，在另一侧有$|\Gamma_{out}|>1$。同样，在输出稳定性圆的一侧有$|\Gamma_{in}|<1$，在另一侧有$|\Gamma_{in}|>1$。因此，现在要确定Smith圆图上的哪个区域代表$|\Gamma_{in}|<1$和$|\Gamma_{out}|<1$的稳定区域。

考虑Γ_L平面上$|S_{11}|<1$和$|S_{11}|>1$的输出稳定性圆，如图12.5所示。如果设$Z_L=Z_0$，那么$\Gamma_L=0$，且式(12.19a)表明$|\Gamma_{in}|=|S_{11}|$。现在，若$|S_{11}|<1$，则$|\Gamma_{in}|<1$，所以$\Gamma_L=0$必定在稳定区域内。这意味着Smith圆图的中心（$\Gamma_L=0$）在稳定区域内，所以在稳定性圆的外界，所有Smith圆图上的点（$|\Gamma_L|<1$）定义为Γ_L的稳定区。这个区域是图12.5a中的阴影部分。另一种情况是，如果设$Z_L=Z_0$，但是有$|S_{11}|>1$，那么对于$\Gamma_L=0$有$|\Gamma_{in}|>1$，Smith圆图的中心必定在非稳定区域。在这种情况下，稳定区域是稳定性圆的内部区域与Smith圆图相交的部分，如图12.5b所示。类似的结果适用于输入稳定性圆。

器件无条件稳定时，稳定性圆必须完全位于Smith圆图的外部（或完全包围Smith圆图）。用数学公式将这一结果陈述为

$$\big||C_L|-R_L\big|>1, \qquad |S_{11}|<1 \tag{12.27a}$$

$$\big||C_S|-R_S\big|>1, \qquad |S_{22}|<1 \tag{12.27b}$$

若$|S_{11}| > 1$或$|S_{22}| > 1$，则该放大器不能是无条件稳定的，因为总具有Z_0的源或负载阻抗，使得$\Gamma_S = 0$或$\Gamma_L = 0$，导致$|\Gamma_{in}| > 1$或$|\Gamma_{out}| > 1$。若器件只是条件稳定的，则Γ_S和Γ_L的工作点必须选择在稳定区域，实践证明在器件工作频率范围内的几个频率处检查其稳定性是可取的。若能接受小于最大增益的设计，则使用电阻性负载通常可使得晶体管无条件稳定。

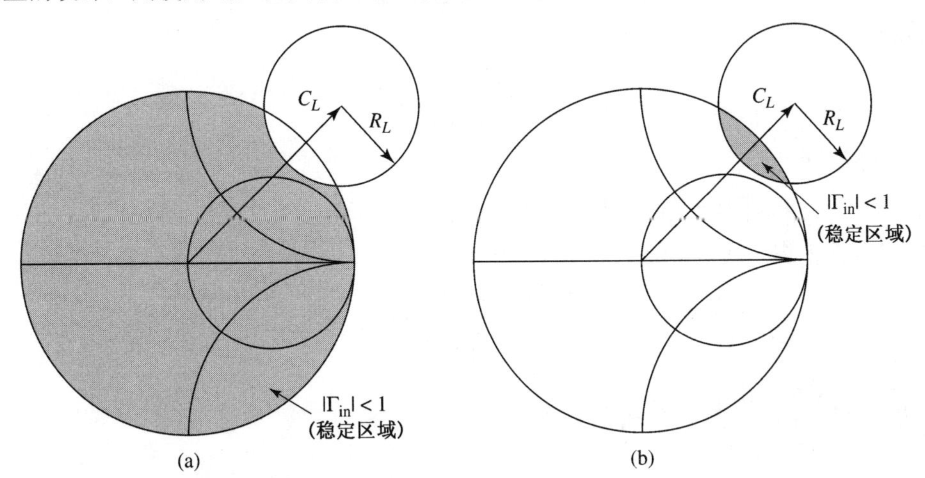

图 12.5　条件稳定器件的输出稳定性圆：(a)$|S_{11}| < 1$；(b)$|S_{11}| > 1$

12.2.2　无条件稳定的检验

上面讨论的稳定性圆可用于确定Γ_S和Γ_L的区域，在这些区域放大器电路是条件稳定的，但可用更简单的检验方法来确定无条件稳定性。方法之一是$K-\Delta$检验，若定义为

$$K = \frac{1 - |S_{11}|^2 - |S_{22}|^2 + |\Delta|^2}{2|S_{12}S_{21}|} > 1 \tag{12.28}$$

的 Rollet 条件及辅助条件

$$|\Delta| = |S_{11}S_{22} - S_{12}S_{21}| < 1 \tag{12.29}$$

同时满足，则可以证明器件是无条件稳定的。这两个条件对无条件稳定是必要的和充分的，并且是容易计算的。如果器件的散射参量不满足$K-\Delta$检验标准，那么它就不是无条件稳定的；如果器件存在使得其条件稳定的Γ_S和Γ_L值，那么就要使用稳定性圆来确定。还要记住，器件无条件稳定时，必定有$|S_{11}| < 1$和$|S_{22}| < 1$。

尽管式(12.28)～式(12.29)的$K-\Delta$检验标准是数学上无条件稳定的严格条件，但不能用它来比较两个或多个器件的相对稳定性，因为它涉及两个单独的参量。然而，近年来人们提出了一种新的标准[7]，即用散射参量组合而成的检测标准，它只有一个参量μ，定义为

$$\mu = \frac{1 - |S_{11}|^2}{|S_{22} - \Delta S_{11}^*| + |S_{12}S_{21}|} > 1 \tag{12.30}$$

因此，$\mu > 1$时器件无条件稳定。此外，可以说较大的μ值意味着较大的稳定性。

从式(12.3b)给出的Γ_{out}的表达式出发，能够推导出μ检验式(12.30)：

$$\Gamma_{out} = S_{22} + \frac{S_{12}S_{21}\Gamma_S}{1 - S_{11}\Gamma_S} = \frac{S_{22} - \Delta\Gamma_S}{1 - S_{11}\Gamma_S} \tag{12.31}$$

式中，Δ是式(12.21)中定义的散射矩阵的行列式。无条件稳定意味着对任意无源源端口Γ_S有$|\Gamma_{out}| < 1$。对于无源源阻抗，反射系数必须位于 Smith 圆图上的单位圆内，且该圆的外边界可表示为

$\Gamma_S = e^{j\phi}$。式(12.31)将这个圆映射为 Γ_{out} 平面上的另一个圆。我们可以证明这一点，方法如下。将 $\Gamma_S = e^{j\phi}$ 代入式(12.31)，解出 $e^{j\phi}$ 为

$$e^{j\phi} = \frac{S_{22} - \Gamma_{out}}{\Delta - S_{11}\Gamma_{out}}$$

两边取幅值有

$$\left|\frac{S_{22} - \Gamma_{out}}{\Delta - S_{11}\Gamma_{out}}\right| = 1$$

两边平方并展开有

$$|\Gamma_{out}|^2 (1 - |S_{11}|^2) + \Gamma_{out}(\Delta^* S_{11} - S_{22}^*) + \Gamma_{out}^*(\Delta S_{11}^* - S_{22}) = |\Delta|^2 - |S_{22}|^2$$

上式除以 $1 - |S_{11}|^2$ 得

$$|\Gamma_{out}|^2 + \frac{(\Delta^* S_{11} - S_{22}^*)\Gamma_{out} + (\Delta S_{11}^* - S_{22})\Gamma_{out}^*}{1 - |S_{11}|^2} = \frac{|\Delta|^2 - |S_{22}|^2}{1 - |S_{11}|^2}$$

上式两边加上 $\dfrac{|\Delta^* S_{11} - S_{22}^*|^2}{(1 - |S_{11}|^2)^2}$，配成完全平方：

$$\left|\Gamma_{out} + \frac{\Delta S_{11}^* - S_{22}}{1 - |S_{11}|^2}\right|^2 = \frac{|\Delta|^2 - |S_{22}|^2}{1 - |S_{11}|^2} + \frac{|\Delta^* S_{11} - S_{22}^*|^2}{(1 - |S_{11}|^2)^2} = \frac{|S_{12}S_{21}|^2}{(1 - |S_{11}|^2)^2} \tag{12.32}$$

这个公式是$|\Gamma_{out} - C| = R$ 的形式，它代表 Γ_{out} 平面上圆心在 C 点、半径为 R 的圆。于是，映射的圆$|\Gamma_S| = 1$，其圆心和半径为

$$C = \frac{S_{22} - \Delta S_{11}^*}{1 - |S_{11}|^2} \tag{12.33a}$$

$$R = \frac{|S_{12}S_{21}|}{1 - |S_{11}|^2} \tag{12.33b}$$

若这个圆内的点满足$|\Gamma_{out}| < 1$，则必定有

$$|C| + R < 1 \tag{12.34}$$

将式(12.33)代入式(12.34)得

$$|S_{22} - \Delta S_{11}^*| + |S_{12}S_{21}| < 1 - |S_{11}|^2$$

重新整理后得 μ 检验式(12.30)：

$$\frac{1 - |S_{11}|^2}{|S_{22} - \Delta S_{11}^*| + |S_{12}S_{21}|} > 1$$

K−Δ 检验式(12.28)～式(12.29)能从类似的出发点或从更简单的 μ 检验式(12.30)推导出来。重新整理式(12.30)并平方，有

$$|S_{22} - \Delta S_{11}^*|^2 < (1 - |S_{11}|^2 - |S_{12}S_{21}|)^2 \tag{12.35}$$

直接展开可以证明

$$|S_{22} - \Delta S_{11}^*|^2 = |S_{12}S_{21}|^2 + (1 - |S_{11}|^2)(|S_{22}|^2 - |\Delta|^2)$$

于是式(12.35)展开为

$$|S_{12}S_{21}|^2+(1-|S_{11}|^2)(|S_{22}|^2-|\Delta|^2)<(1-|S_{11}|^2)(1-|S_{11}|^2-2|S_{12}S_{21}|)+|S_{12}S_{21}|^2$$

简化后得

$$|S_{22}|^2-|\Delta|^2<1-|S_{11}|^2-2|S_{12}S_{21}|$$

重新整理后，得出 Rollet 条件式(12.28)：

$$\frac{1-|S_{11}|^2-|S_{22}|^2+|\Delta|^2}{2|S_{12}S_{21}|}=K>1$$

为保证无条件稳定，除式(12.28)外，K−Δ 检验还需要一个辅助条件，即式(12.29)。虽然从 μ 检验的充分必要结果推导了 Rollet 条件，但式(12.35)中所用的平方步骤会使得等式右侧的正负号不明确，因此需要一个附加条件。这可在平方前要求式(12.35)的右侧是正数推导出来。于是，

$$|S_{12}S_{21}|<1-|S_{11}|^2$$

因为对电路的输入侧也可推出相似的条件，所以可将 S_{11} 和 S_{22} 互换，得到类似的条件，即

$$|S_{12}S_{21}|<1-|S_{22}|^2$$

上面两个不等式相加有

$$2|S_{12}S_{21}|<2-|S_{11}|^2-|S_{22}|^2$$

由三角不等式有

$$|\Delta|=|S_{11}S_{22}-S_{12}S_{21}|\leqslant|S_{11}S_{22}|+|S_{12}S_{21}|$$

于是有

$$|\Delta|<|S_{11}||S_{22}|+1-\frac{1}{2}|S_{11}|^2-\frac{1}{2}|S_{22}|^2<1-\frac{1}{2}\left(|S_{11}|^2-|S_{22}|^2\right)<1$$

这与式(12.29)完全相同。

例题 12.2　晶体管稳定性

一个 Triquint T1G6000528 GaN HEMT 在频率 1.9GHz 下有如下散射参量（$Z_0=50\Omega$）：

$$S_{11}=0.869\angle-159°,\ S_{12}=0.031\angle-9°,\ S_{21}=4.250\angle61°,\ S_{22}=0.507\angle-117°$$

用 K−Δ 检验和 μ 检验，确定该晶体管的稳定性，并在 Smith 圆图上画出稳定性圆。

解：由式(12.28)和式(12.29)算得$|\Delta|$和 K 为

$$|\Delta|=|S_{11}S_{22}-S_{12}S_{21}|=0.336,\quad K=\frac{1-|S_{11}|^2-|S_{22}|^2+|\Delta|^2}{2|S_{12}S_{21}|}=0.383$$

于是有$|\Delta|<1$，但$K>1$，因而式(12.28)～式(12.29)的无条件稳定标准不满足，所以该器件是潜在不稳定的。该器件的稳定性也可用 μ 检验计算得到，由式(12.30)给出 $\mu=0.678$，再次表明该器件是潜在不稳定的。

由式(12.25)和式(12.26)给出稳定性圆的圆心和半径为

$$C_L=\frac{(S_{22}-\Delta S_{11}^*)^*}{|S_{22}|^2-|\Delta|^2}=1.59\angle132°,\ R_L=\frac{|S_{12}S_{21}|}{|S_{22}|^2-|\Delta|^2}=0.915$$

$$C_S=\frac{(S_{11}-\Delta S_{22}^*)^*}{|S_{11}|^2-|\Delta|^2}=1.09\angle162°,\ R_S=\frac{|S_{12}S_{21}|}{|S_{11}|^2-|\Delta|^2}=0.205$$

可用这些数据画出输入和输出稳定性圆，如图 12.6 所示。因为$|S_{11}|<1$且$|S_{22}|<1$，所以 Smith 圆图的中心部分代表 Γ_S 和 Γ_L 的稳定工作区域，不稳定区域用阴影部分表示。

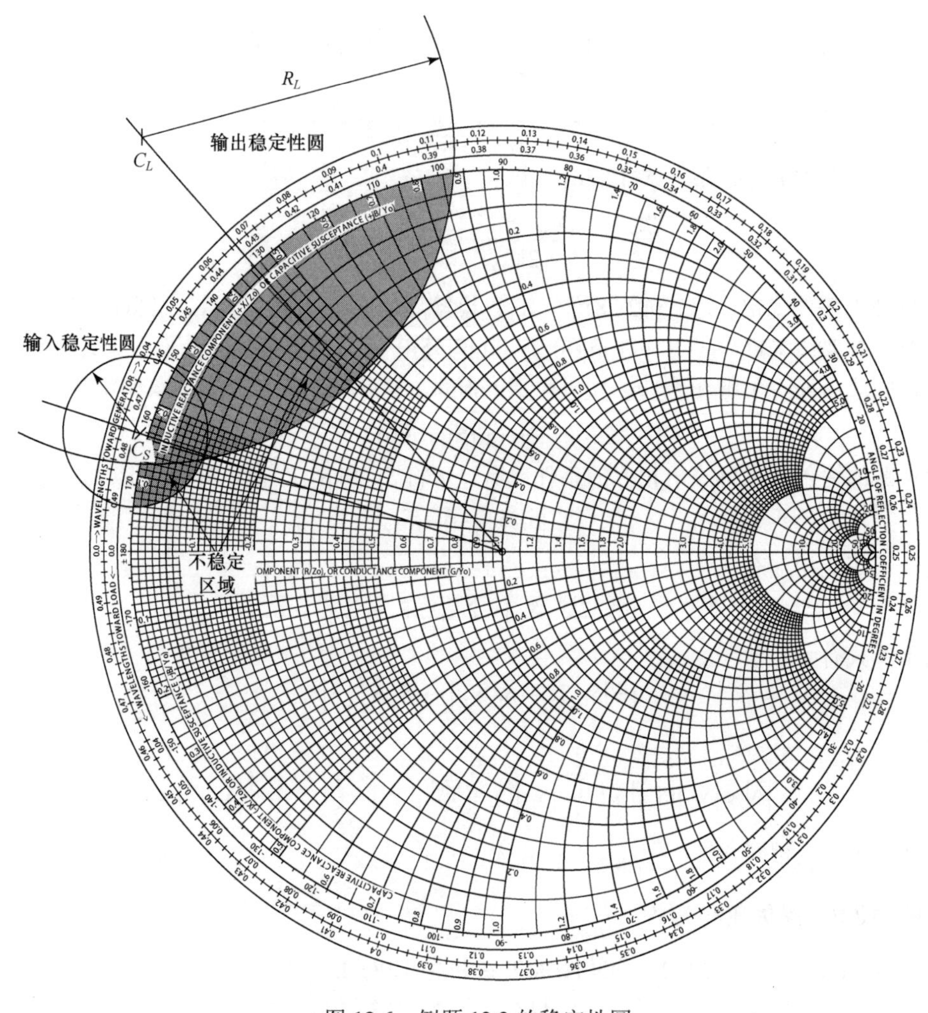

图 12.6　例题 12.2 的稳定性圆 ■

12.3　单级晶体管放大器设计

12.3.1　最大增益设计（共轭匹配）

确定晶体管的稳定性并在 Smith 圆图上找到 Γ_S 和 Γ_L 的稳定区域后，就可设计输入和输出匹配节。因为式(12.16b)中的 G_0 对给定晶体管是固定的，所以放大器的总增益由匹配节的增益 G_S 和 G_L 控制。当这些节在放大器源或负载阻抗和晶体管之间提供共轭匹配时，可实现最大增益。多数晶体管表现为明显的阻抗失配（大的$|S_{11}|$和$|S_{22}|$），导致频率响应可能是窄带的。下一节将讨论如何设计小于最大增益而相应带宽提高的放大器。宽带放大器的设计将在 12.4 节中讨论。

参考图 12.2 和 2.6 节中关于共轭阻抗匹配的讨论，可知从输入匹配网络传送到晶体管的最大功率出现在

$$\Gamma_{\text{in}} = \Gamma_S^* \tag{12.36a}$$

时，而从晶体管传送到输出匹配网络的最大功率出现在

$$\Gamma_{\text{out}} = \Gamma_L^* \tag{12.36b}$$

时。假定是无耗匹配节，那么这些条件会使得总转换增益最大。由式(12.13)可得最大增益为

$$G_{T_{\max}} = \frac{1}{1-|\Gamma_S|^2}|S_{21}|^2\frac{1-|\Gamma_L|^2}{|1-S_{22}\Gamma_L|^2} \tag{12.37}$$

此外，使用共轭匹配节和无耗匹配节时，放大器的输入和输出端口将匹配为 Z_0。

在使用双边晶体管（$S_{12} \neq 0$）的一般情况下，Γ_{in} 受 Γ_{out} 的影响，反之亦然，所以输入和输出节必须同时匹配。将式(12.36)代入式(12.3)，可得所需公式为

$$\Gamma_S^* = S_{11} + \frac{S_{12}S_{21}\Gamma_L}{1-S_{22}\Gamma_L} \tag{12.38a}$$

$$\Gamma_L^* = S_{22} + \frac{S_{12}S_{21}\Gamma_S}{1-S_{11}\Gamma_S} \tag{12.38b}$$

可以解出 Γ_S。首先将上面的两个方程改写如下：

$$\Gamma_S = S_{11}^* + \frac{S_{12}^*S_{21}^*}{1/\Gamma_L^* - S_{22}^*}$$

$$\Gamma_L^* = \frac{S_{22} - \Delta\Gamma_S}{1-S_{11}\Gamma_S}$$

式中，$\Delta = S_{11}S_{22}-S_{12}S_{21}$。将上面 Γ_L^* 的公式代入 Γ_S 的公式，展开后得

$$\Gamma_S(1-|S_{22}|^2) + \Gamma_S^2(\Delta S_{22}^* - S_{11}) = \Gamma_S(\Delta S_{11}^*S_{22}^* - |S_{11}|^2 - \Delta S_{12}^*S_{21}^*) + S_{11}^*(1-|S_{22}|^2) + S_{12}^*S_{21}^*S_{22}$$

使用 $\Delta(S_{11}^*S_{22}^* - S_{12}^*S_{21}^*) = |\Delta|^2$ 这个结果改写上式，可得 Γ_S 的二次方程为

$$(S_{11} - \Delta S_{22}^*)\Gamma_S^2 + (|\Delta|^2 - |S_{11}|^2 + |S_{22}|^2 - 1)\Gamma_S + (S_{11}^* - \Delta^* S_{22}) = 0 \tag{12.39}$$

该方程的解是

$$\Gamma_S = \frac{B_1 \pm \sqrt{B_1^2 - 4|C_1|^2}}{2C_1} \tag{12.40a}$$

类似地，Γ_L 的解可写为

$$\Gamma_L = \frac{B_2 \pm \sqrt{B_2^2 - 4|C_2|^2}}{2C_2} \tag{12.40b}$$

变量 B_1, C_1, B_2, C_2 定义为

$$B_1 = 1 + |S_{11}|^2 - |S_{22}|^2 - |\Delta|^2 \tag{12.41a}$$

$$B_2 = 1 + |S_{22}|^2 - |S_{11}|^2 - |\Delta|^2 \tag{12.41b}$$

$$C_1 = S_{11} - \Delta S_{22}^* \tag{12.41c}$$

$$C_2 - S_{22} - \Delta S_{11}^* \tag{12.41d}$$

只有平方根内的数为正数时，式(12.40)才可能有解，且可以证明这等效于要求 $K > 1$。因此，为了得到最大增益，无条件稳定器件总是被共轭匹配；而潜在不稳定器件在 $K > 1$ 和 $|\Delta| < 1$ 时，可以共轭匹配。这些结果对于单边情况更为简单。当 $S_{12} = 0$ 时，式(12.38)表明 $\Gamma_S = S_{11}^*$ 和 $\Gamma_L = S_{22}^*$，于是最大转换增益式(12.37)简化为

$$G_{TU_{\max}} = \frac{1}{1-|S_{11}|^2}|S_{21}|^2\frac{1}{1-|S_{22}|^2} \tag{12.42}$$

当按照式(12.36)给出的条件，源和负载与晶体管共轭匹配时，由式(12.37)给出的最大转换功率增益才可能出现。若晶体管无条件稳定，此时 $K>1$，则最大转换功率增益式(12.37)可简化为

$$G_{T_{\max}} = \frac{|S_{21}|}{S_{12}}(K-\sqrt{K^2-1}) \tag{12.43}$$

这个结果可通过将 Γ_S 和 Γ_L 的公式(12.40)和公式(12.41)代入式(12.37)并简化后得到。最大转换功率增益有时也称**匹配增益**。若器件只是条件稳定的，则最大增益提供的结果不是很有意义，因为 $K<1$ 时源和负载不能同时共轭匹配（见习题 12.8）。在这种情况下，有用的品质因数是**最大稳定增益**，它定义为 $K=1$ 时式(12.43)的最大转换功率增益。于是有

$$G_{\text{msg}} = \frac{|S_{21}|}{|S_{12}|} \tag{12.44}$$

最大稳定增益很容易计算，它提供了在稳定工作条件下比较各个器件增益的一种简单方法。

例题 12.3 共轭匹配放大器设计

用单短截线匹配节设计一个在 4.0GHz 下的最大增益放大器，计算并画出 3～5GHz 范围内输入回波损耗和增益的变化。所用的 GaAs MESFET 有如下散射参量（$Z_0=50\Omega$）：

f/GHz	S_{11}	S_{12}	S_{21}	S_{22}
3.0	$0.80\angle-89°$	$0.03\angle56°$	$2.86\angle99°$	$0.76\angle-41°$
4.0	$0.72\angle-116°$	$0.03\angle57°$	$2.60\angle76°$	$0.73\angle-54°$
5.0	$0.66\angle-142°$	$0.03\angle62°$	$2.39\angle54°$	$0.72\angle-68°$

解： 实际工作中，散射参量通常由制造商在较宽的频率范围内提供，因此在整个频率范围内检查稳定性是明智的。下面将数据限定为三个频率，以降低计算开销。使用式(12.28)和式(12.29)，根据上表中每个频率处的散射参量计算 K 和 Δ，给出如下结果：

f/GHz	K	Δ
3.0	0.77	0.592
4.0	1.19	0.487
5.0	1.53	0.418

观察发现在 4GHz 和 5GHz 处有 $K>1$ 和$|\Delta|<1$，因此晶体管在这些频率处是无条件稳定的，它仅在 3GHz 处是条件稳定的。可以在 4GHz 处进行设计，但应在找到匹配网络（确定 Γ_S 和 Γ_L）后检查 3GHz 处的稳定性。

对于最大增益，应为晶体管的一个共轭匹配设计匹配节。于是，$\Gamma_S=\Gamma_{\text{in}}^*$ 和 $\Gamma_L=\Gamma_{\text{out}}^*$，$\Gamma_S$ 和 Γ_L 可由式(12.40)确定：

$$\Gamma_S = \frac{B_1 \pm \sqrt{B_1^2-4|C_1|^2}}{2C_1} = 0.872\angle123°$$

$$\Gamma_L = \frac{B_2 \pm \sqrt{B_2^2-4|C_2|^2}}{2C_2} = 0.876\angle61°$$

有效增益系数公式(12.16)可计算为

$$G_S = \frac{1}{1-\left|\Gamma_S\right|^2} = 4.17 = 6.20\text{dB}$$

$$G_0 = \left|S_{21}\right|^2 = 6.76 = 8.30\text{dB}$$

$$G_L = \frac{1-\left|\Gamma_L\right|^2}{\left|1-S_{22}\Gamma_L\right|^2} = 1.67 = 2.22\text{dB}$$

总转换增益为

$$G_{T_{\max}} = 6.20 + 8.30 + 2.22 = 16.7\text{dB}$$

匹配网络容易用 Smith 圆图确定。对于输入匹配节，首先在圆图上标出 Γ_S，如图 12.7a 所示。该反射系数代表的阻抗 Z_S 是向匹配节看去的源阻抗 Z_0。所以，该匹配节必须将 Z_0 转换为阻抗 Z_S。这样做的方法有多种，这里使用后接一段传输线的开路并联短截线作为匹配节。因此，变换到归一化导纳 y_s，从 y_s 出发，沿等反射系数圆反向旋转（在 Smith 圆图上向着负载方向），与电导为 1 的圆相交于 $1 + \text{j}b$。由该点求出传输线的长度为 0.120λ，所需短截线的电纳是+j3.5，该电纳值可由长度为 0.206λ 的开路短截线提供。对于输出匹配电路，用相似的步骤可以给出传输线的长度为 0.206λ，短截线的长度为 0.206λ。

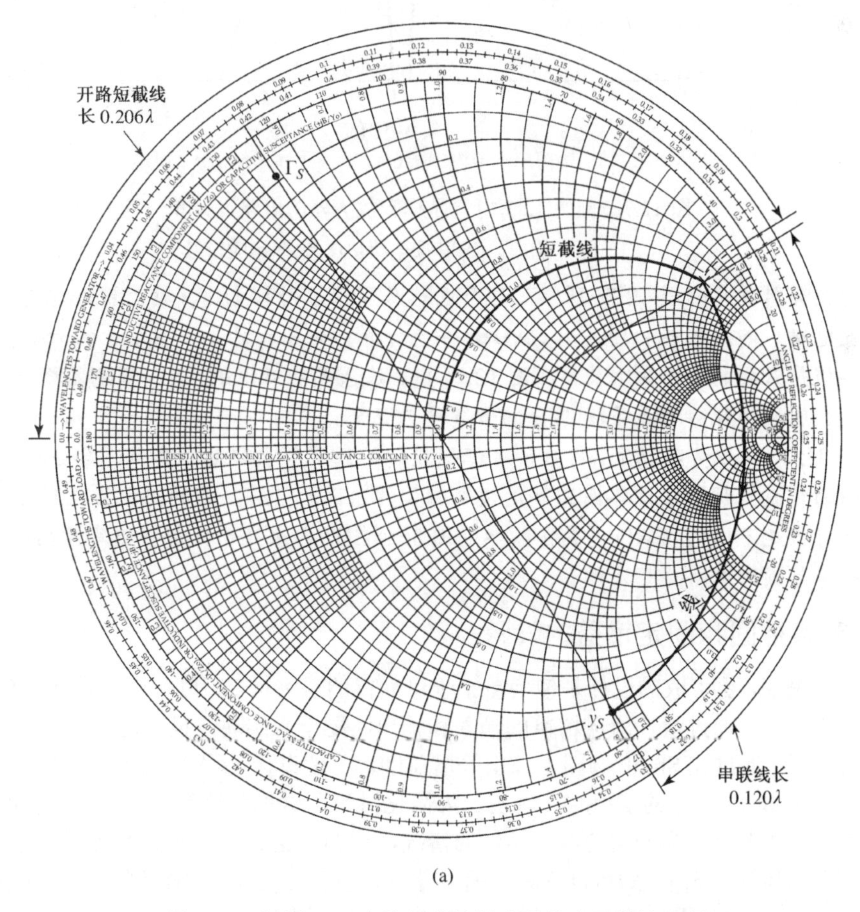

(a)

图 12.7　例题 12.3 中的晶体管放大器的电路设计和频率响应：(a)输入匹配网络设计的 Smith 圆图

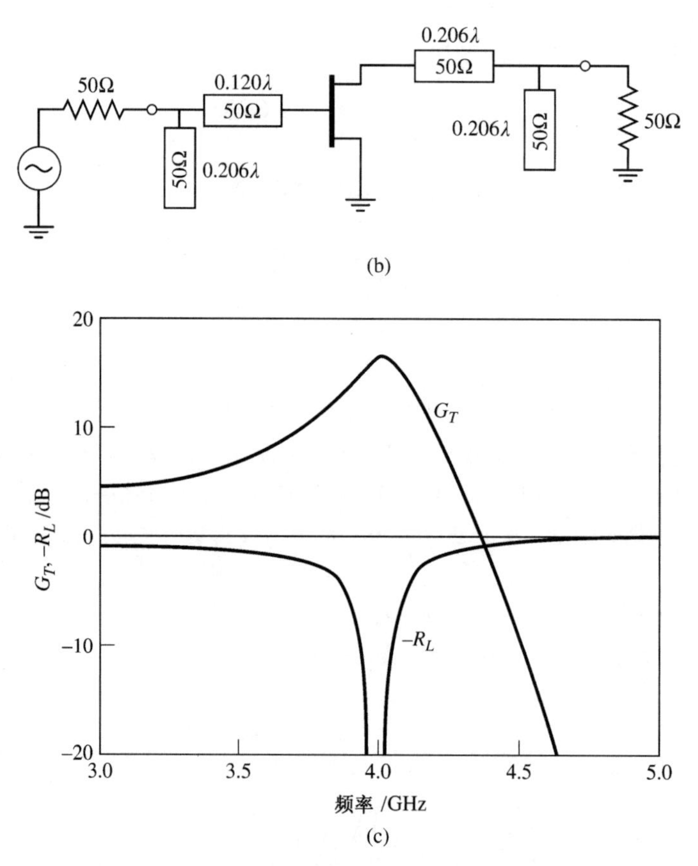

图 12.7　例题 12.3 中的晶体管放大器的电路设计和

频率响应：(b)射频电路；(c)频率响应（续）

最终的放大器电路如图 12.7b 所示。这个电路只显示了射频元件，放大器还需要一些未画出的偏置电路。回波损耗和增益用 CAD 软件包计算。为便于计算，在给出的散射参量表中插入一些值是必要的。计算结果画在图 12.7c 中，这表明在 4.0GHz 处，预期的增益是 16.7dB，有很好的回波损耗。增益下降 1dB 的带宽约为 2.5%。

关于 3GHz 处的位势不稳定，留给读者证明设计的匹配节表现为源和位于合适稳定圆的稳定区域内的负载阻抗。注意各匹配节是频率相关的，因此 3GHz 处的阻抗和反射系数与 4GHz 处的设计值是不同的。CAD 仿真在频率范围 3～5GHz 内未显示任何不稳定倾向的事实表明，在该频率范围内电路是稳定的。■

12.3.2　等增益圆和固定增益的设计

在许多情况下，更可取的设计是使增益小于可获得的最大增益，以便增大带宽或获得放大器增益的规定值。这可通过设计所需增益的输入和输出匹配节来实现；换言之，为了降低总增益，要故意引入失配。通过在 Smith 圆图上画出等增益圆，可使设计过程更为简单，等增益圆代表给定固定增益（G_S 和 G_L）值的 Γ_S 和 Γ_L 轨迹。为简化讨论，这里只涉及单边器件的情况；在实际设计中，有时需要考虑更为普遍的双边器件的情况，详细讨论见相关的参考文献[1～2]。

对于许多晶体管，$|S_{12}|$小到可以忽略，所以器件可以假定为单边的。这在很大程度上简化了设计过程。将$|S_{12}|$近似为零导致的转换增益误差由 G_T/G_{TU} 给出。可以证明这个比值的界限为

$$\frac{1}{(1+U)^2} < \frac{G_T}{G_{TU}} < \frac{1}{(1-U)^2} \tag{12.45}$$

式中，U 定义为单边品质因数，

$$U = \frac{|S_{12}||S_{21}||S_{11}||S_{22}|}{(1-|S_{11}|^2)(1-|S_{22}|^2)} \tag{12.46}$$

通常误差是十分之几 dB 或更小，证实了这种单边假设是合理的。

单边情况下 G_S 和 G_L 的表达式可由式(12.17a)和式(12.17c)给出如下：

$$G_S = \frac{1-|\Gamma_S|^2}{|1-S_{11}\Gamma_S|^2}$$

$$G_L = \frac{1-|\Gamma_L|^2}{|1-S_{22}\Gamma_L|^2}$$

当 $\Gamma_S = S_{11}^*$ 和 $\Gamma_L = S_{22}^*$ 时，这些增益是最大的，最大值为

$$G_{S_{\max}} = \frac{1}{1-|S_{11}|^2} \tag{12.47a}$$

$$G_{L_{\max}} = \frac{1}{1-|S_{22}|^2} \tag{12.47b}$$

定义归一化增益系数 g_S 和 g_L 为

$$g_S = \frac{G_S}{G_{S_{\max}}} = \frac{1-|\Gamma_S|^2}{|1-S_{11}\Gamma_S|^2}(1-|S_{11}|^2) \tag{12.48a}$$

$$g_L = \frac{G_L}{G_{L_{\max}}} = \frac{1-|\Gamma_L|^2}{|1-S_{22}\Gamma_L|^2}(1-|S_{22}|^2) \tag{12.48b}$$

则有 $0 \leqslant g_S \leqslant 1$ 和 $0 \leqslant g_L \leqslant 1$ 。

对于固定的 g_S 和 g_L 值，式(12.48)表示 Γ_S 和 Γ_L 平面上的圆。为了证明这一点，将式(12.48a)展开为

$$g_S|1-S_{11}\Gamma_S|^2 = (1-|\Gamma_S|^2)(1-|S_{11}|^2)$$

$$(g_S|S_{11}|^2+1-|S_{11}|^2)|\Gamma_S|^2 - g_S(S_{11}\Gamma_S + S_{11}^*\Gamma_S^*) = 1-|S_{11}|^2 - g_S \tag{12.49}$$

$$\Gamma_S\Gamma_S^* - \frac{g_S(S_{11}\Gamma_S + S_{11}^*\Gamma_S^*)}{1-(1-g_S)|S_{11}|^2} = \frac{1-|S_{11}|^2-g_S}{1-(1-g_S)|S_{11}|^2}$$

在该式两边加上 $(g_S^2|S_{11}|^2)\Big/\left[1-(1-g_S)|S_{11}|^2\right]^2$ ，配成完全平方：

$$\left|\Gamma_S - \frac{g_S S_{11}^*}{1-(1-g_S)|S_{11}|^2}\right|^2 = \frac{(1-|S_{11}|^2-g_S)\left[1-(1-g_S)|S_{11}|^2\right]+g_S^2|S_{11}|^2}{\left[1-(1-g_S)|S_{11}|^2\right]^2}$$

化简得

$$\left|\Gamma_S - \frac{g_S S_{11}^*}{1-(1-g_S)|S_{11}|^2}\right| = \frac{\sqrt{1-g_S}(1-|S_{11}|^2)}{1-(1-g_S)|S_{11}|^2} \tag{12.50}$$

该式是一个圆的方程，圆心和半径为

$$C_S = \frac{g_S S_{11}^*}{1-(1-g_S)|S_{11}|^2} \tag{12.51a}$$

$$R_S = \frac{\sqrt{1-g_S}(1-|S_{11}|^2)}{1-(1-g_S)|S_{11}|^2} \tag{12.51b}$$

可以证明，对于输出节的等增益圆，结果为

$$C_L = \frac{g_L S_{22}^*}{1-(1-g_L)|S_{22}|^2} \tag{12.52a}$$

$$R_L = \frac{\sqrt{1-g_L}(1-|S_{22}|^2)}{1-(1-g_L)|S_{22}|^2} \tag{12.52b}$$

每个圆族的圆心都位于沿 S_{11}^* 或 S_{22}^* 的幅角给出的直线上。注意，当 g_S（或 g_L）= 1 时（最大增益），不出所料，半径 R_S（或 R_L）= 0，而圆心约化为 S_{11}^*（或 S_{22}^*）。此外，可以看出 0dB 增益圆（$G_S = 1$ 或 $G_L = 1$）总是过 Smith 圆图的中心。可以利用这些结果画出输入节和输出节的一系列等增益圆。这样，就可沿着这些增益圆来选择 Γ_S 和 Γ_L 以得到所需的增益。选择的 Γ_S 和 Γ_L 不是唯一的，但为实现最小失配并得到最大带宽，选择这些点靠近 Smith 圆图的中心。另一种选择是，如下节所述，为提供低噪声设计，可以选择输入网络失配。

例题 12.4　固定增益放大器设计

设计一个在 4.0GHz 处增益为 11dB 的放大器，画出 G_S = 2dB 和 3dB 及 G_L = 0dB 和 1dB 的等增益圆。计算并画出 3～5GHz 范围内的输入回波损耗和总放大器增益。晶体管有如下散射参量（$Z_0 = 50\Omega$）：

f/GHz	S_{11}	S_{12}	S_{21}	S_{22}
3	$0.80\angle-90°$	0	$2.8\angle100°$	$0.66\angle-50°$
4	$0.75\angle-120°$	0	$2.5\angle80°$	$0.60\angle-70°$
5	$0.71\angle-140°$	0	$2.3\angle60°$	$0.58\angle-85°$

解： 因为 $S_{12} = 0$ 及$|S_{11}| < 1$ 和$|S_{22}| < 1$，所以该晶体管是单边和无条件稳定的。由式(12.47)算出最大匹配节增益为

$$G_{S_{\max}} = \frac{1}{1-|S_{11}|^2} = 2.29 = 3.6\text{dB}$$

$$G_{L_{\max}} = \frac{1}{1-|S_{22}|^2} = 1.56 = 1.9\text{dB}$$

失配晶体管的增益是

$$G_0 = |S_{21}|^2 = 6.25 = 8.0\text{dB}$$

所以最大单边转换增益是

$$G_{TU_{\max}} = 3.6 + 1.9 + 8.0 = 13.5\text{dB}$$

因此，比规定要求的可用增益多了 2.5dB。

接着用式(12.48)、式(12.51)和式(12.52)对等增益圆算出下列数据：

$$G_S = 3\text{ dB} \quad g_S = 0.875 \quad C_S = 0.706\angle 120° \quad R_S = 0.166$$
$$G_S = 2\text{ dB} \quad g_S = 0.691 \quad C_S = 0.627\angle 120° \quad R_S = 0.294$$
$$G_L = 1\text{ dB} \quad g_L = 0.806 \quad C_L = 0.520\angle 70° \quad R_L = 0.303$$
$$G_L = 0\text{ dB} \quad g_L = 0.640 \quad C_L = 0.440\angle 70° \quad R_L = 0.440$$

等增益圆如图 12.8a 所示。对于总放大增益为 11dB 的放大器，选择 $G_S = 2\text{dB}$ 和 $G_L = 1\text{dB}$。然后，沿着这些圆选择 Γ_S 和 Γ_L，使其到圆心的距离最小，如图所示（Γ_S 和 Γ_L 分别位于 120° 和 70°的径向线上）。所以有 $\Gamma_S = 0.33\angle 120°$ 和 $\Gamma_L = 0.22\angle 70°$，从而可以按照例题 12.3 的方法设计所用的并联短截线。

放大器的最终电路如图 12.8b 所示。利用 CAD 软件包和所给的散射参量数据的插值计算响应。结果如图 12.8c 所示，观察发现在 4.0GHz 处实现了期望的增益 11dB，增益变化±1dB 的带宽约为 25%，这明显好于例题 12.3 中设计的最大增益的带宽。然而，回波损耗不是很好，在设计频率处仅为 5dB。这是由于为了实现设定的增益，匹配节中有意引入了失配。

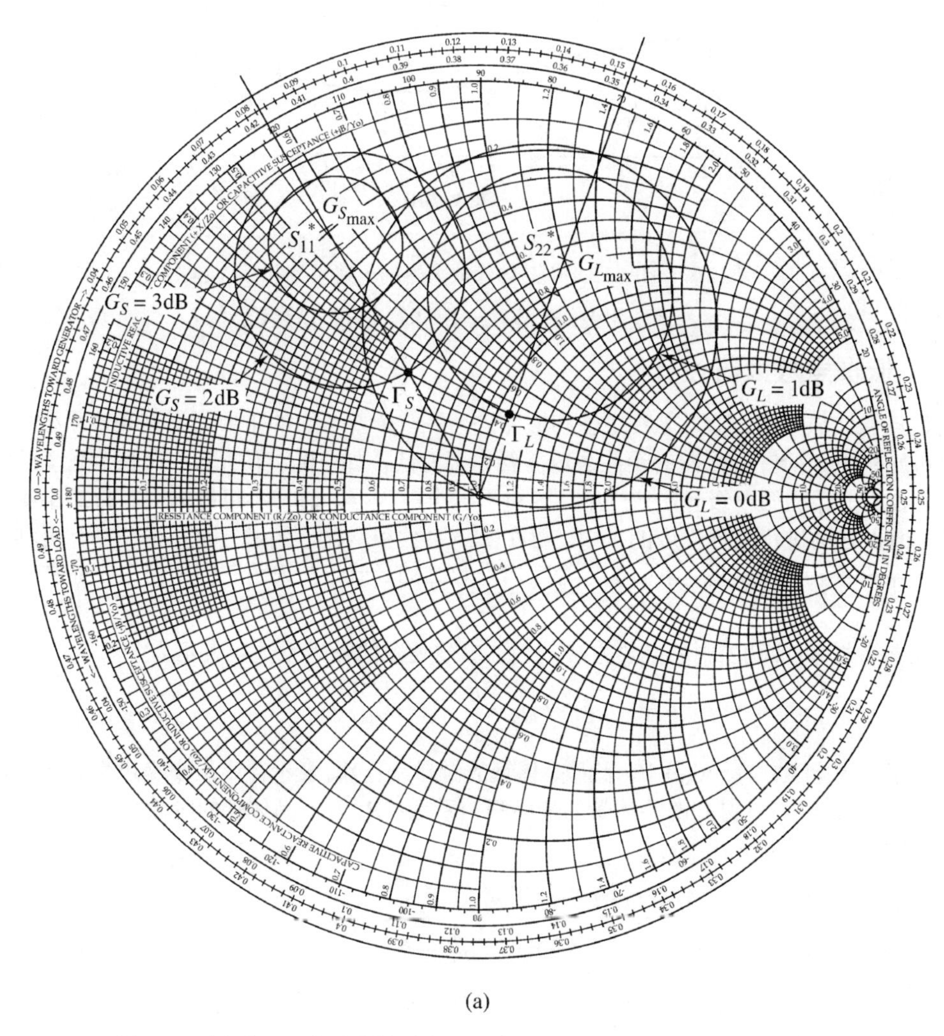

(a)

图 12.8　例题 12.4 中晶体管放大器的电路设计和频率响应：(a)等增益圆

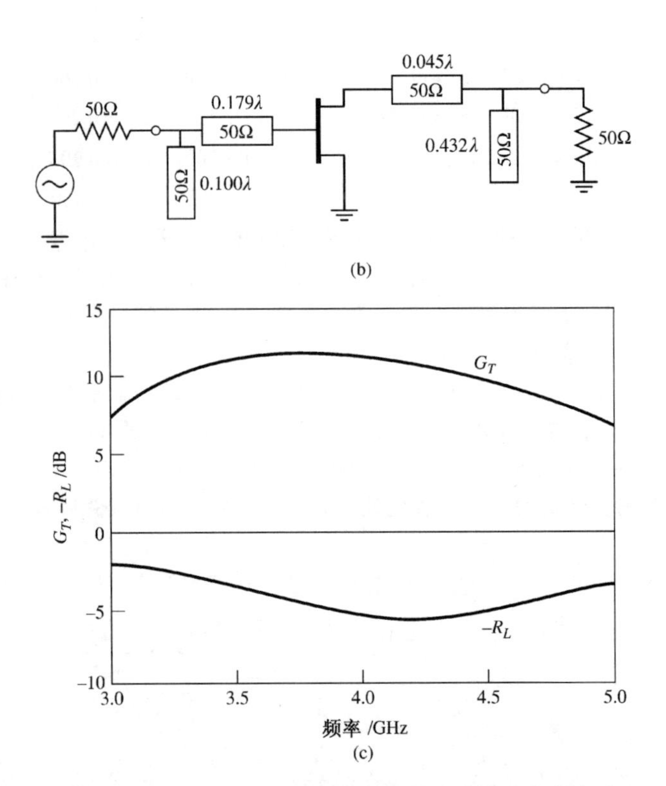

图 12.8　例题 12.4 中晶体管放大器的电路设计和频率响应：(b)射频电路；(c)转换增益和回波损耗（续）　■

12.3.3　低噪声放大器设计

为设计微波放大器，除考虑稳定性和增益外，另一个要考虑的重要因素是噪声系数。特别是在接收机应用中，前置放大器的噪声系数需要尽可能低，如 10.1 节所示，在整个系统的噪声特性上，接收机前端的第一级起决定性作用。对于一个放大器，通常不可能同时获得最小噪声和最大增益，所以必须进行某种程度的折中。要在噪声系数和增益之间进行有用的折中，可利用等增益圆和**等噪声系数圆**来实现。下面推导等噪声系数圆的公式，并说明它们如何用在晶体管放大器的设计中。

按照参考文献[1]和[2]中的推导方法，二端口放大器的噪声系数可表示为

$$F = F_{\min} + \frac{R_N}{G_S}\left|Y_S - Y_{\text{opt}}\right|^2 \tag{12.53}$$

式中应用了如下定义：$Y_S = G_S + jB_S$ 表示晶体管的源导纳；Y_{opt} 表示得出最小噪声系数的最优源导纳；$F_{\min}$ 表示 $Y_S = Y_{\text{opt}}$ 时得到的晶体管的最小噪声系数；R_N 表示晶体管的等效噪声电阻；G_S 表示源导纳的实部。

可用反射系数 Γ_S 和 Γ_{opt} 代替导纳 Y_S 和 Y_{opt}，其中，

$$Y_S = \frac{1}{Z_0}\frac{1-\Gamma_S}{1+\Gamma_S} \tag{12.54a}$$

$$Y_{\text{opt}} = \frac{1}{Z_0}\frac{1-\Gamma_{\text{opt}}}{1+\Gamma_{\text{opt}}} \tag{12.54b}$$

Γ_S 是在图 12.1 中定义的源反射系数。$F_{\min}$、Γ_{opt} 和 R_N 是所用特定晶体管的特性，称为器件的**噪声参量**，它们可由生产商提供或通过测量得到。

利用式(12.54)，$|Y_S - Y_{opt}|^2$ 可用 Γ_S 和 Γ_{opt} 表示为

$$\left|Y_S - Y_{opt}\right|^2 = \frac{4}{Z_0^2}\frac{\left|\Gamma_S - \Gamma_{opt}\right|^2}{\left|1+\Gamma_S\right|^2\left|1+\Gamma_{opt}\right|^2} \tag{12.55}$$

此外，

$$G_S = \mathrm{Re}\{Y_S\} = \frac{1}{2Z_0}\left(\frac{1-\Gamma_S}{1+\Gamma_S} + \frac{1-\Gamma_S^*}{1+\Gamma_S^*}\right) = \frac{1}{Z_0}\frac{1-\left|\Gamma_S\right|^2}{\left|1+\Gamma_S\right|^2} \tag{12.56}$$

把这些结果代入式(12.53)，得出噪声系数为

$$F = F_{min} + \frac{4R_N}{Z_0}\frac{\left|\Gamma_S - \Gamma_{opt}\right|^2}{(1-\left|\Gamma_S\right|^2)\left|1+\Gamma_{opt}\right|^2} \tag{12.57}$$

对于固定的噪声系数 F，可以证明这个结果定义了 Γ_S 平面上的一个圆。首先将噪声系数参量 N 定义为

$$N = \frac{\left|\Gamma_S - \Gamma_{opt}\right|^2}{1-\left|\Gamma_S\right|^2} = \frac{F - F_{min}}{4R_N / Z_0}\left|1+\Gamma_{opt}\right|^2 \tag{12.58}$$

对于给定的噪声系数和一组噪声参量，N 是定值。然后将式(12.58)改写为

$$(\Gamma_S - \Gamma_{opt})(\Gamma_S^* - \Gamma_{opt}^*) = N(1-\left|\Gamma_S\right|^2)$$

$$\Gamma_S\Gamma_S^* - (\Gamma_S\Gamma_{opt}^* + \Gamma_S^*\Gamma_{opt}) + \Gamma_{opt}\Gamma_{opt}^* = N - N\left|\Gamma_S\right|^2$$

$$\Gamma_S\Gamma_S^* - \frac{(\Gamma_S\Gamma_{opt}^* + \Gamma_S^*\Gamma_{opt})}{N+1} = \frac{N - \left|\Gamma_{opt}\right|^2}{N+1}$$

现在，在等式两边加上 $\left|\Gamma_{opt}\right|^2 / (N+1)^2$，得到完全平方：

$$\left|\Gamma_S - \frac{\Gamma_{opt}}{N+1}\right| = \frac{\sqrt{N(N+1-\left|\Gamma_{opt}\right|^2)}}{N+1} \tag{12.59}$$

这个结果定义了等噪声系数圆，其圆心为

$$C_F = \frac{\Gamma_{opt}}{N+1} \tag{12.60a}$$

半径为

$$R_F = \frac{\sqrt{N(N+1-\left|\Gamma_{opt}\right|^2)}}{N+1} \tag{12.60b}$$

例题 12.5　低噪声放大器设计

一个 GaAs MESFET 偏置在最小噪声系数，在 4GHz（$Z_0 = 50\Omega$）时有下列散射参量和噪声参量：$S_{11} = 0.6\angle -60°$，$S_{21} = 1.9\angle 81°$，$S_{12} = 0.05\angle 26°$，$S_{22} = 0.5\angle -60°$，$F_{min} = 1.6\text{dB}$，$\Gamma_{opt} = 0.62\angle 100°$，$R_N = 20\Omega$。为实现设计目的，假定该器件是单边的，计算由这个假定引出的 G_T 的最大误差。然后设计一个噪声系数为 2.0dB 及与此噪声系数兼容的最大增益的放大器。

解：首先算出 $K = 2.78$ 和 $\Delta = 0.37$，因此器件甚至不近似为单边器件时也是无条件稳定的。接着，由式(12.46)计算单边品质因数：

$$U=\frac{|S_{12}S_{21}S_{11}S_{22}|}{\left(1-|S_{11}|^2\right)\left(1-|S_{22}|^2\right)}=0.059$$

由式(12.45)得出比值 G_T/G_{UT} 的范围为

$$\frac{1}{(1+U)^2}<\frac{G_T}{G_{TU}}<\frac{1}{(1-U)^2}$$

或

$$0.891<\frac{G_T}{G_{TU}}<1.130$$

用 dB 表示为

$$-0.50<G_T-G_{TU}<0.53\text{dB}$$

式中，G_T 和 G_{UT} 现在用 dB 表示。因此，预计增益的误差小于±0.5dB。

接着，用式(12.58)和式(12.60)计算 2dB 噪声系数圆的圆心和半径：

$$N=\frac{F-F_{\min}}{4R_N/Z_0}\left|1+\Gamma_{\text{opt}}\right|^2=\frac{1.58-1.445}{4(20/50)}\left|1+0.62\angle 100°\right|^2=0.0986$$

$$C_F=\frac{\Gamma_{\text{opt}}}{N+1}=0.56\angle 100°,\quad R_F=\frac{\sqrt{N(N+1-|\Gamma_{\text{opt}}|^2)}}{N+1}=0.24$$

该噪声系数圆画在图 12.9a 中。最小噪声系数（$F_{\min}=1.6$dB）出现在 $\Gamma_S=\Gamma_{\text{opt}}=0.62\angle 100°$ 处。

下一步，由式(12.51)计算几个输入节的等增益圆的数据：

G_S/dB	g_S	C_S	R_S
1.0	0.805	$0.52\angle 60°$	0.300
1.5	0.904	$0.56\angle 60°$	0.205
1.7	0.946	$0.58\angle 60°$	0.150

这些圆也画在图 12.9a 中。观察发现 $G_S=1.7$dB 增益圆恰好与 $F=2$dB 噪声系数圆相切，且任何较高增益都将导致更糟的噪声系数。然后从 Smith 圆图得出最优解 $\Gamma_S=0.53\angle 75°$，得到 $G_S=1.7$dB 和 $F=2.0$dB。

关于输出节，对最大 G_L 选择 $\Gamma_L=S_{22}^*=0.5\angle 60°$，

$$G_L=\frac{1}{1-|S_{22}|^2}=1.33=1.25\text{dB}$$

晶体管增益是

$$G_0=|S_{21}|^2=3.61=5.58\text{dB}$$

所以总转换增益是

$$G_{TU}=G_S+G_0+G_L=8.53\text{dB}$$

一个在匹配节使用开路并联短截线的放大器的完整交流电路如图 12.9b 所示。这个电路的计算机分析给出增益为 8.36dB。

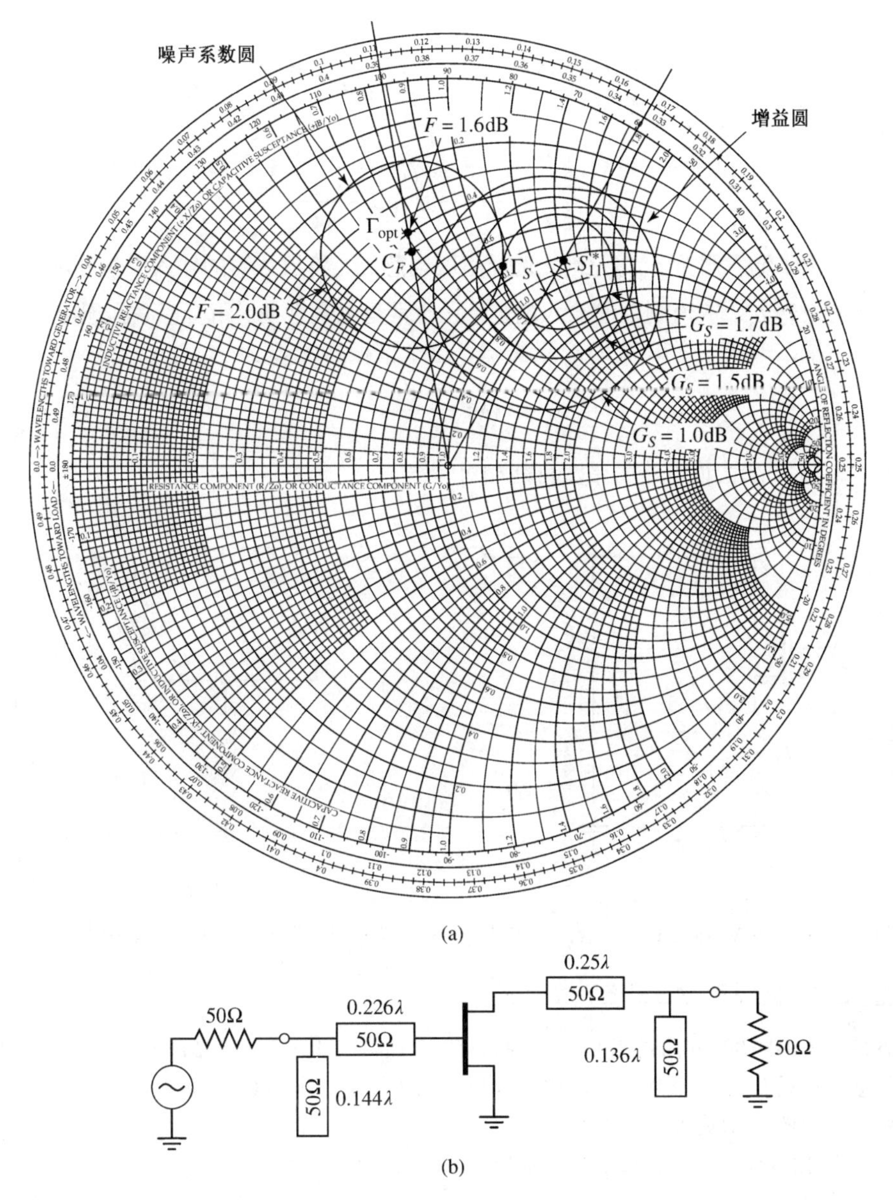

图 12.9　例题 12.5 中晶体管放大器的电路设计：(a)等增益和噪声系数圆；(b)射频电路　■

12.3.4　低噪声 MOSFET 放大器

MOSFET 具有相对较低的 AC 输入阻抗，这使得它们很难进行阻抗匹配。栅极可添加一个外部串联阻抗，但这种方法会增大噪声功率并降低效率。然而，在 MOSFET 的源极使用一个串联电感，创建一个电阻输入阻抗器而不添加噪声电阻是可能的。这种技术称为*电感源极退化*；对于 MESFET 和其他晶体管，可以使用类似的技术。概念性电路如图 12.10a 所示，其中电感 L_s 与器件的源极串联。

放大器的等效电路如图 12.10b 所示，这里假设晶体管是单边的，且 R_i、R_{ds} 和 C_{ds} 可以忽略，于是简化了该模型。对于晶体管栅极的输入电流 I，电容器电压为 $V_c = I / \mathrm{j}\omega C_{gs}$。因此，相对于地的栅极电压为

$$V=\frac{I}{\mathrm{j}\omega C_{gs}}+\mathrm{j}\omega L_s(I+g_mV_c)=I\left(\frac{1}{\mathrm{j}\omega C_{gs}}+\mathrm{j}\omega L_s+\frac{g_mL_s}{C_{gs}}\right) \tag{12.61}$$

栅极的输入阻抗为

$$Z=\frac{V}{I}=\frac{g_mL_s}{C_{gs}}+\mathrm{j}\left(\omega L_s-\frac{1}{\omega C_{gs}}\right) \tag{12.62}$$

它表明电路产生了输入阻抗 g_mL_s/C_{gs}。选择串联电感 L_s，将放大器的输入阻抗匹配到源阻抗 Z_0。选择栅极处的电感 L_g，取消剩余的输入电抗，它通常是电容性的。组合串联匹配电感、栅极电容和有效输入阻抗，形成一个串联 RLC 谐振器。这个谐振器的 Q 为

$$Q=\frac{\omega L_gC_{gs}}{g_mL_s} \tag{12.63}$$

如果 Q 较高，那么该电路的带宽可能相对较窄。

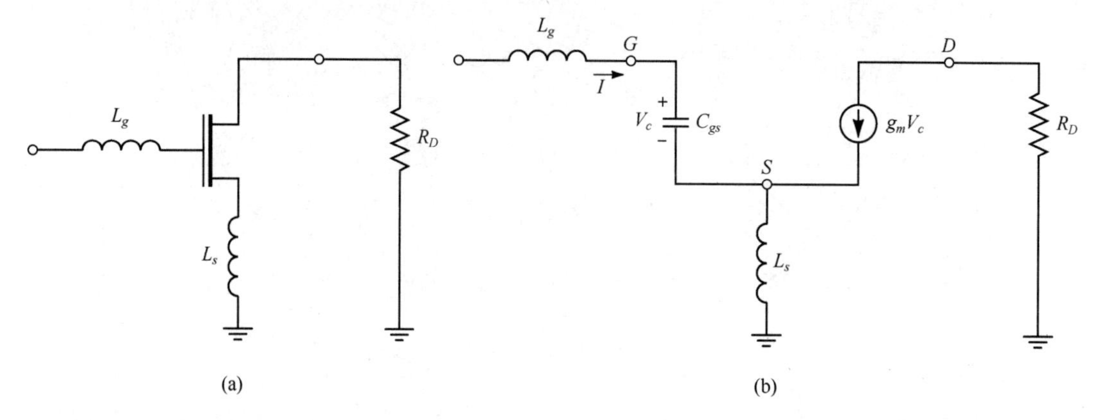

图 12.10　低噪声 MOSFET 放大器：(a)基本的 AC 电路；(b)使用简化单边 FET 模型的等效电路

例题 12.6　低噪声 MOSFET 放大器设计

一个英飞凌 BF1005 n 沟道 MOSFET 晶体管的 $C_{gs}=2.1\text{pF}$，$g_m=24\text{mS}$，用在一个 900MHz 的电感源极退化的低噪声放大器中，如图 12.10 所示。求源极和栅极电感，并计算放大器的带宽。假设源极阻抗为 $Z_0=50\Omega$。

解：由式(12.62)可知，匹配输入阻抗到 Z_0 可求出源极电感为

$$L_s=\frac{Z_0C_{gs}}{g_m}=\frac{50\times(2.1\times10^{-12})}{0.024}=4.37\,\text{nH}$$

输入端的净阻抗是 $\mathrm{j}X=\mathrm{j}\left(\omega L_s-\dfrac{1}{\omega C_{gs}}\right)=-\mathrm{j}59.5\Omega$，因此匹配所需的串联电感为

$$L_g=\frac{-X}{\omega}=\frac{59.5}{2\pi\times(900\times10^6)}=10.5\,\text{nH}$$

由式(12.63)可算出 Q 为

$$Q=\frac{\omega L_gC_{gs}}{g_mL_s}=1.2$$

因此，这个放大器的带宽可高达 80%。这个值可能要高于实际中得到的值，因为分析时做了近似。 ■

12.4 宽带晶体管放大器设计

理想微波放大器在期望频带内具有等增益和良好的输入匹配。如上节的例题所述，共轭匹配只在相对窄的带宽上给出最大增益，而对小于最大增益的设计则会增大增益带宽，但放大器的输入和输出端口匹配会很差，这些问题主要是由于典型的微波晶体管与 50Ω 不好匹配，而大阻抗失配取决于第 5 章讨论的 Bode–Fano 增益–带宽限制条件。另外一个原因是$|S_{21}|$随频率以 6dB/倍频程的速率降低。因此，必须对宽带放大器的设计问题给予特殊的考虑。解决这个问题的一些常用方法如下所述；办法是多样的，但对每种情况都只有降低增益才能提高带宽。

- *补偿匹配网络*：输入和输出匹配节的设计考虑了对$|S_{21}|$引起的增益下降进行补偿，但通常会使输入和输出匹配更复杂。
- *阻抗匹配网络*：用电阻性匹配网络可以获得较好的输入和输出匹配，但随之相应地会降低增益并提高噪声系数。
- *负反馈*：负反馈可用于平坦晶体管的增益响应，改进输入和输出匹配，提高器件的稳定性。使用这种方法，放大器的带宽超过倍频程是可能的，但会以牺牲增益和噪声系数为代价。
- *平衡放大器*：输入和输出端有 90°耦合器的两个放大器能在 1 倍频程或更大的带宽内提供良好的匹配。增益等于单个放大器的增益，但设计要求有两个晶体管和两倍的 DC 功率。
- *分布放大器*：几个晶体管沿传输线级联，在较宽的带宽上给出良好的增益、匹配和噪声系数。该电路庞大，而且不能给出与同样级数级联放大器一样多的增益。
- *差分放大器*：以差分模式驱动两个器件，使用输入信号的相反极性得到器件电容的一个有效串联，从而粗略地加倍 f_T 。与单个器件相比，差分放大器也可提供更大的输出电压范围和共模噪声抑制。

下面详细讨论平衡和分布放大器的工作原理。

12.4.1 平衡放大器

如例题 12.4 中所述，若设计的放大器小于最大增益，则可得到相当平坦的增益响应，但输入和输出匹配很差。平衡放大器电路解决了这个问题，它用两个 90°耦合器消除了来自两个相同放大器的输入和输出反射。平衡放大器的基本电路如图 12.11 所示。第一个 90°混合耦合器将输入信号分成两路幅值相等但相位相差 90°的分量，以驱动这两个放大器。第二个耦合器把两个放大器的输出重新组合在一起。因为混合耦合器的相位特性，来自放大器输入端的反射在混合网络的输入端被抵消，从而改进了阻抗匹配；类似的效应也发生在平衡放大器的输出端。增益带宽与单级放大器节相比并未提高。这种类型的电路比单级放大器复杂，因为它需要两个混合耦合器和两个分开的放大器节，但是它有许多令人感兴趣的优点：

- 各个放大器级可以工作在增益平坦或噪声系数的最优状态，不涉及输入和输出匹配。
- 反射在耦合器的端口被吸收，提高了输入/输出匹配及各个放大器的稳定性。
- 单个放大器节损坏时，电路会提供适度的增益下降（6dB）。
- 带宽能达到 1 倍频程或更大，主要受限于耦合器的带宽。

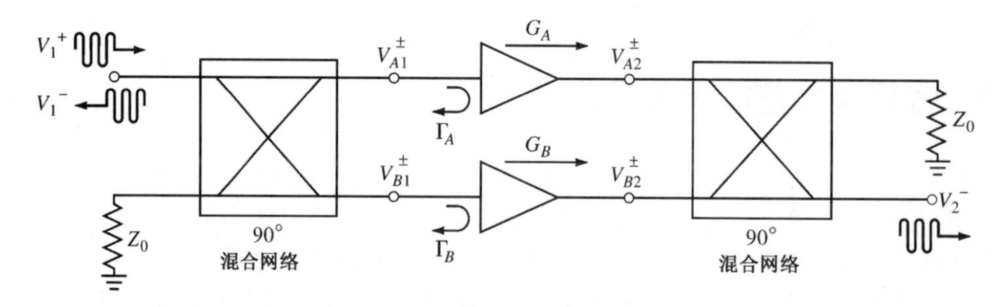

图 12.11　使用 90°混合耦合器的平衡放大器

实际工作中，平衡 MMIC 放大器常用 Lange 耦合器，这种耦合器是宽带的，而且结构非常紧凑，但也可使用正交混合网络和 Wilkinson 功率分配器（在一个臂上有额外的 90°线）。

如果假设混合耦合器是理想的，那么参考图 12.11 可将放大器的入射电压写为

$$V_{A1}^{+}=\frac{1}{\sqrt{2}}V_{1}^{+} \tag{12.64a}$$

$$V_{B1}^{+}=\frac{-\mathrm{j}}{\sqrt{2}}V_{1}^{+} \tag{12.64b}$$

式中，V_1^+ 是入射输入电压。输出电压表示为

$$V_{2}^{-}=\frac{-\mathrm{j}}{\sqrt{2}}V_{A2}^{+}+\frac{1}{\sqrt{2}}V_{B2}^{+}=\frac{-\mathrm{j}}{\sqrt{2}}G_{A}V_{A1}^{+}+\frac{1}{\sqrt{2}}G_{B}V_{B1}^{+}=\frac{-\mathrm{j}}{\sqrt{2}}V_{1}^{+}(G_{A}+G_{B}) \tag{12.65}$$

式中，G_A 和 G_B 是放大器的电压增益。于是可将 S_{21} 写为

$$S_{21}=\frac{V_{2}^{-}}{V_{1}^{+}}=\frac{-\mathrm{j}}{2}(G_{A}+G_{B}) \tag{12.66}$$

该式表明平衡放大器的总增益是各个放大器电压增益的平均。

在输入端，总反射电压可以表示为

$$V_{1}^{-}=\frac{1}{\sqrt{2}}V_{A1}^{-}+\frac{-\mathrm{j}}{\sqrt{2}}V_{B1}^{-}=\frac{1}{\sqrt{2}}\Gamma_{A}V_{A1}^{+}+\frac{-\mathrm{j}}{\sqrt{2}}\Gamma_{B}V_{B1}^{+}=\frac{1}{2}V_{1}^{+}(\Gamma_{A}-\Gamma_{B}) \tag{12.67}$$

因此可将 S_{11} 写为

$$S_{11}=\frac{V_{1}^{-}}{V_{1}^{+}}=\frac{1}{2}(\Gamma_{A}-\Gamma_{B}) \tag{12.68}$$

放大器相同时，有 $G_A = G_B$ 和 $\Gamma_A = \Gamma_B$，且式(12.68)表明 $S_{11} = 0$，而式(12.66)表明平衡放大器的增益和各个放大器的增益相同。一个放大器损坏时，总增益将下降 6dB，剩余的功率损耗在耦合器终端。它也表明平衡放大器的噪声系数 $F = (F_A + F_B)/2$，其中 F_A 和 F_B 是各个放大器的噪声系数。

例题 12.7　平衡放大器的特性和优化

将例题 12.4 中的放大器用到工作在频率范围 3～5GHz 的平衡放大器结构中。使用正交混合网络，画出在这个频率范围内的增益和回波损耗。用微波 CAD 软件优化该放大器匹配网络，在该带宽上给出 10dB 增益。

解： 例题 12.4 中的放大器是按 4GHz 处有 11dB 的增益设计的。如图 12.8c 所示，从 3GHz 至 5GHz 增益变化几个 dB，回波损耗不会好于 5dB。我们可按照第 7 章的讨论，设计中心频率为 4GHz 的正交混合网络。然后采用图 12.11 所示的平衡放大器结构，用微波 CAD 软

件包仿真，得出如图 12.12 所示的结果。注意到回波损耗在整个带宽内与图 12.8c 中原来的放大器的结果相比有明显提高。输入匹配在 4GHz 时最好，因为这是耦合器的设计频率。有更宽频带的耦合器还能改善频带边缘的结果。还可看到在 4GHz 处增益保持为 11dB，在频带边缘下降几个 dB。

现代微波 CAD 软件包有优化功能，使用该功能可调整一小批设计变量，以便优化某个特定的工作变量。在本例中，将增益的设定值降低到 10dB，并允许 CAD 软件调整图 12.8b 所示放大器电路中的 4 条传输线和短截线的长度，给出频率范围 3～5GHz 内最合适的增益。在平衡电路中，两个放大器保持一致，所以可看到输入匹配的改善。

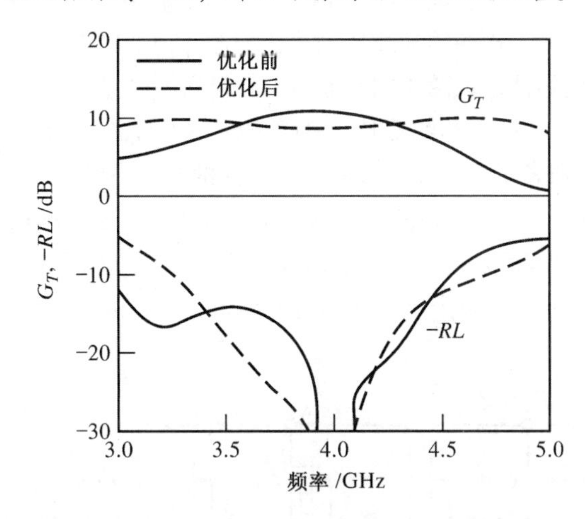

图 12.12　例题 12.7 中平衡放大器优化前后的增益和回波损耗

优化结果如图 12.12 所示，可以看到在整个工作带宽内增益响应非常平坦，在中心频率附近输入匹配仍是很好的，在低频率一侧输入匹配慢慢变坏。优化放大器匹配网络的短截线的长度如下表所示：

匹配网络参量	优化前	优化后
输入节短截线长度	0.100λ	0.109λ
输入节传输线长度	0.179λ	0.113λ
输出节传输线长度	0.045λ	0.134λ
输出节短截线长度	0.432λ	0.461λ

表中所示内容表明与原始匹配网络中的长度偏差很小。■

12.4.2　分布放大器

分布放大器的概念要追溯到 20 世纪 40 年代，当时它用于宽带真空电子管放大器的设计。随着微波集成电路和器件工艺技术的发展，分布放大器在宽带微波放大器中得到了新的应用。若有好的输入和输出匹配，则超过 10 倍频程的带宽是可能的。分布放大器没有能力提供很高的增益和很低的噪声系数，且与增益相当的窄带放大器相比，它有较大的尺寸。

微波分布放大器的基本结构如图 12.13 所示。N 个同样的 FET 级联，它们的栅极以间距 ℓ_g 依次连接到特征阻抗为 Z_g 的传输线上。而漏极以间距 ℓ_d 连接到特征阻抗为 Z_d 的传输线上。分布放大器的工作原理类似于 7.4 节中讨论的多孔波导耦合器。输入信号沿栅极线传播，并泄放一些输入功率给每个 FET，从 FET 输出的放大信号在漏极线上形成行波。传播常数及栅极和漏极线的长度选择使得各管的输出信号同相叠加，线上的终端阻抗用于吸收反向行波。FET 的栅极和漏极电容有效地成为栅极和漏极线分布电容的一部分，而栅极和漏极电阻则成为这些线上的分布损耗。这类电路也称行波放大器。

可以根据加载栅极和漏极传输线的方法来分析分布放大器[8]，但也可应用镜像参量的概念[9]或直接使用 CAD 软件包来分析分布放大器。这种分析方法具有图示放大器的基本工作原理的优点，而 CAD 数值方法建议用在要求精度更高和性能优化的设计中。

在分布放大器的分析中，第一步是应用 FET 单边（$C_{gd}=0$）方案的等效电路将图 12.13 所示的电路分解为分开的栅极和漏极端的加载传输线，如图 12.14 和图 12.15 所示。栅极和漏极传输线是典型的微带线，接地导体未在图 12.13 中画出，但它们已在图 12.14 和图 12.15 中画出。除通过非独立电流源耦合外，栅极和漏极线是隔离的，其中 $I_{dn}=g_mV_{cn}$，并且在两端是匹配的。图 12.14b 和图 12.15b 分别表示栅极和漏极线上单位元的等效电路。L_g 和 C_g 是单位元长度栅极传输线的电感和电容，而 $R_i\ell_g$ 和 C_{gs}/ℓ_g 是 FET 输入电阻 R_i 和栅−源电容 C_{gs} 引起的等效单位元长度加载。同样的定义也适用于漏极线上的量 L_d、C_d、$R_{ds}\ell_d$ 和 C_{ds}/ℓ_d。于是，把每个 FET 作为集总加载，并把它的电路参量分配到每个单位元的传输线上。当单位元的电长度足够小时，这种近似通常是正确的。

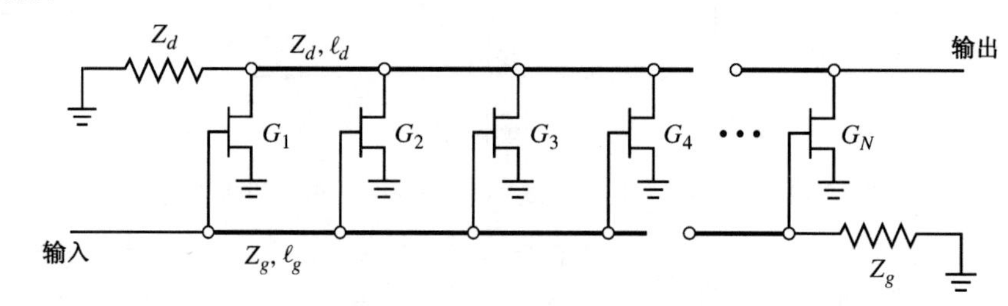

图 12.13　N 级分布放大器的结构

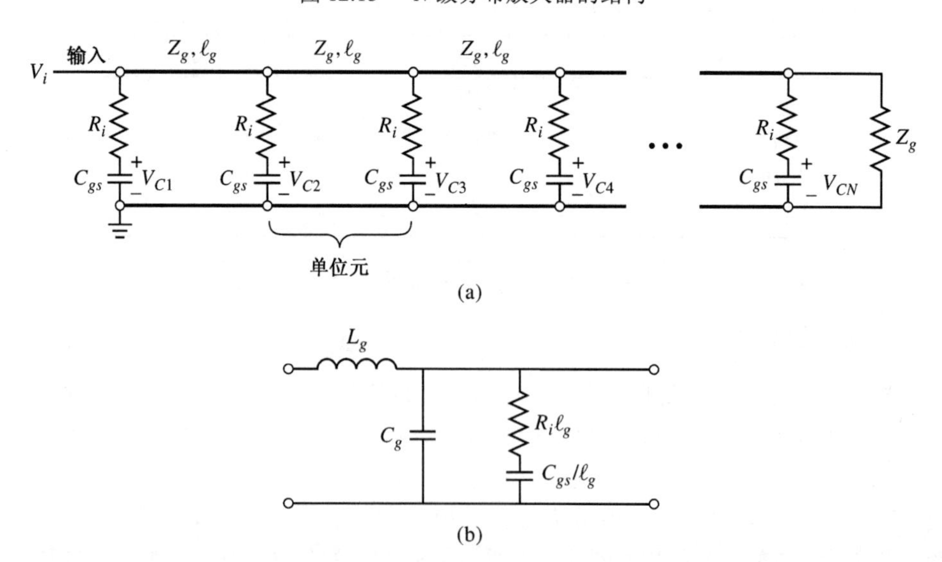

图 12.14　(a)分布放大器栅极线的传输线电路；(b)栅极线的单个单位元的等效电路

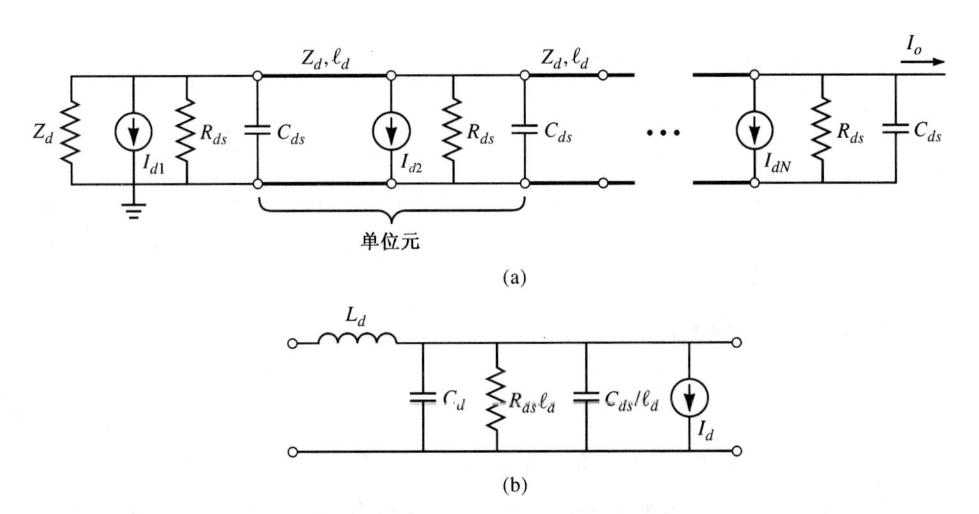

图 12.15 (a)分布放大器漏极线的传输线电路；(b)漏极线单个单位元的等效电路

现在能用基本传输线理论求出栅极线和漏极线的有效特征阻抗与传播常数。对于栅极线，单位长度的串联阻抗和并联导纳能表示为

$$Z = j\omega L_g \tag{12.69a}$$

$$Y = j\omega C_g + \frac{j\omega C_{gs}/\ell_g}{1 + j\omega R_i C_{gs}} \tag{12.69b}$$

若假定在特征阻抗的计算中损耗可以忽略，则按照 2.7 节的讨论有

$$Z_g = \sqrt{\frac{Z}{Y}} = \sqrt{\frac{L_g}{C_g + C_{gs}/\ell_g}} \tag{12.70}$$

对于传播常数的计算，保留电阻项，因为这会引起衰减：

$$\gamma_g = \alpha_g + j\beta_g = \sqrt{ZY} = \sqrt{j\omega L_g \left(j\omega C_g + \frac{j\omega C_{gs}/\ell_g}{1 + j\omega R_i C_{gs}} \right)}$$

若假定是小损耗，致使 $\omega R_i C_{gs} \ll 1$，则上面的结果可简化为

$$\gamma_g = \alpha_g + j\beta_g \approx \sqrt{-\omega^2 L_g \left[C_g + C_{gs}(1 - j\omega R_i C_{gs})/\ell_g \right]} \approx \frac{\omega^2 R_i C_{gs}^2 Z_g}{2\ell_g} + j\omega\sqrt{L_g(C_g + C_{gs}/\ell_g)} \tag{12.71}$$

对于漏极线，单位长度的串联阻抗和并联导纳是

$$Z = j\omega L_d \tag{12.72a}$$

$$Y = \frac{1}{R_{ds}\ell_d} + j\omega(C_d + C_{ds}/\ell_d) \tag{12.72b}$$

漏极线的特征阻抗可表示为

$$Z_d = \sqrt{\frac{Z}{Y}} = \sqrt{\frac{L_d}{C_d + C_{ds}/\ell_d}} \tag{12.73}$$

用小损耗近似，传播常数可简化为

$$\gamma_d = \alpha_d + j\beta_d = \sqrt{ZY} = \sqrt{j\omega L_d \left[\frac{1}{R_{ds}\ell_d} + j\omega(C_d + C_{ds}/\ell_d) \right]} \approx \frac{Z_d}{2R_{ds}\ell_d} + j\omega\sqrt{L_d(C_d + C_{ds}/\ell_d)} \tag{12.74}$$

对于入射输入电压 V_i，第 n 个 FET 的栅–源电容上的电压可写为

$$V_{cn}=V_i\mathrm{e}^{-(n-1)\gamma_g\ell_g}\left(\frac{1}{1+\mathrm{j}\omega R_i C_{gs}}\right) \tag{12.75}$$

相位参考点在第一个晶体管处。式(12.75)中圆括号内的因子考虑了 R_i 和 C_{gs} 之间的分压；典型的 FET 参量 $\omega R_i C_{gs} \ll 1$，所以该因子在整个放大器的带宽上可近似为 1。认识到每个电流源在每个方向上对波的贡献为 $-\frac{1}{2}I_{dn}\mathrm{e}^{\pm\gamma_d z}$ 后，就可求出漏极线上的输出电流。因为 $I_{dn}=g_m V_{cn}$，所以在漏极线的第 N 个端口处，总输出电流是

$$I_o=-\frac{1}{2}\sum_{n=1}^{n}I_{dn}\mathrm{e}^{-(N-n)\gamma_d\ell_d}=-\frac{g_m V_i}{2}\mathrm{e}^{-N\gamma_d\ell_d}\mathrm{e}^{\gamma_g\ell_g}\sum_{n=1}^{N}\mathrm{e}^{-n(\gamma_g\ell_g-\gamma_d\ell_d)} \tag{12.76}$$

仅当 $\beta_g\ell_g=\beta_d\ell_d$ 时，求和项才会同相相加，所以在栅极和漏极线上相位延迟是同步的。在漏极线上也有反向传播的波分量，但各个反向波的贡献是不同相的；残余波将被终端负载 Z_d 吸收。使用求和公式

$$\sum_{n=1}^{N}x^n=\frac{x^{N+1}-x}{x-1}$$

可将式(12.76)简化为

$$I_o=-\frac{g_m V_i}{2}\frac{\mathrm{e}^{\gamma_d\ell_d}\left(\mathrm{e}^{-N\gamma_g\ell_g}-\mathrm{e}^{-N\gamma_d\ell_d}\right)}{\mathrm{e}^{-(\gamma_g\ell_g-\gamma_d\ell_d)}-1}=-\frac{g_m V_i}{2}\frac{\mathrm{e}^{-N\gamma_g\ell_g}-\mathrm{e}^{-N\gamma_d\ell_d}}{\mathrm{e}^{-\gamma_g\ell_g}-\mathrm{e}^{-\gamma_d\ell_d}} \tag{12.77}$$

对于匹配的输入和输出端口，放大器增益可计算为

$$G=\frac{P_{\text{out}}}{P_{\text{in}}}=\frac{\frac{1}{2}\left|I_o\right|^2 Z_d}{\frac{1}{2}\left|V_i\right|^2/Z_g}=\frac{g_m^2 Z_d Z_g}{4}\left|\frac{\mathrm{e}^{-N\gamma_g\ell_g}-\mathrm{e}^{-N\gamma_d\ell_d}}{\mathrm{e}^{-\gamma_g\ell_g}-\mathrm{e}^{-\gamma_d\ell_d}}\right|^2 \tag{12.78}$$

应用同步条件 $\beta_g\ell_g=\beta_d\ell_d$，可将这个结果进一步简化为

$$G=\frac{g_m^2 Z_d Z_g}{4}\frac{\left(\mathrm{e}^{-N\alpha_g\ell_g}-\mathrm{e}^{-N\alpha_d\ell_d}\right)^2}{\left(\mathrm{e}^{-\alpha_g\ell_g}-\mathrm{e}^{-\alpha_d\ell_d}\right)^2} \tag{12.79}$$

损耗很小时，式(12.79)中的分母可近似为 $(\alpha_g\ell_g-\alpha_d\ell_d)$。

由增益表示式(12.79)可以推出与分布放大器有关的几个有趣结论。对于无耗放大器的理想情形（$\alpha_g=\alpha_d=0$），增益简化为

$$G=\frac{g_m^2 Z_d Z_g N^2}{4}$$

它表明增益按 N^2 提高。这与 N 个放大器级联的增益按 $(G_0)^N$ 提高的情况有很大区别。存在损耗时，式(12.79)表示分布放大器增益在 $N\to\infty$ 时接近于零。对这个令人惊异的性质的解释是，在栅极线上输入电压按指数衰减，所以在放大器的末端 FET 接收不到输入信号；类似地，接近放大器始端的 FET 的放大信号则沿漏极线衰减。对于大的 N，增益按 N 倍乘积增加不足以补偿指数形式的衰减。这意味着对于给定的一组 FET 参量，有一个 N 的最优值，使分布放大器的增益最大。将式(12.79)对 N 求导，并令导数为零，可求出 N 的最优值为

$$N_{\text{opt}}=\frac{\ln(\alpha_g\ell_g/\alpha_d\ell_d)}{\alpha_g\ell_g-\alpha_d\ell_d} \tag{12.80}$$

这一结果与频率、器件参量和由式(12.71)、式(12.74)给出的通过线长的衰减常数有关。

例题 12.8　分布放大器性能

用式(12.79)计算 $N = 2, 4, 8$ 和 16 级分布放大器从 1GHz 至 18GHz 的增益。假定 $Z_d = Z_g = Z_0 = 50\Omega$，FET 的参量如下：$R_i = 5\Omega$，$R_{ds} = 250\Omega$，$C_{gs} = 0.30\text{pF}$，$g_m = 30\text{mS}$。求在 16GHz 处给出最大增益的最优 N 值。

解： 首先用式(12.71)和式(12.74)计算衰减常数 α_g 和 α_d，然后用式(12.79)计算增益与频率和 N 的关系。注意乘积 $\alpha_g\ell_g$ 和 $\alpha_d\ell_d$ 是与 ℓ_g 和 ℓ_d 无关的：

$$\alpha_g\ell_g = \frac{\omega^2 R_i C_{gs}^2 Z_0}{2},\quad \alpha_d\ell_d = \frac{Z_0}{2R_{ds}}$$

计算结果如图 12.16 所示。注意，对于较大的 N，增益随着频率的升高很快下降，而在高频处，$N = 16$ 的增益小于较小 N 值的增益。使用式(12.80)可以计算 16GHz 处最大增益的最优 N。在 16GHz 处，有 $\alpha_g\ell_g = 0.100$ 和 $\alpha_d\ell_d = 0.114$。于是，N 的最优值为

$$N_{\text{opt}} = \frac{\ln(\alpha_g\ell_g/\alpha_d\ell_d)}{\alpha_g\ell_g - \alpha_d\ell_d} = \frac{\ln(0.100/0.114)}{0.100 - 0.114} = 9.4$$

或者约为 9 级。最后，注意在 18GHz 处 $\omega R_i C_{gs} = 0.17$，说明把式(12.75)中的分压系数近似为 1 是正确的。

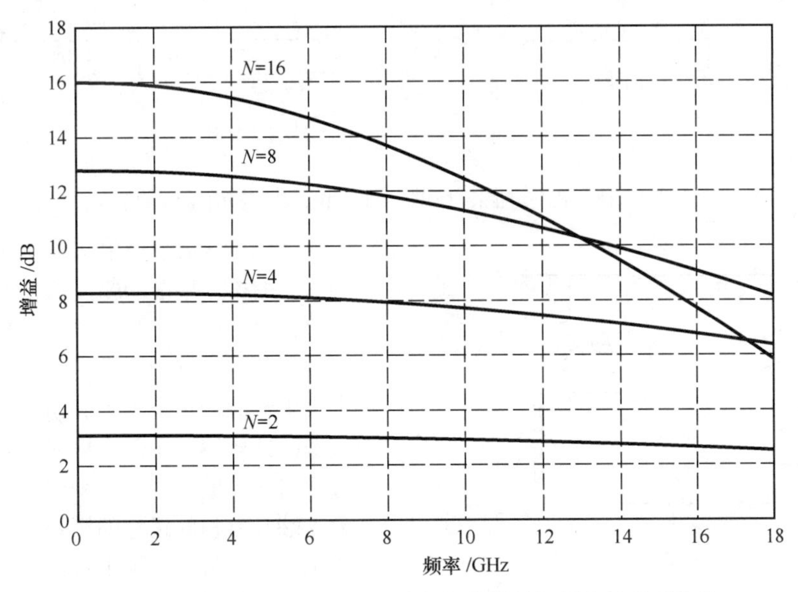

图 12.16　例题 12.8 中分布放大器的增益与频率的关系曲线　■

12.4.3　差分放大器

上面介绍的放大器是单端电路，即输入信号和输出信号是共地的。相比之下，差分放大器使用平衡的输入和输出，即在每个端口处有两条信号线，它们的极性相反。图 12.17 显示了单端和差分放大器的共用符号。与单端电路相比，差分电路有几个优点，包括取消了对两条信号线的常见干扰。在高度集成的单片电路上，这样的共模干扰对敏感的接收机电路来说是一个问题，因此现代 RFIC 中使用的许多电路采用差分拓扑技术。差分放大器的另一个优点是，它们提供的输出

电压范围约为单端放大器的两倍。差分电路的缺点是，它们使用的器件数量约为单端等效电路所用器件数量的两倍，且需要更为相关的偏置电源。

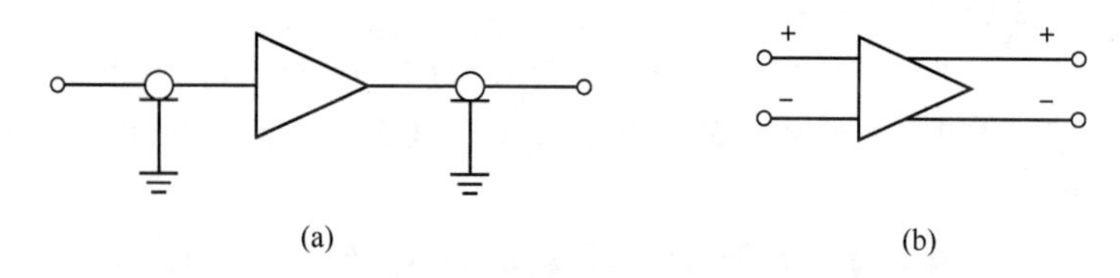

图 12.17 (a)单端放大器及表示不平衡输入线和输出线的符号；(b)具有平衡输入线和输出线的差分放大器

在输入端和输出端使用两个单端放大器和180°混合网络进行拆分，然后重新合并信号，可构建一个差分放大器（类似于 12.4 节使用 90°混合网络的平衡放大器）。此时，混合网络处的初始输入和最终输出会是单端的（参考到地）。这样的放大器有时称为*伪差分放大器*[5]，与纯差分放大器相比，它有着平衡的输入和输出信号。一般来说，（从平衡到不平衡的）巴伦电路用于将不平衡信号过渡到平衡信号，或将平衡信号过渡到不平衡信号。在更高频率处，180°混合耦合器可用做一个巴伦，它在混合网络的差分输入端口处有着不平衡的端口，并提供平衡端口的两个输出端口。不同类型的耦合线电路也可提供巴伦功能，其中最常用的是马尔尚 • 马伦，如图 12.18b 所示。

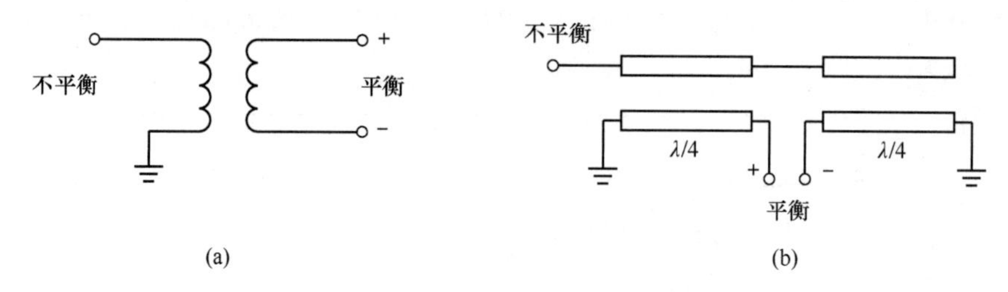

图 12.18 巴伦电路：(a)变压器巴伦；(b)马尔尚 • 马伦

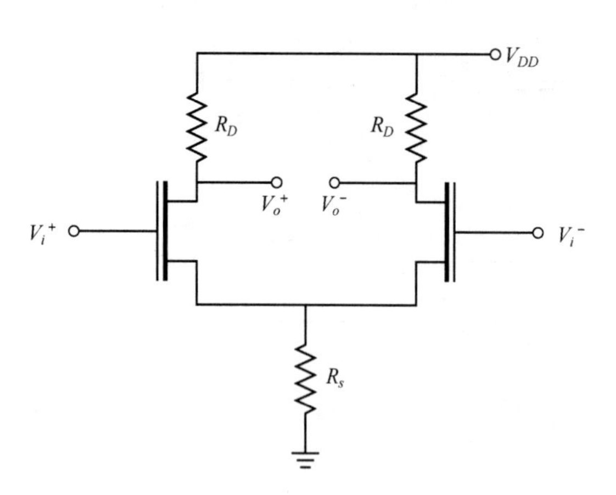

图 12.19 使用两个 FET 的差分放大器电路。源阻抗 R_s 可建模为一个电流源

图 12.19 显示了使用两个 FET 的差分放大器的 AC 电路。平衡的输入信号被应用到器件的栅极，平衡的输出信号跨越漏极形成。实际中，在器件的源极通常使用一个额外的晶体管来提供电流源，它由电阻 R_s 建模。通常，差分放大器的期望输入由两个栅极处具有相反极性的等幅信号组成，形成一个奇模激励。然后，当输入端具有相同极性的等幅信号形成一个偶模激励时，通常会出现干扰信号。这些模通常也分别称为*差模*和*共模*。可以分析差分放大器，方法是将任意输入分解为一个奇模和一个偶模的叠加，类似于前面对正交混合网络和其他对称电路的分析。

首先考虑差分（奇）模激励，它对应于放大器的寻常工作模式。等效电路如图 12.20a 所示，其中使用了单边 FET 模型。此时，输入信号是 $V_i^+ = V_i$ 和 $V_i^- = -V_i$；这种反对称性在电路的中间平面处建立一个零电势，因此在源极出现一个虚地，于是可以去掉电阻 R_s。电容上的电压为

$$V_c^{\pm}=\frac{\pm V_i}{1+\mathrm{j}\omega R_i C_{gs}} \tag{12.81}$$

漏极上的输出电压为

$$V_o^{\pm}=-I_d^{\pm}\frac{R_D R_{ds}}{R_D+R_{ds}}=\mp V_i\frac{g_m R_D R_{ds}}{(1+\mathrm{j}\omega R_i C_{gs})(R_D+R_{ds})} \tag{12.82}$$

于是，差（奇）模的电压增益为

$$A_d=\frac{V_o^+-V_o^-}{V_i^+-V_i^-}=\frac{-g_m R_D R_{ds}}{(1+\mathrm{j}\omega R_i C_{gs})(R_D+R_{ds})} \tag{12.83}$$

对于共（偶）模，输入信号是$V_i^+=V_i^-=V_i$，等效电路如图 12.20b 所示。由于激励的对称性，两个器件的源极之间没有电流流动，因此电路可以如图所示的那样二等分，将原始电阻 R_s 拆分为两个大小为 $2R_s$ 的电阻。电容上的电压为

$$V_c^{\pm}=\frac{V_i}{1+\mathrm{j}\omega C_{gs}(R_i+2R_s)} \tag{12.84}$$

跨越两个电流源的电压为

$$V_I=-I_d\frac{R_{ds}(R_D+2R_s)}{R_{ds}+R_D+2R_s}$$

因此漏极上的输出电压为

$$V_o^{\pm}=V_I\frac{R_D}{R_D+2R_s}=-I_d\frac{R_{ds}R_D}{R_{ds}+R_D+2R_s}=-V_i\frac{g_m R_{ds}R_D}{[1+\mathrm{j}\omega C_{gs}(R_i+2R_s)](R_{ds}+R_D+2R_s)} \tag{12.85}$$

于是共（偶）模的电压增益为

$$A_c=\frac{V_o^++V_o^-}{V_i^++V_i^-}=\frac{-g_m R_{ds}R_D}{[1+\mathrm{j}\omega C_{gs}(R_i+2R_s)](R_{ds}+R_D+2R_s)} \tag{12.86}$$

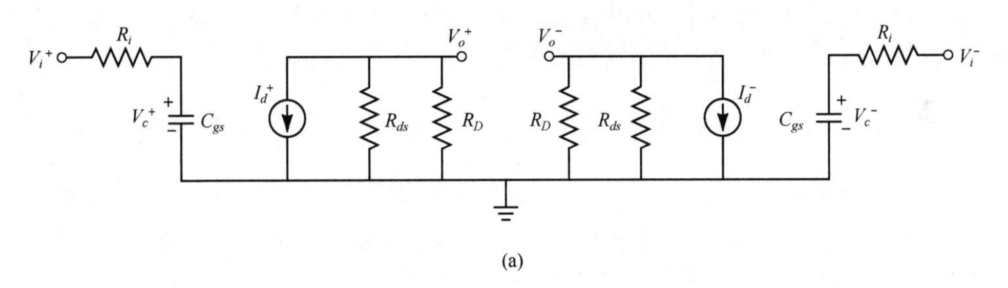

(a)

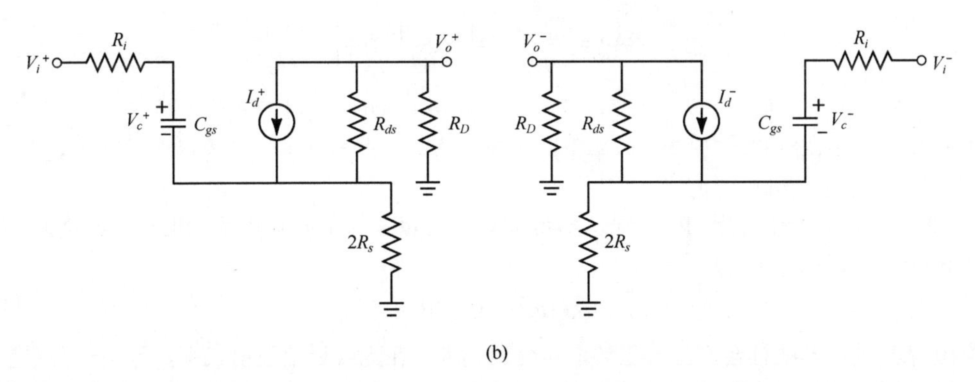

(b)

图 12.20　差分放大器的等效电路：(a)差分（奇）模的等效电路模型；(b)共（偶）模的等效电路模型

放大器的*共模抑制比*（CMRR）定义为差分电压增益与共模电压增益比，它是对差分放大器所能抑制共模干扰信号的程度的测度。对于此处探讨的差分放大器，共模抑制比为

$$\mathrm{CMRR}=\frac{A_d}{A_c}=\frac{(R_{ds}+R_D+2R_s)}{(R_{ds}+R_D)}\frac{1+\mathrm{j}\omega C_{gs}(R_i+2R_s)}{1+\mathrm{j}\omega C_{gs}R_i}=\left(1+\frac{2R_s}{R_{ds}+R_D}\right)\left(1+\frac{2\,\mathrm{j}\omega C_{gs}R_s}{1+\mathrm{j}\omega C_{gs}R_i}\right) \tag{12.87}$$

由这一结果可知，$R_s=0$ 时有 CMRR = 1，此时不提供共模抑制。这是因为图 12.20 中的两个电路在 $R_s=0$ 时是相同的。然而，当 $R_s\to\infty$ 时（这是理想电流源馈送到 FET 源极的情形），有 CMRR $\to\infty$，此时会消除共模信号。

12.5 功率放大器

功率放大器常用在雷达和无线电发射机的末级，用以提高辐射功率电平。移动话音或数据通信系统的典型输出功率是 100～500mW，雷达或定点无线系统的输出功率为 1～100W。对于射频和微波功率放大器，着重要考虑的是效率、增益、互调产物和热效应。单个晶体管在 UHF 频率下能提供 10～100W 的输出功率，而在更高频率下，输出功率通常限制为不到 10W。需要较高的输出功率时，可利用不同的功率合成技术将多个晶体管组合在一起。

迄今为止只考虑了*小信号放大器*，在这种情况下，输入信号功率小到可以假设晶体管是线性器件。线性器件的散射参量的意义是明确的，并且与输入功率或输出负载阻抗无关。这便大大简化了固定增益和低噪声放大器的设计。对于高输入功率（如在 1dB 压缩点或三阶截取点范围内），晶体管不是线性的，在这种情况下，在晶体管的输入端和输出端看到的阻抗将与输入功率电平有关，这使得功率放大器的设计变得更为复杂。

12.5.1 功率放大器的特性和放大器类型

在大多数手持式无线器件中，功率放大器常常是直流功率的主要消耗者，所以要重点考虑放大器效率。放大器效率的一个测度是射频输出功率与直流输入功率之比：

$$\eta=\frac{P_{\mathrm{out}}}{P_{\mathrm{DC}}} \tag{12.88}$$

这个量有时也称*漏极效率*（或*集电极效率*）。这个定义的缺点是未考虑传送到放大器输入处的射频功率。因为大多数功率放大器都有相对较低的增益，所以式(12.88)往往会高估实际效率。一个包含输入功率效应的更好测度是*功率附加效率*，它定义为

$$\eta_{\mathrm{PAE}}=\mathrm{PAE}=\frac{P_{\mathrm{out}}-P_{\mathrm{in}}}{P_{\mathrm{DC}}}=\left(1-\frac{1}{G}\right)\frac{P_{\mathrm{out}}}{P_{\mathrm{DC}}}=\left(1-\frac{1}{G}\right)\eta \tag{12.89}$$

式中，G 是放大器的功率增益。蜂窝电话频段 800～900MHz 的硅双极结晶体管，其功率附加效率约为 80%，但随着频率的提高，效率下降很快。功率放大器常常设计为提供最好的效率，这意味着最终增益小于最大可能值。

功率放大器另一个有用的参量是*压缩增益* G_1，它定义为 1dB 压缩点处的放大器增益。所以，G_0 是小信号（线性）功率增益时，有

$$G_1(\mathrm{dB})=G_0(\mathrm{dB})-1 \tag{12.90}$$

如第 10 章所述，非线性会产生寄生频率和交调失真。在无线通信发射机中，这是一个严重的问题，特别是在多载波系统中，寄生信号可以出现在相邻信道中。对非恒包络调制而言，线性也非

常重要，如幅移键控和高阶正交幅度调制方法。

A 类放大器本质上是线性电路，其中晶体管在整个输入信号周期内被偏置在导通状态。因此，A 类放大器理论上的最大效率是 50%。多数小信号和低噪声放大器是按 A 类电路工作的。相反，B 类放大器中的晶体管仅在输入信号的半个周期上偏置在导通状态。通常两个互补晶体管工作在 B 类推挽放大器中，以提供整个周期内的放大，B 类放大器理论上的效率是 78%。C 类放大器在输入信号的大半个周期内使晶体管处于截止状态，它通常用输出级的谐振电路来恢复基频信号。C 类放大器能达到的效率接近 100%，但只能用于恒包络调制。D 类、E 类、F 类和 S 类放大器将晶体管作为开关使用，以便泵浦高谐振电路，可达到很高的效率。工作在 UHF 或更高频率的大多数通信发射机依赖于 A 类、AB 类或 B 类功率放大器，因为需要低失真产物。

12.5.2 晶体管的大信号特性

当信号功率远低于 1dB 压缩点（IP_{1dB}）时，晶体管表现为线性特性，所以小信号散射参量与输入功率电平或输出端负载阻抗无关。但在功率电平大于等于 IP_{1dB} 时，晶体管的非线性特性便表现出来，测量得到的散射参量将与输入功率电平和输出端负载阻抗（及频率、偏置条件和温度）有关。所以大信号散射参量与定义的不同，而且不满足线性条件，不能用小信号参量代替（但对于器件稳定性计算，使用小信号散射参量通常会得到较好的结果）。

在大信号工作条件下，表征晶体管的一种更为有用的方法是测量作为源和负载阻抗函数的增益与输出功率。这样做的一种方法是求大信号源和负载的反射系数 Γ_{SP} 和 Γ_{LP}［它们在特定的输出功率（通常选择为 OP_{1dB}）下使功率增益最大］与频率的关系曲线。表 12.1 显示了 npn 硅双极型功率晶体管的典型大信号源和负载反射系数，同时显示了小信号散射参量。

表 12.1 小信号散射参量和大信号反射系数（硅双极型功率晶体管）

f/MHz	S_{11}	S_{12}	S_{21}	S_{22}	Γ_{SP}	Γ_{LP}	G/dB
800	$0.76\angle 176°$	$4.10\angle 76°$	$0.065\angle 49°$	$0.35\angle -163°$	$0.856\angle -167°$	$0.455\angle 129°$	13.5
900	$0.76\angle 172°$	$3.42\angle 72°$	$0.073\angle 52°$	$0.35\angle -167°$	$0.747\angle -177°$	$0.478\angle 161°$	12.0
1000	$0.76\angle 169°$	$3.08\angle 69°$	$0.079\angle 53°$	$0.36\angle -169°$	$0.797\angle -187°$	$0.491\angle 185°$	10.0

表征晶体管大信号特性的另一种方法是在 Smith 圆图上画出作为负载反射系数 Γ_{LP} 的函数的等输出功率曲线，晶体管在输入端共轭匹配。该曲线称为*负载牵引等值线*，它可用计算机控制的机电短截线调谐器组成的自动测量系统得到。典型的负载牵引等值线如图 12.21 所示，负载牵引等值线的作用类似于 12.3 节的等增益圆，但由于器件的非线性特性，它不是完美的圆。

非线性等效电路模型已被开发出来，用以预估 FET 和 BJT 的大信号特性[10]。对于微波 FET，主要的非线性参量是 C_{gs}, g_m, C_{gd} 和 R_{ds}。在模拟大信号晶体管时，一个重要的考虑是多数参量与温度有关，当然，随着输出功率的提高，温度也会升高。与计算机辅助设计（CAD）软件结合时，等效电路模型非常有用。

12.5.3 A 类功率放大器的设计

本节讨论使用大信号参量设计 A 类放大器。因为 A 类放大器理想上是线性的，所以有时使用小信号散射参量进行设计；然而，能够得到大信号参量时，通常能得到更好的结果。和小信号放大器设计一样，第一步是检查器件的稳定性。因为不稳定性始于小信号电平，为此可以使用小信号散射参量。稳定性对功率放大器非常重要，因为高功率振荡容易损坏有源器件和相关电路。

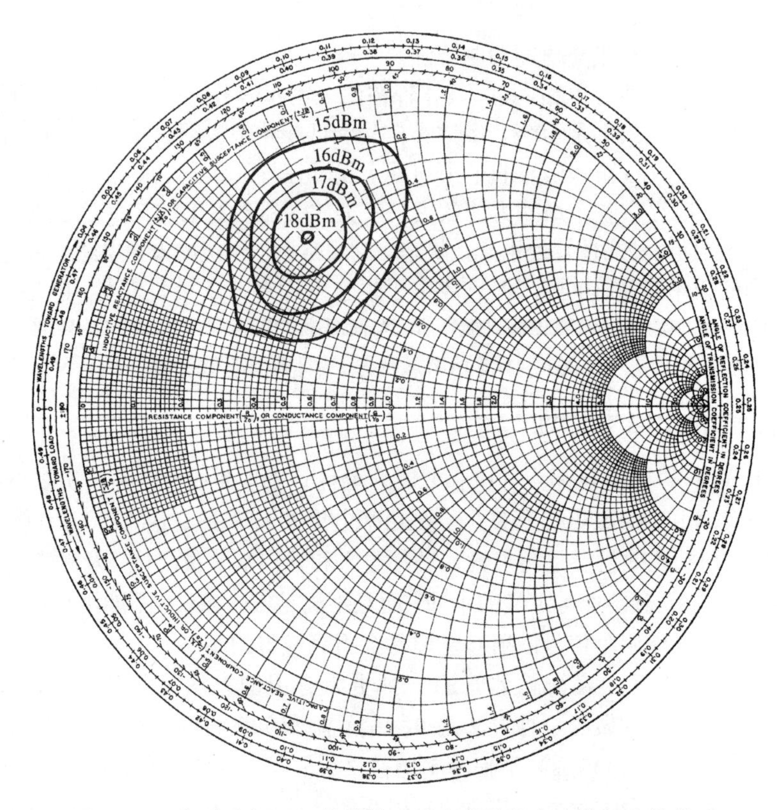

图 12.21 典型功率 FET 的等输出功率等值线与负载阻抗的关系

应根据频率范围和输出功率选择晶体管，理想情况是选其功率容量比设计要求的高出 20%。硅双极型晶体管在频率高达几吉赫兹时，与 GaAs FET 相比有更高的功率输出，而且一般也较便宜。晶体管外壳与散热片之间存在较好的热接触，对功率输出大于十分之几瓦的放大器来说都很重要。输入匹配网络通常设计为有最大功率传送（共轭匹配），而输出匹配网络设计为有最大输出功率（由 Γ_{LP} 导出）。源和负载反射系数的最优值与由式(12.40)给出的小信号散射参量得到的不同。要得到较好的效率，需要低损耗匹配元件，特别是在输出级，此处电流最大。有时可以用有内部匹配的芯片状晶体管，它有降低外壳寄生电抗影响的优点，可以提高效率和带宽。图 12.22 显示了一个 GaN 功率放大器的照片。

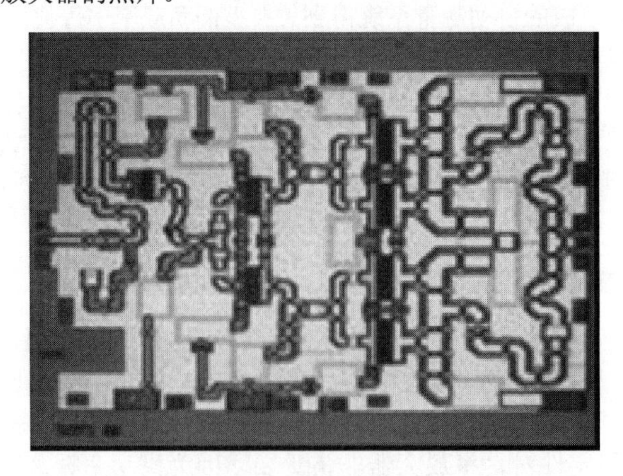

图 12.22 一个三级 Ku 波段 GaN MMIC 放大器的照片。承蒙 Raytheon 公司提供照片

例题 12.9　A 类功率放大器的设计

用 Nitronex NPT25100 GaN HEMT 晶体管设计一个工作频率为 2.3GHz 的功率放大器，输出功率为 10W。该晶体管在 $V_{DS}=28\,\text{V}$ 和 $I_D=600\,\text{mA}$ 时的散射参量如下：$S_{11}=0.593\angle 178°$，$S_{12}=0.009\angle -127°$，$S_{21}=1.77\angle -106°$，$S_{22}=0.958\angle 175°$，最优大信号源和负载阻抗是 $Z_{SP}=10-\text{j}3\Omega$ 和 $Z_{LP}=2.5-\text{j}2.3\Omega$。对于 10W 的输出功率，功率增益为 16.4dB，漏极效率为 26%。设计晶体管的输入和输出阻抗匹配节，求所需的输入功率、所需的 DC 漏电流和功率附加效率。

解： 首先验证器件的稳定性。将小信号散射参量代入式(12.28)和式(12.29)得

$$|\Delta|=|S_{11}S_{22}-S_{12}S_{21}|=0.579<1$$

$$K=\frac{1-|S_{11}|^2-|S_{22}|^2+|\Delta|^2}{2|S_{12}S_{21}|}=2.08>1$$

表明该器件是无条件稳定的。

把大信号输入和输出阻抗转换成反射系数得

$$\Gamma_{SP}=0.668\angle 187°,\quad \Gamma_{LP}=0.905\angle -175°$$

将小信号散射参量代入式(12.40)，求出共轭匹配的源和负载的反射系数为

$$\Gamma_S=\frac{B_1\pm\sqrt{B_1^2-4|C_1|^2}}{2C_1}=0.508\angle 166°$$

$$\Gamma_L=\frac{B_2\pm\sqrt{B_2^2-4|C_2|^2}}{2C_2}=0.954\angle -176°$$

注意，这些值近似等于大信号值 Γ_{SP} 和 Γ_{LP}，但不精确，因为用于计算 Γ_S 和 Γ_L 的散射参量不适用于大功率电平。因此，应使用大信号反射系数来设计输入和输出匹配网络。AC 放大器电路如图 12.23 所示。

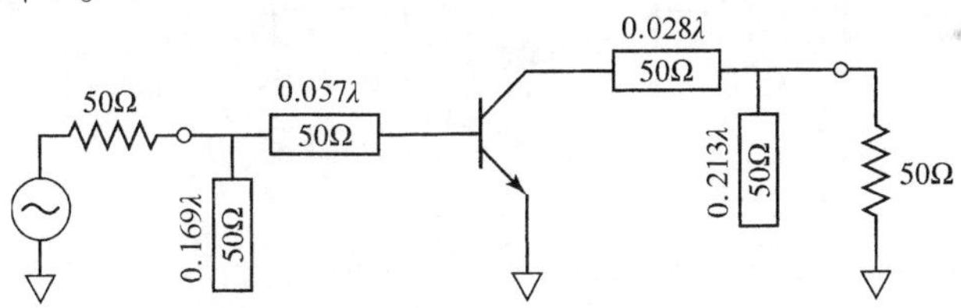

图 12.23　例题 12.9 中放大器的射频电路

对于输出功率 10W，所需的输入驱动功率是

$$P_{\text{in}}=P_{\text{out}}(\text{dBm})-G(\text{dB})=10\lg(10000)-16.4=23.6\text{dBm}=229\text{mW}$$

DC 输入功率可由漏极效率求出为 $P_{\text{DC}}=P_{\text{out}}/\eta=38.5\,\text{W}$，因此 DC 漏电流为 $I_D=P_{\text{DC}}/V_{\text{DS}}=1.37\,\text{A}$。放大器的功率附加效率可以由式(12.89)求出为

$$\eta_{\text{PAE}}=\frac{P_{\text{out}}-P_{\text{in}}}{P_{\text{DC}}}=\frac{10.0-0.229}{38.5}=25\%$$

■

参考文献

[1] G. D. Vendelin, A. M. Pavio, and U. L. Rohde, *Microwave Circuit Design Using Linear and Nonlinear Techniques*, John Wiley & Sons, New York, 1990.

[2] G. Gonzalez, *Microwave Transistor Amplifiers: Analysis and Design*, 2nd edition, Prentice-Hall, Upper Saddle River, N.J., 1997.
[3] R. Ludwig and P. Bretchko, *RF Circuit Design: Theory and Applications*, Prentice-Hall, Upper Saddle River, N.J., 2000.
[4] T. H. Lee, *The Design of CMOS Radio-Frequency Integrated Circuits*, 2nd edition, Cambridge University Press, Cambridge, 2004.
[5] M. Steer, *Microwave and RF Design: A Systems Approach*, SciTech, Raleigh, N.C., 2010.
[6] M. Ohtomo, "Proviso on the Unconditional Stability Criteria for Linear Twoports," *IEEE Transactions on Microwave Theory and Techniques*, vol. MTT-43, pp. 1197–1200, May 1995.
[7] M. L. Edwards and J. H. Sinksy, "A New Criteria for Linear 2-Port Stability Using a Single Geometrically Derived Parameter," *IEEE Transactions on Microwave Theory and Techniques*, vol. MTT-40, pp. 2803–2811, December 1992.
[8] Y. Ayasli, R. L. Mozzi, J. L. Vorhous, L. D. Reynolds, and R. A. Pucel, "A Monolithic GaAs 1–13 GHz Traveling-Wave Amplifier," *IEEE Transactions on Microwave Theory and Techniques*, vol. MTT-30, pp. 976–981, July 1982.
[9] J. B. Beyer, S. N. Prasad, R. C. Becker, J. E. Nordman, and G. K. Hohenwarter, "MESFET Distributed Amplifier Design Guidelines," *IEEE Transactions on Microwave Theory and Techniques*, vol. MTT-32, pp. 268–275, March 1984.
[10] W. R. Curtice and M. Ettenberg, "A Nonlinear GaAs FET Model for Use in the Design of Output Circuits for Power Amplifiers," *IEEE Transactions on Microwave Theory and Techniques*, vol. MTT-33, pp. 1383–1394, December 1985.

习题

12.1 考虑下图所示的微波网络，它包括一个 50Ω 的源、一个 50Ω 的 3dB 匹配衰减器和一个 50Ω 的负载。(a)计算功率增益、可用功率增益和转换功率增益；(b)负载改为 25Ω，这些增益如何改变？(c)源阻抗改为 25Ω，这些增益如何改变？

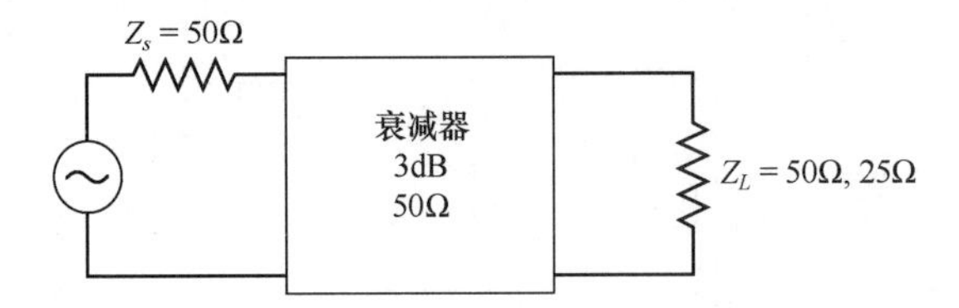

12.2 一个英飞凌 BFP640F SiGe HBT 在 1.0GHz 时有如下散射参量：$S_{11} = 0.91\angle-44°$，$S_{12} = 0.06\angle 68°$，$S_{21} = 3.92\angle 149°$，$S_{22} = 0.93\angle-17°$。对于图 12.1 中的晶体管，无匹配网络时：(a)计算功率增益、可用功率增益和转换功率增益，$Z_S = Z_L = 50\Omega$；(b)能求出 Z_S和Z_L（或 Γ_S和Γ_L）来最大化这些增益吗？（假设器件是单边的，且 $S_{12} = 0$。）

12.3 使用一个具有如下散射参量的 GaAs HBT 放大器（$Z_0 = 50\Omega$）：$S_{11} = 0.61\angle-170°$，$S_{12} = 0.06\angle 70°$，$S_{21} = 2.3\angle 80°$，$S_{22} = 0.72\angle-25°$。晶体管的输入连接到 $V_s = 2\text{V}$（峰值）和 $Z_S = 25\Omega$ 的源，晶体管的输出连接到负载 $Z_L = 100\Omega$。(a)求功率增益、可用功率增益、转换功率增益和单边转换功率增益。(b)计算来自源的可用功率和发送到负载的功率。

12.4 一个 SiGe HBT 器件在 2.0GHz 频率下具有如下散射参量：$S_{11} = 0.880\angle-115°$，$S_{12} = 0.029\angle 31°$，$S_{21} = 9.40\angle 110°$，$S_{22} = 0.328\angle-67°$。确定该器件的稳定性，并在该器件潜在不稳定时画出稳定性圆。

12.5 一个 GaN HEMT 器件在 4 个频率处的散射参量见表 11.8。使用 $K-\Delta$ 测试求该晶体管在每个频率处的稳定性。

12.6 使用 μ 参量检验，确定下列器件中的哪个是无条件稳定的，哪个有最大的稳定性。

器件	S_{11}	S_{12}	S_{21}	S_{22}
A	$0.34\angle-170°$	$0.06\angle70°$	$4.3\angle80°$	$0.45\angle-25°$
B	$0.75\angle-60°$	$0.2\angle70°$	$5.0\angle90°$	$0.51\angle60°$
C	$0.65\angle-140°$	$0.04\angle60°$	$2.4\angle50°$	$0.70\angle-65°$

12.7 证明对于单边器件（$S_{12}=0$），μ 参量检验公式(12.30)对无条件稳定意味着$|S_{11}|<1$ 和$|S_{22}|<1$。

12.8 证明式(12.40a)的正数判别式 $B_1^2>4|C_1|^2$ 等效于条件 $K^2>1$。

12.9 使用表 11.7 中给出的 GaAs MES FET 的散射参量数据，设计一个在 8.0GHz 处有最大增益的放大器。使用开路并联短截线设计匹配节并计算增益。使用 CAD 在频率范围 1～12GHz 内建模，或使用一些频率处的稳定性圆验证最终设计的稳定性。

12.10 考虑下图所示的阻抗匹配网络，其中端口 2 处的负载 Z_L（Γ_L）已被匹配到端口 1 处的源阻抗 Z_0。证明，当端口 1 被 Z_0 端接时（如下图中的右图所示），相同的网络在端口 2 处将出现阻抗 $Z=Z_L^*$。假设匹配网络是互易且无耗的。这一关系允许使用第 5 章中的阻抗调谐技术来为放大器设计输入和输出匹配网络。

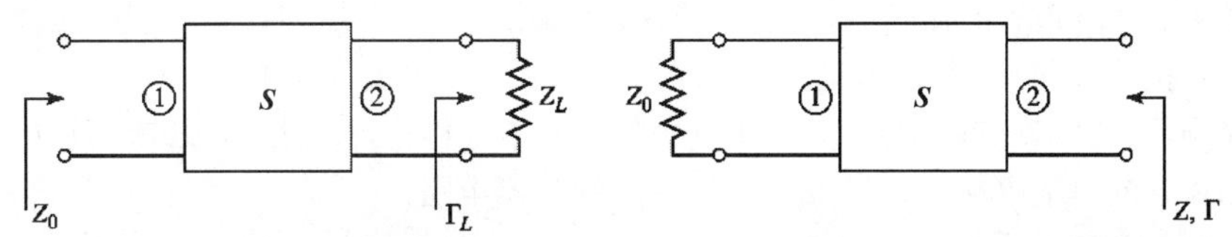

12.11 使用 6.0GHz 时具有如下散射参量（$Z_0=50\Omega$）的一个晶体管设计具有最大 G_{TU} 的一个放大器：$S_{11}=0.61\angle-170°$，$S_{12}=0$，$S_{21}=2.24\angle32°$，$S_{22}=0.72\angle-83°$。使用集总元件设计 L 节匹配节。

12.12 使用具有如下散射参量（$Z_0=50\Omega$）的一个晶体管设计 6.0GHz 时具有增益 10dB 的一个放大器：$S_{11}=0.61\angle-170°$，$S_{12}=0$，$S_{21}=2.24\angle32°$，$S_{22}=0.72\angle-83°$。对于 $G_S=1\text{dB}$ 和 $G_L=2\text{dB}$，画出（并使用）常数增益圆。使用具有开路并联短截线的匹配节。

12.13 计算习题 12.4 中的晶体管的单边品质因数。设计放大器时假设器件是单边的，转换功率增益的最大误差是多少？

12.14 证明式(12.51)定义的 $G_S(G_S=1)$ 的 0dB 增益圆过 Smith 圆图的中心。

12.15 一个 GaAs FET 在 8GHz 时有下列散射和噪声参量（$Z_0=50\Omega$）：$S_{11}=0.7\angle-110°$，$S_{12}=0.02\angle60°$，$S_{21}=3.5\angle60°$，$S_{22}=0.8\angle-70°$，$F_{\min}=2.5\text{dB}$，$\Gamma_{\text{opt}}=0.70\angle120°$，$R_N=15\Omega$。用开路并联短截线的匹配节，设计一个具有最小噪声系数和最大可能增益的放大器。

12.16 一个 GaAs FET 在 6GHz 时有下列散射和噪声参量($Z_0=50\Omega$)：$S_{11}=0.6\angle-60°$，$S_{12}=0$，$S_{21}=2.0\angle81°$，$S_{22}=0.7\angle-60°$，$F_{\min}=2.0\text{dB}$，$\Gamma_{\text{opt}}=0.62\angle100°$，$R_N=20\Omega$。用开路并联短截线的匹配节，设计一个有 6dB 增益和在该增益下有最小可能噪声系数的放大器。

12.17 重做习题 12.16，但放大器的设计噪声系数为 2.5dB，且在该噪声系数下达到最大可能增益。

12.18 用 3dB 耦合线混合耦合器重做例题 12.7 的平衡放大器分析。用 CAD 软件包优化该放大器的输入和输出匹配网络，得到从 3GHz 至 5GHz 的平坦 10dB 增益响应，并与用正交混合网络得到的结果比较。

12.19 平衡放大器中各个放大器级在输出端有失配 Γ_A 和 Γ_B，证明平衡放大器的输出失配是 $S_{22}=(\Gamma_A-\Gamma_B)/2$。

12.20 推导分布放大器的最优尺寸表达式是式(12.80)。

12.21 考虑一个分布放大器，其 GaAs MESFET 有下列参量：$R_i=5\Omega$，$R_{ds}=200\Omega$，$C_{gs}=0.3\text{pF}$ 和 $g_m=40\text{mS}$。对于 $N=4, 8$ 和 16 节，计算并画出从 0 到 20GHz 的增益。求出在 16GHz 处给出最大增益的最优 N 值，假设 $Z_d=Z_g=Z_0=50\Omega$。

12.22 用表 12.1 给出的晶体管数据，设计一个在 1GHz 处功率输出为 1W 的功率放大器。用给出的大信号反射系数设计输入和输出匹配电路，计算所需的输入功率电平。

第 13 章　振荡器和混频器

在所有现代雷达和无线通信系统中，广泛使用射频和微波振荡器作为频率变换和载波生成的信号源。固体振荡器使用有源非线性器件（如二极管和晶体管）及无源电路，将 DC 变换成稳态射频正弦信号。基本的晶体管振荡器电路通常可在低频下使用，并带有晶体谐振器以改善频率稳定性和低噪声性能。在较高频率处能够使用偏置于负阻抗工作点的二极管或晶体管，以及腔体、传输线或介质谐振器，以产生高达 100GHz 的基频振荡。另一种办法是，结合使用频率倍增器和低频信号源，可产生毫米波频率的功率。因为需要使用非线性器件，所以振荡电路的严格分析和设计是很困难的，当前通常使用先进的 CAD 工具进行分析和设计。

本章首先概述低频晶体管振荡电路，包括著名的哈特莱和考毕兹电路，以及晶体控制振荡器。接着，考虑用于微波频率的振荡器，它与低频振荡器不同，主要原因在于不同的晶体管特性以及实际使用负阻抗器件和高 Q 微波谐振器的能力。最后介绍频率倍增技术。一个相关的主题是频率变换或混频，所以本章将讨论上变频和下变频的基本工作原理。此外，还将讨论检波器、使用二极管和晶体管的单端混频器，以及一些专用的混频器电路。

关于在射频和微波系统中使用的振荡器，需要重点考虑的问题如下：

- 调谐范围（对电压调谐振荡器，以 MHz/V 表示）。
- 频率稳定性（以 PPM/℃表示）。
- AM 和 FM 噪声（以偏离载波、低于载波的 dBc/Hz 表示）。
- 谐波（以低于载波的 dBc 表示）。

典型的频率稳定性要求为 2～0.5PPM/℃，相位噪声要求在偏离载波 10kHz 的位置为−80～−110dBc/Hz。

与二极管源（如隧道、耿氏或 IMPATT 二极管）相比，晶体管振荡器通常具有较低的频率和功率，但也有一些优点。首先，使用晶体管的振荡器能与单片集成电路稳定地兼容，因此可以很容易地与晶体管放大器和混频器集成，而二极管器件的兼容性通常要差一些。其次，与二极管源相比，晶体管振荡器电路通常更为灵活。原因是二极管的负阻抗振荡机制受到器件本身的物理性质限制，而晶体管的工作特性可以通过调整偏置点、源或负载阻抗，实现更大的调节自由度。与二极管源相比，晶体管振荡器通常可以更好地控制振荡频率、温度稳定性和输出噪声。晶体管振荡器电路也能很好地满足频率调谐、相位或注入锁定，以及各种调制要求。晶体管源相对比较有效，但通常无法提供很高的功率输出。

许多电子战系统、跳频雷达和通信系统以及测试系统中都需要使用可调源。在谐振负载中使用可调元件，如变容二极管或磁偏 YIG 球，可制成可调的晶体管振荡器。因此，在晶体管振荡器体电路中使用反偏变容二极管，可制造压控振荡器（VCO）。在 YIG 可调振荡器（YTO）中，使用一个单晶 YIG 球来控制振荡器体电路中的线圈的电感。因为 YIG 是铁氧体材料，因此使用一个外部 DC 磁偏场可控制其有效磁导率，进而控制振荡器的频率。YIG 振荡器也可制成在十倍或更多倍的带宽上可调谐，而变容调谐振荡器通常被限制在 1 倍的频程范围内调谐。然而，YIG 调谐振荡器的调谐速度不像变容振荡器那样快。

13.1 射频振荡器

从最一般的意义上来说，振荡器是一个非线性电路，它将 DC 功率变换成 AC 波形。大多数射频振荡器输出正弦信号，它应使不需要的谐频和噪声边带最小。正弦振荡器的基本工作原理在概念上可用如图 13.1 所示的线性反馈电路描述。具有电压增益 A 的放大器的输出电压为 V_o。这一输出电压通过随频率变化的传递函数 $H(\omega)$的反馈网络，加到电路的输入电压 V_i上。因此，输出电压可表示为

$$V_o(\omega)=AV_i(\omega)+H(\omega)AV_o(\omega) \tag{13.1}$$

求解该方程可给出用输入电压表示的输出电压，即

$$V_o(\omega)=\frac{A}{1-AH(\omega)}V_i(\omega) \tag{13.2}$$

若在某个特定的频率下，式(13.2)的分母成为零，则有可能在输入电压为零时输出电压不为零，因此形成振荡器。这称为奈奎斯特准则或巴克豪森准则。这和放大器设计不同，放大器设计应达到最大稳定性，而振荡器设计依赖于不稳定性电路。

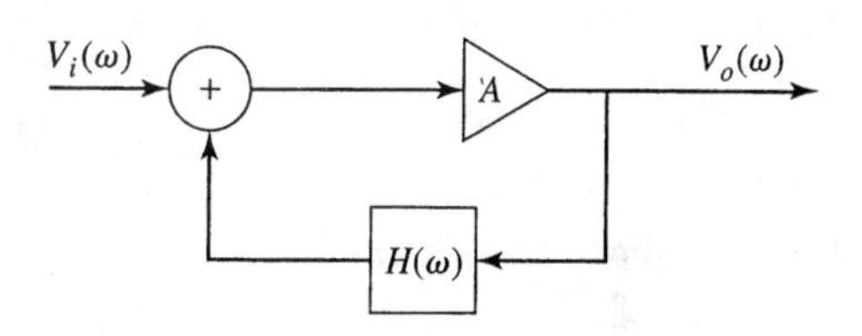

图 13.1 用带有频率相关反馈路径的放大器表示的正弦振荡器框图

图 13.1 所示振荡电路在概念说明上是有用的，但无法为实际的晶体管振荡器设计提供更多有用信息。为此，下面讨论晶体管振荡器电路的一般分析方法。

13.1.1 一般分析方法

存在许多可能的射频振荡电路，它们采用双极型晶体管或场效应晶体管，可以是共发射极/源极、共基极/栅极或共集电极/漏极结构。各种形式的反馈网络形成了著名的哈特莱、考毕兹、克拉普和皮尔斯振荡器电路[1~3]。图 13.2 所示的基本振荡电路可代表所有这些不同的电路。

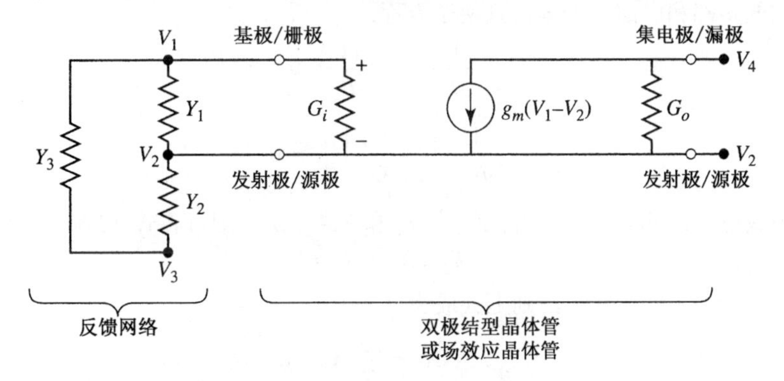

图 13.2 晶体管振荡器的一般电路。晶体管可以是双极结型晶体管或场效应晶体管。这一电路可以用于分别在 V_2、V_1 或 V_4 接地的共发射极/源极、共基极/栅极或共集电极/漏极结构。将节点 V_3 和 V_4 连接起来可产生反馈

图 13.2 的右边是双极结型或场效应晶体管的等效电路模型。如第 10 章所述，此处假定晶体管是单边的，这一假定在实际上通常是很好的近似。我们能简化分析，假定用晶体管的跨导 g_m

分别定义晶体管的实输入和输出导纳 G_i 和 G_o。电路左边的反馈网络由 T 形桥结构中的三个导纳组成。这些元件通常是电抗性的（电容或电感），用以得到具有频率选择性的高 Q 值传递函数。设 $V_2 = 0$，得到共发射极/源极结构，而 $V_1 = 0$ 或 $V_4 = 0$ 能够分别得到共基极/栅极或共集电极/漏极结构。如图 13.2 所示，电路中未引入反馈路径——将节点 V_3 和节点 V_4 连接可得到反馈路径。

写出图 13.2 所示电路中 4 个电压节点的基尔霍夫方程，得出下面的矩阵方程：

$$\begin{bmatrix} (Y_1+Y_3+G_i) & -(Y_1+G_i) & -Y_3 & 0 \\ -(Y_1+G_i+g_m) & (Y_1+Y_2+G_i+G_o+g_m) & -Y_2 & -G_3 \\ -Y_3 & -Y_2 & (Y_2+Y_3) & 0 \\ g_m & -(G_o+g_m) & 0 & G_o \end{bmatrix}\begin{bmatrix} V_1 \\ V_2 \\ V_3 \\ V_4 \end{bmatrix}=0 \tag{13.3}$$

回忆电路分析可知，若电路的第 i 个节点接地，使 $V_i = 0$，则式(13.3)给出的矩阵可消去第 i 行和第 i 列，使矩阵阶数减 1。此外，若两个节点连接在一起，则需要将矩阵的相应行和列相加。

13.1.2　使用共发射极的双极结型晶体管的振荡器

作为一个特例，考虑采用共发射极结构的双极结型晶体管（BJT）的振荡器。在这个例子中，$V_2 = 0$，并从集电极反馈以使 $V_3 = V_4$。此外，晶体管的输出导纳可以忽略，所以可取 $G_o = 0$。用这些条件，式(13.3)的矩阵将变为

$$\begin{bmatrix} (Y_1+Y_3+G_i) & -Y_3 \\ (g_m-Y_3) & (Y_2+Y_3) \end{bmatrix}\begin{bmatrix} V_1 \\ V \end{bmatrix}=0 \tag{13.4}$$

式中，$V = V_3 = V_4$。

若电路按振荡器工作，则对于非零的 V_1 和 V，式(13.4)成立，所以矩阵行列式必须为零。若反馈网络仅包含无耗电容和电感，则 Y_1、Y_2 和 Y_3 必须是虚数，所以可取 $Y_1 = \mathrm{j}B_1$，$Y_2 = \mathrm{j}B_2$ 和 $Y_3 = \mathrm{j}B_3$。同时，回忆可知跨导 g_m 和晶体管输入电导 G_i 是实数。因此，式(13.4)的行列式简化为

$$\begin{vmatrix} G_i+\mathrm{j}(B_1+B_3) & -\mathrm{j}B_3 \\ g_m-\mathrm{j}B_3 & \mathrm{j}(B_2+B_3) \end{vmatrix}=0 \tag{13.5}$$

分别使行列式的实部和虚部等于零得到两个方程：

$$\frac{1}{B_1}+\frac{1}{B_2}+\frac{1}{B_3}=0 \tag{13.6a}$$

$$\frac{1}{B_3}+\left(1+\frac{g_m}{G_i}\right)\frac{1}{B_2}=0 \tag{13.6b}$$

若将电纳变换成电抗，并取 $X_1 = 1/B_1$、$X_2 = 1/B_2$ 和 $X_3 = 1/B_3$，则可将式(13.6a)写为

$$X_1+X_2+X_3=0 \tag{13.7a}$$

用式(13.6a)消去式(13.6b)中的 B_3，则上式成为

$$X_1=\frac{g_m}{G_i}X_2 \tag{13.7b}$$

因为 g_m 和 G_i 是正值，式(13.7b)意味着 X_1 和 X_2 具有相同的符号，两者要么都是电容，要么都是电感。因此，式(13.7a)表明 X_3 必须与 X_1 和 X_2 的符号相反，因而是相反类型的电抗元件。从这一结论可以导出两种最常用的振荡器电路。

X_1 和 X_2 是电容，X_3 是电感时，得到考毕兹振荡器。取 $X_1 = -1/\omega_0 C_1$，$X_2 = -1/\omega_0 C_2$ 和 $X_3 = \omega_0 L_3$，式(13.7a)变为

$$\frac{-1}{\omega_0}\left(\frac{1}{C_1}+\frac{1}{C_2}\right)+\omega_0 L_3=0$$

由此式可以解出振荡器的频率 ω_0 为

$$\omega_0=\sqrt{\frac{1}{L_3}\left(\frac{C_1+C_2}{C_1C_2}\right)} \tag{13.8}$$

在式(13.7b)中，用同样的替换得到考毕兹电路振荡的必要条件为

$$\frac{C_2}{C_1}=\frac{g_m}{G_i} \tag{13.9}$$

图 13.3a 中给出了得到的共发射极考毕兹振荡器电路。

另一种方法是，若选择 X_1 和 X_2 是电感，X_3 是电容，则得到哈特莱振荡器。取 $X_1=\omega_0 L_1$，$X_2=\omega_0 L_2$ 和 $X_3=-1/\omega_0 C_3$，式(13.7a)变为

$$\omega_0(L_1+L_2)-\frac{1}{\omega_0 C_3}=0$$

由此解出 ω_0 为

$$\omega_0=\sqrt{\frac{1}{C_3(L_1+L_2)}} \tag{13.10}$$

在式(13.7b)中，用同样的替换得到哈特莱电路振荡的必要条件为

$$\frac{L_1}{L_2}=\frac{g_m}{G_i} \tag{13.11}$$

图 13.3b 中给出了得到的共发射极哈特莱振荡器电路。

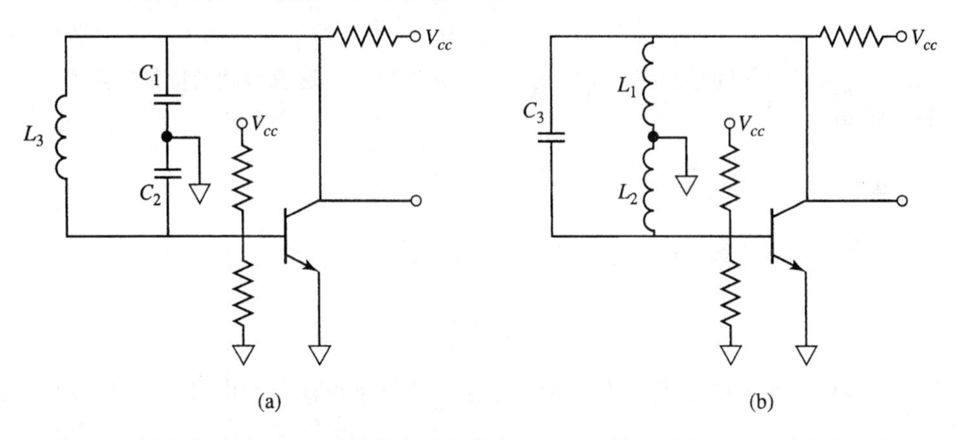

图 13.3 用共发射极 BJT 构成的晶体管振荡电路：(a)考毕兹振荡器；(b)哈特莱振荡器

13.1.3 使用共栅极场效应晶体管的振荡器

下面考虑使用共栅极结构 FET 制作的振荡器。在这种情况下，$V_1=0$，同样用 V_3-V_4 给出反馈路径。对于 FET，输入导纳可以忽略，所以取 $G_i=0$。因此式(13.3)的矩阵简化为

$$\begin{bmatrix}(Y_1+Y_2+g_m+G_o) & -(Y_2+G_o)\\ -(G_o+g_m+Y_2) & (Y_2+Y_3+G_o)\end{bmatrix}\begin{bmatrix}V_2\\ V\end{bmatrix}=0 \tag{13.12}$$

式中，$V=V_3=V_4$。再次假定反馈网络由无耗电抗元件组成，以致 Y_1、Y_2 和 Y_3 能够用它们的电纳代替。因此，取式(13.12)的行列式等于零给出

$$\begin{vmatrix} (g_m + G_o) + \mathrm{j}(B_1 + B_2) & -G_o - \mathrm{j}B_2 \\ -(G_o + g_m) - \mathrm{j}B_2 & G_o + \mathrm{j}(B_2 + B_3) \end{vmatrix} = 0 \tag{13.13}$$

使其实部和虚部等于零得到两个方程：

$$\frac{1}{B_1} + \frac{1}{B_2} + \frac{1}{B_3} = 0 \tag{13.14a}$$

$$\frac{C_o}{B_3} + \frac{g_m}{B_1} + \frac{G_o}{B_1} = 0 \tag{13.14b}$$

和前面一样，X_1、X_2 和 X_3 是相应电纳的倒数。于是，式(13.14a)可重写为

$$X_1 + X_2 + X_3 = 0 \tag{13.15a}$$

用式(13.14a)消去式(13.14b)中的 B_3，上式成为

$$\frac{X_2}{X_1} = \frac{g_m}{G_o} \tag{13.15b}$$

因为 g_m 和 G_o 是正值，所以 X_1 和 X_2 必须同号，而式(13.15b)表明 X_3 必须与它们反号。若选择 X_1 和 X_2 为负值，则它们应是容性的，X_3 应是感性的。这对应于考毕兹振荡器。因为式(13.15a)和式(13.7a)相同，其解给出共栅极考毕兹振荡器的谐振频率为

$$\omega_0 = \sqrt{\frac{1}{L_3}\left(\frac{C_1 + C_2}{C_1 C_2}\right)} \tag{13.16}$$

上式与式(13.8)给出的共发射极考毕兹振荡器的结果相同。这是因为谐振频率取决于反馈网络，在这两种情况下反馈网络是一样的。式(13.15b)给出的振荡条件变为

$$\frac{C_1}{C_2} = \frac{g_m}{G_o} \tag{13.17}$$

若选择 X_1 和 X_2 为正值，则它们应是感性的，X_3 应是容性的。这就得到哈特莱振荡器。共栅极哈特莱振荡器的谐振频率为

$$\omega_0 = \sqrt{\frac{1}{C_3(L_1 + L_2)}} \tag{13.18}$$

它与式(13.10)给出的共发射极哈特莱振荡器的结果相同。式(13.15b)简化为

$$\frac{L_2}{L_1} = \frac{g_m}{G_o} \tag{13.19}$$

只需用 FET 器件代替 BJT 器件，共栅极考毕兹和哈特莱振荡器的电路就类似于图 13.3 所示的电路。

13.1.4 实际考虑

必须强调以上的分析是基于相当理想的假设得到的，实际上成功的振荡器设计需要考虑到一些因素，如联系输入和输出晶体管端口的电抗、晶体管特性随温度的变化、晶体管偏置和去耦电路以及电感损耗的影响。为考虑这些因素，可以使用计算机辅助设计软件。

上述分析可以推广到更实际的反馈网络中（带有串联电阻的电感），实际电感总是含有一定的电阻。例如，考虑共发射极 BJT 考毕兹振荡器的情况，其中电感的阻抗为 $Z_3 = 1/Y_3 = R + \mathrm{j}\omega L_3$。将其代入式(13.4)，并设其行列式的实部和虚部为零，得到谐振频率如下：

$$\omega_0 = \sqrt{\frac{1}{L_3}\left(\frac{1}{C_1}+\frac{1}{C_2}+\frac{G_iR}{C_1}\right)} = \sqrt{\frac{1}{L_3}\left(\frac{1}{C_1'}+\frac{1}{C_2}\right)} \tag{13.20}$$

当电感有损耗时，这一方程类似于式(13.8)的结果，只是C_1'定义为

$$C_1' = \frac{C_1}{1+RG_i} \tag{13.21}$$

相应的振荡条件为

$$\frac{R}{G_i} = \frac{1+g_m/G_i}{\omega_0^2 C_1 C_2} - \frac{L_3}{C_1} \tag{13.22}$$

这一结果给出了串联电阻R的最大值；通常应选择式(13.22)的左侧小于右侧，以保证实现振荡。

例题 13.1　考毕兹振荡器设计

用共发射极结构的晶体管设计 50MHz 的考毕兹振荡器，其中$\beta = g_m/G_i = 30$，晶体管输入电阻为$R_i = 1/G_i = 1200\Omega$。所用电感为$L_3 = 0.10\ \mu\text{H}$，Q值为 100。为维持振荡，电感的最小Q值是多少？

解：由式(13.20)求得C_1'和C_2的串联组合电容为

$$\frac{C_1'C_2}{C_1'+C_2} = \frac{1}{\omega_0^2 L_3} = \frac{1}{(2\pi)^2 \times (50\times 10^6)^2 \times (0.1\times 10^{-6})} = 100\text{pF}$$

能够用几种方法得到上式的值，但此处选择$C_1' = C_2 = 200\text{pF}$。

由第 6 章可知，电感的Q值与其串联电阻的关系为$Q_0 = \omega L/R$，所以 0.10μH 电感的串联电阻为

$$R = \frac{\omega_0 L_3}{Q_0} = \frac{2\pi \times (50\times 10^6)\times(0.1\times 10^{-6})}{100} = 0.31\Omega$$

于是，式(13.21)给出C_1为

$$C_1 = C_1'(1+RG_i) = 200\times\left(1+\frac{0.31}{1200}\right) = 200\text{pF}$$

可以看到该值与忽略电感损耗求得的值实质上并无不同。用上述数值，式(13.22)给出

$$\frac{R}{G_i} = \frac{1+\beta}{\omega_0^2 C_1 C_2} - \frac{L_3}{C_1}$$

$$(0.31)(1200) < \frac{1+30}{(2\pi)^2 \times (50\times 10^6)^2 \times (200\times 10^{-12})^2} - \frac{0.1\times 10^{-6}}{200\times 10^{-12}}$$

$$372 < 7852 - 500 = 7352$$

这些结果表明振荡条件是成立的。能够应用这一条件求最小无载电感Q值。首先解出串联电阻R的最大值：

$$R_{\max} = \frac{1}{R_i}\left(\frac{1+\beta}{\omega_0^2 C_1 C_2} - \frac{L_3}{C_1}\right) = \frac{7352}{1200} = 6.13\Omega$$

所以最小无载Q值为

$$Q_{\min} = \frac{\omega_0 L_3}{R_{\max}} = \frac{2\pi\times(50\times 10^6)\times(0.1\times 10^{-6})}{6.13} = 5.1$$ ■

13.1.5　晶体振荡器

如从上述分析中看到的那样，振荡器的谐振频率由振荡条件决定，即要求晶体管的输入和输出之间出现 180°相移。谐振反馈电路具有高 Q 值，使得相移随频率变化非常快时，振荡器将具有好的频率稳定性。为达到这一要求，可以采用石英晶体，特别是频率低于几百兆赫兹的情况，因为在此情况下，LC 谐振电路的 Q 值很难超过几百。石英晶体的 Q 值可高达 100000，并且温度漂移小于 0.001%/℃。因而晶体控制振荡器广泛用做射频系统的稳定频率源；控制石英晶体的温度可以得到更好的稳定性。

石英晶体谐振器由安装在两个金属板之间的石英切片构成。通过压电效应可以在晶体中激励机械振荡。接近最低谐振模时石英晶体的等效电路如图 13.4a 所示。这一电路的串联和并联谐振频率 ω_s 和 ω_p 为

$$\omega_s = \frac{1}{\sqrt{LC}} \tag{13.23a}$$

$$\omega_p = \frac{1}{\sqrt{L\left(\dfrac{C_0C}{C_0+C}\right)}} \tag{13.23b}$$

图 13.4a 所示电路中的电抗画在图 13.4b 中，可以看到在串联和并联谐振之间的频率范围内电抗是感性的。这是晶体常用的工作点，在这一工作点晶体可以代替哈特莱或考毕兹振荡器中的电感。典型的晶体振荡器电路如图 13.5 所示。

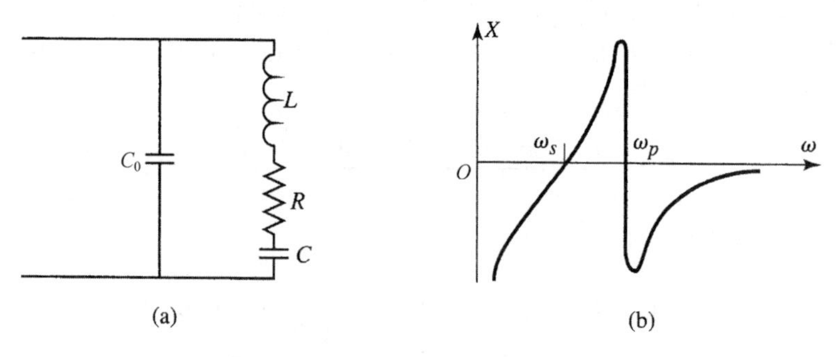

图 13.4　(a)晶体谐振器的等效电路；(b)晶体谐振器的输入电抗

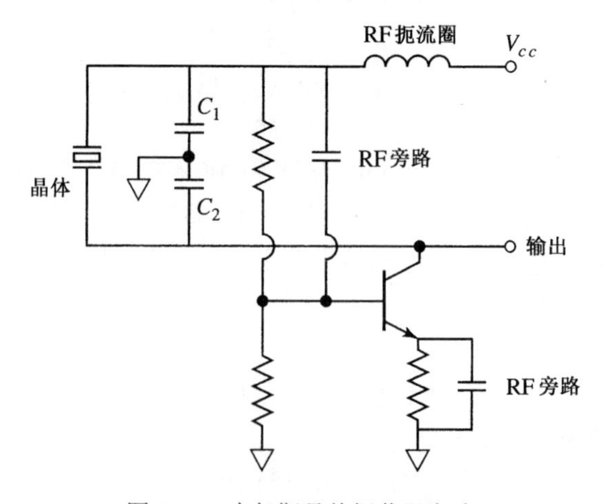

图 13.5　皮尔斯晶体振荡器电路

13.2 微波振荡器

本节集中讨论可用做微波频率振荡器的电路，即主要采用负阻抗器件构成的电路。

图 13.6 示出了典型的单端口射频负阻抗振荡器电路，其中 $Z_{\text{in}} = R_{\text{in}} + \text{j}X_{\text{in}}$ 是有源器件（即偏置二极管）的输入阻抗。通常，这一阻抗与电流（或电压）有关，也与频率有关，可以写出这一关系为 $Z_{\text{in}}(I, \text{j}\omega) = R_{\text{in}}(I, \text{j}\omega) + \text{j}X_{\text{in}}(I, \text{j}\omega)$。器件的终端连接无源负载阻抗 $Z_L = R_L + \text{j}X_L$。应用基尔霍夫电压定律可得

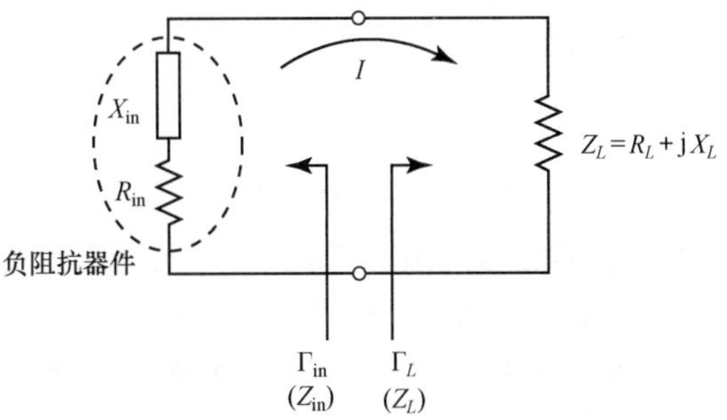

$$(Z_L + Z_{\text{in}})I = 0 \tag{13.24}$$

图 13.6　单端口 RF 负阻抗振荡器电路

若振荡出现，使得射频电流 I 不为零，则要满足如下条件：

$$R_L + R_{\text{in}} = 0 \tag{13.25a}$$

$$X_L + X_{\text{in}} = 0 \tag{13.25b}$$

因为负载是无源的，$R_L > 0$，所以式(13.25a)表明 $R_{\text{in}} < 0$。因此，正电阻表示能量消耗，而负电阻表示能量源。式(13.25b)中的条件控制振荡频率。式(13.24)中的条件，即对于稳态振荡有 $Z_L = -Z_{\text{in}}$，意味着反射系数 Γ_L 和 Γ_{in} 有下述关系：

$$\Gamma_L = \frac{Z_L - Z_0}{Z_L + Z_0} = \frac{-Z_{\text{in}} - Z_0}{-Z_{\text{in}} + Z_0} = \frac{Z_{\text{in}} + Z_0}{Z_{\text{in}} - Z_0} = \frac{1}{\Gamma_{\text{in}}} \tag{13.26}$$

振荡过程依赖于 Z_{in} 的如下非线性特性。最初，整个电路必须在某一频率下出现不稳定，即 $R_{\text{in}}(I, \text{j}\omega) + R_L < 0$。然后，任意的激励或噪声将在频率 ω 处引发振荡。当 I 增加时，$R_{\text{in}}(I, \text{j}\omega)$ 应变成较小的负值，直到电流达到 I_0，使得 $R_{\text{in}}(I_0, \text{j}\omega_0) + R_L = 0$ 和 $X_{\text{in}}(I_0, \text{j}\omega_0) + X_L(\text{j}\omega_0) = 0$，从而使振荡器在稳态下运行。最后形成的振荡频率 ω_0 通常不同于起振频率，因为 X_{in} 与电流有关，因此 $X_{\text{in}}(I, \text{j}\omega) \neq X_{\text{in}}(I_0, \text{j}\omega_0)$。

因此，可以看到式(13.25)的条件不足以保证稳态振荡。特别地，稳定性要求电流或频率的任何扰动都应该被阻尼，使得振荡器回到原来的状态。为定量描述这一条件，考虑电流的微小变化 δI，或复频率 $s = \alpha + \text{j}\omega$ 的微小变化 δs。若设 $Z_T(I, s) = Z_{\text{in}}(I, s) + Z_L(s)$，则可写出 $Z_T(I, s)$ 在工作点 I_0，ω_0 处的泰勒级数为

$$Z_T(I, s) = Z_T(I_0, s_0) + \left.\frac{\partial Z_T}{\partial s}\right|_{s_0, I_0} \delta s + \left.\frac{\partial Z_T}{\partial I}\right|_{s_0, I_0} \delta I = 0 \tag{13.27}$$

因为若实现振荡，则 $Z_T(I, s)$仍要等于零。在式(13.27)中，$s_0 = \text{j}\omega_0$ 是原始工作点处的复频率。现在应用 $Z_T(I_0, s_0) = 0$ 和 $\dfrac{\partial Z_T}{\partial s} = -\text{j}\dfrac{\partial Z_T}{\partial \omega}$ 求解式(13.27)，求出 $\delta s = \delta\alpha + \text{j}\delta\omega$ 为

$$\delta s = \delta\alpha + \text{j}\delta\omega = \left.\frac{-\partial Z_T/\partial I}{\partial Z_T/\partial s}\right|_{s_0, I_0} \delta I = \frac{-\text{j}(\partial Z_T/\partial I)(\partial Z_T^*/\partial\omega)}{|\partial Z_T/\partial\omega|^2}\delta I \tag{13.28}$$

若由 δI 和 $\delta\omega$ 引起的瞬态是衰减的，则当 $\delta I > 0$ 时必定有 $\delta\alpha < 0$。这意味着式(13.28)中有

$$\text{Im}\left\{\frac{\partial Z_T}{\partial I}\frac{\partial Z_T^*}{\partial\omega}\right\} < 0$$

或

$$\frac{\partial R_T}{\partial I}\frac{\partial X_T}{\partial \omega}-\frac{\partial X_T}{\partial I}\frac{\partial R_T}{\partial \omega}>0 \tag{13.29}$$

这一关系式有时也称 Kurokawa 条件。对于无源负载，$\partial R_L/\partial I=\partial X_L/\partial I=\partial R_L/\partial\omega=0$，所以式(13.29)简化为

$$\frac{\partial R_{\text{in}}}{\partial I}\frac{\partial}{\partial \omega}(X_L+X_{\text{in}})-\frac{\partial X_{\text{in}}}{\partial I}\frac{\partial R_{\text{in}}}{\partial \omega}>0 \tag{13.30}$$

如上所述，通常有$\partial R_{\text{in}}/\partial I>0$，所以只要$\partial(X_L+X_{\text{in}})/\partial\omega\gg 0$，式(13.30)就成立。这意味着高 Q 电路将得到最大的振荡器稳定性。腔和介质谐振器常用于这种电路。

有效的振荡器设计需要考虑几个其他的问题，如选择工作点使振荡器工作稳定和功率输出最大、频率牵引、大信号效应和噪声特性。我们将这些主题留给更高一级的教科书[4, 5]。

例题 13.2　负阻抗振荡器设计

单端口振荡器使用负阻抗二极管，对于f= 6GHz，在要求的工作点处有 $\Gamma_{\text{in}}=1.25\angle 40°$（$Z_0=50\Omega$）。为 50Ω 的负载阻抗设计匹配网络。

解： 由 Smith 圆图（见习题 13.5）或者直接计算，可求得输入阻抗为

$$Z_{\text{in}}=Z_0\frac{1+\Gamma_{\text{in}}}{1-\Gamma_{\text{in}}}=-44+\text{j}123\Omega$$

因此，由式(13.25)可知，负载阻抗必须是

$$Z_L=-Z_{\text{in}}=44-\text{j}123\Omega$$

可以应用并联短截线或串联传输线段将 50Ω 变换为 Z_L，如图 13.7 中的电路所示。 ■

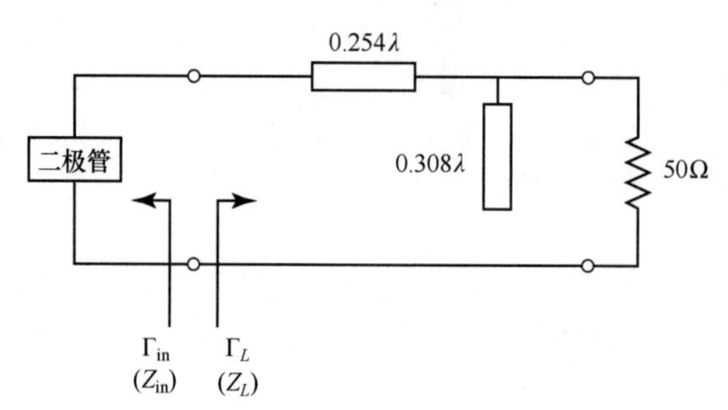

图 13.7　例题 13.2 中单端口振荡器的负载匹配电路

13.2.1　晶体管振荡器

在晶体管振荡器中，让潜在不稳定晶体管端接一个阻抗，选择其数值以便在不稳定区域内驱动器件，就可有效地建立负阻抗单端网络。电路模型如图 13.8 所示；实际功率输出可在晶体管的任何一边。在放大器的情形下，我们希望器件具有高度稳定性——理想地说是无条件稳定器件。对于振荡器，我们需要具有高度不稳定性的器件。共源极或共栅极 FET 电路（对于双极晶体管器件是共发射极或共基极电路）常常带有正反馈以增强器件的不稳定性。选定晶体管电路结构后，可在 Γ_L 平面画出输出稳定性圆，并选择 Γ_L 使晶体管输入处产生大负阻抗值。然后，选择端接阻抗 $Z_S=R_S+\text{j}X_S$ 与 Z_{in} 匹配。由于这样的设计使用了小信号散射参量，又由于振荡功率建立后 R_{in} 将变得不够负，这就需要选择 R_S 使得 $R_S+R_{\text{in}}<0$。否则，当上升的射频功率使得 R_{in} 增加到 $R_S+R_{\text{in}}>0$ 的点时振荡将停止。实际上，典型应用的值是

$$R_S = \frac{-R_{\text{in}}}{3} \tag{13.31a}$$

选择使电路谐振的 Z_S 的电抗部分为

$$X_S = -X_{\text{in}} \tag{13.31b}$$

当振荡出现在负载网络和晶体管之间时，振荡同时出现在输出端口，说明如下。对于输入端口的稳态振荡，必定有 $\Gamma_S\Gamma_{\text{in}} = 1$，类似于式(13.26)的条件。然后由式(13.3a)有

$$\frac{1}{\Gamma_S} = \Gamma_{\text{in}} = S_{11} + \frac{S_{12}S_{21}\Gamma_L}{1 - S_{22}\Gamma_L} = \frac{S_{11} - \Delta\Gamma_L}{1 - S_{22}\Gamma_L} \tag{13.32}$$

式中，$\Delta = S_{11}S_{22} - S_{12}S_{21}$。求解 Γ_L 得

$$\Gamma_L = \frac{1 - S_{11}\Gamma_S}{S_{22} - \Delta\Gamma_S} \tag{13.33}$$

则由式(12.3b)有

$$\Gamma_{\text{out}} = S_{22} + \frac{S_{12}S_{21}\Gamma_S}{1 - S_{11}\Gamma_S} = \frac{S_{22} - \Delta\Gamma_S}{1 - S_{11}\Gamma_S} \tag{13.34}$$

该式表明 $\Gamma_L\Gamma_{\text{out}} = 1$，进而有 $Z_L = -Z_{\text{out}}$。这样就满足了负责网络处的振荡条件。注意，在上述推导中，首选使用晶体管的大信号散射参量。

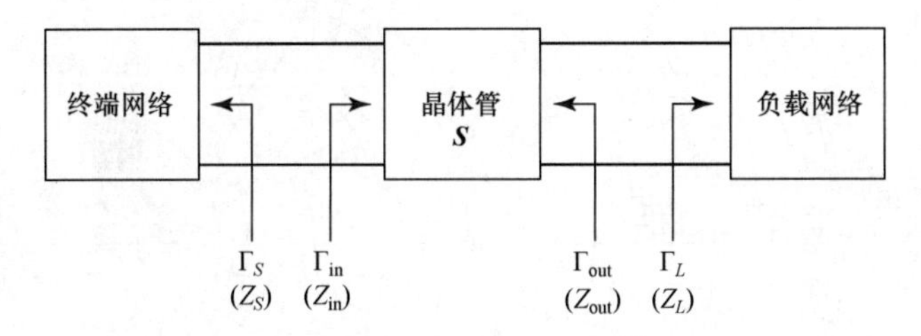

图 13.8　双端口晶体管振荡器电路

例题 13.3　晶体管振荡器设计

应用共栅极结构的 GaAs FET 设计一个工作频率为 4GHz 的晶体管振荡器，其中栅极串联一个 5 nH 的电感以增大不稳定性。选择一个与 50Ω 匹配的终端网络和适当的调谐网络。共源极电路结构的晶体管的散射参量为（$Z_0 = 50\Omega$）：$S_{11} = 0.72\angle -116°$，$S_{21} = 2.60\angle 76°$，$S_{12} = 0.03\angle 57°$，$S_{22} = 0.73\angle -54°$。

解： 第一步是将共源极电路结构的散射参量变换成带有串联电感的共栅极电路结构的晶体管的散射参量（见图 13.9a）。用微波 CAD 软件包很容易做到这一点。新的散射参量是

$$S'_{11} = 2.18\angle -35°,\ S'_{21} = 2.75\angle 96°,\ S'_{12} = 1.26\angle 18°,\ S_{22} = 0.52\angle 155°$$

注意，$|S'_{11}|$ 要比 $|S_{11}|$ 大得多，这表明图 13.9a 的结构要比共源极结构更不稳定。由式(11.25)计算输出稳定性圆（Γ_L 平面）的参量，得到

$$C_L = \frac{(S'_{22} - \Delta' S'^{*}_{11})^*}{|S'_{22}|^2 - |\Delta'|^2} = 1.08\angle 33°,\ R_L = \left|\frac{S'_{12}S'_{21}}{|S'_{22}|^2 - |\Delta'|^2}\right| = 0.665$$

因为 $|S'_{11}| = 2.18 > 1$，所以稳定区域在圆内，如图 13.9b 中的 Smith 圆图所示。

选择 Γ_L 时，自由度很大，但一个目的是使得 $|\Gamma_{\text{in}}|$ 取较大的值。因此试用了位于圆图中稳定圆的一边的几个 Γ_L 值，并选择 $\Gamma_L = 0.59\angle -104°$。然后就能设计一个单短截线匹配网络将

50Ω 负载变换成 $Z_L = 20 - \mathrm{j}35\Omega$，如图 13.9a 所示。

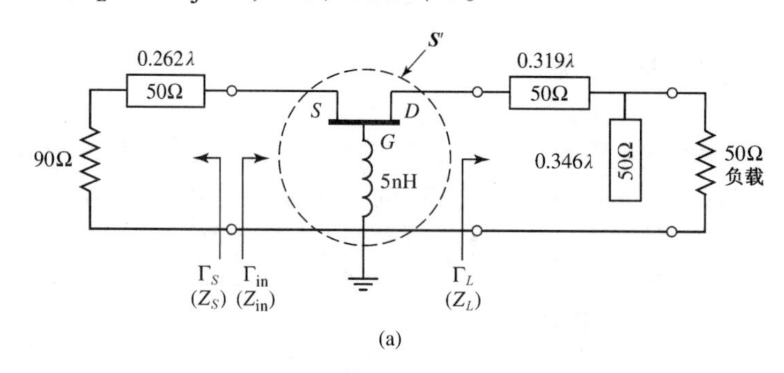

(a)

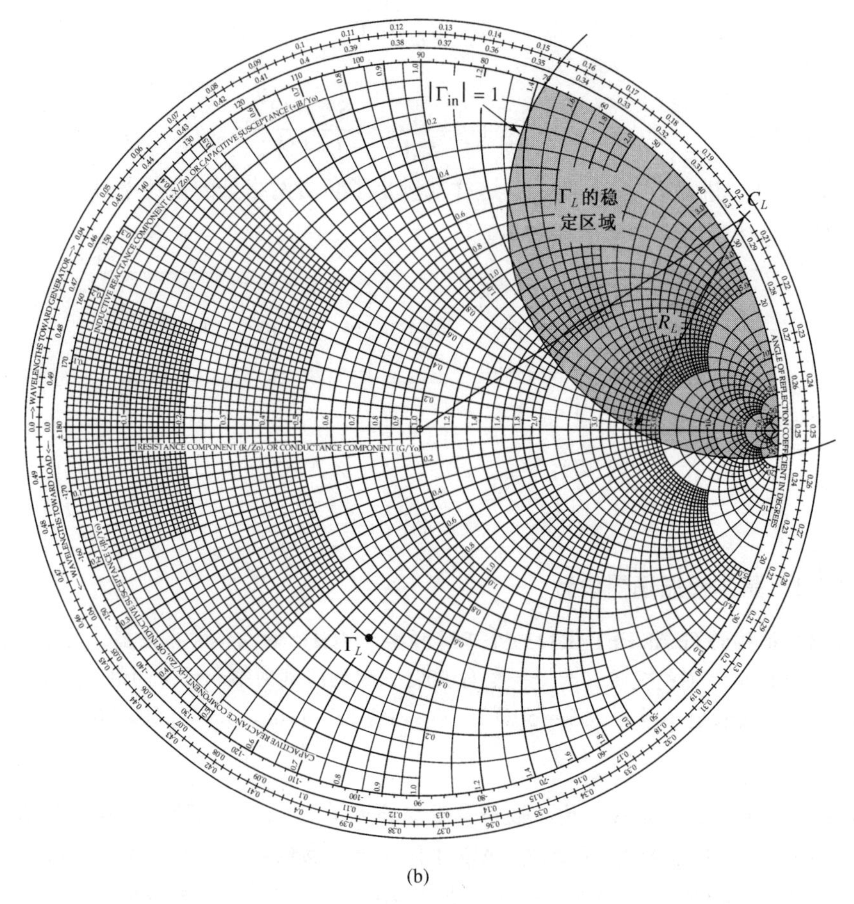

(b)

图 13.9 例题 13.3 中晶体管振荡器的电路设计：(a)振荡电路；(b)确定 Γ_L 的 Smith 圆图

对于给定的 Γ_L 值，计算出 Γ_{in} 如下：

$$\Gamma_{in} = S'_{11} + \frac{S'_{12}S'_{21}\Gamma_L}{1 - S'_{22}\Gamma_L} = 3.96\angle -2.4°$$

或 $Z_{in} = 84 - \mathrm{j}1.9\ \Omega$。然后由式(13.31)求得

$$Z_S = \frac{-R_{in}}{3} - \mathrm{j}X_{in} = 28 + \mathrm{j}1.9\Omega$$

应用 $R_{in}/3$ 应能保证建立振荡所需的不稳定性。实现阻抗 Z_S 的最简方法是采用 90Ω 负载加一段短传输线，如图所示。由于晶体管参量的非线性，因此有可能得到的稳态振荡频率不同于 4GHz。■

13.2.2 介质谐振器振荡器

如式(13.30)所示，采用高 Q 调谐网络可以增大振荡器的稳定性。应用集总元件或微带线和短截线构成的谐振网络的典型 Q 值限制为几百（见第 6 章），而波导腔谐振器的 Q 值能达到 10^4 或更高，它们不太适合于集成在小型微波集成电路中。金属谐振腔的另一个缺点是温度的变化会引起很大的频率漂移。6.5 节中讨论的介质腔谐振器克服了上述大部分缺点，因为它的无载 Q 值可达到几千，它是紧凑的并且容易与平面电路集成，能够用陶瓷材料制作，这种材料具有极好的温度稳定性。由于这些原因，晶体管介质谐振器振荡器（DRO）越来越普遍地应用于整个微波和毫米波频率范围。

介质谐振器通常放在微带线附近，以便与振荡电路耦合，如图 13.10a 所示。谐振器工作于 $TE_{01\delta}$ 模，并与微带线的边缘磁场耦合。耦合强度取决于谐振器与微带线之间的间隔 d。由于通过磁场进行耦合，谐振器表现为微带线上的串联负载，如图 13.10b 中的等效电路所示。谐振器建模为 RLC 并联电路，与馈线的耦合建模为变压器的圈数比 N。应用 RLC 并联谐振电路阻抗公式(6.19)，可将微带线看到的等效串联阻抗 Z 表示为

$$Z = \frac{N^2 R}{1 + \mathrm{j}2Q_0 \Delta\omega / \omega_0} \tag{13.35}$$

式中，$Q_0 = R/\omega_0 L$ 是无载谐振器的 Q 值，$\omega_0 = 1/\sqrt{LC}$ 是谐振频率，且 $\Delta\omega = \omega - \omega_0$。由式(6.76)定义的谐振器与馈线之间的耦合因子是无载 Q 值与外 Q 值之比，并且可以得到

$$g = \frac{Q}{Q_e} = \frac{R/\omega_0 L}{R_L / N^2 \omega_0 L} = \frac{N^2 R}{2Z_0} \tag{13.36}$$

式中，$R_L = 2Z_0$ 是带有源和终端电阻 Z_0 的馈线负载电阻。在某些情况下，馈线端接到谐振器 $\lambda/4$ 的开路线，以使该点的磁场最大；此时 $R_L = Z_0$，并且耦合因子是式(13.36)给出的值的两倍。

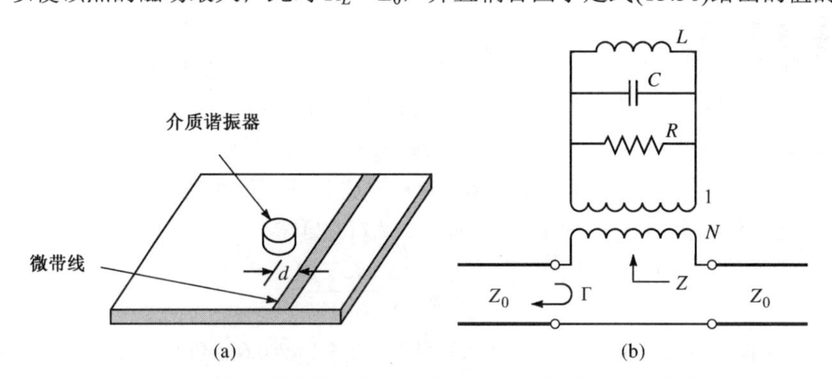

图 13.10 (a)耦合到微带线的介质谐振器的几何结构；(b)等效电路

从终端微带线看向谐振器的反射系数可写为

$$\Gamma = \frac{(Z_0 + N^2 R) - Z_0}{(Z_0 + N^2 R) + Z_0} = \frac{N^2 R}{2Z_0 + N^2 R} = \frac{g}{1+g} \tag{13.37}$$

通过测量谐振处的 Γ，可由 $g = \Gamma/(1 - \Gamma)$ 得到耦合系数；通过测量也可得到谐振频率和 Q 值。另一方面，还能用近似解析解求得这些量[6]。注意，这一步骤在 N 和 R 之间留下了一个自由度，因为仅有乘积 $N^2 R$ 是唯一确定的。

存在许多使用 FET 或双极晶体管的共源极（共发射极）、共栅极（共基极）或共漏极（共集电极）连接的振荡器结构，此外还优先应用串联或并联元件来增大器件的不稳定性[4, 5]。电路中可以加入介质谐振器以保证频率稳定性，此时可以使用图 13.11a 所示的并联反馈布局，或者如图 13.11b 所示的串联反馈布局。并联结构采用耦合到两条微带线的谐振器，其功能是作为高 Q 带通滤波器将一部分晶体管的输出返回到输入。耦合量由谐振器和微带线之间的间隔控制，而相位由微带线的长度控制。串联结构比较简单，仅使用单条微带馈线，但典型情况下它没有并联反馈那样宽的调谐范围。用微波 CAD 软件包可以很方便地进行并联反馈振荡器设计，但用串联反馈时，介质谐振器振荡器可以采用与上节讨论的双端口振荡器同样的步骤进行设计。

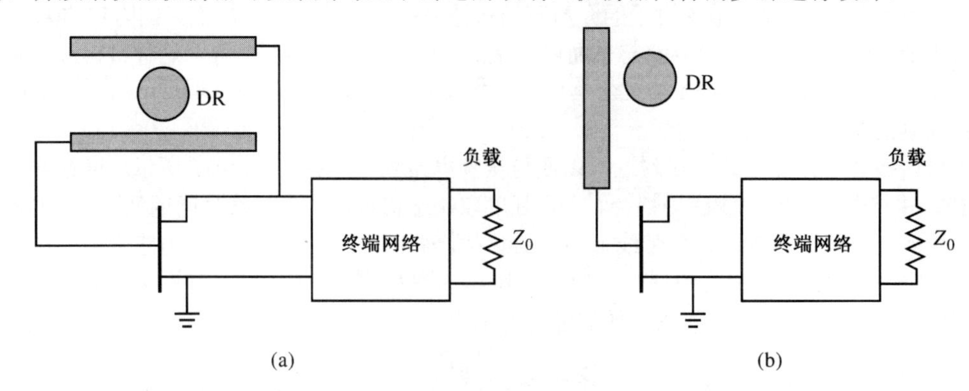

图 13.11　(a)使用并联反馈的介质谐振器振荡器；(b)使用串联反馈的介质谐振器振荡器

例题 13.4　介质谐振器振荡器设计

无线局域网应用中需要工作于 2.4GHz 的本机振荡器。使用具有如下散射参量（$Z_0 = 50\Omega$）的双极型晶体管，按图 13.11b 所示的串联反馈电路设计介质谐振器振荡器：$S_{11} = 1.8\angle 130°$，$S_{12} = 0.4\angle 45°$，$S_{21} = 3.8\angle 36°$，$S_{22} = 0.7\angle -63°$。求介质谐振器所需的耦合系数，以及用做负载的微带匹配网络。画出在频率设计值附近微小变化时 Γ_{out} 的幅值与 $\Delta f/f_0$ 的关系曲线，假定无载谐振器的 Q 值为 1000。

解：DRO（介质谐振器振荡器）电路如图 13.12a 所示。介质谐振器放在距微带线开路终端 $\lambda/4$ 处；能够调节传输线长度 ℓ_r，以便与需要的 Γ_S 值的相位匹配。对照前一例题中的振荡器，此处电路的输出负载阻抗是终端网络的一部分。

若需要，能够画出晶体管的负载和终端一边的稳定性圆，但在该设计中没有必要画出它，因为可以从选择给出大的 $|\Gamma_{out}|$ 的 Γ_S 值开始。由式(13.34)得

$$\Gamma_{out} = S_{22} + \frac{S_{12}S_{21}\Gamma_S}{1 - S_{11}\Gamma_S}$$

该式表明可以取 $1 - S_{11}\Gamma_S$ 接近零使 Γ_{out} 最大。因此，选择 $\Gamma_S = 0.6\angle -130°$，它给出 $\Gamma_{out} = 10.7\angle 132°$，它对应于阻抗

$$Z_{out} = Z_0 \frac{1+\Gamma_{out}}{1-\Gamma_{out}} = 50\frac{1+10.7\angle 132°}{1-10.7\angle 132°} = -43.7 + j6.1\Omega$$

对输出侧应用类似于式(13.31)的起始条件，可给出需要的终端阻抗为

$$Z_L = \frac{-R_{out}}{3} - jX_{out} = 5.5 - j6.1\Omega$$

现在能够用 Smith 圆图设计匹配网络。为使 Z_L 和负载阻抗 Z_0 匹配的最短传输线长度为

$\ell_t = 0.481\lambda$，需要的开路短截线长度为 $\ell_s = 0.307\lambda$。

下一步是使 Γ_S 与谐振器网络匹配。由式(13.35)可知，微带线看到的谐振器等效阻抗在谐振频率处是实数，所以在这一点反射系数 Γ'_S 的相角必须是零或 180°。对于欠耦合并联 RLC 谐振器有 $R < Z_0$，所以合适的相位值应是 180°，通过传输线长度 ℓ_r 的变换可以达到这一值。反射系数的幅值没有变化，所以存在关系式

$$\Gamma'_S = \Gamma_S e^{2j\beta\ell_r} = (0.6\angle -130°)e^{2j\beta\ell_r} = 0.6\angle 180°$$

该式给出 $\ell_r = 0.431\lambda$。因此谐振时谐振器的等效阻抗是

$$Z'_S = Z_0 \frac{1+\Gamma'_S}{1-\Gamma'_S} = 12.5\Omega$$

用式(13.36)，考虑 λ/4 短截线终端应有因子 2，可得耦合系数为

$$g = \frac{N^2 R}{Z_0} = \frac{12.5}{50} = 0.25$$

$|\Gamma_{\text{out}}|$随着频率的变化将成为振荡器频率稳定性的指标。首先用式(13.35)计算 Z'_S 和 Γ'_S，然后沿传输线长度 ℓ_r 变换得到 Γ_S，就能由式(13.34)计算 Γ_{out}。和这一计算相联系，对于频率的微小变化，传输线的电长度能够近似为常量。可应用一个短的计算机程序或微波 CAD 软件产生范围 $-0.01 < \Delta f/f_0 < 0.01$ 内的数据，如图 13.12b 所示。可以看到，哪怕频率仅万分之几，$|\Gamma_{\text{out}}|$也会快速下降，这表明使用介质谐振器能够获得的尖锐选择性。

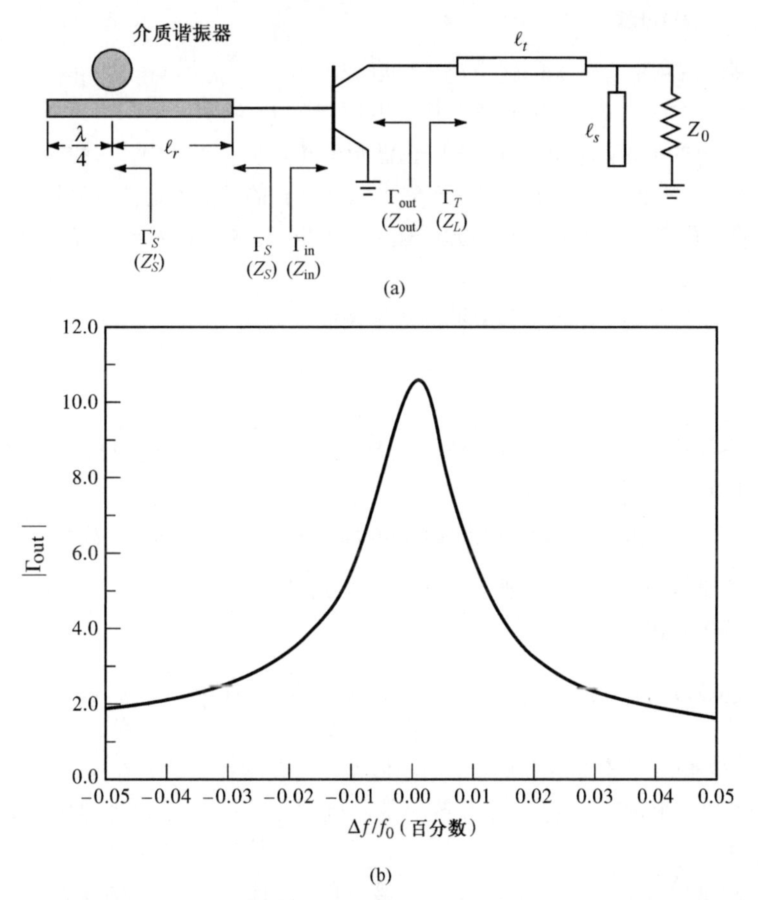

图 13.12 (a)例题 13.4 中介质谐振器的电路；(b)例题 13.4 中$|\Gamma_{\text{out}}|$与频率的关系曲线 ■

13.3 振荡器相位噪声

由振荡器和其他信号源产生的噪声在实际应用中有重要影响，因为它可使雷达或其他通信接收系统的性能严重恶化。除增加接收机的噪声电平外，噪声本机振荡器将对邻近干扰信号下变频，因此限制了接收器的选择性，并使得非常靠近的相邻信道被隔开。相位噪声是指振荡器信号频率（或相位）的短期随机起伏。相位噪声还在检测数字调制信号时引入不确定性。

一个理想的振荡器在工作频率处具有由单个 δ 函数组成的频率谱，但实际振荡器的频谱更像图 13.13 所示的频谱。由振荡器谐波或交调产物引起的寄生信号，在频谱中就像分立的尖峰。由热和其他噪声源引起的随机起伏在输出信号附近出现连续分布的宽谱。相位噪声定义为：偏离信号频率 f_m 处，一个相位调制边带的单位带宽（1Hz）功率与总信号功率之比，表示为$\mathscr{L}(f_m)$，它通常用每 Hz 带宽内的噪声功率相对于载波功率的分贝数表示（dBc/Hz）。例如，对于无线蜂窝 FM 系统，典型振荡器的相位噪声特性在距载波 25kHz 处为 −110dBc/Hz。接下来的几小节将说明如何表示相位噪声，并展示表征振荡器的相位噪声的广泛采用的模型。

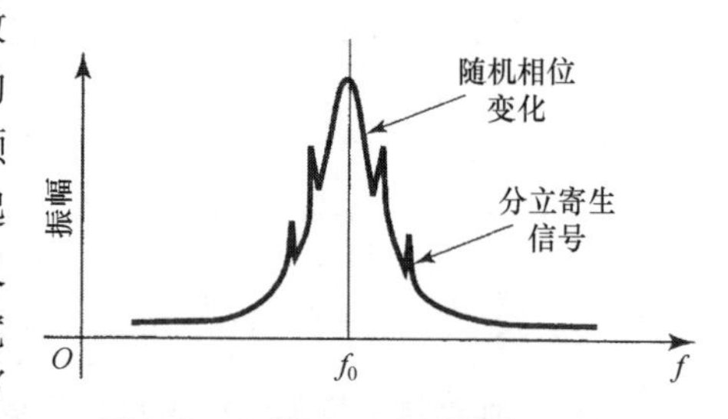

图 13.13　典型 RF 振荡器的输出谱

13.3.1 相位噪声的表示

通常，振荡器或频率合成器的输出电压可以表示为

$$v_0(t) = V_o[1 + A(t)]\cos[\omega_o t + \theta(t)] \tag{13.38}$$

式中，$A(t)$代表输出的振幅起伏，$\theta(t)$代表输出波形的相位变化。其中，振幅变化通常是容易控制的，一般对系统性能的影响也较小。相位变化可以是分立的（由确定性寄生混频器产物或谐波引起）或是随机的（由热或其他随机噪声源引起）。由式(13.38)可以看出，在变化的频率中是难以分辨瞬时相位变化的。

振荡器频率的小改变可以表示为载波的频率调制，假定

$$\theta(t) = \frac{\Delta f}{f_m}\sin\omega_m t = \theta_p \sin\omega_m t \tag{13.39}$$

式中，$f_m = \omega_m/2\pi$ 是调制频率。峰值相位偏差是 $\theta_p = \Delta f / f_m$（也称调制指数）。将式(13.39)代入式(13.38)并展开得

$$v_o(t) = V_o[\cos\omega_o t\cos(\theta_p \sin\omega_m t) - \sin\omega_o t\sin(\theta_p \sin\omega_m t)] \tag{13.40}$$

式中设 $A(t) = 0$，即忽略振幅起伏。假定相位偏差小到可使 $\theta_p \ll 1$，这样小的幅角会使 $\sin x \approx x$ 和 $\cos x \approx 1$，式(13.40)简化为

$$v_o(t) = V_o\left(\cos\omega_o t - \theta_p \sin\omega_m t\sin\omega_o t\right) = V_o\left\{\cos\omega_o t - \frac{\theta_p}{2}[\cos(\omega_o + \omega_m)t - \cos(\omega_o - \omega_m)t]\right\} \tag{13.41}$$

该式表明，振荡器输出信号的相位或频率的小偏差，将使得调制边带在 $\omega_o \pm \omega_m$ 处，即位于载波信号频率 ω_o 的两侧。当偏差由温度或器件噪声的随机改变引起时，振荡器输出谱的形状取图 13.13 中的形式。

按照相位噪声的定义，即单边带噪声功率与载波功率之比，式(13.41)的波形具有对应的相位噪声

$$\mathscr{L}(f)=\frac{P_n}{P_c}=\frac{\frac{1}{2}\left(\frac{V_o\theta_p}{2}\right)^2}{\frac{1}{2}V_o^2}=\frac{\theta_p^2}{4}=\frac{\theta_{\rm rms}^2}{2} \tag{13.42}$$

式中，$\theta_{\rm rms}=\theta_p/\sqrt{2}$ 是相位偏差的均方根值。而与相位噪声相关的双边带功率谱密度包含两个边带中的功率：

$$S_\theta(f_m)=2\mathscr{L}(f_m)=\frac{\theta_p^2}{2}=\theta_{\rm rms}^2 \tag{13.43}$$

使用同一定义，可由相位噪声解释由无源或有源器件产生的白噪声。由第 10 章可知，在噪声二端口网络的输出端，噪声功率是 kT_0BFG，其中 T_0 = 290K，B 是测量带宽，F 是网络的噪声系数，G 是网络的增益。对于 1Hz 带宽，输出噪声功率密度与输出信号功率之比给出功率谱密度为

$$S_\theta(f_m)=\frac{kT_0F}{P_c} \tag{13.44}$$

式中，P_c 是输入信号（载波）功率。注意，在该表达式中已消去了网络增益。

13.3.2 振荡器相位噪声的 Leeson 模型

本节介绍表征振荡器相位噪声功率谱密度的 Leeson 模型[2, 7]。如在 13.1 节中那样，将振荡器建模为一个有反馈通道的放大器，如图 13.14 所示。假定放大器的电压增益已包含反馈传递函数 $H(\omega)$，则该振荡器的电压传递函数是

$$V_o(\omega)=\frac{V_i(\omega)}{1-H(\omega)} \tag{13.45}$$

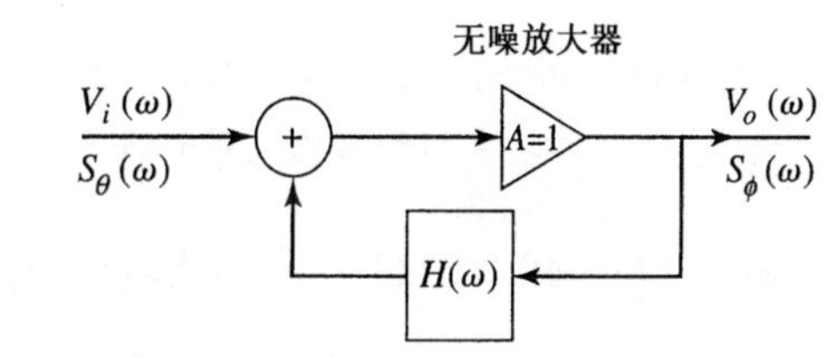

图 13.14 表征振荡器相位噪声的反馈放大器模型

若考虑在反馈环中采用高 Q 谐振电路的振荡器（即考毕兹、哈特来、克拉普及类似的振荡器），则 $H(\omega)$可用 RLC 并联谐振电路的电压传递函数表示：

$$H(\omega)=\frac{1}{1+\mathrm{j}Q_0\left(\dfrac{\omega}{\omega_0}-\dfrac{\omega_0}{\omega}\right)}=\frac{1}{1+2\mathrm{j}Q_0\Delta\omega/\omega_0} \tag{13.46}$$

式中，ω_0 是振荡器的谐振频率，$\Delta\omega=\omega-\omega_0$ 是相对于谐振频率的频率偏差。

输入与输出功率谱密度与电压传递函数的幅值平方相关[8]，因此可由式(13.45)～式(13.46)写出

$$\begin{aligned}S_\phi(\omega)&=\left|\frac{1}{1-H(\omega)}\right|^2S_\theta(\omega)=\frac{1+4Q_0{}^2\Delta\omega^2/\omega_0^2}{4Q_0{}^2\Delta\omega^2/\omega_0^2}S_\theta(\omega)\\&=\left(1+\frac{\omega_0^2}{4Q_0{}^2\Delta\omega_0^2}\right)S_\theta(\omega)=\left(1+\frac{\omega_h^2}{\Delta\omega_0^2}\right)S_\theta(\omega)\end{aligned} \tag{13.47}$$

式中，$S_\theta(\omega)$是输入功率谱密度，而 $S_\phi(\omega)$ 是输出功率谱密度。在式(13.47)中，还将 $\omega_h=\omega_0/2Q_0$ 定义为谐振器的半功率（3dB）带宽。

在频率 f_0 处外加正弦信号的典型晶体管放大器的噪声谱如图 13.15 所示。除 kTB 热噪声外，

晶体管产生的附加噪声在低于f_α的频率处按 1/f变化。这个 1/f噪声或称闪烁噪声可能是由有源器件中载流子密度的随机起伏引起的。由于晶体管的非线性，1/f噪声将在f_0处调制到外加信号上，而且在f_0附近出现 1/f噪声边带。因为在靠近载波频率的位置，相位噪声功率中 1/f噪声分量占优，所以将它包含在模型中很重要。因此考虑如图 13.16 所示的输入功率谱密度，其中$K/\Delta f$代表载波附近的 1/f噪声分量，kT_0F/P_0代表热噪声。于是，施加到振荡器输入端的功率谱密度可写为

$$S_\theta(\omega) = \frac{kTF}{P_0}\left(1 + \frac{K\omega_\alpha}{\Delta\omega}\right) \tag{13.48}$$

式中，K是用于计算 1/f噪声大小的常数，而$\omega_\alpha = 2\pi f_\alpha$是 1/$f$噪声的拐点频率。拐点频率主要与振荡器所用的晶体管的类型有关。例如，硅结型 FET 的拐点频率范围是 50～100Hz，而 GaAs MESFET 的拐点频率范围是 2～10MHz，双极型晶体管的拐点频率范围是 5～50kHz。

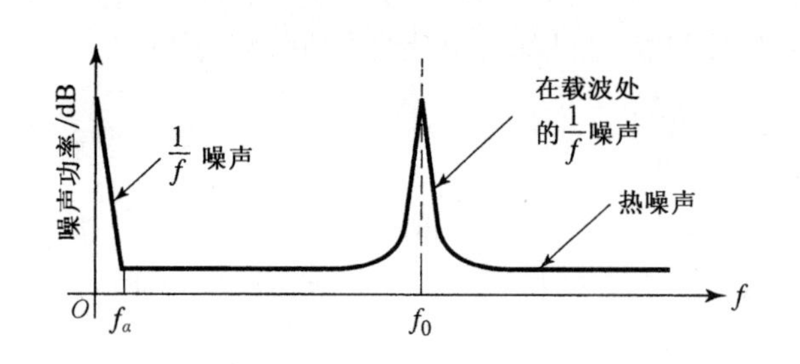

图 13.15　外加输入信号的放大器的噪声功率与频率的关系曲线

图 13.16　放大器噪声的理想功率谱密度，包括 1/f噪声分量和热噪声分量

将式(13.48)代入式(13.47)，可得输出相位噪声的功率谱密度为

$$S_\phi(\omega) = \frac{kT_0F}{P_0}\left(\frac{K\omega_0^2\omega_\alpha}{4Q_0^2\Delta\omega^3} + \frac{\omega_0^2}{4Q_0^2\Delta\omega^2} + \frac{K\omega_\alpha}{\Delta\omega} + 1\right) = \frac{kT_0F}{P_0}\left(\frac{K\omega_\alpha\omega_h^2}{\Delta\omega^3} + \frac{\omega_h^2}{\Delta\omega^2} + \frac{K\omega_\alpha}{\Delta\omega} + 1\right) \tag{13.49}$$

该结果的示意图如图 13.17 所示。根据式(13.49)中间的两项中哪一项占优，可分为两种情况。在这两种情况中，对于靠近载波频率f_0的频率，噪声功率按 1/f^3或−18dB/倍频程下降。若谐振器的Q值相对较低，使得 3dB 带宽$f_h > f_\alpha$，则对于f_α和f_h之间的频率，噪声功率按 1/f^2或−12dB/倍频程下降。谐振器的Q值较高，使得$f_h < f_\alpha$时，对于f_h和f_α之间的频率，噪声功率按 1/f或−6dB/倍频程下降。

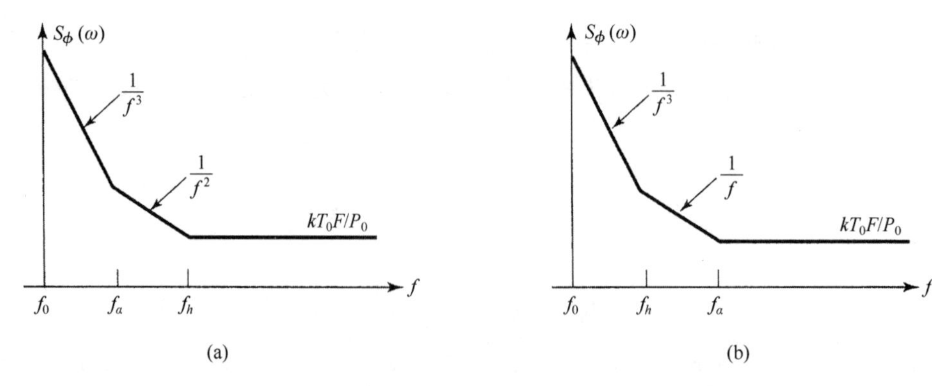

图 13.17　振荡器输出端的相位噪声的功率谱密度：(a) $f_h > f_\alpha$（低 Q）的响应；(b) $f_h > f_\alpha$（高 Q）的响应

在更高频率处，热噪声占优，噪声功率不随频率变化，而与放大器的噪声系数成正比。$F = 1$

（0dB）的无噪声放大器产生最小噪声本底 $kT_0 = -174$dBm/Hz。根据图 13.13，在最靠近载波频率的频率处，噪声功率最大，但式(13.49)表明 $1/f^3$ 分量与 $1/Q_0^2$ 成正比，所以使用高 Q 谐振腔在靠近载波频率的频率处有较好的相位噪声特性。最后，回顾式(13.43)可知，单边带相位噪声是式(13.49)的功率谱密度的一半。这些结果对振荡器相位噪声给出了一个合理的模型，并对噪声功率随偏离载波的频率而滚降做了定量说明。

在接收机中，相位噪声的影响会使信噪比（或误码率）和选择性变坏[9]。其中，对选择性的影响通常是最严重的。相位噪声会使得接收机的选择性变坏，它是由期望信号频率附近的信号下变频导致的。这一过程如图 13.18 所示。本机振荡器在频率 f_0 处使期望信号下变频到中频（IF）。然而，由于本机振荡器的相位噪声谱，邻近的一个干扰信号也能下变频到同样的 IF。导致这个变频的相位噪声位于偏离载波的距离等于干扰信号的 IF 处。这个过程称为**互易混频**。从图中容易看出，为使相邻信道的抑制度（或选择性）达到 SdB ($S \geqslant 0$)，最大可容许相位噪声为

$$\mathscr{L}(f_m) = C(\text{dBm}) - S(\text{dB}) - I(\text{dBm}) - 10\lg(B) \quad (\text{dBc/Hz}) \tag{13.50}$$

式中，C 是期望的信号电平（用 dBm 表示），I 是干扰信号电平（用 dBm 表示），B 是 IF 滤波器的带宽（用 Hz 表示）。

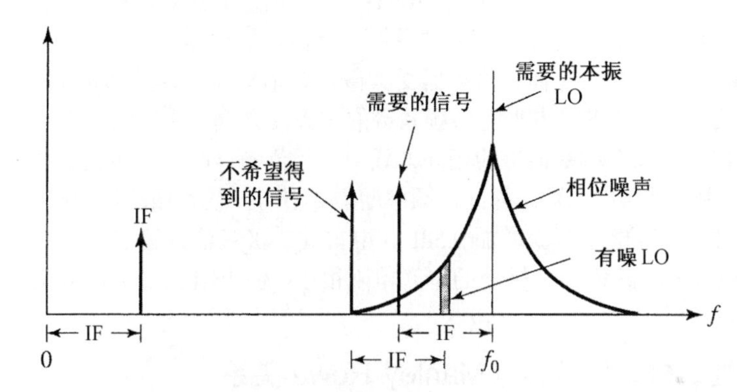

图 13.18　本机振荡器的相位噪声导致邻近期望信号的干扰信号的接收的说明

例题 13.5　GSM 接收机相位噪声需求

GSM（全球移动通信系统）蜂窝标准要求最小干扰信号抑制度为 9dB，当载波电平为−99dBm 时，干扰信号电压在离载波 3MHz 的位置为−23dBm，在离载波 1.6MHz 的位置为−33dBm，在离载波 0.6MHz 的位置为−43dBm。求这些载波频率偏移处所需本机振荡器的相位噪声。信道带宽为 200kHz。

解：由式(13.50)有

$$\mathscr{L}(f_m) = C(\text{dBm}) - S(\text{dB}) - I(\text{dBm}) - 10\lg(B) = -99\ \text{dBm} - 9\ \text{dB} - I(\text{dBm}) - 10\lg(2\times10^5)$$

由上式可算出所需本机振荡的相位噪声，列表如下：

频率偏移 f_m /MHz	干扰信号电平/dBm	$\mathscr{L}(f_m)$/(dBc/Hz)
3.0	−23	−138
1.6	−33	−128
0.6	−43	−118

这一相位噪声电平需要使用锁相频率合成器。在 GSM 的误码率中，互易混频效应导致的误码率通常占优，而由天线和接收机的热噪声引起的误码率通常可以忽略。■

13.4 频率倍增器

当频率增加到毫米波段范围时，制造具有良好功率、稳定性和噪声特性的基频振荡器变得更加困难。一种替代的方法是利用*频率倍增器*或*倍频器*使较低频率的振荡器产生高次谐频。如 10.3 节所述，一个非线性元件可以使输入的正弦信号产生多个谐频，所以频率倍增是在包含二极管和晶体管的电路中自然产生的现象。然而，设计一个高质量的频率倍增器很困难，通常需要进行非线性分析、在倍频处进行匹配、稳定性分析并考虑散热。我们将讨论二极管和晶体管的频率倍增器的一般工作原理和特性，更实用的细节请参阅相关的文献[5]。

频率倍增器电路可分类为电抗性二极管倍频器、电阻性二极管倍频器或晶体管倍频器。电抗性二极管倍频器采用变容二极管或偏置阶跃恢复二极管提供非线性结电容。此类二极管的损耗小，变换效率（变换到期望谐频的功率与射频输入功率之比）相对较高。事实上，如后所述，理想（无耗）电抗性倍频器的效率理论上可达 100%。变容二极管倍频器多用于低谐频变换（倍频系数为 2～4），而阶跃恢复二极管可在更高谐频处产生更大的功率。电阻性倍频器利用正向偏置肖特基势垒检波二极管的非线性 I-V 特性。我们将证明电阻性倍频器的变换效率按谐频数的平方下降，因此这些倍频器通常仅适用于低倍频系数。晶体管倍频器可以用双极结型和 FET 器件，而且可提供变换增益。然而，晶体管倍频器受其截止频率限制，因此通常不适用于甚高频率。

频率倍频器的缺点是，噪声电平随倍频系数的增大而升高。这是因为频率倍增同样是一种有效的相位倍增过程，所以在频率倍增的相同方式中，相位噪声的变化也会倍增。噪声功率的增加由 $20\lg n$ 给出，其中 n 是倍增系数。因此，频率增加 2 倍时，基本振荡器噪声电平至少增加 6dB，而频率增加 3 倍时，噪声电平至少增加 9.5dB。电抗性二极管倍频器自身固有的附加噪声通常很小，因为变容二极管和阶跃恢复二极管的串联电阻很小，但电阻性二极管倍频器可产生明显的附加噪声功率。

13.4.1 电抗性二极管倍频器（Manley-Rowe 关系）

首先讨论 Manley-Rowe 关系。这一关系是由非线性电抗性元件中与频率变换相关的功率守恒的普通分析导出的[10]。考虑图 13.19 所示的电路，其中频率为 ω_1 和 ω_2 的两个信号源驱动非线性电容 C。在电路中还可看到多个理想带通滤波器，这些滤波器用来隔离形如 $n\omega_1+m\omega_2$ 的谐频中的功率。因为电容是非线性的，所以其电荷 Q 可以表示为电容器电压 v 的幂级数：

$$Q = a_0 + a_1 v + a_2 v^2 + a_3 v^3 + \cdots$$

类似于 10.3 节，非线性关系表明生成了所有形如 $n\omega_1+m\omega_2$ 的频率产物。于是，可将电容器电压写为傅里叶级数形式：

$$v(t) = \sum_{n=-\infty}^{\infty}\sum_{m=-\infty}^{\infty} V_{nm}\mathrm{e}^{\mathrm{j}(n\omega_1+m\omega_2)t} \tag{13.51}$$

同样，电容器电荷和电流可写为

$$Q(t) = \sum_{n=-\infty}^{\infty}\sum_{m=-\infty}^{\infty} Q_{nm}\mathrm{e}^{\mathrm{j}(n\omega_1+m\omega_2)t} \tag{13.52}$$

$$i(t) = \frac{\mathrm{d}Q}{\mathrm{d}t} = \sum_{n=-\infty}^{\infty}\sum_{m=-\infty}^{\infty} \mathrm{j}(n\omega_1+m\omega_2)Q_{nm}\mathrm{e}^{\mathrm{j}(n\omega_1+m\omega_2)t} = \sum_{n=-\infty}^{\infty}\sum_{m=-\infty}^{\infty} I_{nm}\mathrm{e}^{\mathrm{j}(n\omega_1+m\omega_2)t} \tag{13.53}$$

因为 $v(t)$ 和 $i(t)$ 是实函数，所以必定有 $V_{-n,-m}=V_{nm}^{*}$ 和 $Q_{-n-m}=Q_{nm}^{*}$。

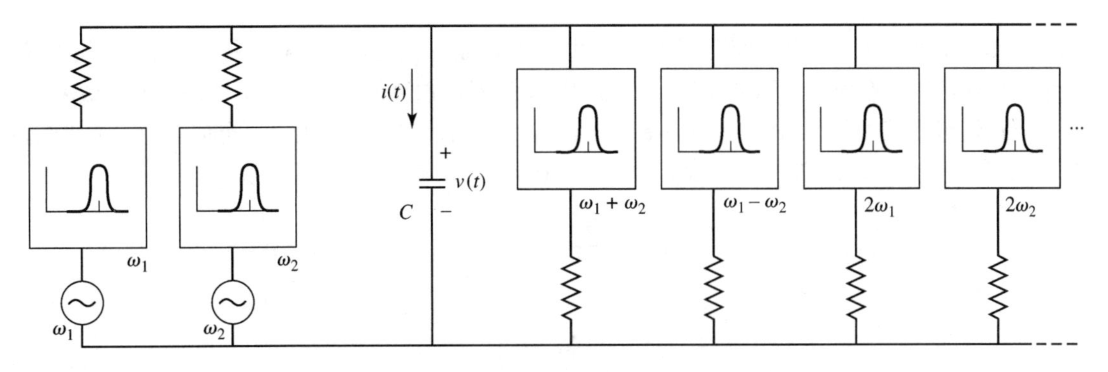

图 13.19　导出 Manley-Rowe 关系的概念性电路

在无耗电容器中没有实功率的耗散。若 ω_1 和 ω_2 彼此不相乘，则由相互作用谐频引起的平均功率不存在。于是，在频率 $\pm|n\omega_1+m\omega_2|$ 处的平均功率（忽略系数 4）为

$$P_{nm}=2\operatorname{Re}\{V_{nm}I_{nm}^*\}=V_{nm}I_{nm}^*+V_{nm}^*I_{nm}=V_{nm}I_{nm}^*+V_{-n,\,-m}I_{-n,\,-m}^*=P_{-n,\,-m} \tag{13.54}$$

于是，功率守恒可以表示为

$$\sum_{n=-\infty}^{\infty}\sum_{m=-\infty}^{\infty}P_{nm}=0 \tag{13.55}$$

现在用 $\dfrac{n\omega_1+m\omega_2}{n\omega_1+m\omega_2}$ 乘以式(13.55)，得到

$$\omega_1\sum_{n=-\infty}^{\infty}\sum_{m=-\infty}^{\infty}\frac{nP_{nm}}{n\omega_1+m\omega_2}+\omega_2\sum_{n=-\infty}^{\infty}\sum_{m=-\infty}^{\infty}\frac{mP_{nm}}{n\omega_1+m\omega_2}=0 \tag{13.56}$$

使用式(13.54)和 $I_{nm}=\mathrm{j}(n\omega_1+m\omega_2)Q_{nm}$ 得

$$\omega_1\sum_{n=-\infty}^{\infty}\sum_{m=-\infty}^{\infty}n\,(-\mathrm{j}V_{nm}\,Q_{nm}^*-\mathrm{j}V_{-n,-m}\,Q_{-n,-m}^*)+\omega_2\sum_{n=-\infty}^{\infty}\sum_{m=-\infty}^{\infty}m\,(-\mathrm{j}V_{nm}\,Q_{nm}^*-\mathrm{j}V_{-n,-m}\,Q_{-n,-m}^*)=0 \tag{13.57}$$

在式(13.57)中，双重求和项与 ω_1 或 ω_2 无关，因为总能调整外电路使所有 V_{nm} 保持为常量，而且 Q_{nm} 也保持为常量，因为电容器电荷与电压直接相关。于是，式(13.56)中的每个求和项必定恒等于零：

$$\sum_{n=-\infty}^{\infty}\sum_{m=-\infty}^{\infty}\frac{nP_{nm}}{n\omega_1+m\omega_2}=0 \tag{13.58a}$$

$$\sum_{n=-\infty}^{\infty}\sum_{m=-\infty}^{\infty}\frac{mP_{nm}}{n\omega_1+m\omega_2}=0 \tag{13.58b}$$

用 $P_{-n\ -m}=P_{nm}$ 消去双重求和中的负号，可实现一些简化。例如，由式(13.58a)得

$$\sum_{n=-\infty}^{\infty}\sum_{m=-\infty}^{\infty}\frac{nP_{nm}}{n\omega_1+m\omega_2}=\sum_{n=0}^{\infty}\sum_{m=-\infty}^{\infty}\frac{nP_{nm}}{n\omega_1+m\omega_2}+\sum_{n=0}^{\infty}\sum_{m=-\infty}^{\infty}\frac{-nP_{-n,\,-m}}{-n\omega_1-m\omega_2}=2\sum_{n=0}^{\infty}\sum_{m=-\infty}^{\infty}\frac{nP_{nm}}{n\omega_1+m\omega_2}=0$$

这导致了 Manley-Rowe 关系的常用形式：

$$\sum_{n=0}^{\infty}\sum_{m=-\infty}^{\infty}\frac{nP_{nm}}{n\omega_1+m\omega_2}=0 \tag{13.59a}$$

$$\sum_{n=-\infty}^{\infty}\sum_{m=0}^{\infty}\frac{mP_{nm}}{n\omega_1+m\omega_2}=0 \tag{13.59b}$$

Manley-Rowe 关系表明对于任何无耗非线性电抗，功率是守恒的，而且该关系式可用于谐频生成、参量放大器，以及在射频、微波和光频段的频率变换器，预测最大可能功率增益和变换效率。

电抗性频率倍增器是 Manley-Rowe 关系的一个特例，因为它只用了一个信号源。如果假设在 ω_1 处有一个信号源，则在式(13.59a)中令 $m = 0$ 有

$$\sum_{n=1}^{\infty} P_{n0} = 0$$

或

$$\sum_{n=2}^{\infty} P_{n0} = -P_{10} \tag{13.60}$$

式中，P_{n0} 表示与 n 次谐频相关的功率（对于 $n = 0$，直流项为零）。实际上，$P_{10} > 0$，因为它表示由源传送的功率，而式(13.60)中的求和表示输入信号的所有谐频中包含的总功率，如同非线性电容器产生的那样。除第 n 次谐频外所有谐频都端接无耗电抗性负载时，式(13.60)的功率平衡简化为

$$\left|\frac{P_{n0}}{P_{10}}\right| = 1 \tag{13.61}$$

它表明对于任意谐频，理论上达到 100%的变换效率是可能的。当然，实际上，二极管和匹配电路中的损耗会严重到明显降低可达到的效率。

二极管频率倍增器的框图如图 13.20 所示。频率为 f_0 的输入信号施加到二极管，除谐频 nf_0 外，其他所有频率处都端接电抗性负载。若二极管结电容具有平方律 I-V 特性，假定将产生高于二次的谐频，则必须将不想要的谐频的终端短路。这是因为在高次谐频处不产生电压，除非允许低次谐频电流流过。这些电流通常称为空闲电流。例如，变容二极管三倍频器通常需要终端在 $2f_0$ 处允许空闲电流。对于 50GHz 处的双倍频器和三倍频器，变容二极管倍增器的典型变换效率为 50%～80%。更高的频率主要受限于二极管的截止频率 f_c，而截止频率与串联电阻和动态结电容有关。典型变容二极管的截止频率可超过 1000GHz，但有效频率倍增要求 $nf_0 \ll f_c$。

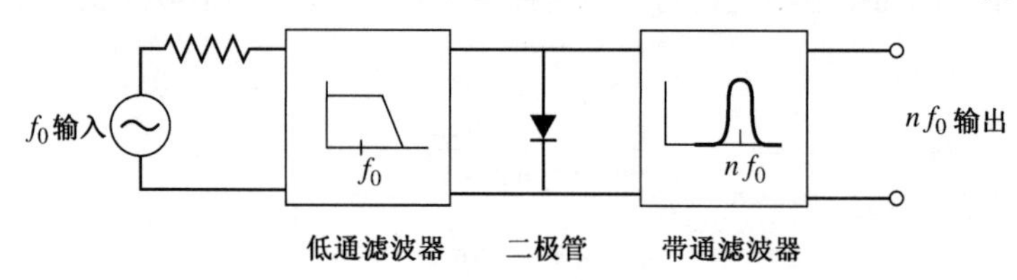

图 13.20　二极管频率倍增器的框图

13.4.2　电阻性二极管倍频器

电阻性倍频器通常用正向偏置的肖特基势垒检波二极管提供非线性 I-V 特性。因为电阻性倍频器的效率较低，特别是在高次谐频下，所以其应用不如电抗性倍频器普及。然而，电阻性倍频器能提供较好的带宽，而且比电抗性倍频器更加稳定。另外，在更高的毫米波频率处，即使是最好的变容二极管也会出现电阻特性。因为电阻频率倍增器不是无耗的，因此不能严格应用 Manley-Rowe 关系。然而，我们可以对非线性电阻推导出一组相似的关系式，并显示使用非线性电阻的频率变换器的一个重要结果。

考虑如图 13.21 所示的电阻倍频器电路。通过只考虑单个频率源（两个频率源的普遍情形在

参考文献[11]中讨论）的频率倍增器，我们简化了分析。对于源频率 ω，非线性电阻产生形如 $n\omega$ 的谐波，所以电阻电压和电流可用傅里叶级数表示为

$$v(t)=\sum_{m=-\infty}^{\infty}V_m\mathrm{e}^{\mathrm{j}m\omega t} \tag{13.62a}$$

$$i(t)=\sum_{m=-\infty}^{\infty}I_m\mathrm{e}^{\mathrm{j}m\omega t} \tag{13.62b}$$

得傅里叶系数为

$$V_m=\frac{1}{T}\int_{t=0}^{T}v(t)\mathrm{e}^{-\mathrm{j}m\omega t}\mathrm{d}t \tag{13.63a}$$

$$I_m=\frac{1}{T}\int_{t=0}^{T}i(t)\mathrm{e}^{-\mathrm{j}m\omega t}\mathrm{d}t \tag{13.63b}$$

因为 $v(t)$和 $i(t)$是实函数，所以必定有 $V_m=V_{-m}^*$ 和 $I_m=I_{-m}^*$。与第 m 次谐频相关的功率（忽略系数 4）为

$$P_m=2\mathrm{Re}\{V_mI_m^*\}=V_mI_m^*+V_m^*I_m \tag{13.64}$$

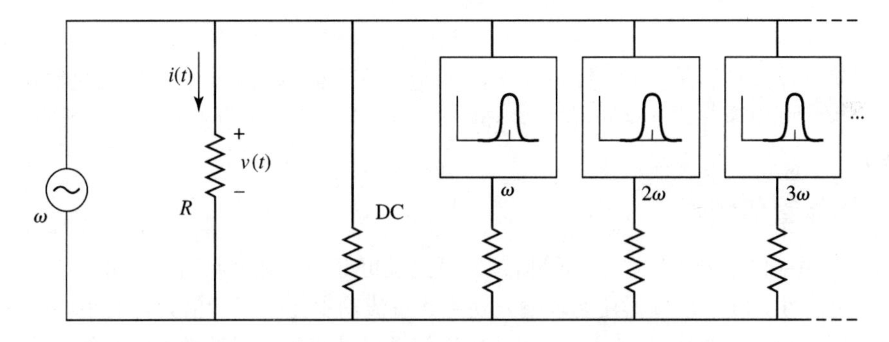

图 13.21　推导电阻频率倍增器中功率关系的概念电路

用 $-m^2I_m^*$ 乘以式(13.63a)中的 V_m 并求和得

$$-\sum_{m=-\infty}^{\infty}m^2V_mI_m^*=\frac{-1}{T}\int_{t=0}^{T}v(t)\sum_{m=-\infty}^{\infty}m^2I_m^*\,\mathrm{e}^{-\mathrm{j}m\omega t}\mathrm{d}t \tag{13.65}$$

接着，使用结果

$$\frac{\partial^2 i(t)}{\partial t^2}=-\sum_{m=-\infty}^{\infty}m^2\omega^2I_m\mathrm{e}^{\,\mathrm{j}m\omega t}=-\sum_{m=-\infty}^{\infty}m^2\omega^2I_m^*\,\mathrm{e}^{-\mathrm{j}m\omega t}$$

将式(13.65)写为

$$\begin{aligned}-\sum_{m=-\infty}^{\infty}m^2V_mI_m^*&=\frac{1}{\omega^2T}\int_{t=0}^{T}v(t)\frac{\partial^2 i(t)}{\partial t^2}\mathrm{d}t\\&=\frac{1}{2\pi\omega}v(t)\frac{\partial i(t)}{\partial t}\bigg|_{t=0}^{T}-\frac{1}{2\pi\omega}\int_{t=0}^{T}\frac{\partial v(t)}{\partial t}\frac{\partial i(t)}{\partial t}\mathrm{d}t\end{aligned} \tag{13.66}$$

因为 $v(t)$和 $i(t)$是周期函数（周期为 T），所以有 $v(0)=v(T)$和 $i(0)=i(T)$。$i(t)$的导数具有同样的周期性，式(13.66)中的第二项到最后一项为零。另外，可以写出

$$\frac{\partial v(t)}{\partial t}\frac{\partial i(t)}{\partial t}=\frac{\partial v(t)}{\partial t}\frac{\partial i}{\partial v}\frac{\partial v(t)}{\partial t}=\frac{\partial i}{\partial v}\left(\frac{\partial v(t)}{\partial t}\right)^2$$

于是式(13.66)简化为

$$\sum_{m=-\infty}^{\infty} m^2 V_m I_m^* = \frac{1}{2\pi\omega}\int_{t=0}^{T}\frac{\partial i}{\partial v}\left(\frac{\partial v(t)}{\partial t}\right)^2 \mathrm{d}t = \sum_{m=0}^{\infty} m^2 (V_m I_m^* + V_m^* I_m) = \sum_{m=0}^{\infty} m^2 P_m$$

或

$$\sum_{m=0}^{\infty} m^2 P_m = \frac{1}{2\pi\omega}\int_{t=0}^{T}\frac{\partial i}{\partial v}\left(\frac{\partial v(t)}{\partial t}\right)^2 \mathrm{d}t \tag{13.67}$$

对于正的非线性电阻（I-V 曲线的斜率总为正），式(13.67)的积分总为正。式(13.67)简化为

$$\sum_{m=0}^{\infty} m^2 P_m \geqslant 0 \tag{13.68}$$

若除 ω（基频）和 $m\omega$（期望谐频）外，所有谐频都端接电抗性负载，则式(13.68)可简化为 $P_1 + m^2 P_m > 0$。功率 $P_1 > 0$ 表示由源传送的功率，而 $P_m < 0$ 表示由器件提供的谐频功率。于是，理论上的最大变换效率为

$$\left|\frac{P_m}{P_1}\right| \leqslant \frac{1}{m^2} \tag{13.69}$$

这个结果表明电阻频率倍增器的效率按倍增系数的平方下降。

使用平衡结构的两个二极管，通常可以改进二极管频率倍增器的性能。这会提高输出功率、改进输入阻抗特性并抑制某些（所有偶次或所有奇次）谐频。两个二极管可用正交混合网络馈入，或者两个二极管可用逆并联（反向极性背对背）结构来配置。逆并联结构可抑制所有输入频率的偶次谐频。

13.4.3 晶体管倍频器

与二极管频率倍增器相比，晶体管倍频器可提供更好的带宽并具有变换效率大于 100%（变换增益）的可能性。FET 倍频器还要求输入功率和直流功率比二极管倍频器的小。过去，在固态放大器可应用于毫米波频率之前，高功率二极管倍频器是产生毫米波功率的少数几种方式之一。然而，今天可在低功率下生成所需的频率，然后使用晶体管放大器将信号放大到期望的功率电平。这种方法导致了更好的效率和较低的 DC 功率需求，并且允许单独优化信号产生和放大功能。晶体管倍频器非常适合于这种应用。

用于产生谐频的 FET 器件中存在几种非线性：接近夹断点的跨导，接近夹断点的输出电导，肖特基栅极的整流特性，栅极和漏极之间的类变容管电容。对于倍频器的工作，在这些非线性中，最常用的是整流特性，此时 FET 偏置为只让输入信号波形的正半周导通。这导致了与 B 类放大器类似的工作原理，并提供在频率范围 60～100GHz 内适用于低功率输出（典型值小于 10dBm）的一个倍频器电路。双极型晶体管也可用于频率倍增，它用集电极–基极结的电容来提供必需的非线性。

B 类 FET 频率倍增器的基本电路如图 13.22 所示。为简化分析，此处假定是单边器件。信号源是频率为 ω_0（周期 $T = 2\pi/\omega_0$）的一个生成器，源阻抗 $R_s + \mathrm{j}X_s$ 与 FET 匹配，FET 的漏极端接负载阻抗 $R_L + \mathrm{j}X_L$，选择这一负载阻抗的目的是，在期望的谐振频率 $n\omega_0$ 处与 C_{ds} 形成一个并联 RLC 谐振器。栅极偏置在 $V_{gg} < 0$ 的直流电压下，漏极偏置在 $V_{dd} > 0$ 的直流电压下。

使用图 13.23 所示的波形，可以帮助我们理解 FET 倍频器的工作原理。如图 13.23a 所示，FET 偏置在导通电压 V_t 之下，因此直到栅极电压超过 V_t 时晶体管才导通。得到的漏极电流如图 13.23b 所示，可以看出它形式上类似于栅极电压的半波整流波形。这个波形的谐波丰富，所以漏极谐振器可设计为在基频和所有干扰谐频处短路，而在期望的谐频处开路。$n = 2$ 的漏极电

压如图 13.23c 所示。

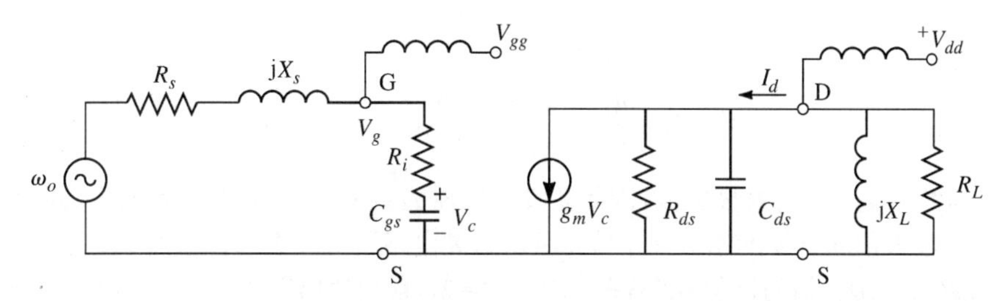

图 13.22　FET 频率倍增器的电路图。晶体管使用单边等效电路建模

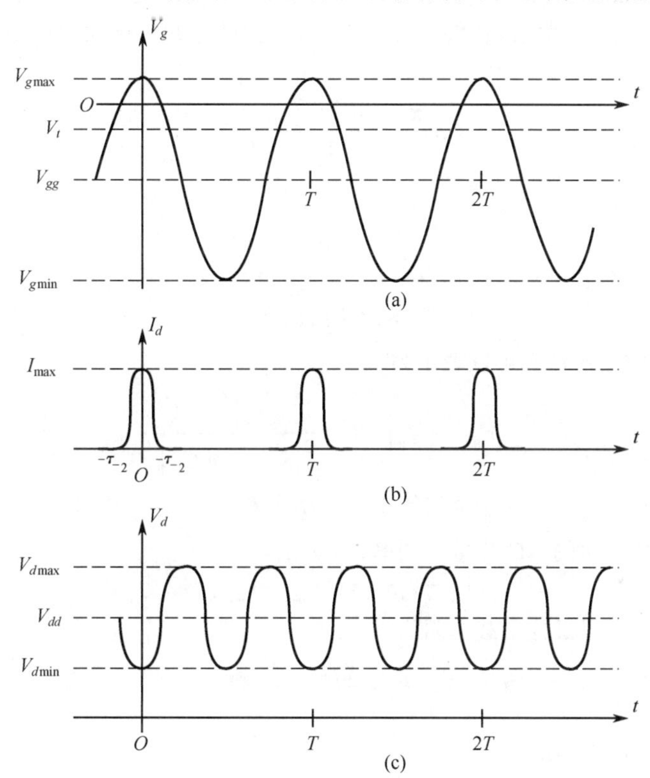

图 13.23　图 13.22 所示 FET 倍频器（二倍频）电路中的电压与电流：(a)晶体管偏置电压刚好低于夹断点的栅极电压；(b)栅极电压大于门限电压时导通的漏极电流；(c)负载谐振器调谐到二次谐频时的漏极电压

将漏极电流表示成傅里叶级数，可对 FET 倍频器进行近似分析。若假定漏极电流波形是半余弦函数形式，即

$$i_d(t)=\begin{cases} I_{\max}\cos\dfrac{\pi t}{\tau}, & |t|<\tau/2 \\ 0, & \tau/2<|t|<T/2 \end{cases} \tag{13.70}$$

式中，τ 是漏极电流脉冲的持续时间（脉宽），则傅里叶级数可表示为

$$i_d(t)=\sum_{n=0}^{\infty} I_n\cos\frac{2\pi nt}{T} \tag{13.71}$$

傅里叶系数给出如下：

$$I_0 = I_{\max}\frac{2\tau}{\pi T} \tag{13.72a}$$

和

$$I_n = I_{\max}\frac{4\tau}{\pi T}\frac{\cos(n\pi\tau/T)}{1-(2n\tau/T)^2}, \qquad n>0 \tag{13.72b}$$

系数 I_n 表示谐波频率 $n\omega_0$ 的漏极电流，因此要使倍频器的效率最大，就要使 I_n 最大。因为式(13.72b)明确指出 I_n 的最大值随着 n 的增大而下降，所以这类电路通常限于二倍频器或三倍频器。对于给定的 n 值，$I_n/I_{\max}$ 的最大值与比值 τ/T 有关：对于 $n=2$，最优值出现在 $\tau/T=0.35$ 处，而对于 $n=3$，最优值出现在 $\tau/T=0.22$ 处。然而，由于器件和偏置限制，设计人员通常无法控制脉冲宽度 τ，所以 τ/T 的实际值通常大于最优值。仔细研究图 13.23a 会发现，归一化脉冲宽度与栅极电压 V_t、$V_{g\min}$ 和 $V_{g\max}$ 的关系为

$$\cos\frac{\pi\tau}{T} = \frac{2V_t - V_{g\max} - V_{g\min}}{V_{g\max} - V_{g\min}} \tag{13.73}$$

栅极偏置电压满足关系式

$$V_{gg} = (V_{g\max} - V_{g\min})/2 \tag{13.74}$$

栅极电压 AC 分量的峰值（频率 ω_0）为

$$V_g = V_{g\max} - V_{gg} \tag{13.75}$$

于是，发送到 FET 的输入功率可以表示为

$$P_{\text{in}} = \frac{1}{2}\left|I_g\right|^2 R_i = \frac{\left|V_g\right|^2 R_i}{2\left|R_i - \mathrm{j}/\omega_0 C_{gs}\right|^2} \tag{13.76}$$

若源与晶体管共轭匹配，则输入功率将等于可用功率 P_{avail}。

在负载侧，栅极电压的 AC 分量（频率 $n\omega_0$）的峰值为

$$V_L = I_n R_L = (V_{d\max} - V_{d\min})/2 \tag{13.77}$$

假设 X_L 和 C_{ds} 谐振。可得最佳负载电阻为

$$R_L = \frac{V_{d\max} - V_{d\min}}{2I_n} \tag{13.78}$$

于是谐频 $n\omega_0$ 处的输出功率是

$$P_n = \frac{1}{2}|I_n|^2 R_L \tag{13.79}$$

最后，得出变换增益为

$$G_c = \frac{P_n}{P_{\text{avail}}} \tag{13.80}$$

例题 13.6 FET 倍频器设计

用 GaAs MESFET 设计一个 12～24GHz 倍频器，MESFET 有如下参量：$V_t=-2.0\text{V}$，$R_i=10\Omega$，$C_{gs}=0.20\text{pF}$，$C_{ds}=0.15\text{pF}$，$R_{ds}=40\Omega$。假定所选的晶体管工作点满足 $V_{g\max}=0.2\text{V}$，$V_{g\min}=-6.0\text{V}$，$V_{d\max}=5.0\text{V}$，$V_{d\min}=1.0\text{V}$ 和 $I_{\max}=80\text{mA}$，求倍频器的变换增益。

解：首先用式(13.74)和式(13.75)求出 AC 输入电压的峰值。栅极偏置电压是

$$V_{gg} = (V_{g\max} - V_{g\min})/2 = (0.2-6.0)/2 = -2.9\text{V}$$

AC 输入电压的峰值是

$$V_g = V_{g\max} - V_{gg} = 0.2 + 2.9 = 3.1\text{V}$$

则由式(13.76)得出输入功率是

$$P_{\text{in}} = \frac{|V_g|^2 R_i}{2|R_i - \text{j}/\omega_0 C_{gs}|^2} = \frac{3.1^2 \times 10}{2[10^2 + (1/2\pi(12\times10^9)\times(0.2\times10^{-12}))^2]} = 10.7\text{mW}$$

由式(13.73)求出脉冲宽度为

$$\cos\frac{\pi\tau}{T} = \frac{2V_t - V_{g\max} - V_{g\min}}{V_{g\max} - V_{g\min}} = \frac{2\times(-2.0) - 0.2 + 6.0}{0.2 + 6.0} = 0.29$$

对应于$\tau/T = 0.406$。

然后，由式(13.72b)求出二次谐频的负载电流：

$$I_2 = I_{\max}\frac{4\tau}{\pi T}\frac{\cos(2\pi\tau/T)}{1-(4\tau/T)^2} = 0.262 I_{\max} = 21.0\text{mA}$$

由式(13.78)求出与晶体管匹配时所需的负载电阻为

$$R_L = \frac{V_{d\max} - V_{d\min}}{2I_2} = \frac{5-1}{2\times0.021} = 95.2\Omega$$

由式(13.79)得出 24GHz 处的输出功率是

$$P_2 = \frac{1}{2}|I_2|^2 R_L = \frac{1}{2}\times0.021^2\times95.2 = 21.0\text{mW}$$

最后，假定输入是共轭匹配的，得出变换增益为

$$G_c = \frac{P_2}{P_{\text{avail}}} = \frac{21.0}{10.7} = 2.9\text{dB}$$

二次谐频谐振时所需的负载电抗是$X_L = 1/2\omega_0 C_{ds} = 44.2\Omega$，它对应于一个 0.293nH 的电感。■

13.5 混频器

混频器是三端口器件，为了达到频率变换的目的，它采用非线性元件或时变元件。如 11.1 节所述，理想混频器的输出由两个输入信号的和频与差频组成。实际射频和微波混频器的工作，通常基于二极管或晶体管提供的非线性。如前所述，非线性元件能产生输入频率的许多谐频或其他产物，因此必须通过滤波来选取期望的频率分量。现代微波系统为了实现基带信号频率和射频载波频率之间的上变频和下变频功能，经常采用几个混频器和滤波器。

首先讨论混频器的一些重要特性，如镜像频率、变换损耗、噪声效应和交调失真；接着讨论采用单个二极管或晶体管作为非线性元件的单端混频器的工作原理；最后介绍平衡二极管混频器电路，以及一些更为专用的混频器电路。

13.5.1 混频器特性

混频器的符号和功能如图 13.24 所示。混频器符号的意思是，输出是与两个输入信号的乘积成比例的。我们将看到这是混频器工作的理想化观点，在实际中会产生输入信号的大量谐波和其他干扰产物。图 13.24a 说明了发射机中上变频的工作原理。相对高频f_{LO}处的本机振荡器连接到混频器的一个输入端口。LO 信号可表示为

$$v_{\text{LO}}(t) = \cos 2\pi f_{\text{LO}} t \tag{13.81}$$

一个较低的基带频率或中频（IF）信号施加到混频器的另一个输入端口。这个信号一般含有待发的信息或数据。于是，可将 IF 信号表示为

$$v_{IF}(t)=\cos 2\pi f_{IF}t \tag{13.82}$$

理想混频器的输出由 LO 和 IF 信号的乘积给出：

$$\begin{aligned} v_{RF}(t) &= Kv_{LO}(t)v_{IF}(t)=K\cos 2\pi f_{LO}t\cos 2\pi f_{IF}t \\ &= \frac{K}{2}[\cos 2\pi(f_{LO}-f_{IF})t+\cos 2\pi(f_{LO}+f_{IF})t] \end{aligned} \tag{13.83}$$

式中，K 是考虑到混频器的电压变换损耗而引入的常量。射频输出由输入信号的和频与差频组成：

$$f_{RF}=f_{LO}\pm f_{IF} \tag{13.84}$$

输入和输出信号的频谱如图 13.24a 所示，可以看出混频器具有用 IF 信号调制 LO 信号的作用。$f_{LO}\pm f_{IF}$ 处的和频与差频称为**载波频率** f_{LO} 的边带，$f_{LO}+f_{IF}$ 是**上边带**（USB），$f_{LO}-f_{IF}$ 是**下边带**（LSB）。**双边带**（DSB）信号包含上和下两个边带，如式(13.83)所示，**单边带**（SSB）信号可通过滤波或用单边带混频器产生。

相反，图 13.24b 显示的是下变频过程，它与用在接收机中的一样。这时，射频输入信号为

$$v_{RF}(t)=\cos 2\pi f_{RF}t \tag{13.85}$$

它与式(13.81)给出的本振信号同时施加到混频器的输入端。混频器的输出为

$$\begin{aligned} v_{IF}(t) &= Kv_{RF}(t)v_{LO}(t)=K\cos 2\pi f_{RF}t\cos 2\pi f_{LO}t \\ &= \frac{K}{2}[\cos 2\pi(f_{RF}-f_{LO})t+\cos 2\pi(f_{RF}+f_{LO})t] \end{aligned} \tag{13.86}$$

所以混频器的输出包括输入信号的和频与差频。这些信号的频谱如图 13.24b 所示。实际中，射频和 LO 频率靠得相当近，因此和频近似为两倍射频频率，差频远小于 f_{RF}。接收机中期望的 IF 输出是差频 $f_{RF}-f_{LO}$，采用低通滤波容易将它选出：

$$f_{IF}=f_{RF}-f_{LO} \tag{13.87}$$

注意，上面的讨论只考虑了输入信号相乘产生的和频和差频输出，实际混频器由于二极管或晶体管具有较为复杂的非线性，因此会产生更多的产物，这些产物通常是干扰，要通过滤波消除。

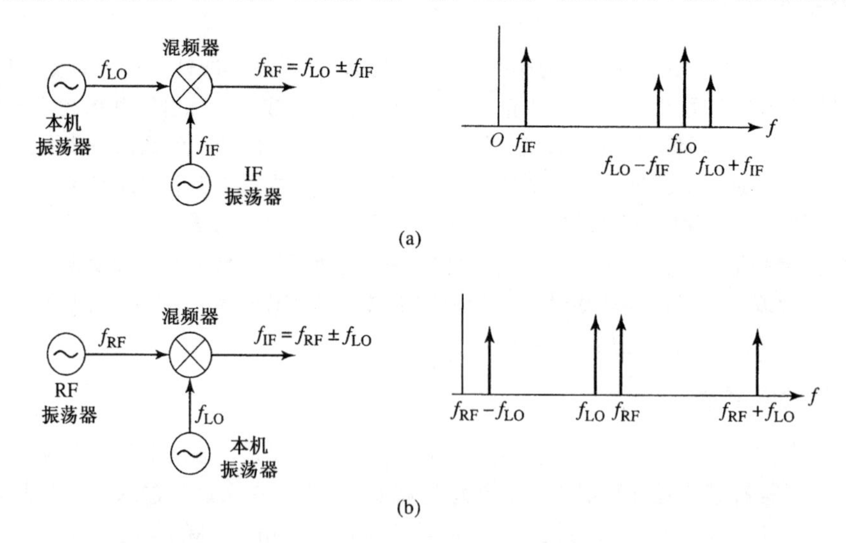

图 13.24　使用混频器变换频率：(a)上变频；(b)下变频

镜像频率。在接收机中，频率 f_{RF} 处的射频输入信号通常来自天线，而天线可以接收相对宽

频带的射频信号。对于具有 LO 频率 f_{LO} 和中频 f_{IF} 的接收机，式(13.87)给出下变频到 IF 的射频输入频率为

$$f_{RF} = f_{LO} + f_{IF} \tag{13.88a}$$

因为将式(13.88a)代入式(13.87)可得到 f_{IF}（低通滤波后）。现在考虑射频输入频率：

$$f_{IM} = f_{LO} - f_{IF} \tag{13.88b}$$

将式(13.88b)代入式(13.87)可得 $-f_{IF}$（低通滤波后）。数学上，这个频率等于 f_{IF}，因为任何实信号的傅里叶谱关于零频率对称，因此包含负频率和正频率。式(13.88b)定义的射频频率称为镜像响应。在接收机设计中，镜像响应很重要，因为接收到的射频信号在式(13.88b)的镜像频率处，与式(13.88a)给出的期望频率在 IF 级无法分辨，除非在接收机的射频级中采取措施预选射频信号，以便只允许期望射频频段内的信号通过。

式(13.88)中选择哪个射频频率为期望的频率和哪个镜像频率是任意的，具体取决于 LO 频率是大于还是小于期望的射频频率。观察这种区别的另一种方法是注意式(13.88)中 f_{IF} 的符号可以为负。我们看出式(13.88a)给出的期望频率和式(13.88b)给出的镜像频率间相关 $2f_{IF}$。

式(13.87)的另一层含义及 f_{IF} 可以为负这一事实表明，对于给定的射频和 IF 频率可以有两个 LO 频率：

$$f_{LO} = f_{RF} \pm f_{IF} \tag{13.89}$$

因为取 f_{RF} 和这两个 LO 频率的差给出 $\pm f_{IF}$。当混频器工作为上变频器使用时，这两个频率对应于上边带和下边带。实际上，多数接收机将本振设置在上边带 $f_{LO} = f_{RF} + f_{IF}$，因为当接收机必须在给定的带宽内选取射频信号时，这种设计需要较小的 LO 调谐率。

变频损耗。混频器设计要求在三个端口处阻抗匹配，由于它包含几个频率及它们的谐频，所以很复杂。理想情况下，混频器的每个端口在特定频率（RF、LO 或 IF）处匹配，并用电阻性负载吸收不需要的频率产物，或用电抗性终端进行阻隔。电阻性负载会增大混频器的损耗，但电抗性负载对频率很敏感。此外，在频率变换过程中，由于会产生干扰谐频和其他频率产物，所以存在固有损耗。因此，混频器的一个重要的品质因数是*变频损耗*，它定义为可用射频输入功率与可用 IF 输出功率之比，用 dB 表示：

$$L_c = 10\lg\frac{\text{可用RF输入功率}}{\text{可用IF输入功率}} \geqslant 0\ \text{dB} \tag{13.90}$$

变频损耗考虑了混频器中的电阻损耗及在频率变换过程中从射频端口到 IF 端口的损耗。变频损耗适用于上变频和下变频，尽管上面的定义从字面上理解时指的是后一种情况。因为接收机的射频级的工作频率远低于发射机的工作功率，所以对接收机而言最小变频损耗更为重要，因为在射频级损耗最小化的重要性在于接收机噪声系数最大化。

实际二极管混频器的变频损耗在频率范围 1～10GHz 内的典型值通常为 4～7dB。晶体管混频器的变频损耗更低，甚至有几 dB 的*变频增益*。严重影响变频损耗的一个因数是 LO 功率电平；对于 LO 功率，最小变频损耗通常出现在 0 和 10dBm 之间。这样的功率电平通常会大到为准确地表征混频器性能，通常需要进行非线性分析。

噪声系数。在混频器中，噪声是由二极管或晶体管元件以及造成电阻性损耗的热源产生的。实际混频器的噪声系数范围是 1～5dB，二极管混频器可以达到的噪声系数通常要比晶体管混频器的低。混频器的噪声取决于其输入是单边带信号还是双边带信号。这是因为混频器在两个边带频率处下变频（因为有同样的 IF），但 SSB 信号的功率是 DSB 信号的功率的一半（对于相同的振幅）。为了推导这两种情况下的噪声系数之间的关系，首先考虑如下形式的 DSB 输入信号：

$$v_{DSB}(t) = A[\cos(\omega_{LO} - \omega_{IF})t + \cos(\omega_{LO} + \omega_{IF})t] \tag{13.91}$$

与 LO 信号 $\cos\omega_{\text{LO}}t$ 混频，并进行低通滤波，可得下变频后的 IF 信号为

$$v_{\text{IF}}(t)=\frac{AK}{2}\cos(\omega_{\text{IF}}t)+\frac{AK}{2}\cos(-\omega_{\text{IF}}t)=AK\cos\omega_{\text{IF}}t \tag{13.92}$$

式中，K 是考虑到每个边带的变频损耗而引入的常数。式(13.91)的 DSB 输入信号的平均功率为

$$S_i=\frac{A^2}{2}+\frac{A^2}{2}=A^2$$

输出 IF 信号的平均功率是

$$S_o=\frac{A^2K^2}{2}$$

对于噪声系数，输入噪声功率定义为 $N_i=kT_0B$，其中 $T_0=290\text{K}$，B 是 IF 带宽。总输出噪声功率等于输入噪声功率加上由混频器附加的噪声功率 N_{added} 再除以变频损耗（假设以混频器输入端作为参考）：

$$N_o=\frac{(KT_0B+N_{\text{added}})}{L_c}$$

然后，根据噪声系数的定义得出混频器的 DSB 噪声系数为

$$F_{\text{DSB}}=\frac{S_iN_o}{S_oN_i}=\frac{2}{K^2L_c}\left(1+\frac{N_{\text{added}}}{kT_0B}\right) \tag{13.93}$$

对 SSB 情形进行相应分析，先假定 SSB 输入信号为

$$v_{\text{SSB}}(t)=A\cos(\omega_{\text{LO}}-\omega_{\text{IF}})t \tag{13.94}$$

与 LO 信号 $\cos\omega_{\text{LO}}t$ 混频，并低通滤波，可得下变频后的 IF 信号为

$$v_{\text{IF}}(t)=\frac{AK}{2}\cos(\omega_{\text{IF}}t) \tag{13.95}$$

式(13.94)的 SSB 输入信号的平均功率是

$$S_i=\frac{A^2}{2}$$

输出 IF 信号的平均功率是

$$S_o=\frac{A^2K^2}{8}$$

输入和输出噪声与 DSB 情形下的相同，所以 SSB 输入信号的噪声系数是

$$F_{\text{SSB}}=\frac{S_iN_o}{S_oN_i}=\frac{4}{K^2L_c}\left(1+\frac{N_{\text{added}}}{kT_0B}\right) \tag{13.96}$$

与式(13.93)比较，可以看出 SSB 情形下的噪声系数是双边带情况下的两倍：

$$F_{\text{SSB}}=2F_{\text{DSB}} \tag{13.97}$$

混频器的其他特性。因为混频器涉及非线性，因此会产生交调产物。混频器的典型 IIP_3 值的范围是 15～30dBm。混频器的另一个重要特性是 RF 和 LO 端口间的隔离。理想情况下，LO 和 RF 端口是去耦的，但内部阻抗失配及耦合器性能的局限性常常导致一些 LO 功率耦合到 RF 端口之外。这对直接由天线连接 RF 端口的接收机而言是一个潜在的问题，因为通过混频器耦合到 RF 端口的 LO 功率将通过天线辐射。因为这种信号会干扰其他服务或用户，美国通信委员会（FCC）通常会严格限制接收机辐射的功率。在天线和混频器之间采用带通滤波器，或在混频器的前面使用 RF 放大器，可大大减缓这一问题。LO 和 RF 端口之间的隔离主要取决于实现这两个输入端口的双工工作的耦合器类型，隔离度的典型值是 20～40dB。

例题 13.7　镜像频率

IS-54 数字蜂窝电话系统所用的接收频带为 869～894MHz，第一个 IF 频率为 87MHz，信道带宽为 30kHz。问两个可能的 LO 频率是多少？若用较高的 LO 频率范围，求镜像频率的范围。该镜像频率是否落在接收机的通带内？

解： 由式(13.89)可得这两个可能的 LO 频率范围是

$$f_{LO} = f_{RF} \pm f_{IF} = (869 \sim 894) \pm 87 = \begin{cases} 956 \sim 981\text{MHz} \\ 782 \sim 807\text{MHz} \end{cases}$$

使用 956～981MHz 的 LO，由式(13.87)得 IF 频率是

$$f_{IF} = f_{RF} - f_{LO} = (869 \sim 894) - (956 \sim 981) = -87\text{MHz}$$

所以由式(13.88b)得出射频镜像频率范围是

$$f_{IM} = f_{OL} - f_{IF} = (956 \sim 981) + 87 = 1043 \sim 1068\text{MHz}$$

它正好位于接收机的通带外。 ■

以上对混频器的论述是理想化的，因为假定混频器的输出正比于输入信号的乘积，所以只产生和频与差频（对于正弦输入）。现在讨论更为实际的混频器，并证明输出的确包含正比于输入乘积的项，但也包含许多更高阶的产物。

13.5.2 单端二极管混频器

一个二极管混频器的基本电路如图 13.25a 所示。这种类型的混频器称为单端混频器，因为它使用单个二极管元件。RF 和 LO 输入到同相双工器（diplexer）中合成，叠合的两个输入电压去驱动二极管，这种同相双工功能可用一个定向耦合器或混合结实现，以便在两个输入之间进行合成与隔离。二极管用 DC 电压偏置，DC 偏置电压必须与射频信号通道去耦。可在二极管的两侧用隔直电容来完成，二极管和偏置电压源之间用一个射频扼流圈。二极管的 AC 输出通过低通滤波器提供所需的 IF 输出电压。这些描述适用于下变频，但同样的混频器也可用于上变频，因为每个端口可以互换为输入或输出端口。

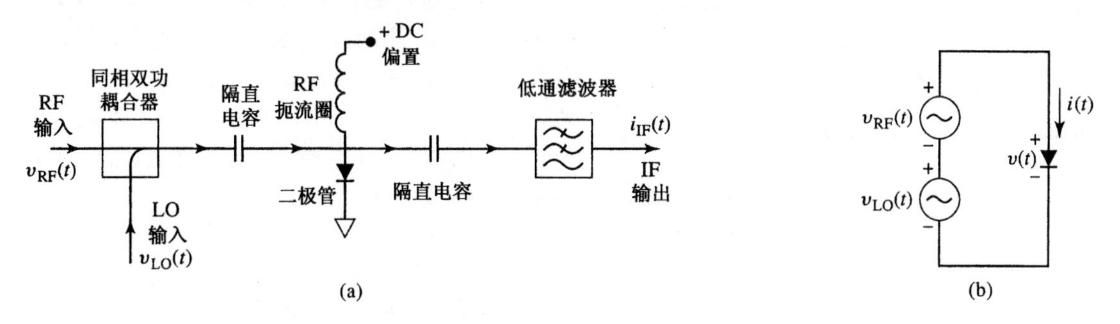

图 13.25　(a)单端二极管混频器的电路；(b)理想的等效电路

混频器的 AC 等效电路如图 13.25b 所示，其中 RF 和 LO 输入电压用两个串联电压源表示。设 RF 输入电压是频率为 ω_{RF} 的余弦波：

$$v_{RF}(t) = V_{RF} \cos \omega_{RF} t \tag{13.98}$$

并设 LO 输入电压是频率为 ω_{LO} 的余弦波：

$$v_{LO}(t) = V_{LO} \cos \omega_{LO} t \tag{13.99}$$

用式(11.6)的小信号近似得出总二极管电流为

$$i(t) = I_0 + G_d[v_{\text{RF}}(t) + v_{\text{LO}}(t)] + \frac{G_d'}{2}[v_{\text{RF}}(t) + v_{\text{LO}}(t)]^2 + \cdots \tag{13.100}$$

式(13.100)中的第一项是 DC 偏置电流，用隔直电容与 IF 输出断开；第二项是 RF 和 LO 输入信号的复制，可由低通 IF 滤波器滤出；余下的第三项用三角恒等式改写为

$$\begin{aligned} i(t) &= \frac{G_d'}{2}\left(V_{\text{RF}}\cos\omega_{\text{RF}}t + V_{\text{LO}}\cos\omega_{\text{LO}}t\right)^2 \\ &= \frac{G_d'}{2}\left(V_{\text{RF}}^2\cos^2\omega_{\text{RF}}t + 2V_{\text{RF}}V_{\text{LO}}\cos\omega_{\text{RF}}t\cos\omega_{\text{LO}}t + V_{\text{LO}}^2\cos^2\omega_{\text{LO}}t\right) \\ &= \frac{G_d'}{4}[V_{\text{RF}}^2(1+\cos 2\omega_{\text{RF}}t) + V_{\text{LO}}^2(1+\cos 2\omega_{\text{LO}}t) + 2V_{\text{RF}}V_{\text{LO}}\cos(\omega_{\text{RF}} - \omega_{\text{LO}})t + \\ &\quad 2V_{\text{RF}}V_{\text{LO}}\cos(\omega_{\text{RF}} + \omega_{\text{LO}})t] \end{aligned}$$

该结果看起来包含几个新的信号分量，其中只有一个分量会产生期望的 IF 项。两个直流项用隔直电容阻断，而 $2\omega_{\text{RF}}$、$2\omega_{\text{LO}}$ 和 $\omega_{\text{RF}} + \omega_{\text{LO}}$ 项可用低通滤波器阻断。剩下的 IF 输出电流为

$$i_{\text{IF}}(t) = \frac{G_d'}{2}V_{\text{RF}}V_{\text{LO}}\cos\omega_{\text{IF}}t \tag{13.101}$$

式中，$\omega_{\text{IF}} = \omega_{\text{RF}} - \omega_{\text{LO}}$ 是 IF 频率。因此，下变频单端混频器的频谱与图 13.24b 所示的理想混频器的频谱相同。

13.5.3 单端 FET 混频器

可为混频提供非线性的 FET 参量有几个，但非线性最强的是跨导 g_m，当 FET 采用共源极结构时，使用负栅极偏压。图 13.26 显示了典型 FET 的跨导随栅极偏压的变化。用做放大器时，栅极偏压选择为接近于零或稍大于零，以便跨导接近于其最大值，且晶体管按线性器件工作。当栅极偏压接近夹断区时，跨导近似为零，栅极电压的小的正变化会引起跨导的大变化，导致非线性响应。所以 LO 电压可施加到 FET 的栅极上，使跨导在高和低跨导状态之间切换，进而提供期望的混频功能。

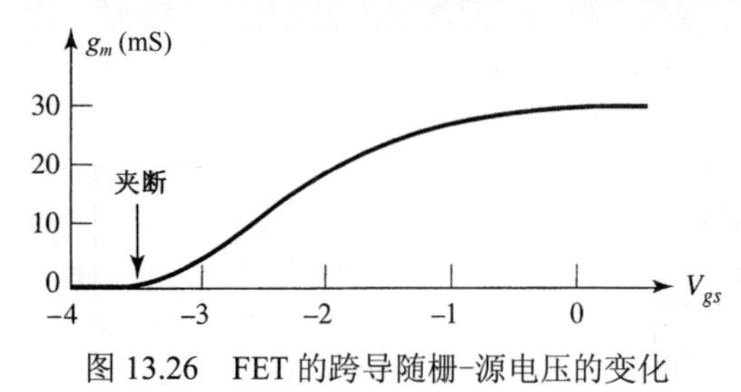

图 13.26 FET 的跨导随栅-源电压的变化

单端 FET 混频器的电路如图 13.27 所示。双工耦合器再次用于合成FET栅极处的RF和LO信号。在输入和 FET 之间也需要阻抗匹配网络，且输入阻抗通常很低。RF 扼流圈用于使栅极偏置为接近夹断的负电压，并为 FET 的漏极提供正偏压。漏极的旁路电容为 LO 信号提供返回通道，低通滤波器提供最终的 IF 输出信号。

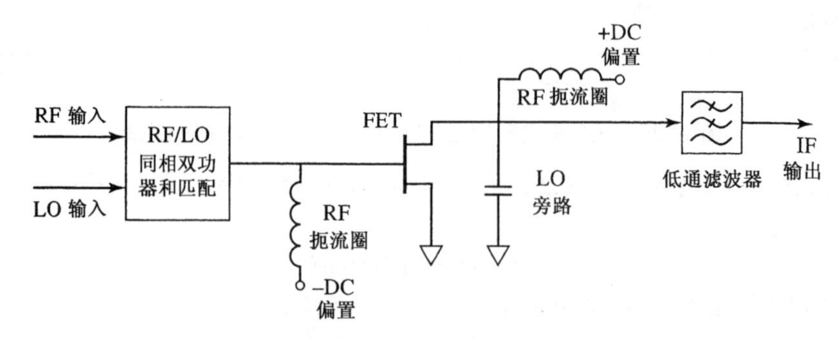

图 13.27 单端 FET 混频器的电路

下面按照参考文献[12]中的描述来分析图 13.27 所示的混频器。简化的等效电路如图 13.28 所

示，它基于 11.3 节介绍的 FET 的单边等效电路。RF 和 LO 输入电压分别由式(13.98)和式(13.99)给出。设 $Z_g = R_g + jX_g$ 为 RF 输入端口的戴维南源阻抗，设 $Z_L = R_L + jX_L$ 为 IF 输出端口的戴维南源阻抗。这些阻抗是复数，以便针对最大功率传送在输入和输出端口进行共轭匹配。LO 端口有实数源阻抗 Z_0，因为对于 LO 信号我们不涉及最大功率传送。

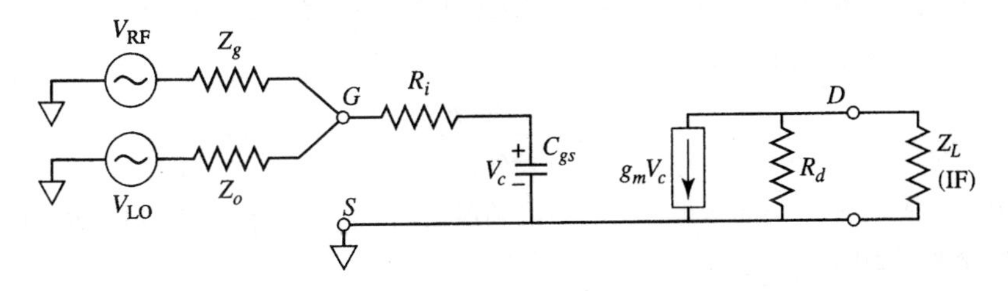

图 13.28　图 13.27 中 FET 混频器的等效电路

因为 FET 跨导由 LO 信号驱动，所以其时间变化可用 LO 的谐频的傅里叶级数表示：

$$g(t) = g_0 + 2\sum_{n=1}^{\infty} g_n \cos n\omega_0 t \tag{13.102}$$

由于没有跨导的显式公式，因此不能直接计算式(13.102)的傅里叶系数，这些值要由测量给出。我们将看到，所希望的下变频结果仅需要选择傅里叶级数中的 $n=1$ 项，所以只需要 g_1 系数，测量通常会给出 10mS 内的一个 g_1 值。

FET 混频器的变频增益为

$$G_c = \frac{P_{\text{IF-avail}}}{P_{\text{RF-avail}}} = \frac{\dfrac{\left|V_D^{\text{IF}}\right|^2 R_L}{\left|Z_L\right|^2}}{\dfrac{\left|V_{\text{RF}}\right|^2}{4R_g}} = \frac{4R_g R_L}{\left|Z_L\right|^2}\left|\frac{V_D^{\text{IF}}}{V_{\text{RF}}}\right|^2 \tag{13.103}$$

式中，V_D^{IF} 是 IF 漏极电压，Z_g 和 Z_L 是在 RF 和 IF 端口间传输最大功率时的阻抗值，跨越栅极-源极电容的相量电压的 RF 频率分量由 Z_g、R_i 和 C_{gs} 之间的分压给出：

$$V_c^{\text{RF}} = \frac{V_{\text{RF}}}{j\omega_{\text{RF}} C_{gs}\left[(R_i + Z_g) - \dfrac{j}{\omega_{\text{RF}} C_{gs}}\right]} = \frac{V_{\text{RF}}}{1 + j\omega_{\text{RF}} C_{gs}(R_i + Z_g)} \tag{13.104}$$

用 $v_c^{\text{RF}}(t) = V_c^{\text{RF}} \cos\omega_{\text{RF}} t$ 乘以式(13.102)的跨导得出

$$g_m(t) v_c^{\text{RF}}(t) = g_0 V_c^{\text{RF}} \cos\omega_{\text{RF}} t + 2g_1 V_c^{\text{RF}} \cos\omega_{\text{RF}} t \cos\omega_{\text{LO}} t + \cdots \tag{13.105}$$

下变频 IF 频率分量可用常见的三角恒等式从式(13.105)的第二项提取：

$$g_m(t) v_c^{\text{RF}}(t)\Big|_{\omega_{\text{IF}}} - g_1 V_c^{\text{RF}} \cos\omega_{\text{IF}} t \tag{13.106}$$

式中，$\omega_{\text{IF}} = \omega_{\text{RF}} - \omega_{\text{LO}}$。于是，漏极电压的 IF 分量可用相量形式表示为

$$V_D^{\text{IF}} = -g_1 V_c^{\text{RF}}\left(\frac{R_d Z_L}{R_d + Z_L}\right) = \frac{-g_1 V_{\text{RF}}}{1 + j\omega_{\text{RF}} C_{gs}(R_i + Z_g)}\left(\frac{R_d Z_L}{R_d + Z_L}\right) \tag{13.107}$$

其中用到了式(13.104)。使用式(13.103)中的结果得到变频增益（共轭匹配前）为

$$G_c\Big|_{失配}=\left(\frac{2g_1R_d}{\omega_{\mathrm{RF}}C_{gs}}\right)^2\frac{R_g}{\left[(R_i+R_g)^2+\left(X_g-\dfrac{1}{\omega_{\mathrm{RF}}C_{gs}}\right)^2\right]}\frac{R_L}{[(R_d+R_L)^2+X_L^2]}$$

现在，为得到最大的变频增益，对 RF 和 IF 端口进行共轭匹配。令 $R_g=R_i$，$X_g=1/\omega_{\mathrm{RF}}C_{gs}$，$R_L=R_d$ 和 $X_L=0$，将上面的结果简化为

$$G_c=\frac{g_1^2R_d}{4\omega_{\mathrm{RF}}^2C_{gs}^2R_i} \tag{13.108}$$

g_1、R_d、R_i和 C_{gs}是 FET 的全部参量。实际的混频器电路一般在 RF、LO 和 IF 端口使用匹配电路将 FET 阻抗变换到 50Ω。

例题 13.8　混频器变频增益

设计一个用于无线局域网的单端 FET 混频器，接收机工作在 2.4GHz。FET 的参量是 $R_d=300\Omega$，$R_i=10\Omega$，$C_{gs}=0.3\mathrm{pF}$ 和 $g_1=10\mathrm{mS}$。计算最大可能变频增益。

解：直接用式(13.108)给出的变频增益公式得

$$G_c=\frac{g_1^2R_d}{4\omega_{\mathrm{RF}}^2C_{gs}^2R_i}=\frac{(10\times10^{-3})^2\times300}{4(2\pi)^2\times(2.4\times10^9)^2\times10}=36.6=15.6\mathrm{dB}$$

注意，这个值不包括必需的阻抗匹配网络引起的损耗。■

13.5.4　平衡混频器

采用平衡混频器可以改善 RF 输入匹配和 RF-LO 隔离，平衡混频器由两个单端口混频器与一个混合结组成。图 13.29 显示了采用 90°混合网络（见图 13.29a）或 180°混合网络（见图 13.29b）的基本结构。如看到的那样，使用 90°混合结的平衡混频器具有很宽的频率范围，并且在 RF 端口导致了完善的输入匹配，而使用 180°混合网络的平衡混频器能在很宽的频率范围内导致完美的 RF-LO 隔离。此外，两种混频器都可去除全部偶数阶交调产物。图 13.30 显示了含有几个平衡混频器的微带电路的照片。

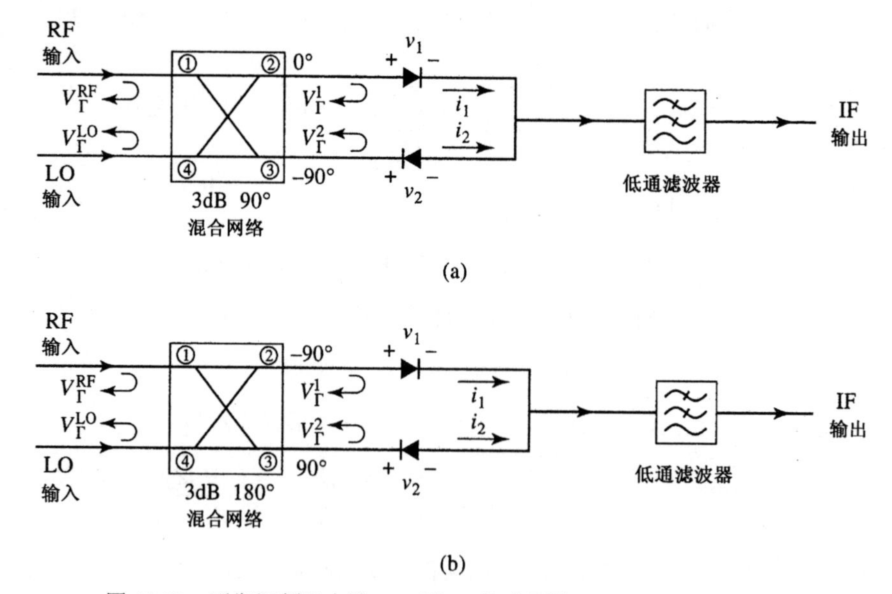

图 13.29　平衡混频器电路：(a)用 90°混合网络；(b)用 180°混合网络

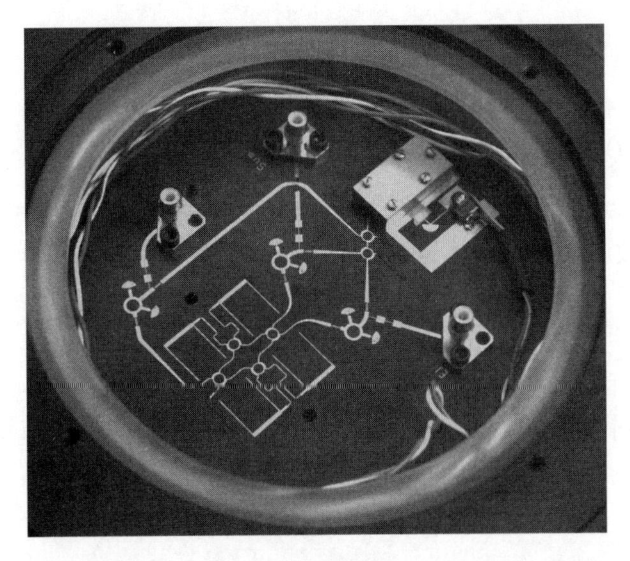

图 13.30　35GHz 微带单脉冲雷达接收机电路的照片。图中显示了环形混合网络的 3 个平衡混频器，以用 3 个阶梯阻抗低通滤波器和 6 个正交混合网络，8 根馈线通过小孔耦合到在微带天线的背面。该电路还包含作为本振的耿氏二极管。承蒙 Millitech Inc., Northampton, Mass 提供照片并允许使用

使用已经用于单端二极管混频器的小信号近似方法，可以分析平衡混频器的特性。这里重点介绍图 13.29a 所示的 90°混合网络平衡混频器，而把 180°混合网络平衡混频器作为一个习题。像前面那样，设 RF 和 LO 电压为

$$v_{\mathrm{RF}}(t)=V_{\mathrm{RF}}\cos\omega_{\mathrm{RF}}t \tag{13.109}$$

和

$$v_{\mathrm{LO}}(t)=V_{\mathrm{LO}}\cos\omega_{\mathrm{LO}}t \tag{13.110}$$

由 7.5 节可知 90°混合结的散射矩阵是

$$\boldsymbol{S}=\frac{-1}{\sqrt{2}}\begin{bmatrix}0&\mathrm{j}&1&0\\\mathrm{j}&0&0&1\\1&0&0&\mathrm{j}\\0&1&\mathrm{j}&0\end{bmatrix} \tag{13.111}$$

其中，端口的编号如图 13.29a 所示。施加到两个二极管上的总 RF 和 LO 电压可写为

$$v_1(t)=\frac{1}{\sqrt{2}}[V_{\mathrm{RF}}\cos(\omega_{\mathrm{RF}}t-90°)+V_{\mathrm{LO}}\cos(\omega_{\mathrm{LO}}t-180°)]=\frac{1}{\sqrt{2}}\left(V_{\mathrm{RF}}\sin\omega_{\mathrm{RF}}t-V_{\mathrm{LO}}\cos\omega_{\mathrm{LO}}t\right) \tag{13.112a}$$

$$v_2(t)=\frac{1}{\sqrt{2}}[V_{\mathrm{RF}}\cos(\omega_{\mathrm{RF}}t-180°)+V_{\mathrm{LO}}\cos(\omega_{\mathrm{LO}}t-90°)]=\frac{1}{\sqrt{2}}\left(-V_{\mathrm{RF}}\cos\omega_{\mathrm{RF}}t+V_{\mathrm{LO}}\sin\omega_{\mathrm{LO}}t\right) \tag{13.112b}$$

只使用小信号二极管近似公式(11.6)的二次项，得到二极管电流为

$$i_1(t)=Kv_1^2=\frac{K}{2}(V_{\mathrm{RF}}^2\sin^2\omega_{\mathrm{RF}}t-2V_{\mathrm{RF}}V_{\mathrm{LO}}\sin\omega_{\mathrm{RF}}\cos\omega_{\mathrm{LO}}t+V_{\mathrm{LO}}^2\cos^2\omega_{\mathrm{LO}}t) \tag{13.113a}$$

$$i_2(t)=-Kv_2^2=\frac{-K}{2}(V_{\mathrm{RF}}^2\cos^2\omega_{\mathrm{RF}}t-2V_{\mathrm{RF}}V_{\mathrm{LO}}\cos\omega_{\mathrm{RF}}\sin\omega_{\mathrm{LO}}t+V_{\mathrm{LO}}^2\sin^2\omega_{\mathrm{LO}}t) \tag{13.113b}$$

式中，i_2中的负号表示相反的二极管极性，K是二极管响应二次项的常数。在低通滤波器输入处，这两个电流相加得

$$i_1(t)+i_2(t)=\frac{-K}{2}(V_{\mathrm{RF}}^2\cos 2\omega_{\mathrm{RF}}t+2V_{\mathrm{RF}}V_{\mathrm{LO}}\sin\omega_{\mathrm{IF}}t-V_{\mathrm{LO}}^2\cos 2\omega_{\mathrm{LO}}t)$$

式中用到了常用的三角恒等式，$\omega_{\mathrm{IF}}=\omega_{\mathrm{RF}}-\omega_{\mathrm{LO}}$是 IF 频率。注意，二极管电流的 DC 分量在合成后会消去。低通滤波后，IF 输出是

$$i_{\mathrm{IF}}(t)=-KV_{\mathrm{RF}}V_{\mathrm{LO}}\sin\omega_{\mathrm{IF}}t \tag{13.114}$$

这正是我们所需要的。

我们还能计算 RF 端口处的输入匹配，以及 RF 和 LO 端口之间的耦合。若假定二极管是匹配的，且在 RF 频率每个端口呈现的电压反射系数为Γ，则在二极管处反射的 RF 电压相量表示为

$$V_{\Gamma_1}=\Gamma V_1=\frac{-\mathrm{j}\Gamma V_{\mathrm{RF}}}{\sqrt{2}} \tag{13.115a}$$

$$V_{\Gamma_2}=\Gamma V_2=\frac{-\Gamma V_{\mathrm{RF}}}{\sqrt{2}} \tag{13.115b}$$

这些反射电压分别出现在混合网络的端口 2 和端口 3，并在 RF 和 LO 端口组合为如下输出：

$$V_\Gamma^{\mathrm{RF}}=\frac{-\mathrm{j}V_{\Gamma_1}}{\sqrt{2}}-\frac{V_{\Gamma_2}}{\sqrt{2}}=-\frac{1}{2}\Gamma V_{\mathrm{RF}}+\frac{1}{2}\Gamma V_{\mathrm{RF}}=0 \tag{13.116a}$$

$$V_\Gamma^{\mathrm{LO}}=\frac{-V_{\Gamma_2}}{\sqrt{2}}-\mathrm{j}\frac{V_{\Gamma_1}}{\sqrt{2}}=\frac{1}{2}\mathrm{j}\Gamma V_{\mathrm{RF}}+\frac{1}{2}\mathrm{j}\Gamma V_{\mathrm{RF}}=\mathrm{j}\Gamma V_{\mathrm{RF}} \tag{13.116b}$$

于是，我们看到 90°混合网络的相位特性完全消除了 RF 端口处的反射。然而，RF 和 LO 端口之间的隔离度与二极管的匹配有关，而在合理的频率范围内保持良好的匹配很困难。

13.5.5 镜像抑制混频器

前面说过，两个性质截然不同的 RF 输入信号在频率 $\omega_{\mathrm{RF}}=\omega_{\mathrm{LO}}\pm\omega_{\mathrm{IF}}$ 处与 ω_{LO} 混频时，将下变频到同样的 IF 频率。这两个频率是双边带信号的高边带和低边带。期望的响应可任意选择为 LSB（$\omega_{\mathrm{LO}}-\omega_{\mathrm{IF}}$）或 USB（$\omega_{\mathrm{LO}}+\omega_{\mathrm{IF}}$），假定取正 IF 频率。*镜像抑制混频器*如图 13.31 所示，它可用来隔离这两个响应，将它们分开为分立的输出信号。同一个电路也能用于上变频，这种情况通常称为*单边带调制器*。这时，IF 输入信号传送到 IF 混合网络的 LSB 或 USB 端口，而相关的单边带信号产生在混频器的 RF 端口。

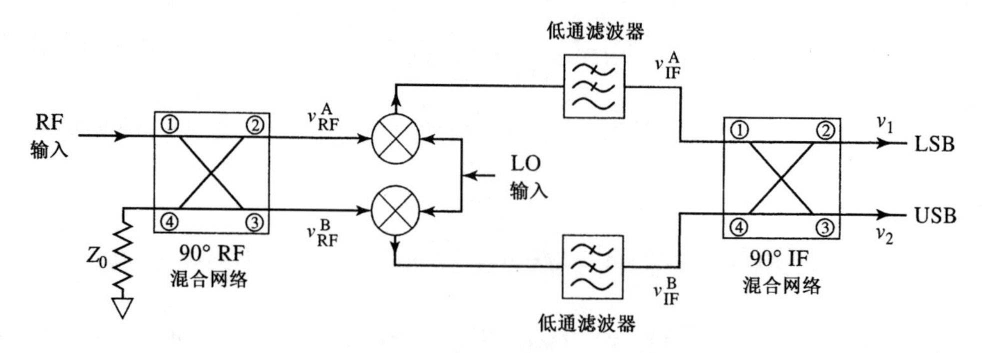

图 13.31　镜像抑制混频器的电路

我们可用小信号近似来分析镜像抑制混频器。设 RF 输入信号表示为

$$v_{\mathrm{RF}}(t)=V_U\cos(\omega_{\mathrm{LO}}+\omega_{\mathrm{IF}})t+V_L\cos(\omega_{\mathrm{LO}}-\omega_{\mathrm{IF}})t \tag{13.117}$$

式中，V_U 和 V_L 分别代表高边带和低边带的振幅。利用式(13.111)给出的 90°混合网络的 **S** 矩阵，可得二极管处的 RF 电压为

$$\begin{aligned}v_A(t)&=\frac{1}{\sqrt{2}}[V_U\cos(\omega_{\mathrm{LO}}t+\omega_{\mathrm{RF}}t-90°)+V_L\cos(\omega_{\mathrm{LO}}t-\omega_{\mathrm{IF}}t-90°)]\\&=\frac{1}{\sqrt{2}}[V_U\sin(\omega_{\mathrm{LO}}+\omega_{\mathrm{IF}})t+V_L\sin(\omega_{\mathrm{LO}}-\omega_{\mathrm{IF}})t]\end{aligned} \tag{13.118a}$$

$$\begin{aligned}v_B(t)&=\frac{1}{\sqrt{2}}[V_U\cos(\omega_{\mathrm{LO}}t+\omega_{\mathrm{IF}}t-180°)+V_L\cos(\omega_{\mathrm{LO}}t-\omega_{\mathrm{IF}}t-180°)]\\&=\frac{-1}{\sqrt{2}}[V_U\cos(\omega_{\mathrm{LO}}+\omega_{\mathrm{IF}})t+V_L\cos(\omega_{\mathrm{LO}}-\omega_{\mathrm{IF}})t]\end{aligned} \tag{13.118b}$$

与式(13.110)的 LO 信号混频并经低通滤波后，到 IF 混合网络的 IF 输入是

$$v_{\mathrm{IF}}^A(t)=\frac{KV_{\mathrm{LO}}}{2\sqrt{2}}(V_U-V_L)\sin\omega_{\mathrm{IF}}t \tag{13.119a}$$

$$v_{\mathrm{IF}}^B(t)=\frac{-KV_{\mathrm{LO}}}{2\sqrt{2}}(V_U+V_L)\cos\omega_{\mathrm{IF}}t \tag{13.119b}$$

式中，K 是二极管响应平方项的混频器常数。IF 信号公式(13.119)的相量表示是

$$V_{\mathrm{IF}}^A=\frac{-\mathrm{j}KV_{\mathrm{LO}}}{2\sqrt{2}}(V_U-V_L) \tag{13.120a}$$

$$V_{\mathrm{IF}}^B=\frac{-KV_{\mathrm{LO}}}{2\sqrt{2}}(V_U+V_L) \tag{13.120b}$$

将这些电压在 IF 混合网络中组合，得到下列输出：

$$V_1=-\mathrm{j}\frac{V_{\mathrm{IF}}^A}{\sqrt{2}}-\frac{V_{\mathrm{IF}}^B}{\sqrt{2}}=\frac{KT_{\mathrm{LO}}V_L}{2}\qquad(\mathrm{LSB}) \tag{13.121a}$$

$$V_2=-\frac{V_{\mathrm{IF}}^A}{\sqrt{2}}-\mathrm{j}\frac{V_{\mathrm{IF}}^B}{\sqrt{2}}=\frac{-\mathrm{j}KT_{\mathrm{LO}}V_U}{2}\qquad(\mathrm{USB}) \tag{13.121b}$$

此处，我们看到的是式(13.117)给出的下变频输入信号的分立边带。这些输出的时域表示为

$$v_1(t)=\frac{KV_{\mathrm{LO}}V_L}{2}\cos\omega_{\mathrm{IF}}t \tag{13.122a}$$

$$v_2(t)=\frac{KV_{\mathrm{LO}}V_U}{2}\sin\omega_{\mathrm{IF}}t \tag{13.122b}$$

这清楚地表明两个边带之间存在 90°相移。还要注意的是，除单个抑制混频器的通常变频损耗外，镜像抑制混频器不产生任何附加损耗。使用镜像抑制滤波器的难点在于，要以相对较低的 IF 频率制作一个良好的混合网络。此外，损耗和噪声系数通常也比简单混频器的大。

13.5.6 差分 FET 混频器和吉尔伯特单元混频器

图 13.32a 中的混频器在一个差分平衡结构中使用两个 FET，类似于 12.4 节讨论的差分放大器。LO 输入电压和 IF 输出电压是平衡信号；在这些端口处可使用平衡变换器将信号变换为单端信号。RF 输入是单端的，并被应用到底部晶体管。RF 和 LO 电压可写为

$$v_{\mathrm{RF}}(t)=V_{\mathrm{RF}}\cos\omega_{\mathrm{RF}}t \tag{13.123a}$$

$$v_{\mathrm{LO}}^{\pm}(t)=\pm V_{\mathrm{LO}}\cos\omega_{\mathrm{LO}}t \tag{13.123b}$$

原理上，该电路的工作方式类似于一个交变开关，即使用交替变化的半个周期的 LO 电压来调谐顶部两个 FET 的开与关。至于差分放大器的差分模，源与上部 FET 之间的连接对 LO 电压而言是虚地。这些晶体管轻微上偏夹断电压，因此在半个多 LO 周期导电。在 v_{LO}^{+} 的正半周期，左上 FET 与一个低阻抗导通，它在负半周期关断。在 v_{LO}^{-} 的正半周期（出现在 v_{LO}^{+} 的负半周期），右上 FET 打开。因此，上 FET 总是处于导通状态。下 FET 偏置到饱和状态并作为一个正常的 RF 放大器工作，提供通过上开关的 RF 电流。底部 FET 漏极处的 RF 电流约为 $I_{\mathrm{RF}}=g_m V_{\mathrm{RF}}$。RF 和 IO 端要求阻抗匹配，IF 输出电路应为 LO 信号提供一个返回到地的路径。在低 FET 的源极通常使用一个电流源或电感退化。

简化的等效电路如图 13.32b 所示，其中上 FET 已用理想的开关替代。开关的效果可用图 13.32c 中理想电导波形的傅里叶级数来建模。该傅里叶级数的前几项为

$$g(t)=\frac{1}{2}+\frac{2}{\pi}\cos\omega_{\mathrm{LO}}t-\frac{2}{3\pi}\cos3\omega_{\mathrm{LO}}t+\cdots \tag{13.124}$$

于是，IF 端的电压可表示为

$$v_{\mathrm{IF}}^{+}(t)=-g(t)I_{\mathrm{RF}}R_D=-g_m V_{\mathrm{RF}}R_D\left(\frac{1}{2}+\frac{2}{\pi}\cos\omega_{\mathrm{LO}}t\right)\cos\omega_{\mathrm{RF}}t \tag{13.125a}$$

$$v_{\mathrm{IF}}^{-}(t)=-[1-g(t)]I_{\mathrm{RF}}R_D=-g_m V_{\mathrm{RF}}R_D\left(\frac{1}{2}-\frac{2}{\pi}\cos\omega_{\mathrm{LO}}t\right)\cos\omega_{\mathrm{RF}}t \tag{13.125b}$$

式中，只保留了式(13.124)的前两项。净输出 IF 电压为

$$v_{\mathrm{IF}}(t)=v_{\mathrm{IF}}^{+}(t)-v_{\mathrm{IF}}^{-}(t)=\frac{-4}{\pi}g_m V_{\mathrm{RF}}R_D\cos\omega_{\mathrm{LO}}t\cos\omega_{\mathrm{RF}}t \tag{13.126}$$

注意，RF 和 LO 频率处的电压被抵消（未滤波），只留下了频率 $\omega_{\mathrm{LO}}\pm\omega_{\mathrm{RF}}$ 处的两项。低通滤波后，IF 输出是

$$v_{\mathrm{IF}}(t)\big|_{\mathrm{LPF}}=\frac{-2}{\pi}g_m V_{\mathrm{RF}}R_D\cos\omega_{\mathrm{IF}}t \tag{13.127}$$

图 13.33 中吉尔伯特单元混频器使用图 13.32a 所示的两个单平衡 FET 混频器形成一个双平衡混频器。它具有针对 LO、RF 和 IF 信号的全平衡（差分）端口。由于电路的对称性及其激励，在 IF 输出端，RF 和 LO 信号被抵消。工作方式与单平衡 FET 混频器相同，它使用 4 个上 FET 作为开关，开关受控于 LO 电压，下两个 FET 作为针对 RF 输入信号的一个平衡放大器工作。图 13.33 所示电路在放大器 FET 的源极包含一个电流源。在无线应用中，该混频器频繁用于无线应用的 CMOS RFIC 中。

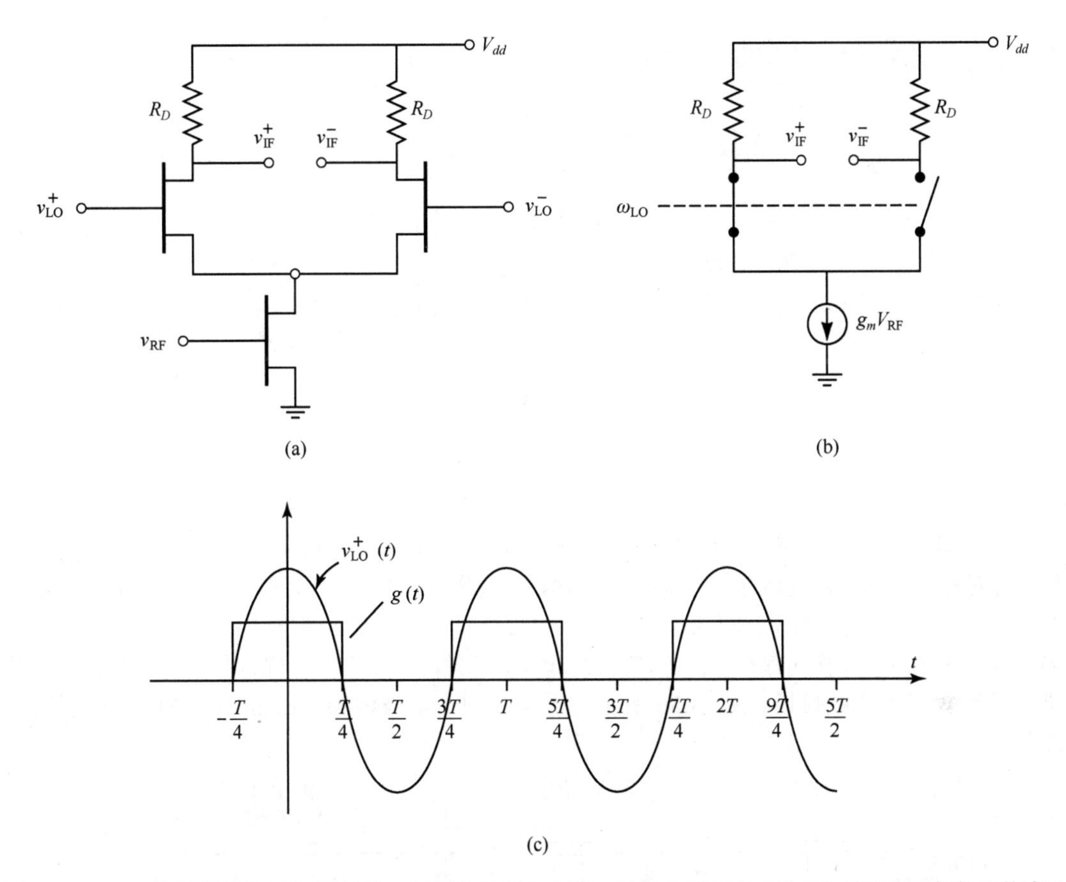

图 13.32 (a)一个平衡差分 FET 混频器；(b)简化的等效电路；(c)左上 FET 的 LO 电压波形和理想的开关波形

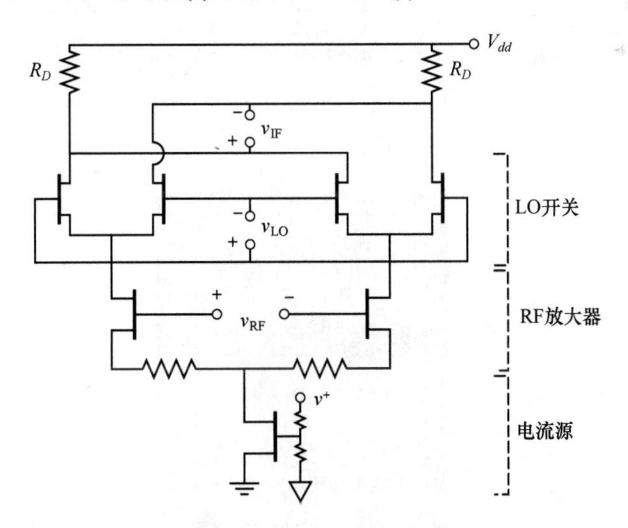

图 13.33 吉尔伯特单元混频器

13.5.7 其他混频器

其他几种混频器电路在带宽、谐波生成和交调产物方面各具优点。图 13.34 所示双平衡混频器用两个混合结或变压器在所有三个端口之间提供良好的隔离度，并对所有 RF 和 LO 信号的偶次谐频进行抑制。这会得到较好的变频损耗，但在 RF 端口处输入匹配要比理想情况差。双平衡混频器与单端混频器或平衡混频器相比，还提供较高的三阶截断点。

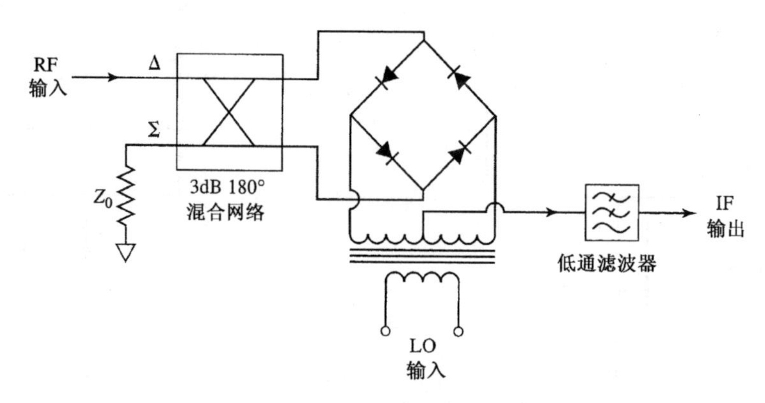

图 13.34　双平衡混频器电路

图 13.35 显示了*逆并联二极管对的次谐频泵浦混频器*，它经常用于次谐频泵浦毫米波频率变换。背对背二极管的功能就像一个频率倍增器，所以需要正规值一半的一个 LO 频率。二极管的非线性工作得像一个电阻性频率倍增器。为产生 LO 的二次谐波，并与 RF 输入混频产生期望的输出频率，这对二极管具有对称的 *I-V* 特性，该特性可抑制 RF 和 LO 输入信号的基本混合产物，进而导致较好的变频损耗。图 13.36 所示为一个使用子谐波混频器的 SiGe MMIC 下变频器的照片。

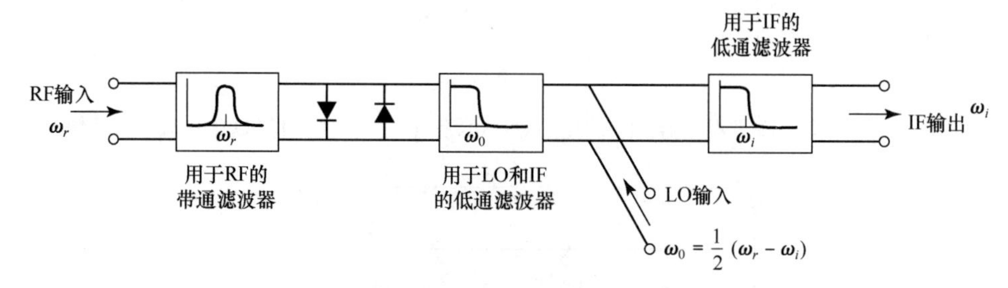

图 13.35　使用逆并联二极管对的次谐频泵浦混频器

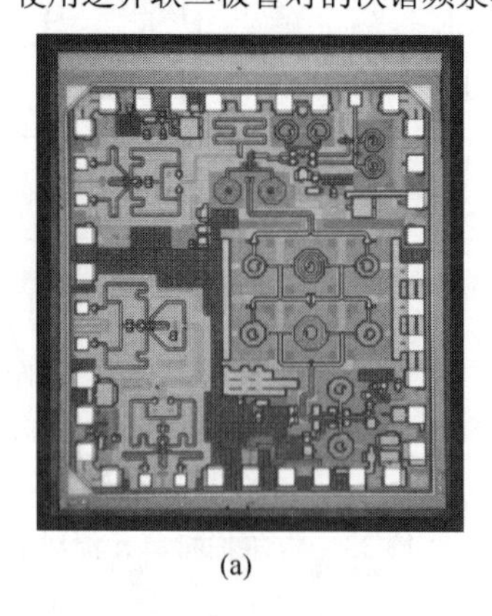

(a)

图 13.36　(a)使用硅锗的单片集成毫米波下变频器的照片；(b)芯片框图。电路的工作频率为 43.5～45.5GHz，包含差分 LNA、LO 和 IF 放大器，一个差分子谐波混频器和一个片外 RF 滤波器。噪声系数小于 6dB。照片承蒙 Hittite 微波公司允许使用

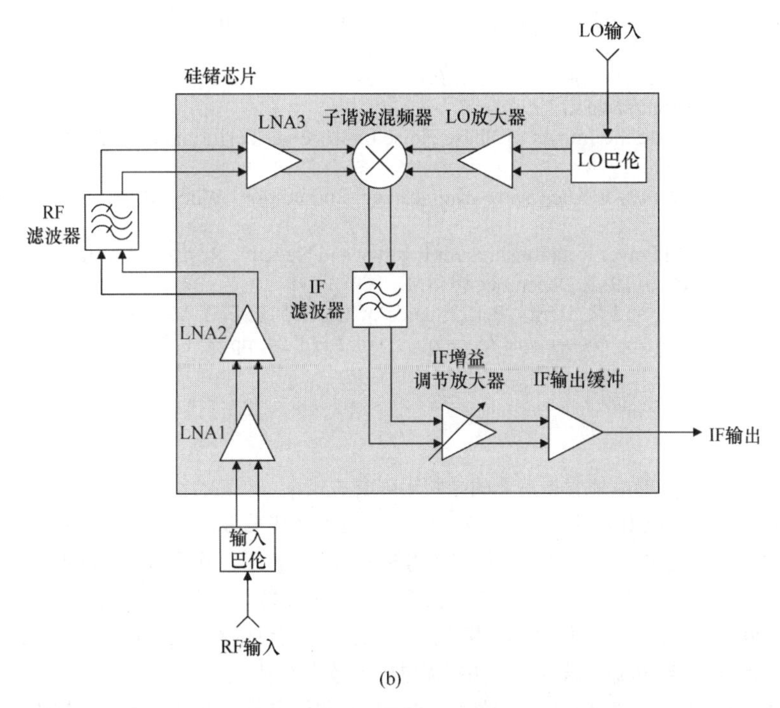

图 13.36 (a)使用硅锗的单片集成毫米波下变频器的照片；(b)芯片框图。电路的工作频率为 43.5～45.5GHz，包含差分 LNA、LO 和 IF 放大器，一个差分子谐波混频器和一个片外 RF 滤波器。噪声系数小于 6dB。照片承蒙 Hittite 微波公司允许使用（续）

表 13.1 概括了上述几种混频器的特性。

表 13.1 混频器的特性

混频器类型	二极管数	RF 输入匹配	RF-LO 隔离	变频损耗	三阶截取
单端	1	差	中	好	中
平衡（90°）	2	好	差	好	中
平衡（180°）	2	中	优	好	中
双平衡	4	差	优	优	优
镜像抑制	2 或 4	好	好	好	好

参考文献

[1] L. E. Larson, *RF and Microwave Circuit Design for Wireless Communications*, Artech House, Norwood, Mass., 1996.

[2] J. R. Smith, *Modern Communication Circuits*, 2nd edition, McGraw-Hill, New York, 1998.

[3] U. L. Rohde, *Microwave and Wireless Synthesizers: Theory and Design*, Wiley-Interscience, New York, 1997.

[4] G. D. Vendelin, A. M. Pavio, and U. L. Rohde, *Microwave Circuit Design Using Linear and Nonlinear Techniques*, John Wiley & Sons, New York, 1990.

[5] S. A. Maas, *Nonlinear Microwave and RF Circuits*, 2nd edition, Artech House, Norwood, Mass., 2003.

[6] Y. Komatsu and Y. Murakami, "Coupling Coefficient Between Microstrip Line and Dielectric Resonator," *IEEE Transactions on Microwave Theory and Techniques*, vol. MTT-31, pp. 34–40, January 1983.

[7] D. B. Leeson, "A Simple Model of Feedback Oscillator Noise Spectrum," *Proceedings of the IEEE*, vol. 54, pp. 329–330, 1966.
[8] A. Leon-Garcia, *Probability and Random Processes for Electrical Engineering,* 2nd edition, Addison-Wesley, Reading, Mass., 1994.
[9] M. K. Nezami, "Evaluate the Impact of Phase Noise on Receiver Performance," *Microwaves & RF Magazine*, pp. 1–11, June 1998.
[10] R. E. Collin, *Foundations for Microwave Engineering*, 2nd edition, Wiley–IEEE Press, Hoboken, N.J., 2001.
[11] R. H. Pantell, "General Power Relationships for Positive and Negative Resistive Elements," *Proceedings of the IRE*, pp. 1910–1913, December 1958.
[12] R. A. Pucel, D. Masse, and R. Bera, "Performance of GaAs MESFET Mixers at X Band," *IEEE Transactions on Microwave Theory and Techniques*, vol. MTT-24, pp. 351–360, June 1976.

习题

13.1 推导由式(13.3)给出的晶体管振荡器的导纳矩阵表达式。

13.2 推导使用具有串联电阻 R 的电感的共发射极晶体管的考毕兹振荡器的式(13.20)～式(13.22)。

13.3 在共栅极结构中使用一个 FET 来设计一个考毕兹振荡器，其工作频率为 200MHz，包含一个有损电感效应。首先针对一个有损电感推导谐振频率的方程和持续振荡所需的条件，对应于 BJT 情形下的式(13.20)至式(13.22)。使用这些结果求所需的电抗，假设电感为 15nH，Q 值为 50，晶体管的 $g_m = 20\text{mS}$，$R_o = 1/G_o = 200\Omega$。求持续振荡所需电感的最小 Q 值。

13.4 在圆图上画出 $1/\Gamma^*$（代替 Γ），证明标准 Smith 圆图可用于负电阻。此时，电阻圆的值读为负数，而电抗圆的值不变。

13.5 设计一个 1.9GHz 的晶体管振荡器，用共源极结构的硅 FET 驱动在漏极侧的 50Ω 负载。晶体管的散射参量是（$Z_0 = 50\Omega$）：$S_{11} = 0.72\angle 157°$，$S_{12} = 0.15\angle 56°$，$S_{21} = 1.9\angle 52°$，$S_{22} = 0.63\angle -63°$。选择 $|\Gamma_{\text{in}}| >> 1$ 的 Γ_L，并设计合适的负载和终端网络。

13.6 重复例题 13.4 的设计，用单短截线代替介质谐振腔微带馈线，将 Γ_S 匹配到 50Ω 负载。求调谐器和 50Ω 负载的 Q 值，计算并画出 $|\Gamma_{\text{out}}|$ 与 $\Delta f/f_0$ 的关系曲线。与图 13.12b 所示介质谐振腔情形的结果进行比较。

13.7 重复例题 13.4 中的介质谐振腔的设计，使用一个 GaAs MESFET，其散射参量是 $S_{11} = 1.2\angle 150°$，$S_{12} = 0.2\angle 120°$，$S_{21} = 3.7\angle -72°$，$S_{22} = 1.3\angle -67°$。

13.8 在共栅极结构中的一个 HEMT 器件在 8GHz 时有如下散射参量（$Z_0 = 50\Omega$）：$S_{11} = 0.46\angle 178°$，$S_{12} = 0.045\angle 73°$，$S_{21} = 1.41\angle -19°$，$S_{22} = 1.02\angle -12°$。对于一个振荡器中的应用，为增大不稳定性，栅极增加了一个串联电感，如下图所示。对于 L = 0～20nH，计算并画出 μ 稳定性因子，并求不稳定性最大时的值（使用微波 CAD 软件包可能很简单）。

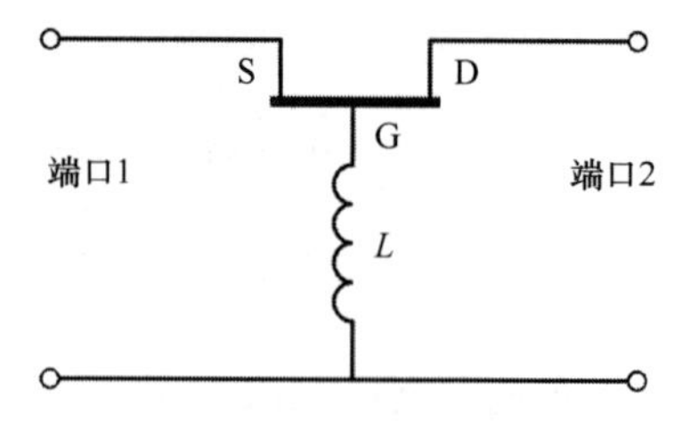

13.9 用噪声系数为 6dB 的放大器和 Q 为 500 的谐振腔组成的振荡器产生 100MHz 输出，功率为 10dBm。若测量得到的 f_α 是 50kHz，画出输出噪声功率谱密度，并求下列频率点处的相位噪声（单位为 dBc/Hz）：(a)离载波 1MHz；(b)离载波 10kHz（假定 $K = 1$）。

13.10 重复习题 13.10，此时 $f_\alpha = 200\text{kHz}$。

13.11 推导为特定接收机选择性给出所需相位噪声的公式(13.50)。

13.12 一个 860MHz 蜂窝接收机中，信道间隔为 30kHz，相邻信道的抑制率为 80dB，假定干扰信道与期望信道具有相同的电平，求所需的 LO 相位噪声特性。最后的 IF 声频带宽是 12kHz。

13.13 对上变频混频器应用 Manley-Rowe 关系。假定非线性电抗激励在频率 f_1（RF）和 f_2（LO）处，且在除 $f_3 = f_1 + f_2$ 外的所有其他频率处，终端开路。证明最大可能变频增益为$-P_{11}/P_{10} = 1 + \omega_2/\omega_1$。

13.14 推导由式(13.73)给出的 FET 频率倍增器的脉冲持续时间和栅极电压之间的关系式。

13.15 双边带信号 $v_{\text{RF}}(t) = V_{\text{RF}}[\cos(\omega_{\text{LO}} - \omega_{\text{IF}})t + \cos(\omega_{\text{LO}} + \omega_{\text{IF}})t]$ 施加到 LO 电压为 $v_{\text{LO}}(t) = V_{\text{LO}} \cos\omega_{\text{LO}}t$ 的混频器。推导经过低通滤波器后的混频器的输出信号。

13.16 一个二极管的 I-V 特性为 $i(t) = I_s(\mathrm{e}^{3v(t)} - 1)$。设 $v(t) = 0.1\cos\omega_1 t + 0.1\cos\omega_2 t$ 并将 $i(t)$展开为 v 的幂级数，只保留 v、v^2 和 v^3 项。对于 $I_s = 1\,\text{A}$，求每个频率处的电流幅值。

13.17 一个 1800MHz 的 RF 输入信号在混频器中下变频到 87MHz 的 IF 频率。两个可能的 LO 频率和对应的镜像频率是多少？

13.18 考虑一个二极管混频器，其变频损耗为 5dB，噪声系数为 4dB。另一个 FET 混频器的变频增益为 3dB，噪声系数为 8dB。若每个混频器后面均接有增益为 30dB、噪声系数为 F_A 的 IF 放大器，如下图所示，计算并画出这两种放大器混频器结构的总噪声系数（对于 $F_A = 0\sim10\text{dB}$）。

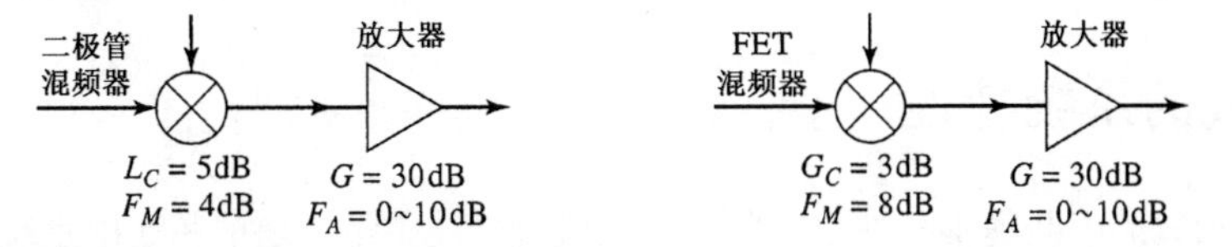

13.19 设 T_{SSB} 是混频器接收 SSB 信号时的等效噪声温度，T_{DSB} 是接收 DSB 信号时的温度。计算每种情形下的输出噪声功率，并证明 $T_{\text{SSB}} = 2T_{\text{DSB}}$，为此有 $F_{\text{SSB}} = 2F_{\text{DSB}}$。假定变频增益对信号及其镜像信号是相同的。

13.20 假定噪声功率 $N_i = kTB$ 施加到混频器的 RF 输入端口，混频器的噪声系数为 F（DSB），变频损耗为 L_c。在 IF 端口，可用输出噪声功率是多少？假设混频器的物理温度是 T_0。

13.21 相位检测器产生的输出信号正比于两个 RF 输入信号的相位差。设输入信号为

$$v_1 = v_0 \cos\omega t$$

$$v_2 = v_0 \cos(\omega t + \theta)$$

若这两个信号施加到使用 90°混合网络的单平衡混频器，证明经过低通滤波后的 IF 输出信号为

$$i = k v_0^2 \sin\theta$$

式中，k 是常数。若混频器使用 180°混合网络，证明相应的输出信号是

$$i = k v_0^2 \cos\theta$$

13.22 分析使用 180°混合结的平衡混频器。求输出 IF 电流，及在 RF 和 LO 端口的输入反射系数。证明这种混频器抑制 LO 的偶次谐频。假定 RF 信号施加到混合网络的“和”端口，LO 信号施加到“差”端口。

13.23 对于镜像抑制混频器，设 RF 混合网络有一个耗散性插入损耗 L_R，IF 混合网络有一个耗散性插入损耗 L_I。若每个单端混频器都有变频损耗 L_c 和噪声系数 F，推导镜像抑制混频器的总变频损耗和噪声系数。

第 14 章　微波系统导论

微波系统由无源和有源微波元件组成，以实现某种有用功能。两个可能最重要的例子是微波雷达系统和微波通信系统，不过还存在许多其他系统。本章介绍几种微波系统的基本工作原理，以便于大致了解微波技术的应用，并说明如何将前几章讨论的内容应用到整个微波系统的总体方案中。

在雷达或通信系统中，一个重要的元件是天线。下面首先讨论天线的基本特性，然后将通信、雷达和辐射计系统作为射频和微波技术的重要应用进行讨论，最后简要讨论传播效应、生物效应以及多种其他应用。

以上的所有主题都具有足够的深度，并且每个主题都有许多专著论述。因此，本书的目的不是给出这些主题的完整和严格论述，而是作为一种方法来介绍这些主题，以便将本书中的其他内容放在更大的系统层次上处理。感兴趣的读者可以参阅本章末尾参考文献中的完整讨论。

14.1　天线的系统特性

本节介绍天线的一些基本特性，这些特性是研究微波雷达、通信和遥感系统时需要用到的。这里并不关心天线工作的详细电磁理论，而关心以辐射图、方向性、增益、效率和噪声特性表示的天线工作的系统特性。关于天线理论和设计方面的深入讨论，请参阅参考文献[1]和[2]。图 14.1 显示了商用无线系统中使用的一些天线。

图 14.1　各种毫米波天线的照片。从顶部按顺时针方向依次为：带有天线罩的高增益 38GHz 反射器天线、主焦点抛物面天线、波纹圆锥喇叭天线、38GHz 平面微带阵列天线、带有耿氏二极管模块的角锥形喇叭天线和多波束反射面天线

发射天线可视为一种将传输线上的导行电磁波转换为在真空中传播的平面波的器件。因此，

天线的一侧为电路元件，另一侧则提供与平面波传输的接口。天线本质上是双向的，既能用做发射天线，又能用做接收天线。图 14.2 显示了发射和接收天线的基本工作原理。发射机能够建模为戴维南信号源，它包括一个电压振荡器和一个串联阻抗，由此将发射功率 P_t 传送到发射天线。发射天线辐射球面波，在较远的距离处它至少可在局部范围内近似为平面波。接收天线截取部分入射电磁波，并将接收功率 P_r 传送到接收机的负载阻抗上。

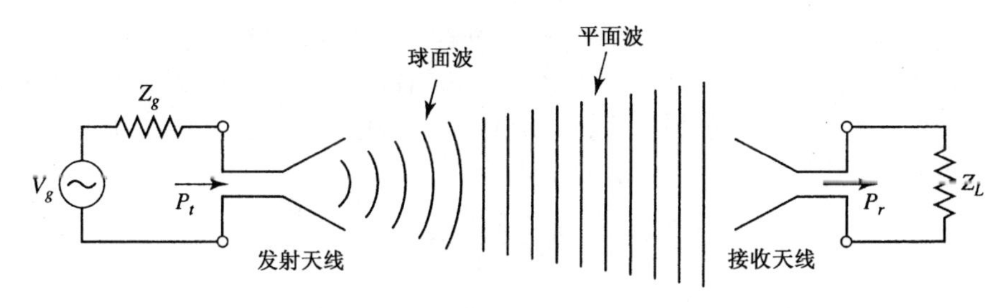

图 14.2　发射和接收天线的基本工作原理

针对不同的应用，人们开发了各种各样的天线，综述如下：

- 线天线包括偶极子天线、单极天线、环形天线、套管偶极子天线、Yagi-Uda 阵列天线和其他相关的结构。通常线天线的增益低，常常用于较低的频率（HF 到 UHF）。它们的优点是重量轻、价格低、设计简单。
- 孔径天线包括终端开路波导、矩形或圆形口喇叭、反射器、透镜和反射阵列。孔径天线最常用于微波和毫米波频率，它们具有中到高的增益。
- 印制天线包括印制隙缝、印制偶极子和微带贴片天线。这些天线可以采用光刻方法制造，可在介质基片上制造辐射元件和相关的反馈电路。印制天线最常用于微波和毫米波频率，并且容易列阵而达到高增益。
- 阵列天线由许多规则排列的天线单元和一个馈电网络组成。调节阵列元的振幅和相位分布，即可控制天线的波束指向角和旁瓣电平等辐射图特性。相控阵天线是一种重要的阵列天线，其采用可变相移器实现电天线的主波束方向电扫描。

14.1.1　天线辐射的场和功率

我们的目的是，不需要了解麦克斯韦方程的细节，而要熟悉天线辐射的远区电磁场。考虑位于球坐标系原点的天线。在可以忽略局域近场的远距离处，任意天线辐射的电场都可表示为

$$\boldsymbol{E}(r,\theta,\phi)=\left[\boldsymbol{\theta}F_{\theta}(\theta,\phi)+\boldsymbol{\phi}F_{\phi}(\theta,\phi)\right]\frac{\mathrm{e}^{-\mathrm{j}k_0 r}}{r}\ \ \mathrm{V/m} \tag{14.1}$$

式中，$\boldsymbol{E}$ 是电场向量，$\boldsymbol{\theta}$ 和 $\boldsymbol{\phi}$ 是球坐标系中的单位向量，r 为到原点的径向距离，$k_0=2\pi/\lambda$ 为真空传播常数，波长 $\lambda=c/f$。式(14.1)中还定义了辐射图函数 $F_{\theta}(\theta,\phi)$ 和 $F_{\phi}(\theta,\phi)$。式(14.1)的解释是，这一电场沿径向传播，相位变化为 $\mathrm{e}^{-\mathrm{j}k_0 r}$，振幅变化为 $1/r$。电场可以在 $\boldsymbol{\theta}$ 和 $\boldsymbol{\phi}$ 方向极化，但不能在径向极化，因为它是 TEM 波。与式(14.1)的电场对应的磁场可由式(1.76)得到，具体为

$$H_{\phi}=\frac{E_{\theta}}{\eta_0} \tag{14.2a}$$

$$H_{\theta}=\frac{-E_{\phi}}{\eta_0} \tag{14.2b}$$

式中，$\eta_0 = 377\Omega$ 是真空中的波阻抗。注意，磁场向量也只在横向极化。该电磁波的坡印亭向量由式(1.90)给出：

$$\boldsymbol{S} = \boldsymbol{E} \times \boldsymbol{H}^* \text{ W/m}^2 \tag{14.3}$$

时间平均坡印亭向量为

$$\boldsymbol{S}_{\text{avg}} = \tfrac{1}{2}\text{Re}\{\boldsymbol{S}\} = \tfrac{1}{2}\text{Re}\{\boldsymbol{E} \times \boldsymbol{H}^*\} \text{ W/m}^2 \tag{14.4}$$

前面提到在远距离处，天线的近场分量可以忽略，并且辐射电场可用式(14.1)表示。我们可以定义远场距离，以便给出这一概念的具体含义；在这样的距离上，由天线辐射的球面波前变成更近似于平面波的理想平面相位波前。这一近似适用于天线的整个孔径口面，所以与天线的最大线度有关。若将最大线度记为 D，则远场距离定义为

$$R_{ff} = \frac{2D^2}{\lambda} \text{ m} \tag{14.5}$$

推导这一结果的条件是，从天线最大延伸范围内辐射的实际球面波的波前偏离理想平面波前的角度小于 $\pi/8 = 22.5°$。对于电小尺寸天线，如短偶极子和小环天线，这一结果给出的远场距离值可能太小；此时，应使用最小值 $R_{ff} = 2\lambda$。

例题 14.1　天线的远场距离

一个用于定向广播系统（Direct Broadcast System，DBS）接收的抛物面反射器天线，其直径为 18 英寸，工作频率为 12.4GHz。求这一天线的工作波长和远场距离。

解：频率 12.4GHz 处的工作波长为

$$\lambda = \frac{c}{f} = \frac{3\times10^8}{12.4\times10^9} = 2.42\text{cm}$$

将 18 英寸转换成 0.457m 后，由式(14.5)可求出远场距离为

$$R_{ff} = \frac{2D^2}{\lambda} = \frac{2\times(0.457)^2}{0.0242} = 17.3\text{m}$$

从 DBS 卫星到地球的实际距离约为 36000km，因此可以放心地说接收天线位于发射机的远场区域。■

接着，将辐射电磁场的辐射强度定义为

$$\begin{aligned} U(\theta,\phi) &= r^2\left|\boldsymbol{S}_{\text{avg}}\right| = \tfrac{r^2}{2}\text{Re}\left\{E_\theta\boldsymbol{\theta}\times H_\phi^*\boldsymbol{\phi} + E_\phi\boldsymbol{\phi}\times H_\theta^*\boldsymbol{\theta}\right\} \\ &= \frac{r^2}{2\eta_0}\left[\left|E_\theta\right|^2 + \left|E_\phi\right|^2\right] = \frac{1}{2\eta_0}\left[\left|F_\theta\right|^2 + \left|F_\phi\right|^2\right]\text{W} \end{aligned} \tag{14.6}$$

推导上式时使用了式(14.1)、式(14.2)和式(14.4)。辐射强度的单位是瓦或瓦/单位立体角，因为消除了径向依赖关系。辐射强度给出了辐射功率随环绕天线方位变化的关系。在包围天线的半径为 r 的球面上对坡印亭向量积分，可得天线辐射的总功率。它等于在单位球面上对辐射强度积分：

$$P_{\text{rad}} = \int_{\phi=0}^{2\pi}\int_{\theta=0}^{\pi}\boldsymbol{S}_{\text{avg}}\cdot\boldsymbol{r}r^2\sin\theta\text{d}\theta\text{d}\phi = \int_{\phi=0}^{2\pi}\int_{\theta=0}^{\pi}U(\theta,\phi)\sin\theta\text{d}\theta\text{d}\phi \tag{14.7}$$

14.1.2　天线辐射方向图特征

天线的辐射方向图是距天线固定距离处的远场的幅值随天线方向变化的关系图。因此，辐射方向图可以绘制成函数 $F_\theta(\theta,\phi)$ 或 $F_\phi(\theta,\phi)$ 与 θ 角（俯仰角平面图）或 ϕ 角（方位角平面图）的关

系图。选择画出 F_θ 还是 F_ϕ 取决于天线的极化。

典型的天线辐射方向图如图 14.3 所示。该图是垂直指向的小型喇叭天线对仰角 θ 的极坐标方向图。该图给出了以分贝数表示的天线辐射功率的相对变化，并用其最大值归一化。由于方向图函数与电压成正比，因此该图的径向标尺可用 $20\lg|F(\theta,\phi)|$ 计算；若用辐射强度表示时，也可用 $10\lg|U(\theta,\phi)|$ 计算。辐射方向图显示有几个不同的波瓣，它们在不同的方向具有不同的极大值。具有最大值的波瓣称为*主波束*，而具有较低电平的那些波瓣称为*旁瓣*。图 14.3 中的方向图有一个在 $\theta = 0$ 方向的主波束及数个旁瓣，最大旁瓣位于 $\theta = \pm 16°$ 位置。这些旁瓣的电平比主波束的电平低 13dB。辐射方向图也可画为矩形图形，对主波束较窄的天线而言，绘制矩形辐射方向图非常有用。

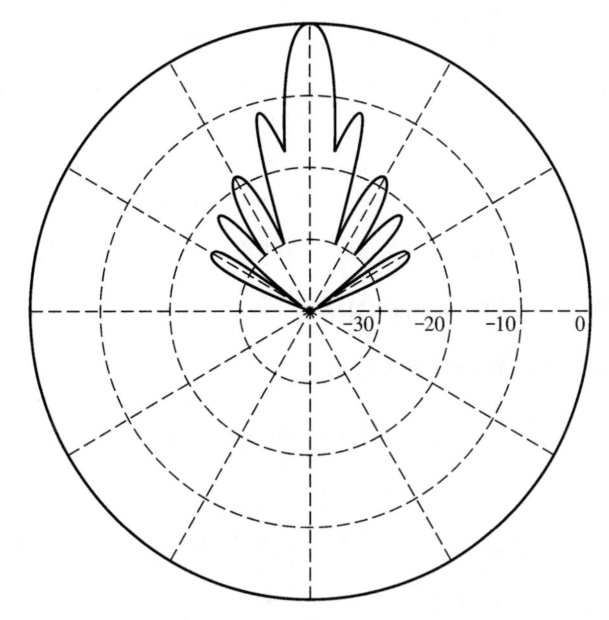

图 14.3　小型喇叭天线的 E 平面辐射图。图形在波束最大值处已归一化为 0dB，径向刻度为 10dB/格

天线的一个基本特性是具有在给定方向上聚焦功率，而在其他方向不辐射功率的能力。因此，主波束宽的天线将在一个较宽的角度范围内发射（或接收）功率，而主波束窄的天线将在较小的角度范围内发射（或接收）功率。衡量这一聚焦效应的物理量是天线的 3dB *波束宽度*，它定义为功率电平从最大值下降到 3dB 处（其半功率点）的主波束角宽度。图 14.3 所示辐射方向图的 3dB 波束宽度是 10°。在水平面具有恒定辐射方向图的天线称为*全向天线*，主要用于广播或移动电话等应用中，此时希望天线能在所有方向相同地发射或接收功率。辐射方向图在两个平面上都具有相对较窄的主波束的天线称为*锐锥形射束天线*，主要用于雷达和点到点无线通信链路中。

衡量天线聚焦能力的另一个物理量是*方向性*，它定义为主波束内的最大辐射强度与整个空间上的平均辐射强度之比：

$$D = \frac{U_{\max}}{U_{\text{avg}}} = \frac{4\pi U_{\max}}{P_{\text{rad}}} = \frac{4\pi U_{\max}}{\int_{\theta=0}^{\pi}\int_{\phi=0}^{2\pi} U(\theta,\phi)\sin\theta \mathrm{d}\theta \mathrm{d}\phi} \tag{14.8}$$

式中，辐射功率用式(14.7)代入。方向性是功率的无量纲比值，通常用 dB 表示为 $D(\text{dB}) = 10\lg(D)$。

在所有方向上辐射功率相同的天线称为*各向同性天线*。它对应于 $U(\theta,\phi) = 1$ 的情形，在式(14.8)的分母中应用积分恒等式

$$\int_{\theta=0}^{\pi}\int_{\phi=0}^{2\pi}\sin\theta \mathrm{d}\theta \mathrm{d}\phi = 4\pi$$

表明各向同性天线的方向性 $D = 1$ 或 0dB。由于任何天线的最小方向性为 1，因此有时把天线的方向性用相对于各向同性辐射器的方向性来表示，写为 dBi。某些典型天线的方向性如下：线偶极子天线为 2.2dB，微带贴片天线为 7.0dB，波导喇叭天线为 23dB，抛物面反射器天线为 35dB。

波束宽度和方向性都是天线聚焦能力的量度：主波束窄的天线具有较高的方向性，主波束宽的天线具有较低的方向性。因此可能希望得到波束宽度和方向性之间的直接关系，但实际上这两个量之间没有精确的关系式。这是因为波束宽度仅取决于主波束的大小和形状，而方向性包含了对整个辐射方向图的积分。因此许多不同的天线辐射方向图虽然具有相同的波束宽度，但由于旁瓣的差别，或由于存在不止一个主波束，它们的方向性可能十分不同。然而，将这种性质记在心中，就可能推导出波束宽度和方向性之间的近似关系式，它们可应用于大量的实际天线，并达到合理的精度。具有锐锥形射束辐射图的天线的一个较好近似如下：

$$D \approx \frac{32400}{\theta_1\theta_2} \tag{14.9}$$

式中，θ_1 和 θ_2 是以“度”表示的两个正交平面上的主波束宽度。这一近似不适用于全向天线的辐射方向图，因为这种方向图仅在一个平面上有确切定义的主波束。

例题 14.2　偶极子天线的辐射方向图特性

在 z 轴上电小线偶极子天线辐射的远场电场为

$$E_\theta(r,\theta,\phi) = V_0 \sin\theta \frac{\mathrm{e}^{-\mathrm{j}k_0 r}}{r} \mathrm{V/m}$$

$$E_\phi(r,\theta,\phi) = 0$$

求这一偶极子天线的主波束位置、波束宽度和方向性。

解：对于上述远场，辐射强度为

$$U(\theta,\phi) = C\sin^2\theta$$

式中，常量 $C = V_0^2/2\eta_0$。可以看出辐射方向图与方位角 ϕ 无关，因此在方位角平面上是全向的。图形呈“面包圈”形状，在 $\theta = 0°$和 $\theta = 180°$时（沿 z 轴）为零，在 $\theta = 90°$时（水平面）波束达到最大值。求解

$$\sin^2\theta = 0.5$$

可以得到辐射强度下降 3dB 处的角度，因此 3dB 或半功率波束宽度是 $135°-45° = 90°$。应用式(14.8)计算方向性。该式的分母为

$$\int_{\theta=0}^{\pi}\int_{\phi=0}^{2\pi} U(\theta,\phi)\sin\theta \mathrm{d}\theta \mathrm{d}\phi = 2\pi C\int_{\theta=0}^{\pi}\sin^3\theta \mathrm{d}\theta = 2\pi C\left(\frac{4}{3}\right) = \frac{8\pi C}{3}$$

式中，需要的积分恒等式列于附录 D。因为 $U_{\max} = C$，所以方向性简化为

$$D = \frac{3}{2} = 1.76\mathrm{dB}$$ ■

14.1.3　天线的增益和效率

在所有类型的天线中，都存在由于非理想金属和介质材料引起的电阻损耗。这样的损耗造成

送到天线的输入功率与辐射功率不同。如同其他电子元件那样，可将天线的*辐射效率*定义为期望的输出功率与提供的输入功率之比：

$$\eta_{\mathrm{rad}}=\frac{P_{\mathrm{rad}}}{P_{\mathrm{in}}}=\frac{P_{\mathrm{in}}-P_{\mathrm{loss}}}{P_{\mathrm{in}}}=1-\frac{P_{\mathrm{loss}}}{P_{\mathrm{in}}} \tag{14.10}$$

式中，P_{rad}是天线辐射的功率，P_{in}是提供给天线输入端的功率，P_{loss}是天线损耗的功率。注意，还存在造成发送功率损耗的其他因素，如天线输入端的阻抗失配，或与接收天线的极化失配。但这些损耗产生于天线的外部，并且适当应用匹配网络或适当选择和定位接收天线可以消除这些因素。因而，这种类型的损耗不能归因于天线本身，而是由天线内部的金属导电性和介质损耗引起的耗散性损耗。

回忆可知，天线的方向性仅是天线辐射方向图（辐射场）形状的函数，它不受天线损耗的影响。为反映辐射效率小于 1 使天线不能将全部输入功率辐射出去的事实，定义天线增益为方向性和效率的乘积：

$$G=\eta_{\mathrm{rad}}D \tag{14.11}$$

因此，增益总是小于等于方向性。在式(14.8)的分母中用P_{in}代替P_{rad}可以直接计算增益，因为根据式(14.10)给出的辐射效率的定义，有$P_{\mathrm{rad}}=\eta_{\mathrm{rad}}P_{\mathrm{in}}$。通常增益以 dB 表示为$G(\mathrm{dB})=10\lg G$。有时，阻抗失配损耗的效应包含在天线的增益中，称为*实现增益*[1]。

14.1.4 孔径效率和有效面积

许多种类的天线可以归类为*孔径天线*，其含义是这类天线具有明确定义的孔径面积，进而出现辐射。这类天线的例子包括反射器天线、喇叭天线、透镜天线和阵列天线。对于这样的天线，可以证明由孔径面积A能够得到的最大方向性为

$$D_{\max}=\frac{4\pi A}{\lambda^2} \tag{14.12}$$

例如，孔径为$2\lambda\times2\lambda$的矩形喇叭天线能够具有的最大方向性为24π。事实上，存在一些能使方向性降低的因素，如非理想的孔径场振幅或相位特性、孔径遮挡，或反射器天线情况下馈电辐射方向图的溢出。由于这些原因，可以将*孔径效率*定义为孔径天线的实际方向性与由式(14.12)给出的最大方向性之比。因此可将孔径天线的方向性写为

$$D=\eta_{\mathrm{ap}}\frac{4\pi A}{\lambda^2} \tag{14.13}$$

孔径效率总是小于等于 1。

上面对天线方向性、效率和增益的定义是对发射天线而言的，但也适用于接收天线。对于接收天线，感兴趣的同样是确定在给定入射平面波场时的接收功率。这是求式(14.4)给出的发射天线的辐射功率密度的逆问题。对于推导 Friis 无线系统链路方程，求出接收功率很重要，这一方程将在下一节讨论。可以预计接收功率将与入射波的功率密度或坡印亭向量成正比。因为坡印亭向量的量纲为 $\mathrm{W/m^2}$，接收功率P_r的量纲为 W，比例常数必须具有单位面积。因此可以写出

$$P_r=A_eS_{\mathrm{avg}} \tag{14.14}$$

式中，A_e定义为接收天线的*有效孔径面积*。有效孔径面积的量纲为 $\mathrm{m^2}$，它可解释为接收天线的

"捕获面积"，即向着接收天线辐射的入射功率密度的截获部分。式(14.14)中的 P_r 是接收天线终端传送到匹配负载的可用功率。

如参考文献[1]和[2]所示，天线的最大有效孔径面积与天线方向性的关系可表示为

$$A_e = \frac{D\lambda^2}{4\pi} \tag{14.15}$$

式中，λ 是天线的工作波长。对于电大孔径天线，有效孔径面积通常接近于实际的物理孔径面积。但对于许多其他种类的天线，如偶极子天线和环形天线来说，天线的物理横截面积和其有效孔径面积之间不存在简单的关系。上面定义的最大有效孔径面积不包括天线中的损耗效应，用天线的增益 G 代替式(14.15)中的 D 就可考虑损耗效应。

14.1.5 背景温度和亮度温度

前面讨论了接收机中的有耗元件和有源器件是如何产生噪声的，但噪声也能由天线传递到接收机的输入端。天线噪声可从外部环境接收到，或由内部产生，例如天线本身的损耗引起的热噪声。在接收机内部产生的噪声可控制在一定程度内（谨慎地进行设计并选择元件），而由接收天线从环境中接收的噪声通常是不可控的，并可能会超过接收机本身的噪声电平。因此，表征由天线传递到接收机的噪声功率是重要的。

考虑图 14.4 所示的三种情况。图 14.4a 中显示了温度为 T 的电阻的简单情况，它产生的有效输出噪声功率为

$$N_o = kTB \tag{14.16}$$

式中，B 为系统带宽，k 为玻尔兹曼常数。图 14.4b 显示了封闭在温度为 T 的暗室中的天线。微波暗室的四周具有完美吸收特性，并与天线处于热平衡状态。因此天线终端（假设是阻抗匹配天线）和图 14.4a 所示的电阻终端是不可区分的，因而产生和图 14.4a 所示电阻同样的输出噪声功率。最后，图 14.4c 显示了指向天空的同一天线。若天线的主波束足够窄，以至于它看到一个物理温度为 T 的均匀区域，则天线再次表现为温度为 T 的电阻，并且产生由式(14.16)给出的输出噪声功率。不管天线的辐射效率如何，只要天线的物理温度为 T，这一结论都成立。

实际上，天线看到的通常是比图 14.4 所示情况复杂得多的环境。图 14.5 显示了自然产生的和人为产生的噪声源的一般情景，其中可以看到，具有较宽主波束的天线会拾了各种各样的噪声功率来源。此外，可从天线辐射图的旁瓣接收到噪声，或通过从地面或其他大物体的反射接收噪声。如第 10 章所述，来自任意白噪声源的噪声功率被表示成一个等效噪声温度，类似地，*背景噪声温度* T_B 定义为与天线看到的实际环境产生同样的噪声功率所需电阻的等效温度。在低微波频率下，某些典型的背景噪声温度是

- 天空（指向上空）3K～5K
- 天空（指向水平线）50K～100K
- 地面 290K～300K

3K～5K 的上空背景温度是宇宙背景辐射，是宇宙诞生时大爆炸的遗迹。这是由具有窄波束、高辐射效率、指向上空的天线看到的温度，天线应偏离"热"源，如太阳或恒星等射电辐射物体。当天线指向水平线时，背景噪声温度增加，因为大气的厚度增加，以致天线看到的有效背景接近于图 14.4b 所示的暗室。将天线指向地面会进一步增加有效损耗，因而增加噪声温度。

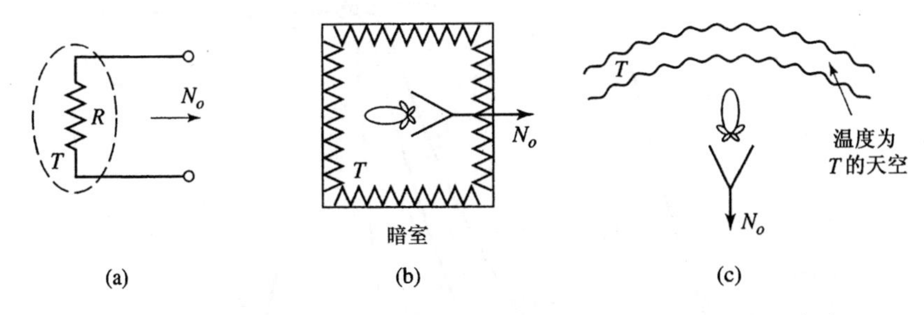

图 14.4　背景温度概念的说明：(a)温度为 T 的电阻；(b)在温度为 T 的暗室中的天线；(c)温度为 T 的均匀天空背景下的天线

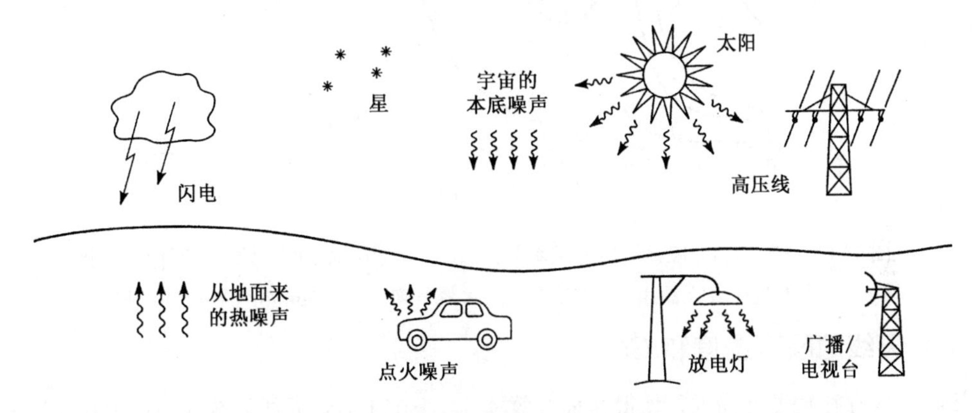

图 14.5　自然的和人为的背景噪声源

图 14.6 给出了背景噪声温度的完整景象，图中显示了几个仰角下 T_B 与频率的关系[3]。注意，图中表示的噪声温度符合上面列出的趋势，其中上空（$\theta = 90°$）背景噪声温度最低，而接近水平线时（$\theta = 0°$）最大。同样应注意，噪声温度的尖锐峰出现在 22GHz 和 60GHz 处。第一个峰是由水分子的谐振引起的，第二个峰是由氧分子的谐振引起的。这两个谐振峰导致大气损耗增加，进而导致噪声温度增加。60GHz 处的损耗大到使得一个指向大气的高增益天线在 290K 时实际上成为一个匹配负载。虽然我们通常不希望出现损耗，但这些特殊的谐振峰能够用于遥感应用中，或利用大气的固有衰减，限制短距离无线通信的传播距离。

当天线波束宽度宽到足以使天线辐射图的不同部分看到不同的背景温度时，用天线的辐射方向图函数加权背景温度的空间分布，可以求得天线看到的有效亮度温度。数学上可以将天线看到的亮度温度 T_b 写为

$$T_b = \frac{\int_{\phi=0}^{2\pi}\int_{\theta=0}^{\pi} T_B(\theta,\phi) D(\theta,\phi) \sin\theta \mathrm{d}\theta \mathrm{d}\phi}{\int_{\phi=0}^{2\pi}\int_{\theta=0}^{\pi} D(\theta,\phi) \sin\theta \mathrm{d}\theta \mathrm{d}\phi} \tag{14.17}$$

式中，$T_B(\theta,\phi)$ 是背景温度的分布，$D(\theta,\phi)$ 是天线的方向性（或辐射功率函数）。天线的亮度温度是参考天线终端得到的。当 T_B 为常量时，式(14.17)简化为 $T_b = T_B$，实际上这是图 14.3 或图 14.4c 表示的均匀背景温度的情况。同样需要注意的是，天线亮度温度的这一定义不包括天线的增益或效率，所以不包括天线损耗引起的热噪声。

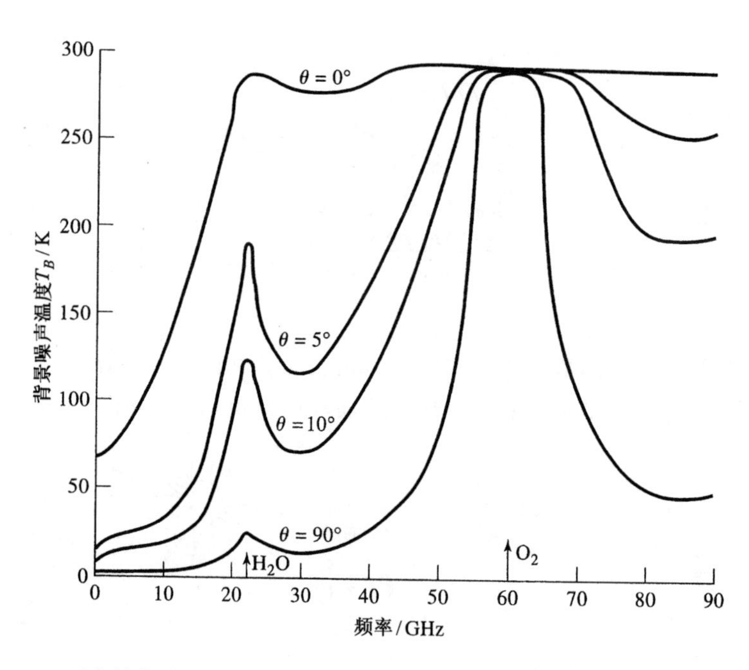

图 14.6　天空的背景噪声温度与频率的关系图。θ 是从水平面开始计算的仰角。数据是在表面温度为 15℃、表面水蒸气密度为 7.5gm/m³ 的海平面得到的

14.1.6　天线的噪声温度和 G/T

接收天线存在耗散性损耗，使得其辐射效率 η_{rad} 小于 1 时，天线终端处的可用功率比天线截获的功率降低一个因子 η_{rad}（辐射效率的定义为输出与输入功率之比）。这一规律适用于接收的噪声功率，同样适用于接收的信号功率，所以天线的噪声温度将把式(14.17)给出的亮度温度降低一个因子 η_{rad}。此外，热噪声将由天线的电阻损耗从内部产生，并将增加天线的噪声温度。用噪声功率表述时，有耗天线模型可用无耗天线和功率损耗因子为 $L = 1/\eta_{\text{rad}}$ 的衰减器表示。因此，用表示衰减器的等效噪声温度的式(10.15)，得到天线终端看到的合成噪声温度为

$$T_A = \frac{T_b}{L} + \frac{(L-1)}{L} T_p = \eta_{\text{rad}} T_b + (1-\eta_{\text{rad}}) T_p \tag{14.18}$$

等效温度 T_A 称为*天线噪声温度*，它是天线看到的外部亮度温度和天线产生的热噪声的组合结果。和其他等效噪声温度一样，T_A 的恰当解释是，在这一温度下，匹配负载将产生和天线同样的有效噪声功率。注意，这一温度是在天线输出端表示的，因为天线不是二端口电路元件，在天线“输入”处表示等效噪声温度是没有意义的。

可以看到，对于 $\eta_{\text{rad}} = 1$ 的无耗天线，式(14.18)简化为 $T_A = T_b$。若辐射效率为零，则意味着天线表现为一个匹配负载，并且没有看到任何外部背景噪声，因此式(14.18)简化为 $T_A = T_p$，这是损耗产生的热噪声。若天线指向不同于 T_0 的已知背景温度，则式(14.18)能够用来度量天线的辐射效率。

例题 14.3　天线的噪声温度

一副高增益天线具有理想的半球形仰角平面辐射图，如图 14.7 所示，并且在方位平面旋转对称。若天线面向具有背景温度 T_B（近似如图中给出）的一个区域，求天线的噪声温度。假定天线的辐射效率是 100%。

解：因为 $\eta_{\text{rad}}=1$，所以式(14.18)简化为 $T_A=T_b$。对方向性归一化使其最大值为 1，则可由式(14.17)算出亮度温度为

$$T_b=\frac{\int_{\phi=0}^{2\pi}\int_{\theta=0}^{\pi}T_B(\theta,\phi)D(\theta,\phi)\sin\theta\mathrm{d}\theta\mathrm{d}\phi}{\int_{\phi=0}^{2\pi}\int_{\theta=0}^{\pi}D(\theta,\phi)\sin\theta\mathrm{d}\theta\mathrm{d}\phi}=\frac{\int_{\theta=0}^{1^\circ}10\sin\theta\mathrm{d}\theta+\int_{\theta=1^\circ}^{30^\circ}0.1\sin\theta\mathrm{d}\theta+\int_{\theta=30^\circ}^{90^\circ}\sin\theta\mathrm{d}\theta}{\int_{\theta=0}^{1^\circ}\sin\theta\mathrm{d}\theta+\int_{\theta=1^\circ}^{90^\circ}0.01\sin\theta\mathrm{d}\theta}$$

$$=\frac{-10\cos\theta\Big|_{0^\circ}^{1^\circ}-0.1\cos\theta\Big|_{1^\circ}^{30^\circ}-\cos\theta\Big|_{30^\circ}^{90^\circ}}{-\cos\theta\Big|_{0^\circ}^{1^\circ}-0.01\cos\theta\Big|_{1^\circ}^{90^\circ}}=\frac{0.00152+0.0134+0.866}{0.0102}=86.4\text{K}$$

在这个例子中，大部分噪声功率是从天线的旁瓣区域收集的。

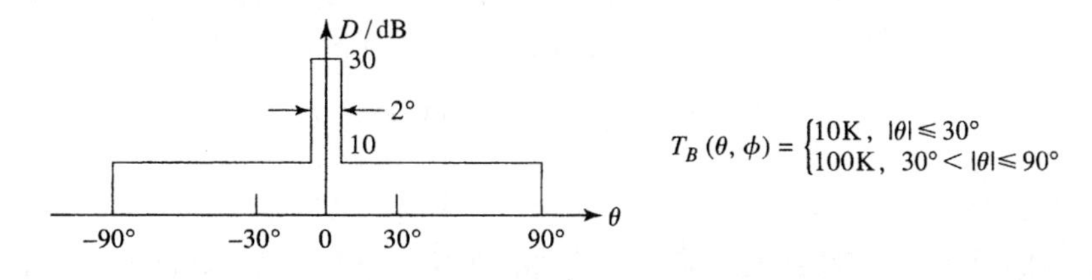

图 14.7　例题 14.3 的理想化天线辐射方向图和背景噪声温度 ■

使用图 14.8 所示的系统，可以表示通过有耗传输线连接到天线的接收机的背景噪声温度分布 T_B 的更一般问题。在物理温度为 T_p 的情况下，假定天线具有辐射效率 η_{rad}，传输线的功率损耗因子为 $L\geqslant 1$。系统中还包含了用反射系数 Γ 表示的天线和传输线之间的阻抗失配效应。从传输线输出端看到的等效噪声温度包含三方面的来源：由内部噪声和背景亮度温度引起的来自天线的噪声功率，传输线正向产生的噪声功率，以及传输线反向产生的噪声功率及天线失配向接收机反射的噪声功率。天线产生的噪声用式(14.18)给出，但降低了传输线损耗因子 $1/L$ 和反射失配因子$(1-|\Gamma|^2)$。降低损耗因子 $1/L$ 后，来自有耗线的正向噪声功率用式(10.15)给出。降低功率反射系数$|\Gamma|^2$ 和损耗因子 $1/L^2$ 后，有耗传输线中因失配天线反射的噪声功率用式(10.15)给出［因为由式(10.15)给出的来自有耗传输线的反向噪声功率的参考点是在传输线的输出终端］。因此，在接收机输入处看到的整个系统的噪声温度为

$$\begin{aligned}T_S&=\frac{T_A}{L}(1-|\Gamma|^2)+(L-1)\frac{T_p}{L}+(L-1)\frac{T_p}{L^2}|\Gamma|^2\\&=\frac{(1-|\Gamma|^2)}{L}\left[\eta_{\text{rad}}T_b+(1-\eta_{\text{rad}})T_p\right]+\frac{(L-1)}{L}\left(1+\frac{|\Gamma|^2}{L}\right)T_p\end{aligned}\tag{14.19}$$

观察到对于无耗传输线（$L=1$），天线失配的影响降低系统噪声温度的因子是$(1-|\Gamma|^2)$。当然，接收的信号功率将降低同样的量。还注意到，对于匹配天线（$\Gamma=0$），式(14.19)简化为

$$T_S=\frac{1}{L}\left[\eta_{\text{rad}}T_b+(1-\eta_{\text{rad}})T_p\right]+\frac{L-1}{L}T_p\tag{14.20}$$

正如两个噪声元件级联的情况。

最后，应了解辐射效率和孔径效率之间的差别，以及它们对天线噪声温度的影响。辐射效率考虑了电阻性损耗，因此包含了产生的热噪声，而孔径效率不包含热噪声的贡献。孔径效率反映了由于馈源溢出或次优孔径激励引起的孔径天线（如反射器天线、透镜天线或喇叭天线）中的方

向性损失，并且其本身不会对噪声温度产生任何附加影响（不包括在天线方向图中）。

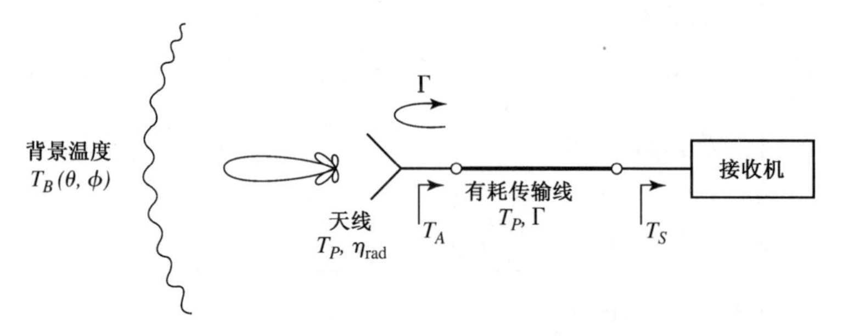

图 14.8　通过有耗传输线连接到接收机的接收天线。在天线和传输线之间存在阻抗失配

上面定义的天线噪声温度是一个有用的接收天线指标，因为它表征了天线传送到接收机输入处的总噪声功率。对于接收天线，另一个有用的指标是比值 G/T，它定义为

$$G/T(\text{dB}) = 10\lg\frac{G}{T_A}\ \text{dB/K} \tag{14.21}$$

式中，G 为天线增益，T_A 为天线噪声温度。如 14.2 节所述，该量的重要性在于接收机输入处的信噪比与 G/T_A 成正比。通常能够通过增加天线增益使 G/T 最大，因为这样可以使比值的分子增大，并且通常可使低仰角处截获的来自热源的噪声最小。当然，较高的增益要求较大的、价格高的天线，而且在要求全向覆盖的应用（如蜂窝电话或移动数据网）中不希望高增益，所以要进行折中。最后，注意式(14.21)中对 $10\lg(G/T)$ 给出的量纲实际上不是 dB/K，但这是对该量通常使用的命名法。

14.2　无线通信系统

无线通信涉及未直接连接的两个点之间的信息传递。虽然无线通信可以用声音、红外、光和射频能量实现，但大多数现代无线系统依赖于从超高频（UHF）到毫米波频率范围的射频或微波信号。频谱拥挤和高数据率的需求，使得人们倾向于采用更高的频率范围，因此当前大多数无线系统工作在从 800MHz 到几 GHz 的频率范围内。射频和微波信号提供了较宽的带宽，并且还具有其他优点，如能够一定程度地穿透雾、灰尘、树叶，甚至建筑物和车辆。历史上，使用射频能量进行无线通信始于麦克斯韦的理论工作，接着赫兹做了电磁波传播的实验，20 世纪早期马可尼发展了商用无线系统。今天，无线系统包括无线广播和电视系统、蜂窝电话系统、直播卫星（DBS）电视业务、无线局域网（WLAN）、呼叫系统、全球定位系统（GPS）业务和射频识别（RFID）系统[4]。这些系统历史上首次实现了在全球范围内的声音、视频和数据通信业务。

一种无线系统分类的方法是根据用户的性质和分布。在*点对点*无线系统中，单个发射机和单个接收机通信。通常这类系统采用固定位置的高增益天线，以使接收功率最大，并使得对邻近的、工作于同一频段的其他无线系统的干扰最小。点对点无线系统通常用于公用事业公司的卫星通信、专用数据通信，以及蜂窝电话与中央交换机之间的上行连接。*点对多点*系统连接中心站和大量可能的接收机。最普通的例子是商用 AM 和 FM 广播与电视，其中的中心发射机使用宽波束天线将信号传送给观众和听众。*多点对多点*系统允许各个用户（它们可以不在固定位置）之间同时通信。这样的系统通常不是将两个用户直接连接，而是以网格分布的基站提供用户之间所需的交叉连接。蜂窝电话系统和某些类型的无线局域网（WLAN）是这类应用的例子。

另一种表征无线系统的方法是根据通信的方向性。在**单工**系统中，仅在从发射机到接收机的一个方向上实现通信。单工系统的例子包括无线广播、电视和呼叫系统。在**半双工**系统中，通信可以在两个方向进行，但不能同时进行。早期的移动无线系统和民用无线系统是典型的半双工系统，它们通常依靠按钮操作通话功能，从而使得单个信道可以用来在不同时间间隔内发送和接收信号。**全双工**系统允许两路同时发送和接收，例如蜂窝电话和点对点无线系统。显然，全双工传输需要双工技术以避免发射和接收信号之间的干扰。为了实现这一点，可以使用不同频带进行发送和接收（**频分双工**），或允许用户在某个预定的时间间隔内发送和接收（**时分双工**）。

虽然大多数无线系统是陆基系统，但也可以采用卫星系统进行声音、视频和数据通信。卫星系统提供了与广泛区域内的大量用户进行通信的可能性，甚至可以包括整个地球。**同步地球轨道**（GEO）卫星位于地球上空约 36000km 处，轨道周期为 24 小时。当一颗地球静止轨道卫星被发射到赤道上时，它就静止在地球上空，并保持在相对于地面固定的位置。这类卫星可用在广泛分布的电台之间建立点对点的无线连接，并普遍用于全球的电视和数据通信。曾经有一段时间横贯大陆的电话业务依靠于这种卫星，但现在海底光缆已大量取代了这种卫星，以用于跨洋通信，因为它更加经济，并且避免了卫星和地球之间的往返路径过长引起的时延。GEO 卫星的另一个缺点是其高度大大降低了接收到的信号强度，使得与手持收发器的双工通信变得困难。**近地轨道**（LEO）卫星的轨道更接近地球，通常在 500～2000km 的高度。较短的路径长度使得 LEO 卫星与手持无线电话之间的通信成为可能。但在地面上的给定点，仅在很短的时间内才可以看到 LEO 卫星，通常在几分钟到约 20 分钟之间。因此，需要在不同轨道平面上发射大量卫星，以得到有效的覆盖。已经消亡的铱系统可能是 LEO 卫星通信系统中最有名的例子。

14.2.1 Friis 公式

一般的无线系统链路如图 14.9 所示，其中发射功率是 P_t，发射天线增益是 G_t，接收天线增益是 G_r，(传送到匹配负载上的）接收功率是 P_r。发射和接收天线是分立的，相距 R。

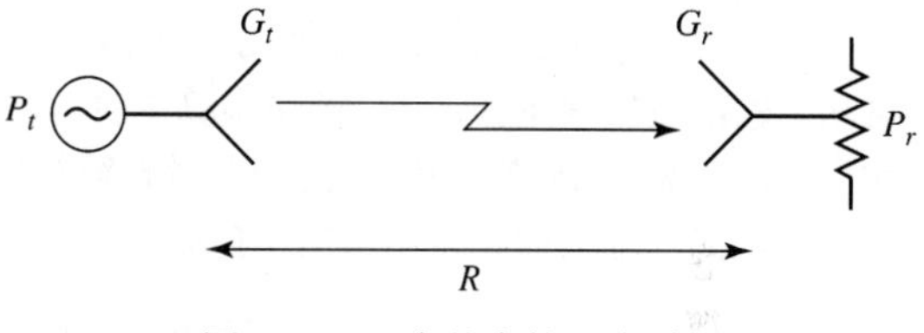

图 14.9　一个基本的无线系统

由式(14.6)～式(14.7)可得，距离 R 处由各向同性天线（$D=1=0\text{dB}$）辐射的功率密度为

$$S_{\text{avg}}=\frac{P_t}{4\pi R^2}\ \text{W/m}^2 \tag{14.22}$$

该结果反映了一个事实，即在以天线为中心的、半径为 R 的球面上进行积分一定能够还原所有的辐射功率；因为功率是各向同性分布的，并且球面面积为 $4\pi R^2$，因此式(14.22)成立。若发射天线的方向性大于 0dB，则乘以方向性可求得辐射功率密度，因为方向性定义为实际辐射强度与等效各向同性辐射强度之比。同样，若发射天线有损耗，则可引入辐射效率因子，它可将方向性转换为增益。因此，由任一发射天线辐射的功率密度的一般表达式为

$$S_{\text{avg}}=\frac{G_t P_t}{4\pi R^2}\ \text{W/m}^2 \tag{14.23}$$

若以该功率密度入射到接收天线上，则可以用式(14.14)定义的有效孔径面积的概念求出接收功率：

$$P_r=A_e S_{\text{avg}}=\frac{G_t P_t A_e}{4\pi R^2}\ \text{W}$$

接着，可用式(14.15)求得接收天线的有效面积和方向性的关系。同样，可用接收天线的增益（而非方向性）来考虑接收天线存在损耗的可能性。于是，接收功率的最终结果是

$$P_r = \frac{G_t G_r \lambda^2}{(4\pi R)^2} P_t \text{ W} \tag{14.24}$$

这一结果称为 Friis *无线链路公式*，它解决了一个基本问题，即多少功率被无线天线接收。实际上，式(14.24)给出的值应该解释为最大可能的接收功率，因为存在许多因素减少了实际无线系统接收的功率。这些因素包括天线的阻抗失配、天线间的极化失配、传输过程导致的衰减和去极化，以及由多径效应引起的接收场部分相消。

由式(14.24)可以看到，接收功率随着发射机和接收机之间距离的增加按照 $1/R^2$ 的规律减小。这一依赖关系是能量守恒的结果。对于长距离，这一衰减看起来过大，但实际上，$1/R^2$ 的空间衰落比有线通信链路上由损耗引起的功率按指数衰减小得多。这是因为在传输线上的功率衰减是按 $e^{-2\alpha z}$ 规律变化的（其中 α 是传输线的衰减常数）。在长距离情况下，指数函数比 $1/R^2$ 这样的代数关系的减小要快得多。因此，对于长距离通信，无线链路优于有线链路。这一结论适用于任何一种传输线，包括同轴线、波导甚至光纤线路（然而，若通信链路是陆基或海基的，由于可以在链路中通过插入中继站来恢复损失的信号功率，则这一结论不适用）。

如 Friis 公式所示，接收功率正比于 $P_t G_t$ 积。这两个因子，即发射功率和发射天线增益，表征了发射机的特性，且在天线的主波束中， $P_t G_t$ 积等效地解释为输入功率为 $P_t G_t$ 的各向同性天线辐射的功率。因此，这一乘积定义为*有效各向同性辐射功率*（EIRP）：

$$\text{EIRP} = P_t G_t \text{ W} \tag{14.25}$$

对于给定的频率、距离和接收机天线增益，接收功率正比于发射机的 EIRP，并且只能用增大 EIRP 的方式来提高接收功率。要做到这一点，可以增大发射功率或增大发射天线增益，或者两者同时增大。

14.2.2 链路预算和链路裕量

Frris 公式(14.24)中的各项通常以链路预算的形式制成表格，其中每个因子都可按照其对接收机功率的净效应来单独考虑。链路预算中也可添加额外的损耗因子，如线路损耗、天线的阻抗失配、大气衰减（见 14.5 节）和极化失配。链路预算中的一项是路径损耗，即信号强度随发射机和接收机之间距离的增大而在自由空间中的减少量。由式(14.24)可知，路径损耗定义为（单位为 dB）

$$L_0(\text{dB}) = 20\lg\left(\frac{4\pi R}{\lambda}\right) > 0 \tag{14.26}$$

注意，路径损耗取决于波长（频率），其作用是提供归一化的距离单位。

使用上面关于路径损耗的定义，可以写出如下链路预算所示的 Friis 公式的剩余项：

发射功率	P_t
发射天线线路损耗	$(-1)L_t$
发射天线增益	G_t
路径损耗（自由空间）	$(-1)L_0$
大气衰减	$(-1)L_A$
接收天线增益	G_r
接收天线线路损耗	$(-1)L_r$
接收功率	P_r

还可包含大气衰减和线路衰减损耗项。假设上面所有量的单位均为 dB(或 P_t 情形下的 dBm)，则可将接收功率写为

$$P_r(\text{dBm}) = P_t - L_t + G_t - L_0 - L_A + G_r - L_r \tag{14.27}$$

如果发射和/或接收天线与发射机/接收机（或与它们的连接线）阻抗不匹配，那么阻抗失配会使得接收功率降低因子 $(1-|\Gamma|^2)$，其中 Γ 是反射系数。最终的阻抗失配损耗为

$$L_{\text{imp}}(\text{dB}) = -10\lg(1-|\Gamma|^2) \geqslant 0 \tag{14.28}$$

它可包含在链路预算中，以便计算接收功率的减少量。

链路预算中的另一个可能项与发射和接收天线的极化匹配有关，因为发射机和接收机之间的最大功率传输要求两副天线具有相同的极化方式。例如，如果发射天线是垂直极化的，那么只有到垂直极化的接收天线接收功率最大，而水平极化的接收天线的接收功率为零，圆极化天线可接收一半的功率。极化损耗因子的求法见参考文献[1]、[2]和[4]。

在实际的通信系统中，通常期望接收功率电平要大于最小可接受服务质量所需的阈值电平[通常表示为最小载噪比（CNR）或最小 SNR]。接收功率的这一设计要求称为**链路裕量**，它表示为接收功率的设计值与接收功率的最小阈值之差：

$$\text{链路裕量（dB）} = \text{LM} = P_r - P_{r(\min)} > 0 \tag{14.29}$$

式中，所有量的单位均为 dB。链路裕量应为正数，其典型范围是 3～20dB。通过设置合理的链路裕量，可为系统提供某个级别的健壮性，进而消除某些变量的影响，如天气、移动用户的移动、多径传播问题和其他降低系统性能与服务质量的效应。用于消除衰落效应的链路裕量有时也称衰落裕量。例如，在 10GHz 以上频率工作的卫星链路通常要求 20dB 或更高的衰落裕量才能消除大雨造成的衰减。

由式(14.29)和链路预算可知，某个通信系统的链路裕量可通过提高接收功率（增大发射功率或天线增益）或降低最小阈值功率（改进接收机的设计、改变调制方法或采用其他方式）来增强。因此，增大链路裕量通常会提高成本和复杂性，因此要避免过度增大链路裕量。

例题 14.4　DBS 电视系统的链路分析

北美地区的直播系统（DBS）的工作频率为 12.2～12.7GHz，发射的载波功率为 120W，发射天线增益为 34dB，中频带宽为 20MHz，从地球同步轨道卫星到地面最坏倾角（30°）下的距离为 39000km。18 英寸的碟形接收天线的增益为 33.5dB，看到的平均背景亮度温度为 $T_b = 50\text{K}$，接收机低噪声模块（LNB）的噪声系数为 0.7dB。所需的最小 CNR 为 15dB。整个系统如图 14.10 所示。求：(a)接收天线接收载波功率的链路预算；(b)接收天线和 LNB 系统的 G/T；(c)LNB 输出处的 CNR；(d)系统的链路裕量。

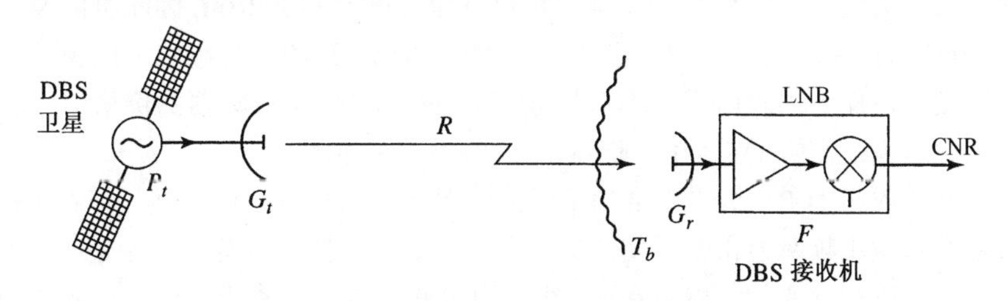

图 14.10　例题 14.4 中 DBS 系统示意图

解：取工作频率为 12.45GHz，得波长为 0.0241m。由式(14.26)得路径损耗为

$$L_0 = 20\lg\left(\frac{4\pi R}{\lambda}\right) = 20\lg\left(\frac{4\pi\times(39\times10^6)}{0.0241}\right) = 206.2\,\text{dB}$$

(a) 接收功率的链路预算为

$$\begin{aligned}
P_t &= 120\,\text{W} = 50.8\,\text{dBm} \\
G_t &= 34.0\,\text{dB} \\
L_0 &= (-)206.2\,\text{dB} \\
G_r &= 33.5\,\text{dB} \\
\hline
P_r &= -87.9\,\text{dBm} = 1.63\times10^{-12}\,\text{W}
\end{aligned}$$

(b) 为求 G/T，首先求出以 LNB 输入处为参考的天线和 LNB 级联的噪声温度：

$$T_e = T_A + T_{\text{LNB}} = T_b + (F-1)T_0 = 50 + (1.175-1)\times290 = 100.8\text{K}$$

则天线和 LNB 的 G/T 是

$$G/T(\text{dB}) = 10\lg\frac{2239}{100.8} = 13.5\text{dB/K}$$

(c) LNB 输出处的 CNR 为

$$\text{CNR} = \frac{P_r G_{\text{LNB}}}{kT_e B G_{\text{LNB}}} = \frac{1.63\times10^{-12}}{(1.38\times10^{-23})\times100.8\times(20\times10^6)} = 58.6 = 17.7\text{dB}$$

注意 LNB 模块的增益 G_{LNB} 在输出 CNR 的比值中消除了。

(d) 如果要求的最小 CNR 是 15dB，那么系统链路裕量为 2.7dB。 ■

14.2.3 无线接收机结构

由于要从接收到的源信号、干扰和噪声的宽频谱中可靠地恢复出所需的信号，接收机通常是无线系统中最重要的部分。本节介绍无线接收机设计的一些重要要求，并综述某些最常见形式的接收机结构。

设计优良的无线接收机必须提供下面几种功能：

- 高增益。增益约 100dB，将低功率的接收信号恢复到接近其原始基带信号值的电平。
- 选择性。在接收期望信号的同时，阻断相邻信道、镜频和干扰。
- 下变频。将接收到的 RF 频率下变频到 IF 频率以便处理。
- 检测。检测接收到的模拟或数字信息。
- 隔离。和发射机隔离，以避免接收机饱和。

因为来自接收天线的典型信号功率电平可以低至−100～−120dBm，因此可能要求接收机提供高达 100～120dB 的增益。这样大的增益应该分散到 RF、IF 和基带级，以避免不稳定性和可能的振荡；一般最好在任一频段内避免增益超过 50～60dB。由于放大器的价格通常随着频率的升高而增加，因此这也是需将增益分散到不同频段的另一个原因。

原理上，在接收机的 RF 级采用窄的带通滤波器能够获得频率选择性，但在 RF 频率实现这样的滤波器带宽和截止频率通常是不实际的。实现频率选择性的更有效方法是，在期望信号周边一个相当宽的频带进行下变频，然后在 IF 级采用锐截止带通滤波器，选出需要的频带。此外，许多无线系统采用密集排列的许多窄信道，因此必须用一个可调谐本振将它们选出，而 IF 通带是固定的。采用极窄频带电调谐 RF 滤波器的方法是不现实的。

可调谐射频接收机。已开发的最早形式的接收机是可调谐射频（TRF）接收机。如图 14.11

所示，TRF 接收机应用几级射频放大和可调谐带通滤波器来提供高增益和选择性。另一方法是用可调谐带通响应的放大器将滤波和放大集成在一起。对于频率相对较低的广播接收，历史上采用机械可变电容和电感实现这样的滤波器和放大器调谐。但是，这样的调谐方法很困难，因为需要并行地调谐几级电路，并且由于这样的滤波器的通带相当宽，因此选择性也不好。此外，由于都是在 RF 频率处实现 TRF 接收机的全部增益，这就限制了自激振荡出现前能够获得的增益量，并且增加了接收机的价格和复杂性。由于这些缺点，今天 TRF 接收机很少被人们采用，对于较高的 RF 和微波频率，这种选择尤其不好。

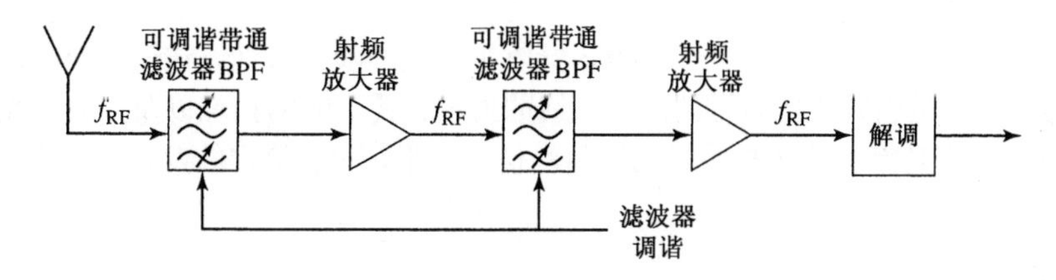

图 14.11　可调谐射频接收机的框图

直接变频接收机。图 14.12 中所示的*直接变频*接收机应用混频器和本振来实现 IF 频率为零的频率下变频。设定本振频率和期望的 RF 信号的频率相同，因此 RF 信号直接变换到基带。由于这一原因，直接变频接收机有时也称*零差*接收机。对于幅度调制（AM）接收，接收的基带信号将不需要任何进一步的检测。直接变频接收机相对于 TRF 接收机具有一些优点，如能够用简单的低通基带滤波器控制选择性，增益可以分散到 RF 和基带级（虽然在很低的频率处很难获得稳定的增益）。直接变频接收机比超外差接收机简单且价格低，因为没有 IF 放大器、IF 带通滤波器或为了最后下变频的 IF 本机振荡器。直接变频的另一个重要优点是没有镜像频率，因为混频器的差频实际上是零，和频是本振频率的两倍，容易被滤除。但一个严重的缺点是本振（LO）必须具有高精度和稳定性，特别是对于高 RF 频率，以避免接收信号频率的漂移。这种形式的接收机常用于多普勒雷达，其中精确的 LO 能够从发射机获得，而且许多新的无线系统采用直接变频接收机设计。

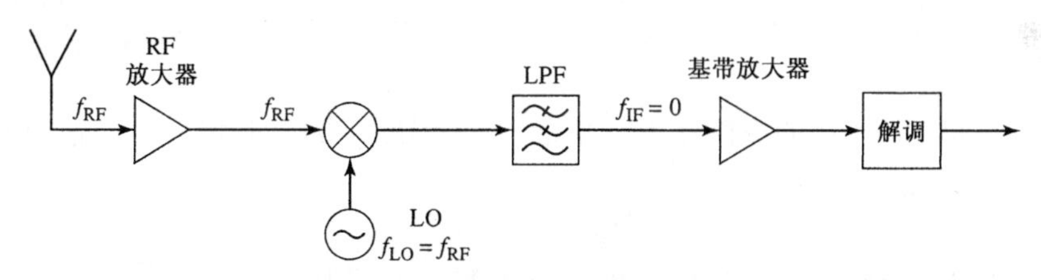

图 14.12　直接变频接收机的框图

超外差接收机。当前用得最普遍的接收机是如图 14.13 所示的*超外差*电路。超外差接收机的框图类似于直接变频接收机的框图，但是 IF 频率现在不是零，而通常选择在 RF 频率和基带之间。中等频率范围的 IF 允许使用锐截止滤波器来改善选择性，并应用 IF 放大器得到较高的 IF 增益。改变本振频率可方便地实现调谐，以使 IF 频率保持不变。超外差接收机代表了 50 多年来接收机发展的顶峰，并被用于大多数无线广播和电视、雷达系统、蜂窝电话系统和数据通信系统。

在微波和毫米波频率，常常要应用两级下变频，以避免由 LO 稳定性引起的问题。这样的双变频超外差接收机应用两个本振、两个混频器和两个 IF 频率以实现到基带的下变频。

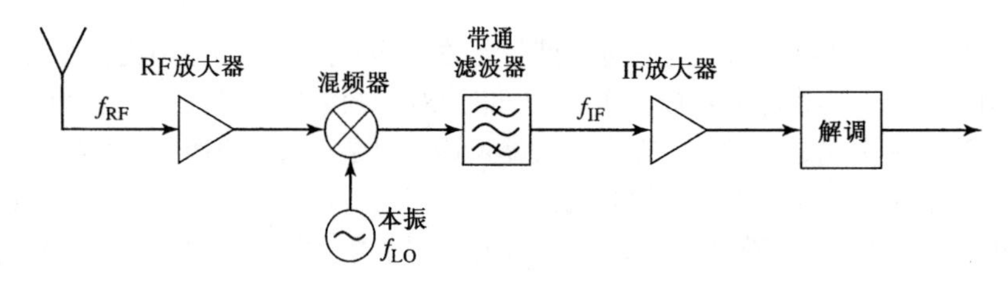

图 14.13　单变频超外差接收机的框图

14.2.4　接收机的噪声特性

现在分析图 14.14 所示整个天线-传输线-接收机前端的噪声特性。在该系统中，接收机输出处的总噪声功率 N_o 是由天线辐射方向图、天线的损耗、传输线的损耗以及来自接收机元件的损耗引起的。这一噪声功率将决定接收机的可检测信号电平，对于给定的发射机功率，它将决定通信链路的最大距离。

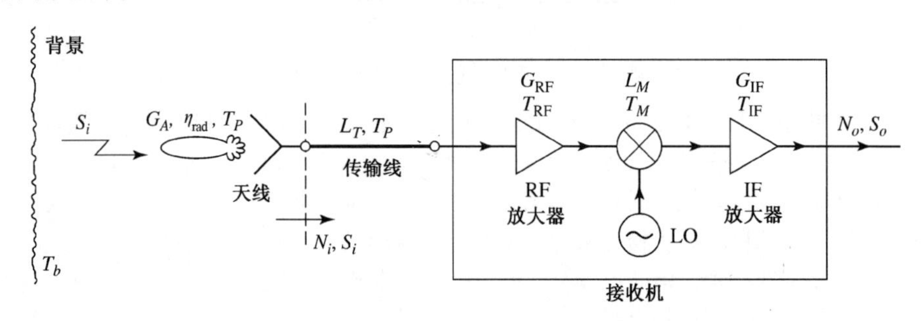

图 14.14　微波接收机前端的噪声分析，包括天线和传输线的贡献

图 14.14 中的接收机元件包括一个增益为 G_{RF} 和噪声温度为 T_{RF} 的 RF 放大器、一个 RF 到 IF 变换损耗因子为 L_M 和噪声温度为 T_M 的混频器，以及一个增益为 G_{IF} 和噪声温度为 T_{IF} 的 IF 放大器。后几级的噪声影响可以忽略，因为总噪声系数主要取决于前几级的特性。元件的噪声温度和噪声系数的关系为 $T=(F-1)T_0$。由式(10.22)可求得接收机的等效噪声温度为

$$T_{REC}=T_{RF}+\frac{T_M}{G_{RF}}+\frac{T_{IF}L_M}{G_{RF}} \tag{14.30}$$

连接天线和接收机的传输线的损耗为 T_L，并处于物理温度为 T_p 的环境下。于是，由式(10.15)得到其等效噪声温度为

$$T_{TL}=(L_T-1)T_p \tag{14.31}$$

再次应用式(10.22)，传输线（TL）和接收机级联的噪声温度为

$$T_{TL+REC}=T_{TL}+L_T T_{REC}=(L_T-1)T_p+L_T T_{REC} \tag{14.32}$$

这一噪声温度定义在天线的输出端（传输线的输入处）。

14.1 节指出，整个天线辐射方向图都能够收集噪声功率。若天线具有适当的高增益，并具有相当低的旁瓣，则可假定所有噪声功率都来自主瓣，以致天线的噪声温度由式(14.18)给出：

$$T_A=\eta_{rad}T_b+(1-\eta_{rad})T_p \tag{14.33}$$

式中，η_{rad} 是天线效率，T_p 是其物理温度，T_b 是主波束看到的背景的等效亮度温度（处理这一近似必须小心，因为若旁瓣正对着一个热背景，则很可能从旁瓣收集的噪声功率会超过从主波束收集的噪声功率，见例题 14.3）。天线输出端的噪声功率也是传送给传输线的噪声功率，为

$$N_i=kBT_A=kB\left[\eta_{rad}T_b+(1-\eta_{rad})T_p\right] \tag{14.34}$$

式中，B 是系统带宽。若 S_i 是天线接收的功率，则天线的输入信噪比为 S_i/N_i。输出信号功率为

$$S_o = \frac{S_i G_{\mathrm{RF}} G_{\mathrm{IF}}}{L_T L_M} = S_i G_{\mathrm{SYS}} \tag{14.35}$$

式中，G_{SYS} 已定义为系统的功率增益。输出噪声功率是

$$\begin{aligned} N_o &= \left(N_i + kBT_{\mathrm{TL+REC}}\right) G_{\mathrm{SYS}} \\ &= kB(T_A + T_{\mathrm{TL+REC}}) G_{\mathrm{SYS}} \\ &= kB\left[\eta_{\mathrm{rad}} T_b + (1-\eta_{\mathrm{rad}}) T_p + (L_T - 1) T_p + L_T T_{\mathrm{REC}}\right] G_{\mathrm{SYS}} \\ &= kBT_{\mathrm{SYS}} G_{\mathrm{SYS}} \end{aligned} \tag{14.36}$$

式中，T_{SYS} 已定义为整个系统的噪声温度。输出信噪比为

$$\frac{S_o}{N_o} = \frac{S_i}{kBT_{\mathrm{SYS}}} = \frac{S_i}{kB\left[\eta_{\mathrm{rad}} T_b + (1-\eta_{\mathrm{rad}}) T_p + (L_T - 1) T_p + L_T T_{\mathrm{REC}}\right]} \tag{14.37}$$

可采用各种信号处理技术来改善这一信噪比。注意，用总系统噪声系数计算上述系统输入到输出信噪比的恶化看起来是方便的，但必须小心对待这一方法，因为噪声系数是针对情况 $N_i = kT_0B$ 定义的，而这里不是这一情况。如前所述，直接应用噪声温度和噪声功率进行处理通常不会导致混淆。

例题 14.5　微波接收机的信噪比

如图 14.14 那样的微波接收机具有下述参量：

$$\begin{array}{llll} f = 4.0\mathrm{GHz}, & G_{\mathrm{RF}} = 20\mathrm{dB}, & B = 1\mathrm{MHz}, & F_{\mathrm{RF}} = 3.0\mathrm{dB} \\ G_A = 26\mathrm{dB}, & L_M = 6.0\mathrm{dB}, & \eta_{\mathrm{rad}} = 0.90, & F_M = 7.0\mathrm{dB} \\ T_p = 300\mathrm{K}, & G_{\mathrm{IF}} = 30\mathrm{dB}, & T_b = 200\mathrm{K}, & F_{\mathrm{IF}} = 1.1\mathrm{dB} \\ L_T = 1.5\mathrm{dB} & & & \end{array}$$

若天线接收的功率 $S_i = -80\mathrm{dBm}$，计算输入和输出信噪比。

解：首先将上面的 dB 数转换为数值，并将噪声系数转换为噪声温度：

$$G_{\mathrm{RF}} = 10^{20/10} = 100, \quad G_{\mathrm{IF}} = 10^{30/10} = 1000$$

$$L_T = 10^{1.5/10} = 1.41, \quad L_M = 10^{6/10} = 4.0$$

$$T_M = (F_M - 1)T_0 = (10^{7/10} - 1) \times 290 = 1163\mathrm{K}$$

$$T_{\mathrm{RF}} = (F_{\mathrm{RF}} - 1)T_0 = (10^{3/10} - 1) \times 290 = 289\mathrm{K}$$

$$T_{\mathrm{IF}} = (F_{\mathrm{IF}} - 1)T_0 = (10^{1.1/10} - 1) \times 290 = 84\mathrm{K}$$

则由式(14.27)、式(14.28)和式(14.30)可得接收机、传输线和天线的噪声温度为

$$T_{\mathrm{REC}} = T_{\mathrm{RF}} + \frac{T_M}{G_{\mathrm{RF}}} + \frac{T_{\mathrm{IF}} L_M}{G_{\mathrm{RF}}} = 289 + \frac{1163}{100} + \frac{84 \times 4.0}{100} = 304\mathrm{K}$$

$$T_{\mathrm{TL}} = (L_T - 1)T_p = (1.41 - 1) \times 300 = 123\mathrm{K}$$

$$T_A = \eta_{\mathrm{rad}} T_b + (1 - \eta_{\mathrm{rad}}) T_p = 0.9 \times 200 + (1 - 0.9) \times 300 = 210\mathrm{K}$$

然后，由式(14.31)可得输入噪声功率为

$$N_i = kBT_A = 1.38 \times 10^{-23} \times 10^6 \times 210 = 2.9 \times 10^{-15}\,\mathrm{W} = -115\mathrm{dBm}$$

所以输入信噪比为

$$\frac{S_i}{N_i} = -80 + 115 = 35\text{dB}$$

由式(14.33)得到系统的总噪声温度为

$$T_{\text{SYS}} = T_A + T_{\text{TL}} + L_T T_{\text{REC}} = 210 + 123 + 1.41 \times 304 = 762\text{K}$$

这一结果清楚地表明了各个元件的噪声贡献。由式(14.34)可得输出信噪比为

$$\frac{S_o}{N_o} = \frac{S_i}{kBT_{\text{SYS}}}$$

$$kBT_{\text{SYS}} = 1.38 \times 10^{-23} \times 10^6 \times 762 = 1.05 \times 10^{-14}\,\text{W} = -110\text{dBm}$$

所以有

$$\frac{S_o}{N_o} = -80 + 110 = 30\text{dB}$$ ■

14.2.5 数字调制和误码率

使用幅度、频率或相位调制，可将信息调制到正弦载波上。如果被调制的信号是模拟信号，如 AM 或 FM 广播信号，那么载波的幅度、频率或相位会发生连续的变化。如果被调制的信号是二进制数字形式，那么载波幅度、频率或相位的变化将被限定为两个值。这些类型的调制通常称为**幅移键控、频移键控和相移键控**，分别缩写为 ASK、FSK 和 PSK。例如，ASK 的载波对二进制数“1”为打开、对二进制数“0”为关闭。FSK 涉及在两个不同的载波频率之间切换，而 PSK 的载波有 180°相移，具体取决于二进制数据。二进制相移键控也称 BPSK。图 14.15 显示了使用 ASK、FSK 和 PSK 方法进行二进制数字调制时的载波波形。

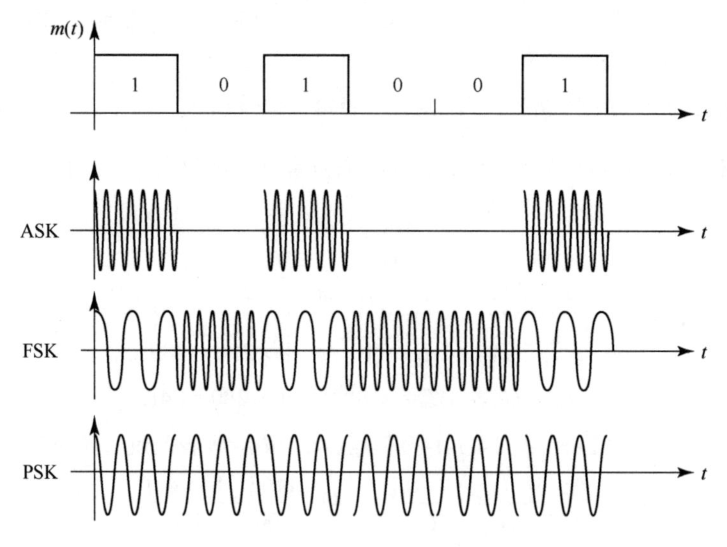

图 14.15 幅移键控、频移键控和相移键控的二进制数据及调制的载波波形

大多数现代无线系统都依赖于数字调制方法，因为它们在噪声和信号衰落、低功率、可使用纠错编码或加密方法更稳定地传输数据等方面性能优越。除上面介绍的基本二进制调制方案外，还有许多其他的数字调制方法。一种常用的方法是正交相移键控（QPSK），它使用两个数据位来选择 4 种相位状态（0°、90°、180°或 270°）中的一种。另一种更为常用的方法是 *m* 元相移键控，它

基于 m 个数据位来选择 2^m 个相位状态中的一种。称为正交幅度调制或 QAM 的方法可同时调制幅度和相位。这种高阶调制方法可为给定的信道带宽提供更高的数据率，但系统和处理过程更为复杂。

理想情形下接收机将检测出与发射相同的二进制数字，但实际信号中出现的噪声会在检测过程中引入错误。检测单个比特时错误出现的可能性由误码概率 P_b（也称误码率）来量化。误码概率取决于比特能量与噪声功率密度之比，即 E_b/n_0，其中 E_b 是每个比特间隔期间接收的能量，n_0 是信道中噪声的功率谱密度。当比特能量增大或噪声密度减小时，误码概率减小。如果 S 是接收的信号（载波）功率（W），T_b 是比特周期（s），R_b 是比特率（bps），则比特能量可写为

$$E_b = ST_b = S / R_b \quad (\mathrm{W \cdot s}) \tag{14.38}$$

于是，E_b/n_0 为

$$\frac{E_b}{n_0} = \frac{ST_b}{n_0} = \frac{S}{n_0 R_b} \tag{14.39}$$

由于噪声功率为 $N = n_0 B$，其中 B 是接收机的带宽，因此比特能量与噪声功率密度之比可表示为 SNR 的函数，即

$$\frac{E_b}{n_0} = \frac{S}{N} BT_b = \frac{S}{N}\frac{B}{R_b} \tag{14.40}$$

注意，这一结果表明，对于给定的 SNR，比特能量与噪声功率密度之比会在数据率增大时减小（BER 将增大）。取决于调制的类型，所需接收机的带宽会在比特率的 1 倍至几倍范围内变化。

图 14.16 给出了 4 种数字调制方式（ASK、FSK、BPSK 和 QPSK）的误码概率与 E_b/n_0 的关系。QPSK 的误码率与 BPSK 的相同，但要注意对于 BPSK 发送的每一比特，QPSK 涉及两个比特的传输。

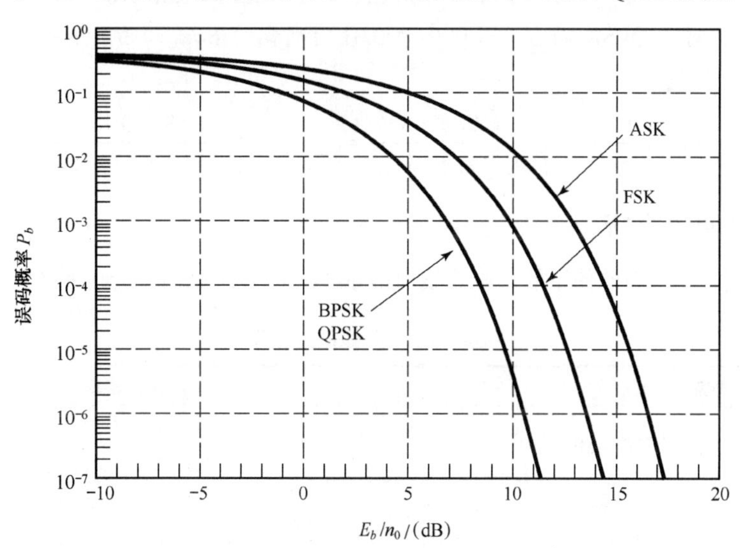

图 14.16　ASK、FSK、BPSK 和 QPSK 调制方式的误码率与 E_b/n_0 的关系的比较（假设相干解调，QPSK 使用格雷码）

每种二进制调制方法都在每个比特周期发送 1 个比特，因此称它们的带宽效率为 1bps/Hz。高级调制方法可实现更高的带宽效率。例如，QPSK 每个周期发送 2 比特，因此带宽效率为 2bps/Hz。表 14.1 列出了各种数字调制方法在误码率为 10^{-5} 时，各自的带宽效率和所需的 E_b/n_0。

表 14.1　各种数字调制方法的性能汇总

调制类型	$P_b = 10^{-5}$时的 E_b/n_0（dB）	带宽效率
BASK	15.6	1
BFSK	12.6	1
BPSK	9.6	1
QPSK	9.6	2
8-PSK	13.0	3
16-PSK	18.7	4
16-QAM	13.4	4
64-QAM	17.8	6

例题 14.6　低轨卫星下行链路的链路分析

轨道距离为 940km 的低轨卫星使用 QPSK 与地面上的设备通信。卫星的发射功率为 80W，卫星天线的增益为 20dB。地面设备的天线增益为 1dB，系统温度为 750K。大气衰减为 2dB，所需的链路裕量为 10dB，求误码率为 0.01 时的最大数据率。

解：波长为 1.875cm，因此由式(14.26)得路径损耗为

$$L_0 = 20\lg\left(\frac{4\pi R}{\lambda}\right) = 20\lg\left(\frac{4\pi\times(940\times10^3)}{0.01875}\right) = 176.0\,\text{dB}$$

接收的功率为

$$P_r = P_t + G_t - L_0 - L_A + G_r = 49 + 20 - 176 - 2 + 1 = -108\,\text{dBm}$$

对于 10dB 的电路裕量，接收的功率电平应比阈值电平高 10dB。于是接收的阈值信号电平为

$$S_{\min} = P_r - \text{LM} = -108 - 10 = -118\,\text{dBm} = 1.58\times10^{-15}\ \text{W}$$

由图 14.16，对于 QPSK 而言，误码率为 0.01 时所需的 E_b/n_0 约为 5dB=3.16。解式(14.40)得最大比特率为

$$R_b = \left(\frac{E_b}{n_0}\right)^{-1}\frac{S_{\min}}{n_0} = \left(\frac{E_b}{n_0}\right)^{-1}\frac{S_{\min}}{kT_{\text{sys}}} = \left(\frac{1}{3.16}\right)\times\frac{1.58\times10^{-15}}{(1.38\times10^{-23})\times750} = 48\,\text{kpbs}$$ ■

14.2.6　无线通信系统

最后，我们总结了当前使用的一些无线通信系统。表 14.2 列出了无线系统常用的一些频带。

表 14.2　无线系统频率

无线系统（国家或地区）	工作频率
高级移动电话系统（美国 AMPS，淘汰）	U：824～849MHz
	D：869～894MHz
GSM 850（美国）	U：824～849MHz
	D：869～894MHz
GSM 900（全球）	U：890～915MHz
	D：935～960MHz
GSM 1800（全球）	U：1710～1785MHz
	D：1805～1880MHz
GSM 1900（美国）	U：1850～1910MHz
	D：1930～1990MHz

（续表）

无线系统（国家或地区）	工作频率
全球移动通信系统（UMTS）频段 1（多数国家）	U：1920～1980MHz
	D：2110～2170MHz
UMTS，频段 2（多数国家）	U：1850～1910MHz
	D：1930～1990MHz
UMTS，频段 8（多数国家）	U：880～916MHz
	D：925～960MHz
无线局域网（WiFi）	902～928MHz
	2.400～2.484GHz
	5.725～5.850GHz
全球定位系统（GPS）	L1：1575.42MHz
	L2：1227.60MHz
直播卫星（DBS）（欧洲、俄罗斯）	10.7～12.75GHz
	R：1805～1880MHz
直播卫星（DBS）（美国）	12.2～12.7GHz
直播卫星（DBS）（亚洲、澳大利亚）	11.7～12.2GHz
工业、医药和科学频段（多数国家）	902～928MHz
	2.400～2.484GHz
	5.725～5.850GHz
U 表示（从移动端到基站的）上行链路，D 表示（从基站到移动端的下行链路）	

移动电话和数据系统。移动电话语音和网络系统正在不断发展，包括新旧技术的应用、已有和新可用的载波频率、复杂的多址技术、国际协议以及商业服务提供商、政府和监管机构的特殊需求等。其目标是为移动用户提供具有更高数据传输速度和跨系统兼容性的语音和数据服务(包括互联网接入和视频)。虽然已经取得了许多进展，但仍然存在技术和组织上的挑战。

蜂窝电话系统是为解决对城市广大用户提供移动无线服务问题而于 20 世纪 70 年代提出的。由于射频频谱未得到有效利用及用户之间的干扰，早期的移动无线系统仅能处理非常有限的用户。蜂窝无线的概念解决了这一问题，该方案将一个地理区域分成不重叠的“蜂窝”，每个蜂窝都有自己的发射机和接收机（基站），与该蜂窝内工作的移动用户通信。每个蜂窝允许多达几百个用户同时进行语音和/或其他数据通信。分配给某个蜂窝的频带可以在其他非相邻的蜂窝中被重复使用。

最早的蜂窝电话系统于 1979 年、1981 年、1983 年分别在日本、欧洲、美国（AMPS）建成。这些系统采用模拟频率调制（FM），并将分配的频带分成几百个信道，每个信道能够用于单个会话。由于开发基站等基础设施的初始成本和手机的初始成本，这些早期业务增长缓慢，但到了 20 世纪 90 年代则有明显的增长。

由于消费者对无线电话业务需求的快速增长，以及无线技术的发展，美国、欧洲和亚洲完成了多个第二代标准。这些标准都应用了数字调制方法，可以提供更好的服务质量，更有效地利用无线频谱，并且具有多种接入方法，如时分多址（TDMA）或码分多址（CDMA）。此后，通过释放 VHF 广播电视频段，许多国家获得更多的可用频谱。

今天，大多数无线蜂窝和智能电话系统已经或正在升级到第三代（3G）标准。国际电信联盟（ITU）的国际移动通信（IMT）-2000 项目形成了 3G 标准的基础，其大部分源自 CDMA

及其演变版本，如 W-CDMA 和 CDMA2000。目前 IMT-2000 对固定用户提供 2Mbps 的数据率，对移动用户提供 144kbps 的数据率。现在人们正在向第三代合作项目（3GPP）努力，它是基于各个电信组织的协作，最终形成从现有第二代标准架构过渡到 3G 、然后在 2010—2011 年实现长期演进（LTE）目标（可为固定用户提供 100Mbps 的数据率，为移动用户提供 50Mbps 的数据率）的发展路径。许多国家已经采纳了基于 3GPP 的全球移动通信系统（UMTS）标准。另一个演变版本是 3GPP2 标准，它使用已有的 CDMA 技术（包括 W-CDMA 和 CDMA2000）来提高数据率。目前，有许多可供临时使用的建议标准，既可以较好利用现有的基础设施，也可以继续发展成为第四代系统的新标准。

适于无线语音和数据的卫星系统。卫星系统的最大优点是使用相对较少的卫星就能为任何位置的用户提供服务，包括海洋、沙漠和山区，否则这些区域很难提供服务。原理上，只要有三颗地球同步卫星就能够完全覆盖全球，但由于地球同步轨道非常高，信号强度很弱，使得与手持终端的通信很困难。低轨卫星能够提供可用的信号功率电平，但要提供全球覆盖则需要更多的卫星。

由摩托罗拉公司牵头组成的国际财团资助的铱星计划，是首个提供手持无线电话业务的商用卫星系统。它包括在近极地轨道上的 66 颗 LEO 卫星，并通过一系列卫星间的中继链路和陆基网关终端将无线电话和寻呼用户与公共电话系统连接起来。图 14.17 显示了铱星系统中使用的一个相控阵天线的照片。铱星系统的成本约为 50 亿美元，它于 1998 年开始提供服务，于 1999 年 8 月申请破产。2001 年，美国国防部接手铱星系统，目前仍在运行。

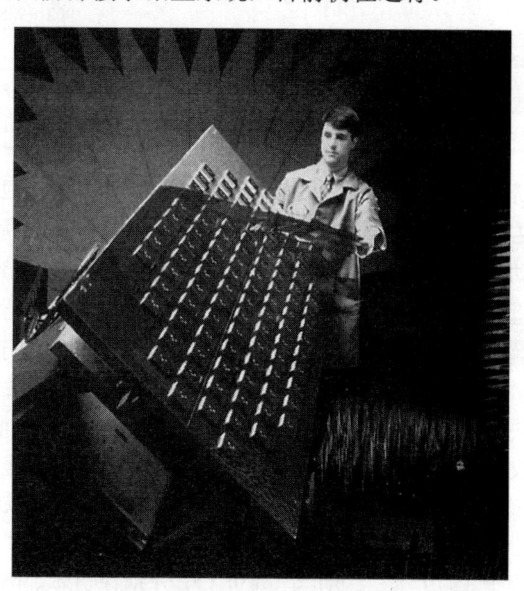

图 14.17　铱星通信卫星的三个 L 波段天线阵之一的照片。铱星系统包含 66 颗低轨卫星，提供全球个人卫星 TDMA 通信业务，包括话音、传真和传呼。承蒙雷神公司提供照片

使用卫星提供电话业务的缺点是信号电平低，以至于要求从移动用户到卫星的路径在可视范围内，这就意味着卫星电话通常不能在建筑物、汽车内应用，或者甚至不能在很多树木或城市区域应用。它使得卫星电话业务相对于陆基蜂窝服务存在明显的性能缺陷。其他商用 LEO 通信系统如 Globalstar 也因财务问题而终止。

多数成功的卫星通信系统都依赖于地球静止卫星，包括 INMARSAT 系统，该系统最初用于为海洋船只提供通信业务，但也用于远程领域。许多金融业务和企业使用甚小孔径终端（VSAT），它

为具有 12～18 英寸天线的地球同步卫星提供数据率相对较低的通信。地球同步卫星电话服务的一个例子是 Thuraya 系统，它覆盖了非洲、欧洲、印度和中东的部分地区。手持终端非常小巧和紧凑，通信链路工作在 L 波段。由于往返卫星的传播时间长，Thuraya 系统存在明显的会话延时。

全球定位系统。全球定位系统（GPS）使用 24 颗中地球轨道卫星，向陆地、空中或海上的用户提供精确的位置信息（纬度、经度和高度）。它最初是由美国军方开发的导航星系统，现在已迅速成为全球消费者和企业广泛应用的一种无线技术。GPS 接收机广泛应用于飞机、轮船、卡车、火车和汽车上。技术的进步导致了接收机的尺寸和价格大幅下降，以致小型 GPS 接收机可以被集成到移动电话和智能手机中，徒步旅行者和运动员可以使用手持 GPS 设备。采用差分 GPS 技术可以使精度达到 1cm，这一能力已经彻底改变了测量行业。一个全新的研究领域，基于数据与位置关系的地球信息系统（GIS），通常会与 GPS 联合使用。

GPS 至少需要 4 颗卫星，使用三角测量法进行定位。GPS 卫星在地球上空 20200km 的轨道上，轨道周期为 12 小时。用卫星和接收机之间的传播时延可以求得从用户接收机到这些卫星的距离。根据*星历表*可以精确地知道卫星的位置，并且每颗卫星都带有一个极为精确的时钟，以提供一组独特的定时脉冲。GPS 接收机解码这一定时信息，并执行必要的计算，求出接收机的位置和速度。GPS 接收机必须可以视距观察到 GPS 星座内的至少 4 颗卫星，但在已知高度（如海上船舶）的情况下 3 颗卫星就足够了。因为运行要求采用低增益天线，因此从 GPS 卫星接收的信号电平很低——一般为−130dBm 量级（对于接收天线增益为 0dB 的情况）。该信号电平通常低于接收机的噪声功率，但可用扩频技术来改善接收信噪比。

GPS 工作在两个频段（L1 频段的 1575.42MHz 和 L2 频段的 1227.60MHz ）发送 BPSK 的扩频信号。L1 频率发送每颗卫星的星历数据和定时码，可用于任意商业或公共用户。这种工作模式称为*粗/捕获*（C/A）码。与此不同，L2 频率保留为军事用途，它使用加密的定时码，称为*保护*（P）码（在 L1 频率也发送 P 码信号）。P 码的精度要比 C/A 码的高得多。用 L1 GPS 接收机能够达到的典型精度约为 33.3 米。卫星和接收机中的时钟误差，以及假定的 GPS 卫星位置的误差，限制了精度。但最重要的定位误差来源于大气和电离层的影响，当信号从卫星传播到接收机时它会引起变化的小时延。

无线局域网。无线局域网（WLAN）提供计算机之间的短距离连接。无线局域网可在机场、咖啡厅、办公大楼、校园、商用客机、公交车和大型游轮上找到。室内覆盖范围通常不到 100m。在室外没有障碍物并且采用高增益天线的情况下，覆盖距离可高达几千米。在无遮挡的室外使用高增益天线，可得到更大的覆盖范围。当建筑物内或建筑物之间不可能设置或费用过大不值得设置有线线路时，或者仅需要在计算机之间设置临时接口时，无线网络特别有用。当然，移动用户只能通过无线链路连接到计算机网络。

大多数商用 WLAN 产品都基于 IEEE 802.11 标准（Wi-Fi）。它们的工作频率为 2.4GHz 或 5.7GHz（在工业、科学和医疗频段），并采用跳频技术或直接序列扩频技术。IEEE 标准 802.11a、802.11b、802.11g 可提供高达 54Mbps 的数据率，使用多天线的 802.11n 标准可提供高达 150Mbps 的数据率。实际数据率通常要低一些，因为它受非理想传播条件和来自其他用户的负荷的影响。

另一种无线网络标准称为*蓝牙*，它是为便携设备的短距离联网开发的，如照相机、打印机、耳机、游戏和类似的应用。蓝牙设备的工作频率为 2.4GHz，射频功率范围为 1～100mW，对应的覆盖范围为 1～100m。数据率的范围为 1～24Mbps。

由于可用的带宽较大，人们正在为高速局域网考虑使用毫米波频率。图 14.18 显示了一个 60GHz 的高速无线网络发射器的开发模型。

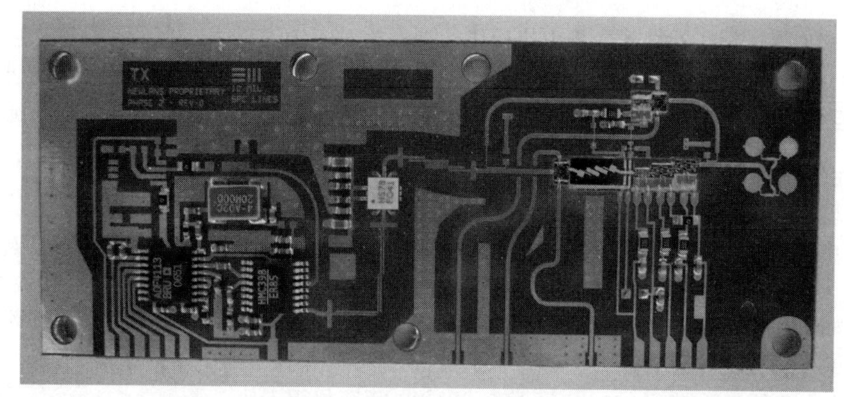

图 14.18　60GHz 高速无线局域网发射器的照片。该 WLAN 的工作频段为 59～62GHz，数据率为 2.8GPS。它使用 GaAs 芯片和一个内置 4 元件、圆极化的微带天线。照片由 Newlans 公司提供

直播卫星。直播卫星（DBS）系统提供从地球同步卫星直接到家庭用户的电视业务，家庭只需配备直径 18 英寸的小天线。在该技术出现前，卫星 TV 业务需要直径达 2 米的笨重碟形天线。采用数字调制技术使得小型 DBS 天线成为可能，与以前应用模拟调制技术的系统相比，数字技术降低了所需的接收信号电平。DBS 系统采用具有数字复用和纠错能力的正交相移键控（QPSK），以 40Mbps 的速率发送数字数据。使用几颗 DBS 卫星可在全球范围内提供预订电视服务，有时覆盖区域内会有不只一颗颗卫星。对于北美地区，两颗卫星 DBS-1 和 DBS-2 分别定位于经度 101.2°和 100.8°，每颗卫星提供 16 个信道，每个信道辐射 120W 的功率。这些卫星采用相反的圆极化来降低雨雪引起的损耗，并避免相互之间的干扰（极化双工）。

点对点无线系统。点对点无线系统被企业用来提供两个固定点之间的专用数据连接。电力公共事业公司应用点对点无线系统在电站和变电站之间传送发电、输电和配电的遥测信息。点对点无线系统也用来连接蜂窝移动通信基站和公用交换电话网，因为它比运行埋在地下的光纤线路便宜许多。点对点无线系统的工作频段通常在 18GHz、24GHz 或 38GHz，应用各种数字调制方法可以提供超过 50Mbps 的数据率。通常，采用高增益天线来减小功率需求并避免与其他用户产生干扰。

其他无线系统。人们正在开发无线技术的许多其他应用，下面简要介绍其中的一些。最普遍的一种应用是射频识别（RFID）系统，这种系统使用小型低成本标签接收问询 RF 信号，并回复一个含有预编程数据的信号。RFID 标签可用于零售商品、库存管理、工业原材料、安全应用或需要识别或跟踪的任何应用中。RFID 标签的一个有趣功能是，它们不需要电源，而通过对问询信号进行整流并对一个小电容充电来存储发送信令所需的电能。因此，它能在甚低功率 CMOS 电路中将数据传送回问询接收机。

开始增长的另一个无线技术应用领域是汽车和高速公路领域，具体包括收费、智能巡航控制、防撞雷达、盲区雷达、交通信息、紧急消息和汽车识别。自动收费已在美国、欧洲的许多地方实现。许多汽车模型中使用了盲区和碰撞传感器。

14.3　雷达系统

雷达，或称无线电检测和测距，是微波技术最普遍的应用之一，具体可追溯到第二次世界大战。雷达的基本工作原理是，发射机发送信号，一部分信号被远处的目标反射，然后被一个灵敏的接收机检测到。若应用窄波束天线，则可以通过天线的角度位置精确给出目标的方向。目标的距离由脉冲信号往返目标所需的时间决定，目标的径向速度与回波信号的多普勒频移有

关。下面列出了雷达系统的一些典型应用。

民用：

- 机场监视
- 海洋导航
- 气象雷达
- 高度测量
- 飞行器着陆
- 防盗报警
- 速度测量（警用雷达）
- 绘制地图

军用：

- 空中和海上导航
- 飞行器、导弹、航天器的探测和跟踪
- 导弹制导
- 导弹和火炮的点火控制
- 武器引信
- 侦察

科学应用：

- 天文学
- 制图与成像
- 精密测距
- 环境遥感

在美国和英国，早期的雷达研究工作始于 20 世纪 30 年代，采用甚高频（VHF）源。20 世纪 40 年代初取得了重大突破，即英国发明了可用做可靠高功率微波源的磁控管。使用较高的频率就可应用具有高增益的、尺寸合理的天线，并允许以好的角分辨率机械跟踪目标。第二次世界大战期间，在英国和美国雷达得到了快速发展并起着重要的作用。图 14.19 显示了用于“爱国者”导弹系统的相控阵雷达的照片。

图 14.19 “爱国者”导弹系统的相控阵雷达照片。这是 C 波段多功能雷达，它提供空中战术防务，包括目标的搜索和跟踪，导弹点火控制。相控阵天线使用 5000 个铁氧体相移器来实现天线波束电扫描。照片由雷神公司提供

下面首先推导雷达方程，以了解大多数雷达的基本工作原理，然后介绍一些更常用的雷达系统。

14.3.1 雷达方程

两种基本的雷达系统如图 14.20 所示。在*单站雷达*中，使用同一副天线发射和接收信号；而在*双站雷达*中，使用两副分立的天线分别发射和接收信号。多数雷达是单站型的，但是在某些应用中（如导弹点火控制），目标用分立的发射天线照射。有时也利用分立的天线实现发射机和接收机之间的必要隔离。

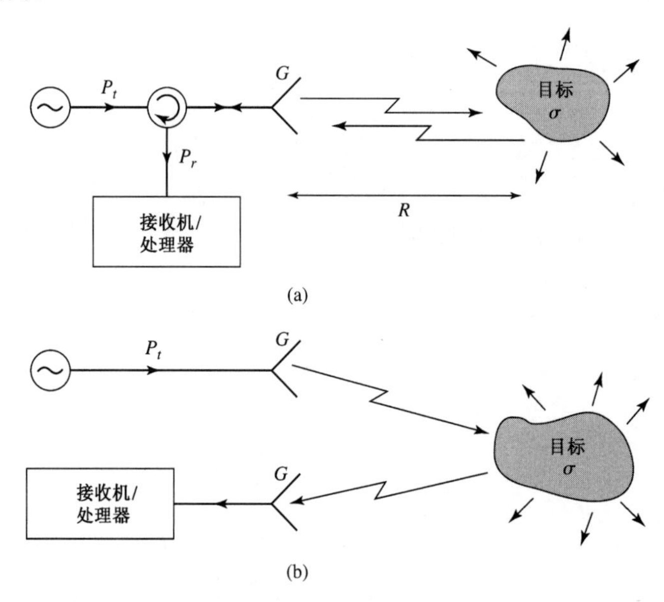

图 14.20 基本的单站和双站雷达系统：(a)单站雷达系统；(b)双站雷达系统

下面考虑单站情形，但双站情形非常相似。若发射机通过增益为 G 的天线辐射功率 P_t，则由式(14.23)得到入射到目标上的功率密度为

$$S_t = \frac{P_t G}{4\pi R^2} \tag{14.41}$$

式中，R 是到目标的距离。假定目标在天线的主波束方向。目标将在各个方向散射入射的功率；在某个给定方向上的散射功率与入射功率密度的比定义为目标的*雷达散射截面* σ。数学上有

$$\sigma = \frac{P_s}{S_t}\ \mathrm{m}^2 \tag{14.42}$$

式中，P_s 是目标散射的总功率，S_t 是入射到目标上的功率密度。因此雷达散射截面的量纲是面积，它是目标本身的特性。雷达散射截面取决于入射角和反射角，以及入射波的极化。

目标散射源是尺寸有限的源，因此辐射场的功率密度必须随着离开目标的距离按 $1/4\pi R^2$ 衰落。于是，返回到接收天线的散射场的功率密度必定为

$$S_r = \frac{P_t G \sigma}{(4\pi R^2)^2} \tag{14.43}$$

应用表示天线有效面积的式(14.15)，得到接收功率为

$$P_r = \frac{P_t G^2 \lambda^2 \sigma}{(4\pi)^3 R^4} \tag{14.44}$$

这就是雷达方程。注意接收功率按 $1/R^4$ 变化，这意味着为了检测远距离目标，需要高功率发射机和灵敏的低噪声接收机。

由于天线接收的噪声和接收机产生的噪声，因此存在接收机能够识别的某个最小可检测功率。若这一功率是 $P_{\min}$，则可改写式(14.44)，给出最大探测距离为

$$R_{\max}=\left[\frac{P_t G^2 \sigma \lambda^2}{(4\pi)^3 P_{\min}}\right]^{1/4} \tag{14.45}$$

信号处理技术能有效地降低最小可检测信号，增大探测距离。用于脉冲雷达的最常见信号处理技术是脉冲积分，即对 N 个接收脉冲序列在时间上进行积分，作用是降低噪声电平，相对于返回的脉冲电平，噪声电平的均值为零，得到近似为 N 的改善因子[6]。

当然，上面的结果很难说明实际雷达系统的性能。许多因素，如传输效应、检测过程的统计性质及外部干扰，常常会降低雷达系统的探测距离。

例题 14.7　雷达距离方程的应用

某脉冲雷达的工作频率为 10GHz，天线增益为 28dB，发射机功率为 2kW（脉冲功率）。若希望检测目标的截面积为 12m^2，最小可检测信号为 $P_{\min}=-90$dBm，求雷达的最大作用距离。

解：所需的数值是

$$G=10^{28/10}=631,\quad P_{\min}=10^{-90/10}\text{mW}=10^{-12}\text{W},\quad \lambda=0.03\text{m}$$

因此雷达距离方程(14.45)给出最大作用距离为

$$R_{\max}=\left[\frac{(2\times10^3)\times631^2\times12\times0.03^2}{(4\pi)^3\times10^{-12}}\right]^{1/4}=8114\text{m}$$

■

14.3.2　脉冲雷达

脉冲雷达测量微波脉冲信号往返传输时间，进而求出目标距离。图 14.21 显示了一个典型的脉冲雷达系统和时序图。发射机部分包括一个单边带混频器，它将频率为 f_0 的微波振荡器频率偏移一个等于中频频率的量。功率放大后，这一信号脉冲由天线发射出去。发射/接收开关由脉冲发生器控制，给出发射脉冲宽度 τ，脉冲重复频率（PRF）$f_r=1/T_r$。因此发射脉冲由频率为 f_0+f_{IF} 的微波信号的短突发脉冲组成。典型的脉冲持续时间为 100ms～50ns；较短的脉冲给出较高的距离分辨率，而较长的脉冲经接收机处理后得到较好的信噪比。典型的脉冲重复频率为 100Hz～100kHz；较高的 PRF 在单位时间内给出更多的返回脉冲数，而较低的 PRF 可以避免 $R>cT_r/2$ 时出现的距离模糊。

在接收状态下，返回的信号被放大，并与频率为 f_0 的本振信号混频，产生期望的 IF 信号。发射机中的本振用于上变频，接收机中的本振用于下变频，因此简化了系统并避免了频率漂移现象，使用分开的两个本振时要考虑频率漂移。IF 信号被放大、检测后，被送到视频放大器/显示器。搜索雷达通常使用能够覆盖 360°方位角的连续旋转天线；在这一情况下显示的应是目标距离与方位角关系的极坐标图。许多现代雷达使用计算机处理检测的信号并显示目标信息。

在脉冲雷达中，发射/接收（T/R）开关实际上实现两个功能：形成发射脉冲串，并在发射机和接收机之间转接天线。后一种功能也称*双工*。原理上，双工功能可用环形器实现，但一个重要的要求是必须在发射机和接收机之间提供高的隔离度（80～100dB），以避免发射机信号泄漏到接收机中，若信号泄漏到接收机中，则其可能会淹没返回的信号（或者可能损坏接收机）。由于典型的环形器仅能实现 20～30dB 的隔离度，因此需要具有高隔离度的某种开关。必要时，可以在

发射机电路的通道上使用附加开关，获得进一步的隔离。

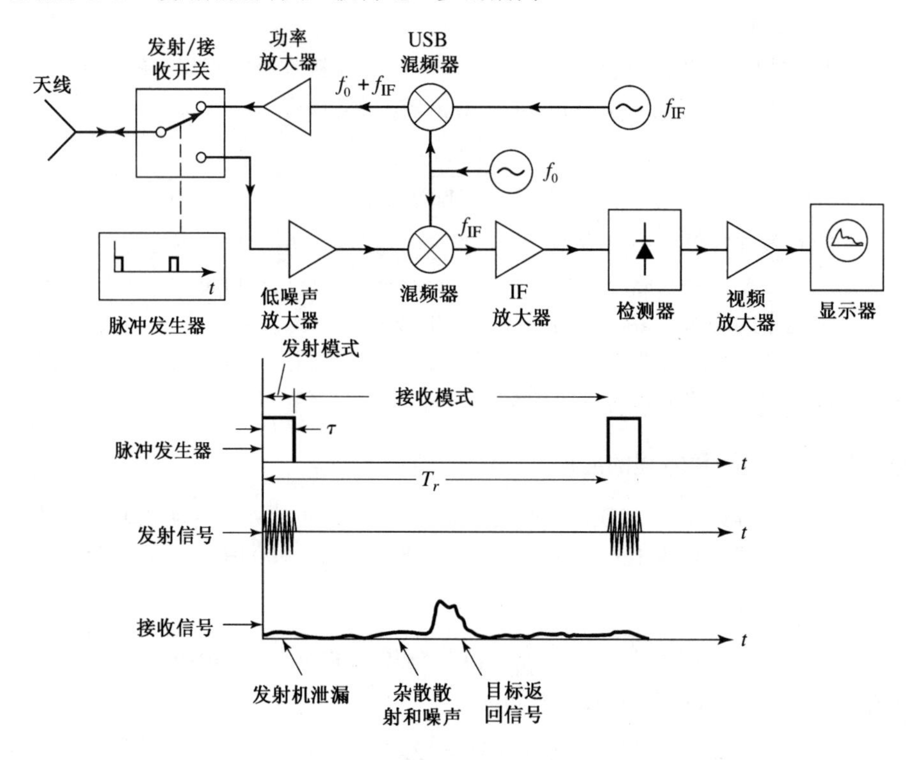

图 14.21　脉冲雷达系统框图和时序图

14.3.3　多普勒雷达

若目标沿雷达视线方向有速度分量，则由多普勒效应返回的信号相对于发射频率将有频率偏移。若发射频率为 f_0，目标的径向速度为 v，则频率偏移或多普勒频率为

$$f_d=\frac{2vf_0}{c} \tag{14.46}$$

式中，c 是光速。于是，接收频率为 $f_0 \pm f_d$，其中正号对应于趋近的目标，负号对应于远离的目标。

图 14.22 显示了一个基本的多普勒雷达系统。可以看到，它要比脉冲雷达简单得多，因为使用了连续波信号，并且接收到的信号的频率偏移了多普勒频率。混频器后面的滤波器的通带应有一个对应于预期最小和最大目标速度的通带。滤波器在零频率处应具有很高的衰减，以消除频率 f_0 处的杂散回波和发射机泄漏的影响，因为这些信号都将下变频到零频率。因此，发射机和接收机之间的高隔离并不是必需的，并且可以使用环形器。这种形式的滤波器响应也有助于降低 $1/f$ 噪声的影响。

上述雷达无法区分趋近的目标和远离的目标，因为 f_d 的符号在检测过程中丢失了。然而，采用一个混频器分别产生上、下边带产物可恢复这一信息。

由于来自运动目标的脉冲雷达回波中包含了多普勒频移，因此有可能用单个雷达确定目标的距离和速度（应用窄波束天线也可确定位置）。这样的雷达称为*脉冲多普勒雷达*，与脉冲雷达或多普勒雷达相比它具有一些优点。脉冲雷达的一个问题是，不能区别来自真正目标和来自地面、树林和建筑物等的杂散回波。这样的杂散回波可从天线旁瓣中检测到。然而，若目标是运动的（如机场搜索雷达应用），则应用多普勒频移就能分开来自静止物体的杂散回波。

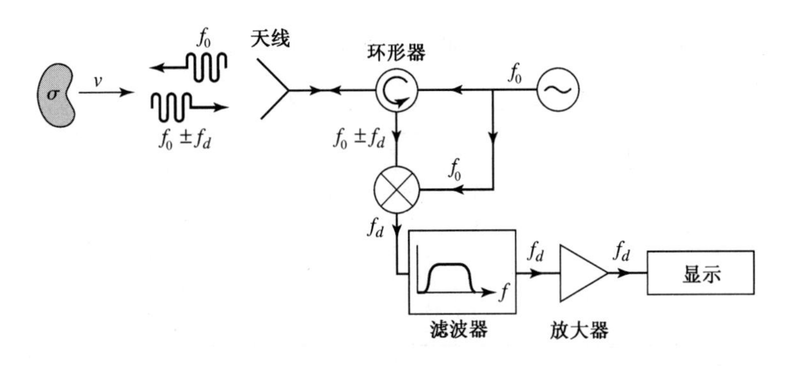

图 14.22　多普勒雷达系统

14.3.4　雷达散射截面

雷达目标可用式(14.36)定义的雷达散射截面来表征，它给出了散射功率和入射功率密度之比。目标的截面依赖于入射波的频率和极化，以及相对于目标的入射角和反射角。因此可以定义单站雷达散射截面（入射角和反射角相同）和双站雷达散射截面（入射角和反射角不同）。

对于简单形状的目标，雷达散射截面可作为电磁边界值问题来计算；更复杂的目标需要数值求解或测量来求得散射截面。导体球的雷达散射截面能够精确计算；使用球的物理横截面 πa^2 归一化的单站雷达结果如图 14.23 所示。注意，对于电小尺寸的球（$a \gg \lambda$），散射截面随着球的半径的增大而很快增加。这一区域称为**瑞利区**，可以证明在这一区域中 σ 随着$(a/\lambda)^4$ 变化（这种对频率的强烈依赖关系可以解释天空为什么是蓝色的，因为阳光中的蓝色分量比低频率的红色分量更容易被大气中的微粒散射）。

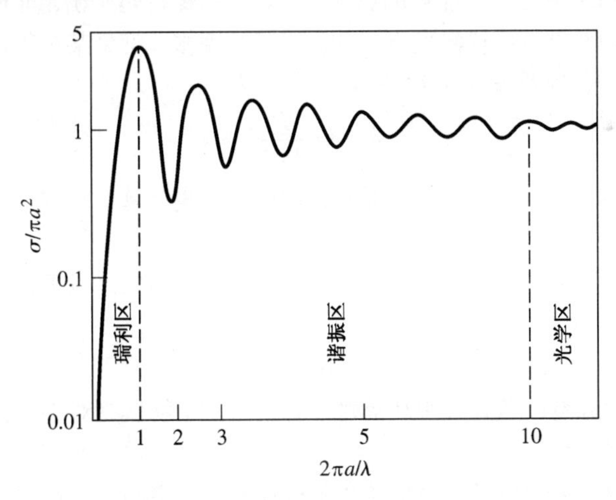

图 14.23　导体球的单站雷达散射截面

电大尺寸的球（$a \gg \lambda$）的雷达散射截面等于其物理截面 πa^2。这是**光学区**，几何光学在其中有效。许多其他形状的物体，如正入射下的平板，同样具有趋近电大尺寸物理面积的散射截面。

在瑞利区和光学区之间是**谐振区**，此处球的电尺寸与波长同量级。在这一区域，由于不同散射场分量的相位相加和相消使得雷达散射截面随频率波动。特别要注意的事实是，在这一区域雷达散射截面可以达到很高的值。

飞机或船舶等复杂物体的雷达散射截面随频率和物体方位快速变化。在军事应用中，常常希望最小化车辆的雷达散射截面以降低可探测性。在车辆的外部采用吸收材料（有耗介质）能够实现这一目的。表 14.3 列出了各种不同目标的近似雷达散射截面。

表 14.3　典型的雷达散射截面

目　标	σ/m^2	目　标	σ/m^2
鸟	0.01	小船	2
导弹	0.5	战斗机	3～8
人	1	轰炸机	30～40
小飞机	1～2	大型客机	100
自行车	2	载重汽车	200

14.4　辐射计系统

雷达系统通过发射一个信号并接收来自目标的回波获得关于目标的信息，因此可以将其称为*有源遥感系统*。然而，辐射计采用的是无源技术，它得出的目标信息是来自黑体辐射（噪声）中的微波分量，这种黑体辐射直接由目标发射而来，或从周围物体反射而来。辐射计是一种特别设计的灵敏接收机，用以测量这种噪声功率。

14.4.1　辐射计理论和应用

如 10.1 节所述，在温度 T 时热力学平衡的物体根据普朗克辐射定律可推导出辐射能量。在微波范围，该结果退化为 $P = kTB$，其中 k 是玻尔兹曼常数，B 是系统带宽，P 是辐射功率。这一结果严格来讲只适用于*黑体*，黑体定义为一种理想化的材料，它吸收所有入射能量而没有任何反射；黑体辐射能量的速率与吸收能量的速率一样，从而保持热平衡。非理想物体部分地反射入射能量，所以辐射的功率没有同样温度下黑体辐射的功率多。度量某个物体辐射的功率相对于同样温度下黑体辐射功率的物理量是*发射率* e，它定义为

$$e = \frac{P}{kTB} \tag{14.47}$$

式中，P 是非理想物体辐射的功率，kTB 是理想黑体的辐射功率。于是，$0 \leqslant e \leqslant 1$，且对于理想黑体有 $e = 1$。

如 10.1 节所述，噪声功率也可用等效温度定量描述。因此，对于辐射计，我们将亮度温度 T_B 定义为

$$T_B = eT \tag{14.48}$$

式中，T 是物体的物理温度。该式表明从辐射计看来，一个物体绝对不会像实际温度那样看起来热，因为 $0 \leqslant e \leqslant 1$。

现在考虑图 14.24，它给出了一个从各个源接收噪声功率的辐射计天线。该天线指向地球上的某一区域，它具有视在亮度温度 T_B。大气在所有方向上辐射能量，其中指向天线的辐射分量为 T_{AD}，而从地球反射到天线的功率为 T_{AR}。同时存在从太阳或其他源进入天线旁瓣的噪声功率。因此可以看到，被辐射计看到的总亮度温度是观察到的场景以及观察角、频率、极化、大气衰减和天线辐射方向图的函数。辐射计的作用是根据被测亮度温度信息和辐射计原理（描述亮度温度与场景的物理条件间的关系）的分析，推断出场景的信息。例如，覆盖在土壤上的均匀雪层的反射功率可处理成多个介质层的平面波反射，这就发展成一种算法，以便给出用各个频率下测量的亮度温度表示的雪层厚度。图 14.25 显示了气象应用领域的一个商用多频率机载辐射计。

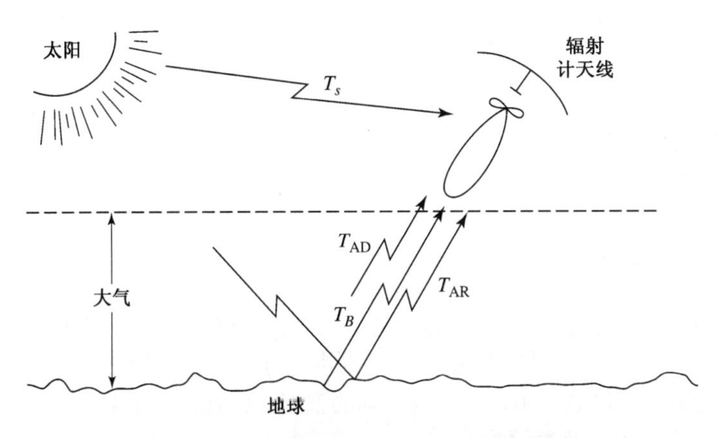

图 14.24　典型辐射计应用中的噪声功率源

图 14.25　工作频率为 4.7～7.2GHz 的步进频率微波辐射计的照片。该设备安装在航空器中，用于测量亮度温度、海洋表面风速并估计飓风中的降水率。承蒙 ProSensing 公司提供照片

微波辐射计经过 20 多年的发展已相当成熟，是一门交叉学科，利用了电气工程、海洋学、地球物理学、大气和空间科学等的成果。下面列举微波辐射计的一些有代表性的应用。

环境应用：

- 土壤湿度测量
- 洪水监测
- 雪/冰覆盖图
- 海洋表面风速
- 大气温度剖面
- 大气湿度剖面

军事应用：

- 目标探测
- 目标识别
- 搜索
- 绘制地图

天文应用：

- 行星测绘
- 太阳辐射测绘
- 银河系天体测绘
- 宇宙背景辐射测量

14.4.2 全功率辐射计

微波工程师最感兴趣的有关辐射计的问题是辐射计本体的设计。基本问题是制造一个接收机，它能够将需要的辐射计噪声和接收机固有的噪声区分开来，虽然在通常情况下前者小于后者。首先考虑全功率辐射计，虽然它不是一个很实际的仪器，但它代表了解决问题的简单方法，因此也用来说明辐射计设计中涉及的困难。

典型全功率辐射计的框图如图 14.26 所示。接收机前端是一个标准的超外差电路，该电路中包括 RF 放大器、混频器/本振以及 IF 级。IF 滤波器决定了系统的带宽 B。通常，检波器是一个平方律器件，其输出电压正比于输入功率。积分器实际上是截止频率为 $1/\tau$ 的低通滤波器，用以平滑噪声功率中的短期变化。为简便起见，假定天线是无耗的，但实际天线损耗将影响天线的视在温度，如式(14.18)所示。

若天线指向亮度温度为 T_B 的背景，天线功率将是 $P_A = kT_BB$；这就是期望的信号。接收机产生的噪声能够用接收机输入处的功率 $P_R = kT_RB$ 表征，其中 T_R 是接收机的总噪声温度。因此辐射计的输出电压是

$$V_o = G(T_B + T_R)kB \tag{14.49}$$

式中，G 是辐射计的总增益常数。从概念上说，可以用两个校准后的噪声源代替天线输入，并由此求出系统常数 GkB 和 GT_RkB（这一方法类似于测量噪声温度的 Y 因子法）。因此能够用该系统测出期望的亮度温度 T_B。

使用这种辐射计时会出现两个误差。第一个误差是测量亮度温度时由噪声起伏引起的误差 ΔT_N。由于噪声是一个随机过程，被测噪声功率可从一个积分周期到下一个积分周期变化。积分器（或低通滤波器）的作用就是平滑 V_o 中大于 $1/\tau$ 的频率分量的纹波。可以证明，剩下的误差是[7]

$$\Delta T_N = \frac{T_B + T_R}{\sqrt{B\tau}} \tag{14.50}$$

这一结果表明若能够容忍较长的测量时间 τ，则由噪声起伏引起的误差能够降到可以忽略的大小。

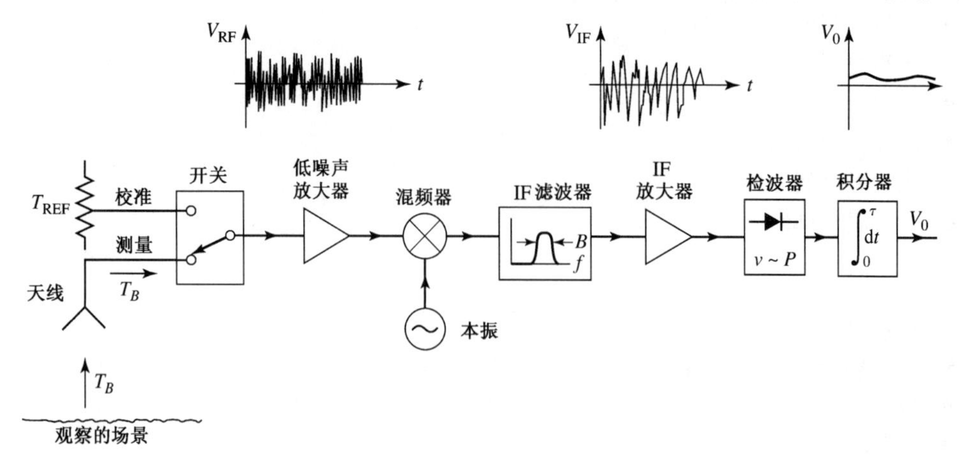

图 14.26 全功率辐射计框图

一个更严重的误差是由系统增益 G 的随机变化引起的。这种变化通常在 1s 或更长的时间内于 RF 放大器、混频器或 IF 放大器中出现。所以，若有某个 G 值（它随测量时刻变化）来校准系统，则如参考文献[47]给出的那样，将出现的误差为

$$\Delta T_G = (T_B + T_R)\frac{\Delta G}{G} \tag{14.51}$$

式中，ΔG 是系统增益 G 的均方根（rms）变化量。

这里给出一些典型的数值。例如，某个 10GHz 全功率辐射计的带宽为 100MHz，接收机温度为 T_R = 500K，积分时间常数为 τ = 0.01s，系统增益变化为 $\Delta G/G$ = 0.01。若天线温度是 T_B = 300K，式(14.47)给出的由噪声起伏引起的误差为 ΔT_N = 0.8K，而式(14.48)给出的由增益变化引起的误差为 ΔT_G = 8K。这些结果是基于合理的实际数据得到的，表明增益变化是影响全功率辐射计精度的最不利的因素。

14.4.3 迪克辐射计

我们看到影响全功率辐射计精度的决定性因素是整个系统的增益变化。既然这样的增益变化具有相当长的时间常数（大于 1s），理论上说用快速率重复校准辐射计消除该误差是有可能的。这就是迪克（Dicke）零平衡辐射计的工作原理。

系统框图如图 14.27 所示。超外差接收机与全功率辐射计相同，但其输入在天线和一个可变功率噪声源之间周期性开关，这一开关称为*迪克开关*。平方律检波器的输出驱动一个同步解调器，后者由一个开关和一个差分电路组成。解调器开关与迪克开关同步工作，减法器的输出与来自天线的噪声功率 T_B 和来自参考噪声源的噪声功率 T_{REF} 之差成正比。然后，减法器的输出作为误差信号送到反馈控制电路，用以控制参考噪声源的功率电平，使 V_o 趋于零。在该平衡状态下 T_B = T_{REF}，T_B 可由控制电压 V_c 导出。选择方波采样频率 f_s 远快于系统增益的漂移时间，即可消除这一影响。典型的采样频率为 10～1000Hz。

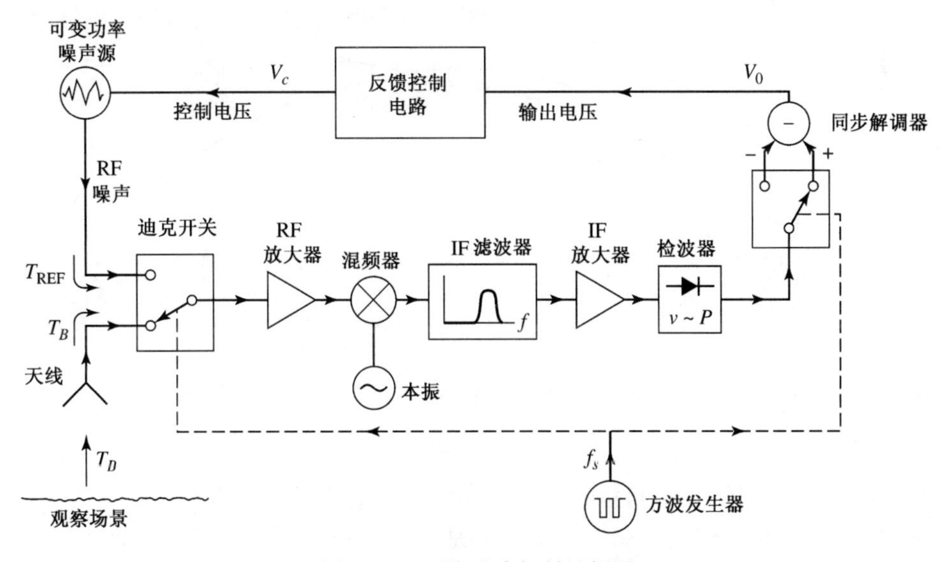

图 14.27　平衡迪克辐射计框图

一个典型辐射计测量的亮度温度 T_B 范围为 50K～300K；这就意味着参考噪声源也必须覆盖这一相同的范围，而实际上这是难以做到的。因此，对上述设计做了一些改进，本质区别是参考

噪声功率的控制或加入系统的方式有些不同。一种可能的方法是使用一个比要测量的最大 T_B 稍热一些的常数 T_{REF}，然后，通过改变采样波形的脉冲宽度来控制输入到系统的参考噪声功率。另一种方法是使用恒定的参考噪声功率，并在参考采样时间内改变 IF 级的增益，以达到零输出。替代迪克辐射计的其他可能方案见参考文献[7]。

14.5 微波传播

自由空间中的电磁波沿直线传播，没有衰减和其他不利的效应。然而，自由空间只是射频或微波能量在大气中或者地球存在的条件下传输时的一种近似理想情况。实际上，通信、雷达或辐射计系统的性能会受到反射、折射、衰减或衍射等传播效应的严重影响。下面讨论影响微波系统工作的某些特殊传播现象。重要的是要认识到，传播效应通常不能在任何精确的或严格的意义上定量描述，而只能用它们的统计量描述。

14.5.1 大气效应

大气的相对介电常数接近 1，但实际上它是气压、温度和湿度的函数。微波频率下一个有用的经验公式为[6]

$$\epsilon_r = \left[1+10^{-6}\left(\frac{79P}{T}-\frac{11V}{T}+\frac{3.8\times10^5 V}{T^2}\right)\right]^2 \tag{14.52}$$

式中，P 是以毫巴为单位的大气压，T 是开氏温度，V 是以毫巴表示的水蒸气压。结果表明随着高度的增加，介电常数下降（趋于 1），因为气压和湿度与温度相比，会随着高度的增加更快地减小。介电常数随高度的这种变化使得无线电波弯向地球，如图 14.28 所示。这种无线电波的折射有时可能是有用的，因为会使得雷达和通信系统的工作距离超过地平线的限制。

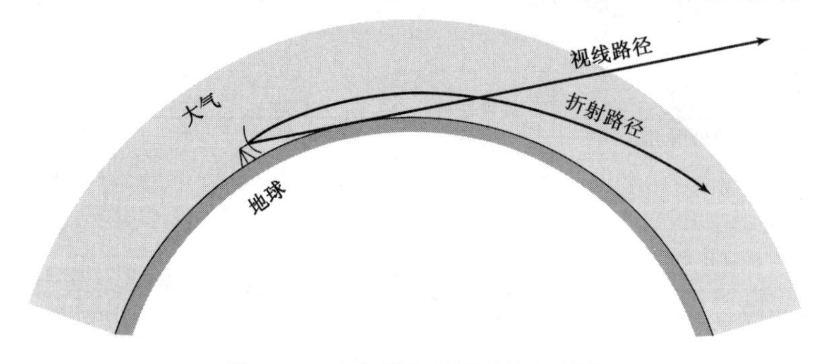

图 14.28　大气引起的无线电波折射

若天线位于地面上的高度 h 处，则应用简单的几何关系可得地平线的视线距离为

$$d = \sqrt{2Rh} \tag{14.53}$$

式中，R 是地球半径。由图 14.28 可以看出，折射对工作距离的效应可用有效地球半径 kR 来考虑，其中 $k > 1$。通常应用的数值是 $k = 4/3$[6]，但这只是一个平均值，它随气象条件的变化而变化。在雷达系统中，折射效应会在求接近地平线的目标的高度时导致误差。

气象条件有时能够产生局部逆温，即温度随着高度的增加而升高。于是，式(14.49)表明随着高度的增加，大气介电常数的降低将比平时快得多。这一条件有时会导致管道效应（也称捕获效应或异常传播），这时无线电波能够平行于地球表面沿逆温层建立的管道传播很长的距离。这一情况类似于介质波导中的传播。这种管道的高度范围是 50～500 英尺，并且可以接近地球表面，或者到达更高的位置。

另一种大气效应主要是由水蒸气和氧分子吸收微波能量引起的衰减。最大吸收出现在微波频率与水和氧分子的谐振频率一致时，因此在这些频率处存在明显的大气衰减峰。图 14.29 显示了大气衰减与频率的关系。在低于 10GHz 的频率处，大气对信号强度的影响很小。在 22.2GHz 和 183.3GHz 处出现了由水蒸气谐振引起的谐振峰，而氧分子谐振引起的峰出现在 60GHz 和 120GHz 处。因此，在毫米波段接近 35GHz、94GHz 和 135GHz 处存在“窗口”，雷达和通信系统在这里具有最小的损耗。雨、雪和雾会增大衰减，特别是在高频处影响更大。应用 Friis 传输方程或雷达方程时，能够在系统设计中包含大气衰减效应。

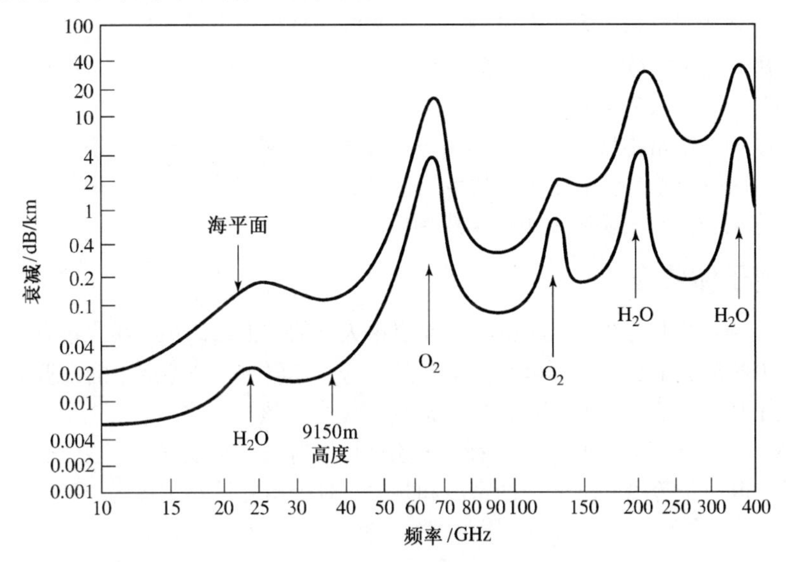

图 14.29 平均大气衰减与频率的关系曲线（水平极化）

在某些情形下，系统频率可以选择在最大大气衰减点。为了最大化对大气条件的感测，常常用工作于 20GHz 或 55GHz 附近的辐射计进行大气（温度、水蒸气、降水率）遥感。另一个有趣的例子是以 60GHz 的频率在航天器与航天器之间进行通信。这一毫米波频率具有大带宽和小天线高增益的优点，且因为在这个频率处的大气衰减很大，因此来自地球的干扰、堵塞和窃听的可能性大大降低。

14.5.2 地面效应

地面对微波传播最明显的效应是来自地球表面（陆地或海洋）的反射。如图 14.30 所示，一个雷达目标（或接收机天线）可能会被来自发射机的直达波和来自地面的反射波共同照射。反射波的振幅通常小于直达波的振幅，因为反射波行进的距离较大，它通常源自发射天线的旁瓣区域的辐射，并且地面不是一个完美的反射体。然而，目标或接收机接收的信号是这两个波分量的向量和（依赖于两个波的相对相位），它可以大于或小于单独的直达波。由于以电磁波波长表示的距离通常很大，甚至大气介电常数的微小变化都会引起信号强度的**衰落**（长期波动）或**闪烁**（短期波动）。这些效应也可由大气的不均匀反射引起。

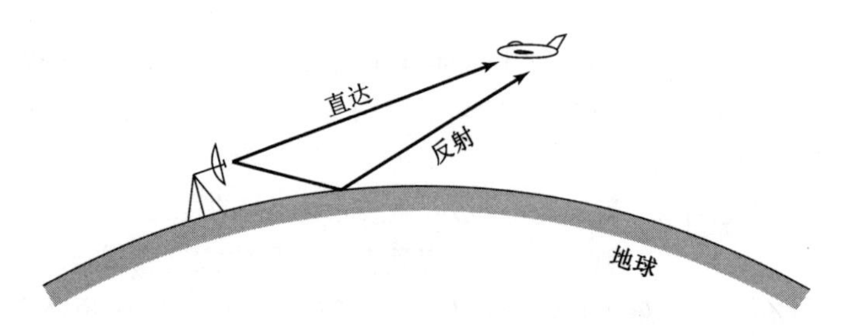

图 14.30　地面上的直达波和反射波

在通信系统中，具有不同频率、极化或物理位置的两个通信信道的衰落是独立的，因此有时可以降低这种衰落。于是，一个通信链路能够联合两个（或多个）这样的信道来降低衰落，这一系统称为分集系统。

另一种地面效应是绕射，无线电波靠它在地平线的视界附近散射能量，因此得到略微超过地平线的工作距离。在微波频率处，这一效应通常很小。当然，在传播路径上存在小丘、大山和建筑物等障碍物时，绕射效应可能较强。

在雷达系统中，常常出现来自地面、植被、树林、建筑物、海平面的不想要的反射。在搜索或跟踪雷达中，这些杂散回波通常会恶化或掩盖真实的目标回波，或者表现为假目标。在测绘或遥感应用中，这些杂散回波实际上可以构成期望的信号。

14.5.3　等离子体效应

等离子体是由电离粒子组成的气体。电离层由大气的球面层组成，其中带有已被太阳辐射而电离的粒子，因此形成了等离子体区。在航天器重返大气层时，摩擦产生的高温会在其表面上形成浓密的等离子体。等离子体也可由闪电、流星、曳光和核爆炸产生。

等离子体用单位体积内的粒子数表征；电磁波可被等离子体反射、吸收，也可在等离子体介质中传播，具体取决于等离子体介质的密度和频率。对于均匀等离子体区，可将有效介电常数定义为

$$\epsilon_e = \epsilon_o\left(1-\omega_p^2/\omega^2\right) \tag{14.54}$$

式中，

$$\omega_p = \sqrt{\frac{Nq^2}{m\epsilon_o}} \tag{14.55}$$

是等离子体的频率。在式(14.55)中，q 是电子电荷，m 是电子质量，N 是单位体积内的电离粒子数。研究这种介质中平面电磁波传播的麦克斯韦方程组的解，可以证明仅在 $\omega > \omega_p$ 时电磁波才能经由等离子体传播。较低频率的电磁波将全部被反射。若存在磁场，则等离子体呈各向异性，从而使得分析更加复杂。在某些情况下，地球磁场会强到足以产生这样的各向异性。

电离层由具有不同离子密度的几个不同的层组成；按照离子密度增加的顺序，这些层称为 D 层、E 层、F_1 层和 F_2 层。这些层的特征取决于季节性天气和太阳周期，但平均等离子体频率约为 8MHz。因此，频率小于 8MHz 的信号（如短波无线电）能够通过电离层反射行进到超过地平线的距离。然而，较高频率的信号将穿过电离层。

类似的效应会出现在进入大气层的航天器上。航天器的高速度会在飞行器的周围导致浓密的等离子体。根据式(14.55)，当电子密度足够高时，会使得等离子体的频率非常高，因此会阻断地面和航天器的通信，直到航天器的速度降低后才能恢复通信。除这一阻断通信的效应外，等离子体层还可能会引起天线和其馈线之间的大阻抗失配。

14.6 其他应用和专题

14.6.1 微波加热

对于普通消费者而言，“微波”一词就意味着微波炉，它在家庭中被用来加热食物，在工业和医疗方面也应用微波加热。如图 14.31 所示，微波炉是一个非常简单的系统，它包括一个高功率源、一条馈电线和一个微波炉腔。源通常是一个工作于 2.45GHz 的磁控管，希望有较大的穿透力时，有时使用 915MHz 的工作频率。功率输出通常为 500～1500W。微波炉腔具有金属壁，并且是电大尺寸的。为了降低炉中驻波导致的不均匀加热的影响，使用一个“模式搅拌器”扰动炉内的场分布，模式搅拌器是一片金属扇叶。食物放在一个用电动驱动的圆盘上旋转。

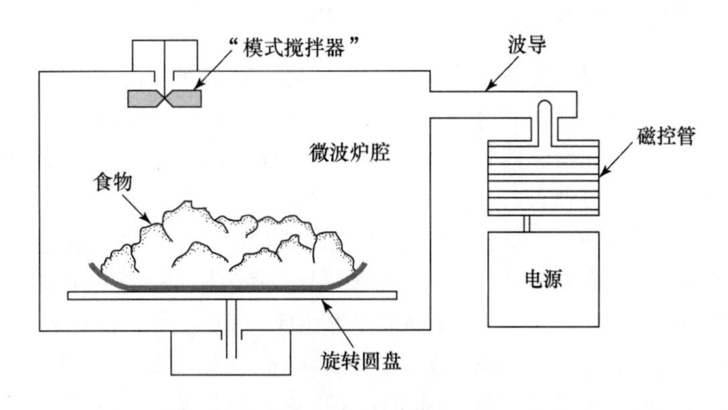

图 14.31 微波炉

传统的炉灶使用煤气、炭火或电加热元件在被加热材料的外部产生热。通过对流对材料外部加热，通过传导对材料内部加热。与此不同的是，在微波加热中，首先对材料内部加热。实现这一点的过程主要包括带有大损耗角正切的食物材料中的传导损耗[8, 9]。一个有趣的事实是，随着温度的增加，许多食物的损耗角正切减小，由此使得微波加热具有某种程度的自调节能力。结果是与普通的烹调相比，微波烹调的速度更快，食物加热更为均匀。微波炉的效率定义是，转换为（食物中的）热量的功率与为微波炉提供的功率之比，它通常小于 50%；然而，它通常要大于普通炉灶的烹调加热效率。

微波炉设计中最关键的问题是安全性，因为使用的是很高的功率源，泄漏电平必须很小，以避免用户遭受有害辐射。因此，磁控管、馈电波导和腔体都必须仔细地屏蔽。炉门设计需要特别注意；除满足机械公差外，门四周的连接处应使用射频吸收材料，并使用 $\lambda/4$ 扼流法兰盘将泄漏降至可接受的水平。

14.6.2 电能传输

电能传输是将能量从一点传送到另一点的有效方法，因为它们的损耗很小，投资成本很低，并易于输送。但在有些应用中使用这种电能传输是不方便的或不可能的。此时，可以设想不用传输线而用聚焦性能很好的微波束来传输电能[10]。

一个例子是太阳能卫星电站，这种电站使用大轨道太阳能电池阵列在空间发电，然后用微波束将电能传输到地球上的接收站，从而提供了一个实际上不会耗竭的电源。将太阳能电池阵列放在空间的优点是，电能传输不受黑夜、云层或雨雪的影响，而这是地基太阳能电池阵列会遇到的问题。

要与其他发电方式竞争，太阳能卫星电站必须很大。一个建议是太阳能电池阵列的尺寸为

5×10km，电能馈送到一个直径为 1km 的相控阵天线。传输到地球的功率输出为 5GW 量级。从成本和复杂性来看，这样的工程非常庞大。同时要关心这种方案的运行安全性，因为存在两方面的问题：一是系统按设计运行时导致的辐射伤害问题，二是系统失效的风险问题。这些因素和发电系统导致的政治和哲学后果，使得太阳能卫星电站的未来存疑。

概念上与此类似但尺度小得多的一种情形是，电能从地球传输到飞行器，如小型无人驾驶直升机或飞机。优点是这种飞行器能够在有限的范围内无限期地、安静地运行。战场监视和天气预报是其一些可能的应用。这一概念已在包含小型无人机的一些工程项目中得到证明。

尺寸更小的另一种情形是，将电能无线传输至 RFID 标签，RFID 中的 CMOS 电路所需的直流电源功率很小。相关的设想是收集周围环境中的射频功率对便携式设备充电。这一想法听起来不错，原理上可能实现，但在多数情形下并不容易，尤其是在其他电源可用时。

14.6.3 生物效应和安全性

人体暴露在微波辐射下的危险来自热效应。人体会吸收射频和微波能量并转换成热量；类似于微波炉的情形，这种加热出现在人体内部，并且功率电平很低时人们感觉不到。这种加热会伤害人的大脑、眼睛、生殖器和胃等器官。过量的辐射会导致白内障、不育或癌症。因此，重要的问题是确定安全辐射标准，使微波设备的用户不会暴露在伤害性辐射电平之下。

在本书写作时，最新的 IEEE 安全标准 C95.1-2005 给出了人体暴露在电磁场中的辐射剂量。在 100MHz～100GHz 的射频和微波范围内，暴露限值规定为功率密度（W/cm^2）与频率的关系曲线，如图 14.32 所示。该图既给出了普通人的推荐限值，又给出了职业工人暴露在受控环境中的推荐限值。这些限值适用于平均暴露 6 分钟（针对职业工人）或 30 分钟（针对普通人）。推荐的安全功率密度限值在低频处通常较低，因为在这些频率处电磁场会更深地穿透人体。在更高的频率下，多数功率吸收出现在皮肤表面处，因此安全限值更高。频率低于 100MHz 时，电场和磁场与人体的相互作用不同于高频电磁场与人体的相互作用，因此在这些低频处为电磁场分量给出了不同的限值。

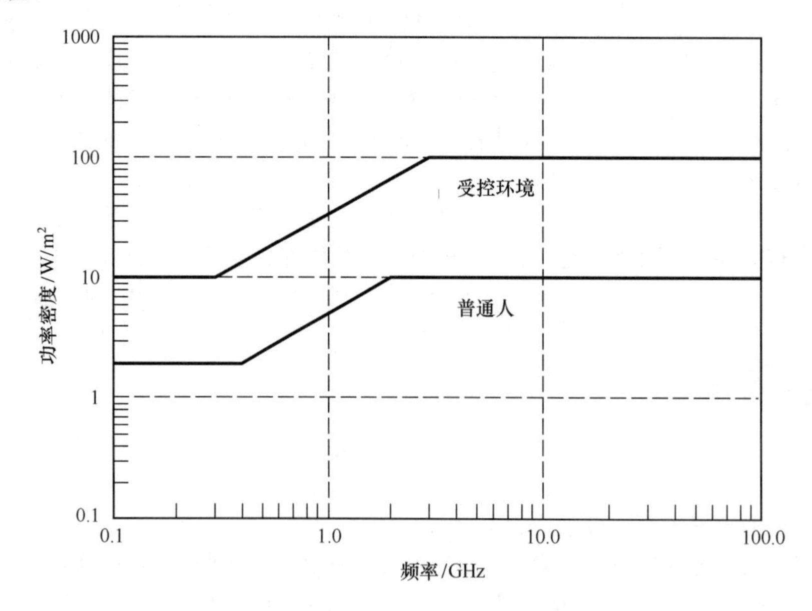

图 14.32 IEEE 标准 C95.1-2005 在人体暴露于射频和微波电磁场中时推荐的功率密度限值。受控（职业）环境下的暴露时间平均为 6 分钟，普通人的暴露时间平均为 30 分钟

在美国，联邦通信委员会（FCC）为手持式无线设备（如手机、PDA 等）制定了单独的暴露限值。这些限值是根据比吸收率（SAR）给出的，比吸收率度量的是单位组织质量内耗散为热量的功率，其定义为

$$\text{SAR} = \frac{\sigma}{2\rho}|\boldsymbol{E}|^2 \quad \text{W/kg} \tag{14.56}$$

式中，σ 是组织的电导率（S/m），ρ 是组织的密度（kg/m^3），$\boldsymbol{E}$ 是组织样本中的电场。对部分人体暴露（通常为头或手）来说，FCC 将 SAR 限定为 1.6W/kg。在美国出售的所有无线设备必须满足这一标准。其他国家推荐了类似的标准，其中的有些限值低于美国的限值。例如，欧盟要求手持式无线设备的 SAR 小于 2W/kg。

在美国出售的微波炉适用于另一个标准，它要求所有微波炉都要经过测试以保证在微波炉 5cm 外的任何点处的功率电平不超过 1mW/cm^2。

大多数专家认为上述限值代表了安全的功率电平，并具有合理的裕量。然而，某些研究人员认为长期辐照下的非热效应会损害人体健康，即便微波辐射电平很低。

例题 14.8　微波无线链路附近的功率密度

一个 18GHz 公共载波微波通信链路使用一个增益为 36dB 的塔式天线，发射机功率为 10W。为了估计该系统的辐射伤害，计算距离天线 20m 处的功率密度。在天线的主波束位置和旁瓣区的位置进行这一计算。假定最坏情况的旁瓣电平为−10dB。

解：天线的数值增益为

$$G_t = 10^{36/10} = 4000$$

由式(14.23)可得天线主波束区域中距离 $R = 20\text{m}$ 处的功率密度为

$$S_{\text{avg}} = \frac{P_t G_t}{4\pi R^2} = \frac{10\times 4000}{4\pi\times(20)^2} = 8\text{W/m}^2$$

在旁瓣区域中，最坏情况的功率密度比该值低 10dB，即 0.8W/m^2。

因此，我们看到在主波束区域 20m 处的功率密度低于美国标准，而在旁瓣区的功率密度比这一标准低很多。这些功率密度随着距离的增加，以 $1/r^2$ 的关系快速减小。■

参考文献

[1] C. A. Balanis, *Antenna Theory: Analysis and Design*, 3rd edition, John Wiley & Sons, New York, 2005.

[2] W. L. Stutzman and G. A. Thiele, *Antenna Theory and Design*, 2nd edition, John Wiley & Sons, New York, 1998.

[3] L. J. Ippolito, R. D. Kaul, and R. G. Wallace, *Propagation Effects Handbook for Satellite Systems Design*, 3rd edition, NASA, Washington, D.C., 1983.

[4] D. M. Pozar, *Microwave and RF Design of Wireless Systems*, John Wiley & Sons, New York, 2001.

[5] E. Lutz, M. Werner, and A. Jahn, *Satellite Systems for Personal and Broadband Communications*, Springer-Verlag, Berlin, 2000.

[6] M. I. Skolnik, *Introduction to Radar Systems*, McGraw-Hill, New York, 1962.

[7] F. T. Ulaby, R. K. Moore, and A. K. Fung, *Microwave Remote Sensing: Active and Passive, Volume I, Microwave Remote Sensing, Fundamentals and Radiometry*. Addison-Wesley, Reading, Mass., 1981.

[8] F. E. Gardiol, *Introduction to Microwaves*, Artech House, Dedham, Mass., 1984.

[9] E. C. Okress, *Microwave Power Engineering*, Academic Press, New York, 1968.

[10] W. C. Brown, "The History of Power Transmission by Radio Waves," *IEEE Transactions on Microwave Theory and Techniques*, vol. MTT-32, pp. 1230–1242, September 1984.

习题

14.1 铱星通信系统的链路裕量为16dB，其最初声称能够为汽车、建筑物和城区的移动手机用户提供服务。今天，公司经过破产和重组后，声称在能见到卫星时用户可于室外使用铱星电话。求在汽车和建筑物中进行L波段通信时，由于衰落所需的链路裕量。你认为铱星系统能在这些环境中可靠地工作吗？如果不能，为何该系统设计有16dB的链路裕量？

14.2 一副天线的辐射图函数为 $F_\theta(\theta,\phi)=A\sin^2\theta\cos\phi$。求该天线的主波束位置、3dB带宽和以dB表示的方向性。

14.3 大地面上的一个单极天线在 $0\leqslant\theta\leqslant90°$ 时具有辐射图函数 $F_\theta(\theta,\phi)=A\sin\theta$，在 $90°\leqslant\theta\leqslant180°$ 时辐射场为零。求该天线以dB表示的方向性。

14.4 一个DBS反射器天线工作于12.4GHz，直径为18英寸。若孔径效率为65%，求方向性。

14.5 一个用于蜂窝基站回程无线链路的反射器天线工作于38GHz，增益为39dB，辐射效率为90%，直径为12英寸。(a)求该天线的孔径效率；(b)求半功率带宽，假定两个主平面上的带宽相同。

14.6 一个工作于2.4GHz的高增益天线阵列指向天空的某个区域，假定背景具有5K的均匀温度。针对天线温度测得的噪声温度为105K。若天线的物理温度是290K，天线的辐射效率是多少？

14.7 将天线和有耗传输线视为两个网络的级联，它们的等效噪声温度由式(14.18)和式(10.15)给出，推导式(14.20)。

14.8 用微带阵列天线代替DBS碟形天线。一个微带阵提供了美学上令人满意的平坦剖面，但需要承受其馈送网络中非常高的损耗。若背景噪声温度为 T_B = 50K，天线增益为33.5dB，接收机LNB噪声系数为1.1dB，求微带阵列天线的总 G/T 和LNB，假设阵列的总损耗为2.5dB。假定天线的物理温度为290K。

14.9 在距离工作频率5.8GHz的天线300m处，测得主波束中的辐射功率密度为 7.5×10^{-3}W/m^2。若已知天线的输入功率是85W，求天线的增益。

14.10 若一个蜂窝基站与位于5km外的移动电话交换局（MTSO）相连，估算两种可能的情况：(a)工作于28GHz的无线链路，有 $G_t=G_r=25$dB；(b)使用同轴线的有线链路，同轴线的衰减为0.05dB/m，沿线路有4个30dB的中继放大器。若两种情况需要的最小接收功率电平相同，哪种选择需要的发射功率更小？

14.11 GMS蜂窝电话系统的下行链路频率为935～960MHz，信道带宽为200kHz，基站发射20W的EIRP。移动接收机天线的增益为0dBi，噪声温度为450K，接收机的噪声系数为8dB。假设接收机输出端所需的最小SNR为10dB，信号传播到汽车、建筑物和城区所需的链路裕量为30dB，求其最大工作范围。

14.12 考虑如下图所示的GPS接收机系统。在地球上增益为0dBi的天线接收到的最小L1（1575MHz）载波功率为 $S_i=-160$dBW。GPS接收机通常需要相对于1Hz带宽的最小载噪比 C/N（Hz）。若实际上接收机天线具有增益 G_A，噪声温度为 T_A，假定放大器增益为 G，连接线损耗为 L，推导最大允许放大器噪声系数 F 的表达式。对于 C/N = 32dB·Hz，G_A = 5dB，T_A = 300K，G = 10dB 和 L = 25dB 的情况，用这个表达式进行计算。

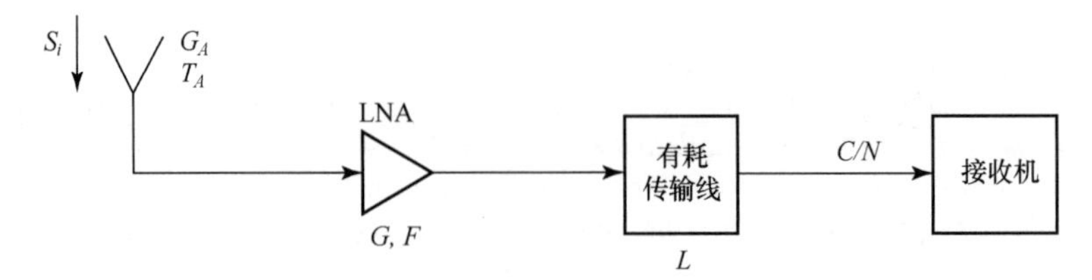

14.13 科幻故事推理的重要前提是，广播和电视信号能够通过空间行进并被另一个星系的监听者接收。计算以信噪比 0dB 接收来自地球的信号的最大距离，可以证明上述思想是一个谬误。特别地，假定以 67MHz 广播的电视信道 4，具有 4MHz 的带宽，发射机功率为 1000W，发射和接收天线增益都为 4dB，宇宙背景噪声温度为 4K，使用完美的无噪声接收机。若接收机要求 SNR 为 30dB，这一距离下降为多少？30dB 是模拟视频信号良好接收的典型值。将它和太阳系中最近行星的距离联系起来。

14.14 1974 年，美国航空航天局发射水手 10 号航天器来探测水星，该航天器使用 $P_b = 0.05$（$E_b/n_0 = 1.4\text{dB}$）的 BPSK 将图像数据传回地球（航天器到地球的距离约为 1.6×10^8km）。航天器发射机的工作频率为 2.295GHz，天线增益为 27.6 dB，载波功率为 16.8W。地面站的天线增益为 61.3dB，整个系统的噪声温度为 13.5K。求最大可能的数据率。

14.15 在双站情况下推导雷达方程，其中发射和接收天线的增益分别为 G_t 和 G_r，到目标的距离分别为 R_t 和 R_r。

14.16 某个脉冲雷达的脉冲重复频率为 $f_r = 1/T_r$。求雷达的最大不模糊距离（回波脉冲的来回传输时间大于脉冲重复时间时，将出现距离模糊，使得给定的回波脉冲属于上一个发射脉冲，或使得某个更早的发射脉冲变得不清楚）。

14.17 某个工作频率为 12GHz 的多普勒雷达要求检测 1～20m/s 范围内的目标速度。该多普勒滤波器要求的带宽是多少？

14.18 某个脉冲雷达工作于 2GHz，每个脉冲的功率为 1kW。若用该雷达检测 10km 范围内 $\sigma = 20\text{m}^2$ 的目标，则发射机和接收机之间的最小隔离度应为多大，才能使发射机泄漏信号比接收信号低 10dB？假定天线增益为 30dB。

14.19 增益为 G 的天线在其终端短路。主波束方向的最小单站雷达散射截面是多少？

14.20 考虑如下图所示的辐射计天线，天线周围的环境温度为 T_p，辐射效率为 η_{rad}，端接一个阻抗失配 Γ。若辐射计能测出的明显温度是 T_S，证明 $\Delta T_S / \Delta T_{\text{true}}$ 等于辐射效率和失配损耗的积，证明时可用两个背景温度，即 $T_B = T_p$ 和 $T_B = T_2 \neq T_p$。

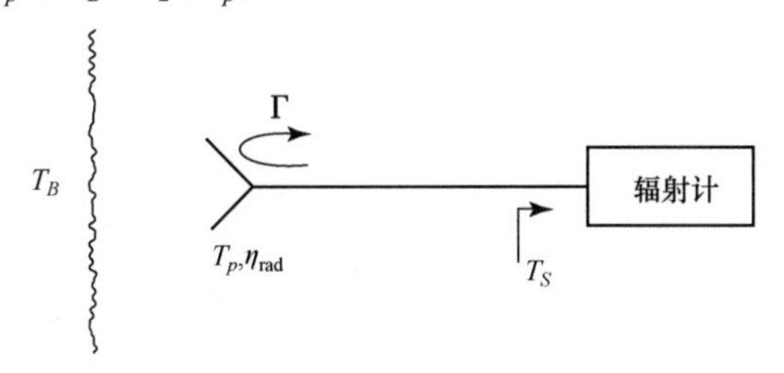

14.21 大气没有确定的厚度，因为大气随着高度的增加而逐渐变得稀薄，衰减也逐渐减小。然而，若用一个简化的“橘子皮”模型，假定大气能够近似为固定厚度的均匀层，就能算出通过大气看到的背景噪声温度。为此，设大气厚度为 4000m，求沿水平线到达大气边界的最大距离 ℓ，如下图所示（地球半径为 6400km）。现在假定平均大气衰减为 0.005dB/km，大气外的背景噪声温度为 4K，将背景噪声与大气衰减级联起来，求在地球上看到的噪声温度。分别对指向天顶和指向水平线的理想天线进行计算。

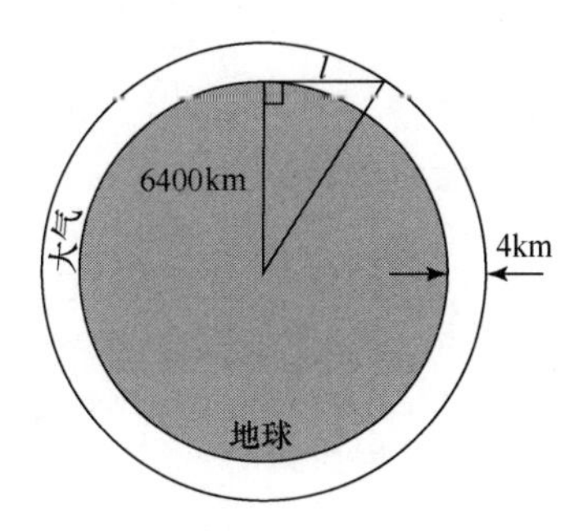

14.22 28GHz 的无线链路使用塔式反射器天线，其增益为 32dB，发射机功率为 5W。(a)求在天线主波束内不超过美国推荐安全功率密度限值 10mW/cm^2 的最小距离；(b)若假定最坏情况旁瓣电平低于主波束 10dB，在天线旁瓣区域内的位置，这一距离如何变化？(c)这些距离是否在天线的远场区？假定圆形反射器的孔径效率为 60%。

14.23 在晴朗天气，太阳在头顶上，从太阳光接收的功率密度约为 1300W/m^2。假设该功率通过单频平面波传输，求最终得到的入射电磁场的振幅。

附录 A　构成十进制倍数和分数单位的词头

因数表示	词　头	符　号
10^{12}	tera	T
10^{9}	giga	G
10^{6}	mega	M
10^{3}	kilo	k
10^{2}	hecto	h
10^{1}	deka	da
10^{-1}	deci	d
10^{-2}	centi	c
10^{-3}	milli	m
10^{-6}	micro	μ
10^{-9}	nano	n
10^{-12}	pico	p
10^{-15}	femto	f

附录 B　向量分析

B.1　坐标变换

直角坐标到圆柱坐标：

	$\boldsymbol{x}$	$\boldsymbol{y}$	$\boldsymbol{z}$
$\boldsymbol{\rho}$	$\cos\phi$	$\sin\phi$	0
$\boldsymbol{\phi}$	$-\sin\phi$	$\cos\phi$	0
$\boldsymbol{z}$	0	0	1

直角坐标到球坐标：

	$\boldsymbol{x}$	$\boldsymbol{y}$	$\boldsymbol{z}$
$\boldsymbol{r}$	$\sin\theta\cos\phi$	$\sin\theta\sin\phi$	$\cos\theta$
$\boldsymbol{\theta}$	$\cos\theta\cos\phi$	$\cos\theta\sin\phi$	$-\sin\theta$
$\boldsymbol{\phi}$	$-\sin\phi$	$\cos\phi$	0

圆柱坐标到球坐标：

	$\boldsymbol{\rho}$	$\boldsymbol{\phi}$	$\boldsymbol{z}$
$\boldsymbol{r}$	$\sin\theta$	0	$\cos\theta$
$\boldsymbol{\theta}$	$\cos\theta$	0	$-\sin\theta$
$\boldsymbol{\phi}$	0	1	0

这些表可用于变换单位向量以及向量分量，即

$$\boldsymbol{\rho}=\boldsymbol{x}\cos\phi+\boldsymbol{y}\sin\phi$$

$$A_\rho=A_x\cos\phi+A_y\sin\phi$$

B.2 向量微分算符

直角坐标系：

$$\nabla f = \boldsymbol{x}\frac{\partial f}{\partial x} + \boldsymbol{y}\frac{\partial f}{\partial y} + \boldsymbol{z}\frac{\partial f}{\partial z}$$

$$\nabla \cdot \boldsymbol{A} = \frac{\partial A_x}{\partial x} + \frac{\partial A_y}{\partial y} + \frac{\partial A_z}{\partial z}$$

$$\nabla \times \boldsymbol{A} = \boldsymbol{x}\left(\frac{\partial A_z}{\partial y} - \frac{\partial A_y}{\partial z}\right) + \boldsymbol{y}\left(\frac{\partial A_x}{\partial z} - \frac{\partial A_z}{\partial x}\right) + \boldsymbol{z}\left(\frac{\partial A_y}{\partial x} - \frac{\partial A_x}{\partial y}\right)$$

$$\nabla^2 f = \frac{\partial^2 f}{\partial x^2} + \frac{\partial^2 f}{\partial y^2} + \frac{\partial^2 f}{\partial z^2}$$

$$\nabla^2 \boldsymbol{A} = \boldsymbol{x}\nabla^2 A_x + \boldsymbol{y}\nabla^2 A_y + \boldsymbol{z}\nabla^2 A_z$$

圆柱坐标系：

$$\nabla f = \boldsymbol{\rho}\frac{\partial f}{\partial \rho} + \boldsymbol{\phi}\frac{1}{\rho}\frac{\partial f}{\partial \phi} + \boldsymbol{z}\frac{\partial f}{\partial z}$$

$$\nabla \cdot \boldsymbol{A} = \frac{1}{\rho}\frac{\partial}{\partial \rho}(\rho A_\rho) + \frac{1}{\rho}\frac{\partial A_\phi}{\partial \phi} + \frac{\partial A_z}{\partial z}$$

$$\nabla \times \boldsymbol{A} = \boldsymbol{\rho}\left(\frac{1}{\rho}\frac{\partial A_z}{\partial \phi} - \frac{\partial A_\phi}{\partial z}\right) + \boldsymbol{\phi}\left(\frac{\partial A_\rho}{\partial z} - \frac{\partial A_z}{\partial \rho}\right) + \boldsymbol{z}\frac{1}{\rho}\left[\frac{\partial(\rho A_\phi)}{\partial \rho} - \frac{\partial A_\rho}{\partial \phi}\right]$$

$$\nabla^2 f = \frac{1}{\rho}\frac{\partial}{\partial \rho}\left(\rho\frac{\partial f}{\partial \rho}\right) + \frac{1}{\rho^2}\frac{\partial^2 f}{\partial \phi^2} + \frac{\partial^2 f}{\partial z^2}$$

$$\nabla^2 \boldsymbol{A} = \nabla(\nabla \cdot \boldsymbol{A}) - \nabla \times \nabla \times \boldsymbol{A}$$

球坐标系：

$$\nabla f = \boldsymbol{r}\frac{\partial f}{\partial r} + \boldsymbol{\theta}\frac{1}{r}\frac{\partial f}{\partial \theta} + \frac{\boldsymbol{\phi}}{r\sin\theta}\frac{\partial f}{\partial \phi}$$

$$\nabla \cdot \boldsymbol{A} = \frac{1}{r^2}\frac{\partial}{\partial r}(r^2 A_r) + \frac{1}{r\sin\theta}\frac{\partial}{\partial \theta}(\sin\theta A_\theta) + \frac{1}{r\sin\theta}\frac{\partial A_\phi}{\partial \phi}$$

$$\nabla \times \boldsymbol{A} = \frac{\boldsymbol{r}}{r\sin\theta}\left[\frac{\partial}{\partial \theta}(A_\phi \sin\theta) - \frac{\partial A_\theta}{\partial \phi}\right] + \frac{\boldsymbol{\theta}}{r}\left[\frac{1}{\sin\theta}\frac{\partial A_r}{\partial \phi} - \frac{\partial}{\partial r}(rA_\phi)\right] + \frac{\boldsymbol{\theta}}{r}\left[\frac{\partial}{\partial r}(rA_\phi) - \frac{\partial A_r}{\partial \theta}\right]$$

$$\nabla^2 f = \frac{1}{r^2}\frac{\partial}{\partial r}\left(r^2\frac{\partial f}{\partial r}\right) + \frac{1}{r^2\sin\theta}\frac{\partial}{\partial \theta}\left(\sin\theta\frac{\partial f}{\partial \theta}\right) + \frac{1}{r^2\sin^2\theta}\frac{\partial^2 f}{\partial \phi^2}$$

$$\nabla^2 \boldsymbol{A} = \nabla\nabla \cdot \boldsymbol{A} - \nabla \times \nabla \times \boldsymbol{A}$$

向量恒等式：

$$\boldsymbol{A} \cdot \boldsymbol{B} = |A||B|\cos\theta, \qquad \theta\text{ 是 }\boldsymbol{A}\text{ 和 }\boldsymbol{B}\text{ 的夹角} \tag{B.1}$$

$$|\boldsymbol{A} \times \boldsymbol{B}| = |A||B|\sin\theta, \qquad \theta\text{ 是 }\boldsymbol{A}\text{和 }\boldsymbol{B}\text{ 的夹角} \tag{B.2}$$

$$\boldsymbol{A} \cdot \boldsymbol{B} \times \boldsymbol{C} = \boldsymbol{A} \times \boldsymbol{B} \cdot \boldsymbol{C} = \boldsymbol{C} \times \boldsymbol{A} \cdot \boldsymbol{B} \tag{B.3}$$

$$\boldsymbol{A} \times \boldsymbol{B} = -\boldsymbol{B} \times \boldsymbol{A} \tag{B.4}$$

$$A \times (\boldsymbol{B} \times \boldsymbol{C}) = (\boldsymbol{A} \cdot \boldsymbol{C})\boldsymbol{B} - (\boldsymbol{A} \cdot \boldsymbol{B})\boldsymbol{C} \tag{B.5}$$

$$\nabla(fg) = g\nabla f + f\nabla g \tag{B.6}$$

$$\nabla\cdot(f\boldsymbol{A}) = \boldsymbol{A}\cdot\nabla f + f\nabla\cdot\boldsymbol{A} \tag{B.7}$$

$$\nabla\cdot(\boldsymbol{A}\times\boldsymbol{B}) = (\nabla\times\boldsymbol{A})\cdot\boldsymbol{B} - (\nabla\times\boldsymbol{B})\cdot\boldsymbol{A} \tag{B.8}$$

$$\nabla\times(f\boldsymbol{A}) = (\nabla f)\times\boldsymbol{A} + f\nabla\times\boldsymbol{A} \tag{B.9}$$

$$\nabla\times(\boldsymbol{A}\times\boldsymbol{B}) = \boldsymbol{A}\nabla\cdot\boldsymbol{B} - \boldsymbol{A}\nabla\cdot\boldsymbol{A} + (\boldsymbol{B}\cdot\nabla)\boldsymbol{A} - (\boldsymbol{A}\cdot\nabla)\boldsymbol{B} \tag{B.10}$$

$$\nabla\cdot(\boldsymbol{A}\cdot\boldsymbol{B}) = (\boldsymbol{A}\cdot\nabla)\boldsymbol{B} + (\boldsymbol{B}\cdot\nabla)\boldsymbol{A} + \boldsymbol{A}\times(\nabla\times\boldsymbol{B}) + \boldsymbol{B}\times(\nabla\times\boldsymbol{A}) \tag{B.11}$$

$$\nabla\cdot\nabla\times\boldsymbol{A} = 0 \tag{B.12}$$

$$\nabla\times(\nabla f) = 0 \tag{B.13}$$

$$\nabla\times\nabla\times\boldsymbol{A} = \nabla\nabla\cdot\boldsymbol{A} - \nabla^2\boldsymbol{A} \tag{B.14}$$

注意，$\nabla^2\boldsymbol{A}$只对$\boldsymbol{A}$的直角分量$\boldsymbol{A}$有意义。

$$\int_V \nabla\cdot\boldsymbol{A}\,\mathrm{d}v = \oint_S \boldsymbol{A}\cdot\mathrm{d}\boldsymbol{s} \quad \text{（散度定理）} \tag{B.15}$$

$$\int_S (\nabla\times\boldsymbol{A})\cdot\mathrm{d}\boldsymbol{s} = \oint_C \boldsymbol{A}\cdot\mathrm{d}\boldsymbol{\ell} \quad \text{（斯托克斯定理）} \tag{B.16}$$

附录 C　贝塞尔函数

贝塞尔函数是如下微分方程的解：

$$\frac{1}{\rho}\frac{\mathrm{d}}{\mathrm{d}\rho}\left(\rho\frac{\mathrm{d}f}{\mathrm{d}\rho}\right) + \left(k^2 - \frac{n^2}{\rho^2}\right)f = 0 \tag{C.1}$$

式中，k^2是实数，n是整数。这个方程的两个独立的解称为第 1 类和第 2 类正常的贝塞尔函数，表示为$J_n(k\rho)$和$Y_n(k\rho)$，所以式(C.1)的通解是

$$f(\rho) = AJ_n(k\rho) + BY_n(k\rho) \tag{C.2}$$

式中，A和B是由边界条件决定的任意常数。

这两个函数表示成级数形式为

$$J_n(x) = \sum_{m=0}^{\infty}\frac{(-1)^m (x/2)^{n+2m}}{m!(n+m)!} \tag{C.3}$$

$$\begin{aligned} Y_n(x) = {} & \frac{2}{\pi}\left(\gamma + \ln\frac{x}{2}\right)J_n(x) - \frac{1}{\pi}\sum_{m=0}^{n-1}\frac{(n-m-1)!}{m!}\left(\frac{2}{x}\right)^{n-2m} - \\ & \frac{1}{\pi}\sum_{m=0}^{\infty}\frac{(-1)^m (x/2)^{n+2m}}{m!(n+m)!}\left(1 + \frac{1}{2} + \frac{1}{3} + \cdots + \frac{1}{m} + 1 + \frac{1}{2} + \cdots + \frac{1}{n+m}\right) \end{aligned} \tag{C.4}$$

式中，$\gamma = 0.5772\cdots$是欧拉常数，且$x = k\rho$。注意，当$x = 0$时，自然对数（ln）项会使Y_n变为无限大。从这些级数表达式中可得到小变量公式为

$$J_n(x) \sim \frac{1}{n!}\left(\frac{x}{2}\right)^n \tag{C.5}$$

$$Y_0(x) \sim \frac{2}{\pi}\ln x \tag{C.6}$$

$$Y_n(x) \sim \frac{-1}{\pi}(n-1)!\left(\frac{x}{2}\right)^n, \qquad n > 0 \tag{C.7}$$

能推导出大变量公式为

$$J_n(x) \sim \sqrt{\frac{2}{\pi x}}\cos\left(x - \frac{\pi}{4} - \frac{n\pi}{2}\right) \tag{C.8}$$

$$Y_n(x) \sim \sqrt{\frac{2}{\pi x}}\sin\left(x - \frac{\pi}{4} - \frac{n\pi}{2}\right) \tag{C.9}$$

图 C.1 显示了每种类型的几个最低阶的贝塞尔函数。

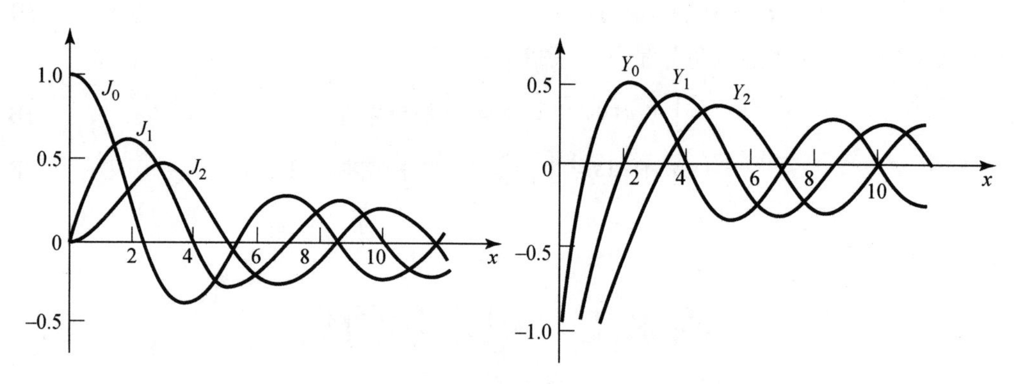

图 C.1　第 1 类和第 2 类贝塞尔函数

有关不同阶贝塞尔函数递归公式为

$$Z_{n+1}(x) = \frac{2n}{x}Z_n(x) - Z_{n-1}(x) \tag{C.10}$$

$$Z_n'(x) = \frac{-n}{x}Z_n(x) + Z_{n-1}(x) \tag{C.11}$$

$$Z_n'(x) = \frac{n}{x}Z_n(x) - Z_{n+1}(x) \tag{C.12}$$

$$Z_n'(x) = \frac{1}{x}\left[Z_{n-1}(x) - Z_{n+1}(x)\right] \tag{C.13}$$

式中，$Z_n = J_n$ 或 Y_n。下面含有贝塞尔函数的积分关系是有用的：

$$\int_0^x Z_m^2(kx)x\mathrm{d}x = \frac{x^2}{2}\left[Z_n'^2(kx) + \left(1 - \frac{n^2}{k^2x^2}\right)Z_n^2(kx)\right] \tag{C.14}$$

$$\int_0^x Z_n(kx)Z_n(\ell x)x\mathrm{d}x = \frac{x}{k^2 - \ell^2}\left[kZ_n(\ell x)Z_{n+1}(kx) - \ell Z_n(kx)Z_{n+1}(\ell x)\right] \tag{C.15}$$

$$\int_0^{p_{nm}}\left[J_n'^2(x) + \frac{n^2}{x^2}J_n^2(x)\right]x\mathrm{d}x = \frac{p_{nm}^2}{2}J_n'^2(p_{nm}) \tag{C.16}$$

$$\int_0^{p'_{nm}}\left[J_n'^2(x) + \frac{n^2}{x^2}J_n^2(x)\right]x\mathrm{d}x = \frac{(p'_{nm})^2}{2}\left(1 - \frac{n^2}{(p'_{nm})^2}\right)J_n^2(p'_{nm}) \tag{C.17}$$

式中，$J_n(p_{nm}) = 0$ 和 $J_n'(p'_{nm}) = 0$。$J_n(x)$和 $J_n'(x)$ 的零点在下面的两个表中。

第 1 类贝塞尔函数的零点：$J_n(x) = 0$，$0<x<12$

n	1	2	3	4
0	2.4048	5.5201	8.6537	11.7915
1	3.8317	7.0156	10.1735	
2	5.1356	8.4172	11.6198	
3	6.3802	9.7610		
4	7.5883	11.0647		
5	8.7715			
6	9.9361			
7	11.0864			

第 1 类贝塞尔函数的极值：$\mathrm{d}J_n(x)/\mathrm{d}x = 0$，$0<x<12$

n	1	2	3	4
0	3.8317	7.0156	10.1735	13.3237
1	1.8412	5.3314	8.5363	17.7060
2	3.0542	6.7061	9.9695	
3	4.2012	8.0152	11.3459	
4	5.3175	9.2824		
5	6.4156	10.5199		
6	7.5013	11.7349		
7	8.5778			
8	9.6474			
9	10.7114			
10	11.7709			

附录 D　其他数学公式

D.1　有用的积分

$$\int_0^a \cos^2\frac{n\pi x}{a}\mathrm{d}x = \int_0^a \sin^2\frac{n\pi x}{a}\mathrm{d}x = \frac{a}{2}, \qquad n\geqslant 1 \tag{D.1}$$

$$\int_0^a \cos\frac{m\pi x}{a}\cos\frac{n\pi x}{a}\mathrm{d}x = \int_0^a \sin\frac{m\pi x}{a}\sin\frac{n\pi x}{a}\mathrm{d}x = 0, \qquad m\neq n \tag{D.2}$$

$$\int_0^a \cos\frac{m\pi x}{a}\sin\frac{n\pi x}{a}\mathrm{d}x = 0 \tag{D.3}$$

$$\int_0^\pi \sin^3\theta\,\mathrm{d}\theta = \frac{4}{3} \tag{D.4}$$

D.2　泰勒级数

$$f(x) = f(x_0) + (x-x_0)\left.\frac{\mathrm{d}f}{\mathrm{d}x}\right|_{x=x_0} + \frac{(x-x_0)^2}{2!}\left.\frac{\mathrm{d}^2 f}{\mathrm{d}x^2}\right|_{x=x_0} + \cdots \tag{D.5}$$

$$\mathrm{e}^x = 1 + x + \frac{x^2}{2!} + \frac{x^3}{3!} + \cdots \tag{D.6}$$

$$\frac{1}{1-x} = 1 + x + x^2 + x^3 + \cdots, \qquad |x|<1 \tag{D.7}$$

$$\sqrt{1+x} = 1+\frac{x}{2}-\frac{x^2}{8}+\cdots, \quad |x|<1 \tag{D.8}$$

$$\ln x = 2\left(\frac{x-1}{x+1}\right)+\frac{2}{3}\left(\frac{x-1}{x+1}\right)^3+\cdots, \quad x>0 \tag{D.9}$$

$$\sin x = x-\frac{x^3}{3!}+\frac{x^5}{5!}+\cdots \tag{D.10}$$

$$\cos x = 1-\frac{x^2}{2!}+\frac{x^4}{4!}+\cdots \tag{D.11}$$

附录 E　物理常数

- 真空介电常数，$\epsilon_0 = 8.854\times10^{-12}$ F/m
- 真空磁导率，$\mu_0 = 4\pi\times10^{-7}$ H/m
- 真空中的波阻抗，$\eta_0 = 376.7\Omega$
- 真空中的光速，$c = 2.998\times10^{8}$m/s
- 电子电荷，$q = 1.602\times10^{-19}$C
- 电子质量，$m = 9.107\times10^{-31}$kg
- 玻尔兹曼常数，$k = 1.380\times10^{-23}$J/°K
- 普朗克常数，$h = 6.626\times10^{-34}$J·s
- 旋磁比，$\gamma = 1.759\times10^{11}$C/Kg （对于 $g = 2$）

附录 F　一些材料的电导率

材　料	电导率 S/m（20℃）	材　料	电导率 S/m（20℃）
铝	3.816×10^{7}	镍铬合金	1.0×10^{6}
黄铜	2.564×10^{7}	镍	1.449×10^{7}
青铜	1.00×10^{7}	铂	9.52×10^{6}
铬	3.846×10^{7}	海水	3～5
铜	5.813×10^{7}	硅	4.4×10^{-4}
蒸馏水	2×10^{-4}	银	6.173×10^{7}
锗	2.2×10^{6}	硅钢	2×10^{6}
金	4.098×10^{7}	不锈钢	1.1×10^{6}
石墨	7.0×10^{4}	焊料	7.0×10^{6}
铁	1.03×10^{7}	钨	1.825×10^{7}
汞	1.04×10^{6}	锌	1.67×10^{7}
铅	4.56×10^{6}		

附录G 一些材料的介电常数和损耗角正切

材　料	频　率	ϵ_r	tanδ（25℃）
氧化铝（99.5%）	10GHz	9.5～10.0	0.0003
钛酸钡	6GHz	37±5%	0.0005
蜂蜡	10GHz	2.35	0.005
氧化铍	10GHz	6.4	0.0003
陶瓷（A-35）	3GHz	5.60	0.0041
熔凝石英	10GHz	3.78	0.0001
砷化镓	10GHz	13.0	0.006
硼硅酸(耐热)玻璃	3GHz	4.82	0.0054
涂釉陶瓷	10GHz	7.2	0.008
有机玻璃	10GHz	2.56	0.005
尼龙(610)	3GHz	2.84	0.012
石蜡	10GHz	2.24	0.0002
树脂玻璃	3GHz	2.60	0.0057
聚乙烯	10GHz	2.25	0.0004
聚苯乙烯	10GHz	2.54	0.00033
干制瓷材料	100MHz	5.04	0.0078
Rexolite（1422）[①]	3GHz	2.54	0.00048
硅	10GHz	11.9	0.004
泡沫聚苯乙烯（103.7）	3GHz	1.03	0.0001
聚四氟乙烯	10GHz	2.08	0.0004
二氧化钛（D-100）	6GHz	96±5%	0.001
凡士林	10GHz	2.16	0.001
蒸馏水	3GHz	76.7	0.157

附录H 一些微波铁氧体材料的特性

材　料	交易技术编号	$4\pi Ms$ /G	∇H/Oe	ϵ_r	tanδ	T_c /°C	$4\pi Mr$/G
镁铁氧体	TT1-105	1750	225	12.2	0.000 25	225	1220
镁铁氧体	TT1-390	2150	540	12.7	0.000 25	320	1288
镁铁氧体	TT1-3000	3000	190	12.9	0.0005	240	2000
镍铁氧体	TT2-101	3000	350	12.8	0.0025	585	1853
镍铁氧体	TT2-113	500	150	9.0	0.0008	120	140
镍铁氧体	TT2-125	2100	460	12.6	0.001	560	1426
锂铁氧体	TT73-1700	1700	<400	16.1	0.0025	460	1139
锂铁氧体	TT73-2200	2200	<450	15.8	0.0025	520	1474
钇铁氧体	G-113	1780	45	15.0	0.0002	280	1277
铝铁氧体	G-610	680	40	14.5	0.0002	185	515

① 这是美国C-Lee Plastics公司生产的一种聚苯乙烯微波塑料专利产品。——译者注

附录I　标准矩形波导数据

波段*	推荐的频率范围/GHz	TE_{10}截止频率/GHz	EIA代号 WR-XX	内部尺寸 英寸（cm）	外部尺寸 英寸（cm）
L	1.12～1.70	0.908	WR-650	6.500×3.250 (16.51×8.255)	6.660×3.410 (16.916×8.661)
R	1.70～2.60	1.372	WR-430	4.300×2.150 (10.922×5.461)	4.460×2.310 (11.328×5.867)
S	2.60～3.95	2.078	WR-284	2.840×1.340 (7.214×3.404)	3.000×1.500 (7.620×3.810)
H(G)	3.95～5.85	3.152	WR-187	1.872×0.872 (4.755×2.215)	2.000×1.000 (5.080×2.540)
C(J)	5.85～8.20	4.301	WR-137	1.372×0.622 (3.485×1.580)	1.500×0.750 (3.810×1.905)
W(H)	7.05～10.0	5.259	WR-112	1.122×0.497 (2.850×1.262)	1.250×0.625 (3.175×1.587)
X	8.20～12.4	6.557	WR-90	0.900×0.400 (2.286×1.016)	1.000×0.500 (2.540×1.270)
Ku(P)	12.4～18.0	9.486	WR-62	0.622×0.311 (1.580×0.790)	0.702×0.391 (1.783×0.993)
K	18.0～26.5	14.047	WR-42	0.420×0.170 (1.07×0.43)	0.500×0.250 (1.27×0.635)
Ka(R)	26.5～40.0	21.081	WR-28	0.280×0.140 (0.711×0.356)	0.360×0.220 (0.914×0.559)
Q	33.0～50.5	26.342	WR-22	0.224×0.112 (0.57×0.28)	0.304×0.192 (0.772×0.488)
U	40.0～60.0	31.357	WR-19	0.188×0.094 (0.48×0.24)	0.268×0.174 (0.681×0.442)
V	50.0～75.0	39.863	WR-15	0.148×0.074 (0.38×0.19)	0.228×0.154 (0.579×0.391)
E	60.0～90.0	48.350	WR-12	0.122×0.061 (0.31×0.015)	0.202×0.141 (0.513×0.356)
W	75.0～110.0	59.010	WR-10	0.100×0.050 (0.254×0.127)	0.180×0.130 (0.458×0.330)
F	90.0～140.0	73.840	WR-8	0.080×0.040 (0.203×0.102)	0.160×0.120 (0.406×0.305)
D	110.0～170.0	90.854	WR-6	0.065×0.0325 (0.170×0.083)	0.145×0.1125 (0.368×0.2858)
G	140.0～220.0	115.750	WR-5	0.051×0.0255 (0.130×0.0648)	0.131×0.1055 (0.333×0.2680)

*括号内的字母表示另一种名称。

附录J　标准同轴线数据

RG/U 型号	阻抗/Ω	内导体直径/英寸	电介质材料	电介质直径/英寸	电缆类型	总直径/英寸	电容/（pF/ft）	最大工作电压/V	损耗（1GHz）(dB/100ft)
RG-8A/U	52	0.0855	P	0.285	网状编织	0.405	29.5	5000	9.0
RG-9B/U	50	0.0855	P	0.280	网状编织	0.420	30.8	5000	9.0
RG-55B/U	54	0.0320	P	0.116	网状编织	0.200	28.5	1900	16.5
RG-58B/U	54	0.0320	P	0.116	网状编织	0.195	28.5	1900	17.5
RG-59B/U	75	0.0230	P	0.146	网状编织	0.242	20.6	2300	11.5
RG-141A/U	50	0.0390	T	0.116	网状编织	0.190	29.4	1900	13.0
RG-142A/U	50	0.0390	T	0.116	网状编织	0.195	29.4	1900	13.0
RG-174/U	50	0.0189	P	0.060	网状编织	0.100	30.8	1500	31.0
RG-178B/U	50	0.0120	T	0.034	网状编织	0.072	29.4	1000	45.0
RG-179B/U	75	0.0120	T	0.063	网状编织	0.100	19.5	1200	25.0
RG-180B/U	95	0.0120	T	0.102	网状编织	0.140	15.4	1500	16.5
RG-187/U	75	0.0120	T	0.060	网状编织	0.105	19.5	1200	25.0
RG-188/U	50	0.0201	T	0.060	网状编织	0.105	29.4	1200	30.0
RG-195/U	95	0.0120	T	0.102	网状编织	0.145	15.4	1500	16.5
RG-213/U	50	0.0888	P	0.285	网状编织	0.405	30.8	5000	9.0
RG-214/U	50	0.0888	P	0.285	网状编织	0.425	30.8	5000	9.0
RG-223/U	50	0.0350	P	0.116	网状编织	0.211	30.8	1900	16.5
RG-316/U	50	0.0201	T	0.060	网状编织	0.102	29.4	1200	30.0
RG-401/U	50	0.0645	T	0.215	半刚性	0.250	29.3	3000	—
RG-402/U	50	0.0360	T	0.119	半刚性	0.141	29.3	2500	13.0
RG-405/U	50	0.0201	T	0.066	半刚性	0.0865	29.4	1500	—

部分习题答案

1.2 **(a)** $\eta = 236\Omega$, **(b)** $v_p = 1.88\times10^8$m/s, **(c)** $\lambda = 0.0784$m, **(d)** $\Delta\phi = 229.5°$

1.8 **(b)** $t \approx 0.017$mm

1.9 **(a)** $S_i = 46.0\text{W/m}^2$, $S_r = 0.595\text{W/m}^2$, **(b)** $S_{\text{in}} = 45.6\text{W/m}^2$

2.1 **(a)** $f = 600$MHz, **(b)** $v_p = 2.08\times10^8$m/s, **(c)** $\lambda = 0.346$m, **(d)** $\epsilon_r = 2.08$

(e) $I(z) = 1.8\text{e}^{-\text{j}\beta z}$, **(f)** $v(t, z) = 0.135\cos(\omega t - \beta z)$

2.3 $\alpha = 0.38$dB/m

2.8 $Z_{\text{in}} = 203 - \text{j}5.2\Omega$

2.9 $Z_{\text{in}} = 19.0 - \text{j}20.6\Omega$, $\Gamma_L = 0.62\angle 83°$

2.11 $\ell = 2.147$cm, $\ell = 3.324$cm

2.12 $Z_0 = 66.7\Omega$ 或 150.0Ω

2.16 $P_L = 0.681$W

2.18 $P_{\text{inc}} = 0.250$W, $P_{\text{ref}} = 0.010$W, $P_{\text{trans}} = 0.240$W

2.20 **(d)** $Z_{\text{in}} = 24.5 + \text{j}20.3\Omega$, **(e)** $\ell_{\text{min}} = 0.325\lambda$, **(f)** $\ell_{\text{max}} = 0.075\lambda$

2.23 $Z_L = 99 - \text{j}46\ \Omega$

2.29 $P_s = 0.600$W, $P_{\text{loss}} = 0.0631$W, $P_L = 0.1706$W

3.5 损耗为 0.45dB，$\Delta\phi = 2331°$

3.6 $\ell \approx 10.3$cm

3.9 $f_c = 5.06$GHz

3.13 f_c（TE_{11}）$= 17.94$GHz, f_c（TE_{01}）$= 37.35$GHz

3.15 $k_c a = 3.12$

3.19 $W = 0.217$mm, $\lambda_g = 4.045$cm

3.20 $W = 0.457$mm, $\lambda_g = 4.525$cm

3.21 $\ell = 2.0754$cm, $Z_{\text{in}} = 0.27 - \text{j}12.82\ \Omega$

3.27 $v_p = 2.37\times10^8$ m/s, $v_g = 1.83\times10^8$ m/s

4.4 $V_1^+ = 10\angle 90°$, $V_1^- = 0$, $Z_{\text{in}}^{(2)} = 50\angle 90°$

4.14 **(d)** IL = 10.5 dB，延迟 45°, **(e)** $\Gamma = 0.018\angle 90°$

4.18 IL = 8.0 dB，延迟 90°

4.20 $P_L = 1.0$W

4.24 $V_L = 1\angle -90°$

4.30 $\Delta = 0.082$cm

5.1 **(a)** $C = 0.0568$pF, $L = 9.44$nH 或 $L = 7.10$nH, $C = 0.298$pF

5.3 $d = 0.2276\lambda$, $\ell = 0.3776\lambda$ 或 $d = 0.4059\lambda$, $\ell = 0.1224\lambda$

5.6 $d = 0.174\lambda$, $\ell = 0.353\lambda$ 或 $d = 0.481\lambda$, $\ell = 0.147\lambda$

5.9　$\ell_1 = 0.086\lambda, \ell_2 = 0.198\lambda$ 或 $\ell_1 = 0.375\lambda, \ell_2 = 0.375\lambda$

5.14　误差为 4%

5.17　$Z_1 = 1.1067Z_0, Z_2 = 1.3554Z_0$

5.21　$Z_1 = 1.095Z_0, Z_2 = 1.363Z_0$

5.24　RL < 6.4dB

6.1　$f_0 = 800\text{MHz}, Q_0 = 100, Q_L = 50$

6.5　$Q_0 = 138$

6.9　$f_{101} = 9.965\text{GHz}, Q_{101} = 6349$

6.14　$a = 2.107\text{cm}, d = 2.479\text{cm}, Q_0 = 1692$

6.18　$f_0 = 7.11\text{GHz}$

6.21　**(c)** $f_0 = 93.8\text{GHz}, Q_c = 92500$

7.3　$\text{RL} = 20\text{dB}, C = 15\text{dB}, D = 30\text{dB}, L = 0.5\text{dB}$

7.8　变化为 1.2dB

7.13　$s = 5.28\text{mm}, r_0 = 3.77\text{mm}$

7.19　$s = 0.20\text{mm}, w = 0.6\text{mm}$

7.22　$s = 1.15\text{mm}, w = 1.92\text{mm}, \ell = 6.32\text{mm}$

7.32　$V_1^- = V_3^- = V_4^- = 0, V_2^- = V_5^- = -\text{j}0.707$

8.6　$R = 2.66, C = 0.685, L = 1.822$

8.7　$N = 5$

8.8　$L_1 = L_5 = 1.143\text{nH}, C_2 = C_4 = 0.928\text{pF}, L_3 = 0.877\text{nH}$

8.10　衰减为 11dB

8.16　$\beta\ell_1 = \beta\ell_5 = 29.3°, \beta\ell_2 = \beta\ell_4 = 29.4°, \beta\ell_3 = 43.7°$

8.18　衰减为 30dB

8.19　带宽约为 1.9:1

8.23　$N = 3$

9.1　**(b)** $\mu = 6.55\mu_0, \kappa = 4.95\mu_0$

9.4　$H_a = 500\text{Oe}$

9.6　$L = 1.403\text{cm}$

9.8　$229\text{Oe} < H_0 < 950\text{Oe}$

9.12　**(a)** $H_0 = 2204$ Oe, **(b)** $H_0 = 2857\text{Oe}$

9.15　$L = 23.5\text{mm}$

9.17　$L = 44.5\text{cm}$

9.18　$L = 9.2\text{cm}$

10.1　$F = 7.0\text{dB}$

10.4　$F_{\text{cas}} = 4.3\text{dB}$

10.7　**(a)** $F = 6\text{dB}$, **(b)** $F = 1.76\text{dB}$, **(c)** $F = 3\text{dB}$

10.14　比率为 6dB

10.15　$\text{OIP}_3 = 20.8\text{dBm}$（相干）

10.17　LDR = 74.5dB

10.18　LDR = 86.7dB, SFDR = 57.8dB

11.2　ON: IL = 0.42dB, OFF: IL = 11.4dB

11.3　ON: IL = 0.044dB, OFF: IL= 18.6dB

11.7　$R_i = 12.2\Omega$, $C_{gs} = 0.84$pF, $R_{ds} = 213\Omega$, $C_{ds} = 0.51$pF, $g_m = 54$mS

12.1　**(b)** $G_A = 0.5$, $G_T = 0.444$, $G = 0.457$

12.4　$C_L = 4.00\angle 96°$, $R_L = 3.60$, $K = 0.275$

12.6　A 和 C 是无条件稳定的

12.9　$G_T = 10.5$dB

12.13　$-2.9\text{dB} < G_T - G_{TU} < 4.3\text{dB}$

12.15　$G_T = 19.4$dB

12.21　$N_{\text{opt}} = 8.4$

13.3　$Q_{\min} = 14$

13.8　$L = 2.5$nH，得到 $\mu = -0.931$

13.9　**(a)** $\mathscr{L} = -181$dBc/Hz, **(b)** $\mathscr{L} = -153$dBc/Hz

13.12　$\mathscr{L} = -121$dBc/Hz

13.17　$f_{\text{IM}} = 1974$MHz 或 1626MHz

14.2　$D = 5.7$dB

14.4　$D = 33.6$dB

14.6　$\eta_{\text{rad}} = 65\%$

14.8　$G/T = 9.7$dB/K

14.11　$R = 15.2$km

14.13　$R = 1.9\times10^9$m（对于 SNR = 0dB）

14.17　80～1600Hz

14.23　$|E| = 990$V/m

术语表

A

Admittance inverter　导纳倒相器
Admittance matrix　导纳矩阵
AM modulation　幅度调制
Ampere's law　安培定律
Amplifier design　放大器设计
Anisotropic media　各向异性媒质
Antenna　天线
Aperture coupling　小孔耦合
Aperture efficiency　孔径效率
Attenuation　衰减
Attenuator　衰减器
Available power gain　可用功率增益

B

Background noise temperature　背景噪声温度
Balanced amplifiers　平衡放大器
Bandpass filters　带通滤波器
Bandstop filters　带阻滤波器
BARITT diode　BARITT 二极管
Bessel functions　贝塞尔函数
Bethe hole coupler　倍兹孔耦合器
Binomial coefficients　二项式系数
Binomial filter response　二项式滤波器响应
Binomial matching transformer　二项式匹配变换器
Biological effects　生物效应
Bipolar junction transistors　双极结型晶体管
Black body　黑体
Bloch impedance　布洛赫阻抗
Boltzmann's constant　玻尔兹曼常数
Boundary conditions　边界条件
Brewster angle　布儒斯特角
Brightness temperature　亮度温度

C

Cavity resonators　空腔谐振器
Cellular telephone systems　蜂窝电话系统
Characteristic impedance　特征阻抗
Chip capacitor　片状电容
Choke　扼流圈
Circular cavity　圆形腔
Circular polarization　圆极化
Circular waveguide　圆波导
Circulator　环形器
Coaxial connectors　同轴连接器
Coaxial line　同轴线
Composite filters　复合滤波器
Compression point　压缩点
Computer aided design　计算机辅助设计
Conductivity　电导率
Conductor loss　导体损耗
Conjugate matching　共轭匹配
Connectors　连接器
Constant gain circles　等增益圆
Constant-k filters　定 k 式滤波器
Constant noise figure circles　等噪声系数圆
Conversion loss　变换损耗
Coplanar waveguide　共面波导
Coupled lines　耦合线
Couplers　耦合器
Coupling　耦合
Cross guide coupler　正交波导耦合器
Current　电流
Cutoff frequency　截止频率
Cutoff wavelength　截止波长

D

DC block　隔直器
Decibel notation　分贝表示
Demagnetization factor　退磁因子
Detector　检波器
Dicke radiometer　迪克辐射计
Dielectric constant　介电常数
Dielectric loaded waveguide　电介质加载波导
Dielectric loss　电介质损耗
Dielectric loss tangent　电介质损耗角正切
Dielectric resonator oscillators　介质谐振腔振荡器
Dielectric resonators　介质谐振腔
Dielectric strength for air　空气的介电强度
Dielectric waveguide　介质波导
Diode　二极管
Directional couplers　定向耦合器
Directivity　方向性
Discontinuities　不连续性
Dispersion　色散
Distortionless line　无畸变线

Double sideband modulation　双边带调制
Dynamic range　动态范围

E

Effective aperture area　有效孔径面积
Effective permittivity　有效介电常数
Efficiency　效率
Electric energy　电能
Electric field　电场
Electric flux density　电流密度
Electric polarizability　电极化率
Electric potential　电势
Electric susceptibility　电极化
Electric wall　电壁
Electromagnetic spectrum　电磁频谱
Elliptic filter　椭圆滤波器
Emissivity　辐射率
Energy　能量
Energy transmission　能量传输
E-plane T-junction　E 平面 T 形结
Equal ripple filter response　等纹波滤波器响应
Equivalent voltages and currents　等效电压和电流
Exponential tapered line　指数渐变线
Extraordinary wave　非寻常波

F

Fabry-Perot resonator　法-布腔谐振器
Far field　远场
Faraday rotation　法拉第旋转
Faraday's law　法拉第定律
Ferrite devices　铁氧体器件
Ferrites　铁氧体
Field effect transistor　场效应晶体管
Filters　滤波器
Flanges　法兰盘
Flow graph　流图
Frequency bands　频带
Frequency multipliers　频率倍增器

G

Gain　增益
Global Positioning System　全球定位系统
Group delay　群时延
Group velocity　群速度
Gunn diode　耿氏二极管
Gyrator　回旋器
Gyromagnetic ratio　旋磁比
Gyrotropic medium　回旋介质

H

Helmholtz equations　亥姆霍兹方程
Hertz　赫兹
High pass filters　高通滤波器
Hybrid junctions　混合结

I

Image frequency　镜像频率
Image impedance　镜像阻抗
Image parameters　镜像参量
Image theory　镜像理论
Impedance　阻抗
Impedance inverter　阻抗倒相器
Impedance matching　阻抗匹配
Impedance matrix　阻抗矩阵
Impedance transformers　阻抗变换器
Incremental inductance rule　增量电感定则
Insertion loss　插入损耗
Insertion loss method　插入损耗方法
Intermodulation distortion　交调失真
Inverters　倒相器
Iris　光阑
Isolators　隔离器

J

Junction circulator　结环形器

K

Kittel's equation　基太尔方程
Klopfenstein tapered line　Klopfenstein 渐变线
Klystron　速调管
Kuroda identities　科洛达恒等式

L

Lange coupler　Lange 耦合器
Line parameters　线参量
Line width　线宽
Linear dynamic range　线性动态范围
Linear phase filter　线性相位滤波器
Linearly polarized plane waves　线偏振平面波
Load pull contours　负载牵引等值线
Loaded Q　有载 Q
Loaded waveguide　加载波导
Loss　损耗
Loss tangent　损耗角正切
Lossy transmission lines　有耗传输线
Low pass filters　低通滤波器
L-section matching　L 节匹配

M

Magic-T　魔 T
Magnetic energy　磁能

Magnetic field　磁场
Magnetic flux density　磁通密度
Magnetic polarizability　磁极化率
Magnetic susceptibility　磁化率
Magnetic wall　磁壁
Matched line　匹配线
Matching　匹配
Material constants　材料常数
Maximally flat filter response　最平坦滤波器响应
Maximum power capacity　最大功率容量
Maximum stable gain　最大稳定增益
Maxwell's equations　麦克斯韦方程
Microstrip　微带线
Microstrip discontinuities　微带不连续性
Microwave heating　微波加热
Microwave integrated circuits　微波集成电路
Microwave oven　微波炉
Microwave sources　微波源
Microwave tubes　微波管
Mixers　混频器
Modal analysis　模态分析
Modes　模
Modulation　调制
Multiple reflections　多次反射
Multipliers　倍频器

N

Negative resistance oscillators　负阻振荡器
Neper　奈培
Network analyzer　网络分析仪
Noise　噪声
Noise figure　噪声系数

O

Ohm's law for fields　场的欧姆定律
Open circuit stub　开路短截线
Oscillators　振荡器

P

Parallel plate waveguide　平行板波导
Passive intermodulation　无源交调
Periodic structures analysis　周期结构分析
Permanent magnets　永磁体
Permeability　磁导率
Permittivity　介电常数
Perturbation theory for attenuation　衰减的微扰理论
Phase constant　相位常数
Phase matching　相位匹配
Phase noise　相位噪声
Phase shifters　相移
Phase velocity　相速
Phasor notation　相量符号
Physical constants　物理常数
PIN diodes　PIN 二极管
Plane waves　平面波
Plasma　等离子体
Polarizability　极化率
Polarization　极化
Power　功率
Power added efficiency　功率附加效率
Power amplifiers　功率放大器
Power capacity　功率容量
Power divider　功率分配器
Power gain　功率增益
Poynting's theorem　坡印亭定理
Poynting vector　坡印亭向量
Precession　进动
Probe coupling　探针耦合
Propagation　传播
Propagation constant　传播常数

Q

Quadrature hybrid　正交混合网络
Quarter-wave transformers　波长变换器

R

Radar cross section　雷达截面
Radar systems　雷达系统
Radiation　辐射
Radiometer systems　辐射计系统
Rat-race　环形波导
Receivers　接收机
Reciprocal networks　互易网络
Reciprocity theorem　互易性理论
Rectangular cavity　矩形腔
Rectangular waveguide　矩形波导
Rectification　整流
Reflection coefficient　反射系数
Reflectometer　反射计
Remanent magnetization　剩磁
Resonant circuits　谐振电路
Return loss　回波损耗
Richard's transformation　理查德变换
Ridge waveguide　脊波导
Root-finding algorithms　求根算法

举报电话：（010）88254396；（010）88258888

传　　真：（010）88254397

E-mail:　　dbqq@phei.com.cn

通信地址：北京市万寿路 173 信箱

　　　　　电子工业出版社总编办公室

邮　　编：100036

反侵权盗版声明